高等数学学习辅导讲义

主　编　苏德矿　　应文隆

副主编　童雯雯　　毕惟红　　吴　彪
　　　　朱静芬　　戴俊飞　　胡贤良

ZHEJIANG UNIVERSITY PRESS
浙江大学出版社

图书在版编目(CIP)数据

高等数学学习辅导讲义/苏德矿,应文隆主编. —杭州:浙江大学出版社,2015.12(2021.1 重印)

ISBN 978-7-308-15162-7

Ⅰ.高… Ⅱ.①苏… ②应… Ⅲ.高等数学—高等学校—教学参考资料 Ⅳ.①O13

中国版本图书馆 CIP 数据核字(2015)第 227138 号

内容提要

本书内容表述确切、思路清楚、由浅入深、通俗易懂,并注意数学思维与数学方法的论述,通过对题目的剖析,加深对数学概念、定理的理解。虽然解数学问题没有什么万能的模式,但它们仍然有着某些规律、方法和技巧。我们所给出的对解题方法的归纳,可以使读者抓住重点,较充分地理解教学内容,掌握解题的"钥匙",大大加快解题速度。它对学好高等数学,在有关考试中取得好成绩都有直接的帮助。

本书可作为高等学校工科、理科(非数学类专业)、经济、管理类等有关专业本科生学习高等数学(微积分)的参考书,也可供考研学生在复习高等数学时使用。

高等数学学习辅导讲义

苏德矿　应文隆　主编

责任编辑	徐素君
责任校对	金佩雯
封面设计	春天书装
出版发行	浙江大学出版社
	(杭州市天目山路 148 号　邮政编码 310007)
	(网址:http://www.zjupress.com)
排　版	杭州中大图文设计有限公司
印　刷	嘉兴华源印刷厂
开　本	787mm×1092mm　1/16
印　张	22.75
字　数	755 千
版 印 次	2015 年 12 月第 1 版　2021 年 1 月第 5 次印刷
书　号	ISBN 978-7-308-15162-7
定　价	62.00 元

前　言

　　高等数学是一门重要的大学公共基础课程,其教学一般有教学内容的讲授和习题课的教学。高等数学习题课是高等数学学习的一个重要环节,它在加深学生对数学概念的理解、逻辑推理能力的培养以及计算技巧的训练等方面都起着重要的作用。习题课起到了教与学、疏与熟、学与用的桥梁作用。随着科学技术的日益发展,大学期间开设的新课程越来越多,每门课程所给的课时却越来越少,但教学内容几乎没有减少,也不能再减少。高等数学课程也是如此,用作习题课的课时变得很少,甚至没时间上习题课。加之教师与学生接触的时间有限,因而,学生在学习高等数学的过程中会遇到许多困难,影响了学生学习高等数学的兴趣和积极性,从而也直接影响了教学质量。因此,我们编写了这本高等数学辅导讲义。

　　为此我们要探讨数学,特别是数学考试的得分之道。首先对数学而言,理解比记忆更重要,因为做数学题先要有思路,而后才能动手去解答,可以说数学题是先"想"出来的,后"做"出来的。数学要记忆,但光靠记忆是远远不够的。记忆所得往往是形式上"死"的知识,不会变通,题目稍有变化就束手无策。数学要理解,对本质的深入理解才是活的知识,以灵活应对变化才是取胜之道。其次数学试题最富有变化,且不说新题型层出不穷,即使是老题型也在不断地翻新,从这一点上讲,考研的数学题每年每道题都是新的。故光靠死记硬背就有被拒之门外之忧,那么打开数学考试大门的钥匙何在?

　　如果把历年来考研的数学试题全部搜集出来,并作深入细致的分析研究,再对照教育部制定的历年(考研)考试大纲,就会发现,虽说数学试题表述形式千变万化,但万变不离其宗。这个宗说得抽象一点就这门课程的核心内容,说得具体一点就是诸如高等数学用微分中值定理证明方程根的存在性、证明适合某种条件下 ξ 的等式、证明不等式等典型题型。如果你能不被试题五光十色的包装所迷惑,而能洞察其实质——题型,就有可能知道该用哪把钥匙去开门。

　　本书将致力于与读者共同打造开启学习数学大门的钥匙。本书的每一章都首先列出考研大纲要求,这表明本书是严格遵照教育部考试中心最新考研大纲编写的。凡大纲要求的内容,本书不但讲到,而且讲深讲透讲明白,使读者掌握。而凡大纲不要求的内容,本书均不涉及。每一章分若干节,每一节由两部分组成:第一部分是内容精要(或内容梳理),它由基本概要、重要定理和性质、重要公式和方法三部分构成。这既是对教材的概括和提炼,又是对考研所需全部数学基本知识的搜集和整理。读者仔细阅读这一部分就如同把考研所需的数学知识梳理一遍,有了这个基础,读第二部分就有了凭借。第二部分是考题类型、解题策略及典型例题,这是本书的主体,我们前面已指出考题虽是千变万化的,但题型却是相对固定的。据此将考研数学题归纳成若干个类型。对每个类型先给出解题策略,使读者成竹在胸,然后再列举出多个典型例题。这些例题部分是考研真题,更多的是难度与真题相当的模拟试题,每道题都有详尽的解题过程,并尽可能地用多种思路、多种方法来解。进而我们还做了第二步融会贯通的工作,以综述、综合例题精选或者以注的形式将不同类型的例题,以思想、观点为纲贯穿融合起来,尽可能地使读者对考研数学有一个全面、整体的认识和理解,从而能举一反三,灵活应变。

　　鉴于考研数学题不以某高校的教学大纲或某教材内容为依据,而是以教育部的考试大纲为准,所以本书不仅将考研所需的结论全部整理搜集在内容精要中,虽然有些结论在某些教材上没有出现,如高等数学的"曲线 $y=f(x)$(连续),Ox 轴及直线 $x=a,x=b$ 所围成的曲边梯形绕 y 轴旋转所成立体的体的体积 $V_y=2\pi\int_a^b x\,|\,f(x)\,|\,\mathrm{d}x$","由连续曲线 $y=f(x)$,Ox 轴及直线 $x=a,x=b$ 所围平面图形绕 x 轴旋转所形

成的旋转体的侧面面积 $S_x = 2\pi \int_a^b |f(x)| \sqrt{1 + f'^2(x)}\, dx$",但在考研时这些结论和例题可直接引用或类似求解。事实上,这些结论已不止一次地出现在考研真题的解答过程中。为加深读者印象,本书对部分结论给出了证明,其目的在于使读者理解这些结论的由来,从而有助于读者掌握,进而能灵活地用来解题。本书的每一章都附有自测题与详细解答,供大家检查分析。这批题大都符合考研试题和一般高等数学考试要求,其中也有少量基础训练题和少量有较大难度的综合题。编著者期望读者能独立完成自测题,以检测自己的应试能力。

在这本书每一章后面都可以用二维码扫描进入讨论区,并有电子版详细解答,供同学们讨论、评论,激发大家的学习热情与参与性,开阔同学们的视野,提高考试成绩。

对使用本书的读者,有三句话共六个字可供参考:看懂,会做,悟道。书要看懂,自我检测题会做是首要的,也是基本的,至此可能只是进入到偏重于在形式上掌握的比较呆板的第一层次。还要从中悟出道理来,才能进入对问题本质的理解,才能步入灵活运用的较高层次,才能获得高分。有读者会认为悟道太抽象,当然可以用较具体的总结规律来代替。但总结规律只是悟道的具体手段之一,而不是其全部,悟道的含义更广。

下面一段话摘自美国国家研究委员会《人人关心数学教育的未来》,括号中的话是作者添加的,请读者细细品味。

没有一个人(一本书)能教数学,好的教师(书)不是在教数学,而是能激发学生(读者)自己去学数学。……只有当学生(读者)通过自己的思考建立起自己的数学理解能力时,才能真正学好数学。……每个学生(读者)的数学知识都打上了自己的个人烙印。

一句话,本书主要不是用猜题来帮助读者考试,而是着重于帮助读者提高自身的数学能力,从而帮助读者通过数学的考试。

数学知识要积累,对数学的理解更要有一个循序渐进的过程,对立志考研的读者要说三个字:早,勤,韧。只有尝试才有希望,只有努力才会成功,有志者事竟成!

在内容上,我们力求表述确切、思路清楚、由浅入深、通俗易懂,并注意数学思维与数学方法的论述,通过对题目的剖析,加深对数学概念、定理的理解。虽然解数学问题没有什么万能的模式,但它们仍然有着某些规律、方法和技巧。我们所给出的对解题方法的归纳,可以使读者抓住重点,较充分地理解教学内容,掌握解题的"钥匙",大大加快解题速度。它对学好高等数学,在有关考试中取得好成绩都有直接的帮助。

在本书整个编写过程中,自始至终得到了浙江大学出版社徐素君编辑、金佩雯编辑的热情支持与帮助,并提出了许多好的建议,使本书增色不少,在此表示衷心的感谢。

本书可作为高等学校工科、理科(非数学类专业)、经济、管理类有关专本科生学习高等数学的参考书,也可供考研学生在复习高等数学时使用。

作者在浙江大学长期执教数学公共课,参与考研数学阅卷。本书以历年考研辅导班的讲稿为蓝本,经反复修改、多次讲用、日积月累而成。然限于水平,撰写中常有绠短汲深之感,殷切希望读者不吝赐教,多多指正。

作 者

2015 年 3 月于浙大求是园

目　录

第1章 函数、极限、连续

了解 函数的有界性、单调性、周期性和奇偶性,反函数及隐函数的概念,初等函数的概念,连续函数的性质和初等函数的连续性.

会 建立应用问题中的函数关系式,利用极限存在的两个准则求极限,用等价无穷小量求极限,判别函数间断点的类型,应用闭区间上连续函数的性质.

理解 函数的概念,复合函数及分段函数的概念,极限的概念,函数左极限与右极限的概念,函数极限存在与左、右极限之间的关系,无穷小量、无穷大量的概念,函数连续性的概念(含左连续与右连续),闭区间上连续函数的性质(有界性、最大值和最小值定理、介值定理).

掌握 函数的表示法,基本初等函数的性质及其图形,极限的性质及四则运算法则,极限存在的两个准则,利用两个重要极限求极限的方法,无穷小量的比较方法,用洛必达法则求未定式极限的方法.

§1.1 函 数

一、内容梳理

(一)基本概念

1.函数的定义

定义1.1 设 A、B 是两个非空实数集,如果存在一个对应法则 f,使得对 A 中任何一个实数 x,在 B 中都有唯一确定的实数 y 与 x 对应,则称对应法则 f 是 A 上的函数,记为

$$f: x \rightarrow y \text{ 或 } f: A \rightarrow B.$$

y 称为 x 对应的函数值,记为 $y = f(x)$,$x \in A$.

其中 x 叫作自变量,y 叫作因变量,A 称为函数 f 的定义域,记为 $D(f)$,$\{f(x) \mid x \in A\}$ 称为函数的值域,记为 $R(f)$,在平面直角坐标系 Oxy 下,集合 $\{(x, y): y = f(x), x \in D\}$ 称为函数 $y = f(x)$ 的图形.

(1)函数是微积分中最重要最基本的一个概念,因为微积分是以函数为研究对象,运用无穷小与无穷大过程分析处理问题的一门数学学科.

(2)函数与函数表达式的区别:函数表达式指的是解析式,是表示函数的主要形式;函数除了用表达式来表示,还可以用表格、图像等形式来表示.

2.反函数

定义1.2 设 $y = f(x)$,$x \in D$,若对 $R(f)$ 中每一个 y,都有唯一确定且满足 $y = f(x)$ 的 $x \in D$ 与之对应,则按此对应法则就能得到一个定义在 $R(f)$ 上的函数,称这个函数为 f 的反函数,记作

$$f^{-1}:R(f)\to D \text{ 或 } x=f^{-1}(y),y\in R(f).$$

由于习惯上用 x 表示自变量,用 y 表示因变量,所以常把上述函数改写成 $y=f^{-1}(x),x\in R(f)$.

(1)由函数、反函数的定义可知,反函数的定义域是原来函数的值域,值域是原来函数的定义域.

(2)函数 $y=f(x)$ 与 $x=f^{-1}(y)$ 的图像相同.这因为满足 $y=f(x)$ 的点 (x,y) 的集合与满足 $x=f^{-1}(y)$ 的点 (x,y) 的集合完全相同,而函数 $y=f(x)$ 与 $y=f^{-1}(x)$ 图像关于直线 $y=x$ 对称.

(3)若 $y=f(x)$ 的反函数是 $x=f^{-1}(y)$,则 $y=f[f^{-1}(y)],x=f^{-1}[f(x)]$.

3. 复合函数

定义 1.3 设 $y=f(u),u\in E,u=\varphi(x),x\in D$,若 $D(f)\bigcap R(\varphi)\neq\varnothing$,则 y 通过 u 构成 x 的函数,称为由 $y=f(u)$ 与 $u=\varphi(x)$ 复合而成的函数,简称为复合函数,记作 $y=f(\varphi(x))$.

复合函数的定义域为 $\{x\mid x\in D \text{ 且 } \varphi(x)\in E\}$,其中 x 称为自变量,y 称为因变量,u 称为中间变量,$\varphi(x)$ 称为内函数,$f(u)$ 称为外函数.

(1)在实际判断两个函数 $y=f(u),u=\varphi(x)$ 能否构成复合函数时,只要看 $y=f(\varphi(x))$ 的定义域是否为非空集,若不为空集,则能构成复合函数,否则不能构成复合函数.

(2)在求复合函数时,需要指出谁是内函数,谁是外函数.例如 $y=f(x),y=g(x)$,若 $y=f(x)$ 作为外函数,$y=g(x)$ 作为内函数,则复合函数 $y=f(g(x))$;若 $y=g(x)$ 作为外函数,$y=f(x)$ 作为内函数,则复合函数为 $y=g(f(x))$.

(3)要会分析复合函数的复合结构,既要会把几个函数复合成一个复合函数,又要会把一个复合函数分拆成几个函数的复合.

4. 初等函数

常值函数、幂函数、指数函数、对数函数、三角函数、反三角函数等统称为基本初等函数.

记住基本初等函数的定义域、值域,会画它们的图像,且要知道这些函数在哪些区间递增,在哪些区间递减,是否经过原点,与坐标轴的交点是什么。

由基本初等函数经过有限次四则运算或有限次复合运算所得到的函数统称为初等函数.

不是初等函数的函数称为非初等函数.一般来说,分段函数不是初等函数,但有些分段函数可能是初等函数,例如

$$f(x)=\begin{cases}-x, & x\leqslant 0,\\ x, & x>0\end{cases}=\mid x\mid=\sqrt{x^2}$$

是由 $y=\sqrt{u},u=x^2$ 复合而成的.

5. 具有某些特性的函数

(1)奇(偶)函数

定义 1.4 设 D 是关于原点对称的数集,$y=f(x)$ 为定义在 D 上的函数,若对每一个 $x\in D$(这时也有 $-x\in D$),都有 $f(-x)=-f(x)(f(-x)=f(x))$,则称 $y=f(x)$ 为 D 上的奇(偶)函数.

定义域关于原点对称是函数为奇(偶)函数的必要条件.

若 $f(x)$ 为奇函数,则 $f(0)=0$.事实上,由定义知 $f(-0)=-f(0)$,有 $f(0)=-f(0)$,得 $f(0)=0$.

偶函数 $f(x)$ 的图像关于 y 轴对称;奇函数 $f(x)$ 的图像关于原点对称.

奇偶函数的运算性质:

奇函数的代数和仍为奇函数;偶函数的代数和仍为偶函数;偶数个奇(偶)函数之积为偶函数;奇数个奇函数的积为奇函数;一奇一偶的乘积为奇函数;两个奇函数复合仍为奇函数;一奇一偶复合为偶函数;两个偶函数复合仍为偶函数.

(2)周期函数

定义 1.5 设 $y=f(x)$ 为定义在 D 上的函数,若存在某个非零常数 T,使得对一切 $x\in D$,都有 $f(x+T)=f(x)$,则称 $y=f(x)$ 为周期函数,T 称为 $y=f(x)$ 的一个周期.

显然,若 T 是 $f(x)$ 的周期,则 $kT(k\in\mathbf{Z},k\neq 0)$ 也是 $f(x)$ 的周期,若周期函数 $f(x)$ 的所有正周期中存在最小正周期,则称这个最小正周期为 $f(x)$ 的基本周期.一般地,函数的周期指的是基本周期.

必须指出,不是所有的周期函数都有最小正周期,例如 $f(x)=c$ (c 为常数).因为对任意的正实常数 T,都有 $f(x+T)=f(x)=c$.所以 $f(x)=c$ 是周期函数,但在正实数里没有最小正常数,所以,周期函数 $f(x)=c$ 没有最小正周期.

（3）单调函数

定义 1.6　设 $y=f(x)$ 为定义在 D 上的函数.若对 D 中任意两个数 x_1,x_2 ($x_1<x_2$),总有

$$f(x_1)\leqslant f(x_2)\ (f(x_1)\geqslant f(x_2)),$$

则称 $y=f(x)$ 为 D 上的递增（递减）函数.特别地,若总成立严格不等式

$$f(x_1)<f(x_2)\ (f(x_1)>f(x_2)),$$

则称 $y=f(x)$ 为 D 上的严格递增（递减）函数.

递增和递减函数统称为单调函数,严格递增和严格递减函数统称为严格单调函数.

（4）分段函数

如果一个函数在其定义域内,对应于不同的 x 范围有着不同的表达形式,则称该函数为分段函数.

分段函数不是由几个函数组成的,而是一个函数.经常用构造分段函数来举反例.常见的分段函数有符号函数、狄利克雷函数、取整函数等.

（5）有界函数与无界函数

定义　设 $y=f(x)$ 为定义在 D 上的函数,若存在常数 $N\leqslant M$,使得对每一个 $x\in D$,都有

$$N\leqslant f(x)\leqslant M,$$

则称 $f(x)$ 为 D 上的有界函数,此时,称 N 为 $f(x)$ 在 D 上的一个下界,称 M 为 $f(x)$ 在 D 上的一个上界.

由定义可知,上、下界有无数个,也可写成如下的等价定义.

定义 1.7　设 $y=f(x)$ 为定义在 D 上的函数,若存在常数 $M>0$,使得对每一个 $x\in D$,都有

$$|f(x)|\leqslant M,$$

则 $f(x)$ 为 D 上的有界函数.

定义 1.8　设 $y=f(x)$ 为定义在 D 上的函数,若对每一个正常数 M（无论 M 多么大）,都存在 $x_0\in D$,使 $|f(x_0)|>M$,则称 $f(x)$ 为 D 上的无界函数.

注　当对一个陈述加以否定时,应该把逻辑量词"存在"换成"任给",把"任给"换成"存在",且最后给出否定的结论.

（二）重要定理与公式

定理 1.1（反函数存在定理）　严格单调递增（减）的函数必有严格单调递增（减）的反函数.

二、考题类型、解题策略及典型例题

类型 1.1　求函数定义域

解题策略　(1)若函数是一个抽象的数学表达式,则其定义域应是使这式子有意义的一切实数组成的集合,且

①分式的分母不能为零;　　　　　　　　　②偶次根号下应大于或等于零;

③对数式的真数应大于零且底数大于零不为1;　　④arcsin $\varphi(x)$ 或 arccos $\varphi(x)$,要求 $|\varphi(x)|\leqslant 1$;

⑤tan $\varphi(x)$,要求 $k\pi-\dfrac{\pi}{2}<\varphi(x)<k\pi+\dfrac{\pi}{2}$,$k\in\mathbf{Z}$;cot $\varphi(x)$,要求 $k\pi<\varphi(x)<k\pi+\pi$,$k\in\mathbf{Z}$.

⑥若函数的表达式由几项线性组合组成,则它的定义域是各项定义域的交集;

⑦分段函数的定义域是各段定义域的并集.

(2)若函数涉及实际问题,定义域是除了使数式子有意义,还应当确保实际有意义的自变量取值全体组成的集合.

(3)对于抽象函数的定义域问题,要依据函数定义及题设条件求解.

例 1.1.1 设函数 $f(x)=\dfrac{x}{1+\dfrac{1}{x-2}}$，求 $f(x)$ 的定义域.

解 要使函数式子有意义，必须满足

$$\begin{cases} 1+\dfrac{1}{x-2}\neq 0, \\ x-2\neq 0, \end{cases} \quad\text{即}\quad \begin{cases} x\neq 1, \\ x\neq 2. \end{cases}$$

故所给函数的定义域为 $\{x:x\in\mathbf{R}\ \text{且}\ x\neq 1, x\neq 2\}$.

注 如果把 $\dfrac{x}{1+\dfrac{1}{x-2}}$ 化简为 $\dfrac{x(x-2)}{x-1}$，那么函数的定义域为不等于 1 的一切实数，因此，求函数的定义域时需特别小心，避免出错.

例 1.1.2 已知函数 $f(x)=\mathrm{e}^{x^2}$，$f[\varphi(x)]=1-x$ 且 $\varphi(x)\geqslant 0$，求 $\varphi(x)$ 并写出它的定义域.

解 由 $\mathrm{e}^{[\varphi(x)]^2}=1-x$，得 $\varphi(x)=\sqrt{\ln(1-x)}$，由 $\ln(1-x)\geqslant 0$，得 $1-x\geqslant 1$，即 $x\leqslant 0$，所以 $\varphi(x)=\sqrt{\ln(1-x)}$，$x\leqslant 0$.

类型 1.2　求函数值域

解题策略 ①由自变量 x 的范围，利用不等式求出 $f(x)$ 的取值范围；
②若 $y=f(x)$ 有反函数 $x=f^{-1}(y)$，求出反函数的定义域就是原函数的值域；
③利用一元二次方程的判别式求函数的值域.

例 1.1.3 求下列函数的值域：

$(1)\ y=x+\sqrt{1-x}$；　　　　　　　　　　　　　　$(2)\ y=\dfrac{x+1}{x+3}$.

解 (1)令 $\sqrt{1-x}=t$，则 $x=1-t^2$，于是 $y=x+\sqrt{1-x}=1-t^2+t=-\left(t-\dfrac{1}{2}\right)^2+\dfrac{5}{4}\leqslant\dfrac{5}{4}$.

当且仅当 $t=\dfrac{1}{2}$，即 $x=\dfrac{3}{4}$ 时，$y=\dfrac{5}{4}$. 故函数 $y=x+\sqrt{1-x}$ 的值域是 $\left(-\infty,\dfrac{5}{4}\right]$.

(2)由 $y=\dfrac{x+1}{x+3}$，得 $(x+3)y=x+1$，解之，$x=\dfrac{1-3y}{y-1}$ 是 $y=\dfrac{x+1}{x+3}$ 的反函数，而 $x=\dfrac{1-3y}{y-1}$ 的定义域是 $y\neq 1$，故函数值域是 $(-\infty,1)\bigcup(1,+\infty)$.

类型 1.3　判断两函数是否为相同函数

解题策略 在判断两个函数是否为相同函数时，只要看这两个函数的定义域和对应法则是否相同，至于自变量、因变量用什么字母，函数用什么记号，都是无关紧要的.

例 1.1.4 判断下列各组函数是否为同一函数：

$(1)(\text{i})\ y=\sin x\ (0\leqslant x\leqslant\pi)$；　　　　　　$(\text{ii})\ s=\sqrt{1-\cos^2 t}\ (0\leqslant t\leqslant\pi)$.

$(2)(\text{i})\ y=\dfrac{x-1}{x^2-1}$；　　　　　　　　　　$(\text{ii})\ y=\dfrac{1}{x+1}$.

解 (1)由 $y=\sin x$ 的定义域是 $[0,\pi]$，$s=\sqrt{1-\cos^2 t}$ 的定义域是 $[0,\pi]$，知两函数定义域相同，又 $s=\sqrt{1-\cos^2 t}=\sqrt{\sin^2 t}=|\sin t|=\sin t\ (0\leqslant t\leqslant\pi)$，知两函数对应法则相同，故 $(\text{i})(\text{ii})$ 为同一函数.

(2)由 $y=\dfrac{x-1}{x^2-1}$ 的定义域是 $x\neq\pm 1$ 的全体实数，$y=\dfrac{1}{x+1}$ 的定义域是 $x\neq -1$ 的全体实数，知两函数定义域不同，尽管当 $x\neq\pm 1$ 时，$y=\dfrac{x-1}{x^2-1}=\dfrac{1}{x+1}$，知两函数对应法则相同，但 $(\text{i})(\text{ii})$ 不是同一个函数.

类型 1.4　求反函数的表达式

解题策略 ①从 $y=f(x)$ 中解出 $x=f^{-1}(y)$；②改写成 $y=f^{-1}(x)$，则 $y=f^{-1}(x)$ 是 $x=f^{-1}(y)$ 的反函数.

例 1.1.5 求下列函数的反函数：

(1) $y = \sqrt[3]{x + \sqrt{1+x^2}} + \sqrt[3]{x - \sqrt{1+x^2}}$;

(2) $y = \begin{cases} x, & x < 1, \\ x^2, & 1 \leqslant x \leqslant 4, \\ 2^x, & x > 4. \end{cases}$

解　(1) 由 $y = \sqrt[3]{x + \sqrt{1+x^2}} + \sqrt[3]{x - \sqrt{1+x^2}}$，两边立方得

$y^3 = x + \sqrt{1+x^2} + 3\sqrt[3]{\left(x + \sqrt{1+x^2}\right)^2 \left(x - \sqrt{1+x^2}\right)} + 3\sqrt[3]{\left(x + \sqrt{1+x^2}\right)\left(x - \sqrt{1+x^2}\right)^2} + x - \sqrt{1+x^2}$,

即 $y^3 = 2x - 3\sqrt[3]{x + \sqrt{1+x^2}} - 3\sqrt[3]{x - \sqrt{1+x^2}} = 2x - 3y$,

解之得 $x = \dfrac{1}{2}(3y + y^3)$. 所以反函数为 $y = \dfrac{1}{2}(3x + x^3), x \in \mathbf{R}$.

(2) 由 $x = \begin{cases} y, & y < 1, \\ \sqrt{y}, & 1 \leqslant y \leqslant 16, \\ \log_2 y, & y > 16, \end{cases}$ 则反函数为 $y = \begin{cases} x, & x < 1, \\ \sqrt{x}, & 1 \leqslant x \leqslant 16, \\ \log_2 x, & x > 16. \end{cases}$

类型 1.5　求复合函数的表达式

解题策略　①代入法:某一个函数中的自变量用另一个函数的表达式来替代,这种构成复合函数的方法称为代入法.该法适用于初等函数的复合,解题时关键要搞清谁是内函数,谁是外函数.②分析法:根据外函数定义的各区间段,结合中间变量的表达式及中间变量的定义域进行分析,从而得出复合函数的方法.该方法用于初等函数与分段函数或分段函数与分段函数的复合.

例 1.1.6　设 $f(x) = \begin{cases} \mathrm{e}^x, & x < 1, \\ x, & x \geqslant 1, \end{cases} \quad \varphi(x) = \begin{cases} x+2, & x < 0, \\ x^2 - 1, & x \geqslant 0, \end{cases}$ 求 $f(\varphi(x))$.

解　由 $f(\varphi(x)) = \begin{cases} \mathrm{e}^{\varphi(x)}, & \varphi(x) < 1, \\ \varphi(x), & \varphi(x) \geqslant 1. \end{cases}$

(1) 当 $\varphi(x) < 1$ 时,若 $x < 0, \varphi(x) = x + 2 < 1$,即 $\begin{cases} x < 0, \\ x < -1, \end{cases}$ 有 $x < -1$.

若 $x \geqslant 0, \varphi(x) = x^2 - 1 < 1$,即 $\begin{cases} x \geqslant 0, \\ -\sqrt{2} < x < \sqrt{2}, \end{cases}$ 有 $0 \leqslant x < \sqrt{2}$.

(2) 当 $\varphi(x) \geqslant 1$ 时,若 $x < 0, \varphi(x) = x + 2 \geqslant 1$,即 $\begin{cases} x < 0, \\ x \geqslant -1, \end{cases}$ 有 $-1 \leqslant x < 0$.

若 $x \geqslant 0, \varphi(x) = x^2 - 1 \geqslant 1$,即 $\begin{cases} x \geqslant 0, \\ x \leqslant -\sqrt{2} \text{ 或 } x \geqslant \sqrt{2}, \end{cases}$ 有 $x \geqslant \sqrt{2}$. 得

$$f(\varphi(x)) = \begin{cases} \mathrm{e}^{x+2}, & x < -1, \\ x+2, & -1 \leqslant x < 0, \\ \mathrm{e}^{x^2-1}, & 0 \leqslant x < \sqrt{2}, \\ x^2 - 1, & x \geqslant \sqrt{2}. \end{cases}$$

类型 1.6　判断函数奇偶性

解题策略　①用定义;②若 $f(x) + f(-x) = 0$,则 $f(x)$ 为奇函数,这种方法适合用于难以用定义判断的题目.

例 1.1.7　判断下列函数的奇偶性:

(1) $f(x) = \ln \dfrac{1-x}{1+x}$;

(2) $f(x) = \dfrac{1}{a^x - 1} + \dfrac{1}{2}$ ($a > 0, a \neq 1$ 常数).

解　(1) 由 $f(x) + f(-x) = \ln \dfrac{1-x}{1+x} + \ln \dfrac{1-(-x)}{1+(-x)} = \ln \dfrac{1-x}{1+x} + \ln \dfrac{1+x}{1-x} = \ln \dfrac{1-x}{1+x} \cdot \dfrac{1+x}{1-x} = \ln 1 = 0$, 知 $f(x)$ 为奇函数.

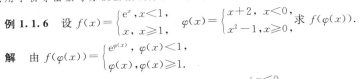

(2) 由 $f(-x) = \dfrac{1}{a^{-x} - 1} + \dfrac{1}{2} = \dfrac{1}{\frac{1}{a^x} - 1} + \dfrac{1}{2} = \dfrac{a^x}{1 - a^x} + \dfrac{1}{2} = \dfrac{a^x - 1 + 1}{1 - a^x} + \dfrac{1}{2} = \dfrac{1}{1 - a^x} - 1 + \dfrac{1}{2} = \dfrac{1}{1 - a^x} - \dfrac{1}{2}$

$$=-\left(\frac{1}{a^x-1}+\frac{1}{2}\right)=-f(x),知\ f(x)为奇函数.$$

类型 1.7 周期函数的判断与周期的求法

解题策略

(1)周期函数的判断方法:①用定义;②用周期函数的运算性质.(2)周期函数周期的求法:①若 T 为 $f(x)$ 的周期,则 $f(ax+b)$ 的周期为 $\dfrac{T}{|a|}(a\neq0)$;②若 $f(x)$ 的周期为 T_1,$g(x)$ 的周期为 T_2,则 $c_1f(x)+c_2g(x)$ 的周期为 T_1,T_2 的最小公倍数.

常见函数的周期:$\sin x,\cos x$,周期 $T=2\pi$;$\tan x,\cot x,|\sin x|,|\cos x|$,周期 $T=\pi$.

例 1.1.8 求下列函数周期:

(1)$f(x)=2\tan\dfrac{x}{2}-3\tan\dfrac{x}{3}$; (2)$f(x)=\sin^4x+\cos^4x$; (3)$f(x)=x-[x]$.

解 (1)$\tan\dfrac{x}{2}$ 的周期 $T_1=\pi\Big/\dfrac{1}{2}=2\pi$,$\tan\dfrac{x}{3}$ 的周期 $T_2=\pi\Big/\dfrac{1}{3}=3\pi$,故 $f(x)$ 的周期为 6π.

(2)由 $f(x)=(\sin^2x+\cos^2x)^2-2\sin^2x\cos^2x=1-\dfrac{1}{2}\sin^22x=1-\dfrac{1}{4}(1-\cos4x)=\dfrac{3}{4}+\dfrac{1}{4}\cos4x$,知 $f(x)$ 的周期 $T=\dfrac{2\pi}{4}=\dfrac{1}{2}\pi$.

(3)设 $x=n+r\ (0\leqslant r<1)$,$n\in\mathbf{Z}$,T 为任意整数,由 $f(x+T)=f(n+T+r)=n+T+r-[n+T+r]=n+T+r-(T+[n+r])=n+r-[n+r]=f(x)$,知任意整数均为其周期,则最小周期 $T=1$.

类型 1.8 单调函数的判断方法

解题策略 ①用定义;②利用单调函数的性质:两个递减(增)函数的复合是递增函数,一个递增、一个递减函数的复合是递减函数;③单调性定理.

类型 1.9 函数有界性的判断

解题策略 判断函数有界,经常用定义.判断函数无界:①用定义;②找一个子数列极限是无穷大.

例 1.1.9 判断下列函数是否有界:

(1)$f(x)=\dfrac{x}{1+x^2}$; (2)$f(x)=\dfrac{1}{x^2}$,$x\in(0,1]$.

解 (1)$f(x)$ 的定义域是 $\mathbf{R}$.

当 $x\neq0$ 时,$|f(x)|=\left|\dfrac{x}{1+x^2}\right|=\dfrac{|x|}{1+x^2}\leqslant\dfrac{|x|}{2|x|}=\dfrac{1}{2}$;当 $x=0$ 时,$f(0)=0$,有 $|f(0)|<\dfrac{1}{2}$.

故当 $x\in\mathbf{R}$ 时,$|f(x)|\leqslant\dfrac{1}{2}$,所以 $f(x)$ 为有界函数.

(2)$\forall M>0$,取 $x_0=\dfrac{1}{\sqrt{M+1}}\in(0,1]$.$|f(x_0)|=\left|\dfrac{1}{\frac{1}{M+1}}\right|=|M+1|=M+1>M.$

由无界函数的定义知 $f(x)$ 在 $(0,1]$ 上无界.

§1.2 函数极限与连续

一、内容梳理

(一)基本概念

1. 函数极限的概念

(1)**定义 1.9** $\lim\limits_{x\to+\infty}f(x)=A$:若存在一个常数 A,$\forall\varepsilon>0$,$\exists X>0$,当 $x>X$ 时,都有 $|f(x)-A|<\varepsilon$.

（2）**定义 1.10**　$\lim\limits_{x\to-\infty}f(x)=A$：把（1）中"$x>X$"换成"$x<-X$".

（3）**定义 1.11**　$\lim\limits_{x\to\infty}f(x)=A$：把（1）中"$x>X$"换成"$|x|>X$".

（4）**定义 1.12**　$\lim\limits_{x\to x_0}f(x)=A$：设 $f(x)$ 在 x_0 的某空心邻域 $\overset{\circ}{U}(x_0)$ 内有定义，若存在一个常数 A，$\forall \varepsilon>0$，$\exists \delta>0$，当 $0<|x-x_0|<\delta$ 时，都有 $|f(x)-A|<\varepsilon$.

（5）**定义 1.13**　$\lim\limits_{x\to x_0^-}f(x)=A$：设 $f(x)$ 在 x_0 的某左半邻域 $\overset{\circ}{U}_-(x_0)$ 内有定义，若存在一个常数 A，$\forall \varepsilon>0$，$\exists \delta>0$，当 $-\delta<x-x_0<0$ 时，都有 $|f(x)-A|<\varepsilon$.

此时也可用记号 $f(x_0-0)$ 或 $f(x_0^-)$ 表示左极限值 A，因此可写成
$$\lim\limits_{x\to x_0^-}f(x)=f(x_0-0)\text{ 或 }\lim\limits_{x\to x_0^-}f(x)=f(x_0^-).$$

（6）**定义 1.14**　$\lim\limits_{x\to x_0^+}f(x)=A$：设 $f(x)$ 在 x_0 的某右半邻域 $\overset{\circ}{U}_+(x_0)$ 内有定义，若存在一个常数 A，$\forall \varepsilon>0$，$\exists \delta>0$，当 $0<x-x_0<\delta$ 时，都有 $|f(x)-A|<\varepsilon$. 此时也可用 $f(x_0+0)$ 或 $f(x_0^+)$ 表示右极限 A. 因此可写成
$$\lim\limits_{x\to x_0^+}f(x)=f(x_0+0)\text{ 或 }\lim\limits_{x\to x_0^+}f(x)=f(x_0^+).$$

（7）**定义 1.15**　$\lim\limits_{x\to x_0}f(x)=\infty$：$\forall M>0$，$\exists \delta>0$，当 $0<|x-x_0|<\delta$ 时，都有 $|f(x)|>M$. 此时称当 $x\to x_0$ 时，$f(x)$ 是无穷大量.

$\lim\limits_{x\to x_0}f(x)=+\infty$：只要把上式中"$|f(x)|>M$"改成"$f(x)>M$". $\lim\limits_{x\to x_0}f(x)=-\infty$：只要把上式中"$|f(x)|>M$"改成"$f(x)<-M$".

（8）**定义 1.16**　$\lim\limits_{x\to\infty}f(x)=\infty$：$\forall M>0$，$\exists X>0$，当 $|x|>X$ 时，都有 $|f(x)|>M$.

同理可给出 $\lim\limits_{x\to\infty(+\infty\text{或}-\infty)}f(x)=+\infty$ 或 $-\infty$ 的定义.

注　$\lim\limits_{x\to x_0}f(x)=A$（常数）与 $\lim\limits_{x\to x_0}f(x)=\infty$ 的区别：前者表明函数极限存在，后者指函数极限不存在，但还是有趋于无穷大的趋势，因此，给它一个记号，但还是属于极限不存在之列，当说函数极限存在，指的是函数极限值是个常数.

（9）**定义 1.17**　若 $\lim\limits_{x\to x_0}f(x)=0$，称 $f(x)$ 当 $x\to x_0$ 时是无穷小量.

这里 x_0 可以是常数，也可以是 $\infty,+\infty,-\infty$，以后不说明都是指的这个意思.

（10）**定义 1.18**　若 $\exists \delta>0$，$\exists M>0$，当 $x\in\overset{\circ}{U}(x_0,\delta)$ 时，都有 $|f(x)|\leqslant M$，称 $f(x)$ 当 $x\to x_0$ 时是有界量.

2. 无穷小量阶的比较，无穷小量与无穷大量的关系

设 $\lim\limits_{x\to x_0}f(x)=0$，$\lim\limits_{x\to x_0}g(x)=0$，

（1）若 $\lim\limits_{x\to x_0}\dfrac{f(x)}{g(x)}=0$，称 $f(x)$ 当 $x\to x_0$ 时是 $g(x)$ 的高阶无穷小量，记作 $f(x)=o(g(x))(x\to x_0)$；

（2）若 $\lim\limits_{x\to x_0}\dfrac{f(x)}{g(x)}=1$，称 $f(x)$ 当 $x\to x_0$ 时是 $g(x)$ 的等价无穷小量，记作 $f(x)\sim g(x)(x\to x_0)$；

（3）若 $\lim\limits_{x\to x_0}\dfrac{f(x)}{g(x)}=c$（常数）$\neq 0$，称 $f(x)$ 当 $x\to x_0$ 时是 $g(x)$ 的同阶无穷小量，记作 $f(x)\sim cg(x)(x\to x_0)$；

（4）若 $\lim\limits_{x\to x_0}\dfrac{f(x)}{(x-x_0)^k}=c$（常数）$\neq 0$（$k>0$ 常数），称 $f(x)$ 当 $x\to x_0$ 时是 $x-x_0$ 的 k 阶无穷小量.

由等价无穷量在求极限过程中起到非常重要的作用，因此，若 $\lim\limits_{x\to x_0}\dfrac{f(x)}{g(x)}=1$，记作 $f(x)\sim g(x)(x\to x_0)$，如果 $f(x),g(x)$ 均是无穷小量，称为等价无穷小量；如果 $f(x),g(x)$ 均是无穷大量，称为等价无穷大量；如果 $f(x),g(x)$ 既不是无穷小量也不是无穷大量，称为等价量.

例如 $\lim\limits_{x \to x_0} f(x) = A(常数) \neq 0$，则 $f(x) \sim A(x \to x_0)$.

注 A 不能为零，若 $A=0$，$f(x)$ 不可能和 0 等价.

3. 函数连续的概念

定义 1.19 若 $\lim\limits_{x \to x_0} f(x) = f(x_0)$，称 $f(x)$ 在 $x = x_0$ 处连续.

用 ε-δ 语言可写为

定义 1.20 设 $f(x)$ 在 x_0 的某邻域 $U(x_0)$ 内有定义，若 $\forall \varepsilon > 0$，$\exists \delta > 0$，当 $|x - x_0| < \delta$ 时，都有 $|f(x) - f(x_0)| < \varepsilon$，称 $f(x)$ 在 $x = x_0$ 处连续.

用函数值增量 Δy 形式可写为

定义 1.21 若 $\lim\limits_{\Delta x \to 0} \Delta y = 0$，称 $f(x)$ 在 $x = x_0$ 处连续.

如果 $f(x)$ 在 $x = x_0$ 处不连续，称 $x = x_0$ 为 $f(x)$ 的间断点.

若 $\lim\limits_{x \to x_0^-} f(x) = f(x_0)$，称 $f(x)$ 在 $x = x_0$ 处左连续，若 $\lim\limits_{x \to x_0^+} f(x) = f(x_0)$，称 $f(x)$ 在 $x = x_0$ 处右连续.

间断点的分类：

(1) 若 $\lim\limits_{x \to x_0} f(x) = A(常数)$，但 $f(x)$ 在 $x = x_0$ 处不连续，称 $x = x_0$ 是 $f(x)$ 的可去间断点.

若 $x = x_0$ 为函数 $f(x)$ 的可去间断点，只需补充定义或改变 $f(x)$ 在 $x = x_0$ 处的函数值，使函数在该点连续. 但需注意，这时函数与 $f(x)$ 已经不是同一个函数，但仅在 $x = x_0$ 处不同，在其他点相同. 正是利用这一性质去构造一个新的函数 $F(x)$，使 $F(x)$ 在某闭区间上处处连续，因而有某种性质. 当 $x \neq x_0$ 时，也具有这种性质. 而 $x \neq x_0$ 时，$F(x) = f(x)$，所以 $f(x)$ 在 $x \neq x_0$ 的范围内也具有这种性质.

例如 $f(x) = \dfrac{\sin x}{x}$，$\lim\limits_{x \to 0} f(x) = \lim\limits_{x \to 0} \dfrac{\sin x}{x} = 1$，但由 $f(x)$ 在 $x = 0$ 处没有定义，知 $f(x)$ 在 $x = 0$ 处不连续，设

$$F(x) = \begin{cases} \dfrac{\sin x}{x}, & x \neq 0, \\ 1, & x = 0. \end{cases}$$ 则 $F(x)$ 在 $x = 0$ 处连续，但 $F(x)$ 与 $f(x)$ 定义域不同，虽然 $F(x)$ 与 $f(x)$ 不是同一函

数，却在 $x \neq 0$ 处完全相同.

(2) 若 $\lim\limits_{x \to x_0^-} f(x) = f(x_0 - 0)$，$\lim\limits_{x \to x_0^+} f(x) = f(x_0 + 0)$，但 $f(x_0 - 0) \neq f(x_0 + 0)$，称 $x = x_0$ 为 $f(x)$ 的跳跃间断点，称 $|f(x_0 + 0) - f(x_0 - 0)|$ 为 $f(x)$ 的跳跃度.

(1)(2) 两种类型的特点是左右极限都存在，统称为第一类间断点，特点是左右极限均存在.

(3) 若在 $x = x_0$ 处，左、右极限至少有一个不存在，称 $x = x_0$ 为 $f(x)$ 的第二类间断点.

若 $\lim\limits_{x \to x_0} f(x) = \infty$，也称 $x = x_0$ 为 $f(x)$ 的无穷型间断点，属于第二类间断点.

(二) 重要定理与公式

定理 1.2 $\lim\limits_{x \to \infty} f(x) = A \Leftrightarrow \lim\limits_{x \to +\infty} f(x) = A$ 且 $\lim\limits_{x \to -\infty} f(x) = A$.

定理 1.3 $\lim\limits_{x \to x_0} f(x) = A \Leftrightarrow \lim\limits_{x \to x_0^-} f(x) = A$ 且 $\lim\limits_{x \to x_0^+} f(x) = A$.

定理 1.4 $\lim\limits_{x \to x_0} f(x) = A(常数) \Leftrightarrow f(x) = A + \alpha(x)$，其中 $\lim\limits_{x \to x_0} \alpha(x) = 0$.

1. 无穷小量的性质

若 $\alpha_1(x), \alpha_2(x), \cdots, \alpha_m(x)$ 当 $x \to x_0$ 时，均为无穷小量，则

(1) $\lim\limits_{x \to x_0} [c_1 \alpha_1(x) + c_2 \alpha_2(x) + \cdots + c_m \alpha_m(x)] = 0$，其中 $c_1, c_2, \cdots, c_m$ 均为常数；

(2) $\lim\limits_{x \to x_0} \alpha_1(x) \alpha_2(x) \cdots \alpha_m(x) = 0$；

(3) 若 $f(x)$ 当 $x \to x_0$ 时是有界量，$\alpha(x)$ 当 $x \to x_0$ 时是无穷小量，则 $\lim\limits_{x \to x_0} f(x) \alpha(x) = 0$.

2. 无穷大量的性质

(1) 有限个无穷大量之积仍是无穷大量；(2) 有界量与无穷大量之和仍是无穷大量.

3. 无穷小量与无穷大量之间的关系

(1) 若 $\lim\limits_{x\to x_0} f(x)=\infty$，则 $\lim\limits_{x\to x_0}\dfrac{1}{f(x)}=0$；

(2) 若 $\lim\limits_{x\to x_0} f(x)=0$，且 $\exists\,\delta>0$，当 $x\in\overset{\circ}{U}(x_0,\delta)$ 时，$f(x)\neq0$，则 $\lim\limits_{x\to x_0}\dfrac{1}{f(x)}=\infty$.

4. 函数极限的性质

有下述六种类型的函数极限：

(1) $\lim\limits_{x\to+\infty} f(x)$；(2) $\lim\limits_{x\to-\infty} f(x)$；(3) $\lim\limits_{x\to\infty} f(x)$；(4) $\lim\limits_{x\to x_0} f(x)$；(5) $\lim\limits_{x\to x_0^+} f(x)$；(6) $\lim\limits_{x\to x_0^-} f(x)$.

它们具有与数列极限相类似的一些性质，以 $\lim\limits_{x\to x_0} f(x)$ 为例，其他类型极限的相应性质的叙述只要作适当修改.

性质1（唯一性） 若极限 $\lim\limits_{x\to x_0} f(x)$ 存在，则它只有一个极限.

性质2（局部有界性） 若极限 $\lim\limits_{x\to x_0} f(x)$ 存在，则存在 x_0 的某空心邻域 $\overset{\circ}{U}(x_0)$，使 $f(x)$ 在 $\overset{\circ}{U}(x_0)$ 内有界.

注 $\lim\limits_{x\to x_0} f(x)$ 存在，只能得出 $f(x)$ 在 x_0 的某邻域内有界，得不出 $f(x)$ 在其定义域内有界.

性质3 若 $\lim\limits_{x\to x_0} f(x)=A,\ \lim\limits_{x\to x_0} g(x)=B$，且 $A<B$，则存在 x_0 的某空心邻域 $\overset{\circ}{U}(x_0,\delta_0)$，使得对一切 $x\in\overset{\circ}{U}(x_0,\delta_0)$，都有 $f(x)<g(x)$.

性质4（局部保号性） 若 $\lim\limits_{x\to x_0} f(x)=A>0$（或 <0），则对任何常数 $0<\eta<A$（或 $A<\eta<0$），存在 x_0 的某空心邻域 $\overset{\circ}{U}(x_0)$，使得对一切 $x\in\overset{\circ}{U}(x_0)$，都有 $f(x)>\eta>0$（或 $f(x)<\eta<0$）成立.

性质5（不等式） 若 $\lim\limits_{x\to x_0} f(x)=A,\ \lim\limits_{x\to x_0} g(x)=B$，且存在 x_0 的某空心邻域 $\overset{\circ}{U}(x_0,\delta_0)$，使得对一切 $x\in\overset{\circ}{U}(x_0,\delta_0)$，都有 $f(x)\leqslant g(x)$，则 $A\leqslant B$.

性质6（复合函数的极限） 若 $\lim\limits_{x\to x_0}\varphi(x)=u_0,\ \lim\limits_{u\to u_0} f(u)=A$，且存在 x_0 的某空心邻域 $\overset{\circ}{U}(x_0,\delta')$，使得对一切 $x\in\overset{\circ}{U}(x_0,\delta')$，$\varphi(x)\neq u_0$，则 $\lim\limits_{x\to x_0} f[\varphi(x)]=\lim\limits_{u\to u_0} f(u)=A$.

性质6是求极限的一个重要方法——变量替换法：$\lim\limits_{x\to x_0} f(\varphi(x))\xup03d{\begin{smallmatrix}令\ \varphi(x)=u\\ 且\ x\to x_0,\varphi(x)\to u_0\end{smallmatrix}}\lim\limits_{u\to u_0} f(u)=A$.

性质7（函数极限的四则运算） 若 $\lim\limits_{x\to x_0} f(x)$ 与 $\lim\limits_{x\to x_0} g(x)$ 均存在，则函数 $f(x)\pm g(x),\ f(x)\cdot g(x)$，$cf(x)$（$c$ 为常数）在 $x\to x_0$ 时极限均存在且

(1) $\lim\limits_{x\to x_0}[f(x)\pm g(x)]=\lim\limits_{x\to x_0} f(x)\pm\lim\limits_{x\to x_0} g(x)$；(2) $\lim\limits_{x\to x_0}[f(x)\cdot g(x)]=\lim\limits_{x\to x_0} f(x)\cdot\lim\limits_{x\to x_0} g(x)$；

(3) $\lim\limits_{x\to x_0} cf(x)=c\lim\limits_{x\to x_0} f(x)$；

(4) $\lim\limits_{x\to x_0}\dfrac{f(x)}{g(x)}=\dfrac{\lim\limits_{x\to x_0} f(x)}{\lim\limits_{x\to x_0} g(x)}$（若 $\lim\limits_{x\to x_0} g(x)\neq0$）.

利用极限的四则运算，可得下列重要结果.

$\lim\limits_{x\to\infty}\dfrac{a_0 x^n+a_1 x^{n-1}+\cdots+a_{n-1}x+a_n}{b_0 x^m+b_1 x^{m-1}+\cdots+b_{m-1}x+b_m}$（$a_0,a_1,\cdots,a_n,b_0,b_1,\cdots,b_m$ 均为常数，$a_0\neq0,b_0\neq0$）

$$=\lim_{x\to\infty}\frac{x^n}{x^m}\cdot\frac{a_0+a_1\frac{1}{x}+\cdots+a_{n-1}\frac{1}{x^{n-1}}+a_n\frac{1}{x^n}}{b_0+b_1\frac{1}{x}+\cdots+b_{m-1}\frac{1}{x^{m-1}}+b_m\frac{1}{x^m}}=\begin{cases}0,&n<m,\\ \dfrac{a_0}{b_0},&n=m,\\ \infty,&n>m.\end{cases}$$

上面的结论可作为公式用.

性质 8(归结原则或海涅(Heine)定理) $\lim\limits_{x\to x_0}f(x)$ 存在的充要条件是:

$\forall \lim\limits_{n\to\infty}x_n=x_0\;(x_n\neq x_0,n=1,2,\cdots)$,极限 $\lim\limits_{n\to\infty}f(x_n)$ 都存在且相等.

逆否定理   若存在两个数列 $\{x_n'\}$,$\{x_n''\}\subset \overset{\circ}{U}(x_0)$,$\lim\limits_{n\to\infty}x_n'=x_0$,$\lim\limits_{n\to\infty}x_n''=x_0$,且 $\lim\limits_{n\to\infty}f(x_n')=A$,$\lim\limits_{n\to\infty}f(x_n'')=B$,$A\neq B$ 或存在 $\{x_n\}\subset \overset{\circ}{U}(x_0)$,$\lim\limits_{n\to\infty}x_n=x_0$,$\lim\limits_{n\to\infty}f(x_n)$ 不存在,则 $\lim\limits_{x\to x_0}f(x)$ 不存在.

此定理是判断函数极限不存在的一个重要方法.

5. 函数连续的性质

若函数 $f(x)$ 在点 $x=x_0$ 处连续,即 $\lim\limits_{x\to x_0}f(x)=f(x_0)$,利用极限的性质 1～5 可得到函数在 $x=x_0$ 连续的局部有界性、局部保号性、不等式等,只要把 $\overset{\circ}{U}(x_0)$ 改成 $U(x_0)$ 即可,请读者自己叙述.

利用极限的四则运算,有

性质 1(连续函数的四则运算)   若 $f(x)$,$g(x)$ 在点 $x=x_0$ 处连续,则 $f(x)\pm g(x)$,$f(x)g(x)$,$cf(x)$(c 为常数),$\dfrac{f(x)}{g(x)}$($g(x_0)\neq 0$)在 $x=x_0$ 处也连续.

性质 2   若 $u=\varphi(x)$ 在 x_0 处连续,$y=f(u)$ 在 $u_0=\varphi(x_0)$ 处连续,则 $y=f(\varphi(x))$ 在 $x=x_0$ 处也连续且 $\lim\limits_{x\to x_0}f(\varphi(x))=f(\varphi(x_0))=f(\lim\limits_{x\to x_0}\varphi(x))$.

在满足性质 2 的条件下,极限符号与外函数 f 可交换顺序,如果仅是可交换顺序,有

推论   若 $\lim\limits_{x\to x_0}\varphi(x)=u_0$,$y=f(u)$ 在 $u=u_0$ 处连续,则 $\lim\limits_{x\to x_0}f(\varphi(x))=f(\lim\limits_{x\to x_0}\varphi(x))$.

证明   设 $g(x)=\begin{cases}\varphi(x),& x\neq x_0,\\ u_0,& x=x_0,\end{cases}$ 则 $g(x)$ 在 $x=x_0$ 处连续,又 $y=f(u)$ 在 $u=u_0=g(x_0)$ 处连续,由性质 2 可知

$\lim\limits_{x\to x_0}f(g(x))=f(\lim\limits_{x\to x_0}g(x))$. 由于 $x\to x_0$,要求 $x\neq x_0$,有 $g(x)=\varphi(x)$,所以 $\lim\limits_{x\to x_0}f(\varphi(x))=f(\lim\limits_{x\to x_0}\varphi(x))$.

利用可去间断点的性质,构造一个连续函数,以满足所需的条件,上面的性质 2 及推论也是求函数极限的一个重要方法.

即极限符号与外函数 f 交换顺序,把复杂函数极限转化为简单函数极限.

定理 1.5 $f(x)$ 在 x_0 处连续 $\Leftrightarrow f(x)$ 在 x_0 处既是左连续又是右连续.

定理 1.6   初等函数在其定义域区间上连续.

6. 闭区间上连续函数的性质

定理 1.7(最大值与最小值定理)   若 $f(x)$ 在闭区间 $[a,b]$ 上连续,则 $f(x)$ 在 $[a,b]$ 上一定能取到最大值与最小值,即存在 $x_1,x_2\in[a,b]$,$f(x_1)=M$,$f(x_2)=m$,使得对一切 $x\in[a,b]$,都有 $m\leqslant f(x)\leqslant M$.

推论 1.7.1   若 $f(x)$ 在闭区间 $[a,b]$ 上连续,则 $f(x)$ 在 $[a,b]$ 上有界.

定理 1.8(根的存在定理或零值点定理)   若函数 $f(x)$ 在闭区间 $[a,b]$ 上连续,$f(a)f(b)<0$,则至少存在一点 $\xi\in(a,b)$,使 $f(\xi)=0$.

推论 1.8.1   若函数 $f(x)$ 在闭区间 $[a,b]$ 上连续,且 $f(a)\neq f(b)$,c 为介于 $f(a)$,$f(b)$ 之间的任何常数,则至少存在一点 $\xi\in(a,b)$,使 $f(\xi)=c$.

推论 1.8.2   若函数 $f(x)$ 在闭区间 $[a,b]$ 上连续,则值域 $R(f)=[m,M]$.

这几个定理非常重要,请大家要记住这些定理的条件与结论,并会运用这些定理去解决问题.

7. 重要的函数极限与重要的等价量

利用初等函数的连续性、极限符号与外函数的可交换性、等价量替换及夹逼定理等可得到下面的重要的函数极限.

$(1)\lim\limits_{x\to 0}\dfrac{\sin x}{x}=1.$　　　　　$(2)\lim\limits_{x\to 0}(1+x)^{\frac{1}{x}}=\mathrm{e}.$

$(3)\lim\limits_{x\to 0}\dfrac{\ln(1+x)}{x}=\lim\limits_{x\to 0}\dfrac{1}{x}\ln(1+x)=\lim\limits_{x\to 0}\ln(1+x)^{\frac{1}{x}}=\ln\lim\limits_{x\to 0}(1+x)^{\frac{1}{x}}=\ln\mathrm{e}=1.$

$(4)\lim\limits_{x\to 0}\dfrac{\mathrm{e}^x-1}{x}\xlongequal{\text{设}\,\mathrm{e}^x-1=t}\lim\limits_{t\to 0}\dfrac{t}{\ln(1+t)}=\lim\limits_{t\to 0}\dfrac{1}{\dfrac{\ln(1+t)}{t}}=1.$

$(5)\lim\limits_{x\to 0}\dfrac{a^x-1}{x}=\lim\limits_{x\to 0}\dfrac{\mathrm{e}^{x\ln a}-1}{x\ln a}\cdot\ln a=\ln a\,(a>0,a\neq 1\ \text{为常数}).$

$(6)\lim\limits_{x\to 0}\dfrac{(1+x)^b-1}{x}=\lim\limits_{x\to 0}\dfrac{\mathrm{e}^{b\ln(1+x)}-1}{b\ln(1+x)}\cdot\dfrac{\ln(1+x)}{x}\cdot b=b\,(b\ \text{为常数},b\neq 0).$

$(7)\lim\limits_{x\to 0}\dfrac{\arcsin x}{x}\xlongequal{\text{设}\,\arcsin x=t}\lim\limits_{t\to 0}\dfrac{t}{\sin t}=\lim\limits_{t\to 0}\dfrac{1}{\dfrac{\sin t}{t}}=1.$

$(8)\lim\limits_{x\to 0}\dfrac{\arctan x}{x}\xlongequal{\text{设}\,\arctan x=t}\lim\limits_{t\to 0}\dfrac{t}{\tan t}=\lim\limits_{t\to 0}\dfrac{t}{\sin t}\cdot\cos t=1\times 1=1.$

$(9)\lim\limits_{x\to+\infty}\dfrac{\ln x}{x^k}=0\,(k>0\ \text{常数}).\quad(10)\lim\limits_{x\to+\infty}\dfrac{x^k}{a^x}=0\,(a>1\ \text{常数},k\ \text{为常数}).$

(11)若$\lim\limits_{x\to x_0}u(x)=a>0,\lim\limits_{x\to x_0}v(x)=b\,(a,b\ \text{均为常数}),$则

$\lim\limits_{x\to x_0}u(x)^{v(x)}=\lim\limits_{x\to x_0}\mathrm{e}^{v(x)\ln u(x)}=\mathrm{e}^{\lim\limits_{x\to x_0}v(x)\ln u(x)}=\mathrm{e}^{\lim\limits_{x\to x_0}v(x)\,\cdot\,\lim\limits_{x\to x_0}\ln u(x)}=\mathrm{e}^{b\ln a}=\mathrm{e}^{\ln a^b}=a^b,$

即$\lim\limits_{x\to x_0}u(x)^{v(x)}=a^b.$

注　记住这些公式的标准形式和一般形式. 上面公式中的 x 可换成 $f(x)$，只要 $x\to x_0$ 时，$f(x)\to 0$，结论依然成立.

利用上述重要极限，可以得到下列对应的重要的等价无穷小量.

当 $x\to 0$ 时，$\sin x\sim x$，$\ln(1+x)\sim x$，$\mathrm{e}^x-1\sim x$，$a^x-1\sim x\ln a\,(a>0,a\neq 1,\text{常数}).$
$(1+x)^b-1\sim bx\,(b\neq 0,\text{常数})$，$\arcsin x\sim x$，$\arctan x\sim x$，$1-\cos x\sim\dfrac{1}{2}x^2.$

注　上式中的 x 可换成 $f(x)$，当 $x\to x_0$ 时，$f(x)\to 0$. 结论依然成立.
例如 $\sin f(x)\sim f(x)$（若 $x\to x_0$ 时，$f(x)\to 0$）. 此外，若 $\lim\limits_{x\to x_0}f(x)=A$（常数）$\neq 0$，则 $f(x)\sim A\,(x\to x_0).$

8. 等价量替换定理

定理 1.9（等价量替换定理）　若$(1)f(x)\sim f_1(x),g(x)\sim g_1(x),h(x)\sim h_1(x)\,(x\to x_0)$；

$(2)\lim\limits_{x\to x_0}\dfrac{f_1(x)g_1(x)}{h_1(x)}=A$（或 ∞），则 $\lim\limits_{x\to x_0}\dfrac{f(x)g(x)}{h(x)}=\lim\limits_{x\to x_0}\dfrac{f_1(x)g_1(x)}{h_1(x)}=A$（或 ∞）.

证明　$\lim\limits_{x\to x_0}\dfrac{f(x)g(x)}{h(x)}=\lim\limits_{x\to x_0}\dfrac{f_1(x)g_1(x)}{h_1(x)}\cdot\dfrac{f(x)}{f_1(x)}\cdot\dfrac{g(x)}{g_1(x)}\cdot\dfrac{h_1(x)}{h(x)}=A\cdot 1\cdot 1\cdot 1=A$（或 ∞）. 即

$$\lim\limits_{x\to x_0}\dfrac{f(x)g(x)}{h(x)}=\lim\limits_{x\to x_0}\dfrac{f_1(x)g_1(x)}{h_1(x)}=A\,（\text{或}\,\infty）.$$

定理说明，在求函数极限时，分子、分母中的因式可用它们简单的等价的量来替换，以便化简，容易计算. 需要注意的是，分子、分母中加减的项不能替换，应分解因式，用因式替换，包括用等价无穷小量、等价无穷大量或一般的等价量来替换.

9. 夹逼定理

定理 1.10（夹逼定理）　若 $\lim\limits_{x\to x_0}f(x)=\lim\limits_{x\to x_0}g(x)=A$，且存在 x_0 的某空心邻域 $\mathring{U}(x_0,\delta')$，使得对一切

$x\in\mathring{U}(x_0,\delta')$，都有 $f(x)\leqslant h(x)\leqslant g(x)$，则 $\lim\limits_{x\to x_0}h(x)=A.$

10．洛必达（L′Hospital）法则

定理 1.11（洛必达法则Ⅰ） 设（1）$\lim\limits_{x\to x_0}f(x)=0$，$\lim\limits_{x\to x_0}g(x)=0$；

（2）存在 x_0 的某邻域 $\overset{\circ}{U}(x_0)$，当 $x\in\overset{\circ}{U}(x_0)$ 时，$f'(x)$，$g'(x)$ 都存在，且 $g'(x)\neq0$；

（3）$\lim\limits_{x\to x_0}\dfrac{f'(x)}{g'(x)}=A$（或 ∞），则 $\lim\limits_{x\to x_0}\dfrac{f(x)}{g(x)}=\lim\limits_{x\to x_0}\dfrac{f'(x)}{g'(x)}=A$（或 ∞）.

定理 1.12（洛必达法则Ⅱ）

设（1）$\lim\limits_{x\to x_0}f(x)=\infty$，$\lim\limits_{x\to x_0}g(x)=\infty$；

（2）存在 x_0 的某邻域 $\overset{\circ}{U}(x_0)$，当 $x\in\overset{\circ}{U}(x_0)$ 时，$f'(x)$，$g'(x)$ 都存在且 $g'(x)\neq0$；

（3）$\lim\limits_{x\to x_0}\dfrac{f'(x)}{g'(x)}=A$（或 ∞），则 $\lim\limits_{x\to x_0}\dfrac{f(x)}{g(x)}=\lim\limits_{x\to x_0}\dfrac{f'(x)}{g'(x)}=A$（或 ∞）.

注 1．上述两个法则中的 $x\to x_0$ 改成 $x\to x_0^+$，$x\to x_0^-$，$x\to\infty$，$x\to+\infty$，$x\to-\infty$ 时，条件（2）只需作相应的修改，结论依然成立.

2．在用洛必达法则求极限之前，应尽可能把函数化简，或用简单等价的因式来替换较复杂的因式，以达到简化，再利用洛必达法则.

3．利用洛必达法则求极限时，可在计算的过程中论证是否满足洛必达法则的条件，若满足，结果即可求出；若不满足，说明不能使用洛必达法则，则需用其他求极限的方法. 此外，可重复使用洛必达法则，但只能用有限次.

二、考题类型、解题策略及典型例题

类型 2.1 若 $\lim\limits_{x\to x_0}f(x)=A$，$\lim\limits_{x\to x_0}g(x)=B$，求 $\lim\limits_{x\to x_0}\dfrac{f(x)}{g(x)}$

解题策略
$$\lim\limits_{x\to x_0}\dfrac{f(x)}{g(x)}=\begin{cases}\dfrac{A}{B}, & A（常数），B（常数）\neq0，\\ 0, & A=0，B=\infty，\\ \infty, & A（常数）\neq0，B=0，\\ \text{"}\dfrac{0}{0}\text{"}, & A=0，B=0，\\ \text{"}\dfrac{\infty}{\infty}\text{"}, & A=\infty，B=\infty.\end{cases}$$

对于未定式的极限，先用等价量替换或变量替换或极限的四则运算化简，再利用洛必达法则求极限. 很多情况下，这几种方法常常综合运用.

例 1.2.1 $\lim\limits_{x\to0}\dfrac{e^x-e^{\sin x}}{x-\sin x}$.

分析 化简，利用重要极限的一般形式.

解 原式 $=\lim\limits_{x\to0}e^{\sin x}\dfrac{e^{x-\sin x}-1}{x-\sin x}=1\times1=1$.

例 1.2.2 求 $\lim\limits_{x\to0}\dfrac{\sqrt{1+\tan x}-\sqrt{1+\sin x}}{x\ln(1+x)-x^2}$.

分析 见到根式共轭因式极限不是零就有理化，然后等价量替换.

解 原式 $=\lim\limits_{x\to0}\dfrac{\tan x-\sin x}{x\left[\ln(1+x)-x\right]\left[\sqrt{1+\tan x}+\sqrt{1+\sin x}\right]}$

$=\lim\limits_{x\to0}\dfrac{\sin x(1-\cos x)}{x\left[\ln(1+x)-x\right]\left[\sqrt{1+\tan x}+\sqrt{1+\sin x}\right]\cos x}$.

由 $x\to0$ 时，$\sin x\sim x$，$1-\cos x\sim\dfrac{x^2}{2}$，$\sqrt{1+\tan x}+\sqrt{1+\sin x}\sim2$，$\cos x\sim1$，得

$$原式 = \lim_{x \to 0} \frac{x \cdot \dfrac{x^2}{2}}{2x\left[\ln(1+x) - x\right]} = \frac{1}{4}\lim_{x \to 0}\frac{x^2}{\ln(1+x) - x} \left(\frac{0}{0}\right) = \frac{1}{4}\lim_{x \to 0}\frac{2x}{\dfrac{1}{1+x} - 1} = \frac{1}{2}\lim_{x \to 0}\frac{x(1+x)}{-x} = -\frac{1}{2}.$$

例 1.2.3　求 $\lim_{x \to 1} \dfrac{(1-\sqrt{x})(1-\sqrt[3]{x}) \cdots (1-\sqrt[n]{x})}{(1-x)^{n-1}}$.

分析　利用极限的乘积运算法则和洛必达法则.

解法一　由 $\lim_{x \to 1}\dfrac{(1-\sqrt[n]{x})}{(1-x)}\left(\dfrac{0}{0}\right) = \lim_{x \to 1}\dfrac{-\dfrac{1}{n}x^{\frac{1}{n}-1}}{-1} = \dfrac{1}{n}$，故

$$原式 = \lim_{x \to 1}\frac{1-\sqrt{x}}{1-x} \cdot \frac{1-\sqrt[3]{x}}{1-x} \cdot \cdots \cdot \frac{1-\sqrt[n]{x}}{1-x} = \frac{1}{2} \cdot \frac{1}{3} \cdot \cdots \cdot \frac{1}{n} = \frac{1}{n!}.$$

分析　利用变量代换和等价量替换.

解法二　原式 $\xlongequal{设\,1-x=t} \lim_{t \to 0}\dfrac{(1-\sqrt{1-t})(1-\sqrt[3]{1-t}) \cdots (1-\sqrt[n]{1-t})}{t^{n-1}}$，

由 $(1-\sqrt[n]{1-t}) = -\left\{\left[1+(-t)\right]^{\frac{1}{n}} - 1\right\} \sim -\dfrac{1}{n}(-t) = \dfrac{t}{n}(t \to 0)$，得原式 $= \lim_{t \to 0}\dfrac{\dfrac{t}{2} \cdot \dfrac{t}{3} \cdot \cdots \cdot \dfrac{t}{n}}{t^{n-1}} = \dfrac{1}{n!}$.

例 1.2.4　求 $\lim_{x \to 0}\dfrac{e^2 - (1+x)^{\frac{2}{x}}}{x}$.

分析　利用等价量替换和洛必达法则.

解法一　原式 $= \lim_{x \to 0}\dfrac{e^2 - e^{\frac{2\ln(1+x)}{x}}}{x} = -e^2 \lim_{x \to 0}\dfrac{e^{\frac{2\ln(1+x)}{x} - 2} - 1}{x}$，

由 $x \to 0$ 时，$\dfrac{2\ln(1+x)}{x} - 2 \to 0$，知 $e^{\frac{2\ln(1+x)}{x} - 2} - 1 \sim \dfrac{2\ln(1+x)}{x} - 2$，于是

$$原式 = -e^2 \lim_{x \to 0}\frac{\dfrac{2\ln(1+x)}{x} - 2}{x} = -2e^2\lim_{x \to 0}\frac{\ln(1+x) - x}{x^2}\left(\frac{0}{0}\right)$$

$$= -2e^2\lim_{x \to 0}\frac{\dfrac{1}{1+x} - 1}{2x} = -e^2\lim_{x \to 0}\frac{-x}{x(1+x)} = e^2\lim_{x \to 0}\frac{1}{1+x} = e^2.$$

分析　利用洛必达法则和极限的乘积运算法则.

解法二　原式 $= \lim_{x \to 0}\dfrac{e^2 - e^{\frac{2\ln(1+x)}{x}}}{x}\left(\dfrac{0}{0}\right) = -\lim_{x \to 0}e^{\frac{2\ln(1+x)}{x}} \cdot 2\dfrac{\dfrac{1}{1+x} \cdot x - \ln(1+x)}{x^2}$

$$= -2e^2\lim_{x \to 0}\frac{x - (1+x)\ln(1+x)}{x^2(1+x)} = -2e^2\lim_{x \to 0}\frac{x - (1+x)\ln(1+x)}{x^2}\left(\frac{0}{0}\right)$$

$$= -2e^2\lim_{x \to 0}\frac{1 - \ln(1+x) - 1}{2x} = e^2\lim_{x \to 0}\frac{\ln(1+x)}{x} = e^2.$$

例 1.2.5　求 $\lim_{x \to 0}\dfrac{\cos(\sin x) - \cos x}{x^4}$.

分析　利用三角公式和差化积、极限的乘积运算法则、等价量替换和洛必达法则.

解　原式 $= \lim_{x \to 0}\dfrac{-2\sin\dfrac{\sin x + x}{2}\sin\dfrac{\sin x - x}{2}}{x^4}$.

由 $x \to 0$ 时，$\sin\dfrac{\sin x + x}{2} \sim \dfrac{\sin x + x}{2}$，$\sin\dfrac{\sin x - x}{2} \sim \dfrac{\sin x - x}{2}$，得

$$原式 = \lim_{x \to 0}\frac{-2 \cdot \dfrac{\sin x + x}{2} \cdot \dfrac{\sin x - x}{2}}{x^4} = -\frac{1}{2}\lim_{x \to 0}\frac{\sin x + x}{x} \cdot \frac{\sin x - x}{x^3}$$

$$= -\lim_{x \to 0} \frac{\sin x - x}{x^3} = \lim_{x \to 0} \frac{x - \sin x}{x^3} \left(\frac{0}{0}\right) = \lim_{x \to 0} \frac{1 - \cos x}{3x^2} = \lim_{x \to 0} \frac{\frac{1}{2}x^2}{3x^2} = \frac{1}{6}.$$

例 1.2.6 求 $\lim\limits_{x \to 0} \dfrac{e^{-\frac{1}{x^2}}}{x^{100}}$.

分析 利用变量代换和洛必达法则.

解 原式 $\xrightarrow{\text{设 } 1/x^2 = t} \lim\limits_{t \to +\infty} \dfrac{t^{50}}{e^t} \left(\dfrac{\infty}{\infty}\right) \xrightarrow{\text{用 50 次洛必达法则}} \lim\limits_{t \to +\infty} \dfrac{50!}{e^t} = 0.$

例 1.2.7 设 $f(u)$ 在 $u = 0$ 的某邻域内连续,且 $\lim\limits_{u \to 0} \dfrac{f(u)}{u} = A$,求 $\lim\limits_{x \to 0} \dfrac{d}{dx} \int_0^1 f(xt)\,dt$.

分析 利用定积分变量代换、变上限导数和洛必达法则.

解 令 $xt = u, dt = \dfrac{1}{x} du$,得 $\int_0^1 f(xt)\,dt = \dfrac{\int_0^x f(u)\,du}{x}$,又

$$\frac{d}{dx}\int_0^1 f(xt)\,dt = \frac{d}{dx}\left(\frac{\int_0^x f(u)\,du}{x}\right) = \frac{xf(x) - \int_0^x f(u)\,du}{x^2},$$

于是 $\lim\limits_{x \to 0} \dfrac{\int_0^x f(u)\,du}{x^2} \left(\dfrac{0}{0}\right) = \lim\limits_{x \to 0} \dfrac{f(x)}{2x} = \dfrac{A}{2}$,故原式 $= A - \dfrac{A}{2} = \dfrac{A}{2}.$

例 1.2.8 设 $f(x)$ 在 $x = 0$ 的某邻域内连续,$f(0) = 0$,$f'(0) = 2$,求 $\lim\limits_{x \to 0} \dfrac{\int_0^1 tf(xt)\,dt}{x}$.

分析 利用定积分变量代换、变上限导数、洛必达法则和导数定义.

解 $\int_0^1 tf(xt)\,dt \xrightarrow{\text{令 } xt = u} \int_0^x \dfrac{u}{x} f(u) \dfrac{1}{x} du = \dfrac{1}{x^2} \int_0^x uf(u)\,du$,于是

$$\text{原式} = \lim_{x \to 0} \frac{\int_0^x uf(u)\,du}{x^3} \left(\frac{0}{0}\right) = \lim_{x \to 0} \frac{xf(x)}{3x^2} = \lim_{x \to 0} \frac{f(x)}{3x} = \frac{1}{3} \lim_{x \to 0} \frac{f(x) - f(0)}{x} = \frac{1}{3} f'(0) = \frac{2}{3}.$$

例 1.2.9 求 $\lim\limits_{x \to \infty} \dfrac{2x - \sin x}{3x + \cos x}$.

分析 因为 $\lim\limits_{x \to \infty} \dfrac{2x - \sin x}{3x + \cos x} \left(\dfrac{\infty}{\infty}\right) = \lim\limits_{x \to \infty} \dfrac{2 - \cos x}{3 - \sin x}$(极限不存在),洛必达法则不适用,改用其他方法.

解 原式 $= \lim\limits_{x \to \infty} \dfrac{2 - \dfrac{1}{x} \sin x}{3 + \dfrac{1}{x} \cos x} = \dfrac{2 - 0}{3 + 0} = \dfrac{2}{3}.$

例 1.2.10 求 $\lim\limits_{x \to +\infty} \dfrac{e^x + \cos x}{e^x + \sin x}$.

分析 由于 $\lim\limits_{x \to +\infty} \dfrac{e^x + \cos x}{e^x + \sin x} \left(\dfrac{\infty}{\infty}\right) = \lim\limits_{x \to +\infty} \dfrac{e^x - \sin x}{e^x + \cos x} \left(\dfrac{\infty}{\infty}\right) = \lim\limits_{x \to +\infty} \dfrac{e^x - \cos x}{e^x - \sin x} \left(\dfrac{\infty}{\infty}\right) = \cdots$,无限循环,不能用洛必达法则.

解 原式 $= \lim\limits_{x \to +\infty} \dfrac{1 + \dfrac{1}{e^x} \cos x}{1 + \dfrac{1}{e^x} \sin x} = \dfrac{1 + 0}{1 + 0} = 1.$

类型 2.2 若 $\lim\limits_{x \to x_0} f(x) = A, \lim\limits_{x \to x_0} g(x) = B$,求 $\lim\limits_{x \to x_0} f(x)g(x)$

解题策略 $\lim\limits_{x \to x_0} f(x)g(x) = \begin{cases} AB, & A \text{ 和 } B \text{ 为常数}, \\ \infty, & A(\text{常数}) \neq 0, B = \infty, \\ "0 \cdot \infty", & A = 0, B = \infty. \end{cases}$

$A=0,B=\infty$ 时，$\lim\limits_{x\to x_0}f(x)\cdot g(x)(0\cdot\infty)=\lim\limits_{x\to x_0}\dfrac{f(x)}{\frac{1}{g(x)}}(\frac{0}{0})$ 或 $\lim\limits_{x\to x_0}\dfrac{g(x)}{\frac{1}{f(x)}}(\frac{\infty}{\infty})$.

当因式中含有对数函数、反三角函数时，一般放在分子，否则利用洛必达法则很复杂，或求不出来.

例 1.2.11 求 $\lim\limits_{x\to 1^-}\ln x\ln(1-x)$.

解 原式 $\xlongequal{\text{令}\,1-x=t}\lim\limits_{t\to 0^+}\ln(1-t)\ln t=\lim\limits_{t\to 0^+}-t\ln t=\lim\limits_{t\to 0^+}\dfrac{-\ln t}{t^{-1}}(\frac{\infty}{\infty})=\lim\limits_{t\to 0^+}\dfrac{-1/t}{-1/t^2}=\lim\limits_{t\to 0^+}t=0.$

类型 2.3 若 $\lim\limits_{x\to x_0}f(x)=A,\lim\limits_{x\to x_0}g(x)=B$，求 $\lim\limits_{x\to x_0}(f(x)-g(x))$

解题策略 $\lim\limits_{x\to x_0}(f(x)-g(x))=\begin{cases}A-B, & A\text{ 和 }B\text{ 为常数},\\ \infty, & A\text{、}B\text{ 中有一个是常数},\text{另一个是无穷大},\\ \infty, & A\text{、}B\text{ 为异号无穷大},\\ \text{“}\infty-\infty\text{”}, & A\text{、}B\text{ 为同号无穷大},\end{cases}$

当 $A=\infty,B=\infty$，且 A、B 同号时，求 $\lim\limits_{x\to x_0}(f(x)-g(x))$，这时把 $f(x),g(x)$ 直接或通过变量代换化成

分式，通分、化简，化成 “$\frac{0}{0}$” 或 “$\frac{\infty}{\infty}$”，再利用洛必达法则.

例 1.2.12 求 $\lim\limits_{x\to 0}(\dfrac{1}{x^2}-\cot^2 x)$.

分析 化成 $\frac{0}{0}$，利用分解因式、极限的乘积运算法则和洛必达法则.

解 原式 $=\lim\limits_{x\to 0}(\dfrac{1}{x^2}-\dfrac{\cos^2 x}{\sin^2 x})(\infty-\infty)=\lim\limits_{x\to 0}\dfrac{\sin^2 x-x^2\cos^2 x}{x^2\sin^2 x}=\lim\limits_{x\to 0}\dfrac{\sin^2 x-x^2\cos^2 x}{x^4}$

$=\lim\limits_{x\to 0}\dfrac{\sin x+x\cos x}{x}\cdot\dfrac{\sin x-x\cos x}{x^3},$

由 $\lim\limits_{x\to 0}\dfrac{\sin x+x\cos x}{x}=\lim\limits_{x\to 0}(\dfrac{\sin x}{x}+\cos x)=2$，得

$$\text{原式}=2\lim\limits_{x\to 0}\dfrac{\sin x-x\cos x}{x^3}(\frac{0}{0})=2\lim\limits_{x\to 0}\dfrac{\cos x-\cos x+x\sin x}{3x^2}=\dfrac{2}{3}\lim\limits_{x\to 0}\dfrac{\sin x}{x}=\dfrac{2}{3}.$$

例 1.2.13 求 $\lim\limits_{x\to +\infty}x^{\frac{3}{2}}(\sqrt{x+2}-2\sqrt{x+1}+\sqrt{x})$.

分析 利用变量代换化成 $\frac{0}{0}$，用洛必达法则.

解 原式 $\xlongequal{1/x=t}\lim\limits_{t\to 0^+}\dfrac{1}{t^{\frac{3}{2}}}(\sqrt{\dfrac{1}{t}+2}-2\sqrt{\dfrac{1}{t}+1}+\sqrt{\dfrac{1}{t}})=\lim\limits_{t\to 0^+}\dfrac{\sqrt{1+2t}-2\sqrt{1+t}+1}{t^2}(\frac{0}{0})$

$=\lim\limits_{t\to 0^+}\dfrac{\dfrac{2}{2\sqrt{1+2t}}-\dfrac{2}{2\sqrt{1+t}}}{2t}=\dfrac{1}{2}\lim\limits_{t\to 0^+}\dfrac{\sqrt{1+t}-\sqrt{1+2t}}{\sqrt{1+2t}\cdot\sqrt{1+t}}\cdot\dfrac{1}{t}=\dfrac{1}{2}\lim\limits_{t\to 0^+}\dfrac{\sqrt{1+t}-\sqrt{1+2t}}{t}(\frac{0}{0})$

$=\dfrac{1}{2}\lim\limits_{t\to 0^+}(\dfrac{1}{2\sqrt{1+t}}-\dfrac{2}{2\sqrt{1+2t}})=\dfrac{1}{2}(\dfrac{1}{2}-1)=-\dfrac{1}{4}.$

类型 2.4 若 $\lim\limits_{x\to x_0}f(x)=A,\lim\limits_{x\to x_0}g(x)=B$，求 $\lim\limits_{x\to x_0}f(x)^{g(x)}$

解题策略 $\lim\limits_{x\to x_0}f(x)^{g(x)}=\begin{cases}A^B, & A(\text{常数})>0,B\text{ 为常数},\\ 1^\infty, & A=1,B=\infty,\\ 0^0, & A=0,B=0,\\ \infty^0, & A=\infty,B=0,\\ 0, & A=0,B=+\infty,\\ +\infty, & A=0,B=-\infty,\end{cases}$

（ⅰ）当 $A=1,B=\infty$ 时，

有两种方法求该未定式的极限：一是利用重要极限$\lim\limits_{x\to 0}(1+x)^{\frac{1}{x}}$来计算；二是化为以 e 为底的指数函数，再利用洛必达法则. 即

解法一 $\lim\limits_{x\to x_0} f(x)^{g(x)} (1^{\infty}) = \lim\limits_{x\to x_0}\left\{\left[1+(f(x)-1)\right]^{\frac{1}{f(x)-1}}\right\}^{[f(x)-1]g(x)} = e^{\lim\limits_{x\to x_0}[f(x)-1]g(x)(0\cdot\infty)}.$

再对指数根据具体情况化成"$\dfrac{0}{0}$"或"$\dfrac{\infty}{\infty}$".

解法二 $\lim\limits_{x\to x_0} f(x)^{g(x)} (1^{\infty}) = \lim\limits_{x\to x_0} e^{\ln f(x)^{g(x)}} = \lim\limits_{x\to x_0} e^{g(x)\ln f(x)} = e^{\lim\limits_{x\to x_0}\frac{\ln f(x)}{\frac{1}{g(x)}}\left(\frac{0}{0}\right)}.$

这两种方法,解法一方便.

（ⅱ）当 $A=0,B=0$ 时,（ⅲ）当 $A=\infty,B=0$ 时,

化成以 e 为底的指数函数,再利用洛必达法则. 即

$$\lim\limits_{x\to x_0} f(x)^{g(x)} (0^0)(\infty^0) = \lim\limits_{x\to x_0} e^{g(x)\ln f(x)} = e^{\lim\limits_{x\to x_0}g(x)\ln f(x)(0\cdot\infty)(0\cdot\infty)} = e^{\lim\limits_{x\to x_0}\frac{\ln f(x)}{\frac{1}{g(x)}}\left(\frac{\infty}{\infty}\right)}.$$

而 $A=0,B=+\infty$ 或 $A=0,B=-\infty$ 时不属于未定式. 因为

$$\lim\limits_{x\to x_0} f(x)^{g(x)} (0^{+\infty}) = \lim\limits_{x\to x_0} e^{g(x)\ln f(x)} = e^{\lim\limits_{x\to x_0}g(x)\ln f(x)[+\infty\cdot(-\infty)]} = e^{-\infty} = 0.$$

$$\lim\limits_{x\to x_0} f(x)^{g(x)} (0^{-\infty}) = \lim\limits_{x\to x_0} e^{g(x)\ln f(x)} = e^{\lim\limits_{x\to x_0}g(x)\ln f(x)[-\infty\cdot(-\infty)]} = e^{+\infty} = +\infty.$$

例 1.2.14 求 $\lim\limits_{x\to 0}\left(\dfrac{\sin x}{x}\right)^{\frac{1}{x^2}}$.

分析 利用重要极限 $\lim\limits_{x\to 0}(1+x)^{\frac{1}{x}}$.

解法一 原式 $= \lim\limits_{x\to 0}\left\{\left[1+\left(\dfrac{\sin x}{x}-1\right)\right]^{\frac{1}{\frac{\sin x}{x}-1}}\right\}^{\left(\frac{\sin x}{x}-1\right)\frac{1}{x^2}} = e^{\lim\limits_{x\to 0}\frac{\sin x-x}{x^3}\left(\frac{0}{0}\right)} = e^{\lim\limits_{x\to 0}\frac{\cos x-1}{3x^2}} = e^{\lim\limits_{x\to 0}\frac{-\frac{1}{2}x^2}{3x^2}\left(\frac{0}{0}\right)}$

$= e^{-\frac{1}{6}}.$

分析 化成 $e^{\lim\limits_{x\to x_0}\frac{\ln f(x)}{\frac{1}{g(x)}}\left(\frac{0}{0}\right)}$,对指数极限用洛必达法则.

解法二 原式 $= \lim\limits_{x\to 0} e^{\frac{\ln\frac{\sin x}{x}}{x^2}\left(\frac{0}{0}\right)} = e^{\lim\limits_{x\to 0}\frac{\ln\sin x-\ln x}{x^2}\left(\frac{0}{0}\right)} = e^{\lim\limits_{x\to 0}\frac{\frac{\cos x}{\sin x}-\frac{1}{x}}{2x}} = e^{\lim\limits_{x\to 0}\frac{x\cos x-\sin x}{2x^2\sin x}}$

$= e^{\lim\limits_{x\to 0}\frac{x\cos x-\sin x}{2x^3}\left(\frac{0}{0}\right)} = e^{\lim\limits_{x\to 0}\frac{\cos x-x\sin x-\cos x}{6x^2}} = e^{\lim\limits_{x\to 0}\frac{-\sin x}{6x}} = e^{-\frac{1}{6}}.$

例 1.2.15 求 $\lim\limits_{x\to\infty}\left(\sin\dfrac{2}{x}+\cos\dfrac{1}{x}\right)^x$.

分析 先变量代换,再化成 $e^{\lim\limits_{x\to x_0}\frac{\ln f(x)}{\frac{1}{g(x)}}\left(\frac{0}{0}\right)}$,对指数极限用洛必达法则.

解 原式 $\xlongequal{\text{令}1/x=t} \lim\limits_{t\to 0}(\sin 2t+\cos t)^{\frac{1}{t}} = \lim\limits_{t\to 0} e^{\frac{\ln(\sin 2t+\cos t)}{t}} = e^{\lim\limits_{t\to 0}\frac{\ln(\sin 2t+\cos t)}{t}\left(\frac{0}{0}\right)} = e^{\lim\limits_{t\to 0}\frac{2\cos 2t-\sin t}{\sin 2t+\cos t}} = e^2.$

例 1.2.16 求 $\lim\limits_{x\to 0^+}\left[\ln\left(\dfrac{1}{x}\right)\right]^x$.

分析 化成 $e^{\lim\limits_{x\to x_0}\frac{\ln f(x)}{\frac{1}{g(x)}}\left(\frac{\infty}{\infty}\right)}$,对指数极限用洛必达法则.

解 $\lim\limits_{x\to 0^+}\left[\ln\left(\dfrac{1}{x}\right)\right]^x (\infty^0) = \lim\limits_{x\to 0^+} e^{x\ln\ln\frac{1}{x}}$

$\xlongequal{\text{设}1/x=t} \lim\limits_{t\to+\infty} e^{\frac{1}{t}\ln\ln t} = e^{\lim\limits_{t\to+\infty}\frac{\ln\ln t}{t}\left(\frac{\infty}{\infty}\right)} = e^{\lim\limits_{t\to+\infty}\frac{1}{t\ln t}} = e^0 = 1.$

例 1.2.17 求 $\lim\limits_{x\to 0^+} x^{\sin x}$.

解 $\lim\limits_{x\to 0^+} x^{\sin x}(0^0) = e^{\lim\limits_{x\to 0}\sin x\ln x} = e^{\lim\limits_{x\to 0}x\ln x} = e^{\lim\limits_{x\to 0}\frac{\ln x}{x^{-1}}\left(\frac{\infty}{\infty}\right)} = e^{\lim\limits_{x\to 0}\frac{1/x}{-1/x^2}} = e^{-\lim\limits_{x\to 0}x} = e^0 = 1.$

例 1.2.18 求 $\lim\limits_{x\to 0}\left(\dfrac{e^x+e^{2x}+\cdots+e^{nx}}{n}\right)^{\frac{1}{x}}$.

分析 化成 $e^{\lim\limits_{x\to x_0}\frac{\ln f(x)}{\frac{1}{g(x)}}\left(\frac{0}{0}\right)}$,对指数极限用洛必达法则.

解　$\lim\limits_{x\to 0}\left(\dfrac{e^x+e^{2x}+\cdots+e^{nx}}{n}\right)^{\frac{1}{x}}(1^\infty)=e^{\lim\limits_{x\to 0}\frac{\ln(e^x+e^{2x}+\cdots+e^{nx})-\ln n}{x}(\frac{0}{0})}$

$$=e^{\lim\limits_{x\to 0}\frac{e^x+2e^{2x}+\cdots+ne^{nx}}{e^x+e^{2x}+\cdots+e^{nx}}}=e^{\frac{1+2+3+\cdots+n}{n}}=e^{\frac{n(n+1)}{2n}}=e^{\frac{n+1}{2}}.$$

类型 2.5　分段函数在分界点连续性的讨论

解题策略　用连续的定义或左右连续的定义.

例 1.2.19　设函数 $f(x)=\begin{cases}a+bx^2, & x\leqslant 0,\\ \dfrac{\sin bx}{x}, & x>0\end{cases}$ 在 $x=0$ 处连续，求常数 a 与 b 的关系.

分析　由于 $x=0$ 为分界点，在 $x=0$ 两侧表达式不同，利用左右连续的定义.

解　由 $f(x)$ 在 $x=0$ 处连续，知 $f(x)$ 在 $x=0$ 处既是左连续又是右连续.

$$\lim_{x\to 0^-}f(x)=\lim_{x\to 0^-}(a+bx^2)=a=f(0)=a,$$

$$\lim_{x\to 0^+}f(x)=\lim_{x\to 0^+}\frac{\sin bx}{x}=\lim_{x\to 0^+}\frac{bx}{x}=b=f(0)=a.$$

故 $a=b$.

注　由 $x\leqslant 0$，即 $x\in(-\infty,0]$ 时，$f(x)=a+bx^2$ 是初等函数表达式，在 $x=0$ 处有意义，知连续且为左连续. 以后遇到类似情况，可直接得出左连续，从而只要求右连续即可.

类型 2.6　已知函数极限且函数表达式中含有字母常数，确定字母常数数值

解题策略　运用无穷小量阶的比较和洛必达法则分析问题，解决问题.

例 1.2.20　已知 $\lim\limits_{x\to+\infty}\left[(x^5+7x^4+2)^a-x\right]=b\neq 0$，求常数 a,b.

分析　利用变量代换与无穷小量的阶的比较.

解　令 $\dfrac{1}{x}=t$，当 $x\to+\infty$ 时，$t\to 0^+$，于是

原式 $=\lim\limits_{t\to 0^+}\left[\left(\dfrac{1}{t^5}+\dfrac{7}{t^4}+2\right)^a-\dfrac{1}{t}\right]=\lim\limits_{t\to 0^+}\left[\dfrac{(1+7t+2t^5)^a}{t^{5a}}-\dfrac{1}{t}\right]=\lim\limits_{t\to 0^+}\dfrac{t^{1-5a}(1+7t+2t^5)^a-1}{t}=b\neq 0$，

由 $\lim\limits_{t\to 0^+}t=0$，知分子当 $t\to 0$ 时，是分母的同阶无穷小量，所以 $\lim\limits_{t\to 0^+}\left[t^{1-5a}(1+7t+2t^5)^a-1\right]=0$.

得 $1-5a=0$，即 $a=\dfrac{1}{5}$，从而

原式 $=\lim\limits_{t\to 0^+}\dfrac{(1+7t+2t^5)^{\frac{1}{5}}-1}{t}=\lim\limits_{t\to 0^+}\dfrac{\left[1+(7t+2t^5)\right]^{\frac{1}{5}}-1}{t}=\lim\limits_{t\to 0^+}\dfrac{\frac{1}{5}(7t+2t^5)}{t}=\dfrac{1}{5}\lim\limits_{t\to 0^+}(7+2t^4)=\dfrac{7}{5}.$

注　有下面的结论：若 $\lim\limits_{x\to x_0}\dfrac{f(x)}{g(x)}=c($常数$)$ 且 $\lim\limits_{x\to x_0}g(x)=0$，则 $\lim\limits_{x\to x_0}f(x)=0$. 事实上：

由 $\lim\limits_{x\to x_0}g(x)=0$，有 $\lim\limits_{x\to x_0}f(x)=\lim\limits_{x\to x_0}\dfrac{f(x)}{g(x)}\cdot g(x)=c\cdot 0=0$. 以后可作为一个结论记住.

例 1.2.21　设 $\lim\limits_{x\to 0}\dfrac{\ln(1+x)-(ax+bx^2)}{x^2}=2$，求常数 a,b.

分析　利用无穷小量的阶的比较与洛必达法则.

解　$\lim\limits_{x\to 0}\dfrac{\ln(1+x)-(ax+bx^2)}{x^2}\left(\dfrac{0}{0}\right)=\lim\limits_{x\to 0}\dfrac{\frac{1}{1+x}-(a+2bx)}{2x}=2$，

由 $\lim\limits_{x\to 0}2x=0$ 知分子是分母的同阶无穷小量，得 $\lim\limits_{x\to 0}\left[\dfrac{1}{1+x}-a-2bx\right]=0=1-a$. 有 $a=1$.

于是 $\lim\limits_{x\to 0}\dfrac{\frac{1}{1+x}-1-2bx}{2x}\left(\dfrac{0}{0}\right)=\lim\limits_{x\to 0}\dfrac{-\frac{1}{(1+x)^2}-2b}{2}=2=\dfrac{-1-2b}{2}$，解得 $b=-\dfrac{5}{2}$. 则 $a=1,b=-\dfrac{5}{2}$.

例 1.2.22　已知 $\lim\limits_{x\to 0}\dfrac{\sqrt{1+\frac{1}{x}f(x)}-1}{x^2}=c\neq 0$，$c$ 为常数，求常数 a 和 k，使 $x\to 0$ 时，$f(x)\sim ax^k$.

分析 利用无穷小量的阶的比较与等价量替换.

解 $\lim\limits_{x\to 0}\dfrac{\sqrt{1+\frac{1}{x}f(x)}-1}{x^2}=c$，由 $\lim\limits_{x\to 0}x^2=0$，知 $\lim\limits_{x\to 0}(\sqrt{1+\frac{1}{x}f(x)}-1)=0$，有 $\lim\limits_{x\to 0}\dfrac{f(x)}{x}=0$，从而

$$\lim_{x\to 0}\frac{\sqrt{1+\frac{1}{x}f(x)}-1}{x^2}=\lim_{x\to 0}\frac{\frac{1}{x}f(x)}{x^2\left(\sqrt{1+\frac{1}{x}f(x)}+1\right)}=\lim_{x\to 0}\frac{f(x)}{2x^3}=c(\text{常数}),$$

得 $\lim\limits_{x\to 0}\dfrac{f(x)}{2cx^3}=1$，即 $f(x)\sim 2cx^3$，所以 $k=3,a=2c$.

例 1.2.23 确定常数 a,b,c 的值，使 $\lim\limits_{x\to 0}\dfrac{ax-\sin x}{\int_b^x\frac{\ln(1+t^3)}{t}\mathrm{d}t}=c\neq 0.$

分析 利用无穷小量的阶的比较、变上限求导和洛必达法则.

解 由 $x\to 0$ 时，$ax-\sin x\to 0$，且极限 $c\neq 0$，知分子、分母是同阶无穷小量，有 $\lim\limits_{x\to 0}\int_b^x\frac{\ln(1+t^3)}{t}\mathrm{d}t=0$，$b=0$. 由于

$$\lim_{x\to 0}\frac{ax-\sin x}{\int_b^x\frac{\ln(1+t^3)}{t}\mathrm{d}t}\left(\frac{0}{0}\right)=\lim_{x\to 0}\frac{a-\cos x}{\frac{\ln(1+x^3)}{x}}=\lim_{x\to 0}\frac{a-\cos x}{x^2}=c\neq 0,$$

且 $\lim\limits_{x\to 0}x^2=0$，知 $\lim\limits_{x\to 0}(a-\cos x)=0=a-1$，得 $a=1$，从而

$$\lim_{x\to 0}\frac{1-\cos x}{x^2}=\lim_{x\to 0}\frac{\frac{1}{2}x^2}{x^2}=\frac{1}{2}=c.$$

故 $a=1,b=0,c=\dfrac{1}{2}$.

注 $\lim\limits_{x\to 0}\int_b^x\frac{\ln(1+t^3)}{t}\mathrm{d}t=\int_b^0\frac{\ln(1+t^3)}{t}\mathrm{d}t=0$ ①

必有 $b=0$. 因为若 $b<0,t\in[b,0]$ 时，$\ln(1+t^3)<0,t<0$，有 $\frac{\ln(1+t^3)}{t}>0$，有 $\int_b^0\frac{\ln(1+t^3)}{t}\mathrm{d}t>0$，与 ① 矛盾；

若 $b>0$，$\lim\limits_{x\to 0}\int_b^x\frac{\ln(1+t^3)}{t}\mathrm{d}t=\int_b^0\frac{\ln(1+t^3)}{t}\mathrm{d}t=-\int_0^b\frac{\ln(1+t^3)}{t}\mathrm{d}t<0$，与 ① 矛盾. 故 $b=0$.

例 1.2.24 设函数 $f(x)$ 在 $x=0$ 存在二阶导数，且 $\lim\limits_{x\to 0}\dfrac{f(x)}{1-\cos x}=4$，求 $f(0),f'(0),f''(0)$.

分析 这里表面上没有字母常数，实际上 $f(0),f'(0),f''(0)$ 就是待求的字母常数.

解法一 由 $\lim\limits_{x\to 0}\dfrac{f(x)}{1-\cos x}=\lim\limits_{x\to 0}\dfrac{f(x)}{x^2/2}=4$，得 $\lim\limits_{x\to 0}\dfrac{f(x)}{x^2}=2$.

由 $\lim\limits_{x\to 0}x^2=0$，得 $\lim\limits_{x\to 0}f(x)=0=f(0)$（$f(x)$在$x=0$处连续）. 于是 $\lim\limits_{x\to 0}\dfrac{f(x)}{x^2}\left(\dfrac{0}{0}\right)=\lim\limits_{x\to 0}\dfrac{f'(x)}{2x}=2$.

由 $\lim\limits_{x\to 0}2x=0$，得 $\lim\limits_{x\to 0}f'(x)=0=f'(0)$（$f'(x)$在$x=0$处连续）.

从而 $\lim\limits_{x\to 0}\dfrac{f'(x)}{2x}=\dfrac{1}{2}\lim\limits_{x\to 0}\dfrac{f'(x)-f'(0)}{x}=\dfrac{1}{2}f''(0)=2$，得 $f''(0)=4$.

注 求 $f''(0)$ 时不能用下述方法：$\lim\limits_{x\to 0}\dfrac{f'(x)}{2x}\left(\dfrac{0}{0}\right)=\lim\limits_{x\to 0}\dfrac{f''(x)}{2}=2=\dfrac{f''(0)}{2}$，则 $f''(0)=4$. 虽然结论对了，但过程是错的. 因为 $f''(0)$ 存在，推不出在 $x=0$ 的某空心邻域内 $f''(x)$ 存在，且 $f''(x)$ 在 $x=0$ 不知是否连续，所以 $\lim\limits_{x\to 0}f''(x)\neq f''(0)$.

解法二 由 $\lim\limits_{x\to 0}\dfrac{f(x)}{x^2}=2$，利用在 $x=0$ 处的带有二阶佩亚诺余项的麦克劳林展开式，得

$$\lim_{x \to 0} \frac{f(0)+f'(0)x+\frac{f''(0)}{2!}x^2+o(x^2)}{x^2}=2. \ \text{由} \lim_{x \to 0}x^2=0, \text{得} \lim_{x \to 0}\left[f(0)+f'(0)x+\frac{f''(0)}{2!}x^2+o(x^2)\right]=0=f(0).$$

从而有 $\displaystyle\lim_{x \to 0}\frac{f'(0)x+\frac{f''(0)}{2!}x^2+o(x^2)}{x^2}=\lim_{x \to 0}\frac{f'(0)+\frac{f''(0)}{2!}x+o(x)}{x}=2,$

又 $\displaystyle\lim_{x \to 0}x=0,$ 得 $\displaystyle\lim_{x \to 0}\left[f'(0)+\frac{f''(0)}{2}x+o(x)\right]=0=f'(0).$ 于是 $\displaystyle\lim_{x \to 0}\frac{\frac{f''(0)}{2}x+o(x)}{x}=2=\frac{f''(0)}{2}.$

所以 $f''(0)=4.$

类型 2.7　判断函数 $f(x)$ 当 $x \to 0$ 时是 x 的几阶无穷小量

解题策略　运用无穷小量的等价量代换、洛必达法则和带有佩亚诺余项的麦克劳林展开式去解决.

例 1. 2. 25　求当 $x \to 0$ 时, $\sin x-\tan x$ 是 x 的几阶无穷小量.

分析　利用等价无穷小量替换.

解法一　$\sin x-\tan x=\sin x\left(1-\dfrac{1}{\cos x}\right)=-\sin x \cdot \dfrac{1-\cos x}{\cos x} \sim -x \cdot \dfrac{\frac{1}{2}x^2}{1}=-\dfrac{1}{2}x^3 \ (x \to 0),$

当 $x \to 0$ 时, $\sin x-\tan x$ 是 x 的 3 阶无穷小量.

分析　利用洛比达法则.

解法二　$\displaystyle\lim_{x \to 0}\frac{\sin x-\tan x}{x^k}\left(\frac{0}{0}\right)(k>0)=\lim_{x \to 0}\frac{\cos x-\sec^2 x}{kx^{k-1}}=\lim_{x \to 0}\frac{\cos^3 x-1}{kx^{k-1}\cos^2 x}$

$$=\lim_{x \to 0}\frac{\cos^3 x-1}{kx^{k-1}}\left(\frac{0}{0}\right)(k-1>0)=\lim_{x \to 0}\frac{3\cos^2 x(-\sin x)}{k(k-1)x^{k-2}}$$

$$=\frac{-3}{k(k-1)}\lim_{x \to 0}\frac{\sin x}{x^{k-2}}\overset{k-2=1}{=\!=\!=\!=}-\frac{1}{2},$$

当 $x \to 0$ 时, $\sin x-\tan x$ 是 x 的 3 阶无穷小量.

分析　利用带有佩亚诺余项的麦克劳林展开式.

解法三　$\sin x-\tan x=\left[x-\dfrac{x^3}{3}+o(x^3)\right]-\left[x+\dfrac{x^3}{3}+o(x^3)\right]$

$$=\left(-\frac{1}{6}-\frac{1}{3}\right)x^3+o(x^3) \sim -\frac{1}{2}x^3,$$

当 $x \to 0$ 时, $\sin x-\tan x$ 是 x 的 3 阶无穷小量.

注　在做具体题目时, 根据自己掌握的知识程度, 灵活选择上面三种方法.

类型 2.8　判断函数极限不存在的方法

解题策略　①若 $\displaystyle\lim_{n \to \infty}x'_n=x_0, \lim_{n \to \infty}x''_n=x_0, \lim_{n \to \infty}f(x'_n)=A, \lim_{n \to \infty}f(x''_n)=B,$ 且 $A \neq B,$ 则

极限 $\displaystyle\lim_{x \to x_0}f(x)$ 不存在; ②若 $\displaystyle\lim_{n \to \infty}x_n=x_0, \lim_{n \to \infty}f(x_n)=\infty,$ 则极限 $\displaystyle\lim_{x \to x_0}f(x)$ 不存在.

例 1. 2. 26　讨论极限 $\displaystyle\lim_{x \to 0}\frac{\sin \frac{1}{x}}{x}.$

分析　利用正弦函数的周期性, 重复出现相同的函数值.

解　取 $x_n=\dfrac{1}{2n\pi+\frac{\pi}{2}}, \lim_{n \to \infty}x_n=0. \ \displaystyle\lim_{n \to \infty}\frac{\sin \frac{1}{1/(2n\pi+\pi/2)}}{1/(2n\pi+\pi/2)}=\lim_{n \to \infty}\left(2n\pi+\frac{\pi}{2}\right)=+\infty,$ 知 $\displaystyle\lim_{x \to 0}\frac{\sin \frac{1}{x}}{x}$ 不存在.

类型 2.9　间断点的讨论

解题策略　①如果 $f(x)$ 是初等函数, 若 $f(x)$ 在 $x=x_0$ 处没有定义, 但在 x_0 一侧或两侧有定义, 则 $x=x_0$ 是间断点, 再根据在 $x=x_0$ 处左右极限来确定是第几类间断点; ②如果 $f(x)$ 是分段函数, 分界点是间断点的怀疑点, 所给范围表达式没有定义的点是间断点.

例 1.2.27 求极限 $\lim\limits_{t \to x}\left(\dfrac{\sin t}{\sin x}\right)^{\frac{x}{\sin t - \sin x}}$，记此极限为 $f(x)$，求函数 $f(x)$ 的间断点并指出其类型.

分析 先求出函数表达式，再讨论.

解 $f(x) = \lim\limits_{t \to x}\left[\left(1 + \dfrac{\sin t}{\sin x} - 1\right)^{\frac{\sin x}{\sin t - \sin x}}\right]^{\frac{x}{\sin x}} = e^{\frac{x}{\sin x}}$，

由于 $f(x)$ 在 $x = k\pi$ 处没定义，而在 $k\pi$ 两侧有定义，故 $x = k\pi$ 是间断点. 又 $\lim\limits_{x \to 0} f(x) = \lim\limits_{x \to 0} e^{\frac{x}{\sin x}} = e$，所以 $x = 0$ 是函数 $f(x)$ 的第一类(可去)间断点. $x = k\pi (k = \pm 1, \pm 2, \cdots)$ 是 $f(x)$ 的第二类(无穷)间断点.

例 1.2.28 讨论函数 $f(x) = e^{\frac{1}{x}}$ 的间断点，并指出间断点的类型.

解 由于 $f(x)$ 在点 $x = 0$ 处，$\lim\limits_{x \to 0^+} e^{\frac{1}{x}} = +\infty$，$\lim\limits_{x \to 0^-} e^{\frac{1}{x}} = 0$，所以 $x = 0$ 是第二类间断点.

例 1.2.29 讨论函数 $f(x) = \lim\limits_{t \to +\infty} \dfrac{x + e^{tx}}{1 + e^{tx}}$ 的间断点，并指出类型.

分析 先求出函数表达式，再讨论.

解 由于 $f(x) = \begin{cases} x, & x < 0, \\ \dfrac{1}{2}, & x = 0, \\ 1, & x > 0. \end{cases}$ 知 $x \neq 0$ 时，$f(x)$ 显然连续.

且 $\lim\limits_{x \to 0^-} f(x) = \lim\limits_{x \to 0^-} x = 0$，$\lim\limits_{x \to 0^+} f(x) = \lim\limits_{x \to 0^+} 1 = 1$. 而 $0 \neq 1$，所以 $x = 0$ 是跳跃间断点.

三、综合例题精选

1. 利用泰勒公式求函数极限

若 $f(x) = Ax^k + o(x^k)$，$A($常数$) \neq 0 (x \to 0)$，则 $f(x) \sim Ax^k$. 事实上，

$$\lim_{x \to 0} \frac{f(x)}{Ax^k} = \lim_{x \to 0} \frac{Ax^k + o(x^k)}{Ax^k} = \lim_{x \to 0}\left(1 + \frac{1}{A} \cdot \frac{o(x^k)}{x^k}\right) = 1.$$

因此，利用带有佩亚诺余项的麦克劳林展开式可以求出某些函数极限，当 $x \to 0$ 时，若

$$f(x) = Ax^k + o(x^k) \sim Ax^k (A \neq 0), \quad g(x) = Bx^m + o(x^m) \sim Bx^m (B \neq 0),$$

则

$$\lim_{x \to 0} \frac{f(x)}{g(x)} = \lim_{x \to 0} \frac{Ax^k}{Bx^m} = \begin{cases} \infty, & k < m, \\ \dfrac{A}{B}, & k = m, \\ 0, & k > m. \end{cases}$$

对于求 $x \to x_0$ 时的函数极限，若用带有佩亚诺余项的泰勒展开式求极限比较复杂，可令 $x - x_0 = t$，变成求 $t \to 0$ 时的 t 的函数极限，再利用上述方法解决.

例 1.2.30 求 $\lim\limits_{x \to 0} \dfrac{\cos x - e^{-\frac{x^2}{2}}}{x^4}$.

解 由于 $\cos x - e^{-\frac{x^2}{2}} = \left(1 - \dfrac{x^2}{2!} + \dfrac{x^4}{4!} + o(x^4)\right) - \left(1 - \dfrac{x^2}{2} + \dfrac{1}{2!}\dfrac{x^4}{4} + o(x^4)\right)$

$$= \left(\frac{1}{4!} - \frac{1}{8}\right)x^4 + o(x^4) \sim -\frac{1}{12}x^4 \quad (x \to 0),$$

所以，原式 $= \lim\limits_{x \to 0} \dfrac{-x^4/12}{x^4} = -\dfrac{1}{12}$.

例 1.2.31 若 $\lim\limits_{x \to 0} \dfrac{\sin 6x + x f(x)}{x^3} = 0$，求 $\lim\limits_{x \to 0} \dfrac{6 + f(x)}{x^2}$.

解法一 由于 $\sin 6x = 6x - \dfrac{(6x)^3}{3!} + o(x^3)$，故 $\lim\limits_{x \to 0} \dfrac{\sin 6x + x f(x)}{x^3} = \lim\limits_{x \to 0}\left[\dfrac{6 + f(x)}{x^2} - 36\right] = 0$，

从而 $\lim\limits_{x \to 0} \dfrac{6 + f(x)}{x^2} = 36$.

分析　分子加一项或减一项,巧妙地把条件用上.

解法二　$\lim\limits_{x\to 0}\dfrac{6+f(x)}{x^2}=\lim\limits_{x\to 0}\dfrac{6x+xf(x)}{x^3}=\lim\limits_{x\to 0}\left(\dfrac{\sin 6x+xf(x)}{x^3}+\dfrac{6x-\sin 6x}{x^3}\right)$

$$=\lim\limits_{x\to 0}\dfrac{6x-\sin 6x}{x^3}\left(\dfrac{0}{0}\right)=\lim\limits_{x\to 0}\dfrac{6-6\cos 6x}{3x^2}=6\lim\limits_{x\to 0}\dfrac{\frac{1}{2}(6x)^2}{3x^2}=36.$$

2. 利用夹逼定理求函数极限

例 1. 2. 32　求 $\lim\limits_{x\to 0^+}x\left[\dfrac{1}{x}\right]$.

解　$\dfrac{1}{x}-1<\left[\dfrac{1}{x}\right]\leqslant\dfrac{1}{x}$,且 $x>0$,两边同乘以 x,得 $1-x<x\left[\dfrac{1}{x}\right]\leqslant 1$.

由 $\lim\limits_{x\to 0^+}(1-x)=1$, $\lim\limits_{x\to 0^+}=1$,根据夹逼定理知,$\lim\limits_{x\to 0^+}x\left[\dfrac{1}{x}\right]=1$.

例 1. 2. 33　求 $\lim\limits_{x\to+\infty}\dfrac{\displaystyle\int_0^x|\sin t|\,\mathrm{d}t}{x}$.

分析　本题虽然属于"$\dfrac{\infty}{\infty}$"型,但不能用洛必达法则,因为 $\lim\limits_{x\to+\infty}\dfrac{\displaystyle\int_0^x|\sin t|\,\mathrm{d}t}{x}=\lim\limits_{x\to+\infty}|\sin x|$ 不存在.因此,用其他方法.

解　对任意自然数 n,有 $\displaystyle\int_0^{n\pi}|\sin t|\,\mathrm{d}t=n\int_0^{\pi}\sin t\,\mathrm{d}t=2n$,

当 $n\pi\leqslant x<(n+1)\pi$ 时,不等式 $\dfrac{2n}{(n+1)\pi}<\dfrac{\displaystyle\int_0^x|\sin t|\,\mathrm{d}t}{x}<\dfrac{2(n+1)}{n\pi}$ 成立.

由 $\lim\limits_{x\to+\infty}\dfrac{2n}{(n+1)\pi}=\lim\limits_{n\to\infty}\dfrac{2n}{(n+1)\pi}=\dfrac{2}{\pi}$, $\lim\limits_{x\to+\infty}\dfrac{2(n+1)}{n\pi}=\lim\limits_{n\to\infty}\dfrac{2(n+1)}{n\pi}=\dfrac{2}{\pi}$.根据夹逼定理知原式 $=\dfrac{2}{\pi}$.

注　这里 $\dfrac{2n}{(n+1)\pi}$ 是 x 的函数,是分段函数,即 $f(x)=\dfrac{2n}{(n+1)\pi}$, $n\pi\leqslant x\leqslant(n+1)\pi$.

3. 利用中值定理求极限

例 1. 2. 34　设 $f'(0)=0$, $f''(0)$ 存在,证明 $\lim\limits_{x\to 0^+}\dfrac{f(x)-f(\ln(1+x))}{x^3}=\dfrac{1}{2}f''(0)$.

证明　由 $f''(0)$ 存在,知 $\exists\delta_0>0$,当 $x\in[0,\delta_0]$ 时,$f'(x)$ 存在.当 x 充分小时,$[\ln(1+x),x]\subset[0,\delta_0]$,在 $[\ln(1+x),x]$ 上对 $f(x)$ 应用拉格朗日定理,得 $f(x)-f(\ln(1+x))=f'(\theta_x)(x-\ln(1+x))$,其中 $\ln(1+x)<\theta_x<x$.

$$\lim\limits_{x\to 0^+}\dfrac{f(x)-f(\ln(1+x))}{x^3}=\lim\limits_{x\to 0^+}\dfrac{x-\ln(1+x)}{x^2}\cdot\dfrac{f'(\theta_x)-f'(0)}{\theta_x}\cdot\dfrac{\theta_x}{x}.$$

由 $x\to 0$ 时,$\ln(1+x)\to 0$,知 $\theta x\to 0$ 时,有 $\lim\limits_{x\to 0}\dfrac{f'(\theta_x)-f'(0)}{\theta_x}=f''(0)$.

又 $\dfrac{\ln(1+x)}{x}<\dfrac{\theta_x}{x}<1$,且 $\lim\limits_{x\to 0}\dfrac{\ln(1+x)}{x}=1$,由夹逼定理知 $\lim\limits_{x\to 0}\dfrac{\theta_x}{x}=1$.

而 $\lim\limits_{x\to 0}\dfrac{x-\ln(1+x)}{x^2}\left(\dfrac{0}{0}\right)=\lim\limits_{x\to 0}\dfrac{1-\frac{1}{1+x}}{2x}=\lim\limits_{x\to 0}\dfrac{x}{2x(1+x)}=\dfrac{1}{2}$,故 $\lim\limits_{x\to 0^+}\dfrac{f(x)-f(\ln(1+x))}{x^3}=\dfrac{1}{2}f''(0)$.

4. 利用定义证明函数极限的存在

利用函数极限定义证明函数极限与利用数列极限定义证明数列极限存在完全类似.一般情况尽量不用,除非要求用定义证.

5. 函数连续性的应用

例 1. 2. 35　设 $f(x)$ 在 $[a,b]$ 上连续,$x_1,x_2,\cdots,x_n\in[a,b]$,若 $\lambda_1,\lambda_2,\cdots,\lambda_n>0$ 且满足 $\lambda_1+\lambda_2+\cdots+\lambda_n=1$,

证明:存在一 $\xi\in[a,b]$,使

$$f(\xi)=\lambda_1 f(x_1)+\lambda_2 f(x_2)+\cdots+\lambda_n f(x_n).$$

证明 由 $f(x)$ 在闭区间 $[a,b]$ 上连续,则 $f(x)$ 在 $[a,b]$ 上一定能取到最小值 m,最大值 M,且值域 $R(f)=[m,M]$,又 $x_1,x_2,\cdots,x_n\in[a,b]$,则有

$$m\leqslant f(x_1)\leqslant M,m\leqslant f(x_2)\leqslant M,\cdots,m\leqslant f(x_n)\leqslant M.$$

又 $\lambda_i>0(i=1,2,\cdots,n)$,且 $\lambda_1+\lambda_2+\cdots+\lambda_n=1$,于是

$$m=m(\lambda_1+\lambda_2+\cdots+\lambda_n)\leqslant\lambda_1 f(x_1)+\lambda_2 f(x_2)+\cdots+\lambda_n f(x_n)\leqslant(\lambda_1+\lambda_2+\cdots+\lambda_n)M=M.$$

故至少存在一点 $\xi\in[a,b]$,使得 $\lambda_1 f(x_1)+\lambda_2 f(x_2)+\cdots+\lambda_n f(x_n)=f(\xi)$.

例 1.2.36 证明:若函数 $f(x)$ 在 $[a,b]$ 上连续,且对任何 $x\in[a,b]$,存在相应的 $y\in[a,b]$,使得 $|f(x)|\leqslant\dfrac{1}{2}|f(y)|$,则 $f(x)=0$.

证明 $\forall x_0\in[a,b]$,由条件知存在 $y_1\in[a,b]$,使 $|f(x_0)|\leqslant\dfrac{1}{2}|f(y_1)|$,同样存在 $y_2\in[a,b]$ 使 $|f(x_0)|\leqslant\dfrac{1}{2}|f(y_1)|\leqslant\dfrac{1}{2^2}|f(y_2)|$,如此下去,存在数列 $\{y_n\}\subset[a,b]$,使 $|f(x_0)|\leqslant\dfrac{1}{2^n}|f(y_n)|$.由 $f(x)$ 在 $[a,b]$ 上连续,则 $f(x)$ 在 $[a,b]$ 上有界,于是存在 $M>0$,对于一切 $x\in[a,b]$,都有 $|f(x)|\leqslant M$,从而 $|f(x_0)|\leqslant\dfrac{1}{2^n}M.$ 令 $n\to\infty$,得 $|f(x_0)|\leqslant 0\Rightarrow|f(x_0)|=0\Rightarrow f(x_0)=0$,由 x_0 是 $[a,b]$ 上任意一点,故 $f(x)=0$.

§1.3 数列极限

一、内容梳理

(一)基本概念

$$\text{数列极限}\begin{cases}\text{数列极限的定义}\\[4pt]\text{用定义证明数列极限的方法}\begin{cases}\text{直接证法}\\\text{间接证法}\end{cases}\\[12pt]\text{收敛数列的性质}\begin{cases}\text{唯一性}\\\text{有界性}\\\text{不等式}\\\text{保号性}\\\text{四则运算}\end{cases}\\[20pt]\text{判断数列收敛的准则}\begin{cases}\text{夹逼定理}\\\text{单调有界定理}\end{cases}\\[10pt]\text{判断数列发散的准则}\begin{cases}\text{两个子列极限存在但不相等}\\\text{有一个子列发散}\\\text{数列无界}\end{cases}\\[16pt]\text{重要的数列极限}\begin{cases}\lim\limits_{n\to\infty}\dfrac{1}{n^k}=0(k>0\text{ 为常数})\\[4pt]\lim\limits_{n\to\infty}q^n=0(|q|<1\text{ 为常数})\\[4pt]\lim\limits_{n\to\infty}\sqrt[n]{a}=1(a>0\text{ 为常数})\\[4pt]\lim\limits_{n\to\infty}\sqrt[n]{n}=1\\[4pt]\lim\limits_{n\to\infty}\left(1+\dfrac{1}{n}\right)^n=e\\[4pt]\lim\limits_{n\to\infty}\dfrac{\ln n}{n^k}=0(k>0\text{ 为常数})\\[4pt]\lim\limits_{n\to\infty}\dfrac{n^k}{a^n}=0(a>1,a,k\text{ 为常数})\end{cases}\end{cases}$$

数列极限的概念

定义 1.22 设 $\{a_n\}$ 是一个数列，a 是一个确定的常数，若对任意给定的正数 ε，总存在一个自然数 N，使得 $n > N$ 时，都有 $|a_n - a| < \varepsilon$，则称数列 $\{a_n\}$ 的极限是 a，或者说数列 $\{a_n\}$ 收敛于 a，记作 $\lim\limits_{n\to\infty} a_n = a$.

注 （1）ε 的任意性. ε 的作用在于衡量 a_n 与 a 的接近程度，从而限制 ε 小于某一个正常数，不影响衡量 a_n 与 a 接近的程度，但不能限制大于某一个正常数，定义中的 ε 可用 2ε、$\sqrt{\varepsilon}$ 或 ε^2 等本质上是任意的正常数来替代，同样也可把"<"号换成"≤"号.

（2）N 的相应性. 一般说，N 是随着 ε 的变小而变大的，但并不是由 ε 唯一确定的，因为给定 ε，确定 N，当 $n > N$，有 $|a_n - a| < \varepsilon$，则 $N+1$，$N+2$，… 同样也符合要求. 此外，$n > N$ 中的 N 只是下标的一个界限，要求 n 是自然数，故 N 可以是实数，而且 $n > N$ 也可改成 $n \geqslant N$.

（3）几何意义. $\lim\limits_{n\to\infty} a_n = a$，表明 a 的任何给定的 ε 邻域中都含有数列 $\{a_n\}$ 中除了有限项以外的所有项.

（二）重要定理与公式

定理 1.13（夹逼定理） 设 $\{a_n\}$、$\{b_n\}$ 为收敛数列，且 $\lim\limits_{n\to\infty} a_n = a$，$\lim\limits_{n\to\infty} b_n = a$，若存在 N_0，当 $n > N_0$ 时，都有 $a_n \leqslant c_n \leqslant b_n$，则数列 $\{c_n\}$ 收敛，且 $\lim\limits_{n\to\infty} c_n = a$.

夹逼定理适合数列的项有多项相加或相乘式或当 $n \to \infty$ 时，有无穷项相加或相乘，且不能化简，不能利用极限的四则运算，此时可尝试用夹逼定理. 夹逼定理不仅能证明数列极限存在，并可求出极限的值.

定理 1.14（单调有界定理） 数列 $\{a_n\}$ 单调递增（递减）有上界（下界），则数列 $\{a_n\}$ 收敛，即单调有界数列有极限.

单调有界定理适用于数列的项以递推关系式给出的数列. 单调有界定理仅能证明数列极限存在，至于数列极限的值是多少，只能用别的方法去解决.

收敛数列的性质

与函数极限性质类似，在这里请读者自己叙述.

$$\lim_{n\to\infty} \frac{a_0 n^m + a_1 n^{m-1} + \cdots + a_{m-1} n + a_m}{b_0 n^k + b_1 n^{k-1} + \cdots + b_{k-1} n + b_k} = \begin{cases} 0, & m < k, \\ \dfrac{a_0}{b_0}, & m = k, \\ \infty, & m > k, \end{cases}$$

（其中 a_0，a_1，…，a_m，b_0，b_1，…，b_k 均为常数且 $a_0 \neq 0$，$b_0 \neq 0$）

这个公式表明，当分子最高次幂小于分母最高次幂时，分式极限为零；当分子最高次幂等于分母最高次幂时，分式极限就是分子、分母最高次幂的系数之比；当分子最高次幂大于分母最高次幂时，分式的极限为 ∞. 以后该结果可以作为结论用，同理可证，分子、分母的每一项幂指数是正数时结果仍成立.

二、考题类型、解题策略及典型例题

类型 3.1 数列的项有多项相加或相乘式或 $n \to \infty$ 时，有无穷项相加或相乘，且不能化简，不能利用极限的四则运算

解题策略 尝试用夹逼定理. 夹逼定理不仅能证明数列极限存在，并可求出极限的值.

例 1.3.1 求 $\lim\limits_{n\to\infty} \sqrt[n]{a_1^n + a_2^n + \cdots + a_m^n}$，其中 a_1，a_2，…，a_m 均为正常数.

分析 适当放大与缩小，用夹逼定理.

解 不妨设 $a_1 = \max\{a_1, a_2, \cdots, a_m\}$，由于

$$a_1 \leqslant \sqrt[n]{a_1^n + a_2^n + \cdots + a_m^n} \leqslant \sqrt[n]{m \cdot a_1^n} = a_1 \sqrt[n]{m},$$

且 $\lim\limits_{n\to\infty} a_1 = a_1$，$\lim\limits_{n\to\infty} a_1 \sqrt[n]{m} = a_1$，由夹逼定理知 $\lim\limits_{n\to\infty} \sqrt[n]{a_1^n + a_2^n + \cdots + a_m^n} = a_1 = \max\{a_1, a_2, \cdots, a_m\}$.

例 1.3.2 求 $\lim\limits_{n\to\infty}\left(\dfrac{\sqrt{1\cdot 2}}{n^2+1}+\dfrac{\sqrt{2\cdot 3}}{n^2+2}+\cdots+\dfrac{\sqrt{n(n+1)}}{n^2+n}\right)$.

分析 适当放大与缩小,用夹逼定理.

解 设 $I_n=\dfrac{\sqrt{1\cdot 2}}{n^2+1}+\dfrac{\sqrt{2\cdot 3}}{n^2+2}+\cdots+\dfrac{\sqrt{n(n+1)}}{n^2+n}$,由于

$$I_n>\frac{1}{n^2+n}+\frac{2}{n^2+n}+\cdots+\frac{n}{n^2+n}=\frac{n(n+1)}{2n(n+1)}=\frac{1}{2},\ I_n<\frac{2}{n^2+1}+\frac{3}{n^2+1}+\cdots+\frac{n+1}{n^2+1}=\frac{(n+3)n}{2(n^2+1)},$$

且 $\lim\limits_{n\to\infty}\dfrac{1}{2}=\dfrac{1}{2},\lim\limits_{n\to\infty}\dfrac{n(n+3)}{2(n^2+1)}=\dfrac{1}{2}$,根据夹逼定理知

$$\lim_{n\to\infty}I_n=\lim_{n\to\infty}\left(\frac{\sqrt{1\cdot 2}}{n^2+1}+\frac{\sqrt{2\cdot 3}}{n^2+2}+\cdots+\frac{\sqrt{n(n+1)}}{n^2+n}\right)=\frac{1}{2}.$$

例 1.3.3 求 $\lim\limits_{n\to\infty}\dfrac{1}{2}\cdot\dfrac{3}{4}\cdot\dfrac{5}{6}\cdot\cdots\cdot\dfrac{2n-1}{2n}$.

分析 巧妙利用 $\dfrac{q}{p}<\dfrac{q+1}{p+1}(p>0,q>0)$ 放大,用夹逼定理.

解 由于 $\dfrac{1}{2}\cdot\dfrac{3}{4}\cdot\dfrac{5}{6}\cdot\cdots\cdot\dfrac{2n-1}{2n}<\dfrac{2}{3}\cdot\dfrac{4}{5}\cdot\dfrac{6}{7}\cdot\cdots\cdot\dfrac{2n}{2n+1}$,所以

$$\left(\frac{1}{2}\cdot\frac{3}{4}\cdot\cdots\cdot\frac{2n-1}{2n}\right)^2<\frac{1}{2}\cdot\frac{3}{4}\cdot\cdots\cdot\frac{2n-1}{2n}\cdot\frac{2}{3}\cdot\frac{4}{5}\cdot\cdots\cdot\frac{2n}{2n+1}=\frac{1}{2n+1}<\frac{1}{n},$$

即 $0<\dfrac{1}{2}\cdot\dfrac{3}{4}\cdot\cdots\cdot\dfrac{2n-1}{2n}<\dfrac{1}{\sqrt{n}}$,且 $\lim\limits_{n\to\infty}0=0,\lim\limits_{n\to\infty}\dfrac{1}{\sqrt{n}}=0$.由夹逼定理知

$$\lim_{n\to\infty}\frac{1}{2}\cdot\frac{3}{4}\cdot\cdots\cdot\frac{2n-1}{2n}=0.$$

例 1.3.4 $u_1=1,u_2=2$,当 $n\geq 3$ 时,$u_n=u_{n-1}+u_{n-2}$,求 $\lim\limits_{n\to\infty}\dfrac{1}{u_n}$.

分析 利用递推关系式适当放大与缩小,用夹逼定理.

解法一 由条件知 $\{u_n\}$ 递增,知

$$u_n=u_{n-1}+u_{n-2}\leq u_{n-1}+u_{u-1}=2u_{n-1},\ u_n=u_{n-1}+u_{n-2}\geq u_{n-1}+\frac{1}{2}u_{n-1}=\frac{3}{2}u_{n-1},$$

从而 $u_n\geq\left(\dfrac{3}{2}\right)^2 u_{n-2}\geq\left(\dfrac{3}{2}\right)^{n-1}u_1=\left(\dfrac{3}{2}\right)^{n-1}$,得 $0\leq\dfrac{1}{u_n}\leq\left(\dfrac{2}{3}\right)^{n-1}$.

且 $\lim\limits_{n\to\infty}0=0,\lim\limits_{n\to\infty}\left(\dfrac{2}{3}\right)^{n-1}=0$,根据夹逼定理知 $\lim\limits_{n\to\infty}\dfrac{1}{u_n}=0$.

解法二 由条件知 $u_n>0$,显然 $\{u_n\}$ 递增,知 $\left\{\dfrac{1}{u_n}\right\}$ 递减,且 $\dfrac{1}{u_n}>0$,由单调有界定理知 $\left\{\dfrac{1}{u_n}\right\}$ 收敛,设 $\lim\limits_{n\to\infty}\dfrac{1}{u_n}=l$.假设 $l\neq 0$,有 $\lim\limits_{n\to\infty}u_n=\dfrac{1}{l}$.又 $u_n=u_{n-1}+u_{n-2}$,令 $n\to\infty$,有 $\dfrac{1}{l}=\dfrac{1}{l}+\dfrac{1}{l}$,得 $\dfrac{1}{l}=0$,与 $\dfrac{1}{l}\neq 0$ 相矛盾,故假设不成立,所以 $\lim\limits_{n\to\infty}\dfrac{1}{u_n}=0$.

例 1.3.5 求 $\lim\limits_{n\to\infty}\left(\dfrac{\sin\frac{\pi}{n}}{n+1}+\dfrac{\sin\frac{2\pi}{n}}{n+\frac{1}{2}}+\cdots+\dfrac{\sin\pi}{n+\frac{1}{n}}\right)$.

分析 适当放大与缩小,利用定积分的定义,用夹逼定理.

解 设 $I_n=\dfrac{\sin\frac{\pi}{n}}{n+1}+\dfrac{\sin\frac{2\pi}{n}}{n+\frac{1}{2}}+\cdots+\dfrac{\sin\pi}{n+\frac{1}{n}}$,由

$$I_n<\frac{1}{n}\left(\sin\frac{\pi}{n}+\sin\frac{2\pi}{n}+\cdots+\sin\frac{n\pi}{n}\right)=\frac{1}{n}\sum_{i=1}^n\sin\frac{i\pi}{n}=\sum_{i=1}^n\frac{1}{n}\sin\frac{i\pi}{n},$$

$$I_n > \frac{1}{n+1}\left(\sin\frac{\pi}{n} + \sin\frac{2\pi}{n} + \cdots + \sin\frac{n\pi}{n}\right) = \frac{n}{n+1} \cdot \frac{1}{n}\sum_{i=1}^{n}\sin\frac{i\pi}{n} = \frac{n}{n+1}\sum_{i=1}^{n}\frac{1}{n}\sin\frac{i\pi}{n}.$$

在和式 $\sum_{i=1}^{n}\frac{1}{n}\sin\frac{i\pi}{n}$ 中，$\Delta x_i = \frac{1}{n}$，有 $b-a = n \cdot \frac{1}{n} = 1$. $f(x) = \sin\pi x$，$\xi_i = \frac{i}{n}$，$i = 1, 2, \cdots, n$. $\xi_1 = \frac{1}{n} \in$ $\left[a, a+\frac{1}{n}\right]$，令 $n \to \infty$，$0 \in [a, a]$，知 $a = 0$. $\xi_n = \frac{n}{n} \in \left[b-\frac{1}{n}, b\right]$，令 $n \to \infty$，$1 \in [b, b]$，知 $b = 1$，且 $b-a = 1$. $f(x)$ 在 $[0,1]$ 上连续必可积. 而 $\sum_{i=1}^{n}\frac{1}{n}\sin\frac{i\pi}{n}$ 是 $f(x)$ 在 $[0,1]$ 上，把区间 $[0,1]$ n 等分，ξ_i 取每个小区间右端点 $\frac{i}{n}$ 得到的和式，由定积分定义知

$$\lim_{n\to\infty}\sum_{i=1}^{n}\frac{1}{n}\sin\frac{i\pi}{n} = \int_0^1 \sin\pi x \, dx = \left(-\frac{1}{\pi}\cos\pi x\right)\Big|_0^1 = \frac{2}{\pi}, \text{且} \lim_{n\to\infty}\frac{n}{n+1} \cdot \frac{1}{n}\sum_{i=1}^{n}\sin\frac{i\pi}{n} = \frac{2}{\pi},$$

根据夹逼定理知 $\displaystyle\lim_{n\to\infty}I_n = \lim_{n\to\infty}\left[\frac{\sin\frac{\pi}{n}}{n+1} + \frac{\sin\frac{2\pi}{n}}{n+\frac{1}{2}} + \cdots + \frac{\sin\pi}{n+\frac{1}{n}}\right] = \frac{2}{\pi}$.

例 1.3.6 求 $\displaystyle\lim_{n\to\infty}\int_0^{\frac{1}{2}}\frac{x^n}{1+x}dx$.

分析 利用定积分不等式性质适当放大与缩小，用夹逼定理.

解法一 由 $0 < \int_0^{\frac{1}{2}}\frac{x^n}{1+x}dx < \int_0^{\frac{1}{2}}x^n dx = \frac{1}{n+1} \cdot \left(\frac{1}{2}\right)^{n+1}$，且 $\lim_{n\to\infty}0 = 0$，$\lim_{n\to\infty}\frac{1}{n+1} \cdot \left(\frac{1}{2}\right)^{n+1} = 0$，根据夹逼定理知 $\displaystyle\lim_{n\to\infty}\int_0^{\frac{1}{2}}\frac{x^n}{1+x}dx = 0$.

分析 利用积分中值定理，用夹逼定理.

解法二 由 $\int_0^{\frac{1}{2}}\frac{x^n}{1+x}dx = \frac{\xi_n^n}{1+\xi_n} \cdot \frac{1}{2}$，其中 $0 \leqslant \xi_n \leqslant \frac{1}{2}$，而 $\frac{2}{3} \leqslant \frac{1}{1+\xi_n} \leqslant 1$，知 $\frac{1}{1+\xi_n}$ 为有界量，又 $0 \leqslant \xi_n^n \leqslant \left(\frac{1}{2}\right)^n$，根据夹逼定理知 $\lim_{n\to\infty}\xi_n^n = 0$. 从而

$$\text{原式} = \lim_{n\to\infty}\frac{1}{2} \cdot \frac{1}{1+\xi_n} \cdot \xi_n^n = 0 \text{(有界量乘以无穷小量仍是无穷小量)}.$$

类型 3.2 **判断数列的项用递推关系式给出的数列的收敛性或证明数列极限存在，并求极限**

解题策略 用单调有界定理.

例 1.3.7 设 $c > 0$ 为常数，证明 $x_n = \underbrace{\sqrt{c + \sqrt{c + \cdots + \sqrt{c}}}}_{n\text{个根号}}$ $(n \geqslant 1)$ 极限存在，并求 $\displaystyle\lim_{n\to\infty}x_n$.

分析 由于 $x_{n+1} = \sqrt{c + x_n}$，容易观察出 $\{x_n\}$ 是递增的，并可用数学归纳法证明(关键是证明它有上界)，哪一个数是 $\{x_n\}$ 的上界呢? 我们观察不出来. 由于 $\{x_n\}$ 是递增的，所以，若 $\{x_n\}$ 极限存在，则极限值一定是它的一个上界. 设 $\lim_{n\to\infty}x_n = a$，由于 $x_{n+1} = \sqrt{c + x_n}$，令 $n \to \infty$，有 $a = \sqrt{c+a}$，两边平方得 $a^2 - a - c = 0$，解得 $a = \frac{1 \pm \sqrt{1+4c}}{2}$. 由题意知 $a > 0$，所以 $a = \frac{1 + \sqrt{1+4c}}{2}$，由于 a 太复杂，对它作适当放大，则有 $a < \frac{1 + \sqrt{1+4c+4\sqrt{c}}}{2} = \frac{1 + (1+2\sqrt{c})}{2} = 1 + \sqrt{c}$，于是必有 $x_n < 1 + \sqrt{c}$.

证明 $x_n > 0$，先证 $\{x_n\}$ 是递增的，即 $x_n < x_{n+1}$. 由于 $x_1 = \sqrt{c} < x_2 = \sqrt{c + \sqrt{c}}$，即 $n = 1$ 时不等式成立. 假设 $n = k$ 时，$x_k < x_{k+1}$ 成立. 当 $n = k+1$ 时，由 $x_k < x_{k+1} \Rightarrow 0 < c + x_k < c + x_{k+1} \Rightarrow \sqrt{c + x_k} < \sqrt{c + x_{k+1}} \Rightarrow x_{k+1} < x_{k+2}$，即 $n = k+1$ 时不等式也成立，由数学归纳法知 $x_n < x_{n+1}$，知 $\{x_n\}$ 递增. 再证 $\{x_n\}$ 有上界，用数学归纳法证明如下：由 $x_1 = \sqrt{c} < 1 + \sqrt{c}$，设 $n = k$ 时，$x_k < 1 + \sqrt{c}$，当 $n = k+1$ 时，$x_{k+1} = \sqrt{c + x_k} < \sqrt{c + 1 + \sqrt{c}} < \sqrt{c + 1 + 2\sqrt{c}} = 1 + \sqrt{c}$. 即 $n = k+1$ 时也成立. 由数学归纳法知，对一切 $n \in \mathbf{N}^*$，都有 $x_n < 1 + \sqrt{c}$. 根据单调有

界定理知$\{x_n\}$收敛.

设$\lim\limits_{n\to\infty}x_n=a$,由$x_{n+1}=\sqrt{c+x_n}$,令$n\to\infty$,有$a=\sqrt{c+a}\Rightarrow a^2=c+a\Rightarrow a^2-a-c=0$,解得$a=\dfrac{1\pm\sqrt{1+4c}}{2}$,由$a>0$,知$a=\dfrac{1+\sqrt{1+4c}}{2}$,故$\lim\limits_{n\to\infty}x_n=\dfrac{1+\sqrt{1+4c}}{2}$.

也可用下面方法证明数列有界.

已经证明了$\{x_n\}$严格递增,即$x_n<x_{n+1}=\sqrt{c+x_n}\Rightarrow x_n^2-x_n-c<0\Rightarrow\dfrac{1-\sqrt{1+4c}}{2}<x_n<\dfrac{1+\sqrt{1+4c}}{2}$,故$x_n<\dfrac{1+\sqrt{1+4c}}{2}$.从而$\{x_n\}$有上界.

注 在求由递推关系式给出的数列的极限时,一定要先证明数列极限存在,再求极限,否则就犯了逻辑性错误.

例如数列$\{(-1)^n\}$是发散的.如果不去判断它的收敛性,直接求极限会怎样?设$a_n=(-1)^n$,$a_{n+1}=(-1)^{n+1}=-a_n$,设$\lim a_n=a$,令$n\to\infty$,有$a=-a$,即$2a=0$得$a=0$,于是$\lim(-1)^n=0$.这里犯错误的原因是没有证明a_n的极限是否存在,便假设$\lim\limits_{n\to\infty}a_n=a$.在错误的假设下,当然推出的结论不一定正确.因此,一定要证明$\{a_n\}$收敛后,再设$\lim\limits_{n\to\infty}a_n=a$.

例 1.3.8 设数列$\{x_n\}$满足:$x_0=2$,$x_n=\dfrac{2x_{n-1}^3+1}{3x_{n-1}^2}$($n=1,2,\cdots$).证明$\lim\limits_{n\to\infty}x_n$存在,并计算此极限.

分析 由于$x_n-x_{n-1}=\dfrac{1-x_{n-1}^3}{3x_{n-1}^2}$,且$3x_{n-1}^2>0$,所以要判断$\{x_n\}$是否单调,关键是判断分式的分子中$x_{n-1}^3$与1的大小,即$x_{n-1}$与1的大小.若$x_n\geqslant1$,则$x_n-x_{n-1}<0$.即$\{x_n\}$递减,若$x_n\leqslant1$,则$\{x_n\}$递增.

证明 由于$x_n=\dfrac{2x_{n-1}^3+1}{3x_{n-1}^2}=\dfrac{1}{3}\left(x_{n-1}+x_{n-1}+\dfrac{1}{x_{n-1}}\right)\geqslant\sqrt[3]{x_{n-1}\cdot x_{n-1}\cdot\dfrac{1}{x_{n-1}^2}}=1$,

所以$\{x_n\}$有下界,而$x_n-x_{n-1}=\dfrac{1-x_{n-1}^3}{3x_{n-1}^2}\leqslant0$.知$\{x_n\}$递减.由单调有界定理知,$\{x_n\}$收敛,设$\lim\limits_{n\to\infty}a_n=a$,对$x_n=\dfrac{2x_{n-1}^3+1}{3x_{n-1}^2}$,令$n\to\infty$,有$a=\dfrac{2a^2+1}{3a^2}$,解得$a=1$.因此$\lim\limits_{n\to\infty}x_n=1$.

例 1.3.9 设$x_n=\underbrace{\sin\sin\cdots\sin x}_{n\text{个}\sin}$($x$为常数),求$\lim\limits_{n\to\infty}x_n$.

分析 利用$|\sin x|\leqslant|x|$(当且仅当$x=0$时等号成立)证明单调.

解 设$a_n=|x_n|=|\underbrace{\sin\sin\cdots\sin x}_{}|$,$a_{n+1}=|\underbrace{\sin\sin\sin\cdots\sin x}_{n+1\text{个}\sin}|\leqslant|\underbrace{\sin\sin\sin\cdots\sin x}_{n\text{个}\sin}|=a_n$,

又$a_n\geqslant0$,从而$\{a_n\}$递减有下界,故$\{a_n\}$收敛.

设$\lim\limits_{n\to\infty}a_n=c$,由于$a_{n+1}=|\underbrace{\sin\sin\sin\cdots\sin x}_{n+1\text{个}\sin}|=\sin|\underbrace{\sin\sin\cdots\sin x}_{n\text{个}\sin}|=\sin a_n$,

令$n\to\infty$,有$c=\sin c$,且$c\geqslant0$,于是等式可写为$|c|=|\sin c|$,由前面不等式性质知$c=0$.从而
$$\lim\limits_{n\to\infty}a_n=\lim\limits_{n\to\infty}|x_n|=0.$$

所以$\lim\limits_{n\to\infty}x_n=0$.

例 1.3.10 设$x_n=\dfrac{n^k}{a^n}$($|a|>1$为常数,k常数),求$\lim\limits_{n\to\infty}x_n$.

分析 由极限的不等式性质证明单调.

解 设$a_n=|x_n|$,$\lim\limits_{n\to\infty}\dfrac{a_{n+1}}{a_n}=\lim\limits_{n\to\infty}\left|\dfrac{(n+1)^k}{a^{n+1}}\right|\bigg/\left|\dfrac{n^k}{a^n}\right|=\lim\limits_{n\to\infty}\dfrac{1}{|a|}\cdot\left(1+\dfrac{1}{n}\right)^k=\dfrac{1}{|a|}<1$,

由极限的不等式性质知,存在N_0,当$n>N_0$时,都有$\dfrac{a_{n+1}}{a_n}<1$或$a_{n+1}<a_n$成立,知$\{a_n\}$递减且$a_n>0$.由单调有界定理知$\{a_n\}$收敛,设$\lim\limits_{n\to\infty}a_n=c$,由$a_{n+1}=\dfrac{1}{|a|}\left(1+\dfrac{1}{n}\right)^k a_n$,令$n\to\infty$,有$c=\dfrac{1}{|a|}\cdot c$,化简后有

$(|a|-1)c=0$，由 $|a|-1\neq0$，得 $c=0$，知 $\lim\limits_{n\to\infty}a_n=0$，故 $\lim\limits_{n\to\infty}x_n=0$.

例 1.3.11　设数列 $\{x_n\}$ 满足：$x_1=a>0$，$x_{n+1}=\sqrt{b+x_n}\,(b>0)$，$n=1,2,\cdots$．证明：$\{x_n\}$ 收敛于方程 $x^2-x-b=0$ 的正根.

分析　根据 x_1,x_2 的大小，用数学归纳法证明单调.

证明　（ⅰ）若 $a\geqslant\sqrt{a+b}$，由 $x_1=a\geqslant\sqrt{a+b}=x_2$，假设 $n=k$ 时，$x_k\geqslant x_{k+1}>0$ 成立，当 $n=k+1$ 时，$b+x_k\geqslant b+x_{k+1}>0$，两边开二次方根，有 $x_{k+1}=\sqrt{b+x_k}\geqslant\sqrt{b+x_{k+1}}=x_{k+2}$，即 $n=k+1$ 时，不等式 $x_{k+1}>x_{k+2}$ 成立，由数学归纳法知 $\{x_n\}$ 递减且 $x_n>0$，根据单调有界定理知 $\{x_n\}$ 收敛.

（ⅱ）若 $a<\sqrt{a+b}$，由 $x_1=a<\sqrt{a+b}=x_2$，假设 $n=k$ 时，$x_k<x_{k+1}$ 成立，当 $n=k+1$ 时，$0<b+x_k<b+x_{k+1}$，有 $x_{k+1}=\sqrt{b+x_k}<\sqrt{b+x_{k+1}}=x_{k+2}$，即 $n=k+1$ 时，$x_{k+1}<x_{k+2}$ 成立．由数学归纳法知 $\{x_n\}$ 递增．下面再证 $\{x_n\}$ 有上界，由

$$x_n<x_{n+1}=\sqrt{b+x_n}\Rightarrow x_n^2-x_n-b<0\Rightarrow\frac{1-\sqrt{1+4b}}{2}<x_n<\frac{1+\sqrt{1+4b}}{2}\Rightarrow x_n<\frac{1+\sqrt{1+4b}}{2}.$$

即 $\{x_n\}$ 有上界，故 $\{x_n\}$ 收敛.

设 $\lim\limits_{n\to\infty}x_n=c$，由 $x_{n+1}=\sqrt{b+x_n}$，令 $n\to\infty$，有 $c=\sqrt{b+c}\Rightarrow c^2-c-b=0$ 且 $c>0$，故 $\{x_n\}$ 收敛于 x^2-x-b 的正根.

类型 3.3　$f(n)$ 的极限属于未定式时，求极限 $\lim\limits_{n\to\infty}f(n)$

解题策略　由数列 $\{a_n\}$ 中的通项是 n 的表达式，即 $a_n=f(n)$．而 $\lim\limits_{n\to\infty}f(n)$ 与 $\lim\limits_{x\to\infty}f(x)$ 是特殊与一般的关系，由归结原则知 $\lim\limits_{x\to\infty}f(x)=A(\infty)\Rightarrow\lim\limits_{n\to\infty}f(n)=A(\infty)$，反之不一定成立.

例 1.3.12　求 $\lim\limits_{n\to\infty}n\left[\left(1+\dfrac{1}{n}\right)^n-\mathrm{e}\right]$.

解　原式 $=\lim\limits_{x\to+\infty}x\left[\left(1+\dfrac{1}{x}\right)^x-\mathrm{e}\right]\xlongequal{\frac{1}{x}=t}\lim\limits_{t\to0^+}\dfrac{(1+t)^{\frac{1}{t}}-\mathrm{e}}{t}\left(\dfrac{0}{0}\right)=\lim\limits_{t\to0^+}\dfrac{\mathrm{e}^{\frac{\ln(1+t)}{t}}-\mathrm{e}}{t}$

$=\lim\limits_{t\to0^+}\mathrm{e}^{\frac{\ln(1+t)}{t}}\cdot\dfrac{\frac{t}{1+t}-\ln(1+t)}{t^2}=\lim\limits_{t\to0^+}\mathrm{e}\cdot\dfrac{t-(1+t)\ln(1+t)}{t^2(1+t)}$

$=\lim\limits_{t\to0^+}\mathrm{e}\cdot\dfrac{t-(1+t)\ln(1+t)}{t^2}\left(\dfrac{0}{0}\right)=\mathrm{e}\lim\limits_{t\to0^+}\dfrac{1-\ln(1+t)-1}{2t}=-\dfrac{\mathrm{e}}{2}$.

例 1.3.13　求 $\lim\limits_{n\to\infty}\tan^n\left(\dfrac{\pi}{4}+\dfrac{2}{n}\right)$.

解法一　原式 $=\lim\limits_{x\to+\infty}\tan^x\left(\dfrac{\pi}{4}+\dfrac{2}{x}\right)\xlongequal{\frac{2}{x}=t}\lim\limits_{t\to0^+}\left[\tan\left(\dfrac{\pi}{4}+t\right)\right]^{\frac{2}{t}}=\lim\limits_{t\to0^+}\mathrm{e}^{\frac{2\ln\tan\left(\frac{\pi}{4}+t\right)}{t}}$

$=\mathrm{e}^{\lim\limits_{t\to0^+}\frac{2\ln\tan\left(\frac{\pi}{4}+t\right)}{t}}\left(\dfrac{0}{0}\right)=\mathrm{e}^{\lim\limits_{t\to0^+}\frac{2}{\tan\left(\frac{\pi}{4}+t\right)}\cdot\sec^2\left(\frac{\pi}{4}+t\right)}=\mathrm{e}^4$.

解法二　原式 $=\lim\limits_{n\to\infty}\left[\dfrac{1+\tan(2/n)}{1-\tan(2/n)}\right]^n=\lim\limits_{n\to\infty}\left\{\left[\left(1+\tan\dfrac{2}{n}\right)^{\frac{1}{\tan\frac{2}{n}}}\right]^{\frac{\tan\frac{2}{n}}{\frac{2}{n}}\cdot2}\div\left[\left(1-\tan\dfrac{2}{n}\right)^{\frac{1}{-\tan\frac{2}{n}}}\right]^{\frac{\tan\frac{2}{n}}{\frac{2}{n}}\cdot-2}\right\}$

$=\dfrac{\mathrm{e}^2}{\mathrm{e}^{-2}}=\mathrm{e}^4$.

注　解法二利用了函数的重要极限 $\lim\limits_{x\to0}(1+x)^{\frac{1}{x}}=\mathrm{e}$.

类型 3.4　判断数列极限不存在

解题策略　①若数列 $\{a_n\}$ 的两个子数列极限存在但不相等，则 $\{a_n\}$ 发散；②若数列 $\{a_n\}$ 无界，则数列 $\{a_n\}$ 发散.

例 1.3.14　判断数列 $\left\{\sin\dfrac{n\pi}{4}\right\}(n=1,2,\cdots)$ 的收敛性.

分析 利用正弦函数的周期性,重复出现相同的函数值.

解 取 $n=8k+2$,得子数列 $\left\{\sin\left(2k\pi+\dfrac{\pi}{2}\right)\right\}$,$\lim\limits_{k\to\infty}\sin\left(2k\pi+\dfrac{\pi}{2}\right)=\lim\limits_{k\to\infty}1=1$.

取 $n=8k$,得子数列 $\{\sin 2k\pi\}$,$\lim\limits_{k\to\infty}\sin 2k\pi=\lim\limits_{k\to\infty}0=0$,由 $1\neq 0$,知数列 $\left\{\sin\dfrac{n\pi}{4}\right\}$ 发散.

例 1.3.15 判断数列 $\{(-1)^n n^2\}$ $(n\in \mathbf{N}^*)$ 的收敛性.

解 设 $a_n=(-1)^n n^2$,$\forall M>0$,$\exists n>\sqrt{M}$,有 $n^2>M$,知 $|a_n|=n^2>M$,从而 $\{a_n\}$ 无界,故 $\{a_n\}$ 发散.

三、综合例题精选

1. 利用等价量替换求数列极限

由于在求函数极限时,可对分式分子、分母中的复杂因式用简单的等价量来替换,而数列也是特殊的函数,故在求数列极限时,也可用等价量替换.

例 1.3.16 已知 $\lim\limits_{n\to\infty}\dfrac{n^a}{n^b-(n-1)^b}=2010$,且 a,b 为常数,求 a,b.

分析 化简,利用等价量替换.

解 $\lim\limits_{n\to\infty}\dfrac{n^a}{n^b\left[1-\left(1-\dfrac{1}{n}\right)^b\right]}=\lim\limits_{n\to\infty}\dfrac{n^a}{-n^b\left\{\left[1+\left(-\dfrac{1}{n}\right)\right]^b-1\right\}}$,利用 $(1+x)^b-1\sim bx(x\to 0)$,有

$$\text{原式}=\lim\limits_{n\to\infty}\dfrac{n^a}{-n^b\cdot b\left(-\dfrac{1}{n}\right)}=\lim\limits_{n\to\infty}\dfrac{1}{b}\cdot\dfrac{n^{a+1}}{n^b}=2010.$$

于是 $a+1=b$,$\dfrac{1}{b}=2010$,解得 $b=\dfrac{1}{2010}$,$a=-\dfrac{2009}{2010}$.

2. 利用和式极限化为定积分求数列极限

例 1.3.17 求 $\lim\limits_{n\to\infty}\dfrac{\sqrt[n]{n!}}{n}$.

解 $\text{原式}=\lim\limits_{n\to\infty}\dfrac{\sqrt[n]{n!}}{n}=\lim\limits_{n\to\infty}\left(\dfrac{n!}{n^n}\right)^{\frac{1}{n}}=\lim\limits_{n\to\infty}\mathrm{e}^{\frac{1}{n}\ln\left(\frac{1}{n}\cdot\frac{2}{n}\cdot\cdots\cdot\frac{n}{n}\right)}=\mathrm{e}^{\lim\limits_{n\to\infty}\frac{1}{n}\ln\left(\frac{1}{n}\cdot\frac{2}{n}\cdot\cdots\cdot\frac{n}{n}\right)}$

$=\mathrm{e}^{\lim\limits_{n\to\infty}\frac{1}{n}\sum\limits_{i=1}^{n}\ln\frac{i}{n}}=\mathrm{e}^{\lim\limits_{n\to\infty}\sum\limits_{i=1}^{n}\ln\frac{i}{n}\cdot\frac{1}{n}}=\mathrm{e}^{\int_0^1\ln x\,\mathrm{d}x}=\mathrm{e}^{(x\ln x-x)\big|_0^1}=\mathrm{e}^{-1-\lim\limits_{x\to 0}(x\ln x-x)}=\mathrm{e}^{-1-0}=\mathrm{e}^{-1}$.

注 因为 $\displaystyle\int_0^1\ln x\,\mathrm{d}x$ 是反常积分,$x=0$ 是瑕点,所以把下限 $x=0$ 代入原函数就是原函数在 $x=0$ 处的极限.

3. 利用数列极限定义证明数列极限存在

要证 $\lim\limits_{n\to\infty}a_n=a$,即证明 $\forall\varepsilon>0$,$\exists$ 正整数 N,当 $n>N$ 时,都有 $|a_n-a|<\varepsilon$. 由定义可知,$n>N$ 是 $|a_n-a|<\varepsilon$ 成立的充分条件,从而有:

(1)直接证法(充要条件)

$\forall\varepsilon>0$,找出使 $|a_n-a|<\varepsilon$ 成立的充要条件(当然也是充分条件)$n>N(\varepsilon)$,即和中学解一般不等式的方法相同,由 $|a_n-a|<\varepsilon\Leftrightarrow n>N(\varepsilon)$,$N(\varepsilon)$ 是与 ε 有关的正整数.

(2)适当放大法(充分条件)

从 $|a_n-a|<\varepsilon$ 中等价解出 $n>N(\varepsilon)$ 很困难,可用适当放大法,使得 $|a_n-a|\leqslant g(n)(n>N_1)$. 只要 $g(n)<\varepsilon\Leftrightarrow n>N_2(\varepsilon)$,取 $N=\max\{N_1,N_2(\varepsilon)\}$,当 $n>N$ 时,有 $|a_n-a|\leqslant g(n)<\varepsilon$.

在使用适当放大法时,要求:

①放大以后的 $g(n)$ 要尽可能简单,从 $g(n)<\varepsilon$ 中等价解出 $n>N_2(\varepsilon)$ 容易;

②$\lim\limits_{n\to\infty}g(n)=0$,即放大以后的式子必须以 0 为极限.

(a)直接放大,把 $|a_n-a|$ 化简一步一步放大,使 $|a_n-a|\leqslant g(n)(n>N_1)$.

(b)间接放大,有时从 $|a_n-a|$ 直接放大不容易,可借助于其他公式如二项式公式及各种不等式等辅助工具来达到放大的目的.

例 1.3.18 证明 $\lim\limits_{n\to\infty}\sqrt[n]{n}=1$.

证明 设 $\left|\sqrt[n]{n}-1\right|=\sqrt[n]{n}-1=h_n$,可得

$$n=(1+h_n)^n=1+nh_n+\frac{n(n-1)}{2}h_n^2+\cdots+h_n^n>1+\frac{n(n-1)}{2}h_n^2 \ (n>1),$$

可推出 $h_n^2<\dfrac{2}{n}$,即 $h_n<\sqrt{\dfrac{2}{n}}$,于是 $\left|\sqrt[n]{n}-1\right|<\sqrt{\dfrac{2}{n}}$.所以,$\forall\,\varepsilon>0$,要使 $\left|\sqrt[n]{n}-1\right|<\varepsilon$,只要 $\sqrt{\dfrac{2}{n}}<\varepsilon\Leftrightarrow$ $\dfrac{2}{n}<\varepsilon^2\Leftrightarrow n>\dfrac{2}{\varepsilon^2}$,取 $N=\max\left\{1,\left[\dfrac{2}{\varepsilon^2}\right]\right\}$,当 $n>N$ 时,都有 $\left|\sqrt[n]{n}-1\right|<\varepsilon$,所以 $\lim\limits_{n\to\infty}\sqrt[n]{n}=1$.

自测题

一、填空题

1. $\lim\limits_{x\to0}\dfrac{e-e^{\cos x}}{\sqrt[3]{1+x^2}-1}=$ _____.

2. $\lim\limits_{x\to0}(\cos x)^{\frac{1}{\ln(1+x^2)}}=$ _____.

3. $\lim\limits_{x\to0}\dfrac{\arctan x-\sin x}{x^3}=$ _____.

4. 设函数 $f(x)$ 连续,$\lim\limits_{x\to0}\dfrac{1-\cos(xf(x))}{(e^{x^2}-1)f(x)}=1$,则 $f(0)=$ _____.

5. 设 $f(x)=\lim\limits_{n\to\infty}\dfrac{(n-1)x}{nx^2+1}$,则 $f(x)$ 的间断点为 $x=$ _____.

6. 若 $x\to0$ 时,$(1-ax^2)^{\frac{1}{4}}-1$ 与 $x\sin x$ 是等价无穷小,则 $a=$ _____.

7. 当 $x\to0$ 时,$\alpha(x)=kx^2$ 与 $\beta(x)=\sqrt{1+x\arcsin x}-\sqrt{\cos x}$ 是等价无穷小,则 $k=$ _____.

8. 若 $\lim\limits_{x\to0}\dfrac{\sin x}{e^x-a}(\cos x-b)=5$,则 $a=$ _____,$b=$ _____.

二、选择题

9. 函数 $f(x)=\dfrac{|x|\sin(x-2)}{x(x-1)(x-2)^2}$ 在下列哪个区间内有界　　　　　　　　( )

　(A) $(-1,0)$　　　　(B) $(0,1)$　　　　(C) $(1,2)$　　　　(D) $(2,3)$

10. 设 $f(x)$ 为不恒等于零的奇函数,且 $f'(0)$ 存在,则函数 $g(x)=\dfrac{f(x)}{x}$　　　( )

　(A) 在 $x=0$ 处左极限不存在　　　　(B) 有跳跃间断点 $x=0$

　(C) 在 $x=0$ 处右极限不存在　　　　(D) 有可去间断点 $x=0$

11. 设函数 $f(x)$ 在区间 $[-1,1]$ 上连续,则 $x=0$ 是函数 $g(x)=\dfrac{\displaystyle\int_0^x f(t)\mathrm{d}t}{x}$ 的　　( )

　(A) 跳跃间断点　　(B) 可去间断点　　(C) 无穷间断点　　(D) 振荡间断点

12. 函数 $f(x)=\dfrac{(e^{\frac{1}{x}}+e)\tan x}{x(e^{\frac{1}{x}}-e)}$ 在 $[-\pi,\pi]$ 上的第一类间断点是 $x=$　　　( )

　(A) 0　　　　　　(B) 1　　　　　　(C) $-\dfrac{\pi}{2}$　　　　(D) $\dfrac{\pi}{2}$

13. 判断函数 $f(x)=\dfrac{\ln|x|}{|x-1|}\sin x$ 间断点的情况　　　　　　　　　　　　( )

(A) 有 1 个可去间断点,1 个跳跃间断点   (B) 有 1 个跳跃间断点,1 个无穷间断点

(C) 有两个无穷间断点   (D) 有两个跳跃间断点

14. 已知当 $x \to 0$ 时,$f(x) = x - \sin ax$ 与 $g(x) = x^2 \ln(1-bx)$ 是等价无穷小,则   ( )

  (A) $a = 1, b = -\dfrac{1}{6}$ (B) $a = 1, b = \dfrac{1}{6}$

  (C) $a = -1, b = -\dfrac{1}{6}$ (D) $a = -1, b = \dfrac{1}{6}$

15. 已知当 $x \to 0$ 时,$f(x) = 3\sin x - \sin 3x$ 与 cx^k 是等价无穷小,则   ( )

  (A) $k = 1, c = 4$ (B) $k = 1, c = -4$ (C) $k = 3, c = 4$ (D) $k = 3, c = -4$

16. 设 $a_n > 0 (n = 1, 2, \cdots)$,$S_n = a_1 + a_2 + \cdots + a_n$,则数列 $\{S_n\}$ 有界是数列 $\{a_n\}$ 收敛的   ( )

  (A) 充分必要条件   (B) 充分非必要条件

  (C) 必要非充分条件   (D) 非充分也非必要条件

17. 设函数 $f(x)$ 在 $(0, +\infty)$ 内具有二阶导数,且 $f''(x) > 0$,令 $u_n = f(n) (n = 1, 2, \cdots)$,则下列结论正确的是   ( )

  (A) 若 $u_1 > u_2$,则 $\{u_n\}$ 必收敛   (B) 若 $u_1 > u_2$,则 $\{u_n\}$ 必发散

  (C) 若 $u_1 < u_2$,则 $\{u_n\}$ 必收敛   (D) 若 $u_1 < u_2$,则 $\{u_n\}$ 必发散

18. 设函数 $f(x)$ 在 $(-\infty, +\infty)$ 内单调有界,$\{x_n\}$ 为数列,下列命题正确的是   ( )

  (A) 若 $\{x_n\}$ 收敛,则 $\{f(x_n)\}$ 收敛   (B) 若 $\{x_n\}$ 单调,则 $\{f(x_n)\}$ 收敛

  (C) 若 $\{f(x_n)\}$ 收敛,则 $\{x_n\}$ 收敛   (D) 若 $\{f(x_n)\}$ 单调,则 $\{x_n\}$ 收敛

19. 设 a 和 b 都是常数,并且 $\lim\limits_{x \to +\infty} \mathrm{e}^x \left[\int_0^{\sqrt{x}} \mathrm{e}^{-t^2}\, \mathrm{d}t + a \right] = b$,则   ( )

  (A) a 可以任意,$b = 0$ (B) a 可以任意,$b = -1$

  (C) $a = -\dfrac{\sqrt{\pi}}{2}, b = 0$ (D) $a = -\dfrac{\sqrt{\pi}}{2}, b = -1$

20. 设 $f(x) = \dfrac{1}{x^2}\cos\dfrac{1}{x}$,则当 $x \to 0$ 时,$f(x)$ 是   ( )

  (A) 无穷小   (B) 无穷大

  (C) 无界的,但不是无穷大   (D) 以上皆非

三、计算题与证明题

21. 求 $\lim\limits_{x \to 0} \dfrac{\mathrm{e}^{\sin x} - \mathrm{e}^x}{\sqrt{1 + x^3} - 1}$.

22. 求 $\lim\limits_{x \to -\infty} \dfrac{\sqrt{4x^2 + x - 1} + x + 1}{\sqrt{x^2 + \sin x}}$.

23. 求 $\lim\limits_{x \to +\infty} (\sin\sqrt{x+1} - \sin\sqrt{x})$.

24. 求 $\lim\limits_{h \to 0} \dfrac{a^{x+h} + a^{x-h} - 2a^x}{h^2} (a > 0)$.

25. 求 $\lim\limits_{x \to 0} (2^{\frac{2x+1}{x+1}} - 1)^{\frac{x^2+1}{x}}$.

26. 求 $\lim\limits_{x \to 0} \left(\dfrac{a^x + b^x + c^x}{3} \right)^{\frac{1}{x}} (a > 0, b > 0, c > 0)$.

27. 求 $\lim\limits_{x \to 0} \left(\dfrac{a^{x+1} + b^{x+1} + c^{x+1}}{a + b + c} \right)^{\frac{1}{x}} (a > 0, b > 0, c > 0)$.

28. 求 $\lim\limits_{x \to a} \dfrac{a^{a^x} - a^{x^a}}{a^x - x^a} (a > 0)$.

29. 求 $\lim\limits_{x \to 0} \dfrac{a^x - a^{\sin x}}{x^3} (a > 0, a \ne 0)$.

30. 求 $\lim\limits_{x \to +\infty} \dfrac{x^k}{e^{ax}}$ $(a > 0, k$ 常数$)$.

31. 求 $\lim\limits_{x \to 0} \dfrac{\arcsin 2x - \arcsin 3x}{x^3}$.

32. 求 $\lim\limits_{x \to 0} \dfrac{(a+x)^x - a^x}{x^2}$ $(a > 0)$.

33. 求 $\lim\limits_{x \to 0^+} \dfrac{\sqrt{1 - e^{-x}} - \sqrt{1 - \cos x}}{\sqrt{\sin x}}$.

34. 求 $\lim\limits_{x \to \frac{\pi}{4}} (\tan x)^{\tan 2x}$.

35. 求 $\lim\limits_{x \to \infty} (\tan \dfrac{\pi x}{2x + 1})^{\frac{1}{x}}$.

36. 求 $\lim\limits_{x \to 0} \dfrac{1 - \cos x \cos 2x \cdots \cos kx}{1 - \cos x}$.

37. 求 $\lim\limits_{x \to 0} \dfrac{1}{x^3} \left[\left(\dfrac{2 + \cos x}{3} \right)^x - 1 \right]$.

38. 求 $\lim\limits_{x \to 0} \dfrac{1}{x^2} \ln \dfrac{\sin x}{x}$.

39. 求 $\lim\limits_{x \to 0} \left(\dfrac{1}{\sin^2 x} - \dfrac{\cos^2 x}{x^2} \right)$.

40. 求 $\lim\limits_{x \to 0} \dfrac{\left[\sin x - \sin(\sin x) \right] \sin x}{x^4}$.

41. 设 $f(0) = 1, f'(0) = 2$, 求 $\lim\limits_{x \to \infty} \left[f\left(\dfrac{1}{x} \right) \right]^x$.

42. 设函数 $f(x)$ 具有连续的二阶导数, 且 $\lim\limits_{x \to 0} \dfrac{\ln(1+x) + f(x)}{x^2} = 3$, 求 $f(0), f'(0)$ 及 $f''(0)$.

43. 设 $f''(a)$ 存在, $f'(a) \neq 0$, 求 $\lim\limits_{x \to a} \left[\dfrac{1}{f'(a)(x-a)} - \dfrac{1}{f(x) - f(a)} \right]$.

44. 求 $\lim\limits_{x \to +\infty} \left(\displaystyle\int_0^x e^{t^2} \, dt \right)^{x^{\frac{1}{2}}}$.

45. 求 $\lim\limits_{x \to +\infty} \dfrac{1}{x} \displaystyle\int_0^x (1 + t^2) e^{t^2 - x^2} \, dt$.

46. 设函数 $f(x)$ 连续, 且 $f(0) \neq 0$, 求 $\lim\limits_{x \to 0} \dfrac{\displaystyle\int_0^x (x - t) f(t) \, dt}{x \displaystyle\int_0^x f(x - t) \, dt}$.

47. 利用泰勒公式求 $\lim\limits_{x \to 0} \dfrac{\ln(1+x) \ln(1-x) - \ln(1 - x^2)}{x^4}$

48. 求 $\lim\limits_{x \to +\infty} (\sqrt[6]{x^6 + x^5} - \sqrt[6]{x^6 - x^5})$.

49. 求 $\lim\limits_{x \to 0} \dfrac{\dfrac{x^2}{2} + 1 - \sqrt{1 + x^2}}{(\cos x - e^{x^2}) \sin x^2}$.

50. 求 $\lim\limits_{x \to +\infty} x^{\frac{3}{2}} (\sqrt{x+1} + \sqrt{x-1} - 2\sqrt{x})$.

51. 设 $f(x) = \dfrac{1}{\pi x} + \dfrac{1}{\sin \pi x} - \dfrac{1}{\pi(1-x)}$, $x \in \left[\dfrac{1}{2}, 1 \right)$. 试补充定义 $f(1)$, 使得 $f(x)$ 在 $\left[\dfrac{1}{2}, 1 \right]$ 上连续.

52. 设 $\lim\limits_{x \to 0} \dfrac{a \tan x + b(1 - \cos x)}{c \ln(1 - 2x) + d(1 - e^{-x^2})} = 2$, 其中 $a^2 + c^2 \neq 0$, 求 a, b, c, d 之间的关系.

53. 设当 $x \to 0$ 时, $e^x - (ax^2 + bx + 1)$ 是比 x^2 高阶的无穷小, 求 a, b 的值.

54. 已知 $\lim\limits_{x \to 0} \dfrac{\int_0^x \dfrac{t^2}{\sqrt{a+t^2}}\mathrm{d}t}{bx - \sin x} = 1$，求 a,b 的值.

55. 已知当 $x \to 0$ 时，$(1+ax^2)^{\frac{1}{3}} - 1$ 与 $\cos x - 1$ 是等价无穷小，求 a 的值.

56. 设 $\lim\limits_{x \to \infty} \left(\dfrac{x+2a}{x-a}\right)^x = 8$，求 a 的值.

57. 设函数 $f(x) = \begin{cases} \dfrac{\sin 2x + \mathrm{e}^{2ax} - 1}{x}, & x \neq 0, \\ a, & x = 0 \end{cases}$ 在 $(-\infty, +\infty)$ 连续，求 a 的值.

58. 设函数 $f(x) = \begin{cases} \dfrac{\ln(1+ax^3)}{x - \arcsin x}, & x < 0, \\ 6, & x = 0, \\ \dfrac{\mathrm{e}^{ax} + x^2 - ax - 1}{x\sin\frac{x}{4}}, & x > 0. \end{cases}$ 问：a 为何值时，$f(x)$ 在 $x = 0$ 处连续？a 为何值时，

$x = 0$ 是 $f(x)$ 的可去间断点？

59. 设 $f(x)$ 具有连续的二阶导数且 $\lim\limits_{x \to 0} \dfrac{\ln(1+x) + f(x)}{x^2} = 3$，求 $f(0), f'(0), f''(0)$.

60. 设当 $x > -1$ 时，$f(x) = \lim\limits_{n \to +\infty} \dfrac{x + \mathrm{e}^{nx}}{1 + \mathrm{e}^{nx}}$，讨论 $f(x)$ 的连续性.

61. 设函数 $f(x) = \dfrac{x}{a + \mathrm{e}^{bx}}$ 在 $(-\infty, +\infty)$ 内连续，且 $\lim\limits_{x \to -\infty} f(x) = 0$，求 a, b 的取值范围.

62. 已知 $F(x) = \begin{cases} \dfrac{\mathrm{e}^x \sin x}{x}, & x \neq 0, \\ a, & x = 0 \end{cases}$ 为连续函数.（1）求常数 a；（2）证明 $F'(x)$ 连续.

63. 设 $f(x) = \lim\limits_{n \to \infty} \dfrac{x^{2n}-1}{x^{2n}+1} x$，试作其图形，并指出间断点及其类型.

64. 设函数 $f(x)$ 对任意实数都有定义，且 $\forall x, y$，有 $f(x+y) = f(x) + f(y)$，证明：若 $f(x)$ 在 $x = 0$ 处连续，则 $f(x)$ 在一切 x 处都连续.

65. 设函数 $f(x) = \begin{cases} x, & x < 1, \\ a, & x \geqslant 1, \end{cases}$ $g(x) = \begin{cases} b, & x < 0, \\ x+2, & x \geqslant 0. \end{cases}$ 试问：a, b 为何值时，$F(x) = f(x) + g(x)$ 在 $(-\infty, +\infty)$ 上连续？

66. 求 $\lim\limits_{n \to \infty} \dfrac{1 + a + a^2 + \cdots + a^n}{1 + b + b^2 + \cdots + b^n}$（$|a| < 1$，$|b| < 1$）.

67. 求 $\lim\limits_{x \to \infty} (\sqrt{2} \cdot \sqrt[4]{2} \cdot \cdots \cdot \sqrt[2^n]{2})$.

68. 求 $\lim\limits_{x \to \infty} \sqrt[n]{n^{p_1} + n^{p_2} + \cdots + n^{p_k}}$（$p_1, p_2, \cdots, p_k$ 为常数）.

69. 求 $\lim\limits_{n \to \infty} \left[\dfrac{1}{\sqrt{n^2}} + \dfrac{1}{\sqrt{n^2+1}} + \cdots + \dfrac{1}{\sqrt{(n+1)^2-1}} + \dfrac{1}{\sqrt{(n+1)^2}}\right]$.

70. 已知数列 $\{x_n\}$ 的通项 $x_n = \dfrac{1}{\sqrt{n^2+1}} + \dfrac{1}{\sqrt{n^2+2}} + \cdots + \dfrac{1}{\sqrt{n^2+n}}$，求 $\lim\limits_{n \to +\infty} x_n$.

71. 求 $\lim\limits_{n \to \infty} \sin(\pi\sqrt{n^2+1})$.

72. 求 $\lim\limits_{n \to \infty} \sum\limits_{k=1}^n \dfrac{1}{1+2+\cdots+k}$.

73. 求 $\lim\limits_{n \to \infty} \sum\limits_{k=1}^n \dfrac{1}{k(k+1)(k+2)}$.

74. 求 $\lim\limits_{n \to \infty} (1+x)(1+x^2)(1+x^4)\cdots(1+x^{2^n})$（$|x| < 1$）.

75. 求 $\lim\limits_{n\to\infty}\cos\dfrac{x}{2}\cos\dfrac{x}{4}\cdots\cos\dfrac{x}{2^n}(x\neq 0)$.

76. 设数列 $\{a_n\}$ 满足：$a_1=1$，$a_2=2$，又 $3a_{n+2}-4a_{n+1}+a_n=0(n\geqslant 1)$. 试求 $\lim\limits_{n\to\infty}a_n$.

77. 设数列 $\{x_n\}$ 满足：$0<x_1<3$，$x_{n+1}=\sqrt{x_n(3-x_n)}(n=1,2,3,\cdots)$. 证明数列 $\{x_n\}$ 的极限存在，并求此极限.

78. 设数列 $\{u_n\}$ 满足：$u_1=\dfrac{1}{4}$，$u_{n+1}(1-u_n)=\dfrac{1}{4}(n=1,2,\cdots)$. 证明 $\lim\limits_{x\to\infty}u_n$ 存在，并求极限.

79. 设数列 $\{x_n\}$ 满足：$x_1=1$，且 $x_n=1+\dfrac{x_{n-1}}{1+x_{n-1}}(n\geqslant 2)$. 试求 $\lim\limits_{n\to\infty}x_n$.

80. 设 $u_n=\left[\left(1+\dfrac{1}{n}\right)\left(1+\dfrac{2}{n}\right)\cdots\left(1+\dfrac{n}{n}\right)\right]^{\frac{1}{n}}$，求 $\lim\limits_{x\to\infty}u_n$.

81. 利用函数极限求数列极限：$\lim\limits_{n\to\infty}\left(1+\dfrac{1}{n}+\dfrac{1}{n^2}\right)^n$.

82. 求 $\lim\limits_{n\to\infty}\left(\dfrac{\sqrt[n]{a}+\sqrt[n]{b}+\sqrt[n]{c}}{3}\right)^n$.

83. 求 $\lim\limits_{n\to\infty}\left(n\tan\dfrac{1}{n}\right)^{n^2}$.

第 2 章　一元函数微分学

高数考研大纲要求

　　了解　导数的物理意义,微分的四则运算法则,一阶微分形式的不变性,高阶导数的概念,柯西中值定理,曲率、曲率圆与曲率半径的概念.

　　会　求平面曲线的切线方程和法线方程,用导数描述一些物理量,求函数的微分,求简单函数的高阶导数,求分段函数的导数,求隐函数和由参数方程所确定的函数以及反函数的导数,用柯西中值定理,用导数判断函数图形的凹凸性(注:在区间 (a,b) 内,设函数 $f(x)$ 具有二阶导数.当 $f''(x)>0$ 时,$f(x)$ 的图形是凹的;当 $f''(x)<0$ 时,$f(x)$ 的图形是凸的),求函数图形的拐点以及水平、铅直和斜渐近线,描绘函数的图形,计算曲率和曲率半径.

　　理解　导数和微分的概念,导数与微分的关系,导数的几何意义,函数的可导性与连续性之间的关系,罗尔定理、拉格朗日中值定理和泰勒定理,函数的极值概念.

　　掌握　导数的四则运算法则和复合函数的求导法则,基本初等函数的导数公式,罗尔定理、拉格朗日中值定理和泰勒定理的应用,用导数判断函数的单调性和求函数极值的方法,函数最大值和最小值的求法及其应用.

§2.1　导数与微分

一、内容梳理

(一) 基本概念

1. 导数的概念

导数概念的实际背景是曲线上一点切线斜率以及质点作变速直线运动在某时刻的瞬时速度.

定义 2.1　设函数 $y=f(x)$ 在点 x_0 的某邻域 $U(x_0)$ 内有定义,若极限

$$\lim_{\Delta x \to 0}\frac{\Delta y}{\Delta x}=\lim_{\Delta x \to 0}\frac{f(x_0+\Delta x)-f(x_0)}{\Delta x}=\lim_{x \to x_0}\frac{f(x)-f(x_0)}{x-x_0}$$

存在,则称 $f(x)$ 在点 x_0 可导,并称此极限值为 $f(x)$ 在点 x_0 处的导数(或微商),记作

$$f'(x_0) \text{ 或 } y'|_{x=x_0} \text{ 或 } \frac{\mathrm{d}y}{\mathrm{d}x}\bigg|_{x=x_0} \text{ 或 } \frac{\mathrm{d}}{\mathrm{d}x}f(x)\bigg|_{x=x_0}, \text{ 即 } \lim_{\Delta x \to 0}\frac{f(x_0+\Delta x)-f(x_0)}{\Delta x}=f'(x_0).$$

若极限不存在,则称函数 $y=f(x)$ 在点 x_0 不可导.

注 1　$\lim\limits_{\Delta x \to 0}\dfrac{\Delta y}{\Delta x}=f'(x_0)$ 用于涉及已知抽象函数可导证明其他结论,或者已知其他条件证明函数可导.

注 2　$\lim\limits_{\Delta x \to 0}\dfrac{f(x_0+\Delta x)-f(x_0)}{\Delta x}=f'(x_0)$ 用于利用定义求函数的导函数.

注 3　$\lim\limits_{x\to x_0}\dfrac{f(x)-f(x_0)}{x-x_0}=f'(x_0)$ 用于求函数在某一点处的导数.

特别地,$\lim\limits_{x\to 0}\dfrac{f(x)-f(0)}{x}=A$(常数)$=f'(0)$. 若 $f(0)=0$,则 $\lim\limits_{x\to 0}\dfrac{f(x)}{x}=A$(常数)$=f'(0)$.

反之,若 $\lim\limits_{x\to 0}\dfrac{f(x)}{x}=A$(常数)且 $f(x)$ 在 $x=0$ 处连续,则 $f'(0)=A$.

事实上,由 $\lim\limits_{x\to 0}x=0$,知 $\lim\limits_{x\to 0}f(x)=0=f(0)$,利用上面结果知结论正确.

注 4　要弄清导数定义的本质.

(1)若 $t\to a$(a 可以是常数,可以是 ∞,$+\infty$ 或 $-\infty$)时,有 $\varphi(t)\to 0$($\varphi(t)$ 从 0 的两侧趋于 0),且

$$\lim_{t\to a}\frac{f[x_0+\varphi(t)]-f(x_0)}{\varphi(t)}=A\text{(常数)}.$$

则 $f(x)$ 在 $x=x_0$ 处可导且 $f'(x_0)=A$.

证明　$\lim\limits_{t\to a}\dfrac{f[x_0+\varphi(t)]-f(x_0)}{\varphi(t)}\xlongequal{设\varphi(t)=\Delta x}\lim\limits_{\Delta x\to 0}\dfrac{f(x_0+\Delta x)-f(x_0)}{\Delta x}=A\text{(常数)}=f'(x_0).$

(2)若 $t\to a$(a 可以是常数,可以是 ∞,$+\infty$ 或 $-\infty$)时,$\varphi(t)\to x_0$($\varphi(t)$ 从 x_0 的两侧趋于 x_0),且

$$\lim_{t\to a}\frac{f(\varphi(t))-f(x_0)}{\varphi(t)-x_0}=A\text{(常数)}.$$

则 $f(x)$ 在 $x=x_0$ 处可导且 $f'(x_0)=A$.

证明　$\lim\limits_{t\to a}\dfrac{f(\varphi(t))-f(x_0)}{\varphi(t)-x_0}\xlongequal{设\varphi(t)=x}\lim\limits_{x\to x_0}\dfrac{f(x)-f(x_0)}{x-x_0}=A\text{(常数)}=f'(x_0).$

定义 2.2　$\lim\limits_{\Delta x\to 0^-}\dfrac{\Delta y}{\Delta x}=\lim\limits_{\Delta x\to 0^-}\dfrac{f(x_0+\Delta x)-f(x_0)}{\Delta x}=\lim\limits_{x\to x_0^-}\dfrac{f(x)-f(x_0)}{x-x_0}=A\text{(常数)}\triangleq f'_-(x_0)$,称为 $f(x)$ 在 $x=x_0$ 处的左导数.

定义 2.3　$\lim\limits_{\Delta x\to 0^+}\dfrac{\Delta y}{\Delta x}=\lim\limits_{\Delta x\to 0^+}\dfrac{f(x_0+\Delta x)-f(x_0)}{\Delta x}=\lim\limits_{x\to x_0^+}\dfrac{f(x)-f(x_0)}{x-x_0}=A\text{(常数)}\triangleq f'_+(x_0)$,称为 $f(x)$ 在 $x=x_0$ 处的右导数.

2. 微分

定义 2.4　设 $y=f(x)$ 在 x 的某邻域 $U(x)$ 内有定义,若 $\Delta y=f(x+\Delta x)-f(x)$ 可表示为

$$\Delta y=A\Delta x+o(\Delta x)(\Delta x\to 0),$$

其中 A 是与 Δx 无关的量,则称 $y=f(x)$ 在点 x 处可微,$A\Delta x$ 是 Δy 的线性主部,并称其为 $y=f(x)$ 在 x 处的微分,记为 $\mathrm{d}y$,即 $\mathrm{d}y=A\Delta x$.

(二)重要定理与公式

定理 2.1　函数 $f(x)$ 在一点 x_0 可导的重要条件为 $f'(x_0)=A\Leftrightarrow f'_-(x_0)=A$ 且 $f'_+(x_0)=A$.

这个定理是判断在分界点 x_0 两侧表达式不同的分段函数在 x_0 处是否可导的一种方法.

例　$f(x)=\begin{cases}\varphi(x),x\leqslant x_0,\\\psi(x),x>x_0.\end{cases}$

$$\lim_{x\to x_0^-}\frac{f(x)-f(x_0)}{x-x_0}=\lim_{x\to x_0^-}\frac{\varphi(x)-\varphi(x_0)}{x-x_0},\qquad\text{①}$$

$$\lim_{x\to x_0^+}\frac{f(x)-f(x_0)}{x-x_0}=\lim_{x\to x_0^+}\frac{\psi(x)-\varphi(x_0)}{x-x_0}.\qquad\text{②}$$

若①②两式的极限存在且相等,则 $f(x)$ 在 $x=x_0$ 处可导,否则 $f(x)$ 在 $x=x_0$ 处不可导.

若 $f(x)=\begin{cases}\varphi(x),x\neq x_0,\\a,\qquad x=x_0,\end{cases}$ 研究 $f(x)$ 在 $x=x_0$ 处是否可导就不必用左右导数的定义,只需用导数定义,即

$$\lim_{x\to x_0}\frac{f(x)-f(x_0)}{x-x_0}=\lim_{x\to x_0}\frac{\varphi(x)-a}{x-x_0}.\qquad\text{③}$$

如果③式极限存在,则 $f(x)$ 在 $x=x_0$ 处可导,否则 $f(x)$ 在 $x=x_0$ 处不可导.

几何意义 若 $f'(x_0)$ 存在,则 $f'(x_0)$ 表示曲线 $y=f(x)$ 上点 $(x_0,f(x_0))$ 处切线的斜率,且切线方程为
$$y-f(x_0)=f'(x_0)(x-x_0);$$

法线方程为
$$y-f(x_0)=-\frac{1}{f'(x_0)}(x-x_0)(f'(x_0)\neq 0).$$

若 $f'(x_0)=0$,此时切线方程为 $y=f(x_0)$,法线方程为 $x=x_0$.

定理 2.2 若 $f(x)$ 在 x_0 处可导,则 $f(x)$ 在 x_0 处连续,反之不一定.

例如 $f(x)=|x|$ 在 $x=0$ 处连续,但在 $x=0$ 处不可导.

逆否定理 2.3 若 $f(x)$ 在 x_0 处不连续,则 $f(x)$ 在 x_0 处不可导.

这个定理为判断 $f(x)$ 在 x_0 处是否可导提供了一个简便方法:如果 $f(x)$ 在 $x=x_0$ 处极限不存在或不连续,则 $f(x)$ 在 $x=x_0$ 处不可导,就不必用导数定义去验证了.

若 $f(x)$ 在区间 I 上每一点都可导,即 $\forall x\in I$,$\lim\limits_{\Delta x\to 0}\frac{f(x+\Delta x)-f(x)}{\Delta x}=f'(x)$.

按函数定义知 $f'(x)$ 是区间 I 上的函数,称为 $f(x)$ 在区间 I 上的导函数,或简称为导数.

如果求出了区间 I 上的导函数,则 $\forall x_0\in I$,有 $f'(x_0)=f'(x)\big|_{x=x_0}$.

由此可知求 $f(x)$ 在 $x=x_0$ 处的导数有两种方法:

(1)用定义;(2)若能求出 $f'(x)$ 或 $f'(x)$ 已知,且 $f'(x)$ 在 $x=x_0$ 处有意义,则 $f'(x_0)=f'(x)\big|_{x=x_0}$.

根据具体情况选用一种方法.

1. 导数的四则运算

设 $u=u(x)$,$v=v(x)$ 在点 x 处可导,则 $u\pm v$,uv,$\frac{u}{v}(v\neq 0)$ 在点 x 处可导,且

(1)$(u\pm v)'=u'\pm v'$;   (2)$(uv)'=u'v+uv'$,特别地,$v=c$(常数),$(cu)'=cu'$;

(3)$\left(\frac{u}{v}\right)'=\frac{u'v-uv'}{v^2}(v\neq 0)$,特别地,$\left(\frac{1}{v}\right)'=-\frac{v'}{v^2}(v\neq 0)$.

2. 反函数求导法则

定理 2.4(反函数求导法则) 设 $y=f(x)$ 为函数 $x=\varphi(y)$ 的反函数,若 $\varphi(y)$ 在点 y_0 的某邻域内连续,严格单调且 $\varphi'(y_0)\neq 0$,则 $f(x)$ 在点 $x_0(x_0=\varphi(y_0))$ 可导,且 $f'(x_0)=\frac{1}{\varphi'(y_0)}$ 或 $\frac{dy}{dx}\Big|_{x=x_0}=\frac{1}{\frac{dx}{dy}\big|_{y=y_0}}$.

推论 2.4.1 设 $y=f(x)$ 为函数 $x=\varphi(y)$ 的反函数,若 $\varphi(y)$ 严格单调且 $\varphi'(y)\neq 0$,则 $f'(x)$ 存在且
$$f'(x)=\frac{1}{\varphi'(y)}\text{ 或 }\frac{dy}{dx}=\frac{1}{\frac{dx}{dy}}.$$

3. 复合函数求导法则

定理 2.5(复合函数求导法则) 设函数 $u=\varphi(x)$ 在 $x=x_0$ 处可导,$y=f(u)$ 在 $u=u_0=\varphi(x_0)$ 处可导,则复合函数 $y=f[\varphi(x)]$ 在 $x=x_0$ 处可导且
$$\frac{dy}{dx}\Big|_{x=x_0}=\frac{dy}{du}\Big|_{u=u_0}\cdot\frac{du}{dx}\Big|_{x=x_0}\text{ 或 }[f(\varphi(x))]'\big|_{x=x_0}=f'(u_0)\varphi'(x_0)=f'[\varphi(x_0)]\cdot\varphi'(x_0).$$

推论 2.5.1 若 $u=\varphi(x)$ 可导,$y=f(u)$ 可导,则 $y=f(\varphi(x))$ 可导且
$$\frac{dy}{dx}=\frac{dy}{du}\cdot\frac{du}{dx}\text{ 或 }[f(\varphi(x))]'=f'(u)\varphi'(x)=f'(\varphi(x))\varphi'(x).$$

导数是解决问题的工具,复合函数的求导特别重要,要真正理解并掌握.因为遇到的函数大多是复合函数,只有掌握复合函数求导,才能准确求出导函数.大家要学会所谓的"层层剥皮"法,即把所给复合函数写成 $y=f(\varphi(x))$,要求外函数 $f(u)$ 是基本初等函数或 $f'(u)$ 可求出,从而 $\frac{dy}{dx}=f'(\varphi(x))\varphi'(x)$.

若 $\varphi'(x)$ 能直接求出,从而就求出了复合函数的导数,若 $\varphi(x)$ 又是复合函数,可写成 $\varphi(x)=g(h(x))$,要求 $g(u)$ 是基本初等函数或 $g'(u)$ 可求出,从而 $\varphi'(x)=g'(h(x))h'(x)$.

若 $h'(x)$ 能直接求出,从而就求出了 $\varphi'(x)$,也就求出了 $\dfrac{\mathrm{d}y}{\mathrm{d}x}$,若 $h(x)$ 又是复合函数,再如此下去……直到最后一个内函数,或者是基本初等函数或者是简单函数(由基本初等函数经过四则运算得到的函数),就是最后一个内函数导数可求出来,从而可求出原函数的导数. 如此反复利用两个函数复合的求导,这就是"层层剥皮法".

4. 基本初等函数的求导公式(略)

注 1 三角函数的导数带有性质符号,有时是"$+$"号,有时是"$-$"号:用下面的方法记:带有"正"字的三角函数或反三角函数的导数前面取"$+$"号,带有"余"字的三角函数的或反三角函数导数前面取"$-$"号.

注 2 $y=\arcsin x,\ y=\arccos x$ 在 $x=\pm1$ 处不可导.

若 $y=x^a$ 在 $x=0$ 处有定义(此时 $\alpha>0$ 且 $f(0)=0$),由

$$\lim_{x\to0}\frac{f(x)-f(0)}{x}=\lim_{x\to0}\frac{x^a}{x}=x^{a-1}=\begin{cases}\infty,&0<\alpha<1,\\1,&\alpha=1,\\0,&\alpha>1\end{cases}$$

知 $f(x)=x^a$,当 $0<\alpha<1$ 时在 $x=0$ 处不可导,当 $\alpha\geqslant1$ 时可导且公式 $(x^a)'=\alpha x^{a-1}$ 仍合适. 其余所有的基本初等函数在其定义域内的每一点都可导.

注 3 由于初等函数是由基本初等函数经过有限次四则运算及复合运算所得的函数,因此,有了上述求导公式及求导法则,可计算出初等函数的导数. 但求导之前应尽量化简,最好能化成加减运算,函数越简单,求导越容易,函数加减求导数比函数乘除的导数要容易.

注 4 分段函数是在 x 不同取值范围内用不同的初等函数表达式所表示的函数. 因此,不在分界点时,可直接利用求导公式;在分界点需用左、右导数的定义.

关于求分界点左、右导数还有下面的定理:

定理 2.6 若 $\exists\,\delta>0$,使 $f(x)$ 在 $[x_0,x_0+\delta]$ 上连续,在 $(x_0,x_0+\delta)$ 内可导且 $\lim\limits_{x\to x_0^+}f'(x)=A$(常数),则 $f'_+(x_0)$ 存在且 $f'_+(x_0)=A$.

证明 $\lim\limits_{x\to x_0^+}\dfrac{f(x)-f(x_0)}{x-x_0}\left(\dfrac{0}{0}\right)=\lim\limits_{x\to x_0^+}f'(x)=A$(常数)$=f'_+(x_0)$.

定理 2.7 若 $\exists\,\delta>0$,使 $f(x)$ 在 $(x_0-\delta,x_0]$ 上连续,在 $(x_0-\delta,x_0)$ 内可导且 $\lim\limits_{x\to x_0^-}f'(x)=A$(常数),则 $f'_-(x_0)$ 存在且 $f'_-(x_0)=A$.

推论 2.7.1 若 $\exists\,\delta>0$,使 $f(x)$ 在 $U(x_0,\delta)$ 上连续,在 $\overset{o}{U}(x_0,\delta)$ 内可导且 $\lim\limits_{x\to x_0}f'(x)=A$(常数),则 $f'(x_0)$ 存在且 $f'(x_0)=A$.

定理 2.8(变上限求导定理) 若函数 $f(x)$ 在 $[a,b]$ 上连续,则 $\dfrac{\mathrm{d}}{\mathrm{d}x}\displaystyle\int_a^x f(t)\mathrm{d}t=f(x)$.

推论 2.8.1 若函数 $f(t)$ 连续,$u=u(x)$ 可导,则 $\dfrac{\mathrm{d}}{\mathrm{d}x}\displaystyle\int_a^{u(x)} f(t)\mathrm{d}t=f(u(x))u'(x)$.

证明 $\dfrac{\mathrm{d}}{\mathrm{d}x}\displaystyle\int_a^{u(x)} f(t)\mathrm{d}t=\dfrac{\mathrm{d}}{\mathrm{d}u}\displaystyle\int_a^{u} f(t)\mathrm{d}t\cdot\dfrac{\mathrm{d}u}{\mathrm{d}x}=f(u)\cdot u'(x)=f(u(x))u'(x)$.

推论 2.8.2 若 $f(t)$ 连续,$u(x)$ 和 $v(x)$ 均可导,则 $\displaystyle\int_{v(x)}^{u(x)} f(t)\mathrm{d}t=f(u(x))u'(x)-f(v(x))v'(x)$.

证明 $\dfrac{\mathrm{d}}{\mathrm{d}x}\displaystyle\int_{v(x)}^{u(x)} f(t)\mathrm{d}t=\dfrac{\mathrm{d}}{\mathrm{d}x}\left[\displaystyle\int_a^{u(x)} f(t)\mathrm{d}t-\displaystyle\int_a^{v(x)} f(t)\mathrm{d}t\right]=f(u(x))u'(x)-f(v(x))v'(x)$.

记住了推论 2.8.2,则变上限函数求导定理、推论 2.8.1 就成为推论 2.8.2 的特例. 在运用推论 2.8.2 时,要注意被积函数只能是积分变量的表达式,如果不是这种形式,不能直接利用这个公式.

5. 高阶导数的运算法则

若 $u(x),v(x)$ 在 x 处 n 阶导数存在,则

$$(u\pm v)^{(n)}=u^{(n)}\pm v^{(n)};$$
$$(cu)^{(n)}=cu^{(n)}(c\ 为常数);$$
$$(u\cdot v)^{(n)}=c_n^0u^{(n)}v^{(0)}+c_n^1u^{(n-1)}v'+\cdots+c_n^ku^{(n-k)}v^{(k)}+\cdots+c_n^nu^{(0)}v^{(n)}.$$

其中 $u^{(0)}=u,v^{(0)}=v$.

注 由于乘积的高阶导数公式较复杂,且没有商的高阶导数,需要在求导之前,对函数进行化简,尽量化成加减.对于乘积的高阶导数公式,如满足下列条件一定要用:若 $f(x)=u(x)v(x)$,其中一个因式的高阶导数有公式,则将其看成 $u(x)$;另一个因式经过几次求导后为零,则将其看成 $v(x)$.这时用乘积的高阶导数公式较方便,因为不论求多少阶导数,$f^{(n)}(x)$ 仅有有限几项.

6.部分基本初等函数的高阶导数公式

> $(1)(\sin x)^{(n)}=\sin(x+n\cdot\dfrac{\pi}{2})$; $(2)(\cos x)^{(n)}=\cos(x+n\cdot\dfrac{\pi}{2})$;
>
> $(3)(a^x)^{(n)}=a^x(\ln a)^n(a>0,a\neq1\ 常数)$; $(4)(e^x)^{(n)}=e^x$;
>
> $(5)(x^a)^{(n)}=\alpha(\alpha-1)\cdots(\alpha-n+1)x^{a-n}(\alpha\ 为常数),(x^n)^{(n)}=n!,(x^n)^{(m)}=0(m>n)(n\in\mathbf{N})$;
>
> $(6)(\ln x)^{(n)}=[(\ln x)']^{(n-1)}=(x^{-1})^{(n-1)}$
>
> $\underline{\underline{\text{用公式}(5)}}-1(-1-1)\cdots[-1-(n-1)+1]x^{-1-(n-1)}=(-1)^{n-1}(n-1)!x^{-n}$.

类似还可得 $(\sin kx)^{(n)}=k^n\sin(kx+n\dfrac{\pi}{2})$,$[\ln(1+x)]^{(n)}=(-1)^{(n-1)}(n-1)!(1+x)^{-n}$.

定理 2.9 函数 $f(x)$ 在 x 处可微 $\Leftrightarrow f(x)$ 在 x 处可导且 $A=f'(x)$(A 指的是定义 2.4 中的 A).

由于根据微分的定义验证一个函数可微比较麻烦,有了这个定理,只要验证函数是否可导,如果函数可导,就可微,否则就不可微.由于若 $f(x)$ 可微时,$A=f'(x)$,知 $dy=f'(x)\Delta x$,特别地,$dx=(x)'\Delta x=\Delta x$,于是 $dy=f'(x)\cdot dx\Leftrightarrow\dfrac{dy}{dx}=f(x)$.

因此,导数等于 dy 与 dx 的商,故导数又称为微商.

由于 $dy=f'(x)dx$,所以将导数公式表中的每个导数乘以自变量的微分 dx,便得到了微分公式.

定理 2.10 若 $u=\varphi(x)$ 在点 x 处可微,$y=f(u)$ 在 $u(u=\varphi(x))$ 处可微,则复合函数 $y=f(\varphi(x))$ 在点 x 处可微,且 $dy=f'(u)du$.

这里 u 是中间变量,它与当 x 是自变量时,$dy=f'(x)dx$ 的形式一样,称该性质为一阶微分形式不变性.即 $y=f(u)$ 可微,不论 u 是自变量还是中间变量,都有 $df(u)=f'(u)du$.

微分的四则运算 若 $u=u(x),v=v(x)$ 在 x 处均可微,则

$(1)d(u\pm v)=du\pm dv$; $(2)d(uv)=udv+vdu$,特别 $d(cu)=cdu(c\ 为常数)$;

$(3)d\left(\dfrac{u}{v}\right)=\dfrac{vdu-udv}{v^2}(v\neq0)$,特别地,$d\left(\dfrac{1}{v}\right)=\dfrac{-dv}{v^2}(v\neq0)$.

二、考题类型、解题策略及典型例题

类型 1.1　选择题的选择技巧

解题策略 ①直接计算;②直接从四个选项中选择;③观察与证明;④排除法.

例 2.1.1 曲线 $y=\dfrac{1}{x}+\ln(1+e^x)$ 渐近线的条数为　　　　　　　　　　(　　)

(A)0　　　　　　(B)1　　　　　　　(C)2　　　　　　(D)3

分析 直接从题目中算出结果,从答案中找.

由于 $\lim\limits_{x\to\infty}\dfrac{f(x)}{x}$ 不存在,故分别考虑 $x\to+\infty$ 或 $x\to-\infty$.

由 $\lim\limits_{x\to+\infty}\dfrac{f(x)}{x}=\lim\limits_{x\to+\infty}(\dfrac{1}{x^2}+\dfrac{\ln(1+e^x)}{x})=1$,$\lim\limits_{x\to+\infty}[f(x)-x]=\lim\limits_{x\to+\infty}\left[\dfrac{1}{x}+\ln\dfrac{1+e^x}{e^x}\right]=0$,知 $y=x$ 为 $x\to$

$+\infty$ 时的斜渐近线.

由 $\lim\limits_{x\to\infty}f(x)=0$，知 $y=0$ 为水平渐近线.

由函数在 $x=0$ 处无定义且 $\lim\limits_{x\to\infty}f(x)=\infty$，知 $x=0$ 为垂直渐近线. 故选(D).

解　应选(D).

例 2.1.2　若 $f(x)$ 与 $g(x)$ 在 $(-\infty,+\infty)$ 上均可导，且 $f(x)<g(x)$，则必有　　　　　　( )

(A)$f(-x)>g(-x)$　　　　　　　　　　(B)$f'(x)<g'(x)$

(C)$\lim\limits_{x\to x_0}f(x)<\lim\limits_{x\to x_0}g(x)$　　　(D)$\int_0^x f(t)\mathrm{d}t<\int_0^x g(t)\mathrm{d}t$

分析　直接从答案中选. 由 $f(x),g(x)$ 可导必连续，知 $\lim\limits_{x\to x_0}f(x)=f(x_0)<g(x_0)=\lim\limits_{x\to x_0}g(x)$，故选(C).

解　应选(C).

例 2.1.3　设 $f(0)=0$，则 $f(x)$ 在 $x=0$ 可导的充要条件为　　　　　　　　　( )

(A)$\lim\limits_{h\to 0}\dfrac{1}{h^2}f(1-\cosh)$ 存在　　　(B)$\lim\limits_{h\to 0}\dfrac{1}{h}f(1-\mathrm{e}^h)$ 存在

(C)$\lim\limits_{h\to 0}f(h-\sinh)$ 存在　　　(D)$\lim\limits_{h\to 0}\dfrac{1}{h}\left[f(2h)-f(h)\right]$ 存在

分析　观察选项，直接挑选.

利用 $h\to 0$，$1-\mathrm{e}^h\sim(-h)$，且当 $h\to 0$ 时，$1-\mathrm{e}^h$ 从 0 的两边趋于 0，可知(B)成立的可能性大，且

$\lim\limits_{h\to 0}\dfrac{f(1-\mathrm{e}^h)}{h}=\lim\limits_{h\to 0}\dfrac{f(1-\mathrm{e}^h)-f(0)}{1-\mathrm{e}^h}\cdot\dfrac{1-\mathrm{e}^h}{h}=-\lim\limits_{h\to 0}\dfrac{f(1-\mathrm{e}^h)-f(0)}{1-\mathrm{e}^h}\xlongequal{令 1-\mathrm{e}^h=x}-\lim\limits_{x\to 0}\dfrac{f(x)-f(0)}{x}$ 存在

$\Leftrightarrow\lim\limits_{x\to 0}\dfrac{f(x)-f(0)}{x}$ 存在. 故选(B).

解　应选(B).

例 2.1.4　设函数 $y=f(x)$ 在 $(0,+\infty)$ 内有界可导，则　　　　　　　　　　( )

(A)当 $\lim\limits_{x\to+\infty}f(x)=0$ 时，必有 $\lim\limits_{x\to+\infty}f'(x)=0$　(B)当 $\lim\limits_{x\to+\infty}f'(x)$ 存在时，必有 $\lim\limits_{x\to+\infty}f'(x)=0$

(C)当 $\lim\limits_{x\to 0^+}f(x)=0$ 时，必有 $\lim\limits_{x\to 0^+}f'(x)=0$　(D)当 $\lim\limits_{x\to 0^+}f'(x)$ 存在时，必有 $\lim\limits_{x\to 0^+}f'(x)=0$

分析　用排除法.

取 $f(x)=\dfrac{\sin x^2}{x}$，则 $\lim\limits_{x\to+\infty}f(x)=0$，$f'(x)=2\cos x^2-\dfrac{\sin x^2}{x^2}$，$\lim\limits_{x\to+\infty}f'(x)$ 不存在，故排除(A).

取 $f(x)=\sin x$，则 $\lim\limits_{x\to 0^+}f(x)=0$，$f'(x)=\cos x$，$\lim\limits_{x\to 0^+}f'(x)=1$，故排除(C)、(D).

所以选(B). 因为四个选项中只有一个正确，不需要再验证(B)成立. 当然，我们可以证明(B)成立. 事实上，假设 $\lim\limits_{x\to+\infty}f'(x)=k\neq 0$，不妨设 $k>0$，由保号性，$\exists M>0$，当 $x>M$ 时，有 $f'(x)>\dfrac{k}{2}$，$\int_M^x f'(x)\mathrm{d}x>\int_M^x\dfrac{k}{2}\mathrm{d}x$，得 $f(x)>\dfrac{k}{2}(x-M)+f(M)$，则 $\lim\limits_{x\to+\infty}f(x)=+\infty$，与 $f(x)$ 在 $(0,+\infty)$ 内有界矛盾.

解　应选(B).

类型 1.2　求一点导数或给出在一点可导要证明某个结论

解题策略　利用导数定义，经常用导数定义的第三种形式.

例 2.1.5　设 $f(x)$ 是偶函数，且 $f'(0)$ 存在，证明 $f'(0)=0$.

证明　由于 $f'(0)=\lim\limits_{x\to 0}\dfrac{f(x)-f(0)}{x}=\lim\limits_{x\to 0}\dfrac{f(-x)-f(0)}{x}=-\lim\limits_{x\to 0}\dfrac{f(-x)-f(0)}{-x}=-f'(0).$

得 $2f'(0)=0$，所以 $f'(0)=0$.

典型错误　由 $f(x)$ 是偶函数，得 $f(-x)=-f(x)$.

等式两边对 x 求导，得 $f'(-x)(-1)=-f'(x)$，代入 $x=0$，有 $-f'(0)=f'(0)$，得 $f'(0)=0$.

错误的原因是等式两边同时对 x 求导，表明 $f(x)$ 的导函数存在，而 $f(x)$ 在 $x=0$ 处可导，推不出在 $x=0$ 的某邻域内可导，因此，等式两边对 x 求导是错误的.

注 此题可作为一个结论用.

例 2.1.6 设函数 $f(x)=\begin{cases} x^2, & x\text{ 为无理数}, \\ 0, & x\text{ 为有理数}, \end{cases}$ 求 $f'(0)$.

分析 $x\to 0$,指 x 沿实数趋于 0,而实数包括有理数与无理数,根据函数定义,取 x 沿有理数与无理数使 $x\to 0$.

解 $\lim\limits_{x\to 0}\dfrac{f(x)-f(0)}{x}=\begin{cases}\lim\limits_{\substack{x\to 0 \\ (x\text{取无理数})}}\dfrac{x^2-0}{x}=0, \\ \lim\limits_{\substack{x\to 0 \\ (x\text{取有理数})}}\dfrac{0-0}{x}=0, \end{cases}$ 知 $f'(0)=0$.

注 此例说明 $f(x)$ 在 $x=0$ 处可导,在 $x=0$ 邻域中的其他点不一定可导,甚至不一定存在极限.

例 2.1.7 讨论 a,b 为何值时,才能使函数 $f(x)=\begin{cases} x^2+2x+b, & x\leqslant 0, \\ \arctan(ax), & x>0 \end{cases}$ 在 $x=0$ 处可导.

分析 利用可导必连续及左右导数定义.

解 由 $f(x)$ 在 $x=0$ 处可导 $\Rightarrow f(x)$ 在 $x=0$ 处连续,又 $f(x)$ 在 $x=0$ 处左连续,只要 $\lim\limits_{x\to 0^+}f(x)=\lim\limits_{x\to 0^+}\arctan(ax)=0=f(0)=b$,得 $b=0$,由于

$$\lim_{x\to 0^-}\frac{f(x)-f(0)}{x}=\lim_{x\to 0^-}\frac{x^2+2x-0}{x}=2=f'_-(0),$$

$$\lim_{x\to 0^+}\frac{f(x)-f(0)}{x}=\lim_{x\to 0^+}\frac{\arctan(ax)-0}{x}=\lim_{x\to 0^+}\frac{ax}{x}=a=f'_+(0),$$

且 $f(x)$ 在 $x=0$ 处可导,所以 $a=2$ 且 $b=0$.

例 2.1.8 在什么条件下,函数 $f(x)=\begin{cases} x^k\sin\dfrac{1}{x}, & x\neq 0, \\ 0, & x=0 \end{cases}$

(1)在 $x=0$ 处连续;　(2)在 $x=0$ 处可导.

分析 利用函数连续与导数定义.

解 (1)由 $\lim\limits_{x\to 0}f(x)=\lim\limits_{x\to 0}x^k\sin\dfrac{1}{x}=f(0)=0$,知 $k>0$.

(2)由 $\lim\limits_{x\to 0}\dfrac{f(x)-f(0)}{x}=\lim\limits_{x\to 0}\dfrac{x^k\sin\dfrac{1}{x}-0}{x}=\lim\limits_{x\to 0}x^{k-1}\sin\dfrac{1}{x}$ 存在,知 $k>1$.

例 2.1.9 设 $f(x)=a_1\sin x+a_2\sin 2x+\cdots+a_n\sin nx$,其中 $a_1,a_2,\cdots,a_n$ 均为实数,又 $|f(x)|\leqslant |\sin x|$.证明: $|a_1+2a_2+\cdots+na_n|\leqslant 1$.

分析 利用导函数与导数定义.

证法一 由 $f'(x)=a_1\cos x+2a_2\cos 2x+\cdots+na_n\cos nx$,得 $f'(0)=a_1+2a_2+\cdots+na_n$.

而 $|f'(0)|=\left|\lim\limits_{x\to 0}\dfrac{f(x)-f(0)}{x}\right|=\lim\limits_{x\to 0}\left|\dfrac{f(x)}{x}\right|\leqslant\lim\limits_{x\to 0}\left|\dfrac{\sin x}{x}\right|=1$,故 $|a_1+2a_2+\cdots+na_n|\leqslant 1$.

证法二 由条件 $|f(x)|\leqslant |\sin x|$,有 $\left|\dfrac{f(x)}{x}\right|\leqslant\left|\dfrac{\sin x}{x}\right|\leqslant 1$,得 $\left|a_1\dfrac{\sin x}{x}+a_2\dfrac{\sin 2x}{x}+\cdots+a_n\dfrac{\sin nx}{x}\right|\leqslant 1$.

当 $x\to 0$ 时,上式两边取极限,得 $|a_1+2a_2+\cdots+na_n|\leqslant 1$.

例 2.1.10 设 $\varphi(x)=\begin{cases} x^2\sin\dfrac{1}{x}, & x\neq 0, \\ 0, & x=0, \end{cases}$ 又 $f(x)$ 在 $x=0$ 处可导,求 $f[\varphi(x)]$ 在 $x=0$ 处的导数.

分析 利用一点的复合函数求导法则.

解 $\lim\limits_{x\to 0}\dfrac{\varphi(x)-\varphi(0)}{x}=\lim\limits_{x\to 0}\dfrac{x^2\sin\dfrac{1}{x}-0}{x}=\lim\limits_{x\to 0}x\sin\dfrac{1}{x}=0=\varphi'(0).$

由条件知 $f(u)$ 在 $u=0=\varphi(0)$ 处可导,根据复合函数求导法则知

$$\left[f(\varphi(x))\right]' \big|_{x=0} = f'[\varphi(0)] \cdot \varphi'(0) = f'(0) \cdot 0 = 0.$$

典型错误　设 $F(x) = f[\varphi(x)]$，

$$\lim_{x\to 0}\frac{F(x)-F(0)}{x} = \lim_{x\to 0}\frac{f[\varphi(x)]-f[\varphi(0)]}{x} = \lim_{x\to 0}\frac{f[\varphi(x)]-f(0)}{x}$$

$$= \lim_{x\to 0}\frac{f[\varphi(x)]-f(0)}{\varphi(x)} \cdot \frac{\varphi(x)}{x} = \lim_{x\to 0}\frac{f[\varphi(x)]-f(0)}{\varphi(x)} \cdot \frac{x^2 \sin\frac{1}{x}}{x},$$

由于 $\lim_{x\to 0}\varphi(x) = \lim_{x\to 0}x^2\sin\frac{1}{x} = 0$，知 $\lim_{x\to 0}\frac{f(\varphi(x))-f(0)}{\varphi(x)} = f'(0)$. 而 $\lim_{x\to 0}\frac{x^2\sin\frac{1}{x}}{x} = \lim_{x\to 0}x\sin\frac{1}{x} = 0$，故

$$\lim_{x\to 0}\frac{F(x)-F(0)}{x} = f'(0)\cdot 0 = 0 = F'(0) = f[\varphi(x)]'\big|_{x=0}.$$

错误的原因是在分子、分母同乘以 $\varphi(x)$ 时，要求 $\exists \delta_0 > 0$，当 $x\in \mathring{U}(0,\delta_0)$ 时，$\varphi(x)\neq 0$，实际做不到. 因为 $\forall \delta > 0$，取 $x_n = \frac{1}{2n\pi} \to 0 (n\to\infty)$，$\exists$ 正整数 N，当 $n>N$ 时，都有 $0 < |x_n - 0| < \delta$，即 $n>N$ 时，都有 $x_n\in \mathring{U}(0,\delta)$，但 $\varphi(x_n) = \frac{1}{(2n\pi)^2}\sin 2n\pi = 0$.

例 2.1.11　设 $f(x), g(x)$ 都是定义在 $(-\infty, +\infty)$ 上的函数，且有 (1) $f(x+y) = f(x)g(y) + f(y)g(x)$；(2) $f(x), g(x)$ 在 $x=0$ 处可导；(3) $f(0) = 0, g(0) = 1, f'(0) = 1, g'(0) = 0$. 证明：$f(x)$ 对所有 x 可导，且 $f'(x) = g(x)$.

分析　利用导数定义与极限运算法则.

证明　由于 $\lim_{\Delta x\to 0}\frac{f(x+\Delta x)-f(x)}{\Delta x} = \lim_{\Delta x\to 0}\frac{f(x)g(\Delta x)+f(\Delta x)g(x)-f(x)}{\Delta x}$

$= \lim_{\Delta x\to 0}\left[f(x)\cdot\frac{g(\Delta x)-1}{\Delta x} + g(x)\frac{f(\Delta x)}{\Delta x}\right] = \lim_{\Delta x\to 0}f(x)\cdot\frac{g(\Delta x)-g(0)}{\Delta x} + \lim_{\Delta x\to 0}g(x)\cdot\frac{f(\Delta x)-f(0)}{\Delta x}$

$= f(x)g'(0) + g(x)f'(0) = g(x)$，所以 $f(x)$ 对所有 x 可导且 $f'(x) = g(x)$.

类型 1.3　研究导函数的连续性

解题策略　①求出 $f'(x)$；②讨论 $f'(x)$ 的连续性，对于分段函数的分界点要用导数定义求导数.

例 2.1.12　设 $f(x) = \begin{cases} \dfrac{g(x)-e^{-x}}{x}, & x\neq 0, \\ 0, & x=0, \end{cases}$ 其中 $g(x)$ 有二阶连续导数，$g(0)=1, g'(0)=-1$.

(1) 求 $f'(x)$；(2) 讨论 $f'(x)$ 在 $(-\infty, +\infty)$ 上的连续性.

解　(1) 当 $x\neq 0$ 时，$f'(x) = \dfrac{x[g'(x)+e^{-x}]-g(x)+e^{-x}}{x^2} = \dfrac{xg'(x)-g(x)+(x+1)e^{-x}}{x^2}$.

当 $x=0$ 时，

$$f'(0) = \lim_{x\to 0}\frac{\frac{g(x)-e^{-x}}{x}-0}{x} = \lim_{x\to 0}\frac{g(x)-e^{-x}}{x^2}\left(\frac{0}{0}\right) = \lim_{x\to 0}\frac{g'(x)+e^{-x}}{2x}\left(\frac{0}{0}\right) = \lim_{x\to 0}\frac{g''(x)-e^{-x}}{2} = \frac{g''(0)-1}{2}.$$

所以

$$f'(x) = \begin{cases} \dfrac{xg'(x)-g(x)+(x+1)e^{-x}}{x^2}, & x\neq 0, \\ \dfrac{g''(0)-1}{2}, & x=0. \end{cases}$$

(2) 在 $x=0$ 处，

$$\lim_{x\to 0}f'(x) = \lim_{x\to 0}\frac{xg'(x)-g(x)+(x+1)e^{-x}}{x^2} = \lim_{x\to 0}\frac{g''(x)-e^{-x}}{2} = \frac{g''(0)-1}{2} = f'(0).$$

所以 $f'(x)$ 在 $x=0$ 处连续，显然 $f'(x)$ 在 $x\neq 0$ 处连续，故 $f'(x)$ 在 $(-\infty, +\infty)$ 上连续.

类型 1.4 求初等函数的导数

解题策略 在求导之前尽可能地化简,把函数的乘除尽量化成加减,如果函数为分式,且分子、分母是因式相乘,此时利用对数微分法,转化为方程确定的隐函数的求导等等,从而简化求导过程. 要熟练记住基本初等函数的导数公式、导数的四则运算,理解并掌握复合函数的求导法则.

例 2.1.13 设 $f(x)=\sin x$,求 $f'(a)$,$f'(2x)$,$f'(f(x))$,$[f(2x)]'$,$[f(f(x))]'$.

解 由 $f'(x)=\cos x$,知 $f'(a)=\cos a$,$f'(2x)=\cos 2x$,$f'(f(x))=\cos f(x)=\cos(\sin x)$.

而 $[f(2x)]'=f'(2x)\cdot 2=2\cos 2x$,$[f(f(x))]'=f'(f(x))\cdot f'(x)=\cos(\sin x)\cdot\cos x$.

注 $f'(2x)$ 与 $[f(2x)]'$ 的区别:$f'(2x)$ 是外函数 $f(u)$ 对 u 求导,得 $f'(u)$,令 $u=2x$,得 $f'(2x)$. $[f(2x)]'$ 是复合函数 $f(2x)$ 对 x 求导,且 $[f(2x)]'=f'(2x)(2x)'=2f'(2x)$.从这里可以得出"′"的位置不同,意义完全不同.希望大家要真正理解不同位置"′"的意义.

例 2.1.14 设 $y=\ln\sqrt{\dfrac{e^{2x}}{e^{2x}-1}}+\sqrt{1+\cos^2\dfrac{1}{x}+\sin^2\dfrac{1}{x}}$,求 y'.

解 先化简 $y=\dfrac{1}{2}\big[\ln e^{2x}-\ln(e^{2x}-1)\big]+\sqrt{2}=x-\dfrac{1}{2}\ln(e^{2x}-1)+\sqrt{2}$,

$y'=1-\dfrac{1}{2}\dfrac{1}{e^{2x}-1}(e^{2x}-1)'=1-\dfrac{1}{2}\dfrac{1}{e^{2x}-1}(e^{2x})'=1-\dfrac{1}{2}\dfrac{1}{e^{2x}-1}e^{2x}\cdot(2x)'$

$=1-\dfrac{1}{2}\dfrac{1}{e^{2x}-1}e^{2x}\cdot 2=\dfrac{e^{2x}-1-e^{2x}}{e^{2x}-1}=\dfrac{1}{1-e^{2x}}$.

注 在这里读者可以看到化简的重要性.

例 2.1.15 设 $y=\sqrt[3]{1+\sqrt[3]{x+\sqrt[3]{x}}}$,求 y'.

解 $y'=\dfrac{1}{3}(1+\sqrt[3]{x+\sqrt[3]{x}})^{-\frac{2}{3}}\cdot(1+\sqrt[3]{x+\sqrt[3]{x}})'=\dfrac{1}{3}(1+\sqrt[3]{x+\sqrt[3]{x}})^{-\frac{2}{3}}(\sqrt[3]{x+\sqrt[3]{x}})'$

$=\dfrac{1}{3}(1+\sqrt[3]{x+\sqrt[3]{x}})^{-\frac{2}{3}}\cdot\dfrac{1}{3}(x+\sqrt[3]{x})^{-\frac{2}{3}}(x+\sqrt[3]{x})'=\dfrac{1}{9}(1+\sqrt[3]{x+\sqrt[3]{x}})^{-\frac{2}{3}}\cdot(x+\sqrt[3]{x})^{-\frac{2}{3}}(1+\dfrac{1}{3}x^{-\frac{2}{3}})$.

注 上面几题,过程比较详细,目的是让读者体会复合函数求导"层层剥皮法"的过程,并且在利用复合函数求导的过程中,还可以及时地利用导数的四则运算.以后求导时的中间过程不再详写.

例 2.1.16 设 $y=u(x)^{v(x)}$(称为幂指函数),其中 $u(x),v(x)$ 均可导,求 y'.

解法一 $y=e^{v(x)\ln u(x)}$.

$y'=\big[e^{v(x)\ln u(x)}\big]'=e^{v(x)\ln u(x)}\cdot\big[v(x)\ln u(x)\big]'=e^{v(x)\ln u(x)}\big[v'(x)\ln u(x)+\dfrac{v(x)u'(x)}{u(x)}\big]$.

解法二 两边取对数,得 $\ln y=v(x)\ln u(x)$,等式两边同时对 x 求导,注意 $\ln y$ 是 x 的复合函数,得

$$\dfrac{1}{y}\cdot y'=v'(x)\ln u(x)+v(x)\cdot\dfrac{u'(x)}{u(x)}.$$

解得 $y'=y\big[v'(x)\ln u(x)+v(x)\dfrac{u'(x)}{u(x)}\big]=u(x)^{v(x)}\big[v'(x)\ln u(x)+\dfrac{v(x)u'(x)}{u(x)}\big]$.

例 2.1.17 设 $y=\dfrac{x^{\ln x}}{(\ln x)^x}$,求 y'.

分析 如果直接求导,可以利用分式的求导及幂指函数的求导,但过程复杂,化简也不容易,应采用对数微分法.

解 $\ln y=\ln\dfrac{x^{\ln x}}{(\ln x)^x}=\ln x^{\ln x}-\ln(\ln x)^x$

$=(\ln x)\ln x-x\ln(\ln x)=(\ln x)^2-x\cdot\ln(\ln x)$.

等式两边同时对 x 求导,得 $\dfrac{1}{y}\cdot y'=\dfrac{2\ln x}{x}-\ln(\ln x)-x\cdot\dfrac{1}{\ln x}\cdot\dfrac{1}{x}$.

化简得 $y'=\dfrac{x^{\ln x}}{(\ln x)^x}\big[\dfrac{2\ln x}{x}-\ln(\ln x)-\dfrac{1}{\ln x}\big]$.

例 2.1.18 设 $y=\Big(\dfrac{a}{b}\Big)^x\Big(\dfrac{b}{x}\Big)^a\Big(\dfrac{x}{a}\Big)^b$($a>0,b>0,x>0$),求 y'.

解　$\ln y = x\ln\dfrac{a}{b} + a(\ln b - \ln x) + b(\ln x - \ln a)$.

等式两边同时对 x 求导, 得 $\dfrac{1}{y} \cdot y' = \ln\dfrac{a}{b} - \dfrac{a}{x} + \dfrac{b}{x}$.

化简得 $y' = (\dfrac{a}{b})^x (\dfrac{b}{x})^a (\dfrac{x}{a})^b (\dfrac{b-a}{x} + \ln\dfrac{a}{b})$.

例 2.1.19　设 $y = \dfrac{\sqrt{2x+1} \cdot \sqrt[3]{3x-1}}{(x+1)^2 \cdot \sqrt[5]{1+3x}}$, 求 y'.

解　$\ln y = \dfrac{1}{2}\ln(2x+1) + \dfrac{1}{3}\ln(3x-1) - 2\ln(x+1) - \dfrac{1}{5}\ln(1+3x)$.

等式两边同时对 x 求导, 得

$$\dfrac{1}{y} \cdot y' = \dfrac{1}{2} \cdot \dfrac{1}{2x+1} \cdot 2 + \dfrac{1}{3}\dfrac{1}{3x-1} \cdot 3 - 2 \cdot \dfrac{1}{x+1} - \dfrac{1}{5} \cdot \dfrac{1}{1+3x} \cdot 3,$$

化简得 $y' = \dfrac{\sqrt{2x+1} \cdot \sqrt[3]{3x-1}}{(x+1)^2 \cdot \sqrt[5]{1+3x}}\left[\dfrac{1}{2x+1} + \dfrac{1}{3x-1} - \dfrac{2}{x+1} - \dfrac{3}{5(1+3x)}\right]$.

例 2.1.20　设 $y = \sin(\cos^2 x) \cdot \cos(\sin^2 x)$, 求 y'.

分析　对于两个复合函数的乘积, 如果直接求导比较麻烦, 解题时可令 $u = \cos^2 x$.

解　设 $u = \cos^2 x$, $y = \sin(\cos^2 x)\cos(\sin^2 x) = \sin u\cos(1-u)$.

利用复合函数的求导, 有

$$\dfrac{dy}{dx} = \dfrac{dy}{du} \cdot \dfrac{du}{dx} = [\cos u\cos(1-u) + \sin u\sin(1-u)] \cdot 2\cos x(-\sin x)$$
$$= -\cos(2u-1)\sin 2x = -\cos(2\cos^2 x - 1)\sin 2x = -\sin 2x\cos(\cos 2x).$$

类型 1.5　求分段函数的导数

解题策略　求分段函数的导数, 不在分界点处可直接利用求导公式, 在分界点处,

(1) 若在分界点两侧的表达式不同, 求分界点的导数有下述两种方法:

① 利用左右导数的定义;　　　② 利用两侧导函数的极限.

(2) 若在分界点两侧的表达式相同, 求分界点的导数有下述两种方法:

① 利用导数定义;　　　② 利用导函数的极限.

例 2.1.21　设 $f(x) = \begin{cases} x^2 e^{-x^2}, & |x| \leqslant 1, \\ \dfrac{1}{e}, & |x| > 1, \end{cases}$ 求 $f'(x)$.

解　由 $f(x) = \begin{cases} \dfrac{1}{e}, & x < -1, \\ x^2 e^{-x^2}, & -1 \leqslant x \leqslant 1, \\ \dfrac{1}{e}, & x > 1, \end{cases}$ 得 $f'(x) = \begin{cases} 0, & x < -1, \\ 2x(1-x^2)e^{-x^2}, & -1 < x < 1, \\ 0, & x > 1. \end{cases}$

由 $f(x)$ 在 $(-\infty, -1]$ 上连续, 在 $(-\infty, -1)$ 内可导, $\lim\limits_{x \to -1^-} f'(x) = \lim\limits_{x \to -1^-} 0 = 0$, 知 $f'_-(-1) = 0$.

又 $f(x)$ 在 $[-1, 1)$ 上连续, 在 $(-1, 1)$ 内可导, $\lim\limits_{x \to -1^+} f'(x) = \lim\limits_{x \to -1^+} 2x(1-x^2)e^{-x^2} = 0$, 知 $f'_+(-1) = 0$,

从而 $f'(-1) = 0$. 同理可得 $f'(1) = 0$. 故 $f'(x) = \begin{cases} 0, & x \leqslant -1, \\ 2x(1-x^2)e^{-x^2}, & -1 < x < 1, \\ 0, & x \geqslant 1. \end{cases}$

注　带有绝对值的函数, 需化成分段函数求导.

例 2.1.22　设 $f(x) = \begin{cases} \dfrac{\ln(1+x)}{x}, & x \neq 0, \\ 1, & x = 0, \end{cases}$ 求 $f'(x)$.

解 当 $x \neq 0$ 时, $f'(x) = \dfrac{\dfrac{1}{1+x} \cdot x - \ln(1+x)}{x^2} = \dfrac{x - (1+x)\ln(1+x)}{x^2(1+x)}.$

当 $x = 0$ 时, $\lim\limits_{x \to 0} \dfrac{f(x) - f(0)}{x} = \lim\limits_{x \to 0} \dfrac{\dfrac{\ln(1+x)}{x} - 1}{x} = \lim\limits_{x \to 0} \dfrac{\ln(1+x) - x}{x^2} \left(\dfrac{0}{0}\right)$

$$= \lim\limits_{x \to 0} \dfrac{\dfrac{1}{1+x} - 1}{2x} = \lim\limits_{x \to 0} \dfrac{-x}{2x(1+x)} = -\dfrac{1}{2} = f'(0).$$

故 $f'(x) = \begin{cases} \dfrac{x - (1+x)\ln(1+x)}{x^2(1+x)}, & x \neq 0, \\ -\dfrac{1}{2}, & x = 0. \end{cases}$

注 有的读者可能用下面方法求在 $x = 0$ 处的导数.

当 $x = 0$ 时, $f(0) = 1$, 而 $(1)' = 0$, 所以 $f'(0) = 0$. 显然与结果不相符, 原因是错误地理解了 $(c)' = 0$, 这里的 c 是常值函数而 $f(x)$ 仅在 $x = 0$ 处的值为 1, 在 0 的小邻域内, $f(x) \equiv 1$ 不成立, 所以要求 $f(x)$ 在 x_0 处的导数, 不能对 $f(x_0)$ 求导.

例 2.1.23 设 $f(x) = \begin{cases} \dfrac{2}{3} x^3, & x \leqslant 1, \\ x^2, & x > 1, \end{cases}$ 求 $f'(x)$.

解 $f'(x) = \begin{cases} 2x^2, & x < 1, \\ 2x, & x > 1. \end{cases}$

由 $\lim\limits_{x \to 1^-} f(x) = \lim\limits_{x \to 1^-} \dfrac{2}{3} x^3 = \dfrac{2}{3}$, $\lim\limits_{x \to 1^+} f(x) = \lim\limits_{x \to 1^+} x^2 = 1$, 知 $\lim\limits_{x \to 1} f(x)$ 不存在, 所以 $f(x)$ 在 $x = 1$ 处不可导.

典型错误 $f'(x) = \begin{cases} 2x^2, & x \leqslant 1, \\ 2x, & x > 1. \end{cases}$ 按这种做法, $f'(1) = 2$, 实际上 $f(x)$ 在 $x = 1$ 处极限不存在, 故 $f(x)$ 在 $x = 1$ 处不可导. 当 $x \in (-\infty, 1]$ 时, $f(x) = \dfrac{2}{3} x^3$ 可求导, $f'(x) = 2x^2$, 而 $f(x)$ 在 $(-\infty, 1]$ 内在点 $x = 1$ 处可求左导数 $f'_-(1) = 2$, 当然 $f'_-(1) = 2$ 不表示 $f(x)$ 在 $x = 1$ 处可导, 更不表示 $f'(1) = 2$.

类型 1.6 求参数式函数的导数

解题策略 若 $\begin{cases} x = \varphi(t) \\ y = \psi(t), \end{cases} \varphi'(t), \psi'(t)$ 存在且 $\varphi'(t) \neq 0$, 则 $\dfrac{dy}{dx} = \dfrac{dy/dt}{dx/dt} = \dfrac{\psi'(t)}{\varphi'(t)}.$

例 2.1.24 设 $\begin{cases} x = f'(t), \\ y = tf'(t) - f(t), \end{cases} f(t)$ 具有三阶导数, 且 $f''(t) \neq 0$, 求 $\dfrac{d^3 y}{d^3 x}$.

解 $y' = \dfrac{dy}{dx} = \dfrac{f'(t) + tf''(t) - f'(t)}{f''(t)} = t.$

注 在求二阶导数时, 会有下列典型错误: $\dfrac{d^2 y}{dx^2} = y'' = (y')' = (t)' = 1.$

这里 $(y')' = (y'_x)'_x = (t)'_x \neq (t)'_t = 1.$

正确求法是: $y'' = \dfrac{d^2 y}{dx^2} = \dfrac{dy'}{dx} = \dfrac{\dfrac{dy'}{dt}}{\dfrac{dx}{dt}} = \dfrac{1}{f''(t)}.$

同理, $y''' = \dfrac{d^3 y}{dx^3} = \dfrac{dy''}{dx} = \dfrac{dy''/dt}{dx/dt} = -\dfrac{f'''(t)/[f''(t)]^2}{f''(t)} = -\dfrac{f'''(t)}{[f''(t)]^3}.$

从这里, 我们也看到了求参数式函数高阶导数的方法.

$$y' = \left(\dfrac{dy}{dx} = \right) \dfrac{dy/dt}{dx/dt}, \quad y'' = \left(\dfrac{d^2 y}{dx^2} = \dfrac{dy'}{dx} = \right) \dfrac{dy'/dt}{dx/dt}, \quad y''' = \left(\dfrac{d^3 y}{dx^3} = \dfrac{dy''}{dx} = \right) \dfrac{dy''/dt}{dx/dt}, \cdots$$

注 括号里的式子在做题时不需要写出来.

例 2.1.25　设 $r = r(\theta)$，$r'(\theta)$ 存在，求 $\dfrac{\mathrm{d}y}{\mathrm{d}x}$.

解　由于 $x = r(\theta)\cos\theta$，$y = r(\theta)\sin\theta$，所以

$$\frac{\mathrm{d}y}{\mathrm{d}x} = \frac{r'(\theta)\sin\theta + r(\theta)\cos\theta}{r'(\theta)\cos\theta - r(\theta)\sin\theta} = \frac{r'(\theta)\tan\theta + r(\theta)}{r'(\theta) - r(\theta)\tan\theta}.$$

类型 1.7　求方程确定的隐函数的导数

解题策略　求方程 $f(x,y) = g(x,y)$ 确定的隐函数 $y = y(x)$ 的导数时，由 y 是 x 的函数，此时方程两边是关于 x 的表达式，两边同时对 x 求导，会出现含有 y' 的等式，然后把 y' 看成未知数解出即可.

例 2.1.26　设函数 $y = y(x)$ 由方程 $x\mathrm{e}^{f(y)} = \mathrm{e}^{y}$ 确定，其中 f 具有二阶导数，且 $f' \neq 1$，求 $\dfrac{\mathrm{d}^2 y}{\mathrm{d}x^2}$.

解　方程两边取对数，得 $\ln x + f(y) = y$，等式两边同时对 x 求导，得

$$\frac{1}{x} + f'(y)y' = y' \Rightarrow y' = \frac{1}{x[1 - f'(y)]}.$$

$$y'' = \frac{-[1 - f'(y)] + xf''(y)y'}{x^2[1 - f'(y)]^2} = \frac{-[1 - f'(y)] + \dfrac{xf''(y)}{x[1 - f'(y)]}}{x^2[1 - f'(y)]^2} = \frac{f''(y) - [1 - f'(y)]^2}{x^2[1 - f'(y)]^3}.$$

例 2.1.27　设函数 $y = y(x)$ 由方程 $y - x\mathrm{e}^{y} = 1$ 所确定，求 $\dfrac{\mathrm{d}^2 y}{\mathrm{d}x^2}\Big|_{x=0}$ 的值.

解　两边同时对 x 求导，得

$$y' - \mathrm{e}^{y} - x\mathrm{e}^{y}y' = 0. \tag{①}$$

①式两边再对 x 求导，得

$$y'' - \mathrm{e}^{y}y' - (\mathrm{e}^{y}y' + x\mathrm{e}^{y}\cdot y'^2 + x\mathrm{e}^{y}y'') = 0. \tag{②}$$

以 $x = 0$，$y = 1$ 代入①式，得 $y'(0) - \mathrm{e} = 0$，解得 $y'(0) = \mathrm{e}$.

以 $x = 0$，$y = 1$，$y'(0) = \mathrm{e}$ 代入②式，得 $y''(0) - \mathrm{e}^2 - \mathrm{e}^2 = 0$，故 $y''(0) = \dfrac{\mathrm{d}^2 y}{\mathrm{d}x^2}\Big|_{x=0} = 2\mathrm{e}^2$.

例 2.1.28　设 $y = y(x)$ 由 $\begin{cases} x = \arctan t, \\ 2y - ty^2 + \mathrm{e}^t = 5 \end{cases}$ 所确定，求 $\dfrac{\mathrm{d}y}{\mathrm{d}x}$.

分析　关键是求出方程确定的隐函数 $y = y(t)$ 对 t 的导数，然后利用参数方程确定函数的导数.

解　$\dfrac{\mathrm{d}x}{\mathrm{d}t} = \dfrac{1}{1 + t^2}$，方程 $2y - ty^2 + \mathrm{e}^t = 5$ 确定 $y = y(t)$，方程两边同时对 t 求导，得 $2\dfrac{\mathrm{d}y}{\mathrm{d}t} - y^2 - 2ty\cdot\dfrac{\mathrm{d}y}{\mathrm{d}t} + \mathrm{e}^t = 0$，解得 $\dfrac{\mathrm{d}y}{\mathrm{d}t} = \dfrac{y^2 - \mathrm{e}^t}{2 - 2ty}$，因而 $\dfrac{\mathrm{d}y}{\mathrm{d}x} = \dfrac{y^2 - \mathrm{e}^t}{2(1 - ty)}\Big/\dfrac{1}{1 + t^2} = \dfrac{(1 + t^2)(y^2 - \mathrm{e}^t)}{2(1 - ty)}$.

类型 1.8　求变上、下限函数的导数

解题策略　利用变上、下限函数求导定理，注意把变上、下限函数化成标准形式.

例 2.1.29　设 $f(x) = \displaystyle\int_{x^2}^{x^3} \frac{\sin xt}{t}\mathrm{d}t\,(x > 0)$，求 $f'(x)$.

分析　被积函数含有 x，但不能提到积分号的前面，只有通过对定积分进行变量替换.

解　由 $f(x) = \displaystyle\int_{x^2}^{x^3} \frac{\sin xt}{t}\mathrm{d}t \xrightarrow{xt = u} \int_{x^3}^{x^4} \frac{x}{u}\cdot\sin u\cdot\frac{1}{x}\mathrm{d}u = \int_{x^3}^{x^4} \frac{\sin u}{u}\mathrm{d}u$，于是

$$f'(x) = \frac{\sin x^4}{x^4}\cdot 4x^3 - \frac{\sin x^3}{x^3}\cdot 3x^2 = \frac{1}{x}(4\sin x^4 - 3\sin x^3).$$

例 2.1.30　若 $f(x)$ 为连续函数，且 $\displaystyle\int_{0}^{1 + x^3} f(x)\mathrm{d}x = x^2 - 1$，求 $f(x)$.

分析　遇到变上、下限定积分，就应想到要求导. 以下几道题类似.

解　等式两边同时对 x 求导，得 $f(1 + x^3)\cdot 3x^2 = 2x \Rightarrow f(1 + x^3) = \dfrac{2}{3x}$.

令 $1 + x^3 = t \Rightarrow x = \sqrt[3]{t - 1}$，得 $f(t) = \dfrac{2}{3\sqrt[3]{t - 1}}$ 且 $t \neq 1$，即 $f(x) = \dfrac{2}{3\sqrt[3]{x - 1}}$，$x \neq 1$.

注 若求 $f(9)$，这时可不必求 $f(x)$，由 $f(1+x^3) \cdot 3x^2 = 2x$，把 $x=2$ 代入公式，有 $f(9) \times 3 \times 4 = 4$，解得 $f(9) = \dfrac{1}{3}$.

例 2.1.31 设 $\begin{cases} x = \cos t^2 \\ y = t\cos t^2 - \displaystyle\int_1^{t^2} \dfrac{1}{2\sqrt{u}}\cos u\,du \end{cases}$，求 $\dfrac{dy}{dx}$，$\dfrac{d^2 y}{dx^2}$ 在 $t = \sqrt{\dfrac{\pi}{2}}$ 的值.

解 $\dfrac{dy}{dx} = \dfrac{\cos t^2 - 2t^2\sin t^2 - \dfrac{1}{2\sqrt{t^2}}\cos t^2 \cdot 2t}{-2t\sin t^2}$（由于求在 $t = \sqrt{\dfrac{\pi}{2}}$ 处的值，可设 $t > 0$）

$\qquad = \dfrac{\cos t^2 - 2t^2\sin t^2 - \cos t^2}{-2t\sin t^2} = t$，

$\dfrac{d^2 y}{dx^2} = \dfrac{dy'/dt}{dx/dt} = \dfrac{1}{-2t\sin(t^2)}$，所以 $\dfrac{dy}{dx}\Big|_{t=\sqrt{\frac{\pi}{2}}} = \sqrt{\dfrac{\pi}{2}}$，$\dfrac{d^2 y}{dx^2}\Big|_{t=\sqrt{\frac{\pi}{2}}} = \dfrac{1}{-2\sqrt{\dfrac{\pi}{2}}\sin\dfrac{\pi}{2}} = -\dfrac{1}{\sqrt{2\pi}}$.

例 2.1.32 设 $\begin{cases} x = \displaystyle\int_0^t f(u^2)\,du \\ y = [f(t^2)]^2 \end{cases}$，其中 $f(u)$ 具有二阶导数，且 $f(u) \neq 0$，求 $\dfrac{d^2 y}{dx^2}$.

解 $\dfrac{dy}{dx} = \dfrac{2f(t^2)f'(t^2)\cdot 2t}{f(t^2)} = 4tf'(t^2)$，$\dfrac{d^2 y}{dx^2} = \dfrac{4[f'(t^2) + tf''(t^2)\cdot 2t]}{f(t^2)} = \dfrac{4[f'(t^2) + 2t^2 f''(t^2)]}{f(t^2)}$.

注 凡遇到变上、下限定积分，就要想到求导，至于为什么要求导，要看具体的题目，有的是为了求函数表达式，有的是为了求极限值，等等.

类型 1.9 求函数的高阶导数

解题策略 求导之前对函数进行化简，尽量化成加减，再用高阶导数的运算法则.

例 2.1.33 设 $y = \sin^4 x + \cos^4 x$，求 $y^{(n)}$.

分析 尽量化简，朝正弦、余弦的一次幂转化，因为正弦、余弦的一次幂高阶导数有公式可用.

解 $y = \sin^4 x + \cos^4 x + 2\sin^2 x\cos^2 x - 2\sin^2 x\cos^2 x = (\sin^2 x + \cos^2 x)^2 - 2\sin^2 x\cos^2 x$

$\qquad = 1 - 2\cdot\dfrac{1}{4}\sin^2 2x = 1 - \dfrac{1}{2}\cdot\dfrac{1}{2}(1 - \cos 4x) = \dfrac{3}{4} + \dfrac{1}{4}\cos 4x$，

$\qquad y^{(n)} = \left(\dfrac{3}{4} + \dfrac{1}{4}\cos 4x\right)^{(n)} = \left(\dfrac{1}{4}\cos 4x\right)^{(n)} = \dfrac{1}{4}(\cos 4x)^{(n)}$

$\qquad = \dfrac{1}{4}\cdot 4^n\cos\left(4x + n\dfrac{\pi}{2}\right) = 4^{n-1}\cos\left(4x + n\dfrac{\pi}{2}\right)$.

例 2.1.34 设 $y = e^x\cos x$，求 $y^{(n)}$.

解 $y' = e^x\cos x - e^x\sin x = \sqrt{2}e^x\left(\dfrac{\sqrt{2}}{2}\cos x - \dfrac{\sqrt{2}}{2}\sin x\right)$

$\qquad = \sqrt{2}e^x\left(\cos\dfrac{\pi}{4}\cos x - \sin\dfrac{\pi}{4}\sin x\right) = \sqrt{2}e^x\cos\left(x + \dfrac{\pi}{4}\right)$.

假设 $n = k$ 时，$y^{(k)} = \sqrt{2}^k e^x\cos\left(x + k\cdot\dfrac{\pi}{4}\right)$. 当 $n = k+1$ 时，

$y^{(k+1)} = [y^{(k)}]' = \left[\sqrt{2}^k e^x\cos\left(x + k\cdot\dfrac{\pi}{4}\right)\right]' = \sqrt{2}^k\left[e^x\cos\left(x + k\cdot\dfrac{\pi}{4}\right) - e^x\sin\left(x + k\cdot\dfrac{\pi}{4}\right)\right]$

$\qquad = e^x\sqrt{2}^{k+1}\left[\cos\dfrac{\pi}{4}\cos\left(x + k\cdot\dfrac{\pi}{4}\right) - \sin\dfrac{\pi}{4}\sin\left(x + k\cdot\dfrac{\pi}{4}\right)\right] = \sqrt{2}^{k+1}e^x\cos\left[x + (k+1)\dfrac{\pi}{4}\right]$，

即 $n = k+1$ 时，结论仍成立，由数学归纳法知 $y^{(n)} = \sqrt{2}^n e^x\cos\left[x + n\cdot\dfrac{\pi}{4}\right]$.

注 1 求一阶、二阶导数时，通过化简、变形，找出规律，再用数学归纳法证明. 研究生入学数学考试比较喜欢出这类的考题.

注 2 这题不适合用乘积的高阶导数公式，因为没有出现一项经过几次求导为零的因式.

例 2.1.35 设 $y=x^2 e^x$，求 $y^{(n)}$.

分析 由 $(e^x)^{(n)}=e^x$，x^2 经过三次求导为零，符合乘积高阶导数的要求.

解 $y^{(n)}=(e^x \cdot x^2)^{(n)}=C_n^0(e^x)^{(n)}x^2+C_n^1(e^x)^{(n-1)}(x^2)'+C_n^2(e^x)^{(n-2)}(x^2)''$

$$=e^x \cdot x^2+ne^x \cdot 2x+\frac{n(n-1)}{2}e^x \cdot 2=e^x[x^2+2nx+n(n-1)]\text{（因至少出现了三项,知 }n\geqslant 2\text{）}.$$

$n=1$ 时，$y'=e^x \cdot x^2+e^x \cdot 2x=e^x(x^2+2x).$

例 2.1.36 设 $f(x)=3x^3+x^2|x|$，则使 $f^{(n)}(0)$ 存在的最高阶数 n 为何值？

解 由 $f(x)=\begin{cases}4x^3, & x\geqslant 0, \\ 2x^3, & x<0,\end{cases}$ $f''(x)=\begin{cases}24x, & x>0, \\ 12x, & x<0.\end{cases}$

由 $\lim\limits_{x\to 0^-}f''(x)=\lim\limits_{x\to 0^-}12x=0=f''_-(0)$，$\lim\limits_{x\to 0^+}f''(x)=\lim\limits_{x\to 0^+}24x=0=f''_+(0)$，知 $f''(0)=0$.

由 $f'''(x)=\begin{cases}24, & x>0, \\ 12, & x<0,\end{cases}$ $\lim\limits_{x\to 0^-}f'''(x)=\lim\limits_{x\to 0^-}12=12=f'''_-(0)$，$\lim\limits_{x\to 0^+}f'''(x)=\lim\limits_{x\to 0^+}24=24=f'''_+(0)$，知 $f'''(0)$ 不

存在，故使 $f^{(n)}(0)$ 存在的最高阶数 $n=2$.

类型 1.10　求函数在某点处的高阶导数

解题策略

①若能求出 $f^{(n)}(x)$，则 $f^{(n)}(x_0)=f^{(n)}(x)|_{x=x_0}$.

②若 $f^{(n)}(x)$ 求不出来，求出 $f'(x)$，看能否化简为 $f(x)$、$f'(x)$ 的一次函数等式且 $f(x)$、$f'(x)$ 的系数为 x 的多项式. 若不能，再求 $f''(x)$，看能否化简为 $f(x)$、$f'(x)$、$f''(x)$ 的一次函数等式且 $f(x)$、$f'(x)$、$f''(x)$ 的系数为 x 的多项式. 一般情况下只要求 $f'(x)$ 或 $f''(x)$ 即可，然后等式两边对 x 同取 n 阶导数，把 $x=x_0$ 代入，可得到 $f(x)$ 在 x_0 处的高阶导数与 $f(x)$ 在 x_0 处低阶导数的递推关系式，从而求 $f^{(n)}(x_0)$.

③利用函数幂级数展开式的唯一性定理，若

$$f(x)=\sum_{n=0}^{\infty}a_n(x-x_0)^n, x\in(x_0-\delta, x_0+\delta)(\delta>0),$$

则

$$a_n=\frac{f^{(n)}(x_0)}{n!}\text{ 即 } f^{(n)}(x_0)=a_n n!\ (n=1,2,\cdots).$$

若 $f(x)=\sum\limits_{n=0}^{\infty}a_n x^n, x\in(-\delta,\delta)$，则 $a_n=\frac{f^{(n)}(0)}{n!}$，即 $f^{(n)}(0)=a_n n!\ (n=1,2,3,\cdots)$.

例 2.1.37 设 $f(x)=\arctan x$，求 $f^{(n)}(0)$.

解法一 由 $f'(x)=\frac{1}{1+x^2}$，得 $(1+x^2)f'(x)=1$.

方程两端同时对 x 求 n 阶导数，有 $f^{(n+1)}(x)(1+x^2)+nf^{(n)}(x)\cdot 2x+n(n-1)f^{(n-1)}(x)=0(n\geqslant 2)$，把 $x=0$ 代入上式，有 $f^{(n+1)}(0)+n(n-1)f^{(n-1)}(0)=0$，由此得 $f^{(n+1)}(0)=-n(n-1)f^{(n-1)}(0)$.

用 $n-1$ 代换 n，有 $f^{(n)}(0)=-(n-1)(n-2)f^{(n-2)}(0)$，$n\geqslant 3$.

由于 $f(0)=0$，$f'(0)=1$，$f''(0)=0$，于是推出 $f^{(2k)}(0)=0$，$f^{(2k+1)}(0)=(-1)^k(2k)!\ (k=0,1,2,\cdots)$.

解法二 由 $f'(x)=\frac{1}{1+x^2}=\sum\limits_{n=0}^{\infty}(-1)^n x^{2n}$，

$$f(x)=f(0)+\int_0^x f'(x)\mathrm{d}x=\int_0^x\sum_{n=0}^{\infty}(-1)^n x^{2n}\mathrm{d}x=\sum_{n=0}^{\infty}(-1)^n\int_0^x x^{2n}\mathrm{d}x$$

$$=\sum_{n=0}^{\infty}\frac{(-1)^n}{2n+1}x^{2n+1}.$$

由于级数中无 x^{2k} 次幂项，知 $a_{2k}=0$，$a_{2k+1}=\frac{(-1)^k}{2k+1}(k=0,1,2,\cdots)$.

$f^{(2k)}(0)=a_{2k}\cdot(2k)!=0$，$f^{(2k+1)}(0)=a_{2k+1}\cdot(2k+1)!=(-1)^k(2k)!\ (k=0,1,2,3\cdots)$.

从这两种解法中可知解法二方便一些.

类型 1.11　导数在实际中的应用

解题策略　利用导数的物理意义、几何意义、实际意义等.

例 2.1.38　若圆半径以 2cm/s 等速增加,则当圆半径 $R=10$cm 时,圆面积增加的速度如何?

解　设圆面积为 S,知 $S=\pi R^2$,其中 $R=R(t)$,$\dfrac{dR}{dt}=2$cm/s,于是 $\dfrac{dS}{dt}\bigg|_{R=10}=\left(\dfrac{dS}{dR}\cdot\dfrac{dR}{dt}\right)\bigg|_{R=10}=40\pi(\text{cm}^2/\text{s})$.

所以圆面积增加的速度是 $40\pi\text{cm}^2/\text{s}$.

例 2.1.39　长方形第一边 $x=20$m,第二边 $y=15$m,若第一边以 1m/s 的速度减少,而第二边以 2m/s 的速度增加,问:这长方形的面积和对角线变化的速度如何?

解　设长方形面积为 S,对角线长为 l,知 $S=xy$,$l=\sqrt{x^2+y^2}$,其中 $x=x(t)$,$y=y(t)$ 且 $\dfrac{dx}{dt}=-1$m/s,

$\dfrac{dy}{dt}=2$m/s,求 $\dfrac{dS}{dt}\bigg|_{\substack{x=20\\y=15}}$,$\dfrac{dl}{dt}\bigg|_{\substack{x=20\\y=15}}$.

由 $\dfrac{dS}{dt}=\dfrac{dx}{dt}\cdot y+x\cdot\dfrac{dy}{dt}$,$\dfrac{dl}{dt}=\dfrac{2x\cdot\dfrac{dx}{dt}+2y\cdot\dfrac{dy}{dt}}{2\sqrt{x^2+y^2}}$,于是

$$\dfrac{dS}{dt}\bigg|_{\substack{x=20\\y=15}}=-1\times15+20\times2=25(\text{m}^2/\text{s}),\quad \dfrac{dl}{dt}\bigg|_{\substack{x=20\\y=15}}=\dfrac{20\times(-1)+15\times2}{\sqrt{20^2+15^2}}=\dfrac{2}{5}(\text{m/s}).$$

所以面积以 $25\text{m}^2/\text{s}$ 的速度增加,对角线以 $\dfrac{2}{5}$m/s 的速度增加.

例 2.1.40　水流入半径为 10m 的半球形蓄水池,求水深 $h=5$m 时,水的体积 V 对深度 h 的变化率,如果注水速度为 $5\sqrt{3}\,\text{m}^3/\text{min}$(min 表示时间单位分),问:$h=5$m 时,水面半径的变化速度是多少?

解　由 $V=\pi\left(10h^2-\dfrac{h^3}{3}\right)$,$\dfrac{dV}{dt}=5\sqrt{3}\,\text{m}^3/\text{min}$,设水深 h 时水面半径为 R,则 $R=\sqrt{20h-h^2}$,$h=h(t)$,求

$\dfrac{dV}{dh}\bigg|_{h=5}$,$\dfrac{dR}{dt}\bigg|_{h=5}$.

由 $V=\pi\left(10h^2-\dfrac{h^3}{3}\right)$,两边同时对 h 求导,得

$$\dfrac{dV}{dh}=\pi(20h-h^2),\quad \dfrac{dV}{dh}\bigg|_{h=5}=\pi(20\times5-25)=75\pi(\text{m}^3/\text{min}).$$

$V=\pi\left(10h^2-\dfrac{h^3}{3}\right)$ 的两边同时对 t 求导,有 $\dfrac{dV}{dt}=\pi(20h-h^2)\cdot\dfrac{dh}{dt}$.

将 $\dfrac{dV}{dt}=5\sqrt{3}$,$h=5$ 代入上式,得 $5\sqrt{3}=\pi(20\times5-25)\cdot\dfrac{dh}{dt}\Rightarrow\dfrac{dh}{dt}\bigg|_{h=5}=\dfrac{5\sqrt{3}}{75\pi}=\dfrac{\sqrt{3}}{15\pi}$.

$\dfrac{dR}{dt}=\dfrac{20-2h}{2\sqrt{20h-h^2}}\cdot\dfrac{dh}{dt}$,于是

$$\dfrac{dR}{dt}\bigg|_{h=5}=\dfrac{20-2\times5}{2\sqrt{20\times5-25}}\cdot\dfrac{\sqrt{3}}{15\pi}=\dfrac{10\sqrt{3}}{2\times5\sqrt{3}\times15\pi}=\dfrac{1}{15\pi}(\text{m/min}).$$

三、综合例题精选

例 2.1.41　(1)证明:可导的偶函数的导数为奇函数,可导奇函数的导数为偶函数;

(2)证明:可导的周期函数的导数仍为周期函数.并问:是否具有相同的周期.

证明　(1) 由 $f(x)$ 可导,知 $f'(x)=\lim\limits_{\Delta x\to0}\dfrac{f(x+\Delta x)-f(x)}{\Delta x}$.

若 $f(x)$ 为偶函数,由于

$$f'(-x)=\lim\limits_{\Delta x\to0}\dfrac{f(-x+\Delta x)-f(-x)}{\Delta x}=\lim\limits_{\Delta x\to0}\dfrac{f[-(x-\Delta x)]-f(x)}{\Delta x}$$

$$= \lim_{\Delta x \to 0} \frac{f(x - \Delta x) - f(x)}{\Delta x} = -\lim_{\Delta x \to 0} \frac{f(x - \Delta x) - f(x)}{-\Delta x} = -f'(x),$$

知 $f'(x)$ 为奇函数.

若 $f(x)$ 为奇函数,

$$f'(-x) = \lim_{\Delta x \to 0} \frac{f(-x + \Delta x) - f(-x)}{\Delta x} = \lim_{\Delta x \to 0} \frac{-f(x - \Delta x) + f(x)}{\Delta x}$$

$$= \lim_{\Delta x \to 0} \frac{f(x - \Delta x) - f(x)}{-\Delta x} = f'(x),$$

知 $f'(x)$ 为偶函数.

(2)由 $f(x)$ 为可导的周期函数,设周期为 T,有 $f(x + T) = f(x)$.

$$f'(x + T) = \lim_{\Delta x \to 0} \frac{f(x + T + \Delta x) - f(x + T)}{\Delta x} = \lim_{\Delta x \to 0} \frac{f(x + \Delta x) - f(x)}{\Delta x} = f'(x),$$

所以 $f'(x)$ 仍为周期函数,且周期为 T.

例 2.1.42　若 $y = 2x + b$ 与 $y = x^2$ 在某点处的法线相同,求 b.

解　由 $y = x^2$ 上某点 (x_0, x_0^2) 处的法线方程为

$$y - x_0^2 = -\frac{x - x_0}{2x_0} \Rightarrow y = -\frac{1}{2x_0} x + x_0^2 + \frac{1}{2} \Rightarrow \begin{cases} -\dfrac{1}{2x_0} = 2, \\ b = \dfrac{1}{2} + x_0^2 \end{cases} \Rightarrow b = \frac{9}{16}.$$

例 2.1.43　已知 $f(x)$ 是周期为 5 的连续函数,它在 $x = 0$ 的某邻域内满足关系式

$$f(1 + \sin x) - 3f(1 - \sin x) = 8x + \alpha(x),$$

其中 $\alpha(x)$ 是当 $x \to 0$ 时比 x 高阶的无穷小,且 $f(x)$ 在 $x = 1$ 处可导,求曲线 $y = f(x)$ 在点 $(6, f(6))$ 处的切线方程.

解　由 $\lim_{x \to 0} [f(1 + \sin x) - 3f(1 - \sin x)] = \lim_{x \to 0} [8x + \alpha(x)]$,得 $f(1) - 3f(1) = 0$,故 $f(1) = 0$,又

$$\lim_{x \to 0} \frac{f(1 + \sin x) - 3f(1 - \sin x)}{\sin x} = \lim_{x \to 0} \left[\frac{8x}{\sin x} + \frac{\alpha(x)}{\sin x} \right] = \lim_{x \to 0} \left[\frac{8x}{\sin x} + \frac{\alpha(x)}{x} \cdot \frac{x}{\sin x} \right] = 8,$$

设 $\sin x = t$,有

$$\lim_{t \to 0} \frac{f(1 + t) - 3f(1 - t)}{t} = \lim_{t \to 0} \frac{f(1 + t) - f(1)}{t} + 3 \lim_{t \to 0} \frac{f(1 - t) - f(1)}{-t}$$

$$= f'(1) + 3f'(1) = 4f'(1) = 8 \Rightarrow f'(1) = 2.$$

由于 $f(x + 5) = f(x) \Rightarrow f(6) = f(5 + 1) = f(1)$,$f'(6) = f'(1) = 2$,故所求切线方程为

$$y = 2(x - 6), \quad \text{即 } 2x - y - 12 = 0.$$

例 2.1.44　设 $x = g(y)$ 为 $y = f(x)$ 的反函数,试由 $f'(x)$,$f''(x)$,$f'''(x)$ 计算 $g''(y)$,$g'''(y)$.

解　$g'(y) = \dfrac{1}{f'(x)}$ 且 $x = g(y)$,因此 $g'(y)$ 看成是通过中间变量 x 是 y 的复合函数,于是

$$g''(y) = \frac{-f''(x)}{[f'(x)]^2} \cdot \frac{\mathrm{d}x}{\mathrm{d}y} = \frac{-f''(x)}{[f'(x)]^2} \cdot \frac{1}{f'(x)} = -\frac{f''(x)}{[f'(x)]^3},$$

$$g'''(y) = -\frac{f'''(x)[f'(x)]^3 - 3[f'(x)]^2 f'(x) f''(x)}{[f'(x)]^6} \cdot \frac{1}{f'(x)} = \frac{3[f''(x)]^2 - f'(x) f'''(x)}{[f'(x)]^5}.$$

§2.2　微分中值定理及其应用

一、内容梳理

(一) 基本概念

定义 2.5　若存在 x_0 的某邻域 $U(x_0, \delta)$,使得对一切 $x \in U(x_0, \delta)$,都有

$$f(x)\leqslant f(x_0)(f(x)\geqslant f(x_0)),$$

则称 $f(x_0)$ 为极大值（极小值），称 x_0 为极大（小）值点．极大值、极小值统称为极值，极大值点、极小值点统称为极值点．

若 $f'(x_0)=0$，称 $x=x_0$ 为驻点或稳定点．

定义 2.6 设 $f(x)$ 在 (a,b) 内可导，且曲线 $y=f(x)$ 在曲线上任意一点切线的上方，则称曲线在该区间内是凹的；如果曲线在曲线上任意一点切线的下方，则称曲线在该区间内是凸的．

定义 2.7 设 $f(x)$ 在 x_0 的某邻域内连续，且 $(x_0,f(x_0))$ 是曲线 $y=f(x)$ 凹与凸的分界点，称 $(x_0,f(x_0))$ 为曲线 $y=f(x)$ 的拐点或变凹点．

注 极值点与拐点的区别：极值点是取到极值的横坐标 x_0，拐点是曲线上的点，是一对有序数组 $(x_0,f(x_0))$．

拐点的横坐标一定包含在 $f''(x)=0$ 与 $f''(x)$ 不存在的点之中．

定义 2.8 设函数 $f(x)$ 在 $(-\infty,a)\bigcup(b,+\infty)(a\leqslant b)$ 上有意义，若存在一条已知的直线 $L:y=ax+b$ $(a,b$ 为常数)，使得曲线 $y=f(x)$ 上的动点 $M(x,y)$ 沿着曲线无限远离原点（即 $x\to\infty$）时，点 M 到直线 L 的距离 d 趋于 0，则称直线 L 是曲线 $y=f(x)$ 当 $x\to\infty$ 时的斜渐近线．

定义 2.9 若曲线上点 $M(x,f(x))$ 沿着曲线无限远离原点时，M 到直线 $x=x_0$ 距离的极限为零，则称 $x=x_0$ 是曲线 $y=f(x)$ 的垂直渐近线或铅垂渐近线．

（二）重要定理与公式

定理 2.11［费马（Fermat）定理，取到极值的必要条件］

设函数 $f(x)$ 在点 x_0 处取到极值，且 $f'(x_0)$ 存在，则 $f'(x_0)=0$．

反之不真，例如 $f(x)=x^3$，$f'(x)=3x^2$，$f'(0)=0$，但 $f(0)$ 不是极值．

费马定理常用于证明 $f(x)=0$ 有一个根，找一个 $F(x)$，使 $F'(x)=f(x)$．证明 $F(x)$ 在某点 x_0 处取到极值且 $F'(x_0)$ 存在，由费马定理知 $F'(x_0)=0$，即 $f(x_0)=0$．

定理 2.12［罗尔（Rolle）定理］ 设函数 $f(x)$ 在闭区间 $[a,b]$ 上满足下列三个条件：

(1) $f(x)$ 在闭区间 $[a,b]$ 上连续；(2) $f(x)$ 在开区间 (a,b) 内可导；(3) $f(a)=f(b)$．则至少存在一点 $\xi\in(a,b)$，使 $f'(\xi)=0$．

推论 2.12.1 在罗尔定理中，若 $f(a)=f(b)=0$，则在 (a,b) 内必有一点 ξ，使 $f'(\xi)=0$，即方程 $f(x)=0$ 的两个不同实根之间，必存在方程 $f'(x)=0$ 的一个根．

罗尔定理的应用：(1)证明 $f(x)=0$ 有一个根，找到一个 $F(x)$，使 $F'(x)=f(x)$，验证 $F(x)$ 在某闭区间 $[a,b]$ 上满足罗尔定理条件，则至少存在一点 $\xi\in(a,b)$，使 $F'(\xi)=0$，即 $f(\xi)=0$；(2)证明适合某种条件 ξ 的等式：把待证的含有 ξ 的等式，通过分析转化为 $F'(\xi)=0$ 形式，对 $F(x)$ 应用罗尔定理即可．

定理 2.13 拉格朗日（Lagrange） 若函数 $f(x)$ 在闭区间 $[a,b]$ 上满足下列两个条件：

(1) $f(x)$ 在闭区间 $[a,b]$ 上连续；(2) $f(x)$ 在开区间 (a,b) 内可导．则至少存在一点 $\xi\in(a,b)$，使

$$\frac{f(b)-f(a)}{b-a}=f'(\xi).$$

拉格朗日定理的结论常写成下列形式：$f(b)-f(a)=f'(\xi)(b-a)$，$a<\xi<b$．

上式中当 $a>b$ 时公式仍然成立，即不论 a,b 之间关系如何，ξ 总介于 a,b 之间，由 $0<\frac{\xi-a}{b-a}=\theta<1$，得 $\xi=a+\theta(b-a)$，$0<\theta<1$，所以

$$f(b)-f(a)=f'[a+\theta(b-a)](b-a),0<\theta<1.$$

拉格朗日定理是连接函数值与导函数值的一座桥梁，特别适合解决给出导数条件，要证明函数值关系的有关结论的问题．拉格朗日定理的主要应用是证明不等式．

定理 2.14（单调性定理） 设函数 $f(x)$ 在区间 I（I 可以是开区间，可以是闭区间，也可以是半闭半开区间，也可以是无穷区间）上连续，在 I 内部可导（不需要在端点可导）．

(1) 若 $x\in I$ 内部，$f'(x)\geqslant0$，则 $f(x)$ 在区间 I 上递增；

(2)若 $x \in I$ 内部, $f'(x) \leqslant 0$,则 $f(x)$ 在区间 I 上递减;

(3)若 $x \in I$ 内部, $f'(x) \equiv 0$,则 $f(x)$ 在区间 I 上是常值函数.

若(1)中 $f'(x) \geqslant 0$ 改成 $f'(x) > 0$,则 $f(x)$ 在区间 I 上严格递增;

若(2)中 $f'(x) \leqslant 0$ 改成 $f'(x) < 0$,则 $f(x)$ 在区间 I 上严格递减.

推论 2.14.1 若 $f(x)$ 在区间 I 上连续,在区间 I 内部可导,当 $x \in I$ 内部, $f'(x) \geqslant 0(\leqslant 0)$ 且 $f(x)$ 在 I 的任何子区间上, $f'(x) \not\equiv 0$,则 $f(x)$ 在区间 I 上严格递增(减).

证明 由 $f'(x) \geqslant 0$,知 $f(x)$ 在区间 I 上递增,假设 $f(x)$ 在 I 上不是严格递增,即存在 $x_1, x_2 \in I$ 且 $x_1 < x_2$,有 $f(x_1) = f(x_2)$,由 $f(x)$ 在 $[x_1, x_2]$ 上递增,所以任给 $x \in [x_1, x_2]$,有 $f(x_1) \leqslant f(x) \leqslant f(x_2) = f(x_1)$,从而 $f(x) \equiv f(x_1), x \in [x_1, x_2]$.

所以 $f'(x) \equiv 0, x \in [x_1, x_2]$ 与条件矛盾,故 $f(x)$ 在区间 I 上严格递增.对于 $f'(x) \leqslant 0$,同理可证 $f(x)$ 在 I 上严格递减.

单调性定理及推论是证明函数在某区间上(严格)单调或是常值函数和求函数(严格)单调区间的重要方法.

定理 2.15[柯西(Cauchy)定理] 设 $f(x), g(x)$ 在闭区间 $[a,b]$ 上满足下列条件:

(1) $f(x), g(x)$ 在 $[a,b]$ 上连续;(2) $f(x), g(x)$ 在 (a,b) 内可导;(3) $g'(x) \neq 0, x \in (a,b)$.则至少存在一点 $\xi \in (a,b)$,使 $\dfrac{f(b)-f(a)}{g(b)-g(a)} = \dfrac{f'(\xi)}{g'(\xi)}$.

柯西定理的证明与拉格朗日定理的证明类似,只要在拉格朗日定理证明过程中把 b 换成 $g(b)$, a 换成 $g(a)$, x 换成 $g(x)$ 即可,读者可自证.

柯西定理也可以用来证明不等式及适合某种条件 ξ 的存在性,但没有拉格朗日定理和罗尔定理用得多.

定理 2.16[泰勒(Taylor)定理] 设 $f(x)$ 在区间 I 上存在 n 阶导数连续,在 I 内部存在 $n+1$ 阶导数,对每一个 $x_0 \in I$,任给 $x \in I$,且 $x \neq x_0$,有

$$f(x) = f(x_0) + f'(x_0)(x-x_0) + \frac{f''(x_0)}{2!}(x-x_0)^2 + \cdots + \frac{f^{(n)}(x_0)}{n!}(x-x_0)^n + \frac{f^{(n+1)}(\xi)}{(n+1)!}(x-x_0)^{n+1},$$

其中 ξ 是介于 x_0 与 x 之间.

$R_n(x) = \dfrac{f^{(n+1)}(\xi)}{(n+1)!}(x-x_0)^{n+1}$ 称为泰勒公式的拉格朗日余项.当 $x_0 = 0$ 时,上式称为麦克劳林公式,即

$$f(x) = f(0) + f'(0)x + \frac{f''(0)}{2!}x^2 + \cdots + \frac{f^{(n)}(0)}{n!}x^n + \frac{f^{n+1}(\xi)}{(n+1)!}x^{n+1},$$

其中 ξ 是介于 0 与 x 之间. $R_n(x) = \dfrac{f^{(n+1)}(\xi)}{(n+1)!}x^{n+1}$ 称为麦克劳林余项.

定理 2.17[佩亚诺(Peano)定理] 若 $f(x)$ 在点 x_0 处存在 n 阶导数,则

$$f(x) = f(x_0) + f'(x_0)(x-x_0) + \frac{f''(x_0)}{2!}(x-x_0)^2 + \cdots + \frac{f^{(n)}(x_0)}{n!}(x-x_0)^n + o((x-x_0)^n)(x \to x_0),$$

$R_n(x) = o((x-x_0)^n)$ 称为泰勒公式的佩亚诺余项.

相应的麦克劳林公式为 $f(x) = f(0) + f'(0)x + \dfrac{f''(0)}{2!}x^2 + \cdots + \dfrac{f^{(n)}(0)}{n!}x^n + o(x^n)(x \to 0)$.

读者要记住 5 个常用函数的带有佩亚诺余项的麦克劳林公式:

$$(1) e^x = 1 + x + \frac{x^2}{2!} + \cdots + \frac{x^n}{n!} + o(x^n);$$

$$(2) \sin x = x - \frac{x^3}{3!} + \frac{x^5}{5!} - \frac{x^7}{7!} + \cdots + (-1)^n \frac{x^{2n+1}}{(2n+1)!} + o(x^{2n+2});$$

$$(3) \cos x = 1 - \frac{x^2}{2!} + \frac{x^4}{4!} - \frac{x^6}{6!} + \cdots + (-1)^n \frac{x^{2n}}{(2n)!} + o(x^{2n+1});$$

$$(4) \ln(1+x) = x - \frac{x^2}{2} + \frac{x^3}{3} - \frac{x^4}{4} + \cdots + (-1)^{n-1} \frac{x^n}{n} + o(x^n);$$

$$(5) (1+x)^\alpha = 1 + \alpha x + \frac{\alpha(\alpha-1)}{2!}x^2 + \cdots + \frac{\alpha(\alpha-1)\cdots(\alpha-n+1)}{n!}x^n + o(x^n).$$

带有拉格朗日余项的泰勒公式可用以证明方程根的存在性、适合某种条件 ξ 的存在性及各种不等式.带有佩亚诺余项的泰勒公式仅适用于求函数极限等.

若 $f(x)$ 在 x_0 处取到极值,可根据 $f(x)$ 在 x_0 处导数存在或者导数不存在进行讨论.由费马定理知,若 $f'(x_0)$ 存在,则 $f'(x_0)=0$,从而知 x_0 一定是驻点或导数不存在的点.因此极值点一定包含在区间内部的 $f(x)$ 的驻点或导数不存在点之中.对于判断极值点的怀疑点是否为极值点,有下述方法:

定理 2.18(取到极值的第一充分条件)   若存在 $\delta>0$,使得函数 $f(x)$ 在 $(x_0-\delta,x_0+\delta)$ 上连续,在 $\overset{\circ}{U}(x_0,\delta)$ 内可导(不要求 $f(x)$ 在 x_0 处可导).

①当 $x\in(x-\delta,x_0)$ 时,$f'(x)>0$,当 $x\in(x_0,x_0+\delta)$ 时,$f'(x)<0$,则 $f(x_0)$ 为极大值;

②当 $x\in(x-\delta,x_0)$ 时,$f'(x)<0$,当 $x\in(x_0,x_0+\delta)$ 时,$f'(x)>0$,则 $f(x_0)$ 为极小值;

③ $f'(x)$ 在 x_0 两侧符号相同,则 $f(x_0)$ 不是极值.

定理 2.19(取到极值的第二充分条件)   (仅适合驻点)

若函数 $f(x)$ 满足 $f'(x_0)=0$,$f''(x_0)$ 存在且 $f''(x_0)\neq 0$.

若 $f''(x_0)>0$,则 $f(x_0)$ 为极小值;若 $f''(x_0)<0$,则 $f(x_0)$ 为极大值.

注   若 $f''(x_0)=0$,该方法无法判断,但我们有下述方法:

定理 2.20   设 $f'(x_0)=f''(x_0)=\cdots=f^{(n-1)}(x_0)=0$,$f^{(n)}(x_0)\neq 0$,$n>1$.当 n 为奇数时,$f(x_0)$ 不是极值,当 n 为偶数时,$f(x_0)$ 为极值.若 $f^{(n)}(x_0)<0$,则 $f(x_0)$ 为极大值;若 $f^{(n)}(x_0)>0$,则 $f(x_0)$ 为极小值.

注   读者可利用在 $x=x_0$ 处成带有佩亚诺余项的泰勒公式去证明.

定理 2.21   设函数 $f(x)$ 在区间 I 上连续且在内部取到唯一的极值 $f(x_0)$,那么

(1)若 $f(x_0)$ 为极大值,则 $f(x_0)$ 为最大值,且在 x_0 左侧函数严格递增,在 x_0 右侧函数严格递减;

(2)若 $f(x_0)$ 为极小值,则 $f(x_0)$ 为最小值,且在 x_0 左侧函数严格递减,在 x_0 右侧函数严格递增.

定理 2.22   设函数 $f(x)$ 在 (a,b) 内具有二阶导数,那么

(1)若 $x\in(a,b)$ 时,有 $f''(x)>0$,则曲线 $y=f(x)$ 在 (a,b) 内是凹的;

(2)若 $x\in(a,b)$ 时,有 $f''(x)<0$,则曲线 $y=f(x)$ 在 (a,b) 内是凸的.

定理 2.23   设 $f(x)$ 在 x_0 的某邻域内连续,若 $f''(x)$ 在 x_0 两侧的符号相反,则 $(x_0,f(x_0))$ 为曲线的拐点.

定理 2.24   若 $f''(x_0)=0$,$f^{(3)}(x_0)\neq 0$,则 $(x_0,f(x_0))$ 为曲线的拐点.

求曲线的凹凸区间与拐点的步骤:

(1)求出 $f(x)$ 的定义域;(2)求出 $f''(x)=0$ 的点;(3)求出 $f''(x)$ 不存在的点;(4)列表;(5)讨论.

1. 曲率公式

若曲线 $\Gamma:\begin{cases}x=x(t),\\y=y(t),\end{cases}$ $x''(t),y''(t)$ 存在且不同时为零,在参数 t 对应的曲线上点 $M(x,y)$ 处的曲率为

$$k=\frac{|y''x'-x''y'|}{(x'^2+y'^2)^{\frac{3}{2}}}.$$

若曲线 $y=f(x)$,在曲线上点 $M(x,y)$ 处的曲率公式为 $k=\dfrac{|y''|}{(1+y'^2)^{\frac{3}{2}}}.$

2. 曲率圆

设 $y=f(x)$ 在点 $M(x,y)$ 的曲率 $k\neq 0$,在点 M 引法线 MP,在位于曲线凹的一侧的法线上取线段 $|AM|=\dfrac{1}{k}$,以 A 为中心,$\dfrac{1}{k}$ 为半径作一圆,这个圆就称为曲线在点 M 处的曲率圆,这个圆具有下列性质:

(1)它通过点 M,在点 M 与曲线相切(即两曲线有公共切线);

(2)在点 M 与曲线有相同的凹向;

(3)圆的曲率与曲线在点 M 的曲率相同,曲率圆的中心称为曲率中心,半径称为曲率半径.

二、考题类型、解题策略及典型例题

类型 2.1　证明方程根的存在性

解题策略　把要证明的方程转化为 $f(x)=0$ 的形式.对方程 $f(x)=0$ 用下述方法:

①根的存在定理:若函数 $f(x)$ 在闭区间 $[a,b]$ 上连续,且 $f(a)\cdot f(b)<0$,则至少存在一点 $\xi\in(a,b)$,使 $f(\xi)=0$;

②若函数 $f(x)$ 的原函数 $F(x)$ 在 $[a,b]$ 上满足罗尔定理的条件,则 $\exists\xi\in(a,b)$,使 $F'(\xi)=0$ 即 $f(\xi)=0$,故 $f(x)=0$ 在 (a,b) 内至少有一个根;

③用泰勒公式证明方程根的存在性;

④若函数 $f(x)$ 的原函数 $F(x)$ 在某点 x_0 处取极值,在 x_0 处导数也存在,由费马定理知 $F'(x_0)=0$,即 $f(x_0)=0$(用得较少).

注　在证明方程根的存在性的过程中,常要用拉格朗日定理、积分中值定理,有时也用到柯西中值定理来证明满足方程根的存在性所需的条件,然后利用上述方法来证明方程根的存在性.

⑤实常系数的一元 n 次方程 $a_0x^n+a_1x^{n-1}+\cdots+a_{n-1}x+a_n=0(a_0\neq0)$,当 n 为奇数时,至少有一个实根.

证明　设 $f(x)=a_0x^n+a_1x^{n-1}+\cdots+a_{n-1}x+a_n=x^n\left(a_0+a_1\dfrac{1}{x}+\cdots+a_{n-1}\dfrac{1}{x^{n-1}}+a_n\dfrac{1}{x^n}\right)$,

由 $a_0\neq0$,不妨设 $a_0>0$.由于 $\lim\limits_{x\to+\infty}f(x)=+\infty$,取 $M=1$,$\exists N_0>0$,当 $x>N_0$ 时,都有 $f(x)>1>0$.

取 $b>N_0$,有 $f(b)>0$,$\lim\limits_{x\to-\infty}f(x)=-\infty$,取 $M=1$,$\exists N_1>0$,当 $x<-N_1$ 时,都有 $f(x)<-1<0$.

取 $a<-N_1<b$,$f(a)<0$.$f(x)$ 在 $[a,b]$ 连续,且 $f(a)f(b)<0$,由根的存在定理知,至少存在一点 $\xi\in(a,b)$,使 $f(\xi)=0$.

⑥实系数的一元 n 次方程在复数范围内有 n 个复数根,至多有 n 个不同的实数根;

⑦若 $f(x)$ 在区间 I 上连续且严格单调,则 $f(x)=0$ 在 I 内至多有一个根.若函数在两端点的函数(或极限)值同号,则 $f(x)=0$ 无实根;若函数在两端点的函数(或极限)值异号,则 $f(x)=0$ 有一个根;

⑧求具体连续函数 $f(x)=0$ 在其定义域内实数根的个数:首先求出 $f(x)$ 的严格单调区间的个数,若有 m 个严格单调区间,则至多有 m 个不同的根.至于具体有几个根,按照⑦研究每个严格单调区间是否有一个根.

例 2.2.1　设 a,b 为常数,$f'(x)$ 在 (a,b) 内存在,且 $\lim\limits_{x\to a^+}f(x)=\lim\limits_{x\to b^-}f(x)=A$(常数),证明至少存在一点 $\xi\in(a,b)$,使 $f'(\xi)=0$.

分析　利用可去间断点构造闭区间上连续函数,用罗尔定理.

证明　令 $F(x)=\begin{cases}A,&x=a,\\ f(x),&x\in(a,b),\\ A,&x=b.\end{cases}$

由条件和构造的函数知 $F(x)$ 在 $[a,b]$ 上连续,在 (a,b) 内,$F(x)=f(x)$ 可导,且 $F(a)=F(b)=A$,由罗尔定理知至少存在一点 $\xi\in(a,b)$,使 $F'(\xi)=0$,当 $x\in(a,b)$ 时,$F(x)=f(x)$,故 $f'(\xi)=0$.

例 2.2.2　设 $f(x)$ 在 $[a,+\infty)$ 上连续,在 $(a,+\infty)$ 内可导,$f'(x)\geqslant k>0(k$ 为常数$)$,$f(a)<0$.证明:至少存在一点 $\xi\in(a,+\infty)$,使 $f(\xi)=0$.

分析　利用拉格朗日定理找到一点函数值大于零,用方程根的存在定理解题.

证明　$\forall x\in(a,+\infty)$.在 $[a,x]$ 上对 $f(x)$ 应用拉格朗日中值定理,得
$$f(x)-f(a)=f'(c)(x-a)\geqslant k(x-a)(a<c<x)\Rightarrow f(x)\geqslant f(a)+k(x-a).$$

要使 $f(x)>0$,只要 $f(a)+k(x-a)>0\Leftrightarrow x>-\dfrac{f(a)}{k}+a$,即只要取 $b>-\dfrac{f(a)}{k}+a>a$,就有 $f(b)>0$,又 $f(x)$ 在 $[a,b]$ 上连续,且 $f(a)f(b)<0$,由根的存在定理知,至少存在一点 $\xi\in(a,b)\subset(a,+\infty)$,使 $f(\xi)=0$.

例 2.2.3 设 $a_1, a_2, \cdots, a_n$ 为任意的实常数,证明:$f(x) = a_1\cos x + a_2\cos 2x + \cdots + a_n\cos nx$ 在 $(0, \pi)$ 内必有一个零点.

分析 由于 $f(0) = a_1 + a_2 + \cdots + a_n$,无法确定 $f(0)$ 的符号,因此不能用根的存在定理,改用罗尔定理,关键是找 $f(x)$ 的一个原函数,由于 $f(x)$ 是具体的表达式,用求不定积分的方法可找到 $f(x)$ 的一个原函数.

证明 令 $F(x) = a_1\sin x + \dfrac{a_2}{2}\sin 2x + \cdots + \dfrac{a_n}{n}\sin nx$,且 $F'(x) = f(x)$. $F(x)$ 在 $[0, \pi]$ 上连续,在 $(0, \pi)$ 内可导,$F(0) = F(\pi) = 0$,由罗尔定理知至少存在一点 $\xi \in (0, \pi)$,使 $F'(\xi) = 0$,即 $f(\xi) = 0$.

注 巧妙地利用 $F(x)$ 在特殊角的三角函数值相等这一条件,验证符合罗尔定理的条件.

例 2.2.4 证明:若 $\dfrac{a_0}{1} + \dfrac{a_1}{2} + \cdots + \dfrac{a_n}{n+1} = 0$,则在 $(0, 1)$ 内必有某个 x_0,使得 $a_0 + a_1 x_0 + \cdots + a_n x_0^n = 0$.

分析 由 $f(x) = \dfrac{a_0}{1}x + \dfrac{a_1}{2}x^2 + \cdots + \dfrac{a_n}{n+1}x^{n+1}$,$f'(x) = a_0 + a_1 x + \cdots + a_n x^n$,用罗尔定理.

证明 设 $f(x) = \dfrac{a_0}{1}x + \dfrac{a_1}{2}x^2 + \cdots + \dfrac{a_n}{n+1}x^{n+1}$,$f'(x) = a_0 + a_1 x + \cdots + a_n x^n$,由 $f(x)$ 在 $[0, 1]$ 上连续,在 $(0, 1)$ 内可导,且 $f(0) = 0 = f(1)$,由罗尔定理知至少存在一点 $x_0 \in (0, 1)$,使 $f'(x_0) = 0$,由 $f'(x) = a_0 + a_1 x + \cdots + a_n x^n$,知 $a_0 + a_1 x_0 + \cdots + a_n x_0^n = 0$.

例 2.2.5 设 $f(x)$ 在 $[a, b]$ 上 n 阶可导,$f(a) = 0$,$f^{(k)}(b) = 0$,$k = 0, 1, 2, \cdots, n-1$. 证明:至少存在一点 $\xi \in (a, b)$,使 $f^{(n)}(\xi) = 0$.

分析 给出一点的各阶导数条件,用泰勒公式.

证法一 将 $f(x)$ 在 $x = b$ 处展成泰勒公式,有

$$f(x) = f(b) + f'(b)(x-b) + \frac{f''(b)}{2!}(x-b)^2 + \cdots + \frac{f^{(n-1)}(b)}{(n-1)!}(x-b)^{n-1} + \frac{f^{(n)}(\xi)}{n!}(x-b)^n,$$

其中 $x < \xi < b$,把 $f(b) = f'(b) = \cdots = f^{(n-1)}(b) = 0$ 代入上式,得 $f(x) = \dfrac{f^{(n)}(\xi)}{n!}(x-b)^n$. 取 $x = a$,得 $0 = f(a) = \dfrac{f^{(n)}(\xi)}{n!}(a-b)^n$,其中 $a < \xi < b$. 由 $(a-b)^n \neq 0$,两边同除以 $(a-b)^n \cdot \dfrac{1}{n!}$,得 $f^{(n)}(\xi) = 0$.

证法二 由 $f(x)$ 在 $[a, b]$ 上满足罗尔定理条件,知至少存在一点 $\xi_1 \in (a, b)$,使 $f'(\xi_1) = 0$;由 $f'(x)$ 在 $[\xi_1, b]$ 上满足罗尔定理条件,知至少存在一点 $\xi_2 \in (\xi_1, b)$,使 $f''(\xi_2) = 0$;$\cdots$;由 $f^{(n-1)}(x)$ 在 $[\xi_{n-1}, b]$ 上满足罗尔定理条件,知至少存在一点 $\xi \in (\xi_{n-1}, b)$,使 $f^{(n)}(\xi) = 0$.

类型 2.2 证明方程根的个数

解题策略 把要证明的方程转化为 $f(x) = 0$ 的形式. 对方程 $f(x) = 0$ 用下述方法:

① 根的存在定理:若函数 $f(x)$ 在闭区间 $[a, b]$ 上连续,且 $f(a) \cdot f(b) < 0$,则至少存在一点 $\xi \in (a, b)$,使 $f(\xi) = 0$;

② 实常系数的一元 n 次方程 $a_0 x^n + a_1 x^{n-1} + \cdots + a_{n-1}x + a_n = 0 (a_0 \neq 0)$,当 n 为奇数时,至少有一个实根;

③ 实系数的一元 n 次方程在复数范围内有 n 个复数根,至多有 n 个不同的实数根;

④ 若 $f(x)$ 在区间 I 上连续且严格单调,则 $f(x) = 0$ 在 I 内至多有一个根. 若函数在两端点的函数(或极限)值同号,则 $f(x) = 0$ 无根,若函数在两端点的函数(或极限)值异号,则 $f(x) = 0$ 有一个根;

⑤ 求具体连续函数 $f(x) = 0$ 在其定义域内根的个数:首先求出 $f(x)$ 的严格单调区间的个数,若有 m 个严格单调区间,则至多有 m 个不同的根. 至于具体有几个根,要研究每个严格单调区间是否有一个根.

例 2.2.6 若 $3a^2 - 5b < 0$,证明方程 $x^5 + 2ax^3 + 3bx + 4c = 0$ 仅有一实根.

分析 用方程根的存在定理与严格单调定理.

证明 设 $f(x) = x^5 + 2ax^3 + 3bx + 4c$,$f(x)$ 是奇次多项式,由上述解题策略②,$f(x) = 0$ 在 $(-\infty, +\infty)$ 内至少有一个根,又 $f'(x) = 5x^4 + 6ax^2 + 3b = 5(x^2)^2 + 6ax^2 + 3b$,且判别式 $\Delta = 36a^2 - 4 \cdot 5 \cdot 3b = 12(3a^2 - 5b) < 0$,知 $f'(x) > 0$,所以方程在 $(-\infty, +\infty)$ 内仅有一个实根.

例 2.2.7 证明方程 $\ln x = \dfrac{x}{e} - \displaystyle\int_0^\pi \sqrt{1 - \cos 2x}\,dx$ 在区间 $(0, +\infty)$ 内有且仅有两个不同的实根.

分析　求出单调区间,用方程根的存在定理与严格单调定理.

证明　由 $\int_0^\pi \sqrt{1-\cos 2x}\,\mathrm{d}x = \int_0^\pi \sqrt{2\sin^2 x}\,\mathrm{d}x = \sqrt{2}\int_0^\pi \sin x\,\mathrm{d}x = 2\sqrt{2}$ 得

$$\ln x = \frac{x}{\mathrm{e}} - 2\sqrt{2} \Leftrightarrow \frac{x}{\mathrm{e}} - \ln x - 2\sqrt{2} = 0.$$

设 $F(x) = \dfrac{x}{\mathrm{e}} - \ln x - 2\sqrt{2}$,求出 $F(x)$ 的单调区间,由于 $F'(x) = \dfrac{1}{\mathrm{e}} - \dfrac{1}{x} = \dfrac{x-\mathrm{e}}{x\mathrm{e}}$,令 $F'(x) = 0$,得 $x = \mathrm{e}$,且 $F(x)$ 无导数不存在的点. $F'(x)$ 与 $F(x)$ 如下表所示.

x	0	$(0,\mathrm{e})$	e	$(\mathrm{e},+\infty)$	$+\infty$
$F'(x)$		$-$	0	$+$	
$F(x)$	$+\infty$	↘	$-2\sqrt{2}$	↗	$+\infty$

由 $F(x) = 0$ 在 $(0,\mathrm{e})$ 内严格递减且在两端点函数(极限)值异号,知在 $(0,\mathrm{e})$ 由仅有一个实根,$F(x)$ 在 $(\mathrm{e},+\infty)$ 内严格递增且在两端点函数(极限)值异号,知 $F(x) = 0$ 在 $(\mathrm{e},+\infty)$ 内仅有一个实根,故原方程在 $(0,+\infty)$ 内有且仅有两个实根.

注　求具体连续函数在其定义域上或在指定的区间上有几个零值点就用上述的方法,即:(1)求出函数的定义域;(2)求出导数等于零或导数不存在的点;(3)列表;(4)讨论每个严格单调区间两端函数(极限)值的情况;(5)结论.

例 2.2.8　判断方程 $|x|^{\frac{1}{4}} + |x|^{\frac{1}{2}} - \cos x = 0$ 在 $(-\infty,\infty)$ 有几个实根,并证明之.

分析　利用偶函数,用方程根的存在定理与严格单调定理.

解　设 $f(x) = |x|^{\frac{1}{4}} + |x|^{\frac{1}{2}} - \cos x$,由 $f(-x) = f(x)$,因此考虑区间 $(0,+\infty)$,当 $x \geqslant 1$ 时, $f(x) \geqslant 1+1-\cos x > 0$,而 $f(0) = -\cos 0 = -1 < 0$, $f(1) = 1+1-\cos 1 > 0$,知 $f(x) = 0$ 在 $(0,1)$ 内至少有一个实根.又 $x \in (0,1)$ 时, $f'(x) = \dfrac{1}{4}x^{-\frac{3}{4}} + \dfrac{1}{2}x^{-\frac{1}{2}} + \sin x > 0$,知 $f(x) = 0$ 在 $(0,1)$ 内只有一个实根,由于 $f(x)$ 是偶函数,所以 $f(x) = 0$ 在 $(-\infty,+\infty)$ 内仅有两个实根.

类型 2.3　根据方程中字母常数 k 的取值,讨论方程根的个数

解题策略　把要证明的方程转化为 $f(x) = 0$ 的形式.对方程 $f(x) = 0$ 用下述方法:

求出 $f(x)$ 的单调区间,求出每个严格单调区间两端函数(极限)值,画图像,讨论曲线与 x 轴相交的情况,确定方程根的个数.或者把字母 k 解出来表示为 $k = g(x)$,画 $g(x)$ 的图像,讨论 $y = k$ 与曲线 $y = g(x)$ 的交点情况.

例 2.2.9　就 k 的不同取值情况,确定方程 $x - \dfrac{\pi}{2}\sin x = k$ 在开区间 $\left(0,\dfrac{\pi}{2}\right)$ 内根的个数,并证明你的结论.

分析　求出单调区间,画草图,用方程根的存在定理与严格单调定理.

解法一　$x - \dfrac{\pi}{2}\sin x = k \Leftrightarrow x - \dfrac{\pi}{2}\sin x - k = 0.$

设 $f(x) = x - \dfrac{\pi}{2}\sin x - k$, $f'(x) = 1 - \dfrac{\pi}{2}\cos x$,令 $f'(x) = 0$,得

$$1 - \frac{\pi}{2}\cos x = 0 \Rightarrow \cos x = \frac{2}{\pi}.$$

解得 $x_0 = \arccos \dfrac{2}{\pi}$, $f(x)$ 无导数不存在的点. $f'(x)$ 与 $f(x)$ 如下表所示.

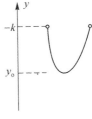

图 2-1

x	0	$(0,x_0)$	x_0	$(x_0,\frac{\pi}{2})$	$\frac{\pi}{2}$
$f'(x)$		$-$		$+$	
$f(x)$	$-k$	↘	y_0	↗	$-k$

$y_0=f(x_0)=x_0-\frac{\pi}{2}\sin x_0-k$. 图像如图 2-1 所示.

①当 $-k\leqslant0$ 或 $y_0>0$ 即 $k\geqslant0$ 或 $x_0-\frac{\pi}{2}\sin x_0>k$ 时,方程在 $(0,\frac{\pi}{2})$ 内无实根.

②当 $y_0=0$ 即 $k=x_0-\frac{\pi}{2}\sin x_0$ 时,方程在 $(0,\frac{\pi}{2})$ 内仅有一个实根.

③当 $-k>0$ 且 $y_0<0$ 即 $k<0$ 且 $x_0-\frac{\pi}{2}\sin x_0<k$,得 $x_0-\frac{\pi}{2}\sin x_0<k<0$ 时,$f(x)$ 在 $(0,x_0)$,$(x_0,\frac{\pi}{2})$ 内严格单调且在两端点的函数值异号,此时在 $(0,x_0)$,$(x_0,\frac{\pi}{2})$ 内仅各有一个根.

解法二 设 $f(x)=x-\frac{\pi}{2}\sin x$,则 $f(x)$ 在 $(0,\frac{\pi}{2})$ 上连续且 $f'(x)=1-\frac{\pi}{2}\cos x$,令 $f'(x)=0$,解得 $x_0=\arccos\frac{2}{\pi}$,$f''(x)=\frac{\pi}{2}\sin x>0$,$x\in(0,\frac{\pi}{2})$,则 $f''(x_0)>0$,则 $f(x_0)$ 是唯一的极小值,故 $f(x_0)$ 为最小值,且 $x\in(0,x_0)$ 时,$f'(x)<0$,$x\in(x_0,\frac{\pi}{2})$ 时,$f'(x)>0$. 又因为 $f(0)=f(\frac{\pi}{2})=0$,故在 $(0,\frac{\pi}{2})$ 内,$f(x)$ 的值域是 $[y_0,0)$.

综上所述,当 $k<y_0$ 或 $k\geqslant0$ 时,原方程在 $(0,\frac{\pi}{2})$ 内没有根;当 $k=y_0$ 时,原方程在 $(0,\frac{\pi}{2})$ 内有唯一根 x_0;当 $y_0<k<0$ 时,原方程在 $(0,x_0)$ 和 $(x_0,\frac{\pi}{2})$ 内各恰有一个根,即原方程在 $(0,\frac{\pi}{2})$ 内恰有两个不同的根.

例 2.2.10 设方程 $x^3-27x+c=0$,就 c 的取值,讨论方程根的个数.

分析 求出单调区间,画草图,用方程根的存在定理与严格单调定理.

解 令 $f(x)=x^3-27x+c$,$x\in(-\infty,+\infty)$,$f'(x)=3x^2-27=3(x+3)(x-3)$.

令 $f'(x)=0$,解得 $x_1=-3$,$x_2=3$. $f'(x)$ 与 $f(x)$ 如下表所示,$f(x)$ 的图形如图 2-2 所示.

x	$-\infty$	$(-\infty,-3)$	-3	$(-3,3)$	3	$(3,+\infty)$	$+\infty$
$f'(x)$		$+$	0	$-$	0	$+$	
$f(x)$	$-\infty$	↗	$c+54$	↘	$c-54$	↗	$+\infty$

(1)当 $c+54<0$ 或 $c-54>0$ 即 $c<-54$ 或 $c>54$ 时,方程仅有一个根;

(2)当 $c+54=0$ 或 $c-54=0$ 即 $c=\pm54$ 时,方程有两个不同的根;

(3)当 $c+54>0$ 且 $c-54<0$ 即 $-54<c<54$ 时,方程有三个不同的根.

例 2.2.11 就 k 的不同取值情况,确定方程 $\ln x=kx$ 实根的数目,并确定这些根所在的范围.

解 当 $k=0$ 时,方程显然仅有一个根 $x=1$,因此,不妨设 $k\neq0$,令 $f(x)=\ln x-kx$,$x\in(0,+\infty)$,则 $f'(x)=\frac{1}{x}-k$,令 $f'(x)=0$,得驻点 $x=\frac{1}{k}$.

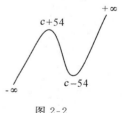

图 2-2

由于 $f''(x) = -\dfrac{1}{x^2} < 0$，故曲线的图形呈凸状.

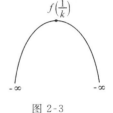

图 2-3

当 $k > 0$ 时，当 $x \in \left(0, \dfrac{1}{k}\right)$ 时，$f'(x) > 0$；当 $x \in \left(\dfrac{1}{k}, +\infty\right)$ 时，$f'(x) < 0$. 又因 $f\left(\dfrac{1}{k}\right) = \ln\dfrac{1}{k} - 1$，如图 2-3 所示.

故当 $k > \dfrac{1}{e}$ 时，$f\left(\dfrac{1}{k}\right) < 0$，此时方程无根；

当 $0 < k < \dfrac{1}{e}$ 时，$f\left(\dfrac{1}{k}\right) > 0$，因此，方程有两个实根，分别位于 $\left(0, \dfrac{1}{k}\right)$ 和 $\left(\dfrac{1}{k}, +\infty\right)$ 内；

图 2-4

当 $k = \dfrac{1}{e}$ 时，$f\left(\dfrac{1}{k}\right) = 0$，方程仅有一根，且此根为 $x = e$；

当 $-\infty < k < 0$ 时，由于 $\lim\limits_{x \to 0^+} f(x) = -\infty$，$f(1) = -k > 0$，$\lim\limits_{x \to +\infty} f(x) = +\infty$，$f'(x) = \dfrac{1}{x} - k > 0$，如图 2-4 所示，故此时方程有且仅有一实根位于 $(0,1)$ 内.

例 2.2.12　证明：方程 $x^3 + px + q = 0$

(1)有唯一实根的条件是 $\dfrac{q^2}{4} + \dfrac{p^3}{27} \geqslant 0$；(2)有三个实根的条件是 $\dfrac{q^2}{4} + \dfrac{p^3}{27} < 0$.

分析　求出单调区间，画草图，用方程根的存在定理与严格单调定理.

证明　设 $f(x) = x^3 + px + q$，$x \in (-\infty, +\infty)$，则 $f'(x) = 3x^2 + p$.

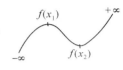

图 2-5

若 $p > 0$，则 $f'(x) > 0 (x \neq 0)$，故 $f(x)$ 在 $(-\infty, +\infty)$ 上是严格增大的，并且 $\lim\limits_{x \to -\infty} f(x) = -\infty$，$\lim\limits_{x \to +\infty} f(x) = +\infty$，故 $f(x) = 0$ 有唯一实根.

若 $p < 0$，令 $f'(x) = 0$，解得 $x_1 = -\sqrt{-\dfrac{p}{3}}$，$x_2 = \sqrt{-\dfrac{p}{3}}$. 在 $(-\infty, x_1)$ 和 $(x_2, +\infty)$ 上 $f(x)$ 严格增大，在 $[x_1, x_2]$ 上 $f(x)$ 严格减小，如图 2-5 所示.

因此，若 $f(x_1)f(x_2) > 0$，则方程 $f(x) = 0$ 仅有一个实根，若 $f(x_1) > 0$，$f(x_2) < 0$，则方程 $f(x) = 0$ 恰有三个实根，由于 $f(x_2) = -\dfrac{p}{3} \cdot \sqrt{-\dfrac{p}{3}} + p \cdot \sqrt{-\dfrac{p}{3}} + q$，$f(x_1) = \dfrac{p}{3} \cdot \sqrt{-\dfrac{p}{3}} - p \cdot \sqrt{-\dfrac{p}{3}} + q$，因此，$f(x_1)f(x_2) > 0$ 相当于 $\dfrac{q^2}{4} + \dfrac{p^3}{27} > 0$，此即方程仅有一个实根的条件（前面 $p > 0$ 的情形可合并到条件中去），而 $f(x_1) > 0$ 及 $f(x_2) < 0$ 相当于 $\dfrac{q^2}{4} + \dfrac{p^3}{27} < 0$，此即方程有三个实根的条件.

例 2.2.13　设当 $x > 0$ 时，方程 $kx + \dfrac{1}{x^2} = 1$ 有且仅有一个根，求 k 的取值范围.

分析　利用取唯一极值，用方程根的存在定理与严格单调定理求解.

解　设 $f(x) = kx + \dfrac{1}{x^2} - 1$，$x \in (0, +\infty)$，得 $f'(x) = k - \dfrac{2}{x^3}$，$f''(x) = \dfrac{6}{x^4} > 0$.

(1)当 $k \leqslant 0$ 时，$f'(x) < 0$，$f(x)$ 在 $(0, +\infty)$ 内严格递减且 $\lim\limits_{x \to 0^+} f(x) = +\infty$，$\lim\limits_{x \to +\infty} f(x) = \begin{cases} -1, & k = 0, \\ -\infty, & k < 0. \end{cases}$ 因此当 $k \leqslant 0$ 时，$f(x) = 0$ 在 $(0, +\infty)$ 内仅有一个根.

(2)当 $k > 0$ 时，令 $f'(x) = 0$，解得 $x_0 = \sqrt[3]{\dfrac{2}{k}}$ 且 $f''(x_0) > 0$，$f(x_0)$ 是唯一的极小值，知 $f(x_0)$ 为最小值，要使 $f(x) = 0$ 在 $(0, +\infty)$ 内仅有一个根，由 $\lim\limits_{x \to 0^+} f(x) = +\infty$，$\lim\limits_{x \to +\infty} f(x) = +\infty$，必须使 $f(x_0) = 0$，解得 $k = \dfrac{2}{9}\sqrt{3}$，因此，当 $k = \dfrac{2}{9}\sqrt{3}$ 或 $k \leqslant 0$ 时方程仅有一个根.

类型 2.4　证明适合某种条件下 ξ 的等式

解题策略　常用的方法有罗尔定理、泰勒公式、根的存在定理、柯西定理、拉格朗日定理.

例 2.2.14 设 $f(x)$ 在 $[a,b]$ 上可导,且 $f'(a)<f'(b)$,证明对一切不等式 $f'(a)<c<f'(b)$(c 为常数),必存在 $\xi\in(a,b)$,使 $f'(\xi)=c$(导数的介值定理或导数的达布定理).

分析 利用导数定义与费马定理.

证明 由常数 c 满足 $f'(a)<c<f'(b)$,设 $F(x)=f(x)-cx$,有 $F'(x)=f'(x)-c$,而且 $F'(a)=f'(a)-c<0$, $F'(b)=f'(b)-c>0$,由导数定义知 $\lim\limits_{x\to a^+}\dfrac{F(x)-F(a)}{x-a}=F'(a)<0$,由保号性知,存在 $\delta_1>0$,当 $x\in(a,a+\delta_1)$ 时, $\dfrac{F(x)-F(a)}{x-a}<0$,由 $x-a>0$,得 $F(x)-F(a)<0$,取 $x_1\in(a,a+\delta_1)$, $F(x_1)-F(a)<0$ 或 $F(x_1)<F(a)$,又 $\lim\limits_{x\to b^-}\dfrac{F(x)-F(b)}{x-b}=F'(b)>0$,同理可证存在 $\delta_2>0$(使 $b-\delta_2>x_1$),当 $x_2\in(b-\delta_2,b)$ 时, $F(x_2)-F(b)<0$ 或 $F(x_2)<F(b)$,且 $x_1<x_2$,由 $F(x)$ 在 $[a,b]$ 上连续,根据最大与最小值定理,存在一点 $\xi\in[a,b]$,使 $F(\xi)$ 为最小值,由前面的条件知 $\xi\neq a,\xi\neq b,\xi\in(a,b)$,从而 $F(\xi)$ 为极小值;又 $F'(\xi)$ 存在,由费马定理知 $F'(\xi)=0$,即 $f'(\xi)=c$.

例 2.2.15 设 $f(x)$ 和 $g(x)$ 在 $[a,b]$ 上存在二阶导数,并且 $g''(x)\neq0$, $f(a)=f(b)=g(a)=g(b)=0$.

试证:(1)在 (a,b) 内, $g(x)\neq0$;(2)在 (a,b) 内,至少存在一点 $\xi\in(a,b)$,使 $\dfrac{f(\xi)}{g(\xi)}=\dfrac{f''(\xi)}{g''(\xi)}$.

分析 从形式上看,应利用柯西定理,实际上转化为 $F'(\xi)=0$,应利用罗尔定理.

证明 (1)用反证法.假设存在 $x_0\in(a,b)$,使 $g(x_0)=0$.

$g(x)$ 在 $[a,x_0]$ 上满足罗尔定理条件,至少存在一点 $c_1\in(a,x_0)$,使 $g'(c_1)=0$;

$g(x)$ 在 $[x_0,b]$ 上满足罗尔定理条件,至少存在一点 $c_2\in(x_0,b)$,使 $g'(c_2)=0$;

$g'(x)$ 在 $[c_1,c_2]$ 上满足罗尔定理条件,至少存在一点 $c\in(c_1,c_2)$,使 $g''(c)=0$.

与对每一个 $x\in(a,b)$, $g''(x)\neq0$ 相矛盾,所以假设不成立,即 $\forall x\in(a,b)$, $g(x)\neq0$.

(2)要证 $\dfrac{f(\xi)}{g(\xi)}=\dfrac{f''(\xi)}{g''(\xi)}$ 成立,由 $g(x)\neq0$, $g''(x)\neq0$,只要证 $f(\xi)g''(\xi)-g(\xi)f''(\xi)=0$ 成立,只要证 $[f(x)g''(x)-g(x)f''(x)]|_{x=\xi}=0$ 成立,只要证 $(f(x)g'(x)-g(x)f'(x))'|_{x=\xi}=0$ 成立,设 $F(x)=f(x)g'(x)-g(x)f'(x)$,只要证

$$F'(\xi)=0 \tag{①}$$

成立, $F(x)$ 在 $[a,b]$ 上连续,在 (a,b) 内可导,且 $F(a)=F(b)=0$,由罗尔定理知,至少存在一点 $\xi\in(a,b)$,使 $F'(\xi)=0$ 成立,即①式成立.由每一步可逆,故原等式成立.

例 2.2.16 设 $f(x)$ 在 $[a,b]$ 上具有二阶导数,且 $f(a)=f(b)=0$, $f'(a)f'(b)>0$.证明:存在 $\xi\in(a,b)$ 和 $\eta\in(a,b)$,使 $f(\xi)=0$, $f''(\eta)=0$.

分析 利用导数定义、保号性与罗尔定理.

证法一 由 $f'(a)f'(b)>0$,不妨设 $f'(a)>0$, $f'(b)>0$,由于 $\lim\limits_{x\to a^+}\dfrac{f(x)-f(a)}{x-a}=\lim\limits_{x\to a^+}\dfrac{f(x)}{x-a}=f'(a)>0$,由保号性,存在 $\delta_1>0$,当 $x\in(a,a+\delta_1)$ 时, $\dfrac{f(x)}{x-a}>0$,而 $x-a>0$,知 $f(x)>0$,取 $a_1\in(a,a+\delta_1)$, $f(a_1)>0$;

又 $\lim\limits_{x\to b^-}\dfrac{f(x)-f(b)}{x-b}=\lim\limits_{x\to b^-}\dfrac{f(x)}{x-b}=f'(b)>0$,由保号性,存在 $\delta_2>0$($a_1<b-\delta_2$),当 $x\in(b-\delta_2,b)$ 时, $\dfrac{f(x)}{x-b}>0$,而 $x-b<0$,知 $f(x)<0$,取 $b_1\in(b-\delta_2,b)$, $f(b_1)<0$, $f(x)$ 在 $[a_1,b_1]$ 上满足根的存在定理条件,则至少存在一点 $\xi\in(a,b)$,使 $f(\xi)=0$.

$f(x)$ 在 $[a,\xi]$ 上满足罗尔定理,至少存在一点 $c_1\in(a,\xi)$,使 $f'(c_1)=0$;

$f(x)$ 在 $[\xi,b]$ 上满足罗尔定理,至少存在一点 $c_2\in(\xi,b)$,使 $f'(c_2)=0$;

$f'(x)$ 在 $[c_1,c_2]$ 上满足罗尔定理,至少存在一点 $\eta\in(c_1,c_2)\subset(a,b)$,使 $f''(\eta)=0$.

证法二 (1)用反证法.假设对每一 $x\in(a,b)$, $f(x)\neq0$,则对每一个 $x\in(a,b)$, $f(x)$ 全为正或 $f(x)$ 全为负(若不然,存在 $x_1,x_2\in(a,b)$,且 $x_1<x_2$, $f(x_1)f(x_2)<0$),由根的存在定理知至少存在一点 $c\in(x_1,x_2)\subset(a,b)$,使 $f(c)=0$,与假设条件相矛盾.不妨设 $f(x)>0$,由 $f'(a)=\lim\limits_{x\to a^+}\dfrac{f(x)-f(a)}{x-a}=$

$$\lim_{x \to a^+} \frac{f(x)}{x-a} \geq 0, f'(b) = \lim_{x \to b^-} \frac{f(x)-f(b)}{x-b} = \lim_{x \to b^-} \frac{f(x)}{x-b} \leq 0,$$ 则 $f'(a)f'(b) \leq 0$ 与 $f'(a)f'(b) > 0$ 相矛盾,所以假设不成立,故必存在 $\xi \in (a,b)$,使 $f(\xi) = 0$. 其他与证法一相同.

注　考研数学试题难题都具有下面的特点:(1)证明几个结论;(2)后一个结论要用到前一个结论. 因此,如果做题时前面的结论做不出来,先做后面的结论,做的时候,一定要利用前面的结论或前面结论的过程去解题.

例 2. 2. 17　设 $f(x), g(x)$ 可导,证明在 $f(x)$ 的两个零值点之间必有函数 $f'(x) + f(x)g'(x)$ 的零值点.

分析　关键在于找回除去的非零因子,从而转化为 $F'(\xi) = 0$,利用罗尔定理.

证明　由题意知 $\exists x_1 < x_2$,使 $f(x_1) = 0, f(x_2) = 0$,要证明至少存在一点 $\xi \in (x_1, x_2)$,使 $f'(\xi) + f(\xi)g'(\xi) = 0$ 成立,由 $e^{g(\xi)} \neq 0$,只要证 $[f'(\xi) + f(\xi)g'(\xi)]e^{g(\xi)} = 0$ 成立,只要证 $[f'(x) + f(x)g'(x)]e^{g(x)}]|_{x=\xi} = 0$ 成立,只要证 $[f(x)e^{g(x)}]'|_{x=\xi} = 0$ 成立,设 $F(x) = f(x)e^{g(x)}$,只要证

$$F'(\xi) = 0 \tag{①}$$

成立,$F(x)$ 在 $[x_1, x_2]$ 上连续,在 (x_1, x_2) 内可导,$F(x_1) = F(x_2) = 0$,由罗尔定理知,至少存在一点 $\xi \in (x_1, x_2)$,使 $F'(\xi) = 0$,即①式成立,由于每一步可逆,故结论成立.

注 1　要学会把用语言给出的条件与结论转换成数学表达式,因为推理时不用语言,而是用数学表达式.

注 2　存在 $\xi \in (a,b)$,使 $f'(\xi) + f(\xi)g'(\xi) = 0 \Leftrightarrow f'(x) + f(x)g'(x) = 0$ 有一个根. 而

$$f'(x) + f(x)g'(x) = 0 \Leftrightarrow \frac{f'(x)}{f(x)} = -g'(x) \Leftrightarrow \int \frac{f'(x)}{f(x)} dx = -\int g'(x) dx + \ln C$$

$$\Leftrightarrow \int \frac{1}{f(x)} df(x) = -g(x) + \ln C \Leftrightarrow \ln f(x) = -g(x) + \ln C \Leftrightarrow f(x) = Ce^{-g(x)} \Leftrightarrow f(x)e^{g(x)} = C.$$

令 $F(x) = f(x)e^{g(x)}$,即 $F'(x) = (C)' \Leftrightarrow f'(x) + f(x)g'(x) = 0$.

故对 $F(x)$ 在 $[x_1, x_2]$ 上满足罗尔定理条件,至少存在一点 $\xi \in (x_1, x_2)$,使 $F'(\xi) = 0$,即 $f'(\xi) + f(\xi)g'(\xi) = 0$,从而分析出了要构造的函数 $F(x)$. 以后对这一类题目也可用这种方法去构造函数,以转化为 $F(x) = C$ 的形式.

例 2. 2. 18　设 $f(x)$ 在 $[a,b]$ 上有二阶导数,且 $f(a) = f(b) = 0$,又设 $F(x) = (x-a)^2 f(x)$,则在 (a,b) 内至少存在一点 ξ,使 $F''(\xi) = 0$.

分析　关键在于找到两点的导数值相等,利用罗尔定理.

证明　$F(a) = F(b) = 0$,且 $F(x)$ 在 $[a,b]$ 上连续,$F(x)$ 在 (a,b) 内可导,由罗尔定理知,至少存在一点 $c \in (a,b)$,使 $F'(c) = 0$,又 $F'(x) = 2(x-a)f(x) + (x-a)^2 f'(x)$,知 $F'(a) = 0$,从而 $F'(x)$ 在 $[a,c]$ 上满足罗尔定理条件,至少存在一点 $\xi \in (a,b)$,使 $F''(\xi) = 0$.

注　读者也可尝试用泰勒公式展开去证,将 $F(x)$ 在 $x_0 = a$ 处展开,然后将 $x = b$ 代入即可.

例 2. 2. 19　若 $f(x), g(x)$ 在 $[a,b]$ 上可导,且 $g'(x) \neq 0$,则至少存在一点 $\xi \in (a,b)$,使

$$\frac{f(a) - f(\xi)}{g(\xi) - g(b)} = \frac{f'(\xi)}{g'(\xi)}.$$

分析　转化为 $F'(\xi) = 0$,利用罗尔定理.

证明　要证结论成立,只要证 $[f(a) - f(\xi)]g'(\xi) - [g(\xi) - g(b)]f'(\xi) = 0$ 成立,只要证 $\{[f(a) - f(x)]g'(x) - [g(x) - g(b)]f'(x)\}_{x=\xi} = 0$ 成立,只要证 $\{[f(a) - f(x)][g(x) - g(b)]\}'|_{x=\xi} = 0$ 成立,令 $F(x) = [f(a) - f(x)][g(x) - g(b)]$,只要证

$$F'(\xi) = 0 \tag{①}$$

成立,$F(x)$ 在 $[a,b]$ 上连续,在 (a,b) 内可导,$F(a) = F(b) = 0$,由罗尔定理知,至少存在一点 $\xi \in (a,b)$,使 $F'(\xi) = 0$,即①式成立,由于每一步可逆,故原等式成立.

例 2. 2. 20　设 $f(x)$ 在闭区间 $[x_1, x_2]$ 上可微,并且 $x_1 x_2 > 0$,证明:在 (x_1, x_2) 内至少存在一点 ξ,使

$$\frac{1}{x_1 - x_2} \begin{vmatrix} x_1 & x_2 \\ f(x_1) & f(x_2) \end{vmatrix} = f(\xi) - \xi f'(\xi).$$

分析　从形式上看应用拉格朗日定理,经过分析应当用柯西定理.

证明 要证原等式成立,只要证 $\dfrac{x_1 f(x_2)-x_2 f(x_1)}{x_1-x_2}=f(\xi)-\xi f'(\xi)$ 成立,由 $x_1 x_2>0$,知 $x_1\neq 0$,$x_2\neq 0$,只要证

$$\frac{\dfrac{f(x_2)}{x_2}-\dfrac{f(x_1)}{x_1}}{\dfrac{1}{x_2}-\dfrac{1}{x_1}}=f(\xi)-\xi f'(\xi) \tag{①}$$

成立.设 $F(x)=\dfrac{f(x)}{x}$,$G(x)=\dfrac{1}{x}$,$F'(x)=\dfrac{f'(x)x-f(x)}{x^2}$,$G'(x)=-\dfrac{1}{x^2}$,由 $x_1 x_2>0$,知 x_1,x_2 同号,知 $0\notin[x_1,x_2]$,故 $F(x),G(x)$ 在 $[x_1,x_2]$ 上满足柯西定理条件,有

$$\frac{\dfrac{f(x_2)}{x_2}-\dfrac{f(x_1)}{x_1}}{\dfrac{1}{x_2}-\dfrac{1}{x_1}}=\frac{F(x_2)-F(x_1)}{G(x_2)-G(x_1)}=\frac{F'(\xi)}{G'(\xi)}=\frac{\dfrac{f'(\xi)\xi-f(\xi)}{\xi^2}}{-1/\xi^2}=f(\xi)-\xi f'(\xi).$$

即①式成立,由于每一步可逆,故原等式成立.

例 2.2.21 设函数 $f(x)$ 在 $[a,b]$ 连续,在 (a,b) 内可导,且 $f'(x)\neq 0$,证明存在 $\xi,\eta\in(a,b)$,使得

$$\frac{f'(\xi)}{f'(\eta)}=\frac{e^b-e^a}{b-a}e^{-\eta}.$$

分析 结论里出现了两个不同的字母,要用到两个定理,经过分析用拉格朗日定理与柯西定理.

证明 要证原等式成立,只要证 $f'(\xi)=\dfrac{e^b-e^a}{b-a}\cdot\dfrac{f'(\eta)}{e^\eta}$ 成立,由 $f(b)-f(a)=f'(c)(b-a)\neq 0$,只要证

$$f'(\xi)\frac{f(b)-f(a)}{e^b-e^a}=\frac{f(b)-f(a)}{b-a}\cdot\frac{f'(\eta)}{e^\eta} \tag{①}$$

成立,由拉格朗日定理知存在一点 $\xi\in(a,b)$,使

$$f'(\xi)=\frac{f(b)-f(a)}{b-a}, \tag{②}$$

再由 $f(x),e^x$ 在 $[a,b]$ 上满足柯西定理的条件,知存在一点 $\eta\in(a,b)$,使

$$\frac{f(b)-f(a)}{e^b-e^a}=\frac{f'(\eta)}{e^\eta}. \tag{③}$$

②式与③式两边相乘,即得①式成立,故原等式成立.

例 2.2.22 设 $f(x)$ 在 $[a,b]$ 上连续,在 (a,b) 内可导,且 $f(a)=f(b)=1$,试证:存在 $\xi,\eta\in(a,b)$,使得
$$e^{\eta-\xi}[f(\eta)+f'(\eta)]=1.$$

分析 结论里出现了两个不同的字母,要用到两个定理,经过分析用拉格朗日定理与柯西定理.

证明 要证原等式成立,只要证

$$e^\eta[f(\eta)+f'(\eta)]=e^\xi \tag{①}$$

成立,由 $F(x)=e^x f(x)$ 在 $[a,b]$ 上满足拉格朗日定理条件,有 $\dfrac{e^b f(a)-e^a f(a)}{b-a}=F'(\eta)=e^\eta[f(\eta)+f'(\eta)]$,$a<\eta<b$,又应用拉格朗日定理知 $\dfrac{e^b f(b)-e^a f(a)}{b-a}=\dfrac{e^b-e^a}{b-a}=e^\xi$,$a<\xi<b$.得①式成立,故原等式成立.

例 2.2.23 设函数 $f(x)$ 在 $[0,1]$ 上连续,在 $(0,1)$ 内可导,且 $f(0)=f(1)=0$,$f\left(\dfrac{1}{2}\right)=1$,试证:

(1)存在 $\eta\in\left(\dfrac{1}{2},1\right)$,使 $f(\eta)=\eta$;(2)对任意实数 ξ,存在 $\xi\in(0,\eta)$,使得 $f'(\xi)-\lambda[f(\xi)-\xi]=1$.

分析 用根的存在定理,转化为 $F'(\xi)=0$,用罗尔定理.

证明 (1)设 $\varphi(x)=f(x)-x$,$\varphi(x)$ 在 $\left[\dfrac{1}{2},1\right]$ 上连续,

$$\varphi(1)=f(1)-1=-1<0,\quad \varphi\left(\frac{1}{2}\right)=f\left(\frac{1}{2}\right)-\frac{1}{2}=1-\frac{1}{2}=\frac{1}{2}>0,$$

由根的存在定理知,至少存在一点 $\eta\in\left(\dfrac{1}{2},1\right)$,使 $\varphi(\eta)=0$.

（2）要证 $f'(\xi)-\lambda[f(\xi)-\xi]=1$ 成立，只要证 $f'(\xi)-1-\lambda[f(\xi)-\xi]=0$ 成立，由 $\varphi(\xi)=f(\xi)-\xi,\varphi'(x)$ $=f'(x)-1,\varphi'(\xi)=f'(\xi)-1$，只要证 $\varphi'(\xi)-\lambda\varphi(\xi)=0$ 成立，只要证 $[\varphi'(\xi)-\lambda\varphi(\xi)]\mathrm{e}^{-\lambda\xi}=0$ 成立，只要证 $\{[\varphi'(x)-\lambda\varphi(x)]\mathrm{e}^{-\lambda x}\}\big|_{x=\xi}=0$ 成立，只要证 $[\varphi(x)\mathrm{e}^{-\lambda x}]'\big|_{x=\xi}=0$ 成立，设 $F(x)=\varphi(x)\mathrm{e}^{-\lambda x}$，则只要证

$$F'(\xi)=0 \qquad\qquad ①$$

成立，$F(x)$ 在 $[0,\eta]$ 上连续，在 $(0,\eta)$ 内可导，$F(0)=0=F(\eta)$，由罗尔定理知，至少存在一点 $\xi\in(0,\eta)$，使 $F'(\xi)=0$，即①式成立，由每一步可逆，故原等式成立．

类型 2.5　已知函数导数的条件，证明涉及函数（值）的不等式

解题策略　用拉格朗日定理证明．

例 2.2.24　设 a,b 均为常数，$f'(x)$ 在 (a,b) 内有界，证明 $f(x)$ 在 (a,b) 内有界．

分析　给出导数的条件，证明函数的结论，用拉格朗日定理尝试．

证明　由题意知，$f'(x)$ 在 (a,b) 内有界，即存在 $M>0$，对一切 $x\in(a,b)$，都有 $|f'(x)|\leqslant M$，取 $x_0\in(a,b)$（定点），$\forall x\in(a,b),x\neq x_0$ 对 $f(x)$ 应用拉格朗日定理，得

$$|f(x)|-|f(x_0)|\leqslant|f(x)-f(x_0)|=|f'(\xi)(x-x_0)|=|f'(\xi)||x-x_0|\leqslant M(b-a)$$

（其中 ξ 介于 x_0,x 之间，有 $\xi\in(a,b)$，知 $|f'(\xi)|\leqslant M$），从而 $|f(x)|\leqslant|f(x_0)|+M(b-a)$．

$|f(x_0)|+M(b-a)$ 为常数，故 $f(x)$ 在 (a,b) 内有界．

注　学会把用语言给出的条件与结论转化为数学表达式．

例 2.2.25　设 $f(x)$ 二阶可导，且在 $(0,a)$ 内某点取到最大值，对一切 $x\in[0,a]$，都有 $|f''(x)|\leqslant m$（m 为常数），证明：$|f'(0)|+|f'(a)|\leqslant am$．

分析　给出二阶导数的条件，证明导数的结论，用拉格朗日定理尝试，关键是找到一点 x_0，使 $f'(x_0)=0$．

证明　由 $f(x)$ 在 x_0 处取到最大值，且 $x_0\in(0,a)$，知 $f(x_0)$ 为极大值，又 $f'(x_0)$ 存在，由费马定理知 $f'(x_0)=0$，于是

$$|f'(0)|+|f'(a)|=|f'(x_0)-f'(0)|+|f'(a)-f'(x_0)|$$
$$=|f''(\xi_1)x_0|+|f''(\xi_2)(a-x_0)|\leqslant mx_0+m(a-x_0)=ma.$$

注　学会利用定理或性质把题目中所给的条件转化为我们所需的条件．

例 2.2.26　证明：当 $x>0$ 时，$\dfrac{x}{1+x}<\ln(1+x)<x$．

分析　证明函数的不等式，两边有共同的因子，对中间的函数用拉格朗日定理去转化．

证明　设 $f(t)=\ln t$ 在 $[1,1+x]$ 上满足拉格朗日定理条件，且 $f'(t)=\dfrac{1}{t}$，于是

$$\ln(1+x)=\ln(1+x)-\ln 1=f(1+x)-f(1)=f'(\xi)(1+x-1)=\frac{1}{\xi}x,$$

其中 $1<\xi<1+x$，即 $0<\dfrac{1}{1+x}<\dfrac{1}{\xi}<1$，由 $x>0$，各边同乘以 x，得

$$\frac{x}{1+x}<\frac{x}{\xi}<x,\text{即}\frac{x}{1+x}<\ln(1+x)<x.$$

注　学会把隐藏的条件找出来，即 $\ln 1=0$，然后就可以利用定理，这个结果以后可以作为结论用．

我们还可以证明 $-1<x<0$ 时，$\dfrac{x}{1+x}<\ln(1+x)<x$．

事实上，当 $-1<x<0$ 时，$f(t)=\ln t$ 在 $[1+x,1]$ 上满足拉格朗日定理条件，有

$$\ln(1+x)=\ln(1+x)-\ln 1=f(1+x)-f(1)=f'(\xi)(1+x-1)=\frac{x}{\xi},$$

其中 $0<1+x<\xi<1\Rightarrow 1<\dfrac{1}{\xi}<\dfrac{1}{1+x}$，由 $-1<x<0$，各边同乘以 x，不等号变号，有 $\dfrac{x}{1+x}<\dfrac{x}{\xi}<x$，即 $\dfrac{x}{1+x}<\ln(1+x)<x$，故 $x>-1$ 且 $x\neq 0$ 时，有 $\dfrac{x}{1+x}<\ln(1+x)<x$．

例 2.2.27　设 $f(x)$ 在 $[0,1]$ 上连续，在 $(0,1)$ 内可导，且 $|f'(x)|<1$，又 $f(0)=f(1)$，证明：对任意

$x_1, x_2 \in [0,1]$，有 $|f(x_1) - f(x_2)| < \dfrac{1}{2}$.

分析 给出导数的条件，证明函数值的结论，用拉格朗日定理尝试．关键是要分情况讨论．

证明 不妨设 $0 \leqslant x_1 \leqslant x_2 \leqslant 1$，当 $x_2 - x_1 \leqslant \dfrac{1}{2}$ 时．由拉格朗日定理知 $|f(x_1) - f(x_2)| = |f'(\xi_1)(x_1 - x_2)| < \dfrac{1}{2}$；当 $x_2 - x_1 > \dfrac{1}{2}$ 时，则 $0 \leqslant x_1 + (1 - x_2) = 1 - (x_2 - x_1) < \dfrac{1}{2}$；又 $f(0) = f(1)$，于是

$$|f(x_1) - f(x_2)| = |f(x_1) - f(0) + f(1) - f(x_2)| \leqslant |f(x_1) - f(0)| + |f(1) - f(x_2)|$$

$$= |f'(\xi)|x_1 + |f'(\xi_2)||1 - x_2| < x_1 + (1 - x_2) < \dfrac{1}{2},$$

故 $x_1, x_2 \in [0,1]$，则 $|f(x_1) - f(x_2)| < \dfrac{1}{2}$.

例 2.2.28 设 $f''(x) < 0, f(0) = 0$，证明：对任何 $x_1 > 0, x_2 > 0$，有 $f(x_1 + x_2) < f(x_1) + f(x_2)$.

分析 分成两组，分别用拉格朗日定理，然后再用拉格朗日定理．

证法一 不妨设 $x_1 \leqslant x_2$，而 $f(0) = 0$，由

$$f(x_1 + x_2) - f(x_2) - f(x_1) = [f(x_1 + x_2) - f(x_2)] - [f(x_1) - f(0)]$$

$$= f'(\xi_1)x_1 - f'(\xi_2)x_1 \quad (0 < \xi_2 < x_1 \leqslant x_2 < \xi_1 < x_1 + x_2)$$

$$= [f'(\xi_1) - f'(\xi_2)]x_1 = f''(\xi)(\xi_1 - \xi_2)x_1,$$

其中 $\xi \in (\xi_2, \xi_1)$，由 $f''(\xi) < 0, \xi_1 - \xi_2 > 0, x_1 > 0$，知 $f(x_1 + x_2) - f(x_1) - f(x_2) < 0$，所以

$$f(x_1 + x_2) < f(x_1) + f(x_2).$$

证法二 令 $F(x) = f(x + x_2) - f(x)$，$F'(x) = f'(x + x_2) - f'(x) = x_2 f''(\xi) < 0$，其中 $x < \xi < x + x_2$，知 $F(x)$ 单调减少，又 $x_1 > 0$，所以 $F(x_1) < F(0)$，即 $f(x_1 + x_2) - f(x_1) < f(x_2) - f(0)$，由于 $f(0) = 0$，从而

$$f(x_1 + x_2) < f(x_1) + f(x_2).$$

例 2.2.29 设 $f(x)$ 在闭区间 $[a,b]$ 上连续，在 (a,b) 内可导，且 $f(x)$ 在 $[a,b]$ 上不是线性函数，则至少存在一点 $\xi \in (a,b)$，使 $|f'(\xi)| > \left|\dfrac{f(b) - f(a)}{b - a}\right|$.

分析 巧妙利用 $f(x)$ 在 $[a,b]$ 上不是线性函数，构造函数并用拉格朗日定理尝试．

证明 由题意知 $f(x)$ 在区间 $[a,b]$ 上不是线性函数，即不是直线，设

$$F(x) = f(x) - f(a) - \dfrac{f(b) - f(a)}{b - a}(x - a).$$

已知 $F(a) = F(b) = 0$，且当 $a < x < b$ 时，$f(x) \not\equiv 0$（否则 $f(x) \equiv 0$，与 $F(x) = f(a) + \dfrac{f(b) - f(a)}{b - a}(x - a)$ 是线性函数矛盾），存在 $c \in (a,b)$，使 $F(c) \neq 0$，不妨设 $F(c) > 0$，在区间 $[a,c]$ 与 $[c,b]$ 上分别应用拉格朗日定理，存在 $\xi_1 \in (a,c)$，使 $F'(\xi_1) = \dfrac{F(c) - F(a)}{c - a} = \dfrac{F(c)}{c - a} > 0$；$\xi_2 \in (c,b)$，使 $F'(\xi_2) = \dfrac{F(b) - F(c)}{b - c} = \dfrac{-F(c)}{b - c} < 0$. 因而

$$f'(\xi_1) > \dfrac{f(b) - f(a)}{b - a}, \qquad\qquad ①$$

$$f'(\xi_2) < \dfrac{f(b) - f(a)}{b - a}. \qquad\qquad ②$$

因此，当 $\dfrac{f(b) - f(a)}{b - a} \geqslant 0$ 时，由①式知 $|f'(\xi_1)| > \left|\dfrac{f(b) - f(a)}{b - a}\right|$；

当 $\dfrac{f(b) - f(a)}{b - a} < 0$ 时，由②式知 $|f'(\xi_2)| > \left|\dfrac{f(b) - f(a)}{b - a}\right|$. 故得证．

例 2.2.30 设 $f(x)$ 在 $[a,b]$ 上连续，在 (a,b) 内可导且 $|f'(x)| \leqslant k|f(x)|$ $(k < 1$ 常数$)$，$f(a) = 0$，证明：$f(x) \equiv 0, x \in [a,b]$.

分析 将 $[a,b]$ 分成若干个相等小区间，使得每个小区间长度小于 1，用拉格朗日定理证明．

证明 将 $[a,b]$ 分成 m 个相等小区间，记 $a = x_0, b = x_m$，有 $[x_0, x_1], [x_1, x_2], \cdots, [x_{m-1}, x_m]$，使

$$x_i - x_{i-1} < 1, i = 1, 2, \cdots, m, \forall x \in (x_0, x_1),$$

$$|f(x)| = |f(x) - f(x_0)| = |f'(\xi_1)(x - x_0)| \leqslant |f'(\xi_1)|$$
$$\leqslant k|f'(\xi_1)| = k|f(\xi_1) - f(x_0)| = k|f'(\xi_2)(\xi_1 - x_0)|$$
$$\leqslant k|f'(\xi_2)| \leqslant k^2|f(\xi_2)| \leqslant \cdots \leqslant k^n|f(\xi_n)|.$$

由 $f(x)$ 在 $[a,b]$ 上连续必有界,存在 $M>0$,对一切 $x \in [a,b]$,都有 $|f(x)| \leqslant M$,而 $\xi_1,\xi_2,\cdots,\xi_n \in [x_0,x_1] \subset [a,b]$,有 $|f(\xi_n)| \leqslant M$,知 $|f(x)| \leqslant k^n M$,由 $\lim\limits_{n \to \infty} k^n M = 0 (0 < k < 1)$,知 $|f(x)| \leqslant 0$,即 $f(x) = 0$,所以 $f(x)$ 在 $[x_0,x_1]$ 上恒为 0,同理可得在 $[x_1,x_2],\cdots,[x_{m-1},x_m]$ 上都恒为零,故对一切 $x \in [a,b], f(x) \equiv 0$.

类型 2.6 已知函数高阶导数的条件,证明涉及函数(值)的不等式

解题策略 用泰勒公式或反复用拉格朗日定理证明.

例 2.2.31 设 $f(x)$ 在 $[a,b]$ 上二阶可导,$f'(a) = f'(b) = 0$,证明:至少存在一点 $\xi \in (a,b)$,使
$$|f''(\xi)| \geqslant 4 \left| \frac{f(b) - f(a)}{(b-a)^2} \right|.$$

分析 因为由题意可知一、二阶导数存在,而且结论中既有函数值又有二阶导数值,所以想到用泰勒公式展开,又需要用到 $f'(a) = 0, f'(b) = 0$ 条件,故分别在 $x = a, x = b$ 处展成泰勒公式.

证明 $f(x)$ 在 $x = a, x = b$ 处分别展成泰勒公式,得
$$f(x) = f(a) + f'(a)(x - a) + \frac{f''(\xi_1)}{2!}(x - a)^2, a < \xi_1 < x.$$

将 $x = \dfrac{a+b}{2}$ 代入上式,得
$$f\left(\frac{a+b}{2}\right) = f(a) + \frac{f''(\xi_1)}{2!}\left(\frac{b-a}{2}\right)^2, a < \xi_1 < \frac{a+b}{2}, \qquad ①$$
$$f(x) = f(b) + f'(b)(x - b) + \frac{f''(\xi_2)}{2!}(x - b)^2, x < \xi_2 < b.$$

将 $x = \dfrac{a+b}{2}$ 代入上式,得
$$f\left(\frac{a+b}{2}\right) = f(b) + \frac{f''(\xi_2)}{2!}\left(\frac{b-a}{2}\right)^2, \frac{a+b}{2} < \xi_2 < b. \qquad ②$$

②-①,得
$$0 = f(b) - f(a) + \frac{(b-a)^2}{8}[f''(\xi_2) - f''(\xi_1)],$$

则有 $|f(b) - f(a)| = \dfrac{(b-a)^2}{8}|f''(\xi_2) - f''(\xi_1)| \leqslant \dfrac{(b-a)^2}{8}(|f''(\xi_2)| + |f''(\xi_1)|).$

设 $|f''(\xi)| = \max\{|f''(\xi_1)|, |f''(\xi_2)|\}$,有 $|f(b) - f(a)| \leqslant \dfrac{(b-a)^2}{8} \cdot 2|f''(\xi)|$,即 $|f''(\xi)| \geqslant 4\dfrac{|f(b) - f(a)|}{(b-a)^2}.$

例 2.2.32 设 $f(x)$ 在 $[0,1]$ 上具有三阶导数,且 $f(0) = 1, f(1) = 2, f'\left(\dfrac{1}{2}\right) = 0$,证明:至少存在一点 $\xi \in (0,1)$,使 $|f'''(\xi)| \geqslant 24$.

分析 给出高阶导数的条件,用泰勒公式尝试,在给出导数的点展开.

证明 将 $f(x)$ 在 $x = \dfrac{1}{2}$ 展成泰勒公式,得
$$f(x) = f\left(\frac{1}{2}\right) + f'\left(\frac{1}{2}\right)\left(x - \frac{1}{2}\right) + \frac{f''\left(\frac{1}{2}\right)}{2!}\left(x - \frac{1}{2}\right)^2 + \frac{f'''(\xi)}{3!}\left(x - \frac{1}{2}\right)^3.$$

将 $x = 0, 1$ 分别代入上式,得
$$f(0) = f\left(\frac{1}{2}\right) + \frac{1}{8}f''\left(\frac{1}{2}\right) - \frac{1}{48}f'''(\xi_1), 0 < \xi_1 < \frac{1}{2}, \qquad ①$$

$$f(1) = f\left(\frac{1}{2}\right) + \frac{1}{8}f''\left(\frac{1}{2}\right) + \frac{1}{48}f'''(\xi_2), \frac{1}{2} < \xi_2 < 1. \qquad ②$$

②－①，得

$$1 = |f(1) - f(0)| = \frac{1}{48}|f'''(\xi_1) + f'''(\xi_2)| \leqslant \frac{1}{48}(|f'''(\xi_1)| + |f'''(\xi_2)|).$$

设 $|f'''(\xi)| = \max\{|f'''(\xi_1)|, |f'''(\xi_2)|\}$，有 $1 \leqslant \frac{2}{48}|f'''(\xi)|$，即 $|f'''(\xi)| \geqslant 24$.

例 2.2.33 设 $\lim\limits_{x \to 0}\dfrac{f(x)}{x} = 1$，且 $f''(x) > 0$，证明：$f(x) \geqslant x$.

分析 右边是多项式，故 $f(x)$ 要表示成多项式的关系式，又给出高阶导数的条件，用泰勒公式在 $x = 0$ 点展开.

证明 由 $\lim\limits_{x \to 0}\dfrac{f(x)}{x} = 1$，又 $\lim\limits_{x \to 0} x = 0$，知 $\lim\limits_{x \to 0} f(x) = 0 = f(0)$.

从而 $\lim\limits_{x \to 0}\dfrac{f(x)}{x} = \lim\limits_{x \to 0}\dfrac{f(x) - f(0)}{x} = 1 = f'(0)$，于是 $f(x)$ 在 $x = 0$ 处展成泰勒公式，得

$$f(x) = f(0) + f'(0)x + \frac{f''(\xi)}{2!}x^2 = x + \frac{f''(\xi)}{2!}x^2 \geqslant x.$$

例 2.2.34 $f(x)$ 在 $[0,1]$ 上二阶可导，且 $f(0) = f(1) = 0$，$\min\limits_{0 \leqslant x \leqslant 1} f(x) = -1$，证明：至少存在一点 $\xi \in (0,1)$，使 $f''(\xi) \geqslant 8$.

分析 给出高阶导数的条件，关键是在极小值点处展成泰勒公式.

证明 由 $f(0) = f(1) = 0$，而最小值为 -1，知存在 $x_0 \in (0,1)$，使 $f(x_0) = -1$，知 $f(x_0)$ 为极小值且 $f'(x_0)$ 存在，由费马定理知 $f'(x_0) = 0$，将 $f(x)$ 在 $x = x_0$ 处展成泰勒公式，得

$$f(x) = f(x_0) + f'(x_0)(x - x_0) + \frac{f''(\xi)}{2!}(x - x_0)^2 = -1 + \frac{f''(\xi)}{2!}(x - x_0)^2.$$

将 $x = 0, 1$ 代入上式，得

$$0 = f(0) = -1 + \frac{f''(\xi_1)}{2!}x_0^2, 0 < \xi_1 < x_0, \qquad ①$$

$$0 = f(1) = -1 + \frac{f''(\xi_2)}{2!}(1 - x_0)^2, x_0 < \xi_2 < 1. \qquad ②$$

当 $0 < x_0 \leqslant \frac{1}{2}$ 时，由①得 $1 = \frac{f''(\xi_1)}{2}x_0^2 \leqslant \frac{1}{8}f''(\xi_1)$，即 $f''(\xi_1) \geqslant 8$；

当 $\frac{1}{2} < x_0 < 1$ 时，由②得 $1 = \frac{f''(\xi_2)}{2}(1 - x_0)^2 \leqslant \frac{1}{8}f''(\xi_2)$，即 $f''(\xi_2) \geqslant 8$. 故结论成立.

类型 2.7 比较数的大小的不等式

解题策略 转化为同一个函数在区间两端点函数（或极限）值大小的比较，利用函数在区间上的单调性进行证明或用拉格朗日定理证明.

例 2.2.35 比较 e^π 与 π^e 的大小.

分析 由于 e^π 与 π^e 之间没给关系式，不好直接分析，现假设一个关系式：$e^\pi < \pi^e \Leftrightarrow \ln e^\pi < \ln \pi^e \Leftrightarrow \pi \ln e < e \ln \pi \Leftrightarrow \dfrac{\ln e}{e} < \dfrac{\ln \pi}{\pi}$. 因此，只要比较 $\dfrac{\ln e}{e}$ 与 $\dfrac{\ln \pi}{\pi}$ 的大小，而分析中的不等号不一定是正确的，在这里只是起到了一个桥梁作用.

证法一 设 $f(x) = \dfrac{\ln x}{x}$，$x \in [e, \pi]$，由 $f(x)$ 在 $[e, \pi]$ 上连续，在 (e, π) 内可导，$f'(x) = \dfrac{\frac{1}{x} \cdot x - \ln x}{x^2} = \dfrac{1 - \ln x}{x^2} < 0$，知 $f(x)$ 在 $[e, \pi]$ 上严格递减，由 $e < \pi$，知 $f(e) > f(\pi)$，得 $\dfrac{\ln e}{e} > \dfrac{\ln \pi}{\pi} \Leftrightarrow \pi \ln e > e \ln \pi \Leftrightarrow \ln e^\pi > \ln \pi^e \Leftrightarrow e^\pi > \pi^e$.

注 1 与分析中的不等号正好相反，说明给一个不等号，只是为了便于分析，至于这个不等号是否正确无关紧要.

注 2　能用单调性定理证明的不等式,都可用拉格朗日定理去证,因为单调性定理就是用拉格朗日定理证明的.

分析　由 $\pi^{e}=e^{e\ln\pi}$,只要比较 π 与 $e\ln\pi$ 大小,只要比较 $\pi-e\ln\pi$ 与 0 的大小,根据这两个数可构造一个函数 $f(x)=x-e\ln x,f(\pi)=\pi-e\ln\pi,f(e)=0$.

证法二　设 $f(x)=x-e\ln x,x\in[e,\pi]$,由 $f(x)$ 在 $[e,\pi]$ 上连续,在 (e,π) 内可导,且 $f'(x)=1-\dfrac{e}{x}>0$,知 $f(x)$ 在 $[e,\pi]$ 上严格递增,由 $e<\pi$,知 $f(e)<f(\pi)\Leftrightarrow 0<\pi-e\ln\pi\Leftrightarrow e\ln\pi<\pi\Leftrightarrow e^{e\ln\pi}<e^{\pi}\Leftrightarrow \pi^{e}<e^{\pi}$.

例 2.2.36　证明:当 $x>0,y>0$ 及 $0<\alpha<\beta$ 时,$(x^{\alpha}+y^{\alpha})^{\frac{1}{\alpha}}>(x^{\beta}+y^{\beta})^{\frac{1}{\beta}}$.

分析　转化为同一个函数在区间两端点函数值大小的比较,用单调性定理或拉格朗日定理尝试.

证明　要证原不等式成立,只要证 $\left[1+\left(\dfrac{y}{x}\right)^{\alpha}\right]^{\frac{1}{\alpha}}>\left[1+\left(\dfrac{y}{x}\right)^{\beta}\right]^{\frac{1}{\beta}}$ 成立,不妨设 $y\geqslant x$,设 $\dfrac{y}{x}=c\geqslant 1$,

(若 $x>y$,可两边提取 y,令 $\dfrac{x}{y}=c>1$),只要证 $0<\alpha<\beta$ 时,$(1+c^{\alpha})^{\frac{1}{\alpha}}>(1+c^{\beta})^{\frac{1}{\beta}}$ 成立.

设 $f(t)=(1+c^{t})^{\frac{1}{t}}$,只要证 $0<\alpha<\beta$ 时,
$$f(\alpha)>f(\beta)$$　　　　　　①

成立,由 $f(t)$ 在 $[\alpha,\beta]$ 上连续,在 (α,β) 内可导,有

$$f'(t)=\left[e^{\frac{\ln(1+c^{t})}{t}}\right]'=e^{\frac{\ln(1+c^{t})}{t}}\cdot\frac{\dfrac{tc^{t}\ln c}{1+c^{t}}-\ln(1+c^{t})}{t^{2}}$$
$$=(1+c^{t})^{\frac{1}{t}}\cdot\frac{c^{t}\ln c^{t}-(1+c^{t})\ln(1+c^{t})}{t^{2}(1+c^{t})}<0,$$

知 $f(t)$ 在 $[\alpha,\beta]$ 上严格递减,故 $\alpha<\beta$ 时,$f(\alpha)>f(\beta)$,即不等式①成立,由每一步可逆,故原不等式成立.

类型 2.8　证明函数大小比较的不等式

解题策略　①转化为同一个函数在区间内任意一点函数值与区间端点函数(或极限)值大小的比较,利用函数在区间上的单调性进行证明;②把待证的不等式转化为区间上任意一点函数值与区间上某点 x_0 处的函数值大小的比较,然后证明 $f(x_0)$ 为最大值或最小值,利用函数最大值、最小值证明不等式;③把待证的不等式转化为区间上任意一点函数值与区间内某点处的函数值大小的比较,然后证明 $f(x_0)$ 为唯一的极值且为极大值或极小值,即 $f(x_0)$ 为最大值或最小值,即可证不等式成立;④拉格朗日定理;⑤泰勒公式;⑥柯西定理证明(很少用).

例 2.2.37　证明:当 $0<x<\dfrac{\pi}{2}$ 时,$\tan x>x+\dfrac{x^{3}}{3}$.

分析　转化为同一个函数在区间内任意一点函数值与区间端点函数值大小的比较,利用函数在区间上的单调性进行证明.

证明　要证原不等式成立,只要证 $\tan x-x-\dfrac{x^{3}}{3}>0$ 成立,设 $f(x)=\tan x-x-\dfrac{x^{3}}{3}$,而 $f(0)=0$,只要证 $x\in\left(0,\dfrac{\pi}{2}\right)$ 时,

$$f(x)>f(0)$$　　　　　　①

成立,$f(x)$ 在 $\left[0,\dfrac{\pi}{2}\right)$ 上连续,在 $\left(0,\dfrac{\pi}{2}\right)$ 内可导,且 $f'(x)=\sec^{2}x-1-x^{2}=\tan^{2}x-x^{2}$.

令 $g(x)=\tan x-x,g(0)=0,g(x)$ 在 $\left[0,\dfrac{\pi}{2}\right)$ 上连续,在 $\left(0,\dfrac{\pi}{2}\right)$ 内可导,$g'(x)=\sec^{2}x-1=\tan^{2}x>0$,

$g(x)$ 在 $\left[0,\dfrac{\pi}{2}\right)$ 上严格递增,当 $x\in\left(0,\dfrac{\pi}{2}\right)$ 时,$g(x)>g(0)=0\Leftrightarrow\tan x-x>0\Leftrightarrow\tan x>x\Leftrightarrow\tan^{2}x>x^{2}\Leftrightarrow\tan^{2}x$

$-x^{2}>0,f'(x)>0$,所以 $f(x)$ 在 $\left[0,\dfrac{\pi}{2}\right)$ 上严格递增.故 $x\in\left(0,\dfrac{\pi}{2}\right)$ 时,$f(x)>f(0)$,即①式成立,由每一步可逆,故原不等式成立.

注 比较函数的大小,若用单调性定理去证,需把函数表达式都转移到左边,右边是常数并且一般情况为零,然后用单调性定理去证明.

例 2.2.38 证明:当 $x>0$ 时,$\dfrac{2}{2x+1}<\ln\left(1+\dfrac{1}{x}\right)<\dfrac{1}{\sqrt{x^2+x}}$.

分析 转化为同一个函数在区间内任意一点函数值与区间端点函数极限值大小的比较,利用函数在区间上的单调性进行证明.

证明 先证 $\ln\left(1+\dfrac{1}{x}\right)<\dfrac{1}{\sqrt{x^2+x}}$ 成立,只要证 $\ln\left(1+\dfrac{1}{x}\right)-\dfrac{1}{\sqrt{x^2+x}}<0$ 成立,设 $f(x)=\ln\left(1+\dfrac{1}{x}\right)-\dfrac{1}{\sqrt{x^2+x}}$,$\lim\limits_{x\to+\infty}f(x)=0$,只要证 $x\in(0,+\infty)$ 时,

$$f(x)<\lim_{x\to+\infty}f(x) \qquad\qquad ①$$

成立,由 $f(x)$ 在 $(0,+\infty)$ 上连续且可导,

$$f'(x)=\frac{1}{1+x}-\frac{1}{x}+\frac{\frac{2x+1}{2\sqrt{x^2+x}}}{x^2+x}=-\frac{1}{x^2+x}+\frac{1}{x^2+x}\cdot\frac{x+\frac{1}{2}}{\sqrt{x^2+x}}=\frac{1}{x^2+x}\left(\frac{x+\frac{1}{2}}{\sqrt{x^2+x}}-1\right)$$

知 $f(x)$ 在 $(0,+\infty)$ 上严格递增,故 $x\in(0,+\infty)$ 时,$f(x)<\lim\limits_{x\to+\infty}f(x)$,即①式成立,由每一步可逆,所以不等式成立.同样可证 $\dfrac{2}{2x+1}<\ln\left(1+\dfrac{1}{x}\right)$ 成立,请读者自证.

注 可能有的读者会用拉格朗日定理去证明,设 $f(t)=\ln t$,

$$\ln\left(1+\frac{1}{x}\right)=\ln(1+x)-\ln x=f(1+x)-f(x)=f'(\xi)(1+x-x)=\frac{1}{\xi},\ x<\xi<1+x,$$

有 $\dfrac{1}{1+x}<\dfrac{1}{\xi}<\dfrac{1}{x}$,但 $\dfrac{2}{2x+1}>\dfrac{1}{1+x}$,$\dfrac{1}{x}>\dfrac{1}{\sqrt{x^2+x}}$,故得不到结论.

例 2.2.39 设 $0\leqslant x\leqslant 1$,$p>1$ 为常数,证明:$\dfrac{1}{2^{p-1}}\leqslant x^p+(1-x)^p\leqslant 1$.

分析 利用最大与最小值定理证明.

证明 设 $f(x)=x^p+(1-x)^p$,由 $f(x)$ 在 $[0,1]$ 上连续,故必有最大值与最小值.由 $f'(x)=px^{p-1}-p(1-x)^{p-1}$,令 $f'(x)=0$,得 $x=\dfrac{1}{2}$,且无导数不存在的点,而 $f(0)=1$,$f(1)=1$,$f\left(\dfrac{1}{2}\right)=\dfrac{1}{2^p}+\dfrac{1}{2^p}=\dfrac{1}{2^{p-1}}<1$,知 $m=\dfrac{1}{2^{p-1}}$,$M=1$.故对一切 $x\in[0,1]$,都有 $\dfrac{1}{2^{p-1}}\leqslant x^p+(1-x)^p\leqslant 1$.

例 2.2.40 设 p,q 是大于 1 的常数,且 $\dfrac{1}{p}+\dfrac{1}{q}=1$,证明:$\forall x>0$,都有 $\dfrac{1}{p}x^p+\dfrac{1}{q}\geqslant x$.

分析 把待证的不等式转化为区间上任意一点函数值与区间内某点 x_0 处的函数值大小的比较,利用取到唯一的极值来证明.

证明 要证 $\dfrac{1}{p}x^p+\dfrac{1}{q}\geqslant x$ 成立,只要证 $\dfrac{1}{p}x^p+\dfrac{1}{q}-x\geqslant 0$ 成立,设 $f(x)=\dfrac{1}{p}x^p+\dfrac{1}{q}-x$,$f(1)=\dfrac{1}{p}+\dfrac{1}{q}-1=0$,只要证 $x\in(0,+\infty)$ 时,

$$f(x)\geqslant f(1) \qquad\qquad ①$$

成立,由 $f'(x)=x^{p-1}-1$,令 $f'(x)=0$,得 $x=1$,且 $f(x)$ 无导数不存在的点,知 $x=1$ 是唯一的极值可疑点.由于 $f''(x)=(p-1)x^{p-2}$,$f''(1)=p-1>0$,知 $f(1)$ 是唯一的极值且是唯一的极小值,故 $f(1)$ 为最小值.所以 $x\in(0,+\infty)$ 时,$f(x)\geqslant f(1)$,即不等式①成立,由每一步可逆,故原不等式成立.

例 2.2.41 设 $x_1x_2>0$,证明:$\dfrac{x_1\mathrm{e}^{x_2}-x_2\mathrm{e}^{x_1}}{x_1-x_2}<1$.

分析 利用柯西定理转化,用取到唯一的极值来证明.

证明 由 $\dfrac{x_1\mathrm{e}^{x_2}-x_2\mathrm{e}^{x_1}}{x_1-x_2}=\dfrac{\mathrm{e}^{x_2}/x_2-\mathrm{e}^{x_1}/x_1}{1/x_2-1/x_1}$.

设 $f(x)=\dfrac{\mathrm{e}^x}{x}$，$g(x)=\dfrac{1}{x}$ 在 $[x_1,x_2]$（不妨设 $x_1<x_2$）上满足柯西定理条件，且 $f'(x)=\dfrac{\mathrm{e}^x x-\mathrm{e}^x}{x^2}$，$g'(x)=-\dfrac{1}{x^2}$，有 $\dfrac{x_1\mathrm{e}^{x_2}-x_2\mathrm{e}^{x_1}}{x_1-x_2}=\dfrac{f(x_2)-f(x_1)}{g(x_2)-g(x_1)}=\dfrac{(\mathrm{e}^\xi\xi-\mathrm{e}^\xi)/\xi^2}{-1/\xi^2}=\mathrm{e}^\xi(1-\xi)$，其中介于 x_1,x_2 之间，知 $\xi\neq 0$，设 $h(x)=\mathrm{e}^x(1-x)$，$h'(x)=\mathrm{e}^x(1-x)-\mathrm{e}^x=-x\mathrm{e}^x$，令 $h'(x)=0$，得 $x=0$，$h(x)$ 无导数不存在点，$h''(x)=-\mathrm{e}^x-x\mathrm{e}^x$，$h''(0)=-1$，知 $h(0)$ 为唯一的极值且为极大值，知 $h(0)=1$ 为最大值，对一切 $x\in(-\infty,0)$ 或 $x\in(0,+\infty)$，都有 $h(x)<1$. 由 $\xi\neq 0$，知 $h(\xi)<1$，故 $\dfrac{x_1\mathrm{e}^{x_2}-x_2\mathrm{e}^{x_1}}{x_1-x_2}<1$.

类型 2.9　求在其定义域上的单调区间与极值

解题策略　①求出函数的定义域；②求出 $f'(x)=0$ 的点与 $f'(x)$ 不存在的点；③列表；④根据表中每个区间上 $f'(x)$ 的符号，可确定 $f(x)$ 的单调区间，通过怀疑点两侧的导数符号，确定怀疑点是否为极值点.

例 2.2.42　求 $f(x)=\dfrac{2}{3}x-\sqrt[3]{x^2}$ 的单调区间与极值.

解　(1)$f(x)$ 的定义域为 $(-\infty,+\infty)$.

(2)$f'(x)=\dfrac{2}{3}-\dfrac{2}{3}x^{-\frac{1}{3}}=\dfrac{2}{3}\dfrac{\sqrt[3]{x}-1}{\sqrt[3]{x}}$，令 $f'(x)=0$，解得 $x=1$.

(3)当 $x=0$ 时，导数不存在.

(4)$f'(x)$ 与 $f(x)$ 列表如下.

	$(-\infty,0)$	0	$(0,1)$	1	$(1,+\infty)$
$f'(x)$	$+$	不存在	$-$	0	$+$
$f(x)$	↗	0	↘	$-\dfrac{1}{3}$	↗

(5)所以 $f(x)$ 在 $(-\infty,0)$ 和 $(1,+\infty)$ 上严格递增，在 $(0,1)$ 上严格递减，$f(0)=0$ 为极大值，$f(1)=-\dfrac{1}{3}$ 为极小值.

注　在求极值时，若极值的怀疑点中有导数不存在的点时，只能用列表法.

类型 2.10　求曲线的凹凸区间与拐点

解题策略　①求出函数的定义域；②求出 $f''(x)=0$ 的点与 $f''(x)$ 不存在的点；③列表；④根据表中每个区间上 $f''(x)$ 的符号，便可确定 $f(x)$ 的凹凸区间，通过怀疑点两侧导数符号，确定曲线上点是否为拐点.

例 2.2.43　求曲线 $y=x+x^{\frac{5}{3}}$ 的凹凸区间与拐点.

解　(1)$f(x)$ 的定义域是 $(-\infty,+\infty)$；(2)$f'(x)=1+\dfrac{5}{3}x^{\frac{2}{3}}$；$f''(x)=\dfrac{10}{9}x^{-\frac{1}{3}}$，令 $f''(x)=0$，无解；(3)$x=0$ 时，$f''(x)$ 不存在；(4)当 $x\in(-\infty,0)$ 时，$y''<0$，曲线是凸的；当 $x\in(0,+\infty)$ 时，$y''>0$ 曲线是凹的，所以 $(0,0)$ 是曲线的拐点.

注　求单调区间与凹凸区间时，如果分界点只有一个，不需要列表，直接看分界点两侧的导数与二阶导数的符号.

类型 2.11　函数的最大值与最小值及应用

解题策略　①最大值与最小值定理；②若 $f(x)$ 在区间 I 上连续，且在区间内部取到唯一的极值 $f(x_0)$，若 $f(x_0)$ 为极大值，则 $f(x_0)$ 为最大值；若 $f(x_0)$ 为极小值，则 $f(x_0)$ 为最小值.

求实际问题最大值与最小值的步骤：

(1)全面思考问题，确认优化哪个量或函数，即适当选取自变量与因变量；

(2)如有可能，画出几幅草图显示变量间的关系，在草图上清楚地标出变量；

(3)设法得出用上述确认的变量所表示的要优化的函数，如有必要，在公式中保留一个自变量而消去其

他自变量,确认此变量的变化区域;

(4)求出所有驻点或导数不存在的点,计算这些点和端点(如果有的话)的函数值,以求出最大值与最小值.

在求实际问题的最大值或最小值时,如果根据题意肯定在区间内部存在最大值或最小值,且函数在该区间内只有一个可能的极值点(驻点或导数不存在的点),那么此点就是所求函数的最大(小)值点.

例 2.2.44 从一块边长为 a 的正方形铁皮的四角上截去同样大小的正方形(见图 2-6),然后按虚线把四边折起来,做成一个无盖的盒子,问:要截取多大的小方块,才能使盒子的容量最大?

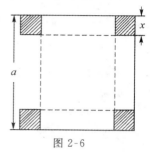

解 设 x 表示截去小正方形的边长,则盒子的容积为

$$V=x(a-2x)^2, x\in\left[0,\frac{a}{2}\right].$$

$$\frac{\mathrm{d}V}{\mathrm{d}x}=(a-2x)^2-4x(a-2x)=(a-2x)(a-6x).$$

令 $\frac{\mathrm{d}V}{\mathrm{d}x}=0$,解得 $x_1=\frac{a}{2}$(舍去),$x_2=\frac{a}{6}\in\left(0,\frac{a}{2}\right)$.

图 2-6

由于 $V(0)=0,V\left(\frac{a}{2}\right)=0,V\left(\frac{a}{6}\right)=\frac{2a^3}{27}$,故 $M=\frac{2a^3}{27}$. 因此。正方形的四个角各截去一块边长为 $\frac{a}{6}$ 的小正方形后,才能做成容积最大的盒子.

例 2.2.45 欲制造一个容积为 V 的圆柱形有盖容器,如何设计可使材料最省?

解 设容器的高为 h,底圆半径为 r(见图 2-7),则所需材料的表面积为

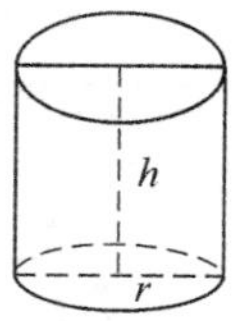

$$S=2\pi r^2+2\pi rh.$$

由于 $V=\pi r^2h$,所以把 $h=\frac{V}{\pi r^2}$ 代入上式,得

$$S(r)=2\pi r^2+\frac{2V}{r},0<r<+\infty.$$

图 2-7

由于 $\frac{\mathrm{d}S}{\mathrm{d}r}=4\pi r-\frac{2V}{r^2}=\frac{4\pi}{r^2}\left(r^3-\frac{V}{2\pi}\right)$. 令 $\frac{\mathrm{d}S}{\mathrm{d}r}=0$,解得 $r=\sqrt[3]{\frac{V}{2\pi}}$,而

$$\frac{\mathrm{d}^2S}{\mathrm{d}r^2}=4\pi+\frac{4V}{r^3},\frac{\mathrm{d}^2S}{\mathrm{d}r^2}\bigg|_{r=\sqrt[3]{\frac{V}{2\pi}}}=12\pi>0,$$

故 $r=\sqrt[3]{\frac{V}{2\pi}}$ 是唯一的极小值,所以它必为最小值. 从而,当 $r=\sqrt[3]{\frac{V}{2\pi}},h=2r$ 时,即在盖圆柱形容器的高与底圆直径相等时,用料最省.

类型 2.12 曲线的渐近线

解题策略 若 $\lim\limits_{x\to\infty}\frac{f(x)}{x}=a$(常数),$\lim\limits_{x\to\infty}(f(x)-ax)=b$(常数),则 $y=ax+b$ 是 $y=f(x)$ 当 $x\to\infty$($x\to+\infty$ 或 $x\to-\infty$)时的斜渐进线.

当 $x\to\infty$ 时,$\frac{f(x)}{x}$ 的极限不存在,并不能表明 $f(x)$ 没有斜渐近线,还应当分别考虑 $x\to+\infty$ 或 $x\to-\infty$ 的情况,比如 $\lim\limits_{x\to+\infty}\frac{f(x)}{x}=a$(常数),$\lim\limits_{x\to+\infty}(f(x)-ax)=b$(常数),则 $y=ax+b$ 是 $y=f(x)$ 当 $x\to+\infty$ 时的斜渐近线,$x\to-\infty$ 也是如此.除非 $x\to+\infty$ 或 $x\to-\infty$ 时,$\frac{f(x)}{x}$ 的极限都不存在,则 $y=f(x)$ 没有斜渐近线.

特别地,当 $a=0$ 时,$y=b$ 称为 $y=f(x)$ 当 $x\to\infty$ 时的水平渐近线.

水平渐近线已包含在斜渐近线中.如直接问有没有水平渐近线,只要看 $\lim\limits_{x\to\infty}f(x)$、$\lim\limits_{x\to+\infty}f(x)$ 或 $\lim\limits_{x\to-\infty}f(x)$ 是否存在. 由定义可知,$x=x_0$ 是 $y=f(x)$ 铅垂渐近线的充要条件是 $\lim\limits_{x\to x_0}f(x)=\infty$(或 $\lim\limits_{x\to x_0^-}f(x)=\infty$,或 $\lim\limits_{x\to x_0^+}f(x)=\infty$). 从而求铅垂渐近线,先找 x_0,使 $\lim\limits_{x\to x_0}f(x)=\infty$(或 $\lim\limits_{x\to x_0^-}f(x)=\infty$,或 $\lim\limits_{x\to x_0^+}f(x)=\infty$). 因此,若 $f(x)$ 是初等函数,而 $f(x)$ 在 x_0 处没定义且在 x_0 的一侧或两侧有定义,则 x_0 是怀疑点,再看

$\lim\limits_{x \to x_0} f(x)$、$\lim\limits_{x \to x_0^+} f(x)$ 或 $\lim\limits_{x \to x_0^-} f(x)$ 是否为 ∞. 若 $f(x)$ 是分段函数,则分界点 x_0 是怀疑点,再看 $\lim\limits_{x \to x_0} f(x)$、

$\lim\limits_{x \to x_0^-} f(x)$ 或 $\lim\limits_{x \to x_0^+} f(x)$ 是否为 ∞,然后断定 $x = x_0$ 是否为铅垂渐近线.

类型 2.13　曲线的描绘

解题策略　①确定函数的定义域;②研究函数的奇偶性、周期性;③确定函数的单调区间与极值;④确定函数的凹凸区间与拐点;⑤求出函数的所有渐近线(如果有的话);⑥再描出一些点,如曲线与坐标轴的交点,每个单调区间和凹凸区间再描几个点,$f(x)$ 在 $[a,b]$ 上有意义,要计算 $f(a)$,$f(b)$,若 $f(x)$ 在 (a,b) 或 $(-\infty,+\infty)$ 内有定义,要考察当 x 趋于端点或 $x \to \infty$ 时,函数值的变化趋势.

注　若曲线有渐近线,应首先画出渐近线,而③和④两步通常合在一起用列表法.

例 2.2.46　描绘函数 $y = \dfrac{(x-3)^2}{4(x-1)}$ 的图形.

解　(1)函数的定义域为 $(-\infty,1) \cup (1,+\infty)$.(2)函数非奇偶.

(3)令 $y' = \dfrac{(x-3)(x+1)}{4(x-1)^2} = 0$,解得 $x = -1,3$.$x = 1$ 时,y' 不存在.

(4)令 $y'' = \dfrac{2}{(x-1)^3} = 0$,解得 $x = 1$ 时,y'' 不存在.列表如下.

x	$(-\infty,-1)$	-1	$(-1,1)$	1	$(1,3)$	3	$(3,+\infty)$
$f'(x)$	$+$	0	$-$	不存在	$-$	0	$+$
$f''(x)$	$-$		$-$	不存在	$+$		$+$
$f(x)$	↗凸	极大值	↘凸		↘凹	极小值	凹↗

(5)$\lim\limits_{x \to 1} \dfrac{(x-3)^2}{4(x-1)} = \infty$,所以直线 $x = 1$ 是曲线的垂直渐近线,又

$$\lim_{x \to \infty} \frac{f(x)}{x} = \lim_{x \to \infty} \frac{(x-3)^2}{4x(x-1)} = \frac{1}{4} = k,$$

$$\lim_{x \to \infty} [f(x) - kx] = \lim_{x \to \infty} \left[\frac{(x-3)^2}{4(x-1)} - \frac{1}{4}x \right] = \lim_{x \to \infty} \frac{-5x+9}{4(x-1)} = -\frac{5}{4} = b.$$

所以直线 $y = \dfrac{1}{4}x - \dfrac{5}{4}$ 是曲线当 $x \to \infty$ 时的斜渐近线.

(6)曲线经过 $(3,0)$,$\left(0, -\dfrac{9}{4}\right)$.

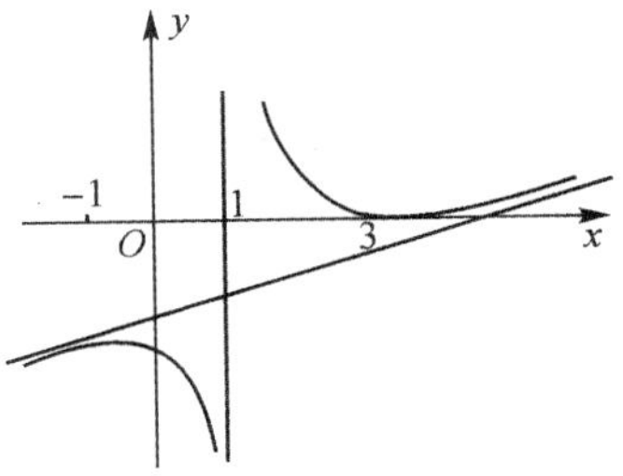

根据上面的讨论,作出函数图形如图 2-8 所示.

图 2-8

类型 2.14　求曲线的曲率

解题策略　用曲率公式求解.

例 2.2.47　求椭圆 $x = a\cos t$,$y = b\sin t$,$a \geqslant b > 0$,$0 \leqslant t \leqslant 2\pi$ 上曲率最大和最小的点.

解　由于 $x' = -a\sin t$,$x'' = -a\cos t$,$y' = b\cos t$,$y'' = -b\sin t$,所以

$$k = \frac{ab}{(a^2 \sin^2 t + b^2 \cos^2 t)^{\frac{3}{2}}} = \frac{ab}{[(a^2 - b^2)\sin^2 t + b^2]^{\frac{3}{2}}}.$$

当 $t = 0$,π 时,$\sin^2 t = 0$ 为最小值;$t = \dfrac{\pi}{2}$,$\dfrac{3\pi}{2}$ 时 $\sin^2 t = 1$ 为最大.从而 $t = 0$,π 时,曲率 $k = \dfrac{a}{b^2}$ 为最大值;

$t = \dfrac{\pi}{2}$,$\dfrac{3\pi}{2}$ 时,曲线 $k = \dfrac{b}{a^2}$ 为最小值.特别地,当 $a = b = R$ 时,椭圆变为圆,则 $k = \dfrac{1}{R}$.

三、综合例题精选

证明不等式

例 2.2.48 试证:当 $x>0$ 时,$(x^2-1)\ln x \geqslant (x-1)^2$.

证法一 令 $\varphi(x)=(x^2-1)\ln x-(x-1)^2$,$\varphi(1)=0$,由于

$$\varphi'(x)=2x\ln x-x+2-\frac{1}{x},\varphi'(1)=0,\varphi''(x)=2\ln x+1+\frac{1}{x^2},\varphi''(1)=2>0,\varphi'''(x)=\frac{2(x^2-1)}{x^3},$$

当 $0<x<1$ 时,$\varphi'''(x)<0$;当 $1<x<+\infty$ 时,$\varphi''(x)>0$.从而当 $x\in(0,+\infty)$ 时,$\varphi''(x)\geqslant\varphi''(1)=2>0$,知 $\varphi'(x)$ 严格递增.当 $0<x<1$ 时,$\varphi'(x)<\varphi'(1)=0$;当 $1<x<+\infty$ 时,$\varphi'(x)>\varphi'(1)=0$.知 $\varphi(1)=0$ 为最小值.故 $0<x<+\infty$ 时,$\varphi(x)\geqslant\varphi(1)$,即 $(x^2-1)\ln x-(x-1)^2\geqslant0$.

证法二 令 $\varphi(x)=\ln x-\frac{x-1}{x+1}$,则 $\varphi'(x)=\frac{1}{x}-\frac{2}{(x+1)^2}=\frac{x^2+1}{x(x+1)^2}>0(x>0)$.

因为 $\varphi(1)=0$,所以当 $0<x<1$ 时,$\varphi(x)<0$,$x^2-1<0\Rightarrow(x^2-1)\varphi(x)>0$;当 $1<x<+\infty$ 时,$\varphi(x)>0$,$x^2-1>0\Rightarrow(x^2-1)\varphi(x)>0$.总之,$(x^2-1)\ln x-(x-1)^2=(x^2-1)\varphi(x)>0$.

证法三 由于 $(x^2-1)\ln x-(x-1)^2=(x-1)^2\left[\frac{(x+1)\ln x}{x-1}-1\right](x\neq1)$,而 $\frac{\ln x}{x-1}=\frac{\ln x-\ln 1}{x-1}=\frac{1}{\xi}$,其中 ξ 介于 1 与 x 之间.当 $0<x<1$ 时,有 $x<\xi<1<1+x$;当 $1<x$ 时,有 $1<\xi<x<1+x$,总有 $\frac{x+1}{\xi}>1$,知 $(x^2-1)\ln x-(x-1)^2=(x-1)^2\left[\frac{x+1}{\xi}-1\right]>0$.当 $x=0$ 时,显然不等式成立,故原不等式成立.

证法四 由证法一知 $\varphi(1)=0$,$\varphi'(1)=0$,$\varphi''(1)=2$.当 $0<x<1$ 时,$\varphi'''(x)<0$;当 $1<x<+\infty$ 时,$\varphi'''(x)>0$.将 $\varphi(x)>0$ 在 $x=1$ 处展成泰勒公式,得

$$\varphi(x)=\varphi(1)+\varphi'(1)(x-1)+\frac{1}{2!}\varphi''(1)(x-1)^2+\frac{1}{3!}\varphi'''(1)(x-1)^3=(x-1)^2+\frac{1}{6}\varphi'''(\xi)(x-1)^3\geqslant0.$$

例 2.2.49 设 $f(x)$ 在 $[0,1]$ 上具有二阶导数,$f(0)=f(1)$,且当 $x\in(0,1)$ 时,$|f''(x)|\leqslant A$(常数).证明:当 $x\in(0,1)$ 时,$|f'(x)|\leqslant\frac{A}{2}$.

证明 $\forall x\in(0,1)$,$f(y)$ 在 x 处展成泰勒公式 $f(y)=f(x)+f'(x)(y-x)+\frac{1}{2!}f''(\xi)(y-x)^2$,

$$f(0)=f(x)-f'(x)x+\frac{1}{2}f''(\xi_1)x^2,0<\xi_1<x, \tag{①}$$

$$f(1)=f(x)+f'(x)(1-x)+\frac{1}{2}f''(\xi_2)(1-x)^2,x<\xi_2<1. \tag{②}$$

②-①,得

$$0=f(1)-f(0)=-f'(x)+\frac{1}{2}[f''(\xi_2)(1-x)^2-f''(\xi_1)x^2],$$

$$|f'(x)|\leqslant\frac{1}{2}[|f''(\xi_1)|x^2+|f''(\xi_2)|(1-x)^2]\leqslant\frac{A}{2}[x^2+(1-x)^2].$$

设 $g(x)=x^2+(1-x)^2$,由 $g(x)$ 在 $[0,1]$ 上连续,$g(x)$ 必有最小值与最大值.

$g'(x)=2x-2(1-x)$,令 $g'(x)=0$,得 $x=\frac{1}{2}$,$g\left(\frac{1}{2}\right)=\frac{1}{2}$,$g(0)=1$,$g(1)=1$,知 $m=\frac{1}{2}$,$M=1$.

故对一切 $x\in(0,1)$,$x^2+(1-x)^2\leqslant1$,因此 $|f'(x)|\leqslant\frac{A}{2}$.

自测题

一、填空题

1. 设函数 $f(x) = \cos x^{\frac{2}{3}}$，则 $f'(0) = $ _____.

2. 已知曲线 $y = x^3 - 3a^2x + b$ 与 x 轴相切，则 b^2 可以通过 a 表示为 $b^2 = $ _____.

3. 设函数 $f(x) = \begin{cases} x^\lambda \cos \dfrac{1}{x}, & \text{若 } x \neq 0, \\ 0, & \text{若 } x = 0, \end{cases}$ 其导函数在 $x = 0$ 处连续,则 λ 的取值范围是 _____.

4. 曲线 $y = \ln x$ 上与直线 $x + y = 1$ 垂直的切线方程为 _____.

5. 设函数 $y = f(x)$ 由方程 $xy + 2\ln x = y^4$ 所确定,则曲线 $y = f(x)$ 在点 $(1,1)$ 处的切线方程为 _____.

6. 曲线 $\begin{cases} x = \displaystyle\int_0^{1-t} e^{-u^2} \mathrm{d}u, \\ y = t^2 \ln(2 - t^2) \end{cases}$ 在点 $(0,0)$ 处的切线方程为 _____.

7. 数螺线 $\rho = e^\theta$ 在点 $(\rho, \theta) = \left(e^{\pi/2}, \dfrac{\pi}{2}\right)$ 处的切线的直角坐标方程为 _____.

8. 已知一个长方形的长 l 以 2cm/s 的速率增加,宽 w 以 3cm/s 的速率增加,则当 $l = 12$cm,$w = 5$cm 时,它的对角线增加的速率为 _____.

9. 设函数 $y = (1 + \sin x)^x$,则 $\mathrm{d}y|_{x=\pi} = $ _____.

10. 曲线 $f(x) = x^{\frac{5}{3}} - 5x^{\frac{2}{3}}$ 的拐点为 _____.

11. 设函数 $y(x)$ 由参数方程 $\begin{cases} x = t^3 + 3t + 1, \\ y = t^3 - 3t + 1 \end{cases}$ 确定,则曲线 $y = y(x)$ 向上凸的 x 取值范围为 _____.

12. 设函数 $y = \dfrac{1}{2x + 3}$,则 $y^{(n)}(0) = $ _____.

13. 曲线 $y = 2^x$ 的麦克劳林公式中 x^n 项的系数是 _____.

14. 曲线 $y = \dfrac{(1 + x)^{\frac{3}{2}}}{\sqrt{x}}$ 的斜渐近线方程为 _____.

15. 曲线 $y = \dfrac{x^2}{2x + 1}$ 的斜渐近线方程为 _____.

16. 曲线 $\begin{cases} x = t, \\ y = t + 2\arctan t \end{cases}$ 的渐近线方程是 _____.

二、选择题

17. 设函数 $f(x) = (e^x - 1)(e^{2x} - 2) \cdots (e^{nx} - n)$,其中 n 为正整数,则 $f'(0) = $ 　　　（　　）

　(A) $(-1)^{n-1}(n-1)!$　　(B) $(-1)^n(n-1)!$　　(C) $(-1)^{n-1}n!$　　(D) $(-1)^n n!$

18. 若函数 $f(x) = \lim\limits_{n \to \infty} \sqrt[n]{1 + |x|^{3n}}$,则 $f(x)$ 在 $(-\infty, +\infty)$ 内　（　　）

　(A) 处处可导　　　　　　　　　　　(B) 恰有 1 个不可导点

　(C) 恰有 2 个不可导点　　　　　　　(D) 至少有 3 个不可导点

19. 设函数 $y = y(x)$ 由参数方程 $\begin{cases} x = t^2 + 2t, \\ y = \ln(1 + t) \end{cases}$ 确定,则曲线 $y = y(x)$ 在 $x = 3$ 处的法线与 x 轴交点的横坐标是　（　　）

　(A) $\dfrac{1}{8}\ln 2 + 3$　　　　　　　　(B) $-\dfrac{1}{8}\ln 2 + 3$

　(C) $-8\ln 2 + 3$　　　　　　　　　(D) $8\ln 2 + 3$

20. 设函数 $f(x)$ 在 $x = a$ 的某个邻域内有定义,则 $f(x)$ 在 $x = a$ 处可导的一个充分条件是　（　　）

(A) $\lim\limits_{h\to+\infty} h\left[f\left(a+\dfrac{1}{h}\right)-f(a)\right]$ 存在   (B) $\lim\limits_{h\to0}\dfrac{f(a+2h)-f(a+h)}{h}$ 存在

(C) $\lim\limits_{h\to0}\dfrac{f(a+h)-f(a-h)}{2h}$ 存在   (D) $\lim\limits_{h\to0}\dfrac{f(a)-f(a-h)}{h}$ 存在

21. 以下 4 个命题中,正确的是   (   )

 (A) 若 $f'(x)$ 在 $(0,1)$ 内连续,则 $f(x)$ 在 $(0,1)$ 内有界

 (B) 若 $f(x)$ 在 $(0,1)$ 内连续,则 $f(x)$ 在 $(0,1)$ 内有界

 (C) 若 $f'(x)$ 在 $(0,1)$ 内有界,则 $f(x)$ 在 $(0,1)$ 内有界

 (D) 若 $f(x)$ 在 $(0,1)$ 内有界,则 $f'(x)$ 在 $(0,1)$ 内有界

22. 已知函数 $f(x)$ 具有任意阶导数,且 $f'(x)=\left[f(x)\right]^2$,则当 n 为大于 2 的正整数时,$f(x)$ 的 n 阶导数 $f^{(n)}(x)$ 是   (   )

 (A) $n!\left[f(x)\right]^{n+1}$ (B) $n\left[f(x)\right]^{n+1}$ (C) $n!\left[f(x)\right]^{2n}$ (D) $n\left[f(x)\right]^{2n}$

23. 设函数 $y=f(x)$ 具有二阶导数,且 $f'(x)>0$,$f''(x)>0$,Δx 为自变量 x 在 x_0 处的增量,Δy 与 $\mathrm{d}y$ 分别为 $f(x)$ 在点 x_0 处对应的增量与微分,若 $\Delta x>0$,则   (   )

 (A) $0<\mathrm{d}y<\Delta y$ (B) $0<\Delta y<\mathrm{d}y$

 (C) $\Delta y<\mathrm{d}y<0$ (D) $\mathrm{d}y<\Delta y<0$

24. 设方程 $x^7+x^5+x+1=0$,则其实根的个数是   (   )

 (A) 仅有一实根   (B) 有多于一个实根   (C) 无实根   (D) 有 7 个实根

25. 设函数 $f(x)=x^2(x-1)(x-2)$,$f'(x)$ 的零点个数为   (   )

 (A) 0   (B) 1   (C) 2   (D) 3

26. 函数 $f(x)=\ln|(x-1)(x-2)(x-3)|$ 的驻点个数为   (   )

 (A) 0   (B) 1   (C) 2   (D) 3

27. 设函数 $f(x)=f(-x)$,且在 $(0,+\infty)$ 内二阶可导,又 $f'(x)>0$,$f''(x)<0$,则 $f(x)$ 在 $(-\infty,0)$ 内的单调性和图形的凹凸是   (   )

 (A) 单调增,凸的   (B) 单调减,凸的   (C) 单调增,凹的   (D) 单调减,凹的

28. 当 a 取下列哪个值时,函数 $f(x)=2x^3-9x^2+12x-a$ 恰好有两个不同的零点?   (   )

 (A) 2   (B) 4   (C) 6   (D) 8

29. 设函数 $f(x)=x\sin x+\cos x$,下列命题中正确的是   (   )

 (A) $f(0)$ 是极大值,$f\left(\dfrac{\pi}{2}\right)$ 是极小值   (B) $f(0)$ 是极小值,$f\left(\dfrac{\pi}{2}\right)$ 是极大值

 (C) $f(0)$ 是极大值,$f\left(\dfrac{\pi}{2}\right)$ 也是极大值   (D) $f(0)$ 是极小值,$f\left(\dfrac{\pi}{2}\right)$ 也是极小值

30. 若 $f''(x)$ 不变号,且曲线 $y=f(x)$ 在点 $(1,1)$ 处的曲率圆为 $x^2+y^2=2$,则函数 $f(x)$ 在区间 $(1,2)$ 内   (   )

 (A) 有极值点,无零点   (B) 无极值点,有零点

 (C) 有极值点,有零点   (D) 无极值点,无零点

31. 曲线 $y=(x-1)(x-2)^2(x-3)^3(x-4)^4$ 的拐点是   (   )

 (A) $(1,0)$ (B) $(2,0)$ (C) $(3,0)$ (D) $(4,0)$

32. 设函数 $f(x)=|x(1-x)|$,则   (   )

 (A) $x=0$ 是 $f(x)$ 的极值点,但 $(0,0)$ 不是曲线 $y=f(x)$ 的拐点

 (B) $x=0$ 不是 $f(x)$ 的极值点,但 $(0,0)$ 是曲线 $y=f(x)$ 的拐点

 (C) $x=0$ 是 $f(x)$ 的极值点,且 $(0,0)$ 是曲线 $y=f(x)$ 的拐点

 (D) $x=0$ 不是 $f(x)$ 的极值点,也不是曲线 $y=f(x)$ 的拐点

33. 设函数 $f(x)$,$g(x)$ 具有二阶导数,且 $g''(x)<0$,若 $g(x_0)=a$ 是 $g(x)$ 的极值,则 $f(g(x))$ 在 x_0 取极大值的一个充分条件是   (   )

 (A) $f'(a)<0$ (B) $f'(a)>0$ (C) $f''(a)<0$ (D) $f''(a)>0$

34. 设函数 $f(x)=\ln^{10}x, g(x)=x, h(x)=\mathrm{e}^{\frac{x}{10}}$，则当 x 充分大时有　　　　（　　）

 (A) $g(x)<h(x)<f(x)$　　　　　　　(B) $h(x)<g(x)<f(x)$

 (C) $f(x)<g(x)<h(x)$　　　　　　　(D) $g(x)<f(x)<h(x)$

35. 设函数 $f'(x)$ 在 $[a,b]$ 上连续，且 $f'(a)>0, f'(b)<0$，则下列结论中错误的是　（　　）

 (A) 至少存在一点 $x_0\in(a,b)$，使得 $f(x_0)>f(a)$

 (B) 至少存在一点 $x_0\in(a,b)$，使得 $f(x_0)>f(b)$

 (C) 至少存在一点 $x_0\in(a,b)$，使得 $f'(x_0)=0$

 (D) 至少存在一点 $x_0\in(a,b)$，使得 $f(x_0)=0$

36. 设函数 $f(x)$ 连续，且 $f'(0)>0$，则存在 $\delta>0$，使得　　　　　　　（　　）

 (A) $f(x)$ 在 $(0,\delta)$ 内单调增加　　　(B) $f(x)$ 在 $(-\delta,0)$ 内单调减少

 (C) 对任意的 $x\in(0,\delta)$，有 $f(x)>f(0)$　(D) 对任意的 $x\in(-\delta,0)$，有 $f(x)>f(0)$

37. 设 $\lim\limits_{x\to a}\dfrac{f(x)-f(a)}{(x-a)^2}=-1$，则在点 $x=a$ 处　　　　　　　（　　）

 (A) $f(x)$ 的导数存在，且 $f'(a)\neq 0$　　(B) $f(x)$ 取得极大值

 (C) $f(x)$ 取得极小值　　　　　　　　(D) $f(x)$ 的导数不存在

38. 曲线 $y=\dfrac{1}{x}+\ln(1+\mathrm{e}^x)$ 渐近线的条数为　　　　　　　　　　（　　）

 (A) 0　　　　　　(B) 1　　　　　　(C) 2　　　　　　(D) 3

39. 曲线 $y=\sqrt{x^2+2x+2}$，当 $x\to-\infty$ 时，它有斜渐近线　　　　　　（　　）

 (A) $y=x+1$　　(B) $y=-x+1$　　(C) $y=-x-1$　　(D) $y=x-1$

40. 设常数 $k>0$，函数 $f(x)=\ln x-\dfrac{x}{\mathrm{e}}+k$ 在 $(0,+\infty)$ 内的零点个数为（　　）

 (A) 3　　　　　(B) 2　　　　　　(C) 1　　　　　　(D) 0

三、解答题

41. 设函数 $f(x)$ 在 $(-\infty,+\infty)$ 上有定义，在区间 $[0,2]$ 上，$f(x)=x(x^2-4)$，若对任意的 x 都满足 $f(x)=kf(x+2)$，其中 k 为常数.

 (1) 写出 $f(x)$ 在 $[-2,0)$ 上的表达式；

 (2) 问：k 为何值时，$f(x)$ 在 $x=0$ 处可导？

42. 设函数 $y=y(x)$ 由参数方程 $\begin{cases}x=1+2t^2,\\ y=\displaystyle\int_1^{1+2\ln t}\dfrac{\mathrm{e}^u}{u}\mathrm{d}u\end{cases}(t>1)$ 所确定，求 $\dfrac{\mathrm{d}^2y}{\mathrm{d}x^2}\Big|_{x=9}$.

43. 设函数 $y=y(x)$ 由方程 $y\ln y-x+y=0$ 确定，试判断曲线 $y=y(x)$ 在点 $(1,1)$ 附近的凹凸性.

44. 设 $\begin{cases}x=\displaystyle\int_0^{t^2}\varphi(\sin u)\mathrm{d}u,\\ y=[\varphi(\sin t^2)]^2,\end{cases}\varphi(v)\neq 0, \varphi'(v)$ 存在，求 $\dfrac{\mathrm{d}y}{\mathrm{d}x}, \dfrac{\mathrm{d}^2y}{\mathrm{d}x^2}$.

45. 设函数 $\varphi(x)=(x^2-1)^n$，求 $\varphi^{(n+1)}(-1)$.

46. 设函数 $f(x)=\displaystyle\int_1^x\dfrac{\ln t}{t}\mathrm{d}t, x\in[1,+\infty)$，求曲线 $y=f(x)$ 在点 $(1,0)$ 处的曲率.

47. 在抛物线 $y=-x^2+1$ 上找一点 $P(a,b), a>0$，过 P 作该抛物线的切线，使此切线与抛物线及两坐标轴所围成的面积为最小，求 P 的坐标.

48. 已知函数 $f(x)$ 在区间 $[a,+\infty)$ 上具有二阶导数，$f(a)=0, f'(x)>0, f''(x)>0$，设 $b>a$，曲线 $y=f(x)$ 在点 $(b,f(b))$ 处的切线与 x 轴的交点是 $(x_0,0)$，证明 $a<x_0<b$.

49. 求方程 $k\arctan x-x=0$ 不同实根的个数，其中 k 为参数.

50. 证明：方程 $4\arctan x-x+\dfrac{4\pi}{3}-\sqrt{3}=0$ 恰有两个实根.

51. 讨论曲线 $y=4\ln x+k$ 与 $y=4x+\ln^4 x$ 的交点个数.

52.已知函数 $f(x)=\int_x^1 \sqrt{1+t^2}\,dt+\int_1^{x^2}\sqrt{1+t}\,dt$,求 $f(x)$ 零点的个数.

53.设常数 $a>0$,讨论曲线 $y=ax$ 与 $y=2\ln x$ 在第一象限中公共点的个数.

54.设函数 $f(x)$ 在闭区间 $[a,b]$ 上连续,在开区间 (a,b) 内可导,且 $f'(x)>0$.若极限 $\lim\limits_{x\to a^+}\dfrac{f(2x-a)}{x-a}$ 存在,证明:

(1) 在 (a,b) 内 $f(x)>0$;(2) 在 (a,b) 内存在点 ξ,使 $\dfrac{b^2-a^2}{\int_a^b f(x)dx}=\dfrac{2\xi}{f(\xi)}$;

(3) 在 (a,b) 内存在与(2)中 ξ 相异的点 η,使 $f'(\eta)(b^2-a^2)=\dfrac{2\xi}{\xi-a}\int_a^b f(x)dx$.

55.(1) 设 $a<b<c$,若 $f(x)=\sin[(x-a)(x-b)(x-c)]$,证明:在区间 (a,c) 内至少有 $f''(x)=0$ 的一个根.

(2) 设 $a<b<c$,函数 $f(x)$ 在 $[a,c]$ 上具有二阶导数,试证:存在一点 $\xi\in(a,c)$,使得 $\dfrac{f(a)}{(a-b)(a-c)}+\dfrac{f(b)}{(b-a)(b-c)}+\dfrac{f(c)}{(c-a)(c-b)}=\dfrac{1}{2}f''(\xi)$.

56.已知函数 $f(x)$ 在 $[0,1]$ 上连续,在 $(0,1)$ 内可导,且 $f(0)=0$,$f(1)=1$. 证明:

(1) 存在 $\xi\in(0,1)$,使得 $f(\xi)=1-\xi$;

(2) 存在两个不同的点 $\eta,\zeta\in(0,1)$,使得 $f'(\eta)f'(\zeta)=1$.

57.设函数 $f(x)$ 在 $[1,3]$ 上二阶导数连续,试证:至少存在一点 $\xi\in(1,3)$,使 $f''(\xi)=f(1)-2f(2)+f(3)$.

58.设函数 $f(x)$,$g(x)$ 在 $[a,b]$ 上连续,在 (a,b) 内具有二阶导数且存在相等的最大值,$f(a)=g(a)$,$f(b)=g(b)$.证明:存在 $\xi\in(a,b)$,使得 $f''(\xi)=g''(\xi)$.

59.设函数 $f(x)$ 在 $[0,3]$ 上连续,在 $(0,3)$ 内可导,且 $f(0)+f(1)+f(2)=3$,$f(3)=1$.证明:必存在 $\xi\in(0,3)$,使 $f'(\xi)=0$.

60.设 $f(0)=0$,$\lim\limits_{x\to 0}\dfrac{f(x)}{x^2}=a(a>0)$,证明:$f(x)$ 在 $x=0$ 处取到极小值.

61.设 $e<a<b<e^2$,证明:$\ln^2 b-\ln^2 a>\dfrac{4}{e^2}(b-a)$.

62.证明:当 $0<a<b<\pi$ 时,$b\sin b+2\cos b+\pi b>a\sin a+2\cos a+\pi a$.

63.证明:$x\ln\dfrac{1+x}{1-x}+\cos x\geqslant 1+\dfrac{x^2}{2}(-1<x<1)$.

64.(1) 证明:方程 $x^n+x^{n-1}+\cdots+x=1$(n 为 >1 的整数),在区间 $\left(\dfrac{1}{2},1\right)$ 内有且仅有一个实根;

(2) 记(1)中的实根为 x_n,证明:$\lim\limits_{n\to\infty}x_n$ 存在,并求此极限.

65.(1) 证明:对任意的正整数 n,都有 $\dfrac{1}{n+1}<\ln\left(1+\dfrac{1}{n}\right)<\dfrac{1}{n}$ 成立.

(2) 设 $a_n=1+\dfrac{1}{2}+\cdots+\dfrac{1}{n}-\ln n(n=1,2,\cdots)$,证明:数列 $\{a_n\}$ 收敛.

66.旗杆高 100m,一人以 3m/s 的速度向杆前进,当此人距杆脚 50m 时,他与杆顶距离的改变率为多少?

67.有一长度为 5m 的梯子贴靠在铅直的墙上,假设其下端沿地板以 3m/s 的速度离开墙脚而滑动,则

(1) 当其下端离开墙脚 1.4m 时,梯子的上端下滑之速率为多少?

(2) 何时梯子的上、下端能以相同的速率移动?

(3) 何时其上端下滑的速率为 4m/s?

68.一人走过一桥之速率为 4km/h,同时一船在此人底下以 8km/h 之速率划过,此桥比船高 200m,问:3min 后人与船相离之速率为多少?

第 3 章　一元函数积分学

> **了解**　反常积分的概念.
>
> **会**　求有理函数、三角函数有理式及简单无理函数的积分,求积分上限的函数导数,计算反常积分.
>
> **理解**　原函数的概念,不定积分和定积分的概念,积分上限的函数.
>
> **掌握**　不定积分的基本公式,不定积分和定积分的性质及定积分中值定理,换元积分法与分部积分法,牛顿—莱布尼茨公式,用定积分表达和计算一些几何量与物理量(平面图形的面积、平面曲线的弧长、旋转体的体积及侧面积、平行截面面积为已知的立体体积、功、引力、压力、质心、形心等)及函数的平均值等.

§3.1　不定积分

一、内容梳理

(一)基本概念

定义 3.1　设 $f(x)$ 在区间 I 上有定义,若存在一个可微函数 $F(x)$,使得对一切 $x \in I$,都有 $F'(x) = f(x)$,则称 $F(x)$ 是 $f(x)$ 在区间 I 上的一个原函数.

定义 3.2　若 $f(x)$ 在区间 I 上存在原函数,则 $f(x)$ 在区间 I 上的全体原函数称为 $f(x)$ 在区间 I 上的不定积分,记作 $\int f(x)\mathrm{d}x$.

(二)重要定理与公式

定理 3.1　若 $F(x)$ 是 $f(x)$ 在区间 I 上的一个原函数,则 $f(x)$ 在区间 I 的全体原函数为

$$\int f(x)\mathrm{d}x = F(x) + c, c \in \mathbf{R}, c \text{ 为常数}.$$

注　根据定义可知,求出的 $F(x)$ 的定义域至少要与 $f(x)$ 的定义域一样.

基本积分表(略)

注　从不定积分表中可看出,求出不定积分形式可以不一样,如何验证所求不定积分的正确性,只要对所求的不定积分求导,看是否为被积函数即可.

不定积分性质

性质 1　$\dfrac{\mathrm{d}}{\mathrm{d}x}\int f(x)\mathrm{d}x = f(x)$ 或 $\mathrm{d}\int f(x)\mathrm{d}x = f(x)\mathrm{d}x$.

性质2 $\int \mathrm{d}f(x)=f(x)+c$ 或 $\int f'(x)\mathrm{d}x=f(x)+c$.

性质3 若 $f(x),g(x)$ 的原函数都存在,则① $\int[f(x)\pm g(x)]\mathrm{d}x=\int f(x)\mathrm{d}x\pm\int g(x)\mathrm{d}x$;

② $\int \alpha f(x)\mathrm{d}x=\alpha\int f(x)\mathrm{d}x,\alpha$ 为常数,$\alpha\neq 0$.

注1 从性质2可知,不定积分是导数的逆运算,正是利用这一性质,寻找哪个函数的导数为 $f(x)$,则这个函数就是 $f(x)$ 的一个原函数.

注2 性质2说明求不定积分的一个方法,即如何把 $\int f(x)\mathrm{d}x$ 的表示成 $\int \mathrm{d}F(x)$ 的形式,实际上就是 $f(x)\mathrm{d}x=\mathrm{d}F(x)$,这正是微分的逆过程,从而可以利用我们所学的微分基本公式、微分的四则运算,尤其是一阶微分形式不变性,把 $f(x)\mathrm{d}x$ 写成 $\mathrm{d}F(x)$ 的形式,从而求出了 $f(x)$ 的不定积分.

1. 凑微分(第一换元法)

$$f(\varphi(x))\varphi'(x)\mathrm{d}x=f(\varphi(x))\mathrm{d}\varphi(x)\xrightarrow[\text{利用一阶微分不变性}]{\text{设}\varphi(x)=u}f(u)\mathrm{d}u\xrightarrow{\text{若}f(u)\text{的原函数}F(u)\text{存在}}\mathrm{d}F(u)=\mathrm{d}F(\varphi(x)),$$

知 $F(\varphi(x))$ 是 $f(\varphi(x))\varphi'(x)$ 的一个原函数,由分析过程可知以下定理.

定理3.2(凑微分) 设 $F'(u)=f(u),u=\varphi(x)$ 可导,则

$$\int f(\varphi(x))\varphi'(x)\mathrm{d}x=\int f(\varphi(x))\mathrm{d}\varphi(x)\xrightarrow{\text{令}\varphi(x)=u}\int f(u)\mathrm{d}u=F(u)+c=F(\varphi(x))+c.$$

注 对一个不定积分 $\int g(x)\mathrm{d}x$,要想运用凑微分,关键是能否把被积表达式 $g(x)\mathrm{d}x$ 表示成 $f(\varphi(x))\varphi'(x)\mathrm{d}x$ 的形式,并且要求 $f(u)$ 的原函数可以求出来,在具体运用此定理时,一般不引入中间变量 u(如果 $f(u)$ 的原函数直接求不出来就需要引入中间变量),而直接写出结果,即

$$\int g(x)\mathrm{d}x=\int f(\varphi(x))\varphi'(x)\mathrm{d}x=\int f(\varphi(x))\mathrm{d}\varphi(x)=F(\varphi(x))+c.$$

为了熟练运用凑微分,记住下列微分关系是必要的(其实就是求原函数).

$(1)\,\mathrm{d}x=\dfrac{1}{a}\mathrm{d}(ax+b)\,(a\neq 0)$;	$(6)\,x\mathrm{d}x=\dfrac{1}{2}\mathrm{d}(x^2\pm a^2)$;
$(2)\,x\mathrm{d}x=-\dfrac{1}{2}\mathrm{d}(a^2-x^2)$;	$(7)\,\dfrac{1}{x}\mathrm{d}x=\mathrm{d}\ln|x|$;
$(3)\,\dfrac{1}{\sqrt{x}}\mathrm{d}x=2\mathrm{d}\sqrt{x}$;	$(8)\,\mathrm{e}^x\mathrm{d}x=\mathrm{d}\mathrm{e}^x$;
$(4)\,\sin x\mathrm{d}x=-\mathrm{d}\cos x$;	$(9)\,\cos x\mathrm{d}x=\mathrm{d}\sin x$;
$(5)\,\dfrac{1}{\sqrt{1-x^2}}\mathrm{d}x=\mathrm{d}\arcsin x$;	$(10)\,\dfrac{1}{1+x^2}\mathrm{d}x=\mathrm{d}\arctan x$.

2. 变量代换(第二换元法)

由一阶微分形式的不变性知

$$f(x)\mathrm{d}x\xrightarrow{\text{若}x=\varphi(t)\text{可微}}f(\varphi(t))\mathrm{d}\varphi(t)=f(\varphi(t))\varphi'(t)\mathrm{d}t\xrightarrow{\text{若}f(\varphi(t))\varphi'(t)\text{有原函数}F(t)}\mathrm{d}F(t)$$

$$\xrightarrow[t=\varphi^{-1}(x)]{\text{若}x=\varphi(t)\text{严格单调}}\mathrm{d}F(\varphi^{-1}(x)),$$

知 $F(\varphi^{-1}(x))$ 是 $f(x)$ 的一个原函数,由此得以下定理.

定理3.3(变量代换法) 若 $x=\varphi(t)$ 严格单调,可微,且 $F'(t)=f(\varphi(t))\varphi'(t)$,则

$$\int f(x)\mathrm{d}x=F(\varphi^{-1}(x))+c.$$

用变量代换求不定积分的具体步骤是

$$\int f(x)\mathrm{d}x\xrightarrow{\text{令}x=\varphi(t)\text{可导}}\int f(\varphi(t))\mathrm{d}\varphi(t)=\int f(\varphi(t))\varphi'(t)\mathrm{d}t$$

$$f(\varphi(t))\,\varphi'(t) \text{ 有原函数 } F(t) \xrightarrow{\quad\quad} F(t)+c \xrightarrow{\;t=\varphi^{-1}(x)\;} F(\varphi^{-1}(x))+c.$$

变量代换适用于含有根式且原函数不能直接求出来,也不能用线性运算法则或凑微分求出来的被积函数,则需用变量代换,目的是为了去掉根号. 一般来说,当被积函数中含有以下式子时可考虑用变量代换.

(1) $\sqrt{a^2-x^2}$,令 $x=a\sin t$,$t\in\left[-\dfrac{\pi}{2},\dfrac{\pi}{2}\right]$. 　　(2) $\sqrt{a^2+x^2}$,令 $x=a\tan t$,$t\in\left(-\dfrac{\pi}{2},\dfrac{\pi}{2}\right)$.

(3) $\sqrt{x^2-a^2}$,令 $x=a\sec t$,$t\in\left[0,\dfrac{\pi}{2}\right)\cup\left(\dfrac{\pi}{2},\pi\right]$. 　　(4) $\sqrt[n]{\dfrac{ax+b}{cx+d}}$,令 $\sqrt[n]{\dfrac{ax+b}{cx+d}}=t$,解得 $x=\varphi(t)$,令 $x=\varphi(t)$.

变量代换不仅适用于去根号,只要通过变量代换能求出原函数都可以用.

3. 分部积分

定理 3.4(分部积分法)　若 $u=u(x)$,$v=v(x)$ 均可导,且 $\displaystyle\int u'(x)v(x)\mathrm{d}x$ 存在,则 $\displaystyle\int u(x)v'(x)\mathrm{d}x$ 也存在,且 $\displaystyle\int u(x)v'(x)\mathrm{d}x=u(x)v(x)-\int u'(x)v(x)\mathrm{d}x$,常写成 $\displaystyle\int u\mathrm{d}v=uv-\int v\mathrm{d}u$.

在具体运用这个公式时,关键是把被积函数表示成 $u(x)v'(x)$ 的形式,而且目的是要把 $u(x)$ 化简,$v(x)$ 能求出来,从而转化为求不定积分 $\displaystyle\int v(x)u'(x)\mathrm{d}x$.

分部积分适合下列情形,当 $p_n(x)$ 是 x 的 n 次多项式时,有以下公式.

(1) $\displaystyle\int p_n(x)\mathrm{e}^{ax}\mathrm{d}x=\int p_n(x)\mathrm{d}\,\dfrac{1}{a}\mathrm{e}^{ax}\,(a\neq 0)$.

(2) $\displaystyle\int p_n(x)\cos(ax+b)\mathrm{d}x=\int p_n(x)\mathrm{d}\,\dfrac{1}{a}\sin(ax+b)\,(a\neq 0)$.

(3) $\displaystyle\int p_n(x)\sin(ax+b)\mathrm{d}x=\int p_n(x)\mathrm{d}\left[-\dfrac{1}{a}\cos(ax+b)\right]\,(a\neq 0)$.

上面需要用 n 次分部积分.

在下列情形中,$p(x)$ 是 x 的多项式或其他 x 的表达式,当不能凑微分求出来时,常常要用分部积分.

(4) $\displaystyle\int p(x)f(\ln x)\mathrm{d}x$,令 $f(\ln x)=u$,$v'=p(x)$.

(5) $\displaystyle\int p(x)f(\arcsin x)\mathrm{d}x$,令 $f(\arcsin x)=u$,$v'=p(x)$.

(6) $\displaystyle\int p(x)f(\arctan x)\mathrm{d}x$,令 $f(\arctan x)=u$,$v'=p(x)$.

在求不定积分时,需要记住基本不定积分表(还有一些重要的不定积分结果)、线性运算法则、凑微分、变量代换、分部积分,有时还需要几种方法的综合运用等.

重要的不定积分有

$$\int\frac{1}{a^2+x^2}\mathrm{d}x\,(a\neq 0)=\frac{a}{a^2}\int\frac{1}{1+\left(\frac{x}{a}\right)^2}\mathrm{d}\left(\frac{x}{a}\right)=\frac{1}{a}\arctan\frac{x}{a}+c.$$

$$\int\tan x\mathrm{d}x=\int\frac{\sin x}{\cos x}\mathrm{d}x=-\int\frac{1}{\cos x}\mathrm{d}\cos x=-\ln|\cos x|+c.$$

$$\int\cot x\mathrm{d}x=\int\frac{\cos x}{\sin x}\mathrm{d}x=\int\frac{1}{\sin x}\mathrm{d}\sin x=\ln|\sin x|+c.$$

$$\int\frac{1}{a^2-x^2}\mathrm{d}x\,(a\neq 0)=\frac{1}{2a}\int\left(\frac{1}{a-x}+\frac{1}{a+x}\right)\mathrm{d}x=\frac{1}{2a}\left[-\int\frac{1}{a-x}\mathrm{d}(a-x)+\int\frac{1}{a+x}\mathrm{d}(a+x)\right]$$

$$=\frac{1}{2a}[-\ln|a-x|+\ln|a+x|]+c=\frac{1}{2a}\ln\left|\frac{a+x}{a-x}\right|+c.$$

这些结果要记住.

例 3.1.1　求 $\displaystyle\int\csc x\mathrm{d}x$.

解法一
$$\int \csc x \, dx = \int \frac{1}{\sin x} dx = \int \frac{\sin x}{\sin^2 x} dx = -\int \frac{1}{1-\cos^2 x} d\cos x$$
$$= -\frac{1}{2}\ln\left|\frac{1+\cos x}{1-\cos x}\right| + c = \frac{1}{2}\ln\left|\frac{1-\cos x}{1+\cos x}\right| + c$$
$$= \frac{1}{2}\ln\left|\frac{(1-\cos x)^2}{1-\cos^2 x}\right| + c = \ln\left|\frac{1-\cos x}{\sin x}\right| + c = \ln|\csc x - \cot x| + c.$$

解法二
$$\int \csc x \, dx = \int \frac{1}{\sin x} dx = \int \frac{1}{2\sin\frac{x}{2}\cos\frac{x}{2}} dx = \int \frac{1}{\tan\frac{x}{2}\cos^2\frac{x}{2}} d\frac{x}{2} = \int \frac{1}{\tan\frac{x}{2}} d\tan\frac{x}{2}$$
$$= \ln\left|\tan\frac{x}{2}\right| + c = \ln\left|\frac{1-\cos x}{\sin x}\right| + c = \ln|\csc x - \cot x| + c.$$

同理可求 $\int \sec x \, dx = \ln|\sec x + \tan x| + c$,这两个结果要记住.

注 不要忘了加 c,加了 c 是一族原函数,不加 c 只是一个原函数,相差甚远.

例 3.1.2 求 $\int \frac{1}{\sqrt{x^2+a^2}} dx (a>0)$.

解 令 $x = a\tan t$,

$$原式 = \int \frac{1}{\sqrt{a^2\tan^2 t + a^2}} da\tan t = \int \frac{a\sec^2 t}{a|\sec t|} dt$$

$$\xrightarrow{t\in(-\frac{\pi}{2},\frac{\pi}{2})} \int \frac{\sec^2 t}{\sec t} dt = \int \sec t \, dt = \ln|\sec t + \tan t| + c.$$

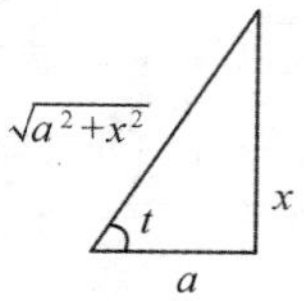

图 3-1

由 $\tan t = \frac{x}{a}$,作出直角三角形,如图 3-1 所示. 可知 $\sec t = \frac{\sqrt{a^2+x^2}}{a}$,于是

$$原式 = \ln\left|\frac{\sqrt{a^2+x^2}}{a} + \frac{x}{a}\right| + c = \ln|x+\sqrt{x^2+a^2}| + c - \ln|a| = \ln(x+\sqrt{x^2+a^2}) + c_1,$$

其中 $c_1 = c - \ln|a|$.

同理可得 $\int \frac{1}{\sqrt{x^2-a^2}} dx = \ln|x+\sqrt{x^2-a^2}| + c$.

这两个结果要记住.

注 在利用三角变换时,换回原变量时,尽管可以用三角公式,但很麻烦. 一般根据三角变换,画出直角三角形,求出三角形的各边长,然后根据三角函数的定义,非常方便地求出所需角 t 的三角函数值.

设 $P_n(x)$,$Q_m(x)$ 分别是 n 次和 m 次多项式,称 $\frac{Q_m(x)}{P_n(x)}$ 为有理函数,当 $m<n$ 时,称为有理真分式,当 $m \geq n$ 时,称为有理假分式,利用多项式除法,有理假分式可以化成多项式与有理真分式之和. 由于多项式的不定积分可用幂函数的不定积分与线性运算法则求出,而有理真分式通过待定系数法或赋值法可化为第一类最简分式与第二类最简分式之和.

第一类最简分式的不定积分:$\int \frac{A}{(x-a)^n} dx = \begin{cases} A\ln|x-a| + c, & n=1, \\ \frac{A}{(-n+1)(x-a)^{n-1}} + c, & n>1. \end{cases}$

第二类最简分式的不定积分:$\int \frac{Mx+N}{(x^2+px+q)^n} dx = \int \frac{Mx+N}{\left[(x+\frac{p}{2})^2 + \frac{4q-p^2}{4}\right]^n} d(x+\frac{p}{2})$,其中 $p^2-4q<0$.

由于 $\frac{4q-p^2}{4} > 0$,设 $\frac{\sqrt{4q-p^2}}{2} = a$,令 $x+\frac{p}{2} = t$,于是

$$\int \frac{Mx+N}{(x^2+px+q)^n} dx = \int \frac{M(t-\frac{p}{2})+N}{(t^2+a^2)^n} dt = M\int \frac{t}{(t^2+a^2)^n} dt + (N-\frac{MP}{2})\int \frac{1}{(t^2+a^2)^n} dt.$$

而 $\int \dfrac{t}{(t^2+a^2)^n}\mathrm{d}t = \dfrac{1}{2}\int\dfrac{1}{(t^2+a^2)^n}\mathrm{d}(t^2+a^2) = \begin{cases} \dfrac{1}{2}\ln(t^2+a^2)+c, & n=1, \\[3mm] \dfrac{1}{2(1-n)}\cdot\dfrac{1}{(t^2+a^2)^{n-1}}+c, & n>1. \end{cases}$

对于积分 $\int\dfrac{\mathrm{d}t}{(t^2+a^2)^n}$ 可利用后面的例题的结果来计算,然后把 $t=x+\dfrac{p}{2}$ 代入,便可求出.

定理 3.5　一切有理函数的原函数总可以用多项式、有理函数、对数函数及反正切函数表达出来,即有理函数的原函数一定是初等函数.

三角函数有理式的不定积分

由 $u_1(x),u_2(x),\cdots,u_k(x)$ 及常数经过有限次四则运算所得到的函数称为关于 $u_1(x),u_2(x),\cdots,u_k(x)$ 的有理式,记作 $R(u_1(x),u_2(x),\cdots,u_k(x))$.

由于三角函数有理式 $R(\sin x,\cos x,\tan x,\cot x,\sec x,\csc x)=R(\sin x,\cos x)$,所以,只要讨论 $\int R(\sin x,\cos x)\mathrm{d}x$. 对于这类积分,可以利用变换 $t=\tan\dfrac{x}{2}$,$x\in(-\pi,\pi)$,把它们转化为 t 的有理函数的积分,从而求得函数. 因为

$$\sin x=\dfrac{2\tan\dfrac{x}{2}}{1+\tan^2\dfrac{x}{2}}=\dfrac{2t}{1+t^2},\quad \cos x=\dfrac{1-\tan^2\dfrac{x}{2}}{1+\tan^2\dfrac{x}{2}}=\dfrac{1-t^2}{1+t^2},\quad x=2\arctan t,\quad \mathrm{d}x=\dfrac{2\mathrm{d}t}{1+t^2},$$

故 $\displaystyle\int R(\sin x,\cos x)\mathrm{d}x=\int R\left(\dfrac{2t}{1+t^2},\dfrac{1-t^2}{1+t^2}\right)\dfrac{2}{1+t^2}\mathrm{d}t.$

显然,上式右端是关于变量 t 的有理函数的积分. 求出 t 的原函数后,只需将 $t=\tan\dfrac{x}{2}$ 代入关于 t 的积分结果即可.

二、考题类型、解题策略及典型例题

类型 1.1　被积函数中有对数函数

解题策略　用凑微分,否则用分部积分,有时先用线性运算法则化简.

例 3.1.3　求 $\displaystyle\int\dfrac{1}{1-x^2}\ln\left(\dfrac{1+x}{1-x}\right)\mathrm{d}x$.

分析　由 $\int\dfrac{1}{a^2-x^2}\mathrm{d}x(a\neq 0)=\dfrac{1}{2a}\ln\left|\dfrac{a+x}{a-x}\right|+c$,用凑微分.

解　原式 $=\dfrac{1}{2}\displaystyle\int\ln\left(\dfrac{1+x}{1-x}\right)\mathrm{d}\ln\left(\dfrac{1+x}{1-x}\right)=\dfrac{1}{4}\ln^2\left(\dfrac{1+x}{1-x}\right)+c.$

例 3.1.4　求 $\displaystyle\int\dfrac{\ln x}{(1-x)^2}\mathrm{d}x$.

分析　带有对数,不能用凑微分,用分部积分.

解　原式 $=\displaystyle\int\ln x\,\mathrm{d}\dfrac{1}{1-x}=\dfrac{1}{1-x}\ln x-\int\dfrac{1}{1-x}\mathrm{d}\ln x=\dfrac{1}{1-x}\ln x-\int\dfrac{1}{x(1-x)}\mathrm{d}x$

$=\dfrac{1}{1-x}\ln x+\displaystyle\int\left(\dfrac{1}{x-1}-\dfrac{1}{x}\right)\mathrm{d}x=\dfrac{1}{1-x}\ln x+\ln|x-1|-\ln|x|+c=\dfrac{1}{1-x}\ln x+\ln\dfrac{|x-1|}{|x|}+c.$

类型 1.2　被积函数中有根式

解题策略　用凑微分,否则用变量代换,有时先用线性运算化简.

例 3.1.5　求 $\displaystyle\int\sqrt{\dfrac{\ln(x+\sqrt{1+x^2})}{1+x^2}}\mathrm{d}x$.

分析　由 $\int\dfrac{1}{\sqrt{x^2+a^2}}\mathrm{d}x=\ln(x+\sqrt{x^2+a^2})+c$,用凑微分.

解 原式 $= \displaystyle\int \frac{\sqrt{\ln(x+\sqrt{1+x^2})}}{\sqrt{1+x^2}}\mathrm{d}x = \int \left[\ln(x+\sqrt{1+x^2})\right]^{\frac{1}{2}}\mathrm{d}\ln(x+\sqrt{1+x^2})$

$\qquad = \dfrac{2}{3}\left[\ln(x+\sqrt{1+x^2})\right]^{\frac{3}{2}} + c.$

例 3.1.6 求 $\displaystyle\int \frac{\sin x\cos x}{\sqrt{a^2\sin^2 x + b^2\cos^2 x}}\mathrm{d}x.$

分析 $\mathrm{d}(a^2\sin^2 x + b^2\cos^2 x) = (2a^2\sin x\cos x - 2b^2\cos x\sin x)\mathrm{d}x = 2(a^2-b^2)\sin x\cos x\,\mathrm{d}x$，用凑微分.

解 ①当 $|a|\neq|b|$ 时，

$\qquad$ 原式 $= \dfrac{1}{2(a^2-b^2)}\displaystyle\int (a^2\sin^2 x + b^2\cos^2 x)^{-\frac{1}{2}}\mathrm{d}(a^2\sin^2 x + b^2\cos^2 x) = \dfrac{1}{a^2-b^2}\sqrt{a^2\cos^2 x + b^2\cos^2 x} + c.$

$\qquad$ ②当 $|a|=|b|\neq 0$ 时，

$\qquad\qquad$ 原式 $= \dfrac{1}{|a|}\displaystyle\int \sin x\cos x\,\mathrm{d}x = \dfrac{1}{|a|}\int \sin x\,\mathrm{d}\sin x = \dfrac{1}{2|a|}\sin^2 x + c.$

例 3.1.7 求 $\displaystyle\int \frac{\mathrm{d}x}{x\sqrt{x^2-1}}.$

解法一 当 $x>1$ 时，原式 $= \displaystyle\int \frac{\mathrm{d}x}{x^2\sqrt{1-\left(\frac{1}{x}\right)^2}} = -\int \frac{1}{\sqrt{1-\left(\frac{1}{x}\right)^2}}\mathrm{d}\frac{1}{x} = -\arcsin\frac{1}{x} + c.$

当 $x<-1$ 时，原式 $= \displaystyle\int \frac{\mathrm{d}x}{-x^2\sqrt{1-\left(\frac{1}{x}\right)^2}} = \int \frac{1}{\sqrt{1-\left(\frac{1}{x}\right)^2}}\mathrm{d}\frac{1}{x} = \arcsin\frac{1}{x} + c.$

总之，$\displaystyle\int \frac{\mathrm{d}x}{x\sqrt{x^2-1}} = -\arcsin\frac{1}{|x|} + c.$

解法二 原式 $= \displaystyle\int \frac{x\mathrm{d}x}{x^2\sqrt{x^2-1}} = \frac{1}{2}\int \frac{\mathrm{d}(x^2-1)}{x^2\sqrt{x^2-1}} = \int \frac{\mathrm{d}\sqrt{x^2-1}}{1+(\sqrt{x^2-1})^2} = \arctan\sqrt{x^2-1} + c.$

解法三 令 $x=\sec t$，则

$\qquad\qquad$ 原式 $= \displaystyle\int \frac{\mathrm{d}\sec t}{\sec t\sqrt{\sec^2 t - 1}} = \int \frac{\sec t\tan t}{\sec t|\tan t|}\mathrm{d}t$

$\qquad\qquad = \begin{cases} -\displaystyle\int \mathrm{d}t = -t + c = -\arccos\dfrac{1}{x} + c, & t\in\left(\dfrac{\pi}{2},\pi\right) \text{即 } x<-1, \\ \displaystyle\int \mathrm{d}t = t + c = \arccos\dfrac{1}{x} + c, & t\in\left(0,\dfrac{\pi}{2}\right) \text{即 } x>1. \end{cases}$

注 从这三种解法中可看出不定积分的形式差别很大，但确实都是被积函数的原函数.

例 3.1.8 求 $\displaystyle\int \frac{x\mathrm{e}^x}{\sqrt{\mathrm{e}^x-1}}\mathrm{d}x.$

分析 不能用凑微分，用变量代换与分部积分.

解 原式 $= \displaystyle\int \frac{x}{\sqrt{\mathrm{e}^x-1}}\mathrm{d}(\mathrm{e}^x-1) = 2\int x\,\mathrm{d}\sqrt{\mathrm{e}^x-1} \xlongequal{\text{设}\sqrt{\mathrm{e}^x-1}=u} 2\int \ln(1+u^2)\mathrm{d}u$

$\qquad = 2u\ln(1+u^2) - 2\displaystyle\int u\,\mathrm{d}\ln(1+u^2) = 2u\ln(1+u^2) - 4\int \frac{u^2}{1+u^2}\mathrm{d}u$

$\qquad = 2u\ln(1+u^2) - 4\displaystyle\int \left(1-\frac{1}{1+u^2}\right)\mathrm{d}u = 2u\ln(1+u^2) - 4u + 4\arctan u + c$

$\qquad = 2x\sqrt{\mathrm{e}^x-1} - 4\sqrt{\mathrm{e}^x-1} + 4\arctan\sqrt{\mathrm{e}^x-1} + c.$

类型 1.3 被积函数中有反三角函数

解题策略 用凑微分，否则用分部积分或变量代换，有时先用线性运算化简.

例 3.1.9 求 $\displaystyle\int (\arcsin x)^2\mathrm{d}x.$

解法一 $\displaystyle\int (\arcsin x)^2 \mathrm{d}x = x(\arcsin x)^2 - \int x \cdot 2\arcsin x \frac{1}{\sqrt{1-x^2}} \mathrm{d}x$

$$= x(\arcsin x)^2 + 2\int \arcsin x \mathrm{d}\sqrt{1-x^2}$$

$$= x(\arcsin x)^2 + 2\sqrt{1-x^2}\arcsin x - 2\int \mathrm{d}x$$

$$= x(\arcsin x)^2 + 2\sqrt{1-x^2}\arcsin x - 2x + c.$$

分析 对反三角函数不定积分,用变量代换,令反三角函数为 t,也可简化计算.

解法二 令 $\arcsin x = t, x = \sin t, \mathrm{d}x = \cos t \mathrm{d}t$,于是

$$原式 = \int t^2 \cos t \mathrm{d}t = \int t^2 \mathrm{d}\sin t = t^2 \sin t - \int 2t\sin t \mathrm{d}t = t^2 \sin t + 2\int t\mathrm{d}\cos t$$

$$= t^2 \sin t + 2t\cos t - 2\int \cos t \mathrm{d}t = x(\arcsin x)^2 + 2\sqrt{1-x^2}\arcsin x - 2x + c.$$

例 3.1.10 求 $\displaystyle\int \frac{\arctan x}{x^2(1+x^2)} \mathrm{d}x$.

分析 先用线性运算化简,再用分部积分.

解法一 $\displaystyle 原式 = \int \frac{\arctan x}{x^2} \mathrm{d}x - \int \frac{\arctan x}{1+x^2} \mathrm{d}x = -\int \arctan x \mathrm{d}\frac{1}{x} - \int \arctan x \mathrm{d}\arctan x$

$$= -\frac{1}{x}\arctan x + \int \frac{1}{x} \cdot \frac{1}{1+x^2} \mathrm{d}x - \frac{1}{2}(\arctan x)^2$$

$$= -\frac{1}{x}\arctan x - \frac{1}{2}(\arctan x)^2 + \int \left(\frac{1}{x} - \frac{x}{1+x^2}\right)\mathrm{d}x$$

$$= -\frac{1}{x}\arctan x - \frac{1}{2}(\arctan x)^2 + \ln|x| - \frac{1}{2}\ln(1+x^2) + c$$

$$= -\frac{1}{x}\arctan x - \frac{1}{2}(\arctan x)^2 + \frac{1}{2}\ln \frac{x^2}{1+x^2} + c.$$

解法二 令 $x = \tan t$,得

$$原式 = \int t(\csc^2 t - 1)\mathrm{d}t = -\int t\mathrm{d}\cot t - \frac{1}{2}t^2 = -t\cot t + \int \cot t \mathrm{d}t - \frac{1}{2}t^2$$

$$= -t\cot t - \frac{1}{2}t^2 + \ln|\sin t| + c = -\frac{\arctan x}{x} - \frac{1}{2}(\arctan x)^2 + \ln \frac{|x|}{\sqrt{1+x^2}} + c.$$

例 3.1.11 求 $\displaystyle\int e^{2x}(\tan x + 1)^2 \mathrm{d}x$.

分析 先用线性运算化简,再用分部积分.

解 $\displaystyle 原式 = \int e^{2x}(\tan^2 x + 2\tan x + 1)\mathrm{d}x = \int e^{2x}\sec^2 x \mathrm{d}x + 2\int e^{2x}\tan x \mathrm{d}x$

$$= \int e^{2x}\mathrm{d}\tan x + 2\int e^{2x}\tan x \mathrm{d}x = e^{2x}\tan x - \int \tan x \mathrm{d}e^{2x} + 2\int e^{2x}\tan x \mathrm{d}x$$

$$= e^{2x}\tan x - 2\int e^{2x}\tan x \mathrm{d}x + 2\int e^{2x}\tan x \mathrm{d}x = e^{2x}\tan x + c.$$

注 有的读者可能认为,两个不定积分抵消了,没有 c.不论怎样,不定积分结果都要加 c.

类型 1.4 被积函数中有多项式与三角函数或指数函数乘积

解题策略 用线性运算与分部积分.

例 3.1.12 求 $\displaystyle\int x\sin^2 x \mathrm{d}x$.

分析 先把三角函数降为一次幂,再用线性运算化简与分部积分.

解 $\displaystyle 原式 = \int x\frac{1-\cos 2x}{2}\mathrm{d}x = \frac{1}{2}\int x\mathrm{d}x - \frac{1}{4}\int x\mathrm{d}\sin 2x$

$$= \frac{x^2}{4} - \frac{1}{4}x\sin 2x + \frac{1}{4}\int \sin 2x \mathrm{d}x = \frac{x^2}{4} - \frac{1}{4}x\sin 2x - \frac{1}{8}\cos 2x + c.$$

类型 1.5　被积函数中有指数函数与三角函数乘积

解题策略　用两次分部积分,作为未知数解出.

例 3.1.13　求 $\int e^{ax}\sin bx\,dx(a\neq 0,b\neq 0)$.

分析　两次分部积分后又出现原来的不定积分,把该不定积分作为未知数解出来.

解
$$\int e^{ax}\sin bx\,dx=\int \sin bx\,d\frac{1}{a}e^{ax}=\frac{1}{a}e^{ax}\sin bx-\frac{b}{a}\int e^{ax}\cos bx\,dx$$

$$=\frac{1}{a}e^{ax}\sin bx-\frac{b}{a^2}\int \cos bx\,de^{ax}=\frac{1}{a}e^{ax}\sin bx-\frac{b}{a^2}\left[e^{ax}\cos bx+\int e^{ax}b\sin bx\,dx\right].$$

化简得 $a^2\int e^{ax}\sin bx\,dx=ae^{ax}\sin bx-be^{ax}\cos bx-b^2\int e^{ax}\sin bx\,dx$,

解得 $\int e^{ax}\sin bx\,dx=\dfrac{e^{ax}}{a^2+b^2}(a\sin bx-b\cos bx)+c.$

同理可得 $\int e^{ax}\cos bx\,dx=\dfrac{e^{ax}}{a^2+b^2}(b\sin bx+a\cos bx)+c.$

类型 1.6　被积函数中有自然数 n

解题策略　用分部积分,建立递推关系式,从而得到结果.

例 3.1.14　设 $I_n=\int\dfrac{1}{(x^2+a^2)^n}dx(a\neq 0,n\in\mathbf{N})$,计算 I_n.

分析　对于含有 n 的不定积分,直接求出原函数比较困难,常常要用分部积分建立递推关系式,最后总可降到 $n=0$ 或 $n=1$ 等,从而求出不定积分.

解
$$I_n=\frac{1}{a^2}\int\frac{a^2+x^2-x^2}{(x^2+a^2)^n}dx=\frac{1}{a^2}I_{n-1}-\frac{1}{a^2}\int xd\frac{1}{2(1-n)}(x^2+a^2)^{-n+1}$$

$$=\frac{1}{a^2}I_{n-1}-\frac{1}{2a^2}\left[\frac{1}{1-n}\cdot\frac{x}{(x^2+a^2)^{n-1}}+\frac{1}{n-1}\int\frac{1}{(x^2+a^2)^{n-1}}dx\right]$$

$$=\frac{1}{a^2}I_{n-1}+\frac{x}{2(n-1)a^2(x^2+a^2)^{n-1}}-\frac{1}{2a^2(n-1)}I_{n-1}=\frac{x}{2(n-1)a^2(x^2+a^2)^{n-1}}+\frac{2n-3}{2(n-1)a^2}I_{n-1},$$

其中 $n=2,3,\cdots,I_1=\int\dfrac{1}{x^2+a^2}dx=\dfrac{1}{a}\arctan\dfrac{x}{a}+c.$

类型 1.7　被积函数中有绝对值函数

解题策略　绝对值函数化成分段函数,再求不定积分.

例 3.1.15　求 $\int e^{|x|}dx.$

分析　求带有绝对值式子的函数的不定积分需转化为分段函数来计算.

解　由于 $e^{|x|}=\begin{cases}e^{-x},&x\leqslant 0,\\ e^x,&x>0,\end{cases}$ 于是 $\int e^{|x|}dx=\begin{cases}-e^{-x}+c_1,&x\leqslant 0,\\ e^x+c_2,&x>0.\end{cases}$

由有原函数在 $x=0$ 处可导必连续,得 $-1+c_1=1+c_2.c_2=-2+c_1.$ 故 $\int e^{|x|}dx=\begin{cases}-e^{-x}+c_1,&x\leqslant 0,\\ e^x+-2+c_1,&x>0.\end{cases}$

注 1　求分段函数的不定积分,直接求出不同区间上表达式的不定积分.由于不定积分是区间上的原函数,故分界点是没有不定积分的,但要注意分界两侧函数的不定积分要加不同的常数 c_1,c_2,然后根据原函数在分界点可导必连续,确定出 c_1,c_2 之间的关系.

类型 1.8　有理函数的不定积分

解题策略　虽然理论上有理函数的不定积分可按部就班地求出,由于过程很复杂,因此实际计算时,尽量用线性运算法则拆项,再用理论上的方法去计算.

例 3.1.16　求 $\int\dfrac{x^3+3x^2+12x+11}{x^2+2x+10}dx.$

解　$\displaystyle\int\frac{x^3+3x^2+12x+11}{x^2+2x+10}\mathrm{d}x=\int\Big(x+1+\frac{1}{x^2+2x+10}\Big)\mathrm{d}x$

$$=\frac{x^2}{2}+x+\int\frac{1}{(x+1)^2+3^2}\mathrm{d}(x+1)=\frac{x^2}{2}+x+\frac{1}{3}\arctan\frac{x+1}{3}+c.$$

例 3.1.17　求 $\displaystyle\int\frac{\mathrm{d}x}{x^4-1}$.

解　$\displaystyle\int\frac{\mathrm{d}x}{x^4-1}=\frac{1}{2}\int\Big(\frac{1}{x^2-1}-\frac{1}{x^2+1}\Big)\mathrm{d}x=-\frac{1}{2}\int\frac{1}{1-x^2}\mathrm{d}x-\frac{1}{2}\int\frac{1}{1+x^2}\mathrm{d}x$

$$=-\frac{1}{4}\ln\Big|\frac{1+x}{1-x}\Big|-\frac{1}{2}\arctan x+c.$$

注　本题若用待定系数法则较麻烦.

例 3.1.18　求 $\displaystyle\int\frac{1}{x^2(1+x^2)^2}\mathrm{d}x$.

解　$\displaystyle\frac{1}{x^2(1+x^2)^2}=\frac{1+x^2-x^2}{x^2(1+x^2)^2}=\frac{1}{x^2(1+x^2)}-\frac{1}{(1+x^2)^2}$

$$=\frac{1+x^2-x^2}{x^2(1+x^2)}-\frac{1}{(1+x^2)^2}=\frac{1}{x^2}-\frac{1}{1+x^2}-\frac{1}{(1+x^2)^2},$$

于是,原式 $\displaystyle=\int\frac{1}{x^2}\mathrm{d}x-\int\frac{1}{1+x^2}\mathrm{d}x-\int\frac{1}{(1+x^2)^2}\mathrm{d}x=-\frac{1}{x}-\arctan x-\int\frac{1}{(1+x^2)^2}\mathrm{d}x.$

由不定积分 $\displaystyle\int\frac{1}{(x^2+a^2)^n}\mathrm{d}x$ 的递推公式,有 $\displaystyle\int\frac{1}{(1+x^2)^2}\mathrm{d}x=\frac{1}{2}\frac{x}{x^2+1}+\frac{1}{2}I_1=\frac{1}{2}\frac{x}{x^2+1}+\frac{1}{2}\arctan x.$

所以,原式 $\displaystyle=-\frac{1}{x}-\frac{1}{2}\cdot\frac{x}{1+x^2}-\frac{3}{2}\arctan x+c.$

类型 1.9　三角函数有理式的不定积分

解题策略　从理论上讲,对于 $\displaystyle\int R(\sin x,\cos x)\mathrm{d}x$,利用上述变量代换总可以求出它的积分,然而有时候会导致很复杂的计算. 因此,对某些特殊类型的积分,可选择一些简单的变量代换,使得积分容易计算.

1. $\displaystyle\int\sin^m x\cos^n x\,\mathrm{d}x$,其中 m,n 中至少有一个奇数(另外一个数可以是任何一个实数). 对这类积分,把奇次幂的三角函数,分离出一次幂,用凑微分求出原函数.

2. $\displaystyle\int\sin^m x\cos^n x\,\mathrm{d}x$,其中 m,n 均是偶数或零. 计算这类不定积分主要利用下列三角恒等式:

$$\sin^2 x=\frac{1-\cos 2x}{2},\qquad \cos^2 x=\frac{1+\cos 2x}{2},\qquad \sin x\cos x=\frac{1}{2}\sin 2x.$$

3. $\displaystyle\int\sin mx\cos nx\,\mathrm{d}x,\int\sin mx\sin nx\,\mathrm{d}x,\int\cos mx\cos nx\,\mathrm{d}x$,其中 m,n 是常数,且 $m\neq\pm n$. 计算这类积分,可利用下述积化和差公式:

$$\sin mx\cos nx=\frac{1}{2}\big[\sin(m+n)x+\sin(m-n)x\big],$$

$$\sin mx\sin nx=\frac{1}{2}\big[\cos(m-n)x-\cos(m+n)x\big],$$

$$\cos mx\cos nx=\frac{1}{2}\big[\cos(m+n)x+\cos(m-n)x\big].$$

4. $\displaystyle\int R(\sin^2 x,\sin x\cos x,\cos^2 x)\mathrm{d}x$. 令 $\tan x=t$,有 $x=\arctan t,\mathrm{d}x=\frac{1}{1+t^2}\mathrm{d}t,\sin^2 x=\frac{t^2}{1+t^2},\sin x\cos x=\frac{t}{1+t^2},\cos^2 x=\frac{1}{1+t^2}$,于是

$$\int R(\sin^2 x,\sin x\cos x,\cos^2 x)\mathrm{d}x=\int R\Big(\frac{t^2}{1+t^2},\frac{t}{1+t^2},\frac{1}{1+t^2}\Big)\frac{1}{1+t^2}\mathrm{d}t.$$

例 3.1.19　求 $\displaystyle\int\sin^{\frac{1}{3}}x\cos^3 x\,\mathrm{d}x$.

解 $\displaystyle\int \sin^{\frac{1}{3}}x\cos^3 x\,\mathrm{d}x = \int \sin^{\frac{1}{3}}x\cos^2 x\cos x\,\mathrm{d}x = \int \sin^{\frac{1}{3}}x(1-\sin^2 x)\,\mathrm{d}\sin x$，令 $\sin x = t$，有

$$原式 = \int (t^{\frac{1}{3}}-t^{\frac{7}{3}})\,\mathrm{d}t = \frac{3}{4}t^{\frac{4}{3}}-\frac{3}{10}t^{\frac{10}{3}}+c = \frac{3}{4}\sin^{\frac{4}{3}}x-\frac{3}{10}\sin^{\frac{10}{3}}x+c.$$

例 3.1.20 求 $\displaystyle\int \sin^2 x\cos^4 x\,\mathrm{d}x$.

解 $\displaystyle\int \sin^2 x\cos^4 x\,\mathrm{d}x = \int (\sin x\cos x)^2\cos^2 x\,\mathrm{d}x = \int \frac{1}{4}\sin^2 2x\,\frac{1}{2}(1+\cos 2x)\,\mathrm{d}x$

$$= \frac{1}{8}\int \sin^2 2x\,\mathrm{d}x + \frac{1}{8}\int \sin^2 2x\cos 2x\,\mathrm{d}x = \frac{1}{8}\int \frac{1-\cos 4x}{2}\,\mathrm{d}x + \frac{1}{16}\int \sin^2 2x\,\mathrm{d}\sin 2x$$

$$= \frac{1}{16}x - \frac{1}{64}\sin 4x + \frac{1}{48}\sin^3 2x + c.$$

例 3.1.21 求 $\displaystyle\int \frac{\sin^2 x}{1+\sin^2 x}\,\mathrm{d}x$.

解 $\displaystyle\int \frac{\sin^2 x}{1+\sin^2 x}\,\mathrm{d}x = \int (1-\frac{1}{1+\sin^2 x})\,\mathrm{d}x = x - \int \frac{1}{1+\sin^2 x}\,\mathrm{d}x$，由于

$$\int \frac{1}{1+\sin^2 x}\,\mathrm{d}x \xrightarrow{\text{令}\ \tan x = t} \int \frac{1}{1+\frac{t^2}{1+t^2}}\,\frac{1}{1+t^2}\,\mathrm{d}t = \int \frac{1}{1+2t^2}\,\mathrm{d}t = \frac{1}{\sqrt{2}}\int \frac{1}{(\sqrt{2}\,t)^2+1}\,\mathrm{d}\sqrt{2}\,t$$

$$= \frac{1}{\sqrt{2}}\arctan\sqrt{2}\,t + c = \frac{1}{\sqrt{2}}\arctan(\sqrt{2}\tan x) + c.$$

于是，原式 $= x - \dfrac{1}{\sqrt{2}}\arctan(\sqrt{2}\tan x) + c.$

例 3.1.22 求 $\displaystyle\int \frac{\mathrm{d}x}{\sin x\cos^3 x}$.

解法一 $\displaystyle 原式 = \int \frac{\sin^2 x+\cos^2 x}{\sin x\cos^3 x}\,\mathrm{d}x = \int \frac{\sin x}{\cos^3 x}\,\mathrm{d}x + \int \frac{1}{\sin x\cos x}\,\mathrm{d}x$

$$= -\int \frac{1}{\cos^3 x}\,\mathrm{d}\cos x + \int \frac{1}{\sin 2x}\,\mathrm{d}(2x) = \frac{1}{2}\cdot\frac{1}{\cos^2 x} + \ln|\csc 2x - \cot 2x| + c.$$

解法二 $\displaystyle 原式 = \int \frac{1}{\sin x\cos x}\,\mathrm{d}\tan x = \int \frac{\cos x}{\sin x}\cdot\frac{1}{\cos^2 x}\,\mathrm{d}\tan x$

$$= \int \frac{1+\tan^2 x}{\tan x}\,\mathrm{d}\tan x = \ln|\tan x| + \frac{1}{2}\tan^2 x + c.$$

例 3.1.23 求 $\displaystyle\int \frac{\mathrm{d}x}{2\sin x-\cos x+5}$.

解 令 $t = \tan\dfrac{x}{2}$，有

$$\int \frac{\mathrm{d}x}{2\sin x-\cos x+5} = \int \frac{1}{2\frac{2t}{1+t^2}-\frac{1-t^2}{1+t^2}+5}\cdot\frac{2}{1+t^2}\,\mathrm{d}t = \int \frac{1}{3t^2+2t+2}\,\mathrm{d}t$$

$$= \frac{1}{3}\cdot\frac{3}{\sqrt{5}}\arctan\frac{t+\frac{1}{3}}{\frac{\sqrt{5}}{3}}+c = \frac{1}{\sqrt{5}}\arctan\left[\frac{3\tan\frac{x}{2}+1}{\sqrt{5}}\right]+c.$$

类型 1.10 形如 $\displaystyle\int R(x,\sqrt[n]{\frac{ax+b}{cx+d}})\,\mathrm{d}x$ 的积分

解题策略 令 $\sqrt[n]{\dfrac{ax+b}{cx+d}} = t$，有 $\dfrac{ax+b}{cx+d} = t^n$.

经整理得 $x = \dfrac{dt^n-b}{a-ct^n} = \varphi(t)$，于是 $\displaystyle\int R(x,\sqrt[n]{\frac{ax+b}{cx+d}})\,\mathrm{d}x = \int R(\varphi(t),t)\varphi'(t)\,\mathrm{d}t$，这样就化成了以 t 为自变

量的有理函数积分.

例 3.1.24　求 $\displaystyle\int \frac{\mathrm{d}x}{\sqrt[n]{(x-a)^{n+1}(x-b)^{n-1}}}$（$n$ 为正整数）.

解　① 当 $a=b$ 时，原式 $=\displaystyle\int \frac{\mathrm{d}x}{\sqrt[n]{(x-a)^{2n}}}=\int \frac{\mathrm{d}x}{(x-a)^{2}}=-\frac{1}{x-a}+c$;

② 当 $a\neq b$ 时，原式 $=\displaystyle\int \frac{\mathrm{d}x}{(x-a)(x-b)\sqrt[n]{\dfrac{x-a}{x-b}}}=\int \frac{1}{(x-a)(x-b)}\sqrt[n]{\frac{x-b}{x-a}}\,\mathrm{d}x.$

设 $\displaystyle\sqrt[n]{\frac{x-b}{x-a}}=t$，则 $x=a+\dfrac{a-b}{t^{n}-1}$，$\mathrm{d}x=-\dfrac{n(a-b)t^{n-1}}{(t^{n}-1)^{2}}\mathrm{d}t$，由于 $x-a=\dfrac{a-b}{t^{n}-1}$，$x-b=\dfrac{(a-b)t^{n}}{t^{n}-1}$，所以

原式 $=-\dfrac{n}{a-b}\displaystyle\int \mathrm{d}t=-\dfrac{n}{a-b}t+c=\dfrac{n}{a-b}\sqrt[n]{\dfrac{x-b}{x-a}}+c.$

类型 1.11　形如 $\displaystyle\int R(x,\sqrt{ax^{2}+bx+c})\mathrm{d}x$ 的积分

解题策略　把 $\sqrt{ax^{2}+bx+c}$ 化成如下三种形式之一：$\sqrt{\varphi^{2}(x)+k^{2}}$，$\sqrt{\varphi^{2}(x)-k^{2}}$，$\sqrt{k^{2}-\varphi^{2}(x)}$，其中 $\varphi(x)=px+q(p\neq0)$ 的一次多项式，k 为常数. 尽量用凑微分法解，再用三角变换即可化成三角函数有理式的不定积分.

从以上不定积分的计算中可以看出，求不定积分要比求导数更复杂、更灵活. 计算不定积分的基础是利用基本积分表、简单函数的不定积分结果、凑数分法、变量代换法及分部积分法. 这几种都是将所求的不定积分化成基本积分表中被积函数的形式，从而求得不定积分. 一些常用的不定积分公式已在前面例子中给出，这些公式也是建立在基本积分方法基础上的. 在基本积分方法熟练掌握的基础上，要多做练习，才能熟能生巧. 最后还要指出，有些不定积分，例如

$$\int \mathrm{e}^{-x^{2}}\mathrm{d}x,\quad \int \frac{\sin x}{x}\mathrm{d}x,\quad \int \sin x^{2}\mathrm{d}x,\quad \int \frac{1}{\ln x}\mathrm{d}x,\quad \int \sqrt{1-k^{2}\sin^{2}x}\,\mathrm{d}x\,(0<k<1)$$

等，它们的被积函数虽然是初等函数，但它们的原函数却不是初等函数. 因此，用上述各种积分法都不能求出这些不定积分，需要用其他的方法解决.

三、综合例题精选

例 3.1.25　求 $\displaystyle\int x^{2}(1-x)^{1000}\mathrm{d}x.$

分析　令 $1-x=t$，化难为易.

解　令 $1-x=t$，$\mathrm{d}x=-\mathrm{d}t$，于是

原式 $=-\displaystyle\int(1-t)^{2}t^{1000}\mathrm{d}t=-\int(1-2t+t^{2})\cdot t^{1000}\mathrm{d}t=-\int(t^{1000}-2t^{1001}+t^{1002})\mathrm{d}t$

$=-\left(\dfrac{1}{1001}t^{1001}-\dfrac{1}{501}t^{1002}+\dfrac{1}{1003}t^{1003}\right)+c=-\left[\dfrac{1}{1001}(1-x)^{1001}-\dfrac{1}{501}(1-x)^{1002}+\dfrac{1}{1003}(1-x)^{1003}\right]+c.$

例 3.1.26　设函数 $f(x^{2}-1)=\ln\dfrac{x^{2}}{x^{2}-2}$ 且 $f(\varphi(x))=\ln x$，求 $\displaystyle\int \varphi(x)\mathrm{d}x.$

解　由于 $f(x^{2}-1)=\ln\dfrac{x^{2}}{x^{2}-2}=\ln\dfrac{(x^{2}-1)+1}{(x^{2}-1)-1}$，知 $f(x)=\ln\dfrac{x+1}{x-1}.$

又 $f(\varphi(x))=\ln\dfrac{\varphi(x)+1}{\varphi(x)-1}=\ln x$，得 $\dfrac{\varphi(x)+1}{\varphi(x)-1}=x$，$\varphi(x)=\dfrac{x+1}{x-1}$，于是

$$\int \varphi(x)\mathrm{d}x=\int \frac{x+1}{x-1}\mathrm{d}x=2\ln|x-1|+x+c.$$

例 3.1.27　已知 $\dfrac{\sin x}{x}$ 是 $f(x)$ 的一个原函数，求 $\displaystyle\int x^{3}f'(x)\mathrm{d}x.$

分析　看到被积函数中有函数的导数，首先想到分部积分，并且把导数看成 v'.

解 由于 $\dfrac{\sin x}{x}$ 是 $f(x)$ 的一个原函数. 有 $f(x)=\left(\dfrac{\sin x}{x}\right)'=\dfrac{x\cos x-\sin x}{x^2}$，于是

$$\int x^3 f'(x)\mathrm{d}x=\int x^3\,\mathrm{d}f(x)=x^3 f(x)-\int f(x)\cdot 3x^2\,\mathrm{d}x$$

$$=x^3 f(x)-\int 3x^2\,\mathrm{d}\left(\dfrac{\sin x}{x}\right)=x^3 f(x)-3x^2\cdot\dfrac{\sin x}{x}+\int\dfrac{\sin x}{x}\cdot 6x\,\mathrm{d}x$$

$$=x^3\cdot\dfrac{x\cos x-\sin x}{x^2}-3x\sin x-6\cos x+c=x^2\cos x-4x\sin x-6\cos x+c.$$

例 3.1.28 设 $f'(\ln x)=\begin{cases}1, & 0<x\leqslant 1,\\ x, & 1<x<+\infty\end{cases}$ 及 $f(0)=0$，求 $f(x)$ 的表达式.

解 $f(x)=\int f'(x)\mathrm{d}x \xlongequal{\text{设 }x=\ln t}\int f'(\ln t)\dfrac{1}{t}\mathrm{d}t=\begin{cases}\displaystyle\int\dfrac{1}{t}\mathrm{d}t=\ln t+c_1, & 0<t\leqslant 1\\ \displaystyle\int t\cdot\dfrac{1}{t}\mathrm{d}t=t+c_2, & t>1\end{cases}=\begin{cases}x+c_1, & x\leqslant 0,\\ \mathrm{e}^x+c_2, & x>0.\end{cases}$

由 $f(x)$ 在 $x=0$ 处可导必连续，得 $\lim\limits_{x\to 0^-}f(x)=\lim\limits_{x\to 0^-}(x+c_1)=c_1=f(0)=0$，得 $c_1=0$.

$\lim\limits_{x\to 0^+}f(x)=\lim\limits_{x\to 0^+}(\mathrm{e}^x+c_2)=1+c_2=f(0)=0$，得 $c_2=-1$，知 $f(x)=\begin{cases}x, & x\leqslant 0,\\ \mathrm{e}^x-1, & x>0.\end{cases}$

§3.2　定积分及其应用

一、内容梳理

（一）基本概念

定积分的概念是由求曲边梯形面积、变力做功、已知变速直线运动的速度求路程、密度不均质线段的质量所产生.

定义 3.3 设函数 $f(x)$ 在闭区间 $[a,b]$ 上有定义，在闭区间 $[a,b]$ 内任意插入 $n-1$ 个分点将 $[a,b]$ 分成 n 个小区间 $[x_{i-1},x_i]$，记 $\Delta x_i=x_i-x_{i-1}(i=1,2,\cdots,n)$，$\forall\xi_i\in[x_{i-1},x_i]$，作乘积 $f(\xi_i)\Delta x_i$（称为积分元），把这些乘积相加，得到和式 $\sum\limits_{i=1}^{n}f(\xi_i)\Delta x_i$（称为积分和式），设 $\lambda=\max\{\Delta x_i:1\leqslant i\leqslant n\}$，若 $\lim\limits_{\lambda\to 0}\sum\limits_{i=1}^{n}f(\xi_i)\Delta x_i$ 极限存在、唯一且该极限值与区间 $[a,b]$ 的分法及分点 ξ_i 的取法无关，则称这个唯一的极限值为函数 $f(x)$ 在 $[a,b]$ 上的定积分，记作 $\int_a^b f(x)\mathrm{d}x$，即 $\int_a^b f(x)\mathrm{d}x=\lim\limits_{\lambda\to 0}\sum\limits_{i=1}^{n}f(\xi_i)\Delta x_i$.

否则称 $f(x)$ 在 $[a,b]$ 上不可积.

注 1 由牛顿—莱布尼茨公式知，计算定积分与原函数有关，故这里借助了不定积分的积分号.

注 2 若 $\int_a^b f(x)\mathrm{d}x$ 存在，对区间 $[a,b]$ 进行特殊分割，对分点 ξ_i 进行特殊取法所得到的和式极限存在且与定积分的值相等，但反之不成立，这种思想在考题中经常出现，请读者要真正理解.

注 3 定积分是否存在或者值是多少只与被积函数和积分区间有关，与积分变量用什么字母表示无关，即 $\int_a^b f(x)\mathrm{d}x=\int_a^b f(t)\mathrm{d}t=\int_a^b f(u)\mathrm{d}u$.

定积分的几何意义 若 $f(x)$ 在 $[a,b]$ 上可积，且 $f(x)\geqslant 0$，则 $\int_a^b f(x)\mathrm{d}x$ 表示曲线 $y=f(x)$ 与直线 $y=0$，$x=a,x=b$ 所围成的曲边梯形的面积.

同样，变力所做的功 $W=\int_a^b f(x)\mathrm{d}x$（其中 $f(x)$ 是变力）；变速直线运动的路程 $s=\int_a^b v(t)\mathrm{d}t$（其中 $v(t)$ 是

瞬时速度);密度不均质直线段 $[a,b]$ 的质量 $m=\int_a^b \mu(x)\mathrm{d}x$(其中 $\mu(x)$ 是线密度).

规定　$\int_a^b f(x)\mathrm{d}x=-\int_b^a f(x)\mathrm{d}x,\int_a^a f(x)\mathrm{d}x=0.$

反常积分(广义积分)

定义 3.4　设函数 $f(x)$ 在区间 $[a,+\infty)$ 上连续,称记号

$$\int_a^{+\infty} f(x)\mathrm{d}x\xrightarrow{\text{记成}}\lim_{t\to+\infty}\int_a^t f(x)\mathrm{d}x \qquad ①$$

为函数 $f(x)$ 在无穷区间 $[a,+\infty)$ 上的反常积分(或第一类反常积分).若①式右端极限存在,称反常积分 $\int_a^{+\infty} f(x)\mathrm{d}x$ 收敛,该极限值称为反常积分的值,否则称反常积分 $\int_a^{+\infty} f(x)\mathrm{d}x$ 发散.

由 $f(x)$ 在 $[a,+\infty)$ 连续必有原函数,设 $f(x)$ 的原函数为 $F(x)$. 于是

$$\int_a^{+\infty} f(x)\mathrm{d}x=\lim_{t\to+\infty}\int_a^t f(x)\mathrm{d}x=\lim_{t\to+\infty}[F(t)-F(a)]$$

$$=\lim_{t\to+\infty}F(t)-F(a)=\lim_{x\to+\infty}F(x)-F(a)\xrightarrow{\text{记成}}F(x)\Big|_a^{+\infty},$$

从而反常积分可以按照正常定积分计算方式来计算,即 $\int_a^{+\infty} f(x)\mathrm{d}x=F(x)\Big|_a^{+\infty}=\lim_{t\to+\infty}F(x)-F(a).$

若 $\lim_{t\to+\infty}F(x)$(存在)$=A$,则 $\int_a^{+\infty} f(x)\mathrm{d}x$ 收敛,且 $\int_a^{+\infty} f(x)\mathrm{d}x=A-F(a)$;若 $\lim_{t\to+\infty}F(x)$ 不存在,则 $\int_a^{+\infty} f(x)\mathrm{d}x$ 发散.

同理可得 $\int_{-\infty}^b f(x)\mathrm{d}x=F(x)\Big|_{-\infty}^b=F(b)-\lim_{x\to-\infty}F(x).$

若 $\lim_{t\to-\infty}F(x)$ 存在,则反常积分 $\int_{-\infty}^a f(x)\mathrm{d}x$ 收敛,否则发散.

若 $\lim_{t\to+\infty}F(x),\lim_{t\to-\infty}F(x)$ 都存在,则 $\int_{-\infty}^{+\infty} f(x)\mathrm{d}x$ 收敛,否则发散. 且有 $\int_{-\infty}^{+\infty} f(x)\mathrm{d}x=F(x)\Big|_{-\infty}^{+\infty}=\lim_{x\to+\infty}F(x)-\lim_{x\to-\infty}F(x).$

定义 3.5　设 $f(x)$ 在区间 $(a,b]$ 上连续,$\lim_{x\to a^+}f(x)$ 不存在(称 a 点为瑕点),$\forall\varepsilon>0$ 且 $\varepsilon<b-a$,称记号

$\int_a^b f(x)\mathrm{d}x\xrightarrow{\text{记成}}\lim_{\varepsilon\to0^+}\int_{a+\varepsilon}^b f(x)\mathrm{d}x$ 为无界函数的反常积分(第二反常积分).

与上面研究方式相同,可得 $\int_a^b f(x)\mathrm{d}x=F(x)\Big|_a^b=F(b)-\lim_{x\to a^+}F(x).$

若 $\lim_{x\to a^+}F(x)$ 存在,则反常积分 $\int_a^b f(x)\mathrm{d}x$ 收敛,否则发散.

同理,若 $f(x)$ 在 $[a,b)$ 上连续,$\lim_{x\to b^-}f(x)$ 不存在(称 b 点为瑕点),有

$$\int_a^b f(x)\mathrm{d}x=F(x)\Big|_a^b=\lim_{x\to b^-}F(x)-F(a).$$

若 $f(x)$ 在 $[a,c)\bigcup(c,b]$ 上连续,$\lim_{x\to c}f(x)$ 不存在(称 c 点为瑕点),定义

$$\int_a^b f(x)\mathrm{d}x=\int_a^c f(x)\mathrm{d}x+\int_c^b f(x)\mathrm{d}x.$$

当且仅当 $\int_a^c f(x)\mathrm{d}x,\int_c^b f(x)\mathrm{d}x$ 都收敛时,反常积分 $\int_a^b f(x)\mathrm{d}x$ 收敛,且 $\int_a^b f(x)\mathrm{d}x$ 等于 $\int_a^c f(x)\mathrm{d}x$ 与 $\int_c^b f(x)\mathrm{d}x$ 之和.

注　若 $f(x)$ 在 $(a,b]$ 上连续,$\lim_{x\to a^+}f(x)=A$(常数),则 $\int_a^b f(x)\mathrm{d}x$ 可看成正常积分.

事实上,定义 $F(x)=\begin{cases} A, & x=a, \\ f(x), & x\in(a,b]. \end{cases}$ 知 $F(x)$ 在 $[a,b]$ 上连续,即 $\int_a^b F(x)\mathrm{d}x$ 存在,而 $\int_a^b f(x)\mathrm{d}x=$

$\lim\limits_{\varepsilon\to 0^+}\int_{a+\varepsilon}^b f(x)\mathrm{d}x=\lim\limits_{\varepsilon\to 0^+}\int_{a+\varepsilon}^b F(x)\mathrm{d}x$,由于 $F(x)$ 在 $[a,b]$ 上连续,知变下限函数 $G(\varepsilon)=\int_{a+\varepsilon}^b F(x)\mathrm{d}x$ 在 $[0,b-a]$ 上连

续,有 $\lim\limits_{\varepsilon\to 0^+}G(\varepsilon)=G(0)=\int_a^b F(x)\mathrm{d}x$,即 $\int_a^b f(x)\mathrm{d}x=\int_a^b F(x)\mathrm{d}x$.故 $\int_a^b f(x)\mathrm{d}x$ 可看成正常积分.

若反常积分收敛,可用线性运算法则、不等式性质、凑微分、变量替换、分部积分公式,换句话说,可以像正常的定积分一样运算.

第一 p 反常积分 $\int_a^{+\infty}\dfrac{\mathrm{d}x}{x^p}(a>0,a$ 为常数).

当 $p\neq 1$ 时,$\int_a^{+\infty}\dfrac{\mathrm{d}x}{x^p}=\dfrac{1}{-p+1}x^{-p+1}\Big|_a^{+\infty}=\begin{cases} \dfrac{a^{1-p}}{p-1}, & p>1, \\ +\infty, & p<1. \end{cases}$

当 $p=1$ 时,$\int_a^{+\infty}\dfrac{1}{x}\mathrm{d}x=\ln x\Big|_a^{+\infty}=+\infty$,知 $p>1$ 时收敛,$p\leqslant 1$ 时发散.

第二 p 反常积分 $\int_a^b\dfrac{\mathrm{d}x}{(x-a)^p}(b>a)$.

令 $\dfrac{1}{x-a}=t,\mathrm{d}x=-\dfrac{1}{t^2}\mathrm{d}t$,有 $\int_a^b\dfrac{\mathrm{d}x}{(x-a)^p}=\int_{+\infty}^{\frac{1}{b-a}}t^p\left(-\dfrac{1}{t^2}\right)\mathrm{d}t=\int_{\frac{1}{b-a}}^{+\infty}\dfrac{1}{t^{2-p}}\mathrm{d}t$.

由第一 p 反常积分知,当 $2-p>1$ 即 $p<1$ 时收敛;当 $2-p\leqslant 1$ 即 $p\geqslant 1$ 时发散.

(二)重要定理与公式

定理 3.6 若函数 $f(x)$ 在闭区间 $[a,b]$ 上可积,则 $f(x)$ 在 $[a,b]$ 上有界,反之不成立.

例 狄利克雷(Dirichlet)函数 $D(x)=\begin{cases} 1, & x\text{ 为有理数}, \\ 0, & x\text{ 为无理数} \end{cases}$ 在 $[0,1]$ 上有界但不可积.

事实上,因为无论把 $[0,1]$ 分割得多么细,在每个小区间 $[x_{i-1},x_i]$ 中,总能找到有理数 η'_i,无理数 η''_i,使

$$\lim_{\lambda\to 0}\sum_{i=1}^n D(\eta'_i)\Delta x_i=\lim_{\lambda\to 0}\sum_{i=1}^n \Delta x_i=\lim_{\lambda\to 0}1=1,\quad \lim_{\lambda\to 0}\sum_{i=1}^n D(\eta''_i)\Delta x_i=\lim_{\lambda\to 0}0=0,$$

知 $\lim\limits_{\lambda\to 0}\sum\limits_{i=1}^n D(\xi_i)\Delta x_i$ 不存在.

定理 3.7 若函数 $f(x)$ 在闭区间 $[a,b]$ 上连续,则 $f(x)$ 在 $[a,b]$ 上可积,反之不成立.

定理 3.8 若函数 $f(x)$ 在闭区间 $[a,b]$ 上只有有限个间断点且有界,则 $f(x)$ 在 $[a,b]$ 上可积,反之不成立.

定理 3.9 若函数 $f(x)$ 在闭区间 $[a,b]$ 上单调,则 $f(x)$ 在 $[a,b]$ 上可积,反之不成立.

1. 定积分的性质

性质 1 $\int_a^b 1\mathrm{d}x=\int_a^b \mathrm{d}x=b-a$.

性质 2(线性运算法则) 设 $f(x),g(x)$ 在 $[a,b]$ 上可积,对任何常数 α,β,有

$$\int_a^b [\alpha f(x)+\beta g(x)]\mathrm{d}x=\alpha\int_a^b f(x)\mathrm{d}x+\beta\int_a^b g(x)\mathrm{d}x.$$

该性质用于定积分的计算与定积分的证明.

性质 3(区间的可加性) 若函数 $f(x)$ 在以 a,b,c 为端点构成的最大区间上可积,则无论 a,b,c 顺序如何,有

$$\int_a^b f(x)\mathrm{d}x=\int_a^c f(x)\mathrm{d}x+\int_c^b f(x)\mathrm{d}x.$$

该性质用于计算分段函数的定积分与定积分的证明.

性质 4 若函数 $f(x)$ 在 $[a,b]$ 上可积且 $f(x)\geqslant 0$,则 $\int_a^b f(x)\mathrm{d}x\geqslant 0$.

性质 5 若函数 $f(x),g(x)$ 在 $[a,b]$ 上可积且 $f(x)\geqslant g(x)$,则 $\int_a^b f(x)\mathrm{d}x\geqslant \int_a^b g(x)\mathrm{d}x$.

性质 6　若函数 $f(x)$ 在 $[a,b]$ 上连续，$f(x) \geqslant 0$，且 $f(x) \not\equiv 0$，则 $\int_a^b f(x)\mathrm{d}x > 0$.

性质 7　若函数 $f(x),g(x)$ 在 $[a,b]$ 上连续且 $f(x) \geqslant g(x)$，但 $f(x) \not\equiv g(x)$，则 $\int_a^b f(x)\mathrm{d}x > \int_a^b g(x)\mathrm{d}x$.

性质 8　若函数 $f(x)$ 在 $[a,b]$ 上可积，则 $\left| \int_a^b f(x)\mathrm{d}x \right| \leqslant \int_a^b |f(x)|\mathrm{d}x$.

性质 9　若函数 $f(x)$ 在 $[a,b]$ 上可积，在区间 $[a,b]$ 上，$m \leqslant f(x) \leqslant M$，其中 m,M 是常数，则

$$m(b-a) \leqslant \int_a^b f(x)\mathrm{d}x \leqslant M(b-a).$$

性质 4、5、6、7、8、9 主要用于定积分不等式的证明及不通过定积分的计算，估计定积分值的范围.

注　在上面几个不等式结论中，由于给的条件是闭区间 $[a,b]$，其中隐含着 $a<b$，如果 $a>b$ 结论就不成立.

性质 10（积分中值定理）　若函数 $f(x)$ 在闭区间 $[a,b]$ 上连续，则至少存在一点 $\xi \in [a,b]$，使

$$\int_a^b f(x)\mathrm{d}x = f(\xi)(b-a).$$

而 $f(\xi) = \dfrac{\int_a^b f(x)\mathrm{d}x}{b-a}$ 称为 $f(x)$ 在区间 $[a,b]$ 上平均值，即闭区间 $[a,b]$ 上连续函数 $f(x)$ 平均值是 $\dfrac{\int_a^b f(x)\mathrm{d}x}{b-a}$.

注　这里的 $\xi \in [a,b]$ 与 $\xi \in (a,b)$ 是不同的.

性质 11（推广的积分中值定理）　设函数 $f(x),g(x)$ 在 $[a,b]$ 上连续，且 $g(x)$ 在 $[a,b]$ 上不变号，则至少存在一点 $\xi \in [a,b]$，使 $\int_a^b f(x)g(x)\mathrm{d}x = f(\xi)\int_a^b g(x)\mathrm{d}x$.

性质 12（柯西—施瓦兹（Cauchy-Schwarz）不等式）

设函数 $f(x),g(x)$ 在 $[a,b]$ 上连续，则

(1) $\left[\int_a^b f(x)g(x)\mathrm{d}x \right]^2 \leqslant \int_a^b f^2(x)\mathrm{d}x \cdot \int_a^b g^2(x)\mathrm{d}x$.

(2) $\int_a^b [f(x)+g(x)]^2\mathrm{d}x \leqslant \left\{ \left[\int_a^b f^2(x)\mathrm{d}x \right]^{\frac{1}{2}} + \left[\int_a^b g^2(x)\mathrm{d}x \right]^{\frac{1}{2}} \right\}^2$.

性质 13（变上限积分求导定理）　设函数 $f(x)$ 连续，$u(x),v(x)$ 可导，则

$$\frac{\mathrm{d}}{\mathrm{d}x} \int_{v(x)}^{u(x)} f(t)\mathrm{d}t = f(u(x))u'(x) - f(v(x))v'(x).$$

2. 定积分计算的方法

(1) 牛顿—莱布尼茨公式：若函数 $f(x)$ 在 $[a,b]$ 上连续，则

$$\int_a^b f(x)\mathrm{d}x \xlongequal{F'(x)=f(x)} F(x)\Big|_a^b = F(b) - F(a).$$

(2) 凑微分：$\displaystyle\int_a^b g(x)\mathrm{d}x = \int_a^b f(\varphi(x))\varphi'(x)\mathrm{d}x$

$$= \int_a^b f(\varphi(x))\mathrm{d}\varphi(x) \xlongequal{F'(u)=f(u)} F(\varphi(x))\Big|_a^b = F(\varphi(b)) - F(\varphi(a)).$$

(3) 变量替换：$\displaystyle\int_a^b f(x)\mathrm{d}x \xlongequal[a=\varphi(\alpha),b=\varphi(\beta)]{\text{令 } x=\varphi(t)} \int_\alpha^\beta f(\varphi(t))\mathrm{d}\varphi(t)$

$$= \int_\alpha^\beta f(\varphi(t))\varphi'(t)\mathrm{d}t \xlongequal{F'(t)=f(\varphi(t))\varphi'(t)} F(t)\Big|_\alpha^\beta = F(\beta) - F(\alpha).$$

(4) 分部积分：设函数 $u(x),v(x)$ 在 $[a,b]$ 上导数连续，则 $\displaystyle\int_a^b u(x)\mathrm{d}v(x) = u(x)v(x)\Big|_a^b - \int_a^b v(x)\mathrm{d}u(x)$.

具体的用法是

$$\int_a^b f(x)\mathrm{d}x = \int_a^b u(x)v'(x)\mathrm{d}x = \int_a^b u(x)\mathrm{d}v(x)$$

$$= u(x)v(x)\Big|_a^b - \int_a^b v(x)\mathrm{d}u(x) = u(x)v(x)\Big|_a^b - \int_a^b v(x)u'(x)\mathrm{d}x.$$

如果能够计算出 $\int_a^b v(x)u'(x)\mathrm{d}x$，就可以计算出 $\int_a^b f(x)\mathrm{d}x$．定积分的凑微分、变量替换、分部积分与不定积分中三种方法适用的被积函数相同，即不定积分用三种方法的哪一种方法，定积分也用三种方法的哪一种.

(5) 设函数 $f(x)$ 在 $[-a,a]$ 上连续，则 $\int_{-a}^a f(x)\mathrm{d}x=\begin{cases}0, & f(x) \text{ 为奇函数,}\\ 2\int_0^a f(x)\mathrm{d}x, & f(x) \text{ 为偶函数.}\end{cases}$ 事实上，

$$\int_{-a}^a f(x)\mathrm{d}x=\int_{-a}^0 f(x)\mathrm{d}x+\int_0^a f(x)\mathrm{d}x,$$

而 $\int_{-a}^0 f(x)\xrightarrow{\ 令\ x=-t\ }-\int_a^0 f(-t)\mathrm{d}t=\int_0^a f(-x)\mathrm{d}x=\begin{cases}-\int_0^a f(x)\mathrm{d}x, & f(x) \text{ 为奇数,}\\ \int_0^a f(x)\mathrm{d}x, & f(x) \text{ 为偶函数.}\end{cases}$ 故得证.

推论 若函数 $f(x)$ 在 $[-a,a]$ 上连续，则 $\int_{-a}^a f(x)\mathrm{d}x=\int_0^a[f(x)+f(-x)]\mathrm{d}x$．

证明 由于 $f(x)=\dfrac{f(x)+f(-x)}{2}+\dfrac{f(x)-f(-x)}{2}$，且 $\dfrac{f(x)+f(-x)}{2}$ 为偶函数，$\dfrac{f(x)-f(-x)}{2}$ 为奇函数，于是

$$\int_{-a}^a f(x)\mathrm{d}x=\int_{-a}^a\left[\frac{f(x)+f(-x)}{2}+\frac{f(x)-f(-x)}{2}\right]\mathrm{d}x$$
$$=\int_{-a}^a\left[\frac{f(x)+f(-x)}{2}\right]\mathrm{d}x=\int_0^a[f(x)+f(-x)]\mathrm{d}x.$$

(6) 设函数 $f(x)$ 为周期函数且连续，周期为 T，则 $\int_a^{a+T} f(x)\mathrm{d}x=\int_0^T f(x)\mathrm{d}x$．事实上，

$$\int_a^{a+T} f(x)\mathrm{d}x=\int_a^0 f(x)\mathrm{d}x+\int_0^T f(x)\mathrm{d}x+\int_T^{a+T} f(x)\mathrm{d}x,$$

由于 $\int_T^{a+T} f(x)\mathrm{d}x\xrightarrow{\ 设\ x=t+T\ }\int_0^a f(t+T)\mathrm{d}t=\int_0^a f(t)\mathrm{d}t=-\int_a^0 f(x)\mathrm{d}x$，于是 $\int_a^{a+T} f(x)\mathrm{d}x=\int_0^T f(x)\mathrm{d}x$．

(7) 设函数 $f(x)$ 在 $[0,1]$ 上连续，则 $\int_0^\pi xf(\sin x)\mathrm{d}x=\dfrac{\pi}{2}\int_0^\pi f(\sin x)\mathrm{d}x$．事实上，

$$\int_0^\pi xf(\sin x)\mathrm{d}x\xrightarrow{\ 令\ x=\pi-t\ }-\int_\pi^0(\pi-t)f[\sin(\pi-t)]\mathrm{d}t$$
$$=\int_0^\pi(\pi-x)f(\sin x)\mathrm{d}x=\pi\int_0^\pi f(\sin x)\mathrm{d}x-\int_0^\pi xf(\sin x)\mathrm{d}x.$$

移项两边同除以 2，得 $\int_0^\pi xf(\sin x)\mathrm{d}x=\dfrac{\pi}{2}\int_0^\pi f(\sin x)\mathrm{d}x$．

(8) $\int_0^{\frac{\pi}{2}}\sin^n x\mathrm{d}x=\int_0^{\frac{\pi}{2}}\cos^n x\mathrm{d}x=\begin{cases}\dfrac{n-1}{n}\cdot\dfrac{n-3}{n-2}\cdot\cdots\cdot\dfrac{1}{2}\cdot\dfrac{\pi}{2}, & n \text{ 为偶数,}\\[2mm]\dfrac{n-1}{n}\cdot\dfrac{n-3}{n-2}\cdot\cdots\cdot\dfrac{2}{3}, & n \text{ 为奇数.}\end{cases}$ 事实上，

$$\int_0^{\frac{\pi}{2}}\sin^n x\mathrm{d}x\xrightarrow{\ 令\ x=\frac{\pi}{2}-t\ }-\int_{\frac{\pi}{2}}^0\sin^n\left(\frac{\pi}{2}-t\right)\mathrm{d}t=\int_0^{\frac{\pi}{2}}\cos^n t\mathrm{d}t=\int_0^{\frac{\pi}{2}}\cos^n x\mathrm{d}x.$$

记 $I_n=\int_0^{\frac{\pi}{2}}\cos^n x\mathrm{d}x=\int_0^{\frac{\pi}{2}}\cos^{n-1} x\cos x\mathrm{d}x=\int_0^{\frac{\pi}{2}}\cos^{n-1} x\mathrm{d}\sin x$

$=\cos^{n-1} x\sin x\Big|_0^{\frac{\pi}{2}}+\int_0^{\frac{\pi}{2}}\sin x(n-1)\cos^{n-2} x\sin x\mathrm{d}x(n\geqslant 2)$

$=(n-1)\int_0^{\frac{\pi}{2}}\cos^{n-2} x(1-\cos^2 x)\mathrm{d}x=(n-1)I_{n-2}-(n-1)I_n,$

于是，$I_n=\dfrac{n-1}{n}I_{n-2}=\dfrac{n-1}{n}\cdot\dfrac{n-3}{n-2}I_{n-4}=\cdots$

由于递推公式每次降 2 次,要讨论 n 为奇偶数的情形,由 $I_1=\int_0^{\frac{\pi}{2}}\cos x\,\mathrm{d}x=1$,$I_0=\int_0^{\frac{\pi}{2}}\mathrm{d}x=\dfrac{\pi}{2}$,有

$$I_n=\begin{cases}\dfrac{n-1}{n}\cdot\dfrac{n-3}{n-2}\cdot\cdots\cdot\dfrac{1}{2}\cdot\dfrac{\pi}{2}, & n\text{ 为偶数,}\\[3mm]\dfrac{n-1}{n}\cdot\dfrac{n-3}{n-2}\cdot\cdots\cdot\dfrac{2}{3}, & n\text{ 为奇数.}\end{cases}$$

3. 微元法

根据所给条件,画图,建立适当的坐标系,在图中把所需曲线的方程表示出来,确定要求量 Q 所分布的区间 $[a,b]$,且区间 $[a,b]$ 上的总量 Q 具有等于各小区间上部分量之和的特点.

(1) 取近似求微元. 选取区间 $[x,x+\Delta x](\Delta x>0)$,写出部分量 ΔQ 的近似值 $f(x)\Delta x$,即

$$\Delta Q\approx f(x)\Delta x=f(x)\,\mathrm{d}x.$$

要求 $f(x)\Delta x$ 是 ΔQ 的线性主部 $\mathrm{d}Q$. 即计算的过程中,可以略去 Δx 的高阶无穷小. 这一步是关键、本质的一步,所以称为微元分析法或简称微元法.

(2) 得微分 $\mathrm{d}Q=f(x)\,\mathrm{d}x$.

(3) 计算积分 $Q=\displaystyle\int_a^b f(x)\,\mathrm{d}x$.

注　第一步一定要把 ΔQ 表示成 x 的函数与 Δx 的乘积形式. 由 $\Delta x=\mathrm{d}x$,于是又可写成下面的步骤:
(1) 选取 $[x,x+\mathrm{d}x](\mathrm{d}x>0)$,求 ΔQ 的线性主部 $\mathrm{d}Q=f(x)\,\mathrm{d}x$;(2) $Q=\displaystyle\int_a^b f(x)\,\mathrm{d}x$.

二、考题类型、解题策略及典型例题

类型 2.1　涉及定积分的方程根的存在性

解题策略　利用积分中值定理、定积分的性质,尤其是变上限积分求导定理及微分中值定理,证明方法和技巧与第 2 章介绍的证明方程根的存在性思想完全类似.

例 3.2.1　设函数 $f(x)$ 在 $[0,1]$ 上连续,在 $(0,1)$ 内可导,且 $3\displaystyle\int_{\frac{2}{3}}^1 f(x)\,\mathrm{d}x=f(0)$. 证明:在 $(0,1)$ 内存在一点 ξ,使 $f'(\xi)=0$.

分析　由结论知对被积函数用罗尔定理.

证明　由积分中值定理知,在 $\left[\dfrac{2}{3},1\right]$ 上存在一点 c,使 $3\cdot\displaystyle\int_{\frac{2}{3}}^1 f(x)\,\mathrm{d}x=3\cdot\dfrac{1}{3}f(c)=f(c)=f(0)$. 且 $0<\dfrac{2}{3}\leqslant c\leqslant 1$,由 $f(x)$ 在 $[0,c]$ 上连续,在 $(0,c)$ 内可导,$f(0)=f(c)$,由罗尔定理知,至少存在一点 $\xi\in(0,c)\subset(0,1)$,使 $f'(\xi)=0$.

例 3.2.2　设函数 $f(x)$ 在 $[0,\pi]$ 上连续,且 $\displaystyle\int_0^\pi f(x)\,\mathrm{d}x=0$,$\displaystyle\int_0^\pi f(x)\cos x\,\mathrm{d}x=0$,试证:在 $(0,\pi)$ 内至少存在两个不同的 ξ_1,ξ_2,使 $f(\xi_1)=f(\xi_2)=0$.

分析　构造 $f(x)$ 的原函数 $F(x)=\displaystyle\int_0^x f(t)\,\mathrm{d}t$ 在三个不同点函数值相等,再分别用二次罗尔定理.

证法一　令 $F(x)=\displaystyle\int_0^x f(t)\,\mathrm{d}t,0\leqslant x\leqslant\pi$,则有 $F(0)=0$,$F(\pi)=0$,又因为

$$0=\int_0^\pi f(x)\cos x\,\mathrm{d}x=\int_0^\pi\cos x\,\mathrm{d}F(x)=F(x)\cos x\Big|_0^\pi+\int_0^\pi F(x)\sin x\,\mathrm{d}x=\int_0^\pi F(x)\sin x\,\mathrm{d}x,$$

所以存在 $\xi\in(0,\pi)$,使 $F(\xi)\sin\xi=0$. 若不然,则在 $(0,\pi)$ 内,$F(x)\sin x$ 恒为正或恒为负,均与 $\displaystyle\int_0^\pi F(x)\sin x\,\mathrm{d}x=0$ 矛盾. 但当 $\xi\in(0,\pi)$ 时,$\sin\xi\neq 0$,知 $F(\xi)=0$. 再对 $F(x)$ 在区间 $[0,\xi]$,$[\xi,\pi]$ 上分别应用罗尔定理,知至少存在 $\xi_1\in(0,\xi)$,$\xi_2\in(\xi,\pi)$,使

$$F'(\xi_1)=F'(\xi_2)=0,\text{ 即 }f(\xi_1)=f(\xi_2)=0.$$

证法二 由 $\int_0^\pi f(x)\mathrm{d}x = 0$ 知,存在 $\xi_1 \in (0,\pi)$,使 $f(\xi_1)=0$. 因为若不然,则在 $(0,\pi)$ 内 $f(x)$ 恒为正或恒为负,均与 $\int_0^\pi f(x)\mathrm{d}x = 0$ 矛盾.

若在 $(0,\pi)$ 内 $f(x)=0$ 仅有一个实根 $x=\xi$,则由 $\int_0^\pi f(x)\mathrm{d}x = 0$ 知,$f(x)$ 在 $(0,\xi_1)$ 内与 (ξ_1,π) 内异号,不妨设在 $(0,\xi_1)$ 内 $f(x)>0$,在 (ξ_2,π) 内 $f(x)<0$,于是再由 $\int_0^\pi f(x)\cos x\mathrm{d}x = 0$ 与 $\int_0^\pi f(x)\mathrm{d}x=0$ 及 $\cos x$ 在 $[0,\pi]$ 上单调性知

$$0 = \int_0^\pi f(x)\cos x\mathrm{d}x - \cos\xi_1 \int_0^\pi f(x)\mathrm{d}x = \int_0^\pi f(x)(\cos x - \cos\xi_1)\mathrm{d}x$$

$$= \int_0^{\xi_1} f(x)(\cos x - \cos\xi_1)\mathrm{d}x + \int_{\xi_1}^\pi f(x)(\cos x - \cos\xi_1)\mathrm{d}x > 0,$$

得出矛盾,从而知,在 $(0,\pi)$ 内除 ξ_1 处,$f(\xi_1)=0$,$f(x)=0$ 至少还有另一实根 ξ_2. 故知存在 $\xi_1,\xi_2 \in (0,\pi)$,$\xi_1 \neq \xi_2$,使 $f(\xi_1)=f(\xi_2)=0$.

例 3.2.3 设函数 $f(x)$ 在 $[a,b]$ 上连续,$\int_a^b f^2(x)\mathrm{d}x = 0$,证明:当 $x\in[a,b]$ 时,$f(x)\equiv 0$.

分析 用极限的保号性与定积分不等式性质.

证明 用反证法. 假设 $x\in[a,b]$ 时,$f(x)\not\equiv 0$,即存在 $x_0\in[a,b]$ 时,$f(x_0)\neq 0$,知 $f^2(x_0)>0$,不妨设 x_0

$\in(a,b)$,由 $f(x)$ 在 $[a,b]$ 上连续,则在 x_0 处也连续,有 $\lim\limits_{x\to x_0} f^2(x) = f^2(x_0) > \dfrac{f^2(x_0)}{2} > 0$,由保号性存在 $\delta>0$,当 $x\in[x_0-\delta, x_0+\delta] \subset (a,b)$ 时,$f^2(x) > \dfrac{f^2(x_0)}{2} > 0$. 于是

$$\int_a^b f^2(x)\mathrm{d}x = \int_a^{x_0-\delta} f^2(x)\mathrm{d}x + \int_{x_0-\delta}^{x_0+\delta} f^2(x)\mathrm{d}x + \int_{x_0+\delta}^b f^2(x)\mathrm{d}x$$

$$\geqslant \int_{x_0-\delta}^{x_0+\delta} f^2(x)\mathrm{d}x \geqslant \int_{x_0-\delta}^{x_0+\delta} \frac{f^2(x_0)}{2}\mathrm{d}x = \frac{f^2(x_0)}{2}\int_{x_0-\delta}^{x_0+\delta}\mathrm{d}x = f^2(x_0)\delta > 0.$$

与题目条件矛盾,故假设不成立,所以 $f(x)\equiv 0$,$x\in[a,b]$.

类型 2.2 涉及定积分的适合某种条件 ξ 的等式

解题策略 利用积分中值定理、定积分的性质,尤其是变上限积分求导定理及微分中值定理,证明方法和技巧与第 2 章介绍的证明 ξ 的等式思想完全类似.

例 3.2.4 设函数 $f(x)$ 在 $[0,1]$ 上连续,在 $(0,1)$ 内可导,且满足 $f(1) = k\int_0^{\frac{1}{k}} x\mathrm{e}^{1-x}f(x)\mathrm{d}x (k>1)$. 证明:至少存在一点 $\xi\in(0,1)$,使 $f'(\xi) = (1-\xi^{-1})f(\xi)$.

分析 与前面的例 3.2.1 原理相同,对被积函数用罗尔定理.

证明 由 $f(1) = k\int_0^{\frac{1}{k}} x\mathrm{e}^{1-x}f(x)\mathrm{d}x$ 及积分中值定理,知至少存在一点 $c\in[0,\dfrac{1}{k}]\subset(0,1)$,使得

$$f(1) = k\int_0^{\frac{1}{k}} x\mathrm{e}^{1-x}f(x)\mathrm{d}x = k\cdot c\cdot \mathrm{e}^{1-c}f(c)\cdot\frac{1}{k} = c\mathrm{e}^{1-c}f(c) = 1\cdot\mathrm{e}^{1-1}\cdot f(1). \qquad ①$$

令 $\varphi(x) = x\mathrm{e}^{1-x}f(x)$,由 $\varphi(x)$ 在 $[c,1]$ 上连续,在 $(c,1)$ 内可导,$\varphi(1)=\varphi(c)$. 由罗尔定理知,至少存在一点 $\xi\in(c,1)\subset(0,1)$,使得 $\varphi'(\xi)=0$,由 $\varphi'(x)=\mathrm{e}^{1-x}f(x) - x\mathrm{e}^{1-x}f(x) + x\mathrm{e}^{1-x}\cdot f'(x)$,得

$$\mathrm{e}^{1-\xi}f(\xi) - \xi\mathrm{e}^{1-\xi}f(\xi) + \xi\mathrm{e}^{1-\xi}f'(\xi) = 0 \quad 即 \quad f'(\xi) = (1-\xi^{-1})f(\xi).$$

例 3.2.5 设函数 $f(x),g(x)$ 在 $[a,b]$ 上连续且 $g(x)$ 不变号,则至少存在一点 $\xi\in[a,b]$,使

$$\int_a^b f(x)g(x)\mathrm{d}x = f(\xi)\int_a^b g(x)\mathrm{d}x \text{(推广的积分中值定理)}.$$

证明 (1)当 $g(x)\equiv 0$,$x\in[a,b]$ 时,有 $\int_a^b g(x)\mathrm{d}x = 0$,$\int_a^b f(x)g(x)\mathrm{d}x = \int_a^b f(x)\cdot 0\mathrm{d}x = 0$.

此时 ξ 可以是 $[a,b]$ 上任何一个值,都有 $\int_a^b f(x)g(x)\mathrm{d}x = f(\xi)\int_a^b g(x)\mathrm{d}x = 0$.

(2)当 $g(x)\not\equiv0$ 时,由 $g(x)$ 不变号,必有对每一个 $x\in[a,b]$,或者 $g(x)$ 都大于零或者都小于零,不妨设 $x\in[a,b]$ 时,$g(x)>0$,由 $f(x)$ 在 $[a,b]$ 上连续,必取到最小值 m 与最大值 M,且 $R(f)=[m,M]$,对于一切 $x\in[a,b]$,都有

$$m\leqslant f(x)\leqslant M\Rightarrow mg(x)\leqslant f(x)g(x)\leqslant Mg(x)$$
$$\Rightarrow m\int_a^b g(x)\mathrm{d}x=\int_a^b mg(x)\mathrm{d}x\leqslant\int_a^b f(x)g(x)\mathrm{d}x\leqslant\int_a^b Mg(x)\mathrm{d}x=M\int_a^b g(x)\mathrm{d}x.$$

由于 $\int_a^b g(x)\mathrm{d}x>0$,得

$$m\leqslant\frac{\int_a^b f(x)g(x)\mathrm{d}x}{\int_a^b g(x)\mathrm{d}x}\leqslant M.$$

故至少存在一点 $\xi\in[a,b]$,使 $\dfrac{\int_a^b f(x)g(x)\mathrm{d}x}{\int_a^b g(x)\mathrm{d}x}=f(\xi)$,即 $\int_a^b f(x)g(x)\mathrm{d}x=f(\xi)\int_a^b g(x)\mathrm{d}x.$

注 这题可作为结论记住.

例 3.2.6 设函数 $f(x)$ 在 $[a,b]$ 上连续,$g(x)$ 在 $[a,b]$ 上的导数连续且不变号,试证:至少存在一点 $\xi\in[a,b]$,使 $\int_a^b f(x)g(x)\mathrm{d}x=g(b)\int_a^{\xi}f(x)\mathrm{d}x+g(a)\int_{\xi}^b f(x)\mathrm{d}x$(第二积分中值定理).

证明 由分部积分、推广的积分中值定理、区间可加性,有

$$\int_a^b f(x)g(x)\mathrm{d}x=\int_a^b g(x)\mathrm{d}\Big(\int_a^x f(t)\mathrm{d}t\Big)=g(x)\cdot\int_a^x f(t)\mathrm{d}t\Big|_a^b-\int_a^b\Big(g'(x)\int_a^x f(t)\mathrm{d}t\Big)\mathrm{d}x$$
$$=g(b)\int_a^b f(t)\mathrm{d}t-\int_a^{\xi}f(t)\mathrm{d}t\cdot\int_a^b g'(x)\mathrm{d}x=g(b)\int_a^b f(x)\mathrm{d}x-[g(b)-g(a)]\int_a^{\xi}f(x)\mathrm{d}x$$
$$=g(b)\Big[\int_a^{\xi}f(x)\mathrm{d}x+\int_{\xi}^b f(x)\mathrm{d}x\Big]-[g(b)-g(a)]\int_a^{\xi}f(x)\mathrm{d}x$$
$$=g(b)\int_{\xi}^b f(x)\mathrm{d}x+g(a)\int_a^{\xi}f(x)\mathrm{d}x.$$

例 3.2.7 设函数 $f(x),g(x)$ 在 $[a,b]$ 上连续,证明:至少存在一点 $\xi\in(a,b)$,使

$$f(\xi)\int_{\xi}^b g(x)\mathrm{d}x=g(\xi)\int_a^{\xi}f(x)\mathrm{d}x.$$

证明 要证原等式成立,只要证 $f(\xi)\int_{\xi}^b g(x)\mathrm{d}x-g(\xi)\int_a^{\xi}f(t)\mathrm{d}x=0$ 成立,只要证 $[f(t)\int_t^b g(x)\mathrm{d}x-g(t)\int_a^t f(t)\mathrm{d}t]|_{t=\xi}=0$ 成立,只要证 $[\int_a^t f(x)\mathrm{d}x\cdot\int_t^b g(x)\mathrm{d}x]'|_{t=\xi}=0$ 成立,设 $F(t)=\int_a^t f(x)\mathrm{d}x\cdot\int_t^b g(x)\mathrm{d}x$,只要证 $F'(\xi)=0$ 成立,由 $F(t)$ 在 $[a,b]$ 上连续,在 (a,b) 内可导,$F(a)=F(b)=0$,由罗尔定理知至少存在一点 $\xi\in(a,b)$,使 $F'(\xi)=0$ 成立.由 $F'(\xi)=0$ 成立,且每一步可逆,故原等式成立.

例 3.2.8 设函数 $f(x)$ 是区间 $[0,1]$ 上的任意一非负连续函数.

(1)试证:存在 $x_0\in(0,1)$,使在区间 $[0,x_0]$ 上以 $f(x_0)$ 为高的矩形面积,等于在区间 $[x_0,1]$ 上以 $y=f(x)$ 为曲边的曲边梯形面积.

(2)设 $f(x)$ 在区间 $(0,1)$ 内可导,且 $f'(x)>-\dfrac{2f(x)}{x}$,证明:(1)中的 x_0 是唯一的.

分析 把结论转化为 $F'(\xi)=0$,利用罗尔定理.

证明 (1)要证原结论成立,只要证 $x_0 f(x_0)=\int_{x_0}^1 f(x)\mathrm{d}x$ 成立,只要证 $\int_{x_0}^1 f(x)\mathrm{d}x-x_0 f(x_0)=0$ 成立,只要证 $[\int_t^1 f(x)\mathrm{d}x-tf(t)]|_{t=x_0}=0$ 成立,只要证 $[t\int_t^1 f(x)\mathrm{d}x]'|_{t=x_0}=0$ 成立,设 $F(t)=t\int_t^1 f(x)\mathrm{d}x$,只要证 $F'(x_0)=0$ 成立,由 $F(t)$ 在 $[0,1]$ 上连续,在 $(0,1)$ 内可导,$F(0)=F(1)=0$,由罗尔定理知至少存在一点 $x_0\in(0,1)$,使 $F'(x_0)=0$ 成立.由 $F'(x_0)=0$ 成立,且每一步可逆,故原等式成立.

(2)设 $\varphi(t)=\int_t^1 f(t)\mathrm{d}t-tf(t)$，则当 $t\in(0,1)$ 时，

$$\varphi'(t)=-f(t)-f(t)-tf'(t)=-2f(t)-tf'(t),$$

由条件知 $f'(x)>-\dfrac{2f(x)}{x}\Leftrightarrow-2f(x)-xf'(x)<0$，知 $\varphi'(t)<0$. 所以 $\varphi(t)$ 在 $[0,1]$ 上严格递减，故 (1) 中的 x_0 是唯一的.

例 3.2.9 设函数 $f(x)$ 在 $[a,b]$ 有二阶连续导数，试证：在 $[a,b]$ 上至少存在一点 c，使

$$\int_a^b f(x)\mathrm{d}x=(b-a)f\left(\frac{a+b}{2}\right)+\frac{1}{24}(b-a)^3 f''(c).$$

分析 由结论中出现 $f\left(\dfrac{a+b}{2}\right)$ 与高阶导数，故在 $x_0=\dfrac{a+b}{2}$ 处展成泰勒公式.

证明 由泰勒公式展开式知

$$f(x)=f\left(\frac{a+b}{2}\right)+f'\left(\frac{a+b}{2}\right)\left(x-\frac{a+b}{2}\right)+\frac{1}{2}f''(\xi)\left(x-\frac{a+b}{2}\right)^2,\text{其中 }\xi\text{ 介于}\frac{a+b}{2}\text{ 与 }x\text{ 之间.}$$

$$\int_a^b f(x)\mathrm{d}x=(b-a)f\left(\frac{a+b}{2}\right)+f'\left(\frac{a+b}{2}\right)\int_a^b\left(x-\frac{a+b}{2}\right)\mathrm{d}x+\frac{1}{2}\int_a^b f''(\xi)\left(x-\frac{a+b}{2}\right)^2\mathrm{d}x.$$

设 $m=\min\limits_{a\leqslant x\leqslant b}f''(x)$，$M=\max\limits_{a\leqslant x\leqslant b}f''(x)$，则

$$m\int_a^b\left(x-\frac{a+b}{2}\right)^2\mathrm{d}x\leqslant\int_a^b f''(\xi)\left(x-\frac{a+b}{2}\right)^2\mathrm{d}x\leqslant M\int_a^b\left(x-\frac{a+b}{2}\right)^2\mathrm{d}x.$$

$$m\frac{(b-a)^3}{12}\leqslant\int_a^b f''(\xi)\left(x-\frac{a+b}{2}\right)^2\leqslant M\frac{(b-a)^3}{12},m\leqslant\frac{\int_a^b f''(\xi)\left(x-\frac{a+b}{2}\right)^2\mathrm{d}x}{\frac{(b-a)^3}{12}}\leqslant M.$$

由 $R(f'')=[m,M]$，知至少存在一点 $c\in[a,b]$，使

$$\frac{\int_a^b f''(\xi)\left(x-\frac{a+b}{2}\right)^2\mathrm{d}x}{\frac{(b-a)^3}{12}}=f''(c)\text{ 或 }\int_a^b f''(\xi)\left(x-\frac{a+b}{2}\right)^2\mathrm{d}x=\frac{1}{12}(b-a)^2 f''(c),$$

所以 $\int_a^b f(x)\mathrm{d}x=(b-a)f\left(\dfrac{a+b}{2}\right)+\dfrac{1}{24}(b-a)^3 f''(c)$.

注 ξ 介于 $\dfrac{a+b}{2}$ 与 x 之间，x 变，ξ 也变，故 $f''(\xi)$ 不能提到积分号的前面.

例 3.2.10 设函数 $f(x)$ 在 $[-a,a]$ 上存在连续的二阶导数，且 $f(0)=0$，证明：至少存在一点 $\xi\in[-a,a]$，使

$$f''(\xi)=\frac{3}{a^3}\int_{-a}^a f(x)\mathrm{d}x.$$

分析 由于涉及二阶导数且与函数 $f(x)$ 有关，考虑用泰勒公式.

证明 由泰勒公式知 $f(x)=f(0)+f'(0)x+\dfrac{f''(\eta)}{2!}x^2=f'(0)x+\dfrac{f''(\eta)}{2}x^2$，其中 η 介于 0 与 x 之间，于是

$$\int_{-a}^a f(x)=\int_{-a}^a f'(0)x\mathrm{d}x+\int_{-a}^a\frac{f''(\eta)}{2}x^2\mathrm{d}x=\frac{1}{2}\int_{-a}^a f''(\eta)x^2\mathrm{d}x.$$

因为 $f''(x)$ 在 $[-a,a]$ 上连续，设 $m=\min\limits_{-a\leqslant x\leqslant a}f''(x)$，$M=\max\limits_{-a\leqslant x\leqslant a}f''(x)$，知

$$\frac{a^3}{3}m=\frac{1}{2}m\int_{-a}^a x^2\mathrm{d}x\leqslant\frac{1}{2}\int_{-a}^a f''(\eta)x^2\mathrm{d}x\leqslant\frac{1}{2}M\int_{-a}^a x^2\mathrm{d}x=\frac{a^3}{3}M,$$

得 $m\leqslant\dfrac{\frac{1}{2}\int_{-a}^a f''(\eta)x^2\mathrm{d}x}{a^3/3}\leqslant M$，由 $R(f')=[m,M]$，知至少存在一点 $\xi\in[-a,a]$，使 $\dfrac{1}{2}\int_{-a}^a f''(\eta)x^2\mathrm{d}x=\dfrac{a^3}{3}f''(\xi)$.

即 $\int_{-a}^a f(x)\mathrm{d}x=\dfrac{a^3}{3}f''(\xi)$. 因此有 $\dfrac{3}{a^3}\int_{-a}^a f(x)\mathrm{d}x=f''(\xi)$.

类型 2.3　涉及定积分的不等式

解题策略　利用积分中值定理、定积分的不等式性质,尤其是变上限积分求导定理及微分中值定理,证明方法和技巧与第 2 章介绍的证明不等式思想完全类似.

例 3.2.11　设函数 $f(x),g(x)$ 在 $[a,b]$ 上连续,证明:(1) $\left[\int_a^b f(x)g(x)\mathrm{d}x\right]^2 \leqslant \int_a^b f^2(x)\mathrm{d}x \cdot \int_a^b g^2(x)\mathrm{d}x$;

(2) $\int_a^b [f(x)+g(x)]^2\mathrm{d}x \leqslant \left\{\left[\int_a^b f^2(x)\mathrm{d}x\right]^{\frac{1}{2}} + \left[\int_a^b g^2(x)\mathrm{d}x\right]^{\frac{1}{2}}\right\}^2$ (柯西—施瓦兹(Cauchy-Schwarz)

不等式).

证明　(1)要证原不等式成立,只要证 $\int_a^b f^2(x)\mathrm{d}x \cdot \int_a^b g^2(x)\mathrm{d}x - \left[\int_a^b f(x)g(x)\mathrm{d}x\right]^2 \geqslant 0$ 成立.

设 $F(t) = \int_a^t f^2(x)\mathrm{d}x \cdot \int_a^t g^2(x)\mathrm{d}x - \left[\int_a^t f(x)g(x)\mathrm{d}x\right]^2$,只要证

$$F(b) \geqslant F(a) \qquad\qquad ①$$

成立,由 $F(t)$ 在 $[a,b]$ 上连续,在 (a,b) 内可导,且

$$F'(t) = f^2(t)\int_a^t g^2(x)\mathrm{d}x + g^2(t)\int_a^t f^2(x)\mathrm{d}x - 2f(t)g(t)\int_a^t f(x)g(x)\mathrm{d}x$$

$$= \int_a^t [f^2(t)g^2(x) - 2f(t)g(t)f(x)g(x) + g^2(t)f^2(x)]\mathrm{d}x$$

$$= \int_a^t [f(t)g(x) - g(t)f(x)]^2\mathrm{d}x \geqslant 0,$$

知 $F(t)$ 在 $[a,b]$ 上递增,由 $b>a$,知 $F(b) \geqslant F(a)$,即不等式①成立,由每一步可逆,故原不等式成立.

(2) $\int_a^b [f(x)+g(x)]^2\mathrm{d}x = \int_a^b f^2(x)\mathrm{d}x + 2\int_a^b f(x)g(x)\mathrm{d}x + \int_a^b g^2(x)\mathrm{d}x$

$$\leqslant \int_a^b f^2(x)\mathrm{d}x + 2\left[\int_a^b f^2(x)\mathrm{d}x\right]^{\frac{1}{2}}\left[\int_a^b g^2(x)\mathrm{d}x\right]^{\frac{1}{2}} + \int_a^b g^2(x)\mathrm{d}x$$

$$= \left\{\left[\int_a^b f^2(x)\mathrm{d}x\right]^{\frac{1}{2}} + \left[\int_a^b g^2(x)\mathrm{d}x\right]^{\frac{1}{2}}\right\}^2.$$

例 3.2.12　设函数 $f(x)$ 在 $[0,1]$ 上导数连续,试证:$\forall x \in [0,1]$,有 $|f(x)| \leqslant \int_0^1 [|f'(x)| + |f(x)|]\mathrm{d}x$.

分析　利用最小值与定积分的不等式性质.

证明　由条件知 $|f(x)|$ 在 $[0,1]$ 上连续,必有最小值,即存在 $x_0 \in [0,1]$,$|f(x_0)| \leqslant |f(x)|$,故有

$$\int_{x_0}^x f'(t)\mathrm{d}t = f(x) - f(x_0) \Leftrightarrow f(x) = f(x_0) + \int_{x_0}^x f'(t)\mathrm{d}t,$$

$$|f(x)| = \left|f(x_0) + \int_{x_0}^x f'(t)\mathrm{d}t\right| \leqslant |f(x_0)| + \int_{x_0}^x |f'(t)|\mathrm{d}t$$

$$\leqslant |f(x_0)| + \int_0^1 |f'(t)|\mathrm{d}t = \int_0^1 |f(x_0)|\mathrm{d}t + \int_0^1 |f'(t)|\mathrm{d}t$$

$$\leqslant \int_0^1 |f(t)|\mathrm{d}t + \int_0^1 |f'(t)|\mathrm{d}t = \int_0^1 [|f(t)| + |f'(t)|]\mathrm{d}t$$

$$= \int_0^1 [|f(x)| + |f'(x)|]\mathrm{d}x.$$

例 3.2.13　设函数 $f(x)$ 在 $[a,b]$ 上导数连续,且 $f(a)=f(b)=0$,试证:

$$\max_{a \leqslant x \leqslant b} |f'(x)| \geqslant \frac{4}{(b-a)^2}\int_a^b |f(x)|\mathrm{d}x.$$

分析　把函数转化为导数,利用拉格朗日定理与定积分的不等式性质.

证明　由 $f'(x)$ 在 $[a,b]$ 上连续,知 $|f'(x)|$ 在 $[a,b]$ 上连续且有最大值,设 $M = \max_{a \leqslant x \leqslant b} |f'(x)|$,要证原不等式成立,只要证 $\int_a^b |f(x)|\mathrm{d}x \leqslant \frac{(b-a)^2}{4}M$ 成立,由

$$\int_a^b |f(x)|\mathrm{d}x = \int_a^{\frac{a+b}{2}} |f(x)|\mathrm{d}x + \int_{\frac{a+b}{2}}^b |f(x)|\mathrm{d}x$$

$$= \int_a^{\frac{a+b}{2}} |f(x) - f(a)| \,\mathrm{d}x + \int_{\frac{a+b}{2}}^b |f(b) - f(x)| \,\mathrm{d}x$$

$$= \int_a^{\frac{a+b}{2}} |f'(\xi_1)(x-a)| \,\mathrm{d}x + \int_{\frac{a+b}{2}}^b |f'(\xi_2)(b-x)| \,\mathrm{d}x$$

$$\leqslant M \int_a^{\frac{a+b}{2}} (x-a)\,\mathrm{d}x + M \int_{\frac{a+b}{2}}^b (b-x)\,\mathrm{d}x = M \frac{(x-a)^2}{2}\bigg|_a^{\frac{a+b}{2}} - M \frac{(b-x)^2}{2}\bigg|_{\frac{a+b}{2}}^b$$

$$= \frac{(b-a)^2}{4}M,$$

故原不等式成立.

例 3.2.14 证明：$\int_0^\alpha f(x)\mathrm{d}x \geqslant \dfrac{\alpha}{\beta} \int_\alpha^\beta f(x)\mathrm{d}x$，其中 $f(x) \geqslant 0$，$f(x)$ 在 $[0,1]$ 上连续、单调递减且 $0 < \alpha < \beta < 1$.

分析 利用积分中值定理与函数的单调性.

证明 由积分中值定理知

$$\int_0^\alpha f(x)\mathrm{d}x = f(\xi_1)\alpha, \xi_1 \in [0,\alpha], \quad \int_\alpha^\beta f(x)\mathrm{d}x = f(\xi_2)(\beta - \alpha), \xi_2 \in [\alpha,\beta].$$

由于 $\xi_1 \leqslant \xi_2$，且 $f(x)$ 单调递减，有 $f(\xi_1) \geqslant f(\xi_2)$，即

$$\frac{1}{\alpha} \int_0^\alpha f(x)\mathrm{d}x \geqslant \frac{1}{\beta - \alpha} \int_\alpha^\beta f(x)\mathrm{d}x \geqslant \frac{1}{\beta} \int_\alpha^\beta f(x)\mathrm{d}x,$$

故 $\int_0^\alpha f(x)\mathrm{d}x \geqslant \dfrac{\alpha}{\beta} \int_\alpha^\beta f(x)\mathrm{d}x.$

例 3.2.15 设函数 $f(x)$ 在 $[0,1]$ 上连续且单调递减，证明：当 $0 < \lambda < 1$ 时，$\int_0^\lambda f(x)\mathrm{d}x \geqslant \lambda \int_0^1 f(x)\mathrm{d}x.$

分析 利用积分中值定理与函数的单调性.

证法一 $\int_0^\lambda f(x)\mathrm{d}x - \lambda \int_0^1 f(x)\mathrm{d}x = \int_0^\lambda f(x)\mathrm{d}x - \lambda \int_0^\lambda f(x)\mathrm{d}x - \lambda \int_\lambda^1 f(x)\mathrm{d}x = (1-\lambda) \int_0^\lambda f(x)\mathrm{d}x -$

$\lambda \int_\lambda^1 f(x)\mathrm{d}x = (1-\lambda)\lambda f(\xi_1) - \lambda(1-\lambda)f(\xi_2) = \lambda(1-\lambda)(f(\xi_1) - f(\xi_2))$，其中 $0 \leqslant \xi_1 \leqslant \lambda \leqslant \xi_2 \leqslant 1$，而 $f(x)$ 在 $[0,1]$ 上单调递减，知 $f(\xi_1) - f(\xi_2) \geqslant 0$，又 $0 < \lambda < 1, 0 < 1 - \lambda < 1$，从而

$$\int_0^\lambda f(x)\mathrm{d}x - \lambda \int_0^1 f(x)\mathrm{d}x \geqslant 0, \quad 即 \int_0^\lambda f(x)\mathrm{d}x \geqslant \lambda \int_0^1 (x)\mathrm{d}x.$$

分析 利用函数的单调性与积分不等式性质.

证法二 $\int_0^\lambda f(x)\mathrm{d}x \xlongequal{设 x = \lambda t} \int_0^1 f(\lambda t)\lambda \mathrm{d}t = \int_0^1 f(\lambda x)\lambda \mathrm{d}x = \lambda \int_0^1 f(\lambda x)\mathrm{d}x.$ 由 $0 < \lambda < 1$，知 $\lambda x \leqslant x$，又

$f(x)$ 单调递减，知 $f(\lambda x) \geqslant f(x)$，得 $\int_0^1 f(\lambda x)\mathrm{d}x \geqslant \int_0^1 f(x)\mathrm{d}x.$

从而 $\int_0^\lambda f(x)\mathrm{d}x = \lambda \int_0^1 f(\lambda x)\mathrm{d}x \geqslant \lambda \int_0^1 f(x)\mathrm{d}x.$

分析 利用单调性定理与积分中值定理.

证法三 要证原不等式成立，只要证 $\dfrac{\int_0^\lambda f(x)\mathrm{d}x}{\lambda} \geqslant \int_0^1 f(x)\mathrm{d}x$ 成立. 令 $F(t) = \dfrac{\int_0^t f(x)\mathrm{d}x}{t}$.

由 $F(\lambda) = \int_0^\lambda f(x)\mathrm{d}x / \lambda$，$F(1) = \int_0^1 f(x)\mathrm{d}x$，只要证 $\lambda \in (0,1)$ 时，

$$F(\lambda) \geqslant F(1) \qquad\qquad ①$$

成立，由 $F(t)$ 在 $(0,1]$ 上连续，在 $(0,1)$ 内可导，且

$$F'(t) = \frac{f(t)t - \int_0^t f(x)\mathrm{d}x}{t^2} = \frac{f(t)t - f(c)t}{t} = \frac{f(t) - f(c)}{t},$$

其中 $0 \leqslant c \leqslant t$，知 $f(c) \geqslant f(t)$，有 $F'(t) \leqslant 0$，知 $F(t)$ 在 $(0,1]$ 上递减. 又 $0 < \lambda < 1$，有 $F(\lambda) \geqslant F(1)$，即①式成立.

由每一步可逆,故原等式成立.

例 3.2.16　设函数 $f(x)$ 在 $[a,b]$ 上连续递增,证明:$\displaystyle\int_a^b xf(x)\mathrm{d}x \geqslant \dfrac{a+b}{2}\int_a^b f(x)\mathrm{d}x$.

分析　转化为同一个函数在区间两端点函数值大小的比较,用单调性定理.

证明　要证原不等式成立,只要证 $\displaystyle\int_a^b xf(x)\mathrm{d}x - \dfrac{a+b}{2}\int_a^b f(x)\mathrm{d}x \geqslant 0$ 成立.

设 $F(t)=\displaystyle\int_a^t xf(x)\mathrm{d}x - \dfrac{a+t}{2}\int_a^t f(x)\mathrm{d}x$,只要证

$$F(b) \geqslant F(a) \qquad\qquad ①$$

成立,由 $F(t)$ 在 $[a,b]$ 上连续,在 (a,b) 内可导,且

$$F'(t)=tf(t)-\frac{1}{2}\int_a^t f(x)\mathrm{d}x - \frac{a+t}{2}f(t)=\frac{t-a}{2}f(t)-\frac{t-a}{2}f(c)=\frac{t-a}{2}\big[f(t)-f(c)\big],$$

其中 $a \leqslant c \leqslant t$,又 $f(x)$ 在 $[a,b]$ 递增,有 $f(c) \leqslant f(t)$,知 $F'(t) \geqslant 0$,

从而 $F(t)$ 在 $[a,b]$ 上递增,由 $b>a$,得 $F(b) \geqslant F(a)$.即①式成立,由每一步可逆,故原不等式成立.

例 3.2.17　设函数 $f(x)$ 在区间 $[0,1]$ 上可导,且满足 $0 \leqslant f'(x) \leqslant 1$ 及 $f(0)=0$,证明:

$$\Big[\int_0^1 f(x)\mathrm{d}x\Big]^2 \geqslant \int_0^1 [f(x)]^3\mathrm{d}x.$$

分析　转化为同一个函数在区间两端点函数值大小的比较,用单调性定理.

证明　要证原不等式成立,只要证 $\Big[\displaystyle\int_0^1 f(x)\mathrm{d}x\Big]^2 - \int_0^1 [f(x)]^3\mathrm{d}x \geqslant 0$ 成立,设 $F(t)=\Big[\displaystyle\int_0^t f(x)\mathrm{d}x\Big]^2 -$

$\displaystyle\int_0^t [f(x)]^3\mathrm{d}x$,由 $F(1)=\Big[\displaystyle\int_0^1 f(x)\mathrm{d}x\Big]^2 - \int_0^1 [f(x)]^3\mathrm{d}x,F(0)=0$,只要证

$$F(1) \geqslant F(0) \qquad\qquad ①$$

成立,由 $F(t)$ 在 $[0,1]$ 上连续,在 $(0,1)$ 内可导,且

$$F'(t)=2\int_0^t f(x)\mathrm{d}x \cdot f(t)-f^3(t)=f(t)\Big[2\int_0^t f(x)\mathrm{d}x - f^2(t)\Big],$$

由于 $0 \leqslant f'(t) \leqslant 1$,知 $f(t)$ 在 $[0,1]$ 上递增.当 $t \in (0,1]$ 时,$f(t) \geqslant f(0)=0$.

令 $g(t)=2\displaystyle\int_0^t f(x)\mathrm{d}x - f^2(t),t \in [0,1],g(0)=0,g'(t)=2f(t)-2f(t)f'(t)=2f(t)(1-f'(t)) \geqslant 0$.

知 $g(t)$ 在 $[0,1]$ 上递增,当 $t \in (0,1]$ 时,$g(t) \geqslant g(0)=0$,从而 $F'(t) \geqslant 0$.

因此 $F(t)$ 在 $[0,1]$ 上递增,由 $1>0$,得 $F(1) \geqslant F(0)$,即不等式①成立,且每一步可逆,故原不等式成立.

例 3.2.18　设函数 $f(x)$ 在区间 $[0,1]$ 上正值连续且递减,证明:$\dfrac{\displaystyle\int_0^1 xf^2(x)\mathrm{d}x}{\displaystyle\int_0^1 xf(x)\mathrm{d}x} \leqslant \dfrac{\displaystyle\int_0^1 f^2(x)\mathrm{d}x}{\displaystyle\int_0^1 f(x)\mathrm{d}x}$.

分析　转化为同一个函数在区间两端点函数值大小的比较,用单调性定理.

证明　要证原不等式成立,只要证 $\displaystyle\int_0^1 xf^2(x)\mathrm{d}x\int_0^1 f(x)\mathrm{d}x - \int_0^1 xf(x)\mathrm{d}x\int_0^1 f^2(x)\mathrm{d}x \leqslant 0$ 成立.

设 $F(t)=\displaystyle\int_0^t xf^2(x)\mathrm{d}x \cdot \int_0^t f(x)\mathrm{d}x - \int_0^t xf(x)\mathrm{d}x \cdot \int_0^t f^2(x)\mathrm{d}x$,只要证

$$F(1) \leqslant F(0) \qquad\qquad ①$$

成立,由 $F(t)$ 在 $[0,1]$ 上连续,在 $(0,1)$ 内可导,且

$$F'(t)=tf^2(t)\int_0^t f(x)\mathrm{d}x + f(t)\int_0^t xf^2(x)\mathrm{d}x - tf(t)\int_0^t f^2(x)\mathrm{d}x - f^2(t)\int_0^t xf(x)\mathrm{d}x$$

$$=f(t)\int_0^t \big[tf(t)f(x)+xf^2(x)-tf^2(x)-f(t)xf(x)\big]\mathrm{d}x$$

$$=f(t)\int_0^t \big[tf(x)(f(t)-f(x))-xf(x)(f(t)-f(x))\big]\mathrm{d}x$$

$$=f(t)\int_0^t f(x)(t-x)(f(t)-f(x))\mathrm{d}x.$$

由 $f(x)$ 在 $[0,1]$ 上递减且为正值,知 $(t-x)$ 与 $(f(t)-f(x))$ 异号,$f(t)\geqslant 0$,$f(x)\geqslant 0$,所以 $F'(t)\leqslant 0$,因此 $F(x)$ 在 $[0,1]$ 上递减,又 $1>0$,得 $F(1)\leqslant F(0)$,即不等式①成立,由每一步可逆,故原不等式成立.

类型 2.4　涉及定积分的等式证明

解题策略　经常用变量代换或利用周期函数的性质.

例 3.2.19　设函数 $f(x)$ 在 $[0,1]$ 上连续,试证:$\displaystyle\int_0^{\frac{\pi}{2}} f(\sin x)\mathrm{d}x = \frac{1}{4}\int_0^{2\pi} f(|\sin x|)\mathrm{d}x$.

分析　利用周期函数积分的性质.

证明　由 $|\sin x| = \sqrt{\sin^2 x} = \sqrt{\dfrac{1}{2}(1-\cos 2x)}$ 是以 π 为周期的函数,当然也是以 2π 为周期的函数,知 $f(|\sin x|)$ 也是以 π 为周期的函数,于是

$$\frac{1}{4}\int_0^{2\pi} f(|\sin x|)\mathrm{d}x = \frac{1}{4}\int_{-\pi}^{\pi} f(|\sin x|)\mathrm{d}x = \frac{1}{2}\int_0^{\pi} f(|\sin x|)\mathrm{d}x$$

$$= \frac{1}{2}\int_{-\frac{\pi}{2}}^{\frac{\pi}{2}} f(|\sin x|)\mathrm{d}x = \int_0^{\frac{\pi}{2}} f(|\sin x|)\mathrm{d}x = \int_0^{\frac{\pi}{2}} f(\sin x)\mathrm{d}x.$$

例 3.2.20　设函数 $f(x)$ 是以 π 为周期的连续函数,证明

$$\int_0^{2\pi} (\sin x + x)f(x)\mathrm{d}x = \int_0^{\pi} (2x+\pi)f(x)\mathrm{d}x.$$

分析　利用周期函数积分的性质与变量代换.

证明　$\displaystyle\int_0^{2\pi} (\sin x + x)f(x)\mathrm{d}x = \int_0^{\pi} (\sin x + x)f(x)\mathrm{d}x + \int_{\pi}^{2\pi} (\sin x + x)f(x)\mathrm{d}x$,

而 $\displaystyle\int_{\pi}^{2\pi} (\sin x + x)f(x)\mathrm{d}x \xlongequal{\text{令}x=\pi+t} \int_0^{\pi} [\sin(t+\pi)+t+\pi]f(\pi+t)\mathrm{d}t$

$$= -\int_0^{\pi} \sin t f(t)\mathrm{d}t + \int_0^{\pi} (t+\pi)f(t)\mathrm{d}t = -\int_0^{\pi} \sin x f(x)\mathrm{d}x + \int_0^{\pi} (x+\pi)f(x)\mathrm{d}x,$$

故 $\displaystyle\int_0^{2\pi} (\sin x + x)f(x)\mathrm{d}x = \int_0^{\pi} (\sin x + x)f(x)\mathrm{d}x - \int_0^{\pi} \sin x f(x)\mathrm{d}x + \int_0^{\pi} (x+\pi)f(x)\mathrm{d}x$

$$= \int_0^{\pi} (2x+\pi)f(x).$$

类型 2.5　涉及定积分变上、下限函数的等式证明

解题策略　用积分变上、下限函数的求导,注意要化成标准形式.以下两题类似.

例 3.2.21　设连续函数 $f(x)$ 满足 $\displaystyle\int_0^x f(x-t)\mathrm{d}t = \mathrm{e}^{-2x}-1$,求 $\displaystyle\int_0^1 f(x)\mathrm{d}x$.

分析　要化成变上、下限函数的标准形式,然后等式两边对 x 求导.

解　令 $x-t=u$,有 $\displaystyle\int_0^x f(x-t)\mathrm{d}t = -\int_x^0 f(u)\mathrm{d}u = \int_0^x f(u)\mathrm{d}u$,从而得 $\displaystyle\int_0^x f(u)\mathrm{d}u = \mathrm{e}^{-2x}-1$,令 $x=1$,有
$\displaystyle\int_0^1 f(u)\mathrm{d}u = \int_0^1 f(x)\mathrm{d}x = \mathrm{e}^{-2}-1$.

例 3.2.22　求连续函数 $f(x)$,使其满足 $\displaystyle\int_0^1 f(xt)\mathrm{d}t = f(x) + x\mathrm{e}^x$.

分析　通过变量代换把左边的积分化成变上限函数的标准形式,然后等式两边对 x 求导.

解　$\displaystyle\int_0^1 f(xt)\mathrm{d}t \xlongequal{\text{令}xt=u} \int_0^x f(u)\cdot\frac{1}{x}\mathrm{d}u = \frac{1}{x}\int_0^x f(u)\mathrm{d}u$,代入等式并化简,有

$$\int_0^x f(u)\mathrm{d}u = xf(x) + x^2\mathrm{e}^x.$$

等式两边同时对 x 求导,有 $f(x) = f(x) + xf'(x) + 2x\mathrm{e}^x + x^2\mathrm{e}^x$,得 $f'(x) = -(2\mathrm{e}^x + x\mathrm{e}^x)$.

于是 $f(x) = -\displaystyle\int (2\mathrm{e}^x + x\mathrm{e}^x)\mathrm{d}x = -2\mathrm{e}^x - (x\mathrm{e}^x - \mathrm{e}^x) + c = -\mathrm{e}^x - x\mathrm{e}^x + c$.

类型 2.6　由涉及 $f(x)$ 与其定积分的等式求 $f(x)$

解题策略　令该积分为 k,求出 k,从而求出 $f(x)$.

例 3.2.23 设连续函数 $f(x)$ 满足 $f(x)=3x^2-x\int_0^1 f(x)\mathrm{d}x$，求 $f(x)$.

解 设 $a=\int_0^1 f(x)\mathrm{d}x$，知 $f(x)=3x^2-ax$，由于 $a=\int_0^1 f(x)\mathrm{d}x=\int_0^1 3x^2\mathrm{d}x-\int_0^1 ax\mathrm{d}x=1-\dfrac{a}{2}$，得 $a=$
$\dfrac{2}{3}$，故 $f(x)=3x^2-\dfrac{2}{3}x$.

例 3.2.24 已知函数 $f(x)$ 满足方程 $f(x)=3x-\sqrt{1-x^2}\int_0^1 f^2(x)\mathrm{d}x$，求 $f(x)$.

分析 如果令 $k=\int_0^1 f(t)\mathrm{d}t, I=\int_0^1 f^2(x)\mathrm{d}x$. 一个等式中就会有两个未知数，解不出来，因此把等式两边平方后再积分.

解 设 $I=\int_0^1 f^2(x)\mathrm{d}x$，得 $f(x)=3x-I\sqrt{1-x^2}$，两边平方后再积分有

$$I=\int_0^1 f^2(x)\mathrm{d}x=9\int_0^1 x^2\mathrm{d}x-6I\int_0^1 x\sqrt{1-x^2}\mathrm{d}x+I^2\int_0^1(1-x^2)\mathrm{d}x=3-2I+\frac{2}{3}I^2.$$

整理得 $2I^2-9I+9=0$，解得 $I=3$ 或 $\dfrac{3}{2}$，所以 $f(x)=3x-3\sqrt{1-x^2}$ 或 $f(x)=3x-\dfrac{3}{2}\sqrt{1-x^2}$.

类型 2.7 $[-a,a]$ 上连续 $f(x)$ 定积分的计算

解题策略 利用区间的对称性与被积函数的奇偶性.

例 3.2.25 计算 $\displaystyle\int_{-1}^1\left(\frac{x^7}{1+x^6+3x^{100}}+x\sqrt{1-x^2}+\sqrt{1-x^2}\right)\mathrm{d}x$.

解 原式 $=\displaystyle\int_{-1}^1\frac{x^7}{1+x^6+3x^{100}}\mathrm{d}x+\int_{-1}^1 x\sqrt{1-x^2}\mathrm{d}x+\int_{-1}^1\sqrt{1-x^2}\mathrm{d}x$

$=2\displaystyle\int_0^1\sqrt{1-x^2}\mathrm{d}x=2\cdot\dfrac{1}{4}\cdot\pi\cdot1^2=\dfrac{\pi}{2}$ （利用定积分几何意义）.

例 3.2.26 计算 $\displaystyle\int_{-\frac{\pi}{6}}^{\frac{\pi}{6}}\frac{\sin^2 x}{1+\mathrm{e}^{-x}}\mathrm{d}x$.

分析 $\dfrac{\sin^2 x}{1+\mathrm{e}^{-x}}$ 在 $\left[-\dfrac{\pi}{6},\dfrac{\pi}{6}\right]$ 上既不是奇函数，也不是偶函数，更不能直接求出原函数，可利用 $\displaystyle\int_{-a}^a f(x)\mathrm{d}x=\int_0^a[f(x)+f(-x)]\mathrm{d}x$ 计算.

解 原式 $=\displaystyle\int_0^{\frac{\pi}{6}}\left[\frac{\sin^2 x}{1+\mathrm{e}^{-x}}+\frac{\sin^2(-x)}{1+\mathrm{e}^x}\right]\mathrm{d}x=\int_0^{\frac{\pi}{6}}\left[\frac{\mathrm{e}^x\sin^2 x}{1+\mathrm{e}^x}+\frac{\sin^2 x}{1+\mathrm{e}^x}\right]\mathrm{d}x$

$=\displaystyle\int_0^{\frac{\pi}{6}}\sin^2 x\,\mathrm{d}x=\frac{1}{2}\int_0^{\frac{\pi}{6}}(1-\cos 2x)\mathrm{d}x=\frac{1}{2}\left(x-\frac{1}{2}\sin 2x\right)\Big|_0^{\frac{\pi}{6}}=\frac{1}{24}(2\pi-3\sqrt{3})$.

类型 2.8 定积分的计算

解题策略 利用定积分的线性运算法则、凑微分、变量代换、分部积分等解题方法.

例 3.2.27 计算 $\displaystyle\int_0^{\frac{\pi}{4}}\frac{x}{1+\cos 2x}\mathrm{d}x$.

解 原式 $=\displaystyle\int_0^{\frac{\pi}{4}}\frac{x}{2\cos^2 x}\mathrm{d}x=\frac{1}{2}\int_0^{\frac{\pi}{4}}x\mathrm{d}\tan x=\frac{1}{2}\left(x\tan x\Big|_0^{\frac{\pi}{4}}-\int_0^{\frac{\pi}{4}}\tan x\mathrm{d}x\right)$

$=\dfrac{1}{2}\left(\dfrac{\pi}{4}+\ln\cos x\,\Big|_0^{\frac{\pi}{4}}\right)=\dfrac{\pi}{8}-\ln 2$.

例 3.2.28 计算 $\displaystyle\int_0^{\ln 2}\sqrt{1-\mathrm{e}^{-2x}}\mathrm{d}x$.

解法一 原式 $=\displaystyle\int_0^{\ln 2}\mathrm{e}^{-x}\sqrt{\mathrm{e}^{2x}-1}\mathrm{d}x=-\int_0^{\ln 2}\sqrt{\mathrm{e}^{2x}-1}\mathrm{d}\mathrm{e}^{-x}=-\mathrm{e}^{-x}\sqrt{\mathrm{e}^{2x}-1}\,\Big|_0^{\ln 2}+\int_0^{\ln 2}\frac{\mathrm{e}^x\mathrm{d}x}{\sqrt{\mathrm{e}^{2x}-1}}$

$=-\dfrac{\sqrt{3}}{2}+\ln(\mathrm{e}^x+\sqrt{\mathrm{e}^{2x}-1})\,\Big|_0^{\ln 2}=-\dfrac{\sqrt{3}}{2}+\ln(2+\sqrt{3})$.

解法二 令 $e^{-x}=\sin t$，则 $dx=\dfrac{-\cos t}{\sin t}dt$，于是

$$原式=\int_{\frac{\pi}{6}}^{\frac{\pi}{2}}\frac{\cos^2 t}{\sin t}dt=\int_{\frac{\pi}{6}}^{\frac{\pi}{2}}\frac{1-\sin^2 t}{\sin t}dt=\int_{\frac{\pi}{6}}^{\frac{\pi}{2}}\frac{1}{\sin t}dt-\int_{\frac{\pi}{6}}^{\frac{\pi}{2}}\sin t dt$$

$$=\ln(\csc t-\cot t)\ \Big|_{\frac{\pi}{6}}^{\frac{\pi}{2}}-\frac{\sqrt{3}}{2}=\ln(2+\sqrt{3})-\frac{\sqrt{3}}{2}.$$

例 3.2.29 计算 $\displaystyle\int_{e^{-2n\pi}}^{1}|[\cos(\ln\frac{1}{x})]'|dx$，其中 $n\in\mathbf{N}$.

解 由于 $\left[\cos\left(\ln\dfrac{1}{x}\right)\right]'=[\cos(-\ln x)]'=\dfrac{\sin(-\ln x)}{x}$，设 $-\ln x=t$，即 $x=e^{-t}$，$\dfrac{\sin(-\ln x)}{x}=\dfrac{\sin t}{e^{-t}}=$

$e^t\sin t$，$dx=-e^{-t}dt$，于是

$$原式=\int_0^{2n\pi}|\sin t|dt\xrightarrow{\text{利用周期性}}2n\int_0^{\pi}|\sin t|dt=2n\int_0^{\pi}\sin x dx=4n.$$

例 3.2.30 计算 $\displaystyle\int_0^{\pi}\frac{x\sin x}{1+\cos^2 x}dx$.

解 $原式=\dfrac{\pi}{2}\displaystyle\int_0^{\pi}\frac{\sin x}{1+\cos^2 x}dx=-\dfrac{\pi}{2}\int_0^{\pi}\frac{1}{1+\cos^2 x}d(\cos x)=-\dfrac{\pi}{2}[\arctan(\cos x)]\Big|_0^{\pi}=\dfrac{\pi^2}{4}.$

例 3.2.31 计算 $\displaystyle\int_0^{1}x^{15}\sqrt{1+3x^8}dx$.

分析 被积函数含有根式且不能用凑微分，只能用变量代换.

解 设 $1+3x^8=t$，则 $24x^7 dx=dt$，$x^8=\dfrac{1}{3}(t-1)$，于是

$$原式=\frac{1}{72}\int_1^{4}(t-1)t^{\frac{1}{2}}dt=\frac{1}{72}\int_1^{4}(t^{\frac{3}{2}}-t^{\frac{1}{2}})dt=\frac{1}{72}\left(\frac{2}{5}t^{\frac{5}{2}}-\frac{2}{3}t^{\frac{3}{2}}\right)\Big|_1^{4}=\frac{29}{270}.$$

类型 2.9 计算平面图形的面积

解题策略 ①曲线 $y=f_1(x)$，$y=f_2(x)$，$x=a$，$x=b(a<b)$ 围成的曲边梯形（见图 3-2）面积为

$$S=\int_a^{b}|f_2(x)-f_1(x)|dx.$$

事实上，由于所求平面图形面积 S 分布在区间 $[a,b]$ 上，则

(1)选取 $[x,x+dx](dx>0)$，$dS=|f_2(x)-f_1(x)|dx$.

(2) $S=\displaystyle\int_a^{b}|f_2(x)-f_1(x)|dx$.

注 计算时，需去绝对值之后再进行定积分计算.

②特别地，$f_2(x)=f(x)$，$f_1(x)\equiv 0$，即曲线 $y=f(x)$，$y=0$，$x=a$，$x=b(a<b)$ 围成的平面图形面积 S 为

$$S=\int_a^{b}|f(x)|dx.$$

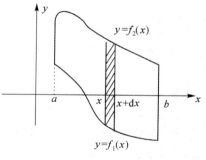

图 3-2

③同理，$x=\varphi_2(y)$，$x=\varphi_1(y)$，$y=c$，$y=d(c<d)$ 所围成的平面图形面积 S 为

$$S=\int_c^{d}|\varphi_2(y)-\varphi_1(y)|dy.$$

④特别地，$x=\varphi(y)$，$x=0$，$y=c$，$y=d(c<d)$ 所围成的平面图形面积 S 为

$$S=\int_c^{d}|\varphi(y)|dy.$$

如果所求平面图形属于上述情形之一，就不需画图，直接用上述公式，否则就需画图选用相应公式.

求平面图形面积的步骤：

(1)求出边界曲线交点，画出经过交点的边界曲线，得所求平面图形（若边界曲线简单，可在画图的过程中求交点）.

(2)根据具体情形选择 x 或 y 作为自变量，选择上述相应的公式计算，或把所求平面图形分成几块，每

一块可选用上述相应公式计算,然后大块面积等于小块面积之和.

例 3.2.32　计算由抛物线 $y^2=2x$ 及直线 $y=x-4$ 所围成的平面图形的面积.

解　由 $\begin{cases} y^2=2x, \\ y=x-4 \end{cases}$ 解得 $\begin{cases} x_1=2, \\ y_1=-2, \end{cases}$ $\begin{cases} x_2=8, \\ y_2=4, \end{cases}$ 即交点为 $(2,-2)$,$(8,4)$. 故所求的曲边形由直线 $x=y+4$,

曲线 $x=\dfrac{1}{2}y^2$ 及直线 $y=-2$,$y=4$ 围成(见图 3-3),其面积

$$S=\int_{-2}^{4}\left[(y+4)-\frac{1}{2}y^2\right]dy=\left(\frac{y^2}{2}+4y-\frac{y^3}{6}\right)\Big|_{-2}^{4}=18.$$

注　本题如以 x 为自变量来计算,就需要将整个面积分成两部分 S_1 及 S_2,分别计算 S_1,S_2,相加才得 $S_1+S_2=S$. 读者可以计算一下,这样做就复杂多了.

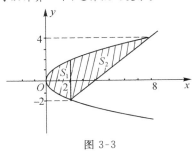

图 3-3

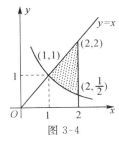

图 3-4

例 3.2.33　计算曲线 $y=\dfrac{1}{x}$ 及直线 $y=x$,$x=2$ 所围成的平面图形面积.

解　曲边形如图 3-4 所示,故有

$$S=\int_{1}^{2}\left(x-\frac{1}{x}\right)dx=\left(\frac{1}{2}x^2-\ln x\right)\Big|_{1}^{2}=(2-\ln 2)-\left(\frac{1}{2}-0\right)=\frac{3}{2}-\ln 2.$$

注　曲线较简单时,可在画曲线的过程中求交点.

例 3.2.34　求曲线 $Ax^2+2Bxy+Cy^2=1$($AC-B^2>0$)所围成的平面图形的面积.

解　解此方程,得

$$y_1=\frac{-Bx-\sqrt{B^2x^2-C(Ax^2-1)}}{C},\quad y_2=\frac{-Bx+\sqrt{B^2x^2-C(Ax^2-1)}}{C}.$$

当 $B^2x^2-C(Ax^2-1)\geqslant 0$ 即 $|x|\leqslant\sqrt{\dfrac{C}{AC-B^2}}$ 时,y_1 及 y_2 才有实数值. 设 $a=\sqrt{\dfrac{C}{AC-B^2}}$,则所求的面积为

$$S=\int_{-a}^{a}(y_2-y_1)dx=\frac{2}{C}\sqrt{AC-B^2}\int_{-a}^{a}\sqrt{a^2-x^2}dx$$

$$=\frac{2}{C}\sqrt{AC-B^2}\cdot\frac{\pi}{2}a^2=\frac{\pi}{\sqrt{AC-B^2}}.$$

注　利用几何意义知 $\displaystyle\int_{-a}^{a}\sqrt{a^2-x^2}dx$ 表示半个圆面的面积.

例 3.2.35　在第一象限内求曲线 $y=-x^2+1$ 上的一点,使该点处的切线与所给曲线及两坐标轴所围成的平面图形面积为最小,并求此最小面积.

解　设所求之点为 $(t,-t^2+1)$,于是 $y'|_t=-2t$,过 $(t,-t^2+1)$ 的切线方程为

$$y+t^2-1=-2t(x-t).$$

令 $x=0$,得切线的 y 轴截距 $b=t^2+1$. 令 $y=0$,得切线的 x 轴截距 $a=\dfrac{t^2+1}{2t}$(见图 3-5). 于是,所求面积为

$$S(t)=\frac{1}{2}ab-\int_{0}^{1}(-t^2+1)dt=\frac{1}{4}\left(t^3+2t+\frac{1}{t}\right)-\frac{2}{3},\quad t\in(0,1].$$

令 $S'(t)=\dfrac{1}{4}\left(3t^2+2-\dfrac{1}{t}\right)=\dfrac{1}{4}\left(3t-\dfrac{1}{t}\right)\left(t+\dfrac{1}{t}\right)=0$，得 $t=\dfrac{1}{\sqrt 3}$.

又 $S''(t)\Big|_{t=\frac{1}{\sqrt 3}}=\dfrac{1}{4}\left(6t+\dfrac{2}{t^3}\right)\Big|_{t=\frac{1}{\sqrt 3}}>0$，即点 $\left(\dfrac{1}{\sqrt 3},\dfrac{2}{3}\right)$ 为所求，此时

$$S\left(\frac{1}{\sqrt 3}\right)=\frac{2}{9}(2\sqrt 3-3).$$

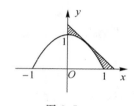

图 3-5

例 3.2.36 设 $y=x^2,0\leqslant x\leqslant 1$，问：

(1) t 取何值时，图 3-6 中阴影面积 S_1 与 S_2 之和 $S=S_1+S_2$ 最小？

(2) t 取何值时，面积 $S=S_1+S_2$ 最大？

解 $S_1=t^3-\displaystyle\int_0^t x^2\,\mathrm dx=\dfrac{2}{3}t^3$，

$\quad S_2=\displaystyle\int_t^1 x^2\,\mathrm dx-(1-t)t^2=\dfrac{2}{3}t^3-t^2+\dfrac{1}{3}$，

$\quad S=S(t)=S_1+S_2=\dfrac{4}{3}t^3-t^2+\dfrac{1}{3},0\leqslant t\leqslant 1$.

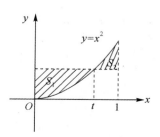

图 3-6

令 $S'(t)=0$，得 $t=\dfrac{1}{2}\in(0,1)$，$t=0\notin(0,1)$（舍去），由 $S(t)$ 在 $[0,1]$ 上连续，且 $S\left(\dfrac{1}{2}\right)=\dfrac{1}{4}$，$S(0)=\dfrac{1}{3}$，$S(1)=\dfrac{2}{3}$. 由此可见，当 $t=\dfrac{1}{2}$ 时，$S=S_1+S_2$ 最小；当 $t=1$ 时，$S=S_1+S_2$ 最大.

例 3.2.37 求参数方程 $x=a(t-\sin t)$，$y=a(1-\cos t)(a>0)$ $(0\leqslant t\leqslant 2\pi)$（摆线）及 $y=0$ 围成平面图形（见图 3-7）的面积.

分析 利用参数方程，巧妙用变量代换.

解 $S=\displaystyle\int_0^{2\pi a}|y|\,\mathrm dx$

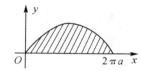

图 3-7

$\quad\xlongequal{x=a(t-\sin t)}\displaystyle\int_0^{2\pi}|a(1-\cos t)|\,\mathrm d a(t-\sin t)$

$\quad=\displaystyle\int_0^{2\pi}a(1-\cos t)a(1-\cos t)\,\mathrm dt$

$\quad=4a^2\displaystyle\int_0^{2\pi}\sin^4\dfrac{t}{2}\,\mathrm dt\xlongequal{\frac{t}{2}=u}8a^2\int_0^{\pi}\sin^4 u\,\mathrm du=16a^2\int_0^{\frac{\pi}{2}}\sin^4 u\,\mathrm du=16a^2\cdot\dfrac{3}{4}\cdot\dfrac{1}{2}\cdot\dfrac{\pi}{2}=3\pi a^2.$

类型 2.10 计算曲边扇形的面积

解题策略 曲线 $r=r(\theta)$ 与射线 $\theta=\alpha,\theta=\beta(\alpha<\beta)$ 围成的曲边扇形（见图 3-8）的面积 $S=\dfrac{1}{2}\displaystyle\int_\alpha^\beta r^2(\theta)\,\mathrm d\theta$.

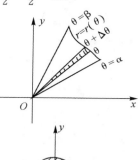

证明 所求的面积分布在区间 $[\alpha,\beta]$ 上.

(1) 取 $[\theta,\theta+\mathrm d\theta](\mathrm d\theta>0)$，$\mathrm dS=\dfrac{1}{2}r^2(\theta)\,\mathrm d\theta$（把 ΔS 看成扇形面积）.

(2) $S=\dfrac{1}{2}\displaystyle\int_\alpha^\beta r^2(\theta)\,\mathrm d\theta$.

例 3.2.38 求由下列极坐标方程式表示的曲线所围成的面积 S，方程中的 $a>0$.

(1) $r=a(1+\cos\theta)$（心脏形线）（见图 3-9）；

(2) $r=a\sin 3\theta$（三叶线）（见图 3-10）.

解 (1) 由图形关于 x 轴对称，在第一、二象限，

当 $0\leqslant\theta\leqslant\pi$ 时，需求 $r=a(1+\cos\theta)\geqslant 0$，知 $0\leqslant\theta\leqslant\pi$，故所求面积为

$$S=2S_1=2\cdot\frac{1}{2}\int_0^\pi a^2(1+\cos\theta)^2\,\mathrm d\theta=\frac{3}{2}\pi a^2.$$

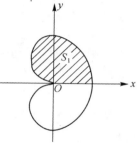

图 3-9

(2)由图形知,所求面积 S 为第一象限内面积 S_1 的 3 倍.

由 $0 \leqslant \theta \leqslant \dfrac{\pi}{2}$,得 $0 \leqslant 3\theta \leqslant \dfrac{3\pi}{2}$,要求 $r = a\sin 3\theta \geqslant 0$.

当 $0 \leqslant 3\theta \leqslant \pi$,即 $0 \leqslant \theta \leqslant \dfrac{\pi}{3}$ 时,$r \geqslant 0$,于是

$$S = 3S_1 = 3 \cdot \frac{1}{2} \int_0^{\frac{\pi}{3}} a^2 \sin^2 3\theta \, \mathrm{d}\theta = \frac{3a^2}{4} \int_0^{\frac{\pi}{3}} (1 - \cos 6\theta) \, \mathrm{d}\theta$$

$$= \frac{3a^2}{4} \left[\theta - \frac{1}{6} \sin 6\theta \right] \Big|_0^{\frac{\pi}{3}} = \frac{\pi a^2}{4}.$$

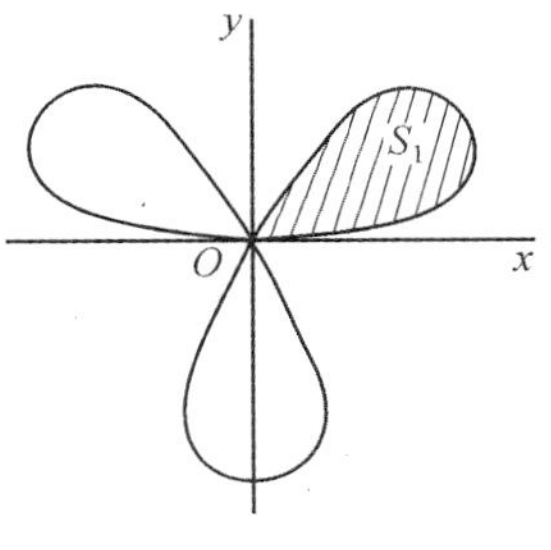

图 3-10

例 3.2.39 求内摆线 $x^{\frac{2}{3}} + y^{\frac{2}{3}} = a^{\frac{2}{3}}$ 所围成的面积.

解 由曲线既关于 x 轴对称,又关于 y 轴对称,只需计算第一象限内的面积 S_1,再乘以 4 即可,令 $x = a\cos^3 t, y = a\sin^3 t, 0 \leqslant t \leqslant \dfrac{\pi}{2}$,于是

$$S = 4 \int_0^a |y| \, \mathrm{d}x = 4 \int_{\frac{\pi}{2}}^0 |a\sin^3 t| \, \mathrm{d}a\cos^3 t = 4 \int_{\frac{\pi}{2}}^0 a\sin^3 t a \cdot 3\cos^2 t (-\sin t) \, \mathrm{d}t$$

$$= 12a^2 \int_0^{\frac{\pi}{2}} \sin^4 t (1 - \sin^2 t) \, \mathrm{d}t = 12a^2 \left[\int_0^{\frac{\pi}{2}} \sin^4 t \mathrm{d}t - \int_6^{\frac{\pi}{2}} \sin^6 t \mathrm{d}t \right]$$

$$= 12a^2 \left[\frac{3}{4} \cdot \frac{1}{2} \cdot \frac{\pi}{2} - \frac{5}{6} \cdot \frac{3}{4} \cdot \frac{1}{2} \cdot \frac{\pi}{2} \right] = \frac{3\pi a^2}{8}.$$

类型 2.11 计算立体的体积

解题策略 ①设 Ω 为一空间立体(见图 3-11),它夹在垂直于 Ox 轴的两平面 $x=a$ 与 $x=b$ 之间($a < b$),在区间 $[a,b]$ 上任意一点 x 处,作垂直于 Ox 轴的平面,它截得立体 Ω 的截面面积,显然是 x 的函数,记为 $A(x), x \in [a,b]$,且连续,则立体的体积 V 为

$$V = \int_a^b A(x) \, \mathrm{d}x.$$

证明 所求的立体 V 分布在 $[a,b]$ 上.

(a)取区间 $[x, x+\mathrm{d}x]$,$\mathrm{d}V = A(x)\mathrm{d}x$.

(b)$V = \displaystyle\int_a^b A(x) \, \mathrm{d}x$.

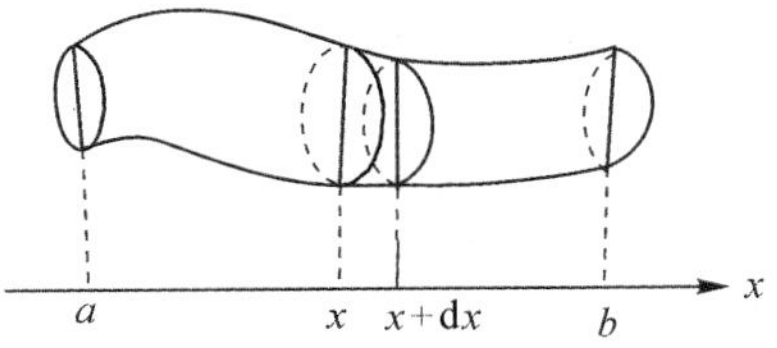

②曲线 $y = f(x)$(连续),Ox 轴及直线 $x=a, x=b$ 所围成的曲边梯形绕 Ox 轴旋转而成的旋转体(见图 3-12)的体积 V_x 为

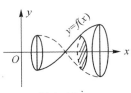

图 3-11

$$V_x = \pi \int_a^b f^2(x) \, \mathrm{d}x.$$

证明 把旋转体看成夹在两平行平面 $x=a, x=b$ 之间,在 $[a,b]$ 上任意一点 x 处作平行两底面的平面与立体相截,截面积为 $A(x) = \pi |f(x)|^2 = \pi f^2(x)$,因此 $V_x = \pi \displaystyle\int_a^b f^2(x) \, \mathrm{d}x$.

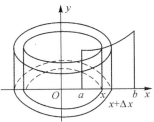

图 3-12

同理,曲线 $x = \psi(y)$,Oy 轴及直线 $y=c, y=d$ 所围成的曲边梯形绕 Oy 轴旋转而成的旋转体的体积为 $V_y = \pi \displaystyle\int_c^d \psi^2(y) \, \mathrm{d}y$.

③曲线 $y = f(x)$(连续),Ox 轴及直线 $x=a, x=b(0 \leqslant a < b)$ 所围成的曲边梯形绕 y 轴旋转所成立体(见图 3-13)的体积为 $V_y = 2\pi \displaystyle\int_a^b x |f(x)| \, \mathrm{d}x$.(圆柱筒法)

证明 所求的立体 V_y 分布在区间 $[a,b]$ 上.

(a)取 $[x, x+\Delta x](\Delta x > 0)$,

图 3-13

$$\Delta V_y \approx \pi(x+\Delta x)^2 |f(x)| - \pi x^2 |f(x)|$$

$$= 2\pi x |f(x)| \Delta x + \pi |f(x)| \Delta x \cdot \Delta x,$$

由 $\pi|f(x)|\Delta x\cdot\Delta x$ 是 Δx 的高阶无穷小,知 $2\pi x|f(x)|\Delta x$ 是 ΔV_y 的线性主部,即

(b)$dV_y=2\pi x|f(x)|dx$.　　(c)$V_y=2\pi\int_a^b x|f(x)|dx$.

例 3.2.40 求下列平面图形(见图 3-14)绕坐标轴旋转一周所得的体积.其平面图形由 $y=\sin x,y=0$ ($0\leqslant x\leqslant\pi$)所围成.

(1)绕 Ox 轴;　　　(2)绕 Oy 轴.

解 (1)$V_x=\pi\int_0^\pi\sin^2 xdx=2\pi\int_0^{\frac{\pi}{2}}\sin^2 xdx=2\pi\cdot\dfrac{1}{2}\cdot\dfrac{\pi}{2}=\dfrac{\pi^2}{2}$.

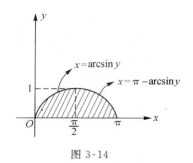

$$\begin{aligned}(2)\ V_y&=\pi\int_0^1(\pi-\arcsin y)^2dy-\pi\int_0^1(\arcsin y)^2dy\\&=\pi\int_0^1(\pi^2-2\pi\arcsin y)dy=\pi^3-2\pi^2\int_0^1\arcsin ydy\\&=\pi^3-2\pi^2\left[y\arcsin y\Big|_0^1-\int_0^1 y\cdot\frac{1}{\sqrt{1-y^2}}dy\right]\\&=\pi^3-2\pi^2\left[\frac{\pi}{2}+\int_0^1(1-y^2)^{-\frac{1}{2}}d(1-y^2)\right]\\&=-2\pi^2\left[(1-y^2)^{\frac{1}{2}}\Big|_0^1\right]=2\pi^2.\end{aligned}$$

图 3-14

另一解法(圆柱筒法):$V_y=2\pi\int_0^\pi x|\sin x|dx=2\pi\int_0^\pi x\sin xdx$

$$=-2\pi\int_0^\pi xd\cos x$$

$$=-2\pi\left(x\cos x\Big|_0^\pi-\int_0^\pi\cos xdx\right)=2\pi^2.$$

注 从上面的两种解法中可看出,知道的公式越多,解决问题越方便,但要理解公式、记住公式.

例 3.2.41 设一个底面半径为 a 的圆柱体,被一个与圆柱的底面相交为 α 且过底面直径 AB 的平面所截,求截下的楔形(见图 3-15)的体积.

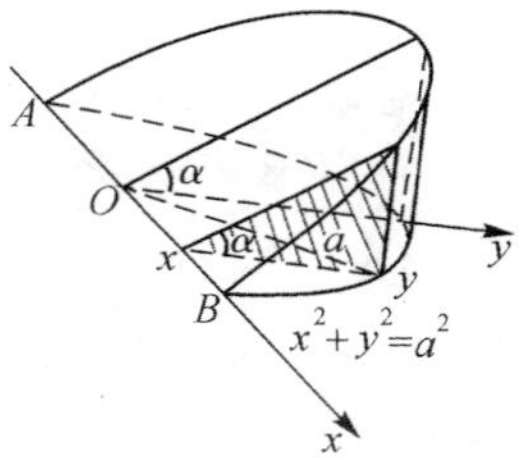

解 取坐标系如图,这时垂直 x 轴的截断面都是直角三角形,它的一个锐角为 α,这个三角形的斜边长为 $\sqrt{a^2-x^2}$,对边长为 $\sqrt{a^2-x^2}\tan\alpha$.

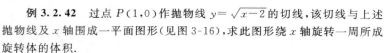

截面面积 $A=\dfrac{1}{2}(a^2-x^2)\tan\alpha$. 于是

$$V=\int_{-a}^a\frac{1}{2}(a^2-x^2)\tan\alpha dx=\tan\alpha\int_0^a(a^2-x^2)dx=\frac{2}{3}a^3\tan\alpha.$$

图 3-15

例 3.2.42 过点 $P(1,0)$ 作抛物线 $y=\sqrt{x-2}$ 的切线,该切线与上述抛物线及 x 轴围成一平面图形(见图 3-16),求此图形绕 x 轴旋转一周所成旋转体的体积.

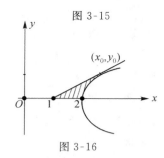

解 设所作切线与抛物线相切于点 $(x_0,\sqrt{x_0-2})$,由

$$y'|_{x=x_0}=\frac{1}{2\sqrt{x_0-2}},$$

故切线方程为 $y-\sqrt{x_0-2}=\dfrac{1}{2\sqrt{x_0-2}}(x-x_0)$.

图 3-16

又因该切线过点 $P(1,0)$,所以 $-\sqrt{x_0-2}=\dfrac{1}{2\sqrt{x_0-2}}(1-x_0)$,即 $x_0=3$,从而切线方程为 $y=\dfrac{1}{2}(x-1)$.

因此,所求旋转体的体积

$$V=\pi\int_1^3\frac{1}{4}(x-1)^2dx-\pi\int_2^3(x-2)dx=\frac{\pi}{6}.$$

例 3.2.43 设平面图形 A 由 $x^2+y^2\leqslant 2x$ 与 $y\geqslant x$ 所确定,求图形 A(见图 3-17)绕直线 $x=2$ 旋转一周所得旋转体的体积.

解法一　A 的图形如图 3-17 所示，取 y 为积分变量，它的变化区间为$[0,1]$，A 的两条边长曲线方程为

$$x=1-\sqrt{1-y^2} \text{ 及 } x=y,$$

曲线 $x=1-\sqrt{1-y^2}$ 上点(x,y)到直线 $x=2$ 的距离为 $2-(1-\sqrt{1-y^2})=1+\sqrt{1-y^2}$.

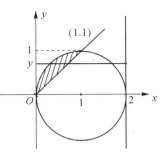

由直线 $x=y$ 上点(x,y)到直线 $x=2$ 的距离为 $2-y$，故

$$\begin{aligned}V_{x=2} &= \pi\int_0^1 (1+\sqrt{1-y^2})^2\mathrm{d}y-\pi\int_0^1 (2-y)^2\mathrm{d}y \\ &= 2\pi\int_0^1 (\sqrt{1-y^2}-y^2+2y-1)\mathrm{d}y \\ &= 2\pi\int_0^1 \left(\sqrt{1-y^2}\,\mathrm{d}y-2\pi\int_0^1 (y^2-2y+1)\right)\mathrm{d}y \\ &= 2\pi\cdot\frac{1}{4}\pi^2-2\pi\left(\frac{1}{3}y^3-y^2+y\right)\Big|_0^1=\frac{\pi^3}{2}-\frac{2\pi}{3}.\end{aligned}$$

图 3-17

解法二　相应于$[0,1]$上任一小区间$[y,y+\mathrm{d}y]$薄片的体积元素为

$$\mathrm{d}V=\{\pi[2-(1-\sqrt{1-y^2})]^2-\pi(2-y)^2\}\mathrm{d}y=2\pi[\sqrt{1-y^2}-(1-y)^2]\mathrm{d}y,$$

所求体积为

$$\begin{aligned}V&=\int_0^1 2\pi[\sqrt{1-y^2}-(1-y)^2]\mathrm{d}y=2\pi\int_0^1\sqrt{1-y^2}\,\mathrm{d}y-2\pi\int_0^1 (1-y)^2\mathrm{d}y \\ &=2\pi\cdot\frac{1}{4}\cdot\pi^2+\pi\frac{2}{3}\left[(1-y)^3\Big|_0^1\right]=\frac{\pi^3}{2}-\frac{2\pi}{3}.\end{aligned}$$

例 3.2.44　求曲线 $y=3-|x^2-1|$ 与 x 轴围成的封闭图形(见图 3-18)绕 $y=3$ 旋转所得的旋转体的体积.

解　$y=\begin{cases}2+x^2, & |x|\leqslant 1,\\ 4-x^2, & |x|>1.\end{cases}$

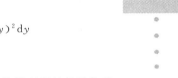

该曲线与 x 轴交于$(-2,0)$，$(2,0)$，由于该平面图形关于 y 轴对称，且曲线 $y=2+x^2\ (0\leqslant x\leqslant 1)$上点$(x,y)$到 $y=3$ 的距离为 $1-x^2$，曲线 $y=4-x^2\ (|x|>1)$上点(x,y)到 $y=3$ 的距离为 x^2-1，于是

$$\begin{aligned}V_{y=3}&=2\left[\pi\cdot 3^2\cdot 2-\pi\int_0^1(1-x^2)^2\mathrm{d}x-\pi\int_1^2(x^2-1)^2\mathrm{d}x\right] \\ &=2\left[18\pi-\pi\int_0^2(1-x^2)^2\mathrm{d}x\right]=36\pi-2\pi\int_0^2(1-2x^2+x^4)\mathrm{d}x \\ &=36\pi-2\pi\left(x-\frac{2}{3}x^3+\frac{1}{5}x^4\right)\Big|_0^2=\frac{464}{15}\pi.\end{aligned}$$

图 3-18

类型 2.12　计算旋转体的侧面积及表面积

解题策略　求由连续曲线 $y=f(x)$，Ox 轴及直线 $x=a$，$x=b$ 所围平面图形绕 x 轴旋转所形成的旋转体(图 3-19)的侧面面积 S_x.

将所求旋转体的侧面积看成分布在区间$[a,b]$上.

(1)选取区间$[x,x+\Delta x]$，把该区间的侧面积 ΔS_x 看成上底半径为 $|f(x)|$，下底半径为 $|f(x+\Delta x)|$，母线为曲线弧长 Δs 的圆台的侧面积. 因此，由圆台侧面积公式有

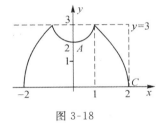

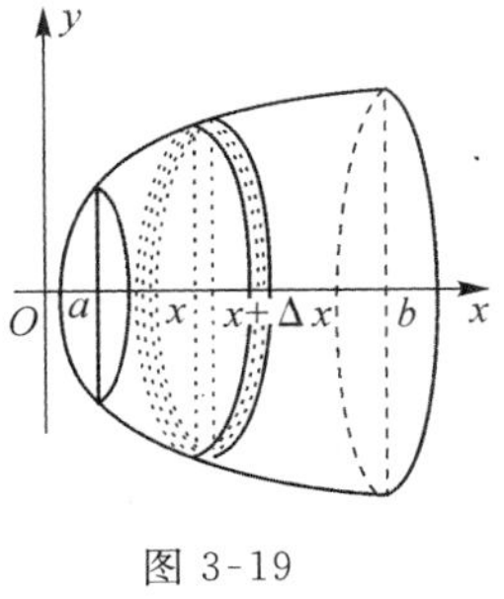

图 3-19

$$\begin{aligned}\Delta S_x &\approx 2\pi\frac{|f(x)|+|f(x+\Delta x)|}{2}\Delta s \\ &=2\pi\frac{|f(x)|+|f(x)|}{2}\sqrt{1+f'^2(x)}\,\Delta x \\ &\approx 2\pi|f(x)|\sqrt{1+f'^2(x)}\,\Delta x,\end{aligned}$$

即 ΔS_x 又可简单地看作一圆柱体的侧面积，该圆柱体的底圆半径为 $|f(x)|$，高 $\mathrm{d}S=\sqrt{1+f'^2(x)}\,\Delta x$.

(2)得微分 $\mathrm{d}S_x=2\pi|f(x)|\sqrt{1+f'^2(x)}\,\mathrm{d}x$.

(3)计算积分 $S_x=2\pi\displaystyle\int_a^b|f(x)|\sqrt{1+f'^2(x)}\,\mathrm{d}x$.

注 圆柱体的高不能看成 Δx，否则 $\Delta S_x\approx2\pi|f(x)|\Delta x$，由于

$$\lim_{\Delta x\to0}\frac{2\pi|f(x)|\sqrt{1+f'^2(x)}\,\Delta x-2\pi|f(x)|\Delta x}{\Delta x}=2\pi|f(x)|\left(\sqrt{1+f'^2(x)}-1\right)$$

$$=\frac{2\pi|f(x)||f'^2(x)|}{1+\sqrt{1+f'^2(x)}},$$

一般情况下不为 0（当 $f(x)\neq0$ 且 $f'(x)\neq0$ 时），即 $\mathrm{d}S_x\neq2\pi|f(x)|\mathrm{d}x$. 因此，计算 ΔQ 的近似值时，要利用已知的关系，尽可能地精确.

例 3. 2. 45 设有曲线 $y=\sqrt{x-1}$，过原点作其切线，求由此曲线、切线及 x 轴围成的平面图形（见图 3-20）绕 x 轴旋转一周所得到的旋转体的表面积.

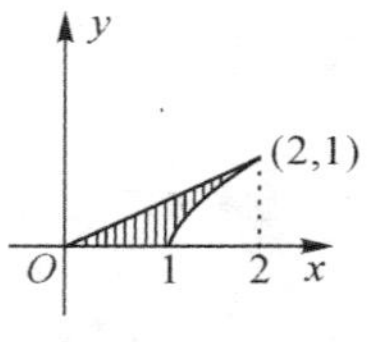

解 设切点为 $(x_0,\sqrt{x_0-1})$，则过原点的切线方程为 $y=\dfrac{1}{2\sqrt{x_0-1}}x$. 再以点 $(x_0,\sqrt{x_0-1})$ 代入，解得 $x_0=2,y_0=\sqrt{x_0-1}=1$，则上述切线方程为 $y=\dfrac{1}{2}x$.

图 3-20

由曲线 $y=\sqrt{x-1}\ (1\leqslant x\leqslant2)$ 绕 x 轴旋转一周所得到的旋转面的面积为

$$S_1=\int_1^2 2\pi y\sqrt{1+y'^2}\,\mathrm{d}x=\pi\int_1^2\sqrt{4x-3}\,\mathrm{d}x=\frac{\pi}{6}(5\sqrt{5}-1).$$

由直线段 $y=\dfrac{1}{2}x\ (0\leqslant x\leqslant2)$ 绕 x 轴旋转一周所得到的旋转面的面积 $S_2=\displaystyle\int_0^2 2\pi\cdot\frac{1}{2}x\frac{\sqrt{5}}{2}\,\mathrm{d}x=\sqrt{5}\,\pi$.

因此，所求旋转体的表面积为 $S=S_1+S_2=\dfrac{\pi}{6}(11\sqrt{5}-1)$.

类型 2. 13 计算平面曲线的弧长

解题策略 若给定曲线弧 $\overparen{AB}$ 的方程为 $\begin{cases}x=\varphi(t),\\ y=\psi(t),\end{cases}\alpha\leqslant t\leqslant\beta$，其中，$\varphi'(t),\psi'(t)$ 在 $[\alpha,\beta]$ 上连续，且 $\varphi'^2(t)+\psi'^2(t)\neq0$，则曲线弧 $\overparen{AB}$ 是可求长的. 其弧长 s 可表示为

$$s=\int_\alpha^\beta\sqrt{\varphi'^2(t)+\psi'^2(t)}\,\mathrm{d}t. \qquad\qquad ①$$

若曲线方程由 $y=f(x),a\leqslant x\leqslant b$ 给出，这时 $\begin{cases}x=x,\\ y=f(x),\end{cases}a\leqslant x\leqslant b$. 代入①式，得曲线弧 $\overparen{AB}$ 的长为

$$s=\int_a^b\sqrt{1+f'^2(x)}\,\mathrm{d}x. \qquad\qquad ②$$

若曲线方程由 $x=\psi(y),c\leqslant y\leqslant d$ 给出，这时 $\begin{cases}x=\psi(y),\\ y=y,\end{cases}$ 代入①式，得曲线弧 $\overparen{AB}$ 的长为

$$s=\int_c^d\sqrt{1+\psi'^2(y)}\,\mathrm{d}y. \qquad\qquad ③$$

若曲线方程由 $r=r(\theta),\alpha\leqslant\theta\leqslant\beta$ 给出，把极坐标变换化为参数方程 $\begin{cases}x=r(\theta)\cos\theta,\\ y=r(\theta)\sin\theta,\end{cases}\alpha\leqslant\theta\leqslant\beta$.

由于 $x'(\theta)=r'(\theta)\cos\theta-r(\theta)\sin\theta,y'(\theta)=r'(\theta)\sin\theta+r(\theta)\cos\theta$，于是

$$s=\int_\alpha^\beta\sqrt{x'^2(\theta)+y'^2(\theta)}\,\mathrm{d}\theta=\int_\alpha^\beta\sqrt{r^2(\theta)+r'^2(\theta)}\,\mathrm{d}\theta.$$

弧长微分公式：

若选定点 $M_0(\varphi(t_0),\psi(t_0)),t_0\in[\alpha,\beta]$ 为度量弧长的起点. $M(\varphi(t),\psi(t))$ 为弧上一点，设弧 $\overparen{M_0M}$ 的长为 s，显然弧长 s 是 t 的函数 $s(t)$. 这里规定：当 $t>t_0$ 时，s 取正值；当 $t<t_0$ 时，s 取负值. 则当 t 增加时，s 也增加，因此 $s=s(t)$ 是严格增函数.

$$s(t) = \int_{t_0}^{t} \sqrt{\varphi'^2(t) + \psi'^2(t)}\, dt \qquad (\alpha \leqslant t \leqslant \beta).$$

对积分上限求导, 得 $\dfrac{ds}{dt} = \sqrt{\varphi'^2(t) + \psi'^2(t)} > 0$.

从这里也可以看出 $s = s(t)$ 是增函数, 改写成微分形式, 即得弧长的微分公式

$$ds = \sqrt{\varphi'^2(t) + \psi'^2(t)}\, dt.$$

若曲线方程 $y = f(x)\,(a \leqslant x \leqslant b)$, 则 $ds = \sqrt{1 + f'^2(x)}\, dx$.

若曲线方程 $x = \psi(y)\,(c \leqslant y \leqslant d)$, 则 $ds = \sqrt{1 + \psi'^2(y)}\, dy$.

若曲线方程 $r = r(\theta)\,(\alpha \leqslant \theta \leqslant \beta)$, 则 $ds = \sqrt{r^2(\theta) + r'^2(\theta)}\, d\theta$.

由于 $ds = \sqrt{\varphi'^2(t) + \psi'^2(t)}\, dt = \sqrt{(\varphi'(t)dt)^2 + (\psi'(t)dt)^2}$, 所以 $ds = \sqrt{dx^2 + dy^2}$.

它的几何意义是: 当自变量 x 增加到 $x + \Delta x$ 时, 相应的曲线段增量的切线长 (见图 3-21), 即

$$|MP| = \sqrt{dx^2 + dy^2} = ds \approx \Delta s.$$

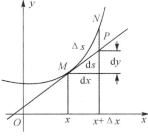

例 3.2.46 计算曲线 $x = \dfrac{1}{4}y^2 - \dfrac{1}{2}\ln y\,(1 \leqslant y \leqslant e)$ 的弧长.

解 所求曲线的弧长为

$$s = \int_{1}^{e} \sqrt{1 + \left(\dfrac{y}{2} - \dfrac{1}{2y}\right)^2}\, dy = \int_{1}^{e} \dfrac{1 + y^2}{2y}\, dy = \dfrac{e^2 + 1}{4}.$$

图 3-21

例 3.2.47 计算内摆线 $x^{\frac{2}{3}} + y^{\frac{2}{3}} = a^{\frac{2}{3}}$ 的周长.

解法一 由于曲线关于 x 轴及 y 轴对称, 所以, 只需计算第一象限内曲线的长, 再乘以 4 就得所求的周长. 设 $a > 0$, $y' = -\sqrt[3]{\dfrac{y}{x}}$, $\sqrt{1 + y'^2} = \left(\dfrac{a}{x}\right)^{\frac{1}{3}}$, 得

$$s = 4\int_{0}^{a} \left(\dfrac{a}{x}\right)^{\frac{1}{3}}\, dx = 6a.$$

解法二 把曲线化为参数方程 $\begin{cases} x = a\cos^3\theta, \\ y = a\sin^3\theta, \end{cases}$ 在第一象限的参数 $0 \leqslant \theta \leqslant \dfrac{\pi}{2}$, 于是

$$x' = -3a\cos^2\theta\sin\theta, \quad y' = 3a\sin^2\theta\cos\theta.$$

因此, $s = 4\int_{0}^{\frac{\pi}{2}} \sqrt{(-3a\cos^2\theta\sin\theta)^2 + (3a\sin^2\theta\cos\theta)^2}\, d\theta$

$$= 12a\int_{0}^{\frac{\pi}{2}} \sin\theta\cos\theta\, d\theta = 6a\int_{0}^{\frac{\pi}{2}} \sin 2\theta\, d\theta = 3a\left(-\cos 2\theta \,\Big|_{0}^{\frac{\pi}{2}}\right) = 6a.$$

类型 2.14 定积分在物理中的应用

解题策略 用微元法.

1. 液体的静压力

在设计水库的闸门、管道的阀门时, 常常需要计算油类或者水等液体对它们的静压力, 这类问题也可用定积分进行计算.

例 3.2.48 一圆柱形水管半径为 1m, 若管中装水一半, 求水管阀门一侧所受的静压力.

解 取坐标系如图 3-22 所示, 此时变量 x 表示水中各点深度, 它们的变化区间是 $[0, 1]$, 圆的方程为 $x^2 + y^2 = 1$.

由物理知识, 对于均匀受压的情况, 压强 p 处处相等. 要计算所求的压力, 可按公式压力 = 压强 × 面积计算, 但现在闸门在水中所受的压力是不均匀的, 压强随着水的深度 x 增加而增加, 根据物理学知识, 有 $p = g\omega x\,(\text{N/m}^2)$, 其中 $\omega = 1000\,(\text{kg/m}^3)$ 是水的密度, $g = 9.8\,(\text{m/s}^2)$ 是重力加速度, N 牛顿.

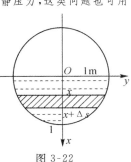

图 3-22

要计算闸门所受的水压力,不能直接用上述公式.如果将闸门分成若干个水平的窄条,由于窄条上各处深度 x 相差很小,压强 $p=g\omega x$ 可看成不变.从而

①选取深度小区间 $[x,x+\Delta x]$,在此小区间闸门所受到的压力为 ΔF,则

$$\Delta F\approx g\omega x\cdot 2y\Delta x=g\omega x\cdot 2\sqrt{1-x^2}\,\Delta x(\text{N}).$$

②得微分 $\mathrm{d}F=g\omega x 2\sqrt{1-x^2}\,\mathrm{d}x.$

③定积分 $F=\displaystyle\int_0^1 2g\omega x\sqrt{1-x^2}\,\mathrm{d}x=2g\omega\left[-\dfrac{1}{3}(1-x^2)^{3/2}\Big|_0^1\right]$

$$=\dfrac{2g\omega}{3}=6533(\text{N}).$$

2. 功

例 3.2.49 设有一直径为 20m 的半球形水池,池内贮满水,若要把水抽尽,至少做多少功?

解 本题要计算克服重力所做的功.要将水抽出,池中水至少要升高到池的表面.由此可见对不同深度 x 的单位质点所需做的功不同,而对同一深度 x 的单位质点所需做的功相同.因此如图 3-23 所示建立坐标系,即 Oy 轴取在水平面上,将原点置于球心处,而 Ox 轴向下(此时 x 表示深度).这样,半球形可看作曲线 $x^2+y^2=100$ 在第一象限中部分绕 Ox 轴旋转而成的旋转体,深度 x 的变化区间是 $[0,10]$.

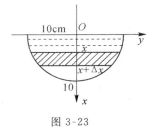

图 3-23

因同一深度的质点升高的高度相同,故计算功时,宜用平行于水平面的平面截半球面成许多小片来计算.

①选取区间 $[x,x+\Delta x]$,相应的体积

$$\Delta V\approx\pi y^2\Delta x=\pi(100-x^2)\Delta x(\text{m}^3),$$

所以抽出这层水需做的功

$$\Delta W\approx g\omega\pi(100-x^2)\Delta x\cdot x=g\pi\omega x(100-x^2)\Delta x(\text{J}),$$

其中 $\omega=1000(\text{kg/m}^3)$ 是水的密度,$g=9.8(\text{m/s}^2)$ 是重力加速度,J 是焦耳.

②得微分 $\mathrm{d}W=g\pi\omega x(100-x^2)\mathrm{d}x.$

③$W=\displaystyle\int_0^{10}g\pi\omega x(100-x^2)\mathrm{d}x=g\pi\omega\int_0^{10}x(100-x^2)\mathrm{d}x$

$$=\left(-g\dfrac{\pi\omega}{4}(100-x^2)^2\right)\Big|_0^{10}=g\dfrac{\pi\omega}{4}\times10^4=2500\pi\omega g\approx7.693\times10^7(\text{J}).$$

例 3.2.50 为清除井底的污泥,用缆绳将抓斗放入井底,抓起污泥后提出井口(见图 3-24).已知井深 30m,抓斗自重 400N,缆绳每米重 50N,抓斗抓起的污泥重 2000N,提升速度为 3m/s.在提升过程中,污泥以 20N/s 的速率从抓斗缝隙中漏掉.现将抓起污泥的抓斗提升至井口,问:克服重力需做多少焦耳的功?

(说明:①1N×1m=1J;m,N,s,J 分别表示米,牛顿,秒,焦耳.②抓斗的高度及位于井口上方的缆绳长度忽略不计.)

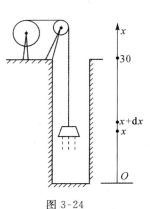

图 3-24

解 取 x 轴如图所示,将抓起污泥的抓斗提升至井口需做功 $W=W_1+W_2+W_3$,其中 W_1 是克服抓斗自重所做的功,W_2 是克服缆绳重力所做的功,W_3 为提出污泥所做的功.由题意知

$$W_1=400\times30=12000(\text{J}).$$

将抓斗由 x 处提升到 $x+\mathrm{d}x$ 处,克服缆绳重力所做的功为

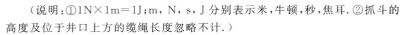

$$\mathrm{d}W_2=50(30-x)\mathrm{d}x,$$

从而 $W_2=\displaystyle\int_0^{30}50(30-x)\mathrm{d}x=22500(\text{J}).$

在时间间隔 $[t,t+\mathrm{d}t]$ 内提升污泥需做功为 $\mathrm{d}W_3=3(2000-20t)\mathrm{d}t,$

将污泥从井底提升至井口共需时间 $\dfrac{30}{3}=10(\text{s})$，所以 $W_3=\int_0^{10}3(2000-20t)\,\mathrm{d}t=57000(\text{J}).$

因此，共需做功　$W=12000+22500+57000=91500(\text{J}).$

3. 引力

例 3.2.51　半径为 a，密度为 μ，均质的圆形薄板以怎样的力吸引质量为 m 的质点 P？此质点位于通过薄板中心 Q 且垂直于薄板平面的垂直直线上，最短距离 PQ 等于 b（见图 3-25）.

解　取坐标系如图 3-25 所示。由于平面薄板均质且关于两坐标轴对称，P 在圆心的中垂线上，引力在水平方向的分力为 0，在垂直方向的分力指向 y 轴的正向，所求的引力 $\boldsymbol{F}$ 看成分布在区间 $[0,a]$ 上。

①选取区间 $[x,x+\Delta x]$，对于以 x 为内半径的圆环，其质量 $\Delta m\approx\mu2\pi x\Delta x$，对质点 P 的引力分量 F_y，有 $\Delta F_y\approx2km u\pi\dfrac{x\cos\theta}{b^2+x^2}\Delta x=2km u\pi\dfrac{bx}{(b^2+x^2)^{3/2}}\Delta x.$

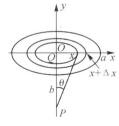

图 3-25

②得微分 $\mathrm{d}F_y=2km u\pi\dfrac{bx}{(b^2+x^2)^{3/2}}\mathrm{d}x.$

③积分 $F_y=2km u\pi\displaystyle\int_0^a\dfrac{bx}{(b^2+x^2)^{3/2}}\mathrm{d}x=2km u\pi\left(1-\dfrac{b}{\sqrt{a^2+b^2}}\right).$

因此 $|\boldsymbol{F}|=|F_y|=F_y$，方向指向 y 轴的正向。

例 3.2.52　求两根位于同一直线上的质量均匀的细杆间的引力（设密度为 μ_0，两杆相距为 a 且两杆长都为 τ，引力常数为 k）.

解　如图 3-26 所示，取原点使两杆位于 x 轴，并且关于原点对称，分左右两杆，右杆位于 x 处，杆长微元为 $\mathrm{d}x$，左杆位于 y 处，杆长微元为 $\mathrm{d}y$，此两微元间的引力为 $|\mathrm{d}\boldsymbol{F}|=\dfrac{k\mu_0\mathrm{d}x\mu_0\mathrm{d}y}{(x-y)^2}$，其中 μ_0 为杆的线密度（为常数），于是右杆对左杆上微元 $\mathrm{d}y$ 的引力为

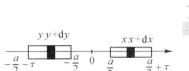

图 3-26

$$\int_{\frac{a}{2}}^{\frac{a}{2}+\tau}\frac{k\mu_0^2\mathrm{d}y}{(x-y)^2}\mathrm{d}x=-\frac{k\mu_0^2\mathrm{d}y}{(x-y)}\Big|_{\frac{a}{2}}^{\frac{a}{2}+\tau}=k\mu_0^2\mathrm{d}y\left(\frac{1}{\frac{a}{2}-y}-\frac{1}{\frac{a}{2}+\tau-y}\right).$$

再将上式 y 视为变量从 $\left(-\dfrac{a}{2}-\tau\right)$ 到 $\left(-\dfrac{a}{2}\right)$ 积分，使得两杆间的引力

$$|\boldsymbol{F}|=k\mu_0^2\int_{-\frac{a}{2}-\tau}^{-\frac{a}{2}}\left(\frac{1}{\frac{a}{2}-y}-\frac{1}{\frac{a}{2}+\tau-y}\right)\mathrm{d}y=k\mu_0^2\left[\ln\frac{\frac{a}{2}+\tau-y}{\frac{a}{2}-y}\right]\Big|_{-\frac{a}{2}-\tau}^{-\frac{a}{2}}=k\mu_0^2\ln\frac{(\tau+a)^2}{a(2\tau+a)^2}.$$

4. 转动惯量

例 3.2.53　求长为 τ，线密度（单位长度质量）μ 为常数的均质细杆绕 y 轴转动的转动惯量。

解　如图 3-27 所示建立坐标系，所求的转动惯量 J 分在区间 $[0,\tau]$ 上。

1. 选取 $[x,x+\mathrm{d}x]$，由转动惯量公式 $J=mx^2$，得 $\mathrm{d}J=\mu\mathrm{d}x\cdot x^2=\mu x^2\mathrm{d}x.$

2. $J=\displaystyle\int_0^\tau\mu x^2\mathrm{d}x=\dfrac{1}{3}\mu x^3\Big|_0^\tau=\dfrac{1}{3}\mu\tau^3.$

由于细杆的质量 $m=\mu\tau$，所以 $J=\dfrac{1}{3}m\tau^2.$

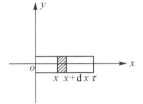

图 3-27

类型 2.15　反常积分的计算

解题策略　用牛顿—莱布尼茨公式。

例 3.2.54　求 $\displaystyle\int_0^{+\infty}\dfrac{x}{(1+x)^3}\mathrm{d}x.$

解　原式 $=\displaystyle\int_0^{+\infty}\left[\dfrac{1}{(1+x)^2}-\dfrac{1}{(1+x)^3}\right]\mathrm{d}x=\left[-\dfrac{1}{1+x}+\dfrac{1}{2(1+x)^2}\right]\Big|_0^{+\infty}=\dfrac{1}{2}.$

例 3.2.55 计算 $\int_{\frac{1}{2}}^{\frac{3}{2}} \dfrac{\mathrm{d}x}{\sqrt{|\,x-x^2\,|}}$.

分析 注意到被积分函数内有绝对值且 $x=1$ 是瑕点.

解 原式 $=\displaystyle\int_{\frac{1}{2}}^{1}\dfrac{\mathrm{d}x}{\sqrt{x-x^2}}+\int_{1}^{\frac{3}{2}}\dfrac{\mathrm{d}x}{\sqrt{x^2-x}}=\int_{\frac{1}{2}}^{1}\dfrac{\mathrm{d}x}{\sqrt{\frac{1}{4}-\left(x-\frac{1}{2}\right)^2}}+\int_{1}^{\frac{3}{2}}\dfrac{\mathrm{d}x}{\sqrt{\left(x-\frac{1}{2}\right)^2-\frac{1}{4}}}$

$=\arcsin(2x-1)\,\Big|_{\frac{1}{2}}^{1}+\ln\left|\left(x-\dfrac{1}{2}\right)+\sqrt{\left(x-\dfrac{1}{2}\right)^2-\dfrac{1}{4}}\right|\,\Big|_{1}^{\frac{3}{2}}=\dfrac{\pi}{2}+\ln(2+\sqrt{3})$.

例 3.2.56 求 $\int_{3}^{+\infty}\dfrac{\mathrm{d}x}{(x-1)^4\sqrt{x^2-2x}}$.

分析 把根式中二次三项配成两项平方差,然后用变量代换.

解 原式 $=\displaystyle\int_{3}^{+\infty}\dfrac{\mathrm{d}x}{(x-1)^4\sqrt{(x-1)^2-1}}\xlongequal{x-1=\sec\theta}\int_{\frac{\pi}{3}}^{\frac{\pi}{2}}\dfrac{\sec\theta\tan\theta}{\sec^4\theta\tan\theta}\mathrm{d}\theta$

$=\displaystyle\int_{\frac{\pi}{3}}^{\frac{\pi}{2}}(1-\sin^2\theta)\cos\theta\mathrm{d}\theta=\dfrac{2}{3}-\dfrac{3\sqrt{3}}{8}$.

例 3.2.57 计算 $\int_{0}^{1}\sin\ln x\,\mathrm{d}x$.

分析 由 $\lim\limits_{x\to 0^+}\sin\ln x$ 不存在,此时 $x=0$ 是瑕点,该积分为反常积分.

解 $\displaystyle\int_{0}^{1}\sin\ln x\,\mathrm{d}x\xlongequal{\ln x=t}\int_{-\infty}^{0}\mathrm{e}^t\sin t\,\mathrm{d}t=\dfrac{\mathrm{e}^t}{2}(\sin t-\cos t)\,\Big|_{-\infty}^{0}=-\dfrac{1}{2}$.

例 3.2.58 计算 $\int_{0}^{\frac{\pi}{2}}\ln\sin x\,\mathrm{d}x$

分析 $\lim\limits_{x\to 0^+}\ln\sin x=-\infty$,$x=0$ 为瑕点,该积分为反常积分.

解 设 $x=\dfrac{\pi}{2}-t$,$\mathrm{d}x=-\mathrm{d}t$,于是 $\displaystyle\int_{0}^{\frac{\pi}{2}}\ln\sin x\,\mathrm{d}x=-\int_{\frac{\pi}{2}}^{0}\ln\sin\left(\dfrac{\pi}{2}-t\right)\mathrm{d}t=\int_{0}^{\frac{\pi}{2}}\ln\cos t\,\mathrm{d}t=A$.

$2A=\displaystyle\int_{0}^{\frac{\pi}{2}}(\ln\sin x+\ln\cos x)\mathrm{d}x=\int_{0}^{\frac{\pi}{2}}\ln\dfrac{1}{2}\sin 2x\,\mathrm{d}x$

$=\displaystyle\int_{0}^{\frac{\pi}{2}}\ln\sin 2x\,\mathrm{d}x+\dfrac{\pi}{2}\ln\dfrac{1}{2}\xlongequal{\diamond 2x=t}\dfrac{1}{2}\int_{0}^{\pi}\ln\sin t\,\mathrm{d}t+\dfrac{\pi}{2}\ln\dfrac{1}{2}$

$=\dfrac{1}{2}\left[\displaystyle\int_{0}^{\frac{\pi}{2}}\ln\sin t\,\mathrm{d}t+\int_{\frac{\pi}{2}}^{\pi}\ln\sin t\,\mathrm{d}t\right]-\dfrac{\pi}{2}\ln 2$.

令 $t=u+\dfrac{\pi}{2}$,$\displaystyle\int_{\frac{\pi}{2}}^{\pi}\ln\sin t\,\mathrm{d}t=\int_{0}^{\frac{\pi}{2}}\ln\sin\left(u+\dfrac{\pi}{2}\right)\mathrm{d}u=\int_{0}^{\frac{\pi}{2}}\ln\cos u\,\mathrm{d}u=\int_{0}^{\frac{\pi}{2}}\ln\cos t\,\mathrm{d}t$.

从而 $2A=A-\dfrac{\pi}{2}\ln 2$,得 $A=-\dfrac{\pi}{2}\ln 2$,即 $\displaystyle\int_{0}^{\frac{\pi}{2}}\ln\sin x\,\mathrm{d}x=-\dfrac{\pi}{2}\ln 2$.

三、综合例题精选

例 3.2.59 计算 $\lim\limits_{n\to\infty}\left(\dfrac{n}{n^2+1^2}+\dfrac{n}{n^2+2^2}+\cdots+\dfrac{n}{n^2+n^2}\right)$.

分析 转化为特殊的和式极限,利用定积分定义计算.

解 原式 $=\lim\limits_{n\to\infty}\displaystyle\sum_{i=1}^{n}\dfrac{n}{n^2+i^2}=\lim\limits_{n\to\infty}\sum_{i=1}^{n}\dfrac{1}{1+\left(\frac{i}{n}\right)^2}\cdot\dfrac{1}{n}$.

由于 $\Delta x_i=\dfrac{1}{n}$,知 $b-a=1$,设 $f(x)=\dfrac{1}{1+x^2}$,$\xi_i=\dfrac{i}{n}$,$i=1,2,\cdots,n$.

由 $\xi_1 = \dfrac{1}{n} \in [a, a+\dfrac{1}{n}]$，令 $n \to \infty$，得 $0 \in [a,a]$，知 $a=0$，$\xi_n = \dfrac{n}{n} = 1 \in \left[b - \dfrac{1}{n}, b\right]$，令 $n \to \infty$，得 $1 \in [b,b]$，知 $b=1$，从而 $b=1$，有 $b-a=1$ 和上面的结果一致. 且 $f(x) = \dfrac{1}{1+x^2}$ 在 $[0,1]$ 上可积，而此和式是把 $[0,1]$ n 等分，ξ_i 取每个小区间的右端点得到的和式，故

$$原式 = \int_0^1 \frac{1}{1+x^2}\mathrm{d}x = \arctan x \Big|_0^1 = \frac{\pi}{4}.$$

例 3.2.60 设函数 $f(x)$ 在 $[0,1]$ 上连续，且 $f(x) > 0$，计算 $\displaystyle\int_0^{\frac{\pi}{2}} \frac{f(\sin x)}{f(\sin x) + f(\cos x)}\mathrm{d}x$.

解 设 $I = \displaystyle\int_0^{\frac{\pi}{2}} \frac{f(\sin x)}{f(\sin x) + f(\cos x)}\mathrm{d}x$，于是

$$I \xlongequal{\text{令} x = \frac{\pi}{2} - t} -\int_{\frac{\pi}{2}}^0 \frac{f(\cos t)}{f(\cos t) + f(\sin t)}\mathrm{d}t = \int_0^{\frac{\pi}{2}} \frac{f(\cos x)}{f(\cos x) + f(\sin x)}\mathrm{d}x,$$

$$2I = \int_0^{\frac{\pi}{2}} \frac{f(\sin x)}{f(\sin x) + f(\cos x)}\mathrm{d}x + \int_0^{\frac{\pi}{2}} \frac{f(\cos x)}{f(\cos x) + f(\sin x)}\mathrm{d}x = \int_0^{\frac{\pi}{2}}\mathrm{d}x = \frac{\pi}{2}, \ I = \frac{\pi}{4}.$$

例 3.2.61 计算 $\displaystyle\int_0^1 \frac{\ln(1+x)}{1+x^2}\mathrm{d}x$.

解
$$原式 \xlongequal{\text{令} x = \tan t} \int_0^{\frac{\pi}{4}} \frac{\ln(1+\tan t)}{\sec^2 t}\sec^2 t\,\mathrm{d}t = \int_0^{\frac{\pi}{4}} \ln \frac{\cos t + \sin t}{\cos t}\mathrm{d}t$$

$$= \int_0^{\frac{\pi}{4}} \ln \frac{\sqrt{2}\cos(\frac{\pi}{4} - t)}{\cos t}\mathrm{d}t = \int_0^{\frac{\pi}{4}} \ln\sqrt{2}\,\mathrm{d}t + \int_0^{\frac{\pi}{4}} \ln\cos(\frac{\pi}{4} - t)\mathrm{d}t - \int_0^{\frac{\pi}{4}} \ln\cos t\,\mathrm{d}t.$$

由于 $\displaystyle\int_0^{\frac{\pi}{4}} \ln\cos(\frac{\pi}{4} - t)\mathrm{d}t \xlongequal{\text{令}\frac{\pi}{4} - t = u} -\int_{\frac{\pi}{4}}^0 \ln\cos u\,\mathrm{d}u = \int_0^{\frac{\pi}{4}} \ln\cos t\,\mathrm{d}t$，所以

$$原式 = \int_0^{\frac{\pi}{4}} \ln\sqrt{2}\,\mathrm{d}x = \frac{\pi}{4}\ln\sqrt{2} = \frac{\pi}{8}\ln 2. \qquad .$$

例 3.2.62 证明 $\displaystyle\int_0^{2\pi} \sin^{2n}x\,\mathrm{d}x = \int_0^{2\pi} \cos^{2n}x\,\mathrm{d}x = 4\int_0^{\frac{\pi}{2}} \sin^{2n}x\,\mathrm{d}x$，并计算.

证明
$$\int_0^{2\pi} \sin^{2n}x\,\mathrm{d}x \xlongequal{\text{令} x = \frac{\pi}{2} - t} -\int_{\frac{\pi}{2}}^{-\frac{3\pi}{2}} \sin^{2n}(\frac{\pi}{2} - t)\mathrm{d}t = \int_{-\frac{3\pi}{2}}^{\frac{\pi}{2}} \cos^{2n}t\,\mathrm{d}t.$$

由 $\cos^2 x = \dfrac{1 + \cos 2x}{2}$，知 $\cos^2 x$ 的周期为 π，当然 2π 也是它的周期，利用周期函数定积分的性质，有

$$\int_{-\frac{3\pi}{2}}^{\frac{\pi}{2}} \cos^{2n}t\,\mathrm{d}t = \int_0^{2\pi} \cos^{2n}t\,\mathrm{d}t = \int_0^{2\pi} \cos^{2n}x\,\mathrm{d}x,$$

而 $\displaystyle\int_0^{2\pi} \cos^{2n}x\,\mathrm{d}x = \int_{-\pi}^{\pi} \cos^{2n}x\,\mathrm{d}x = 2\int_0^{\pi} \cos^{2n}x\,\mathrm{d}x = 2\int_{-\frac{\pi}{2}}^{\frac{\pi}{2}} \cos^{2n}x\,\mathrm{d}x = 4\int_0^{\frac{\pi}{2}} \cos^{2n}x\,\mathrm{d}x.$

由于 $2n$ 是偶数，故
$$4\int_0^{\frac{\pi}{2}} \cos^{2n}x\,\mathrm{d}x = 4 \cdot \frac{2n-1}{2n} \cdot \frac{2n-3}{2n-2} \cdots \cdot \frac{1}{2} \cdot \frac{\pi}{2}.$$

例 3.2.63 设函数 $f(x), g(x)$ 满足 $f'(x) = g(x)$，$g'(x) = 2e^x - f(x)$，且 $f(0) = 0$，$g(0) = 2$，求 $\displaystyle\int_0^{\pi}\left[\frac{g(x)}{1+x} - \frac{f(x)}{(1+x)^2}\right]\mathrm{d}x$.

解法一 由 $f'(x) = g(x) \Rightarrow f''(x) = g'(x) = 2e^x - f(x)$，于是有
$$f''(x) + f(x) = 2e^x, \ f(0) = 0, \ f'(0) = 2.$$

解微分方程得 $f(x) = \sin x - \cos x + e^x$，因此

$$原式 = \int_0^{\pi} \frac{g(x)(1+x) - f(x)}{(1+x)^2}\mathrm{d}x = \int_0^{\pi} \frac{f'(x)(1+x) - f(x)}{(1+x)^2}\mathrm{d}x$$

$$= \int_0^\pi \mathrm{d}\frac{f(x)}{1+x} = \frac{f(x)}{1+x}\bigg|_0^\pi = \frac{f(\pi)}{1+\pi} - f(0) = \frac{1+\mathrm{e}^\pi}{1+\pi}.$$

解法二 同解法一,得 $f(x) = \sin x - \cos x + \mathrm{e}^x$,

$$\int_0^\pi \left[\frac{g(x)}{1+x} - \frac{f(x)}{(1+x)^2}\right]\mathrm{d}x = \int_0^\pi \frac{g(x)}{1+x}\mathrm{d}x + \int_0^\pi f(x)\mathrm{d}\frac{1}{1+x}$$

$$= \int_0^\pi \frac{g(x)}{1+x}\mathrm{d}x + f(x)\cdot\frac{1}{1+x}\bigg|_0^\pi - \int_0^\pi \frac{f'(x)}{1+x}\mathrm{d}x$$

$$= \frac{f(\pi)}{1+\pi} - f(0) + \int_0^\pi \frac{g(x)}{1+x}\mathrm{d}x - \int_0^\pi \frac{g(x)}{1+x}\mathrm{d}x = \frac{1+\mathrm{e}^\pi}{1+\pi}.$$

例 3.2.64 设函数 $f(x)$ 在 $(-\infty, +\infty)$ 内满足 $f(x) = f(x-\pi) + \sin x$,且 $f(x) = x, x \in [0, \pi)$,计算

$$\int_\pi^{3\pi} f(x)\mathrm{d}x.$$

解法一
$$\int_\pi^{3\pi} f(x)\mathrm{d}x = \int_\pi^{3\pi} \left[f(x-\pi) + \sin x\right]\mathrm{d}x$$

$$= \int_\pi^{3\pi} f(x-\pi)\mathrm{d}x + 0 \xrightarrow{\diamondsuit\, t = x - \pi} \int_0^{2\pi} f(t)\mathrm{d}t = \int_0^\pi f(t)\mathrm{d}t + \int_\pi^{2\pi} f(t)\mathrm{d}t$$

$$= \int_0^\pi t\mathrm{d}t + \int_\pi^{2\pi} \left[f(t-\pi) + \sin t\right]\mathrm{d}t = \frac{\pi^2}{2} + \int_\pi^{2\pi} f(t-\pi)\mathrm{d}t + \int_\pi^{2\pi} \sin t\mathrm{d}t$$

$$= \frac{\pi^2}{2} - 2 + \int_\pi^{2\pi} f(t-\pi)\mathrm{d}t \xrightarrow{\diamondsuit\, u = t - \pi} \frac{\pi^2}{2} - 2 + \int_0^\pi f(u)\mathrm{d}u = \pi^2 - 2.$$

解法二 当 $x \in [\pi, 3\pi]$ 时,$f(x) = \begin{cases} x - \pi + \sin x, & x \in [\pi, 2\pi], \\ x - 2\pi, & x \in [2\pi, 3\pi]. \end{cases}$ 于是

$$\int_\pi^{3\pi} f(x)\mathrm{d}x = \int_\pi^{2\pi}(x - \pi + \sin x)\mathrm{d}x + \int_{2\pi}^{3\pi}(x - 2\pi)\mathrm{d}x = \pi^2 - 2.$$

例 3.2.65 设 $f(x) = \begin{cases} 1 + x^2, & x \leqslant 0 \\ \mathrm{e}^{-x}, & x > 0, \end{cases}$ 求 $\int_1^3 f(x-2)\mathrm{d}x$.

解 原式 $\xrightarrow{\diamondsuit\, x - 2 = t} \int_{-1}^1 f(t)\mathrm{d}t = \int_{-1}^0 (1 + t^2)\mathrm{d}t + \int_0^1 \mathrm{e}^{-t}\mathrm{d}t = \frac{7}{3} - \frac{1}{\mathrm{e}}.$

例 3.2.66 设 $f(x) = \begin{cases} 2x + \dfrac{3}{2}x^2, & -1 \leqslant x < 0, \\ \dfrac{x\mathrm{e}^x}{(\mathrm{e}^x + 1)^2}, & 0 \leqslant x \leqslant 1, \end{cases}$ 求函数 $F(x) = \int_{-1}^x f(t)\mathrm{d}t$ 的表达式.

解 当 $-1 \leqslant x < 0$ 时,

$$F(x) = \int_{-1}^x \left(2t + \frac{3}{2}t^2\right)\mathrm{d}t = \left(t^2 + \frac{1}{2}t^3\right)\bigg|_{-1}^x = \frac{1}{2}x^3 + x^2 - \frac{1}{2}.$$

当 $0 \leqslant x \leqslant 1$ 时,

$$F(x) = \int_{-1}^x f(t)\mathrm{d}t = \int_{-1}^0 f(t)\mathrm{d}t + \int_0^x f(t)\mathrm{d}t = \left(t^2 + \frac{1}{2}t^3\right)\bigg|_{-1}^0 + \int_0^x \frac{t\mathrm{e}^t}{(\mathrm{e}^t + 1)^2}\mathrm{d}t$$

$$= -\frac{1}{2} - \int_0^x t\mathrm{d}\left(\frac{1}{\mathrm{e}^t + 1}\right) = -\frac{1}{2} - \frac{t}{\mathrm{e}^t + 1}\bigg|_0^x + \int_0^x \frac{\mathrm{d}t}{\mathrm{e}^t + 1} = -\frac{1}{2} - \frac{x}{\mathrm{e}^x + 1} + \int_0^x \left(1 - \frac{\mathrm{e}^t}{1 + \mathrm{e}^t}\right)\mathrm{d}t$$

$$= -\frac{1}{2} - \frac{x}{\mathrm{e}^x + 1} + x - \ln(1 + \mathrm{e}^t)\bigg|_0^x = -\frac{1}{2} - \frac{x}{\mathrm{e}^x + 1} + x - \ln(\mathrm{e}^x + 1) + \ln 2.$$

例 3.2.67 设 $f''(x)$ 在 $[0, 2]$ 上连续,且 $f(0) = 1, f(2) = 3, f'(2) = 5$,求 $\int_0^1 xf''(2x)\mathrm{d}x$.

解 原式 $= \dfrac{1}{2}\int_0^1 x\mathrm{d}f'(2x) = \dfrac{1}{2}xf'(2x)\bigg|_0^1 - \dfrac{1}{2}\int_0^1 f'(2x)\mathrm{d}x$

$$= \frac{1}{2}f'(2) - \frac{1}{4}\left[f(2x)\bigg|_0^1\right] = \frac{5}{2} - \frac{1}{4}[f(2) - f(0)] = \frac{5}{2} - \frac{1}{4}(3 - 1) = 2.$$

例 3.2.68 设函数 $f(x)$ 在 $(-\infty, +\infty)$ 内连续,且 $F(x) = \int_0^x (x - 2t)f(t)\mathrm{d}t$,试证:

(1)若 $f(x)$ 为偶函数,则 $F(x)$ 也是偶函数；　　　　(2)若 $f(x)$ 递减,则 $F(x)$ 递增.

证明　(1)由 $F(-x)=\int_0^{-x}(-x-2t)f(t)\mathrm{d}t$,令 $t=-u$,并由 $f(-x)=f(x)$,所以

$$F(-x)=-\int_0^x(-x+2u)f(-u)\mathrm{d}u=\int_0^x(x-2u)f(u)\mathrm{d}u=\int_0^x(x-2t)f(t)\mathrm{d}t=F(x).$$

$$(2)F'(x)=\Big[x\int_0^xf(t)\mathrm{d}t-\int_0^x2tf(t)\mathrm{d}t\Big]'=\int_0^xf(t)\mathrm{d}t+xf(x)-2xf(x)=\int_0^xf(t)\mathrm{d}t-xf(x)$$
$$=f(\xi)x-xf(x)=x(f(\xi)-f(x)),$$

其中 ξ 介于 $0,x$ 之间,又 $f(x)$ 递减.当 $x>0$ 时,$0\leqslant\xi\leqslant x$,$f(\xi)\geqslant f(x)$,知 $F'(x)\geqslant 0$；当 $x<0$ 时,$x\leqslant\xi\leqslant 0$,$f(\xi)\leqslant f(x)$,知 $F'(x)\geqslant 0$.又 $F'(0)=0$,综上所述,知 $F'(x)\geqslant 0$,即 $F(x)$ 递增.

例 3.2.69　证明:(1)$f(x)$ 是连续的奇函数,则 $\int_a^x f(t)\mathrm{d}t$ 是偶函数；

(2)偶函数的原函数仅有一个为奇函数.

证明　(1)设 $F(x)=\int_a^x f(t)\mathrm{d}t$,由 $f(t)$ 为奇函数,知 $\int_{-x}^x f(t)\mathrm{d}t=0$,于是

$$F(-x)=\int_a^{-x}f(t)\mathrm{d}t=\int_a^x f(t)\mathrm{d}t+\int_x^{-x}f(t)\mathrm{d}t=\int_a^x f(t)\mathrm{d}t=F(x),$$

故 $F(x)$ 为偶函数.

(2)由 $f(t)$ 是偶函数,知 $\int_{-x}^x f(t)\mathrm{d}t=-2\int_0^x f(t)\mathrm{d}t$,设 $F(x)=\int_a^x f(t)\mathrm{d}t+c$,

$$F(-x)=\int_a^{-x}f(t)\mathrm{d}t+c\xrightarrow{\;\;令\,t=-u\;\;}-\int_{-a}^x f(-u)\mathrm{d}u+c$$
$$=-\int_{-a}^x f(u)\mathrm{d}u+c=-\int_{-a}^a f(u)\mathrm{d}u-\int_a^x f(u)\mathrm{d}u+c=c-2\int_0^a f(t)\mathrm{d}t-\int_a^x f(t)\mathrm{d}t.$$

仅当 $c=2\int_0^a f(x)\mathrm{d}x$ 时,$F(-x)=-F(x)$,即 $F(x)$ 是奇函数.

例 3.2.70　求函数 $I(x)=\int_e^x\dfrac{\ln t}{t^2-2t+1}\mathrm{d}t$ 在区间 $[e,e^2]$ 上的最大值.

解　$I'(x)=\dfrac{\ln x}{x^2-2x+1}=\dfrac{\ln x}{(1-x)^2}>0$,$x\in[e,e^2]$,可知 $I(x)$ 在 $[e,e^2]$ 上单调增加,故

$$\max_{e\leqslant x\leqslant e^2}I(x)=\int_e^{e^2}\frac{\ln t}{t^2-2t+1}\mathrm{d}t=-\int_e^{e^2}\ln t\,\mathrm{d}\Big(\frac{1}{t-1}\Big)=-\frac{\ln t}{t-1}\Big|_e^{e^2}+\int_e^{e^2}\frac{1}{t-1}\cdot\frac{1}{t}\mathrm{d}t$$
$$=\frac{1}{e-1}-\frac{2}{e^2-1}+\ln\frac{t-1}{t}\Big|_e^{e^2}=\frac{1}{e+1}+\ln\frac{e+1}{e}=\ln(1+e)-\frac{e}{1+e}.$$

例 3.2.71　设函数 $f(x)$ 在 $[0,+\infty)$ 上连续,单调不减且 $f(0)\geqslant 0$.试证函数

$$F(x)=\begin{cases}\dfrac{1}{x}\displaystyle\int_0^x t^n f(t)\mathrm{d}t,&x>0,\\[2mm]0,&x=0.\end{cases}$$

在 $[0,+\infty)$ 上连续且单调递增(其中 $n>0$).

证明　当 $x>0$ 时,$F(x)$ 连续,由洛必达法则,得

$$\lim_{x\to 0^+}F(x)=\lim_{x\to 0^+}\frac{\int_0^x t^n f(t)\mathrm{d}t}{x}\Big(\frac{0}{0}\Big)=\lim_{x\to 0^+}x^n f(x)=0=F(0),$$

知 $F(x)$ 在 $[0,+\infty)$ 上连续；

又当 $x>0$ 时,$F'(x)=\dfrac{x^{n+1}f(x)-\int_0^x t^n f(t)\mathrm{d}t}{x^2}=\dfrac{x^{n+1}f(x)-\xi^n f(\xi)x}{x^2}=\dfrac{x^n f(x)-\xi^n f(\xi)}{x}$,其中 $0\leqslant\xi\leqslant x$,

且 $f(x)$ 为单调不减,有 $f(\xi)\leqslant f(x)\Rightarrow\xi^n f(\xi)\leqslant\xi^n f(x)\leqslant x^n f(x)$,从而 $F'(x)\geqslant 0$,故 $F(x)$ 在 $[0,+\infty)$ 上单调增.

例 3.2.72　设函数 $f(x)$ 可导,且 $f(0)=0$,$n>0$,$F(x)=\int_0^x t^{n-1}f(x^n-t^n)\mathrm{d}t$,求 $\lim_{x\to 0}\dfrac{F(x)}{x^{2n}}$.

解 令 $u = x^n - t^n$，则

$$F(x) = -\frac{1}{n}\int_0^x (x^n - t^n)\,\mathrm{d}(x^n - t^n) = -\frac{1}{n}\int_{x^n}^0 f(u)\,\mathrm{d}u = \frac{1}{n}\int_0^{x^n} f(u)\,\mathrm{d}u, \quad F'(x) = f(x^n)x^{n-1},$$

于是
$$\lim_{x\to 0}\frac{F(x)}{x^{2n}}\left(\frac{0}{0}\right) = \lim_{x\to 0}\frac{f(x^n)\cdot x^{n-1}}{2nx^{2n-1}} = \frac{1}{2n}\lim_{x\to 0}\frac{f(x^n) - f(0)}{x^n} = \frac{1}{2n}f'(0).$$

自 测 题

一、填空题

1. 已知 $f'(\mathrm{e}^x) = x\mathrm{e}^{-x}$，且 $f(1) = 0$，则 $f(x) = $ _____.

2. $\int_1^2 \frac{1}{x^3}\mathrm{e}^{\frac{1}{x}}\mathrm{d}x = $ _____.

3. 设 $f(x) = \begin{cases} x\mathrm{e}^{x^2}, & -\frac{1}{2} \leqslant x < \frac{1}{2}, \\ -1, & x \geqslant \frac{1}{2}, \end{cases}$ 则 $\int_{\frac{1}{2}}^2 f(x-1)\,\mathrm{d}x = $ _____.

4. $\int_1^{+\infty} \frac{\mathrm{d}x}{x\sqrt{x^2-1}} = $ _____.

5. 设函数 $f\left(x + \frac{1}{x}\right) = \frac{x + x^3}{1 + x^4}$，则 $\int_2^{2\sqrt{2}} f(x)\,\mathrm{d}x = $ _____.

6. $\int_0^1 \frac{x\mathrm{d}x}{(2-x^2)\sqrt{1-x^2}} = $ _____.

7. 曲线 $y = \int_0^x \tan t\,\mathrm{d}t\,(0 \leqslant x \leqslant \frac{\pi}{4})$ 的弧长 $s = $ _____.

8. 已知 $\int_{-\infty}^{+\infty} \mathrm{e}^{k|x|}\,\mathrm{d}x = 1$，则 $k = $ _____.

9. $\lim_{n\to\infty}\int_0^1 \mathrm{e}^{-x}\sin nx\,\mathrm{d}x = $ _____.

10. 设曲线的极坐标方程为 $\rho = \mathrm{e}^{a\theta}\,(a > 0)$，则该曲线上相应于 θ 从 $0 \sim 2\pi$ 的一段弧与极轴所围成的图形的面积为 _____.

11. $\dfrac{\mathrm{d}}{\mathrm{d}x}\displaystyle\int_0^x \sin(x-t)^2\,\mathrm{d}t = $ _____.

12. 质点以速度 $t\sin t^2$ m/s 作直线运动，则从时刻 $t_1 = \sqrt{\frac{\pi}{2}}$ s 到 $t_2 = \sqrt{\pi}$ s 内质点所经过的路程等于_____m.

二、选择题

13. 设 $I_1 = \displaystyle\int_0^{\frac{\pi}{4}} \frac{\tan x}{x}\mathrm{d}x$，$I_2 = \displaystyle\int_0^{\frac{\pi}{4}} \frac{x}{\tan x}\mathrm{d}x$，则 （　　　）

  (A) $I_1 > I_2 > 1$ (B) $1 > I_1 > I_2$

  (C) $I_2 > I_1 > 1$ (D) $1 > I_2 > I_1$

14. 设 $I_k = \displaystyle\int_0^{k\pi} \mathrm{e}^{x^2}\sin x\,\mathrm{d}x\,(k = 1,2,3)$，则有 （　　　）

  (A) $I_1 < I_2 < I_3$ (B) $I_3 < I_2 < I_1$ (C) $I_2 < I_3 < I_1$ (D) $I_2 < I_1 < I_3$

15. 设 $F(x)$ 是连续函数 $f(x)$ 的一个原函数，"$M \Leftrightarrow N$" 表示"M 的充分必要条件是 N"，则必有 （　　　）

  (A) $F(x)$ 是偶函数 $\Leftrightarrow f(x)$ 是奇函数   (B) $F(x)$ 是奇函数 $\Leftrightarrow f(x)$ 是偶函数

  (C) $F(x)$ 是周期函数 $\Leftrightarrow f(x)$ 是周期函数   (D) $F(x)$ 是单调函数 $\Leftrightarrow f(x)$ 是单调函数

16. $\lim\limits_{n\to\infty}\ln\sqrt[n]{(1+\dfrac{1}{n})^2(1+\dfrac{2}{n})^2\cdots(1+\dfrac{n}{n})^2}$ 等于　　　　　　　　　　(　　)

　　(A) $\displaystyle\int_1^2 \ln^2 x\,\mathrm{d}x$ 　　　　　　　　　　(B) $2\displaystyle\int_1^2 \ln x\,\mathrm{d}x$

　　(C) $2\displaystyle\int_1^2 \ln(1+x)\,\mathrm{d}x$ 　　　　　　　(D) $\displaystyle\int_1^2 \ln^2(1+x)\,\mathrm{d}x$

17. 设函数 $f(x)$ 连续,则下列函数中,必为偶函数的是　　　　　　　　　(　　)

　　(A) $\displaystyle\int_0^x f(t^2)\,\mathrm{d}t$ 　　　　　　　　　　(B) $\displaystyle\int_0^x f^2(t)\,\mathrm{d}t$

　　(C) $\displaystyle\int_0^x t[f(t)-f(-t)]\,\mathrm{d}t$ 　　　　　(D) $\displaystyle\int_0^x t[f(t)+f(-t)]\,\mathrm{d}t$

18. 设 $f(x)=\begin{cases}\mathrm{e}^x, & x\leqslant 0,\\ x, & x>0,\end{cases}$ $F(x)=\displaystyle\int_{-1}^x f(t)\,\mathrm{d}t$,则 $F(x)$ 在 $x=0$ 处　　(　　)

　　(A) 极限不存在 　　　　　　　　　　(B) 极限存在,但不连续

　　(C) 连续但不可导 　　　　　　　　　(D) 可导

19. 设 $F(x)=\displaystyle\int_x^{x+2\pi}\mathrm{e}^{\sin t}\sin t\,\mathrm{d}t$,则 $F(x)$　　　　　　　　　　　　　(　　)

　　(A) 为正常数　　　(B) 为负常数　　　(C) 恒为零　　　(D) 不为常数

20. 如图,x 轴上有一线密度为常数 μ,长度为 1 的细杆,有一质量为 m 的质点到杆右端的距离为 a,已知引力系数为 k,则质点和细杆之间引力的大小为 　　　　　　　　(　　)

第 20 题图

　　(A) $\displaystyle\int_{-1}^0 \dfrac{km\mu\,\mathrm{d}x}{(a-x)^2}$ 　　　　　　　(B) $\displaystyle\int_0^1 \dfrac{km\mu\,\mathrm{d}x}{(a-x)^2}$

　　(C) $2\displaystyle\int_{-\frac{1}{2}}^0 \dfrac{km\mu\,\mathrm{d}x}{(a+x)^2}$ 　　　　　(D) $2\displaystyle\int_0^{\frac{1}{2}} \dfrac{km\mu\,\mathrm{d}x}{(a+x)^2}$

21. 设函数 $f(x)=\displaystyle\int_0^{x^2}\ln(2+t)\,\mathrm{d}t$,则 $f'(x)$ 的零点个数为　　　　　(　　)

　　(A) 0　　　　　　(B) 1　　　　　　(C) 2　　　　　　(D) 3

22. 双纽线 $(x^2+y^2)^2=x^2-y^2$ 所围成的区域面积可用定积分表示为　　　(　　)

　　(A) $2\displaystyle\int_0^{\frac{\pi}{4}}\cos 2\theta\,\mathrm{d}\theta$ 　　(B) $4\displaystyle\int_0^{\frac{\pi}{4}}\cos 2\theta\,\mathrm{d}\theta$ 　　(C) $2\displaystyle\int_0^{\frac{\pi}{4}}\sqrt{\cos 2\theta}\,\mathrm{d}\theta$ 　　(D) $\dfrac{1}{2}\displaystyle\int_0^{\frac{\pi}{4}}(\cos 2\theta)^2\,\mathrm{d}\theta$

23. 如图,连续函数 $y=f(x)$ 在区间 $[-3,-2]$,$[2,3]$ 上的图形分别是直径为 1 的上、下半圆周,在区间 $[-2,0]$,$[0,2]$ 上的图形分别是直径为 2 的上、下半圆周. 设 $F(x)=\displaystyle\int_0^x f(t)\,\mathrm{d}t$,则下列结论正确的是　　　　(　　)

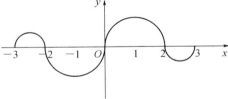

第 23 题图

　　(A) $F(3)=-\dfrac{3}{4}F(-2)$ 　　(B) $F(3)=\dfrac{5}{4}F(2)$

　　(C) $F(-3)=\dfrac{3}{4}F(2)$ 　　　(D) $F(-3)=-\dfrac{5}{4}F(-2)$

24. 如图,曲线段方程为 $y=f(x)$,函数 $f(x)$ 在区间 $[0,a]$ 上有连续的导数,则定积分 $\displaystyle\int_0^a xf'(x)\,\mathrm{d}x$ 等于　　　　　(　　)

　　(A) 曲边梯形 $ABOD$ 的面积

　　(B) 梯形 $ABOD$ 的面积

　　(C) 曲边三角形 ACD 的面积

　　(D) 三角形 ACD 的面积

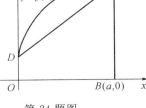

第 24 题图

三、解答题

25. 求 $\displaystyle\int \frac{\sin x}{1-\sin x}\mathrm{d}x$.

26. 求 $\displaystyle\int \frac{x^2-x+1}{x(x-1)^2}\ln x\mathrm{d}x$.

27. 设 $x > \dfrac{1}{2}$，求 $\displaystyle\int \frac{x-2}{x^2\sqrt{4x^2-1}}\mathrm{d}x$.

28. 求 $\displaystyle\int \frac{\tan x}{\sqrt[3]{\ln\cos x}}\mathrm{d}x$.

29. 求 $\displaystyle\int_{-1}^{1} (x+2\,|\,x\,|)^2\sqrt{1-x^2}\,\mathrm{d}x$.

30. 求 $\displaystyle\int_0^1 \frac{x^2\arcsin x}{\sqrt{1-x^2}}\mathrm{d}x$.

31. 求 $\displaystyle\int_0^\pi |\sin x-\cos x|\,\mathrm{d}x$.

32. 求 $\displaystyle\int_0^{\frac{1}{2}} \frac{(1+x)\arccos x}{\sqrt{1-x^2}}\mathrm{d}x$.

33. 求 $\displaystyle\int_0^{2a} x^2\sqrt{2ax-x^2}\,\mathrm{d}x$ $\quad(a>0)$.

34. 求 $\displaystyle\int_{-1}^{1} (x+x^2)(1-x^2)^{\frac{3}{2}}\mathrm{d}x$.

35. 已知 $f(x)=\displaystyle\int_1^{x^2} \mathrm{e}^{-t^2}\mathrm{d}t$，求 $\displaystyle\int_0^1 xf(x)\mathrm{d}x$.

36. 求 $\displaystyle\int_0^4 \frac{1}{\sqrt{1+\sqrt{x}}}\mathrm{d}x$.

37. 求 $\displaystyle\int_0^{1/2} \arcsin\sqrt{x}\,\mathrm{d}x$.

38. 求 $\displaystyle\int_{1/e}^{e} |\ln x|\,\mathrm{d}x$.

39. 设 $G(x)=\displaystyle\int_x^{2\pi} \frac{\sin y}{y}\mathrm{d}y$，计算 $\displaystyle\int_0^{2\pi} G(x)\mathrm{d}x$.

40. 求 $\displaystyle\int_1^{+\infty} \frac{\arctan x}{x^3}\mathrm{d}t$.

41. 设 $u_n=\left[(1+\dfrac{1}{n})(1+\dfrac{2}{n})\cdots(1+\dfrac{n}{n})\right]^{\frac{1}{n}}$，求 $\displaystyle\lim_{n\to\infty}u_n$.

42. 设 $f(x)$ 是区间 $\left[0,\dfrac{\pi}{4}\right]$ 上的单调、可导函数，且满足 $\displaystyle\int_0^{f(x)} f^{-1}(t)\mathrm{d}t=\int_0^x t\frac{\cos t-\sin t}{\sin t+\cos t}\mathrm{d}t$，其中 f^{-1} 是 f 的反函数，求 $f(x)$.

43. 设 $f(x)$ 是连续函数，

(1) 利用定义证明函数 $F(x)=\displaystyle\int_0^x f(t)\mathrm{d}t$ 可导，且 $F'(x)=f(x)$.

(2) 当 $f(x)$ 是以 2 为周期的周期函数时，证明：$G(x)=2\displaystyle\int_0^x f(t)\mathrm{d}t-x\int_0^2 f(t)\mathrm{d}t$ 是周期为 2 的周期函数.

44. 如图，C_1 和 C_2 分别是 $y=\dfrac{1}{2}(1+\mathrm{e}^x)$ 和 $y=\mathrm{e}^x$ 的图像，过点 $(0,1)$ 的曲线 C_3 是一单调增函数的图像，过 C_2 上任一点 $M(x,y)$ 分别作垂直于 x 轴和 y 轴的直线 l_x 和 l_y。记 C_1，C_2 与 l_x 所围图形的面积为 $S_1(x)$，C_2，C_3 与 l_y 所围图形的面积为 $S_2(y)$。如果总有 $S_1(x)=S_2(y)$，求曲线 C_3 的方程 $x=\varphi(y)$.

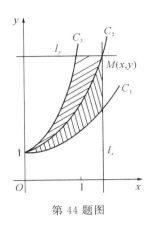

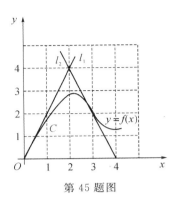

第 44 题图

第 45 题图

45. 如图,曲线 C 的方程为 $y = f(x)$,点 $(3,2)$ 是它的一个拐点,直线 l_1 与 l_2 分别是曲线 C 在点 $(0,0)$ 与 $(3,2)$ 处的切线,其交点为 $(2,4)$. 设函数 $f(x)$ 具有三阶连续导数,计算定积分 $\int_0^3 (x^2 + x) f'''(x) \mathrm{d}x$.

46. 设 $f(x) = \int_x^{x+\frac{\pi}{2}} |\sin t| \, \mathrm{d}t$.

(1) 证明 $f(x)$ 是以 π 为周期的周期函数;

(2) 求 $f(x)$ 的值域.

47. 设 l_1 为曲线 $y = x^2$ 在点 $(a, a^2)(a > 0)$ 处的切线,l_2 为曲线 $y = x^2$ 的另一条切线,且与直线 l_1 垂直.

(1) 求直线 l_1 和 l_2 的交点坐标;

(2) 求曲线 $y = x^2$ 与切线 l_1 和 l_2 所围成的平面图形的面积,试问:当 a 为何值时,该面积最小?

48. 求由 $x^2 + (y-2)^2 \leqslant 1$ 绕 x 轴一周所得旋转体的体积.

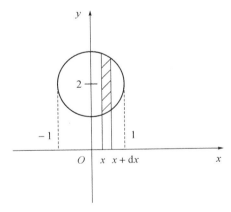

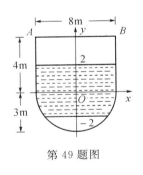

第 49 题图

第 48 题图

49. 一旋转形容器,经过旋转轴的剖面其尺寸及坐标系的选择如图,下部轮廓线为抛物线,上部两边轮廓线为铅直线,液体的比重为 μ,原蓄液体深 5m,今将该液体抽至容器口 AB 水平面处,然后排出. 问:当液体被抽到剩深 1m 时,已做的功共有多少?

50. 求 $I(x) = \int_{-1}^{1} |t - x| \, \mathrm{e}^t \mathrm{d}t$ 在 $[-1, 1]$ 上的最大值.

51. 曲线 $y = \dfrac{\mathrm{e}^x + \mathrm{e}^{-x}}{2}$ 与直线 $x = 0$,$x = t(t > 0)$ 及 $y = 0$ 围成一曲边梯形. 该曲边梯形绕 x 轴旋转一周得一旋转体,其体积为 $V(t)$,侧面积为 $S(t)$,在 $x = t$ 处的底面积为 $F(t)$.

(1) 求 $\dfrac{S(t)}{V(t)}$ 的值;(2) 计算极限 $\lim\limits_{t\to+\infty}\dfrac{S(t)}{F(t)}$.

52. 设 $A>0$, D 是由曲线段 $y=A\sin x(0\leqslant x\leqslant\frac{\pi}{2})$ 及直线 $y=0$, $x=\dfrac{\pi}{2}$ 所围成的平面区域, V_1, V_2 分别表示 D 绕 x 轴与绕 y 轴旋转成旋转体的体积, 若 $V_1=V_2$, 求 A 的值.

53. 过坐标原点作曲线 $y=\ln x$ 的切线, 该切线与曲线 $y=\ln x$ 及 x 轴围成平面图形 D.
(1) 求 D 的面积 A;(2) 求 D 绕直线 $x=\mathrm{e}$ 旋转一周所得旋转体的体积 V.

54. 设 D 是位于曲线 $y=\sqrt{x}a^{-\frac{x}{2a}}(a>1,0\leqslant x<+\infty)$ 下方、x 轴上方的无界区域.
(1) 求区域 D 绕 x 轴旋转一周所成旋转体的体积 $V(a)$;
(2) 当 a 为何值时, $V(a)$ 最小?并求出最小值.

55. 求摆线一拱 $\begin{cases}x=a(t-\sin t),\\ y=a(1-\cos t),\end{cases}$ $0\leqslant t\leqslant 2\pi$ 与 x 轴围成的图形绕 x 轴旋转一周所成的旋转体体积.

56. 设 $f(x)$ 是区间 $[0,+\infty)$ 上具有连续导数的单调增加函数, 且 $f(0)=1$. 对于任意的 $t\in[0,+\infty)$, 直线 $x=0$, $x=t$, 曲线 $y=f(x)$ 以及 x 轴所围成曲边梯形绕 x 轴旋转一周生成一旋转体. 若该旋转体的侧面面积在数值上等于其体积的 2 倍, 求函数 $f(x)$ 的表达式.

57. 函数 $f(x)$ 在 $\left[\dfrac{1}{2},2\right]$ 上可微, 且满足 $\int_1^2\dfrac{f(x)}{x^2}\mathrm{d}x=4f\left(\dfrac{1}{2}\right)$, 证明:至少存在一点 $\xi\in\left(\dfrac{1}{2},2\right)$, 使得 $\xi f'(\xi)=2f(\xi)$.

58. 设 $a>0$, $f(x)$ 在 $[0,a]$ 上连续可微, 证明不等式:$f(0)\leqslant\dfrac{1}{a}\int_0^a|f(x)|\mathrm{d}x+\int_0^a|f'(x)|\mathrm{d}x$.

59. 设 $f(x)$ 是 $[0,1]$ 上单调减少(从而可积)函数, 试证明:对任意 $t\in(0,1)$, 必成立 $\int_0^1 f(x)\mathrm{d}x\leqslant\dfrac{1}{t}\int_0^t f(x)\mathrm{d}x$.

60. 若函数 $\varphi(x)$ 具有二阶导数, 且满足 $\varphi(2)>\varphi(1)$, $\varphi(2)>\int_2^3\varphi(x)\mathrm{d}x$, 证明:至少存在一点 $\xi\in(1,3)$, 使得 $\varphi''(\xi)<0$.

61. 求最小的实数 c, 使得满足 $\int_0^1|f(x)|\mathrm{d}x=1$ 的连续函数, 都有 $\int_0^1 f(\sqrt{x})\mathrm{d}x\leqslant c$.

62. 设 $f(x)$, $g(x)$ 在 $[0,1]$ 上的导数连续, 且 $f(0)=0$, $f'(x)\geqslant0$, $g'(x)\geqslant0$. 证明:对任何 $a\in[0,1]$, 有 $\int_0^a g(x)f'(x)\mathrm{d}x+\int_0^1 f(x)g'(x)\mathrm{d}x\geqslant f(a)g(1)$.

63. 设 $f(x)$, $g(x)$ 在 $[a,b]$ 上连续, 且满足
$$\int_a^x f(t)\mathrm{d}t\geqslant\int_a^x g(t)\mathrm{d}t, x\in[a,b], \int_a^b f(t)\mathrm{d}t=\int_a^b g(t)\mathrm{d}t.$$
证明:$\int_a^b xf(x)\mathrm{d}x\leqslant\int_a^b xg(x)\mathrm{d}x$.

64.(1) 比较 $\int_0^1|\ln t|\left[\ln(1+t)\right]^n\mathrm{d}t$ 与 $\int_0^1 t^n|\ln t|\mathrm{d}t(n=1,2,\cdots)$ 的大小, 说明理由;
(2) 记 $u_n=\int_0^1|\ln t|\left[\ln(1+t)\right]^n\mathrm{d}t(n=1,2,\cdots)$, 求极限 $\lim\limits_{n\to\infty}u_n$.

65. 设常数 $\alpha>0$, 积分 $I_1=\int_0^{\frac{\pi}{2}}\dfrac{\cos x}{1+x^\alpha}\mathrm{d}x$ 与 $I_2=\int_0^{\frac{\pi}{2}}\dfrac{\sin x}{1+x^\alpha}\mathrm{d}x$. 试比较 I_1 与 I_2 的大小, 是 $I_1>I_2$, $I_1<I_2$, 还是 $I_1=I_2$, 或者要由 α 而定, 说明推理过程.

第4章　向量代数与空间解析几何

　　了解　两个向量垂直、平行的条件,曲面方程和空间曲线方程的概念,常用二次曲面的方程及其图形,空间曲线的参数方程和一般方程,空间曲线在坐标平面上的投影.

　　会　求平面与平面、平面与直线、直线与直线之间的夹角,利用平面、直线的相互关系(平行、垂直、相交等)解决有关问题,求点到直线以及点到平面的距离,求简单的柱面和旋转曲面的方程,求空间曲线在坐标平面上的投影曲线方程.

　　理解　空间直角坐标系,向量的概念及其表示,单位向量、方向数与方向余弦、向量的坐标表达式.

　　掌握　向量的运算(线性运算、数量积、向量积、混合积),用坐标表达式进行向量运算的方法,平面方程和直线方程及其求法.

§4.1　向量代数

一、内容梳理

(一) 基本概念

1. 向量的概念

定义 4.1　一个既有大小又有方向的量称为向量,长度为 0 的向量称为零向量,用 **0** 表示,方向可任意确定.长度为 1 的向量称为单位向量.

定义 4.2　两个向量 a 与 b,若它们的方向一致,大小相等,则称这两个向量相等,记作 $a=b$.换句话说,一个向量可按照我们的意愿把它平移到任何一个地方(因为既没有改变大小,也没改变方向),这种向量称为自由向量,这样在解题时将更加灵活与方便.

　　$a=a_1 i+a_2 j+a_3 k$ 称为按照 i,j,k 的坐标分解式,$a=\{a_1,a_2,a_3\}$ 称为坐标式.$|a|=\sqrt{a_1^2+a_2^2+a_3^2}$.若 $a\neq 0$,记 $a^0=\dfrac{a}{|a|}$.知 a^0 是单位向量,与 a 的方向一致,且 $a=|a|a^0$.这就告诉我们求向量 a 的一种方法,即只要求出 a 的大小 $|a|$ 和与 a 方向一致的单位向量 a^0,则 $a=|a|a^0$.若 $a=\{a_1,a_2,a_3\}$,知

$$a^0=\{\frac{a_1}{\sqrt{a_1^2+a_2^2+a_3^2}},\frac{a_2}{\sqrt{a_1^2+a_2^2+a_3^2}},\frac{a_3}{\sqrt{a_1^2+a_2^2+a_3^2}}\}=\{\cos\alpha,\cos\beta,\cos\gamma\},$$

其中 α,β,γ 是 a 分别与 Ox 轴、Oy 轴、Oz 轴正向的夹角,而

$$\cos\alpha=\frac{a_1}{\sqrt{a_1^2+a_2^2+a_3^2}},\cos\beta=\frac{a_2}{\sqrt{a_1^2+a_2^2+a_3^2}},\cos\gamma=\frac{a_3}{\sqrt{a_1^2+a_2^2+a_3^3}},\text{且}\cos^2\alpha+\cos^2\beta+\cos^2\gamma=1.$$

2. 向量间的运算

　　设 $a=\{a_1,a_2,a_3\}$,$b=\{b_1,b_2,b_3\}$,$c=\{c_1,c_2,c_3\}$.

　　$a\cdot b=|a||b|\cos\theta(0\leqslant\theta\leqslant\pi)$,$\cos\theta=\dfrac{a\cdot b}{|a||b|}(|a|\neq 0,|b|\neq 0)$.

$\boldsymbol{a}\cdot\boldsymbol{b}=a_1b_1+a_2b_2+a_3b_3$，$\cos\theta=\dfrac{a_1b_1+a_2b_2+a_3b_3}{\sqrt{a_1^2+a_2^2+a_3^2}\sqrt{b_1^2+b_2^2+b_3^2}}$.

$\boldsymbol{a}\cdot\boldsymbol{a}=|\boldsymbol{a}||\boldsymbol{a}|\cos 0=|\boldsymbol{a}|^2$，知 $|\boldsymbol{a}|=\sqrt{\boldsymbol{a}\cdot\boldsymbol{a}}$.

$\boldsymbol{a}\times\boldsymbol{b}$ 的确定：(1) $|\boldsymbol{a}\times\boldsymbol{b}|=|\boldsymbol{a}||\boldsymbol{b}|\sin\theta$，(2) $\boldsymbol{a}\times\boldsymbol{b}$ 与 $\boldsymbol{a},\boldsymbol{b}$ 所确定的平面（$\boldsymbol{a}\neq\boldsymbol{b}$，若 $\boldsymbol{a}/\!/\boldsymbol{b}$，知 $|\boldsymbol{a}\times\boldsymbol{b}|=0$，即 $\boldsymbol{a}\times\boldsymbol{b}=\boldsymbol{0}$，方向可任意确定）垂直，且 $\boldsymbol{a},\boldsymbol{b},\boldsymbol{a}\times\boldsymbol{b}$ 构成右手系（见图 4-1）. 若 $\boldsymbol{a},\boldsymbol{b},\boldsymbol{c}$ 用坐标式给出，则

$$\boldsymbol{a}\times\boldsymbol{b}=\begin{vmatrix}\boldsymbol{i} & \boldsymbol{j} & \boldsymbol{k}\\ a_1 & a_2 & a_3\\ b_1 & b_2 & b_3\end{vmatrix}=(a_2b_3-a_3b_2)\boldsymbol{i}-(a_1b_3-a_3b_1)\boldsymbol{j}+(a_1b_2-a_2b_1)\boldsymbol{k}.$$

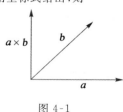

图 4-1

由行列式的性质可知 $\boldsymbol{a}\times\boldsymbol{b}=-\boldsymbol{b}\times\boldsymbol{a}$.

$|\boldsymbol{a}\times\boldsymbol{b}|$ 的几何意义：$|\boldsymbol{a}\times\boldsymbol{b}|$ 表示以 $\boldsymbol{a},\boldsymbol{b}$ 为邻边的平行四边形（见图 4-2）的面积，即 $|\boldsymbol{a}\times\boldsymbol{b}|=|\boldsymbol{a}||\boldsymbol{b}|\sin\theta=|\boldsymbol{a}|h=S$.

容易知道以 $\boldsymbol{a},\boldsymbol{b}$ 为邻边的三角形面积为 $S=\dfrac{1}{2}|\boldsymbol{a}\times\boldsymbol{b}|$.

容易验证 $|\boldsymbol{a}\times\boldsymbol{b}|^2+(\boldsymbol{a}\cdot\boldsymbol{b})^2=|\boldsymbol{a}|^2|\boldsymbol{b}|^2$. $(\boldsymbol{a}\times\boldsymbol{b})\cdot\boldsymbol{c}=\begin{vmatrix}a_1 & a_2 & a_3\\ b_1 & b_2 & b_3\\ c_1 & c_2 & c_3\end{vmatrix}$.

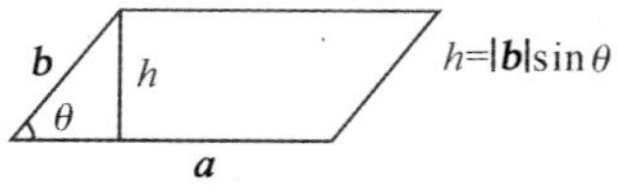

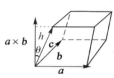

图 4-2

$(\boldsymbol{a}\times\boldsymbol{b})\cdot\boldsymbol{c}$ 的性质可用行列式的性质来记，其余没有提到的性质与以前代数运算性质完全相同.

$|(\boldsymbol{a}\times\boldsymbol{b})\cdot\boldsymbol{c}|$ 表示以 $\boldsymbol{a},\boldsymbol{b},\boldsymbol{c}$ 为邻边的平行六面体（见图 4-3）的体积，即

$$\begin{aligned}|(\boldsymbol{a}\times\boldsymbol{b})\cdot\boldsymbol{c}|&=\big||\boldsymbol{a}\times\boldsymbol{b}|\cdot|\boldsymbol{c}|\cos\theta\big|=|\boldsymbol{a}\times\boldsymbol{b}|\cdot\big||\boldsymbol{c}|\cos\theta\big|\\&=|\boldsymbol{a}\times\boldsymbol{b}|h=Sh=V.\end{aligned}$$

图 4-3

容易知道以 $\boldsymbol{a},\boldsymbol{b},\boldsymbol{c}$ 为邻边的四面体（见图 4-4）的体积为 $V=\dfrac{1}{6}|(\boldsymbol{a}\times\boldsymbol{b})\cdot\boldsymbol{c}|$.

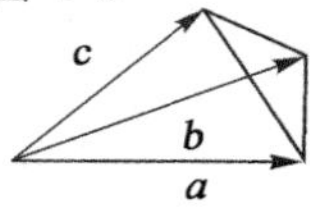

图 4-4

$\boldsymbol{a}\times\boldsymbol{b}$ 的应用特别重要. 如果直线 L 既垂直于向量 $\boldsymbol{a}$，也垂直于向量 $\boldsymbol{b}$，且 $\boldsymbol{a},\boldsymbol{b}$ 不平行，则 L 与 $\boldsymbol{a},\boldsymbol{b}$ 确定的平面垂直. 又 $\boldsymbol{a}\times\boldsymbol{b}$ 也与 $\boldsymbol{a},\boldsymbol{b}$ 确定的平面垂直，由两直线与同一平面垂面，则两直线平行，知 L 与 $\boldsymbol{a}\times\boldsymbol{b}$ 平行. 换句话说 $\boldsymbol{a}\times\boldsymbol{b}$ 是直线 L 的方向向量，是 $\boldsymbol{a},\boldsymbol{b}$ 确定平面的法向量，这对求直线方程与平面方程非常重要.

3. 向量间的关系

(1) $\boldsymbol{a}\perp\boldsymbol{b}\Leftrightarrow\boldsymbol{a}\cdot\boldsymbol{b}=0\Leftrightarrow a_1b_1+a_2b_2+a_3b_3=0$.

(2) $\boldsymbol{a}\parallel\boldsymbol{b}\Leftrightarrow\boldsymbol{a}\times\boldsymbol{b}=\boldsymbol{0}\Leftrightarrow\boldsymbol{a},\boldsymbol{b}$ 的分量对应成比例 $\Leftrightarrow$ 若 $\boldsymbol{b}\neq 0$，总存在唯一的常数 λ，使 $\boldsymbol{a}=\lambda\boldsymbol{b}$.

以上是我们在实际中判断两向量垂直与平行的常用方法，请记住.

(3) $\boldsymbol{a},\boldsymbol{b},\boldsymbol{c}$ 共面 $\Leftrightarrow(\boldsymbol{a}\times\boldsymbol{b})\cdot\boldsymbol{c}=0\Leftrightarrow$ 若 $\boldsymbol{b},\boldsymbol{c}$ 不共线，总存在唯一的两个实数 m,n，使 $\boldsymbol{a}=m\boldsymbol{b}+n\boldsymbol{c}$.

(4) 设三个向量 $\boldsymbol{e}_1,\boldsymbol{e}_2,\boldsymbol{e}_3$ 不共面，则对空间任一向量 $\boldsymbol{a}$，总存在唯一的三个常数 l,m,n，使 $\boldsymbol{a}=l\boldsymbol{e}_1+m\boldsymbol{e}_2+n\boldsymbol{e}_3$.

(5) 设 $\boldsymbol{b}\neq 0$，把 $\boldsymbol{a}$ 的起点平移到 $\boldsymbol{b}$ 的起点 O，过 $\boldsymbol{a}$ 的终点作 $\boldsymbol{b}$ 的垂线交 $\boldsymbol{b}$ 上一点 P，如图 4-5 所示. OP 称为 $\boldsymbol{a}$ 在 $\boldsymbol{b}$ 的投影，记作 $Prj_{\boldsymbol{b}}\boldsymbol{a}$.

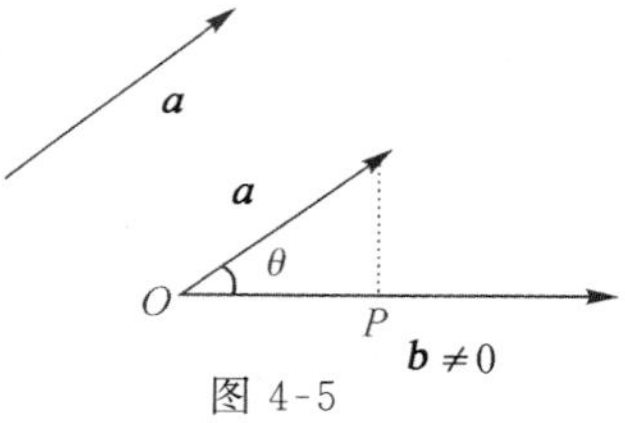

图 4-5

$$\begin{aligned}Prj_{\boldsymbol{b}}\boldsymbol{a}&=OP=|\boldsymbol{a}|\cos\theta=|\boldsymbol{a}||\boldsymbol{b}^0|\cos\theta=\boldsymbol{a}\cdot\boldsymbol{b}^0\\&=\boldsymbol{a}\cdot\frac{\boldsymbol{b}}{|\boldsymbol{b}|}=\frac{\boldsymbol{a}\cdot\boldsymbol{b}}{|\boldsymbol{b}|},\overrightarrow{OP}=(\boldsymbol{a}\cdot\boldsymbol{b}^0)\boldsymbol{b}^0.\end{aligned}$$

这个公式对我们在后面求点到平面距离、两异面直线公垂线的长都有帮助.

二、考题类型、解题策略及典型例题

类型 1.1 求向量的模与向量的运算

解题策略 ① $|\boldsymbol{a}|=\sqrt{\boldsymbol{a}\cdot\boldsymbol{a}}$；② $\boldsymbol{a}=\{a_1,a_2,a_3\}$，$|\boldsymbol{a}|=\sqrt{a_1^2+a_2^2+a_3^2}$；③向量的运算公式与性质.

例 4.1.1　已知 a,b,c 互相垂直，且 $|a|=1,|b|=2,|c|=3$，求 $s=a+b+c$ 的模.

分析　利用 $a\perp b\Leftrightarrow a\cdot b=0$，$a\parallel b\Leftrightarrow a\times b=0$ 与 $|a|=\sqrt{a\cdot a}$，下一题类似.

解　由 a,b,c 两两垂直，知 $a\cdot b=0,a\cdot c=0,b\cdot c=0,a\cdot a=|a|^2,b\cdot b=|b|^2,c\cdot c=|c|^2$，知

$$|s|=\sqrt{s\cdot s}=\sqrt{(a+b+c)\cdot(a+b+c)}=\sqrt{|a|^2+|b|^2+|c|^2}=\sqrt{14}.$$

例 4.1.2　已知 a,b,c 都是单位向量且 $a+b+c=0$，求 $a\cdot b+b\cdot c+c\cdot a$.

分析　利用 $|a|=\sqrt{a\cdot a}$.

解　由 $a+b+c=0\Rightarrow(a+b+c)\cdot(a+b+c)=0\Rightarrow$

$|a|^2+|b|^2+|c|^2+2(a\cdot b+b\cdot c+c\cdot a)=0$，又 $|a|^2=|b|^2=|c|^2=1$，故

$$a\cdot b+b\cdot c+c\cdot a=-\frac{3}{2}.$$

例 4.1.3　设 $(a\times b)\cdot c=2$，求 $[(a+b)\times(b+c)]\cdot(c+a)$.

分析　利用点积、叉积、混合积的性质.

解　原式 $=(a\times b+a\times c+b\times c)\cdot(c+a)=(a\times b)\cdot c+(b\times c)\cdot a=(a\times b)\cdot c+(a\times b)\cdot c=4.$

§4.2　直线与平面

一、内容梳理

基本概念

直线与平面
{
　直线 L 的方程
　{
　　点向式（对称式）：$\dfrac{x-x_0}{l}=\dfrac{y-y_0}{m}=\dfrac{z-z_0}{n}$

　　参数式：$\begin{cases}x=x_0+lt\\y=y_0+mt\\z=z_0+nt\end{cases}$

　　两点式：$\dfrac{x-x_1}{x_2-x_1}=\dfrac{y-y_1}{y_2-y_1}=\dfrac{z-z_1}{z_2-z_1}$

　　一般式：$\begin{cases}A_1x+B_1y+C_1z+D_1=0\\A_2x+B_2y+C_2z+D_2=0\end{cases}$
　}

　平面 π 的方程
　{
　　点法式：$A(x-x_0)+B(y-y_0)+C(z-z_0)=0$

　　一般式：$Ax+By+Cz+D=0$

　　三点式：$\begin{vmatrix}x-x_1 & y-y_1 & z-z_1\\x_2-x_1 & y_2-y_1 & z_2-z_1\\x_3-x_1 & y_3-y_1 & z_3-z_1\end{vmatrix}=0$

　　截距式：$\dfrac{x}{a}+\dfrac{y}{b}+\dfrac{z}{c}=1$　$(a\neq0,b\neq0,c\neq0)$

　　平面束：$\lambda(A_1x+B_1y+C_1z+D_1)+\mu(A_2x+B_2y+C_2z+D_2)=0$
　}

　两直线 L_1,L_2 的位置关系
　{
　　$\cos\theta=\dfrac{|A_1A_2+B_1B_2+C_1C_2|}{\sqrt{A_1^2+B_1^2+C_1^2}\sqrt{A_2^2+B_2^2+C_2^2}}$，$0\leqslant\theta\leqslant\dfrac{\pi}{2}$

　　垂直 $\Leftrightarrow l_1l_2+m_1m_2+n_1n_2=0$

　　平行 $\Leftrightarrow\dfrac{l_1}{l_2}=\dfrac{m_1}{m_2}=\dfrac{n_1}{n_2}$
　}

　两平面 π_1,π_2 的位置关系
　{
　　$\cos\theta=\dfrac{|A_1A_2+B_1B_2+C_1C_2|}{\sqrt{A_1^2+B_1^2+C_1^2}\sqrt{A_2^2+B_2^2+C_2^2}}$，$0\leqslant\theta\leqslant\dfrac{\pi}{2}$

　　垂直 $\Leftrightarrow A_1A_2+B_1B_2+C_1C_2=0$

　　平行 $\Leftrightarrow\dfrac{A_1}{A_2}=\dfrac{B_1}{B_2}=\dfrac{C_1}{C_2}$
　}

　直线 L 与平面 π 的位置关系
　{
　　$\sin\theta=\dfrac{|lA+mB+nC|}{\sqrt{l^2+m^2+n^2}\sqrt{A^2+B^2+C^2}}$，$0\leqslant\theta\leqslant\dfrac{\pi}{2}$

　　垂直 $\Leftrightarrow\dfrac{l}{A}=\dfrac{m}{B}=\dfrac{n}{C}$

　　平行 $\Leftrightarrow lA+mB+nC=0$
　}
}

其中

$$L:\frac{x-x_0}{l}=\frac{y-y_0}{m}=\frac{z-z_0}{n},L_1:\frac{x-x_1}{l_1}=\frac{y-y_1}{m_1}=\frac{z-z_1}{n_1},L_2:\frac{x-x_2}{l_2}=\frac{y-y_2}{m_2}=\frac{z-z_2}{n_2}.$$

$$\pi:Ax+By+Cz+D=0,\pi_1:A_1x+B_1y+C_1z+D_1=0,\pi_2:A_2x+B_2y+C_2z+D_2=0.$$

1. 设直线 L 方程为 $\frac{x-x_0}{l}=\frac{y-y_0}{m}=\frac{z-z_0}{n}$,其中 $P_0(x_0,y_0,z_0)$ 是直线 L 上一点,

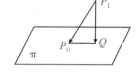

$\boldsymbol{v}=\{l,m,n\}\neq0$ 是 L 的方向向量,$P_1(x_1,y_1,z_1)$ 是直线 L 外一点,则 P_1 到 L 的距离

为 $d=\frac{|\boldsymbol{v}\times\overrightarrow{P_0P_1}|}{|\boldsymbol{v}|}$.

证明 连接 P_0P_1,过 P_1 作 L 的垂线,垂足为 Q,以 $\overrightarrow{P_0P_1}$,$\overrightarrow{P_0Q}$ 为邻边作平行四

边形(见图 4-6),由 $\overrightarrow{P_0Q}$ 在直线 L 上,知 $\overrightarrow{P_0Q}\parallel\boldsymbol{v}$ 且 $\boldsymbol{v}\neq\boldsymbol{0}$,知 $\overrightarrow{P_0Q}=\lambda\boldsymbol{v}$,于是

图 4-6

$$d=|P_1Q|=\frac{S_{P_1P_0QR}}{|P_0Q|}=\frac{|\lambda\boldsymbol{v}\times\overrightarrow{P_0P_1}|}{|\lambda\boldsymbol{v}|}$$

$$=\frac{|\lambda|\,|\boldsymbol{v}\times\overrightarrow{P_0P_1}|}{|\lambda|\,|\boldsymbol{v}|}=\frac{|\boldsymbol{v}\times\overrightarrow{P_0P_1}|}{|\boldsymbol{v}|}.$$

注 在证明过程中假设 P_0 不是 P_1 的垂足,若 P_0 是垂足,则 $d=|P_0P_1|$,实际上 $P_0=Q$ 时,上式依然成立.

2. 设平面 π 的方程为 $Ax+By+Cz+D=0$,$\boldsymbol{n}=\{A,B,C\}\neq0$ 是平面的法向

量,$P_1(x_1,y_1,z_1)$ 是平面 π 外一点,则 P_1 到平面 π 的距离为

$$d=\frac{|Ax_1+By_1+Cz_1+D_1|}{\sqrt{A^2+B^2+C^2}}.$$

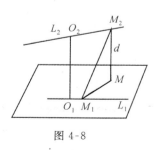

证明 过 P_1 作平面的垂线,垂足为 Q,在平面 π 内选一点 $P_0(x_0,y_0,z_0)\neq$

图 4-7

Q,连接 P_1P_0,得向量 $\overrightarrow{P_1P_0}$,如图 4-7 所示. 由 $P_1Q\perp\pi$,知 $\overrightarrow{P_1Q}\parallel\boldsymbol{n}$,$\overrightarrow{P_1Q^0}=\pm\boldsymbol{n}^0$,

于是

$$d=|P_1Q|=|\overrightarrow{P_1P_0}\cdot\overrightarrow{P_1Q^0}|=|\pm(\overrightarrow{P_1P_0}\cdot\boldsymbol{n}^0)|=|\overrightarrow{P_1P_0}\cdot\boldsymbol{n}^0|.$$

而 $\overrightarrow{P_1P_0}=\{x_0-x_1,y_0-y_1,z_0-z_1\}$,从而

$$d=\frac{|A(x_0-x_1)+B(y_0-y_1)+C(z_0-z_1)|}{\sqrt{A^2+B^2+C^2}}=\frac{|Ax_0+By_0+Cz_0-(Ax_1+By_1+Cz_1)|}{\sqrt{A^2+B^2+C^2}},$$

又 P_0 点在平面 π 上,有 $Ax_0+By_0+Cz_0+D=0\Leftrightarrow Ax_0+By_0+cz_0=-D$,故

$$d=\frac{|-D-(Ax_1+By_1+Cz_1)|}{\sqrt{A^2+B^2+C^2}}=\frac{|Ax_1+By_1+Cz_1+D|}{\sqrt{A^2+B^2+C^2}}.$$

3. 设有两异面直线:

$$L_1:\frac{x-x_1}{l_1}=\frac{y-y_1}{m_1}=\frac{z-z_1}{n_1},v_1=l_1\boldsymbol{i}+m_1\boldsymbol{j}+n_1\boldsymbol{k};L_2:\frac{x-x_2}{l_2}=\frac{y-y_2}{m_2}=\frac{z-z_2}{n_2},v_2=l_2\boldsymbol{i}+m_2\boldsymbol{j}+n_2\boldsymbol{k}.$$

则两直线之间的距离 $d=\frac{|\overrightarrow{M_1M_2}\cdot(v_1\times v_2)|}{|v_1\times v_2|}$.

证明 端点分别在两异面直线上的公垂线的长度称为两异面直线之间

的距离(见图 4-8).过直线 L_1 作平面 π 平行于直线 L_2,在 L_2 上取一点 M_2,在

L_1 上取一点 M_1,从 M_2 引平面 π 的垂线 M_2M(M 为垂足),于是 $d=$

$|\overrightarrow{M_2M}|$ 即为 L_1 与 L_2 的距离,如图 4-8 所示.设平面 π 的法向量为 $\boldsymbol{n}$,则

$\overrightarrow{M_1M_2}$ 在 $\boldsymbol{n}$ 上的投影的绝对值即为所求的距离. 即 $d=|(\overrightarrow{M_2M})_{\boldsymbol{n}}|=$

$\frac{|\overrightarrow{M_1M_2}\cdot\boldsymbol{n}|}{|\boldsymbol{n}|}$,而 $\boldsymbol{n}=v_1\times v_2$,所以 $d=\frac{|\overrightarrow{M_1M_2}\cdot(v_1\times v_2)|}{|v_1\times v_2|}$. 其中 $M_1(x_1,y_1,$

图 4-8

$z_1),M_2(x_2,y_2,z_2)$.

4. 设 L_1 与公垂线 O_1O_2 确定的平面为 π_1,由 π_1 经过点 $M_1(x_1,y_1,z_1)$,设 π_1 的法向量为 $\boldsymbol{n}_1$,由 O_1O_2

的方向向量为 $v_1\times v_2$,而 $v_1\perp v_1\times v_2$,$\boldsymbol{n}_1\perp v_1$,知 $\boldsymbol{n}_1=(v_1\times v_2)\times v_2$,从而可用点式法写出平面 π_1 的方程.

设 L_2 与公垂线 O_1O_2 确定的平面为 π_2,由 π_2 经过点 $M_2(x_2,y_2,z_2)$,设 π_2 的法向量为 $\boldsymbol{n}_2$,同理可得 $\boldsymbol{n}_2$

$=(\boldsymbol{v}_1\times\boldsymbol{v}_2)\times\boldsymbol{v}_2$,从而可用点法式写出平面 π_2 的方程,因此公垂线 O_1O_2 的方程:$\begin{cases}\pi_1\text{ 方程},\\\pi_2\text{ 方程}.\end{cases}$

O_1O_2 与 L_1 的垂足 O_1:$\begin{cases}L_1\text{ 方程},\\\pi_2\text{ 方程}.\end{cases}$　　O_1O_2 与 L_2 的垂足 O_2:$\begin{cases}L_2\text{ 方程},\\\pi_1\text{ 方程}.\end{cases}$

5. 直线方程的点向式与一般式的相互转化. 点向式 $\dfrac{x-x_0}{l}=\dfrac{y-y_0}{m}=\dfrac{z-z_0}{n}$ 转化为一般式为

$\begin{cases}\dfrac{x-x_0}{l}=\dfrac{y-y_0}{m},\\[2mm]\dfrac{y-y_0}{m}=\dfrac{z-z_0}{n}.\end{cases}$,一般式 $\begin{cases}A_1x+B_1y+C_1z+D_1=0,\\A_2x+B_2y+C_2z+D_2=0\end{cases}$ 转化为点向式有两种方法:

(1) 消元法:例如消去 x,得 y,z 的一次方程,解出 $z=\dfrac{y-y_0}{m}$.消去 y,得 x,z 的一次方程,解得 $z=\dfrac{x-x_0}{l}$,于是直线的点向式为 $\dfrac{x-x_0}{l}=\dfrac{y-y_0}{m}=\dfrac{z-0}{1}$.

(2) 由直线是两个平面的交线,知三元一次方程组有无数组解.

例如,若 x,y 的系数行列式不为零,令 $z=0$,解得 $x=x_0,y=y_0$,且直线既在 π_1 内又在 π_2 内,知直线既垂直于 $\boldsymbol{n}_1=\{A_1,B_1,C_1\}$,又垂直于 $\boldsymbol{n}_2=\{A_2,B_2,C_2\}$,所以直线的方向向量为 $\boldsymbol{n}_1\times\boldsymbol{n}_2$,从而直线可用点向式表示.

若从直线的一般式求直线的方向向量 $\boldsymbol{v}$,则 $\boldsymbol{v}=\boldsymbol{n}_1\times\boldsymbol{n}_2$.

6. 判断两直线的位置关系. 设 $L_1:\dfrac{x-x_1}{l_1}=\dfrac{y-y_1}{m_1}=\dfrac{z-z_1}{n_1}$,$L_2:\dfrac{x-x_2}{l_2}=\dfrac{y-y_2}{m_2}=\dfrac{z-z_2}{n_2}$.

① 若 $\boldsymbol{v}_1=\{l_1,m_1,n_1\}\ /\!/\ \boldsymbol{v}_2=\{l_2,m_2,n_2\}$,则 L_1,L_2 在同一平面内且平行.

② 若 $\boldsymbol{v}_1\not{/\!/}\ \boldsymbol{v}_2$ 且 $(\boldsymbol{v}_1\times\boldsymbol{v}_2)\cdot\overrightarrow{P_1P_2}=\begin{vmatrix}l_1 & m_1 & n_1\\ l_2 & m_2 & n_2\\ x_2-x_1 & y_2-y_1 & z_2-z_1\end{vmatrix}=0$,则 L_1,L_2 共面且相交.

③ 若 $(\boldsymbol{v}_1\times\boldsymbol{v}_2)\cdot\overrightarrow{P_1P_2}\neq0$,则 L_1,L_2 为异面直线.

7. 灵活地利用所给条件,用平面的一般式求平面方程.

① 若平面经过原点,则平面方程为 $Ax+By+Cz=0$,再给两个条件,即可求出平面方程;

② 若平面平行 z 轴,则平面方程为 $Ax+By+D=0$,再给两个条件,即可求出平面方程;

③ 若平面经过 z 轴,则平面方程为 $Ax+By=0$,再给一个条件,即可求出平面方程.其他情况类似.

二、考题类型、解题策略及典型例题

类型 2.1　求直线方程

解题策略　首先考虑直线方程的点向式与一般式,否则再用其他形式.

例 4.2.1　求过点 $(-1,2,3)$,垂直于直线 $\dfrac{x}{4}=\dfrac{y}{5}=\dfrac{x}{6}$ 且平行于平面 $7x+8y+9z+10=0$ 的直线方程.

解　设所求直线的方向向量为 $\boldsymbol{v}$,由条件知 $\boldsymbol{v}\perp\boldsymbol{v}_1=\{4,5,6\}$,$\boldsymbol{v}\perp\boldsymbol{n}=\{7,8,9\}$,因此,

$$\boldsymbol{v}=\begin{vmatrix}\boldsymbol{i} & \boldsymbol{j} & \boldsymbol{k}\\ 4 & 5 & 6\\ 7 & 8 & 9\end{vmatrix}=-3\boldsymbol{i}+6\boldsymbol{j}-3\boldsymbol{k}=\{-3,6,-3\}\ /\!/\ \{1,-2,1\},$$

故所求直线方程为 $\dfrac{x+1}{1}=\dfrac{y-2}{-2}=\dfrac{z-3}{1}$.

类型 2.2　求平面方程

解题策略　平面方程的点法式、一般式、平面束.

例 4.2.2　已知两条直线方程是 $L_1:\dfrac{x-1}{1}=\dfrac{y-2}{0}=\dfrac{z-3}{-1}$,$L_2:\dfrac{x+2}{2}=\dfrac{y-1}{1}=\dfrac{z}{1}$,求过 L_1 且平行 L_2 的平

面 π 的方程.

解 由 π 经过 L_1,且点 $(1,2,3) \in L_1$,知 π 经过点 $(1,2,3)$. 又 π 的向量 $\boldsymbol{n} \perp \{1,0,-1\}$,$\boldsymbol{n} \perp \{2,1,1\}$,有

$$\boldsymbol{n} = \begin{vmatrix} \boldsymbol{i} & \boldsymbol{j} & \boldsymbol{k} \\ 1 & 0 & -1 \\ 2 & 1 & 1 \end{vmatrix} = \{1,-3,1\}, \text{故所求平面方程为}$$

$$(x-1)-3(y-2)+(z-3)=0, \text{即 } x-3y+z+2=0.$$

例 4.2.3 求过直线 $L: \begin{cases} x-y+z+2=0 \\ 2x+3y-z+1=0 \end{cases}$ 且与已知平面 $4x-2y+3z+5=0$ 垂直的平面方程.

解 设过直线 L 的平面束方程为 $\lambda(x-y+z+2)+\mu(2x+3y-z+1)=0$,其法向量 $\boldsymbol{n} = (\lambda+2\mu)\boldsymbol{i} + (-\lambda+3\mu)\boldsymbol{j} + (\lambda-\mu)\boldsymbol{k}$. 已知平面的法向量 $\boldsymbol{n}_1 = 4\boldsymbol{i}-2\boldsymbol{j}+3\boldsymbol{k}$. 由题意知,$\boldsymbol{n} \perp \boldsymbol{n}_1$,即

$$(\lambda+2\mu) \cdot 4 + (-\lambda+3\mu) \cdot (-2) + (\lambda-\mu) \cdot 3 = 0,$$

解得 $\mu=9\lambda$,代入方程得所求平面方程为 $19x+26y-8z+11=0$.

注 对于平面束方程 $\lambda(A_1 x + B_1 y + C_1 z + D_1) + \mu(A_2 x + B_2 y + C_2 z + D_2) = 0$,当 $\lambda \neq 0$ 时,可令 $\dfrac{u}{\lambda} = \alpha$,则有 $(A_1 x + B_1 y + C_1 z + D_1) + \alpha(A_2 x + B_2 y + C_2 z + D_2) = 0$. 以上式子在计算时常带来方便. 但上式漏了 $\lambda=0$ 的情形,即平面 $\pi_2: A_2 x + B_2 y + C_2 z + D_2 = 0$ 无法表示,计算时应注意.

例 4.2.4 求经过 x 轴且垂直于平面 $5x+4y-2z+3=0$ 的平面方程.

解 由所求平面 π 经过 x 轴,故可设平面 π 的方程为 $By+Cz=0$.

又平面 π 垂直已知平面,知平面 π 的法向量 $\boldsymbol{n} = \{0,B,C\} \perp \{5,4,-2\}$,得 $4B-2C=0$,解得 $C=2B$,

代入平面方程得 $By+2Bz=0$,即 $y+2z=0$.

例 4.2.5 试求通过直线 $L: \begin{cases} x+5y+z=0 \\ x-z+4=0 \end{cases}$,且与已知平面 $x-4y-8z+12=0$ 的交角为 $\dfrac{\pi}{4}$ 的平面方程.

解 设过直线 L 的平面束方程为 $(x-z+4)+a(x+5y+z)=0$. 即 $(1+a)x+5ay+(a-1)z+4=0$,其法向量 $\boldsymbol{n}_1 = (1+a)\boldsymbol{i}+5a\boldsymbol{j}+(a-1)\boldsymbol{k}$. 平面 $x-4y-8z+12=0$ 的法向量 $\boldsymbol{n}=\boldsymbol{i}-4\boldsymbol{j}-8\boldsymbol{k}$,由题意知

$$\cos \frac{\pi}{4} = \frac{\sqrt{2}}{2} = \frac{|\boldsymbol{n}_1 \cdot \boldsymbol{n}|}{|\boldsymbol{n}_1||\boldsymbol{n}|} = \frac{|(1+a)-20a-8(a-1)|}{\sqrt{(1+a)^2+25a^2+(a-1)^2} \cdot \sqrt{81}}$$

$$= \frac{|-27a+9|}{\sqrt{27a^2+2} \cdot 9} = \frac{|1-3a|}{\sqrt{27a^2+2}}.$$

两边平方得 $\dfrac{(1-3a)^2}{27a^2+2} = \dfrac{1}{2}$,即 $9a^2+12a=0$,$a=0$,$a=-\dfrac{4}{3}$. 所对应平面分别为

$$x-z+4=0, \quad x+20y+7z-12=0.$$

注 如果设平面束方程为 $(x+5y+z)+a(x-z+4)=0$,则会遗漏一平面.

三、综合例题精选

例 4.2.6 证明直线 $L_1: \dfrac{x-5}{-4} = \dfrac{y-1}{1} = \dfrac{z-2}{1}$ 和 $L_2: \dfrac{x}{2} = \dfrac{y}{2} = \dfrac{z-8}{-3}$ 是异面直线,并求它们之间的最短距离与公垂线方程.

解 在 L_1, L_2 上各取一点 $M_1(5,1,2)$,$M_2(0,0,8)$,由于

$$\overrightarrow{M_1 M_2} \cdot (\boldsymbol{v}_1 \times \boldsymbol{v}_2) = (-5\boldsymbol{i}-\boldsymbol{j}+6\boldsymbol{k}) \cdot (-5\boldsymbol{i}-10\boldsymbol{j}-10\boldsymbol{k}) = 25+10-60 = -25 \neq 0,$$

知 L_1, L_2 是异面直线,且 $d = \dfrac{|\overrightarrow{M_1 M_2} \cdot (\boldsymbol{v}_1 \times \boldsymbol{v}_2)|}{|\boldsymbol{v}_1 \times \boldsymbol{v}_2|} = \dfrac{|-25|}{\sqrt{(-5)^2+(-10)^2+(-10)^2}} = \dfrac{5}{3}$.

$$\boldsymbol{v}_1 \times \boldsymbol{v}_2 = -5\boldsymbol{i}-10\boldsymbol{j}-10\boldsymbol{k} = \{-5,-10,-10\} /\!/ \{1,2,2\}, \text{知 } \boldsymbol{v}=\{1,2,2\} \text{ 为公垂线方向向量.}$$

则过直线 L_1 及公垂线的平面 π_1 的法向量 $\boldsymbol{n}_1 = \boldsymbol{v}_1 \times \boldsymbol{v} = \{0,9,-9\} /\!/ \{0,1,-1\}$,且经过点 $(5,1,2)$,故 π_1 的方程为 $(y-1)-(z-2)=0$,即 $y-z+1=0$.

过直线 L_2 及公垂线的平面 π_2 的法向量 $\boldsymbol{n}_2=\boldsymbol{v}_2\times\boldsymbol{v}=\{10,-7,2\}$ 且过点 $(0,0,8)$,故 π_2 的方程为
$$10x-7y+2z-16=0,$$
故公垂线方程为
$$\begin{cases} y-z+1=0,\\ 10x-7y+2z-16=0.\end{cases}$$

例 4.2.7 　将 $L:\begin{cases}2x-y-3z+2=0,\\ x+2y-z-6=0\end{cases}$ 化为点向式与参数式.

解法一　设直线的方向向量为 $\boldsymbol{v}$,由 $\begin{cases}2x-y-3z+2=0,\\ x+2y-z-6=0,\end{cases}$ 知 $\boldsymbol{n}_1=\{2,-1,-3\}$,$\boldsymbol{n}_2=\{1,2,-1\}$,于是有

$$\boldsymbol{v}=\boldsymbol{n}_1\times\boldsymbol{n}_2=\begin{vmatrix} \boldsymbol{i} & \boldsymbol{j} & \boldsymbol{k}\\ 2 & -1 & -3\\ 1 & 2 & -1\end{vmatrix}=\{7,-1,5\}.$$ 再求直线 L 上一点,为此令 $z=0$,得 $\begin{cases}2x-y+2=0,\\ x+2y-6=0,\end{cases}$ 解得

$\begin{cases}x=\dfrac{2}{5},\\ y=\dfrac{14}{5}.\end{cases}$ 故直线方程的点向式为 $\dfrac{x-\frac{2}{5}}{7}=\dfrac{y-\frac{14}{5}}{-1}=\dfrac{z-0}{5}.$ 写成参数式为 $\begin{cases}x=7t+\dfrac{2}{5},\\ y=-t+\dfrac{14}{5},\\ z=5t.\end{cases}$

解法二
$$\begin{cases}2x-y-3z+2=0, & ①\\ x+2y-z-6=0. & ②\end{cases}$$

①$-$②$\times2$,得 $-5y-z+14=0$,得 $\dfrac{z}{5}=\dfrac{y-14/5}{-1}.$

①$\times2+$①,得 $5x-7z-2=0$,得 $\dfrac{z}{5}=\dfrac{x-2/5}{7}.$ 故直线的点向式方程为 $\dfrac{x-2/5}{7}=\dfrac{y-14/5}{-1}=\dfrac{z-0}{5}$,参数方程与解法一相同.

例 4.2.8　设有直线 $L:\begin{cases}x+3y+2z+1=0,\\ 2x-y-10z+3=0\end{cases}$ 及平面 $\pi:4x-2y+z-2=0$,判断直线 L 与平面 π 的位置关系.

解　设直线 L 的方向向量为 $\boldsymbol{v}$,知 $\boldsymbol{v}=\begin{vmatrix}\boldsymbol{i} & \boldsymbol{j} & \boldsymbol{k}\\ 1 & 3 & 2\\ 2 & -1 & -10\end{vmatrix}=\{-28,14,-7\}$,而平面的法向量 $\boldsymbol{n}=\{4,-2,1\}$,由

于 $\dfrac{-28}{4}=\dfrac{-14}{2}=\dfrac{-7}{1}$,知 $\boldsymbol{v}/\!/\boldsymbol{n}$,故直线 L 与平面 π 垂直.

例 4.2.9　设有直线 $L_1:\dfrac{x-1}{1}=\dfrac{y-5}{-2}=\dfrac{z+8}{1}$ 与 $L_2:\begin{cases}x-y=6,\\ 2y+z=3\end{cases}$,求 L_1 与 L_2 的夹角.

解　$\boldsymbol{v}_1=\{1,-2,1\}$,$\boldsymbol{v}_2=\begin{vmatrix}\boldsymbol{i} & \boldsymbol{j} & \boldsymbol{k}\\ 1 & -1 & 0\\ 0 & 2 & 1\end{vmatrix}=\{-1,-1,2\}$,$\cos\theta=\dfrac{\boldsymbol{v}_1\cdot\boldsymbol{v}_2}{|\boldsymbol{v}_1||\boldsymbol{v}_2|}=\dfrac{-1+2+2}{\sqrt{6}\cdot\sqrt{6}}=\dfrac{1}{2}$,$\theta=\dfrac{\pi}{3}$,故

两直线的夹角为 $\dfrac{\pi}{3}$.

例 4.2.10　求点 $P_1(1,-4,5)$ 到直线 $\dfrac{x}{2}=\dfrac{y+1}{-1}=\dfrac{z}{-1}$ 的距离.

解法一　直线 L 的方向向量 $\boldsymbol{v}=\{2,-1,-1\}$,$P_0(0,-1,0)$ 是直线上一点,$\overrightarrow{P_0P_1}=\{1,-3,5\}$,

$$d=\dfrac{|\boldsymbol{v}\times\overrightarrow{P_0P_1}|}{|\boldsymbol{v}|}=\dfrac{|-8\boldsymbol{i}-11\boldsymbol{j}-5\boldsymbol{k}|}{\sqrt{4+1+1}}=\dfrac{\sqrt{210}}{\sqrt{6}}=\sqrt{35}.$$

解法二　过 P_1 点且与 L 垂直的平面方程是 $2(x-1)-(y+4)-(z-5)=0$ 与直线方程 $x=-2y-2$,

$x=-2z$ 联立,得 $\begin{cases} 2x-y-z=1, \\ x+2y+2=0, \\ x+2z=0, \end{cases}$ 解得 $x=0,y=-1,z=0$,由两点间距离公式,得

$$d=\sqrt{(1-0)^2+(-4+1)^2+(5-0)^2}=\sqrt{35}.$$

§4.3 曲线与曲面

一、内容梳理

定理与公式

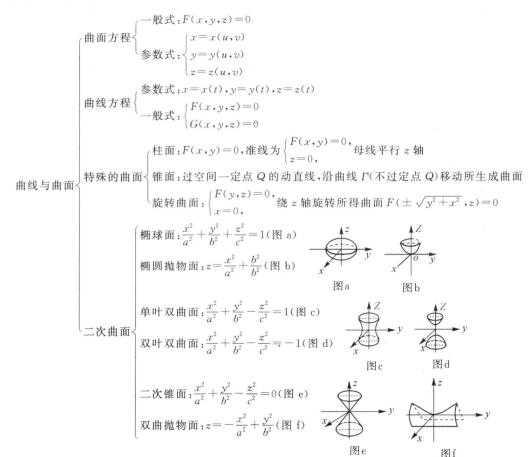

$$
\text{曲线与曲面}
\begin{cases}
\text{曲面方程}
\begin{cases}
\text{一般式}:F(x,y,z)=0 \\
\text{参数式}:
\begin{cases}
x=x(u,v) \\
y=y(u,v) \\
z=z(u,v)
\end{cases}
\end{cases} \\[2mm]
\text{曲线方程}
\begin{cases}
\text{参数式}:x=x(t),y=y(t),z=z(t) \\
\text{一般式}:
\begin{cases}
F(x,y,z)=0 \\
G(x,y,z)=0
\end{cases}
\end{cases} \\[2mm]
\text{特殊的曲面}
\begin{cases}
\text{柱面}:F(x,y)=0,\text{准线为}\begin{cases}F(x,y)=0,\\z=0,\end{cases}\text{母线平行}z\text{轴} \\
\text{锥面}:\text{过空间一定点}Q\text{的动直线,沿曲线}\Gamma(\text{不过定点}Q)\text{移动所生成曲面} \\
\text{旋转曲面}:\begin{cases}F(y,z)=0,\\x=0,\end{cases}\text{绕}z\text{轴旋转所得曲面}F(\pm\sqrt{y^2+x^2},z)=0
\end{cases} \\[2mm]
\text{二次曲面}
\begin{cases}
\text{椭球面}:\dfrac{x^2}{a^2}+\dfrac{y^2}{b^2}+\dfrac{z^2}{c^2}=1(\text{图 a}) \\[1mm]
\text{椭圆抛物面}:z=\dfrac{x^2}{a^2}+\dfrac{b^2}{b^2}(\text{图 b}) \\[1mm]
\text{单叶双曲面}:\dfrac{x^2}{a^2}+\dfrac{y^2}{b^2}-\dfrac{z^2}{c^2}=1(\text{图 c}) \\[1mm]
\text{双叶双曲面}:\dfrac{x^2}{a^2}+\dfrac{y^2}{b^2}-\dfrac{z^2}{c^2}=-1(\text{图 d}) \\[1mm]
\text{二次锥面}:\dfrac{x^2}{a^2}+\dfrac{y^2}{b^2}-\dfrac{z^2}{c^2}=0(\text{图 e}) \\[1mm]
\text{双曲抛物面}:z=-\dfrac{x^2}{a^2}+\dfrac{y^2}{b^2}(\text{图 f})
\end{cases}
\end{cases}
$$

图a　　图b

图c　　图d

图e　　图f

(1)用定义求曲面 Σ 方程的方法:

①设 $M(x,y,z)$ 是曲面 Σ 上任意一点,根据题意,列出点 M 所满足的条件,得到含有 x,y,z 的等式,化简得 $F(x,y,z)=0$.

②说明坐标满足方程 $F(x,y,z)=0$ 的点一定在曲面 Σ 上,则曲面 Σ 的方程为 $F(x,y,z)=0$.一般来说,都是可逆的,故一般情况下,只需(1)就可以了.

(2)曲线 $\Gamma:\begin{cases}F(y,z)=0\\x=0\end{cases}$ 绕 Oz 轴旋转所成旋转曲面 Σ(见图 4-9)的方程是 $F(\pm\sqrt{x^2+y^2},z)=0$.

证明 设 $M(x,y,z)$ 是曲面 Σ 上任意一点,且是曲线 Γ 上某点 $M_1(x_1,y_1,z_1)$ 绕 Oz 轴旋转过程中所取

到,因此有 $\begin{cases} F(y_1,z_1)=0, \\ x_1=0, \end{cases}$

$$z=z_1,x^2+y^2=x_1^2+y_1^2=y_1^2\ (\mid O_1M_1\mid=\mid O_1M\mid)$$

$$\Rightarrow y_1=\pm\sqrt{x^2+y^2},z_1=z,$$

故旋转曲面方程为 $F(\pm\sqrt{x^2+y^2},z)=0$. 这个结果可作为一个规律记住,即坐标平面上的曲线绕该坐标平面上某个坐标轴旋转所生成的曲面方程是:把平面曲线方程 F 中绕相应轴的变量不变,另外一个变量化成正负根号下该变量与该曲线方程 F 中没有出现的变量的平方和即为所求的旋转曲面方程.

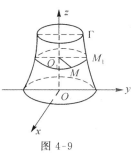

图 4-9

(3) 一般参数方程 $\Gamma:\begin{cases} x=f(t), \\ y=g(t), \\ z=h(t), \end{cases}$ 绕 Oz 轴旋转所成旋转曲面 Σ(见图 4-10)的方程是

$$x^2+y^2=\{f[h^{-1}(z)]\}^2+\{g[h^{-1}(z)]\}^2.$$

证明　设 $M(x,y,z)$ 是曲面上任意一点,而 M 是由曲线 Γ 上某点 M_1 (x_1,y_1,z_1)(对应的参数为 t_1)绕 Oz 轴旋转所得到.因此有

$$x_1=f(t_1),y_1=g(t_1),z_1=h(t_1).$$

$$z=z_1,x^2+y^2=x_1^2+y_1^2\Rightarrow z=h(t_1)\Rightarrow t_1=h^{-1}(z).$$

$x_1=f[h^{-1}(z)],y_1=g[h^{-1}(z)]$,故所求旋转曲面方程为

$$x^2+y^2=\{f[h^{-1}(z)]\}^2+\{g[h^{-1}(z)]\}^2.$$

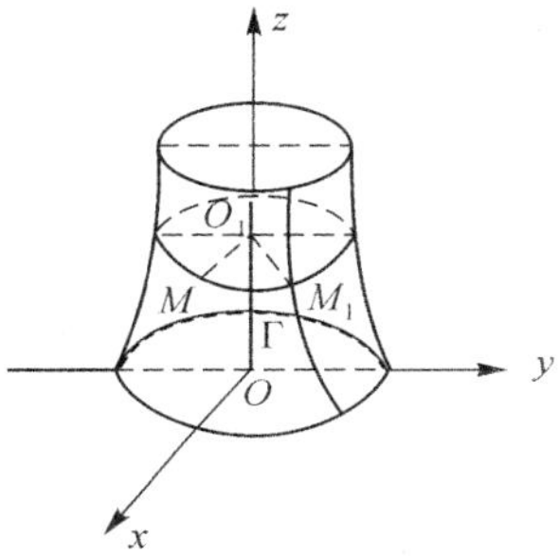

特别地,若绕 Oz 轴旋转时,且 Γ 参数方程表示为 $\begin{cases} x=f(z), \\ y=g(z), \end{cases}$ 则

$$x^2+y^2=f^2(z)+g^2(z).$$

事实上,由前面的证明过程可知

$$x_1=f(z_1),y_1=g(z_1),z=z_1,x^2+y^2=x_1^2+y_1^2\Rightarrow x_1=f(z),y_1=g(z)\Rightarrow x^2+y^2=f^2(z)+g^2(z).$$

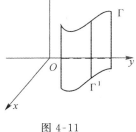

图 4-10

这个结果可作为一个规律记住,一个用参数方程表示的曲线绕某个坐标轴旋转所生成曲面的方程是:若把该曲线表示成该坐标轴对应的变量作为参数的参数方程,则旋转曲面的方程是由参数方程两个等式两边平方再相加得到等式.

(4)求曲线 $\Gamma:\begin{cases} F(x,y,z)=0, \\ G(x,y,z)=0 \end{cases}$ 在坐标平面 Oxy 上的投影曲线方法:

由方程组 $\begin{cases} F(x,y,z)=0, \\ G(x,y,z)=0 \end{cases}$ 消去 z 得到不含 z 的一个方程 $H(x,y)=0$. 而 $H(x,y)=0$ 是一个母线平行于 z 轴的柱面(见图 4-11),且曲线 Γ 也在该柱面上. Γ 在 Oxy 平面上的投影曲线 Γ' 与柱面 $H(x,y)=0$ 与 $z=0$ 的交线是同一条曲线,故曲线 Γ 在 Oxy 平面上的投影 Γ' 的方程为 $\begin{cases} H(x,y)=0, \\ z=0, \end{cases}$ 在其他坐标平面上投影曲线的求法完全类似.

图 4-11

二、考题类型、解题策略及典型例题

类型 3.1　求曲线与曲面方程

解题对策　一般用定义求曲线与曲面方程.

例 4.3.1　求以 Oxy 平面上的曲线 $\Gamma:F(x,y)=0$ 为准线,母线 $L/\!/v=\{a,b,c\}\ (c\neq 0)$ 的柱面(见图 4-12)方程.

解　设 $M(x,y,z)$ 是曲线上任意一点,过点 M 的母线交准线于点 $M_1(x_1,y_1,0)$,由 $\overrightarrow{M_1M}/\!/v$,有 $\dfrac{x-x_1}{a}=$

$\dfrac{y-y_1}{b}=\dfrac{z}{c}$，解得 $x_1=x-\dfrac{a}{c}z$，$y_1=y-\dfrac{b}{c}z$ 且 $F(x_1,y_1)=0$，得曲面方程为

$F\left(x-\dfrac{a}{c}z,y-\dfrac{b}{c}z\right)=0$.

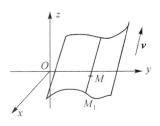

例 4.3.2 求以原点为顶点，以曲线 $\Gamma:\begin{cases}F(x,y)=0,\\z=h\end{cases}$ $(h\neq0)$ 为准线的锥面（见图 4-13）方程.

解 设 $M(x,y,z)$ 是锥面上的任意一点，且过 M 的母线与准线 Γ 交于点

图 4-12

$M_1(x_1,y_1,h)$. 由于 $\overrightarrow{OM_1}$ 与 $\overrightarrow{OM}$ 共线，所以对应分量成比例，即 $\dfrac{x}{x_1}=\dfrac{y}{y_1}=\dfrac{z}{h}\Rightarrow$

$x_1=\dfrac{h}{z}x$，$y_1=\dfrac{h}{z}y$，且 $F(x_1,y_1)=0$，故所求锥面方程为

$$F\left(\dfrac{h}{z}x,\dfrac{h}{z}y\right)=0.$$

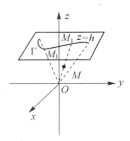

例 4.3.3 求与 Oxy 平面成 $\dfrac{\pi}{4}$ 角，且过点 $(1,0,0)$ 的一切直线所成的轨迹方程.

解 设所求轨迹上任意一点为 $P(x,y,z)$，点 $A(1,0,0)$，则直线 AP 的方向向量 $\overrightarrow{AP}=\{x-1,y,z\}$. 由于直线 AP 与 Oxy 平面成 $\dfrac{\pi}{4}$ 角. 取 Oxy 平面法向量为 $\boldsymbol{n}=$

图 4-13

$\{0,0,1\}$，故 $\overrightarrow{AP}$ 与 $\boldsymbol{n}$ 的夹角为 $\dfrac{\pi}{2}\pm\dfrac{\pi}{4}$. 有

$$\cos\left(\dfrac{\pi}{2}\pm\dfrac{\pi}{4}\right)=\dfrac{0\cdot(x-1)+0\cdot y+1\cdot z}{\sqrt{(x-1)^2+y^2+z^2}\cdot\sqrt{1^2}}=\dfrac{z}{\sqrt{(x-1)^2+y^2+z^2}}=\pm\dfrac{1}{\sqrt{2}}$$
$$\Rightarrow(x-1)^2+y^2+z^2=2z^2,$$

即 $(x-1)^2+y^2-z^2=0$ 为旋转锥面.

例 4.3.4 求直线 $\Gamma:\dfrac{x-1}{1}=\dfrac{y}{1}=\dfrac{z-1}{-1}$ 在平面 $\pi:x-y+2z-1=0$ 上的投影直线 L_0（见图 4-14），并求 L_0 绕 y 轴旋转一周所成曲面的方程.

解法一 设 L 与它的投影直线 L_0 确定的平面 π_1，且 $\pi_1\perp\pi$，π_1 经过 L，则经过 L 上的点 $(1,0,1)$，设 π_1 的法向量为 $\boldsymbol{n}_1$，由题意知 $\boldsymbol{n}_1\perp\boldsymbol{v}=\{1,1,-1\}$，$\boldsymbol{n}_1\perp$

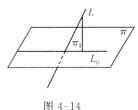

$\boldsymbol{n}=\{1,-1,2\}$，故 $\boldsymbol{n}_1=\boldsymbol{v}\times\boldsymbol{n}=\begin{vmatrix}\boldsymbol{i}&\boldsymbol{j}&\boldsymbol{k}\\1&1&-1\\1&-1&2\end{vmatrix}=\{1,-3,-2\}$. 所以 π_1 的方程

图 4-14

为 $(x-1)-3y-2(z-1)=0$，即 $x-3y+2z+1=0$，所以投影直线 L_0 的方程为

$\begin{cases}x-y+2z-1=0,\\x-3y+2z+1=0,\end{cases}$ 即 $\begin{cases}x=2y,\\z=-\dfrac{1}{2}(y-1),\end{cases}$ 于是 L_0 绕 y 轴旋转一周所成曲面的

方程为

$$x^2+z^2=4y^2+\dfrac{1}{4}(y-1)^2,\text{ 即 }4x^2-17y^2+4z^2+2y-1=0.$$

解法二 由直线 L 的方程可写为 $\begin{cases}x-y-1=0,\\y+z-1=0,\end{cases}$ 所以过 L 的平面 π_1 方程可设为

$$\lambda(x-y-1)+\mu(y+z-1)=0\Rightarrow\lambda x+(-\lambda+\mu)y+\mu z-\lambda-\mu=0,$$

由于它与平面 π 垂直，得 $\lambda-(-\lambda+\mu)+2\mu=0$，$\mu=-2\lambda$，故 π_1 的方程为 $x-3y-2z+1=0$，于是 L_0 的方程

为 $\begin{cases}x-y+2z-1=0,\\x-3y+2z+1=0.\end{cases}$（下同解法一）

自测题

一、填空题

1. 设 $|\boldsymbol{a}| = 2$，$|\boldsymbol{b}| = 5$，且 $\boldsymbol{a} \perp \boldsymbol{b}$，则 $|(\boldsymbol{a} + 2\boldsymbol{b}) \times (3\boldsymbol{a} - \boldsymbol{b})| = $ _____ .

2. 点 $(1, -4, 5)$ 在直线 $\dfrac{x}{-2} = \dfrac{y+1}{1} = \dfrac{z}{1}$ 上的投影点的坐标为 _____ .

3. 若 $\boldsymbol{a} \cdot \boldsymbol{b} = 3$，$|\boldsymbol{a} \times \boldsymbol{b}| = \sqrt{3}$，则 $\boldsymbol{a}, \boldsymbol{b}$ 的夹角 $\theta = $ _____ .

4. 设一平面经过原点及点 $(6, -3, 2)$，且与平面 $4x - y + 2z = 8$ 垂直，则此平面的方程是 _____ .

5. 点 $(2, 1, 0)$ 到平面 $3x + 4y + 5z = 0$ 的距离 $d = $ _____ .

6. 直线 $\dfrac{x+1}{2} = \dfrac{y}{3} = \dfrac{z-3}{6}$ 在平面 $2x + y - 2z - 5 = 0$ 上的投影直线方程为 _____ .

7. 点 $O(0,0,0)$ 到直线 $\dfrac{x-2}{3} = \dfrac{y-1}{4} = \dfrac{z-2}{5}$ 的距离 $d = $ _____ .

8. 通过点 $P(1, 0, -2)$ 且与平面 $2x + y - 1 = 0$ 及 $x - 4y + 2z - 3 = 0$ 均平行的直线方程是 _____ .

二、选择题

9. 设直线 $L: \begin{cases} x + 3y + 2z + 1 = 0, \\ 2x - y - 10z + 3 = 0, \end{cases}$ 平面 $\pi: 4x - 2y + z - 2 = 0$，则直线 L　　　　　　（　　）

  (A) 平行于 π (B) 在 π 上   (C) 垂直于 π (D) 与 π 斜交

10. 设直线 $L_1: \dfrac{x-1}{1} = \dfrac{y-5}{-2} = \dfrac{z+8}{1}$ 与 $L_2: \begin{cases} x - y = 6, \\ 2y + z = 3, \end{cases}$ 则 L_1 与 L_2 的夹角为　　（　　）

  (A) $\dfrac{\pi}{6}$ (B) $\dfrac{\pi}{4}$ (C) $\dfrac{\pi}{3}$ (D) $\dfrac{\pi}{2}$

三、解答题

11. 设 $|\boldsymbol{a}| = 2$，$|\boldsymbol{b}| = 3$，求 $(\boldsymbol{a} \times \boldsymbol{b}) \cdot (\boldsymbol{a} \times \boldsymbol{b}) + (\boldsymbol{a} \cdot \boldsymbol{b})(\boldsymbol{a} \cdot \boldsymbol{b})$.

12. 求以点 $A(1,1,1)$，$B(3,2,0)$，$C(2,4,1)$ 为顶点的三角形的面积.

13. 验证直线 $L_1: \begin{cases} x + 2y = 0, \\ y + z + 1 = 0 \end{cases}$ 与直线 $L_2: \dfrac{x-1}{2} = \dfrac{y}{-1} = \dfrac{z-1}{1}$ 平行，并求经过这两条直线的平面方程.

14. 求经过原点 $O(0,0,0)$ 且与直线 $\begin{cases} x + 2y - 3z - 4 = 0, \\ 3x - y + 5z + 9 = 0 \end{cases}$ 平行的直线 L 的方程.

15. 设平面的方程是 $ax + by + cz + d = 0$，并设点 P_0 的坐标是 (x_0, y_0, z_0)，求 P_0 关于该平面的对称点 $P_1(x_1, y_1, z_1)$ 之坐标.

16. 已知直线 $L_1: \dfrac{x-1}{-1} = \dfrac{y-3}{2} = \dfrac{z+2}{1}$ 和 $L_2: \dfrac{x-2}{1} = \dfrac{y+1}{2} = \dfrac{z-1}{2}$，求与 L_1, L_2 垂直相交的直线 L 的方程.

17. 已知圆柱面 S 的中心轴为直线 $\begin{cases} x = 1, \\ y = -1, \end{cases}$ 并设 S 与球面 $x^2 + y^2 + z^2 - 8x - 6y + 21 = 0$ 外切，求该圆柱面的方程.

18. 设一球面与两平面 $x - 2y + 2z = 3$ 和 $2x + y - 2z = 8$ 皆相切，且球心在直线 $L_1: \begin{cases} 2x - y = 0, \\ 3x - z = 0 \end{cases}$ 上，求该球面方程.

19. 设常数 a 与 b 不同时为零，直线 L 为 $\begin{cases} x = az, \\ y = b, \end{cases}$ 求 L 绕 Oz 轴旋转一周生成的旋转曲面方程，并说明 (1) $a = 0, b \neq 0$，(2) $a \neq 0, b = 0$，(3) $ab \neq 0$ 三种情形时该曲面的名称.

第5章　多元函数微分学

高数考研大纲要求

了解　二元函数的极限与连续性的概念,有界闭区域上连续函数的性质,全微分存在的必要条件和充分条件,全微分形式的不变性,隐函数存在定理,空间曲线的切线和法平面及曲面的切平面和法线的概念(仅适合数学一),二元函数的二阶泰勒公式,二元函数极值存在的充分条件.

会　求全微分,求多元隐函数的偏导数,求空间曲线的切线和法平面及曲面的切平面和法线的方程,求二元函数的极值,用拉格朗日乘数法求条件极值,求简单多元函数的最大值和最小值,解决一些简单的应用问题.

理解　多元函数的概念,二元函数的几何意义,多元函数偏导数和全微分的概念,方向导数与梯度的概念,多元函数极值和条件极值的概念.

掌握　多元复合函数一阶、二阶偏导数的求法,多元隐函数的偏导数,多元函数极值存在的必要条件,计算方向导数与梯度.

一、内容梳理

(一) 基本概念

定义 5.1　设 $z=f(x,y)$ 在 $U(P_0,\delta)$ 内有定义,且 $\lim\limits_{\Delta x \to 0} \dfrac{f(x_0+\Delta x, y_0)-f(x_0,y_0)}{\Delta x}$ 存在,则称该极限值为 $z=f(x,y)$ 在点 (x_0,y_0) 处对 x 的偏导数,记作 $\dfrac{\partial z}{\partial x}\Big|_{\substack{x=x_0\\y=y_0}}$ 或 $f'_x(x_0,y_0)$ 或 $z'\Big|_{\substack{x=x_0\\y=y_0}}$. 同理可给出 $f'_y(x_0,y_0)$ 的定义.

多元函数的偏导数,本质就是求导数,例如 $u=u(x,y,z)$,求 $\dfrac{\partial u}{\partial x}$ 时,视自变量 y,z 为常数,实质上看成 u 是 x 的函数,这时一元函数的求导公式、四则运算、复合函数的求导法则都可以使用,但形式上要比求一元函数的导数复杂.

定义 5.2　若二元函数 $z=f(x,y)$ 在点 (x,y) 处的全增量 $\Delta z=f(x+\Delta x,y+\Delta y)-f(x,y)$ 可表示为 $\Delta z=A\Delta x+B\Delta y+o(\rho)$ $(\rho=\sqrt{\Delta x^2+\Delta y^2}\to 0)$ 或 $\Delta z=A\Delta x+B\Delta y+\alpha\Delta x+\beta\Delta y$ $(\lim\limits_{\substack{\Delta x\to 0\\\Delta y\to 0}}\alpha=0,\lim\limits_{\substack{\Delta x\to 0\\\Delta y\to 0}}\beta=0)$,其中 A,B 与 $\Delta x,\Delta y$ 无关,而仅与 x,y 有关,则称 $z=f(x,y)$ 在 (x,y) 处可微,线性主部 $A\Delta x+B\Delta y$ 称为 $f(x,y)$ 在 (x,y) 处的全微分,记作 $\mathrm{d}z$,即

$$\mathrm{d}z=A\Delta x+B\Delta y=\frac{\partial z}{\partial x}\mathrm{d}x+\frac{\partial z}{\partial y}\mathrm{d}y.$$

设 $z=z(u,v)$,无论 u,v 是自变量还是中间变量,若 $z=z(u,v)$ 可微,则 $\mathrm{d}z=\dfrac{\partial z}{\partial u}\mathrm{d}u+\dfrac{\partial z}{\partial v}\mathrm{d}v$.

换句话说,若 $z=z(u,v)$ 可微,且 $\mathrm{d}z=g(u,v)\mathrm{d}u+h(u,v)\mathrm{d}v$,则 $\dfrac{\partial z}{\partial u}=g(u,v)$,$\dfrac{\partial z}{\partial v}=h(u,v)$.

上式在求复杂多元函数的偏导数与全微分时显得非常重要.

多元函数的偏导数与多元函数的全微分也有四则运算,与一元情形完全类似,在这里就不再叙述.

定义 5.3 设函数 $u=u(x,y,z)$ 在点 $P_0(x_0,y_0,z_0)$ 的某邻域 $U(P_0)\subset\mathbf{R}^3$ 内有定义,l 为从点 P_0 出发的射线,$P(x,y,z)$ 在 l 上且含于 $U(P_0)$ 内任一点,ρ 表示 P_0 与 P 两点间的距离,若极限 $\lim\limits_{\rho\to 0}\dfrac{u(P)-u(P_0)}{\rho}=\lim\limits_{\rho\to 0}\dfrac{\Delta_l u}{\rho}$ 存在,则称此极值为函数 u 在点 P_0 处沿方向 l 的方向导数,记作 $\dfrac{\partial u}{\partial l}\Big|_{P_0}$,由定义知方向导数是一个数量.

容易证明,若 $\dfrac{\partial u}{\partial x}\Big|_{P_0}$ 存在,则 u 在点 P_0 处沿 x 轴正方向的方向导数是 $\dfrac{\partial u}{\partial x}\Big|_{P_0}$,$u$ 在点 P_0 处沿 x 轴负的方向导数为 $-\dfrac{\partial u}{\partial x}\Big|_{P_0}$.

定义 5.4 设 $u=u(x,y,z)$ 偏导数均存在,称 $\left\{\dfrac{\partial u}{\partial x},\dfrac{\partial u}{\partial y},\dfrac{\partial u}{\partial z}\right\}$ 为函数 $u(x,y,z)$ 在点 P 处的梯度,记作 $\mathbf{grad}u$,即 $\mathbf{grad}u=\left\{\dfrac{\partial u}{\partial x},\dfrac{\partial u}{\partial y},\dfrac{\partial u}{\partial z}\right\}$. 由定义知 $\mathbf{grad}u$ 是一个向量.

定义 5.5 设函数 $z=f(x,y)$ 在点 $P_0(x_0,y_0)$ 的某邻域 $U(P_0)$ 内有定义,$\exists\delta>0$,当 $P\in U(P_0,\delta)$ 时,都有 $f(P)\leqslant f(P_0)$(或 $f(P)\geqslant f(P_0)$),则称 $f(P_0)$ 为极大(或极小)值. 点 P_0 称为 f 的极大(或极小)值点. 极大值、极小值统称为极值. 极大值点、极小值点统称为极值点.

极值点一定包含在多元函数的驻点或偏导数不存在点之中(若 $f_x'(x_0,y_0)=0$,$f_y'(x_0,y_0)=0$,称 (x_0,y_0) 为驻点或稳定点). 多元函数在一点连续、偏导数存在、可微、方向导数存在、偏导函数在该点连续,这些概念之间有下面的关系,以 $z=f(x,y)$ 在点 (x_0,y_0) 处为例.

在 P_0 点沿任意方向的方向导数都存在

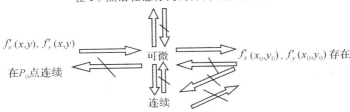

注 这里"⟹"表示推出,"⟹̸"表示推不出. 能推出的,都是定理,推不出的,在下面都举了反例.

(二)重要定理与公式

多元函数的定义、极限与连续及其性质和一元函数类似,例如设函数 $f(x,y)$ 在有界闭区域 G 上连续,则具有与一元函数在闭区间 $[a,b]$ 上连续的那些同样性质:有界性;具有最大值与最小值;介值定理均成立.

定理 5.1 若累次极限 $\lim\limits_{x\to x_0}\lim\limits_{y\to y_0}f(x,y)$,$\lim\limits_{y\to y_0}\lim\limits_{x\to x_0}f(x,y)$ 和二重极限 $\lim\limits_{\substack{x\to x_0\\y\to y_0}}f(x,y)$ 都存在,则三者相等.

推论 5.1.1 若 $\lim\limits_{x\to x_0}\lim\limits_{y\to y_0}f(x,y)$,$\lim\limits_{y\to y_0}\lim\limits_{x\to x_0}f(x,y)$ 存在且不相等,则 $\lim\limits_{\substack{x\to x_0\\y\to y_0}}f(x,y)$ 不存在.

定理 5.2(复合多元函数的求偏导数定理) 若 $z=f(u,v)$ 在 $(\dot{u},v)$ 处可微,$u=\varphi(x,y)$,$v=\psi(x,y)$ 在 (x,y) 处的偏导数均存在,则复合函数 $z=f(\varphi(x,y),\psi(x,y))$ 在 (x,y) 处的偏导数均存在,且

$$\frac{\partial z}{\partial x}=\frac{\partial z}{\partial u}\cdot\frac{\partial u}{\partial x}+\frac{\partial z}{\partial v}\cdot\frac{\partial v}{\partial x}=f_u'(u,v)\cdot\varphi_x'(x,y)+f_v'(u,v)\cdot\psi_x'(x,y);$$

$$\frac{\partial z}{\partial y}=\frac{\partial z}{\partial u}\cdot\frac{\partial u}{\partial y}+\frac{\partial z}{\partial v}\cdot\frac{\partial v}{\partial y}=f_u'(u,v)\cdot\varphi_y'(x,y)+f_v'(u,v)\cdot\psi_y'(x,y).$$

可用下面结构图表示：

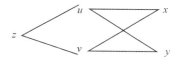

即 $\dfrac{\partial u}{\partial x}$ 就是 u 分别对 x 函数的中间变量偏导再乘以这些中间变量对 x 偏导，然后再相加.

例如

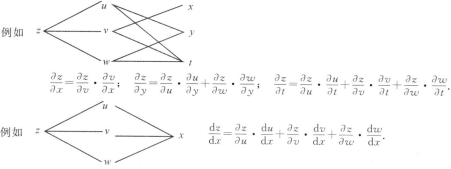

$$\frac{\partial z}{\partial x}=\frac{\partial z}{\partial v}\cdot\frac{\partial v}{\partial x};\quad \frac{\partial z}{\partial y}=\frac{\partial z}{\partial u}\cdot\frac{\partial u}{\partial y}+\frac{\partial z}{\partial w}\cdot\frac{\partial w}{\partial y};\quad \frac{\partial z}{\partial t}=\frac{\partial z}{\partial u}\cdot\frac{\partial u}{\partial t}+\frac{\partial z}{\partial v}\cdot\frac{\partial v}{\partial t}+\frac{\partial z}{\partial w}\cdot\frac{\partial w}{\partial t}.$$

例如

$$\frac{\mathrm{d}z}{\mathrm{d}x}=\frac{\partial z}{\partial u}\cdot\frac{\mathrm{d}u}{\mathrm{d}x}+\frac{\partial z}{\partial v}\cdot\frac{\mathrm{d}v}{\mathrm{d}x}+\frac{\partial z}{\partial w}\cdot\frac{\mathrm{d}w}{\mathrm{d}x}.$$

上式称为全导数.求复合多元函数偏导数的原理一定要真正搞懂,否则在求复杂形式的多元复合函数的偏导数时就容易出错.

定理 5.3 若函数 $z=f(x,y)$ 的二阶偏导数 $f''_{xy}(x,y),f''_{yx}(x,y)$ 都在点 $P_0(x_0,y_0)$ 处连续,则
$$f''_{xy}(x_0,y_0)=f''_{yx}(x_0,y_0).$$

定理 5.4 若 $z=f(x,y)$ 在点 (x,y) 处可微,则 $f(x,y)$ 在点 (x,y) 处连续,反之不成立.

定理 5.5(可微的充分条件) 若函数 $z=f(x,y)$ 的偏导数 $f'_x(x,y),f'_y(x,y)$ 在点 (x_0,y_0) 处连续,则函数 $z=f(x,y)$ 在点 (x_0,y_0) 处可微,反之不成立.

定理 5.6(可微的必要条件) 若 $z=f(x,y)$ 在点 (x,y) 处可微,则 $z=f(x,y)$ 在点 (x,y) 处的两个偏导数均存在,反之不成立.

定理 5.7 设 $F(x,y,z)$ 在点 $M_0(x_0,y_0,z_0)$ 的某邻域内具有连续的一阶偏导数,且 $F(x_0,y_0,z_0)=0$, $F'_z(x_0,y_0,z_0)\neq0$.则在点 M_0 的某邻域内由方程 $F(x,y,z)=0$ 可以确定唯一的连续且具有连续偏导数的函数 $z=z(x,y)$ 满足 $z(x_0,y_0)=z_0$,且
$$\frac{\partial z}{\partial x}\bigg|_{M_0}=-\frac{F'_x(x,y,z)}{F'_z(x,y,z)}\bigg|_{M_0},\frac{\partial z}{\partial y}\bigg|_{M_0}=-\frac{F'_y(x,y,z)}{F'_z(x,y,z)}\bigg|_{M_0}.$$

定理 5.8 设 $F(x,y,u,v)$ 与 $G(x,y,u,v)$ 在点 $M_0(x_0,y_0,u_0,v_0)$ 的某邻域内具有连续的一阶偏导数,且 $F(x_0,y_0,u_0,v_0)=0,G(x_0,y_0,u_0,v_0)=0$,以及
$$J\big|_{M_0}=\begin{vmatrix}F'_u(x,y,u,v)&F'_v(x,y,u,v)\\G'_u(x,y,u,v)&G'_v(x,y,u,v)\end{vmatrix}_{M_0}\neq0,$$
则在点 M_0 的某邻域内由方程组 $F(x,y,u,v)=0,G(x,y,u,v)=0$ 可以确定唯一的一对连续且具有连续偏导数的函数 $u=u(x,y),v=u(x,y)$,满足 $u(x_0,y_0)=u_0,v(x_0,y_0)=v_0$,且
$$\frac{\partial u}{\partial x}\bigg|_{M_0}=-\frac{1}{J}\begin{vmatrix}F'_x&F'_v\\G'_x&G'_v\end{vmatrix}_{M_0},\frac{\partial v}{\partial x}\bigg|_{M_0}=-\frac{1}{J}\begin{vmatrix}F'_u&F'_x\\G'_u&G'_x\end{vmatrix}_{M_0},$$
$$\frac{\partial u}{\partial y}\bigg|_{M_0}=-\frac{1}{J}\begin{vmatrix}F'_y&F'_v\\G'_y&G'_v\end{vmatrix}_{M_0},\frac{\partial v}{\partial y}\bigg|_{M_0}=-\frac{1}{J}\begin{vmatrix}F'_u&F'_y\\G'_u&G'_y\end{vmatrix}_{M_0}.$$

注 1 以上的 F'_x,F'_y,F'_z 以及 $F'_x,F'_y,F'_u,F'_v,G'_x,G'_y,G'_u,G'_v$ 都是将其中的变量看作独立变量求各种偏导数.

注 2 由方程或方程组确定的隐函数求偏导,一般不死套上述公式,而常是按推导上述公式的方法去做.

定理 5.9 若函数 $u=u(x,y,z)$ 在点 $P_0(x_0,y_0,z_0)$ 处可微,则 u 在 P_0 处沿任意方向 l 的方向导数都

132

存在且 $\dfrac{\partial u}{\partial l}\Big|_{P_0}=\dfrac{\partial u}{\partial x}\Big|_{P_0}\cos\alpha+\dfrac{\partial u}{\partial y}\Big|_{P_0}\cos\beta+\dfrac{\partial u}{\partial z}\Big|_{P_0}\cos\gamma$（$l$ 的单位向量 $l^0=\langle\cos\alpha,\cos\beta,\cos\gamma\rangle$）. 反之不成立.

1. 方向导数与梯度的关系

$$\dfrac{\partial u}{\partial l}\Big|_{P_0}=\left\{\dfrac{\partial u}{\partial x}\Big|_{P_0},\dfrac{\partial u}{\partial y}\Big|_{P_0},\dfrac{\partial u}{\partial z}\Big|_{P_0}\right\}\cdot\langle\cos\alpha,\cos\beta,\cos\gamma\rangle=\mathbf{grad}\,u(P_0)\cdot l^0=\big|\,\mathbf{grad}\,u(P_0)\,\big|\,\big|\,l^0\,\big|\cos\theta=$$

$\big|\,\mathbf{grad}\,u(P_0)\,\big|\cos\theta$，其中 θ 是向量 $\mathbf{grad}\,u(P_0)$ 与 l 的夹角. 由此得出下面的结论：

（1）u 在点 P_0 处沿方向 l 的方向导数，等于梯度在方向 l 上的投影，即 $\dfrac{\partial u}{\partial l}\Big|_{P_0}=\mathbf{grad}\,u(P_0)\cdot l^0$.

（2）当 $\theta=0$，即 l^0 的方向与梯度方向 $\mathbf{grad}\,u(P_0)$ 一致时，函数 $u(x,y,z)$ 在 P_0 处沿梯度方向 $\mathbf{grad}\,u(P_0)$ 的方向导数最大，且

$$\max\left(\dfrac{\partial u}{\partial l}\Big|_{P_0}\right)=\big|\,\mathbf{grad}\,u(P_0)\,\big|=\sqrt{\left(\dfrac{\partial u}{\partial x}\Big|_{P_0}\right)^2+\left(\dfrac{\partial u}{\partial y}\Big|_{P_0}\right)^2+\left(\dfrac{\partial u}{\partial z}\Big|_{P_0}\right)^2}.$$

即当 u 在点 P_0 可微时，u 在点 P_0 的梯度方向是 u 值增长得最快的方向；当 $\theta=\pi$，即 l^0 的方向与梯度方向

$\mathbf{grad}\,u(P_0)$ 相反时，$u(x,y,z)$ 在点 P_0 处沿方向 $-\mathbf{grad}\,u(P_0)$ 的方向导数最小，最小值 $\min\left(\dfrac{\partial u}{\partial l}\Big|_{P_0}\right)=-$

$\big|\,\mathbf{grad}\,u(P_0)\,\big|$；当 $\theta=\dfrac{\pi}{2}$ 时，$u(x,y,z)$ 在点 P_0 处沿着与梯度 $\mathbf{grad}\,u(P_0)$ 垂直方向的方向导数为零.

定理 5.10（极值的充分条件）　设函数 $z=f(x,y)$ 在点 $P_0(x_0,y_0)$ 的某区域存在连续的二阶偏导数. 如果 $f'_x(x_0,y_0)=0,f'_y(x_0,y_0)=0$，设 $A=f''_{xx}(x_0,y_0),B=f''_{xy}(x_0,y_0),C=f''_{yy}(x_0,y_0)$，则有：

（1）当 $B^2-AC<0$ 时，$f(x_0,y_0)$ 一定为极值，并且当 A（或 C）>0 时，$f(x_0,y_0)$ 为极小值；当 A（或 C）<0 时，$f(x_0,y_0)$ 为极大值.

（2）当 $B^2-AC>0$ 时，$f(x_0,y_0)$ 不是极值.

（3）当 $B^2-AC=0$ 时，还不能断定 $f(x_0,y_0)$ 是否为极值，需进一步研究.

对于偏导数不存在的点，只有根据定义判断是否为极值点.

2. 求带有条件限制的最大（小）值问题，统称为条件极值，可用拉格朗日乘数法解决

即求 $u=f(x_1,x_2,\cdots,x_n)$ 在约束条件 $\varphi_k(x_1,x_2,\cdots,x_n)=0(k=1,2,\cdots,m)$ 限制下的最大值或最小值方法是：

（1）作拉格朗日函数 $L(x_1,x_2,\cdots,x_n,\lambda_1,\cdots,\lambda_m)=f(x_1,x_2,\cdots,x_n)+\sum\limits_{k=1}^{m}\lambda_k\varphi_k(x_1,x_2,\cdots,x_n)$，其中 $\lambda_1,\lambda_2,\cdots,\lambda_m$ 称为拉格朗日乘数.

（2）若 $(x_1^0,x_2^0,\cdots,x_n^0)$ 是函数 $f(x_1,x_2,\cdots,x_n)$ 满足条件的最大（小）值点，则一定存在 m 个常数 $(\lambda_1^0,\lambda_2^0,\cdots,\lambda_m^0)$，使 $(x_1^0,x_2^0,\cdots,x_n^0,\lambda_1^0,\cdots,\lambda_m^0)$ 是函数 L 的稳定点，因此函数 f 的最大（小）值点一定包含在拉格朗日函数 L 的稳定点前几个坐标所构成的点之中. 在具体应用时，往往可借助于物理意义或实际经验判断所得点是否为所求的最大（小）值点.

定理 5.11　有界闭区域上的连续函数一定能取到最大值与最小值，且最大值与最小值点一定包含在区域内部的稳定点或内部偏导数不存在点或边界函数值最大与最小点之中.

把这些怀疑点求出来，其中函数值的最大值就是区域上的最大值，最小值就是区域上的最小值，而边界上的最大与最小值点可用拉格朗日乘数法去求.

定理 5.12（泰勒定理）　若函数 $f(x,y)$ 在点 $P_0(x_0,y_0)$ 的某邻域 $U(P_0)$ 内有直到 $n+1$ 阶的连续偏导数，则对 $U(P_0)$ 内任一点 (x_0+h,y_0+k)，存在 $\theta\in(0,1)$，使

$$f(x_0+h,y_0+k)=f(x_0,y_0)+\left(h\dfrac{\partial}{\partial x}+k\dfrac{\partial}{\partial y}\right)f(x_0,y_0)+\dfrac{1}{2!}\left(h\dfrac{\partial}{\partial x}+k\dfrac{\partial}{\partial y}\right)^2f(x_0,y_0)$$

$$+\cdots+\dfrac{1}{n!}\left(h\dfrac{\partial}{\partial x}+k\dfrac{\partial}{\partial y}\right)^nf(x_0,y_0)$$

$$+\dfrac{1}{(n+1)!}\left(h\dfrac{\partial}{\partial x}+k\dfrac{\partial}{\partial y}\right)^{n+1}f(x_0+\theta h,y_0+\theta k).$$

上式称为二元函数 $f(x,y)$ 在点 P_0 处的 n 阶泰勒公式.

注 $\dfrac{1}{n!}\left(h\dfrac{\partial}{\partial x}+k\dfrac{\partial}{\partial y}\right)^{n}f(x_0,y_0)=\dfrac{1}{n!}\sum_{i=0}^{n}C_n^i h^{n-i}\beta^i\cdot\dfrac{\partial^n f(x,y)}{\partial x^{n-i}\partial y^i}\Bigg|_{\substack{x=x_0\\y=y_0}}$.

推论 5.12.1 设 $f(x,y)$ 在区域 G 上具有连续的一阶偏导数.

(1)若 $f_x'(x,y)\equiv0,(x,y)\in G$,则 $f(x,y)$ 在 G 上仅是 y 的函数;

(2)若 $f_y'(x,y)\equiv0,(x,y)\in G$,则 $f(x,y)$ 在 G 上仅是 x 的函数;

(3)若 $f_x'(x,y)\equiv0,f_y'(x,y)\equiv0,(x,y)\in G$,则 $f(x,y)$ 在 G 上是常值函数.

①设 $F(x,y,z)$ 在点 P_0 处具有连续的一阶偏导数且 $F_x'(P_0),F_y'(P_0),F_z'(P_0)$ 不同时为零,则曲面 Σ: $F(x,y,z)=0$ 在曲面上点 P_0 处的切平面方程为 $F_x'(P_0)(x-x_0)+F_y'(P_0)(y-y_0)+F_z'(P_0)(z-z_0)=0$. 其中 $\{F_x'(P_0),F_y'(P_0),F_z'(P_0)\}$ 或 $-\{F_x'(P_0),F_y'(P_0),F_z'(P_0)\}$ 是曲面 Σ 在点 P_0 处的法向量.

曲面 Σ 在点 P_0 处的法线方程为 $\dfrac{x-x_0}{F_x'(P_0)}=\dfrac{y-y_0}{F_y'(P_0)}=\dfrac{z-z_0}{F_z'(P_0)}$.

设 $z=f(x,y)$ 在 (x_0,y_0) 处具有连续的一阶偏导数,则曲面 $z=f(x,y)$,即 $f(x,y)-z=0$ 在曲面上点 $(x_0,y_0,z_0)(z_0=f(x_0,y_0))$ 处的切平面方程为

$$f_x'(x_0,y_0)(x-x_0)+f_y'(x_0,y_0)(y-y_0)-(z-z_0)=0.$$

在 (x_0,y_0,z_0) 处的法线方程为 $\dfrac{x-x_0}{f_x'(x_0,y_0)}=\dfrac{y-y_0}{f_y'(x_0,y_0)}=\dfrac{z-z_0}{-1}$.

②设 $x'(t),y'(t),z'(t)$ 在 $t=t_0$ 处连续,且 $x'(t_0),y'(t_0),z'(t_0)$ 不同时为零. 则曲线 $\Gamma:x=x(t)$, $y=y(t),z=z(t)$ 在 $t=t_0$ 对应曲线上点 $P_0(x_0,y_0,z_0)(x_0=x(t_0),y_0=y(t_0),z_0=z(t_0))$ 处的切线方程为 $\dfrac{x-x_0}{x'(t_0)}=\dfrac{y-y_0}{y'(t_0)}=\dfrac{z-z_0}{z'(t_0)}$. 其中 $\{x'(t_0),y'(t_0),z'(t_0)\}$ 或 $-\{x'(t_0),y'(t_0),z'(t_0)\}$ 为曲线 Γ 在 P_0 点切线的方向向量,而曲线 Γ 在点 P_0 处的法平面方程为 $x'(t_0)(x-x_0)+y'(t_0)(y-y_0)+z'(t_0)(z-z_0)=0$.

设 $F(x,y,z),G(x,y,z)$ 在 $P_0(x_0,y_0,z_0)$ 处具有连续的一阶偏导,且

$$\{F_x'(P_0),F_y'(P_0),F_z'(P_0)\}\nparallel\{G_x'(P_0),G_y'(P_0),G_z'(P_0)\},$$

则曲线 $\Gamma:\begin{cases}F(x,y,z)=0,\\G(x,y,z)=0.\end{cases}$ 在曲线上点 $P_0(x_0,y_0,z_0)$ 处的切线方程为

$$\begin{cases}F_x'(P_0)(x-x_0)+F_y'(P_0)(y-y_0)+F_z'(P_0)(z-z_0)=0,\\G_x'(P_0)(x-x_0)+G_y'(P_0)(y-y_0)+G_z'(P_0)(z-z_0)=0.\end{cases}$$

事实上,曲线 Γ 的切线既在曲面 $F(x,y,z)=0$ 在 P_0 处的切平面上,又在曲面 $G(x,y,z)=0$ 在 P_0 处的切平面上,故该切线为两切平面的交线,切线方程为两切平面方程的联立.

而切线的方向向量为 $\boldsymbol{v}=\begin{vmatrix}\boldsymbol{i}&\boldsymbol{j}&\boldsymbol{k}\\F_x'(P_0)&F_y'(P_0)&F_z'(P_0)\\G_x'(P_0)&G_y'(P_0)&G_z'(P_0)\end{vmatrix}$,曲线 Γ 在 P_0 点的法平面的法向量为 $\boldsymbol{v}$,用点法式可写出曲线 Γ 在 P_0 点的法平面方程.

二、考题类型、解题策略及典型例题

类型 1.1 求多元函数的极限

解题策略 ①利用初等多元函数的连续性,即若 $f(P)$ 是初等函数,P_0 在 $f(P)$ 的定义域区域中,则

$$\lim_{P\to P_0}f(P)=f(P_0).$$

注 初等多元函数就是用一个数学表达式给出的解析式.

②利用多元函数极限的四则运算.

③转化为一元函数的极限,利用一元函数的极限来计算.

④证明 $\lim\limits_{P\to P_0}f(P)=0$,或求 $\lim\limits_{P\to P_0}f(P)$ 时,极限 $\lim\limits_{P\to P_0}f(P)$ 可能是零,而直接又不容易证明或计算,这时可

用夹逼定理,即 $0 \leqslant |f(P)| \leqslant g(P)$,而 $\lim\limits_{P \to P_0} g(P) = 0$,知 $\lim\limits_{P \to P_0} |f(P)| = 0$,从而 $\lim\limits_{P \to P_0} f(P) = 0$.

例 5.1　求 $\lim\limits_{\substack{x \to +\infty \\ y \to +\infty}} (x^2 + y^2) e^{-(x+y)}$.

分析　转化为一元函数的极限,利用一元函数求极限的方法去计算.

解　由 $\lim\limits_{x \to +\infty} \dfrac{x^k}{e^x} = 0 (k \text{ 常数})$,

$$\text{原式} = \lim\limits_{\substack{x \to +\infty \\ y \to +\infty}} [(x+y)^2 - 2xy] e^{-(x+y)} = \lim\limits_{\substack{x \to +\infty \\ y \to +\infty}} \left[\frac{(x+y)^2}{e^{x+y}} - 2 \frac{x}{e^x} \cdot \frac{y}{e^y} \right] = 0.$$

例 5.2　求 $\lim\limits_{\substack{x \to \infty \\ y \to \infty}} \dfrac{x^2 + y^2}{x^4 + y^4}$.

分析　用多元函数极限的夹逼定理.

解　由于 $0 \leqslant \dfrac{x^2 + y^2}{x^4 + y^4} \leqslant \dfrac{x^2 + y^2}{2x^2 y^2} = \dfrac{1}{2} \left(\dfrac{1}{x^2} + \dfrac{1}{y^2} \right)$,而 $\lim\limits_{\substack{x \to \infty \\ y \to \infty}} 0 = 0$,$\lim\limits_{\substack{x \to \infty \\ y \to \infty}} \dfrac{1}{2} \left(\dfrac{1}{x^2} + \dfrac{1}{y^2} \right) = 0$.

由夹逼定理知,原式 $= 0$.

例 5.3　$\lim\limits_{\substack{x \to \infty \\ y \to a}} \left(1 + \dfrac{1}{x} \right)^{\frac{x^2}{x+y}}$ (a 为常数).

分析　利用 $\lim\limits_{P \to P_0} f(P) = a$(常数且大于 0),$\lim\limits_{P \to P_0} g(P) = b$(常数),则 $\lim\limits_{P \to P_0} f(P)^{g(P)} = a^b$.

解　原式 $= \lim\limits_{\substack{x \to \infty \\ y \to a}} \left[\left(1 + \dfrac{1}{x} \right)^x \right]^{\frac{x}{x+y}} = e$

例 5.4　求 $\lim\limits_{\substack{x \to 0 \\ y \to 0}} (x^2 + y^2)^{x^2 y^2}$.

分析　由夹逼定理推出 $\lim\limits_{P \to P_0} |f(P)| = 0$,从而得 $\lim\limits_{P \to P_0} f(P) = 0$.

解　由于 $(x^2 + y^2)^{x^2 y^2} = e^{x^2 y^2 \ln(x^2 + y^2)}$,而 $0 \leqslant |x^2 y^2 \ln(x^2 + y^2)| \leqslant \left| \dfrac{(x^2 + y^2)^2}{4} \ln(x^2 + y^2) \right|$.

$$\lim\limits_{\substack{x \to 0 \\ y \to 0}} \frac{(x^2 + y^2)^2}{4} \ln(x^2 + y^2) \xlongequal{\text{令 } x^2 + y^2 = t} \lim\limits_{t \to 0^+} \frac{t^2}{4} \ln t = \frac{1}{4} \lim\limits_{t \to 0^+} \frac{\ln t}{t^{-2}} \left(\frac{0}{0} \right)$$

$$= \frac{1}{4} \lim\limits_{t \to 0^+} \frac{\frac{1}{t}}{-2t^{-3}} = -\frac{1}{8} \lim\limits_{t \to 0^+} t^2 = 0.$$

根据夹逼定理知 $\lim\limits_{\substack{x \to 0 \\ y \to 0}} x^2 y^2 \ln(x^2 + y^2) = 0$,故原式 $= \lim\limits_{\substack{x \to 0 \\ y \to 0}} e^{x^2 y^2 \ln(x^2 + y^2)} = e^0 = 1$.

类型 1.2　判断多元函数的极限不存在

解题策略　①利用选取两条特殊的路径 $P \to P_0$,而函数值的极限存在但不相等,则 $\lim\limits_{P \to P_0} f(P)$ 不存在;

② $\lim\limits_{x \to x_0} \lim\limits_{y \to y_0} f(x, y)$,$\lim\limits_{y \to y_0} \lim\limits_{x \to x_0} f(x, y)$ 存在,但不相等.

例 5.5　求 $\lim\limits_{\substack{x \to \infty \\ y \to \infty}} \dfrac{x^2 + y^2}{x^2 + y^4}$.

分析　$\lim\limits_{x \to x_0} \lim\limits_{y \to y_0} f(x, y)$,$\lim\limits_{y \to y_0} \lim\limits_{x \to x_0} f(x, y)$ 存在,但不相等.

解　由于 $\lim\limits_{x \to \infty} \left(\lim\limits_{y \to \infty} \dfrac{x^2 + y^2}{x^2 + y^4} \right) = \lim\limits_{x \to \infty} 0 = 0$,$\lim\limits_{y \to \infty} \left(\lim\limits_{x \to \infty} \dfrac{x^2 + y^2}{x^2 + y^4} \right) = \lim\limits_{y \to \infty} 1 = 1$,知 $\lim\limits_{\substack{x \to \infty \\ y \to \infty}} \dfrac{x^2 + y^2}{x^2 + y^4}$ 不存在.

类型 1.3　讨论多元函数的连续性

解题策略　用多元函数的连续定义.

例 5.6　讨论 $f(x, y) = \begin{cases} \dfrac{xy^2}{x^2 + y^4}, & (x, y) \neq (0, 0), \\ 0, & (x, y) = (0, 0) \end{cases}$ 的连续性.

解 ①当$(x,y)\neq(0,0)$时，由于$f(x,y)$是初等多元函数，在$(x,y)\neq(0,0)$点有意义，知在$(x,y)\neq(0,0)$点连续.

②当$(x,y)=(0,0)$时，由于$\lim\limits_{\substack{y\to0\\x=ky^2}}f(x,y)=\lim\limits_{\substack{y\to0\\x=ky^2}}\dfrac{ky^4}{k^2y^4+y^4}=\dfrac{k}{k^2+1}=\begin{cases}0,&k=0,\\1,&k=1,\end{cases}$知$f(x,y)$在点$(0,0)$处不连续，因此$f(x,y)$在$(x,y)\neq(0,0)$时连续.

例 5.7 讨论$f(x,y)=\begin{cases}\dfrac{xy}{\sqrt{x^2+y^2}},&(x,y)\neq(0,0),\\0,&(x,y)=(0,0)\end{cases}$的连续性.

解 ①当$(x,y)\neq(0,0)$时，由于$f(x,y)$是初等多元函数，在$(x,y)\neq(0,0)$点有意义，知在$(x,y)\neq(0,0)$点连续.

②当$(x,y)=(0,0)$时，由于$0\leqslant|f(x,y)|=\left|\dfrac{xy}{\sqrt{x^2+y^2}}\right|\leqslant\dfrac{1}{2}\dfrac{x^2+y^2}{\sqrt{x^2+y^2}}=\dfrac{1}{2}\sqrt{x^2+y^2}$，且$\lim\limits_{\substack{x\to0\\y\to0}}0=0$，

$\lim\limits_{\substack{x\to0\\y\to0}}\dfrac{1}{2}\sqrt{x^2+y^2}=0$，根据夹逼定理知$\lim\limits_{\substack{x\to0\\y\to0}}f(x,y)=0=f(0,0)$，知$f(x,y)$在点$(0,0)$处连续，故$f(x,y)$在全平面上连续.

类型 1.4 求多元函数在一点处的偏导数

解题策略 求$f'_x(x_0,y_0)$有三种方法：①按定义；②求导函数$\dfrac{d}{dx}f(x,y_0)$，然后把$x=x_0$代入；③求偏导函数$f'_x(x,y)$，然后把$x=x_0,y=y_0$代入.

求$f'_y(x_0,y_0)$同样也有三种方法：①按定义；②求导函数$\dfrac{d}{dy}f(x_0,y)$，然后把$y=y_0$代入；③求偏导函数$f'_y(x,y)$，然后把$x=x_0,y=y_0$代入.

例 5.8 证明：函数$f(x,y)=\begin{cases}\dfrac{xy}{x^2+y^2},&x^2+y^2\neq0,\\0,&x^2+y^2=0\end{cases}$在点$(0,0)$处的两个偏导数存在，但$f(x,y)$在点$(0,0)$处不连续.

分析 研究多元分片函数在孤立点的偏导数，用偏导数的定义.

证明 $\lim\limits_{x\to0}\dfrac{f(x,0)-f(0,0)}{x}=\lim\limits_{x\to0}\dfrac{0-0}{x}=0=f'_x(0,0).$

同理可求$f'_y(0,0)=0$，即$f(x,y)$在点$(0,0)$处的两个偏导数存在. 由

$$\lim\limits_{\substack{x\to0\\y=kx}}f(x,y)=\lim\limits_{\substack{x\to0\\y=kx}}\dfrac{kx^2}{x^2+k^2x^2}=\dfrac{k}{1+k^2},$$

当k取不同实数值时，极限不相同，所以在点$(0,0)$处极限不存在，当然也不连续.

例 5.9 设函数$f(x,y)=\begin{cases}\dfrac{xy(x^2-y^2)}{x^2+y^2},&(x,y)\neq(0,0),\\0,&(x,y)=(0,0),\end{cases}$求$f''_{yx}(0,0),f''_{xy}(0,0).$

解 由于$\lim\limits_{x\to0}\dfrac{f(x,y)-f(0,y)}{x}=\lim\limits_{x\to0}\dfrac{xy\dfrac{x^2-y^2}{x^2+y^2}-0}{x}=-y=f'_x(0,y)$，且在$y=0$时等式仍成立，从而

$$f''_{xy}(0,0)=\dfrac{d}{dy}[f'_x(0,y)]_{y=0}=-1|_{y=0}=-1.$$

同理可求$f'_y(x,0)=x$，因此

$$f''_{yx}(0,0)=\dfrac{d}{dx}[f'_y(x,0)]_{x=0}=1|_{x=0}=1,$$

从这里可以看出$f''_{xy}(0,0)\neq f''_{yx}(0,0)$.

注 此例说明一般情况下$f''_{xy}(x_0,y_0)\neq f''_{yx}(x_0,y_0)$.

类型 1.5　判断多元函数在一点的可微性

解题策略　(1)偏导函数连续必可微;(2)用可微定义.

例 5.10　讨论 $f(x,y)=\begin{cases} \dfrac{2xy}{\sqrt{x^2+y^2}}, & (x,y)\neq(0,0), \\ 0, & (x,y)=(0,0) \end{cases}$ 在原点的可微性.

分析　研究多元分片函数在孤立点的可微性,用可微的定义.

解　由 $\lim\limits_{x\to 0}\dfrac{f(x,0)-f(0,0)}{x}=\lim\limits_{x\to 0}\dfrac{0}{x}=0=f'_x(0,0)$ 和 x,y 的对称性,知 $f'_y(0,0)=0$.要验证函数在原点是否可微,只需看 $\lim\limits_{\substack{\Delta x\to 0 \\ \Delta y\to 0}}\dfrac{\Delta z-A\Delta x-B\Delta y}{\rho}$ 是否为零,由于

$$\lim_{\substack{\Delta x\to 0 \\ \Delta y\to 0}}\frac{f(0+\Delta x,0+\Delta y)-f(0,0)-0\cdot\Delta x-0\cdot\Delta y}{\sqrt{\Delta x^2+\Delta y^2}}=\lim_{\substack{\Delta x\to 0 \\ \Delta y\to 0}}\frac{2\Delta x\Delta y}{\Delta x^2+\Delta y^2},$$

由例 5.8 知此极限不存在,所以 $f(x,y)$ 在点 $(0,0)$ 处不可微.

此例说明偏导数存在,不一定可微.

例 5.11　证明:函数 $f(x,y)=\begin{cases}(x^2+y^2)\sin\dfrac{1}{x^2+y^2}, & 当(x,y)\neq(0,0), \\ 0, & 当(x,y)=(0,0)\end{cases}$ 于点 $(0,0)$ 的邻域中有偏导

函数 $f'_x(x,y)$ 和 $f'_y(x,y)$,这些偏导函数于点 $(0,0)$ 处是不连续的且在此点的任何邻域中是无界的,然而此函数于点 $(0,0)$ 处可微.

证明　$f'_x(x,y)=\begin{cases}2x\sin\dfrac{1}{x^2+y^2}-\dfrac{2x}{x^2+y^2}\cdot\cos\dfrac{1}{x^2+y^2}, & (x,y)\neq(0,0), \\ 0, & (x,y)\neq(0,0),\end{cases}$

$f'_y(x,y)=\begin{cases}2y\sin\dfrac{1}{x^2+y^2}-\dfrac{2y}{x^2+y^2}\cdot\cos\dfrac{1}{x^2+y^2}, & (x,y)\neq(0,0), \\ 0, & (x,y)\neq(0,0).\end{cases}$

当 $(x,y)\neq(0,0)$ 时,令 $x=r\cos\theta,y=r\sin\theta$,于是 $f'_x(x,y)=2r\cos\theta\sin\dfrac{1}{r^2}-\dfrac{2\cos\theta}{r^2}\cos\dfrac{1}{r^2}$.

由于当 $r\to 0$ 时,$r\cos\theta\sin\dfrac{1}{r^2}\to 0$,$\dfrac{2\cos\theta}{r^2}\cos\dfrac{1}{r^2}\left(\theta\neq\dfrac{\pi}{2}\right)$ 无界,故上述 $f'_x(x,y)$ 在点 $(0,0)$ 处极限不存在,当然 $f'_x(x,y)$ 在 $(0,0)$ 处不连续,且在此点的任何邻域中是无界的.同理 $f'_y(x,y)$ 在点 $(0,0)$ 处不连续,且在此点的任何邻域中是无界的.然后,再考虑 $f(x,y)$ 在点 $(0,0)$ 处的可微性.

由 $\rho=\sqrt{\Delta x^2+\Delta y^2}$,$f'_x(0,0)\Delta x+f'_y(0,0)\Delta y=0\cdot\Delta y+0\cdot\Delta y=0$,

$\Delta z=f(0+\Delta x,0+\Delta y)-f(0,0)=\left[(\Delta x)^2+(\Delta y)^2\right]\sin\dfrac{1}{(\Delta x)^2+(\Delta y)^2}-0=\rho^2\sin\dfrac{1}{\rho}$,

于是 $\dfrac{\Delta z-A\Delta x-B\Delta y}{\rho}=\dfrac{\rho^2\sin\dfrac{1}{\rho}}{\rho}=\rho\sin\dfrac{1}{\rho}\to 0(\rho\to 0)$.

即 $\Delta z=0\cdot\Delta x+0\cdot\Delta y+o(\rho)(\rho\to 0)$,知 $f(x,y)$ 在点 $(0,0)$ 处可微.

例 5.12　证明:函数 $f(x,y)=\sqrt[3]{x^3+y^3}$ 在点 $(0,0)$ 处沿任意方向的导数都存在,但在点 $(0,0)$ 处的全微分不存在.

分析　偏导函数在 $(0,0)$ 点不连续,只能用可微的定义.

证明　设 $l^0=\{\cos\alpha,\cos\beta\}$,由 $\lim\limits_{\rho\to 0}\dfrac{f(x,y)-f(0,0)}{\rho}=\lim\limits_{\rho\to 0}\dfrac{f(\rho\cos\alpha,\upsilon\cos\beta)-0}{\rho}=\lim\limits_{\rho\to 0}\dfrac{\sqrt[3]{\rho^3\cos^3\alpha+\rho^3\cos^3\beta}}{\rho}$

$=\lim\limits_{\rho\to 0}\sqrt[3]{\cos^3\alpha+\cos^3\beta}=\sqrt[3]{\cos^3\alpha+\cos^3\beta}=\dfrac{\partial f}{\partial l}$.$\lim\limits_{x\to 0}\dfrac{f(x,0)-f(0,0)}{x}=\lim\limits_{x\to 0}\dfrac{\sqrt[3]{x^3+0^3}-0}{x}=\lim\limits_{x\to 0}\dfrac{x}{x}=1=f'_x(0,0)$,

同理 $f'_y(0,0)=1$.

$$\lim_{\rho \to 0} \frac{f(0+\Delta x, 0+\Delta y) - f(0,0) - f_x'(0,0)\Delta x - f_y'(0,0)\Delta y}{\sqrt{\Delta x^2 + \Delta y^2}}$$

$$= \lim_{\rho \to 0} \frac{\sqrt[3]{\Delta x^3 + \Delta y^3} - \Delta x - \Delta y}{\sqrt{\Delta x^2 + \Delta y^2}} \xlongequal[\Delta x > 0]{\Delta y = k\Delta x} \lim_{\substack{\Delta x \to 0 \\ \Delta y = k\Delta x}} \frac{\sqrt[3]{1+k^3} - 1 - k}{\sqrt{1+k^2}} = \begin{cases} 0, & k=0, \\ \dfrac{\sqrt[3]{2}-2}{\sqrt{2}}, & k=1. \end{cases}$$

极限不存在当然不为 0,因此 $f(x,y)$ 在点 $(0,0)$ 处不可微.

类型 1.6　求具体多元函数的偏导数

解题策略　本质上就是求一元函数的导数.

例 5.13　设 $f(x,y) = \displaystyle\int_0^{xy} e^{-t^2}\, dt$,求 $\dfrac{x}{y}\dfrac{\partial^2 f}{\partial x^2} - 2\dfrac{\partial^2 f}{\partial x \partial y} + \dfrac{y}{x}\dfrac{\partial^2 f}{\partial y^2}$.

解　$\dfrac{\partial f}{\partial x} = y e^{-x^2 y^2}$,$\dfrac{\partial^2 f}{\partial x^2} = -2xy^3 e^{-x^2 y^2}$,由 x, y 对称,知 $\dfrac{\partial^2 f}{\partial y^2} = -2yx^3 e^{-x^2 y^2}$.

而 $\dfrac{\partial^2 f}{\partial x \partial y} = e^{-x^2 y^2} - 2x^2 y^2 e^{-x^2 y^2}$,于是 $\dfrac{x}{y}\dfrac{\partial^2 f}{\partial x^2} - 2\dfrac{\partial^2 f}{\partial x \partial y} + \dfrac{y}{x}\dfrac{\partial^2 f}{\partial y^2} = -2e^{-x^2 y^2}$.

类型 1.7　求多元复合函数的偏导数

解题策略　用多元复合函数求偏导数公式,关键是搞清复合结构.

例 5.14　设 $z = f(2x-y) + g(x, xy)$,其中函数 $f(t)$ 二阶可导,$g(u,v)$ 具有连续二阶偏导数,求 $\dfrac{\partial^2 z}{\partial x \partial y}$.

解　$\dfrac{\partial z}{\partial x} = 2f' + g_1' + g_2' \cdot y$,　$\dfrac{\partial^2 z}{\partial x \partial y} = -2f'' + g_{12}'' \cdot x + g_{22}'' xy + g_2'$.

例 5.15　设 $z = x^3 f\left(xy, \dfrac{y}{x}\right)$,且 f 具有二阶连续偏导数,求 $\dfrac{\partial z}{\partial y}, \dfrac{\partial^2 z}{\partial y^2}, \dfrac{\partial^2 z}{\partial x \partial y}$.

解　$\dfrac{\partial z}{\partial y} = x^3\left(f_1' x + \dfrac{1}{x} f_2'\right) = x^4 f_1' + x^2 f_2'$,

$$\dfrac{\partial^2 z}{\partial y^2} = x^4\left(f_{11}'' x + \dfrac{1}{x} f_{12}''\right) + x^2\left(f_{21}'' x + \dfrac{1}{x} f_{22}''\right) = x^5 f_{11}'' + 2x^3 f_{12}'' + x f_{22}'',$$

$$\dfrac{\partial^2 z}{\partial x \partial y} = \dfrac{\partial^2 z}{\partial y \partial x} = \dfrac{\partial}{\partial x}\left(x^4 f_1' + x^2 f_2'\right) = \dfrac{\partial}{\partial x}\left(x^4 f_1'\right) + \dfrac{\partial}{\partial x}\left(x^2 f_2'\right)$$

$$= 4x^3 f_1' + x^4\left[f_{11}'' y + f_{12}''\left(-\dfrac{y}{x^2}\right)\right] + 2x f_2' + x^2\left[f_{21}'' y + f_{22}''\left(\dfrac{-y}{x^2}\right)\right]$$

$$= x^4 y f_{11}'' - y f_{22}'' + 4x^3 f_1' + 2x f_2'.$$

注　这里 $f_{12}'' = f_{21}''$.

例 5.16　设函数 $z = f(x,y)$ 在点 $(1,1)$ 处可微,且

$$f(1,1) = 1, \left.\dfrac{\partial f}{\partial x}\right|_{(1,1)} = 2, \left.\dfrac{\partial f}{\partial y}\right|_{(1,1)} = 3, \varphi(x) = f(x, f(x,x)),$$

求 $\left.\dfrac{d}{dx}\varphi^3(x)\right|_{x=1}$.

分析　这里是多层复合,关键是搞清复合结构.

解　由 $\varphi(1) = f(1, f(1,1)) = f(1,1) = 1$,于是

$$\left.\dfrac{d}{dx}\varphi^3(x)\right|_{x=1} = \left.\left[3\varphi^2(x) \cdot \dfrac{d\varphi(x)}{dx}\right]\right|_{x=1}$$

$$= 3\varphi^2(x)\left[f_1'(x, f(x,x)) + f_2'(x, f(x,x)) \cdot (f_1'(x,x) + f_2'(x,x))\right]|_{x=1}$$

$$= 3 \cdot 1 \cdot \left[2 + 3(2+3)\right] = 51.$$

例 5.17　设 $u = f(x,y,z)$,$x = r\sin\theta\cos\varphi$,$y = r\sin\theta\sin\varphi$,$z = r\cos\theta$,且 f 具有连续的一阶偏导数.

(1) 如果 $x\dfrac{\partial u}{\partial x} + y\dfrac{\partial u}{\partial y} + z\dfrac{\partial u}{\partial z} = 0$,则 u 仅是 θ 和 φ 的函数;

(2) 如果 $\dfrac{\partial u}{x}=\dfrac{\partial u}{y}=\dfrac{\partial u}{z}$，则 u 仅是 r 的函数.

分析　只要证 $\dfrac{\partial u}{\partial r}=0$，即 u 仅是 θ 和 φ 的函数.

证明　(1) $\dfrac{\partial u}{\partial r}=\dfrac{\partial u}{\partial x}\sin\theta\cos\varphi+\dfrac{\partial u}{\partial y}\sin\theta\sin\varphi+\dfrac{\partial u}{\partial z}\cos\theta$

$$=\dfrac{1}{r}\left[\dfrac{\partial u}{\partial x}r\sin\theta\cos\varphi+\dfrac{\partial u}{\partial y}r\sin\theta\sin\varphi+\dfrac{\partial u}{\partial z}r\cos\theta\right]=\dfrac{1}{r}\left[x\dfrac{\partial u}{\partial x}+y\dfrac{\partial u}{\partial y}+z\dfrac{\partial u}{\partial z}\right]=0.$$

故 u 仅是 θ 和 φ 的函数.

分析　只要证 $\dfrac{\partial u}{\partial\theta}=0,\dfrac{\partial u}{\partial\varphi}=0.$ 即 u 仅是 r 的函数.

证明　(2) $\dfrac{\partial u}{\partial\theta}=\dfrac{\partial u}{\partial x}r\cos\theta\cos\varphi+\dfrac{\partial u}{\partial y}r\cos\theta\sin\varphi-\dfrac{\partial u}{\partial z}r\sin\theta.$

由 $\dfrac{\partial u}{x}=\dfrac{\partial u}{y}=\dfrac{\partial u}{z}=k$，得 $\dfrac{\partial u}{\partial x}=kx,\dfrac{\partial u}{\partial y}=ky,\dfrac{\partial u}{\partial z}=kz$，代入上式，有

$$\dfrac{\partial u}{\partial\theta}=rk[\cos\theta\cos\varphi\sin\theta\cos\varphi+\cos\theta\sin\varphi\sin\theta\sin\varphi-\sin\theta\cos\theta]$$

$$=rk[\cos\theta\sin\theta-\cos\theta\sin\theta]=0,$$

$$\dfrac{\partial u}{\partial\varphi}=\dfrac{\partial u}{\partial x}r\sin\theta(-\sin\varphi)+\dfrac{\partial u}{\partial y}r\sin\theta\cos\varphi+\dfrac{\partial u}{\partial z}\cdot 0$$

$$=rk[-\sin\theta\sin\varphi\sin\theta\cos\varphi+\sin\theta\cos\varphi\sin\theta\sin\varphi]=0.$$

故 u 仅是 r 的函数.

类型 1.8　求多元隐函数的偏导数

解题策略　①用多元隐函数求偏导数公式；②用多元隐函数求偏导数的方法；③用全微分一阶形式不变性.

例 5.18　设 $x^2+z^2=y\varphi\left(\dfrac{z}{y}\right)$，其中 φ 为可微函数，求 $\dfrac{\partial z}{\partial y}$.

解法一　由题意知方程确定函数 $z=z(x,y)$.方程两边对 y 求偏导数，得

$$2z\dfrac{\partial z}{\partial y}=\varphi\left(\dfrac{z}{y}\right)+y\varphi'\left(\dfrac{z}{y}\right)\cdot\dfrac{y\dfrac{\partial z}{\partial y}-z}{y^2}\Rightarrow\dfrac{\partial z}{\partial y}=\dfrac{y\varphi\left(\dfrac{z}{y}\right)-z\varphi'\left(\dfrac{z}{y}\right)}{2yz-y\varphi'\left(\dfrac{z}{y}\right)}.$$

解法二　设 $F(x,y,z)=x^2+z^2-y\varphi\left(\dfrac{z}{y}\right),F'_y=-\varphi\left(\dfrac{z}{y}\right)+\dfrac{z}{y}\varphi'\left(\dfrac{z}{y}\right),F'_z=2z-\varphi'\left(\dfrac{z}{y}\right)$，于是

$$\dfrac{\partial z}{\partial y}=-\dfrac{F'_y}{F'_z}=\dfrac{y\varphi\left(\dfrac{z}{y}\right)-z\varphi'\left(\dfrac{z}{y}\right)}{2yz-y\varphi'\left(\dfrac{z}{y}\right)}.$$

例 5.19　设 $z=f(x,y)$ 是由方程 $z-y-x+xe^{z-y-x}=0$ 所确定的二元函数，求 $\mathrm{d}z$.

解　将方程两端取微分，得 $\mathrm{d}z-\mathrm{d}y-\mathrm{d}x+e^{z-y-x}\mathrm{d}x+xe^{z-y-x}(\mathrm{d}z-\mathrm{d}y-\mathrm{d}x)=0.$
整理后得 $(1+xe^{z-y-x})\mathrm{d}z=(1+xe^{z-y-x}-e^{z-y-x})\mathrm{d}x+(1+xe^{z-y-x})\mathrm{d}y.$

所以 $\mathrm{d}z=\dfrac{1+(x-1)e^{z-y-x}}{1+xe^{z-y-x}}\mathrm{d}x+\mathrm{d}y.$

例 5.20　由方程 $xyz+\sqrt{x^2+y^2+z^2}=\sqrt{2}$ 确定函数 $z=z(x,y)$，求 $\mathrm{d}z\big|_{(1,0,-1)}$.

解法一　由条件知 $z=z(x,y)$，方程两边对 x 求偏导数，得

$$y\left(z+x\cdot\dfrac{\partial z}{\partial x}\right)+\dfrac{2x+2z\cdot\dfrac{\partial z}{\partial x}}{2\sqrt{x^2+y^2+z^2}}=0.\qquad\qquad ①$$

把 $x=1,y=0,z=-1$ 代入①,得 $\dfrac{1-\dfrac{\partial z}{\partial x}}{\sqrt{1+1}}=0$,即 $\dfrac{\partial z}{\partial x}\Big|_{(1,0,-1)}=1$.

方程两边对 y 求偏导数,得

$$x\left(z+y\cdot\frac{\partial z}{\partial x}\right)+\frac{2y+2z\cdot\dfrac{\partial z}{\partial y}}{2\sqrt{x^2+y^2+z^2}}=0. \tag{②}$$

把 $x=1,y=0,z=-1$ 代入②,得 $-1-\dfrac{\dfrac{\partial z}{\partial y}}{\sqrt{2}}=0$,即 $\dfrac{\partial z}{\partial y}\Big|_{(1,0,-1)}=-\sqrt{2}$. 故 $dz|_{(1,0,-1)}=dx-\sqrt{2}\,dy$.

解法二 方程两边取微分,得 $yz\,dx+xz\,dy+xy\,dz+\dfrac{1}{\sqrt{x^2+y^2+z^2}}(x\,dx+y\,dy+z\,dz)=0.$

将 $x=1,y=0,z=-1$ 代入上式,得 $-dy+\dfrac{1}{\sqrt{2}}(dx-dz)=0$,即 $dz|_{(1,0,-1)}=dx-\sqrt{2}\,dy$.

例 5.21 设 $F(x-y,y-z,z-x)=0$,其中 F 具有连续偏导数,且 $F_2'-F_3'\neq0$. 求证:$\dfrac{\partial z}{\partial x}+\dfrac{\partial z}{\partial y}=1$.

分析 用全微分一阶不变性.

解 由题意知方程确定函数 $z=z(x,y)$. 方程两边取微分,得 $dF(x-y,y-z,z-x)=d0=0$,有
$$F_1'\,d(x-y)+F_2'\,d(y-z)+F_3'\,d(z-x)=0.$$
根据微分运算,有 $F_1'(dx-dy)+F_2'(dy-dz)+F_3'(dz-dx)=0.$

合并同类项,$(F_1'-F_3')dx+(F_2'-F_1')dy=(F_2'-F_3')dz$,

两边同除以 $F_2'-F_3'$,得 $dz=\dfrac{F_1'-F_3'}{F_2'-F_3'}dx+\dfrac{F_2'-F_1'}{F_2'-F_3'}dy$,

于是 $\dfrac{\partial z}{\partial x}=\dfrac{F_1'-F_3'}{F_2'-F_3'},\dfrac{\partial z}{\partial y}=\dfrac{F_2'-F_1'}{F_2'-F_3'}$,从而 $\dfrac{\partial z}{\partial x}+\dfrac{\partial z}{\partial y}=\dfrac{F_2'-F_3'}{F_2'-F_3'}=1$.

例 5.22 设 $u=f(x,y,z),\psi(x^2,e^y,z)=0,y=\sin x$,其中 f,ψ 具有连续偏导数,且 $\psi_3'\neq0$,求 $\dfrac{du}{dx}$.

解法一 由题意知,$y=y(x),z=z(x)$,因此
$$\frac{du}{dx}=f_x'+f_y'\frac{dy}{dx}+f_z'\frac{dz}{dx}, \tag{①}$$
$$\frac{dy}{dx}=\cos x. \tag{②}$$

方程 $\psi(x^2,e^y,z)=0$ 两边对 x 求导,有 $\psi_1'2x+\psi_2'e^y\cdot\dfrac{dy}{dx}+\psi_3'\dfrac{dz}{dx}=0$,解得
$$\frac{dz}{dx}=-\frac{1}{\psi_3'}(2x\psi_1'+e^y\psi_2'\cos x). \tag{③}$$

把②、③代入①,有 $\dfrac{du}{dx}=f_x'+f_y'\cos x-\dfrac{f_z'}{\psi_3'}(2x\psi_1'+\psi_2'e^x\cos x).$

分析 如果利用多元函数的一阶微分形式不变性及四则运算法则更方便,只要求出 $du=$式子$\cdot dx$,这个式子就是 $\dfrac{du}{dx}$.

解法二
$$du=f_x'\,dx+f_y'\,dy+f_z'\,dz, \tag{④}$$
由题意知
$$dy=\cos x\,dx. \tag{⑤}$$

而 $d\psi(x^2,e^y,z)=0$ 或 $\psi_1'd(x^2)+\psi_2'de^y+\psi_3'dz=0.$

得 $2\psi_1'x\,dx+\psi_2'e^y\,dy+\psi_3'dz=0$,即 $\psi_1'2x\,dx+\psi_2'e^y\cos x\,dx+\psi_3'dz=0.$

解得
$$dz=-\frac{1}{\psi_3'}(\psi_1'2x+\psi_2'e^y\cos x)dx. \tag{⑥}$$

把⑤、⑥代入④，有 $\mathrm{d}u=\left[f'_x+f'_y\cos x-\dfrac{f'_z}{\psi'_3}\left(\psi'_1 2x+\psi'_2 \mathrm{e}^y\cos x\right)\right]\mathrm{d}x$，

因此 $\dfrac{\mathrm{d}u}{\mathrm{d}x}=f'_x+f'_y\cos x-\dfrac{f'_z}{\psi'_3}\left(2x\psi'_1+\psi'_2 \mathrm{e}^x\cos x\right)$.

类型 1.9　求多元隐函数组的偏导数

解题策略　①用多元隐函数求偏导数的方法；②用全微分一阶形式不变性.

例 5.23　设函数 $y=y(x),z=z(x)$ 是由方程 $z=xf(x+y)$ 和 $F(x,y,z)=0$ 所确定的函数，其中 f 和 F 分别具有一阶连续导数和一阶连续偏导数，求 $\dfrac{\mathrm{d}z}{\mathrm{d}x}$.

分析　用多元隐函数求偏导数的方法.

解　分别在 $z=xf(x+y)$ 和 $F(x,y,z)=0$ 的两端对 x 求导，得
$$\begin{cases}\dfrac{\mathrm{d}z}{\mathrm{d}x}=f+x\left(1+\dfrac{\mathrm{d}y}{\mathrm{d}x}\right)f',\\[2mm] F'_x+F'_y\dfrac{\mathrm{d}y}{\mathrm{d}x}+F'_z\dfrac{\mathrm{d}z}{\mathrm{d}x}=0.\end{cases}$$

整理后得 $\begin{cases}-xf'\dfrac{\mathrm{d}y}{\mathrm{d}x}+\dfrac{\mathrm{d}z}{\mathrm{d}x}=f+xf',\\[2mm] F'_y\dfrac{\mathrm{d}y}{\mathrm{d}x}+F'_z\dfrac{\mathrm{d}z}{\mathrm{d}x}=-F'_x.\end{cases}$ 由克拉默法则解得 $\dfrac{\mathrm{d}z}{\mathrm{d}x}=\dfrac{(f+xf')F'_y-xf'F'_x}{F'_y+xf'F'_z}$ $(F'_y+xf'F'_z\neq0)$.

例 5.24　设 $\begin{cases}xu-yv=0,\\ yu+xv=1,\end{cases}$ 求 $\dfrac{\partial u}{\partial x},\dfrac{\partial u}{\partial y},\dfrac{\partial v}{\partial x},\dfrac{\partial v}{\partial y}$.

分析　用全微分一阶形式不变性及微分的运算法则.

解　由题意知方程组确定隐函数 $u=u(x,y),v=v(x,y)$. 方程组两边取微分，有
$$\begin{cases}x\mathrm{d}u+u\mathrm{d}x-y\mathrm{d}v-v\mathrm{d}y=0,\\ y\mathrm{d}u+u\mathrm{d}y+x\mathrm{d}v+v\mathrm{d}x=0.\end{cases}$$

把 $\mathrm{d}u,\mathrm{d}v$ 看成未知的，解得 $\mathrm{d}u=\dfrac{1}{x^2+y^2}\left[-(xu+yv)\mathrm{d}x+(xv-yu)\mathrm{d}y\right]$.

有 $\dfrac{\partial u}{\partial x}=-\dfrac{xu+yv}{x^2+y^2},\dfrac{\partial u}{\partial y}=\dfrac{xv-yu}{x^2+y^2}$. 同理，还可以求出 $\mathrm{d}v$，从而得
$$\dfrac{\partial v}{\partial x}=\dfrac{yu-xv}{x^2+y^2},\dfrac{\partial v}{\partial y}=-\dfrac{xu+yv}{x^2+y^2}.$$

类型 1.10　求多元函数的方向导数与梯度（仅适合数学一）

解题策略　①用方向导数的公式；②用方向导数的定义；③用梯度定义.

例 5.25　求函数 $z=x^2-y^2$ 在点 $M(1,1)$ 处沿与 Ox 轴的正向组成角 $\dfrac{\pi}{3}$ 的方向 l 的方向导数.

解　$\dfrac{\partial z}{\partial x}\Big|_{\substack{x=1\\y=1}}=2x\Big|_{\substack{x=1\\y=1}}=2,\dfrac{\partial z}{\partial y}\Big|_{\substack{x=1\\y=1}}=-2y\Big|_{\substack{x=1\\y=1}}=-2,\cos\alpha=\cos\dfrac{\pi}{3}=\dfrac{1}{2},\cos\beta=\cos\dfrac{\pi}{6}=\dfrac{\sqrt{3}}{2}$，于是 $\dfrac{\partial z}{\partial l}\Big|_{\substack{x=1\\y=1}}=2\cdot\dfrac{1}{2}+(-2)\cdot\dfrac{\sqrt{3}}{2}=1-\sqrt{3}$.

例 5.26　求函数 $u=xy^2+z^3-xyz$ 在点 $P_0(1,1,1)$ 处沿哪个方向的方向导数最大、最小、为零，并求出相应的方向导数值.

解　$\dfrac{\partial u}{\partial x}=y^2-yz,\dfrac{\partial u}{\partial y}=2xy-xz,\dfrac{\partial u}{\partial z}=3z^2-xy$，于是 $\dfrac{\partial u}{\partial x}\Big|_{P_0}=0,\dfrac{\partial u}{\partial y}\Big|_{P_0}=1,\dfrac{\partial u}{\partial z}\Big|_{P_0}=2$.

从而 $\mathbf{grad}u(P_0)=\{0,1,2\},|\mathbf{grad}u(P_0)|=\sqrt{0^2+1^2+2^2}=\sqrt{5}$.

所以 u 在点 P_0 处沿方向 $\{0,1,2\}$ 的方向导数最大，最大值为 $\sqrt{5}$，u 在点 P_0 沿方向 $-\{0,1,2\}$ 的方向导数最小，最小值为 $-\sqrt{5}$；u 在点 P_0 处沿方向 $\{a,2b,-b\}(\{a,2b,-b\}\cdot\{0,1,2\}=0)$ 的方向导数为零.

例 5.27　设 $\boldsymbol{n}$ 是曲面 $2x^2+3y^2+z^2=6$ 在点 $P(1,1,1)$ 处的指向外侧的法向量，求函数 $u=$

$\dfrac{\sqrt{6x^2+8y^2}}{z}$ 在点 P 处沿方向 $\boldsymbol{n}$ 的方向导数.

解 由于曲面 $2x^2+3y^2+z^2=6$ 在点 (x,y,z) 的法向量为 $\pm\{4x,6y,2z\}$ 或 $\pm\{2x,3y,z\}$. 于是在 $P(1,1,1)$ 处的法向量为 $\pm\{2,3,1\}$,单位法向量为 $\pm\left\{\dfrac{2}{\sqrt{14}},\dfrac{3}{\sqrt{14}},\dfrac{1}{\sqrt{14}}\right\}$,由 $P(1,1,1)$ 在第一卦限且在 P 点的法方向指向外侧,即法方向与 Oz 轴正向夹角为锐角,故取 $\left\{\dfrac{2}{\sqrt{14}},\dfrac{3}{\sqrt{14}},\dfrac{1}{\sqrt{14}}\right\}$,而

$$\dfrac{\partial u}{\partial x}\Big|_P=\dfrac{6x}{z\sqrt{6x^2+8y^2}}\Big|_P=\dfrac{6}{\sqrt{14}},\ \dfrac{\partial u}{\partial y}\Big|_P=\dfrac{8y}{z\sqrt{6x^2+8y^2}}\Big|_P=\dfrac{8}{\sqrt{14}},\ \dfrac{\partial u}{\partial z}\Big|_P=-\dfrac{\sqrt{6x^2+8y^2}}{z^2}\Big|_P=-\sqrt{14}.$$

于是 $\dfrac{\partial u}{\partial n}\Big|_P=\dfrac{6}{\sqrt{14}}\cdot\dfrac{2}{\sqrt{14}}+\dfrac{8}{\sqrt{14}}\cdot\dfrac{3}{\sqrt{14}}-\sqrt{14}\cdot\dfrac{1}{\sqrt{14}}=\dfrac{11}{7}$.

例 5.28 求 $u=u(x,y,z)$ 在点 $P(x,y,z)$ 处沿 $v=v(x,y,z)$ 在点 $P(x,y,z)$ 梯度方向的方向导数. 在什么情况下,此方向导数为零?

解 由 $\boldsymbol{l}=\mathbf{grad}v,\boldsymbol{l}^0=\dfrac{\mathbf{grad}v}{|\mathbf{grad}v|}$,于是 $\dfrac{\partial u}{\partial l}\Big|_P=\mathbf{grad}u\cdot\boldsymbol{l}^0=\dfrac{\mathbf{grad}u\cdot\mathbf{grad}v}{|\mathbf{grad}v|}$.

要 $\dfrac{\partial u}{\partial l}\Big|_P=0$,只要 $\mathbf{grad}u\cdot\mathbf{grad}v=0$,即 $\mathbf{grad}u\perp\mathbf{grad}v$ 时,方向导数为零.

类型 1.11　求多元函数的极值

解题策略 求出多元函数的驻点、偏导数不存在的点. 对于驻点用二元函数取到极值的充分条件判断或用定义判断,对于偏导数不存在的点用定义判断.

例 5.29 求二元函数 $f(x,y)=x^2(2+y^2)+y\ln y$ 的极值.

解 $\begin{cases}f'_x(x,y)=2x(2+y^2),\\ f'_y(x,y)=2x^2y+\ln y+1.\end{cases}$ 令 $\begin{cases}f'_x(x,y)=0,\\ f'_y(x,y)=0,\end{cases}$ 解得唯一驻点 $\left(0,\dfrac{1}{e}\right)$. 由于 $A=f''_{xx}\left(0,\dfrac{1}{e}\right)=2(2+y^2)\big|_{\left(0,\frac{1}{e}\right)}=2\left(2+\dfrac{1}{e^2}\right),B=f''_{xy}\left(0,\dfrac{1}{e}\right)=4xy\big|_{\left(0,\frac{1}{e}\right)}=0,C=f''_{yy}\left(0,\dfrac{1}{e}\right)=\left(2x^2+\dfrac{1}{y}\right)\Big|_{\left(0,\frac{1}{e}\right)}=e$,

所以 $B^2-AC=-2e\left(2+\dfrac{1}{e^2}\right)<0$,且 $A>0$.

从而 $f\left(0,\dfrac{1}{e}\right)$ 是 $f(x,y)$ 的极小值,极小值为 $f\left(0,\dfrac{1}{e}\right)=-\dfrac{1}{e}$.

类型 1.12　求多元函数的最大值与最小值

解题策略 建立二元函数,指出定义域,用最大值和最小值定理.

例 5.30 求二元函数 $z=f(x,y)=x^2y(4-x-y)$ 在由直线 $x+y=6$,x 轴和 y 轴所围成的闭区域 D 上的极值、最大值与最小值.

解 由方程组 $\begin{cases}f'_x(x,y)=2xy(4-x-y)-x^2y=0,\\ f'_y(x,y)=x^2(4-x-y)-x^2y=0,\end{cases}$ 得 $x=0(0\leqslant y\leqslant6)$ 及点 $(4,0),(2,1)$. 点 $(4,0)$ 及线段 $x=0(0\leqslant y\leqslant6)$ 在 D 的边界上,只有点 $(2,1)$ 在 D 内部,可能是极值点.

$$f''_{xx}=8y-6xy-2y^2,\ f''_{xy}=8x-3x^2-4xy,\ f''_{yy}=-2x^2.$$

在点 $(2,1)$ 处,$A=f''_{xx}\big|_{\substack{x=2\\y=1}}=-6,B=f''_{xy}\big|_{\substack{x=2\\y=1}}=-4,C=f''_{yy}\big|_{\substack{x=2\\y=1}}=-8$.

$B^2-AC=-32<0$,且 $A<0$,因此点 $(2,1)$ 是 $z=f(x,y)$ 的极大值点,极大值 $f(2,1)=4$.

在 D 的边界 $x=0(0\leqslant y\leqslant6)$ 及 $y=0(0\leqslant x\leqslant6)$ 上 $f(x,y)=0$,在边界 $x+y=6$ 上,把 $y=6-x$ 代入 $f(x,y)$ 中,得 $z=2x^3-12x^2\ (0\leqslant x\leqslant6)$. 由 $z'=6x^2-24x=0$ 得 $x=0,x=4$. 在边界 $x+y=6$ 上对应 $x=0$,$4,6$ 处 z 值分别为

$$z\big|_{x=0}=2x^3-12x^2\big|_{x=0}=0,z\big|_{x=4}=2x^3-12x^2\big|_{x=4}=-64,z\big|_{x=6}=2x^3-12x^2\big|_{x=6}=0.$$

因此知 $z=f(x,y)$ 在边界上最大值为 0,最小值为 $f(4,2)=-64$. 比较边界上最大值和最小值与驻点 $(2,1)$ 处的值,$z=f(x,y)$ 在闭区域 D 上的最大值为 $f(2,1)=4$,最小值为 $f(4,2)=-64$.

例 5.31　求函数 $z = x^2 + y^2 + 2x + y$ 在区域 $D : x^2 + y^2 \leqslant 1$ 上的最大值与最小值.

解　由于 $x^2 + y^2 \leqslant 1$ 是有界闭区域, $z = x^2 + y^2 + 2x + y$ 在该区域上连续, 因此一定能取到最大值与最小值.

(1) 解方程组 $\begin{cases} \dfrac{\partial z}{\partial x} = 2x + 2 = 0, \\ \dfrac{\partial z}{\partial y} = 2y + 1 = 0, \end{cases}$ 得 $\begin{cases} x = -1, \\ y = -\dfrac{1}{2}. \end{cases}$ 由于 $(-1)^2 + \left(-\dfrac{1}{2}\right)^2 > 1$, 即 $\left(-1, -\dfrac{1}{2}\right)$ 不在区域 D 内, 舍去.

(2) 函数在区域内部无偏导数不存在的点.

(3) 求函数在边界上的最大值与最小值点, 即求 $z = x^2 + y^2 + 2x + y$ 在满足约束条件 $x^2 + y^2 = 1$ 的条件极值点. 此时, $z = 1 + 2x + y$.

用格拉朗日乘数法, 作拉格朗日函数 $L(x, y, \lambda) = 1 + 2x + y + \lambda(x^2 + y^2 - 1)$, 解方程组

$$\begin{cases} L'_x = 2 + 2\lambda x = 0, & \text{①} \\ L'_y = 1 + 2\lambda y = 0, & \text{②} \\ L'_\lambda = x^2 + y^2 - 1 = 0. & \text{③} \end{cases}$$

由①,②解得 $x = -\dfrac{1}{\lambda}, y = -\dfrac{1}{2\lambda}$. 把它们代入③, 有 $\dfrac{1}{\lambda^2} + \dfrac{1}{4\lambda^4} - 1 = 0$, 解得 $\lambda = -\dfrac{\sqrt{5}}{2}$ 或 $\lambda = \dfrac{\sqrt{5}}{2}$. 代入①,②

得 $\begin{cases} x = \dfrac{2}{\sqrt{5}}, \\ y = \dfrac{1}{\sqrt{5}}, \end{cases}$ 或 $\begin{cases} x = -\dfrac{2}{\sqrt{5}}, \\ y = -\dfrac{1}{\sqrt{5}}. \end{cases}$ 所以三类最值怀疑点仅有两个.

由于 $z\left(\dfrac{2}{\sqrt{5}}, \dfrac{1}{\sqrt{5}}\right) = 1 + \sqrt{5}, z\left(-\dfrac{2}{\sqrt{5}}, -\dfrac{1}{\sqrt{5}}\right) = 1 - \sqrt{5}$, 所以最小值 $m = 1 - \sqrt{5}$, 最大值 $M = 1 + \sqrt{5}$.

类型 1.13　求多元函数的条件极值

解题策略　用拉格朗日乘数法.

例 5.32　求内接于椭球面 $\dfrac{x^2}{a^2} + \dfrac{y^2}{b^2} + \dfrac{z^2}{c^2} = 1$ 的体积最大的长方体.

解　设该内接长方体的体积为 $V, P(x, y, z)\ (x > 0, y > 0, z > 0)$ 是长方体的一个顶点, 且位于椭球面上, 由于椭球面关于三个坐标平面对称, 所以 $V = 8xyz, x > 0, y > 0, z > 0$ 且满足条件 $\dfrac{x^2}{a^2} + \dfrac{y^2}{b^2} + \dfrac{z^2}{c^2} = 1$. 因此, 需要求出 $V = 8xyz$ 在约束 $\dfrac{x^2}{a^2} + \dfrac{y^2}{b^2} = \dfrac{z^2}{c^2} = 1$ 条件下的极值.

现用拉格朗日乘数法解, 设 $L(x, y, z, \lambda) = 8xyz + \lambda\left(\dfrac{x^2}{a^2} + \dfrac{y^2}{b^2} + \dfrac{z^2}{c^2} - 1\right)$, 求出 L 的所有偏导数, 并令它们都等于 0, 有

$$\begin{cases} L'_x = 8yz + \dfrac{2\lambda x}{a^2} = 0, & \text{①} \\ L'_y = 8xz + \dfrac{2\lambda y}{b^2} = 0, & \text{②} \\ L'_z = 8xy + \dfrac{2\lambda z}{c^2} = 0, & \text{③} \\ L'_\lambda = \dfrac{x^2}{a^2} + \dfrac{y^2}{b^2} + \dfrac{z^2}{c^2} - 1 = 0. & \text{④} \end{cases}$$

①,②,③分别乘以 x, y, z, 有 $8xyz = -\dfrac{2\lambda x^2}{a^2}, 8xyz = -\dfrac{2\lambda y^2}{b^2}, 8xyz = -\dfrac{2\lambda z^2}{c^2}$, 得 $\dfrac{2\lambda x^2}{a^2} = \dfrac{2\lambda y^2}{b^2} = \dfrac{2\lambda z^2}{c^2}$, 于是 $\dfrac{x^2}{a^2} = \dfrac{y^2}{b^2} = \dfrac{z^2}{c^2}$ 或 $\lambda = 0$($\lambda = 0$ 时, $8xyz = 0$, 不合题意, 舍去), 把 $\dfrac{x^2}{a^2} = \dfrac{y^2}{b^2} = \dfrac{z^2}{c^2}$ 代入④, 有 $\dfrac{3z^2}{c^2} - 1 = 0$, 解得 $z =$

$\dfrac{c}{\sqrt{3}}$,从而 $x=\dfrac{a}{\sqrt{3}}$,$y=\dfrac{b}{\sqrt{3}}$.

由题意知,内接于椭球面的长方体的体积没有最小值,而存在最大值,因而以点 $\left(\dfrac{a}{\sqrt{3}},\dfrac{b}{\sqrt{3}},\dfrac{c}{\sqrt{3}}\right)$ 为顶点所作对称于坐标平面的长方体即为所求的最大长方体,体积为 $V=\dfrac{8abc}{3\sqrt{3}}$.

注 λ 是辅助参数,如果不用求出 λ,就能求出可疑极值点 (x_0,y_0,z_0) 最佳,否则就要求出 λ,才能求出 (x_0,y_0,z_0).

例 5.33 证明不等式 $ab^2c^3\leqslant108\left(\dfrac{a+b+c}{6}\right)^6$,其中 a,b,c 是任意的非负实数.

证明 考查目标函数 $f(x,y,z)=\ln x+2\ln y+3\ln z$ 在约束条件
$$\psi(x,y,z)=x+y+z-6M=0$$
下的最大值,其中 M 是正常数.

作拉格朗日函数 $L(x,y,z,\lambda)=\ln x+2\ln y+3\ln z+\lambda(x+y+z-6M)$,$x>0,y>0,z>0$.

解方程组 $\begin{cases} L'_x=\dfrac{1}{x}+\lambda=0, \\ L'_y=\dfrac{2}{y}+\lambda=0, \\ L'_z=\dfrac{3}{z}+\lambda=0, \\ L'_\lambda=x+y+z-6M=0, \end{cases}$ 得 $\lambda=-\dfrac{1}{M}$,$x=M$,$y=2M$,$z=3M$.

由于 $\lim\limits_{(x,y,z)\to(0,0,0)}f(x,y,z)=-\infty$,显然 $f(x,y,z)$ 无最小值,函数在点 $(M,2M,3M)$ 取到最大值
$$f(M,2M,3M)=\ln M\cdot\ln(2M)^2\cdot\ln(3M)^2=\ln108M^6.$$

于是 $\ln xy^2z^3\leqslant\ln108M^6=\ln108\left(\dfrac{x+y+z}{6}\right)^6$,即 $xy^2z^3\leqslant108\left(\dfrac{x+y+z}{6}\right)^6$.

取 $x=a$,$y=b$,$z=c$,有 $ab^2c^3\leqslant108\left(\dfrac{a+b+c}{6}\right)^6$.

类型 1.14 求曲面的切平面与曲线的切线方程(仅适合数学一)

解题策略 用曲面的切平面与曲线的切线公式.

例 5.34 求曲面 $x^2+2y^2+3z^2=21$ 的平行于平面 $x+4y+6z=0$ 的各切平面.

解 $\boldsymbol{n}=2\{x,2y,3z\}$,由题意知 $x=\lambda$,$2y=4\lambda$,$3z=6\lambda$,解得 $x=\lambda$,$y=2\lambda$,$z=2\lambda$.代入方程 $x^2+2y^2+3z^2=21$,得 $\lambda=\pm1$,切点为 $(1,2,2)$,$(-1,-2,-2)$,切平面方程为
$$(x-1)+4(y-2)+6(z-2)=0 \text{ 与 } -(x+1)-4(y+2)-6(z+2)=0,$$
即 $x+4y+6z=21$ 与 $x+4y+6z=-21$.

例 5.35 设直线 $l:\begin{cases} x+y+b=0, \\ x+ay-z-3=0 \end{cases}$ 在平面 π 上,而平面 π 与曲面 $z=x^2+y^2$ 相切于点 $(1,-2,5)$,求常数 a,b 之值.

解法一 在点 $(1,-2,5)$ 处曲面的法向量 $\boldsymbol{n}=\{2,-4,-1\}$,故切平面即平面 π 的方程为 $2(x-1)-4(y+2)-(z-5)=0$,即 $2x-4y-z-5=0$,再由 $\begin{cases} x+y+b=0, \\ x+ay-z-3=0 \end{cases}$ 可得 $y=-(x+b)$,$z=x-a(x+b)-3$ 代入平面方程,得 $2x+4(x+b)-x+a(x+b)+3-5=0$,有 $(5+a)x+4b+ab-2=0$,因而 $5+a=0$,$4b+ab-2=0$,由此得 $a=-5$,$b=-2$.

解法二 过 l 的平面方程为 $x+ay-z-3+\lambda(x+y+b)=0$,即
$$(1+\lambda)x+(a+\lambda)y-z-3+\lambda b=0.$$

曲面 $z=x^2+y^2$ 在点 $(1,-2,5)$ 处的法向量 $\boldsymbol{n}=\{2,-4,-1\}$,故由题设知 $\dfrac{1+\lambda}{2}=\dfrac{a+\lambda}{-4}=\dfrac{-1}{-1}$.

解得 $\lambda=1,a=-5$，又点 $(1,-2,5)$ 在平面 π 上，故 $(1+\lambda)-2(a+\lambda)-8+\lambda b=0$，将 $\lambda=1,a=-5$ 代入，解得 $b=-2$.

例 5.36 过直线 $l:\begin{cases}10x+2y-2z=27\\x+y-z=0\end{cases}$ 作曲面 $3x^2+y^2-z^2=27$ 的切平面，求此切平面方程.

解 因所求的切平面过平面 $10x+2y-2z=27$ 与 $x+y-z=0$ 的交线，故可设切平面方程是

$10x+2y-2z-27+\lambda(x+y-z)=0$，即

$$(10+\lambda)x+(2+\lambda)y-(2+\lambda)z=27.\qquad\qquad ①$$

设所求平面的切点为 $P_0(x_0,y_0,z_0)$，则点 P_0 即在曲面又在切平面上，故

$$3x_0^2+y_0^2-z_0^2=27,\qquad\qquad ②$$

$$(10+\lambda)x_0+(2+\lambda)y_0-(2+\lambda)z_0=27,\qquad\qquad ③$$

切平面的法向量 $\boldsymbol{n}=2\{3x_0,y_0,-z_0\}$，故

$$\frac{3x_0}{10+\lambda}=\frac{y_0}{2+\lambda}=\frac{-z_0}{-2-\lambda}.\qquad\qquad ④$$

将②，③，④联立，求得 $\lambda_1=-1,\lambda_2=-19$，代入①式，得切平面方程为

$$9x+y-z=27\quad\text{与}\quad 9x+17y-17z+27=0.$$

例 5.37 证明：曲面 $xyz=a^3(a>0)$ 的切平面与坐标面形成体积为一定值的四面体.

证明 设曲面上任一点 $P_0(x_0,y_0,z_0)$，则曲面在该点的切平面方程为

$$y_0z_0(x-x_0)+x_0z_0(y-y_0)+x_0y_0(z-z_0)=0.$$

它与各坐标轴的交点为 $A(3x_0,0,0),B(0,3y_0,0),C(0,0,3z_0)$，注意到各坐标轴的垂直关系，即知以 A,B,C,O 诸点为顶点的四面体的体积为 $V_{ABCO}=\dfrac{1}{3}|OC|\cdot\dfrac{1}{2}|OA|\cdot|OB|=\dfrac{1}{6}|3z_0||3x_0||3y_0|=\dfrac{9}{2}|x_0y_0z_0|=\dfrac{9}{2}|a^3|=\dfrac{9}{2}a^3$，即体积为一定值.

例 5.38 设曲面 $S:\dfrac{x^2}{2}+y^2+\dfrac{z^2}{4}=1$，平面 $\pi:2x+2y+z+5=0$.

(1)在曲面 S 上求平行于 π 的切平面方程；　　(2)在曲面 S 上与平面 π 之间的最短距离.

解 (1)令 $F(x,y,z)=\dfrac{x^2}{2}+y^2+\dfrac{z^2}{4}-1=0$ 为曲面 S 的方程，则曲面上一点 (x_0,y_0,z_0) 的切平面法向量为 $\boldsymbol{n}=\left\{x_0,2y_0,\dfrac{z_0}{2}\right\}$，由于切平面与平面 π 平行，应有 $\dfrac{x_0}{2}=\dfrac{2y_0}{2}=\dfrac{z_0}{2}$，则 $x_0=2y_0,z_0=2y_0$ 代入曲面方程，有 $\dfrac{4y_0^2}{2}+y_0^2+\dfrac{4y_0^2}{4}-1=0$，解得 $y_0=\pm\dfrac{1}{2}$，从而切点为 $M_1\left(1,\dfrac{1}{2},1\right),M_2\left(-1,-\dfrac{1}{2},-1\right)$，其相应的切平面方程为 $\pi_1:(x-1)+\left(y-\dfrac{1}{2}\right)+\dfrac{1}{2}(z-1)=0$，即 $x+y+\dfrac{1}{2}z-2=0$. $\pi_2:-(x+1)-\left(y+\dfrac{1}{2}\right)-\dfrac{1}{2}(z+1)=0$，即 $x+y+\dfrac{1}{2}z+2=0$.

(2)由于所给曲面 S 为一个椭球面，从几何上看，这个椭球面 S 总是夹在平行于已知平面 π 的两个切平面之间，由已知平面 π 与椭球面不相交，所以切点中距离平面 π 的最小距离就是曲面 S 与平面 π 之间的最短距离. 因此 M_1,M_2 到平面 π 的距离：$d_1=\dfrac{|2+1+1+5|}{3}=3,d_2=\dfrac{|-2-1-1+5|}{3}=\dfrac{1}{3}$. 即 $d_2=\dfrac{1}{3}$ 是曲面 S 到平面 π 的最短距离.

例 5.39 求曲线 $\Gamma:\begin{cases}x^2+y^2+z^2=6,\\x+y+z=0\end{cases}$ 在点 $M(1,-2,1)$ 处的切线方程与法平面方程.

解 $F(x,y,z)=x^2+y^2+z^2-6=0,G(x,y,z)=x+y+z=0$.

$\{2x,2y,2z\}\mathbin{/\mkern-5mu/}\{x,y,z\},\boldsymbol{n}_1=\{x,y,z\}\big|_{(1,-2,1)}=\{1,-2,1\},\boldsymbol{n}_2=\{1,1,1\}\big|_{(1,-2,1)}=\{1,1,1\}.$

故切线方程为 $\begin{cases}(x-1)-2(y+2)+(z-1)=0,\\x-1+y+2+z-1=0,\end{cases}$ 即 $\begin{cases}x-2y+z-6=0,\\x+y+z=0.\end{cases}$

而切线的方向向量 $v = \begin{vmatrix} i & j & k \\ 1 & -2 & 1 \\ 1 & 1 & 1 \end{vmatrix} = \{-3,0,3\} \ /\!/ \ \{1,0,-1\}$，故法平面方程为 $(x-1)-(z-1)=0$，

即 $x-z=0$.

注 从解题过程可看出在平面上一点的切平面方程就是该平面.

三、综合例题精选

例 5.40 设变换 $\begin{cases} u=x-2y, \\ v=x+ay, \end{cases}$ 可把方程 $6\dfrac{\partial^2 z}{\partial x^2}+\dfrac{\partial^2 z}{\partial x \partial y}-\dfrac{\partial^2 z}{\partial y^2}=0$ 简化为 $\dfrac{\partial^2 z}{\partial u \partial v}=0$，其中 z 具有连续的偏导

数，求常数 a.

分析 把 $z=z(x,y)$ 看成复合函数 $z=z(u,v)$，$u=x-2y$，$v=x+ay$，利用多元复合偏导数公式可直接

把原来的二阶偏导数用新的二阶偏导数表示.

解 把 $z=z(x,y)$ 看成复合函数 $z=z(u,v)$，$u=x-2y$，$v=x+ay$，于是

$$\frac{\partial z}{\partial x}=\frac{\partial z}{\partial u}+\frac{\partial z}{\partial v},\ \frac{\partial z}{\partial y}=-2\frac{\partial z}{\partial u}+a\frac{\partial z}{\partial v},$$

$$\frac{\partial^2 z}{\partial x^2}=\frac{\partial^2 z}{\partial u^2}+\frac{\partial^2 z}{\partial u \partial v}+\frac{\partial^2 z}{\partial v \partial u}+\frac{\partial^2 z}{\partial v^2}=\frac{\partial^2 z}{\partial u^2}+2\frac{\partial^2 z}{\partial u \partial v}+\frac{\partial^2 z}{\partial v^2},$$

$$\frac{\partial^2 z}{\partial x \partial y}=\frac{\partial^2 z}{\partial u^2}(-2)+\frac{\partial^2 z}{\partial u \partial v}a+\frac{\partial^2 z}{\partial v \partial u}(-2)+\frac{\partial^2 z}{\partial v^2}a=-2\frac{\partial^2 z}{\partial u^2}+(a-2)\frac{\partial^2 z}{\partial u \partial v}+a\frac{\partial^2 z}{\partial v^2},$$

$$\frac{\partial^2 z}{\partial y^2}=-2\frac{\partial^2 z}{\partial u^2}(-2)-2\frac{\partial^2 z}{\partial u \partial v}a+a\frac{\partial^2 z}{\partial v \partial u}(-2)+a^2\frac{\partial^2 z}{\partial v^2}=4\frac{\partial^2 z}{\partial u^2}-4a\frac{\partial^2 z}{\partial u \partial v}+a^2\frac{\partial^2 z}{\partial v^2}.$$

把上述结果代入原方程，经整理后得 $(10+5a)\dfrac{\partial^2 z}{\partial u \partial v}+(6+a-a^2)\dfrac{\partial^2 z}{\partial v^2}=0$.

由题意知，a 应满足 $\begin{cases} 6+a-a^2=0, \\ 10+5a\neq 0, \end{cases}$ 由此解得 $a=3$.

自 测 题

一、填空题

1. 设函数 $F(x,y)=\displaystyle\int_0^{xy}\frac{\sin t}{1+t^2}\mathrm{d}t$，则 $\left.\dfrac{\partial^2 F}{\partial x^2}\right|_{\substack{x=0 \\ y=2}}=$ _____.

2. 已知 $z=\left(\dfrac{y}{x}\right)^{\frac{x}{y}}$，则 $\left.\dfrac{\partial z}{\partial x}\right|_{(1,2)}=$ _____.

3. 设 $f(u,v)$ 是二元可微函数，$z=f\left(\dfrac{y}{x},\dfrac{x}{y}\right)$，则 $x\dfrac{\partial z}{\partial x}-y\dfrac{\partial z}{\partial y}=$ _____.

4. 设函数 $z=z(x,y)$ 由方程 $z=\mathrm{e}^{2x-3z}+2y$ 确定，则 $3\dfrac{\partial z}{\partial x}+\dfrac{\partial z}{\partial y}=$ _____.

5. 设 $f(u,v)$ 为二元可微函数，$z=f(x^y,y^x)$，则 $\dfrac{\partial z}{\partial x}=$ _____.

6. 设连续函数 $z=f(x,y)$ 满足 $\lim\limits_{\substack{x\to 0 \\ y\to 1}}\dfrac{f(x,y)-2x+y-2}{\sqrt{x^2+(y-1)^2}}=0$，则 $\mathrm{d}z|_{(0,1)}=$ _____.

7. 椭球面 $\dfrac{x^2}{a^2}+\dfrac{y^2}{b^2}+\dfrac{z^2}{c^2}=1$ 上点 (x_0,y_0,z_0) 处的切平面方程是 _____.

8. 设函数 $u(x,y,z)=1+\dfrac{x^2}{6}+\dfrac{y^2}{12}+\dfrac{z^2}{18}$，单位向量 $\boldsymbol{n}=\dfrac{1}{\sqrt 3}\{1,1,1\}$，则 $\left.\dfrac{\partial u}{\partial \boldsymbol{n}}\right|_{(1,2,3)}=$ _____.

二、选择题

9. 设函数 $f(x,y) = e^{\sqrt{x^2+y^4}}$，则 　　　　　　　　　　（　　）

(A) $f'_x(0,0)$ 存在，$f'_y(0,0)$ 存在　　　　　(B) $f'_x(0,0)$ 不存在，$f'_y(0,0)$ 存在

(C) $f'_x(0,0)$ 存在，$f'_y(0,0)$ 不存在　　　　(D) $f'_x(0,0)$，$f'_y(0,0)$ 都不存在

10. 设 $f(x,y) = \begin{cases} \dfrac{xy}{\sqrt{x^4+y^4}}, & (x,y) \neq (0,0), \\ 0, & (x,y) = (0,0), \end{cases}$ 则在点 $O(0,0)$ 处 　（　　）

(A) 偏导数存在，函数不连续　　　　　　(B) 偏导数不存在，函数连续

(C) 偏导数存在，函数连续　　　　　　　(D) 偏导数不存在，函数不连续

11. 二元函数 $f(x,y)$ 在点 $(0,0)$ 处可微的一个充分条件是 　　　（　　）

(A) $\lim\limits_{(x,y)\to(0,0)} [f(x,y) - f(0,0)] = 0$

(B) $\lim\limits_{x\to0} \dfrac{f(x,0) - f(0,0)}{x} = 0$ 且 $\lim\limits_{y\to0} \dfrac{f(0,y) - f(0,0)}{y} = 0$

(C) $\lim\limits_{(x,y)\to(0,0)} \dfrac{f(x,y) - f(0,0)}{\sqrt{x^2+y^2}} = 0$

(D) $\lim\limits_{x\to0} [f'_x(x,0) - f'_x(0,0)] = 0$ 且 $\lim\limits_{y\to0} [f'_y(0,y) - f'_y(0,0)] = 0$

12. 如果函数 $f(x,y)$ 在 $(0,0)$ 处连续，那么下列命题正确的是 　　（　　）

(A) 若极限 $\lim\limits_{\substack{x\to0 \\ y\to0}} \dfrac{f(x,y)}{|x|+|y|}$ 存在，则 $f(x,y)$ 在 $(0,0)$ 处可微

(B) 若极限 $\lim\limits_{\substack{x\to0 \\ y\to0}} \dfrac{f(x,y)}{x^2+y^2}$ 存在，则 $f(x,y)$ 在 $(0,0)$ 处可微

(C) 若 $f(x,y)$ 在 $(0,0)$ 处可微，则极限 $\lim\limits_{\substack{x\to0 \\ y\to0}} \dfrac{f(x,y)}{|x|+|y|}$ 存在

(D) 若 $f(x,y)$ 在 $(0,0)$ 处可微，则极限 $\lim\limits_{\substack{x\to0 \\ y\to0}} \dfrac{f(x,y)}{x^2+y^2}$ 存在

13. 设函数 $u(x,y) = \phi(x+y) + \phi(x-y) + \int_{x-y}^{x+y} \psi(t)\mathrm{d}t$，其中函数 ϕ 具有二阶导数，ψ 具有一阶导数，则必有 　　　　　　　　　　　　　　　　　　　　　（　　）

(A) $\dfrac{\partial^2 u}{\partial x^2} = -\dfrac{\partial^2 u}{\partial y^2}$　　　　　　　(B) $\dfrac{\partial^2 u}{\partial x^2} = \dfrac{\partial^2 u}{\partial y^2}$

(C) $\dfrac{\partial^2 u}{\partial x \partial y} = \dfrac{\partial^2 u}{\partial y^2}$　　　　　　　(D) $\dfrac{\partial^2 u}{\partial x \partial y} = \dfrac{\partial^2 u}{\partial x^2}$

14. 设可微函数 $f(x,y)$ 在点 (x_0, y_0) 取得极小值，则下列结论正确的是 （　　）

(A) $f(x_0, y)$ 在 $y = y_0$ 处的导数等于零　　(B) $f(x_0, y)$ 在 $y = y_0$ 处的导数大于零

(C) $f(x_0, y)$ 在 $y = y_0$ 处的导数小于零　　(D) $f(x_0, y)$ 在 $y = y_0$ 处的导数不存在

15. 设函数 $z = f(x,y)$ 的全微分为 $\mathrm{d}z = x\mathrm{d}x + y\mathrm{d}y$，则点 $(0,0)$ 　（　　）

(A) 不是 $f(x,y)$ 的连续点　　　　　　(B) 不是 $f(x,y)$ 的极值点

(C) 是 $f(x,y)$ 的极大值点　　　　　　(D) 是 $f(x,y)$ 的极小值点

16. 设函数 $f(x)$ 具有二阶连续导数，且 $f(x) > 0, f'(0) = 0$，则函数 $z = f(x)\ln f(y)$ 在点 $(0,0)$ 处取得极小值的一个充分条件是 　　　　　　　　　　　（　　）

(A) $f(0) > 1, f''(0) > 0$　　　　　　(B) $f(0) > 1, f''(0) < 0$

(C) $f(0) < 1, f''(0) > 0$　　　　　　(D) $f(0) < 1, f''(0) < 0$

17. 设函数 $f(x,y)$ 为可微函数，且对任意的 x, y 都有 $\dfrac{\partial f(x,y)}{\partial x} > 0, \dfrac{\partial f(x,y)}{\partial y} < 0$，则使不等式 $f(x_1, y_1) < f(x_2, y_2)$ 成立的一个充分条件是 　　　　　　　　　　　　（　　）

(A)$x_1 > x_2, y_1 < y_2$　　(B)$x_1 > x_2, y_1 > y_2$　　(C)$x_1 < x_2, y_1 < y_2$　　(D)$x_1 < x_2, y_1 > y_2$

18.已知函数 $f(x,y)$ 在点$(0,0)$的某个邻域内连续,且 $\lim\limits_{\substack{x \to 0 \\ y \to 0}} \dfrac{f(x,y) - xy}{(x^2 + y^2)^2} = 1$,则　　　　　　　　（　　）

(A) 点$(0,0)$ 不是 $f(x,y)$ 的极值点

(B) 点$(0,0)$ 是 $f(x,y)$ 的极大值点

(C) 点$(0,0)$ 是 $f(x,y)$ 的极小值点

(D) 根据所给条件无法判断点$(0,0)$是否为 $f(x,y)$ 的极值点

19.椭圆抛物面 $z = x^2 + \dfrac{1}{4}y^2 + 3$ 到平面 $2x - y + z = 0$ 最近的点是　　　　　（　　）

(A)$(1,2,5)$　　　　　(B)$(-1,2,5)$　　　　　(C)$(1,2,-1)$　　　　　(D)$(1,2,1)$

三、解答题

20.设 $z = f(xy) + g(x^2 - y^2, e^y)$,其中 f 具有连续的二阶导数,g 具有连续的二阶偏导数,试求 $\dfrac{\partial^2 z}{\partial x \partial y}$.

21.设 $f(u)$ 具有二阶连续导数,且 $g(x,y) = f\left(\dfrac{y}{x}\right) + yf\left(\dfrac{x}{y}\right)$,求 $x^2 \dfrac{\partial^2 g}{\partial x^2} - y^2 \dfrac{\partial^2 g}{\partial y^2}$.

22.设函数 $u = f(xz, y+z)$,求 $\dfrac{\partial^3 u}{\partial x \partial y \partial z}$.

23.设函数 $z = f\left[x^2, \varphi\left(\dfrac{y}{x}\right)\right]$,其中 $f(u,v)$ 具有二阶连续偏导数,$\varphi(t)$ 具有二阶导数,求 $\dfrac{\partial z}{\partial x}, \dfrac{\partial^2 z}{\partial x \partial y}$.

24.设 $f(x,y) = \begin{cases} \dfrac{x^3}{y}, & y \neq 0, \\ 0, & y = 0. \end{cases}$ 证明:$f(x,y)$ 在点$(0,0)$处沿任何方向的方向导数存在,但 $f(x,y)$ 在 $(0,0)$ 处不连续.

25.设 $f(u,v)$ 具有二阶连续偏导数,且满足 $\dfrac{\partial^2 f}{\partial u^2} + \dfrac{\partial^2 f}{\partial v^2} = 1$,又 $g(x,y) = f\left[xy, \dfrac{1}{2}(x^2 - y^2)\right]$,求 $\dfrac{\partial^2 g}{\partial x^2} + \dfrac{\partial^2 g}{\partial y^2}$.

26.设函数 $z = f(xy, yg(x))$,其中函数 f 具有二阶连续偏导数,函数 $g(x)$ 可导且在 $x = 1$ 处取得极值 $g(1) = 1$,求 $\dfrac{\partial^2 z}{\partial x \partial y}\bigg|_{\substack{x=1 \\ y=1}}$.

27.设 $\varphi(x,y)$ 在点 $O(0,0)$ 的某领域内有定义,且在点 $O(0,0)$ 处连续,若 $\varphi(0,0) = 0$,试证明函数 $f(x,y) = |x - y|\varphi(x,y)$ 在点 $O(0,0)$ 处可微,并求 $df|_{(0,0)}$.

28.设 $z = z(x,y)$ 是由方程 $x^2 + y^2 - z = \varphi(x + y + z)$ 所确定的函数,其中 φ 具有二阶导数且 $\varphi' \neq -1$.

(1) 求 dz;

(2) 记 $u(x,y) = \dfrac{1}{x-y}\left(\dfrac{\partial z}{\partial x} - \dfrac{\partial z}{\partial y}\right)$,求 $\dfrac{\partial u}{\partial x}$.

29.已知函数 $f(u)$ 具有二阶导数,且 $f'(0) = 1$,函数 $y = y(x)$ 由方程 $y - xe^{y-1} = 1$ 所确定.设 $z = f(\ln y - \sin x)$,求 $\dfrac{dz}{dx}\bigg|_{x=0}, \dfrac{d^2 z}{dx^2}\bigg|_{x=0}$.

30.求二元函数 $f(x,y) = x^2(2 + y^2) + y\ln y$ 的极值.

31.已知函数 $f(x,y)$ 满足 $f''_{xy}(x,y) = 2(y+1)e^x, f'_x(x,0) = (x+1)e^x, f(0,y) = y^2 + 2y$,求 $f(x,y)$ 的极值.

32.设 $z = z(x,y)$ 是由 $x^2 - 6xy + 10y^2 - 2yz - z^2 + 18 = 0$ 确定的函数,求 $z = z(x,y)$ 的极值点和极值.

33.(1) 已知函数 $u = x + y + z$,球面 $S : x^2 + y^2 + z^2 = 1$,点 $P_0(x_0, y_0, z_0) \in S$,求 u 在点 P_0 处沿 S 的外法线方向的方向导数 $\dfrac{\partial u}{\partial \boldsymbol{n}}$;

(2) 令 P_0 在 S 上变动,求 P_0 的坐标,使 $\dfrac{\partial u}{\partial \boldsymbol{n}}$ 达最大,并求此最大值.

34. 求函数 $u = x^2 + y^2 + z^2$ 在约束条件 $z = x^2 + y^2$ 和 $x + y + z = 4$ 下的最大值和最小值.

35. 已知函数 $z = f(x, y)$ 的全微分 $\mathrm{d}z = 2x\mathrm{d}x - 2y\mathrm{d}y$,并且 $f(1, 1) = 2$. 求 $f(x, y)$ 在椭圆域 $D = \left\{ (x, y) \,\middle|\, x^2 + \dfrac{y^2}{4} \leqslant 1 \right\}$ 上的最大值和最小值.

36. 设函数 $u = f(x, y)$ 具有二阶连续偏导数,且满足等式 $4\dfrac{\partial^2 u}{\partial x^2} + 12\dfrac{\partial^2 u}{\partial x \partial y} + 5\dfrac{\partial^2 u}{\partial y^2} = 0$,确定 a, b 的值,使等式在变换 $\xi = x + ay, \eta = x + by$ 下化简为 $\dfrac{\partial^2 u}{\partial \xi \partial \eta} = 0$.

37. 设二元函数 $u = \sqrt{x^2 + 2y^2}$.

(1) 偏导数 $\dfrac{\partial u}{\partial x}\bigg|_{(0,0)}$ 是否存在?若存在,求出之;若不存在,请说明理由.

(2) 设 $\boldsymbol{l} = \{\cos\alpha, \cos\beta\}$ 为以点 $(0, 0)$ 为始点的平面单位向量,$\cos^2\alpha + \cos^2\beta = 1$,方向导数 $\dfrac{\partial u}{\partial l}\bigg|_{(0,0)}$ 是否存在?若存在,求出之;若不存在,请说明理由.

38. 求椭球面 $x^2 + 2y^2 + 3z^2 = 21$ 的切平面方程,使该切平面与直线 $L: \begin{cases} 2x - y - z + 2 = 0, \\ 3y + 2z - 12 = 0 \end{cases}$ 垂直.

39. 求曲面 $4z = 3x^2 - 2xy + 3y^2$ 到平面 $x + y - 4z = 1$ 的最短距离.

40. 求曲面 $z = x^2 + y^2$ 上点 $\left(1, -\dfrac{1}{2}, \dfrac{5}{4}\right)$ 处的切平面方程.

41. 求通过直线 $L: \begin{cases} x + y + z = 1, \\ 2x + y + 4z = 2 \end{cases}$ 且与抛物面 $z = x^2 + y^2$ 在 $(1, -1, 2)$ 的切平面垂直的平面方程.

第 6 章　多元函数积分学

高数考研大纲要求

了解　重积分的性质,二重积分的中值定理,两类曲线积分的性质及两类曲线积分的关系,两类曲面积分的概念、性质及两类曲面积分的关系,散度与旋度的概念.

会　计算三重积分(直角坐标、柱面坐标、球面坐标),求二元函数全微分的原函数,用斯托克斯公式计算曲线积分,计算散度与旋度,用重积分、曲线积分及曲面积分求一些几何量与物理量(平面图形的面积、体积、曲面面积、弧长、质量、质心、形心、转动惯量、引力、功及流量等).

理解　二重积分、三重积分的概念,两类曲线积分的概念.

掌握　二重积分的计算方法(直角坐标、极坐标),两类曲线积分的计算,格林公式,平面曲线积分与路径无关的条件运用,计算曲面积分的方法,用高斯公式计算曲面积分的方法.

§6.1　二重积分

一、内容梳理

重要定理与公式

1. 在直角坐标系下计算

定义 6.1　若任意一条垂直于 x 轴的直线 $x = x_0$ 至多与有界闭区域 D 的边界交于两点(垂直 x 轴的边界除外),则称 D 为 x - 型区域(图6-1),且 x - 型区域 D 一定可表示为平面点集:$D = \{(x,y) : \varphi_1(x) \leqslant y \leqslant \varphi_2(x), a \leqslant x \leqslant b\}$.即曲线 $y = \varphi_1(x)$(下曲线),$y = \varphi_2(x)$(上曲线)及直线 $x = a, x = b$ 所围成的区域,如图 6-1 所示(特殊情况下,直线段 $x = a, x = b$ 可能为一点,即 $\varphi_1(x), \varphi_2(x)$ 在 $x = a$ 处或 $x = b$ 处相交). 此时

$$\iint\limits_D f(x,y)\mathrm{d}x\mathrm{d}y = \int_a^b \mathrm{d}x \int_{\varphi_1(x)}^{\varphi_2(x)} f(x,y)\mathrm{d}y.$$

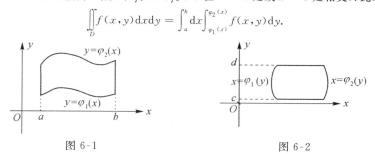

图 6-1　　　　　　　　　图 6-2

定义 6.2　若任意一条垂直于 y 轴的直线 $y = y_0$ 至多与有界闭区域 D 的边界交于两点(垂直于 y 轴的边界除外),则称 D 为 y - 型区域,且 y - 型区域 D 一定可表示为平面点集:$D = \{(x,y) : \psi_1(y) \leqslant x \leqslant \psi_2(y), c \leqslant y \leqslant d\}$.

即曲线 $x = \varphi_1(y)$（左曲线），$x = \varphi_2(y)$（右曲线）及直线 $y = c, y = d$ 所围成，如图 6-2 所示（特殊情况下,直线 $y = c, y = d$ 可能为一点）. 此时 $\iint\limits_D f(x,y)\mathrm{d}x\mathrm{d}y = \int_c^d \mathrm{d}y \int_{\varphi_1(y)}^{\varphi_2(y)} f(x,y)\mathrm{d}x.$

许多常见的区域都可分割成有限个无公共内点的 x-型区域或 y-型区域,利用二重积分的可加性知,例如 $D = D_1 + D_2 + D_3$,且 D_1, D_2, D_3 或者为 x-型区域或者为 y 型区域,则

$$\iint\limits_D f(x,y)\mathrm{d}x\mathrm{d}y = \iint\limits_{D_1} f(x,y)\mathrm{d}x\mathrm{d}y + \iint\limits_{D_2} f(x,y)\mathrm{d}x\mathrm{d}y + \iint\limits_{D_3} f(x,y)\mathrm{d}x\mathrm{d}y.$$

2. 在极坐标系下的计算

设 $x = r\cos\theta, y = r\sin\theta$,则 $\iint\limits_D f(x,y)\mathrm{d}\sigma = \iint\limits_D f(r\cos\theta, r\sin\theta) r\mathrm{d}r\mathrm{d}\theta.$

当积分区域是圆域或圆域的一部分时,可用极坐标变换;若被积函数中含有 $x^2 + y^2$,更要用极坐标变换.

定义 6.3　若任意射线 $\theta = \theta_0$ 与有界闭区域 D 的边界至多交于两点（边界除射线段除外）,则称 D 为 θ-型区域,且 θ-型区域 D 可表示为平面点集 $\{(r,\theta): r_1(\theta) \leqslant r \leqslant r_2(\theta), \alpha \leqslant \theta \leqslant \beta\}$,即由曲线 $r = r_1(\theta)$（下曲线）,$r = r_2(\theta)$（上曲线）及射线 $\theta = \alpha, \theta = \beta$ 围成的区域如图 6-3 所示（特殊情况下,$\theta = \alpha, \theta = \beta$ 可能为一点）. 此时

$$\iint\limits_D f(x,y)\mathrm{d}\sigma = \int_\alpha^\beta \mathrm{d}\theta \int_{r_1(\theta)}^{r_2(\theta)} f(r\cos\theta, r\sin\theta) r\mathrm{d}r.$$

图 6-3

图 6-4

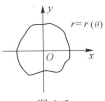

图 6-5

（1）若极点 O 在区域外部（见图 6-3）,此时区域 D 可表示为 $r_1(\theta) \leqslant r \leqslant r_2(\theta), \alpha \leqslant \theta \leqslant \beta$,则有

$$\iint\limits_D f(x,y)\mathrm{d}\sigma = \int_\alpha^\beta \mathrm{d}\theta \int_{r_1(\theta)}^{r_2(\theta)} f(r\cos\theta, r\sin\theta) r\mathrm{d}r.$$

（2）若极点 O 在区域 D 边界上,且边界曲线 $r = r(\theta)$（见图 6-4）,此时区域 D 可表示为 $D: 0 \leqslant r \leqslant r(\theta)$,$\alpha \leqslant \theta \leqslant \beta$,其中 $[\alpha, \beta]$ 为边界曲线 $r = r(\theta)$ 的定义域,则有

$$\iint\limits_D f(x,y)\mathrm{d}\sigma = \int_\alpha^\beta \mathrm{d}\theta \int_0^{r(\theta)} f(r\cos\theta, r\sin\theta) r\mathrm{d}r.$$

（3）若极点 O 在区域 D 的内部（见图 6-5）,此时区域 D 可表示为 $D: 0 \leqslant r \leqslant r(\theta), 0 \leqslant \theta \leqslant 2\pi$,则有

$$\iint\limits_D f(x,y)\mathrm{d}\sigma = \int_0^{2\pi} \mathrm{d}\theta \int_0^{r(\theta)} f(r\cos\theta, r\sin\theta) r\mathrm{d}r.$$

注　在区域 θ 的变化区间 $[\alpha, \beta]$ 内,过极点作射线,此射线穿过区域 D,穿入点所在的曲线 $r = r_1(\theta)$ 为下限（下曲线）,穿出点所在的曲线 $r = r_2(\theta)$ 为上限（上曲线）.

有时也可以把 D 表示为 r-型区域:$\theta_1(r) \leqslant \theta \leqslant \theta_2(r), r_1 \leqslant r \leqslant r_2$,即由曲线 $\theta = \theta_1(r), \theta = \theta_2(r)$ 与圆 $r = r_1, r = r_2$ 所围成的区域. 在 r 的变化区间 $[r_1, r_2]$,以 O 为圆心,以 r 为半径作圆,曲线按逆时针方向穿过区域 D（见图 6-6）,穿入点的极角 $\theta = \theta_1(r)$ 为下限（称为小角曲线）,穿出点的极角 $\theta = \theta_2(r)$ 为上限（称为大角曲线）,有

$$\iint\limits_D f(x,y)\mathrm{d}\sigma = \int_{r_1}^{r_2} \mathrm{d}r \int_{\theta_1(r)}^{\theta_2(r)} f(r\cos\theta, r\sin\theta) r\mathrm{d}\theta.$$

特别地,若区域 D 为:$\alpha \leqslant \theta \leqslant \beta, r_1 \leqslant r \leqslant r_2$,其中 α, β, r_1, r_2 均为常数,则

$$\iint\limits_D f(x,y)\mathrm{d}\sigma = \int_\alpha^\beta \mathrm{d}\theta \int_{r_1}^{r_2} f(r\cos\theta, r\sin\theta) r\mathrm{d}r = \int_{r_1}^{r_2} \mathrm{d}r \int_\alpha^\beta f(r\cos\theta, r\sin\theta) r\mathrm{d}\theta.$$

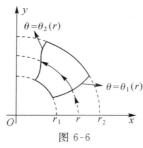 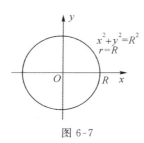

图 6-6   图 6-7

(1)若 D 是由曲线 $x^2 + y^2 = R^2$ 所围成的区域(见图 6-7). 经极坐标变换,方程为: $r = R$,属于内点的情形,有 $\iint\limits_{D} f(x,y)\mathrm{d}\sigma = \int_0^{2\pi} \mathrm{d}\theta \int_0^R f(r\cos\theta, r\sin\theta) r\,\mathrm{d}r$.

(2)若 D 是曲线 $x^2 + y^2 = 2xR(R>0)$ 所围成的区域(见图 6-8). 经极坐标变换,方程为: $r = 2R\cos\theta$,属于极点为边界点情形,由 $D: 0 \leqslant r \leqslant 2R\cos\theta, -\dfrac{\pi}{2} \leqslant \theta \leqslant \dfrac{\pi}{2}$,知

$$\iint\limits_{\sigma} f(x,y)\mathrm{d}\sigma = \int_{-\frac{\pi}{2}}^{\frac{\pi}{2}} \mathrm{d}\theta \int_0^{2R\cos\theta} f(r\cos\theta, r\sin\theta) r\,\mathrm{d}r.$$

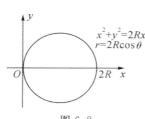 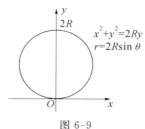

图 6-8   图 6-9

(3)若 D 是曲线 $x^2 + y^2 = 2Ry(R>0)$ 所围成的区域(见图 6-9). 经极坐标变换,曲线方程为: $r = 2R\sin\theta$,属于极点在边界点的情形,由 $D: 0 \leqslant r \leqslant 2R\sin\theta, 0 \leqslant \theta \leqslant \pi$,知

$$\iint\limits_{D} f(x,y)\mathrm{d}\sigma = \int_0^{\pi} \mathrm{d}\theta \int_0^{2R\sin\theta} f(r\cos\theta, r\sin\theta) r\,\mathrm{d}r.$$

3. 对称区域上二重积分的性质

设 D 为平面区域,

(ⅰ)若 $D = D_1 + D_2$,且 D_1, D_2 关于 x 轴对称,D_1 在 x 轴上方,则

$$\iint\limits_{D} f(x,y)\mathrm{d}\sigma = \begin{cases} 0, & f(x,-y) = -f(x,y), \text{即 } f \text{ 关于 } y \text{ 是奇函数}, \\ 2\iint\limits_{D_1} f(x,y)\mathrm{d}\sigma, & f(x,-y) = f(x,y), \text{即 } f \text{ 关于 } y \text{ 是偶函数}. \end{cases}$$

(ⅱ)若 $D = D_1 + D_2$,且 D_1, D_2 关于 y 轴对称,D_1 在 y 轴右方,则

$$\iint\limits_{D} f(x,y)\mathrm{d}\sigma = \begin{cases} 0, & f(-x,y) = -f(x,y), \text{即 } f \text{ 关于 } x \text{ 是奇函数}, \\ 2\iint\limits_{D_1} f(x,y)\mathrm{d}\sigma, & f(-x,y) = f(x,y), \text{即 } f \text{ 关于 } x \text{ 是偶函数}. \end{cases}$$

(ⅲ)若 $D = D_1 + D_2$,且 D_1, D_2 关于 O 点对称,则

$$\iint\limits_{D} f(x,y)\mathrm{d}\sigma = \begin{cases} 0, & f(-x,-y) = -f(x,y), \\ 2\iint\limits_{D_1} f(x,y)\mathrm{d}\sigma, & f(-x,-y) = f(x,y). \end{cases}$$

二、考题类型、解题策略及典型例题

类型 1.1 计算二重积分

解题策略 画出积分区域,选择 x-区域、y-区域或用极坐标变换.

例 6.1.1 计算二重积分 $I = \iint\limits_{D} y\mathrm{d}x\mathrm{d}y$,其中 D 是由 x 轴、y 轴与曲线 $\sqrt{x/a} + \sqrt{y/b} = 1$ 所围成的区域;$a > 0, b > 0$.

分析 画出积分区域,选择 x-区域计算.

解 区域 D 如图 6-10 中阴影部分所示,由 $\sqrt{x/a} + \sqrt{y/b} = 1$,得 $y = b\left(1 - \sqrt{x/a}\right)^2$. 因此,

$$I = \int_0^a \mathrm{d}x \int_0^{b\left(1-\sqrt{x/a}\right)^2} y\mathrm{d}y = \frac{b^2}{2}\int_0^a \left(1 - \sqrt{x/a}\right)^4 \mathrm{d}x.$$

作换元,令 $t = 1 - \sqrt{x/a}$,有 $x = a(1-t)^2$,$\mathrm{d}x = -2a(1-t)\mathrm{d}t$,则

$$I = ab^2 \int_0^1 (t^4 - t^5)\mathrm{d}t = \frac{ab^2}{30}.$$

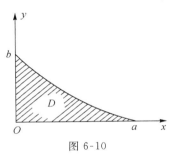

图 6-10

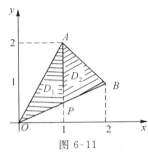

图 6-11

例 6.1.2 设 D 是以点 $O(0,0)$,$A(1,2)$ 和 $B(2,1)$ 为顶点的三角形区域,求 $\iint\limits_{D} x\mathrm{d}x\mathrm{d}y$.

分析 画出积分区域,如图 6-11 所示,用区域的可加性,选择 x-区域计算.

解 如图 6-11,直线 OA, OB 和 AB 的方程分别为:$y = 2x$,$y = \dfrac{x}{2}$ 和 $y = 3 - x$,则

$$\iint\limits_{D} x\mathrm{d}x\mathrm{d}y = \iint\limits_{D_1} x\mathrm{d}x\mathrm{d}y + \iint\limits_{D_2} x\mathrm{d}x\mathrm{d}y$$

$$= \int_0^1 x\mathrm{d}x \int_{\frac{x}{2}}^{2x} \mathrm{d}y + \int_1^2 x\mathrm{d}x \int_{\frac{x}{2}}^{3-x} \mathrm{d}y = \int_0^1 \frac{3}{2}x^2 \mathrm{d}x + \int_1^2 \left(3x - \frac{3}{2}x^2\right)\mathrm{d}x = \frac{3}{2}.$$

例 6.1.3 求二重积分 $\iint\limits_{D} y\left[1 + x\mathrm{e}^{\frac{1}{2}(x^2+y^2)}\right]\mathrm{d}x\mathrm{d}y$ 的值,其中 D 是由直线 $y = x$,$y = -1$ 及 $x = 1$ 围成的平面区域.

分析 画出积分区域,用线性运算法则,选择 y-区域计算.

解 积分区域 D 如图 6-12 所示.

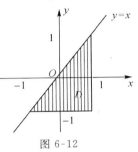

图 6-12

$$\iint\limits_{D} y\left[1 + x\mathrm{e}^{\frac{1}{2}(x^2+y^2)}\right]\mathrm{d}x\mathrm{d}y = \iint\limits_{D} y\mathrm{d}x\mathrm{d}y + \iint\limits_{D} xy\mathrm{e}^{\frac{1}{2}(x^2+y^2)}\mathrm{d}x\mathrm{d}y,$$

其中 $\iint\limits_{D} y\mathrm{d}x\mathrm{d}y = \int_{-1}^1 \mathrm{d}y \int_y^1 y\mathrm{d}x = \int_{-1}^1 y(1-y)\mathrm{d}y = -\dfrac{2}{3}$,$\iint\limits_{D} xy\mathrm{e}^{\frac{1}{2}(x^2+y^2)}\mathrm{d}x\mathrm{d}y =$

$\int_{-1}^1 y\mathrm{d}y \int_y^1 x\mathrm{e}^{\frac{1}{2}(x^2+y^2)}\mathrm{d}x = \int_{-1}^1 y\left[\mathrm{e}^{\frac{1}{2}(1+y^2)} - \mathrm{e}^{y^2}\right]\mathrm{d}y = 0$.

于是 $\iint\limits_{D} y\left[1 + x\mathrm{e}^{\frac{1}{2}(x^2+y^2)}\right]\mathrm{d}x\mathrm{d}y = -\dfrac{2}{3}$.

例 6.1.4 计算二重积分 $\iint\limits_{D}x^2y\mathrm{d}x\mathrm{d}y$，其中 D 是由双曲线 $x^2-y^2=1$ 及直线 $y=0,y=1$ 所围成的平面区域.

分析 画出积分区域，选择 y-区域计算.

解
$$\iint\limits_{D}x^2y\mathrm{d}x\mathrm{d}y=\int_0^1\mathrm{d}y\int_{-\sqrt{1+y^2}}^{\sqrt{1+y^2}}x^2y\mathrm{d}x=\frac{2}{3}\int_0^1y(1+y^2)^{\frac{3}{2}}\mathrm{d}y=\frac{2}{15}(1+y^2)^{5/2}\bigg|_0^1=\frac{2}{15}(4\sqrt{2}-1).$$

注 一般情况下，应先画图，再确定积分限.

例 6.1.5 设 $D=\{(x,y)\,|\,x^2+y^2\leqslant x\}$，求 $\iint\limits_{D}\sqrt{x}\,\mathrm{d}x\mathrm{d}y$.

解法一 $D=\left\{(x,y)\,\big|\,0\leqslant x\leqslant 1,-\sqrt{x-x^2}\leqslant y\leqslant\sqrt{x-x^2}\right\}$.

所以 $\iint\limits_{D}\sqrt{x}\,\mathrm{d}x\mathrm{d}y=\int_0^1\sqrt{x}\,\mathrm{d}x\int_{-\sqrt{x-x^2}}^{\sqrt{x-x^2}}\mathrm{d}y=2\int_0^1x\,\sqrt{1-x}\,\mathrm{d}x$

$$\xlongequal{\sqrt{1-x}=t}4\int_0^1t^2(1-t^2)\mathrm{d}t=4\left(\frac{t^3}{3}-\frac{t^5}{5}\right)\bigg|_0^1=\frac{8}{15}.$$

分析 积分区域是圆域，用极坐标变换.

解法二 $\iint\limits_{D}\sqrt{x}\,\mathrm{d}x\mathrm{d}y=\int_{-\frac{\pi}{2}}^{\frac{\pi}{2}}\mathrm{d}\theta\int_0^{\cos\theta}\sqrt{r\cos\theta}\,r\mathrm{d}r=\int_{-\frac{\pi}{2}}^{\frac{\pi}{2}}\cos^{\frac{1}{2}}\theta\mathrm{d}\theta\int_0^{\cos\theta}r^{\frac{3}{2}}\mathrm{d}r=\frac{4}{5}\int_{-\frac{\pi}{2}}^{\frac{\pi}{2}}\cos^3\theta\mathrm{d}\theta=\frac{8}{15}.$

例 6.1.6 设 $f(x,y)=\begin{cases}x^2y,&1\leqslant x\leqslant 2,0\leqslant y\leqslant x,\\0,&\text{其他}.\end{cases}$

求 $\iint\limits_{D}f(x,y)\mathrm{d}x\mathrm{d}y$，其中 $D=\{(x,y)\,|\,x^2+y^2\geqslant 2x\}$.

分析 巧妙利用被积函数中有 y，原函数是 $\frac{1}{2}y^2$，利用 y-区域计算，根式可以去掉.

解 如图 6-13 所示，记
$$D_1=\left\{(x,y)\,\big|\,1\leqslant x\leqslant 2,\sqrt{2x-x^2}\leqslant y\leqslant x\right\}.$$

所以 $\iint\limits_{D}f(x,y)\mathrm{d}x\mathrm{d}y=\iint\limits_{D_1}x^2y\mathrm{d}x\mathrm{d}y=\int_1^2x^2\cdot\frac{y^2}{2}\bigg|_{\sqrt{2x-x^2}}^x\mathrm{d}x=\int_1^2(x^4-x^3)\mathrm{d}x=\frac{49}{20}.$

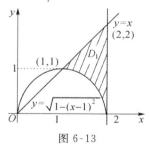
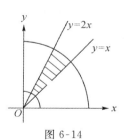

图 6-13　　　　　　　　图 6-14

例 6.1.7 计算 $\iint\limits_{D}\sin\sqrt{x^2+y^2}\mathrm{d}x\mathrm{d}y$，其中 D 为第一象限内由 $x^2+y^2=\pi^2,x^2+y^2=4\pi^2,y=x,y=2x$ 所围成的区域.

分析 区域 D 的图形如图 6-14 所示，用极坐标计算.

解
$$\iint\limits_{D}\sin\sqrt{x^2+y^2}\mathrm{d}x\mathrm{d}y=\int_{\frac{\pi}{4}}^{\arctan 2}\mathrm{d}\theta\int_{\pi}^{2\pi}\sin r\cdot r\mathrm{d}r$$
$$=\left(\arctan 2-\frac{\pi}{4}\right)\big[-r\cos r+\sin r\big]\bigg|_{\pi}^{2\pi}=-3\pi\left(\arctan 2-\frac{\pi}{4}\right).$$

例 6.1.8 计算积分 $\iint\limits_{D}\sqrt{x^2+y^2}\mathrm{d}x\mathrm{d}y$，其中

$$D = \left\{ (x,y) \mid 0 \leqslant y \leqslant x, x^2 + y^2 \leqslant 2x \right\}.$$

分析 积分区域是圆域的一部分(见图 6-15),被积函数中有 $x^2 + y^2$,用极坐标变换.

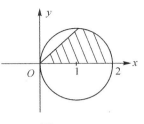

解 原式 $= \displaystyle\int_0^{\frac{\pi}{4}} \mathrm{d}\theta \int_0^{2\cos\theta} r \cdot r\mathrm{d}r = \frac{8}{3}\int_0^{\frac{\pi}{4}} \cos^3\theta \mathrm{d}\theta$

$$= \frac{8}{3}\int_0^{\frac{\pi}{4}} (1 - \sin^2\theta)\mathrm{d}\sin\theta = \frac{8}{3}\left[\sin\theta - \frac{1}{3}\sin^3\theta\right]\Big|_0^{\frac{\pi}{4}} = \frac{10}{9}\sqrt{2}.$$

图 6-15

例 6.1.9 计算二重积分 $\displaystyle\iint_D \frac{\sqrt{x^2 + y^2}}{\sqrt{4a^2 - x^2 - y^2}}\mathrm{d}\sigma$,其中 D 是由曲线 $y = -a + \sqrt{a^2 - x^2}$ $(a > 0)$ 和直线 $y = -x$ 围成的右边区域.

分析 积分区域是圆域的一部分,被积函数中有 $x^2 + y^2$,用极坐标变换.

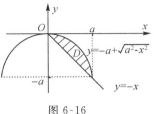

解 区域 D 如图 6-16 所示,在极坐标系下,

$$D = \left\{ (r,\theta) \mid 0 \leqslant r \leqslant -2a\sin\theta, -\frac{\pi}{4} \leqslant \theta \leqslant 0 \right\}.$$

$$I = \iint_D \frac{\sqrt{x^2 + y^2}}{\sqrt{4a^2 - x^2 - y^2}}\mathrm{d}\sigma = \int_{-\frac{\pi}{4}}^0 \mathrm{d}\theta \int_0^{-2a\sin\theta} \frac{r^2}{\sqrt{4a^2 - r^2}}\mathrm{d}r.$$

图 6-16

令 $r = 2a\sin t$,有

$$I = \int_{-\frac{\pi}{4}}^0 \mathrm{d}\theta \int_0^{-\theta} 2a^2 (1 - \cos 2t)\mathrm{d}t = 2a^2 \int_{-\frac{\pi}{4}}^0 \left(-\theta + \frac{1}{2}\sin 2\theta\right)\mathrm{d}\theta = a^2\left(\frac{\pi^2}{16} - \frac{1}{2}\right).$$

例 6.1.10 计算二重积分 $\displaystyle\iint_D y\mathrm{d}x\mathrm{d}y$,其中 D 是由直线 $x = -2, y = 0, y = 2$ 以及曲线 $x = -\sqrt{2y - y^2}$ 所围成的平面区域.

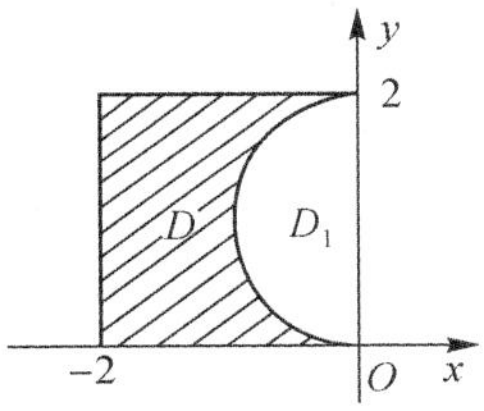

分析 积分区域化为大区域减去小区域,大区域是矩形,可直接计算,小区域是圆域,需用极坐标变换.

解法一 区域 D 和 D_1 如图 6-17 所示,有

$$\iint_D y\mathrm{d}x\mathrm{d}y = \iint_{D+D_1} y\mathrm{d}x\mathrm{d}y - \iint_{D_1} y\mathrm{d}x\mathrm{d}y, \quad \iint_{D+D_1} y\mathrm{d}x\mathrm{d}y = \int_{-2}^0 \mathrm{d}x \int_0^2 y\mathrm{d}y = 4.$$

图 6-17

在极坐标系下,有 $D_1 = \left\{ (r,\theta) \mid 0 \leqslant r \leqslant 2\sin\theta, \frac{\pi}{2} \leqslant \theta \leqslant \pi \right\}$,因此

$$\iint_{D_1} y\mathrm{d}x\mathrm{d}y = \int_{\frac{\pi}{2}}^\pi \mathrm{d}\theta \int_0^{2\sin\theta} r\sin\theta \cdot r\mathrm{d}r = \frac{8}{3}\int_{\frac{\pi}{2}}^\pi \sin^4\theta \mathrm{d}\theta$$

$$= \frac{8}{3 \times 4}\int_{\frac{\pi}{2}}^\pi \left[1 - 2\cos 2\theta + \frac{1 + \cos 4\theta}{2}\right]\mathrm{d}\theta = \frac{\pi}{2}.$$

于是 $\displaystyle\iint_D y\mathrm{d}x\mathrm{d}y = 4 - \frac{\pi}{2}.$

解法二 如图 6-17 所示,$D = \left\{ (x,y) \mid -2 \leqslant x \leqslant -\sqrt{2y - y^2}, 0 \leqslant y \leqslant 2 \right\}.$

$$\iint_D y\mathrm{d}x\mathrm{d}y = \int_0^2 y\mathrm{d}y \int_{-2}^{-\sqrt{2y - y^2}} \mathrm{d}x = 2\int_0^2 y\mathrm{d}y - \int_0^2 y\sqrt{2y - y^2}\mathrm{d}y = 4 - \int_0^2 y\sqrt{1 - (y-1)^2}\mathrm{d}y.$$

令 $y - 1 = \sin t$,有 $\mathrm{d}y = \cos t\mathrm{d}t$,则

$$\int_0^2 y\sqrt{1 - (y-1)^2}\mathrm{d}y = \int_{-\frac{\pi}{2}}^{\frac{\pi}{2}} (1 + \sin t)\cos^2 t\mathrm{d}t = \int_{-\frac{\pi}{2}}^{\frac{\pi}{2}} \cos^2 t\mathrm{d}t + \int_{-\frac{\pi}{2}}^{\frac{\pi}{2}} \cos^2 t\sin t\mathrm{d}t$$

$$= \int_0^{\frac{\pi}{2}} (1 + \cos 2t)\mathrm{d}t = \frac{\pi}{2}.$$

于是 $\displaystyle\iint y\mathrm{d}x\mathrm{d}y=4-\frac{\pi}{2}$.

例 6.1.11 计算二重积分 $\displaystyle\iint_{D}(x+y)\mathrm{d}x\mathrm{d}y$，其中 $D=\{(x,y)\mid x^2+y^2\leqslant x+y+1\}$.

解 由 $x^2+y^2\leqslant x+y+1$，得 $\displaystyle\left(x-\frac{1}{2}\right)^2+\left(y-\frac{1}{2}\right)^2\leqslant\frac{3}{2}$.

令 $\displaystyle x-\frac{1}{2}=r\cos\theta,y-\frac{1}{2}=r\sin\theta$，有

$$\iint_{D}(x+y)\mathrm{d}x\mathrm{d}y=\int_{0}^{\sqrt{\frac{3}{2}}}r\mathrm{d}r\int_{0}^{2\pi}(1+r\cos\theta+r\sin\theta)\mathrm{d}\theta$$

$$=\int_{0}^{\sqrt{\frac{3}{2}}}r\left[\theta+r\sin\theta-r\cos\theta\right]\Big|_{0}^{2\pi}\mathrm{d}r=2\pi\int_{0}^{\sqrt{\frac{3}{2}}}r\mathrm{d}r=\frac{3}{2}\pi.$$

类型 1.2　计算二重积分的累次积分

解题策略 根据累次积分的不等式画出积分区域，化成另一顺序的累次积分.

例 6.1.12 求二重积分 $\displaystyle\int_{0}^{\pi/6}\mathrm{d}y\int_{y}^{\frac{\pi}{6}}\frac{\cos x}{x}\mathrm{d}x$.

分析 被积函数中有 $\dfrac{\cos x}{x}$，原函数不能用初等函数表示，知 x-区域积不出来，故化成另一顺序 y-区域的累次积分.

解法一 在原式中交换积分次序，得原式 $\displaystyle=\int_{0}^{\frac{\pi}{6}}\mathrm{d}x\int_{0}^{x}\frac{\cos x}{x}\mathrm{d}y=\int_{0}^{\pi/6}\cos x\mathrm{d}x=\sin x\Big|_{0}^{\frac{\pi}{6}}=\frac{1}{2}$.

解法二 用分部积分法. 令 $\displaystyle u(y)=\int_{y}^{\pi/6}\frac{\cos x}{x}\mathrm{d}x,\mathrm{d}v=\mathrm{d}y,\mathrm{d}u=-\frac{\cos y}{y}\mathrm{d}y,v=y$. 于是

$$原式=\int_{0}^{\frac{\pi}{6}}\left(\int_{y}^{\frac{\pi}{6}}\frac{\cos x}{x}\mathrm{d}x\right)\mathrm{d}y=y\int_{y}^{\frac{\pi}{6}}\frac{\cos x}{x}\mathrm{d}x\Big|_{0}^{\frac{\pi}{6}}+\int_{0}^{\frac{\pi}{6}}\cos y\mathrm{d}y=\sin y\Big|_{0}^{\frac{\pi}{6}}=\frac{1}{2}.$$

例 6.1.13 计算 $\displaystyle\int_{\frac{1}{4}}^{\frac{1}{2}}\mathrm{d}y\int_{\frac{1}{2}}^{\sqrt{y}}\mathrm{e}^{\frac{y}{x}}\mathrm{d}x+\int_{\frac{1}{2}}^{1}\mathrm{d}y\int_{y}^{\sqrt{y}}\mathrm{e}^{\frac{y}{x}}\mathrm{d}x$.

分析 y-区域的累次积分. 被积函数原函数不能用初等函数表示，故化成另一顺序 x-区域的累次积分.

解 区域 D 为如图 6-18 所示的阴影部分.

$$原式=\iint_{D}\mathrm{e}^{\frac{y}{x}}\mathrm{d}\sigma=\int_{\frac{1}{2}}^{1}\mathrm{d}x\int_{x^2}^{x}\mathrm{e}^{\frac{y}{x}}\mathrm{d}y=\int_{\frac{1}{2}}^{1}x(\mathrm{e}-\mathrm{e}^{x})\mathrm{d}x=\frac{3}{8}\mathrm{e}-\frac{1}{2}\sqrt{\mathrm{e}}.$$

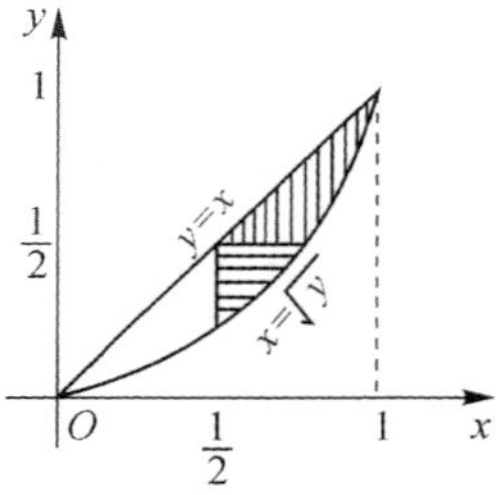

图 6-18

类型 1.3　计算对称区域上的二重积分

解题策略 利用积分变量的对称性与被积函数关于积分变量的奇偶性简化计算.

例 6.1.14 计算 $\displaystyle\iint_{D}(\mathrm{e}^x-\mathrm{e}^{-y})\mathrm{d}x\mathrm{d}y,D=\{(x,y)\mid x^2+y^2\leqslant R^2\}$.

分析 利用积分变量对称性与轮换方法去计算.

解 由 $\displaystyle\iint_{x^2+y^2\leqslant R^2}\mathrm{e}^{-y}\mathrm{d}x\mathrm{d}y\xlongequal{轮换x与y}\iint_{x^2+y^2\leqslant R^2}\mathrm{e}^{-x}\mathrm{d}x\mathrm{d}y$，于是 $\displaystyle\iint_{D}(\mathrm{e}^x-\mathrm{e}^{-y})\mathrm{d}x\mathrm{d}y=\iint_{D}(\mathrm{e}^x-\mathrm{e}^{-x})\mathrm{d}x\mathrm{d}y$. 由 D 关于 y 轴对称且 $f(x,y)=\mathrm{e}^x-\mathrm{e}^{-x}$，满足 $f(-x,y)=\mathrm{e}^{-x}-\mathrm{e}^{-(-x)}=-(\mathrm{e}^x-\mathrm{e}^{-x})=-f(x,y)$，知原式 $=0$.

例 6.1.15 设 D 是 Oxy 平面上，以 $(1,1),(-1,1)$ 和 $(-1,-1)$ 为顶点的三角形区域 D（见图 6-19），D_1 是在第一象限的部分，则 $\displaystyle\iint_{D}(xy+\cos x\sin y)\mathrm{d}x\mathrm{d}y=$ 　　　　　　　（　　）

(A) $2\iint\limits_{D_1}\cos x\sin y\mathrm{d}x\mathrm{d}y$ 　　　　　(B) $2\iint\limits_{D_1}xy\mathrm{d}x\mathrm{d}y$

(C) $4\iint\limits_{D_1}(xy+\cos x\sin y)\mathrm{d}x\mathrm{d}y$ 　　(D) 0

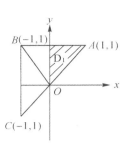

图 6-19

分析　直接从答案中选.利用区域的对称性与被积函数关于变量的奇偶性,连接 OB,由区域 AOB 关于 y 轴对称且 xy 关于 x 为奇函数,知 xy 在该区域上的积分为 0,而 $\cos x\sin y$ 关 x 为偶函数,知在区域 AOB 的积分为 $2\iint\limits_{D_1}\cos x\sin y\mathrm{d}x\mathrm{d}y$.

由区域 BOC 关于 x 轴对称且 xy 关于 y 为奇函数,知 xy 在该区域的积分为 0.而 $\cos x\sin y$ 关于 y 为奇函数,知在区域 BOC 的积分为 0,则 $\iint\limits_{D}xy\mathrm{d}x\mathrm{d}y=0$,$\iint\limits_{D}\cos x\sin y\mathrm{d}x\mathrm{d}y=2\iint\limits_{D_1}\cos x\sin y\mathrm{d}x\mathrm{d}y$,知

$$\iint\limits_{D}(xy+\cos x\sin y)\mathrm{d}x\mathrm{d}y=2\iint\limits_{D_1}\cos x\sin y\mathrm{d}x\mathrm{d}y,$$

故选(A).

解　应选(A).

类型 1.4　计算二重反常积分

解题策略　画出积分区域,选择 x-区域、y-区域或用极坐标变换.

二重反常积分与一元函数反常积分的思想完全类似,如无界区域上的二重反常积分可以看作有界区域上二重积分的极限,而无界函数的二重反常积分可看成正常二重积分化成累次积分,只不过某个积分限是 ∞,求出原函数在这点的值是趋于无穷大时的极限.

例 6.1.16　计算二重积分 $\iint\limits_{D}x\mathrm{e}^{-y^2}\mathrm{d}x\mathrm{d}y$,其中 D 是曲线 $y=4x^2$ 和 $y=9x^2$ 在第一象限所围成的区域.

分析　画出积分区域,选择 x-区域计算方便.

解　区域 D 如图 6-20 中阴影部分所示.

$$\text{原式}=\int_0^{+\infty}\mathrm{e}^{-y^2}\mathrm{d}y\int_{\frac{1}{3}\sqrt{y}}^{\frac{1}{2}\sqrt{y}}x\mathrm{d}x$$

$$=\frac{1}{2}\int_0^{+\infty}\left(\frac{1}{4}y-\frac{1}{9}y\right)\mathrm{e}^{-y^2}\mathrm{d}y=\frac{5}{72}\int_0^{+\infty}y\mathrm{e}^{-y^2}\mathrm{d}y=\frac{5}{144}.$$

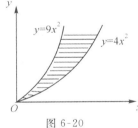

图 6-20

例 6.1.17　利用二重反常积分计算 $\int_0^{+\infty}\mathrm{e}^{-x^2}\mathrm{d}x$.

解　设 $I=\int_0^{+\infty}\mathrm{e}^{-x^2}\mathrm{d}x$,于是

$$I^2=\int_0^{+\infty}\mathrm{e}^{-x^2}\mathrm{d}x\cdot\int_0^{+\infty}\mathrm{e}^{-x^2}\mathrm{d}x=\int_0^{+\infty}\mathrm{e}^{-x^2}\mathrm{d}x\cdot\int_0^{+\infty}\mathrm{e}^{-y^2}\mathrm{d}y$$

$$=\int_0^{+\infty}\mathrm{d}x\int_0^{+\infty}\mathrm{e}^{-(x^2+y^2)}\mathrm{d}y\xlongequal{\text{用极坐标变换}}\iint\limits_{\substack{0\leqslant x<+\infty\\0\leqslant y<+\infty}}\mathrm{e}^{-(x^2+y^2)}\mathrm{d}x\mathrm{d}y\xlongequal{\quad}\int_0^{\frac{\pi}{2}}\mathrm{d}\theta\int_0^{+\infty}\mathrm{e}^{-r^2}\cdot r\mathrm{d}r$$

$$=\frac{\pi}{2}\cdot\left(-\frac{1}{2}\right)\int_0^{+\infty}\mathrm{e}^{-r^2}\mathrm{d}(-r^2)=-\frac{\pi}{4}\left(\mathrm{e}^{-r^2}\Big|_0^{+\infty}\right)=\frac{\pi}{4}.$$

故 $I=\int_0^{+\infty}\mathrm{e}^{-x^2}\mathrm{d}x=\frac{\sqrt{\pi}}{2}$.

注　这一结果在概率论与数理统计中经常用到,记住这一结果.

例 6.1.18　计算二次积分 $I=\int_{-\infty}^{+\infty}\int_{-\infty}^{+\infty}\min\{x,y\}\mathrm{e}^{-(x^2+y^2)}\mathrm{d}x\mathrm{d}y$.

解　如图 6-21 所示,$I=\int_{-\infty}^{+\infty}\mathrm{e}^{-y^2}\mathrm{d}y\int_{-\infty}^{y}x\mathrm{e}^{-x^2}\mathrm{d}x+\int_{-\infty}^{+\infty}\mathrm{e}^{-x^2}\mathrm{d}x\int_{-\infty}^{x}y\mathrm{e}^{-y^2}\mathrm{d}y$

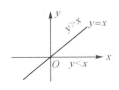

图 6-21

$$= -\frac{1}{2}\int_{-\infty}^{+\infty} e^{-2y^2}\, dy - \frac{1}{2}\int_{-\infty}^{+\infty} e^{-2x^2}\, dx = -\int_{-\infty}^{+\infty} e^{-2x^2}\, dx = -2\int_{0}^{+\infty} e^{-2x^2}\, dx.$$

$$\xrightarrow{\sqrt{2}\,x = t} -2\int_{0}^{+\infty} e^{-t^2} \cdot \frac{1}{\sqrt{2}}\, dt = -\sqrt{2}\int_{0}^{+\infty} e^{-t^2}\, dt = -\sqrt{2} \cdot \frac{\sqrt{\pi}}{2} = -\sqrt{\frac{\pi}{2}}.$$

三、综合例题精选

例 6.1.19 计算 $\displaystyle\iint_D \sqrt{\dfrac{2x - x^2 - y^2}{x^2 + y^2 - 2x + 2}}\, dx dy$，其中 D 为第一象限内由 $x^2 + y^2 = 2x$，$y = x - 1$，$y = 0$ 围成的区域.

解 区域图形如图 6-22 所示. 设 $x = 1 + r\cos\theta, y = r\sin\theta$，则

$$x^2 + y^2 - 2x = (1 + r\cos\theta)^2 + r^2\sin^2\theta - 2(1 + r\cos\theta) = r^2 - 1.$$

$$I = \iint_D \sqrt{\frac{2x - x^2 - y^2}{x^2 + y^2 - 2x + 2}}\, dx dy = \int_0^{\frac{\pi}{4}} d\theta \int_0^1 \sqrt{\frac{1 - r^2}{1 + r^2}}\, r dr.$$

令 $r^2 = u$，则

$$I = \frac{\pi}{4}\int_0^1 \sqrt{\frac{1 - u}{1 + u}} \cdot \frac{1}{2}\, du$$

$$= \frac{\pi}{8}\int_0^1 \frac{1 - u}{\sqrt{1 - u^2}}\, du = \frac{\pi}{8}\left[\arcsin u + \sqrt{1 - u^2}\right]\Big|_0^1 = \frac{\pi}{8}\left(\frac{\pi}{2} - 1\right).$$

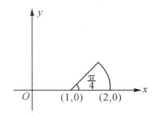

图 6-22

当积分域是 $(x - a)^2 + (y - b)^2 \leqslant R^2$ 或它的部分时，常用变换 $x = a + r\cos\theta, y = b + \sin\theta$. 此时仍有 $J = r$.

例 6.1.20 求 $\displaystyle\iint_{\substack{0 \leqslant x \leqslant 1 \\ 0 \leqslant y \leqslant 1}} |y - x^2| \max\{x, y\}\, dx dy.$

解 将正方形分为三个区域 D_1, D_2, D_3（见图 6-23）.

在 D_1 上，$x \leqslant y \leqslant 1, 0 \leqslant x \leqslant 1$，从而 $y \geqslant x^2$，$|y - x^2| = y - x^2$，$\max\{x, y\} = y$；

在 D_2 上，$x^2 \leqslant y \leqslant x, 0 \leqslant x \leqslant 1$，故 $|y - x^2| = y - x^2, \max\{x, y\} = x$；

在 D_3 上，$0 \leqslant y \leqslant x^2, 0 \leqslant x \leqslant 1$，从而 $y \leqslant x$，$|y - x^2| = x^2 - y$，$\max\{x, y\} = x$. 故

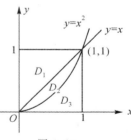

图 6-23

$$\iint_{\substack{0 \leqslant x \leqslant 1 \\ 0 \leqslant y \leqslant 1}} |y - x^2| \max\{x, y\}\, dx dy = \iint_{D_1} (y - x^2) y\, dx dy + \iint_{D_2} (y - x^2) x\, dx dy + \iint_{D_3} (x^2 - y) x\, dx dy$$

$$= \int_0^1 dx \int_x^1 (y^2 - x^2 y)\, dy + \int_0^1 dx \int_{x^2}^x (xy - x^3)\, dy + \int_0^1 dx \int_0^{x^2} (x^3 - xy)\, dy$$

$$= \int_0^1 \left(\frac{1}{3} - \frac{x^3}{3} - \frac{x^2}{2} + \frac{x^4}{2}\right) dx + \int_0^1 \left(\frac{x^3}{2} - \frac{x^5}{2} - x^4 + x^5\right) dx + \int_0^1 \left(x^5 - \frac{x^5}{2}\right) dx$$

$$= \int_0^1 \left(\frac{1}{3} - \frac{x^2}{2} + \frac{x^3}{6} - \frac{x^4}{2} + x^5\right) dx = \frac{11}{40}.$$

例 6.1.21 设闭区域 $D: x^2 + y^2 \leqslant y, x \geqslant 0$，如图 6-24 所示. $f(x, y)$ 为 D 上的连续函数，且

$$f(x, y) = \sqrt{1 - x^2 - y^2} - \frac{8}{\pi}\iint_D f(u, v)\, du dv, \ 求 \ f(x, y).$$

解 设 $\displaystyle\iint_D f(u, v)\, du dv = A$，在已知等式两边求区域 D 上的二重积分，有

$$\iint_D f(x, y)\, dx dy = \iint_D \sqrt{1 - x^2 - y^2}\, dx dy - \frac{8A}{\pi}\iint_D dx dy,$$

从而 $A = \iint\limits_{D} \sqrt{1-x^2-y^2}\,\mathrm{d}x\mathrm{d}y - A$. 所以

$$2A = \int_0^{\frac{\pi}{2}}\mathrm{d}\theta\int_0^{\sin\theta}\sqrt{1-r^2}\cdot r\mathrm{d}r = \frac{1}{3}\int_0^{\frac{\pi}{2}}(1-\cos^3\theta)\mathrm{d}\theta = \frac{1}{3}\left(\frac{\pi}{2}-\frac{2}{3}\right).$$

故 $A = \frac{1}{6}\left(\frac{\pi}{2}-\frac{2}{3}\right)$. 于是 $f(x,y) = \sqrt{1-x^2-y^2} - \frac{4}{3\pi}\left(\frac{\pi}{2}-\frac{2}{3}\right)$.

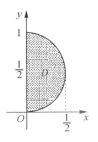

图 6-24

例 6.1.22 设函数 $f(x)$ 在区间 $[0,1]$ 上连续,并设 $\int_0^1 f(x)\mathrm{d}x = A$,求 $\int_0^1\mathrm{d}x\int_x^1 f(x)f(y)\mathrm{d}y$.

解法一 更换积分次序,可得

$$\int_0^1\mathrm{d}x\int_x^1 f(x)f(y)\mathrm{d}y = \int_0^1\mathrm{d}y\int_0^y f(x)f(y)\mathrm{d}x = \int_0^1\mathrm{d}x\int_0^x f(x)f(y)\mathrm{d}y,$$

$$2\int_0^1\mathrm{d}x\int_x^1 f(x)f(y)\mathrm{d}y = \int_0^1\mathrm{d}x\int_x^1 f(x)f(y)\mathrm{d}y + \int_0^1\mathrm{d}x\int_0^x f(x)f(y)\mathrm{d}y = \int_0^1\mathrm{d}x\int_0^1 f(x)f(y)\mathrm{d}y,$$

所以 $\int_0^1\mathrm{d}x\int_x^1 f(x)f(y)\mathrm{d}y = \frac{1}{2}A^2$.

解法二 记函数 $F(x) = \int_0^x f(t)\mathrm{d}t$,则 $F(0) = 0, F(1) = A$,且 $\mathrm{d}F(x) = f(x)\mathrm{d}x$. 于是

$$\int_0^1\mathrm{d}x\int_x^1 f(x)f(y)\mathrm{d}y = \int_0^1 f(x)\mathrm{d}x\int_x^1\mathrm{d}F(y) = \int_0^1 f(x)[F(1)-F(x)]\mathrm{d}x$$

$$= A^2 - \int_0^1 F(x)\mathrm{d}F(x) = A^2 - \frac{1}{2}[F^2(1)-F^2(0)] = \frac{1}{2}A^2.$$

§6.2　三重积分及第一类曲线与曲面积分

一、内容梳理

重要定理与公式

1. 立体区域的画法

首先要画出三重积分立体区域的草图,一般的方法为:

(1)若立体的底部在 Oxy 平面上,先画出立体底部区域的边界曲线,相应地画出底部区域,再画以底部区域边界为准线,母线平行于 z 轴的立体侧面,最后画出顶部曲面与侧面的交线及顶部曲面,这样就画出了整个立体的草图;

(2)若立体的底部是一个曲面,先应画侧面,再画底部曲面及侧面的交线及底部曲面,最后画顶部曲面与侧面的交线及顶部曲面,从而就画出了立体区域;

(3)若立体只有顶部曲面与底部曲面,无侧面,只要画出顶部曲面与底部曲面的交线与顶部曲面和底部曲面,就画出了立体区域.

2. 三重积分在直角坐标系下的计算

(1)投影法

若平行于 Oz 轴的直线与立体 V 的边界曲面至多有两个交点(母线平行于 Oz 轴的侧面除外),设 V 在 Oxy 平面上的投影区域为 σ_{xy},过 σ_{xy} 内的点作平行于 Oz 轴的直线,此直线沿 Oz 轴正向穿过区域 V,穿入的边界曲面为 $z = z_1(x,y)$,穿出的边界曲面为 $z = z_2(x,y)$,有 $z_1(x,y) \leqslant z \leqslant z_2(x,y)$. 换句话说,立体区域 V 是曲面 $z = z_1(x,y)$(称为下曲面), $z = z_2(x,y)$(称为上曲面)与以 σ_{xy} 边界为准线,母线平行于 Oz 轴的柱面为侧面所形成的. 如图 6-25(a)所示(特殊情况:该柱面可退缩为 $z = z_1(x,y)$ 与 $z = z_2(x,y)$ 的交线如图

6-25(b)所示的立体,即立体 V 在以 σ_{xy} 边界为准线,母线平行于 Oz 轴的柱面之中),知立体中任意一点 $P(x,y,z)$ 在 Oxy 平面的投影点为 $(x,y)\in\sigma_{xy}$,且立体 V 在 $z=z_1(x,y)$ 的上方,在 $z=z_2(x,y)$ 的下方,即立体中任意一点 $P(x,y,z)$ 的竖坐标 z,有 $z_1(x,y)\leqslant z\leqslant z_2(x,y)$,故立体区域 V 可表示为

$$V=\{(x,y,z):z_1(x,y)\leqslant z\leqslant z_2(x,y),(x,y)\in\sigma_{xy}\}.$$

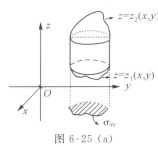

图 6-25(a)

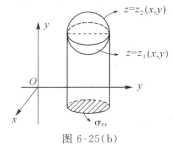

图 6-25(b)

因此 $\displaystyle\iiint\limits_{V}f(x,y,z)\mathrm{d}V=\iint\limits_{\sigma_{xy}}\mathrm{d}x\mathrm{d}y\int_{z_1(x,y)}^{z_2(x,y)}f(x,y,z)\mathrm{d}z.$

若 σ_{xy} 是 x-型区域:$\varphi_1(x)\leqslant y\leqslant\varphi_2(x),a\leqslant x\leqslant b$,则有

$$\iiint\limits_{V}f(x,y,z)\mathrm{d}V=\int_{a}^{b}\mathrm{d}x\int_{\varphi_1(x)}^{\varphi_2(x)}\mathrm{d}y\int_{z_1(x,y)}^{z_2(x,y)}f(x,y,z)\mathrm{d}z.$$

若 σ_{xy} 是 y-型区域:$\psi_1(y)\leqslant x\leqslant\psi_2(y),c\leqslant x\leqslant d$,则有

$$\iiint\limits_{V}f(x,y,z)\mathrm{d}V=\int_{c}^{d}\mathrm{d}y\int_{\psi_1(y)}^{\psi_2(y)}\mathrm{d}x\int_{z_1(x,y)}^{z_2(x,y)}f(x,y,z)\mathrm{d}z.$$

若 σ_{xy} 是圆域或圆域的一部分,也可化为 σ_{xy} 上的二重积分,然后再用极坐标变换化为累次积分.

对于立体区域 V 在 Oyz 平面上的投影或在 Ozx 平面上的投影与在 Oxy 平面上的投影要求类似,读者可自己进行总结,并化为累次积分.

这种方法适合在 Oxy 平面上投影区域较简单,上、下曲面方程可表示为:$z=z_2(x,y),z=z_1(x,y)$,且化成累次积分后容易计算出积分的情况.

(2)平面截割法

设立体 V 介于两平面 $z=c,z=d$ 之间($c<d$,知对立体 V 中任意一点 $P(x,y,z)$,有 $c\leqslant z\leqslant d$).过 $(0,0,z),z\in[c,d]$,作垂直于 Oz 轴的平面与立体相截,截面区域设为 D_z(见图 6-26),(知对立体 V 中的任意一点 $P(x,y,z)$,有 $(x,y)\in D_z$)从而立体区域 V 可表示为

$$V=\{(x,y,z):(x,y)\in D_z,c\leqslant z\leqslant d\},$$

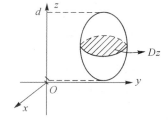

图 6-26

于是 $\displaystyle\iiint\limits_{V}f(x,y,z)\mathrm{d}V=\int_{c}^{d}\mathrm{d}z\iint\limits_{D_z}f(x,y,z)\mathrm{d}x\mathrm{d}y.$

若 $f(x,y,z)$ 仅是 z 的表达式或是常数,而 D_z 的面积有公式可计算,可使用这种方法.因为这时 $f(x,y,z)=g(z)$,设 D_z 的面积为 S_{D_z},于是

$$\iiint\limits_{V}g(z)\mathrm{d}V=\int_{c}^{d}\mathrm{d}z\iint\limits_{D_z}g(z)\mathrm{d}x\mathrm{d}y=\int_{c}^{d}g(z)\mathrm{d}z\iint\limits_{D_z}\mathrm{d}x\mathrm{d}y=\int_{c}^{d}g(z)\cdot S_{D_z}\mathrm{d}z,$$

从而直接化成了关于 z 的一元函数定积分.

同理,根据具体情况,立体也可往 y 轴或 x 轴上投影,作垂直于 Oy 轴或 Ox 轴的平面去截割立体.

3.三重积分在柱面坐标系下的计算

(1)柱面坐标变换

$x=r\cos\theta,y=r\sin\theta,z=z$,其中 $0\leqslant\theta\leqslant 2\pi,0\leqslant r<+\infty,-\infty<z<+\infty$.由直角坐标与柱面坐标关系可知,$(r,\theta)$ 是点 $M(x,y,z)$ 在 Oxy 平面上的投影点 $M'(x,y)$ 的极坐标,z 是原直角坐标系中的竖坐

标,如图 6-27 所示.此时 $\iiint_V f(x,y,z)\mathrm{d}V=\iiint_V f(r\cos\theta,r\sin\theta,z)r\mathrm{d}r\mathrm{d}\theta\mathrm{d}z.$

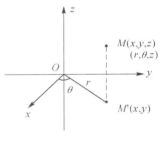

(2)柱面坐标系下的计算

设平行于 Oz 轴的直线与区域 V 的边界至多只有两个交点,设 V 在 Oxy 平面上的投影区域为 σ_{xy}.区域 σ_{xy} 用关于 r,θ 的不等式表示(与平面中的极坐标变换把平面区域用 r,θ 不等式表示完全相同),把上面投影法中的上曲面与下曲面表示成 $z=z_2(r,\theta),z=z_1(r,\theta)$.于是立体区域 V 可表示为

$$V:\{(r,\theta,z):z_1(r,\theta)\leqslant z\leqslant z_2(r,\theta),(r,\theta)\in\sigma_{r\theta}\}.$$

图 6-27

从而 $\iiint_V f(x,y,z)\mathrm{d}V=\iint_{\sigma_{r\theta}}r\mathrm{d}r\mathrm{d}\theta\int_{z_1(r,\theta)}^{z_2(r,\theta)}f(r\cos\theta,r\sin\theta,z)\mathrm{d}z.$

若 $\sigma_{r\theta}$ 表示成 θ-型区域:$r_1(\theta)\leqslant r\leqslant r_2(\theta),\alpha\leqslant\theta\leqslant\beta$,则

$$\iiint_V f(x,y,z)\mathrm{d}V=\int_\alpha^\beta\mathrm{d}\theta\int_{r_1(\theta)}^{r_2(\theta)}r\mathrm{d}r\int_{z_1(r,\theta)}^{z_2(r,\theta)}f(r\cos\theta,r\sin\theta,z)\mathrm{d}z.$$

若立体在 Oxy 平面上的投影区域是圆域或圆域的一部分(或被积函数中含有 x^2+y^2),可在柱面坐标系下进行计算.在柱面坐标系下,一般总是先积 z,后积 r,最后积 θ.

4.三重积分在球面坐标系下的计算

(1)球面坐标变换

$x=\rho\sin\varphi\cos\theta,y=\rho\sin\varphi\sin\theta,z=\rho\cos\varphi$,其中 $0\leqslant\theta\leqslant2\pi,0\leqslant\varphi\leqslant\pi,0\leqslant\rho<+\infty$.由直角坐标和球面坐标关系可知,$\theta$ 就是点 $M(x,y,z)$ 在 Oxy 平面上投影点 $M'(x,y)$ 的极坐标 (r,θ) 中的 θ,如图 6-28 所示.此时

$$\iiint_V f(x,y,z)\mathrm{d}V=\iiint_V f(\rho\sin\varphi\cos\theta,\rho\sin\varphi\sin\theta,\rho\cos\varphi)\rho^2\sin\varphi\mathrm{d}\theta\mathrm{d}\varphi\mathrm{d}\rho.$$

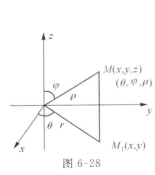

图 6-28

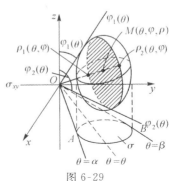

图 6-29

(2)球面坐标系下的计算

找出立体 V 在 Oxy 平面上投影区域 σ_{xy} 的极角 θ 的范围为 $\alpha\leqslant\theta\leqslant\beta$.即立体 V 在两半平面 zOA 与 zOB 之间,即立体 V 中的任意一点 $M(\theta,\varphi,\rho)$ 满足 $\alpha\leqslant\theta\leqslant\beta$,在 α,β 之间过极点作射线 $\theta=\theta$(常数),该射线与 Oz 轴组成的半平面与立体相交截得一截面区域.如果对 $[\alpha,\beta]$ 中任一 θ 值,对应的射线与 Oz 轴组成的半平面与立体 V 截面的图形相同,我们一般选取特殊的 θ 值如 $\theta=\dfrac{\pi}{2}$,此时得到的截面,我们能更清楚地观察.找出该区域 φ 的范围 $[\varphi_1(\theta),\varphi_2(\theta)]$,即 $\varphi_1(\theta)\leqslant\varphi\leqslant\varphi_2(\theta)$(一般情况下 $\varphi_1(\theta)=0$,且 $\varphi_2(\theta)=\varphi_2$ 为常数).过极点 O 在该截面上作射线,与截面的边界交于两点.若极径小的交点落在同一个曲面称为下曲面 $\rho=\rho_1(\theta,\varphi)$,极径大的交点落在同一个曲面称为上曲面 $\rho=\rho_2(\theta,\varphi)$,即截面上任意一点 (φ,ρ) 满足 $\rho_1(\theta,\varphi)\leqslant\rho\leqslant\rho_2(\theta,\varphi),\varphi_1(\theta)\leqslant\varphi\leqslant\varphi_2(\theta)$,如图 6-29 所示.从而球面坐标立体区域 V 可表示为

$$V=\{(\theta,\varphi,\rho):\rho_1(\theta,\varphi)\leqslant\rho\leqslant\rho_2(\theta,\varphi),\varphi_1(\theta)\leqslant\varphi\leqslant\varphi_2(\theta),\alpha\leqslant\theta\leqslant\beta\}.$$

于是 $\iiint_V f(x,y,z)\mathrm{d}V=\int_\alpha^\beta\mathrm{d}\theta\int_{\varphi_1(\theta)}^{\varphi_2(\theta)}\mathrm{d}\varphi\int_{\rho_1(\theta,\varphi)}^{\rho_2(\theta,\varphi)}f(\rho\sin\varphi\cos\theta,\rho\sin\varphi\sin\theta,\rho\cos\varphi)\rho^2\sin\varphi\mathrm{d}\rho.$ 在球面坐标系下,总

是先积 ρ，再积 φ，最后积 θ，而且在大多数情况下，$\rho_1(\theta,\varphi)=0,\varphi_1(\theta)=0,\varphi_2(\theta)=\varphi_2$ 为常数.

若立体 V 是由球面、锥面、平面或其中两个或一个围成的立体(或被积函数中含有 $x^2+y^2+z^2$). 此时在球面坐标系下计算.

5. 第一类曲线积分的计算

设第一类曲线积分为 $\int_\Gamma f(x,y,z)\mathrm{d}s$.

若曲线 Γ 表示为参数方程 $x=x(t),y=y(t),z=z(t)$，具有连续的导数，且 $\alpha\leqslant t\leqslant\beta$. 与求平面曲线的弧长微分类似，可得 $\mathrm{d}s=\sqrt{x'^2(t)+y'^2(t)+z'^2(t)}\,\mathrm{d}t$. 于是

$$\int_\Gamma f(x,y,z)\mathrm{d}s=\int_\alpha^\beta f(x(t),y(t),z(t))\sqrt{x'^2(t)+y'^2(t)+z'^2(t)}\,\mathrm{d}t.$$

注 关键是把曲线 Γ 表示成参数方程，并且找出参数的区间 $[\alpha,\beta]$，即可化成 t 的一元函数定积分.

设平面上第一类曲线积分为 $\int_\Gamma f(x,y)\mathrm{d}s$.

(1) 若 $\Gamma:\begin{cases}x=x(t),\\ y=y(t),\end{cases}\alpha\leqslant t\leqslant\beta$，则 $\int_\Gamma f(x,y,)\mathrm{d}s=\int_a^\beta f(x(t),y(t))\sqrt{x'^2(t)+y'^2(t)}\,\mathrm{d}t$.

(2) 若 $\Gamma:y=\varphi(x),a\leqslant x\leqslant b$，则 $\int_\Gamma f(x,y)\mathrm{d}s=\int_a^b f(x,\varphi(x))\sqrt{1+\varphi'^2(x)}\,\mathrm{d}x$.

(3) 若 $\Gamma:x=\psi(y),c\leqslant y\leqslant \mathrm{d}$，则 $\int_\Gamma f(x,y)\mathrm{d}s=\int_c^d f(\psi(y),y)\sqrt{1+\psi'^2(y)}\,\mathrm{d}y$.

(4) 若 $\Gamma:r=r(\theta),\alpha\leqslant\theta\leqslant\beta$，即 $x=r(\theta)\cos\theta,y=r(\theta)\sin\theta,\alpha\leqslant\theta\leqslant\beta$，则

$$\int_\Gamma f(x,y)\mathrm{d}s=\int_\alpha^\beta f(r(\theta)\cos,r(\theta)\sin\theta)\sqrt{r^2(\theta)+r'^2(\theta)}\,\mathrm{d}\theta.$$

6. 第一类曲面积分的计算

若曲面 S 为光滑曲面：$z=z(x,y),(x,y)\in\sigma_{xy}$ (σ_{xy} 是曲面 S 在 Oxy 平面上的投影). 计算 $\iint_S f(x,y,z)\mathrm{d}S$.

在曲面 S 上取微元 $\mathrm{d}S$，设点 $P(x,y,z(x,y))\in\mathrm{d}S$，则在该点处曲面 S 的法线向量为 $\boldsymbol{n}=\pm\{z_x',z_y',-1\}$，$\boldsymbol{n}$ 与 z 轴正向的夹角 γ 的余弦为 $\cos\gamma=\pm\dfrac{1}{\sqrt{1+z_x'^2+z_y'^2}}$. 由图 6-30 知，$\mathrm{d}\sigma=|\cos\gamma|\cdot\mathrm{d}S$ 或

$$\mathrm{d}S=\frac{1}{|\cos\gamma|}\mathrm{d}\sigma=\sqrt{1+z_x'^2+z_y'^2}\,\mathrm{d}\sigma,\qquad\qquad ①$$

所以 $\mathrm{d}Q=f(x,y,z(x,y))\sqrt{1+z_x'^2+z_y'^2}\,\mathrm{d}\sigma$，于是

$$\iint_S f(x,y,z)\mathrm{d}S=Q=\iint_{\sigma_{xy}} f(x,y,z(x,y))\sqrt{1+z_x'^2+z_y'^2}\,\mathrm{d}\sigma.\qquad\qquad ②$$

特别地，若 $f(x,y,z)\equiv1$，则 $\iint_S\mathrm{d}S=\iint_{\sigma xy}\sqrt{1+z_x'^2+z_y'^2}\,\mathrm{d}\sigma=S$.

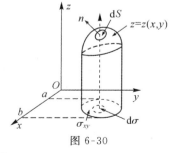

图 6-30

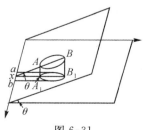

图 6-31

现证明①式.

证明 由于 $\mathrm{d}S$ 很小，所以可把 $\mathrm{d}S$ 看成一个平面，它的面积仍记为 $\mathrm{d}S$(见图 6-31). $\boldsymbol{n}$ 是平面 $\mathrm{d}S$ 的法向

量,平面 σ_{xy} 的法向量是 z 轴,因此,平面 dS 与平面 σ_{xy} 的夹角(锐角)θ 的余弦为

$$\cos\theta=\frac{1}{\sqrt{z_x'^2+z_y'^2+1}}=|\cos\gamma|\ (\theta\ 为常数).$$

如图 6-31 所示建立坐标系,$d\sigma$ 中 x 的变化范围是 $x\in[a,b]$.过 x 作垂直于 x 轴的直线交 $d\sigma$ 于 A_1 与 B_1,设 $|A_1B_1|=h(x)$,有 $d\sigma=\int_a^b h(x)dx$.

设 A_1 与 B_1 分别是区域 dS 中两点 A,B 在 $d\sigma$ 上的投影点,则

$$|AB|\cos\theta=|A_1B_1|\ 或\ |AB|=\frac{1}{\cos\theta}|A_1B_1|=\frac{1}{\cos\theta}h(x).$$

于是 $dS=\int_a^b|AB|dx=\int_a^b\frac{1}{\cos\theta}h(x)dx=\frac{1}{\cos\theta}\int_a^b h(x)dx=\frac{1}{\cos\theta}d\sigma$,得 $\cos\theta dS=d\sigma$.即

$$|\cos\gamma|dS=d\sigma\ 或\ ds=\frac{1}{|\cos\gamma|}d\sigma=\sqrt{1+z_x'^2+z_y'^2}d\sigma.$$

同理,若曲面 $S:y=y(x,z),(x,z)\in\sigma_{xy}$,则

$$\iint\limits_S f(x,y,z)dS=\iint\limits_{\sigma_{zx}}f(x,y(x,z),z)\sqrt{1+\left(\frac{\partial y}{\partial x}\right)^2+\left(\frac{\partial y}{\partial z}\right)^2}d\sigma.\qquad ③$$

特别地,若 $f(x,y,z)\equiv1$,则 $\iint\limits_S dS=\iint\limits_{\sigma_{zx}}\sqrt{1+\left(\frac{\partial y}{\partial x}\right)^2+\left(\frac{\partial y}{\partial z}\right)^2}d\sigma=S.$

若曲面 $S:x=x(y,z),(y,z)\in\sigma_{yz}$,则

$$\iint\limits_S f(x,y,z)dS=\iint\limits_{\sigma_{yz}}f(x(y,z),y,z)\sqrt{1+\left(\frac{\partial x}{\partial y}\right)^2+\left(\frac{\partial x}{\partial z}\right)^2}d\sigma.\qquad ④$$

特别地,若 $f(x,y,z)\equiv1$,则 $\iint\limits_S dS=\iint\limits_{\sigma_{yz}}\sqrt{1+\left(\frac{\partial x}{\partial y}\right)^2+\left(\frac{\partial x}{\partial z}\right)^2}d\sigma.$

而一般曲面可分成若干块,使得每一块可利用公式②③④.

二、考题类型、解题策略及典型例题

类型 2.1　计算三重积分

解题策略　画出积分区域,选择投影法、平面截割法、柱面坐标系下的计算、球面坐标系下的计算.

例 6.2.1　$\iiint\limits_V xy^2z^3dV$,其中 V 是由曲面 $z=xy,y=x,x=1,z=0$ 所围成的区域(见图 6-32).

分析　画出积分区域,由于被积函数简单,选择投影法计算方便.

解　由于区域 $V:0\leqslant z\leqslant xy,(x,y)\in\sigma_{xy}:0\leqslant y\leqslant x,0\leqslant x\leqslant1$,所以

$$\iiint\limits_V xy^2z^3dv=\int_0^1 xdx\int_0^x y^2dy\int_0^{xy}z^3dz=\int_0^1 xdx\int_0^x\frac{1}{4}y^2\cdot x^4y^4dy$$

$$=\frac{1}{4}\int_0^1 x^5dx\int_0^x y^6dy=\frac{1}{4}\times\frac{1}{7}\int_0^1 x^5\cdot x^7dx=\frac{1}{28}\int_0^1 x^{12}dx=\frac{1}{28}\times\frac{1}{13}=\frac{1}{364}.$$

注 1　画图过程:由 $\begin{cases}y=z,\\z=0,\end{cases}\begin{cases}x=1,\\z=0,\end{cases}\begin{cases}z=xy,\\z=0,\end{cases}$ 得 Oxy 平面上的直线为 $y=x,x=1,x=0$ 或 $y=0$ 围成底部三角形区域.

由 $\begin{cases}y=x,\\x=1\end{cases}$ 是两平面 $y=x,x=1$ 的交线,与二平面 $y=x,x=1$ 组成了侧面,$z=xy$ 与 $x=1$ 的交线 $\begin{cases}z=y,\\x=1\end{cases}$ 为直线,且通过 $(1,0,0),(1,1,1)$,$z=xy$ 与 $y=x$ 的交线 $\begin{cases}z=x^2,\\y=x\end{cases}$ 为抛物线,且通过 $(0,0,0),(1,1,1)$,

且 $z=xy$ 通过 x 轴. x 轴与直线 $\begin{cases} z=y, \\ x=1 \end{cases}$ 和抛物线 $\begin{cases} z=x^2, \\ y=x \end{cases}$ 组成了顶部曲面 $z=xy$ 的边界曲面,从而画出立体图形,如图 6-32 所示.

注 2 对有些较难画的曲面,关键是要画出曲面与曲面的交线和交线与交线的交点,并确定投影区域及上、下曲面方程.

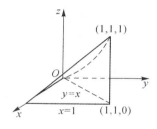

图 6-32

例 6.2.2 求由曲面 $z=x^2+y^2$,$z=2x^2+2y^2$,$y=x$,$y=x^2$ 所围立体的体积.

解 由于投影区域为 $\sigma_{xy}: x^2 \leqslant y \leqslant x, 0 \leqslant x \leqslant 1$,如图 6-33 所示.下曲面为 $z=x^2+y^2$,上曲面为 $z=2x^2+2y^2$,即 $V: x^2+y^2 \leqslant z \leqslant 2(x^2+y^2)$,$(x,y) \in \sigma_{xy}: x^2 \leqslant y \leqslant x, 0 \leqslant x \leqslant 1$,于是

$$V = \iiint_V dV = \int_0^1 dx \int_{x^2}^x dy \int_{x^2+y^2}^{2x^2+2y^2} dz$$

$$= \int_0^1 dx \int_{x^2}^x (x^2+y^2) dy$$

$$= \int_0^1 \left(\frac{4}{3}x^3 - x^4 - \frac{1}{3}x^6 \right) dx = \frac{3}{35}.$$

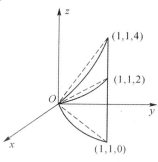

图 6-33

注 对较难画的区域,只要画出投影区域,并确定上、下曲面方程.

例 6.2.3 求 $I = \iiint_V \left(\frac{x^2}{a^2} + \frac{y^2}{b^2} + \frac{z^2}{c^2} \right) dV$,其中 V 是椭球体 $\frac{x^2}{a^2} + \frac{y^2}{b^2} + \frac{z^2}{c^2} \leqslant 1$(见图 6-34).

分析 用投影法计算较复杂,应改用平面截割法.

解 $I = \iiint_V \frac{x^2}{a^2} dV + \iiint_V \frac{y^2}{b^2} dV + \iiint_V \frac{z^2}{c^2} dV = I_1 + I_2 + I_3$.

下面我们先计算 I_3. 由 $V: (x,y) \in D_z, -c \leqslant z \leqslant c$,且 $\frac{x^2}{a^2} + \frac{y^2}{b^2} \leqslant 1 - \frac{z^2}{c^2}$,有

$$\frac{x^2}{\left[a\sqrt{1-\frac{z^2}{c^2}} \right]^2} + \frac{y^2}{\left[b\sqrt{1-\frac{z^2}{c^2}} \right]^2} \leqslant 1.$$

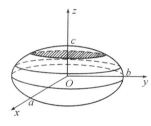

图 6-34

D_z 的面积为 $\pi \left[a\sqrt{1-\frac{z^2}{c^2}} \right] \left[b\sqrt{1-\frac{z^2}{c^2}} \right] = \pi ab \left(1 - \frac{z^2}{c^2} \right)$,于是

$$I_3 = \int_{-c}^c dz \iint_{D_z} \frac{z^2}{c^2} dx dy = \int_{-c}^c \frac{z^2}{c^2} \pi ab \left(1 - \frac{z^2}{c^2} \right) dz = \frac{2\pi ab}{c^2} \int_0^c \left(z^2 - \frac{z^4}{c^2} \right) dz = \frac{4}{15} \pi abc.$$

同理,$I_1 = \frac{4}{15} \pi abc$,$I_2 = \frac{4}{15} \pi abc$,故 $I = \frac{4}{5} \pi abc$.

例 6.2.4 求 $\iiint_\Omega (x^2+y^2+z) dV$,其中 Ω 是由曲线 $\begin{cases} y^2=2z, \\ x=0 \end{cases}$ 绕 z 轴旋转一周而成的曲面与平面 $z=4$ 所围成的立体.

解法一 $\iiint_\Omega (x^2+y^2+z) dV = \int_0^4 dz \int_0^{2\pi} d\theta \int_0^{\sqrt{2z}} (r^2+z) r dr = 4\pi \int_0^4 z^2 dz = \frac{256}{3}\pi.$

解法二 $\iiint_\Omega (x^2+y^2+z) dV = \int_0^{2\pi} d\theta \int_0^{\sqrt{8}} r dr \int_{\frac{1}{2}r^2}^4 (r^2+z) dz$

$$= 2\pi \int_0^{\sqrt{8}} \left(4r^3 + 8r - \frac{5}{8}r^5 \right) dr = \frac{256}{3}\pi.$$

例 6.2.5 计算三重积分 $\iiint_\Omega (x+z) dV$,其中 Ω 是由曲面 $z=\sqrt{x^2+y^2}$ 与 $z=\sqrt{1-x^2-y^2}$ 所围成的区域.

解　利用球面坐标计算,得

$$\iiint\limits_{\Omega} x\,\mathrm{d}V = \int_0^{2\pi}\mathrm{d}\theta\int_0^{\frac{\pi}{4}}\mathrm{d}\varphi\int_0^1 \rho\sin\varphi\cos\theta\cdot\rho^2\sin\varphi\mathrm{d}\rho = \sin\theta\Big|_0^{2\pi}\cdot\frac{1}{4}\cdot\left(\frac{\varphi}{2}-\frac{1}{4}\sin2\varphi\right)\Big|_0^{\frac{\pi}{4}} = 0,$$

$$\iiint\limits_{\Omega} z\,\mathrm{d}V = \int_0^{2\pi}\mathrm{d}\theta\int_0^{\frac{\pi}{4}}\mathrm{d}\varphi\int_0^1 \rho\cos\varphi\rho^2\sin\varphi\mathrm{d}\rho = 2\pi\cdot\frac{1}{2}\sin^2\varphi\Big|_0^{\frac{\pi}{4}}\cdot\frac{1}{4} = \frac{\pi}{8},$$

所以 $\iiint\limits_{\Omega}(x+z)\,\mathrm{d}V = \dfrac{\pi}{8}$.

注　由 Ω 关于 Oyz 坐标面对称,直接可知 $\iiint\limits_{\Omega}x\,\mathrm{d}V = 0$.

例 6.2.6　计算 $I = \iiint\limits_{V}z^2\,\mathrm{d}x\mathrm{d}y\mathrm{d}z$,其中 V 为 $x^2+y^2+z^2=R^2(R>0)$ 与 $x^2+y^2+z^2=2Rz(0\leqslant z\leqslant R)$ 围成的区域(见图 6-35).

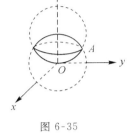

解法一　在直角坐标系中计算.

将两球面方程联立,解得两球面的交线为 $z=\dfrac{R}{2}$, $x^2+y^2=\dfrac{3}{4}R^2$. 对每个固定的 $z(0\leqslant z\leqslant R)$,令 D_z 为平面 $z=z$ 截区域 V 所得的圆域,$S(z)$ 为 D_z 的面积,则

$$I = \int_0^R \mathrm{d}z\iint\limits_{D_z}z^2\,\mathrm{d}x\mathrm{d}y = \int_0^R z^2 S(z)\,\mathrm{d}z.$$

图 6-35

当 $0\leqslant z\leqslant\dfrac{R}{2}$ 时,由 $x^2+y^2=2Rz-z^2$ 得 $S(z)=\pi(2Rz-z^2)$.

当 $\dfrac{R}{2}\leqslant z\leqslant R$ 时,由 $x^2+y^2=R^2-z^2$ 得 $S(z)=\pi(R^2-z^2)$. 故

$$I = \int_0^{\frac{R}{2}}\pi(2Rz-z^2)z^2\,\mathrm{d}z + \int_{\frac{R}{2}}^R \pi(R^2-z^2)z^2\,\mathrm{d}z$$

$$= \pi\left[R\cdot\frac{z^4}{2}\Big|_0^{\frac{R}{2}} - \frac{z^5}{5}\Big|_0^{\frac{R}{2}} + R^2\cdot\frac{z^3}{3}\Big|_{\frac{R}{2}}^R - \frac{z^5}{5}\Big|_{\frac{R}{2}}^R\right] = \frac{59}{480}\pi R^5.$$

解法二　在柱坐标系中计算.

区域 V 在 Oxy 平面的投影为 $x^2+y^2\leqslant\dfrac{3}{4}R^2$,即 $r\leqslant\dfrac{\sqrt{3}}{2}R(0\leqslant\theta\leqslant2\pi)$. 两球面方程分别为 $r^2+z^2=R^2$ 与 $r^2+(z-R)^2=R^2$.

故

$$I = \int_0^{2\pi}\mathrm{d}\theta\int_0^{\frac{\sqrt{3}}{2}R}r\mathrm{d}r\int_{R-\sqrt{R^2-r^2}}^{\sqrt{R^2-r^2}}z^2\,\mathrm{d}z = \frac{2\pi}{3}\int_0^{\frac{\sqrt{3}}{2}R}\left[(\sqrt{R^2-r^2})^3 - (R-\sqrt{R^2-r^2})^3\right]r\mathrm{d}r$$

$$= \frac{2\pi}{3}\int_0^{\frac{\sqrt{3}}{2}R}\left[2(R^2-r^2)^{\frac{3}{2}} - 4R^3 + 3R^2(R^2-r^1)^{\frac{1}{2}} + 3Rr^2\right]r\mathrm{d}r$$

$$= \frac{2\pi}{3}\left[-\frac{2}{5}(R^2-r^2)^{\frac{5}{2}} - 2R^3r^2 - R^2(R^2-r^2)^{\frac{3}{2}} - \frac{3R}{4}r^4\right]\Big|_0^{\frac{\sqrt{3}}{2}R} = \frac{59}{480}\pi R^5.$$

解法三　在球坐标系中计算.

在球坐标系中,两球面方程分别为 $\rho=R$ 与 $\rho=2R\cos\varphi$. 从图 6-36 可以看出,$\overrightarrow{OA}$ 与 z 轴的夹角为 $\dfrac{\pi}{3}$,所以

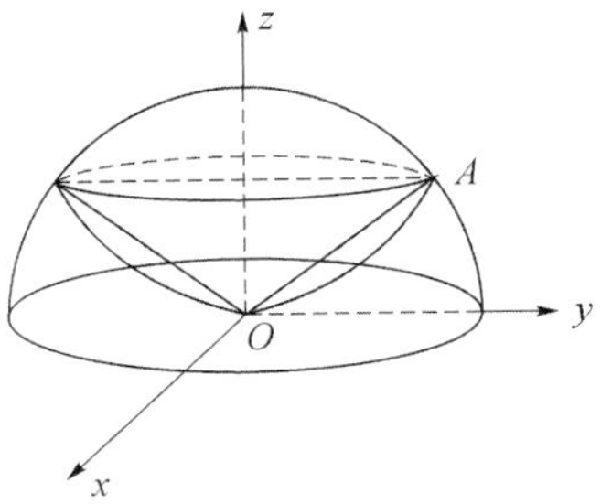

$$I = \int_0^{2\pi}\mathrm{d}\theta\int_0^{\frac{\pi}{3}}\mathrm{d}\varphi\int_0^R \rho^2\cos^2\varphi\cdot\rho^2\sin\varphi\mathrm{d}\rho + \int_0^{2\pi}\mathrm{d}\theta\int_{\frac{\pi}{3}}^{\frac{\pi}{2}}\mathrm{d}\varphi\int_0^{2R\cos\varphi}\rho^2\cos^2\varphi\cdot\rho^2\sin\varphi\mathrm{d}\rho$$

$$= 2\pi\int_0^{\frac{\pi}{3}}\cos^2\varphi\sin\varphi\mathrm{d}\varphi\int_0^R \rho^4\mathrm{d}\rho + 2\pi\int_{\frac{\pi}{3}}^{\frac{\pi}{2}}\frac{1}{5}(2R\cos\varphi)^5\cos^2\varphi\sin\varphi\mathrm{d}\varphi$$

图 6-36

$$= 2\pi \cdot \frac{R^5}{5}\left[-\frac{1}{3}\cos^3\varphi\right]\Big|_0^{\frac{\pi}{3}} + 2\pi \cdot \frac{2^5 R^5}{5}\left[-\frac{1}{8}\cos^8\varphi\right]\Big|_{\frac{\pi}{3}}^{\frac{\pi}{2}}$$

$$= \frac{2\pi R^5}{5}\left(-\frac{1}{24}+\frac{1}{3}+2^5\cdot\frac{1}{8\cdot 2^8}\right)=\frac{59}{480}\pi R^5.$$

注 以上两例的各种解法都有一定的代表性,应当熟悉这些解法.

例 6.2.7 设函数 $f(x)$ 有连续的导数,求

$$\lim_{t\to 0}\frac{1}{\pi t^4}\iiint\limits_{x^2+y^2+z^2\leqslant t^2} f(\sqrt{x^2+y^2+z^2})\mathrm{d}x\mathrm{d}y\mathrm{d}z\ (t>0).$$

解
$$\iiint\limits_{x^2+y^2+z^2\leqslant t^2} f(\sqrt{x^2+y^2+z^2})\mathrm{d}x\mathrm{d}y\mathrm{d}z = \int_0^{2\pi}\mathrm{d}\theta\int_0^{\pi}\mathrm{d}\varphi\int_0^t f(\rho)\rho^2\sin\varphi\mathrm{d}\rho$$

$$= 2\pi\int_0^{\pi}\sin\varphi\mathrm{d}\varphi\int_0^t f(\rho)\rho^2\mathrm{d}\rho = 4\pi\int_0^t \rho^2 f(\rho)\mathrm{d}\rho.$$

由洛必达法则,得

$$\lim_{t\to 0}\frac{1}{\pi t^4}\iiint\limits_{x^2+y^2+z^2\leqslant t^2}(\sqrt{x^2+y^2+z^2})\mathrm{d}x\mathrm{d}y\mathrm{d}z$$

$$= \lim_{t\to 0}\frac{4\pi\int_0^t \rho^2 f(\rho)\mathrm{d}\rho}{\pi t^4} = \lim_{t\to 0}\frac{4\pi t^2 f(t)}{4\pi t^3} = \lim_{t\to 0}\frac{f(t)}{t} = \begin{cases} f'(0), & f(0)=0, \\ \infty, & f(0)\neq 0. \end{cases}$$

例 6.2.8 求曲面 $(x^2+y^2+z^2)^2 = a^2(x^2+y^2-z^2)\ (a>0)$ 所围立体的体积.

分析 虽然画不出此曲面的图形,但该曲面围成的立体关于三个坐标平面对称(因为方程 z 用 $-z$ 替代,y 用 $-y$ 替代,x 用 $-x$ 替代都不变).因此,只需计算第一象限内的体积再乘以 8 即可.作球面坐标变换 $x=\rho\sin\varphi\cos\theta, y=\rho\sin\varphi\sin\theta, z=\rho\cos\varphi$.这时曲面方程为 $\rho=a\sqrt{-\cos 2\varphi}$.由 $\rho\geqslant 0$ 且在第一象限内,知 $0\leqslant\theta\leqslant\frac{\pi}{2}$,$\frac{\pi}{4}\leqslant\varphi\leqslant\frac{\pi}{2}$,因此在第一象限内所围立体区域 $V_1: 0\leqslant\rho\leqslant a\sqrt{-\cos 2\varphi}$,$\frac{\pi}{4}\leqslant\varphi\leqslant\frac{\pi}{2}$,$0\leqslant\theta\leqslant\frac{\pi}{2}$.

解
$$V = 8\int_0^{\frac{\pi}{2}}\mathrm{d}\theta\int_{\frac{\pi}{4}}^{\frac{\pi}{2}}\mathrm{d}\varphi\int_0^{a\sqrt{-\cos 2\varphi}}\rho^2\sin\varphi\mathrm{d}\rho = 4\pi\cdot\frac{1}{3}a^3\int_{\frac{\pi}{4}}^{\frac{\pi}{2}}\sin\varphi(-\cos 2\varphi)^{\frac{3}{2}}\mathrm{d}\varphi$$

$$= -\frac{4\pi a^3}{3}\int_{\frac{\pi}{4}}^{\frac{\pi}{2}}(1-2\cos^2\varphi)^{\frac{3}{2}}\mathrm{d}\cos\varphi(令\ \cos\varphi=u)$$

$$= -\frac{4\pi a^3}{3}\int_{\frac{1}{\sqrt 2}}^0 (1-2u^2)^{\frac{3}{2}}\mathrm{d}u(令\ \sqrt 2\,u=\sin t)$$

$$= -\frac{4\pi a^3}{3}\int_{\frac{\pi}{2}}^0 (1-\sin^2 t)^{\frac{3}{2}}\mathrm{d}\frac{1}{\sqrt 2}\sin t = \frac{4\pi a^3}{3}\cdot\frac{1}{\sqrt 2}\int_0^{\frac{\pi}{2}}\cos^4 t\mathrm{d}t$$

$$= \frac{4\pi a^3}{3\sqrt 2}\cdot\frac{3}{4}\cdot\frac{1}{2}\cdot\frac{\pi}{2} = \frac{\pi^2 a^2}{4\sqrt 2} = \frac{\pi^2 a^2\sqrt 2}{8}.$$

类型 2.2 计算三重积分的累次积分

解题策略 根据累次积分的不等式画出积分区域,选择投影法、平面截割法、柱面坐标系下计算、球面坐标系下计算.

例 6.2.9 设 $I = \int_{-1}^1 \mathrm{d}x\int_{-\sqrt{1-x^2}}^{\sqrt{1-x^2}}\mathrm{d}y\int_{\sqrt{x^2+y^2}}^1 f(x,y,z)\mathrm{d}z$,

(1)在直角坐标系中,用各种方法重新配置积分顺序;

(2)在柱坐标系或球坐标系中,将该积分化为三次积分.

解 (1)积分区域是由圆锥面 $z=\sqrt{x^2+y^2}$ 与平面 $z=1$ 围成的区域.由 x,y 的对称性知

$$I = \int_{-1}^1 \mathrm{d}y\int_{-\sqrt{1-y^2}}^{\sqrt{1-y^2}}\mathrm{d}x\int_{\sqrt{x^2+y^2}}^1 f(x,y,z)\mathrm{d}z.$$

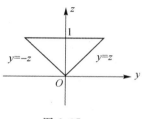

图 6-37

积分区域在 Oyz 平面上的投影如图 6-37 所示. 由方程 $z=\sqrt{x^2+y^2}$ 可得 $x=\pm\sqrt{z^2-y^2}$,故有

$$I=\int_0^1 dz\int_{-z}^z dy\int_{-\sqrt{z^2-y^2}}^{\sqrt{z^2-y^2}}f(x,y,z)dx,$$

$$I=\int_{-1}^0 dy\int_{-y}^1 dz\int_{-\sqrt{z^2-y^2}}^{\sqrt{z^2-y^2}}f(x,y,z)dx+\int_0^1 dy\int_y^1 dz\int_{-\sqrt{z^2-y^2}}^{\sqrt{z^2-y^2}}f(x,y,z)dx.$$

(2)在柱坐标系中,方程 $z=\sqrt{x^2+y^2}$ 化为 $z=r$,故

$$I=\int_0^{2\pi}d\theta\int_0^1 dr\int_r^1 f(r\cos\theta,r\sin\theta,z)r dz.$$

在球坐标系中,方程 $z=\sqrt{x^2+y^2}$ 化为 $\varphi=\dfrac{\pi}{4}$,方程 $z=1$ 化为 $\rho\cos\varphi=1$. 故

$$I=\int_0^{2\pi}d\theta\int_0^{\frac{\pi}{4}}d\varphi\int_0^{\frac{1}{\cos\varphi}}f(\rho\sin\varphi\cos\theta,\rho\sin\varphi\sin\theta,\rho\cos\varphi)\rho^2\sin\varphi d\rho.$$

例 6.2.10　求 $I=\displaystyle\int_{-1}^1 dx\int_0^{\sqrt{1-x^2}}dy\int_1^{1+\sqrt{1-x^2-y^2}}\dfrac{dz}{\sqrt{x^2+y^2+z^2}}.$

分析　积分区域 V 在 Oxy 平面上的投影是 $-1\leqslant x\leqslant 1,0\leqslant y\leqslant\sqrt{1-x^2}$,即半圆 $x^2+y^2\leqslant 1,y\geqslant 0$. 曲面 $z=1+\sqrt{1-x^2-y^2}$ 是球面 $x^2+y^2+(z-1)^2=1$ 的上半部. 故积分区域 V 是由球面 $x^2+y^2+z^2=2z(y\geqslant 0,z\geqslant 1)$ 与平面 $z=1,y=0$ 围成的区域(见图 6-38).

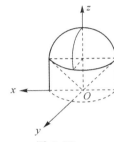

图 6-38

方法一　用柱坐标计算.

$$I=\int_0^{\pi}d\theta\int_0^1 dr\int_1^{1+\sqrt{1-r^2}}\dfrac{r}{\sqrt{r^2+z^2}}dz=\pi\int_0^1 dr\int_1^{1+\sqrt{1-r^2}}\dfrac{r}{\sqrt{r^2+z^2}}dz.$$

由 $z=1+\sqrt{1-r^2}$ 知 $r^2=2z-z^2$,故由 $0\leqslant r\leqslant 1,1\leqslant z\leqslant 1+\sqrt{1-r^2}$ 可知 $1\leqslant z\leqslant 2,0\leqslant r\leqslant\sqrt{2z-z^2}$ (见图 6-39). 于是

$$I=\pi\int_1^2 dz\int_0^{\sqrt{2z-z^2}}\dfrac{r}{\sqrt{r^2+z^2}}dr=\pi\int_1^2\left(\sqrt{r^2+z^2}\,\Big|_0^{\sqrt{2z-z^2}}\right)dz$$

$$=\pi\int_1^2(\sqrt{2z}-z)dz=\pi\left[\dfrac{2\sqrt{2}}{3}z\sqrt{z}-\dfrac{1}{2}z^2\right]\Big|_1^2=\left(\dfrac{7}{6}-\dfrac{2\sqrt{2}}{3}\right)\pi.$$

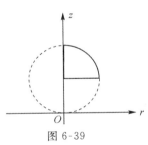

图 6-39

方法二　用球坐标计算.

在球坐标系中,平面 $z=1$ 的方程是 $r\cos\varphi=1$,球面 $x^2+y^2+z^2=2z$ 的方程是 $r=2\cos\varphi$. 故积分区域 V 为 $0\leqslant\theta\leqslant\pi,0\leqslant\varphi\leqslant\dfrac{\pi}{4},\dfrac{1}{\cos\varphi}\leqslant r\leqslant 2\cos\varphi.$

$$I=\int_0^{\pi}d\theta\int_0^{\frac{\pi}{4}}d\varphi\int_{\frac{1}{\cos\varphi}}^{2\cos\varphi}\dfrac{1}{r}\cdot r^2\sin\varphi dr=\pi\int_0^{\frac{\pi}{4}}\left(\sin\varphi\cdot\dfrac{r^2}{2}\,\Big|_{\frac{1}{\cos\varphi}}^{2\cos\varphi}\right)d\varphi$$

$$=\pi\int_0^{\frac{\pi}{4}}\sin\varphi\left(2\cos^2\varphi-\dfrac{1}{2\cos^2\varphi}\right)d\varphi=\pi\left[-\dfrac{2}{3}\cos^3\varphi-\dfrac{1}{2\cos\varphi}\right]\Big|_0^{\frac{\pi}{4}}=\left(\dfrac{7}{6}-\dfrac{2\sqrt{2}}{3}\right)\pi.$$

例 6.2.11　设函数 $f(x)$ 在区间 $[0,1]$ 连续,证明

$$\int_0^1 dx\int_x^1 dy\int_x^y f(x)f(y)f(z)dz=\dfrac{1}{3!}\left[\int_0^1 f(t)dt\right]^3.$$

证明　由 $x\leqslant z\leqslant y,x\leqslant y\leqslant 1,0\leqslant x\leqslant 1$ 可得图 6-40,从而可得 $0\leqslant x\leqslant z$, $0\leqslant z\leqslant y,0\leqslant y\leqslant 1$. 交换积分顺序,得

$$\int_0^1 dx\int_x^1 dy\int_x^y f(x)f(y)f(z)dz=\int_0^1 dy\int_0^y dz\int_0^z f(x)f(y)f(z)dx.\qquad ①$$

设 $F(x)=\displaystyle\int_0^x f(t)dt$,则 $F'(x)=f(x)$,并且 $f(0)=0$. 由 ①,

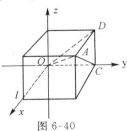

图 6-40

$$\int_0^1 \mathrm{d}x \int_x^1 \mathrm{d}y \int_x^y f(x)f(y)f(z)\mathrm{d}z = \int_0^1 f(y)\mathrm{d}y \int_x^y f(z)\mathrm{d}z \int_0^z f(x)\mathrm{d}x$$

$$= \int_0^1 f(y)\mathrm{d}y \int_x^y f(z)F(z)\mathrm{d}z = \int_0^1 f(y)\mathrm{d}y \int_x^y F(z)\mathrm{d}F(z)$$

$$= \int_0^1 \left(f(y) \cdot \frac{F^2(z)}{2} \Big|_0^y \right)\mathrm{d}y = \frac{1}{2}\int_0^1 f(y)F^2(y)\mathrm{d}y = \frac{1}{2}\int_0^1 F^2(y)\mathrm{d}F(y)$$

$$= \frac{1}{2} \cdot \frac{1}{3}F^3(y) \Big|_0^1 = \frac{1}{3!}[F(1)]^3 = \frac{1}{3!}\left[\int_0^1 f(t)\mathrm{d}t\right]^3 .$$

分析　因为没有给出具体的被积函数,积分域也不容易画出来,因此不便通过具体计算该积分 $\int_0^u f(t)\mathrm{d}t$ 来证明,但是可以用变上限积分表达式是被积函数的原函数来进行运算.为此,设 $F(u) = \int_0^u f(t)\mathrm{d}t$,则 $F'(u) = f(u)$,并且 $F(1) = \int_0^1 f(t)\mathrm{d}t, F(0) = 0$.

解法二　左边 $= \int_0^1 f(x)\mathrm{d}x \int_x^1 f(y)[F(y)-F(x)]\mathrm{d}y = \int_0^1 f(x)\left[\frac{1}{2}F^2(y)-F(x)F(y)\right]\Big|_x^1 \mathrm{d}x$

$$= \frac{1}{2}\int_0^1 f(x)[F(1)-F(x)]^2\mathrm{d}x = -\frac{1}{2} \cdot \frac{1}{3}[F(1)-F(x)^3]\Big|_0^1 = \frac{1}{6}[F(1)-F(0)]^3$$

$$= \frac{1}{6}F^3(1) = \frac{1}{6}\left[\int_0^1 f(t)\mathrm{d}t\right]^3 = \frac{1}{3!}\left[\int_0^1 f(x)\mathrm{d}x\right]^3 = 右边 .$$

类型 2.3　计算第一类曲线、曲面的积分

解题策略　用第一类曲线、曲面的积分的公式或对称性来简化计算.

例 6.2.12　求 $\int_C (x^{\frac{4}{3}}+y^{\frac{4}{3}})\mathrm{d}s$,其中 C 为内摆线 $x^{\frac{2}{3}}+y^{\frac{2}{3}} = a^{\frac{2}{3}} (a>0)$ 的弧.

解　由于曲线 C 关于两坐标轴对称,且被积函数关于 x 是偶函数,关于 y 是偶函数(在点函数中将介绍该性质),所以 $\int_C (x^{\frac{4}{3}}+y^{\frac{4}{3}})\mathrm{d}s = 4\int_{C_1} (x^{\frac{4}{3}}+y^{\frac{4}{3}})\mathrm{d}s$. 其中 $C_1 : \begin{cases} x = a\cos^3 t \\ y = a\sin^3 t \end{cases}, 0 \leqslant t \leqslant \frac{\pi}{2}$,于是

$$原式 = 4a^{\frac{4}{3}}\int_0^{\frac{\pi}{2}} (\cos^4 t + \sin^4 t)3a\cos t\sin t\mathrm{d}t = 12a^{\frac{7}{3}}\left(\int_0^{\frac{\pi}{2}} \sin t\cos^5 t\mathrm{d}t + \int_0^{\frac{\pi}{2}} \sin^5 t\cos t\mathrm{d}t \right)$$

$$= 24a^{\frac{7}{3}}\int_0^{\frac{\pi}{2}} \sin^5 t\cos t\mathrm{d}t = 24a^{\frac{7}{3}}\int_0^{\frac{\pi}{2}} \sin^5 t\mathrm{d}\sin t = 4a^{\frac{7}{3}} .$$

例 6.2.13　计算 $\int_L (x^2+2y)\mathrm{d}s$. 其中 L 为曲线 $\begin{cases} x^2+y^2+z^2 = R^2 \\ x+y+z = 0 \end{cases}, (R>0)$.

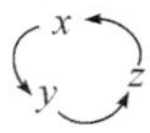

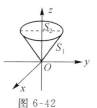

分析　如果把曲线 L 化为参数方程来计算比较麻烦,可根据此曲线中的 x, y, z 对称,即 x 图 6-41 换成 y, y 换成 z, z 换成 x 后方程不变,以后经常要利用这个性质,称为轮换对称性. 如图 6-41 所示.

$$\int_L x^2\mathrm{d}s = \int_L y^2\mathrm{d}s = \int_L z^2\mathrm{d}s = \frac{1}{3}\int_L (x^2+y^2+z^2)\mathrm{d}s = \frac{1}{3}\int_L R^2\mathrm{d}s = \frac{R^2}{3}\int_L \mathrm{d}s = \frac{R^2}{3} \cdot 2\pi R = \frac{2}{3}\pi R^3 .$$

$$\int_L y\mathrm{d}s = \int_L z\mathrm{d}s = \int_L x\mathrm{d}s = \frac{1}{3}\int_L (x+y+z)\mathrm{d}s = \frac{1}{3}\int_L 0\mathrm{d}s = 0 .$$

于是,原式 $= \int_L x^2\mathrm{d}s + 2\int_L y\mathrm{d}s = \frac{2}{3}\pi R^3$.

注　这里 L 是经过球心的大圆,知半径为 R,故 L 的周长为 $2\pi R$.

例 6.2.14　计算 $\iint_S (x^2+y^2)\mathrm{d}S$,其中 S 为立体 $\sqrt{x^2+y^2} \leqslant z \leqslant 1$ 的边界.

解　曲面 S(见图 6-42)由两部分组成,一部分为 $S_1 : z = \sqrt{x^2+y^2}$,它在 Oxy 平面上的投影为 $x^2+y^2 \leqslant 1$;另一部分为 $S_2 : z = 1$,它在 Oxy 平面上的投影也是 $x^2+y^2 \leqslant 1$. 对于这两部分,分别有

图 6-42

$$S_1: \sqrt{1 + \left(\frac{\partial z}{\partial x}\right)^2 + \left(\frac{\partial z}{\partial y}\right)^2} = \sqrt{1 + \frac{x^2}{x^2 + y^2} + \frac{y^2}{x^2 + y^2}} = \sqrt{2},$$

$$S_2: \sqrt{1 + \left(\frac{\partial z}{\partial x}\right)^2 + \left(\frac{\partial z}{\partial y}\right)^2} = \sqrt{1 + 0 + 0} = 1,$$

在极坐标变换下,$\sigma_{r\theta}: \begin{cases} 0 \leqslant \theta \leqslant 2\pi, \\ 0 \leqslant r \leqslant 1, \end{cases}$ 有

$$\iint\limits_{S}(x^2 + y^2)\mathrm{d}S = \iint\limits_{S_1}(x^2 + y^2)\mathrm{d}S + \iint\limits_{S_2}(x^2 + y^2)\mathrm{d}S = \iint\limits_{x^2+y^2\leqslant 1}\sqrt{2}(x^2+y^2)\mathrm{d}\sigma + \iint\limits_{x^2+y^2\leqslant 1}(x^2+y^2)\mathrm{d}\sigma$$

$$= (\sqrt{2}+1)\iint\limits_{x^2+y^2\leqslant 1}(x^2+y^2)\mathrm{d}\sigma = (\sqrt{2}+1)\int_0^{2\pi}\mathrm{d}\theta\int_0^1 r^3\mathrm{d}r = \frac{\pi}{2}(1+\sqrt{2}).$$

例 6.2.15 计算 $\iint\limits_{\Sigma}z\mathrm{d}S$,其中 Σ 为曲面 $z = \sqrt{x^2 + y^2}$ 在柱体 $x^2 + y^2 \leqslant 2x$ 内部分(见图 6-43).

解 Σ 在 Oxy 平面上的投影区域为 $D: x^2 + y^2 \leqslant 2x$,有

$$\mathrm{d}S = \sqrt{1 + z_x'^2 + z_y'^2} = \sqrt{1 + \frac{x^2}{x^2+y^2} + \frac{y^2}{x^2+y^2}}\mathrm{d}\sigma = \sqrt{2}\mathrm{d}\sigma,$$

于是 $\iint\limits_{\Sigma}z\mathrm{d}S = \iint\limits_{D}\sqrt{x^2+y^2}\sqrt{2}\mathrm{d}\sigma = \sqrt{2}\int_{-\frac{\pi}{2}}^{\frac{\pi}{2}}\mathrm{d}\theta\int_0^{2\cos\theta}r^2\mathrm{d}r = \frac{16}{3}\sqrt{2}\int_0^{\frac{\pi}{2}}\cos^3\theta\mathrm{d}\theta$

$$= \frac{16}{3}\sqrt{2}\cdot\frac{2}{3} = \frac{32}{9}\sqrt{2}.$$

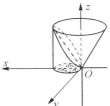

图 6-43

例 6.2.16 设半径为 R 的球面 Σ 的球心在定球面 $x^2 + y^2 + z^2 = a^2 (a > 0)$ 上,问:当 R 取何值时,球面 Σ 在定球面内部的面积最大?

解 设球面 Σ 的方程为 $x^2 + y^2 + (z-a)^2 = R^2$. 两球面的交线在 Oxy 面上的投影为

$$\begin{cases} x^2 + y^2 = \frac{R^2}{4a^2}(4a^2 - R^2), \\ z = 0. \end{cases}$$

记投影曲线所围平面区域为 D_{xy},球面 Σ 在定球面内的部分的方程为 $z = a - \sqrt{R^2 - x^2 - y^2}$,这部分球面的面积为

$$S(R) = \iint\limits_{D_{xy}}\sqrt{1 + z_x^2 + z_y^2}\mathrm{d}x\mathrm{d}y = \iint\limits_{D_{xy}}\frac{R}{\sqrt{R^2 - x^2 - y^2}}\mathrm{d}x\mathrm{d}y = \int_0^{2\pi}\mathrm{d}\theta\int_0^{\frac{R}{2a}\sqrt{4a^2-R^2}}\frac{rR\mathrm{d}r}{\sqrt{R^2 - r^2}} = 2\pi R^2 - \frac{\pi R^3}{a}.$$

$$S'(R) = 4\pi R - \frac{3\pi R^2}{a}, \quad S''(R) = 4\pi - \frac{6\pi R}{a}.$$

令 $S'(R) = 0$,得驻点 $R_1 = 0$(舍去),$R_2 = \frac{4}{3}a$. $S''\left(\frac{4}{3}a\right) = -4\pi < 0$,故当 $R = \frac{4}{3}a$ 时,球面 Σ 在定球面部分的面积最大.

§6.3 点函数积分的性质及其应用

一、内容梳理

（一）基本概念

1. 点函数积分的概念

我们知道,定积分可看作求密度不均质线段(棒子)的质量的数学概念,二重积分可看作求密度不均质平面图形(平面薄片)的质量的数学概念,三重积分可看作求密度不均质立体的质量的数学概念,第一类曲线积分可以看成求线密度不均质曲线段的质量的数学概念,第一类曲面积分可以看成面密度不均质曲面块的质量的数学概念.

为方便起见,我们把一段直线和曲线、一张有界平面或曲面、一个有界立体(包括边界点)统称为空间的有界闭形体 Ω. Ω 的大小记为 Ω,代表它的长度或面积或体积的大小,简称为 Ω 的大小.

设 Ω 是空间有界闭形体,即有界闭区域,它的密度 $\rho = f(P)$ 为 Ω 上的连续函数,求 Ω 的质量 m. 有 $m = \lim\limits_{\lambda \to 0} \sum\limits_{i=1}^{n} f(P_i)\Delta\Omega_i$. 这个极限值是唯一的且与 Ω 的分法和点 P_i 的取法无关. 因此,我们得出点函数积分的概念.

定义 6.4 设 $\Omega \subset \mathbf{R}$ 或 $\Omega \subset \mathbf{R}^2$ 或 $\Omega \subset \mathbf{R}^3$,且 Ω 为有界闭区域,设 $u = f(P)$, $P \in \Omega$ 为 Ω 上的有界点函数. 任用一种分割法将 Ω 分成 n 个子形体 $\Delta\Omega_1, \Delta\Omega_2, \cdots, \Delta\Omega_n$,这些子形体的大小仍记为 $\Delta\Omega_i$($i = 1, 2, \cdots, n$),设 $\lambda_i = \max\{\rho(P_1, P_2), P_1, P_2 \in \Delta\Omega_i\}$ 为 $\Delta\Omega_i$ 的直径,令 $\lambda = \max\{\lambda_i : 1 \leqslant i \leqslant n\}$. $\forall P_i \in \Omega_i$,称 $f(P_i)\Delta\Omega_i$ 为积分元,称 $\sum\limits_{i=1}^{n} f(P_i)\Delta\Omega_i$ 为积分和式. 若极限 $\lim\limits_{\lambda \to 0} \sum\limits_{i=1}^{n} f(P_i)\Delta\Omega_i$ 存在且与 Ω 的分法和点 P_i 的取法无关,则称该极限值为点函数 $f(P)$ 在 Ω 上的积分,记作 $\int_{\Omega} f(P)\mathrm{d}\Omega$,即 $\int_{\Omega} f(P)\mathrm{d}\Omega = \lim\limits_{\lambda \to 0} \sum\limits_{i=1}^{n} f(P_i)\Delta\Omega_i$. 其中 Ω 称为积分区域,$f(P)$ 称为被积函数,P 称为积分变量,$f(P)\mathrm{d}\Omega$ 称为被积表达式,$\mathrm{d}\Omega$ 称为有界闭形体 Ω 大小的微元.

物理意义 当 $f(P) \geqslant 0$ 时,$\int_{\Omega} f(P)\mathrm{d}\Omega$ 表示密度为 $\rho = f(P)$ 的空间形体的质量 m. 特别地,当 $f(P) \equiv 1$ 时,$\int_{\Omega} \mathrm{d}\Omega = \lim\limits_{\lambda \to 0} \sum\limits_{i=1}^{n} \Delta\Omega_i = \Omega(\text{大小})$.

定理 6.1 若 $f(P)$ 在有界闭区域 Ω 上连续,则 $f(P)$ 在 Ω 上可积.

（二）重要定理与公式

1. 点函数积分的性质

点函数积分具有一元函数定积分性质 1 至性质 10 类似的性质,请读者自己叙述(略).

2. 点函数积分的分类

(1)若 $\Omega = [a, b] \subset \mathbf{R}$,这时 $f(P) = f(x)$, $x \in [a, b]$,则

$$\int_{\Omega} f(P)\mathrm{d}\Omega = \int_{a}^{b} f(x)\mathrm{d}x. \tag{6.1}$$

这是一元函数 $f(x)$ 在区间 $[a, b]$ 上的定积分.

(2)若 $\Omega = s \subset \mathbf{R}^2$,且 s 是平面曲线,这时 $f(P) = f(x, y)$, $(x, y) \in s$,于是

$$\int_{\Omega} f(P)\mathrm{d}\Omega = \int_{s} f(x, y)\mathrm{d}s. \tag{6.2}$$

(6.2)式称为对弧长 s 的曲线积分或第一类平面曲线积分. 当 $f(P) \equiv 1$ 时,$\int_\Omega \mathrm{d}s = s$ 是曲线的弧长.

(3)若 $\Omega = s \subset \mathbf{R}^3$,且 s 是空间曲线,这时 $f(P) = f(x,y,z),(x,y,z) \in s$,于是

$$\int_s f(P)\mathrm{d}\Omega = \int_s f(x,y,z)\mathrm{d}s. \tag{6.3}$$

(6.3)式称为对弧长 s 的曲线积分或第一类空间曲线积分.若 $f(P) \equiv 1$ 时,$\int_s \mathrm{d}s = s$ 是曲线的弧长.

(2)、(3)的特殊情形是 s 为一直线段,而直线段上的点函数积分本质上就是一元函数的定积分,这说明 $\int_s f(x,y)\mathrm{d}s,\int_s f(x,y,z)\mathrm{d}s$ 可用一次定积分计算,因此用了一次积分号.

(4)若 $\Omega = \sigma \subset \mathbf{R}^2$,且 σ 是平面区域,这时 $f(P) = f(x,y),(x,y) \in \sigma$,则

$$\int_\Omega f(P)\mathrm{d}\Omega = \iint_\sigma f(x,y)\mathrm{d}\sigma. \tag{6.4}$$

(6.4)式称为二重积分.

(5)若 $\Omega = S \subset \mathbf{R}^3$,且 S 是空间曲面,这时 $f(P) = f(x,y,z),(x,y,z) \in S$,则

$$\int_\Omega f(P)\mathrm{d}\Omega = \iint_S f(x,y,z)\mathrm{d}S. \tag{6.5}$$

(6.5)式称为对面积 S 的曲面积分或第一类曲面积分. 若 $f(P) = 1$,$\iint_S \mathrm{d}S = S$ 是空间曲面的面积.

由于(5)的特殊情形是平面区域上的二重积分,该积分可化为两次定积分的计算,因此用二重积分号.

(6)若 $\Omega = V \subset \mathbf{R}^3$,且 V 是空间立体,这时 $f(P) = f(x,y,z),(x,y,z) \in V$,则

$$\int_\Omega f(P)\mathrm{d}\Omega = \iiint_V f(x,y,z)\mathrm{d}V. \tag{6.6}$$

(6.6)式称为三重积分. 若 $f(P) \equiv 1$,则 $\iiint_V \mathrm{d}V = V$ 是空间立体的体积.

3. 对称区域上点函数的积分

(1)设 $\Omega \subset \mathbf{R}^3$,$\Omega$ 为曲线或曲面或立体.

（ⅰ）若 $\Omega = \Omega_1 + \Omega_2$,且 Ω_1,Ω_2 关于 Oxy 平面对称,则

$$\int_\Omega f(P)\mathrm{d}\Omega = \begin{cases} 0, & f(x,y,-z) = -f(x,y,z),\text{即 } f \text{ 关于 } z \text{ 是奇函数,} \\ 2\int_{\Omega_1} f(P)\mathrm{d}\Omega, & f(x,y,-z) = f(x,y,z),\text{即 } f \text{ 关于 } z \text{ 是偶函数.} \end{cases}$$

（ⅱ）若 $\Omega = \Omega_3 + \Omega_4$,且 Ω_3,Ω_4 关于 Oyz 平面对称,则

$$\int_\Omega f(P)\mathrm{d}\Omega = \begin{cases} 0, & f(-x,y,z) = -f(x,y,z),\text{即 } f \text{ 关于 } x \text{ 是奇函数,} \\ 2\int_{\Omega_3} f(P)\mathrm{d}\Omega, & f(-x,y,z) = f(x,y,z),\text{即 } f \text{ 关于 } x \text{ 是偶函数.} \end{cases}$$

（Ⅲ）若 $\Omega = \Omega_5 + \Omega_6$,且 Ω_5,Ω_6 关于 Ozx 平面对称,则

$$\int_\Omega f(P)\mathrm{d}\Omega = \begin{cases} 0, & f(x,-y,z) = -f(x,y,z),\text{即 } f \text{ 关于 } y \text{ 是奇函数,} \\ 2\int_{\Omega_5} f(P)\mathrm{d}\Omega, & f(x,-y,z) = f(x,y,z),\text{即 } f \text{ 关于 } y \text{ 是偶函数.} \end{cases}$$

同理可得,若 $\Omega \subset \mathbf{R}^3$ 关于 z 轴对称,当 $f(-x,-y,z) = -f(x,y,z)$ 时,积分为 0;当 $f(-x,-y,z) = f(x,y,z)$ 时,积分为 z 轴一侧区域上积分的 2 倍.若 Ω 关于原点对称,当 $f(-x,-y,-z) = -f(x,y,z)$ 时,积分为 0;当 $f(-x,-y,-z) = f(x,y,z)$ 时,积分为原点一侧区域上积分的 2 倍.其他情形读者可自己给出.

例 6.3.1 计算 $\iiint\limits_{\Omega}(1+2xyz)\mathrm{d}V$,其中 Ω 是由曲面 $z=a^2-x^2-y^2$ 与 $z=0$ 所围成的区域(见图 6-44).

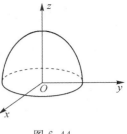

解 由于 $z=a^2-x^2-y^2$ 与 $z=0$ 的交线在 Oxy 平面上的投影曲线为:$x^2+y^2=a^2$,$V:0\leqslant z\leqslant a^2-x^2-y^2$,$(x,y)\in\sigma_{xy}:x^2+y^2\leqslant a^2$,由于 V 关于 Ozx 平面对称,且 $2xyz$ 关于 y 是奇函数,于是

$$\iiint\limits_{\Omega}(1+2xyz)\mathrm{d}V=\iiint\limits_{\Omega}\mathrm{d}V+\iiint\limits_{\Omega}2xyz\,\mathrm{d}V=\iiint\limits_{\Omega}\mathrm{d}V=\iint\limits_{\sigma_{xy}}\mathrm{d}\sigma\int_0^{a^2-x^2-y^2}\mathrm{d}z$$

$$=\iint\limits_{\sigma_{xy}}(a^2-x^2-y^2)\mathrm{d}\sigma=\int_0^{2\pi}\mathrm{d}\theta\int_0^a(a^2-r^2)r\mathrm{d}r$$

$$=2\pi\left[\frac{1}{2}a^2r^2-\frac{1}{4}r^4\right]\Big|_0^a=\frac{\pi a^4}{2}.$$

图 6-44

重心公式

设密度函数为 $\rho=\mu(P)=\mu(x,y,z)$ 连续,求空间形体 $\Omega\subset\mathbf{R}^3$ 的重心坐标(Ω 是曲线、曲面或空间立体),设 Ω 的重心坐标为 $(\bar{x},\bar{y},\bar{z})$.

第一步:分割.把 Ω 分割成 n 个小形体 $\Delta\Omega_1,\Delta\Omega_2,\cdots,\Delta\Omega_n$.

第二步:近似.$\forall P_i(x_i,y_i,z_i)\in\Delta\Omega_i$,把 $\Delta\Omega_i$ 近似看成一个质点,质量近似为 $\mu(P_i)\Delta\Omega_i$,位于 P_i.求 n 个质点重心坐标的公式为

$$\bar{x}\approx\frac{\sum\limits_{i=1}^n\mu(P_i)\Delta\Omega_i x_i}{\sum\limits_{i=1}^n\mu(P_i)\Delta\Omega_i},\bar{y}\approx\frac{\sum\limits_{i=1}^n\mu(P_i)\Delta\Omega_i y_i}{\sum\limits_{i=1}^n\mu(P_i)\Delta\Omega_i},\bar{z}\approx\frac{\sum\limits_{i=1}^n\mu(P_i)\Delta\Omega_i z_i}{\sum\limits_{i=1}^n\mu(P_i)\Delta\Omega_i}.$$

第三步:取极限. $\bar{x}=\lim\limits_{\lambda\to 0}\dfrac{\sum\limits_{i=1}^n\mu(P_i)\Delta\Omega_i x_i}{\sum\limits_{i=1}^n\mu(P_i)\Delta\Omega_i}=\dfrac{\int\limits_{\Omega}\mu(P)x\mathrm{d}\Omega}{\int\limits_{\Omega}\mu(P)\mathrm{d}\Omega}=\dfrac{\int\limits_{\Omega}\mu(P)x\mathrm{d}\Omega}{M}.$

同理,$\bar{y}=\dfrac{\int\limits_{\Omega}\mu(P)y\mathrm{d}\Omega}{M}$,$\bar{z}=\dfrac{\int\limits_{\Omega}\mu(P)z\mathrm{d}\Omega}{M}$,$(\bar{x},\bar{y},\bar{z})$ 是 Ω 的重心.

特别地,当 $\rho=$ 常数时,重心又称为形心.此时,$\bar{x}=\dfrac{\int\limits_{\Omega}x\mathrm{d}\Omega}{\Omega}$,$\bar{y}=\dfrac{\int\limits_{\Omega}y\mathrm{d}\Omega}{\Omega}$,$\bar{z}=\dfrac{\int\limits_{\Omega}z\mathrm{d}\Omega}{\Omega}$. 其中 M 是 Ω 的质量,Ω 是 Ω 的大小.

当 $\rho=$ 常数时,Ω 关于 Oxy 平面对称,z 关于 z 是奇函数,有 $\int\limits_{\Omega}z\mathrm{d}\Omega=0$,则 $\bar{z}=0$;同理,当 $\rho=$ 常数时,Ω 关于 Ozx 平面对称,则 $\bar{y}=0$;当 $\rho=$ 常数时,Ω 关于 Ozy 平面对称,则 $\bar{x}=0$.

当 $\Omega\subset\mathbf{R}^2$($\Omega$ 是曲线或平面区域)时,设密度函数 $\rho=\mu(P)=\mu(x,y)$ 连续,设重心坐标为 $(\bar{x},\bar{y})$,有

$$\bar{x}=\frac{\int\limits_{\Omega}\mu(P)x\mathrm{d}\Omega}{M},\bar{y}=\frac{\int\limits_{\Omega}\mu(P)y\mathrm{d}\Omega}{M}.$$

当 $\rho=$ 常数时,$\bar{x}=\dfrac{\int\limits_{\Omega}x\mathrm{d}\Omega}{\Omega}$,$\bar{y}=\dfrac{\int\limits_{\Omega}y\mathrm{d}\Omega}{\Omega}$. Ω 关于 x 轴对称,有 $\bar{y}=0$;Ω 关于 y 轴对称,有 $\bar{x}=0$.

转动惯量公式

设 $\Omega\subset\mathbf{R}^3$ 或 $\Omega\subset\mathbf{R}^2$ 的密度函数 $\rho=\mu(P)$ 连续,求该物体关于 L 轴的转动惯量.

利用微元法.取 Ω 的微元 $\mathrm{d}\Omega$,$\forall P\in\mathrm{d}\Omega$.$\mathrm{d}\Omega$ 的质量 $\mathrm{d}m=\mu(P)\mathrm{d}\Omega$ 看成集中在点 P 处,又设点 P 至 L 的

距离为 $|PP_2|$，于是 dm 绕 L 轴旋转的转动惯量为 $dJ_L = \overline{PP_L^2}\mu(P)d\Omega$.

于是 $J_L = \displaystyle\int_\Omega |PP_2|^2\mu(P)d\Omega$.

若 $\Omega \subset \mathbf{R}^3$（$\Omega$ 是空间曲线或曲面或立体），

当 L 是 z 轴时，$J_z = \displaystyle\int_\Omega (x^2+y^2)\mu(P)d\Omega = \int_\Omega (x^2+y^2)\mu(x,y,z)d\Omega$；

当 L 是 x 轴时，$J_x = \displaystyle\int_\Omega (y^2+z^2)\mu(P)d\Omega = \int_\Omega (y^2+z^2)\mu(x,y,z)d\Omega$；

当 L 是 y 轴时，$J_y = \displaystyle\int_\Omega (z^2+x^2)\mu(P)d\Omega = \int_\Omega (z^2+x^2)\mu(x,y,z)d\Omega$.

若 $\Omega \subset \mathbf{R}^2$（$\Omega$ 是平面曲线或平面区域），

当 L 是 x 轴时，$J_x = \displaystyle\int_\Omega y^2\mu(P)d\Omega = \int_\Omega y^2\mu(x,y)d\Omega$；

当 L 是 y 轴时，$J_y = \displaystyle\int_\Omega x^2\mu(P)d\Omega = \int_\Omega x^2\mu(x,y)d\Omega$.

引力公式

设 $\Omega \subset \mathbf{R}^3$，$\Omega$ 的密度函数 $\rho = \mu(P) = \mu(x,y,z)$ 连续. $P_0(x_0,y_0,z_0)$ 是一质点，质量为 m，求 Ω 对质点 P_0 的引力.

利用微元法. 取 Ω 的微元 $d\Omega$，$\forall P \in d\Omega$，$d\Omega$ 质量 $dm = \mu(P)d\Omega$，看作集中在点 P 处，$d\Omega$ 对质点 P_0 的引力 $d\boldsymbol{F}$ 的大小为

$$|d\boldsymbol{F}| = k\frac{m\mu(P)d\Omega}{r^2}, \quad r = \sqrt{(x-x_0)^2+(y-y_0)^2+(z-z_0)^2}.$$

由 $d\boldsymbol{F} // \overrightarrow{P_0P}$，且 $d\boldsymbol{F}$，$\overrightarrow{P_0P}$ 方向相同，有 $d\boldsymbol{F}^0 = \dfrac{\overrightarrow{P_0P}}{|\overrightarrow{P_0P}|} = \dfrac{1}{r}[(x-x_0)\boldsymbol{i}+(y-y_0)\boldsymbol{j}+(z-z_0)\boldsymbol{k}]$.

于是 $d\boldsymbol{F} = |d\boldsymbol{F}|d\boldsymbol{F}^0 = \dfrac{km}{r^3}[\mu(P)(x-x_0)d\Omega\boldsymbol{i}+\mu(P)(y-y_0)d\Omega\boldsymbol{j}+\mu(P)(z-z_0)d\Omega\boldsymbol{k}]$，从而

$$\boldsymbol{F} = \left[\int_\Omega \frac{km\mu(x,y,z)(x-x_0)}{r^3}d\Omega\boldsymbol{i}+\int_\Omega \frac{km\mu(x,y,z)(y-y_0)}{r^3}d\Omega\boldsymbol{j}+\int_\Omega \frac{km\mu(x,y,z)(z-z_0)}{r^3}d\Omega\boldsymbol{k}\right],$$

即 $\boldsymbol{F} = F_x\boldsymbol{i}+F_y\boldsymbol{j}+F_z\boldsymbol{k}$，其中

$$F_x = km\int_\Omega \frac{\mu(x,y,z)(x-x_0)}{r^3}d\Omega,$$

$$F_y = km\int_\Omega \frac{\mu(x,y,z)(y-y_0)}{r^3}d\Omega,$$

$$F_z = km\int_\Omega \frac{\mu(x,y,z)(z-z_0)}{r^3}d\Omega.$$

同理，若 $\Omega \subset \mathbf{R}^2$，$\Omega$ 的密度函数 $\rho = \mu(P) = \mu(x,y)$ 连续，$P_0(x_0,y_0)$ 是一质点，质量为 m，则 Ω 对质点 P_0 的引力为 $\boldsymbol{F} = F_x\boldsymbol{i}+F_y\boldsymbol{j}$，其中

$$F_x = km\int_\Omega \frac{\mu(P)(x-x_0)}{r^3}d\Omega = km\int_\Omega \frac{\mu(x,y)(x-x_0)}{[(x-x_0)^2+(y-y_0)^2]^{3/2}}d\Omega,$$

$$F_y = km\int_\Omega \frac{\mu(P)(y-y_0)}{r^3}d\Omega = km\int_\Omega \frac{\mu(x,y)(y-y_0)}{[(x-x_0)^2+(y-y_0)^2]^{3/2}}d\Omega.$$

二、考题类型、解题策略及典型例题

类型 3.1　重心

解题策略　重心公式.

例 6.3.2 求八分之一球面 $x^2+y^2+z^2=R^2, x\geqslant 0, y\geqslant 0, z\geqslant 0$ 的边界曲线的重心，设曲线的线密度 $\rho=1$.

解 边界曲线如图 6-45 所示. 曲线在 Oxy, Oyz, Ozx 坐标平面内的弧段分别为 L_1, L_2, L_3，则曲线的质量为 $m=\int_{L_1+L_2+L_3}\mathrm{d}s=3\cdot\frac{2\pi R}{4}=\frac{3}{2}\pi R$. 设曲线重心为 $(\bar{x},\bar{y},\bar{z})$，则

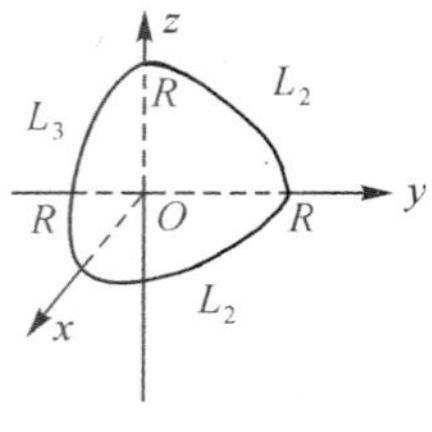

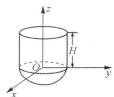

图 6-45

$$\begin{aligned}\bar{x}&=\frac{1}{m}\int_{L_1+L_2+L_3}x\mathrm{d}s=\frac{1}{m}\left(\int_{L_1}x\mathrm{d}s+\int_{L_2}x\mathrm{d}s+\int_{L_3}x\mathrm{d}s\right)\\&=\frac{1}{m}\left(\int_{L_1}x\mathrm{d}s+0+\int_{L_3}x\mathrm{d}s\right)=\frac{2}{m}\int_{L_1}x\mathrm{d}s\\&=\frac{2}{m}\int_0^R\frac{Rx\mathrm{d}x}{\sqrt{R^2-x^2}}=\frac{2R^2}{m}=\frac{4R}{3\pi}.\end{aligned}$$

由对称性知 $\bar{x}=\bar{y}=\bar{z}=\frac{4R}{3\pi}$，故重心坐标为 $\left(\frac{4R}{3\pi},\frac{4R}{3\pi},\frac{4R}{3\pi}\right)$.

例 6.3.3 已知均匀半球体的半径为 a，在该半球体的底圆的一旁拼接一个半径与球的半径相等，材料相同的均匀圆柱体，使圆柱体的底圆与半球的底圆相重合. 为了使拼接后的整个立体重心恰是球心，圆柱的高应为多少？

解 如图 6-46 所示建立坐标系，设所求的圆柱体的高度为 H，使圆柱体与半球的底圆在 Oxy 平面上. 圆柱体的中心轴为 z 轴，设整个立体为 Ω，其体积为 Ω，重心坐标为 $(\bar{x},\bar{y},\bar{z})$. 由题意知 $\bar{x}=\bar{y}=\bar{z}=0$. 由立体 Ω 均质，且关于 Ozx 平面及 Oyz 平面对称，显然有 $\bar{y}=\bar{x}=0$，且 $\bar{z}=\frac{1}{\Omega}\iiint\limits_{\Omega}z\mathrm{d}V$，由题意知 $\bar{z}=0$，即 $\iiint\limits_{\Omega}z\mathrm{d}V=0$.

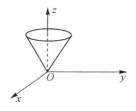

图 6-46

设圆柱体与半球分别为 Ω_1,Ω_2，分别用柱面坐标与球面坐标，得

$$\begin{aligned}\iiint\limits_{\Omega}z\mathrm{d}V&=\int_0^{2\pi}\mathrm{d}\theta\int_0^a\mathrm{d}r\int_0^H zr\mathrm{d}z+\int_0^{2\pi}\mathrm{d}\theta\int_{\frac{\pi}{2}}^{\pi}\mathrm{d}\varphi\int_0^a\rho\cos\varphi\rho^2\sin\varphi\mathrm{d}\rho\\&=\int_0^{2\pi}\mathrm{d}\theta\cdot\int_0^a r\mathrm{d}r\cdot\int_0^H z\mathrm{d}z+\int_0^{2\pi}\mathrm{d}\theta\cdot\int_{\frac{\pi}{2}}^{\pi}\cos\varphi\sin\varphi\mathrm{d}\varphi\cdot\int_0^a\rho^3\mathrm{d}\rho\\&=2\pi\cdot\frac{1}{2}a^2\cdot\frac{1}{2}H^2+2\pi\left(-\frac{1}{2}\right)\cdot\frac{a^4}{4}=\frac{\pi}{4}a^2(2H^2-a^2)=0.\end{aligned}$$

得 $H=\frac{\sqrt{2}}{2}a$，就是所求圆柱的高.

类型 3.2 转动惯量

解题策略 转动惯量公式.

例 6.3.4 求密度为 ρ_0 的均匀球壳 $x^2+y^2+z^2=R^2(z\geqslant 0)$ 对 Oz 轴的转动惯量.

解 转动惯量为

$$\begin{aligned}J_z&=\iint\limits_{S}(x^2+y^2)\rho_0\mathrm{d}S=\rho_0\iint\limits_{x^2+y^2\leqslant R^2}(x^2+y^2)\frac{R}{\sqrt{R^2-x^2-y^2}}\mathrm{d}\sigma=R\rho_0\int_0^{2\pi}\mathrm{d}\theta\int_0^R\frac{r^3}{R^2-r^2}\mathrm{d}r\\&=2\pi R\rho_0\int_0^R\frac{r^3}{\sqrt{R^2-r^2}}\mathrm{d}r=2\pi R^4\rho_0\int_0^{\frac{\pi}{2}}\cos^3\theta\mathrm{d}\theta=\frac{4}{3}\pi R^2\rho_0.\end{aligned}$$

例 6.3.5 求高为 h，半顶角为 $\frac{\pi}{4}$，密度为 μ(常数)的正圆锥体绕对称轴旋转的转动惯量.

图 6-47

解 以对称轴为 z 轴，顶点为原点，如图 6-47 所示建立坐标系，则

$$J_z=\iiint\limits_{\Omega}(x^2+y^2)\mu\mathrm{d}v.$$

利用平面截割法，有 $\Omega: 0\leqslant z\leqslant h, (x,y)\in D_z: x^2+y^2\leqslant z^2$，于是

$$J_z = \int_0^h \mathrm{d}z \iint_{D_z} (x^2 + y^2) \mu \mathrm{d}x \mathrm{d}y = \mu \int_0^h \mathrm{d}z \int_0^{2\pi} \mathrm{d}\theta \int_0^z r^2 \cdot r \mathrm{d}r = \mu \int_0^h \mathrm{d}z \int_0^{2\pi} \frac{1}{4} z^4 \mathrm{d}\theta$$

$$= \frac{\mu}{4} \cdot 2\pi \int_0^h z^4 \mathrm{d}z = \frac{\pi\mu}{10} h^5.$$

类型 3.3　引力

解题策略　引力公式.

例 6.3.6　一个半径为 R,高为 h 的均匀正圆柱体,在其对称轴上距上底为 a 处有一质量为 m 的质点,试求圆柱体对质点的引力.

解　如图 6-48 所示建立坐标系,由于 $F_x = \iiint_\Omega \dfrac{km\mu x}{(x^2+y^2+z^2)^{3/2}} \mathrm{d}V$,且 Ω 关于

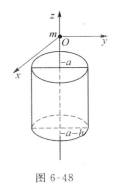

Oyz 平面对称,被积函数关于 x 为奇函数,有 $F_x = 0$,同理 $F_y = 0$.

$$F_z = \iiint_\Omega \frac{km\mu z}{(x^2+y^2+z^2)^{3/2}} \mathrm{d}V,\text{用柱面坐标变换,得}$$

$$F_z = km\mu \int_0^{2\pi} \mathrm{d}\theta \int_0^R r \mathrm{d}r \int_{-(a+h)}^{-a} \frac{z}{(r^2+z^2)^{3/2}} \mathrm{d}z = -2\pi km\mu \int_0^R r (r^2+z^2)^{-\frac{1}{2}} \Big|_{-(a+h)}^{-a} \mathrm{d}r$$

$$= -2\pi km\mu \int_0^R r \big[(r^2+a^2)^{-\frac{1}{2}} - (r^2+(a+h)^2)^{-\frac{1}{2}}\big] \mathrm{d}r$$

$$= 2\pi km\mu \big[\sqrt{R^2+(a+h)^2} - \sqrt{R^2+a^2} - h \big].$$

图 6-48

则引力 $\boldsymbol{F} = F_z \boldsymbol{k}$.

§6.4　第二类曲线与曲面积分

一、内容梳理

(一) 基本概念

1. 第二类曲线积分

定义 6.5　若向量函数 $\boldsymbol{A}(x,y,z) = \{P(x,y,z), Q(x,y,z), R(x,y,z)\}$ 与曲线 Γ_{AB} 上点 (x,y,z) 处切线的单位向量 $\boldsymbol{T}^0 = \{\cos\alpha, \cos\beta, \cos\gamma\}$(且 $\boldsymbol{T}^0$ 的方向与 Γ_{AB} 指定的方向一致)的点乘积在 Γ_{AB} 上的第一类曲线积分 $\displaystyle\int_{\Gamma_{AB}} (\boldsymbol{A} \cdot \boldsymbol{T}^0) \mathrm{d}s$ 存在,该积分值称为 $\boldsymbol{A}(x,y,z)$ 沿曲线 Γ 从 A 到 B 的第二类曲线积分.

物理意义　$\displaystyle\oint_\Gamma (\boldsymbol{A} \cdot \boldsymbol{T}^0) \mathrm{d}s$ 表示当流体流速为 $\boldsymbol{A}$ 沿闭合曲线 Γ 指定的方向通过的环流量.

注　由定义知第二类曲线积分是特殊的第一类曲线积分.若把 $\boldsymbol{A},\boldsymbol{T}^0$ 看成数量函数,这个积分也具有第一类曲线积分的性质.

由定义容易得到下面两个性质:

性质 1　$\displaystyle\int_{\Gamma_{AB}} (\boldsymbol{A} \cdot \boldsymbol{T}^0) \mathrm{d}s = -\int_{\Gamma_{BA}} (\boldsymbol{A} \cdot \boldsymbol{T}^0) \mathrm{d}s$

注　等式左右两边的 $\boldsymbol{T}^0$ 正好相差一个符号.

性质 2　若有向曲线 Γ_{AB} 是由有向曲线 Γ_{AC}, Γ_{CB} 首尾相接而成,则

$$\int_{\Gamma_{AB}} (\boldsymbol{A} \cdot \boldsymbol{T}^0) \mathrm{d}s = \int_{\Gamma_{AC}} (\boldsymbol{A} \cdot \boldsymbol{T}^0) \mathrm{d}s + \int_{\Gamma_{CB}} (\boldsymbol{A} \cdot \boldsymbol{T}^0).$$

记 $\mathrm{d}\boldsymbol{s} = \boldsymbol{T}^0 \mathrm{d}s = \{\cos\alpha, \cos\beta, \cos\gamma\} \mathrm{d}s = \{\mathrm{d}x, \mathrm{d}y, \mathrm{d}z\}$, $\mathrm{d}\boldsymbol{s}$ 称为有向弧微元.

注　$\cos\alpha \mathrm{d}s = \Delta x = \mathrm{d}x$ 是 $\mathrm{d}s$ 在 x 轴上的有向投影,当 α 为锐角,$\mathrm{d}x > 0$,当 α 为钝角,$\mathrm{d}x < 0$,$\alpha = \dfrac{\pi}{2}$,

$dx = 0$，而 dy, dz 是 ds 分别在 y 轴，z 轴上的有向投影，从而以第二类曲线积分五种形式之一出现：

$$\int_{\Gamma_{AB}} (\boldsymbol{A} \cdot \boldsymbol{T}^0) ds = \int_{\Gamma_{AB}} (P\cos\alpha + Q\cos\beta + R\cos\gamma) ds$$

$$= \int_{\Gamma_{AB}} \boldsymbol{A} \cdot ds = \int_{\Gamma_{AB}} P(x,y,z) dx + Q(x,y,z) dy + R(x,y,z) dz$$

$$= \int_{\Gamma_{AB}} P(x,y,z) dx + \int_{\Gamma_{AB}} Q(x,y,z) dy + \int_{\Gamma_{AB}} R(x,y,z) dz.$$

而常常以形式 $\int_{\Gamma_{AB}} P(x,y,z) dx + Q(x,y,z) dy + R(x,y,z) dz$ 形式出现的较多，如果是直接计算，不论是以哪一种形式出现，都需化成 $\int_{\Gamma_{AB}} P(x,y,z) dx + Q(x,y,z) dy + R(x,y,z) dz$ 的形式（最后一种形式和前面形式实际上是相同的）．

若曲线 $\Gamma_{AB} : \begin{cases} x = x(t), \\ y = y(t), \\ z = z(t) \end{cases}$ 为光滑曲线且起点 A 对应的参数为 t_A，终点 B 对应的参数为 t_B，则

$$\int_{\Gamma_{AB}} P(x,y,z) dx + Q(x,y,z) dy + R(x,y,z) dz$$

$$= \int_{t_A}^{t_B} [P(x(t), y(t), z(t)) x'(t) + Q(x(t), y(t), z(t)) y'(t) + R(x(t), y(t), z(t)) z'(t)] dt.$$

必须注意，公式中的 t_A, t_B 一定要与曲线的起点 A，终点 B 相对应．即化成 t 函数的定积分时，积分的下限必须是起点 A 对应的参数，积分的上限必须是终点 B 对应的参数，至于上下限谁大谁小不受限制，这一点与第一类曲线积分化为一元函数定积分时，下限一定小于上限的限制是不同的．

而平面上的第二类曲线积分与空间第二类曲线积分类似，没有第三项．

定义 6.6 没有洞的平面区域，称为平面单连通区域，有洞的平面区域称为复连通区域．

定义 6.7 若空间立体 V 中任意的封闭曲线 L，不超过立体的边界连续收缩为立体中一点，则 V 称为线单连通区域．

2. 第二类曲面积分

定义 6.8 若向量函数 $\boldsymbol{A}(x,y,z) = \{P(x,y,z), Q(x,y,z), R(x,y,z)\}$ 与曲面 S 在曲面上点 (x,y,z) 处单位法向量 $\boldsymbol{n}^0 = \{\cos\alpha, \cos\beta, \cos\gamma\}$（$\boldsymbol{n}^0$ 的方向与曲面 S 指定的方向相同）的点乘积在 S 上的第一类曲面积分 $\iint_S (\boldsymbol{A} \cdot \boldsymbol{n}^0) dS$ 存在，该积分值称为 $\boldsymbol{A}(x,y,z)$ 沿指定侧曲面 S 上的第二类曲面积分．

物理意义 $\oiint_S (\boldsymbol{A} \cdot \boldsymbol{n}^0) dS$ 表示当流速为 $\boldsymbol{A}$ 的不可压缩流体，通过封闭曲面 S 沿指定侧的流体的质量，简称为流量 Q．

由定义知第二类曲面积分是特殊的第一类曲面积分，若把 $\boldsymbol{A} \cdot \boldsymbol{n}^0$ 看成一个数量函数，这时为第一类曲面积分，也具有第一类曲面积分的性质．

由定义知第二类曲面积分具有下面两个性质：

性质 1 $\iint_{S^+} (\boldsymbol{A} \cdot \boldsymbol{n}^0) dS = -\iint_{S^-} (\boldsymbol{A} \cdot \boldsymbol{n}^0) dS.$

性质 2 $\iint_S (\boldsymbol{A} \cdot \boldsymbol{n}^0) dS = \iint_{S_1} (\boldsymbol{A} \cdot \boldsymbol{n}^0) dS + \iint_{S_2} (\boldsymbol{A} \cdot \boldsymbol{n}^0) dS.$

其中 S_1, S_2 的侧与曲面 S 的侧相同且 $S = S_1 + S_2$，S_1, S_2 只有公共边界．

3. 场论

定义 6.9 设 $\boldsymbol{A}(x,y,z) = \{P(x,y,z), Q(x,y,z), R(x,y,z)\}$，且 P, Q, R 偏导数存在，称函数 $\dfrac{\partial P}{\partial x} + \dfrac{\partial Q}{\partial y} + \dfrac{\partial R}{\partial z}$ 为向量函数 $\boldsymbol{A}$ 在点 $M(x,y,z)$ 的散度，记作 $\mathrm{div}\boldsymbol{A}(x,y,z)$．即 $\mathrm{div}\boldsymbol{A}(x,y,z) = \dfrac{\partial P}{\partial x} + \dfrac{\partial Q}{\partial y} + \dfrac{\partial R}{\partial z}$．

散度具有线性运算法则,即 $\operatorname{div}(\alpha \boldsymbol{A} + \beta \boldsymbol{B}) = \alpha \operatorname{div} \boldsymbol{A} + \beta \operatorname{div} \boldsymbol{B}$. 其中 α, β 为常数,$\boldsymbol{A}, \boldsymbol{B}$ 为向量函数,利用散度的概念,高斯公式可写成下列简洁形式 $\oiint_S \boldsymbol{A} \cdot \mathrm{d}\boldsymbol{S} = \iiint_V \operatorname{div} \boldsymbol{A} \mathrm{d}V$.

定义 6.10 若 $\forall M(x,y,z) \in V$,有 $\operatorname{div} \boldsymbol{A} = 0$,称 $\boldsymbol{A}$ 为无源场.

定义 6.11 设 $\boldsymbol{A} = \{P(x,y,z), Q(x,y,z), R(x,y,z)\}$,且 P, Q, R 具有一阶偏导数,称向量函数 $\left\{\dfrac{\partial R}{\partial y} - \dfrac{\partial Q}{\partial z}, \dfrac{\partial P}{\partial z} - \dfrac{\partial R}{\partial x}, \dfrac{\partial Q}{\partial x} - \dfrac{\partial P}{\partial y}\right\}$ 为向量函数 $\boldsymbol{A}$ 在点 $M(x, y, z)$ 处的旋度,记作 $\boldsymbol{\mathrm{rot}} \boldsymbol{A}$,即 $\boldsymbol{\mathrm{rot}} \boldsymbol{A} = \left\{\dfrac{\partial R}{\partial y} - \dfrac{\partial Q}{\partial z}, \dfrac{\partial P}{\partial z} - \dfrac{\partial R}{\partial x}, \dfrac{\partial Q}{\partial x} - \dfrac{\partial P}{\partial y}\right\}$ 或者可写成 $\boldsymbol{\mathrm{rot}} \boldsymbol{A} = \begin{vmatrix} \boldsymbol{i} & \boldsymbol{j} & \boldsymbol{k} \\ \dfrac{\partial}{\partial x} & \dfrac{\partial}{\partial y} & \dfrac{\partial}{\partial z} \\ P & Q & R \end{vmatrix}$ 以便记忆. 旋度也具有线性运算法则,

即 $\boldsymbol{\mathrm{rot}}(\alpha \boldsymbol{A} + \beta \boldsymbol{B}) = \alpha \boldsymbol{\mathrm{rot}} \boldsymbol{A} + \beta \boldsymbol{\mathrm{rot}} \boldsymbol{B}$. 此时斯托克斯公式可写成

$$\oint_L \boldsymbol{A} \cdot \mathrm{d}\boldsymbol{s} = \iint_S \boldsymbol{\mathrm{rot}} \boldsymbol{A} \cdot \mathrm{d}\boldsymbol{S}.$$

(二)重要定理与公式

定理 6.2(格林(Green)公式) 若函数 $P(x,y), Q(x,y)$ 在有界闭区域 D 上具有连续的一阶偏导数,则

$$\oint_\Gamma P\mathrm{d}x + Q\mathrm{d}y = \iint_D \left(\frac{\partial Q}{\partial x} - \frac{\partial P}{\partial y}\right)\mathrm{d}x\mathrm{d}y,$$ 这里 Γ 为区域 D 的边界曲线,并取正向.

格林公式也可借助行列式来记忆:$\oint_\Gamma P\mathrm{d}x + Q\mathrm{d}y = \iint_D \begin{vmatrix} \dfrac{\partial}{\partial x} & \dfrac{\partial}{\partial y} \\ P & Q \end{vmatrix} \mathrm{d}x\mathrm{d}y$.

注 这里 $\dfrac{\partial}{\partial x}$ 与 Q 乘积指的是 $\dfrac{\partial}{\partial x}Q = \dfrac{\partial Q}{\partial x}$.

定理 6.3 设在复连通区域 D 内,P, Q 具有连续的一阶偏导数且 $\dfrac{\partial P}{\partial y} \equiv \dfrac{\partial Q}{\partial x}$,则环绕相同这些洞的任何两条闭曲线(取同方向)上的曲线积分相等.

定理 6.4(平面曲线积分与路径无关性)

设 $D \subset \mathbf{R}^2$ 是平面单连通区域,若函数 $P(x,y), Q(x,y)$ 在区域 D 内具有连续的一阶偏导数,则以下四个条件等价:

(1)沿 D 中任一分段光滑的闭曲线 L,有 $\oint_L P\mathrm{d}x + Q\mathrm{d}y = 0$;

(2)对 D 中任一分段光滑曲线 Γ,曲线积分 $\displaystyle\int_\Gamma P\mathrm{d}x + Q\mathrm{d}y$ 与路径无关,只与 Γ 的起点和终点有关;

(3)$P\mathrm{d}x + Q\mathrm{d}y$ 是 D 内某一函数 $u(x,y)$ 的全微分,即在 D 内存在一个二元函数 $u(x,y)$,使

$$\mathrm{d}u = P\mathrm{d}x + Q\mathrm{d}y, \quad \text{即} \quad \frac{\partial u}{\partial x} = P, \frac{\partial u}{\partial y} = Q;$$

(4)在 D 内每一点处,有 $\dfrac{\partial P}{\partial y} = \dfrac{\partial Q}{\partial x}$.

定理 6.5(斯托克斯(Stokes)公式) 设光滑曲面 S 的边界曲线 L 是分段光滑的连续曲线,若 $P(x,y,z), Q(x,y,z), R(x,y,z)$ 在 S(连同 L)上具有连续的一阶偏导数,则

$$\oint_L P\mathrm{d}x + Q\mathrm{d}y + R\mathrm{d}z = \iint_S \left(\frac{\partial R}{\partial y} - \frac{\partial Q}{\partial z}\right)\mathrm{d}y\mathrm{d}z + \left(\frac{\partial P}{\partial z} - \frac{\partial R}{\partial x}\right)\mathrm{d}z\mathrm{d}x + \left(\frac{\partial Q}{\partial x} - \frac{\partial P}{\partial y}\right)\mathrm{d}x\mathrm{d}y.$$

其中 S 的侧面与 L 的方向按右手法则确定. 由定理的证明过程可知,只要以 L 为边界且符合定理条件的曲面 S,结论都成立. 从而我们在利用斯托克斯公式时,寻找以 L 为边界的较简单曲面 S,比如平面上的圆面、椭圆面、三角形平面或球面等等,以利于解决问题.

定理 6.6(空间曲线积分与路径无关性)

设立体 $\Omega \subset \mathbf{R}^3$ 为空间线单连通区域,若函数 P, Q, R 在 Ω 上具有连续的一阶偏导数,则以下四个条件等价:

(1)对于 Ω 内任一分段光滑的封闭曲线 L,有 $\oint_L P\mathrm{d}x+Q\mathrm{d}y+R\mathrm{d}z=0$;

(2)对于 Ω 内任一分段光滑的曲线 Γ,曲线积分 $\int_\Gamma P\mathrm{d}x+Q\mathrm{d}y+R\mathrm{d}z$ 与路径无关,仅与起点和终点有关;

(3) $P\mathrm{d}x+Q\mathrm{d}y+R\mathrm{d}z$ 是 Ω 内某一函数的全微分,即在 Ω 内存在一个三元函数 $u(x,y,z)$,使 $\mathrm{d}u=P\mathrm{d}x+Q\mathrm{d}y+R\mathrm{d}z$,即 $\dfrac{\partial u}{\partial x}=P,\dfrac{\partial u}{\partial y}=Q,\dfrac{\partial u}{\partial z}=R$;

(4) $\dfrac{\partial P}{\partial y}=\dfrac{\partial Q}{\partial x},\dfrac{\partial Q}{\partial z}=\dfrac{\partial R}{\partial y},\dfrac{\partial R}{\partial x}=\dfrac{\partial P}{\partial z}$ 在 Ω 内处处成立.

$\Leftrightarrow \mathbf{rot}A\equiv 0,(x,y,z)\in\Omega$,其中 $\boldsymbol{A}(x,y,z)=\{P(x,y,z),Q(x,y,z),R(x,y,z)\}$.

设 $\mathrm{d}\boldsymbol{S}=\boldsymbol{n}^0\mathrm{d}S=\{\cos\alpha,\cos\beta,\cos\gamma\}\mathrm{d}S=\{\mathrm{d}y\mathrm{d}z,\mathrm{d}z\mathrm{d}x,\mathrm{d}x\mathrm{d}y\}$,其中 $\mathrm{d}x\mathrm{d}y=\cos\gamma\mathrm{d}S$,称为 $\mathrm{d}S$ 在 Oxy 平面上的有向投影.当 γ 为锐角时, $\mathrm{d}x\mathrm{d}y>0$;当 γ 为钝角时, $\mathrm{d}x\mathrm{d}y<0$;当 $\gamma=\dfrac{\pi}{2}$ 时, $\mathrm{d}x\mathrm{d}y=0$.

可以证明 $\cos\gamma=\mathrm{sgn}\left(\dfrac{\pi}{2}-\gamma\right)|\cos\gamma|$.事实上,当 γ 为锐角时, $\cos\gamma>0$, $\mathrm{sgn}\left(\dfrac{\pi}{2}-\gamma\right)=1$,知 $\cos\gamma=\mathrm{sgn}\left(\dfrac{\pi}{2}-\gamma\right)|\cos\gamma|$;当 γ 为钝角时, $\cos\gamma<0$, $\mathrm{sgn}\left(\dfrac{\pi}{2}-\gamma\right)=-1$,知 $\cos\gamma=\mathrm{sgn}\left(\dfrac{\pi}{2}-\gamma\right)|\cos\gamma|$;当 $\gamma=\dfrac{\pi}{2}$ 时, $\cos\gamma=0$, $\mathrm{sgn}\left(\dfrac{\pi}{2}-\gamma\right)=0$,知 $\cos\gamma=\mathrm{sgn}\left(\dfrac{\pi}{2}-\gamma\right)|\cos\gamma|$.

从而 $\mathrm{d}x\mathrm{d}y=\cos\gamma\mathrm{d}S=\mathrm{sgn}\left(\dfrac{\pi}{2}-\gamma\right)|\cos\gamma|\mathrm{d}S=\mathrm{sgn}\left(\dfrac{\pi}{2}-\gamma\right)\mathrm{d}\sigma$. 同理可知 $\cos\alpha=\mathrm{sgn}\left(\dfrac{\pi}{2}-\alpha\right)|\cos\alpha|$, $\cos\beta=\mathrm{sgn}\left(\dfrac{\pi}{2}-\beta\right)|\cos\beta|$,且 $\mathrm{d}y\mathrm{d}z=\mathrm{sgn}\left(\dfrac{\pi}{2}-\alpha\right)\mathrm{d}\sigma$, $\mathrm{d}z\mathrm{d}x=\mathrm{sgn}\left(\dfrac{\pi}{2}-\beta\right)\mathrm{d}\sigma$. 其中 $\mathrm{sgn}x=\begin{cases}1,&x>0,\\0,&x=0,\\-1,&x<0.\end{cases}$

第二类曲面积分常常以下面五种形式之一出现:

$$\iint_S(\boldsymbol{A}\cdot\boldsymbol{n}^0)\mathrm{d}S=\iint_S(P\cos\alpha+Q\cos\beta+R\cos\gamma)\mathrm{d}S$$

$$=\iint_S\boldsymbol{A}\cdot\mathrm{d}\boldsymbol{S}=\iint_S P(x,y,z)\mathrm{d}y\mathrm{d}z+Q(x,y,z)\mathrm{d}z\mathrm{d}x+R(x,y,z)\mathrm{d}x\mathrm{d}y$$

$$=\iint_S P(x,y,z)\mathrm{d}y\mathrm{d}z+\iint_S Q(x,y,z)\mathrm{d}z\mathrm{d}x+\iint_S R(x,y,z)\mathrm{d}x\mathrm{d}y.$$

如果是直接计算,无论是以哪一种形式给出,一定要化成

$$\iint_S P(x,y,z)\mathrm{d}y\mathrm{d}z+\iint_S Q(x,y,z)\mathrm{d}z\mathrm{d}x+\iint_S R(x,y,z)\mathrm{d}x\mathrm{d}y$$

形式来计算,而且每一项要分别计算再相加,以计算 $\iint_S R(x,y,z)\mathrm{d}x\mathrm{d}y$ 为例.

要求光滑曲面 S 一定要表示成 $z=z(x,y),(x,y)\in\sigma_{xy}$(其中 σ_{xy} 是曲面 S 在 Oxy 平面上的投影区域),且要求曲面 S 上每一点 (x,y,z) 处的法向量与 Oz 轴的夹角全是锐角、全是钝角(曲面上个别曲线的法向量可以为 $\dfrac{\pi}{2}$)或者全是 $\dfrac{\pi}{2}$.如果做不到上述要求,需把 S 分成几块,使得每一块能做到上述要求,然后根据第二类曲面积分性质,把 S 上的第二类曲面积分化为小块曲面上的第二类曲面积分计算.

现假设 S 符合上述要求,即 $S:z=z(x,y),(x,y)\in\sigma_{xy}$,且 γ 全是锐角或全是钝角或全是 $\dfrac{\pi}{2}$,此时 $\mathrm{sgn}\left(\dfrac{\pi}{2}-\gamma\right)$ 为一常数,则

$$\iint_S R(x,y,z)\mathrm{d}x\mathrm{d}y=\iint_S R(x,y,z)\cos\gamma\mathrm{d}S=\iint_S R(x,y,z)\mathrm{sgn}\left(\dfrac{\pi}{2}-\gamma\right)|\cos\gamma|\mathrm{d}S$$

$$= \iint\limits_{\sigma_{xy}} R(x,y,z(x,y)) \operatorname{sgn}\left(\frac{\pi}{2}-\gamma\right) \mathrm{d}\sigma = \operatorname{sgn}\left(\frac{\pi}{2}-r\right) \iint\limits_{\sigma_{xy}} R(x,y,z(x,y)) \mathrm{d}\sigma.$$

当 γ 为锐角时，$\iint\limits_{S} R(x,y,z)\mathrm{d}x\mathrm{d}y = \iint\limits_{\sigma_{xy}} R(x,y,z(x,y))\mathrm{d}\sigma$；

当 γ 为钝角时，$\iint\limits_{S} R(x,y,z)\mathrm{d}x\mathrm{d}y = -\iint\limits_{\sigma_{xy}} R(x,y,z(x,y))\mathrm{d}\sigma$；

当 γ 为 $\frac{\pi}{2}$ 时，$\iint\limits_{S} R(x,y,z)\mathrm{d}x\mathrm{d}y = 0$.

注　当 $\gamma = \frac{\pi}{2}$ 时，$\mathrm{d}x\mathrm{d}y = \cos\frac{\pi}{2}\mathrm{d}S = 0$. 换句话说，如果 S 在 Oxy 平面上的投影面积为零，有 $\gamma = \frac{\pi}{2}$，此时 $\iint\limits_{S} R(x,y,z)\mathrm{d}x\mathrm{d}y = 0$.

同理可知，计算 $\iint\limits_{S} R(x,y,z)\mathrm{d}y\mathrm{d}z$ 时，要求 $S: x=x(y,z)$，$(y,z)\in\sigma_{yz}$（S 在 Oyz 平面上的投影区域）， α 是锐角、钝角或 $\frac{\pi}{2}$，此时，$\iint\limits_{S} P(x,y,z)\mathrm{d}x\mathrm{d}z = \operatorname{sgn}\left(\frac{\pi}{2}-\alpha\right) \iint\limits_{\sigma_{yz}} P(x(y,z),y,z)\mathrm{d}\sigma.$

计算 $\iint\limits_{S} Q(x,y,z)\mathrm{d}z\mathrm{d}x$ 时，要求 $S: y=y(z,x)$，$(z,x)\in\sigma_{zx}$（S 在 Ozx 平面上的投影区域），β 是锐角、钝角或 $\frac{\pi}{2}$，此时，$\iint\limits_{S} Q(x,y,z)\mathrm{d}z\mathrm{d}x = \operatorname{sgn}\left(\frac{\pi}{2}-\beta\right) \iint\limits_{\sigma_{zx}} Q(x,y(z,x),z)\mathrm{d}\sigma.$

计算 $\iint\limits_{\Sigma} P(x,y,z)\mathrm{d}y\mathrm{d}z + Q(x,y,z)\mathrm{d}z\mathrm{d}x + R(x,y,z)\mathrm{d}x\mathrm{d}y.$

(1)若 $\Sigma: z=z(x,y)$，$(x,y)\in\sigma_{xy}$ 且 γ 为锐角.

设 $F(x,y,z) = z-z(x,y) = 0$，$\boldsymbol{n} = \pm\left\{-\frac{\partial z}{\partial x}, -\frac{\partial z}{\partial y}, 1\right\}$，

$$\boldsymbol{n}^{0} = \pm\left\{-\frac{\frac{\partial z}{\partial x}}{\sqrt{1+(\frac{\partial z}{\partial x})^2+(\frac{\partial z}{\partial y})^2}}, -\frac{\frac{\partial z}{\partial y}}{\sqrt{1+(\frac{\partial z}{\partial x})^2+(\frac{\partial z}{\partial y})^2}}, -\frac{1}{\sqrt{1+(\frac{\partial z}{\partial x})^2+(\frac{\partial z}{\partial y})^2}}\right\},$$

由 γ 为锐角，知 $\cos\gamma > 0$，故前面取"＋"号，有

$$\cos\gamma = \frac{1}{\sqrt{1+(\frac{\partial z}{\partial x})^2+(\frac{\partial z}{\partial y})^2}}, \cos\alpha = -\frac{\partial z}{\partial x}\cos\gamma, \cos\beta = -\frac{\partial z}{\partial x}\cos\gamma.$$

$$原式 = \iint\limits_{\Sigma}\left[P(x,y,z)\cos\alpha + Q(x,y,z)\cos\beta + R(x,y,z)\cos\gamma\right]\mathrm{d}s$$

$$= \iint\limits_{\Sigma}\left[P(x,y,z)(-\frac{\partial z}{\partial x})\cos\gamma + Q(x,y,z)(-\frac{\partial z}{\partial y})\cos\gamma + R(x,y,z)\cos\gamma\right]\mathrm{d}s$$

$$= \iint\limits_{\Sigma}\left[P(x,y,z)(-\frac{\partial z}{\partial x}) + Q(x,y,z)(-\frac{\partial z}{\partial y}) + R(x,y,z)\right]\mathrm{d}x\mathrm{d}y$$

$$= \iint\limits_{\sigma_{xy}}\left[P(x,y,z(x,y))(-\frac{\partial z}{\partial x}) + Q(x,y,z(x,y))(-\frac{\partial z}{\partial y}) + R(x,y,z(x,y))\right]\mathrm{d}\sigma.$$

若 γ 为钝角，同理可知二重积分前面取"－"号.

(2)若 $\Sigma: x=x(y,z)$，$(y,z)\in\sigma_{yz}$ 且 α 为锐角. 则

$$\iint\limits_{\Sigma} P(x,y,z)\mathrm{d}y\mathrm{d}z + Q(x,y,z)\mathrm{d}z\mathrm{d}x + R(x,y,z)\mathrm{d}x\mathrm{d}y$$

$$= \iint\limits_{\sigma_{yz}}\left[P(x,y,x(y,z)) + Q(x,y,x(y,z))(-\frac{\partial x}{\partial y}) + R(x,y,x(y,z))(-\frac{\partial x}{\partial z})\right]\mathrm{d}\sigma$$

若 α 为钝角,同理可知二重积分前面取"$-$"号.

(3)若 $\Sigma: y = y(x,z),(x,z) \in \sigma_{xz}$ 且 β 为锐角.则

$$\iint_{\Sigma} P(x,y,z)\mathrm{d}y\mathrm{d}z + Q(x,y,z)\mathrm{d}z\mathrm{d}x + R(x,y,z)\mathrm{d}x\mathrm{d}y$$

$$= \iint_{\sigma_{xz}} \left[P(x,y,y(x,z))(-\frac{\partial y}{\partial x}) + Q(x,y,y(x,z)) + R(x,y,y(x,z))(-\frac{\partial y}{\partial z}) \right]\mathrm{d}\sigma$$

若 β 为钝角,同理可知二重积分前面取"$-$"号.

定理 6.7(高斯(Gauss)公式) 设空间区域 V 由分片光滑的闭曲面 S 围成,若函数 P,Q,R 在 V 上具有连续的一阶偏导数,则 $\oiint_{S} P\mathrm{d}y\mathrm{d}z + Q\mathrm{d}z\mathrm{d}x + R\mathrm{d}x\mathrm{d}y = \iiint_{V} \left(\frac{\partial P}{\partial x} + \frac{\partial Q}{\partial y} + \frac{\partial R}{\partial z}\right)\mathrm{d}V$,其中 S 取外侧.

注 无论是第二类曲线积分还是第二类曲面积分的定理,都要求 P,Q,R 具有连续的一阶偏导数,这一条件要引起大家的重视.

推论 6.7.1 若在封闭曲面 S 所包围的区域 V 中处处有 $\mathrm{div}\boldsymbol{A} = 0$,则 $\oiint_{S} \boldsymbol{A} \cdot \mathrm{d}\boldsymbol{S} = 0$.

推论 6.7.2 如果仅在区域 V 中某些点(或子区域上)P,Q,R 没定义或偏导数不存在,其他点都有 P,Q,R 偏导数连续且 $\mathrm{div}\boldsymbol{A} = 0$,则通过包围这些点或子区域(称为洞)的 V 内任一封闭曲面积分(物理意义为流量)都是相等的,即 $\oiint_{S_1} \boldsymbol{A} \cdot \boldsymbol{n}^0 \mathrm{d}S = \oiint_{S_2} \boldsymbol{A} \cdot \boldsymbol{n}^0 \mathrm{d}S$.其中 S_1,S_2 是包围同一些洞的任何两个封闭曲面,且法方向沿同侧.

二、考题类型、解题策略及典型例题

类型 4.1 计算平面第二类曲线积分

解题策略 (1) $\oint_{L} P(x,y)\mathrm{d}x + Q(x,y)\mathrm{d}y$,其中 L 是平面上简单封闭曲线.

①若能找到一个单连通区域 D,使 $L \subset D$,而 P,Q 在 D 上具有连续的一阶偏导数,且 $\frac{\partial Q}{\partial x} = \frac{\partial P}{\partial y},(x,y) \in D$,由平面曲线积分与路径无关性知 $\oint_{L} P(x,y)\mathrm{d}x + Q(x,y)\mathrm{d}y = 0$.

②若 L 包围的区域为 σ,P,Q 在 σ 上具有连续的一阶偏导,但 $\frac{\partial Q}{\partial x} \neq \frac{\partial P}{\partial y}$,此时可用格林公式,有 $\oint_{L} P(x,y)\mathrm{d}x + Q(x,y)\mathrm{d}y = \pm \iint_{\sigma} \left(\frac{\partial Q}{\partial x} - \frac{\partial P}{\partial y}\right)\mathrm{d}\sigma$.当 L 沿正向,取"$+$"号,沿负向取"$-$"号.

③若 L 包围的区域 σ 有洞,在这些洞上,P,Q 没定义或偏导数不连续,但在其余点,P,Q 具有连续的偏导数且 $\frac{\partial Q}{\partial x} \equiv \frac{\partial P}{\partial y}$,此时可找一简单封闭曲线 L_1 与 L 环绕相同的洞且方向一致,则由前面给出的复连通区域上的定理知 $\oint_{L} P(x,y)\mathrm{d}x + Q(x,y)\mathrm{d}y = \oint_{L_1} P(x,y)\mathrm{d}x + Q(x,y)\mathrm{d}y$.选取 P,Q 分母表达式等于常数的曲线方程容易化简计算.例如 P,Q 分母为 $x^2 + y^2$,取 $L_1: x^2 + y^2 = R^2$;P,Q 分母为 $ax^2 + by^2 (a>0,b>0)$,取 $L_1: ax^2 + by^2 = R^2$;等等.

④若 L 化成参数方程且转化成一元函数定积分后,容易计算,也可直接化成一元函数积分.

(2) $\int_{\Gamma_{AB}} P(x,y)\mathrm{d}x + Q(x,y)\mathrm{d}y$,其中 Γ_{AB} 是非封闭的平面曲线,起点 $A(x_0,y_0)$,终点 $B(x_1,y_1)$.

①若能找到一个单连通区域 D,使 $\Gamma_{AB} \subset D$,P,Q 在 D 上具有连续的一阶偏导数,且 $\frac{\partial Q}{\partial x} \equiv \frac{\partial P}{\partial y}$,该曲线积分与路径无关,则 $\int_{\Gamma_{AB}} P(x,y)\mathrm{d}x + Q(x,y)\mathrm{d}y = \int_{x_0}^{x_1} P(x,y_0)\mathrm{d}x + \int_{y_0}^{y_1} Q(x_1,y)\mathrm{d}y$.

②若 P,Q 偏导数连续,但 $\dfrac{\partial Q}{\partial x} \neq \dfrac{\partial P}{\partial y},(x,y) \in \Gamma_{AB}$,且 Γ_{AB} 化成参数方程比较困难或者化成参数方程转化一元函数定积分很难计算,如果加一个简单曲线(比如直线段)构成封闭曲线,则可加一个简单曲线 L ,减一个简单曲线 L ,即

$$\oint_{\Gamma_{AB}+L} P\mathrm{d}x + Q\mathrm{d}y - \int_L P\mathrm{d}x + Q\mathrm{d}y = \pm \iint_\sigma \left(\frac{\partial Q}{\partial x} - \frac{\partial P}{\partial y}\right)\mathrm{d}x\mathrm{d}y - \int_L P\mathrm{d}x + Q\mathrm{d}y.$$

而二重积分与在 L 上的第二曲线积分都容易计算(二重积分前的"$\pm$"号,由曲线 $\Gamma_{AB}+L$ 方向确定).

③若 Γ_{AB} 容易化成参数方程,且第二类线积分转化为一元函数定积分以后容易计算,也可直接转化.

(3)第二类曲线积分有时也可转化为第一类曲线积分,利用第一类曲线积分来计算.

(4)第二类曲线积分的牛顿—莱布尼茨公式.

若 $\mathrm{d}u(x,y) = P(x,y)\mathrm{d}x + Q(x,y)\mathrm{d}y$,则

$$\int_{\Gamma_{AB}} P(x,y)\mathrm{d}x + Q(x,y)\mathrm{d}y = \int_{A(x_0,y_0)}^{B(x_1,y_1)} \mathrm{d}u(x,y) = u(x_1,y_1) - u(x_0,y_0).$$

以上方法请大家灵活使用.

例 6.4.1　计算 $I = \displaystyle\int_c \dfrac{y^2}{\sqrt{R^2+x^2}}\mathrm{d}x + \left[4x + 2y\ln\left(x + \sqrt{R^2+x^2}\right)\right]\mathrm{d}y$,其中 C 沿上半圆周 $x^2 + y^2 = R^2$ ($y \geqslant 0$) 从点 $A(-R,0)$ 到点 $B(R,0)$(见图 6-49).

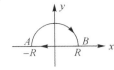

图 6-49

分析　加一个直线段,减一个直线段,前者构成封闭曲线,用格林公式,后者直接计算.

解　考虑有向直线段 $\overrightarrow{BA}$,令

$$I_1 = \int_{\overrightarrow{BA}} \frac{y^2}{\sqrt{R^2+x^2}}\mathrm{d}x + \left[4x + 2y\ln\left(x + \sqrt{R^2+x^2}\right)\right]\mathrm{d}y.$$

由格林公式(注意曲线方向!),得 $I + I_1 = -\displaystyle\iint_D \left(\dfrac{\partial Q}{\partial x} - \dfrac{\partial P}{\partial y}\right)\mathrm{d}x\mathrm{d}y$,其中 $P = \dfrac{y^2}{\sqrt{R^2+x^2}}$, $Q = 4x + 2y\ln\left(x + \sqrt{R^2+x^2}\right)$, D 为半圆域 $x^2+y^2 \leqslant R^2$, $y \geqslant 0$. 因为在 x 轴上 $y = 0$, $\mathrm{d}y = 0$,所以 $I_1 = 0$. 故

$$I = -\iint_D \left(\frac{\partial Q}{\partial x} - \frac{\partial P}{\partial y}\right)\mathrm{d}x\mathrm{d}y$$

$$= -\iint_D \left[\left(4 + \frac{2y}{\sqrt{R^2+x^2}}\right) - \frac{2y}{\sqrt{R^2+x^2}}\right]\mathrm{d}x\mathrm{d}y = -\iint_D 4\mathrm{d}x\mathrm{d}y = -4 \cdot \frac{1}{2}\pi R^2 = -2\pi R^2.$$

注　如将曲线 C 表为 $y = \sqrt{R^2-x^2}$ 或 $x = R\cos t, y = R\sin t$,直接计算是很麻烦的,如果一个曲线积分 $\displaystyle\int_C P\mathrm{d}x + Q\mathrm{d}y$ 较难直接计算,应先计算 $\dfrac{\partial Q}{\partial x} - \dfrac{\partial P}{\partial y}$,如果 $\dfrac{\partial Q}{\partial x} - \dfrac{\partial P}{\partial y}$ 的表达式较简单,就可用加一个简单曲线(一般为直线段),再减一个该曲线计算.

例 6.4.2　计算 $I = \displaystyle\int_{\overset{\frown}{AOB}} (12xy + \mathrm{e}^y)\mathrm{d}x - (\cos y - x\mathrm{e}^y)\mathrm{d}y$,其中 $\overset{\frown}{AOB}$ 为由点 $(-1,1)$ 沿曲线 $y = x^2$ 到点 $O(0,0)$,再沿直线 $y = 0$ 到点 $B(2,0)$ 的路径.

分析　用线性运算法则,前者与路径无关,后者直接计算.

解　积分路径如图 6-50 所示.

$$I = \int_{\overset{\frown}{AOB}} \mathrm{e}^y\mathrm{d}x - (\cos y - x\mathrm{e}^y)\mathrm{d}y + \int_{\overset{\frown}{AOB}} 12xy\mathrm{d}x.$$

左端第一个积分满足 $\dfrac{\partial Q}{\partial x} = \mathrm{e}^y = \dfrac{\partial P}{\partial y}$,故积分与路径无关.

$$I = \int_{-1}^2 \mathrm{e}\mathrm{d}x - \int_1^0 (\cos y - 2\mathrm{e}^y)\mathrm{d}y + \int_{\overset{\frown}{AB}} 12xy\mathrm{d}x + \int_{\overset{\frown}{OB}} 12xy\mathrm{d}x$$

$$= 3\mathrm{e} + \sin 1 + 2 - 2\mathrm{e} + \int_{-1}^0 12x \cdot x^2\mathrm{d}x + \int_0^2 12x \cdot 0\mathrm{d}x = \sin 1 + \mathrm{e} - 1.$$

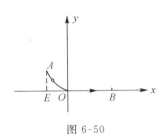

图 6-50

例 6.4.3 计算 $I = \int_L \dfrac{x-y}{x^2+y^2}\mathrm{d}x + \dfrac{x+y}{x^2+y^2}\mathrm{d}y$，其中 L 是点 $A(-a,0)$ 经上半椭圆 $\dfrac{x^2}{a^2}+\dfrac{y^2}{b^2}=1\,(y \geqslant 0)$ 到 $B(a,0)$ 的弧段(见图 6-51).

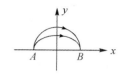

分析 与路径无关,利用分母是 x^2+y^2,取圆路径计算.

解 $P = \dfrac{x-y}{x^2+y^2}, Q = \dfrac{x+y}{x^2+y^2}$. 当 $(x,y) \neq (0,0)$ 时,

$$\frac{\partial P}{\partial y} = \frac{y^2 - x^2 - 2xy}{(x^2+y^2)^2} = \frac{\partial Q}{\partial x}. \qquad ①$$

设 D 是去掉原点的上半面的区域,则 D 是单连通区域,P, Q 在 D 内有连续的偏导数并且①式成立,故积分与路径无关.

取 C 为点 $A(-a,0)$ 经上半圆 $x^2+y^2=a^2\,(y \geqslant 0)$ 到 $B(a,0)$ 的弧段,并将 C 表为 $x = a\cos\theta, y = a\sin\theta$,起点 A 对应 $\theta = \pi$,终点 B 对应 $\theta = 0$,便有

$$I = \int_C \frac{(x-y)\mathrm{d}x + (x+y)\mathrm{d}y}{x^2+y^2}$$

$$= \int_\pi^0 \frac{(a\cos\theta - a\sin\theta)(-a\sin\theta) + (a\cos\theta + a\sin\theta)(a\cos\theta)}{a^2}\mathrm{d}\theta = -\pi.$$

注 不可取 C 为点 $(-a,0)$ 经下半圆 $x^2+y^2=a^2\,(y \leqslant 0)$ 到 $B(a,0)$ 的弧段,即取 C 为 $x = a\cos\theta, y = a\sin\theta\,(-\pi \leqslant \theta \leqslant 0)$. 这是因为,在曲线 L 与下半圆周围的区域内,函数 P, Q 没有连续的偏导数(在点 $(0, 0)$ 偏导数不存在). 或者说,P, Q 是在全平面除去原点这个复连通区域内有连续的偏导数,不能保证积分与路径无关.

此例也可将 L 表示为 $x = a\cos\theta, y = b\sin\theta\,(0 \leqslant \theta \leqslant \pi)$,直接计算,但比较麻烦.

例 6.4.4 计算 $I = \int_C \dfrac{(x+4y)\mathrm{d}y + (x-y)\mathrm{d}x}{x^2+4y^2}$,其中 C 为单位圆周的正向.

分析 曲线包围的内部有洞,由复连通区域上的定理,利用分母是 x^2+4y^2,取椭圆路径计算.

解法一 $P = \dfrac{x-y}{x^2+4y^2}, Q = \dfrac{x+4y}{x^2+4y^2}, \dfrac{\partial Q}{\partial x} = \dfrac{-x^2+4y^2-8xy}{(x^2+4y^2)^2} = \dfrac{\partial P}{\partial y}. (x,y) \neq (0,0)$. 取 l 为椭圆 $x^2 + 4y^2 = \dfrac{1}{4}$ 的正向即 $x = \dfrac{1}{2}\cos\theta, y = \dfrac{1}{4}\sin\theta$(起点 $\theta = 0$,终点为 $\theta = 2\pi$),则函数 P, Q 在以 C 与 l 为边界的复连通区域 D 上有连续的偏导数. 由复连通区域上的定理知

$$I = \int_l \frac{(x+4y)\mathrm{d}y + (x-y)\mathrm{d}x}{x^2+4y^2}$$

$$= \int_0^{2\pi} \frac{\left(\dfrac{1}{2}\cos\theta + \sin\theta\right)\cdot\dfrac{1}{4}\cos\theta + \left(\dfrac{1}{2}\cos\theta - \dfrac{1}{4}\sin\theta\right)\left(-\dfrac{1}{2}\sin\theta\right)}{\dfrac{1}{4}}\mathrm{d}\theta = \int_0^{2\pi} \frac{1}{2}\mathrm{d}\theta = \pi.$$

解法二 将曲线 C 表为参数方程 $x = \cos\theta, y = \sin\theta\,(0 \leqslant \theta \leqslant 2\pi)$,则

$$I = \int_0^{2\pi} \frac{(\cos\theta + 4\sin\theta)(\cos\theta) + (\cos\theta - \sin\theta)(-\sin\theta)}{\cos^2\theta + 4\sin^2\theta}\mathrm{d}\theta.$$

分项积分,并利用函数的周期性、奇偶性,得

$$I = \int_{-\pi}^{\pi} \frac{\mathrm{d}\theta}{\cos^2\theta + 4\sin^2\theta} + \int_{-\pi}^{\pi} \frac{3\sin\theta\cos\theta}{\cos^2\theta + 4\sin^2\theta}\mathrm{d}\theta$$

$$= 2\int_0^{\pi} \frac{\mathrm{d}\theta}{\cos^2\theta + 4\sin^2\theta} = 2\int_{-\frac{\pi}{2}}^{\frac{\pi}{2}} \frac{1}{1 + 4\tan^2\theta}\cdot\frac{\mathrm{d}\theta}{\cos^2\theta}.$$

令 $u = \tan\theta$,便得 $I = 2\int_{-\infty}^{\infty} \dfrac{\mathrm{d}u}{1 + 4u^2} = \arctan(2u)\Big|_{-\infty}^{\infty} = \dfrac{\pi}{2} + \dfrac{\pi}{2} = \pi.$

解法三 $I = \int_l \dfrac{(x+4y)\mathrm{d}y + (x-y)\mathrm{d}x}{x^2+4y^2} = 4\int_l (x-y)\mathrm{d}x + (x+4y)\mathrm{d}y$

$$\underline{\underline{\text{格林公式}}} \iint_{x^2+4y^2 \leqslant \frac{1}{4}} (1+1)\mathrm{d}\sigma = 4\cdot 2\cdot\pi\cdot\frac{1}{2}\cdot\frac{1}{4} = \pi.$$

例 6.4.5 计算 $I = \oint_C \dfrac{y\mathrm{d}x - (x-1)\mathrm{d}y}{(x-1)^2 + y^2}$,其中 C 为

(1)圆周 $x^2 + y^2 = 2y$ 的正向;(2)曲线 $|x| + |y| = 2$ 的正向.

解 $P = \dfrac{y}{(x-1)^2 + y^2}$,$Q = -\dfrac{x-1}{(x-1)^2 + y^2}$,$\dfrac{\partial Q}{\partial x} = \dfrac{(x-1)^2 - y^2}{[(x-1)^2 + y^2]^2} = \dfrac{\partial P}{\partial y}$.

(1)在圆周 $x^2 + (y-1)^2 = 1$ 上与该圆的内部,函数 P,Q 均有连续的偏导数,故由格林公式,有 $I = \iint\limits_D \left(\dfrac{\partial Q}{\partial x} - \dfrac{\partial P}{\partial y}\right)\mathrm{d}x\mathrm{d}y = 0$.

(2)C 的图形如图 6-52 所示,函数 P,Q 及其偏导数在 C 的内部有洞$(1,0)$. 取圆周 $l:(x-1)^2 + y^2 = 1^2$ 沿正向. l 包围的区域为 D_1,故

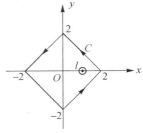

$$I = \oint_l \dfrac{y\mathrm{d}x - (x-1)\mathrm{d}y}{(x-1)^2 + y^2} = \oint_l y\mathrm{d}x - (x-1)\mathrm{d}y = \iint\limits_{D_1}(-1-1)\mathrm{d}x\mathrm{d}y = -2\pi.$$

注 用格林公式计算曲线积分,必须十分注意"函数 P,Q 在区域内具有连续的偏导数"这一条件. 如果 P,Q 在闭曲线 C 围成的内部除一点外,有连续的偏导数,且 $\dfrac{\partial Q}{\partial x} = \dfrac{\partial P}{\partial y}$. 而积分 $\oint_C P\mathrm{d}x + Q\mathrm{d}y$ 直接计算较难,可以适当选用闭曲线 L(不一定是圆),将原积分化成易于计算的积分 $\oint_L P\mathrm{d}x + Q\mathrm{d}y$.

图 6-52

例 6.4.6 设函数 $Q(x,y)$ 在 Oxy 平面上具有一阶连续偏导数,曲线积分 $\displaystyle\int_L 2xy\mathrm{d}x + Q(x,y)\mathrm{d}y$ 与路径无关,并且对任意 t 恒有

$$\int_{(0,0)}^{(t,1)} 2xy\mathrm{d}x + Q(x,y)\mathrm{d}y = \int_{(0,0)}^{(1,t)} 2xy\mathrm{d}x + Q(x,y)\mathrm{d}y,$$

求 $Q(x,y)$.

解 由曲线积分与路径无关的条件知 $\dfrac{\partial Q}{\partial x} = \dfrac{\partial}{\partial y}(2xy) = 2x$,于是,$Q(x,y) = x^2 + C(y)$,其中 $C(y)$ 为待定函数.

$$\int_{(0,0)}^{(t,1)} 2xy\mathrm{d}x + Q(x,y)\mathrm{d}y = \int_0^1 [t^2 + C(y)\mathrm{d}y] = t^2 + \int_0^1 C(y)\mathrm{d}y,$$

$$\int_{(0,0)}^{(1,t)} 2xy\mathrm{d}x + Q(x,y)\mathrm{d}y = \int_0^t [1^2 + C(y)\mathrm{d}y] = t + \int_0^t C(y)\mathrm{d}y.$$

由题设知 $t^2 + \displaystyle\int_0^1 C(Y)\mathrm{d}y = t + \int_0^t c(Y)\mathrm{d}y$. 两边对 t 求导,得 $2t = 1 + C(t),C(t) = 2t-1$.

从而 $C(y) = 2y-1$,所以 $Q(x,y) = x^2 + 2y-1$.

类型 4.2 求原函数

解题策略 ①在一元函数里,若 $f(x)$ 连续,则 $f(x)$ 必有原函数. 在二元函数里,即使 $P(x,y),Q(x,y)$ 连续,$P(x,y)\mathrm{d}x + Q(x,y)\mathrm{d}y$ 也不一定存在 $u(x,y)$,使 $\mathrm{d}u = P\mathrm{d}x + Q\mathrm{d}y$. 若 P,Q 在单连通区域 D 上具有连续的一阶偏导,且 $\dfrac{\partial Q}{\partial x} \equiv \dfrac{\partial P}{\partial y}$,$(x,y) \in D$,则 $u(x,y) = \displaystyle\int_{x_0}^x P(x,y_0)\mathrm{d}x + \int_{y_0}^y Q(x,y)\mathrm{d}y + c$,使

$$\mathrm{d}u = P\mathrm{d}x + Q\mathrm{d}y,\ \text{即}\ \dfrac{\partial u}{\partial x} = P,\dfrac{\partial u}{\partial y} = Q,(x_0,y_0) \in D(\text{定点}).$$

②若 P,Q,R 在空间某线单连通区域 V 上具有连续的一阶偏导数,且 $\mathbf{rot}\mathbf{A} \equiv 0$,$(x,y,z) \in V$,则 $u(x,y,z) = \displaystyle\int_{x_0}^x P(x,y_0,z_0)\mathrm{d}x + \int_{y_0}^y Q(x,y,z_0)\mathrm{d}y + \int_{z_0}^z R(x,y,z)\mathrm{d}z + c$,使 $\mathrm{d}u = P\mathrm{d}x + Q\mathrm{d}y + R\mathrm{d}z$,即 $\dfrac{\partial u}{\partial x} = P,\dfrac{\partial u}{\partial y} = Q,\dfrac{\partial u}{\partial z} = R$. 其中 $(x_0,y_0,z_0) \in V$.

例 6.4.7 求原函数 u,使 $\mathrm{d}u = (x^2 + 2xy - y^2)\mathrm{d}x + (x^2 - 2xy - y^2)\mathrm{d}y$,并解方程

$$(x^2 + 2xy - y^2)\mathrm{d}x + (x^2 - 2xy - y^2)\mathrm{d}y = 0.$$

解 由 $P = x^2 + 2xy - y^2, Q = x^2 - 2xy - y^2$,得 $\dfrac{\partial Q}{\partial x} = 2x - 2y, \dfrac{\partial P}{\partial y} = 2x - 2y$ 都连续,且 $\dfrac{\partial Q}{\partial x} = \dfrac{\partial P}{\partial y}$,

$(x, y) \in \mathbf{R}^2$,选取 $(0, 0) \in \mathbf{R}^2$,于是

$$u = \int_0^x x^2 \mathrm{d}x + \int_0^y (x^2 - 2xy - y^2)\mathrm{d}y + C = \frac{1}{3}x^3 + x^2 y - xy^2 - \frac{1}{3}y^3 + C,$$

且方程化为 $\mathrm{d}u = 0$,解为 $\dfrac{1}{3}x^3 + x^2 y - xy^2 - \dfrac{1}{3}y^3 = C$.

类型 4.3 计算平面区域的面积

解题策略 利用平面封闭曲线上的第二类曲线积分计算平面图形的面积:在格林公式中,令 $P = -y$,

$Q = x$,有 $\oint_\Gamma -y\mathrm{d}x + x\mathrm{d}y = \iint_D [1 - (-1)]\mathrm{d}x\mathrm{d}y = 2S$,因此 $S = \dfrac{1}{2}\int_\Gamma -y\mathrm{d}x + x\mathrm{d}y$.其中 Γ 是有界闭区

域 D 的边界,沿正向.

例 6.4.8 利用第二类曲线积分计算双纽线 $(x^2 + y^2)^2 = a^2(x^2 - y^2)$ 所围区域的面积($a > 0$).

解 如图 6-53 所示,由双纽线关于两个坐标轴对称,因此只需计算第一象限的面积乘以 4 即可.

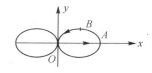

图 6-53

利用极坐标变换 $x = r\cos\theta, y = r\sin\theta$,则双纽线方程为 $r^2 = a^2\cos 2\theta$,或

$r = a\sqrt{\cos 2\theta}$,有 $x = a\cos\theta\sqrt{\cos 2\theta}, y = a\sin\theta\sqrt{\cos 2\theta}$, $\Gamma = OA + ABO$,

在 OA 上,由方程 $y = 0$,有 $-y\mathrm{d}x + x\mathrm{d}y = 0$,于是

$$S = 4 \cdot \frac{1}{2}\int_\Gamma -y\mathrm{d}x + x\mathrm{d}y = 4 \cdot \frac{1}{2}\int_{ABO} -y\mathrm{d}x + x\mathrm{d}y = 2\int_0^{\frac{\pi}{4}} a^2\cos 2\theta \mathrm{d}\theta = a^2.$$

类型 4.4 求 P, Q 中含有待求的字母常数

解题策略 若曲线积分 $\int_L P(x, y)\mathrm{d}x + Q(x, y)\mathrm{d}y$ 与路径无关, P, Q 中含有待求的字母常数,且 P, Q 具

有连续的偏导数,由曲线积分与路径无关的四个等价条件知 $\dfrac{\partial Q}{\partial x} \equiv \dfrac{\partial P}{\partial y}$,从中求出待求字母常数.

类型 4.5 计算第二类曲面积分

解题策略 (1) $\oiint_\Sigma P(x, y, z)\mathrm{d}y\mathrm{d}z + Q(x, y, z)\mathrm{d}z\mathrm{d}x + R(x, y, z)\mathrm{d}x\mathrm{d}y$.

①若 P, Q, R 在 Σ 包围的立体区域 V 具有连续的一阶偏导数,则

$\oiint_\Sigma P\mathrm{d}y\mathrm{d}z + Q\mathrm{d}z\mathrm{d}x + R\mathrm{d}x\mathrm{d}y = \pm\iiint_V \left(\dfrac{\partial P}{\partial x} + \dfrac{\partial Q}{\partial y} + \dfrac{\partial R}{\partial z}\right)\mathrm{d}V$,曲面沿外侧取"+"号,曲面沿内侧取"-"号,

要求右边三重积分容易计算.

②若曲面 Σ 包围的立体 V 内有洞,而在洞外面, P, Q, R 具有连续偏导数,且 $\mathrm{div}\mathbf{A} \equiv 0$,

$(\mathbf{A} = \{P, Q, R\})$,利用推论 6.7.2 转化为与 Σ 包含相同洞的曲面 Σ_1 上的第二类曲面积分,而且沿同一侧

方向,即 $\oiint_\Sigma P\mathrm{d}y\mathrm{d}z + Q\mathrm{d}z\mathrm{d}x + R\mathrm{d}x\mathrm{d}y = \oiint_{\Sigma_1} P\mathrm{d}y\mathrm{d}z + Q\mathrm{d}z\mathrm{d}x + R\mathrm{d}x\mathrm{d}y$.

要求 Σ_1 是简单的曲面, Σ_1 一般选择 P, Q 分母表达式为常数曲面方程易化简计算.

③若曲面 Σ 本身也比较简单,也可直接计算或者化成第一类曲面积分计算.

(2) $\iint_S P(x, y, z)\mathrm{d}y\mathrm{d}z + Q(x, y, z)\mathrm{d}z\mathrm{d}x + R(x, y, z)\mathrm{d}x\mathrm{d}y$,其中 S 是非封闭的分片光滑曲面.

①若直接计算比较困难,而加一个简单曲面 S_1 构成封闭曲面,且符合高斯定理条件,则

$$\iint_S P\mathrm{d}y\mathrm{d}z + Q\mathrm{d}z\mathrm{d}x + R\mathrm{d}x\mathrm{d}y = \oiint_{S+S_1} P\mathrm{d}y\mathrm{d}z + Q\mathrm{d}z\mathrm{d}x + R\mathrm{d}x\mathrm{d}y - \iint_{S_1} P\mathrm{d}y\mathrm{d}z + Q\mathrm{d}z\mathrm{d}x + R\mathrm{d}x\mathrm{d}y$$

$$=\pm\iiint_V\left(\frac{\partial P}{\partial x}+\frac{\partial Q}{\partial y}+\frac{\partial R}{\partial z}\right)\mathrm{d}V-\iint_{S_1}P\mathrm{d}y\mathrm{d}z+Q\mathrm{d}z\mathrm{d}x+R\mathrm{d}x\mathrm{d}y.$$

"±"由曲面法线方向的侧确定,要求右边的三重积分容易计算,后面一项第二类曲面积分直接容易计算.

②也可直接计算或转化为第一类曲面积分来计算.

例 6.4.9 计算曲面积分 $I=\oiint_{\Sigma}2xz\mathrm{d}y\mathrm{d}z+yz\mathrm{d}z\mathrm{d}x-z^2\mathrm{d}x\mathrm{d}y$,其中 Σ 是由曲面 $z=\sqrt{x^2+y^2}$ 与 $z=\sqrt{2-x^2-y^2}$ 所围立体的表面外侧.

分析 用高斯公式,再用球面坐标系下的计算.

解 由高斯公式得

$$I=\iiint_{\Omega}(2z+z-2z)\mathrm{d}V=\iiint_{\Omega}z\mathrm{d}x\mathrm{d}y\mathrm{d}z=\int_0^{2\pi}\mathrm{d}\theta\int_0^{\frac{\pi}{4}}\sin\varphi\cos\varphi\mathrm{d}\varphi\int_0^{\sqrt{2}}\rho^3\mathrm{d}\rho=\frac{\pi}{2}.$$

例 6.4.10 设 Σ 为曲面 $x^2+y^2+z^2=1$ 的外侧,计算曲面积分 $I=\iint_{\Sigma}x^3\mathrm{d}y\mathrm{d}z+y^3\mathrm{d}z\mathrm{d}x+z^3\mathrm{d}x\mathrm{d}y$.

解 由高斯公式,并利用球面坐标计算三重积分,得

$$I=3\iiint_{\Omega}(x^2+y^2+z^2)\mathrm{d}V\ (\Omega\text{ 是由 }\Sigma\text{ 所围成的区域})=3\int_0^{2\pi}\mathrm{d}\theta\int_0^{\pi}\sin\varphi\mathrm{d}\varphi\int_0^1\rho^2\cdot\rho^2\mathrm{d}\rho=\frac{12}{5}\pi.$$

例 6.4.11 设对于半空间 $x>0$ 内任意的光滑有向封闭曲面 S,都有 $\oiint_S xf(x)\mathrm{d}y\mathrm{d}z-xyf(x)\mathrm{d}z\mathrm{d}x-\mathrm{e}^{2x}z\mathrm{d}x\mathrm{d}y=0$,其中函数 $f(x)$ 在 $(0,+\infty)$ 内具有连续的一阶导数,且 $\lim_{x\to0^+}f(x)=1$. 求 $f(x)$.

解 由题设和高斯公式得

$$0=\oiint_S xf(x)\mathrm{d}y\mathrm{d}z-xyf(x)\mathrm{d}z\mathrm{d}x-\mathrm{e}^{2x}z\mathrm{d}x\mathrm{d}y=\pm\iiint_V(xf'(x)+f(x)-xf(x)-\mathrm{e}^{2x})\mathrm{d}V,$$

其中 V 为 S 围成的有界闭区域,当有向曲面 S 的法向量指向外侧时,取"+"号,当有向曲面 S 的法向量指向内侧时,取"−". 由 S 的任意性,知

$$xf'(x)+f(x)-xf(x)-\mathrm{e}^{2x}=0,x>0,\text{ 即 }f'(x)+\left(\frac{1}{x}-1\right)f(x)=\frac{1}{x}\mathrm{e}^{2x},x>0.$$

按一阶线性非齐次微分方程通解公式,有

$$f(x)=\mathrm{e}^{\int\left(1-\frac{1}{x}\right)\mathrm{d}x}\left[\int\frac{1}{x}\mathrm{e}^{2x}\cdot\mathrm{e}^{\int\left(\frac{1}{x}-1\right)\mathrm{d}x}\mathrm{d}x+c\right]=\frac{\mathrm{e}^x}{x}\left[\int\frac{1}{x}\mathrm{e}^{2x}\cdot x\mathrm{e}^{-x}\mathrm{d}x+c\right]=\frac{\mathrm{e}^x}{x}(\mathrm{e}^x+c).$$

$$\lim_{x\to0^+}f(x)=\lim_{x\to0^+}\left[\frac{\mathrm{e}^{2x}+c\mathrm{e}^x}{x}\right]=1,\text{ 有 }\lim_{x\to0^+}(\mathrm{e}^{2x}+c\mathrm{e}^x)=0,c=-1.\text{ 于是 }f(x)=\frac{\mathrm{e}^x}{x}(\mathrm{e}^x-1).$$

例 6.4.12 求曲面积分 $I=\iint_{\Sigma}yz\mathrm{d}z\mathrm{d}x+2\mathrm{d}x\mathrm{d}y$,其中 Σ 是球面 $x^2+y^2+z^2=4$ 外侧在 $z\geqslant0$ 的部分.

分析 加一个简单曲面构成封闭曲面,减一个简单曲面,前者用高斯公式,后者直接计算.

解 取曲面片 $\Sigma_1:\begin{cases}x^2+y^2\leqslant4,\\z=0,\end{cases}$ 其法向量与 z 轴负向相同.

设 Σ 和 Σ_1 所围成的区域为 Ω,则由高斯公式有 $I+\iint_{\Sigma_1}yz\mathrm{d}z\mathrm{d}x+2\mathrm{d}x\mathrm{d}y=\iiint_{\Omega}z\mathrm{d}x\mathrm{d}y\mathrm{d}z.$

而 $\iint_{\Sigma_1}yz\mathrm{d}z\mathrm{d}x=0,\iint_{\Sigma_1}2\mathrm{d}x\mathrm{d}y=-2\iint_{x^2+y^2\leqslant4}\mathrm{d}x\mathrm{d}y=-8\pi.$

所以 $\iiint_{\Omega}z\mathrm{d}x\mathrm{d}y\mathrm{d}z=\int_0^{2\pi}\mathrm{d}\theta\int_0^{\pi/2}\sin\varphi\mathrm{d}\varphi\int_0^2\rho\cos\varphi\cdot\rho^2\mathrm{d}\rho=4\pi,I=4\pi+8\pi=12\pi.$

例 6.4.13 计算曲面积分 $I=\iint_{\Sigma}(8y+1)x\mathrm{d}y\mathrm{d}z+2(1-y^2)\mathrm{d}z\mathrm{d}x-4yz\mathrm{d}x\mathrm{d}y$,其中 Σ 是由曲线

$\begin{cases} z = \sqrt{y-1}, \\ x = 0 \end{cases}$ $(1 \leqslant y \leqslant 3)$ 绕 y 轴旋转一周所成的曲面(见图 6-54),

它的法向量与 y 轴正向的夹角恒大于 $\dfrac{\pi}{2}$.

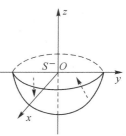

图 6-54

分析 加一个圆面构成封闭曲面,减一个圆面,前者用高斯公式,后者直接计算.

解 取圆片 Σ_1: $\begin{cases} x^2 + z^2 \leqslant 2, \\ y = 3 \end{cases}$ 其法线方向与 y 轴正向相同.

设 Σ 和 Σ_1 所围成的区域为 Ω,则由高斯公式,得

$$I = \iiint\limits_{\Omega}(8y + 1 - 4y - 4y)\,\mathrm{d}V - \iint\limits_{\Sigma_1}(8y+1)x\,\mathrm{d}y\mathrm{d}z + 2(1-y^2)\,\mathrm{d}z\mathrm{d}x - 4yz\,\mathrm{d}x\mathrm{d}y$$

$$= \iiint\limits_{\Omega}\mathrm{d}v - \iint\limits_{\Sigma_1}2(1-y^2)\,\mathrm{d}z\mathrm{d}x = \pi\int_1^3(y-1)\,\mathrm{d}y + 16\iint\limits_{x^2+z^2\leqslant 2}\mathrm{d}z\mathrm{d}x$$

$$= \pi\left(\frac{1}{2}y^2 - y\right)\Big|_1^3 + 32\pi = 2\pi + 32\pi = 34\pi.$$

例 6.4.14 计算 $\iint\limits_{\Sigma}\dfrac{ax\mathrm{d}y\mathrm{d}z + (z+a)^2\mathrm{d}x\mathrm{d}y}{(x^2+y^2+z^2)^{1/2}}$,其中 Σ 为下半球面

$z = -\sqrt{a^2 - x^2 - y^2}$ 的上侧,a 为大于零的常数.

分析 先化简,然后加一个圆面构成封闭曲面,再减一个圆面,前者用高斯公式,后者直接计算.

解法一 $I = \iint\limits_{\Sigma}\dfrac{ax\mathrm{d}y\mathrm{d}z + (z+a)^2\mathrm{d}x\mathrm{d}y}{(x^2+y^2+z^2)^{1/2}} = \dfrac{1}{a}\iint\limits_{\Sigma}ax\mathrm{d}y\mathrm{d}z + (z+a)^2\mathrm{d}x\mathrm{d}y.$

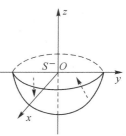

图 6-55

补一块有向平面 S^-: $\begin{cases} x^2+y^2 \leqslant a^2, \\ z = 0, \end{cases}$ 其法向量与 z 轴正向相反,如图 6-55 所示.从而得

$$I = \frac{1}{a}\left[\oiint\limits_{\Sigma+S^-}ax\mathrm{d}y\mathrm{d}z + (z+a)^2\mathrm{d}x\mathrm{d}y - \iint\limits_{S^-}\mathrm{d}x\mathrm{d}y\mathrm{d}z + (z+a)^2\mathrm{d}x\mathrm{d}y\right]$$

$$= \frac{1}{a}\left[-\iiint\limits_{\Omega}(3a + 2z)\,\mathrm{d}V + \iint\limits_{D}a^2\mathrm{d}x\mathrm{d}y\right],$$

其中 Ω 为 $\Sigma + S^-$ 围成的空间区域,D 为 $z=0$ 上的平面区域 $x^2+y^2 \leqslant a^2$. 于是

$$I = \frac{1}{a}\left[-2\pi a^4 - 2\iiint\limits_{\Omega}z\mathrm{d}V + \pi a^4\right] = \frac{1}{a}\left[-\pi a^4 - 2\int_0^{2\pi}\mathrm{d}\theta\int_0^a r\mathrm{d}r\int_{-\sqrt{a^2-r^2}}^0 z\mathrm{d}z\right] = -\frac{\pi}{2}a^3.$$

注 先化简,后计算是很重要的,请读者给予足够的重视.

解法二 $I = \dfrac{1}{a}\iint\limits_{\Sigma}ax\mathrm{d}y\mathrm{d}z + (z+a)^2\mathrm{d}x\mathrm{d}y.$

记 $I_1 = \dfrac{1}{a}\iint\limits_{\Sigma}ax\mathrm{d}y\mathrm{d}z = -2\iint\limits_{D_{yz}}\sqrt{a^2-(y^2+z^2)}\,\mathrm{d}y\mathrm{d}z$,其中 D_{yz} 为 Oyz 平面上的半圆: $y^2+z^2 \leqslant a^2$,

$z \leqslant 0$. 利用极坐标计算,得 $I_1 = -2\int_{\pi}^{2\pi}\mathrm{d}\theta\int_0^a\sqrt{a^2-r^2}\,r\mathrm{d}r = -\dfrac{2}{3}\pi a^3$,

$$I_2 = \frac{1}{a}\iint\limits_{\Sigma}(z+a)^2\mathrm{d}x\mathrm{d}y = \frac{1}{a}\iint\limits_{D_{xy}}\left[a - \sqrt{a^2-(x^2+y^2)}\right]^2\mathrm{d}x\mathrm{d}y$$

$$= \frac{1}{a}\int_0^{2\pi}\mathrm{d}\theta\int_0^a\left(2a^2 - 2a\sqrt{a^2-r^2} - r^2\right)r\mathrm{d}r = \frac{\pi}{6}a^3.$$

因此 $I = I_1 + I_2 = -\dfrac{\pi}{2}a^3.$

解法三　$z=-\sqrt{a^2-x^2-y^2}$, γ 为锐角, $\dfrac{\partial z}{\partial x}=-\dfrac{-x}{\sqrt{a^2-x^2-y^2}}$, $\dfrac{\partial z}{\partial y}=-\dfrac{-y}{\sqrt{a^2-x^2-y^2}}$,

$$I=\frac{1}{a}\iint_{\Sigma}ax\,\mathrm{d}y\mathrm{d}z+(z+a)^2\,\mathrm{d}x\mathrm{d}y.$$

$$=\frac{1}{a}\iint_{D_{xy}}\left[-ax\frac{x}{\sqrt{a^2-x^2-y^2}}+\left(a-\sqrt{a^2-x^2-y^2}\right)^2\right]\mathrm{d}\sigma=-\frac{\pi}{2}a^3.$$

例 6.4.15　计算 $I=\iint\limits_{S}-y\mathrm{d}z\mathrm{d}x+(z+1)\mathrm{d}x\mathrm{d}y$, 其中 S 是圆柱面 $x^2+y^2=4$

被平面 $x+z=2$ 和 $z=0$ 所截出部分的外侧.

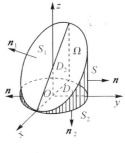

图 6-56

分析　加两个简单曲面构成封闭曲面,减两个简单曲面,前者用高斯公式,后者直接计算.

解法一　设 S,S_1,S_2,Ω,D_1 如图 6-56 所示,记 $I_1=\iint\limits_{S_1}-y\mathrm{d}z\mathrm{d}x+$

$(z+1)\mathrm{d}x\mathrm{d}y,I_2=\iint\limits_{S_2}-y\mathrm{d}z\mathrm{d}x+(z+1)\mathrm{d}x\mathrm{d}y,I_3=\oiint\limits_{S+S_1+S_2}-y\mathrm{d}z\mathrm{d}x+$

$(z+1)\mathrm{d}x\mathrm{d}y$, 则

$$I=I_3-I_1-I_2.$$

而 $I_1=\iint\limits_{S_1}-y\mathrm{d}z\mathrm{d}x+\iint\limits_{S_1}(z+1)\mathrm{d}x\mathrm{d}y=\iint\limits_{S_1}(z+1)\mathrm{d}x\mathrm{d}y.$

$$=\iint\limits_{D_1}(2-x+1)\mathrm{d}x\mathrm{d}y=12\pi,$$

$$I_2=\iint\limits_{S_2}-y\mathrm{d}z\mathrm{d}x+\iint\limits_{S_2}(z+1)\mathrm{d}x\mathrm{d}y=-\iint\limits_{D_1}\mathrm{d}x\mathrm{d}y=-4\pi.$$

又由高斯公式有 $I_3=\iiint\limits_{\Omega}(-1+1)\mathrm{d}V=0.$ 故 $I=I_3-I_1-I_2=-8\pi.$

解法二　设 S,D_2 如图 6-56 所示,则

$$I=\oiint\limits_{S}-y\mathrm{d}z\mathrm{d}x+(z+1)\mathrm{d}x\mathrm{d}y=\iint\limits_{}-y\mathrm{d}z\mathrm{d}x+0=-\iint\limits_{D_2}2\sqrt{4-x^2}\,\mathrm{d}z\mathrm{d}x$$

$$=-2\int_{-2}^{2}\mathrm{d}x\int_{0}^{2-x}\sqrt{4-x^2}\,\mathrm{d}z=-2\int_{-2}^{2}(2-x)\sqrt{4-x^2}\,\mathrm{d}x=-4\int_{-2}^{2}\sqrt{4-x^2}\,\mathrm{d}x=-8\pi.$$

例 6.4.16　计算曲面积分 $\oiint\limits_{}\dfrac{x\mathrm{d}y\mathrm{d}z+z^2\mathrm{d}x\mathrm{d}y}{x^2+y^2+z^2}$, 其中 S 是由曲面 $x^2+y^2=$

R^2 及两平面 $z=R,z=-R(R>0)$ 所围成立体表面的外侧(见图 6-57).

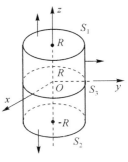

图 6-57

分析　曲面包围的内部有洞 O,不能用高斯公式,除 O 点外,$\mathrm{div}\boldsymbol{A}(x,y,z)\not\equiv0$,也不符合化为包围同一洞的另一个曲面上的积分,只能直接计算.

解　设 S_1,S_2,S_3 依次为 S 的上、下底和圆柱面部分,则

$$\iint\limits_{S_1}\frac{x\mathrm{d}y\mathrm{d}z}{x^2+y^2+z^2}=\iint\limits_{S_2}\frac{x\mathrm{d}y\mathrm{d}z}{x^2+y^2+z^2}=0.$$

设 S_1,S_2 在 Oxy 面上投影区域为 D_{xy}, 则

$$\iint\limits_{S_1+S_2}\frac{z^2\mathrm{d}x\mathrm{d}y}{x^2+y^2+z^2}=\iint\limits_{D_{xy}}\frac{R^2\mathrm{d}\sigma}{x^2+y^2+R^2}-\iint\limits_{D_{xy}}\frac{(-R)^2\mathrm{d}\sigma}{x^2+y^2+R^2}=0.$$

在 S_3 上,$\iint\limits_{S_3}\dfrac{z^2\mathrm{d}x\mathrm{d}y}{x^2+y^2+z^2}=0.$

记 S_3 在 Oyz 平面上的投影区域为 D_{yz} ,则

$$\iint_{S_3} \frac{x\,\mathrm{d}y\,\mathrm{d}z}{x^2 + y^2 + z^2} = \iint_{D_{yz}} \frac{\sqrt{R^2 - y^2}}{R^2 + z^2}\,\mathrm{d}\sigma - \iint_{D_{yz}} -\frac{\sqrt{R^2 - y^2}}{R^2 + z^2}\,\mathrm{d}\sigma$$

$$= 2\iint_{D_{yz}} \frac{\sqrt{R^2 - y^2}}{R^2 + z^2}\,\mathrm{d}\sigma = 2\int_{-R}^{R} \sqrt{R^2 - y^2}\,\mathrm{d}y \int_{-R}^{R} \frac{\mathrm{d}z}{R^2 + z^2} = \frac{\pi^2}{2}R.$$

所以,原式 $= \dfrac{1}{2}\pi^2 R.$

注 由于 $P = \dfrac{x}{x^2 + y^2 + z^2}, R = \dfrac{z^2}{x^2 + y^2 + z}$ 在原点没有意义,故不能用高斯公式.

例 6.4.17 计算 $I = \oiint\limits_{S} \dfrac{\cos(\boldsymbol{r},\boldsymbol{n})}{r^2}\,\mathrm{d}S$,其中 $\boldsymbol{r} = x\boldsymbol{i} + y\boldsymbol{j} + z\boldsymbol{k}, r = \sqrt{x^2 + y^2 + z^2}, S: \dfrac{(x - x_0)^2}{a^2} + \dfrac{(y - y_0)^2}{b^2} + \dfrac{(z - z_0)^2}{c^2} = 1$ 为不经过原点的椭球面, $\boldsymbol{n}$ 为 S 的单位外法线向量.

解 设 $\boldsymbol{n} = \cos a\,\boldsymbol{i} + \cos\beta\,\boldsymbol{j} + \cos\gamma\,\boldsymbol{k}$,则 $\boldsymbol{r} \cdot \boldsymbol{n} = r\cos(\boldsymbol{r},\boldsymbol{n}) = x\cos\alpha + y\cos\beta + z\cos\gamma.$

故 $\cos(\boldsymbol{r},\boldsymbol{n}) = \dfrac{x}{r}\cos a + \dfrac{y}{r}\cos\beta + \dfrac{z}{r}\cos\gamma$,

$$I = \oiint\limits_{S} \frac{\cos(\boldsymbol{r},\boldsymbol{n})}{r^2}\,\mathrm{d}S = \oiint\limits_{S} \left(\frac{x}{r^3}\cos\alpha + \frac{y}{r^3}\cos\beta + \frac{z}{r^3}\cos\gamma\right)\mathrm{d}S$$

$$= \oiint\limits_{S} \frac{x}{(x^2 + y^2 + z^2)^{3/2}}\,\mathrm{d}y\,\mathrm{d}z + \frac{y}{(x^2 + y^2 + z^2)^{3/2}}\,\mathrm{d}z\,\mathrm{d}x + \frac{z}{(x^2 + y^2 + z^2)^{3/2}}\,\mathrm{d}x\,\mathrm{d}y.$$

设 $P = \dfrac{x}{(x^2 + y^2 + z^2)^{3/2}}, Q = \dfrac{y}{(x^2 + y^2 + z^2)^{3/2}}, R = \dfrac{z}{(x^2 + y^2 + z^2)^{3/2}}.$

则 $\dfrac{\partial P}{\partial x} + \dfrac{\partial Q}{\partial y} + \dfrac{\partial R}{\partial z} = \dfrac{y^2 + z^2 - 2x^2}{(x^2 + y^2 + z^2)^{5/2}} + \dfrac{z^2 + x^2 - 2y^2}{(x^2 + y^2 + z^2)^{5/2}} + \dfrac{x^2 + y^2 - 2z^2}{(x^2 + y^2 + z^2)^{5/2}} = 0.$

如果原点 $O(0,0,0)$ 在椭球面 S 的外部,由高斯公式知 $I = \oiint\limits_{S} \dfrac{\cos(\boldsymbol{r},\boldsymbol{n})}{r^2} = 0.$

如果原点 $O(0,0,0)$ 在椭球面 S 的内部,因函数 P, Q, R 在 S 所围成的区域 V 内部的点 O 处偏导数不连续,故不能直接运用高斯公式.

取正数 ε 足够小,使球面 $x^2 + y^2 + z^2 = \varepsilon^2$ 含于椭球面的内部.用 S_1 表示球面 $x^2 + y^2 + z^2 = \varepsilon^2$ 的外侧, S_1^- 表示该球面的内侧,则函数 P, Q, R 在以 S 和 S_1^- 为边界的闭区域 Ω 上有连续的偏导数.故由高斯公式

$$\iint\limits_{S + S_1^-} \frac{\cos(\boldsymbol{r},\boldsymbol{n})}{r^2}\,\mathrm{d}S = \iiint\limits_{\Omega} \left(\frac{\partial P}{\partial x} + \frac{\partial Q}{\partial y} + \frac{\partial R}{\partial z}\right)\mathrm{d}x\,\mathrm{d}y\,\mathrm{d}z = 0.$$

所以 $\iint\limits_{S} \dfrac{\cos(\boldsymbol{r},\boldsymbol{n})}{r^2}\,\mathrm{d}S + \iint\limits_{S_1^-} \dfrac{\cos(\boldsymbol{r},\boldsymbol{n})}{r^2}\,\mathrm{d}S = 0$,即 $I = \iint\limits_{S_1} \dfrac{\cos(\boldsymbol{r},\boldsymbol{n})}{r^2}\,\mathrm{d}S.$

在球面 S_1 上, $r =$ 常数 ε ,并且 S_1 的外法向量 $\boldsymbol{n}$ 与 $\boldsymbol{r}$ 的方向一致,故 $\cos(\boldsymbol{r},\boldsymbol{n}) = 1$. 因此

$$I = \iint\limits_{S_1} \frac{1}{\varepsilon^2}\,\mathrm{d}S = \frac{1}{\varepsilon^3}\iint\limits_{S_1}\mathrm{d}S = \frac{1}{\varepsilon^2} \cdot 4\pi\varepsilon^2 = 4\pi.$$

例 6.4.18 设 $f(x,y,z)$ 为连续函数, S 为曲面 $z = \dfrac{1}{2}(x^2 + y^2)$ 介于 $z = 2$ 与 $z = 8$ 之间部分,上侧如图 6-58 所示,求:

$$\iint\limits_{S} [yf(x,y,z) + x]\,\mathrm{d}y\,\mathrm{d}z + [xf(x,y,z) + y]\,\mathrm{d}z\,\mathrm{d}x + [2xyf(x,y,z) + z]\,\mathrm{d}x\,\mathrm{d}y.$$

分析 由条件只知 $f(x,y,z)$ 连续,不知 $f(x,y,z)$ 的偏导数是否连续,故不能加简单曲面构成封闭曲面利用高斯公式计算,且直接不容易计算,因为 $f(x,y,z)$ 没有告诉具体的表达式,故只有化为第一类曲面积分去解.

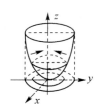

图 6-58

解 由 $z = \dfrac{1}{2}(x^2 + y^2) \Leftrightarrow z - \dfrac{1}{2}(x^2 + y^2) = 0$，

$$\boldsymbol{n} = \pm\{-x, -y, 1\}, \boldsymbol{n}^0 = \pm\left\{\frac{-x}{\sqrt{1+x^2+y^2}}, \frac{-y}{\sqrt{1+x^2+y^2}}, \frac{1}{\sqrt{1+x^2+y^2}}\right\},$$

由条件曲面为上侧，知 γ 为锐角，$\cos\gamma > 0$，应取"＋"号，有

$$\boldsymbol{n}^0 = \left\{\frac{-x}{\sqrt{1+x^2+y^2}}, \frac{-y}{\sqrt{1+x^2+y^2}}, \frac{1}{\sqrt{1+x^2+y^2}}\right\},$$

于是原式 $= \displaystyle\iint\limits_S \left\{-[yf(x,y,z)+x]\frac{x}{\sqrt{1+x^2+y^2}} - [xf(x,y,z)+y]\frac{y}{\sqrt{1+x^2+y^2}}\right.$

$$\left. + [2xyf(x,y,z)+z]\frac{1}{\sqrt{1+x^2+y^2}}\right\}\mathrm{d}S = \iint\limits_S \frac{1}{\sqrt{1+x^2+y^2}}(z-x^2-y^2)\mathrm{d}S$$

$$= \iint\limits_S \frac{1}{\sqrt{1+x^2+y^2}}\left[\frac{1}{2}(x^2+y^2)-x^2-y^2\right]\mathrm{d}S = -\frac{1}{2}\iint\limits_S \frac{1}{\sqrt{1+x^2+y^2}}(x^2+y^2)\mathrm{d}S$$

$$= -\frac{1}{2}\iint\limits_{4 \leqslant x^2+y^2 \leqslant 16} \frac{1}{\sqrt{1+x^2+y^2}}(x^2+y^2) \cdot \sqrt{1+x^2+y^2}\,\mathrm{d}\sigma$$

$$= -\frac{1}{2}\int_0^{2\pi}\mathrm{d}\theta\int_2^4 r^2 \cdot r\mathrm{d}r = -\pi \cdot \frac{1}{4}\left(r^4 \Big|_2^4\right) = -60\pi.$$

类型 4.6 计算空间第二类曲线积分

解题策略 (1) $\displaystyle\oint_L P(x,y,z)\mathrm{d}x + Q(x,y,z)\mathrm{d}y + R(x,y,z)\mathrm{d}z$，其中 L 为空间简单封闭曲线.

①若找到一个线单连通区域 V，使 $L \subset V$，P, Q, R 在 V 上具有连续的一阶偏导数，且 $\mathbf{rot}A = 0$，$(x,y,z) \in V(\boldsymbol{A} = \{P,Q,R\})$，则由曲线积分与路径无关性知 $\displaystyle\oint_L P\mathrm{d}x + Q\mathrm{d}y + R\mathrm{d}z = 0$.

②若 P, Q, R 偏导数连续，但 $\mathbf{rot}A \not\equiv 0$，$(x,y,z) \in L$，可找一个以 L 为边界曲线的简单曲面 Σ，由斯托克斯公式知 $\displaystyle\oint_L P\mathrm{d}x + Q\mathrm{d}y + R\mathrm{d}z = \iint\limits_\Sigma \left(\frac{\partial R}{\partial y} - \frac{\partial Q}{\partial z}\right)\mathrm{d}y\mathrm{d}z + \left(\frac{\partial P}{\partial x} - \frac{\partial R}{\partial z}\right)\mathrm{d}z\mathrm{d}x + \left(\frac{\partial Q}{\partial x} - \frac{\partial P}{\partial y}\right)\mathrm{d}x\mathrm{d}y$. 要求第二类曲面积分容易计算.

③若 L 容易化成参数方程，且第二类曲线积分化成一元函数定积分后易于计算，也可直接计算.

(2) $\displaystyle\int_{\Gamma_{AB}} P(x,y,z)\mathrm{d}x + Q(x,y,z)\mathrm{d}y + R(x,y,z)\mathrm{d}z$，其中 Γ_{AB} 为空间曲线，起点 $A(x_0, y_0, z_0)$，终点 $B(x_1, y_1, z_1)$.

①若找到一个线单连通区域 V，使 $\Gamma_{AB} \subset V$，P, Q, R 在 V 具有连续的一阶偏导数，且 $\mathbf{rot}A \equiv 0$，$(x,y,z) \in V$，则该积分与路径无关，则

$$\int_{\Gamma_{AB}} P\mathrm{d}x + Q\mathrm{d}y + R\mathrm{d}z = \int_{x_0}^{x_1} P(x, y_0, z_0)\mathrm{d}x + \int_{y_0}^{y_1} Q(x_1, y, z_0)\mathrm{d}y + \int_{z_0}^{z_1}(x_1, y_1, z)\mathrm{d}z.$$

②若该积分与路径有关，但 Γ_{AB} 容易化成参数方程，且转化为一元函数定积分后易于计算，可直接计算.

(3) 第二类曲线积分的牛顿—莱布尼茨公式

若 $\mathrm{d}u(x,y,z) = P(x,y,z)\mathrm{d}x + Q(x,y,z)\mathrm{d}y + R(x,y,z)\mathrm{d}z$，则

$$\int_{\Gamma_{AB}} P(x,y,z)\mathrm{d}x + Q(x,y,z)\mathrm{d}y + R(x,y,z)\mathrm{d}z$$

$$= \int_{A(x_0, y_0, z_0)}^{B(x_1, y_1, z_1)} \mathrm{d}u(x,y,z) = u(x_1, y_1, z_1) - u(x_0, y_0, z_0).$$

以上方法请读者灵活使用.

例 6.4.19 计算 $\displaystyle\int_\Gamma y^2\mathrm{d}x + z^2\mathrm{d}y + x^2\mathrm{d}z$，$\Gamma$ 为球面 $x^2 + y^2 + z^2 = a^2$ 与圆柱面 $x^2 + y^2 = ax$ 的交线 $(z \geqslant 0, a > 0)$，从 Ox 轴正向看去，曲线按逆时针方向.

分析 把曲线化成参数方程直接计算.

解 将交线 Γ 改写成参数形式,由圆柱面方程 $\left(x-\dfrac{a}{2}\right)^2+y^2=\left(\dfrac{a}{2}\right)^2$,令 $x-\dfrac{a}{2}=\dfrac{a}{2}\cos t,y=\dfrac{a}{2}\sin t$. 并代入球面方程,得 $z=a\sin\dfrac{t}{2}$.

于是,Γ 的参数方程为 $x=a\cos\dfrac{t}{2},y=\dfrac{a}{2}\sin t,z=a\sin\dfrac{t}{2}$($0\leqslant t\leqslant 2\pi$),代入积分式,得

$$\int_\Gamma y^2\mathrm{d}x+z^2\mathrm{d}y+x^2\mathrm{d}z=\int_0^{2\pi}\left[\left(\dfrac{a}{2}\sin t\right)^2\left(-\dfrac{a\sin t}{2}\right)+\left(a\sin\dfrac{t}{2}\right)^2\left(\dfrac{a}{2}\cos t\right)+\left(a\cos\dfrac{t}{2}\right)^2\left(\dfrac{a}{2}\cos\dfrac{t}{2}\right)\right]\mathrm{d}t$$

$$=\int_0^{2\pi}\left(-\dfrac{a^3}{8}\sin^3 t+\dfrac{a^3}{2}\sin^2\dfrac{t}{2}\cos t+\dfrac{a^3}{2}\cos^3\dfrac{t}{2}\right)\mathrm{d}t=\dfrac{a^3}{2}\int_0^{2\pi}\sin^2\dfrac{t}{2}\cos t\mathrm{d}t=-\dfrac{a^3}{4}\int_0^{2\pi}\cos^2 t\mathrm{d}t=-\dfrac{\pi a^3}{4}.$$

例 6.4.20 计算 $\displaystyle\int_{(0,0,0)}^{(1,1,1)}(x^2-2yz)\mathrm{d}x+(y^2-2xz)\mathrm{d}y+(z^2-2xy)\mathrm{d}z.$

解法一 设 $\boldsymbol{A}(x,y,z)=\{x^2-2yz,y^2-2xz,z^2-2xy\}$ 经验证 $\mathbf{rot}\boldsymbol{A}\equiv 0,(x,y,z)\in\mathbf{R}^3$. 即曲线积分与路径无关. 故原式 $=\displaystyle\int_0^1 x^2\mathrm{d}x+\int_0^1 y^2\mathrm{d}y+\int_0^1(z^2-2)\mathrm{d}z=\dfrac{1}{3}+\dfrac{1}{3}+\dfrac{1}{3}-2=-1.$

注 验证 $\mathbf{rot}\boldsymbol{A}\equiv 0,(x,y,z)\in\mathbf{R}^3$ 比较麻烦.

分析 观察原函数,用曲线积分的牛顿—莱布尼茨公式计算.

解法二 由于 $\mathrm{d}u=(x^2\mathrm{d}x+y^2\mathrm{d}y+z^2\mathrm{d}z)-2(yz\mathrm{d}x+xz\mathrm{d}y+xy\mathrm{d}z)=\mathrm{d}\left(\dfrac{x^3+y^3+z^3}{3}-2xyz\right).$

知 $u=\dfrac{1}{3}(x^2+y^2+z^2)-2xyz.$ 由第二类曲线积分的牛顿—莱布尼茨公式知

$$原式=\left[\dfrac{1}{3}(x^2+y^2+z^2)-2xyz\right]\Big|_{(0,0,0)}^{(1,1,1)}=-1.$$

例 6.4.21 计算曲线积分 $\displaystyle\oint_C(z-y)\mathrm{d}x+(x-z)\mathrm{d}y+(x-y)\mathrm{d}z$,其中 C 是曲线 $\begin{cases}x^2+y^2=1,\\ x-y+z=2,\end{cases}$ 从 z 轴正向往 z 轴负向看 C 的方向是顺时针的.

分析 把曲线化成参数方程直接计算简单.

解法一 令 $x=\cos\theta,y=\sin\theta$,则 $z=2-x+y=2-\cos\theta+\sin\theta$,所以

$$\oint_C(z-y)\mathrm{d}x+(x-z)\mathrm{d}y+(x-y)\mathrm{d}z=-\int_{2\pi}^0\left[2(\sin\theta+\cos\theta)-2\cos 2\theta-1\right]\mathrm{d}\theta=-2\pi.$$

分析 用斯托克斯公式计算.

解法二 设 S 是平面 $x-y+z=2$ 上以 C 为边界的有限部分,其法向量与 z 轴正向的夹角为钝角,D_{xy} 为 S 在 Oxy 面上的投影域,记 $\boldsymbol{F}=(z-y)\boldsymbol{i}+(x-z)\boldsymbol{j}+(x-y)\boldsymbol{k}$,则

$$\mathbf{rot}\boldsymbol{F}=\begin{vmatrix}\boldsymbol{i}&\boldsymbol{j}&\boldsymbol{k}\\ \dfrac{\partial}{\partial x}&\dfrac{\partial}{\partial y}&\dfrac{\partial}{\partial z}\\ z-y&x-z&x-y\end{vmatrix}=2\boldsymbol{k}.$$

由斯托克斯公式,

$$\oint_C\boldsymbol{F}\cdot\mathrm{d}\boldsymbol{s}=\iint_S(\mathbf{rot}\boldsymbol{F})\cdot\mathrm{d}\boldsymbol{S}=\iint_S 2\mathrm{d}x\mathrm{d}y=-\iint_{D_{xy}}2\mathrm{d}x\mathrm{d}y=-2\pi.$$

例 6.4.22 计算曲线积分 $I=\displaystyle\int_C y\mathrm{d}x+z\mathrm{d}y+x\mathrm{d}z$,其中曲线 C 是以 $A_1(a,0,0),A_2(0,a,0),A_3(0,0,a)$ 为顶点的三角形,$a>0$(见图 6-59),方向是由 A_1 经 A_2、A_3 再回到 A_1.

解 取以 C 为界的三角形块为 S,其侧与 C 的正向构成右旋转系,以 $(\cos\alpha,\cos\beta,\cos\gamma)$ 记 S 上单位法向量 $\boldsymbol{n}$,则有 $\cos\alpha=\cos\beta=\cos\gamma=\dfrac{\sqrt{3}}{3}$,又因 $P=y,Q=z,R=x$,故由斯托克斯公式得

$$I = \iint\limits_S \left[\left(\frac{\partial R}{\partial y} - \frac{\partial Q}{\partial z} \right) \cos\alpha + \left(\frac{\partial P}{\partial z} - \frac{\partial R}{\partial x} \right) \cos\beta + \left(\frac{\partial Q}{\partial x} - \frac{\partial P}{\partial y} \right) \cos\gamma \right] \mathrm{d}S$$

$$= \iint\limits_S \frac{\sqrt{3}}{3}(-1-1-1)\mathrm{d}S = -\sqrt{3} \iint\limits_S \mathrm{d}S = -\sqrt{3} \cdot S_{\triangle A_1 A_2 A_3} = -\frac{3}{2}a^2.$$

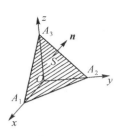

图 6-59

例 6.4.23　计算 $\int_C (y-z)\mathrm{d}x + (z-x)\mathrm{d}y + (x-y)\mathrm{d}z$，其中 C 为椭圆 $x^2 + y^2 = a^2$，$\frac{x}{a} + \frac{z}{h} = 1\,(a>0, h>0)$，若从 Ox 轴正向看，此椭圆是顺着反时针方向前进的.

解　椭圆如图 6-60 所示，把平面 $\frac{x}{a} + \frac{z}{h} = 1$ 上 C 所包围的区域记为 S，则 S 的法线方向为 $\{h, 0, a\}$，注意到 S 的法线和曲线 C 的方向是正向联系的，可知 S 的法线与 z 轴正向夹角为锐角，因此，$\boldsymbol{n}^0 = \left\{ \frac{h}{\sqrt{h^2+a^2}}, 0, \frac{a}{\sqrt{h^2+a^2}} \right\}$，于是，由斯托克斯公式知

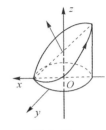

图 6-60

$$\oint\limits_C (y-z)\mathrm{d}x + (z-x)\mathrm{d}y + (x-y)\mathrm{d}z = -2 \iint\limits_S \mathrm{d}y\mathrm{d}z + \mathrm{d}x\mathrm{d}z + \mathrm{d}x\mathrm{d}y$$

$$= -2 \iint\limits_S (\cos\alpha + \cos\beta + \cos\gamma)\mathrm{d}S = -2 \iint\limits_S \left(\frac{h}{\sqrt{a^2+h^2}} + \frac{a}{\sqrt{a^2+h^2}} \right)\mathrm{d}S$$

$$= -2 \frac{h+a}{\sqrt{a^2+h^2}} \iint\limits_S \mathrm{d}S = -2 \frac{h+a}{\sqrt{a^2+h^2}} \iint\limits_{x^2+y^2 \leqslant a^2} \sqrt{1 + \frac{h^2}{a^2}}\,\mathrm{d}\sigma = -2\pi a(h+a).$$

例 6.4.24　计算 $\oint\limits_C (y^2+z^2)\mathrm{d}x + (x^2+z^2)\mathrm{d}y + (x^2+y^2)\mathrm{d}z$，其中 C 曲线由 $x^2+y^2+z^2=2Rx$，$x^2+y^2=2rx\,(0<r<R, z>0)$ 组成. 此曲线是顺着如下方向前进：由它所包围在球面 $x^2+y^2+z^2=2Rx$ 上的最小区域保持在左方（见图 6-61）.

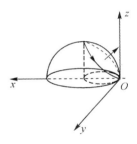

图 6-61

解　由 $x^2+y^2+z^2-2Rx=0$，$\boldsymbol{n} = \pm\{x-R, y, z\}$，$\boldsymbol{n}^0 = \pm\left\{ \frac{x-R}{R}, \frac{y}{R}, \frac{z}{R} \right\}$，由条件 $\cos\gamma > 0$，$\cos\alpha = \frac{x-R}{R}$，$\cos\beta = \frac{y}{R}$，$\cos\gamma = \frac{z}{R}$，由斯托克斯公式，有

$$原式 = 2 \iint\limits_S [(y-z)\cos\alpha + (z-x)\cos\beta + (x-y)\cos\gamma]\mathrm{d}S$$

$$= 2 \iint\limits_S \left[(y-z)\left(\frac{x}{R} - 1 \right) + (z-x)\frac{y}{R} + (x-y)\frac{z}{R} \right]\mathrm{d}S$$

$$= 2 \iint\limits_S (z-y)\mathrm{d}S.$$

由于曲面 S 关于 Ozx 平面对称，y 关于 y 是奇函数，有 $\iint\limits_S y\mathrm{d}S = 0$. 于是

$$原式 = 2\iint\limits_S z\mathrm{d}S = 2\iint\limits_S R\cos\gamma\mathrm{d}S = 2\iint\limits_S R\mathrm{d}x\mathrm{d}y = 2R \iint\limits_{x^2+y^2 \leqslant 2rx} \mathrm{d}\sigma = 2\pi r^2 R.$$

类型 4.7　第二类曲线、曲面积分的应用

解题策略　利用第二类曲线、曲面积分的物理意义.

例 6.4.25　设位于点 $(0,1)$ 的质点 A 对质点 M 的引力大小为 $\frac{k}{r^2}$（$k>0$ 为常数，r 为质点 A 与 M 之间的距离），质点 M 沿曲线 $y = \sqrt{2x-x^2}$ 自 $B(2,0)$ 运动到 $O(0,0)$（见图 6-62）. 求在此运动过程中质点 A 对质点 M 的引力所做的功.

解 由图 6-62,

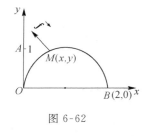

图 6-62

$$\overrightarrow{MA} = \{0-x, 1-y\}, r = |\overrightarrow{MA}| = \sqrt{x^2+(1-y)^2}.$$

引力 f 的方向与 $\overrightarrow{MA}$ 一致, 故 $f = \dfrac{k}{r^3}\{-x, 1-y\}$.

从而, 引力所做的功为

$$W = \int_{\overset{\frown}{BO}} \frac{k}{r^3}[-x\,\mathrm{d}x + (1-y)\,\mathrm{d}y] = k\left(1-\frac{1}{\sqrt{5}}\right).$$

注 因线积分与路径无关, 故取沿 $\overset{\frown}{BO}$ 积分得出结果.

例 6.4.26 在变力 $f = yz\boldsymbol{i} + zx\boldsymbol{j} + xy\boldsymbol{k}$ 的作用下, 质点由原点沿直线运动到椭球面 $\dfrac{x^2}{a^2} + \dfrac{y^2}{b^2} + \dfrac{z^2}{c^2} = 1$ 上第一卦限的点 $M(\xi, \eta, \zeta)$, 问: ξ, η, ζ 取何值时, 力 f 所做的功 W 最大? 并求出 W 的最大值.

解 直线段 $OM: x = \xi t, y = \eta t, z = \zeta t, t$ 从 0 到 1, $W = \displaystyle\int_{OM} yz\,\mathrm{d}x + zx\,\mathrm{d}y + xy\,\mathrm{d}z = \int_0^1 3\xi\eta\zeta t^2\,\mathrm{d} = \xi\eta\zeta.$

下面求 $W = \xi\eta\zeta$ 在条件 $\dfrac{\xi^2}{a^2} + \dfrac{\eta^2}{b^2} + \dfrac{\zeta^2}{c^2} = 1 (\xi > 0, \eta > 0, \zeta > 0)$ 下的最大值.

令 $F(\xi, \eta, \zeta, \lambda) = \xi\eta\zeta + \lambda\left(1 - \dfrac{\xi^2}{a^2} - \dfrac{\eta^2}{b^2} - \dfrac{\zeta^2}{c^2}\right).$

由 $\begin{cases} \dfrac{\partial F}{\partial \xi} = 0, \\ \dfrac{\partial F}{\partial \eta} = 0, \\ \dfrac{\partial F}{\partial \zeta} = 0, \end{cases}$ 得 $\begin{cases} \eta\zeta = \dfrac{2\lambda}{a^2}\xi, \\ \xi\zeta = \dfrac{2\lambda}{b^2}\eta, \\ \xi\eta = \dfrac{2\lambda}{c^2}\zeta, \end{cases}$ 从而 $\dfrac{\xi^2}{a^2} = \dfrac{\eta^2}{b^2} = \dfrac{\zeta^2}{c^2}$, 即得 $\dfrac{\xi^2}{a^2} = \dfrac{\eta^2}{b^2} = \dfrac{\zeta^2}{c^2} = \dfrac{1}{3}$. 于是得 $\xi = \dfrac{a}{\sqrt{3}}, \mu = \dfrac{b}{\sqrt{3}}, \zeta = \dfrac{c}{\sqrt{3}}.$

由问题的实际意义知 $W_{\max} = \dfrac{\sqrt{3}}{9}abc.$

例 6.4.27 求向量场 $\boldsymbol{A}(x, y, z) = \{-y, x, c\} (c$ 为常数) 沿曲线 $\Gamma: x^2 + y^2 = 1, z = 0$ 正向的环流.

解 设流量用 Q 表示, 则 $Q = \displaystyle\oint_\Gamma \boldsymbol{A} \cdot \mathrm{d}\boldsymbol{s} = \oint_\Gamma -y\,\mathrm{d}x + x\,\mathrm{d}y + c\,\mathrm{d}z.$

由 $\Gamma: x = \cos\theta, y = \sin\theta, z = 0$, 起点 $\theta = 0$, 终点 $\theta = 2\pi$.

$$Q = \int_0^{2\pi} (\sin^2\theta + \cos^2\theta)\,\mathrm{d}\theta = 2\pi.$$

例 6.4.28 求向量场 $\boldsymbol{A}(x, y, z) = \{yz, zx, xy\}$ 通过下列给定曲面的流量.

(1) 圆柱 $x^2 + y^2 \leqslant a^2, 0 \leqslant z \leqslant h$ 的侧表面, 法线指向对称轴.

(2) 圆柱 $x^2 + y^2 \leqslant a^2, 0 \leqslant z \leqslant h$ 的闭合表面, 法线指向外侧.

解 (1) 设流量用补及法方向如图 6-63 所示, 有

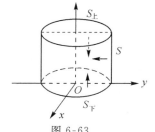

图 6-63

$$\Phi = \iint_S \boldsymbol{A} \cdot \mathrm{d}\boldsymbol{S} = \iint_S yz\,\mathrm{d}y\mathrm{d}z + zx\,\mathrm{d}z\mathrm{d}x + xy\,\mathrm{d}x\mathrm{d}y,$$

补圆面 $S_\text{上}, S_\text{下}$ 及法方向如图 6-63 所示, 有

$$\Phi = \oiint_{S+S_\text{上}+S_\text{下}} - \iint_{S_\text{上}} - \iint_{S_\text{下}} = -\iiint_V (0+0+0)\,\mathrm{d}V + \iint_{x^2+y^2 \leqslant 1} xy\,\mathrm{d}x\mathrm{d}y - \iint_{x^2+y^2 \leqslant 1} xy\,\mathrm{d}x\mathrm{d}y = 0.$$

$(2) \Phi = \displaystyle\iiint_V (0+0+0)\,\mathrm{d}V = 0.$

类型 4.8 计算散度与旋度

解题策略 利用散度与旋度的公式.

例 6.4.29 设 $u = \ln\sqrt{x^2 + y^2 + z^2}$, 求 $\mathrm{div}(\mathbf{grad}\,u).$

解　由于 $\mathbf{grad}u = \dfrac{1}{x^2 + y^2 + z^2}(x\boldsymbol{i} + y\boldsymbol{j} + z\boldsymbol{k})$，于是

$$\operatorname{div}(\mathbf{grad}u) = \frac{x^2 + y^2 + z^2 - 2x^2}{(x^2 + y^2 + z^2)^2} + \frac{x^2 + y^2 + z^2 - 2y^2}{(x^2 + y^2 + z^2)^2} + \frac{x^2 + y^2 + z^2 - 2z^2}{(x^2 + y^2 + z^2)^2} = \frac{1}{x^2 + y^2 + z^2}.$$

自测题

一、填空题

1. 设平面区域 D 由直线 $y = x$，圆 $x^2 + y^2 = 2y$ 及 y 轴围成，则二重积分 $\displaystyle\iint\limits_{D} xy\mathrm{d}\sigma = $ _____.

2. 设 $D = \{(x, y) \mid x^2 + y^2 \leqslant 1\}$，则 $\displaystyle\iint\limits_{D}(x^2 - y)\mathrm{d}x\mathrm{d}y = $ _____.

3. 设 $a > 0, f(x) = g(x) = \begin{cases} a, & 0 \leqslant x \leqslant 1, \\ 0, & \text{其他}, \end{cases}$ 而 D 表示全平面，则

$I = \displaystyle\iint\limits_{D} f(x)g(y - x)\mathrm{d}x\mathrm{d}y = $ _____ .

4. 若三重积分在直角坐标系下的计算公式为 $\displaystyle\int_{-1}^{1} \mathrm{d}x \int_{0}^{\sqrt{1-x^2}} \mathrm{d}y \int_{1}^{1 + \sqrt{1-x^2-y^2}} f(x, y, z)\mathrm{d}z$，则此三重积分在球面坐标系下的计算公式为 _____.

5. 设 L 为椭圆 $\dfrac{x^2}{a^2} + \dfrac{y^2}{b^2} = 1 (a > b > 0)$，其周长为 p，则 $\displaystyle\oint_{l}(b^2 x^2 + a^2 y^2 + abxy)\mathrm{d}l = $ _____.

6. 设 $\Sigma = \{(x, y, z) \mid x + y + z = 1, x \geqslant 0, y \geqslant 0, z \geqslant 0\}$，则 $\displaystyle\iint\limits_{\Sigma} y^2 \mathrm{d}S = $ _____.

7. 设曲面 $\Sigma: |x| + |y| + |z| = 1$，则 $\displaystyle\oiint\limits_{\Sigma}(x + |y|)\mathrm{d}S = $ _____.

8. 设 $\Omega = \{(x, y, z) \mid x^2 + y^2 \leqslant z \leqslant 1\}$，则 Ω 的形心的竖坐标 $\bar{z} = $ _____.

9. 设 L 为正向圆周 $x^2 + y^2 = 2$ 在第一象限中的部分，则曲线积分 $\displaystyle\int_{L} x\mathrm{d}y - 2y\mathrm{d}x$ 的值为 _____.

10. 设 L 是柱面方程 $x^2 + y^2 = 1$ 与平面 $z = x + y$ 的交线，从 z 轴正向往 z 轴负向看为逆时针方向，则曲线积分 $\displaystyle\oint_{L} xz\mathrm{d}x + x\mathrm{d}y + \dfrac{y^2}{2}\mathrm{d}z = $ _____.

11. 设 Ω 是由锥面 $z = \sqrt{x^2 + y^2}$ 与半球面 $z = \sqrt{R^2 - x^2 - y^2}$ 围成的空间区域，Σ 是 Ω 的整个边界的外侧，则 $\displaystyle\iint\limits_{\Sigma} x\mathrm{d}y\mathrm{d}z + y\mathrm{d}z\mathrm{d}x + z\mathrm{d}x\mathrm{d}y = $ _____.

12. 设曲面 Σ 是 $z = \sqrt{4 - x^2 - y^2}$ 的上侧，则 $\displaystyle\iint\limits_{\Sigma} xy\mathrm{d}y\mathrm{d}z + x\mathrm{d}z\mathrm{d}x + x^2\mathrm{d}x\mathrm{d}y = $ _____.

13. 设 $\Omega = \{(x, y, z) \mid x^2 + y^2 + z^2 \leqslant 1\}$，则 $\displaystyle\iiint\limits_{\Omega} z^2\mathrm{d}x\mathrm{d}y\mathrm{d}z = $ _____.

14. 一质点受力 $\boldsymbol{F} = yz\boldsymbol{i} + xz\boldsymbol{j} + xy\boldsymbol{k}$ 的作用，从点 $A(0, 0, 0)$ 沿直线移动到点 $B(1, 1, 1)$，则 $\boldsymbol{F}$ 所做的功是 _____.

二、选择题

15. 设函数 $f(x, y)$ 连续，则 $\displaystyle\int_{1}^{2} \mathrm{d}x \int_{x}^{2} f(x, y)\mathrm{d}y + \int_{1}^{2} \mathrm{d}y \int_{y}^{4-y} f(x, y)\mathrm{d}x = $ 　　　　（　　　）

(A) $\displaystyle\int_{1}^{2} \mathrm{d}x \int_{1}^{4-x} f(x, y)\mathrm{d}y$

(B) $\displaystyle\int_{1}^{2} \mathrm{d}x \int_{x}^{2} f(x, y)\mathrm{d}y$

(C) $\displaystyle\int_{1}^{2} \mathrm{d}y \int_{1}^{4-y} f(x, y)\mathrm{d}x$

(D) $\displaystyle\int_{1}^{2} \mathrm{d}y \int_{y}^{2} f(x, y)\mathrm{d}x$

16. 设函数 $f(x,y)$ 连续,则二次积分 $\int_{\frac{\pi}{2}}^{\pi} dx \int_{\sin x}^{1} f(x,y) dy$ 等于 （ ）

(A) $\int_{0}^{1} dy \int_{\pi+\arcsin y}^{\pi} f(x,y) dx$ (B) $\int_{0}^{1} dy \int_{\pi-\arcsin y}^{\pi} f(x,y) dx$

(C) $\int_{0}^{1} dy \int_{\frac{\pi}{2}}^{\pi+\arcsin y} f(x,y) dx$ (D) $\int_{0}^{1} dy \int_{\frac{\pi}{2}}^{\pi-\arcsin y} f(x,y) dx$

17. 设 D 是第一象限由曲线 $2xy=1,4xy=1$ 与直线 $y=x,y=\sqrt{3}x$ 围成的平面区域,函数 $f(x,y)$ 在 D 上连续,则 $\iint_{D} f(x,y) dxdy =$ （ ）

(A) $\int_{\frac{\pi}{4}}^{\frac{\pi}{3}} d\theta \int_{\frac{1}{2\sin 2\theta}}^{\frac{1}{\sin 2\theta}} f(r\cos\theta, r\sin\theta) r dr$ (B) $\int_{\frac{\pi}{4}}^{\frac{\pi}{3}} d\theta \int_{\sqrt{\frac{1}{2\sin 2\theta}}}^{\sqrt{\frac{1}{\sin 2\theta}}} f(r\cos\theta, r\sin\theta) r dr$

(C) $\int_{\frac{\pi}{4}}^{\frac{\pi}{3}} d\theta \int_{\frac{1}{2\sin 2\theta}}^{\frac{1}{\sin 2\theta}} f(r\cos\theta, r\sin\theta) dr$ (D) $\int_{\frac{\pi}{4}}^{\frac{\pi}{3}} d\theta \int_{\sqrt{\frac{1}{2\sin 2\theta}}}^{\sqrt{\frac{1}{\sin 2\theta}}} f(r\cos\theta, r\sin\theta) dr$

18. 设区域 $D = \{(x,y) \mid x^2 + y^2 \leqslant 4, x \geqslant 0, y \geqslant 0\}$, $f(x)$ 为 D 上的正值连续函数,a,b 为常数,则
$\iint_{D} \dfrac{a\sqrt{f(x)} + b\sqrt{f(y)}}{\sqrt{f(x)} + \sqrt{f(y)}} d\sigma =$ （ ）

(A) $ab\pi$ (B) $\dfrac{ab}{2}\pi$ (C) $(a+b)\pi$ (D) $\dfrac{a+b}{2}\pi$

19. 如图,正方形 $\{(x,y) \mid |x| \leqslant 1, |y| \leqslant 1\}$ 被其对角线划分为四个区域 $D_k (k=1,2,3,4)$,$I_k = \iint_{D_k} y\cos x \, dxdy$,则 $\max_{1\leqslant k\leqslant 4}\{I_k\} =$ （ ）

(A) I_1 (B) I_2

(C) I_3 (D) I_4

第 19 题图

20. 设 $I_1 = \iint_{D} \cos\sqrt{x^2+y^2} \, d\sigma$, $I_2 = \iint_{D} \cos(x^2+y^2) d\sigma$,
$I_3 = \iint_{D} \cos(x^2+y^2)^2 d\sigma$,其中 $D = \{(x,y) \mid x^2+y^2 \leqslant 1\}$,则 （ ）

(A) $I_3 > I_2 > I_1$ (B) $I_1 > I_2 > I_3$

(C) $I_2 > I_1 > I_3$ (D) $I_3 > I_1 > I_2$

21. 设函数 f 连续. 若 $F(u,v) = \iint_{D_{uv}} \dfrac{f(x^2+y^2)}{\sqrt{x^2+y^2}} dxdy$,其中区域 D_{uv} 为图中阴影部分,则 $\dfrac{\partial F}{\partial u} =$ （ ）

(A) $vf(u^2)$ (B) $\dfrac{v}{u}f(u^2)$

(C) $vf(u)$ (D) $\dfrac{v}{u}f(u)$

第 21 题图

22. 设 $f(x)$ 为连续函数,$F(t) = \int_{1}^{t} dy \int_{y}^{t} f(x) dx$,则 $F'(2)$ 等于 （ ）

(A) $2f(2)$ (B) $f(2)$ (C) $-f(2)$ (D) 0

23. 已知 $\dfrac{(x+ay)dx + ydy}{(x+y)^2}$ 为某函数的全微分,则 a 等于 （ ）

(A) -1 (B) 0 (C) 1 (D) 2

三、解答题

24. 计算二重积分 $\iint_{D} \sqrt{y^2 - xy} \, dxdy$,其中 D 是由直线 $y=x,y=1,x=0$ 所围成的平面区域.

25.计算二重积分 $\iint\limits_{D} x(x+y)\mathrm{d}x\mathrm{d}y$,其中 $D = \{(x,y) \mid x^2+y^2 \leqslant 2, y \geqslant x^2\}$.

26.计算二重积分 $\iint\limits_{D} (x+y)^3\mathrm{d}x\mathrm{d}y$,其中 D 由曲线 $x = \sqrt{1+y^2}$ 与直线 $x+\sqrt{2}y = 0$ 及 $x-\sqrt{2}y = 0$ 围成.

27.计算 $\int_0^1 \mathrm{d}y \int_{\sqrt{y}}^1 \sqrt{x^4-y^2}\,\mathrm{d}x$.

28.计算二重积分 $\iint\limits_{D} |x^2+y^2-1|\mathrm{d}\sigma$,其中 $D = \{(x,y) \mid 0 \leqslant x \leqslant 1, 0 \leqslant y \leqslant 1\}$.

29.计算 $\int_0^1 \mathrm{d}x \int_0^{\frac{x}{2}} \mathrm{e}^{-2y^2}\,\mathrm{d}y$.

30.设 $D = \{(x,y) \mid 1 \leqslant x+y \leqslant 2, xy \geqslant 0\}$,选择适当坐标系,计算二重积分 $\iint\limits_{D} \mathrm{e}^{\frac{y}{x+y}}\mathrm{d}\sigma$.

31.设 $f(x)$ 是区间 $[0,1]$ 上的连续函数,并且 $|f(x)| \leqslant 1, x \in [0,1]$.证明: $0 \leqslant \int_0^1 \mathrm{d}x \int_0^x f(x)f(y)\mathrm{d}y \leqslant \frac{1}{2}$.

32.已知函数 $f(x,y)$ 具有二阶连续偏导数,且 $f(1,y)=0, f(x,1)=0, \iint\limits_{D} f(x,y)\mathrm{d}x\mathrm{d}y = a$,其中 $D = \{(x,y) \mid 0 \leqslant x \leqslant 1, 0 \leqslant y \leqslant 1\}$,计算二重积分 $I = \iint\limits_{D} xy f''_{xy}(x,y)\mathrm{d}x\mathrm{d}y$.

33.求 $\iint\limits_{D} (\sqrt{x^2+y^2}+y)\mathrm{d}\sigma$,其中 D 是由圆 $x^2+y^2 = 4$ 和 $(x+1)^2+y^2 = 1$ 所围成的平面区域(如图).

34.计算 $\iint\limits_{D} \max\{xy,1\}\mathrm{d}x\mathrm{d}y$,其中 $D = \{(x,y) \mid 0 \leqslant x \leqslant 2, 0 \leqslant y \leqslant 2\}$.

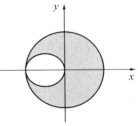

第 33 题图

35.设二元函数 $f(x,y) = \begin{cases} x^2, & |x|+|y| \leqslant 1, \\ \dfrac{1}{\sqrt{x^2+y^2}}, & 1 < |x|+|y| \leqslant 2, \end{cases}$ 计算二重积分 $\iint\limits_{D} f(x,y)\mathrm{d}\sigma$,其中 $D = \{(x,y) \mid |x|+|y| \leqslant 2\}$.

36.设 $D = \{(x,y) \mid x^2+y^2 \leqslant \sqrt{2}, x \geqslant 0, y \geqslant 0\}$,$[1+x^2+y^2]$ 表示不超过 $1+x^2+y^2$ 的最大整数.计算二重积分 $\iint\limits_{D} xy[1+x^2+y^2]\mathrm{d}x\mathrm{d}y$.

37.计算二重积分 $\iint\limits_{D} (x-y)\mathrm{d}x\mathrm{d}y$,其中 $D = \{(x,y) \mid (x-1)^2+(y-1)^2 \leqslant 2, y \geqslant x\}$.

38.计算二重积分 $I = \iint\limits_{D} r^2 \sin\theta \sqrt{1-r^2\cos 2\theta}\,\mathrm{d}r\mathrm{d}\theta$,其中 $D = \left\{(r,\theta) \mid 0 \leqslant r \leqslant \sec\theta, 0 \leqslant \theta \leqslant \dfrac{\pi}{4}\right\}$.

39.计算二重积分 $I = \iint\limits_{D} \mathrm{e}^{-(x^2+y^2-\pi)}\sin(x^2+y^2)\mathrm{d}x\mathrm{d}y$.其中积分区域 $D = \{(x,y) \mid x^2+y^2 \leqslant \pi\}$.

40.求 $\iint\limits_{D} \min\{x,y\}\mathrm{d}x\mathrm{d}y$,其中 $D = \{(x,y) \mid 0 \leqslant x \leqslant 3, 0 \leqslant y \leqslant 1\}$.

41.求抛物面 $z = 1+x^2+y^2$ 的一个切平面,使得它与该抛物面及圆柱面 $(x-1)^2+y^2 = 1$ 所围成的体积最小,写出该切平面方程并求出最小体积.

42.求高为 h,底面半径为 a 的均质圆柱体对于其底面一直径的转动惯量.

43.在体密度 $\mu = 1$ 半径为 R 的球体内挖去一个半径为 $\dfrac{R}{2}$ 且与原球体内切的球体,试求剩余部分对两球公共直径的转动惯量.

44.求由 $x^2+y^2 = R^2, x^2+z^2 = R^2$ 所围立体的体积.

45.利用二重积分证明

$$\left(\int_a^b f(x)\mathrm{d}x\right)^2 \leqslant (b-a)\int_a^b f^2(x)\mathrm{d}x.$$

46.已知体密度 $\rho(x,y,z)=z$.

(1)求由平面 $\dfrac{x}{a}+\dfrac{y}{b}+\dfrac{z}{c}=1(a>0,b>0,c>0)$ 与三坐标平面所围成的四面体的质量 M.

(2)设 $a+b+c=h$,问 a,b,c 取何值时,质量取到最大值?

47.计算三重积分 $\iiint\limits_{\Omega}\mathrm{e}^z\mathrm{d}V$,其中 $\Omega=\{(x,y,z)\mid x^2+y^2+z^2\leqslant 1,z\geqslant 0\}$.

48.计算 $\displaystyle\int_{-1}^1\mathrm{d}x\int_0^{\sqrt{1-x^2}}\mathrm{d}y\int_1^{1+\sqrt{1-x^2-y^2}}\dfrac{\mathrm{d}z}{\sqrt{x^2+y^2}}$.

49.椭球面 S_1 是椭圆 $\dfrac{x^2}{4}+\dfrac{y^2}{3}=1$ 绕 x 轴旋转而成,圆锥面 S_2 是由过点 $(4,0)$ 且与椭圆 $\dfrac{x^2}{4}+\dfrac{y^2}{3}=1$ 相切的直线绕 x 轴旋转而成.

(1)求 S_1 及 S_2 的方程;

(2)求 S_1 与 S_2 之间的立体体积.

50.设 l 为平面曲线 $y=\ln x$ 介于点 $A(1,0)$ 与 $B(7,\ln 7)$ 之间的弧段,求第一类曲线积分(或称对弧长的曲线积分)$\displaystyle\int_l\mathrm{e}^{2y}\mathrm{d}s$.

51.设 l 是心形线 $r=a(1+\cos\theta)$ 一周,常数 $a>0$,计算平面第一类曲线积分 $\displaystyle\int_l\left|\sin\dfrac{\theta}{2}\right|\mathrm{d}l$.

52.求平面 $x+2y-2z=1$ 含在椭圆柱面 $\dfrac{x^2}{4}+\dfrac{y^2}{9}=1$ 内的面积.

53.设 L 为空间直线 $x=\dfrac{y-1}{-2}=\dfrac{z+5}{3}$ 上点 $(0,1,-5)$ 与点 $(-2,5,-11)$ 间的一段,计算空间第一类曲线积分 $\displaystyle\int_L(x+y+z)\mathrm{d}l$.

54.求曲面 $x^2+y^2=3z,z=6-\sqrt{x^2+y^2}$ 所围立体的全表面积.

55.设 P 为椭球面 $S:x^2+y^2+z^2-yz=1$ 上的动点,若 S 在点 P 处的切平面与 Oxy 面垂直,求点 P 的轨迹 C,并计算曲面积分 $I=\displaystyle\iint\limits_{\Sigma}\dfrac{(x+\sqrt{3})\,|y-2z|}{\sqrt{4+y^2+z^2-4yz}}\mathrm{d}S$,其中 Σ 是椭球面 S 位于曲线 C 上方的部分.

56.已知 L 是第一象限中从点 $(0,0)$ 沿圆周 $x^2+y^2=2x$ 到点 $(2,0)$,再沿圆周 $x^2+y^2=4$ 到点 $(0,2)$ 的曲线段.计算曲线积分 $I=\displaystyle\int_L 3x^2y\mathrm{d}x+(x^3+x-2y)\mathrm{d}y$.

57.计算曲线积分 $\displaystyle\int_L\sin 2x\mathrm{d}x+2(x^2-1)y\mathrm{d}y$,其中 L 是曲线 $y=\sin x$ 上从点 $(0,0)$ 到点 $(\pi,0)$ 的一段.

58.已知平面区域 $D=\left\{(x,y)\,\middle|\,0\leqslant x\leqslant\pi,0\leqslant y\leqslant\pi\right\}$,$L$ 为 D 的正向边界.试证:

(1)$\displaystyle\oint_L x\mathrm{e}^{\sin y}\mathrm{d}y-y\mathrm{e}^{-\sin x}\mathrm{d}x=\oint_L x\mathrm{e}^{-\sin y}\mathrm{d}y-y\mathrm{e}^{\sin x}\mathrm{d}x$;

(2)$\displaystyle\oint_L x\mathrm{e}^{\sin y}\mathrm{d}y-y\mathrm{e}^{-\sin x}\mathrm{d}x\geqslant 2\pi^2$.

59.设 l 是圆周 $(x+1)^2+y^2=1$ 正向一周,计算平面第二类(即对坐标的)曲线积分 $\displaystyle\oint_l\dfrac{(x+y^2)\mathrm{d}x+x\mathrm{d}y}{(x+1)^2+y^2}$.

60.设 l 为从点 $A(-1,0)$ 沿曲线 $y=\cos\left(\dfrac{\pi}{2}x\right)$ 到点 $B(3,0)$ 的有向弧,计算第二类曲线积分

$$\int_l \frac{(x-y)\mathrm{d}x + (x+y)\mathrm{d}y}{x^2+y^2}.$$

61. 计算 $I = \displaystyle\int_L \frac{x\mathrm{d}y+(1-y)\mathrm{d}x}{x^2+(y-1)^2}$，其中 L 为从点 $M(1,0)$ 沿曲线 $y = k\cos\dfrac{\pi x}{2}(k\neq 1)$ 到点 $N(-1,0)$.

62. 确定常数 a 与 b 的值，使 $(ay^2-2xy)\mathrm{d}x+(bx^2+2xy)\mathrm{d}y$ 为某函数 $u(x,y)$ 的全微分，并求满足 $u(1,1) = 2$ 的 $u(x,y)$.

63. 设 S 为球面 $(x-a)^2+(y-b)^2+(z-c)^2 = R^2$ 外侧，其中 a，b，c，R 均为常数，且 $R > 0$，计算 $\displaystyle\oiint_S x^2\mathrm{d}y\mathrm{d}z + y^2\mathrm{d}z\mathrm{d}x + z^2\mathrm{d}x\mathrm{d}y$.

64. 计算曲面积分 $\displaystyle\oiint_S y\mathrm{d}y\mathrm{d}z + x\mathrm{d}z\mathrm{d}x + z^2\mathrm{d}x\mathrm{d}y$，其中 S 是曲面 $x^2+y^2+(z-a)^2 = a^2(z\geqslant a > 0)$ 及曲面 $z^2 = x^2+y^2$ 所围区域的外侧表面.

65. 计算曲面积分 $\displaystyle\iint_S yz\mathrm{d}y\mathrm{d}z + zx\mathrm{d}z\mathrm{d}x + (x^2+y^2)z\mathrm{d}x\mathrm{d}y$，其中 S 为上半球面 $z = \sqrt{a^2-x^2-y^2}$ 的上侧.

66. 设 S 是锥面 $z = \sqrt{x^2+y^2}\,(0\leqslant z\leqslant 1)$ 的上侧，求 $\displaystyle\iint_S x\mathrm{d}y\mathrm{d}z + 2y\mathrm{d}z\mathrm{d}x + 3z\mathrm{d}x\mathrm{d}y$.

67. 计算曲面积分 $I = \displaystyle\iint_\Sigma 2x^3\mathrm{d}y\mathrm{d}z + 2y^3\mathrm{d}z\mathrm{d}x + 3(z^2-1)\mathrm{d}x\mathrm{d}y$，其中 Σ 是曲面 $z = 1-x^2-y^2(z\geqslant 0)$ 的上侧.

68. 计算曲面积分 $I = \displaystyle\iint_\Sigma xz\mathrm{d}y\mathrm{d}z + 2zy\mathrm{d}z\mathrm{d}x + 3xy\mathrm{d}x\mathrm{d}y$，其中 Σ 为曲面 $z = 1-x^2-\dfrac{y^2}{4}(0\leqslant z\leqslant 1)$ 的上侧.

69. 设 S 为平面 $x-y+z = 1$ 介于三坐标平面间的有限部分，法向量与 z 轴正向夹角为锐角，计算 $I = \displaystyle\iint_S x\mathrm{d}y\mathrm{d}z + y\,\mathrm{d}z\mathrm{d}x + z\mathrm{d}x\mathrm{d}y$.

70. 设 S 为封闭曲面 $x^2+y^2+z^2 = R^2$（常数 $R > 0$），法向量向外，求第二类（即对坐标的）曲面积分 $I = \displaystyle\oiint_S \frac{xy^2\mathrm{d}y\mathrm{d}z + yz^2\mathrm{d}z\mathrm{d}x + zx^2\mathrm{d}x\mathrm{d}y}{x^2+y^2+z^2}$.

71. 计算曲面积分 $I = \displaystyle\oiint_\Sigma \frac{x\mathrm{d}y\mathrm{d}z + y\mathrm{d}z\mathrm{d}x + z\mathrm{d}x\mathrm{d}y}{(x^2+y^2+z^2)^{\frac{3}{2}}}$，其中 Σ 是曲面 $2x^2+2y^2+z^2 = 4$ 的外侧.

72. 计算曲线积分 $I = \displaystyle\oint_l x^2y\mathrm{d}x + (x^2+y^2)\mathrm{d}y + (x+y+z)\mathrm{d}z$，其中 l 是 $x^2+y^2+z^2 = 11$ 与 $z = x^2+y^2+1$ 的交线，其方向与 z 轴正向成右手系.

73. 已知曲线 L 的方程为 $\begin{cases} z = \sqrt{2-x^2-y^2}, \\ z = x, \end{cases}$ 起点为 $A(0,\sqrt{2},0)$，终点为 $B(0,-\sqrt{2},0)$，计算曲线积分 $I = \displaystyle\int_L (y+z)\mathrm{d}x + (z^2-x^2+y)\mathrm{d}y + (x^2+y^2)\mathrm{d}z$.

74. 计算空间第二类曲线积分 $\displaystyle\oint_L (y^2-z^2)\mathrm{d}x + (z^2-x^2)\mathrm{d}y + (x^2-y^2)\mathrm{d}z$，其中 L 为八分之一球面 $x^2+y^2+z^2 = 1$，$x\geqslant 0$，$y\geqslant 0$，$z\geqslant 0$ 的边界线，从球心看 L，L 为逆时针方向.

75. 求半圆 $D = \{(x,y)\,|\,x^2+y^2\leqslant R^2, y\geqslant 0\}$ 的形心的纵坐标.

76. 设函数 $f(x)$ 连续且恒大于零，

$$F(t) = \frac{\displaystyle\iiint_{\Omega(t)} f(x^2+y^2+z^2)\mathrm{d}v}{\displaystyle\iint_{D(t)} f(x^2+y^2)\mathrm{d}\sigma}, \quad G(t) = \frac{\displaystyle\iint_{D(t)} f(x^2+y^2)\mathrm{d}\sigma}{\displaystyle\int_{-t}^{t} f(x^2)\mathrm{d}x},$$

其中 $\Omega(t) = \{(x,y,z)\,|\,x^2+y^2+z^2\leqslant t^2\}$，$D(t) = \{(x,y)\,|\,x^2+y^2\leqslant t^2\}$.

(1) 讨论 $F(t)$ 在区间 $(0,+\infty)$ 内的单调性;

(2) 证明:当 $t > 0$ 时,$F(t) > \dfrac{2}{\pi}G(t)$.

77. 证明:若 S 为光滑封闭曲面,l 为任一固定方向,则 $\oiint\limits_{S}\cos(\boldsymbol{n},\boldsymbol{l})\mathrm{d}S = 0$,其中 $\boldsymbol{n}$ 为曲面 S 的外法线方向.

78. 设 Ω 为球面 $S:x^2 + y^2 + z^2 = 2z$ 所围成的有界闭区域,$\boldsymbol{n}^0 = \{\cos\alpha, \cos\beta, \cos\gamma\}$ 为 S 的外法线方向单位向量,函数 $u(x,y,z)$ 在 Ω 上具有二阶连续的偏导数,且满足关系式 $\dfrac{\partial^2 u}{\partial x^2} + \dfrac{\partial^2 u}{\partial y^2} + \dfrac{\partial^2 u}{\partial z^2} = z^2$,求

$$\oiint\limits_{S}\left(\dfrac{\partial u}{\partial x}\cos\alpha + \dfrac{\partial u}{\partial y}\cos\beta + \dfrac{\partial u}{\partial z}\cos\gamma\right)\mathrm{d}S.$$

第7章　无穷级数

高数考研大纲要求

> **了解**　任意项级数绝对收敛与条件收敛的概念以及绝对收敛与条件收敛的关系,函数项级数的收敛域及和函数的概念,幂级数在其收敛区间内的一些基本性质(和函数的连续性、逐项微分和逐项积分),函数展开为泰勒级数的充分必要条件,傅立叶级数的概念和狄利克雷收敛定理.
>
> **会**　用根值判别法,求一些幂级数在收敛区间内的和函数,由此求出某些数项级数的和,将定义在$[-L,L]$上的函数展开为傅立叶级数,将定义在$[0,L]$上的函数展开为正弦级数与余弦级数,写出傅立叶级数的和的表达式.
>
> **理解**　常数项级数收敛、发散以及收敛级数的和的概念,幂级数的收敛半径的概念、收敛区间及收敛域的概念.
>
> **掌握**　级数的基本性质及收敛的必要条件,几何级数与 p 级数的收敛与发散的条件,正项级数收敛性的比较判别法和比值判别法,交错级数的莱布尼茨判别法,幂级数的收敛半径、收敛区间及收敛域的求法,e^x、$\sin x$、$\cos x$、$\ln(1+x)$ 及 $(1+x)^a$ 的麦克劳林(Maclaurin)展开式,会用它们将一些简单函数间接展开成幂级数.

一、内容梳理

(一)基本概念

定义 7.1　设 $\{u_n\}$ 是一个给定的数列,按照数列下标的顺序把数列的项依次相加得到的形式上的和 $u_1+u_2+\cdots+u_n+\cdots$,称为数项级数或简称为级数,记为 $\displaystyle\sum_{n=1}^{\infty}u_n$. 设 $S_n=u_1+u_2+\cdots+u_n$,称为级数的第 n 个部分和,若 $\displaystyle\lim_{n\to\infty}S_n=A$(常数),称 $\displaystyle\sum_{n=1}^{\infty}u_n$ 收敛,且 $\displaystyle\sum_{n=1}^{\infty}u_n=A$;若 $\displaystyle\lim_{n\to\infty}S_n$ 不存在,称 $\displaystyle\sum_{n=1}^{\infty}u_n$ 发散.

定义 7.2　设 $\displaystyle\sum_{n=1}^{\infty}|u_n|$ 为一般级数,若收敛,称 $\displaystyle\sum_{n=1}^{\infty}u_n$ 为绝对收敛;若 $\displaystyle\sum_{n=1}^{\infty}|u_n|$ 发散,但 $\displaystyle\sum_{n=1}^{\infty}u_n$ 收敛,则称 $\displaystyle\sum_{n=1}^{\infty}u_n$ 为条件收敛.对一般级数需要判断是绝对收敛、条件收敛还是发散.

(二)重要定理与公式

1. 收敛级数的性质

性质 1(线性运算法则)　若级数 $\displaystyle\sum_{n=1}^{\infty}u_n$,$\displaystyle\sum_{n=1}^{\infty}v_n$ 均收敛,且 $\displaystyle\sum_{n=1}^{\infty}u_n=A$,$\displaystyle\sum_{n=1}^{\infty}v_n=B$,则对任何常数 α,β,

$\sum_{n=1}^{\infty}(\alpha u_n + \beta v_n)$ 均收敛且 $\sum_{n=1}^{\infty}(\alpha u_n + \beta v_n) = \alpha \sum_{n=1}^{\infty}u_n + \beta \sum_{n=1}^{\infty}v_n$.

性质 2 一个级数改变它的有限项式,或去掉前面有限项,或在级数首项前面添加有限项所得到的级数,其收敛性不变.

注 有了这个性质,下面关于级数收敛性定理中的条件,若要求从第一项具有某种性质,可减弱为从某一项以后具有该性质,结论仍然成立.

性质 3(收敛级数的结合性) 若级数 $\sum_{n=1}^{\infty}u_n$ 收敛,则在级数中任意添加括号所得到的新级数也收敛,其和不变,反之不成立.

注 1 前提是级数收敛,否则结论不成立.例如级数 $\sum_{n=1}^{\infty}(-1)^{n-1} = 1-1+1-1+\cdots+(-1)^{n-1}+\cdots$ 是发散的,加括号后得到的级数$(1-1)+(1-1)+\cdots+(1-1)+\cdots$是收敛的.这个例子也是性质 3 逆命题的反例.

注 2 正项级数(即 $u_n \geqslant 0$)与添加括号以后的级数具有相同的收敛性,若收敛,其和相等.

性质 4(收敛的必要条件) 若 $\sum_{n=1}^{\infty}u_n$ 收敛,则 $\lim_{n\to\infty}u_n = 0$,反之不成立.

例如 $\lim_{n\to\infty}\frac{1}{n} = 0$,但 $\sum_{n=1}^{\infty}\frac{1}{n}$ 发散.

推论(逆否定理) 若 $\lim_{n\to\infty}u_n$(存在)$\neq 0$ 或 $\lim_{n\to\infty}u_n$ 不存在,则 $\sum_{n=1}^{\infty}u_n$ 发散.

例如 $\sum_{n=1}^{\infty}(-1)^{n-1}$,$\sum_{n=1}^{\infty}\sqrt[n]{n}$,$\sum_{n=1}^{\infty}(-1)^{n-1}\sqrt{n}$,由于 $\lim_{n\to\infty}(-1)^{n-1}$ 不存在,$\lim_{n\to\infty}\sqrt[n]{n} = 1 \neq 0$,$\lim_{n\to\infty}(-1)^{n-1}\sqrt{n} = \infty$,所以上面三个级数均发散.

2. 两个重要的级数

(1)p-级数 $\sum_{n=1}^{\infty}\frac{1}{n^p}$($p$ 为常数):当 $p>1$ 时,该级数收敛(但其和不能用一个具体的式子表示出来);当 $p \leqslant 1$ 时,该级数发散.

(2)几何级数(等比级数)$\sum_{n=0}^{\infty}aq^n$(q 为常数):当 $|q|<1$ 时,该级数收敛,其和为 $\frac{a}{1-q}$;当 $|q| \geqslant 1$ 时,该级数发散.

3. 判断正项级数收敛性的定理

定理 7.1 正项级数 $\sum_{n=1}^{\infty}u_n$ 收敛的充要条件是:正项级数的部分和 S_n 有上界,即 $\exists M>0$,对一切自然数 n,都有 $S_n \leqslant M$.

定理 7.2(比较判别法) 设 $\sum_{n=1}^{\infty}u_n$,$\sum_{n=1}^{\infty}v_n$ 均为正项级数,且存在自然数 N_0,当 $n \geqslant N_0$ 时,$u_n \leqslant v_n$,有

(1)若 $\sum_{n=1}^{\infty}v_n$ 收敛,则 $\sum_{n=1}^{\infty}u_n$ 收敛,反之不成立;

(2)若 $\sum_{n=1}^{\infty}u_n$ 发散,则 $\sum_{n=1}^{\infty}v_n$ 发散,反之不成立.

比较判别法是判断正项级数收敛性的一个重要方法.给定一个正项级数,若用比较判别法判断其收敛性,则先通过观察,若它可能收敛,然后需要找到一个正项级数 $\sum_{n=1}^{\infty}v_n$,使 $u_n \leqslant v_n (n \geqslant N_0)$,$\sum_{n=1}^{\infty}v_n$ 收敛,则 $\sum_{n=1}^{\infty}u_n$ 收敛.如果通过观察,它可能发散,则需要找到一个正项级数 $\sum_{n=1}^{\infty}v_n$,使 $u_n \geqslant v_n (n \geqslant N_0)$,且 $\sum_{n=1}^{\infty}v_n$ 发

散,则 $\displaystyle\sum_{n=1}^{\infty} u_n$ 发散.

只有知道一些重要级数的收敛性,并加以灵活运用,才能熟练掌握比较判别法.

推论 7.2.1(比较判别法的极限形式) 设 $\displaystyle\sum_{n=1}^{\infty} u_n$,$\displaystyle\sum_{n=1}^{\infty} v_n$ 均为正项级数,并且 $\displaystyle\lim_{n\to\infty}\frac{u_n}{v_n}=l$.

(1)当 $0<l<+\infty$,即 $u_n\sim lv_n(n\to\infty)$(即 lv_n 是 u_n 的等价量)时,两个级数具有相同的收敛性;

(2)当 $l=0$ 时,若 $\displaystyle\sum_{n=1}^{\infty} v_n$ 收敛,则 $\displaystyle\sum_{n=1}^{\infty} u_n$ 收敛,反之不成立;

(3)当 $l=+\infty$ 时,若 $\displaystyle\sum_{n=1}^{\infty} v_n$ 发散,则 $\displaystyle\sum_{n=1}^{\infty} u_n$ 发散,反之不成立.

特别地,如果存在 $p>1$,$\displaystyle\lim_{n\to\infty}\frac{u_n}{\frac{1}{n^p}}=l$,且 $0\leqslant l<+\infty$,则 $\displaystyle\sum_{n=1}^{\infty} u_n$ 收敛.

如果存在 $p\leqslant 1$,使 $\displaystyle\lim_{n\to\infty}\frac{u_n}{\frac{1}{n^p}}=l$,且 $0<l\leqslant +\infty$,则 $\displaystyle\sum_{n=1}^{\infty} u_n$ 发散.

在利用比较判别法的极限形式时,看能否找到 u_n 的等价量 lv_n.若 $\displaystyle\sum_{n=1}^{\infty} v_n$ 收敛,则 $\displaystyle\sum_{n=1}^{\infty} u_n$ 收敛;若 $\displaystyle\sum_{n=1}^{\infty} v_n$ 发散,则 $\displaystyle\sum_{n=1}^{\infty} u_n$ 发散.此时可把函数极限中的一些重要等价无穷小量的公式用上.

如果 $u_n=\dfrac{a}{n^p}+o\left(\dfrac{1}{n^p}\right)(a\neq 0)$,则 $u_n\sim\dfrac{a}{n^p}(n\to\infty)$.故当 $p>1$ 时,$\displaystyle\sum_{n=1}^{\infty} u_n$ 收敛;当 $p\leqslant 1$ 时,$\displaystyle\sum_{n=1}^{\infty} u_n$ 发散.这一结论使我们有可能利用泰勒公式展开来判断级数的收敛性.

定理 7.3(比值判别法即达朗贝尔(D'Alembert)判别法)

设 $\displaystyle\sum_{n=1}^{\infty} u_n$ 是正项级数,并且 $\displaystyle\lim_{n\to\infty}\frac{u_{n+1}}{u_n}=r$(或 $+\infty$),当 $r<1$ 时,级数收敛;当 $r>1$(或 $r=+\infty$)时,级数发散;当 $r=1$ 时,该方法失效,需用其他方法判断.

比值判别法适合 u_{n+1} 与 u_n 有公因式,且 $\displaystyle\lim_{n\to\infty}\frac{u_{n+1}}{u_n}$(存在) $\neq 1$ 或等于 $+\infty$ 情形.

定理 7.4(根值判别法即柯西(Cauchy)判别法)

设 $\displaystyle\sum_{n=1}^{\infty} u_n$ 为正项级数,且 $\displaystyle\lim_{n\to\infty}\sqrt[n]{u_n}=r$(或 $+\infty$),当 $r<1$ 时,级数收敛;当 $r>1$(或 $r=+\infty$)时,级数发散;当 $r=1$ 时,该方法失效,需用其他方法判断.

根值判别法适合 u_n 中含有 n 次方的表达式,是 $\displaystyle\lim_{n\to\infty}\sqrt[n]{u_n}$(存在) $\neq 1$ 或等于 $+\infty$ 情形.

定理 7.5(积分判别法) 设 $f(x)$ 在 $[b,+\infty]$ 上连续递减($b>1$ 为常数),记 $u_n=f(n)$,则 $\displaystyle\sum_{n=1}^{\infty} u_n$ 与 $\displaystyle\int_1^{+\infty} f(x)\mathrm{d}x$ 具有相同的收敛性.

4.判断一般级数收敛性的定理

定理 7.6 若 $\displaystyle\sum_{n=1}^{\infty}|u_n|$ 收敛,则 $\displaystyle\sum_{n=1}^{\infty} u_n$ 绝对收敛.

定理 7.7(绝对值的比值判别法) 设 $\displaystyle\sum_{n=1}^{\infty} u_n$ 为一般级数,且 $\displaystyle\lim_{n\to\infty}\left|\frac{u_{n+1}}{u_n}\right|=r\neq 1$(或 $r=+\infty$).当 $r<1$ 时,级数绝对收敛;$r>1$(或 $r=+\infty$)时,级数发散.

定理 7.8(绝对值的根值判别法) 设 $\displaystyle\sum_{n=1}^{\infty} u_n$ 为一般级数,且 $\displaystyle\lim_{n\to\infty}\sqrt[n]{|u_n|}=r\neq 1$(或 $r=+\infty$).当 $r<1$

时,级数绝对收敛;当 $r>1$（或 $r=+\infty$）时级数发散.

定理 7.9（莱布尼茨判别法） 设 $u_n>0$, $\sum\limits_{n=1}^{\infty}(-1)^{n-1}u_n$ 为交错级数且满足:(1)$\{u_n\}$ 递减;(2)$\lim\limits_{n\to\infty}u_n=0$,则 $\sum\limits_{n=1}^{\infty}(-1)^{n-1}u_n$ 收敛,且其和 $S\leqslant u_1$,误差 $R_n=|S-S_n|\leqslant u_{n+1}$.

5.绝对收敛级数的性质

性质 1 若 $\sum\limits_{n=1}^{\infty}u_n$ 绝对收敛,则重排以后的级数也收敛,其和不变,反之不成立.

性质 2 若 $\sum\limits_{n=1}^{\infty}u_n$, $\sum\limits_{n=1}^{\infty}v_n$ 绝对收敛,且 $\sum\limits_{n=1}^{\infty}u_n=A$, $\sum\limits_{n=1}^{\infty}v_n=B$,则 u_iv_j 按任意顺序排列得到的级数 $\sum\limits_{n=1}^{\infty}w_n$ 绝对收敛,且其和为 AB.

6.幂级数

（1）幂级数的概念

设 $\sum\limits_{n=1}^{\infty}u_n(x)$ 为函数项级数,其中 $u_n(x)$ 在 E 上有定义（$n=1,2,\cdots$）.若 $x_0\in E$, $\sum\limits_{n=1}^{\infty}u_n(x_0)$ 收敛,则 x_0 称为函数项级数的收敛点,否则称为发散点. $\sum\limits_{n=1}^{\infty}u_n(x)$ 全体收敛点组成的集合 D 称为 $\sum\limits_{n=1}^{\infty}u_n(x)$ 的收敛域.

由函数定义知 $\sum\limits_{n=1}^{\infty}u_n(x)$ 是 D 上 x 的函数,记作 $S(x)$,称为 $\sum\limits_{n=1}^{\infty}u_n(x)$ 的和函数,且 $\sum\limits_{n=1}^{\infty}u_n(x)=S(x)$, $x\in D$.

$\sum\limits_{n=0}^{\infty}a_n(x-x_0)^n$（其中 a_n 为常数,$n=1,2,\cdots$）称为 $(x-x_0)$ 的幂级数或称为泰勒级数,特别地 $x_0=0$, $\sum\limits_{n=0}^{\infty}a_nx^n$ 称为 x 的幂级数或麦克劳林级数.

定理 7.10（柯西—阿达玛公式） 设幂级数 $\sum\limits_{n=0}^{\infty}a_n(x-x_0)^n$, $\lim\limits_{n\to\infty}\left|\dfrac{a_n}{a_{n+1}}\right|=R$ 或 $\lim\limits_{n\to\infty}\dfrac{1}{\sqrt[n]{|a_n|}}=R$.

①当 $0<R<+\infty$ 时,幂级数在 (x_0-R,x_0+R) 内绝对收敛;当 $|x-x_0|>R$ 时,级数发散;$x-x_0=\pm R$ 时,需用其他方法判断其收敛性.

②当 $R=0$ 时, $\sum\limits_{n=0}^{\infty}a_n(x-x_0)^n$ 仅在 x_0 处收敛,$x\neq x_0$ 时发散.

③当 $R=+\infty$ 时, $\sum\limits_{n=0}^{\infty}a_n(x-x_0)^n$ 在 $(-\infty,+\infty)$ 上绝对收敛.

因此,我们称 R 为**收敛半径**,(x_0-R,x_0+R) 为**收敛区间**. 当 $R>0$ 时,设幂级数的收敛域为 D,根据定理 7.10 的结论知 $(x_0-R,x_0+R)\subset D\subset[x_0-R,x_0+R]$,所以**收敛域**是收敛区间 (x_0-R,x_0+R) 与收敛端点组成的集合.

上面定理中的两个公式,根据具体的 a_n 进行选用.

注 上面定理求 R 的公式仅适合 $\sum\limits_{n=0}^{\infty}a_n(x-x_0)^n$ 的形式,对于本质上不是这种形式的级数,不能用上面的公式,只能用其他方法求,在后面的例题中会说明.

（2）幂级数的性质

性质 1 设幂级数 $\sum\limits_{n=0}^{\infty}a_n(x-x_0)^n$ 的收敛半径为 $R(R>0)$,则

（1）幂级数的和函数 $S(x)$ 在收敛域上连续,当然在 (x_0-R,x_0+R) 内也连续;

（2）幂级数在 (x_0-R,x_0+R) 内逐项可导或逐项可积,且求导后与求积分后得到的幂级数与原幂级数有相同的收敛半径与收敛区间.

性质 2（唯一性定理）　设 $S(x)$ 为幂级数 $\sum\limits_{n=0}^{\infty} a_n(x-x_0)^n$ 在 x_0 某邻域内的和函数，则

$$a_n = \frac{S^{(n)}(x_0)}{n!}, n=0,1,2,\cdots.$$

性质 3　若 $\sum\limits_{n=0}^{\infty} a_n(x-x_0)^n$ 与 $\sum\limits_{n=0}^{\infty} b_n(x-x_0)^n$ 在某邻域内相等，则 $a_n = b_n, n=0,1,2,\cdots.$

性质 4（运算法则）　若 $\sum\limits_{n=0}^{\infty} a_n(x-x_0)^n$ 与 $\sum\limits_{n=0}^{\infty} b_n(x-x_0)^n$ 的收敛半径分别是 R_a 和 R_b，则

$$\sum_{n=0}^{\infty}(\alpha a_n + \beta b_n)(x-x_0)^n = \alpha \sum_{n=0}^{\infty} a_n(x-x_0)^n + \beta \sum_{n=0}^{\infty} b_n(x-x_0)^n, \mid x-x_0 \mid < R,$$

$$\left[\sum_{n=0}^{\infty} a_n(x-x_0)^n\right] \cdot \left[\sum_{n=0}^{\infty} b_n(x-x_0)^n\right] = \sum_{n=0}^{\infty} c_n(x-x_0)^n, \mid x-x_0 \mid < R,$$

其中 α, β 均为常数，$R = \min\{R_a, R_b\}, c_n = \sum\limits_{k=0}^{n} a_k b_{n-k}.$

设 $\dfrac{\sum\limits_{n=0}^{\infty} b_n(x-x_0)^n}{\sum\limits_{n=0}^{\infty} a_n(x-x_0)^n} = \sum\limits_{n=0}^{\infty} c_n(x-x_0)^n, c_n$ 为待求系数，由于

$$\sum_{n=0}^{\infty} b_n(x-x_0)^n = \left[\sum_{n=0}^{\infty} a_n(x-x_0)^n\right] \cdot \left[\sum_{n=0}^{\infty} c_n(x-x_0)^n\right],$$

得 $b_n = \sum\limits_{k=0}^{n} a_k c_{n-k} (n=0,1,2,\cdots)$. 由 $b_0 = a_0 c_0$，解得 $a_0 \neq 0, c_0 = \dfrac{b_0}{a_0}$，由 $b_1 = a_0 c_1 + a_1 c_0$，解得 $c_1 = \dfrac{b_1 - a_1 \dfrac{b_0}{a_0}}{a_0}$，如此下去可求出 $c_n (n=0,1,2,\cdots)$. 但必须注意，若 $\sum\limits_{n=0}^{\infty} c_n(x-x_0)^n$ 的收敛半径为 R，则 $R < \min\{R_a, R_b\}$.

7. 函数展成幂级数

定理 7.11　设 $f(x)$ 在 x_0 处存在任意阶导数，幂级数 $\sum\limits_{n=0}^{\infty} \dfrac{f^{(n)}(x_0)}{n!}(x-x_0)^n$ 的收敛区间为 $\mid x-x_0 \mid < R(R>0)$，则在 $\mid x-x_0 \mid < R$ 内，$f(x) = \sum\limits_{n=0}^{\infty} \dfrac{f^{(n)}(x_0)}{n!}(x-x_0)^n \Leftrightarrow x \in (x_0-R, x_0+R)$ 时，$\lim\limits_{n\to\infty} R_n(x) = \lim\limits_{n\to\infty} \dfrac{f^{(n+1)}(\xi)}{(n+1)!}(x-x_0)^{n+1} = 0.$

由上面定理知，用定义把 $f(x)$ 展成泰勒级数的步骤如下：

(1) 计算 $f^{(n)}(x_0), n=0,1,2,\cdots$；

(2) 写出对应的泰勒级数 $\sum\limits_{n=0}^{\infty} \dfrac{f^{(n)}(x_0)}{n!}(x-x_0)^n$，并求出该级数的收敛区间 $\mid x-x_0 \mid < R$；

(3) 验证 $\mid x-x_0 \mid < R$ 时，$\lim\limits_{n\to\infty} R_n(x) = 0$；

(4) $f(x) = \sum\limits_{n=0}^{\infty} \dfrac{f^{(n)}(x_0)}{n!}(x-x_0)^n, \mid x-x_0 \mid < R.$

有时用定义展开比较麻烦，或者 $f^{(n)}(x_0)$ 不容易求，或者证明 $\lim\limits_{n\to\infty} R_n(x) = 0$ 比较困难，但由性质 2（唯一性定理）知，如果可以将一个函数在 x_0 点处展开，则不管用什么方法，所得到的幂级数展开式完全一样.

七个常用的麦克劳林展开式：

(1) $\mathrm{e}^x = 1 + x + \dfrac{x^2}{2!} + \cdots + \dfrac{x^n}{n!} + \cdots, x \in (-\infty, +\infty)$；

(2) $\sin x = x - \dfrac{x^3}{3!} + \dfrac{x^5}{5!} - \cdots + (-1)^n \dfrac{x^{2n+1}}{(2n+1)!} + \cdots, x \in (-\infty, +\infty)$；

(3) $\cos x = 1 - \dfrac{x^2}{2!} + \dfrac{x^4}{4!} - \dfrac{x^6}{6!} + \cdots + (-1)^n \dfrac{x^{2n}}{(2n)!} + \cdots, x \in (-\infty, +\infty);$

(4) $\ln(1+x) = x - \dfrac{x^2}{2} + \dfrac{x^3}{3} - \dfrac{x^4}{4} + \cdots + (-1)^n \dfrac{x^{n+1}}{n+1} + \cdots, x \in (-1,1];$

(5) $(1+x)^a = 1 + ax + \dfrac{a(a-1)}{2!}x^2 + \cdots + \dfrac{a(a-1)\cdots(a-n+1)}{n!}x^n + \cdots, x \in (-1,1);$

(6) $\dfrac{1}{1+x} = 1 - x + x^2 - x^3 + \cdots + (-1)^n x^n + \cdots, x \in (-1,1);$

(7) $\dfrac{1}{1-x} = 1 + x + x^2 + x^3 + \cdots + x^n + \cdots, x \in (-1,1).$

8. 欧拉公式

由 $e^x = \sum\limits_{n=0}^{\infty} \dfrac{x^n}{n!}$，把它推广到纯虚数情形，定义 e^{ix} 的意义如下（其中 x 为实数）：

$$e^{ix} = \sum_{n=0}^{\infty} \dfrac{(ix)^n}{n!} = 1 + ix + \dfrac{(ix)^2}{2!} + \dfrac{(ix)^3}{3!} + \dfrac{(ix)^4}{4!} + \cdots = \left(1 - \dfrac{x^2}{2!} + \dfrac{x^4}{4!} + \cdots\right) + i\left(x - \dfrac{x^3}{3!} + \dfrac{x^5}{5!} + \cdots\right)$$
$$= \cos x + i\sin x,$$

x 用 $-x$ 代换，有 $e^{-ix} = \cos x - i\sin x$. 从而 $\sin x = \dfrac{1}{2i}(e^{ix} - e^{-ix}), \cos x = \dfrac{1}{2}(e^{ix} + e^{-ix})$. 以上这四个公式统称为欧拉公式.

9. 函数的傅立叶展开（仅数学一要求）

标准区间 $[-l, l]$ 上的三角函数系 $1, \cos\dfrac{\pi x}{l}, \sin\dfrac{\pi x}{l}, \cos\dfrac{2\pi x}{l}, \sin\dfrac{2\pi x}{l}, \cdots, \cos\dfrac{n\pi x}{l}, \sin\dfrac{n\pi x}{l}, \cdots$ 具有正交性. 即成立：不同两个函数乘积在 $[-l, l]$ 上的积分为零，而自身平方在 $[-l, l]$ 上的积分不为零.

定理 7.12（狄利克雷（Dirichlet）定理） 如果 $f(x)$ 是以 $T = 2l$ 为周期的周期函数，而且 $f(x)$ 在 $[-l, l]$ 上逐段光滑，那么 $f(x)$ 的傅立叶级数在任意点 x 处都收敛，并且收敛于 $f(x)$ 在该点左、右极限的平均值，即 $\dfrac{a_0}{2} + \sum\limits_{n=1}^{\infty}\left(a_n\cos\dfrac{n\pi x}{l} + b_n\sin\dfrac{n\pi x}{l}\right) = S(x) = \dfrac{f(x-0)+f(x+0)}{2}, x \in (-\infty, +\infty).$

其中 $a_n = \dfrac{1}{l}\int_{-l}^{l} f(x)\cos\dfrac{n\pi x}{l}dx, n = 0, 1, 2, \cdots; b_n = \dfrac{1}{l}\int_{-l}^{l} f(x)\sin\dfrac{n\pi x}{l}dx, n = 1, 2, 3, \cdots.$

(1) 将周期 $T = 2l$ 且已知一个周期区间 $[-l, l]$ 上表达式 $f(x)$ 展开成傅立叶级数的步骤：

① 确定 $f(x)$ 的周期 $T = 2l$.

② 计算 $a_0 = \dfrac{1}{l}\int_{-l}^{l} f(x)dx, a_n = \dfrac{1}{l}\int_{-l}^{l} f(x)\cos\dfrac{n\pi x}{l}dx, n = 1, 2, 3, \cdots, b_n = \dfrac{1}{l}\int_{-l}^{l} f(x)\sin\dfrac{n\pi x}{l}dx, n = 1,$

$2, 3, \cdots. a_0, a_n, b_n$ 称为 $f(x)$ 的傅立叶系数. 若 $f(x)$ 为偶函数，由 $f(x)\sin\dfrac{n\pi x}{l}$ 为奇函数，则 $b_n = 0, n = 1,$

$2, \cdots$；若 $f(x)$ 为奇函数，知 $f(x)\cos\dfrac{n\pi x}{l}$ 为奇函数，则 $a_0 = 0, a_n = 0, n = 1, 2, \cdots.$

③ $f(x)$ 的傅立叶级数

$$\dfrac{a_0}{2} + \sum_{n=1}^{\infty}\left(a_n\cos\dfrac{n\pi x}{l} + b_n\sin\dfrac{n\pi x}{l}\right) = S(x) = \begin{cases} f(x), & x \in (-\infty, +\infty), f(x) \text{ 在 } x \text{ 处连续.} \\ \dfrac{f(x-0)+f(x+0)}{2}, & x \in (-\infty, +\infty), f(x) \text{ 在 } x \text{ 处不连续.} \end{cases}$$

特别在 $x = \pm l + 2kl$ 处 $(k \in \mathbf{Z})$，傅立叶级数和为 $S(2kl \pm l) = \dfrac{f(-l+0)+f(l-0)}{2}.$

注 $S(x)$ 是周期函数，周期 $T = 2l$.

(2) 将定义 $[-l, l]$ 上的函数 $f(x)$ 展成傅立叶级数的步骤：

① 计算 $a_0 = \dfrac{1}{l}\int_{-l}^{l} f(x)dx, a_n = \dfrac{1}{l}\int_{-l}^{l} f(x)\cos\dfrac{n\pi x}{l}dx, b_n = \dfrac{1}{l}\int_{-l}^{l} f(x)\sin\dfrac{n\pi x}{l}dx, n = 1, 2, 3, \cdots.$

同样,若 $f(x)$ 为奇函数,知 $a_0 = 0, a_n = 0, n = 1,2,3,\cdots$;若 $f(x)$ 为偶函数,知 $b_n = 0, n = 1,2,3,\cdots$

②傅立叶级数

$$\frac{a_0}{2} + \sum_{n=1}^{\infty}\left(a_n\cos\frac{n\pi x}{l} + b_n\sin\frac{n\pi x}{l}\right) = S(x) = \begin{cases} f(x), & x \in (-l,l), \text{且 } f(x) \text{ 连续}, \\ \dfrac{f(x-0) + f(x+0)}{2}, & x \in (-l,l) \text{ 且 } f(x) \text{ 不连续} \end{cases}$$

在 $x = \pm l$ 处,傅立叶级数的和为 $S(\pm l) = \dfrac{f(-l+0) + f(l-0)}{2}$.

注 (1)傅立叶级数在某点收敛与 $f(x)$ 在该点是否有定义没关系.(2)$S(x)$ 是周期函数,周期 $T = 2l$.
当 $x \in (2kl-l, 2kl+l)$ 时,$x - 2kl \in (-l,l)$,则

$$S(x) = S(x-2kl) = \frac{f(x-2kl-0) + f(x-2kl+0)}{2}, S(2kl \pm l) = \frac{f(-l+0) + f(l-0)}{2}.$$

(3)将定义在 $[0,l]$ 上的函数展成正弦级数的步骤:

①计算 $b_n = \dfrac{2}{l}\displaystyle\int_0^l f(x)\sin\dfrac{n\pi x}{l}\mathrm{d}x, n = 1,2,3,\cdots$,而 $a_n = 0, n = 0,1,2,3,\cdots$;

②正弦级数 $\displaystyle\sum_{n=1}^{\infty} b_n\sin\dfrac{n\pi x}{l} = S(x) = \begin{cases} f(x), & x \in (0,l) \text{ 且 } f(x) \text{ 连续}, \\ \dfrac{f(x-0) + f(x+0)}{2}, & x \in (0,l) \text{ 且 } f(x) \text{ 不连续}. \end{cases}$

$$S(0) = S(l) = 0.$$

注 $S(x)$ 是奇函数、周期函数,周期 $T = 2l$.

当 $x \in (-l,0)$ 时,$-x \in (0,l)$,则 $S(x) = -S(-x) = -\dfrac{f(-x+0) + f(x-0)}{2}$;

当 $x \in (2kl-l, 2kl+l)$ 时,$x - 2kl \in (-l,l)$,则 $S(x) = S(x-2kl)$.

(4)将定义在 $[0,l]$ 上的函数展成余弦级数的步骤:

①计算 $a_0 = \dfrac{2}{l}\displaystyle\int_0^l f(x)\mathrm{d}x, a_n = \dfrac{2}{l}\displaystyle\int_0^l f(x)\cos\dfrac{n\pi x}{l}\mathrm{d}x, n = 1,2,3,\cdots$,而 $b_n = 0, n = 1,2,3,\cdots$;

②余弦级数 $\dfrac{a_0}{2} + \displaystyle\sum_{n=1}^{\infty} a_n\cos\dfrac{n\pi x}{l} = S(x) = \begin{cases} f(x), & x \in (0,l) \text{ 且 } f(x) \text{ 连续}, \\ \dfrac{f(x-0) + f(x+0)}{2}, & x \in (0,l) \text{ 且 } f(x) \text{ 不连续}. \end{cases}$

$$S(0) = \lim_{x \to 0^+} f(x); \quad S(l) = \lim_{x \to l^-} f(x).$$

注 $S(x)$ 是偶函数、周期函数,周期 $T = 2l$.

当 $x \in (-l,0)$ 时,$-x \in (0,l)$,则 $S(x) = S(-x) = \dfrac{f(-x+0) + f(x-0)}{2}$;

当 $x \in (2kl-l, 2kl+l)$ 时,$x - 2kl \in (-l,l)$,则 $S(x) = S(x-2kl)$.

二、考题类型、解题策略及典型例题

类型 1.1　判断正项级数的收敛性

解题策略　①定义;②正项级数收敛的充要条件为前 n 项和有上界;③比较判别法;④比较判别法的极限形式;⑤比值判别法;⑥根值判别法;⑦ $\lim\limits_{n\to\infty} u_n$(存在)$\neq 0$ 或 $\lim\limits_{n\to\infty} u_n$ 不存在,则 $\displaystyle\sum_{n=1}^{\infty} u_n$ 发散;⑧线性运算法则.

例 7.1 设 $a_n > 0 (n = 1,2,3,\cdots)$,证明:级数 $\displaystyle\sum_{n=1}^{\infty} \dfrac{a_n}{(1+a_1)(1+a_2)\cdots(1+a_n)}$ 收敛.

分析 用正项级数收敛的充要条件是:正项级数前 n 项和有上界或者用定义.

证法一 由该级数为正项级数,设该级数的前 n 项和为 S_n,则

$$S_n = \frac{a_1}{1+a_1} + \frac{a_2}{(1+a_1)(1+a_2)} + \cdots + \frac{a_n}{(1+a_1)(1+a_2)\cdots(1+a_n)}$$

$$= 1 - \frac{1}{1+a_1} + \frac{1}{1+a_1} - \frac{1}{(1+a_1)(1+a_2)} + \cdots + \frac{1}{(1+a_1)\cdots(1+a_{n-1})} - \frac{1}{(1+a_1)\cdots(1+a_n)}$$

$$= 1 - \frac{1}{(1+a_1)\cdots(1+a_n)} < 1,$$

且 $\sum\limits_{n=1}^{\infty} \dfrac{a_n}{(1+a_1)(1+a_2)\cdots(1+a_n)}$ 为正项级数. 由定理 7.1 知,该级数收敛.

证法二 由 $S_n = 1 - \dfrac{1}{(1+a_1)(1+a_2)\cdots(1+a_n)}$,设 $b_n = \dfrac{1}{(1+a_1)(1+a_2)\cdots(1+a_n)}$,知 $\{b_n\}$ 递减且 $b_n > 0$,由单调有界定理知 $\{b_n\}$ 收敛,设 $\lim\limits_{n\to\infty} b_n = b$. 于是 $\lim\limits_{n\to\infty} S_n = \lim\limits_{n\to\infty}(1-b_n) = 1-b$,由定义知原级数收敛.

例 7.2 判断下列正项级数的收敛性:

(1) $\sum\limits_{n=1}^{\infty} \left(1 - \cos \dfrac{a}{n}\right)$($a$ 为常数); (2) $\sum\limits_{n=3}^{\infty} \dfrac{1}{[\ln(\ln n)]^{\ln n}}$.

分析 利用 $|\sin x| \leqslant |x|$,p 级数与比较判别法.

解 (1)由不等式 $0 \leqslant 1 - \cos \dfrac{a}{n} = 2\sin^2\left(\dfrac{a}{2n}\right) \leqslant 2 \cdot \dfrac{a^2}{4n^2} = \dfrac{a^2}{2} \dfrac{1}{n^2}$,而 $\sum\limits_{n=1}^{\infty} \dfrac{1}{n^2}$ 收敛,且 $\dfrac{a^2}{2} \geqslant 0$,由比较判别法知 $\sum\limits_{n=1}^{\infty} \left(1 - \cos \dfrac{a}{n}\right)$ 收敛.

(2) $[\ln(\ln n)]^{\ln n} = e^{\ln n \cdot \ln\ln\ln n} = (e^{\ln n})^{\ln\ln\ln n} = n^{\ln\ln\ln n}$,由于 $\lim\limits_{n\to\infty} \ln\ln\ln n = +\infty$,所以 $\exists N_0 \in \mathbf{N}$,当 $n > N_0$ 时,有 $\ln\ln\ln n > 2$ 或 $n^{\ln\ln\ln n} > n^2$,即 $0 < \dfrac{1}{[\ln(\ln n)]^{\ln n}} < \dfrac{1}{n^2}$($n > N_0$).

又 $\sum\limits_{n=1}^{\infty} \dfrac{1}{n^2}$ 收敛,由比较判别法知 $\sum\limits_{n=3}^{\infty} \dfrac{1}{[\ln(\ln n)]^{\ln n}}$ 收敛.

例 7.3 设 $\lambda > 0$ 且级数 $\sum\limits_{n=1}^{\infty} a_n^2$ 收敛,讨论级数 $\sum\limits_{n=1}^{\infty} \dfrac{|a_n|}{\sqrt{n^2+\lambda}}$ 的收敛性.

分析 利用算术平均数大于等于几何平均数与 p 级数,再用比较判别法.

解 由不等式 $0 < \dfrac{|a_n|}{\sqrt{n^2+\lambda}} < \dfrac{1}{2}\left(a_n^2 + \dfrac{1}{n^2+\lambda}\right)$,由 $\dfrac{1}{n^2+\lambda} < \dfrac{1}{n^2}$ 且 $\sum\limits_{n=1}^{\infty} \dfrac{1}{n^2}$ 收敛,知 $\sum\limits_{n=1}^{\infty} \dfrac{1}{n^2+\lambda}$ 收敛,且由条件知 $\sum\limits_{n=1}^{\infty} a_n^2$ 收敛,从而 $\sum\limits_{n=1}^{\infty} \dfrac{1}{2}\left(a_n^2 + \dfrac{1}{n^2+\lambda}\right)$ 收敛. 由比较判别法知级数 $\sum\limits_{n=1}^{\infty} \dfrac{|a_n|}{\sqrt{n^2+\lambda}}$ 收敛.

例 7.4 设 $a_n < c_n < b_n$,且 $\sum\limits_{n=1}^{\infty} a_n, \sum\limits_{n=1}^{\infty} b_n$ 均收敛,证明:级数 $\sum\limits_{n=1}^{\infty} c_n$ 收敛.

证明 $0 < c_n - a_n < b_n - a_n$,由 $\sum\limits_{n=1}^{\infty} a_n, \sum\limits_{n=1}^{\infty} b_n$ 均收敛,知 $\sum\limits_{n=1}^{\infty}(b_n - a_n)$ 收敛.

由比较判别法知 $\sum\limits_{n=1}^{\infty}(c_n - a_n)$ 收敛,因此 $\sum\limits_{n=1}^{\infty} c_n = \sum\limits_{n=1}^{\infty}[(c_n - a_n) + a_n]$ 收敛.

例 7.5 设 $a_1 = 2, a_{n+1} = \dfrac{1}{2}\left(a_n + \dfrac{1}{a_n}\right)$($n = 1, 2, \cdots$). 证明:

(1) $\lim\limits_{n\to\infty} a_n$ 存在; (2)级数 $\sum\limits_{n=1}^{\infty}\left(\dfrac{a_n}{a_{n+1}} - 1\right)$ 收敛.

分析 利用算术平均数大于等于几何平均数与单调有界定理证明 $\lim\limits_{n\to\infty} a_n$ 存在,再用比较判别法.

证明 (1)因 $a_{n+1} = \dfrac{1}{2}\left(a_n + \dfrac{1}{a_n}\right) \geqslant \sqrt{a_n \cdot \dfrac{1}{a_n}} = 1$,$a_{n+1} - a_n = \dfrac{1}{2}\left(a_n + \dfrac{1}{a_n}\right) - a_n = \dfrac{1-a_n^2}{2a_n} \leqslant 0$. 故 $\{a_n\}$ 是单调递减有下界的数列,所以 $\lim\limits_{n\to\infty} a_n$ 存在.

(2)由(1)知 $0 \leqslant \dfrac{a_n}{a_{n+1}} - 1 = \dfrac{a_n - a_{n+1}}{a_{n+1}} \leqslant a_n - a_{n+1}$.

记 $S_n = \sum_{k=1}^{n}(a_k - a_{k+1}) = a_1 - a_{n+1}$，因 $\lim_{n \to \infty} a_{n+1}$ 存在，故 $\lim_{n \to \infty} S_n$ 存在，所以级数 $\sum_{n=1}^{\infty}(a_n - a_{n+1})$ 收敛，由

比较判别法知级数 $\sum_{n=1}^{\infty}\left(\dfrac{a_n}{a_{n+1}} - 1\right)$ 收敛.

例 7.6　设 $a_n = \int_0^{\frac{\pi}{4}} \tan^n x \, dx$. (1)计算 $\sum_{n=1}^{\infty} \dfrac{1}{n}(a_n + a_{n+2})$ 之和；(2)试证：当 $\lambda > 0$ 时，$\sum_{n=1}^{\infty} \dfrac{a_n}{n^\lambda}$ 收敛.

分析　巧妙用条件(1)建立不等式，再用比较判别法.

解　(1) $\dfrac{1}{n}(a_n + a_{n+2}) = \dfrac{1}{n}\left[\int_0^{\frac{\pi}{4}} \tan^n x \, dx + \int_0^{\frac{\pi}{4}} \tan^{n+2} x \, dx\right]$

$$= \frac{1}{n}\int_0^{\frac{\pi}{4}} \tan^n x(1 + \tan^2 x)\, dx = \frac{1}{n}\int_0^{\frac{\pi}{4}} \tan^n x \, d\tan x = \frac{1}{n \cdot (n+1)},$$

则 $\sum_{n=1}^{\infty} \dfrac{1}{n}(a_n + a_{n+2})$ 的前 n 项和

$$S_n = \frac{1}{1 \cdot 2} + \frac{1}{2 \cdot 3} + \cdots + \frac{1}{n \cdot (n+1)}$$

$$= 1 - \frac{1}{2} + \frac{1}{2} - \frac{1}{3} \cdots + \frac{1}{n} - \frac{1}{n+1} = 1 - \frac{1}{n+1} \to 1 \, (n \to \infty),$$

因此 $\sum_{n=1}^{\infty} \dfrac{1}{n}(a_n + a_{n+2}) = 1$.

(2) 由 $a_n = \int_0^{\frac{\pi}{4}} \tan^n x \, dx < (a_n + a_{n+2}) = \int_0^{\frac{\pi}{4}} \tan^n x \sec^2 x \, dx = \int_0^{\frac{\pi}{4}} \tan^n x \, d\tan x = \dfrac{1}{n+1}$，从而 $\dfrac{a_n}{n^\lambda} <$

$\dfrac{1}{n^\lambda(n+1)} < \dfrac{1}{n^{\lambda+1}}$，由 $\lambda > 0$ 有 $p = 1 + \lambda > 1$，则 $\sum_{n=1}^{\infty} \dfrac{1}{n^{\lambda+1}}$ 收敛，因此 $\sum_{n=1}^{\infty} \dfrac{a_n}{n^\lambda}$ 收敛.

例 7.7　设 $0 < u_n < 1$，且 $\lim_{n \to \infty} \dfrac{\ln u_n}{\ln n} = q$，证明：级数 $\sum_{n=1}^{\infty} u_n$ 在 $q < -1$ 时收敛，在 $q > -1$ 时发散.

分析　利用数列极限的不等式性质与 p-级数，再用比较判别法.

证明　当 $q < -1$ 时，取常数 q_0，使 $q < q_0 < -1$，由数列极限的不等式性质，存在 N_0，当时有 $\dfrac{\ln u_n}{\ln n} <$

q_0，有 $\ln u_n < q_0 \ln n = \ln n^{q_0}$，即 $u_n < \dfrac{1}{n^{-q_0}}$，由 $p = -q_0 > 1$，则 $\sum_{n=1}^{\infty} \dfrac{1}{n^{-q_0}}$ 收敛，从而 $\sum_{n=1}^{\infty} u_n$ 收敛.

当 $q > -1$ 时，取常数 q_0，使 $q > q_0 > -1$，则存在 N_0，当 $n \geqslant N_0$ 时，都有 $\dfrac{\ln u_n}{\ln n} > q_0$，$\ln u_n > q_0 \ln u$，即

$u_n > \dfrac{1}{n^{-q_0}}$，由 $p = -q_0 < 1$，则 $\sum_{n=1}^{\infty} \dfrac{1}{n^{-q_0}}$ 发散，因此原级数发散.

例 7.8　设 $\{a_n\}$，$\{b_n\}$ 为两个正项数列，试证：

(1)对任何的自然数 n，若 $a_n b_n - a_{n+1} b_{n+1} \leqslant 0$ 且 $\sum_{n=1}^{\infty} \dfrac{1}{b_n}$ 发散，则 $\sum_{n=1}^{\infty} a_n$ 发散；

(2)对任意的自然数 n，若 $b_n \dfrac{a_n}{a_{n+1}} - b_{n+1} \geqslant \delta \, (\delta > 0 \text{ 常数})$，则 $\sum_{n=1}^{\infty} a_n$ 收敛.

分析　用比较判别法与正项级数收敛的充要条件——前 n 项和有上界.

证明　(1)由条件 $a_n b_n - a_{n+1} b_{n+1} \leqslant 0$，可知 $\{a_n b_n\}$ 单调增加，于是有 $a_n b_n \geqslant a_{n-1} b_{n-1} \geqslant \cdots \geqslant a_1 b_1 > 0$，

由 $b_n > 0$，得 $a_n > a_1 b_1 \dfrac{1}{b_n} > 0$.

根据比较判别法，由 $\sum_{n=1}^{\infty} \dfrac{1}{b_n}$ 发散，则 $\sum_{n=1}^{\infty} a_n$ 发散.

(2)由条件 $b_n \dfrac{a_n}{a_{n+1}} - b_{n+1} \geqslant \delta \, (\delta > 0)$ 及条件 $a_n > 0$，有 $a_n b_n - a_{n+1} b_{n+1} \geqslant \delta a_{n+1}, \ n = 1, 2, 3, \cdots$.

于是有 $\sum\limits_{k=2}^{n}\delta a_k \leqslant \sum\limits_{k=2}^{n}(a_{k-1}b_{k-1}-a_kb_k)=a_1b_1-a_nb_n<a_1b_1$ 或 $\sum\limits_{k=2}^{n}a_k<\dfrac{a_1b_1}{\delta}$.

由正项级数部分和单调增有上界,故必收敛,从而级数 $\sum\limits_{n=1}^{\infty}a_n$ 收敛.

例 7.9 设 $0<p_1<p_2<\cdots<p_n<\cdots$,试证:$\sum\limits_{n=1}^{\infty}\dfrac{1}{p_n}$ 收敛的充要条件是 $\sum\limits_{n=1}^{\infty}\dfrac{n}{p_1+p_2+\cdots+p_n}$ 收敛.

分析 用比较判别法,必要性比较灵活.

证明 **充分性** 若 $\sum\limits_{n=1}^{\infty}\dfrac{n}{p_1+p_2+\cdots+p_n}$ 收敛,由于 $\dfrac{n}{p_1+p_2+\cdots+p_n}>\dfrac{n}{np_n}=\dfrac{1}{p_n}$,故 $\sum\limits_{n=1}^{\infty}\dfrac{1}{p_n}$ 收敛.

必要性 若 $\sum\limits_{n=1}^{\infty}\dfrac{1}{p_n}$ 收敛,由于 $\dfrac{2n}{p_1+p_2+\cdots+p_{2n}}<\dfrac{2n}{p_{n+1}+\cdots+p_{2n}}<\dfrac{2n}{np_n}=\dfrac{2}{p_n}$,

$\dfrac{2n+1}{p_1+p_2+\cdots+p_{2n+1}}<\dfrac{2(n+1)}{p_{n+1}+\cdots+p_{2n+1}}<\dfrac{2(n+1)}{(n+1)p_n}=\dfrac{2}{p_n}$,

从而 $\sum\limits_{n=1}^{\infty}\dfrac{2n}{p_1+p_2+\cdots p_{2n}}$,$\sum\limits_{n=1}^{\infty}\dfrac{2(n+1)}{p_1+p_2+\cdots p_{2n+1}}$ 均收敛. 因此,$\sum\limits_{n=1}^{\infty}\dfrac{n}{p_1+p_2+\cdots+p_n}=\sum\limits_{k=1}^{\infty}\dfrac{2k}{p_1+p_2+\cdots+p_{2k}}+\sum\limits_{k=0}^{\infty}\dfrac{2k+1}{p_1+p_2+\cdots+p_{2k+1}}$ 收敛.

例 7.10 判断下列正项级数的敛散性:

(1) $\sum\limits_{n=1}^{\infty}n^\lambda\sin\dfrac{\pi}{2\sqrt{n}}$;

(2) $\sum\limits_{n=1}^{\infty}\left[e-\left(1+\dfrac{1}{n}\right)^n\right]^p$;

(3) $\sum\limits_{n=1}^{\infty}\left(\sqrt{n+\dfrac{1}{2}}-\sqrt[4]{n^2+n}\right)$;

(4) $\sum\limits_{n=1}^{\infty}\int_0^{\frac{1}{n}}\dfrac{\sqrt{x}}{1+x^n}dx$.

分析 利用等价量替换,用比较判别法的极限形式.

解 (1) 由 $0<n^\lambda\sin\dfrac{\pi}{2\sqrt{n}}\sim\dfrac{\pi}{2n^{\frac{1}{2}-\lambda}}(n\to\infty)$,当 $\dfrac{1}{2}-\lambda>1$ 即 $\lambda<-\dfrac{1}{2}$ 时,原级数收敛;当 $\lambda\geqslant-\dfrac{1}{2}$ 时,原级数发散.

(2) 由 $\lim\limits_{n\to\infty}\dfrac{e-\left(1+\dfrac{1}{n}\right)^n}{\dfrac{1}{n}}=\lim\limits_{x\to+\infty}\dfrac{e-\left(1+\dfrac{1}{x}\right)^x}{\dfrac{1}{x}}\left(\diamondsuit\dfrac{1}{x}=t\right)$

$=\lim\limits_{t\to 0^+}\dfrac{e-(1+t)^{\frac{1}{t}}}{t}=\lim\limits_{t\to 0^+}\dfrac{e-e^{\frac{\ln(1+t)}{t}}}{t}=-\lim\limits_{t\to 0}e^{\frac{\ln(1+t)}{t}}\cdot\dfrac{t-(1+t)\ln(1+t)}{t^2(1+t)}$

$=-e\lim\limits_{x\to 0}\dfrac{t-(1+t)\ln(1+t)}{t^2(1+t)}=-e\lim\limits_{t\to\infty}\dfrac{t-(1+t)\ln(1+t)}{t^2}$

$=-e\lim\limits_{t\to\infty}\dfrac{1-\ln(1+t)-1}{2t}=\dfrac{e}{2}$,

则 $\left[e-(1+\dfrac{1}{n})^n\right]\sim\dfrac{e}{2}\dfrac{1}{n}$,从而 $\left[e-(1+\dfrac{1}{n})^n\right]^p\sim\left(\dfrac{e}{2}\right)^p\dfrac{1}{n^p}(n\to\infty)$.

因此当 $p>1$ 时,原级数收敛;当 $p\leqslant 1$ 时,原级数发散.

(3) 由 $0<\sqrt{n+\dfrac{1}{2}}-\sqrt[4]{n^2+n}$

$=\dfrac{\left(n+\dfrac{1}{2}\right)^2-(n^2+n)}{\sqrt{\left(n+\dfrac{1}{2}\right)^3}+\sqrt{\left(n+\dfrac{1}{2}\right)^2}\sqrt[4]{(n^2+n)}+\sqrt{n+\dfrac{1}{2}}\sqrt[4]{(n^2+n)^2}+\sqrt[4]{(n^2+n)^3}}\sim\dfrac{\dfrac{1}{4}}{4\cdot n^{\frac{3}{2}}}$

$=\dfrac{1}{16}\dfrac{1}{n^{\frac{3}{2}}}(n\to\infty)$,

且 $p = \dfrac{3}{2} > 1$，因此原级数收敛.

分析　利用定积分的不等式性质，再用比较判别法.

(4) 由 $0 < \displaystyle\int_0^{\frac{1}{n}} \dfrac{\sqrt{x}}{1+x^n}\,\mathrm{d}x < \int_0^{\frac{1}{n}} \sqrt{x}\,\mathrm{d}x = \dfrac{2}{3}\,\dfrac{1}{n^{\frac{3}{2}}}$，且 $p = \dfrac{3}{2} > 1$，因此原级数收敛.

例 7.11　讨论下列级数的收敛性：

(1) $\displaystyle\sum_{n=1}^{\infty} \dfrac{n^{\frac{3}{2}} - 3n}{2n^3 - 2n^2 + 1}$；　　　　(2) $\displaystyle\sum_{n=2}^{\infty} (\sqrt{n+1} - \sqrt{n})^p \ln\dfrac{n+1}{n-1}$；　　　　(3) $\displaystyle\sum_{n=1}^{\infty} \dfrac{\ln n}{n^p}$；

(4) $\displaystyle\sum_{n=1}^{\infty} (n^{\frac{1}{n^2+1}} - 1)$；　　　　(5) $\displaystyle\sum_{n=1}^{\infty} \dfrac{\ln(n!)}{n^a}$.

分析　利用等价量替换，再用比较判别法的极限形式.

解　(1) $\dfrac{n^{\frac{3}{2}} - 3n}{2n^3 - 2n^2 + 1} = \dfrac{n^{\frac{3}{2}}}{n^3} \cdot \dfrac{1 - 3 \cdot \dfrac{1}{n^{\frac{1}{2}}}}{2 - \dfrac{2}{n} + \dfrac{1}{n^3}} \sim \dfrac{1}{2}\,\dfrac{1}{n^{\frac{3}{2}}}\,(n \to \infty).$

由 $p = \dfrac{3}{2} > 1$ 知 $\displaystyle\sum_{n=1}^{\infty} \dfrac{1}{n^{\frac{3}{2}}}$ 收敛，因此 $\displaystyle\sum_{n=1}^{\infty} \dfrac{n^{\frac{3}{2}} - 3n}{2n^3 - 2n^2 + 1}$ 收敛.

(2) 由于 $0 < (\sqrt{n+1} - \sqrt{n})^p \ln\dfrac{n+1}{n-1} = \dfrac{1}{(\sqrt{n+1} + \sqrt{n})^p} \ln(1 + \dfrac{2}{n-1})$

$= \dfrac{1}{n^{\frac{p}{2}}} \ln(1 + \dfrac{2}{n-1}) \cdot \dfrac{1}{(\sqrt{1 + \dfrac{1}{n}} + 1)^p} \sim \dfrac{1}{2^p} \cdot \dfrac{1}{n^{\frac{p}{2}}} \cdot \dfrac{2}{n-1}$

$\sim \dfrac{1}{2^p}\,\dfrac{1}{n^{\frac{p}{2}}} \cdot \dfrac{2}{n} = \dfrac{1}{2^{p-1}} \cdot \dfrac{1}{n^{\frac{p}{2}+1}}\,(n \to \infty),$

且级数 $\displaystyle\sum_{n=2}^{\infty} \dfrac{1}{n^{\frac{p}{2}+1}}$，当 $\dfrac{p}{2} + 1 > 1$ 即 $p > 0$ 时收敛，当 $\dfrac{p}{2} + 1 \leqslant 1$ 即 $p \leqslant 0$ 时发散. 因此，原级数当 $p > 0$ 时收敛，当 $p \leqslant 0$ 时发散.

分析　用比较判别法，再用比较判别法的极限形式.

(3) 当 $p \leqslant 1$ 时，$\dfrac{\ln n}{n^p} > \dfrac{1}{n^p}\,(n > 3)$，而 $\displaystyle\sum_{n=1}^{\infty} \dfrac{1}{n^p}$ 发散，所以 $\displaystyle\sum_{n=1}^{\infty} \dfrac{\ln n}{n^p}$ 发散. 当 $p > 1$ 时，取常数 p_0，使 $1 < p_0 < p$，由于 $\displaystyle\lim_{n \to \infty}\left(\dfrac{\ln n}{n^p} \Big/ \dfrac{1}{n^{p_0}}\right) = \lim_{n \to \infty} \dfrac{\ln n}{n^{p-p_0}} = 0\,(p - p_0 > 0$ 为常数$)$，而 $\displaystyle\sum_{n=1}^{\infty} \dfrac{1}{n^{p_0}}$ 收敛，故由比较判别法极限形式

(2) 知 $\displaystyle\sum_{n=1}^{\infty} \dfrac{\ln n}{n^p}$ 收敛.

分析　利用等价量替换，再用比较判别法的极限形式.

(4) $n^{\frac{1}{n^2+1}} - 1 = \mathrm{e}^{\frac{\ln n}{n^2+1}} - 1 \sim \dfrac{1}{n^2 + 1} \ln n \sim \dfrac{\ln n}{n^2}\,(n \to \infty).$

由 (3) 题知 $\displaystyle\sum_{n=1}^{\infty} \dfrac{\ln n}{n^2}$ 收敛，因此 $\displaystyle\sum_{n=1}^{\infty} (n^{\frac{1}{n^2+1}} - 1)$ 收敛.

分析　把通项适当放大与缩小，用比较判别法.

(5) 有不等式 $\dfrac{(n-1)\ln 2}{n^a} < \dfrac{\ln n!}{n^a} = \dfrac{\ln 1 + \ln 2 + \cdots + \ln n}{n^a} < \dfrac{n \ln n}{n^a} = \dfrac{\ln n}{n^{a-1}}.$

当 $a - 1 > 1$ 即 $a > 2$ 时，由 (3) 题知 $\displaystyle\sum_{n=1}^{\infty} \dfrac{\ln n}{n^{a-1}}$ 收敛. 因此 $\displaystyle\sum_{n=1}^{\infty} \dfrac{\ln n!}{n^a}$ 收敛. 当 $a - 1 \leqslant 1$ 即 $a \leqslant 2$ 时，$\dfrac{(n-1)\ln 2}{n^a} \sim \dfrac{\ln 2}{n^{a-1}}\,(n \to \infty).$ 又 $a - 1 \leqslant 1$，知 $\displaystyle\sum_{n=1}^{\infty} \dfrac{\ln 2}{n^{a-1}}$ 发散，因此 $\displaystyle\sum_{n=1}^{\infty} \dfrac{\ln n!}{n^a}$ 发散.

注 对于讨论含有字母参数级数的收敛性时,如果用比较判别法,不等式两边通项所对应的级数的收敛性应当相同.

例 7.12 设正项数列 $\{a_n\}$ 单调减少,且 $\sum\limits_{n=1}^{\infty}(-1)^n a_n$ 发散,试问:$\sum\limits_{n=1}^{\infty}\left(\dfrac{1}{a_n+1}\right)^n$ 是否收敛? 并说明理由.

分析 用单调有界定理、反证法与莱布尼茨判别法.

解 级数 $\sum\limits_{n=1}^{\infty}\left(\dfrac{1}{a_n+1}\right)^n$ 收敛.

由于正项数列 $\{a_n\}$ 单调减少有下界,故 $\lim a_n$ 存在,记这个极限值为 a,则 $a\geqslant 0$.若 $a=0$,则由莱布尼茨定理知 $\sum\limits_{n=1}^{\infty}(-1)^n a_n$ 收敛,与题设矛盾,故 $a>0$.因 $\lim\limits_{n\to\infty}\sqrt[n]{\left(\dfrac{1}{a_n+1}\right)^n}=\lim\limits_{n\to\infty}\dfrac{1}{a_n+1}=\dfrac{1}{a+1}<1$,由根值判别法知原级数收敛.

例 7.13 判断 $\sum\limits_{n=2}^{\infty}\dfrac{1}{n(\ln n)^p}$ 的收敛性.

解 由 $f(x)=\dfrac{1}{x(\ln x)^p}$ 在 $[2,+\infty]$ 上非负连续,且 $f'(x)=\dfrac{-(\ln x)^p-xp(\ln x)^{p-1}\frac{1}{x}}{x^2(\ln x)^{2p}}=\dfrac{-(\ln x+p)}{x^2(\ln x)^{p+1}}$ $<0(x>\mathrm{e}^{-p})$.即 $x>\mathrm{e}^{-p}$ 时 $f(x)$ 递减.设 $\ln x=t$,有 $\int_2^{+\infty}\dfrac{1}{x(\ln x)^p}\mathrm{d}x=\int_2^{+\infty}\dfrac{1}{(\ln x)^p}\mathrm{d}\ln x\xlongequal{\ln x=t}\int_{\ln 2}^{n}\dfrac{1}{t^p}\mathrm{d}t$,当 $p>1$ 时收敛,当 $p\leqslant 1$ 时发散.由积分判别法知,原级数当 $p>1$ 时收敛,当 $p\leqslant 1$ 时发散.

若 $u_n\leqslant 0$,则称 $\sum\limits_{n=1}^{\infty}u_n$ 为负项级数.由于 $\sum\limits_{n=1}^{\infty}(-u_n)$ 为正项级数,所以,当 $\sum\limits_{n=1}^{\infty}(-u_n)$ 收敛时,有 $\sum\limits_{n=1}^{\infty}-(-u_n)=\sum\limits_{n=1}^{\infty}u_n$ 收敛;当 $\sum\limits_{n=1}^{\infty}(-u_n)$ 发散时,有 $\sum\limits_{n=1}^{\infty}-(-u_n)=\sum\limits_{n=1}^{\infty}u_n$ 发散.因此,$\sum\limits_{n=1}^{\infty}u_n$ 与 $\sum\limits_{n=1}^{\infty}(-u_n)$ 的收敛性相同,从而负项级数的收敛性可转化为正项级数来研究.

例 7.14 判断 $\sum\limits_{n=1}^{\infty}\left(\sqrt[n]{a}-\sqrt{1+\dfrac{1}{n}}\right)$ 的收敛性 $(a>0)$.

分析 利用带有佩亚诺余项的麦克劳林公式找等价量,再用比较判别法的极限形式.

解 $\sqrt[n]{a}-\sqrt{1+\dfrac{1}{n}}=\mathrm{e}^{\frac{\ln a}{n}}-\left(1+\dfrac{1}{n}\right)^{\frac{1}{2}}=1+\dfrac{\ln a}{n}+\dfrac{(\ln a)^2}{2n^2}+o\left(\dfrac{1}{n^2}\right)-\left[1+\dfrac{1}{2n}-\dfrac{1}{8}\dfrac{1}{n^2}+o\left(\dfrac{1}{n^2}\right)\right]$

$=\left(\ln a-\dfrac{1}{2}\right)\dfrac{1}{n}+\left[\dfrac{(\ln a)^2}{2}+\dfrac{1}{8}\right]\dfrac{1}{n^2}+o\left(\dfrac{1}{n^2}\right)(n\to\infty)$.

当 $\ln a-\dfrac{1}{2}\neq 0$,即 $a\neq\mathrm{e}^{\frac{1}{2}}$ 时,$\sqrt[n]{a}-\sqrt{1+\dfrac{1}{n}}\sim\left(\ln a-\dfrac{1}{2}\right)\dfrac{1}{n}(n\to\infty)$(当 $\ln a-\dfrac{1}{2}<0$ 时,$\sum\limits_{n=1}^{\infty}(\sqrt[n]{a}$ $-\sqrt{1+\dfrac{1}{n}})$ 为负项级数).由于 $\sum\limits_{n=1}^{\infty}\dfrac{1}{n}$ 发散,所以原级数发散.

当 $\ln a-\dfrac{1}{2}=0$,即 $a=\mathrm{e}^{\frac{1}{2}}$ 时,$\sqrt[n]{a}-\sqrt{1+\dfrac{1}{n}}\sim\dfrac{1}{4}\dfrac{1}{n^2}(n\to\infty)$.于是 $\sum\limits_{n=1}^{\infty}\dfrac{1}{n^2}$ 收敛,所以原级数收敛.

类型 1.2 判断一般项级数的收敛性

解题策略 ①绝对值的比值判别法;②绝对值的根值判别法;③若 $\sum\limits_{n=1}^{\infty}|u_n|$ 收敛,则 $\sum\limits_{n=1}^{\infty}u_n$ 绝对收敛;④交错级数的莱布尼茨判别法;⑤定义;⑥若 $\lim u_n$(存在)$\neq 0$ 或 $\lim u_n$ 不存在,则 $\sum\limits_{n=1}^{\infty}u_n$ 发散;⑦线性运算法则.

例 7.15 判别下列一般级数是绝对收敛,条件收敛,还是发散:

(1) $\sum\limits_{n=1}^{\infty}(-1)^{n-1}\dfrac{\ln\left(1+\dfrac{1}{n}\right)}{\sqrt{(3n-2)\cdot(3n+2)}}$;

(2) $\sum\limits_{n=1}^{\infty}\dfrac{(-1)^{n-1}}{n^2-\ln n}$;

$(3)\ \displaystyle\sum_{n=2}^{\infty}\frac{(-1)^{n}}{\sqrt{n}+(-1)^{n}}$;

$(4)\ \displaystyle\sum_{n=1}^{\infty}\sin(\pi\sqrt{n^{2}+1})$.

分析　对绝对值级数,利用通项找等价量,再用比较判别法的极限形式.

解　(1)由 $\left|(-1)^{n-1}\dfrac{\ln\left(1+\dfrac{1}{n}\right)}{\sqrt{(3n-2)\cdot(3n+2)}}\right|\sim\dfrac{1}{3}\cdot\dfrac{1}{n^{2}}(n\to\infty)$,且 $p=2>1$,因此原级数绝对收敛.

(2)由 $\left|\dfrac{(-1)^{n-1}}{n^{2}-\ln n}\right|=\dfrac{1}{n^{2}-\ln n}=\dfrac{1}{n^{2}}\cdot\dfrac{1}{1-\dfrac{\ln n}{n^{2}}}\sim\dfrac{1}{n^{2}}(n\to\infty)$,由 $p=2>1$,因此原级数绝对收敛.

(3)**分析**　利用级数收敛的线性运算法则与莱布尼茨判别法.

$$(-1)^{n}\frac{1}{\sqrt{n}+(-1)^{n}}=\frac{(-1)^{n}\left[\sqrt{n}-(-1)^{n}\right]}{\left[\sqrt{n}+(-1)^{n}\right]\left[\sqrt{n}-(-1)^{n}\right]}=(-1)^{n}\frac{\sqrt{n}}{n-1}-\frac{1}{n-1}.$$

设 $f(x)=\dfrac{\sqrt{x}}{x-1}$,$f'(x)=\dfrac{\dfrac{1}{2\sqrt{x}}(x-1)-\sqrt{x}}{(x-1)^{2}}=-\dfrac{1+x}{2\sqrt{x}(x-1)^{2}}<0(x>1)$.

所以 $\dfrac{\sqrt{n}}{n-1}$ 是递减数列,且 $\lim\limits_{n\to\infty}\dfrac{\sqrt{n}}{n-1}=0$,由莱布尼茨判别法知 $\displaystyle\sum_{n=2}^{\infty}(-1)^{n}\frac{\sqrt{n}}{n-1}$ 收敛,而 $\displaystyle\sum_{n=2}^{\infty}\frac{1}{n-1}$ 发

散,因此 $\displaystyle\sum_{n=2}^{\infty}\frac{(-1)^{n}}{\sqrt{n}+(-1)^{n}}=\sum_{n=2}^{\infty}\left[(-1)^{n}\frac{\sqrt{n}}{n-1}-\frac{1}{n-1}\right]$ 发散.

(4)**分析**　对绝对值级数,利用通项找等价量,再用比较判别法的极限形式,对级数本身用莱布尼茨判别法.

$$\sin(\pi\sqrt{n^{2}+1})=\sin(n\pi+\pi\sqrt{n^{2}+1}-n\pi)=(-1)^{n}\sin(\sqrt{n^{2}+1}-n)\pi=(-1)^{n}\sin\frac{\pi}{\sqrt{n^{2}+1}+n},$$

由 $\left|\sin\pi\sqrt{n^{2}+1}\right|\sim\dfrac{\pi}{2n}$,所以原级数非绝对收敛,由 $0<\dfrac{\pi}{\sqrt{n^{2}+1}+n}<\dfrac{\pi}{2}$ 且 $\dfrac{\pi}{\sqrt{n^{2}+1}+n}$ 递减,

$\lim\limits_{n\to\infty}\sin\dfrac{\pi}{\sqrt{n^{2}+1}+n}=0$,故原级数是条件收敛.

例 7.16　设 $f(x)$ 在 $x=0$ 的某一邻域内具有二阶连续导数,且 $\lim\limits_{x\to0}\dfrac{f(x)}{x}=0$,证明:级数 $\displaystyle\sum_{n=1}^{\infty}f\left(\frac{1}{n}\right)$ 绝

对收敛.

分析　利用带有麦克劳林余项的麦克劳林公式找等价量,再用比较判别法.

证法一　$\lim\limits_{x\to0}\dfrac{f(x)}{x}=0$ 且 $\lim\limits_{x\to0}x=0$,有 $\lim\limits_{x\to0}f(x)=0$.又 $f(x)$ 在 $x=0$ 处连续,有 $\lim\limits_{x\to0}f(x)=f(0)$,则

$f(0)=0$,且 $\lim\limits_{x\to0}\dfrac{f(x)}{x}=\lim\limits_{x\to0}\dfrac{f(x)-f(0)}{x}=0=f'(0)$.

由带有麦克劳林余项的麦克劳林公式,有

$$f(x)=f(0)+f'(0)x+\frac{f''(\xi)}{2!}x^{2}=\frac{f''(\xi)}{2!}x^{2},\xi\text{介于}\ 0,x\ \text{之间}.$$

$$f\left(\frac{1}{n}\right)=\frac{f''(\xi)}{2!}\frac{1}{n^{2}},0<\xi<\frac{1}{n}.$$

由 $f''(x)$ 在 $x=0$ 的某一邻域内连续,则存在 $\delta>0$,$f''(x)$ 在 $[-\delta,\delta]$ 上连续,因此有界,即存在 $M>0$

对一切 $x\in[-\delta,\delta]$ 时,$|f''(x)|\leqslant M$.由 $\lim\limits_{n\to\infty}\dfrac{1}{n}=0$,对上述的 $\delta>0$,存在 N_{0},当 $n\geqslant N_{0}$ 时,都有 $0<\dfrac{1}{n}$

$<\delta$,即 $\dfrac{1}{n}\in[-\delta,\delta]$.而 $0<\xi<\dfrac{1}{n}$,有 $\xi\in[-\delta,\delta]$,则 $|f''(\xi)|\leqslant M$,于是 $\left|f\left(\dfrac{1}{n}\right)\right|=\dfrac{|f''(\xi)|}{2}\dfrac{1}{n^{2}}\leqslant\dfrac{M}{2}$

$\dfrac{1}{n^{2}}(n\geqslant N_{0})$,而 $\displaystyle\sum_{n=1}^{\infty}\frac{1}{n^{2}}$ 收敛,由比较判别法知 $\displaystyle\sum_{n=1}^{\infty}f\left(\frac{1}{n}\right)$ 绝对收敛.

分析 利用带有佩亚诺余项的麦克劳林公式找等价量,再用比较判别法的极限形式.

证法二 由带有佩亚诺余项的麦克劳林公式,有

$$f(x) = f(0) + f'(0)x + \frac{f''(0)}{2!}x^2 + o(x^2)(x \to 0) ,$$

则 $f\left(\frac{1}{n}\right) = \frac{f''(0)}{2!} \frac{1}{n^2} + o\left(\frac{1}{n^2}\right)(n \to \infty)$.

(1)若 $f''(0) \neq 0$,有 $f\left(\frac{1}{n}\right) \sim \frac{f''(0)}{2!} \frac{1}{n^2}$,得 $\left|f\left(\frac{1}{n}\right)\right| \sim \frac{|f''(0)|}{2} \frac{1}{n^2}(n \to \infty)$.

由 $\sum_{n=1}^{\infty} \frac{|f''(0)|}{2} \frac{1}{n^2}$ 收敛,则 $\sum_{n=1}^{\infty} \left|f\left(\frac{1}{n}\right)\right|$ 收敛.

(2)若 $f''(0) = 0$,$f\left(\frac{1}{n}\right) = o\left(\frac{1}{n^2}\right)(n \to \infty)$,得 $\lim_{n \to \infty} \frac{\left|f\left(\frac{1}{n}\right)\right|}{\frac{1}{n^2}} = 0$.

由比较判别法的极限形式知,$\sum_{n=1}^{\infty} \left|f\left(\frac{1}{n}\right)\right|$ 收敛,因此 $\sum_{n=1}^{\infty} f\left(\frac{1}{n}\right)$ 绝对收敛.

类型 1.3 求幂级数收敛域、和函数及数项级数的和

解题策略 ①利用七个基本函数的展开式,右边是幂级数,左边为和函数.

②利用线性运算法则求和函数:即把所给幂级数表示成简单幂级数的线性组合,而这些简单幂级数能求出和函数,从而求出所给幂级数的和函数.

③设 $S(x) = \sum_{n=0}^{\infty} a_n(x - x_0)^n, x \in (x_0 - R, x_0 + R), S'(x) = \sum_{n=0}^{\infty} a_n n(x - x_0)^{n-1}$.

若 $S'(x)$ 能求出,则 $S(x) = S(x_0) + \int_{x_0}^{x} S'(x)dx$.

特别地,当 $x_0 = 0$ 时,设 $S(x) = \sum_{n=0}^{\infty} a_n x^n, x \in (-R, R), S'(x) = \sum_{n=0}^{\infty} a_n n x^{n-1}, x \in (-R, R)$.

若 $S'(x)$ 能求出,则 $S(x) = S(0) + \int_{0}^{x} S'(x)dx$. 这种方法是先求导,再积分.

④设 $S(x) = \sum_{n=0}^{\infty} a_n(x - x_0)^n, x \in (x_0 - R, x_0 + R)$,

$$\int_{x_0}^{x} S(x)dx = \sum_{n=0}^{\infty} \int_{x_0}^{x} a_n(x - x_0)^n dx = \sum_{n=0}^{\infty} \frac{a_n}{n+1}(x - x_0)^{n+1}.$$

若 $\int_{x_0}^{x} S(x)dx$ 能求出,则 $S(x) = \left(\int_{x_0}^{x} S(x)dx\right)'$. 这种方法是先积分,后求导.

⑤变量替换法,通过变量替换,把复杂幂级数转化为简单幂级数求出和函数,再把变量代换回去.

⑥利用幂级数的求和函数,还可以求数项级数的和:把数项级数中某个数换成 x,得到一个幂级数,如求 $\sum_{n=1}^{\infty} n\left(\frac{1}{2}\right)^{n-1}$,把 $\frac{1}{2}$ 换成 x,得 $\sum_{n=1}^{\infty} nx^{n-1}$,利用上面的方法求出幂级数的和函数 $S(x)$ 的表达式,并指出该数在幂级数的收敛区间内或收敛域内,然后把该数代入和函数 $S(x)$ 的表达式,从而求得数项级数的和.

例 7.17 求下列幂级数的收敛半径、收敛区间及收敛域:

(1) $\sum_{n=1}^{\infty} a^{n^2} x^n (0 < a < 1)$;   (2) $\sum_{n=1}^{\infty} \frac{3^n + (-2)^n}{n}(x+1)^n$;   (3) $\sum_{n=1}^{\infty} \frac{(x-1)^{2n}}{n \cdot 4^n}$.

解 (1)由于 $\lim_{n \to \infty} \frac{1}{\sqrt[n]{|a^{n^2}|}} = \lim_{n \to \infty} \frac{1}{a^n} = +\infty(\frac{1}{a} > 1)$.

知收敛半径 $R = +\infty$,收敛区间 $(-\infty, +\infty)$,收敛域是 $(-\infty, +\infty)$.

(2)由于 $\lim_{n \to \infty} \left|\frac{a_n}{a_{n+1}}\right| = \lim_{n \to \infty} \left|\frac{\frac{3^n + (-2)^n}{n}}{\frac{3^{n+1} + (-2)^{n+1}}{n+1}}\right| = \lim_{n \to \infty} \frac{n+1}{n} \cdot \frac{3^n + (-2)^n}{3^{n+1} + (-2)^{n+1}} = \frac{1}{3} = R$.

知收敛半径 $R = \dfrac{1}{3}$，收敛区间是 $\left(-\dfrac{4}{3}, -\dfrac{2}{3}\right)$.

当 $x = -\dfrac{4}{3}$ 时，级数为 $\displaystyle\sum_{n=1}^{\infty} \dfrac{3^n + (-2)^n}{n} \cdot (-1)^n \dfrac{1}{3^n} = \sum_{n=1}^{\infty} \left[\dfrac{(-1)^n}{n} + \dfrac{1}{n}\left(\dfrac{2}{3}\right)^n\right]$.

级数 $\displaystyle\sum_{n=1}^{\infty} \dfrac{(-1)^n}{n}$ 条件收敛，而对于级数 $\displaystyle\sum_{n=1}^{\infty} \dfrac{1}{n}\left(\dfrac{2}{3}\right)^n$，由于 $\displaystyle\lim_{n\to\infty}\left[\dfrac{\dfrac{1}{n+1}\left(\dfrac{2}{3}\right)^{n+1}}{\dfrac{1}{n}\left(\dfrac{2}{3}\right)^n}\right] = \dfrac{2}{3} < 1$，收敛.

因此，当 $x = -\dfrac{4}{3}$ 时，级数 $\displaystyle\sum_{n=1}^{\infty} \dfrac{3^n + (-2)^n}{n}(x+1)^n$ 收敛.

当 $x = -\dfrac{2}{3}$ 时，幂级数为 $\displaystyle\sum_{n=1}^{\infty} \dfrac{3^n + (-2)^n}{n}\left(\dfrac{1}{3}\right)^n = \sum_{n=1}^{\infty}\left[\dfrac{1}{n} + \dfrac{1}{n}\left(-\dfrac{2}{3}\right)^n\right]$.

由于上式右端第一个级数发散，第二个级数收敛，所以原级数发散，故收敛域是 $\left[-\dfrac{4}{3}, -\dfrac{2}{3}\right)$.

(3) **分析** 此级数缺项，可直接利用绝对值的比值判别法.

解法一 $\displaystyle\lim_{n\to\infty}\left|\dfrac{u_{n+1}}{u_n}\right| = \lim_{n\to\infty}\left|\dfrac{\dfrac{(x-1)^{2n+2}}{(n+1)4^{n+1}}}{\dfrac{(x-1)^{2n}}{n \cdot 4^n}}\right| = \lim_{n\to\infty}\dfrac{(x-1)^2}{4} \cdot \dfrac{n}{n+1} = \dfrac{|x-1|^2}{4}$.

当 $\dfrac{|x-1|^2}{4} < 1$，即 $|x-1| < 2$ 时，幂级数绝对收敛；当 $|x-1| > 2$ 时，幂级数发散. 所以收敛半径 $R = 2$，收敛区间是 $(-1, 3)$.

当 $x = -1$ 时，幂级数为 $\displaystyle\sum_{n=1}^{\infty} \dfrac{(-2)^{2n}}{n \cdot 4^n} = \sum_{n=1}^{\infty} \dfrac{1}{n}$，发散；当 $x = 3$ 时，幂级数为 $\displaystyle\sum_{n=1}^{\infty} \dfrac{2^{2n}}{n \cdot 4^n} = \sum_{n=1}^{\infty} \dfrac{1}{n}$，发散. 故收敛域是 $(-1, 3)$.

分析 对于求不是标准形式幂级数的收敛半径 R，也可以先作变量代换，化成标准形式，然后用公式来求收敛半径 R.

解法二 令 $(x-1)^2 = y$，有 $\displaystyle\sum_{n=1}^{\infty} \dfrac{(x-1)^{2n}}{n4^n} = \sum_{n=1}^{\infty} \dfrac{y^n}{n \cdot 4^n}$.

由于 $\displaystyle\lim_{n\to\infty}\left|\dfrac{a_n}{a_{n+1}}\right| = \lim_{n\to\infty}\left|\dfrac{\dfrac{1}{n \cdot 4^n}}{\dfrac{1}{(n+1)4^{n+1}}}\right| = 4$，所以 $\displaystyle\sum_{n=1}^{\infty} \dfrac{y^n}{n \cdot 4^n}$ 当 $|y| < 4$ 时绝对收敛，当 $|y| > 4$ 时发散.

因此，$\displaystyle\sum_{n=1}^{\infty} \dfrac{(x-1)^{2n}}{n \cdot 4^n}$ 当 $|(x-1)^2| < 4$ 即 $|x-1| < 2$ 时绝对收敛，当 $|x-1| > 2$ 时发散，知 $R = 2$. 以下求收敛区间、收敛域，方法与解法一相同.

例 7.18 求下列幂级数的收敛半径、收敛区间、收敛域及和函数：

(1) $\displaystyle\sum_{n=1}^{\infty} \dfrac{x^n}{n}$；

(2) $\displaystyle\sum_{n=1}^{\infty} nx^{n-1}$.

分析 求收敛半径除了用公式外，也可在求幂级数和函数的过程中，利用幂级数性质 1 发现收敛半径 R，从而确定收敛区间与收敛域.

求和函数时，先求导积分，只要求导后的级数能求出和函数，然后再积分. 积分时，下限是中心点，上限是级数中的变量，这样计算时带来极大的方便，从而求出和函数.

解 (1) 设 $S(x) = \displaystyle\sum_{n=1}^{\infty} \dfrac{x^n}{n}$，$x \in (-R, R)$，$S(0) = 0$. 由性质 1 知

$$S'(x) = \left(\sum_{n=1}^{\infty} \dfrac{x^n}{n}\right)' = \sum_{n=1}^{\infty} x^{n-1} = \dfrac{1}{1-x}, \quad |x| < 1.$$

所以 $R = 1$，收敛区间为 $(-1, 1)$. 当 $x = -1$ 时，$\displaystyle\sum_{n=1}^{\infty} \dfrac{(-1)^n}{n}$ 收敛；当 $x = 1$ 时，$\displaystyle\sum_{n=1}^{\infty} \dfrac{1}{n}$ 发散，故收敛域为

$[-1,1)$. 由 $\int_0^x S'(x)\mathrm{d}x = S(x) - S(0)$, 知 $S(x) = S(0) + \int_0^x S'(x)\mathrm{d}x$. 由于 $S(0) = 0$, 于是 $S(x) = \int_0^x \dfrac{1}{1-x}\mathrm{d}x = -\ln(1-x)$, $x \in (-1,1)$. 由于级数在 $x=-1$ 处收敛, $-\ln(1-x)$ 在 $x=-1$ 处连续, 所以

$$\sum_{n=1}^{\infty} \frac{x^n}{n} = -\ln(1-x), \quad x \in [-1,1).$$

注 设 $S(x) = \sum\limits_{n=0}^{\infty} a_n x^n$, $x \in (-R,R)$ 且 $S(x)$ 是初等函数表达式.

（ⅰ）若 $\sum\limits_{n=0}^{\infty} a_n x^n$ 在 $x=-R$ 处收敛, 且 $S(x)$ 在 $x=-R$ 处连续, 则 $S(-R) = \sum\limits_{N=0}^{\infty} a_n(-R)^n$.

（ⅱ）若 $\sum\limits_{n=0}^{\infty} a_n x^n$ 在 $x=-R$ 处收敛, 而 $S(x)$ 在 $x=-R$ 处不连续, 有

$$\sum_{n=0}^{\infty} a_n x^n = \begin{cases} S(x), & -R < x < R, \\ \lim\limits_{x \to -R^+} S(x), & x = -R, \end{cases}$$

在 $x=R$ 处, 也有类似的结果（证明略）.

分析 求和函数时先积分, 只要积分后的级数能求出和函数. 积分时, 下限是中心点, 上限是级数中的变量, 这样计算时带来运算的方便, 然后求导, 求出和函数.

（2）设 $S(x) = \sum\limits_{n=1}^{\infty} nx^{n-1}$, $x \in (-R,R)$. 有 $\int_0^x S(x)\mathrm{d}x = \int_0^x \sum\limits_{n=1}^{\infty} nx^{n-1}\mathrm{d}x = \sum\limits_{n=1}^{\infty} x^n = \dfrac{x}{1-x}$, $|x| < 1$.

于是 $R=1$, 收敛区间是 $(-1,1)$. 当 $x=\pm 1$ 时, 幂级数为 $\sum\limits_{n=1}^{\infty} n(\pm 1)^{n-1}$, 由于 $\lim\limits_{n\to\infty}(\pm 1)^{n-1} n = \infty$, 所以 $\sum\limits_{n=1}^{\infty} n(\pm 1)^{n-1}$ 发散, 故收敛域是 $(-1,1)$. 于是 $S(x) = \left(\int_0^x S(x)\mathrm{d}x\right)' = \left(\dfrac{x}{1-x}\right)' = \dfrac{1}{(1-x)^2}$, 所以

$$\sum_{n=1}^{\infty} nx^{n-1} = \frac{1}{(1-x)^2}, \quad x \in (-1,1).$$

这两题是重要的例题, 有许多题目都可以转化为这两种类型, 或者用这两题的结果, 或者用解这两题的方法. 例如下面的例子:

例 7.19 （1）$\sum\limits_{n=1}^{\infty} \dfrac{x^{n+1}}{n} = x\sum\limits_{n=1}^{\infty} \dfrac{x^n}{n}$;（2）$\sum\limits_{n=1}^{\infty} \dfrac{x^{n-1}}{n} \xlongequal{\text{当} x \neq 0} \dfrac{1}{x}\sum\limits_{n=1}^{\infty} \dfrac{x^n}{n}$,

从而 $\sum\limits_{n=1}^{\infty} \dfrac{x^{n-1}}{n} = \begin{cases} \dfrac{-\ln(1-x)}{x}, & -1 \leqslant x < 0 \text{ 或 } 0 < x < 1, \\ 1, & x = 0. \end{cases}$;（3）$\sum\limits_{n=1}^{\infty} \dfrac{x^{2n}}{n} \xlongequal{x^2 = y} \sum\limits_{n=1}^{\infty} \dfrac{y^n}{n}$;

（4）$\sum\limits_{n=1}^{\infty} \dfrac{x^n}{n(n+1)} = \sum\limits_{n=1}^{\infty} \left(\dfrac{1}{n} - \dfrac{1}{n+1}\right)x^n = \sum\limits_{n=1}^{\infty} \dfrac{x^n}{n} - \sum\limits_{n=1}^{\infty} \dfrac{x^n}{n+1} = \sum\limits_{n=1}^{\infty} \dfrac{x^n}{n} - \dfrac{1}{x}\sum\limits_{n=1}^{\infty} \dfrac{x^{n+1}}{n+1}$

$= \sum\limits_{n=1}^{\infty} \dfrac{x^n}{n} - \dfrac{1}{x}\left(\sum\limits_{n=2}^{\infty} \dfrac{x^n}{n} + x - x\right) = \sum\limits_{n=1}^{\infty} \dfrac{x^n}{n} - \dfrac{1}{x}\sum\limits_{n=1}^{\infty} \dfrac{x^n}{n} + 1 = \left(1 - \dfrac{1}{x}\right)\sum\limits_{n=1}^{\infty} \dfrac{x^n}{n} + 1 (x \neq 0)$,

当 $x=0$ 时, 和为 0; 当 $x=1$ 时, 和为 1.

（5）$\sum\limits_{n=1}^{\infty} nx^n = x\sum\limits_{n=1}^{\infty} nx^{n-1}$;（6）$\sum\limits_{n=1}^{\infty} nx^{2n} \xlongequal{x^2 = y} \sum\limits_{n=1}^{\infty} ny^n$;

（7）$\sum\limits_{n=2}^{\infty} nx^{n-2} = \dfrac{1}{x}\sum\limits_{n=2}^{\infty} nx^{n-1} = \dfrac{1}{x}\left(\sum\limits_{n=2}^{\infty} nx^{n-1} + 1 - 1\right) = \dfrac{1}{x}\sum\limits_{n=1}^{\infty} nx^{n-1} - \dfrac{1}{x} (x \neq 0)$, 当 $x=0$ 时, 和为 2.

例 7.20 求幂级数 $\sum\limits_{n=0}^{\infty}(2n+1)x^n$ 的收敛域, 并求其和函数.

分析 用线性运算法则, 再结合上面例题的方法.

解 因为 $\rho = \lim\limits_{n\to\infty} \left|\dfrac{a_{n+1}}{a_n}\right| = \lim\limits_{n\to\infty} \dfrac{2n+3}{2n+1} = 1$, 所以 $R = \dfrac{1}{\rho} = 1$. 显然, 幂级数 $\sum\limits_{n=1}^{\infty}(2n+1)x^n$ 在 $x=\pm 1$

时发散,故此幂级数的收敛域是$(-1,1)$.

幂级数的和函数是

$$S(x) = \sum_{n=0}^{\infty}(2n+1)x^n = 2\sum_{n=1}^{\infty}nx^n + \sum_{n=0}^{\infty}x^n = 2x\Big(\sum_{n=1}^{\infty}x^n\Big)' + \frac{1}{1-x}$$

$$= \frac{2x}{(1-x)^2} + \frac{1}{1-x} = \frac{1+x}{(1-x)^2}, -1 < x < 1.$$

类型 1.4　函数展成幂级数

解题策略　①利用线性运算,将函数表示成简单函数的线性运算,利用七个基本函数展开式或已知函数的展开式将这些简单函数展成 x 的幂级数,从而将所给函数展成 x 的幂级数.

②将 $f'(x)$ 展成 x 的幂级数,即

$$f'(x) = \sum_{n=0}^{\infty}a_nx^n. \quad f(x) = f(0) + \int_0^x f'(x)\mathrm{d}x = f(0) + \int_0^x\sum_{n=0}^{\infty}a_nx^n\mathrm{d}x = f(0) + \sum_{n=0}^{\infty}\frac{a_n}{n+1}x^{n+1}.$$

③将 $\int_0^x f(x)\mathrm{d}x$ 展成 x 的幂级数,即 $\int_0^x f(x)\mathrm{d}x = \sum_{n=0}^{\infty}a_nx^n$,则

$$f(x) = \Big(\int_0^x f(x)\mathrm{d}x\Big)' = \Big(\sum_{n=0}^{\infty}a_nx^n\Big)' = \sum_{n=0}^{\infty}a_nnx^{n-1}.$$

④变量替换,函数展成 $(x-x_0)$ 幂级数的方法:

令 $x-x_0 = t$,于是 $f(x) = f(x_0+t)$,利用 $f(x)$ 展成 x 幂级数的方法,使

$$f(x_0+t) = \sum_{n=0}^{\infty}a_nt^n, \quad \text{从而} \quad f(x) = \sum_{n=0}^{\infty}a_n(x-x_0)^n.$$

注　把函数展成幂级数实际是求幂级数和函数的逆过程,注意到这一点,解题时,无论是求幂级数的和函数还是把函数展成 x 的幂级数都是有利的.

例 7.21　将下列函数展成 x 的幂级数:

(1) $f(x) = \dfrac{12-5x}{6-5x-x^2}$;

(2) $f(x) = x\arcsin x + \sqrt{1-x^2}$;

(3) $f(x) = (1+x^2)\arctan x$;

(4) $f(x) = (\arctan x)^2$.

分析　用线性运算法则,再结合 $\dfrac{1}{1-x}$ 与 $\dfrac{1}{1+x}$ 的展开式.

解　(1)设 $\dfrac{12-5x}{6-5x-x^2} = \dfrac{A}{1-x} + \dfrac{B}{6+x}$,由待定系数法得 $A=1, B=6$,故

$$\frac{12-5x}{6-5x-x^2} = \frac{1}{1-x} + \frac{1}{1+\frac{x}{6}} = \sum_{n=0}^{\infty}x^n + \sum_{n=0}^{\infty}(-1)^n\Big(\frac{x}{6}\Big)^n = \sum_{n=0}^{\infty}\Big[1+\frac{(-1)^n}{6}\Big]x^n, |x| < 1.$$

分析　看到有反三角函数的展开题目,首先想到先对函数求导数,如果导函数能展开,再两边积分.

(2)由 $f'(x) = \arcsin x + \dfrac{x}{\sqrt{1-x^2}} - \dfrac{x}{\sqrt{1-x^2}} = \arcsin x$,$f''(x) = \dfrac{1}{\sqrt{1-x^2}}$,$f(0)=1, f'(0)=0$,于是

$$f'(x) = f'(0) + \int_0^x f''(x)\mathrm{d}x = \int_0^x\frac{1}{\sqrt{1-x^2}}\mathrm{d}x = \int_0^x\Big[1+\sum_{n=1}^{\infty}\frac{(2n-1)!!}{(2n)!!}x^{2x}\Big]\mathrm{d}x$$

$$= x + \sum_{n=1}^{\infty}\frac{(2n-1)!!}{(2n)!!}\cdot\frac{x^{2n+1}}{2n+1}\quad((2n)\cdot(2n-2)\cdot\cdots\cdot 4\cdot 2 \triangleq (2n)!!),$$

$$f(x) = f(0) + \int_0^x f'(x)\mathrm{d}x = 1 + \frac{x^2}{2} + \sum_{n=1}^{\infty}\frac{(2n-1)!!}{(2n)!!}\cdot\frac{x^{2n+2}}{(2n+1)(2n+2)}$$

$$= 1 + \frac{x^2}{2} + \sum_{n=1}^{\infty}\frac{(2n-1)!!}{(2n+2)!!}\cdot\frac{x^{2n+2}}{2n+1}, |x| < 1. \quad((2n-1)(2n-3)\cdot\cdots\cdot 3\cdot 1 \triangleq (2n-1)!!).$$

分析　这题虽有反三角函数,求导数不能把反三角函数转化,需要再求导数比较麻烦,但可把反三角函数展开,再用乘积的运算法则.

(3) $f(x) = (1+x^2) \int_0^x \frac{1}{1+x^2} dx = (1+x^2) \int_0^x \left[\sum_{n=0}^{\infty} (-1)^n x^{2n} \right] dx$

$$= (1+x^2) \sum_{n=0}^{\infty} (-1)^n \frac{x^{2n+1}}{2n+1} = \sum_{n=0}^{\infty} (-1)^n \cdot \frac{x^{2n+1}}{2n+1} + \sum_{n=0}^{\infty} (-1)^n \frac{x^{2n+3}}{2n+1}$$

$$= \sum_{n=0}^{\infty} (-1)^n \cdot \frac{x^{2n+1}}{2n+1} + \sum_{n=1}^{\infty} (-1)^{n-1} \frac{x^{2n+1}}{2n-1} = x + \sum_{n=1}^{\infty} (-1)^{n+1} \left[\frac{1}{2n-1} - \frac{1}{2n+1} \right] x^{2n+1}$$

$$= x + \sum_{n=1}^{\infty} (-1)^{n+1} \frac{2}{4n^2-1} x^{2n+1} = x + 2 \sum_{n=1}^{\infty} \frac{(-1)^{n+1}}{4n^2-1} x^{2n+1}, \ |x| \leqslant 1.$$

分析 把反三角函数展开,再用两级数乘积的运算法则.

(4) 由 $\arctan x = \sum_{n=0}^{\infty} (-1)^n \frac{x^{2n+1}}{2n+1} = \sum_{n=1}^{\infty} (-1)^{n-1} \frac{x^{2n+1}}{2n-1}$,于是

$$f(x) = \left(\sum_{n=1}^{\infty} (-1)^{n-1} \frac{x^{2n-1}}{2n-1} \right) \cdot \left(\sum_{n=1}^{\infty} (-1)^{n-1} \frac{x^{2n-1}}{2n-1} \right)$$

$$= \sum_{m=1}^{\infty} (-1)^{n-1} \left[\left(\frac{1}{2n-1} + \frac{1}{1} \right) \frac{1}{2n} + \left(\frac{1}{2n-3} + \frac{1}{3} \right) \frac{1}{2n} + \cdots + \left(\frac{1}{1} + \frac{1}{2n-1} \right) \frac{1}{2n} \right] x^{2n}$$

$$= \sum_{n=1}^{\infty} (-1)^{n-1} \left(1 + \frac{1}{3} + \frac{1}{5} + \cdots\cdots + \frac{1}{2n-1} \right) \frac{x^n}{n}, \ |x| < 1.$$

例 7.22 将函数 $f(x) = \arctan \frac{1+x}{1-x}$ 展为 x 的幂级数.

分析 把导函数展开,再两边积分.

解 由 $f'(x) = \frac{1}{1+x^2} = \sum_{n=0}^{\infty} (-1)^n x^{2n}, -1 < x < 1$,得

$$f(x) - f(0) = \int_0^x f'(t) dt = \int_0^x \sum_{n=0}^{\infty} (-1)^n t^{2n} dt = \sum_{n=0}^{\infty} \frac{(-1)^n}{2n+1} x^{2n+1}.$$

而 $f(0) = \arctan 1 = \frac{\pi}{4}$.

所以 $\arctan \frac{1+x}{1-x} = \frac{\pi}{4} + \sum_{n=0}^{\infty} \frac{(-1)^n}{2n+1} x^{2n+1}, -1 \leqslant x < 1$.

例 7.23 将函数 $f(x) = \frac{1}{4} \ln \frac{1+x}{1-x} + \frac{1}{2} \arctan x - x$ 展开成 x 的幂级数.

分析 把导函数展开,再两边积分.

解 因 $f'(x) = \frac{1}{4} \left(\frac{1}{1+x} + \frac{1}{1-x} \right) + \frac{1}{2} \cdot \frac{1}{1+x^2} - 1 = \frac{1}{1-x^4} - 1 = \sum_{n=1}^{\infty} x^{4n} (-1 < x < 1)$,且 $f(0)$

$= 0$,故 $f(x) = \int_0^x f'(x) dx = \int_0^x \left(\sum_{n=1}^{\infty} x^{4n} \right) = \sum_{n=1}^{\infty} \frac{x^{4n+1}}{4n+1}, -1 < x < 1$.

注 如果 $f(x) = \sum_{n=0}^{\infty} a_n x^n, x \in (-R, R)$.

若 $f(x)$ 在 R 处连续,右边级数在 R 处收敛,则两边在 $x=R$ 处相等,否则不相等;在 $x=-R$ 处也类似.

如果掌握了把函数展成麦克劳林级数的方法,把函数展成 $x-x_0$ 的幂级数时,只需把 $f(x)$ 转化为 $x-x_0$ 的表达式,把 $x-x_0$ 看成 t,展成 t 的幂级数即得 $x-x_0$ 的幂级数,对于较复杂的函数,可设 $x-x_0 = t$,于是 $f(x) = f(x_0+t) = \sum_{n=0}^{\infty} a_n t^n = \sum_{n=0}^{\infty} a_n (x-x_0)^n$.

例 7.24 把 $f(x) = \ln x$ 按分式 $\frac{x-1}{x+1}$ 的正整数幂展开成幂级数.

解 设 $\frac{x-1}{x+1} = t$,解得 $x = \frac{1+t}{1-t}$,有 $f(x) = \ln x = \ln \frac{1+t}{1-t} = \ln(1+t) - \ln(1-t) = \sum_{n=0}^{\infty} (-1)^n \frac{t^{n+1}}{n+1}$

$$+ \sum_{n=0}^{\infty} \frac{t^{n+1}}{n+1} = \sum_{m=0}^{\infty} 2 \frac{t^{2m+1}}{2m+1} = \sum_{n=0}^{\infty} \frac{2}{2n+1} \left(\frac{x-1}{x+1} \right)^{2n+1} \text{，其中} \left| \frac{x-1}{x+1} \right| < 1 \text{，即 } x > 0.$$

例 7.25　将 $f(x) = \frac{1}{x^3}$ 展成 $x - 3$ 的幂级数.

解法一　由 $\frac{1}{x} = \frac{1}{x-3+3} = \frac{1}{3} \cdot \frac{1}{1 + \frac{x-3}{3}} = \frac{1}{3} \sum_{n=0}^{\infty} (-1)^n \left(\frac{x-3}{3} \right)^n = \sum_{n=0}^{\infty} \frac{(-1)^n}{3^{n+1}} (x-3)^n$，级数两

边对 x 求二阶导数,有 $\frac{2}{x^3} = \sum_{n=2}^{\infty} \frac{(-1)^n n(n1)}{3^{n+1}} (x-3)^{n-2}$，$|x-3| < 3$，从而

$$\frac{1}{x^3} = \sum_{n=2}^{\infty} \frac{(-1)^n n(n+1)}{2 \cdot 3^{n+1}} (x-3)^{n-2} \text{，} |x-3| < 3.$$

解法二　$\frac{1}{x^3} = [3 + (x-3)]^{-3} = \frac{1}{3^3} \left[1 + \frac{(x-3)}{3} \right]^{-3} = \sum_{n=2}^{\infty} \frac{(-1)^n n(n+1)}{2 \cdot 3^{n+1}} (x-3)^{n-2} \text{，} |x-3| < 3.$

注　解法二是利用 $(1+x)^a$ 的展开式所得.

类型 1.5　求数项级数的和

解题策略　①利用线性运算法则求和;②利用幂级数求和函数再求和;③利用函数展成幂级数求和.

例 7.26　求级数 $\sum_{n=0}^{\infty} \frac{(-1)^n (n^2 - n + 1)}{2^n}$ 的和.

解　$\sum_{n=0}^{\infty} \frac{(-1)^n (n^2 - n + 1)}{2^n} = \sum_{n=2}^{\infty} n(n-1) \left(-\frac{1}{2} \right)^n + \sum_{n=0}^{\infty} \left(-\frac{1}{2} \right)^n$，其中 $\sum_{n=0}^{\infty} \left(-\frac{1}{2} \right)^n = \frac{1}{1 + \frac{1}{2}} = $

$\frac{2}{3}$. 设 $S(x) = \sum_{n=2}^{\infty} n(n-1) x^{n-2}$，$x \in (-1, 1)$.

则 $\int_0^x \left[\int_0^x S(x) dx \right] dx = \sum_{n=2}^{\infty} x^n = \frac{x^2}{1-x}$. 故 $S(x) = \left(\frac{x^2}{1-x} \right)'' = \frac{2}{(1-x)^3}$.

$\sum_{n=2}^{\infty} n(n-1) x^n = \frac{2x^2}{(1-x)^3}$，$x \in (-1, 1)$，$\sum_{n=2}^{\infty} n(n-1) \left(-\frac{1}{2} \right)^n = \frac{4}{27}$，所以

$$\sum_{n=0}^{\infty} \frac{(-1)^n (n^2 - n + 1)}{2^n} = \frac{4}{27} + \frac{2}{3} = \frac{22}{27}.$$

例 7.27　求级数 $\sum_{n=2}^{\infty} \frac{1}{(n^2 - 1) 2^n}$ 的和.

解　设 $S(x) = \sum_{n=2}^{\infty} \frac{x^n}{n^2 - 1} (|x| < 1)$，则 $S(x) = \sum_{n=2}^{\infty} \frac{1}{2} \left(\frac{1}{n-1} - \frac{1}{n+1} \right) x^n$，其中 $\sum_{n=2}^{\infty} \frac{x^n}{n-1} = $

$x \sum_{n=2}^{\infty} \frac{x^{n-1}}{n-1} = x \sum_{n=1}^{\infty} \frac{x^n}{n}$，$\sum_{n=2}^{\infty} \frac{x^n}{n+1} = \frac{1}{x} \sum_{n=3}^{\infty} \frac{x^n}{n} (x \neq 0).$

设 $g(x) = \sum_{n=1}^{\infty} \frac{x^n}{n}$，则 $g'(x) = \sum_{n=1}^{\infty} x^{n-1} = \frac{1}{1-x} (|x| < 1)$，于是

$$g(x) = g(x) - g(0) = \int_0^x g'(x) dx = \int_0^x \frac{dx}{1-x} = -\ln(1-x).$$

从而 $S(x) = \frac{x}{2} [-\ln(1-x)] - \frac{1}{2x} \left[-\ln(1-x) - x - \frac{x^2}{2} \right] = \frac{2+x}{4} + \frac{1-x^2}{2x} \ln(1-x) (|x| < 1, x \neq 0).$

因此 $\sum_{n=2}^{\infty} \frac{1}{(n^2 - 1) 2^n} = S\left(\frac{1}{2} \right) = \frac{5}{8} - \frac{3}{4} \ln 2.$

类型 1.6　求一点处的高阶导数

解题策略　利用函数展成幂级数,利用唯一性定理.

例 7.28 设 $f(x)$ 为幂级数的和，$|x| < R$，又 $g(x) = f(x^2)$，证明：$g^{(n)}(0) = \begin{cases} 0, & n \text{ 为奇数}, \\ \dfrac{n!}{\left(\dfrac{n}{2}\right)!} f^{\left(\frac{n}{2}\right)}(0), & n \text{ 为偶数}. \end{cases}$

证明 $f(x)$ 是幂级数的和，则由函数展开唯一性定理

$$f(x) = \sum_{n=0}^{\infty} \frac{f^{(n)}(0)}{n!} x^n, \quad |x| < R.$$

$$g(x) = f(x^2) = \sum_{n=0}^{\infty} \frac{f^{(n)}(0)}{n!} x^{2n} = \sum_{m=0}^{\infty} \frac{f^{(m)}(0)}{m!} x^{2m}, \text{ 且 } \frac{g^{(n)}(0)}{n!} = a_n.$$

由 $a_{2m+1} = 0, a_{2m} = \dfrac{f^{(m)}(0)}{m!}, m = 0, 1, 2, \cdots$，则 $\dfrac{g^{(2m+1)}(0)}{(2m+1)!} = a_{2m+1} = 0$，有 $g^{(2m+1)}(0) = 0, \dfrac{g^{(2m)}(0)}{(2m)!} =$

$a_{2m} = \dfrac{f^{(m)}(0)}{m!}$，有 $g^{(2m)}(0) = \dfrac{(2m)!}{m!} f^{(m)}(0)$.

由 $n = 2m, m = \dfrac{n}{2}$，故 $g^{(n)}(0) = \dfrac{n!}{\left(\dfrac{n}{2}\right)!} f^{\left(\frac{n}{2}\right)}(0)$，其中 n 为偶数；$g^{(n)}(0) = 0$，其中 n 为奇数.

类型 1.7 函数展成傅立叶级数

解题策略 函数展成傅立叶级数的方法比较规范，技巧不大，可按内容梳理中函数展成傅立叶级数的步骤去做. 关键在于计算 $a_0, a_n, b_n (n = 1, 2, 3, \cdots)$，要利用定积分，很多情况下要利用分部积分. 计算前，考察 $f(x)$ 是奇函数，则 $a_n = 0 (n = 0, 1, 2, \cdots)$；$f(x)$ 是偶函数，则 $b_n = 0 (n = 1, 2, \cdots)$，以简化计算.

例 7.29 函数 $f(x) = x^2, x \in [0, \pi]$，试求：

(1) $f(x)$ 在 $[0, \pi]$ 上的正弦级数；　　(2) $f(x)$ 在 $[0, \pi]$ 上的余弦级数；

(3) $f(x)$ 在 $[0, \pi]$ 上以 π 为周期的傅立叶级数.

解 (1) 由 $f(x)$ 在 $[0, \pi]$ 上展成正弦级数，有 $a_n = 0, n = 0, 1, 2, \cdots$，

$$b_n = \frac{2}{\pi} \int_0^\pi x^2 \sin nx \, dx = \frac{2}{\pi} \left[\frac{-x^2 \cos nx}{n} + \frac{2x \sin nx}{n^2} + \frac{2 \cos nx}{n^3} \right] \Big|_0^\pi$$

$$= \frac{2\pi(-1)^n}{n} - \frac{4[1 - (-1)^n]}{\pi n^3}, n = 1, 2, \cdots.$$

因此，$f(x) = x^2$ 在 $[0, \pi]$ 上展开的正弦级数为

$$\frac{2}{\pi} \sum_{n=1}^{\infty} \left\{ \frac{\pi(-1)^{n+1}}{n} - \frac{2[1 - (-1)^n]}{n^3} \right\} \sin nx = \begin{cases} x^2, & 0 \leqslant x < \pi, \\ 0, & x = \pi. \end{cases}$$

(2) 由 $f(x)$ 在 $[0, \pi]$ 上展成余弦级数，则 $b_n = 0, n = 1, 2, \cdots, a_0 = \dfrac{2}{\pi} \int_0^\pi x^2 dx = \dfrac{2}{3} \pi^2, a_n = \dfrac{2}{\pi} \int_0^\pi x^2 \sin nx \, dx$

$$= \frac{2}{\pi} \left[\frac{x^2 \sin nx}{n} + \frac{2x \cos nx}{n^2} - \frac{2 \sin nx}{n^3} \right] \Big|_0^\pi = \frac{4(-1)^n}{n^2}, n = 1, 2, \cdots.$$

因此，$f(x)$ 在 $[0, \pi]$ 上的余弦展开式为 $\dfrac{\pi^2}{3} + 4 \sum_{n=1}^{\infty} \dfrac{(-1)^n}{n^2} \cos nx = x^2, 0 \leqslant x \leqslant \pi$.

(3) 由 $2l = \pi, l = \dfrac{\pi}{2}, a_0 = \dfrac{2}{\pi} \int_0^\pi x^2 dx = \dfrac{2}{3} \pi^2$，

$$a_n = \frac{2}{\pi} \int_0^\pi x^2 \cos 2nx \, dx = \frac{2}{\pi} \left[\frac{1}{2n} x^2 \sin 2nx + \frac{1}{2n^2} x \cos 2nx - \frac{1}{4n^3} \sin 2nx \right] \Big|_0^\pi = \frac{1}{n^2}, n = 1, 2, \cdots,$$

$$b_n = \frac{2}{\pi} \int_0^\pi x^2 \sin 2nx \, dx = \frac{2}{\pi} \left[\frac{-x^2 \cos 2nx}{2n} + \frac{x \sin 2nx}{2n^2} + \frac{\cos 2nx}{4n^3} \right] \Big|_0^\pi = -\frac{\pi}{n}, n = 1, 2, \cdots.$$

因此，$f(x)$ 在 $[0, \pi]$ 上的傅立叶级数是 $\dfrac{\pi^3}{3} + \sum_{n=1}^{\infty} \left(\dfrac{1}{n^2} \cos 2nx - \dfrac{\pi}{n} \sin 2nx \right) = x^2, 0 < x < \pi$.

这个例子说明，可根据不同的需要，把一函数采用不同的方式展开为相应的傅立叶级数形式，利于解决问题.

例 7.30 证明等式 $\sum_{n=0}^{\infty} \dfrac{\cos(2n+1)nx}{(2n+1)^2} = \dfrac{\pi^2}{8} - \dfrac{\pi^2}{4}|x|, -1 \leqslant x \leqslant 1$，并由此求数项级数 $\sum_{n=0}^{\infty} \dfrac{1}{(2n+1)^2}$

与 $\sum_{n=1}^{\infty} \dfrac{1}{n^2}$ 的和.

分析　只要把 $f(x) = |x|$ 在 $[-1,1]$ 上展成余弦级数.

证明　由 $f(x)$ 是偶函数,则 $b_n = 0, n = 1, 2, 3, \cdots$,

$a_0 = \dfrac{2}{1} \int_0^1 |x| \mathrm{d}x = 1, a_n = \dfrac{2}{1} \int_0^1 |x| \cos n\pi x \mathrm{d}x = 2 \int_0^1 x \cos n\pi \mathrm{d}x = \dfrac{2[(-1)^n - 1]}{\pi^2 n^2}, n = 1, 2, 3, \cdots$.

由 $f(x)$ 在 $-1 \leqslant x \leqslant 1$ 上连续,且 $f(-1) = f(1)$,得

$\dfrac{1}{2} + \sum_{n=1}^{\infty} \dfrac{2[(-1)^n - 1]}{\pi^2 n^2} \cos n\pi x = \dfrac{1}{2} + \sum_{m=0}^{\infty} \dfrac{-4}{\pi^2 (2m+1)^2} \cos(2m+1)\pi x = |x|, -1 \leqslant x \leqslant 1$,

所以 $\sum_{n=0}^{\infty} \dfrac{\cos(2n+1)\pi x}{(2n+1)^2} = \dfrac{\pi^2}{8} - \dfrac{\pi^2}{4}|x|, -1 \leqslant x \leqslant 1$. 在上述等式中令 $x = 0$,得 $\sum_{n=0}^{\infty} \dfrac{1}{(2n+1)^2} = \dfrac{\pi^2}{8}$.

由 $\sum_{n=1}^{\infty} \dfrac{1}{n^2}$ 是正项收敛级数, $\sum_{n=1}^{\infty} \dfrac{1}{n^2} = \sum_{n=0}^{\infty} \dfrac{1}{(2n+1)^2} + \sum_{n=1}^{\infty} \dfrac{1}{(2n)^2}, \dfrac{3}{4} \sum_{n=1}^{\infty} \dfrac{1}{n^2} = \sum_{n=0}^{\infty} \dfrac{1}{(2n+1)^2} = \dfrac{\pi^2}{8}$,从

而 $\sum_{n=1}^{\infty} \dfrac{1}{n^2} = \dfrac{\pi^2}{6}$.

例 7.31　设 $f(x) = \begin{cases} x, & 0 \leqslant x \leqslant \dfrac{1}{2}, \\ 2-2x, & \dfrac{1}{2} < x < 1, \end{cases}$ $S(x) = \dfrac{a_0}{2} + \sum_{n=1}^{\infty} a_n \cos n\pi x, -\infty < x < +\infty$,其中

$a_n = 2 \int_0^1 f(x) \cos n\pi x \mathrm{d}x (n = 0, 1, 2, \cdots,)$,求 $S\left(-\dfrac{5}{2}\right)$.

分析　由余弦级数和函数 $S(x)$ 为偶函数,且为周期函数,周期 $T = 2$,利用这些性质把 $S\left(-\dfrac{5}{2}\right)$ 转化到

$(0,1)$ 上的函数值,从而与定义在 $(0,1)$ 内的 $f(x)$ 建立关系.

解　$S\left(-\dfrac{5}{2}\right) = S\left(-2 - \dfrac{1}{2}\right) = S\left(-\dfrac{1}{2}\right) = S\left(\dfrac{1}{2}\right) = \dfrac{f\left(\dfrac{1}{2} - 0\right) + f\left(\dfrac{1}{2} + 0\right)}{2}$

$= \dfrac{\dfrac{1}{2} + \left(2 - 2 \cdot \dfrac{1}{2}\right)}{2} = \dfrac{3}{4}$.

自测题

一、填空题

1. 函数 $y = \ln(1 - 2x)$ 在 $x = 0$ 处的 n 阶导数 $y^{(n)}(0) = $ _____.

2. 已知幂级数 $\sum_{n=0}^{\infty} a_n (x+2)^n$ 在 $x = 0$ 处收敛,在 $x = -4$ 处发散,则幂级数 $\sum_{n=0}^{\infty} a_n (x-3)^n$ 的收敛域为

_____.

3. 设 $x^2 = \sum_{n=0}^{\infty} a_n \cos nx (-\pi \leqslant x \leqslant \pi)$,则 $a_2 = $ _____.

二、选择题

4. 设 $\sum_{n=1}^{\infty} a_n$ 为正项级数,下列结论中正确的是　　　　　　　　　　　　　　　　　（　　）

(A) 若 $\lim\limits_{n\to\infty} na_n = 0$，则级数 $\sum\limits_{n=1}^{\infty} a_n$ 收敛

(B) 若存在非零常数 λ，使得 $\lim\limits_{n\to\infty} na_n = \lambda$，则级数 $\sum\limits_{n=1}^{\infty} a_n$ 发散

(C) 若级数 $\sum\limits_{n=1}^{\infty} a_n$ 收敛，则 $\lim\limits_{n\to\infty} n^2 a_n = 0$

(D) 若级数 $\sum\limits_{n=1}^{\infty} a_n$ 发散，则存在非零常数 λ，使得 $\lim\limits_{n\to\infty} na_n = \lambda$

5. 设有下列命题：

① 若 $\sum\limits_{n=1}^{\infty}(u_{2n-1} + u_{2n})$ 收敛，则 $\sum\limits_{n=1}^{\infty} u_n$ 收敛

② 若 $\sum\limits_{n=1}^{\infty} u_n$ 收敛，则 $\sum\limits_{n=1}^{\infty} u_{n+1000}$ 收敛

③ 若 $\lim\limits_{n\to\infty} \dfrac{u_{n+1}}{u_n} > 1$，则 $\sum\limits_{n=1}^{\infty} u_n$ 发散

④ 若 $\sum\limits_{n=1}^{\infty}(u_n + v_n)$ 收敛，则 $\sum\limits_{n=1}^{\infty} u_n$，$\sum\limits_{n=1}^{\infty} v_n$ 都收敛

则以下命题中正确的是 （　　）

　(A)①② 　　　　(B)②③ 　　　　(C)③④ 　　　　(D)①④

6. 设 $a_n > 0, n = 1, 2, \cdots$，若 $\sum\limits_{n=1}^{\infty} a_n$ 发散，$\sum\limits_{n=1}^{\infty}(-1)^{n-1} a_n$ 收敛，则下列结论正确的是 （　　）

　(A) $\sum\limits_{n=1}^{\infty} a_{2n-1}$ 收敛，$\sum\limits_{n=1}^{\infty} a_{2n}$ 发散
　　　　　　(B) $\sum\limits_{n=1}^{\infty} a_{2n}$ 收敛，$\sum\limits_{n=1}^{\infty} a_{2n-1}$ 发散

　(C) $\sum\limits_{n=1}^{\infty}(a_{2n-1} + a_{2n})$ 收敛
　　　　　　(D) $\sum\limits_{n=1}^{\infty}(a_{2n-1} - a_{2n})$ 收敛

7. 设有两个数列 $\{a_n\}$，$\{b_n\}$，若 $\lim\limits_{n\to\infty} a_n = 0$，则 （　　）

　(A) 当 $\sum\limits_{n=1}^{\infty} b_n$ 收敛时，$\sum\limits_{n=1}^{\infty} a_n b_n$ 收敛
　　　(B) 当 $\sum\limits_{n=1}^{\infty} b_n$ 发散时，$\sum\limits_{n=1}^{\infty} a_n b_n$ 发散

　(C) 当 $\sum\limits_{n=1}^{\infty} |b_n|$ 收敛时，$\sum\limits_{n=1}^{\infty} a_n^2 b_n^2$ 收敛
　　　(D) 当 $\sum\limits_{n=1}^{\infty} |b_n|$ 发散时，$\sum\limits_{n=1}^{\infty} a_n^2 b_n^2$ 发散

8. 已知级数 $\sum\limits_{n=1}^{\infty}(-1)^n \sqrt{n} \sin\dfrac{1}{n^a}$ 绝对收敛，级数 $\sum\limits_{n=1}^{\infty} \dfrac{(-1)^n}{n^{2-a}}$ 条件收敛，则 （　　）

　(A)$0 < \alpha \leqslant \dfrac{1}{2}$ 　　　(B)$\dfrac{1}{2} < \alpha \leqslant 1$ 　　　(C)$1 < \alpha \leqslant \dfrac{3}{2}$ 　　　(D)$\dfrac{3}{2} < \alpha < 2$

9. 设 $p_n = \dfrac{a_n + |a_n|}{2}, q_n = \dfrac{a_n - |a_n|}{2}, n = 1, 2, \cdots$，则下列命题正确的是 （　　）

　(A) 若 $\sum\limits_{n=1}^{\infty} a_n$ 条件收敛，则 $\sum\limits_{n=1}^{\infty} p_n$ 与 $\sum\limits_{n=1}^{\infty} q_n$ 都收敛

　(B) 若 $\sum\limits_{n=1}^{\infty} a_n$ 绝对收敛，则 $\sum\limits_{n=1}^{\infty} p_n$ 与 $\sum\limits_{n=1}^{\infty} q_n$ 都收敛

　(C) 若 $\sum\limits_{n=1}^{\infty} a_n$ 条件收敛，则 $\sum\limits_{n=1}^{\infty} p_n$ 与 $\sum\limits_{n=1}^{\infty} q_n$ 敛散性都不确定

　(D) 若 $\sum\limits_{n=1}^{\infty} a_n$ 绝对收敛，则 $\sum\limits_{n=1}^{\infty} p_n$ 与 $\sum\limits_{n=1}^{\infty} q_n$ 敛散性都不确定

10. 设数列 $\{a_n\}$ 单调减少，$\lim\limits_{n\to\infty} a_n = 0$，$S_n = \sum\limits_{k=1}^{n} a_k (n = 1, 2, \cdots)$ 无界，则幂级数 $\sum\limits_{n=1}^{\infty} a_n(x-1)^n$ 的收敛

域为 （　　）

(A) $(-1,1]$ (B) $[-1,1)$ (C) $[0,2)$ (D) $(0,2]$

三、解答题

11. 设函数 $f(x)$ 在区间 $(0,1)$ 内可导,且 $|f'(x)| \leqslant M$（M 为常数）. 证明:

(1) 级数 $\sum_{n=1}^{\infty} \left(f\left(\frac{1}{2^n}\right) - f\left(\frac{1}{2^{n+1}}\right) \right)$ 绝对收敛;

(2) $\lim\limits_{n \to \infty} f\left(\frac{1}{2^n}\right)$ 存在.

12. 设 $\{a_n\}$ 为严格递增且趋于正无穷大的数列,记 $u_n = \dfrac{a_{n+1} - a_n}{a_n^p a_{n+1}}$. 证明:当 $p > 0$ 时,$\sum\limits_{n=1}^{+\infty} u_n$ 收敛.

13. 求 $\lim\limits_{n \to +\infty} \dfrac{(2n)!}{3^{n!}}$.

14. 设数列 $\{a_n\}$,$\{b_n\}$,$a_n > 0$,$b_n > 0$,$n = 1,2,\cdots$,试证:

(1) 对任意的自然数 n,若 $a_n b_n - a_{n+1} b_{n+1} \leqslant 0$,且 $\sum\limits_{n=1}^{\infty} \dfrac{1}{b_n}$ 发散,则 $\sum\limits_{n=1}^{\infty} a_n$ 发散.

(2) 对任意的自然数 n,若 $b_n \dfrac{a_n}{a_{n+1}} - b_{n+1} \geqslant \delta$（$\delta > 0$ 常数）,则 $\sum\limits_{n=1}^{\infty} a_n$ 收敛.

15. 设 $0 < a_n < 1$,且 $\lim\limits_{n \to \infty} \dfrac{\ln a_n}{\ln n} = q$ 存在,则级数 $\sum\limits_{n=1}^{\infty} a_n$ 当 $q < -1$ 时收敛,当 $q > -1$ 时发散.

16. 已知数列 $\{a_n\}$,$S_n = \sum\limits_{k=1}^{n} a_k = 1 + \lambda^2 a_n$（$\lambda^2 \neq 1$）.

(1) 求 a_n;   (2) 若 $\lim\limits_{n \to \infty} S_n = 1$,试证:级数 $\sum\limits_{n=1}^{\infty} \lambda^n$ 收敛.

17. 就 $a > 0$ 的不同取值,讨论级数 $\sum\limits_{n=1}^{\infty} \dfrac{a^{\frac{n(n+1)}{2}}}{(1+a)(1+a^2)\cdots(1+a^n)}$ 的收敛性.

18. 设数列 $\{na_n\}$ 收敛,级数 $\sum\limits_{n=1}^{\infty} n(a_n - a_{n-1})$ 收敛,证明:级数 $\sum\limits_{n=1}^{\infty} a_n$ 收敛.

19. 设 $u_1 = 3$,$u_2 = 5$,当 $n \geqslant 3$ 时,$u_n = u_{n-2} + u_{n-1}$,证明:级数 $\sum\limits_{n=1}^{\infty} \dfrac{1}{u_n}$ 收敛.

20. 求幂级数 $\sum\limits_{n=1}^{\infty} (-1)^{n-1} \dfrac{\ln n}{n}(x-1)^n$ 的收敛半径与收敛域.

21. 设幂函数 $\sum\limits_{n=0}^{\infty} a_n x^n$ 的收敛半径为 3,求幂级数 $\sum\limits_{n=1}^{\infty} n a_n (x-1)^{n+1}$ 的收敛区间.

22. 求幂级数 $\sum\limits_{n=1}^{\infty} \dfrac{2(x-1)^n}{n(n+2)}$ 之收敛半径、收敛区间与和函数.

23. 求幂级数 $\sum\limits_{n=1}^{\infty} \left(\dfrac{1}{2n+1} - 1 \right) x^{2n}$ 在区间 $(-1,1)$ 内的和函数 $S(x)$.

24. 求幂级数 $1 + \sum\limits_{n=1}^{\infty} (-1)^n \dfrac{x^{2n}}{2n}$（$|x| < 1$）的和函数 $f(x)$ 及其极值.

25. 求幂级数 $\sum\limits_{n=1}^{\infty} (-1)^{n-1} \left(1 + \dfrac{1}{n(2n-1)} \right) x^{2n}$ 的收敛域与和函数 $f(x)$.

26. 求幂级数 $\sum\limits_{n=0}^{\infty} \dfrac{4n^2 + 4n + 3}{2n+1} x^{2n}$ 的收敛域及和函数.

27. 求幂级数 $\sum\limits_{n=1}^{\infty} \dfrac{(-1)^{n-1}}{2n-1} x^{2n}$ 的收敛域及和函数.

28. 求幂级数 $\sum\limits_{n=1}^{\infty} \dfrac{(-1)^{n-1} x^{2n+1}}{n(2n-1)}$ 的收敛域及和函数 $S(x)$.

29. 将函数 $f(x) = \dfrac{1}{x^2 - 3x - 4}$ 展开成 $x-1$ 的幂级数,并指出其收敛区间.

30. 将函数 $f(x) = \arctan \dfrac{1-2x}{1+2x}$ 展开成 x 的幂级数,并求级数 $\displaystyle\sum_{n=0}^{\infty} \dfrac{(-1)^n}{2n+1}$ 的和.

31. 积分 $\displaystyle\int_0^1 (e^{x^2} + e^{-x^2})\mathrm{d}x$ 与积分 $\displaystyle\int_0^1 (e^{x^3} + e^{-x^3})\mathrm{d}x$ 谁大谁小?并请说明理由.

32. 设有方程 $x^n + nx - 1 = 0$,其中 n 为正整数.证明此方程存在唯一正实根 x_n,并证明当 $\alpha > 1$ 时,级数 $\displaystyle\sum_{n=1}^{\infty} x_n^\alpha$ 收敛.

33. 设 $f(x) = 2 + x$(当 $0 \leqslant x \leqslant 1$),计算 $f(x)$ 的以 2 为周期的余弦级数,并写出区间 $[-1,1]$ 上此余弦级数的收敛和函数.

34. 设 $f(x) = \begin{cases} x+1, & 0 \leqslant x \leqslant \pi, \\ 0, & -\pi \leqslant x < 0, \end{cases}$ $s(x) = \dfrac{a_0}{2} + \displaystyle\sum_{n=1}^{\infty}(a_n \cos nx + b_n \sin nx)$ 是 $f(x)$ 的以 2π 为周期的傅立叶级数.

(1) 计算 a_0;

(2) 利用狄利克雷定理求级数 $\displaystyle\sum_{n=1}^{\infty} a_n$ 的和.

35. $f(x) = 1 - x^2 (0 \leqslant x \leqslant \pi)$ 展开成(以 2π 为周期的)余弦级数,并求级数 $\displaystyle\sum_{n=1}^{\infty} \dfrac{(-1)^{n-1}}{n^2}$ 的和.

36. 证明:当 $0 < x < \pi$ 时,$\dfrac{\cos 2x}{1 \cdot 3} + \dfrac{\cos 4x}{3 \cdot 5} + \cdots + \dfrac{\cos 2nx}{(2n-1)(2n+1)} + \cdots = \dfrac{1}{2} - \dfrac{\pi}{4}\sin x$.

37. 设 $f(x) = \begin{cases} -1, & -\pi < x \leqslant 0, \\ 1+x^2, & 0 < x < \pi, \end{cases}$ 求其以 2π 为周期的傅立叶级数在点 $x = -\pi$ 处的和.

第 8 章　常微分方程

高数考研大纲要求

> **了解**　微分方程及其阶、解、通解、初始条件和特解等概念.
>
> **会**　解齐次方程、伯努利方程和全微分方程,用简单的变量代换解某些微分方程,用降阶法解下列方程:$y^{(n)}=f(x)$,$y''=f(x,y')$ 和 $y''=f(y,y')$,解某些高于二阶的常系数齐次线性微分方程,解自由项为多项式、指数函数、正弦函数、余弦函数,以及它们的和与积的二阶常系数非齐次线性微分方程,解欧拉方程,用微分方程解决一些简单的应用问题.
>
> **理解**　线性微分方程解的性质及解的结构定理.
>
> **掌握**　变量可分离的方程及一阶线性方程的解法,二阶常系数齐次线性微分方程的解法.

一、内容梳理

(一) 基本概念

定义 8.1　凡含有一元未知函数的导数或微分(一定要有)或未知函数、自变量表达式(可以有,可以没有)的等式,称为常微分方程,简称为方程.微分方程的一般形式为

$$F(x,y,y',\cdots,y^{(n)})=0, \tag{①}$$

其中 x 是自变量,y 是 x 的未知函数.在方程中出现的各阶导数中最高的阶数,称为微分方程的阶.

如果将某一函数 $y=y(x)$ 代入微分方程①,能使方程成为恒等式,则函数 $y=y(x)$ 称为微分方程①的解.

如果微分方程的解中所含独立的任意常数的个数(即这些常数合并不了)与方程的阶数相同,则该解为微分方程的通解.

如果指定通解中的一组任意常数等于某一组固定的数,那么得到的微分方程的解,叫作微分方程的特解,或者说满足某些条件的方程的解,称为微分方程的特解,该条件称为初始条件.

定义 8.2　对于定义在某非空实数集 D 上的 n 个函数 $y_1(x),y_2(x),\cdots,y_n(x)$,若存在 n 个不全为零的常数 $k_1,k_2,\cdots,k_n$,使得在 D 上有恒等式

$$k_1 y_1(x)+k_2 y_2(x)+\cdots+k_n y_n(x)\equiv 0,x\in D$$

成立,则称函数 $y_1(x),y_2(x),\cdots,y_n(x)$ 在 D 上是线性相关的;若上式仅当 $k_1=k_2=\cdots=k_n=0$ 时才能成立,则称 $y_1(x),y_2(x),\cdots,y_n(x)$ 线性无关.

由定义知,若函数 $y_1(x),y_2(x)$ 线性相关,则存在不全为零的常数 k_1,k_2,使得

$$k_1 y_1(x)+k_2 y_2(x)\equiv 0,x\in D.$$

不妨设 $k_2\neq 0$,有 $y_2(x)\equiv -\dfrac{k_1}{k_2}\cdot y_1(x)$;反之,若 $y_2(x)\not\equiv ky_1(x)$(k 为常数),则 $y_1(x),y_2(x)$ 线性无关.

例如函数 $y_1(x)=\sin 2x,y_2(x)=\sin x\cos x,x\in(-\infty,+\infty)$.

由于 $\sin 2x \equiv 2\sin x\cos x, x \in (-\infty, +\infty)$，知 $y_1(x) = \sin 2x, y_2(x) = \sin x\cos x$ 线性相关.

又如函数 $y_1(x) = e^{r_1 x}, y_2(x) = e^{r_2 x}, x \in (-\infty, +\infty)$，其中 r_1, r_2 为常数且 $r_1 \neq r_2$，由于 $\dfrac{y_2(x)}{y_1(x)} = \dfrac{e^{r_2 x}}{e^{r_1 x}}$
$= e^{(r_2-r_1)x}$ 是 x 的函数，不恒为常数，知 $e^{r_1 x}, e^{r_2 x}$ 线性无关.

定义 8.3　设 $p(x), q(x), f(x)$ 是已知的关于 x 的函数，

$$\frac{\mathrm{d}^2 y}{\mathrm{d}x^2} + p(x)\frac{\mathrm{d}y}{\mathrm{d}x} + q(x)y = f(x) \qquad\qquad ②$$

称为二阶线性微分方程.

若 $f(x) \equiv 0$，此时方程为

$$\frac{\mathrm{d}^2 y}{\mathrm{d}x^2} + p(x)\frac{\mathrm{d}y}{\mathrm{d}x} + q(x)y = 0, \qquad\qquad ③$$

称为二阶线性齐次微分方程.

若 $f(x) \not\equiv 0$，称方程②为二阶线性非齐次微分方程，且函数 $f(x)$ 称为方程的自由项.

定义 8.4　形如 $a_0 y^{(n)} + a_1 y^{(n-1)} + \cdots + a_{n-1} y' + a_n y = f(x) (a_0, a_1, \cdots, a_n$ 为实常数) 的方程称为 n 阶常系数线性微分方程，当 $f(x) \equiv 0$ 时，称为 n 阶常系数线性齐次微分方程；当 $f(x) \not\equiv 0$ 时，称为 n 阶常系数线性非齐次微分方程.

（二）重要定理与公式

关于二阶线性微分方程解的结构有以下定理：

定理 8.1　设 $y_1(x), y_2(x)$ 是方程③的两个解，则 $c_1 y_1(x) + c_2 y_2(x)$ 也是方程③的解.

定理 8.2　若 y_1, y_2 是方程③的两个线性无关的特解，则 $y = c_1 y_1 + c_2 y_2$ 是方程③的通解，其中 c_1, c_2 是两个任意常数.

定理 8.1、8.2 是求方程③通解的方法：

（1）设法求出方程③的两个特解 y_1, y_2；（2）验证 y_1, y_2 线性无关；（3）则 $y = c_1 y_1 + c_2 y_2$ 是方程③的通解.

定理 8.3　设 $\bar{y}$ 是方程②的一个特解，而 $Y = c_1 y_1 + c_2 y_2$ 是对应齐次方程③的通解，则 $y = Y + \bar{y} = c_1 y_1 + c_2 y_2 + \bar{y}$ 是方程②的通解，其中 c_1, c_2 是两个任意常数.

定理 8.3 是求方程②通解的方法：

（1）先求出方程②对应齐次方程③的通解 Y（用定理 8.1、8.2 的方法）；（2）设法求方程②的一个特解 $\bar{y}$；（3）$y = Y + \bar{y} = c_1 y_1 + c_2 y_2 + \bar{y}$ 是方程②的通解.

定理 8.4　设函数 y_1 与 y_2 分别是线性非齐次方程

$$\frac{\mathrm{d}^2 y}{\mathrm{d}x^2} + p(x)\frac{\mathrm{d}y}{\mathrm{d}x} + q(x)y = f_1(x) \text{ 和 } \frac{\mathrm{d}^2 y}{\mathrm{d}x^2} + p(x)\frac{\mathrm{d}y}{\mathrm{d}x} + q(x)y = f_2(x)$$

的特解，则 $y_1 + y_2$ 是方程 $\dfrac{\mathrm{d}^2 y}{\mathrm{d}x^2} + p(x)\dfrac{\mathrm{d}y}{\mathrm{d}x} + q(x)y = f_1(x) + f_2(x)$ 的特解.

定理 8.4 是求非齐次方程特解的一种技巧.

1. 变量已分离的微分方程

形如 $g(y)\mathrm{d}y = f(x)\mathrm{d}x$ 的方程称为变量已分离的微分方程，它的通解为 $\displaystyle\int g(y)\mathrm{d}y = \int f(x)\mathrm{d}x + c$，这里 $\displaystyle\int g(y)\mathrm{d}y, \int f(x)\mathrm{d}x$ 只需求出一个原函数.

证明　不妨设 $y = y(x)$，由 $g(y)\mathrm{d}y = f(x)\mathrm{d}x \Leftrightarrow g(y)y'(x)\mathrm{d}x = f(x)\mathrm{d}x \Leftrightarrow g(y)y'(x) = f(x)$

$$\Leftrightarrow \int g(y)y'(x)\mathrm{d}x = \int f(x)\mathrm{d}x + c \Leftrightarrow \int g(y)\mathrm{d}y = \int f(x)\mathrm{d}x + c,$$

且该方程中含有一个任意常数 c，故方程的通解为 $\displaystyle\int g(y)\mathrm{d}y = \int f(x)\mathrm{d}x + c$.

注　在具体问题中,若 $\int g(y)\mathrm{d}y=G(y)$, $\int f(x)\mathrm{d}x=F(x)$,则通解 $\int g(y)\mathrm{d}y=\int f(x)\mathrm{d}x+c$ 化为 $G(y)=F(x)+c$,确定显函数 $y=y(x)$ 或 $x=x(y)$,或确定隐函数 $y=y(x)$ 或 $x=x(y)$,称为方程的隐式通解.

2. 变量可分离的微分方程

形如 $M_1(x)N_1(y)\mathrm{d}x+M_2(x)N_2(y)\mathrm{d}y=0$ 或 $\dfrac{\mathrm{d}y}{\mathrm{d}x}=f(x)g(y)$ 的方程称为变量可分离的微分方程,它的全体解求法是:

①若 $M_1(x)N_1(y)\mathrm{d}x+M_2(x)N_2(y)\mathrm{d}y=0$,当 $M_2(x)\neq 0$, $N_1(y)\neq 0$ 时,方程化为 $\dfrac{N_2(y)}{N_1(y)}\mathrm{d}y=-\dfrac{M_1(x)}{M_2(x)}\mathrm{d}x$.

方程的通解为 $\displaystyle\int\frac{N_2(y)}{N_1(y)}\mathrm{d}y=-\int\frac{M_1(x)}{M_2(x)}\mathrm{d}x+c$.

$M_2(x)=0$ 的常数解 $x=k_i(i=1,2,\cdots,m)$ 与 $N_1(y)=0$ 的常数解 $y=q_k(k=1,2,\cdots,n)$ 经验证也是原方程的解,若上面通解包含这些常数解,则上面的通解也是原方程的全体解;否则上面的通解与这些常数解的集合是原方程的全体解.

②若 $\dfrac{\mathrm{d}y}{\mathrm{d}x}=f(x)g(y)$,当 $g(y)\neq 0$ 时方程可化为 $\dfrac{1}{g(y)}\mathrm{d}y=f(x)\mathrm{d}x$.

由 1 知方程的通解为 $\displaystyle\int\frac{1}{g(y)}\mathrm{d}y=\int f(x)\mathrm{d}x+c$.

$g(y)=0$ 的常数解 $y=c_i(i=1,2,\cdots,m)$ 经验证也是原方程的解.

注 1　在求微分方程全体解时,若两边同除以 y 的表达式,可能会失去解,因此要解出该 y 的表达式等于零的常数解看是否为原方程的解.因此,求微分方程的全体解,有公因式要分解因式,避免除以公因式失去解.

注 2　如果仅求方程的通解,除以 y 的表达式不需要讨论.

对形如 $\dfrac{\mathrm{d}y}{\mathrm{d}x}=F(ax+by+c)(b\neq 0)$ 的方程,令 $u=ax+by$, $\mathrm{d}u=a\mathrm{d}x+b\mathrm{d}y$, $\mathrm{d}y=\dfrac{1}{b}(\mathrm{d}u-a\mathrm{d}x)$,于是方程转化为 $\dfrac{1}{b}\dfrac{\mathrm{d}u}{\mathrm{d}x}=F(u+c)+\dfrac{a}{b}$,是关于 x,u 的变量可分离的微分方程,求出通解后,把 u 换成 $ax+by$.

3. $y''+py'+qy=0$ 称为二阶常系数线性齐次微分方程

求二阶常系数线性齐次微分方程通解的步骤是:

(1)写出齐次方程对应的特征方程 $r^2+pr+q=0$;(2)求出特征方程的根;(3)根据根的情况确定其通解.现列表如下:

特征方程 $r^2+pr+q=0$ 的根	方程 $y''+py'+qy=0$ 的通解
$\Delta>0$,有两个不同实根 $r_1\neq r_2$	$y=c_1\mathrm{e}^{r_1x}+c_2\mathrm{e}^{r_2x}$
$\Delta=0$,有两个相同实根 $r_1=r_2=r$	$y=(c_1+c_2x)\mathrm{e}^{rx}$
$\Delta<0$,有两个共轭复根 $r=\alpha\pm\mathrm{i}\beta$	$y=\mathrm{e}^{\alpha x}(c_1\cos\beta x+c_2\sin\beta x)$

4. $a_0y^{(n)}+a_1y^{(n-1)}+\cdots+a_{n-1}y'+a_ny=0$ 的特征根与通解

同理可得到 $a_0y^{(n)}+a_1y^{(n-1)}+\cdots+a_{n-1}y'+a_ny=0$ 对应的特征方程 $a_0r^n+a_1r^{n-1}+\cdots+a_{n-1}r+a_n=0$ 的根与微分方程的通解中对应项的关系如下表:

特征根	通解中的对应项
单实根 r	$c\mathrm{e}^{rx}$
一对单复根 $\alpha \pm \mathrm{i}\beta$	$\mathrm{e}^{\alpha x}(c_1\cos\beta x + c_2\sin\beta x)$
k 重实根 r	$\mathrm{e}^{rx}(c_1 + c_2 x + \cdots + c_k x^{k-1})$
k 重复根 $\alpha \pm \mathrm{i}\beta$	$\mathrm{e}^{\alpha x}\left[(C_1 + C_2 x + \cdots + C_k x^{k-1})\cos\beta x + (D_1 + D_2 x + \cdots + D_k x^{k-1})\sin\beta x\right]$

5. $y'' + py' + qy = f(x)$ 的特解

(1) $f(x) = p_n(x)\mathrm{e}^{\lambda x}$，$\lambda$ 是常数，$p_n(x)$ 是 x 的 n 次多项式.

设方程的特解 $\bar{y} = Q(x)\mathrm{e}^{\lambda x}$，其中 $Q(x)$ 是待求多项式，由 $\bar{y}' = Q'(x)\mathrm{e}^{\lambda x} + \lambda Q(x)\mathrm{e}^{\lambda x}$，$\bar{y}'' = Q''(x)\mathrm{e}^{\lambda x} + 2\lambda Q'(x)\mathrm{e}^{\lambda x} + \lambda^2 Q(x)\mathrm{e}^{\lambda x}$，把 $\bar{y}, \bar{y}', \bar{y}''$ 代入方程，有 $Q''(x)\mathrm{e}^{\lambda x} + 2\lambda Q'(x)\mathrm{e}^{\lambda x} + \lambda^2 Q(x)\mathrm{e}^{\lambda x} + pQ'(x)\mathrm{e}^{\lambda x} + \lambda pQ(x)\mathrm{e}^{\lambda x} + qQ(x)\mathrm{e}^{\lambda x} = p_n(x)\mathrm{e}^{\lambda x}$，化简后有

$$Q''(x) + (2\lambda + p)Q'(x) + (\lambda^2 + p\lambda + q)Q(x) = p_n(x). \qquad ①$$

(i) 若 λ 不是特征方程根，①式的右端 x 的最高次幂是 n，由于 $\lambda^2 + p\lambda + q \neq 0$，知左端 x 的最高次幂在 $Q(x)$，故设 $Q(x) = Q_n(x) = b_0 x^n + b_1 x^{n-1} + \cdots + b_{n-1}x + b_n$，其中 $b_0, b_1, \cdots, b_n$ 为待求常数. 把此时的 $Q(x)$ 代入①，利用两边多项式相同同次幂系数相等，得 $b_0, b_1, \cdots, b_n$ 的 $n+1$ 元方程组，解方程组即得.

(ii) 若 λ 是特征方程的单根，此时 $\lambda^2 + p\lambda + q = 0$，$2\lambda + p \neq 0$，等式①为

$$Q''(x) + (2\lambda + p)Q'(x) = p_n(x). \qquad ②$$

②式左边最高次幂在 $Q'(x)$ 中，故令 $Q(x) = xQ_n(x)$. 把此时的 $Q(x)$ 代入②，利用两边多项式相同，同次幂系数相等，得 $b_0, b_1, \cdots, b_n$ 的 $n+1$ 元方程组，解方程组即得.

(iii) 若 λ 是特征方程的重根，此时 $\lambda^2 + p\lambda + q = 0$，$2\lambda + p = 0$，等式①为

$$Q''(x) = p_n(x). \qquad ③$$

设 $Q(x) = x^2 Q_n(x)$. 把此时的 $Q(x)$ 代入③，利用两边多项式相同同次幂系数相等，得 $b_0, b_1, \cdots, b_n$ 的 $n+1$ 元方程组，解方程组即得.

综上所述，特解 $\bar{y} = Q(x)\mathrm{e}^{\lambda x}$，其中 $Q(x) = x^k Q_n(x)$，

$Q_n(x) = b_0 x^n + b_1 x^{n-1} + \cdots + b_{n-1}x + b_n$，其中 $b_0, b_1, \cdots, b_n$ 为待求常数.

$$k = \begin{cases} 0, & \lambda \text{ 不是特征方程的根}, \\ 1, & \lambda \text{ 是特征方程的单根}, \\ 2, & \lambda \text{ 是特征方程的重根}. \end{cases}$$

有时特解中的多项式次数较低，为了避免记公式，把 $\bar{y}, \bar{y}', \bar{y}''$ 代入方程，消去 $\mathrm{e}^{\lambda x}$，利用两边多项式相同同次幂系数相等，得 $b_0, b_1, \cdots, b_n$ 的 $n+1$ 元方程组，解方程组即得.

(2) $f(x) = \mathrm{e}^{\alpha x}\left[q_l(x)\cos\beta x + p_n(x)\sin\beta x\right]$ $(\beta \neq 0)$，$q_l(x)$，$p_n(x)$ 分别是 l 次与 n 次多项式.

同样可讨论得 $\bar{y} = x^k \mathrm{e}^{\alpha x}\left[Q_m(x)\cos\beta x + R_m(x)\sin\beta x\right]$，其中 $Q_m(x), R_m(x)$ 是待求的 m 次多项式，$m = \max\{l, n\}$.

$$k = \begin{cases} 0, & \lambda = \alpha + \mathrm{i}\beta \text{ 不是特征方程的根}, \\ 1, & \lambda = \alpha + \mathrm{i}\beta \text{ 是特征方程的根(此时，只能是单根)}. \end{cases}$$

然后把 $\bar{y}, \bar{y}', \bar{y}''$ 代入方程，消去 $\mathrm{e}^{\alpha x}$，得到等式两边 $\cos\beta x$ 的系数相同，$\sin\beta x$ 的系数相同，从而可求出 $Q_m(x)$ 与 $R_m(x)$，因此求出特解 $\bar{y}$.

6. $a_0 y^{(n)} + a_1 y^{(n-1)} + \cdots + a_{n-1}y' + a_n y = f(x)$ 的特解

求 $a_0 y^{(n)} + a_1 y^{(n-1)} + \cdots + a_{n-1}y' + a_n y = f(x)$ 的特解与上面的求法相同.

(1) $f(x) = p_n(x)\mathrm{e}^{\lambda x}$

设特解 $\bar{y} = Q(x)\mathrm{e}^{\lambda x}$，$Q(x) = x^k Q_n(x)$，$Q_n = b_0 x^n + b_1 x^{n-1} + \cdots + b_{n-1}x + b_n$，$b_0, b_1, \cdots, b_n$ 为待求常数.

$$k = \begin{cases} 0, \lambda \text{ 不是特征方程的根}, \\ j, \lambda \text{ 是特征方程的 } j \text{ 重根}. \end{cases}$$

然后把 $\bar{y}, \bar{y}', \cdots, \bar{y}^{(n)}$ 代入方程,消去 $e^{\lambda x}$,利用两边多项式相同次幂系数相等,得 $b_0, b_1, \cdots, b_n$ 的 $n+1$ 元方程组,解方程组即可.

(2) $f(x) = e^{\alpha x} [q_l(x) \cos \beta x + p_n(x) \sin \beta x] (\beta \neq 0)$

设特解 $\bar{y} = x^k e^{\alpha x} [Q_m(x) \cos \beta x + R_m(x) \sin \beta x]$, $Q_m(x), R_m(x)$ 是待求的 m 次多项式,$m = \max\{l, n\}$.

$$k = \begin{cases} 0, \lambda = \alpha + \beta i \text{ 不是特征方程的根}, \\ j, \lambda = \alpha + \beta i \text{ 是特征方程的 } j \text{ 重根}. \end{cases}$$

下面求法与 5(2) 的求法相同.

二、考题类型、解题策略及典型例题

类型 1.1 齐次微分方程 $\dfrac{dy}{dx} = \varphi\left(\dfrac{y}{x}\right)$ 或 $P(x, y)dx + Q(x, y)dy = 0$,其中 $P(x, y), Q(x, y)$ 是同次齐次函数.

解题策略 若 $\dfrac{dy}{dx} = \varphi\left(\dfrac{y}{x}\right)$.

设 $u = \dfrac{y}{x}, y = ux, \dfrac{dy}{dx} = x\dfrac{du}{dx} + u$,代入方程,得 $x\dfrac{du}{dx} + u = \varphi(u) \Leftrightarrow x\dfrac{du}{dx} = \varphi(u) - u$.

当 $\varphi(u) - u \neq 0$ 时,方程可化为 $\dfrac{1}{\varphi(u) - u}du = \dfrac{1}{x}dx$.

然后求出通解,再把 $u = \dfrac{y}{x}$ 代入,得方程的通解 $\varphi(u) - u = 0$ 的常数解 $u = k_i (i = 1, 2, \cdots, m)$,即 $y = k_i x$ 经检验也是原方程的解.

若 $P(x, y)dx + Q(x, y)dy = 0$,$P(x, y), Q(x, y)$ 是同次齐次函数,设为 k 次齐函数,有

$$P(x, y) = P\left(x \cdot 1, x \cdot \frac{y}{x}\right) = x^k P\left(1, \frac{y}{x}\right), Q(x, y) = Q\left(x \cdot 1, x \cdot \frac{y}{x}\right) = x^k Q\left(1, \frac{y}{x}\right),$$

于是,方程化为 $\dfrac{dy}{dx} = -\dfrac{P(x, y)}{Q(x, y)} = -\dfrac{P\left(1, \dfrac{y}{x}\right)}{Q\left(1, \dfrac{y}{x}\right)} \xlongequal{\Delta} \varphi\left(\dfrac{y}{x}\right)$.

然后按前面的解法.

例 8.1 解方程 $x\dfrac{dy}{dx} = \dfrac{y^2}{y - x}$.

解 $\dfrac{dy}{dx} = \dfrac{y^2}{xy - x^2} = \dfrac{\left(\dfrac{y}{x}\right)^2}{\dfrac{y}{x} - 1}$.

设 $\dfrac{y}{x} = u, \varphi(u) = \dfrac{u^2}{u - 1}$,于是 $\displaystyle\int \frac{1}{\varphi(u) - u}du + c_1 = \int \frac{1}{\dfrac{u^2}{u-1} - u}du + c_1 = \int \frac{u-1}{u}du + c_1 = c_1 + u -$

$\ln|u| = \ln|x|$.

故方程的通解为 $|x| = e^{c_1}e^{u - \ln|u|} = \dfrac{e^{c_1}e^u}{e^{\ln|u|}} = \dfrac{e^{c_1}e^u}{|u|} = \dfrac{e^{c_1}e^{\frac{y}{x}}}{\left|\dfrac{y}{x}\right|}$,即 $y = ce^{\frac{y}{x}} (c = \pm e^{c_1})$.

$\varphi(u) - u = 0 \Leftrightarrow \dfrac{u^2}{u-1} - u = 0 \Leftrightarrow \dfrac{u}{u-1} = 0 \Leftrightarrow u = 0 \Leftrightarrow y = 0$,但 $y = 0$ 已包含在 $y = ce^{\frac{y}{x}}$ 之中,故原方

程的解为 $y=c e^{\frac{y}{x}}$.

若 $\dfrac{\mathrm{d}y}{\mathrm{d}x}=f\left(\dfrac{ax+by+c}{a'x+b'y+c'}\right)\left(\left|\begin{array}{cc}a & b \\ a' & b'\end{array}\right|\neq 0\right)$,

由 $\begin{cases}ax+by+c=0, \\ a'x+b'y+c'=0\end{cases}$ 的系数行列式不为零,有唯一解,解得 $\begin{cases}x=x_0, \\ y=y_0.\end{cases}$

令 $x=X+x_0,y=Y+y_0$,代入方程,有 $\dfrac{\mathrm{d}Y}{\mathrm{d}X}=f\left(\dfrac{aX+bY}{a'X+b'Y}\right)=f\left(\dfrac{a+b\dfrac{Y}{X}}{a'+b'\dfrac{Y}{X}}\right)$,为齐次微分方程.

若 $\left|\begin{array}{cc}a & b \\ a' & b'\end{array}\right|=0$,知 $\dfrac{a}{a'}=\dfrac{b}{b'}=k$,得 $a=a'k,b=b'k$,则 $\dfrac{\mathrm{d}y}{\mathrm{d}x}=f\left[\dfrac{k(a'x+b'y)+c}{a'x+b'y+c'}\right]\triangleq\varphi(a'x+b'y)$.

类型 1.2 一阶线性微分方程 $\dfrac{\mathbf{d}y}{\mathbf{d}x}+P(x)y=Q(x)$,其中 $P(x),Q(x)$ 是 x 的已知函数

解题策略 若 $\dfrac{\mathrm{d}y}{\mathrm{d}x}+P(x)y=0$,则通解为 $y=c e^{-\int P(x)\mathrm{d}x}$.

若 $\dfrac{\mathrm{d}y}{\mathrm{d}x}+P(x)y=Q(x)$,则方程通解为 $y=e^{-\int P(x)\mathrm{d}x}\left[\int Q(x)e^{\int P(x)\mathrm{d}x}\mathrm{d}x+c\right]$.

证明 设方程的解为 $y=u(x)e^{-\int P(x)\mathrm{d}x}$,其中 $u(x)$ 为待求函数,有

$$\frac{\mathrm{d}y}{\mathrm{d}x}=u'(x)e^{-\int P(x)\mathrm{d}x}-u(x)p(x)e^{-\int P(x)\mathrm{d}x},$$

把 y,y' 代入方程,有

$$u'(x)e^{-\int P(x)\mathrm{d}x}-u(x)p(x)e^{-\int P(x)\mathrm{d}x}+u(x)p(x)e^{-\int P(x)\mathrm{d}x}=Q(x),$$

$$u'(x)=Q(x)e^{\int P(x)\mathrm{d}x},u(x)=\int Q(x)e^{\int P(x)\mathrm{d}x}\mathrm{d}x+c.$$

即 $y=e^{-\int P(x)\mathrm{d}x}\left[\int Q(x)e^{\int P(x)\mathrm{d}x}\mathrm{d}x+c\right]$ 是方程的解,由此解含有一个任意常数,故为原方程的通解.

例 8.2 解方程 $\dfrac{\mathrm{d}y}{\mathrm{d}x}=\dfrac{1}{x-2y}$.

分析 两边分子、分母颠倒,就是 y 是自变量,x 是因变量的一阶线性微分方程.

解 $\dfrac{\mathrm{d}y}{\mathrm{d}x}=\dfrac{1}{x-2y}\Leftrightarrow\dfrac{\mathrm{d}x}{\mathrm{d}y}=x-2y\Leftrightarrow\dfrac{\mathrm{d}x}{\mathrm{d}y}-x=-2y$.

$P(y)=-1,Q(y)=-2y$,由 $\int p(y)\mathrm{d}y=\int-\mathrm{d}y=-y$,得

$$\int e^{\int p(y)\mathrm{d}y}Q(y)\mathrm{d}y=\int-2ye^{-y}\mathrm{d}y=\int 2y\mathrm{d}(e^{-y})=2ye^{-y}-\int 2e^{-y}\mathrm{d}y=2ye^{-y}+2e^{-y}.$$

于是方程的通解为 $x=e^{y}(2ye^{-y}+2e^{-y}+c)=2y+2+ce^{y}$.

例 8.3 已知函数 $y=y(x)$ 在任意点 x 处的增量 $\Delta y=\dfrac{y\Delta x}{1+x^2}+\alpha$,且当 $\Delta x\to 0$ 时,α 是 Δx 的高阶无穷小量,$y(0)=\pi$,求 $y(1)$.

分析 看到 α 是 Δx 的高阶无穷小量,就要想到两边除以 Δx,取极限得到微分方程.

解 由 $\Delta y=\dfrac{y\Delta x}{1+x^2}+\alpha\Leftrightarrow\dfrac{\Delta y}{\Delta x}=\dfrac{y}{1+x^2}+\dfrac{\alpha}{\Delta x}$,令 $\Delta x\to 0$,得

$$\frac{\mathrm{d}y}{\mathrm{d}x}=\frac{y}{1+x^2}\Leftrightarrow\frac{1}{y}\mathrm{d}y=\frac{1}{1+x^2}\mathrm{d}x\Leftrightarrow\int\frac{1}{y}\mathrm{d}y=\int\frac{1}{1+x^2}\mathrm{d}x+c_1$$

$$\Leftrightarrow\ln|y|=\arctan x+c_1,\text{故方程的通解为 }y=ce^{\arctan x}(c=\pm e^{c_1}).$$

由 $y(0)=\pi$,得 $c=\pi$,由 $y=ce^{\arctan x}$,所以 $y(1)=\pi e^{\frac{\pi}{4}}$.

例 8.4 求微分方程 $x\ln x\mathrm{d}y+(y-\ln x)\mathrm{d}x=0$ 满足条件 $y|_{x=e}=1$ 的特解.

分析 由条件 $y|_{x=e}=1$,知 $y=y(x)$,两边除以自变量 x 的表达式不需要讨论,这样做至多缩小了函数的定义域,但不影响求函数的表达式,两边除以因变量 y 的表达式要讨论,否则会失去解.

解　$\dfrac{\mathrm{d}y}{\mathrm{d}x}+\dfrac{1}{x\ln x}y=\dfrac{1}{x}(x\neq 1)$，由一阶线性微分方程求解公式得

$$y=\mathrm{e}^{-\int\frac{1}{x\ln x}\mathrm{d}x}\left[\int\frac{1}{x}\mathrm{e}^{\int\frac{1}{x\ln x}\mathrm{d}x}\mathrm{d}x+c\right]=\frac{1}{\ln x}\left(\int\frac{1}{x}\cdot\ln x\mathrm{d}x+c\right)=\frac{1}{\ln x}\left(\frac{1}{2}\ln^2 x+c\right).$$

由 $y\big|_{x=\mathrm{e}}=1$，解得 $c=\dfrac{1}{2}$，所以方程的特解为 $y=\dfrac{1}{2}\left(\ln x+\dfrac{1}{\ln x}\right)$.

类型 1.3　伯努利(Bernoulli)方程 $\dfrac{\mathrm{d}y}{\mathrm{d}x}+P(x)y=Q(x)y^n$，其中 $n\neq 0,1,n$ 为实数

解题策略　由 $\dfrac{\mathrm{d}y}{\mathrm{d}x}+P(x)y=Q(x)y^n$，当 $y\neq 0$ 时，得 $y^{-n}\dfrac{\mathrm{d}y}{\mathrm{d}x}+P(x)y^{1-n}=Q(x)$，化为 $\dfrac{1}{1-n}\dfrac{\mathrm{d}y^{1-n}}{\mathrm{d}x}+$

$P(x)y^{1-n}=Q(x)$.

令 $u=y^{1-n}$，有 $\dfrac{1}{1-n}\dfrac{\mathrm{d}u}{\mathrm{d}x}+P(x)u=Q(x)$，即 $\dfrac{\mathrm{d}u}{\mathrm{d}x}+(1-n)P(x)u=(1-n)Q(x)$.

这是一阶线性微分方程，可利用公式求出通解. 当 $n>0$ 时，$y=0$ 显然也是原方程的解.

注　在解微分方程时，经常用变量替换，把复杂的微分方程转化为简单的微分方程，把不熟悉的微分方程转化为熟悉的微分方程.

例 8.6　求微分方程 $x^2y'+xy=y^2$ 满足 $y(1)=1$ 的特解.

解法一　$x^2\dfrac{\mathrm{d}y}{\mathrm{d}x}+xy=y^2\Leftrightarrow\dfrac{\mathrm{d}y}{\mathrm{d}x}+\dfrac{1}{x}y=\dfrac{1}{x^2}y^2$（伯努利方程）

$$\Leftrightarrow y^{-2}\dfrac{\mathrm{d}y}{\mathrm{d}x}+\dfrac{1}{x}y^{-1}=\dfrac{1}{x^2}\Leftrightarrow-\dfrac{\mathrm{d}y^{-1}}{\mathrm{d}x}+\dfrac{1}{x}y^{-1}=\dfrac{1}{x^2}.$$

设 $\dfrac{1}{y}=z$，得 $\dfrac{\mathrm{d}z}{\mathrm{d}x}-\dfrac{1}{x}z=-\dfrac{1}{x^2}$，$z=\mathrm{e}^{-\int-\frac{1}{x}\mathrm{d}x}\left[\int-\dfrac{1}{x^2}\mathrm{e}^{\int-\frac{1}{x}\mathrm{d}x}\mathrm{d}x+c\right]=x\left[-\int\dfrac{1}{x^3}\mathrm{d}x+c\right]=\dfrac{1}{2x}+cx$.

即 $\dfrac{1}{y}=\dfrac{1}{2x}+cx$，由 $y(1)=1$，得 $c=\dfrac{1}{2}$，从而 $\dfrac{1}{y}=\dfrac{1}{2x}+\dfrac{x}{2}$，故原方程的特解为 $y=\dfrac{2x}{1+x^2}$.

解法二　由 $x^2y'+xy=y^2\Leftrightarrow y'=\dfrac{y^2-xy}{x^2}\Leftrightarrow\dfrac{\mathrm{d}y}{\mathrm{d}x}=\left(\dfrac{y}{x}\right)^2-\dfrac{y}{x}$. 设 $\dfrac{y}{x}=u,\varphi(u)=u^2-u$，于是

$$\int\dfrac{1}{\varphi(u)-u}\mathrm{d}u=\int\dfrac{1}{u^2-2u}\mathrm{d}u=\dfrac{1}{2}\int\left(\dfrac{1}{u-2}-\dfrac{1}{u}\right)\mathrm{d}u=\dfrac{1}{2}\left[\ln|u-2|-\ln|u|\right]=\dfrac{1}{2}\ln\left|\dfrac{u-2}{u}\right|$$

$$=\ln|x|+\dfrac{1}{2}c_1,$$

从而 $\dfrac{u-2}{u}=cx^2\left(c=\pm\mathrm{e}^{c_1}\right)$，即 $\dfrac{y-2x}{y}=cx^2$.

由 $y(1)=1$，知 $c=-1$，故原方程解为 $x^2=-\dfrac{y-2x}{y}$，即 $y=\dfrac{2x}{1+x^2}$.

类型 1.4　全微分方程 $P(x,y)\mathrm{d}x+Q(x,y)\mathrm{d}y=0$，其中 $P(x,y),Q(x,y)$ 在某单连通区域 D 上具有连续的一阶偏导数且 $\dfrac{\partial Q}{\partial x}=\dfrac{\partial P}{\partial y}$

解题策略　由平面曲线积分与路径无关性知

$$u(x,y)=\int_{x_0}^{x}P(x,y_0)\mathrm{d}x+\int_{y_0}^{y}Q(x,y)\mathrm{d}y,\ \text{即}\ \mathrm{d}u(x,y)=P(x,y)\mathrm{d}x+Q(x,y)\mathrm{d}y,$$

方程可化为 $\mathrm{d}u(x,y)=0$，即 $u(x,y)=c$ 是方程的通解. 若 $(0,0)\in D$，取 $(x_0,y_0)=(0,0)$，此时计算 $u(x,y)$ 方便.

类型 1.5　可降阶的高阶微分方程 $y^{(n)}=f(x)$

解题策略　可通过逐次积分求解.

$$y^{(n-1)}=\int f(x)\mathrm{d}x+c_1,\ y^{(n-2)}=\int\left(\int f(x)\mathrm{d}x\right)\mathrm{d}x+c_1x+c_2,\cdots.$$

类型 1.6　可降阶的高阶微分方程 $F\left(x, \dfrac{\mathrm{d}y}{\mathrm{d}x}, \dfrac{\mathrm{d}^2 y}{\mathrm{d}x^2}\right)=0$

解题策略　特点是不显含 y，如果把 $\dfrac{\mathrm{d}y}{\mathrm{d}x}$ 解出，用 x 表示，则 y 就可解出，因此令 $y'=\dfrac{\mathrm{d}y}{\mathrm{d}x}=p(x)$，则有

$\dfrac{\mathrm{d}^2 y}{\mathrm{d}x^2}=\dfrac{\mathrm{d}y'}{\mathrm{d}x}=\dfrac{\mathrm{d}p}{\mathrm{d}x}$，于是方程转化为 $F\left(x, p, \dfrac{\mathrm{d}p}{\mathrm{d}x}\right)=0$，这里 x 是自变量，p 是因变量的一阶微分方程，

利用一阶微分方程的方法，可得 $\varphi(x, p, c_1)=0 \Leftrightarrow \varphi\left(x, \dfrac{\mathrm{d}y}{\mathrm{d}x}, c_1\right)=0$，再解之即得.

例 8.7　解方程 $y^{(4)}-\dfrac{1}{x}y^{(3)}=0$.

分析　这是不显含 y 可降阶的高阶微分方程.

解　这是不显含 y 的方程，设 $u=y^{(3)}, \dfrac{\mathrm{d}u}{\mathrm{d}x}=y^{(4)}$，于是 $\dfrac{\mathrm{d}u}{\mathrm{d}x}-\dfrac{1}{x}u=0$.

$u=c_1\mathrm{e}^{-\int -\frac{1}{x}\mathrm{d}x}=c_1\mathrm{e}^{\int \frac{1}{x}\mathrm{d}x}=c_1\mathrm{e}^{\ln x}=c_1 x$，即 $y^{(3)}=c_1 x$，从而 $y''=\dfrac{1}{2}c_1 x^2+c_2$.

$y'=\dfrac{1}{6}c_1 x^3+c_2 x+c_3$，所以方程通解为 $y=\dfrac{1}{24}c_1 x^4+\dfrac{1}{2}c_2 x^2+c_3 x+c_4$.

类型 1.7　可降阶的高阶微分方程 $F\left(y, \dfrac{\mathrm{d}y}{\mathrm{d}x}, \dfrac{\mathrm{d}^2 y}{\mathrm{d}x^2}\right)=0$

解题策略　特点是不显含 x，如果把 $\dfrac{\mathrm{d}y}{\mathrm{d}x}$ 解出，用 y 表示，则可求出 $y=y(x)$. 因此，令 $y'=\dfrac{\mathrm{d}y}{\mathrm{d}x}=p(y)$，

$y=y(x)$，则 $\dfrac{\mathrm{d}^2 y}{\mathrm{d}x^2}=\dfrac{\mathrm{d}y'}{\mathrm{d}x}=\dfrac{\mathrm{d}p(y)}{\mathrm{d}x}=\dfrac{\mathrm{d}p}{\mathrm{d}y}\cdot\dfrac{\mathrm{d}y}{\mathrm{d}x}=p\cdot\dfrac{\mathrm{d}p}{\mathrm{d}y}$，于是方程转化为 $F\left(y, p, \dfrac{\mathrm{d}p}{\mathrm{d}y}\right)=0$，这里 y 是自变

量，p 是因变量的一阶微分方程，利用一阶微分方程的方法，可解得 $\varphi(y, p, c_1)=0 \Leftrightarrow \varphi\left(y, \dfrac{\mathrm{d}y}{\mathrm{d}x}, c_1\right)=0$，再解

之即得.

例 8.8　解方程 $y''-\mathrm{e}^y y'=0$ 且满足 $y|_{x=0}=0$，$y'|_{x=0}=2$.

分析　这是不显含 x 可降阶的二阶微分方程.

解　设 $y'=p(y), y''=p\cdot\dfrac{\mathrm{d}p}{\mathrm{d}y}$，于是 $p\dfrac{\mathrm{d}p}{\mathrm{d}y}-p\mathrm{e}^y=0 \Leftrightarrow p\left(\dfrac{\mathrm{d}p}{\mathrm{d}y}-\mathrm{e}^y\right)=0$.

当 $p=0$ 时，$y'=0$ 不满足 $y'|_{x=0}=2$，无解.

当 $\dfrac{\mathrm{d}p}{\mathrm{d}y}=\mathrm{e}^y$ 时，$p=\mathrm{e}^y+c_1$，由 $x=0, y=0, y'=2$，即 $p=2$，得 $2=\mathrm{e}^0+c_1$，解得 $c_1=1$，从而

$$p=\mathrm{e}^y+1 \Leftrightarrow \dfrac{\mathrm{d}y}{\mathrm{d}x}=\mathrm{e}^y+1 \Leftrightarrow \dfrac{\mathrm{d}x}{\mathrm{d}y}=\dfrac{1}{\mathrm{e}^y+1},$$

解得 $x=\displaystyle\int \dfrac{1}{\mathrm{e}^y+1}\mathrm{d}y+c_2=\int \dfrac{1+\mathrm{e}^y-\mathrm{e}^y}{\mathrm{e}^y+1}\mathrm{d}y+c_2=y-\ln(1+\mathrm{e}^y)+c_2.$

将 $x=0, y=0$ 代入，得 $0=0-\ln 2+c_2$，有 $c_2=\ln 2$，故原方程的解为 $x=y-\ln(1+\mathrm{e}^y)+\ln 2.$

例 8.9　解方程 $yy''=2y'^2$.

分析　这是不显含 x 可降阶的二阶微分方程.

解法一　令 $y'=p(y), y''=p\cdot\dfrac{\mathrm{d}p}{\mathrm{d}y}$，代入方程，有 $yp\dfrac{\mathrm{d}p}{\mathrm{d}y}=2p^2 \Leftrightarrow p\left(y\dfrac{\mathrm{d}p}{\mathrm{d}y}-2p\right)=0$.

当 $p=0$ 时，$y'=0$，得 $y=c$.

当 $y\dfrac{\mathrm{d}p}{\mathrm{d}y}=2p$ 时，$\dfrac{\mathrm{d}p}{p}=\dfrac{2\mathrm{d}y}{y}$，得 $p=c_1'y^2$ 或 $\dfrac{\mathrm{d}y}{\mathrm{d}x}=c_1'y^2$，从而有 $\dfrac{\mathrm{d}y}{y^2}=c_1'\mathrm{d}x \Leftrightarrow -\dfrac{1}{y}=c_1'x+c_2'$，取 $c_1=$

$-c_1', c_2=-c_2'$，即 $y=\dfrac{1}{c_1 x+c_2}$.

因解 $y=c(c\neq 0)$ 已包含在解 $y=\dfrac{1}{c_1 x+c_2}$ 之中（$c_1=0, c_2\neq 0$），故原方程的通解为 $y=0$ 与 $y=$

$\dfrac{1}{c_1x+c_2}$，其中 c_1,c_2 是不同时为零的任意常数.

解法二　当 $y'=0$ 时，$y=c$ 是方程的解.

当 $y'\neq 0$ 时，原方程化为 $\dfrac{y''}{y'}=\dfrac{2y'}{y}\Leftrightarrow \mathrm{d}(\ln y')=\mathrm{d}(\ln y^2)$，从而有 $y'=c_1y^2$，以后计算与解法一相同.

类型 1.8　高阶线性常系数微分方程

解题策略　用前面介绍的解高阶线性常系数微分方程的方法.

例 8.10　解方程 $y'''+3y''+3y'+y=0$.

解　由特征方程为 $r^3+3r^2+3r+1=0\Leftrightarrow(r+1)^3=0$，解得 $r_1=r_2=r_3=-1$，故方程的通解为
$y=\mathrm{e}^{-x}(c_1+c_2x+c_3x^2)$.

例 8.11　解方程 $y^{(4)}-y=0$.

解　由特征方程为 $r^4-1=0\Leftrightarrow(r-\mathrm{i})(r+\mathrm{i})(r-1)(r+1)=0$，解得 $r_1=-1,r_2=1,r_{3,4}=\pm\mathrm{i}$，故方程的通解为 $y=c_1\mathrm{e}^{-x}+c_2\mathrm{e}^x+c_3\cos x+c_4\sin x$.

例 8.12　求非齐次方程 $y''-2y'-3y=(x^2+1)\mathrm{e}^{-x}$.

解　由对应齐次方程的特征方程为 $r^2-2r-3=0\Leftrightarrow(r+1)(r-3)=0$，解得 $r_1=-1,r_2=3$，则齐次方程 $y''-2y'-3y=0$ 的通解为 $Y=c_1\mathrm{e}^{-x}+c_2\mathrm{e}^{3x}$.

由 $\lambda=-1$ 是 $r^2-2r-3=0$ 的单根，且右端为二次多项式，设 $\bar{y}=x(b_0x^2+b_1x+b_2)\mathrm{e}^{-x}$.

$Q(x)=b_0x^3+b_1x^2+b_2x,Q'(x)=3b_0x^2+2b_1x+b_2,Q''(x)=6b_0x+2b_1$，则有
$$6b_0x+2b_1+\big[2(-1)+(-2)\big](3b_0x^2+2b_1x+b_2)=x^2+1,$$
$$6b_0x+2b_1-4(3b_0x^2+2b_1x+b_2)=x^2+1,-12b_0x^2+(6b_0-8b_1)x+2b_1-8b_2=x^2+1,$$
$$\Rightarrow\begin{cases}-12b_0=1,\\6b_0-8b_1=0,\\2b_1-8b_2=1,\end{cases}$$

解之，得 $b_0=-\dfrac{1}{12},b_1=-\dfrac{1}{16},b_2=-\dfrac{9}{32}$，知 $\bar{y}=-\dfrac{x}{4}\left(\dfrac{x^2}{3}+\dfrac{x}{4}+\dfrac{9}{8}\right)\mathrm{e}^{-x}$，故方程的通解 $y=Y+\bar{y}=c_1\mathrm{e}^{-x}$
$+c_2\mathrm{e}^{3x}-\dfrac{x}{4}\left(\dfrac{x^2}{3}+\dfrac{x}{4}+\dfrac{9}{8}\right)\mathrm{e}^{-x}$.

例 8.13　求微分方程 $y''+y=x\cos 2x$ 的通解.

解　所给方程是二阶常系数非齐次线性方程，且 $f(x)$ 属于 $\mathrm{e}^{\alpha x}\big[q_l(x)\cos\beta x+p_n(x)\sin\beta x\big]$ 型（其中 $\alpha=0,\beta=2,q_l(x)=x,p_n(x)=0$）.与所给方程对应的齐次方程为 $y''+y=0$，它的特征方程为 $r^2+1=0$，解得 $r=\pm\mathrm{i}$.由 $m=\max\{1,0\}=1$，且 $\alpha+\mathrm{i}\beta=2\mathrm{i}$ 不是特征方程的根，所以应设特解为 $\bar{y}=(ax+b)\cos 2x+(cx+d)\sin 2x$，把它代入所给方程，得
$$(-3ax-3b+4c)\cos 2x-(3cx+3d+4a)\sin 2x=x\cos 2x.$$

比较两端同类项的系数，得 $\begin{cases}-3a=1,\\-3b+4c=0,\\-3c=0,\\-3d-4a=0,\end{cases}$ 解得 $\begin{cases}a=-\dfrac{1}{3},\\b=0,\\c=0,\\d=\dfrac{4}{9}.\end{cases}$

所以求得一个特解为 $\bar{y}=-\dfrac{1}{3}x\cos 2x+\dfrac{4}{9}\sin 2x$，

于是原方程的通解为 $y=Y+\bar{y}=c_1\cos x+c_2\sin x-\dfrac{1}{3}x\cos 2x+\dfrac{4}{9}\sin 2x$.

例 8.14　求 $y''-3y'+2y=4x+\mathrm{e}^{3x}+5\mathrm{e}^{-x}\cos x$ 的通解.

分析　分别求出 $y''-3y'+2y=4x,y''-3y'+2y=\mathrm{e}^{3x},y''-3y'+2y=5\mathrm{e}^{-x}\cos x$ 的特解，再相加，求出原方程的特解.

解 相应齐次方程 $y''-3y'+2y=0$ 的特征方程为 $r^2-3r+2=0$,解之,得 $r_1=1,r_2=2$.

知齐次方程的通解为 $Y=c_1e^x+c_2e^{2x}$. 又非齐次方程 $y''-3y'+2y=4x$ 的特解为 $\bar{y}=2x+3$. $y''-3y'+2y=e^{3x}$ 的特解为 $\bar{y}_2=\frac{1}{2}e^{3x}$,$y''-3y'+2y=5e^{-x}\cos x$ 的特解为 $\bar{y}_3=\frac{1}{2}e^{-x}(\cos x-\sin x)$.

故原方程的通解为 $y=Y+\bar{y}_1+\bar{y}_2+\bar{y}_3=c_1e^x+c_2e^{2x}+2x+3+\frac{1}{2}e^{3x}+\frac{1}{2}e^{-x}(\cos x-\sin x)$.

例 8.15 求 $y^{(4)}+2y''+y=xe^x$ 的通解.

分析 根据条件设出特解的形式,代入原方程,求出待求的常数,求出通解.

解 $y^{(4)}+2y''+y=0$ 的特征方程为 $r^4+2r^2+1=0\Leftrightarrow(r^2+1)^2=0$,

解得二重共轭复根 $\pm i$. 其通解 $Y=(c_1+c_2x)\cos x+(c_3+c_4x)\sin x$.

由 $p_n(x)=x$ 为一次多项式,且 $\lambda=1$ 不是特征方程的根,设 $\bar{y}=(b_0x+b_1)e^x$,代入原方程,有

$$[(b_0x+b_1)e^x]^{(4)}+2[(b_0x+b_1)e^x]''+(b_0x+b_1)e^x=xe^x.$$

求导后,消去 e^x,得 $4b_0x+8b_0+4b_1=x$,解得 $b_0=\frac{1}{4}$,$b_1=-\frac{1}{2}$,得特解 $\bar{y}=\frac{1}{2}\left(\frac{x}{2}-1\right)e^x$.

故原方程的通解为 $y=Y+\bar{y}=(c_1+c_2x)\cos x+(c_3+c_4x)\sin x+\frac{1}{2}\left(\frac{x}{2}-1\right)e^x$.

例 8.16 求微分方程 $y''+y'=x^2$ 的通解.

解法一 对应齐次方程的特征方程为 $r^2+r=0$. 解得 $r=0,r=-1$,故齐次方程的通解为 $Y=c_1+c_2e^{-x}$. 由 $\lambda=0$ 是特征方程的单根,x^2 是二次多项式,故设特解

$$\bar{y}=x(ax^2+bx+c)=ax^3+bx^2+cx,$$

其中 $Q(x)=ax^3+bx^2+cx,Q'(x)=3ax^2+2bx+c,Q''(x)=6ax+2b$. 代入 $Q''(x)+(2\lambda+p)Q'=x^2$,得 $6ax+2b+3ax^2+2bx+c=x^2$,解得 $a=\frac{1}{3},b=-1,c=2$.

因此,原方程的通解为 $y=\frac{1}{3}x^3-x^2+2x+c_1+c_2e^{-x}$.

解法二 令 $y'=p(x),y''=p'$,代入原方程,得 $p'+p=x^2$,

$$p=e^{-x}\left(\int x^2e^x dx+c_1\right)=e^{-x}(x^2e^x-2xe^x+2e^x+c_1)=(x^2-2x+2+c_1e^{-x}),$$

$$y=\int(x^2-2x+2+c_1e^{-x})dx=\frac{1}{3}x^3-x^2+2x-c_1e^{-x}+c_2.$$

解法三 原方程化为 $(y'+y)'=x^2$,两边积分得 $y'+y=\frac{1}{3}x^3+c_1$.

解此一阶方程,得 $y=e^{-x}\left[\int\left(\frac{1}{3}x^3+c_1\right)e^x dx+c_2\right]$

$$=e^{-x}\left[\frac{1}{3}(x^3e^x-3x^2e^x+6xe^x-6e^x)+c_1e^x+c_2\right]=\frac{1}{3}x^3-x^2+2x+c_1+c_2e^{-x}.$$

类型 1.9 欧拉方程 $x^ny^{(n)}+a_1x^{n-1}y^{(n-1)}+\cdots+a_{n-1}xy'+a_ny=f(x)$,其中 $a_1,a_2,\cdots,a_n$ 为常数

解题策略 用 $x=e^t$ 或 $t=\ln x$ 变换可将方程化为 n 阶常系数线性微分方程.

例如 $x^2\dfrac{d^2y}{dx^2}+a_1x\dfrac{dy}{dx}+a_2y=f(x)$. 令 $x=e^t$ 或 $t=\ln x$. 把 y 看成 t 的函数,t 是 x 的函数,于是

$$\frac{dy}{dx}=\frac{dy}{dt}\cdot\frac{dt}{dx}=\frac{dy}{dt}\cdot\frac{1}{x}=\frac{dy}{dt}e^{-t},\frac{d^2y}{dx^2}=\left(\frac{d^2y}{dt^2}e^{-t}-\frac{dy}{dt}e^{-t}\right)\cdot e^{-t}=e^{-2t}\left(\frac{d^2y}{dt^2}-\frac{dy}{dt}\right),$$

代入方程,有

$$\frac{d^2y}{dt^2}+(a_1-1)\frac{dy}{dt}+a_2y=f(e^t).$$

例 8.17 解方程 $x^2y''+xy'+4y=x^2$.

解 令 $x=e^t,\dfrac{dy}{dx}=\dfrac{dy}{dt}e^{-t},\dfrac{d^2y}{dx^2}=e^{-2t}\left(\dfrac{d^2y}{dt^2}-\dfrac{dy}{dt}\right)$,代入,有 $\dfrac{d^2y}{dt^2}+4y=e^{2t}$,解得

$$y = Y(t) + \bar{y}(t) = c_1 \cos 2t + c_2 \sin 2t + \frac{1}{8}\mathrm{e}^{2t} = c_1 \cos 2\ln x + c_2 \sin 2\ln x + \frac{1}{8}x^2.$$

类型 1.10　微分方程应用

解题策略　利用导数的实际意义把待求的问题转化为微分方程,用前面的方法去解决.

1. 几何应用

微分方程在几何上的应用,是指在一定的已知条件下求曲线方程,而已知条件包括已知曲线的切线或法线的某些性质,曲线的弧长或曲线围成的面积等某些关系.

例 8.18　试求一曲线 $y = f(x)$,且 $y'' > 0$,已知其曲率 $k = \dfrac{1}{2y^2 \cos \theta}$,$\theta$ 为切线倾角,且已知曲线在 $(1,1)$ 处的切线与 x 轴平行.

解　已知曲率 $k = \dfrac{1}{2y^2 \cos \theta} = \dfrac{\sqrt{1+\tan^2 \theta}}{2y^2} = \dfrac{\sqrt{1+y'^2}}{2y^2}$. 另一方面,由曲率公式,$k = \dfrac{y''}{(\sqrt{1+y'^2})^3}$,故得微分方程 $\dfrac{y''}{(\sqrt{1+y'^2})^3} = \dfrac{\sqrt{1+y'^2}}{2y^2}$,即 $2y^2 y'' = (1+y'^2)^2$.

由方程不显含 x,设 $y' = p$,则 $y'' = \dfrac{\mathrm{d}p}{\mathrm{d}x} = \dfrac{\mathrm{d}p}{\mathrm{d}y} \cdot \dfrac{\mathrm{d}y}{\mathrm{d}x} = p\dfrac{\mathrm{d}p}{\mathrm{d}y}$. 因此原方程化为 $2y^2 p \dfrac{\mathrm{d}p}{\mathrm{d}y} = (1+p^2)^2$.

分离变量,得 $\dfrac{2p\,\mathrm{d}p}{(1+p^2)^2} = \dfrac{\mathrm{d}y}{y^2}$,积分后得 $-\dfrac{1}{1+p^2} = -\dfrac{1}{y} + c$.

当 $x = 1$ 时,$y = 1$,$p = y' = 0$,故 $c = 0$. 因此 $\dfrac{1}{1+p^2} = \dfrac{1}{y}$,即 $1 + \left(\dfrac{\mathrm{d}y}{\mathrm{d}x}\right)^2 = y$.

将 $\dfrac{\mathrm{d}y}{\mathrm{d}x} = \pm\sqrt{y-1}$ 分离变量,得 $\dfrac{\mathrm{d}y}{\sqrt{y-1}} = \pm \mathrm{d}x$. 故 $2\sqrt{y-1} = \pm x + c$.

由 $y|_{x=1}$,得 $c = \mp 1$,故有 $2\sqrt{y-1} = \pm x \mp 1 = \pm(x-1)$,因此所求曲线方程为 $y = \dfrac{1}{4}(x-1)^2 + 1$.

例 8.19　设函数 $y(x)(x \geqslant 0)$ 二阶可导且 $y'(x) > 0$,$y(0) = 1$. 过曲线 $y = y(x)$ 上任意一点 $P(x,y)$ 作该曲线的切线及 x 轴的垂线,上述两直线与 x 轴所围成的三角形的面积记为 S_1,区间 $[0,x]$ 上以 $y = y(x)$ 为曲边的曲边梯形面积记为 S_2,并设 $2S_1 - S_2$ 恒为 1,求此曲线 $y = y(x)$ 的方程.

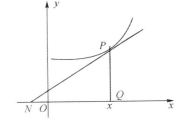

图 8-1

解　曲线 $y = y(x)$ 上点 $P(x,y)$ 处的切线方程为

$$Y - y = y'(x)(X - x).$$

它与 x 轴的交点为 $N\left(x - \dfrac{y}{y'}, 0\right)$. 由于 $y'(x) > 0$,$y(0) = 1$,从而 $y(x) > 0$,如图 8-1 所示,于是

$$S_1 = \frac{1}{2}y\left|x - \left(x - \frac{y}{y'}\right)\right| = \frac{y^2}{2y'}.$$

又 $S_2 = \displaystyle\int_0^x y(t)\,\mathrm{d}t$,由条件 $2S_1 - S_2 = 1$ 知

$$\frac{y^2}{y'} - \int_0^x y(t)\,\mathrm{d}t = 1. \tag{①}$$

两边对 x 求导,得 $\dfrac{2yy' \cdot y' - y^2 y''}{(y')^2} - y = 0 \Leftrightarrow yy'' = (y')^2$. 令 $p = y'$,则上述方程可化为

$$yp\frac{\mathrm{d}p}{\mathrm{d}y} = p^2 \Rightarrow \frac{\mathrm{d}p}{p} = \frac{\mathrm{d}y}{y}.$$

解得 $p = c_1 y$,即 $\dfrac{\mathrm{d}y}{\mathrm{d}x} = c_1 y$,于是 $y = \mathrm{e}^{c_1 x + c_2}$.

注意到 $y(0) = 1$,并由①式得 $y'(0) = 1$. 由此可得 $c_1 = 1$,$c_2 = 0$,故所求曲线的方程是 $y = \mathrm{e}^x$.

2. 物理应用

微分方程在力学上的应用，主要是利用牛顿第二定律，求质点的运动规律或运动速度.

例 8.20 从船上向海中沉放某种探测仪器，按探测要求，需确定仪器的下沉深度 y（从海平面算起）与下沉速度 v 之间的函数关系，设仪器在重力作用下，从海平面由静止开始铅直下沉，在下沉过程中还受到阻力和浮力的作用. 设仪器的质量为 m，体积为 B，海水比重为 ρ，仪器所受的阻力与下沉速度成正比，比例系数为 $k(k>0)$. 试建立 y 与 v 所满足的微分方程，并求出函数关系式 $y=y(v)$.

解 取沉放点为原点 O，Oy 轴正向铅直向下，则由牛顿第二定律得

$$m\frac{\mathrm{d}^2 y}{\mathrm{d}t^2}=mg-B\rho-kv.$$

由于 $\dfrac{\mathrm{d}^2 y}{\mathrm{d}t^2}=\dfrac{\mathrm{d}\left(\frac{\mathrm{d}y}{\mathrm{d}t}\right)}{\mathrm{d}t}=\dfrac{\mathrm{d}v}{\mathrm{d}t}=\dfrac{\mathrm{d}v}{\mathrm{d}y}\cdot\dfrac{\mathrm{d}y}{\mathrm{d}t}=v\cdot\dfrac{\mathrm{d}v}{\mathrm{d}y}$，将 $\dfrac{\mathrm{d}^2 y}{\mathrm{d}t^2}=v\dfrac{\mathrm{d}v}{\mathrm{d}y}$ 代入以消去 t，得 v 与 y 之间的微分方程

$$mv\frac{\mathrm{d}v}{\mathrm{d}y}=mg-B\rho-kv.$$

分离变量，得 $\mathrm{d}y=\dfrac{mv}{mg-B\rho-kv}\mathrm{d}v$，积分后得 $y=-\dfrac{m}{k}v-\dfrac{m(mg-B\rho)}{k^2}\ln(mg-B\rho-kv)+c$.

由初始条件 $v\big|_{y=0}=0$ 定出 $c=\dfrac{m(mg-B\rho)}{k^2}\ln(mg-B\rho)$，故所求的函数关系式为

$$y=-\frac{m}{k}v-\frac{m(mg-B\rho)}{k^2}\ln\frac{mg-B\rho-kv}{mg-B\rho}.$$

例 8.21 一质量为 m 的质点，以初速 v_0 垂直上抛，且空气的阻力与质点运动速度的平方成正比（比例系数为 $k>0$），求该质点从抛出至达到最高点的时间.

解 设在时刻 t 质点的运动速度为 $v=v(t)$，质点到达最高点的时间为 t，则 $v(t)=0$.

由牛顿第二定律，有 $m\dfrac{\mathrm{d}v}{\mathrm{d}t}=-mg-kv^2$，分离变量，得 $\dfrac{m\mathrm{d}v}{mg+kv^2}=-\mathrm{d}t$.

当 $t=0$ 时，$v=v_0$；当 $t=t$ 时，$v=0$. 故 $\displaystyle\int_{v_0}^{0}\dfrac{m\mathrm{d}v}{mg+kv^2}=-\int_{0}^{T}\mathrm{d}t$.

因此，$T=\displaystyle\int_{0}^{v_0}\dfrac{m\mathrm{d}v}{mg+kv^2}=\dfrac{m}{\sqrt{k}}\cdot\dfrac{1}{\sqrt{mg}}\arctan\dfrac{\sqrt{k}v}{\sqrt{mg}}\bigg|_{0}^{v_0}=\sqrt{\dfrac{m}{kg}}\arctan\sqrt{\dfrac{k}{mg}}v_0$.

例 8.22 设物体 A 从点 $(0,1)$ 出发，以速度大小为常数的 v 沿 y 轴正向运动，物体 B 从点 $(-1,0)$ 与 A 同时出发，其速度大小为 $2v$，方向始终指向 A，试建立物体 B 的运动轨迹所满足的微分方程，并写出初始条件.

解 轨迹如图 8-2 所示，设在时刻 t，B 位于点 (x,y) 处，则

$$\frac{\mathrm{d}y}{\mathrm{d}x}=\frac{1+vt-y}{-x}\Leftrightarrow x\frac{\mathrm{d}y}{\mathrm{d}x}=y-vt-1.$$

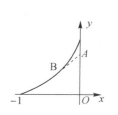

图 8-2

两边对 x 求导，得

$$\frac{\mathrm{d}y}{\mathrm{d}x}+x\frac{\mathrm{d}^2 y}{\mathrm{d}x^2}=\frac{\mathrm{d}y}{\mathrm{d}x}-v\frac{\mathrm{d}t}{\mathrm{d}x}\Leftrightarrow x\frac{\mathrm{d}^2 y}{\mathrm{d}x^2}=-v\frac{\mathrm{d}t}{\mathrm{d}x}.$$

由于 $2v=\dfrac{\mathrm{d}y}{\mathrm{d}t}=\sqrt{1+\left(\dfrac{\mathrm{d}y}{\mathrm{d}x}\right)^2}\cdot\dfrac{\mathrm{d}x}{\mathrm{d}t}\Leftrightarrow\dfrac{\mathrm{d}t}{\mathrm{d}x}=\dfrac{1}{2v}\sqrt{1+\left(\dfrac{\mathrm{d}y}{\mathrm{d}x}\right)^2}$，代入上式有 $x\dfrac{\mathrm{d}^2 y}{\mathrm{d}x^2}+\dfrac{1}{2}\sqrt{1+\left(\dfrac{\mathrm{d}y}{\mathrm{d}x}\right)^2}=0$，其初始条件为 $y\big|_{x=-1}=0$，$y'\big|_{x=-1}=1$.

3. 实际应用

主要是利用导数的实际意义，根据有关的概念和定律，运用数学知识，直接列出方程，然后解决问题.

例 8.23 一个半球体状的雪堆，其体积融化的速率与半球面面积 S 成正比，比例常数 $K>0$. 假设在融化过程中雪堆始终保持半球体状，已知半径为 r_0 的雪堆在开始融化的 3h 内，融化了其体积的 $\dfrac{7}{8}$，问雪堆全部融化需要多少时间？

解法一　设雪堆在时刻 t 的体积 $V = \frac{2}{3}\pi r^3$，$r = r(t)$，侧面积 $S = 2\pi r^2$，由题设知

$$\frac{\mathrm{d}V}{\mathrm{d}t} = 2\pi r^2 \frac{\mathrm{d}r}{\mathrm{d}t} = -KS = -2\pi K r^2,$$

于是 $\frac{\mathrm{d}r}{\mathrm{d}t} = -K$. 积分得 $r = -Kt + C$. 由 $r|_{t=0} = r_0$，有 $r = r_0 - Kt$.

又 $V|_{t=3} = \frac{1}{8}V|_{t=0}$，即 $\frac{2}{3}\pi(r_0 - 3K)^3 = \frac{1}{8} \cdot \frac{2}{3}\pi r_0^3$. 这样 $K = \frac{1}{6}r_0$，从而 $r = r_0 - \frac{1}{6}r_0 t$.

因雪球全部融化时 $r = 0$，故得 $t = 6$，即雪球全部融化需 6h.

解法二　设雪堆在时刻 t 的体积 $V = \frac{2}{3}\pi r^3$，侧面积 $S = 2\pi r^2$，从而 $S = \sqrt[3]{18\pi V^2}$.

由题设知 $\frac{\mathrm{d}V}{\mathrm{d}t} = -KS = -\sqrt[3]{18\pi V^2}K$，即 $\frac{\mathrm{d}V}{\sqrt[3]{V^2}} = -\sqrt[3]{18\pi}K\mathrm{d}t$.

积分得 $3\sqrt[3]{V} = -\sqrt[3]{18\pi}Kt + C$. 设 $V|_{t=0} = V_0$，得 $C = 3\sqrt[3]{V_0}$ 故有 $3\sqrt[3]{V} = 3\sqrt[3]{V_0} - \sqrt[3]{18\pi}Kt$. 又由 $V|_{t=3} = \frac{1}{8}V_0$，得 $\frac{3}{2}\sqrt[3]{V_0} = 3\sqrt[3]{V_0} = 3\sqrt[3]{18\pi}K$，从而 $K = \frac{\sqrt[3]{V_0}}{2\sqrt[3]{18\pi}}$，故 $3\sqrt[3]{V} = 3\sqrt[3]{V_0} - \frac{1}{2}\sqrt[3]{18\pi V_0}t$. 令 $V = 0$，得 $t = 6$，即雪球全部融化需 6h.

注　若设成 $\frac{\mathrm{d}V}{\mathrm{d}t} = KS$，由 $K > 0$，$S > 0$，由于 V 是递减函数，知 $\frac{\mathrm{d}V}{\mathrm{d}t} \leqslant 0$，两边不相等，矛盾. 这是一道陷阱题.

例 8.24　某湖泊的水量为 V，每年排入湖泊内含污染物 A 的污水量为 $\frac{V}{6}$，流入湖泊内不含 A 的水量为 $\frac{V}{6}$，流出湖泊的水量为 $\frac{V}{3}$. 已知 1999 年底湖中 A 的含量为 $5m_0$，超过国家规定指标. 为了治理污染，从 2000 年年初起，限定排入湖泊中含 A 污水的浓度不超过 $\frac{m_0}{V}$. 问：至多需经过多少年，湖泊中污染物 A 的含量降至 m_0 以内？（注：湖水中 A 的浓度是均匀的.）

分析　巧妙地在时间间隔 $[t, t+\mathrm{d}t]$ 内用微元法建立微分方程.

解　设从 2000 年年初（令此时 $t = 0$）开始，第 t 年湖泊中污染物 A 的总量为 m，浓度为 $\frac{m}{V}$，则在时间间隔 $[t, t+\mathrm{d}t]$ 内，排入湖泊中 A 的量为 $\frac{m_0}{V} \cdot \frac{V}{6}\mathrm{d}t = \frac{m_0}{6}\mathrm{d}t$，流出湖泊的水中 A 的量为 $\frac{m}{V} \cdot \frac{V}{3}\mathrm{d}t = \frac{m}{3}\mathrm{d}t$，因而在此时间间隔内湖泊中污染物 A 的改变量 $\mathrm{d}m = \left(\frac{m_0}{6} - \frac{m}{3}\right)\mathrm{d}t$.

由分离变量法解得 $m = \frac{m_0}{2} - Ce^{-\frac{t}{3}}$，代入初始条件 $m|_{t=0} = 5m_0$，得 $C = -\frac{9}{2}m_0$.

于是 $m = \frac{m_0}{2}\left(1 + 9e^{-\frac{t}{3}}\right)$. 令 $m = m_0$，得 $t = 6\ln 3$，即至多需经过 $6\ln 3$ 年，湖泊中污染物 A 的含量降至 m_0 以内.

例 8.25　在某一人群中推广新技术是通过其中已掌握新技术的人进行的，设该人群的总人数为 N，在 $t = 0$ 时刻已掌握新技术的人数为 x_0，在任意时刻 t 已掌握新技术的人数为 $x(t)$（将 $x(t)$ 视为连续可微变量），其变化率与已掌握新技术人数和未掌握新技术人数之积成正比，比例常数 $k > 0$，求 $x(t)$.

解　由题意，有 $\frac{\mathrm{d}x}{\mathrm{d}t} = kx(N-x)$，$x|_{t=0} = x_0$. 分离变量并积分，得 $x = \frac{NCe^{kNt}}{(1+Ce^{kNt})}$.

代入初始条件，得 $C = \frac{x_0}{N-x_0}$ 或 $x = \frac{Nx_0 e^{kNt}}{N - x_0 + x_0 e^{kNt}}$.

三、综合例题精选

例 8.26　设函数 $f(x)$ 在 $[0, +\infty)$ 上可导，$f(0) = 0$，且其反函数连续为 $g(x)$. 若 $\int_0^{f(x)} g(t)\mathrm{d}t = x^2 e^x$，

求 $f(x)$.

分析 看到变上限函数想到求导数,所以等式两边求导数建立微分方程.

解 等式两边对 x 求导,得 $g[f(x)]f'(x) = 2xe^x + x^2e^x$.

而 $g[f(x)] = x$,故 $xf'(x) = 2xe^x + x^2e^x$.

当 $x \neq 0$ 时,$f'(x) = 2e^x + xe^x$,积分得 $f(x) = (x+1)e^x + c$. 由于 $f(x)$ 在 $x = 0$ 处连续,故由 $f(0) = \lim_{x\to 0^+} f(x) = \lim_{x\to 0} [(x+1)e^x + c] = 0$,得 $c = -1$. 因此 $f(x) = (x+1)e^x - 1$.

例 8.27 函数 $f(x)$ 在 $[0, +\infty)$ 上可导,$f(0) = 1$,且满足等式 $f'(x) + f(x) - \dfrac{1}{x+1}\int_0^x f(t)\mathrm{d}t = 0$.

(1)求导数 $f'(x)$；　　　　(2)证明:当 $x \geqslant 0$ 时,$e^{-x} \leqslant f(x) \leqslant 1$ 成立不等式.

分析 看到变上限函数想到求导数,所以等式两边求导数建立微分方程.

解 (1)由题设知 $(x+1)f'(x) + (x+1)f(x) - \int_0^x f(t)\mathrm{d}t = 0$,上式两边对 x 求导,得

$$(x+1)f''(x) = -(x+2)f'(x).$$

设 $u = f'(x)$,则有 $\dfrac{\mathrm{d}u}{\mathrm{d}x} = -\dfrac{x+2}{x+1}u$,解之得 $f'(x) = u = \dfrac{ce^{-x}}{x+1}$.

由 $f(0) = 1$ 及 $f'(0) + f(0) = 0$,知 $f'(0) = -1$,从而 $c = -1$,因此 $f'(x) = -\dfrac{e^{-x}}{x+1}$.

(2)**证法一** 当 $x \geqslant 0$ 时,$f'(x) < 0$,即 $f(x)$ 单调减少,又 $f(0) = 1$,所以 $f(x) \leqslant f(0) = 1$.

设 $\varphi(x) = f(x) - e^{-x}$,则 $\varphi(0) = 0$,$\varphi'(x) = f'(x) + e^{-x} = \dfrac{x}{x+1}e^{-x}$. 当 $x \geqslant 0$ 时,$\varphi'(x) \geqslant 0$,即 $\varphi(x)$ 单调增加,因而 $\varphi(x) \geqslant \varphi(0) = 0$,即有 $f(x) \geqslant e^{-x}$.

综上所述,当 $x \geqslant 0$ 时,成立不等式 $e^{-x} \leqslant f(x) \leqslant 1$.

证法二 由于 $\int_0^x f'(t)\mathrm{d}t = f(x) - f(0) = f(x) - 1$,所以 $f(x) = 1 - \int_0^x \dfrac{e^{-t}}{t+1}\mathrm{d}t$.

注意到当 $x \geqslant 0$ 时,$0 \leqslant \int_0^x \dfrac{e^{-t}}{t+1}\mathrm{d}t \leqslant \int_0^x e^{-t}\mathrm{d}t = 1 - e^{-x}$,因而 $e^{-x} \leqslant f(x) \leqslant 1$.

例 8.28 已知 $y_1 = xe^x + e^{2x}$,$y_2 = xe^x + e^{-x}$,$y_3 = xe^x + e^{2x} - e^{-x}$ 是某二阶线性非齐次微分方程的三个特解,求此微分方程.

解法一 由线性微分方程解的结构定理知 e^{2x} 与 e^{-x} 是相应齐次方程的两个线性无关的解,$y_3 + (y_2 - y_1) = xe^x$ 也是非齐次方程的一个特解,$(r-2)(r+1) = 0$,知 $p = -1$,$q = -2$,故可设此方程为

$$y'' - y' - 2y = f(x).$$

将 $y = xe^x$ 代入上式,得 $f(x) = e^x - 2xe^x$. 因此所求方程为 $y'' - y' - 2y = e^x - 2xe^x$.

解法二 由题设知,e^{2x} 与 e^{-x} 是相应齐次方程的两个线性无关的解,xe^x 是非齐次方程的一个特解,故 $y = xe^x + c_1e^{2x} + c_2e^{-x}$ 是所求非齐次方程的通解,从而有

$$y' = e^x + xe^x + 2c_1e^{2x} - c_2e^{-x},\quad y'' = 2e^x + xe^x + 4c_1e^{2x} + c_2e^{-x}.$$

消去 c_1, c_2,得所求方程为 $y'' - y' - 2y = e^x - 2xe^x$.

例 8.29 设函数 $f(u)$ 具有二阶连续导数,而 $z = f(e^x \sin y)$ 满足方程 $\dfrac{\partial^2 z}{\partial x^2} + \dfrac{\partial^2 z}{\partial y^2} = e^{2x}z$,求 $f(u)$.

解 $\dfrac{\partial z}{\partial x} = f'(u)e^x \sin y$,$\dfrac{\partial^2 z}{\partial x^2} = f'(u)e^x \sin y + f''(u)e^{2x}\sin^2 y$,

$\dfrac{\partial z}{\partial y} = f'(u)e^x \cos y$,$\dfrac{\partial^2 z}{\partial y^2} = -f'(u)e^x \sin y + f''(u)e^{2x}\cos^2 y$.

代入原方程,得 $f''(u) - f(u) = 0$. 解方程,使得 $f(u) = c_1e^u + c_2e^{-u}$,其中 c_1, c_2 为任意常数.

例 8.30 设二阶常系数线性微分方程 $y'' + \alpha y' + \beta y = \gamma e^x$ 的一个特解是 $y = e^{2x} + (1+x)e^x$,试确定常数 α, β, γ,并求该方程的通解.

解法一 由条件知原方程对应齐次方程的特征方程的特征根为 1 和 2,所以特征方程为 $(r-1)(r-2) = 0$,即 $r^2 - 3r + 2 = 0$. 于是 $\alpha = -3$,$\beta = 2$. 为确定 γ,只需将 $y_1 = xe^x$ 代入方程,得 $(x+2)e^x - 3(x+1)e^x +$

$2x\mathrm{e}^x = \gamma \mathrm{e}^x$，解得 $\gamma = -1$，从而原方程的通解为

$$y = c_1\mathrm{e}^x + c_2\mathrm{e}^{2x} + x\mathrm{e}^x.$$

解法二　将 $y = \mathrm{e}^{2x} + (1+x)\mathrm{e}^x$ 代入原方程，得

$$(4 + 2\alpha + \beta)\mathrm{e}^{2x} + (3 + 2\alpha + \beta)\mathrm{e}^x + (1 + \alpha + \beta)x\mathrm{e}^x = \gamma\mathrm{e}^x.$$

由 $\mathrm{e}^{2x}, \mathrm{e}^x, x\mathrm{e}^x$ 线性无关，比较同类项系数，有 $\begin{cases} 4 + 2\alpha + \beta = 0, \\ 3 + 2\alpha + \beta = \gamma, \\ 1 + \alpha + \beta = 0. \end{cases}$

解得 $\alpha = -3, \beta = 2, \gamma = -1$，即原方程为 $y'' - 3y' + 2 = -\mathrm{e}^x$，它对应的特征方程根为 $r_1 = 1, r_2 = 2$，故齐次方程的通解为 $Y = c_1\mathrm{e}^x + c_2\mathrm{e}^{2x}$，由条件可知 $\mathrm{e}^{2x} + (1+x)\mathrm{e}^x - (\mathrm{e}^x + \mathrm{e}^{2x}) = x\mathrm{e}^x$ 为特解，故原方程的通解为 $y = c_1\mathrm{e}^x + c_2\mathrm{e}^{2x} + x\mathrm{e}^x.$

例 8.31　设函数 $f(t)$ 在 $[0, +\infty)$ 上连续，且满足方程 $f(t) = \mathrm{e}^{4\pi t^2} + \iint\limits_{x^2+y^2 \leqslant 4t^2} f\left(\frac{1}{2}\sqrt{x^2 + y^2}\right)\mathrm{d}x\mathrm{d}y$，求 $f(t)$.

分析　把二重积分化成累次积分时出现变上限函数，两边求导数建立微分方程.

解　由于 $\iint\limits_{x^2+y^2 \leqslant 4t^2} f\left(\frac{1}{2}\sqrt{x^2 + y^2}\right)\mathrm{d}x\mathrm{d}y = \int_0^{2\pi}\mathrm{d}\theta\int_0^{2t} f\left(\frac{1}{2}r\right)r\mathrm{d}r = 2\pi\int_0^{2t} rf\left(\frac{r}{2}\right)\mathrm{d}r$，所以有 $f(t) = \mathrm{e}^{4\pi t^2} + 2\pi\int_0^{2t} rf\left(\frac{r}{2}\right)\mathrm{d}r.$ 求导得 $f'(t) = 8\pi t\mathrm{e}^{4\pi t^2} + 8\pi tf(t).$

这是关于 $f(t)$ 的一阶线性非齐次微分方程，其通解为

$$f(t) = \mathrm{e}^{\int 8\pi t\mathrm{d}t}\left(\int 8\pi t\mathrm{e}^{4\pi t^2}\mathrm{e}^{-\int 8\pi t\mathrm{d}t}\mathrm{d}t + c\right) = (4\pi t^2 + c)\mathrm{e}^{4\pi t^2}.$$

又由题设得 $f(0) = 1$，代入上式，得 $c = 1$，因此 $f(t) = (4\pi t^2 + 1)\mathrm{e}^{4\pi t^2}.$

例 8.32　设 $f(x) = \sin x - \int_0^x (x-t)f(t)\mathrm{d}t$，其中 f 为连续函数，求 $f(x)$.

分析　看到变上限函数想到求导数，但要化成标准的变上、下限函数，再两边求导数建立微分方程.

解　$f(x) = \sin x - x\int_0^x f(t)\mathrm{d}t + \int_0^x tf(t)\mathrm{d}t.$

由等式的右端可导，知左端也可导，两边对 x 求导，得

$$f'(x) = \cos x - \int_0^x f(t)\mathrm{d}t - xf(x) + xf(x) = \cos x - \int_0^x f(t)\mathrm{d}t.$$

由上式右端可导，知左端 $f'(x)$ 仍可导，上式两边对 x 求导，得

$$f''(x) = -\sin x - f(x), \quad \text{即 } f''(x) + f(x) = -\sin x.$$

这是二阶常系数非齐次线性微分方程，初始条件 $y\big|_{x=0} = f(0) = 0, y'\big|_{x=0} = f'(0) = 1.$ 对应齐次方程的通解为 $Y = c_1\sin x + c_2\cos x$，由 $\lambda = 0 + \mathrm{i} = \mathrm{i}$ 是特征方程的单根，故设非齐次方程的特解为 $\bar{y} = x(a\sin x + b\cos x)$，用待定系数法求得 $a = 0, b = \frac{1}{2}$，于是 $\bar{y} = \frac{x}{2}\cos x$，故原方程通解为

$$y = Y + \bar{y} = c_1\sin x + c_2\cos x + \frac{x}{2}\cos x.$$

满足初始条件的解为 $y = \frac{1}{2}\sin x + \frac{1}{2}x\cos x.$

例 8.33　设非负函数 $y = y(x)(x \geqslant 0)$ 满足微分方程 $xy'' - y' + 2 = 0.$ 当曲线 $y = y(x)$ 过原点时，其与直线 $x = 1$ 及 $y = 0$ 围成的平面区域 D 的面积为 2，求 D 绕 y 轴旋转所得旋转体的体积.

解　记 $y' = p$，则 $y'' = p'$，代入微分方程，当 $x > 0$ 时，$p' - \frac{1}{x}p = -\frac{2}{x}$，解得

$$y' = p = \mathrm{e}^{\int \frac{1}{x}\mathrm{d}x}\left(\int -\frac{2}{x}\mathrm{e}^{-\int \frac{1}{x}\mathrm{d}x}\mathrm{d}x + c_1\right) = x\left(\int -\frac{2}{x^2}\mathrm{d}x + c_1\right) = 2 + c_1 x.$$

因此 $y = 2x + \frac{1}{2}c_1 x^2 + c_2 (x > 0).$ 由已知 $y(0) = 0$，有 $\lim\limits_{x \to 0^+} y = 0$，于是 $c_2 = 0, y = 2x + \frac{1}{2}c_1 x^2.$

由于 $2 = \int_0^1 \left(2x + \frac{1}{2}c_1 x^2\right)\mathrm{d}x = 1 + \frac{1}{6}c_1$，所以 $c_1 = 6$，故 $y = 2x + 3x^2$. 所求体积为

$$V = 2\pi \int_0^1 x \mid y(x) \mid \mathrm{d}x = 2\pi \int_0^1 (2x^2 + 3x^3)\mathrm{d}x = \frac{17\pi}{6}.$$

自测题

一、填空题

1. 微分方程 $xy' + y = 0$ 满足条件 $y(1) = 1$ 的解是 $y = \underline{\qquad}$.

2. 微分方程 $xy' + 2y = x\ln x$ 满足 $y(1) = -\frac{1}{9}$ 的解为 $\underline{\qquad}$.

3. 微分方程 $(y + x^3)\mathrm{d}x - 2x\mathrm{d}y = 0$ 满足 $y\mid_{x=1} = \frac{6}{5}$ 的特解为 $\underline{\qquad}$.

4. 微分方程 $y' + y = \mathrm{e}^{-x}\cos x$ 满足条件 $y(0) = 0$ 的解为 $y = \underline{\qquad}$.

5. 微分方程 $(y + x^2\mathrm{e}^{-x})\mathrm{d}x - x\mathrm{d}y = 0$ 的通解是 $y = \underline{\qquad}$.

6. 二阶常系数非齐次线性微分方程 $y'' - 4y' + 3y = 2\mathrm{e}^{2x}$ 的通解为 $y = \underline{\qquad}$.

7. 若二阶常系数线性齐次微分方程 $y'' + ay' + by = 0$ 的通解为 $y = (C_1 + C_2 x)\mathrm{e}^x$，则非齐次方程 $y'' + ay' + by = x$ 满足条件 $y(0) = 2, y'(0) = 0$ 的解为 $y = \underline{\qquad}$.

8. 三阶常系数线性齐次微分方程 $y''' - 2y'' + y' - 2y = 0$ 的通解为 $y = \underline{\qquad}$.

9. 欧拉方程 $x^2 \dfrac{\mathrm{d}^2 y}{\mathrm{d}x^2} + 4x \dfrac{\mathrm{d}y}{\mathrm{d}x} + 2y = 0 \, (x > 0)$ 的通解为 $\underline{\qquad}$.

二、选择题

10. 微分方程 $y'' + y = x^2 + 1 + \sin x$ 的特解形式可设为 （ ）
   (A) $y^* = ax^2 + bx + c + x(A\sin x + B\cos x)$
   (B) $y^* = x(ax^2 + bx + c + A\sin x + B\cos x)$
   (C) $y^* = ax^2 + bx + c + A\sin x$
   (D) $y^* = ax^2 + bx + c + A\cos x$

11. 在下列微分方程中，以 $y = C_1\mathrm{e}^x + C_2\cos 2x + C_3\sin 2x (C_1, C_2, C_3$ 为任意常数$)$ 为通解的是（ ）
   (A) $y''' + y'' - 4y' - 4y = 0$ (B) $y''' + y'' + 4y' + 4y = 0$
   (C) $y''' - y'' - 4y' + 4y = 0$ (D) $y''' - y'' + 4y' - 4y = 0$

12. 微分方程 $y'' - \lambda^2 y = \mathrm{e}^{\lambda x} + \mathrm{e}^{-\lambda x} (\lambda > 0)$ 的特解形式为 （ ）
   (A) $a(\mathrm{e}^{\lambda x} + \mathrm{e}^{-\lambda x})$ (B) $ax(\mathrm{e}^{\lambda x} + \mathrm{e}^{-\lambda x})$
   (C) $x(a\mathrm{e}^{\lambda x} + b\mathrm{e}^{-\lambda x})$ (D) $x^2(a\mathrm{e}^{\lambda x} + b\mathrm{e}^{-\lambda x})$

13. 设 y_1, y_2 是一阶线性非齐次微分方程 $y' + p(x)y = q(x)$ 的两个特解，若常数 λ, μ 使 $\lambda y_1 + \mu y_2$ 是该方程的解，$\lambda y_1 - \mu y_2$ 是该方程对应的齐次方程的解，则 （ ）
   (A) $\lambda = \frac{1}{2}, \mu = \frac{1}{2}$ (B) $\lambda = -\frac{1}{2}, \mu = -\frac{1}{2}$
   (C) $\lambda = \frac{2}{3}, \mu = \frac{1}{3}$ (D) $\lambda = \frac{2}{3}, \mu = \frac{2}{3}$

14. 已知 $y = \dfrac{x}{\ln x}$ 是微分方程 $y' = \dfrac{y}{x} + \varphi\left(\dfrac{x}{y}\right)$ 的解，则 $\varphi\left(\dfrac{x}{y}\right)$ 的表达式为 （ ）
   (A) $-\dfrac{y^2}{x^2}$ (B) $\dfrac{y^2}{x^2}$ (C) $-\dfrac{x^2}{y^2}$ (D) $\dfrac{x^2}{y^2}$

三、解答题

15. 求微分方程 $y''(x + y'^2) = y'$ 满足初始条件 $y(1) = y'(1) = 1$ 的特解.

16. 求方程 $xy'' - 4y' = x^5$ 的通解.

17. 求方程 $y'' + y = \mathrm{e}^x \cos x$ 的特解.

18. 设函数 $y = y(x)$ 在 $(-\infty, +\infty)$ 内具有二阶导数,且 $y' \neq 0$,$x = x(y)$ 是 $y = y(x)$ 的反函数.

(1) 试将 $x = x(y)$ 所满足的微分方程 $\dfrac{\mathrm{d}^2 x}{\mathrm{d} y^2} + (y + \sin x)(\dfrac{\mathrm{d} x}{\mathrm{d} y})^3 = 0$ 变换为 $y = y(x)$ 满足的微分方程;

(2) 求变换后的微分方程满足初始条件 $y(0) = 0, y'(0) = \dfrac{3}{2}$ 的解.

19. 设非负函数 $y = y(x)$ $(x \geqslant 0)$ 满足微分方程 $xy'' - y' + 2 = 0$. 当曲线 $y = y(x)$ 过原点时,其与直线 $x = 1$ 及 $y = 0$ 围成的平面区域 D 的面积为 2,求 D 绕 y 轴旋转所得旋转体的体积.

20. 设 $y = y(x)$ 是区间 $(-\pi, \pi)$ 内过点 $(-\dfrac{\pi}{\sqrt{2}}, \dfrac{\pi}{\sqrt{2}})$ 的光滑曲线,当 $-\pi < x < 0$ 时,曲线上任一点处的法线都过原点;当 $0 \leqslant x < \pi$ 时,函数 $y(x)$ 满足 $y'' + y + x = 0$. 求函数 $y(x)$ 的表达式.

21. 设曲线 $y = f(x)$,其中 $f(x)$ 是可导函数,且 $f(x) > 0$. 已知曲线 $y = f(x)$ 与直线 $y = 0, x = 1$ 及 $x = t (t > 1)$ 所围成的曲边梯形绕 x 轴旋转一周所得的立体体积值是该曲边梯形面积值的 πt 倍,求该曲线方程.

22. 设函数 $y = f(x)$ 由参数方程 $\begin{cases} x = 2t + t^2, \\ y = \psi(t) \end{cases}$ $(t > -1)$ 所确定,其中 $\psi(t)$ 具有二阶导数,且 $\psi(1) = \dfrac{5}{2}$,$\psi'(1) = 6$. 已知 $\dfrac{\mathrm{d}^2 y}{\mathrm{d} x^2} = \dfrac{3}{4(1 + t)}$,求函数 $\psi(t)$.

23. 设函数 $y(x)$ 具有二阶导数,且曲线 $l : y = y(x)$ 与直线 $y = x$ 相切于原点,记 α 为曲线 l 在点 (x, y) 处切线的倾角,若 $\dfrac{\mathrm{d} \alpha}{\mathrm{d} x} = \dfrac{\mathrm{d} y}{\mathrm{d} x}$,求 $y(x)$ 的表达式.

24. 设位于第一象限的曲线 $y = f(x)$ 过点 $(\dfrac{\sqrt{2}}{2}, \dfrac{1}{2})$,其上任一点 $P(x, y)$ 处的法线与 y 轴的交点为 Q,且线段 PQ 被 x 轴平分.

(1) 求曲线 $y = f(x)$ 的方程;

(2) 已知曲线 $y = \sin x$ 在 $[0, \pi]$ 上的弧长为 l,试用 l 表示曲线 $y = f(x)$ 的弧长 s.

25. 有一平底容器,其内侧壁是由曲线 $x = \varphi(y) (y \geqslant 0)$ 绕 y 轴旋转而成的旋转曲面(如图),容器的底面圆的半径为 2m. 根据设计要求,当以 $3\mathrm{m}^3/\min$ 的速率向容器内注入液体时,液面的面积将以 $\pi \mathrm{m}^2/\min$ 的速率均匀扩大(假设注入液体前,容器内无液体).

(1) 根据 t 时刻液面的面积,写出 t 与 $\varphi(y)$ 之间的关系式;

(2) 求曲线 $x = \varphi(y)$ 的方程.

第 25 题图

26. 设 $F(x) = f(x)g(x)$,其中函数 $f(x), g(x)$ 在 $(-\infty, +\infty)$ 内满足以下条件:$f'(x) = g(x), g'(x) = f(x)$,且 $f(0) = 0$,$f(x) + g(x) = 2\mathrm{e}^x$.

(1) 求 $F(x)$ 所满足的一阶微分方程;

(2) 求 $F(x)$ 的表达式.

27. 设级数

$$\frac{x^4}{2 \cdot 4} + \frac{x^6}{2 \cdot 4 \cdot 6} + \frac{x^8}{2 \cdot 4 \cdot 6 \cdot 8} + \cdots \quad (-\infty < x < +\infty)$$

的和函数为 $S(x)$. 求:

(1) $S(x)$ 所满足的一阶微分方程;

(2) $S(x)$ 的表达式.

28. 设幂级数 $\displaystyle\sum_{n=0}^{\infty} a_n x^n$ 在 $(-\infty, +\infty)$ 内收敛,其和函数 $y(x)$ 满足 $y'' - 2xy' - 4y = 0, y(0) = 0$,$y'(0) = 1$.

(1) 证明:$a_{n+2} = \dfrac{2}{n+1} a_n, n = 1, 2, \cdots$;

(2) 求 $y(x)$ 的表达式.

29.用变量代换 $x = \cos t(0 < t < \pi)$ 化简微分方程 $(1-x^2)y'' - xy' + y = 0$,并求其满足 $y\big|_{x=0} = 1$, $y'\big|_{x=0} = 2$ 的特解.

30.在 Oxy 坐标平面上,连续曲线 L 过点 $M(1,0)$,其上任意点 $P(x,y)$ $(x \neq 0)$ 处的切线斜率与直线 OP 的斜率之差等于 ax(常数 $a > 0$).

(1)求 L 的方程;

(2)当 L 与直线 $y = ax$ 所围成平面图形的面积为 $\dfrac{8}{3}$ 时,确定 a 的值.

31.设函数 $f(x)$ 在 $[0,1]$ 有连续导数,$f(0) = 1$,且 $\iint\limits_{D_t} f'(x+y)\mathrm{d}x\mathrm{d}y = \iint\limits_{D_t} f(t)\mathrm{d}x\mathrm{d}y$, $D_t = \{(x,y) \mid 0 \leqslant y \leqslant t-x, 0 \leqslant x \leqslant t\}$ $(0 < t \leqslant 1)$,求 $f(x)$ 的表达式.

32.已知函数 $f(x)$ 满足方程 $f''(x) + f'(x) - 2f(x) = 0$ 及 $f''(x) + f(x) = 2\mathrm{e}^x$.

(1)求 $f(x)$ 的表达式;

(2)求曲线 $y = f(x^2)\displaystyle\int_0^x f(-t^2)\mathrm{d}t$ 的拐点.

33.已知高温物体置于低温介质中,任一时刻该物体温度对时间的变化率与该时刻物体和介质的温差成正比,现将一初始温度为 $120\,^\circ\mathrm{C}$ 的物体在 $20\,^\circ\mathrm{C}$ 的恒温介质中冷却,$30\min$ 后该物体降至 $30\,^\circ\mathrm{C}$,若要将该物体的温度继续降至 $21\,^\circ\mathrm{C}$,还需冷却多长时间?

34.某种飞机在机场降落时,为了减少滑行距离,在触地的瞬间,飞机尾部张开减速伞,以增大阻力,使飞机迅速减速并停下.

现有一质量为 $9000\mathrm{kg}$ 的飞机,着陆时的水平速度为 $700\mathrm{km/h}$.经测试,减速伞打开后,飞机所受的总阻力与飞机的速度成正比(比例系数为 $k = 6.0 \times 10^6$).问从着陆点算起,飞机滑行的最长距离是多少?

35.某建筑工程打地基时,需用汽锤将桩打进土层.汽锤每次击打,都将克服土层对桩的阻力而做功.设土层对桩的阻力的大小与桩被打进地下的深度成正比(比例系数 $k > 0$).汽锤第一次击打将桩打进地下 $a\mathrm{m}$.根据设计方案,要求汽锤每次击打桩时所做的功与前一次击打时所做的功之比为常数 $r(0 < r < 1)$.问:

(1)汽锤击打桩 3 次后,可将桩打进地下多深?

(2)若击打次数不限,汽锤至多能将桩打进地下多深?

36.设小艇在静水中行驶时,它所受介质阻力与其运动速度成正比.小艇在发动机停转时速度为 $200\mathrm{m/min}$,经过 $1/2\min$ 后的速度为 $100\mathrm{m/min}$,那么发动机停转后 $2\min$,小艇将有怎样的速度?

37.设一台机器在任何时间的贬值率与当时的价值 P 成正比(比例常数 $k > 0$),若机器全新时的价值为 P_0,求机器的价值 P 随时间 t 的变化规律.

第 9 章　高等数学在经济中的应用

一、极限在经济中的应用

1. 复利

一笔 P 元的存款,以年复利方式计息,年利率为 r,在 t 年后的将来,余额为 B 元,那么有 $B = P(1+r)^t$.

2. 连续复利

如果年利率为 r 的利息一年支付 n 次,以复利方式计息,那么当初始存款为 P 元时,t 年后余额为 B,则

$$B = P(1 + \frac{r}{n})^{nt}.$$

在上式中,令 $n \to \infty$,得 Pe^{rt},从而知如果初始存款为 P 元,利息水平是年率利为 r 的连续复利,则 t 年后,余额 B 可用以下公式计算:

$$B = Pe^{rt}.$$

3. 现值与将来值

一笔现值 P 元的存款,以年复利方式计息,年利率为 r,在 t 年后的将来,余额为 B 元,那么有

$$将来值 B = P(1+r)^t \text{ 或现值 } P = \frac{B}{(1+r)^t}.$$

若 r 为连续复利,则将来值 $B = Pe^{rt}$ 或现值 $P = \dfrac{B}{e^{rt}} = Be^{-rt}$.

　　例 9.1　你买的彩票中奖 100 万元,你要在两种兑奖方式中进行选择:一种为分四年每年支付 250000 元的分期支付方式,从现在开始支付;另一种为一次支付总额为 920000 元的一次付清方式,也就是现在支付.假设银行利率为 6%,以连续复利方式计息,又假设不交税,那么你选择哪种兑奖方式?

　　解　我们选择时考虑的是要使现在价值(即现值)最大,那么设分四年每年支付 250000 元的支付方式的现总值为 P,则

$$P = 250000 + 250000e^{-0.06} + 250000e^{-0.06 \times 2} + 250000e^{-0.06 \times 3}$$
$$\approx 250000 + 235411 + 221730 + 208818 = 915989 < 920000.$$

因此,最好是选择现在一次付清 920000 元这种兑奖方式.

　　例 9.2　设某酒厂有一批新酿的好酒,如果现在(假定 $t = 0$)就售出,总收入为 R_0(元),如果窖藏起来待来日按陈酒价格出售,t 年末总收入为 $R = R_0 e^{\frac{2}{5}\sqrt{t}}$.

假定银行的年利率为 r,并以连续复利计息,试求窖藏多少年售出可使总收入的现值最大,并求 $r = 0.06$

时的 t 值.

解 根据连续复利公式,这批酒在窖藏 t 年末售出总收入 R 的现值为 $A(t) = Re^{-rt}$,而 $R = R_0 e^{\frac{2}{5}\sqrt{t}}$,所以 $A(t) = R_0 e^{\frac{2}{5}\sqrt{t}-rt}$. 令 $\dfrac{\mathrm{d}A}{\mathrm{d}t} = R_0 e^{\frac{2}{5}\sqrt{t}-rt}\left(\dfrac{1}{5\sqrt{t}} - r\right) = 0$,得唯一驻点 $t_0 = \dfrac{1}{25r^2}$.

又 $\dfrac{\mathrm{d}^2 A}{\mathrm{d}t^2} = R_0 e^{\frac{2}{5}\sqrt{t}-rt}\left[\left(\dfrac{1}{5\sqrt{t}} - r\right)^2 - \dfrac{1}{10\sqrt{t^3}}\right]$,则有 $\left.\dfrac{\mathrm{d}^2 A}{\mathrm{d}t^2}\right|_{t=t_0} = R_0 e^{\frac{1}{25r}}(-12.5r^3) < 0$.

于是,$t_0 = \dfrac{1}{25r^2}$ 是极大值点即最大值点,故窖藏 $t = \dfrac{1}{25r^2}$(年)售出,总收入的现值最大.

当 $r = 0.06$ 时,$t = \dfrac{100}{9} \approx 11$(年).

二、导数在经济中的应用

1. 成本函数

某产品的总成本 C 是指生产一定数量的产品所需的全部经济资源投入(如劳动力、原料、设备等)的价格或费用的总额,它由固定成本 C_1 与可变成本 C_2 组成,平均成本 $\bar{C}$ 是生产一定量产品,平均每单位产品的成本.

2. 收益函数

总收益 R 是企业出售一定量产品所得到的全部收入.

平均收益 p 是企业出售一定量产品 q,平均每出售单位产品所得到的收入,即单位产品的价格. p 与 q 有关,因此,$p = f(q)$. 设总收益为 R,则 $R = qp = qf(q)$.

3. 利润函数

设利润为 L,则利润 $=$ 收入 $-$ 成本,即 $L = R - C$.

4. 需求函数

"需求"指的是顾客购买同种商品在不同价格水平的商品的数量. 一般来说,价格的上涨导致需求量的下降.

设 p 表示商品的价格,q 表示需求量. 需求量是由多种因素决定的,这里略去价格以外的其他因素,只讨论需求量与价格的关系,则 $q = f(p)$ 是单调减少函数,称为需求函数.

若 $q = f(p)$ 存在反函数,则 $p = f^{-1}(q)$ 也是单调减少函数,也称为需求函数.

5. 供给函数

"供给"指的是生产者将要提供的不同价格水平的商品的数量. 一般说来,当价格上涨时,供给量增加. 设 p 表示商品价格,q 表示供给量,这里略去价格以外的其他因素,只讨论供给与价格的关系,则 $q = \varphi(p)$ 是单调增加函数,称为供给函数.

若 $q = \varphi(p)$ 存在反函数,则 $q = \varphi^{-1}(p)$ 也是单调增加函数.

6. 边际分析

$\dfrac{\Delta y}{\Delta x} = \dfrac{f(x_0 + \Delta x) - f(x_0)}{\Delta x}$ 称为 $f(x)$ 在 $[x_0, x_0 + \Delta x]$ 上的平均变化率,它表示在 $[x_0, x_0 + \Delta x]$ 内 $f(x)$ 的平均变化速度. $f(x)$ 在点 x_0 处的变化率 $f'(x_0)$ 也称为 $f(x)$ 在点 x_0 处的边际函数值,它表示 $f(x)$ 在点 x_0 处的变化速度. 一般地,若函数 $y = f(x)$ 可导,则导函数 $f'(x)$ 也称为边际函数.

在点 x_0 处,x 从 x_0 改变一个单位,y 相应的改变值为 $\left.\Delta y\right|_{\substack{x=x_0 \\ \Delta x=1}} = f(x_0 + 1) - f(x_0)$,当 x 的一个单位与 x_0 值相比很小时,则有 $\left.\Delta y\right|_{\substack{x=x_0 \\ \Delta x=1}} = f(x_0 + 1) - f(x_0) \approx \left.\mathrm{d}y\right|_{\substack{x=x_0 \\ \Delta x=1}} = \left.f'(x)\mathrm{d}x\right|_{\substack{x=x_0 \\ \Delta x=1}} = f'(x_0)$.

(当 $\Delta x = -1$ 时,标志着 x 由 x_0 减小一个单位.)

这说明 $f(x)$ 在点 x_0 处,当 x 产生一个单位的改变时,y 近似地改变 $f'(x_0)$ 个单位. 在实际应用中解释边际函数值的具体意义时略去"近似"二字.

因此,我们分别称 $C'(q),R'(q),L'(q)$ 为边际成本、边际收益、边际利润,而 $C'(q_0)$ 称为当产量为 q_0 时的边际成本,其经济意义是当产量达到 q_0 时,再生产一个单位产品所增添的成本(即成本的瞬时变化率).同样,$R'(q_0)$ 称为当产量为 q_0 时的边际收益,其经济意义是当产量达到 q_0 时,再生产一个单位产品所得到的收益(即收益的瞬时变化率).

7. 最大利润

利润函数为 $L(q) = R(q) - C(q)$,可利用求函数最大值、最小值的方法来求最大利润.

例 9.3 一商家销售某种商品的价格 p 满足关系式 $p = 7 - 0.2x$,其中 x 为销售量(单位:kg),商品的成本函数(单位:百元)是 $C = 3x + 1$.

(1) 若每销售 1kg 商品,政府要征税 t(单位:百元),求该商家获得最大利润时的销售量;

(2) t 为何值时,政府税收总额最大.

解 (1) 当销售了 $x$kg 商品时,总税额为 $T = tx$.商品销售总收入为 $R = px = (7 - 0.2x)x$.

利润函数为 $L = R - C - T = -0.2x^2 + (4 - t)x - 1$,$\dfrac{\mathrm{d}L}{\mathrm{d}x} = -0.4x + 4 - t$.

令 $\dfrac{\mathrm{d}L}{\mathrm{d}x} = 0$,解得 $x = \dfrac{5}{2}(4 - t)$.又 $\dfrac{\mathrm{d}^2 L}{\mathrm{d}x^2} = -0.4 < 0$,所以 $x = \dfrac{5}{2}(4 - t)$ 为利润最大时的销售量.

(2) 将 $x = \dfrac{5}{2}(4 - t)$ 代入 $T = tx$,得 $T = 10t - \dfrac{5}{2}t^2$,$\dfrac{\mathrm{d}T}{\mathrm{d}t} = 10 - 5t$.令 $\dfrac{\mathrm{d}T}{\mathrm{d}t} = 0$,解得 $t = 2$.

又 $\dfrac{\mathrm{d}^2 T}{\mathrm{d}t^2} = -5 < 0$,所以当 $t = 2$ 时,T 有唯一极大值,同时也是最大值.此时,政府税收总额最大.

例 9.4 某商品进价为 a(元／件),当销售价为 b(元／件)时,销售量为 c 件(a,b,c 均为正常数,且 $b \geqslant \dfrac{4}{3}a$),市场调查表明,销售价每下降 10%,销售量可增加 40%,现决定一次性降价.试问:当销售价定为多少时,可获得最大利润?并求出最大利润.

解 设 p 表示降价后的销售价,x 为增加的销售量,$L(x)$ 为总利润,由于 $\dfrac{x}{b - p} = \dfrac{0.4c}{0.1b}$,则 $p = b - \dfrac{b}{4c}x$.

从而 $L(x) = \left(b - \dfrac{b}{4c}x - a\right)(c + x)$.

对 x 求导,得 $L'(x) = -\dfrac{b}{2c}x + \dfrac{3}{4}b - a$.令 $L'(x) = 0$,得唯一驻点 $x_0 = \dfrac{(3b - 4a)c}{2b}$,由 $L''(x_0) = -\dfrac{b}{2c} < 0$,知 x_0 为唯一极大值点,也是最大值点,故定价为 $p = b - \left(\dfrac{3}{8}b - \dfrac{1}{2}a\right) = \dfrac{5}{8}b + \dfrac{1}{2}a$(元)时,得最大利润 $L(x_0) = \dfrac{c}{16b}(5b - 4a)^2$(元).

8. 弹性分析

(1) 弹性的概念

定义 9.1 函数 $y = f(x)$ 的相对改变量 $\dfrac{\Delta y}{y_0} = \dfrac{f(x_0 + \Delta x) - f(x_0)}{y_0}$ 与自变量的相对改变量 $\dfrac{\Delta x}{x_0}$ 之比 $\dfrac{\Delta y}{y_0} \Big/ \dfrac{\Delta x}{x_0}$ 称为函数 $f(x)$ 从 $x = x_0$ 到 $x = x_0 + \Delta x$ 两点间的相对变化率或称两点间的弹性.

若 $f'(x_0)$ 存在,则极限值 $\lim\limits_{\Delta x \to 0} \dfrac{\Delta y / y_0}{\Delta x / x_0} = \lim\limits_{\Delta x \to 0} \dfrac{x_0}{y_0} \cdot \dfrac{\Delta y}{\Delta x} = f'(x_0)\dfrac{x_0}{y_0}$,称为 $f(x)$ 在点 x_0 处的相对变化率,或相对导数或弹性,记作 $\dfrac{Ey}{Ex}\Big|_{x = x_0}$ 或 $\dfrac{E}{Ex}f(x_0)$.即 $\dfrac{Ey}{Ex}\Big|_{x = x_0} = \dfrac{E}{Ex}f(x_0) = f'(x_0)\dfrac{x_0}{y_0}$.

若 $f'(x)$ 存在,则 $\dfrac{Ey}{Ex} = \dfrac{E}{Ex}f(x) = \lim\limits_{\Delta x \to 0} \dfrac{\Delta y / y}{\Delta x / x} = \lim\limits_{\Delta x \to 0} \dfrac{x}{y} \cdot \dfrac{\Delta y}{\Delta x} = f'(x)\dfrac{x}{y}$ 是 x 的函数,称为 $f(x)$ 的弹性函数.

由于 $\lim\limits_{\Delta x \to 0} \dfrac{\Delta y / y_0}{\Delta x / x_0} = \dfrac{E}{Ex} f(x_0)$. 当 $|\Delta x|$ 充分小时，$\dfrac{\Delta y / y_0}{\Delta x / x_0} \approx \dfrac{E}{Ex} f(x_0)$，从而 $\dfrac{\Delta y}{y_0} \approx \dfrac{\Delta x}{x_0} \dfrac{E}{Ex} f(x_0)$. 若取 $\dfrac{\Delta x}{x_0} = 1\%$，则 $\dfrac{\Delta y}{y_0} \approx \dfrac{E}{Ex} f(x_0)\%$.

弹性的经济意义　若 $f'(x_0)$ 存在，则 $\dfrac{E}{Ex} f(x_0)$ 表示在点 x_0 处，x 改变 1% 时，$f(x)$ 近似地改变 $\dfrac{E}{Ex} f(x_0)\%$（我们常略去"近似"二字）.

因此，函数 $f(x)$ 在点 x 的弹性 $\dfrac{E}{Ex} f(x)$ 反映随 x 变化的幅度所引起的函数 $f(x)$ 变化幅度的大小，也就是 $f(x)$ 对 x 变化反应的强烈程度或灵敏度.

例 9.5　设 $y = x^a$，求 $\dfrac{Ey}{Ex}$.

解　$\dfrac{Ey}{Ex} = y' \cdot \dfrac{x}{y} = ax^{a-1} \dfrac{x}{x^a} = a$.

（2）需求弹性

需求弹性反映了当商品价格变动时需求变动的强弱. 由于需求函数 $q = f(p)$ 为递减函数，所以 $f'(p) \leqslant 0$，从而 $f'(p_0) \dfrac{p_0}{q_0}$ 为负数. 经济学家一般用正数表示需求弹性，因此，采用需求函数相对变化率的相反数来定义需求弹性.

定义 9.2　设某商品的需求函数为 $q = f(p)$，则称 $\bar{\eta}(p_0, p_0 + \Delta p) = -\dfrac{\Delta q}{\Delta p} \cdot \dfrac{p_0}{q_0}$ 为该商品从 $p = p_0$ 到 $p = p_0 + \Delta P$ 两点间的需求弹性. 若 $f'(p_0)$ 存在，则称 $\eta\big|_{p=p_0} = \eta(p_0) = -f'(p_0) \cdot \dfrac{p_0}{f(p_0)}$ 为该商品在 $p = p_0$ 处的需求弹性.

（3）供给弹性

供给弹性与一般函数弹性定义一致.

定义 9.3　设某商品供给函数为 $q = \varphi(p)$，则称 $\bar{\varepsilon}(p_0, p_0 + \Delta p) = \dfrac{\Delta q}{\Delta p} \cdot \dfrac{p_0}{q_0}$ 为该商品在 $p = p_0$ 与 $p = p_0 + \Delta p$ 两点间的供给弹性. 若 $\varphi'(p_0)$ 存在，则称 $\varepsilon\big|_{p=p_0} = \varepsilon(p_0) = \varphi'(p_0) \cdot \dfrac{p_0}{\varphi(p_0)}$ 为该商品在 $p = p_0$ 处的供给弹性.

例 8.6　设 $q = e^{2p}$，求 $\varepsilon(2)$，并解释其经济意义.

解　由于 $(e^{2p})' = 2e^{2p}$，所以 $\varepsilon(p) = \varphi'(p) \cdot \dfrac{p}{\varphi(p)} = 2e^{2p} \cdot \dfrac{p}{e^{2p}} = 2p$. 有 $\varepsilon(2) = 4$，而 $\varepsilon(2) = 4$. 说明当 $p = 2$ 时，价格上涨 1%，供给增加 4%；价格下跌 1%，供给减少 4%.

例 9.7　设某产品的需求函数为 $q = q(p)$，收益函数为 $R = pq$，其中 p 为产品价格，q 为需求量（产品的产量），$q(p)$ 是单调减少函数. 如果当价格为 p_0 对应的产量为 q_0，边际收益 $\dfrac{\mathrm{d}R}{\mathrm{d}q}\Big|_{q=q_0} = a > 0$，收益对价格的边际效应为 $\dfrac{\mathrm{d}R}{\mathrm{d}p}\Big|_{p=p_0} = c < 0$，需求 q 对价格 p 的弹性为 $\eta_p = b > 1$，求 p_0 和 q_0.

解　因为收益 $R = pq$，所以有 $\dfrac{\mathrm{d}R}{\mathrm{d}q} = p + q \dfrac{\mathrm{d}p}{\mathrm{d}q} = p + \left(-\dfrac{1}{\dfrac{\mathrm{d}q}{\mathrm{d}p} \cdot \dfrac{p}{q}}\right)(-p) = p\left(1 - \dfrac{1}{\eta_p}\right)$，于是

$$\dfrac{\mathrm{d}R}{\mathrm{d}q}\Big|_{q=q_0} = p_0\left(1 - \dfrac{1}{b}\right) = a，\text{得} \ p_0 = \dfrac{ab}{b-1}.$$

又 $\dfrac{\mathrm{d}R}{\mathrm{d}p} = q + p \cdot \dfrac{\mathrm{d}q}{\mathrm{d}p} = q - \left(-\dfrac{\mathrm{d}q}{\mathrm{d}p} \cdot \dfrac{p}{q}\right)q = q(1 - \eta_p)$，于是有

$$\dfrac{\mathrm{d}R}{\mathrm{d}p}\Big|_{p=p_0} = q_0(1 - \eta_p) = c，\text{得} \ q_0 = \dfrac{c}{1-b}.$$

例 9.8　设某商品需求量 Q 是价格 p 的单调减少函数,$Q = Q(p)$,其中需求弹性 $\eta = \dfrac{2p^2}{192 - p^2} > 0$.

(1) 设 R 为总收益函数,证明:$\dfrac{\mathrm{d}R}{\mathrm{d}p} = Q(1 - \eta)$;

(2) 求 $p = 6$ 时,总收益对价格的弹性,并说明其经济意义.

解　(1) $R(p) = pQ(p)$. 上式两边对 p 求导数,得

$$\frac{\mathrm{d}R}{\mathrm{d}p} = Q + p\frac{\mathrm{d}Q}{\mathrm{d}p} = Q\left(1 + \frac{p}{Q}\frac{\mathrm{d}Q}{\mathrm{d}p}\right) = Q(1 - \eta).$$

(2) $\dfrac{ER}{Ep} = \dfrac{p}{R}\dfrac{\mathrm{d}R}{\mathrm{d}p} = \dfrac{p}{pQ}Q(1 - \eta) = 1 - \eta = 1 - \dfrac{2p^2}{192 - p^2} = \dfrac{192 - 3p^2}{192 - p^2}.$

$$\left.\frac{ER}{Ep}\right|_{p=6} = \frac{192 - 3 \times 6^2}{192 - 6^2} = \frac{7}{13} \approx 0.54.$$

经济意义:当 $p = 6$ 时,若价格上涨 1%,则总收益将增加 0.54%.

三、偏导数在经济中的应用

例 9.9　某厂家生产的一种产品同时在两个市场销售,售价分别为 p_1 和 p_2,销售量分别为 q_1 和 q_2,需求函数分别为 $q_1 = 24 - 0.2p_1$ 和 $q_2 = 10 - 0.05p_2$,总成本函数为 $C = 35 + 40(q_1 + q_2)$.

试问:厂家如何确定两个市场的售价,能使其获得的总利润最大?最大总利润为多少?

解法一　总收入函数为 $R = p_1q_1 + p_2q_2 = 24p_1 - 0.2p_1^2 + 10p_2 - 0.05p_2^2$.

总利润函数为 $L = R - C = 32p_1 - 0.2p_1^2 - 0.05p_2^2 - 1395 + 12p_2$.

由极值的必要条件,得方程组 $\begin{cases} \dfrac{\partial L}{\partial p_1} = 32 - 0.4p_1 = 0, \\[2mm] \dfrac{\partial L}{\partial p_2} = 12 - 0.1p_2 = 0. \end{cases}$　解此方程组,得 $p_1 = 80, p_2 = 120$.

由问题的实际含义可知,当 $p_1 = 80, p_2 = 120$ 时,厂家所获得的总利润最大,其最大总利润为

$$\left.L\right|_{\substack{p_1 = 80 \\ p_2 = 120}} = 605.$$

解法二　两个市场的价格函数分别为 $p_1 = 120 - 5q_1$ 和 $p_2 = 200 - 20q_2$.

总收入函数为 $R = p_1q_1 + p_2q_2 = (120 - 5q_1)q_1 + (200 - 20q_2)q_2$.

总利润函数为 $L = R - C = (120 - 5q_1)q_1 + (200 - 20q_2)q_2 - [35 + 40(q_1 + q_2)] = 80q_1 - 5q_1^2 + 160q_2 - 20q_2^2 - 35.$ 由极值的必要条件,得方程组

$$\begin{cases} \dfrac{\partial L_1}{\partial q_1} = 80 - 10q_1 = 0, \\[2mm] \dfrac{\partial L_2}{\partial q_2} = 160 - 40q_2 = 0. \end{cases}$$

解方程组,得 $q_1 = 8, q_2 = 4$. 由问题的实际含义可知,当 $q_1 = 8, q_2 = 4$,即 $p_1 = 80, p_2 = 120$ 时,厂家所获得的总利润最大,其最大利润为 $\left.L\right|_{\substack{q_1 = 8 \\ q_2 = 4}} = 605.$

四、差分方程

1. 一阶差分方程的概念

定义 9.4　函数 $y(t)$ 的自变量 t 只取整数值,简记为 y_t,方程 $y_{t+1} + py_t = f(t)$ 称为一阶常系数线性差分方程,其中 $p \neq 0$ 是常数,$f(t)$ 为 t 的已知函数,t 取整数值.

若 $f(t) \equiv 0$,称为一阶常系数齐次差分方程;若 $f(t) \not\equiv 0$,称为一阶常系数非齐次差分方程.

2. 一阶常系数线性齐次差分方程的通解求法

方程 $y_{t+1} + py_t = 0$，对应的方程 $\lambda + p = 0$ 称为齐次差分方程对应的特征方程，$\lambda = -p$ 称为特征根.
$Y_t = c\lambda^t = c(-p)^t$ 为齐次差分方程的通解，其中 c 为任意常数.

3. 一阶常系数非齐次差分方程通解的求法

若 $\tilde{y}_t$ 为非齐次差分方程的一个特解，Y_t 为对应的齐次差分方程的通解，则 $y_t = Y_t + \tilde{y}_t$ 为非齐次方程的通解.

对于一些特殊的 $f(t)$，$\tilde{y}_t$ 可用待定系数法按如下方法求出：

类型 1 设 $f(t) = P_m(t)$ 为 t 的 m 次已知多项式. 则令 $\tilde{y}_t = t^k R_m(t)$，其中 $R_m(t)$ 为 t 的 m 次多项式，系数待定. 当 1 不是特征根，即 $1 \neq -p$ 时，取 $k = 0$；当 $p = -1$ 时，取 $k = 1$.

类型 2 设 $f(t) = P_m(t)a^t$，其中 $P_m(t)$ 的意义同上，a 为常数，则令 $\tilde{y}_t = t^k R_m(t)a^t$，其中 $R_m(t)$ 的意义同上. 当 a 不是特征根，即 $a \neq -p$ 时，取 $k = 0$；当 $a = -p$ 时，取 $k = 1$.

类型 3 设 $f(t) = b_1\cos\beta t + b_2\sin\beta t$，其中 b_1, b_2, β 为常数，b_1, b_2 不同时为零，$\beta > 0$. 则令 $\tilde{y}_t = t^k(B_1\cos\beta t + B_2\sin\beta t)$，其中 B_1, B_2 为待定常数.

当 $e^{i\beta} \neq -p$ 时，取 $k = 0$；当 $e^{i\beta} = -p$ 时，取 $k = 1$. 其中 $e^{i\beta} = \cos\beta + i\sin\beta$.

例 9.10 求差分方程 $2y_{t+1} + 10y_t - 5t = 0$ 的通解.

解 原方程可化为 $2y_{t+1} + 10y_t = 5t$，该方程所对应的齐次差分方程为 $y_{t+1} + 5y_t = 0$.
其特征方程为 $\lambda + 5 = 0$，即 $\lambda = -5$. 其通解 $Y_t = c(-5)^t$. 由于 1 不是特征根，且 $5t$ 是一次多项式，故设特解 $\tilde{y}_t = at + b$，代入原方程，得

$$2a(t+1) + 2b + 10at + 10b = 5t \Leftrightarrow 12at + 2a + 12b = 5t,$$

比较系数可知 $a = \dfrac{5}{12}$，$b = -\dfrac{5}{72}$，故 $\tilde{y}_t = \dfrac{5}{12}\left(t - \dfrac{1}{6}\right)$，从而原差分方程的通解为

$$y_t = Y_t + \tilde{y}_t = c(-5)^t + \frac{5}{12}\left(t - \frac{1}{6}\right).$$

例 9.11 求差分方程 $y_{t+1} - 2y_t = \sin t$ 的通解.

解 对应的齐次差分方程的特征方程为 $\lambda - 2 = 0$，即 $\lambda = 2$. 知齐次差分方程的通解为 $Y_t = c2^t$. 由 $p = -2$，$\beta = 1$，知 $e^i \neq -2$，设 $\tilde{y}_t = A\cos t + B\sin t$，代入原方程，得 $A\cos(t+1) + B\sin(t+1) - 2A\cos t - 2B\sin t = \sin t$，利用三角公式，比较两边 $\cos t$ 和 $\sin t$ 的系数，得 $\begin{cases} A(\cos 1 - 2) + B\sin 1 = 0, \\ -A\sin 1 + B(\cos 1 - 2) = 1. \end{cases}$ 解得 $A = -\dfrac{\sin 1}{5 - 4\cos 1}$，$B = \dfrac{\cos 1 - 2}{5 - 4\cos 1}$. 故原方程的通解为 $y_t = c2^t + \dfrac{1}{5 - 4\cos 1}\left[-\sin 1\cos t + (\cos 1 - 2)\sin t\right]$.

五、常微分方程与差分方程在经济中的应用

例 9.12 已知某商品的需求量 x 对价格 p 的弹性 $\eta = 3p^3$，而市场对该商品的最大需求量为 1（万件）. 求需求函数.

解 根据弹性的定义，有 $\eta = -\dfrac{\mathrm{d}x}{x} \bigg/ \dfrac{\mathrm{d}p}{p} = 3p^3$，$\dfrac{\mathrm{d}x}{x} = -3p^2\,\mathrm{d}p$. 由此得 $x = ce^{-p^3}$，c 为待定常数. 由题设知，当 $p = 0$ 时，$x = 1$，从而 $c = 1$. 于是，所求的需求函数为 $x = e^{-p^3}$.

例 9.13 已知某商品的需求量 D 和供给量 S 都是价格 p 的函数：$D = D(p) = \dfrac{a}{p^2}$，$S = S(p) = bp$，其中 $a > 0$ 和 $b > 0$ 为常数，价格 p 是时间 t 的函数且满足方程 $\dfrac{\mathrm{d}p}{\mathrm{d}t} = k[D(p) - S(p)]$（$k$ 为正的常数）. 假设当 $t = 0$ 时价格为 1，试求：

(1) 需求量等于供给量时的均衡价格 P_e；(2) 价格函数 $p(t)$；(3) 极限 $\lim\limits_{t \to \infty} p(t)$.

解 (1) 当需求量等于供给量时，有 $\dfrac{a}{p^2} = bp$，$p^3 = \dfrac{a}{b}$，因此均衡价格为 $p_e = \left(\dfrac{a}{b}\right)^{1/3}$.

（2）由条件知 $\dfrac{\mathrm{d}p}{\mathrm{d}t} = k[D(p) - S(p)] = k\left[\dfrac{a}{p^2} - bp\right] = \dfrac{kb}{p^2}\left(\dfrac{a}{b} - p^3\right)$.

因此有 $\dfrac{\mathrm{d}p}{\mathrm{d}t} = \dfrac{kb}{p^2}(p_e^3 - p^3)$，即 $\dfrac{p^2\,\mathrm{d}p}{p^3 - p_e^3} = -kb\,\mathrm{d}t$. 在该式两边同时积分，得 $p^3 = p_e^3 + ce^{-3kbt}$.

由条件 $p(0) = 1$，可得 $c = 1 - p_e^3$. 于是价格函数为 $p(t) = [p_e^3 + (1 - p_e^3)e^{-3kbt}]^{1/3}$.

（3）$\displaystyle\lim_{t\to\infty} p(t) = \lim[p_e^3 + (1 - p_e^3)e^{-3kbt}]^{1/3} = p_e$.

例 9.14　某公司每年的工资总额在比上一年增加 20% 的基础上再追加 200 万元，若以 W_t 表示七年的工资总额（单位：百万元），求 W_t 所满足的方程，并求解.

解　$W_t = 1.2W_{t-1} + 2$ 即 $W_{t+1} - 1.2W_t = 2$. 由特征方程为 $\lambda - 1.2 = 0$，得 $\lambda = 1.2$，故对应的齐次差分方程的通解为 $C(1.2)^t$，由于 $1 \neq 1.2$，设特解 $\overline{W_t} = b$，代入，有 $b - 1.2b = 2$，得 $b = -10$，所以差分方程的通解为 $W_t = C(1.2)^t - 10$.

自测题

一、填空题

1. 设某产品的需求函数为 $Q = Q(p)$，其对价格 p 的弹性 $\varepsilon_p = 0.2$，则当需求量为 1000 件时，价格增加 1 元会使产品收益增加 _____ 元.

2. 设某商品的收益函数为 $R(p)$，收益弹性为 $1 + p^3$，其中 p 为价格，且 $R(1) = 1$，则 $R(p) =$ _____.

二、选择题

3. 设某商品的需求函数为 $Q = 160 - 2p$，其中 Q，p 分别表示需要量和价格，如果该商品需求弹性的绝对值等于 1，则商品的价格是　　　　　　　　　　　　　　　　　　　　（　　）

　（A）10　　　　　　（B）20　　　　　　（C）30　　　　　　（D）40

三、解答题

4. 设某商品的需求函数为 $Q = 100 - 5P$，其中价格 $P \in (0, 20)$，Q 为需求量.

（1）求需求量对价格的弹性 E_d（$E_d > 0$）；

（2）推导 $\dfrac{\mathrm{d}R}{\mathrm{d}P} = Q(1 - E_d)$（其中 R 为收益），并用弹性 E_d 说明价格在何范围内变化时，降低价格反而使收益增加.

5. 为了实现利润的最大化，厂商需要对某商品确定其定价模型，设 Q 为该商品的需求量，P 为价格，MC 为边际成本，η 为需求弹性（$\eta > 0$）.

（1）证明：定价模型为 $P = \dfrac{MC}{1 - \dfrac{1}{\eta}}$；

（2）若该商品的成本函数为 $C(Q) = 1600 + Q^2$，需求函数为 $Q = 40 - P$，试由（1）中的定价模型确定此商品的价格.

6. 某企业为生产甲、乙两种型号的产品，投入的固定成本为 10000（万元），设该企业生产甲、乙两种产品的产量分别为 x（件）和 y（件），且这两种产品的边际成本分别为 $20 + \dfrac{x}{2}$（万元／件）与 $6 + y$（万元／件）.

（1）求生产甲、乙两种产品的总成本函数 $C(x, y)$（万元）；

（2）当总产量为 50（件）时，甲、乙两种产品产量各为多少时，可使总成本最小？求最小成本；

（3）求总产量为 50（件）且总成本最小时甲产品的边际成本，并解释其经济意义.

自测题详细解答

第 1 章

一、填空题

1. 解法一 等价无穷小替换.

当 $x \to 0$ 时, $\mathrm{e}^x - 1 \sim x$, $1 - \cos x \sim \dfrac{1}{2}x^2$, $(1+x)^a - 1 \sim ax$.

则 $\displaystyle\lim_{x \to 0} \frac{\mathrm{e} - \mathrm{e}^{\cos x}}{\sqrt[3]{1+x^2} - 1} = \lim_{x \to 0} \frac{\mathrm{e}(1 - \mathrm{e}^{\cos x - 1})}{(1+x^2)^{\frac{1}{3}} - 1} = \lim_{x \to 0} \frac{\mathrm{e}(1 - \cos x)}{\frac{1}{3}x^2} = 3\lim_{x \to 0} \frac{\mathrm{e} \cdot \frac{1}{2}x^2}{x^2} = \frac{3}{2}\mathrm{e}.$

解法二 洛必达法则.

$\displaystyle\lim_{x \to 0} \frac{\mathrm{e} - \mathrm{e}^{\cos x}}{\sqrt[3]{1+x^2} - 1} = \lim_{x \to 0} \frac{\mathrm{e}^{\cos x}\sin x}{\frac{1}{3}(1+x^2)^{\frac{-2}{3}}2x} = \frac{3}{2}\lim_{x \to 0} \mathrm{e}^{\cos x}(1+x^2)^{\frac{2}{3}} = \frac{3}{2}\mathrm{e}.$

2. 方法 1：原式 $= \displaystyle\lim_{x \to 0} \mathrm{e}^{\frac{\ln\cos x}{\ln(1+x^2)}} = \mathrm{e}^{\lim_{x \to 0} \frac{\ln\cos x}{\ln(1+x^2)}}.$

而 $\displaystyle\lim_{x \to 0} \frac{\ln\cos x}{\ln(1+x^2)} = \lim_{x \to 0} \frac{\ln(1 + \cos x - 1)}{x^2} = \lim_{x \to 0} \frac{\cos x - 1}{x^2} = \lim_{x \to 0} \frac{-\frac{1}{2}x^2}{x^2} = -\frac{1}{2}.$

故原式 $= \mathrm{e}^{-\frac{1}{2}}.$

方法 2：$\displaystyle\lim_{x \to 0} (\cos x)^{\frac{1}{\ln(1+x^2)}} = \lim_{x \to 0} (1 + \cos x - 1)^{\frac{1}{\cos x - 1} \cdot (\cos x - 1) \cdot \frac{1}{\ln(1+x^2)}}$

$= \mathrm{e}^{\lim_{x \to 0} (\cos x - 1) \cdot \frac{1}{\ln(1+x^2)}} = \mathrm{e}^{\lim_{x \to 0} (-\frac{x^2}{2}) \cdot \frac{1}{x^2}} = \mathrm{e}^{-\frac{1}{2}}.$

3. 解法一 由洛必达法则,

$\displaystyle\lim_{x \to 0} \frac{\arctan x - \sin x}{x^3} \left(\frac{0}{0}\right) = \lim_{x \to 0} \frac{\frac{1}{1+x^2} - \cos x}{3x^2} = \lim_{x \to 0} \frac{1 - (1+x^2)\cos x}{3x^2(1+x^2)}$

$\xlongequal{\text{化简}} \displaystyle\lim_{x \to 0} \frac{1 - (1+x^2)\cos x}{3x^2} \xlongequal{\frac{0}{0}} \lim_{x \to 0} \frac{-2x\cos x + (1+x^2)\sin x}{6x}$

$= \displaystyle\lim_{x \to 0} \frac{-\cos x}{3} + \lim_{x \to 0} \frac{(1+x^2)\sin x}{6x} = \frac{-1}{3} + \frac{1}{6} = -\frac{1}{6}.$

解法二 利用带有皮亚诺余项的泰勒公式,得

$$\arctan x = x - \frac{x^3}{3} + o(x^3), \quad \sin x = x - \frac{x^3}{3!} + o(x^3).$$

故 $\arctan x - \sin x = -\dfrac{x^3}{6} + o(x^3)$, 从而 $\displaystyle\lim_{x \to 0} \frac{\arctan x - \sin x}{x^3} = \lim_{x \to 0} \frac{-\frac{x^3}{6} + o(x^3)}{x^3} = -\frac{1}{6}.$

4. 解 因为 $\displaystyle\lim_{x \to 0} \frac{1 - \cos[xf(x)]}{(\mathrm{e}^{x^2} - 1)f(x)} = \lim_{x \to 0} \frac{\frac{[xf(x)]^2}{2}}{x^2 f(x)} = \lim_{x \to 0} \frac{f(x)}{2} = \frac{1}{2}f(0) = 1$,所以 $f(0) = 2.$

5. 解 由 $f(x) = \displaystyle\lim_{n \to \infty} \frac{(n-1)x}{nx^2 + 1}$,知:

当 $x = 0$ 时,$f(x) = 0$;

当 $x \neq 0$ 时,$f(x) = \displaystyle\lim_{n \to \infty} \frac{(n-1)x}{nx^2 + 1} = \lim_{n \to \infty} \frac{(1 - \frac{1}{n})x}{x^2 + \frac{1}{n}} = \frac{\lim_{n \to \infty}(1 - \frac{1}{n})x}{\lim_{n \to \infty}(x^2 + \frac{1}{n})} = \frac{x}{x^2} = \frac{1}{x}$. 所以

$$f(x) = \begin{cases} 0, & x = 0, \\ \dfrac{1}{x}, & x \neq 0. \end{cases}$$

因为 $\lim\limits_{x \to 0} f(x) = \lim\limits_{x \to 0} \dfrac{1}{x} = \infty \neq f(0)$，故 $x = 0$ 为 $f(x)$ 的间断点.

所以本题应填 0.

6. 解 当 $x \to 0$ 时，

$$(1 - ax^2)^{\frac{1}{4}} - 1 \sim -\frac{1}{4}ax^2, \quad x\sin x \sim x^2,$$

所以 $\lim\limits_{x \to 0} \dfrac{(1 - ax^2)^{\frac{1}{4}} - 1}{x\sin x} = \lim\limits_{x \to 0} \dfrac{-\dfrac{1}{4}ax^2}{x^2} = -\dfrac{1}{4}a = 1$. 从而 $a = -4$.

所以本题应填 -4.

7. 解 由题设，$\lim\limits_{x \to 0} \dfrac{\beta(x)}{\alpha(x)} = 1$，且

$$\lim\limits_{x \to 0} \frac{\beta(x)}{\alpha(x)} = \lim\limits_{x \to 0} \frac{\sqrt{1 + x\arcsin x} - \sqrt{\cos x}}{kx^2} = \lim\limits_{x \to 0} \frac{x\arcsin x + 1 - \cos x}{kx^2(\sqrt{1 + x\arcsin x} + \sqrt{\cos x})}$$

$$= \frac{1}{2k} \lim\limits_{x \to 0} \frac{x\arcsin x + 1 - \cos x}{x^2}.$$

因 $\lim\limits_{x \to 0} \dfrac{1 - \cos x}{x^2} = \dfrac{1}{2}$，$\lim\limits_{x \to 0} \dfrac{x\arcsin x}{x^2} = 1$，

所以 $\lim\limits_{x \to 0} \dfrac{\beta(x)}{\alpha(x)} = \dfrac{1}{2k}\left(\dfrac{1}{2} + 1\right) = \dfrac{3}{4k} = 1$，从而 $k = \dfrac{3}{4}$.

8. 解 因为 $\lim\limits_{x \to 0} \dfrac{\sin x}{\mathrm{e}^x - a}(\cos x - b) = 5$，且 $\lim\limits_{x \to 0} \sin x \cdot (\cos x - b) = 0$，所以 $\lim\limits_{x \to 0}(\mathrm{e}^x - a) = 0$.

由 $\lim\limits_{x \to 0}(\mathrm{e}^x - a) = \lim\limits_{x \to 0}\mathrm{e}^x - \lim\limits_{x \to 0}a = 1 - a = 0$，得 $a = 1$.

极限化为 $\lim\limits_{x \to 0} \dfrac{\sin x}{\mathrm{e}^x - 1}(\cos x - b) = \lim\limits_{x \to 0} \dfrac{x}{x}(\cos x - b) = 1 - b = 5$，得 $b = -4$.

因此 $a = 1, b = -4$.

二、选择题

9. 解法一 当 $x \neq 0, 1, 2$ 时，$f(x)$ 连续，而

$$\lim\limits_{x \to -1^+} f(x) = f(-1) = \frac{\sin(-1-2)}{-(-1-1)(-1-2)^2} = -\frac{\sin 3}{18},$$

$$\lim\limits_{x \to 0^-} f(x) = \lim\limits_{x \to 0^-} \frac{-x\sin(x-2)}{x(x-1)(x-2)^2} = \frac{-\sin(0-2)}{(0-1)(0-2)^2} = -\frac{\sin 2}{4},$$

$$\lim\limits_{x \to 0^+} f(x) = \lim\limits_{x \to 0^+} \frac{x\sin(x-2)}{x(x-1)(x-2)^2} = \frac{\sin(0-2)}{(0-1)(0-2)^2} = \frac{\sin 2}{4},$$

$$\lim\limits_{x \to 1} f(x) = \lim\limits_{x \to 1} \frac{x\sin(x-2)}{x(x-1)(x-2)^2} = \lim\limits_{x \to 1} \frac{\sin(1-2)}{(x-1)(1-2)^2} = \infty,$$

$$\lim\limits_{x \to 2} f(x) = \lim\limits_{x \to 2} \frac{x\sin(x-2)}{x(x-1)(x-2)^2} = \lim\limits_{x \to 2} \frac{\sin(x-2)}{(x-2)^2} = \lim\limits_{x \to 2} \frac{1}{x-2} = \infty,$$

所以，函数 $f(x)$ 在 $(-1, 0)$ 内有界，故选 (A).

解法二 因为 $\lim\limits_{x \to 0^-} f(x)$ 存在，根据函数极限的局部有界性，所以存在 $\delta > 0$，在区间 $[-\delta, 0)$ 上 $f(x)$ 有界，又如果函数 $f(x)$ 在闭区间 $[a, b]$ 上连续，则 $f(x)$ 在闭区间 $[a, b]$ 上有界，根据题设 $f(x)$ 在 $[-1, -\delta]$ 上连续，故 $f(x)$ 在此区间上有界，所以 $f(x)$ 在区间 $(-1, 0)$ 上有界，选 (A).

10. 解法一 直接法.

由 $g(x) = \dfrac{f(x)}{x}$，$g(x)$ 在 $x = 0$ 处没定义，显然 $x = 0$ 为 $g(x)$ 的间断点，由 $f(x)$ 为奇函数知，$f(0) = 0$.

为了讨论函数 $g(x)$ 的连续性,求函数 $g(x)$ 在 $x \to 0$ 的极限.

$$\lim_{x \to 0} g(x) = \lim_{x \to 0} \frac{f(x)}{x} = \lim_{x \to 0} \frac{f(x) - f(0)}{x - 0} = f'(0) \text{ 存在,故 } x = 0 \text{ 为可去间断点. 应选(D).}$$

解法二　间接法.

取 $f(x) = x$,则此时 $g(x) = \dfrac{x}{x} = \begin{cases} 1, & x \neq 0 \\ 0, & x = 0 \end{cases}$ 可排除(A)(B)(C)三项,故应选(D).

11. **解**　因为 $\lim\limits_{x \to 0} g(x) = \lim\limits_{x \to 0} \dfrac{\displaystyle\int_0^x f(t) \, dt}{x} \xlongequal{\text{洛必达法则}} \lim\limits_{x \to 0} f(x) = f(0)$,所以 $x = 0$ 是函数 $g(x)$ 的可去间断点. 选项(B)正确.

12. **解**　因为 $f(x)$ 为初等函数,所以 $f(x)$ 在其定义域内是连续的,故本题中的 $f(x)$ 的间断点一定在无定义的点. $f(x)$ 的无定义点为 $0, 1, \pm \dfrac{\pi}{2}$,显然 $1, \pm \dfrac{\pi}{2}$ 均为第二类间断点. 因为

$$\lim_{x \to 0^+} f(x) = \lim_{x \to 0^+} \frac{(e^{\frac{1}{x}} + e) \tan x}{x(e^{\frac{1}{x}} - e)} = \lim_{x \to 0^+} \frac{e^{\frac{1}{x}} + e}{e^{\frac{1}{x}} - e} = \lim_{x \to 0^+} \frac{e(1 + e^{1 - \frac{1}{x}})}{e(1 - e^{1 - \frac{1}{x}})} = 1,$$

$$\lim_{x \to 0^-} f(x) = \lim_{x \to 0^-} \frac{(e^{\frac{1}{x}} + e) \tan x}{x(e^{\frac{1}{x}} - e)} = \lim_{x \to 0^-} \frac{e^{\frac{1}{x}} + e}{e^{\frac{1}{x}} - e} = \frac{\lim\limits_{x \to 0^-}(e^{\frac{1}{x}} + e)}{\lim\limits_{x \to 0^-}(e^{\frac{1}{x}} - e)} = \frac{e}{-e} = -1,$$

所以 $x = 0$ 点是第一类间断点中的跳跃间断点,故选项(A)正确.

13. **解**　当 $x = 0, x = 1$ 时 $f(x)$ 无定义,故 $x = 0, x = 1$ 是函数的间断点.

因为 $\lim\limits_{x \to 0^+} f(x) = \lim\limits_{x \to 0^+} x \ln x \cdot \lim\limits_{x \to 0^+} \dfrac{1}{|x - 1|} = \lim\limits_{x \to 0^+} \dfrac{\ln x}{\frac{1}{x}} \xlongequal{\text{洛必达法则}} 0$,同理 $\lim\limits_{x \to 0^-} f(x) = 0$,

所以 $x = 0$ 是可去间断点;

又 $\lim\limits_{x \to 1^+} f(x) = \lim\limits_{x \to 1^+} \dfrac{\ln x}{x - 1} \cdot \lim\limits_{x \to 1^+} \sin x = \left(\lim\limits_{x \to 1^+} \dfrac{1}{x}\right) \sin 1 = \sin 1$,

$\lim\limits_{x \to 1^-} f(x) = \lim\limits_{x \to 1^-} \dfrac{\ln x}{1 - x} \cdot \lim\limits_{x \to 1^+} \sin x = -\sin 1$,

所以 $x = 1$ 是跳跃间断点,故选项(A)正确.

14. **解法一**　$f(x) = x - \sin ax$ 与 $g(x) = x^2 \ln(1 - bx)$ 是 $x \to 0$ 时的等价无穷小,则

$$1 = \lim_{x \to 0} \frac{f(x)}{g(x)} = \lim_{x \to 0} \frac{x - \sin ax}{x^2 \ln(1 - bx)} = \lim_{x \to 0} \frac{x - \sin ax}{x^2 \cdot (-bx)} = \lim_{x \to 0} \frac{x - \sin ax}{-bx^3} \xlongequal{\text{洛必达法则}} \lim_{x \to 0} \frac{1 - a \cos ax}{-3bx^2},$$

$\lim\limits_{x \to 0}(1 - a \cos ax) = 1 - a$,若 $a \neq 1$,则 $\lim\limits_{x \to 0} \dfrac{1 - a \cos ax}{-3bx^2} = \infty$,与已知矛盾,故 $a = 1$.

又 $I = \lim\limits_{x \to 0} \dfrac{f(x)}{g(x)} \xlongequal{\text{洛必达法则}} \lim\limits_{x \to 0} \dfrac{1 - \cos x}{-3bx^2} = \lim\limits_{x \to 0} \dfrac{\frac{1}{2}x^2}{-3bx^2} = -\dfrac{1}{6b} = 1$,故 $b = -\dfrac{1}{6}$,所以答案选(A).

解法二　由泰勒公式 $\sin ax = ax - \dfrac{1}{6}a^3 x^3 + o(x^3) \, (x \to 0)$,则

$$1 = \lim_{x \to 0} \frac{f(x)}{g(x)} = \lim_{x \to 0} \frac{(1 - a)x + \frac{1}{6}a^3 x^3 + o(x^3)}{-bx^3} = \frac{1}{-6b}a^3 + \lim_{x \to 0} \frac{(1 - a)x}{-bx^3} = 1.$$

所以 $1 - a = 0, -\dfrac{1}{6b} = 1$,即 $a = 1, b = -\dfrac{1}{6}$,因此选(A).

15. **解法一**　因为

$$\lim_{x \to 0} \frac{3 \sin x - \sin 3x}{cx^k} = \lim_{x \to 0} \frac{3 \sin x - (\sin x \cos 2x + \cos x \sin 2x)}{cx^k}$$

$$= \lim_{x \to 0} \frac{3 \sin x - \sin x \cos 2x - 2 \cos^2 x \sin x}{cx^k}$$

$$= \lim_{x \to 0} \frac{\sin x (3 - \cos 2x - 2\cos^2 x)}{cx^k}$$

$$= \lim_{x \to 0} \frac{3 - \cos 2x - 2\cos^2 x}{cx^{k-1}} = \lim_{x \to 0} \frac{3 - (2\cos^2 x - 1) - 2\cos^2 x}{cx^{k-1}}$$

$$= \lim_{x \to 0} \frac{4 - 4\cos^2 x}{cx^{k-1}} = \lim_{x \to 0} \frac{4\sin^2 x}{cx^{k-1}}$$

$$= \lim_{x \to 0} \frac{4}{cx^{k-3}} = 1,$$

所以 $c = 4, k = 3$，故选项 (C) 正确.

解法二　洛必达法则.

$$\lim_{x \to 0} \frac{3\sin x - \sin 3x}{cx^k} = \lim \frac{3(\cos x - \cos 3x)}{ckx^{k-1}} = 3\lim_{x \to 0} \frac{-\sin x + 3\sin 3x}{ck(k-1)x^{k-2}}$$

$$\xrightarrow{k=3} \lim_{x \to 0} \frac{3\sin x}{6cx} + 9\lim_{x \to 0} \frac{\sin 3x}{6cx} = -\frac{1}{2c} + \frac{9}{2c} = 1.$$

$\Rightarrow k = 3, c = 4$，所以选项 (C) 正确.

解法三　泰勒公式.

由 $\sin x = x - \dfrac{1}{6}x^3 + o(x^3), \sin 3x = 3x - \dfrac{1}{6}(3x)^3 + o(x^3)$，

$$f(x) = 3\sin x - \sin 3x = \left(-\frac{1}{2} + \frac{9}{2}\right)x^3 + o(x^3) \sim 4x^3.$$

因为 $\lim\limits_{x \to 0} \dfrac{3\sin x - \sin 3x}{cx^k} = 1 \Rightarrow k = 3, c = 4$，所以选项 (C) 正确.

16. 解　因为 $a_n > 0$，所以 $\{S_n\}$ 单调递增. 若 $\{S_n\}$ 有界，则 $\lim\limits_{n \to \infty} S_n$ 存在，则

$$\lim_{n \to \infty} a_n = \lim_{n \to \infty}(S_n - S_{n-1}) = 0,$$

即数列 $\{S_n\}$ 有界是数列 $\{a_n\}$ 收敛的充分条件.

反之，若 $\{a_n\}$ 收敛，则 $\{S_n\}$ 不一定有界. 例如，$a_n = 1$，则数列 $\{a_n\}$ 收敛，但 $S_n = n$ 无上界，故选 (B).

17. 解法一　推理法.

因为 $u_n = f(n)$，由拉格朗日中值定理，有

$u_{n+1} - u_n = f(n+1) - f(n) = f'(\xi_n)(n+1-n) = f'(\xi_n), (n = 1, 2, \cdots), n < \xi_n < n+1$，显然有 $\xi_1 < \xi_2 < \cdots < \xi_n < \cdots$.

又因为 $f''(x) > 0$，知 $f'(x)$ 单调递增，故 $f'(\xi_1) < f'(\xi_2) < \cdots < f'(\xi_n) < \cdots$.

若 $u_1 < u_2$，则 $f'(\xi_1) = u_2 - u_1 > 0$，进而 $f'(\xi_1) < f'(\xi_2) < \cdots < f'(\xi_n) < \cdots$.

又因为 $u_{n+1} = u_1 + \sum\limits_{k=1}^{n}(u_{k+1} - u_k) = u_1 + \sum\limits_{k=1}^{n} f'(\xi_k) > u_1 + nf'(\xi_1)$，而 $f'(\xi_1)$ 是一个确定的正数，于是推知 $\lim\limits_{n \to \infty} u_{n+1} = +\infty$，故 $\{u_n\}$ 发散，选项 (D) 正确.

解法二　排除法.

函数 $f_1(x) = -\sqrt{x}, f_2(x) = \dfrac{1}{x}, f_3(x) = x^2$，都在 $(0, +\infty)$ 上具有二阶导数，且 $f''(x) > 0$，

对于 $f_1(x) = -\sqrt{x}$，有 $u_1 = -1 > -\sqrt{2} = u_2$，但是 $\{u_n\} = \{-\sqrt{n}\}$ 发散，故排除选项 (A).

对于 $f_2(x) = \dfrac{1}{x}$，有 $u_1 = 1 > \dfrac{1}{2} = u_2$，但是 $\{u_n\} = \left\{\dfrac{1}{n}\right\}$ 收敛，故排除选项 (B).

对于 $f_3(x) = x^2$，有 $u_1 = 1 < 4 = u_2$，但是 $\{u_n\} = \{n^2\}$ 发散，故排除选项 (C).

因此本题选 (D).

18. 解法一　因为 $f(x)$ 在 $(-\infty, +\infty)$ 内单调有界，且 $\{x_n\}$ 单调，所以 $\{f(x_n)\}$ 单调且有界，故 $\{f(x_n)\}$ 一定存在极限，所以选项 (B) 正确.

解法二　举反例.

（A）的反例：设 $f(x) = \begin{cases} \arctan x, & 0 \leqslant x < +\infty, \\ \arctan x - 1, & -\infty < x < 0, \end{cases}$，$x_n = \dfrac{(-1)^n}{n}$，$f(x)$ 在 $(-\infty, +\infty)$ 内单调有

界，$\lim\limits_{n\to\infty} x_n = 0$. 但 $f(x_n) = \begin{cases} \arctan \dfrac{1}{n}, & n \text{ 为偶数}, \\ \arctan \dfrac{1}{n} - 1, & n \text{ 为奇数}, \end{cases}$ 故 $\lim\limits_{n\to\infty} f(x_n)$ 不存在.

（C）、（D）的反例：设 $f(x) = \arctan x$，它在 $(-\infty, +\infty)$ 内单调有界，$x_n = n$，$f(x_n) = \arctan n \to \dfrac{\pi}{2}$

$(n \to \infty)$，它收敛，但 $\lim\limits_{n\to\infty} x_n = \lim\limits_{n\to\infty} n = +\infty$ 不收敛.

故选项（B）正确.

19. 解 应选（C）.

e^x 当 $x \to +\infty$ 时为无穷大，故若 $x \to +\infty$ 时，$e^x \left[\int_0^{\sqrt{x}} e^{-t^2} \, dt + a \right]$ 的极限存在，必有 $\lim\limits_{x\to+\infty} \left[\int_0^{\sqrt{x}} e^{-t^2} \, dt + a \right] =$

0，从而 $a = -\lim\limits_{x\to+\infty} \int_0^{\sqrt{x}} e^{-t^2} \, dt = -\dfrac{\sqrt{\pi}}{2}$，用洛必达法则计算不定式，可得

$$b = \lim_{x\to+\infty} \frac{\int_0^{\sqrt{x}} e^{-t^2} \, dt + a}{e^{-x}} = \lim_{x\to0} \frac{e^{-x} \cdot \dfrac{1}{2\sqrt{x}}}{-e^{-x}} = 0.$$

20. 解 应选（C）.

令 $x_n = \dfrac{2}{n\pi}$，$f(x_n) = \left(\dfrac{n\pi}{2}\right)^2 \cos\dfrac{n\pi}{2}$. 当 $n = 2k$ 时，$f(x_{2k}) = (k\pi)^2 (-1)^k \to \infty$；当 $n = 2k+1$ 时，$f(x_{2k+1})$

$= \left(\dfrac{2k+1}{2}\pi\right)^2 \cos\left(\dfrac{2k+1}{2}\pi\right) = 0$，故当 $x \to 0$ 时，$f(x)$ 无界，但不是无穷大.

三、计算题与证明题

21. 解法一 $\lim\limits_{x\to0} \dfrac{e^{\sin x} - e^x}{\sqrt{1+x^3} - 1} = \lim\limits_{x\to0} \dfrac{e^x(e^{\sin x - x} - 1)}{\sqrt{1+x^3} - 1}$

$$= \lim_{x\to0} \frac{\sin x - x}{\dfrac{1}{2} x^3} = \lim_{x\to0} \frac{\cos x - 1}{\dfrac{3}{2} x^2} = \lim_{x\to0} \frac{-\dfrac{x^2}{2}}{\dfrac{3}{2} x^2}$$

$$= -\frac{1}{3}.$$

解法二 $\lim\limits_{x\to0} \dfrac{e^{\sin x} - e^x}{\sqrt{1+x^3} - 1} = \lim\limits_{x\to0} \dfrac{e^{\sin x}\cos x - e^x}{\dfrac{3x^2}{2\sqrt{1+x^3}}} \cdot$

$$= \frac{2}{3} \lim_{x\to0} \frac{e^{\sin x}\cos x - e^x}{x^2} = \frac{2}{3} \lim_{x\to0} \frac{e^{\sin x}\cos^2 x - e^{\sin x}\sin x - e^x}{2x}$$

$$= \frac{2}{3} \lim_{x\to0} \frac{e^{\sin x}\cos^3 x - 2e^{\sin x}\cos x \sin x - e^{\sin x}\cos x \sin x - e^{\sin x}\cos x - e^x}{2}$$

$$= -\frac{1}{3}.$$

22. 解 原式 $= \lim\limits_{x\to-\infty} \dfrac{-\sqrt{4 + \dfrac{1}{x} - \dfrac{1}{x^2}} + 1 + \dfrac{1}{x}}{-\sqrt{1 + \dfrac{\sin x}{x^2}}} = \dfrac{-2+1}{-1} = 1.$

23. 解 原式 $= \lim\limits_{x\to+\infty} 2\cos\dfrac{\sqrt{x+1} + \sqrt{x}}{2} \sin\dfrac{\sqrt{x+1} - \sqrt{x}}{2}$

$$= \lim_{x\to+\infty} 2\cos\frac{\sqrt{x+1} + \sqrt{x}}{2} \sin\frac{1}{2(\sqrt{x+1} + \sqrt{x})} = 0.$$

24. 解　原式 $= \lim\limits_{h \to 0} \dfrac{a^{x+h}\ln a - a^{x-h}\ln a}{2h} \left(\dfrac{0}{0}\right) = \dfrac{\ln a}{2}\lim\limits_{h \to 0}\dfrac{a^{x+h}\ln a + a^{x-h}\ln a}{1} = a^x \ln^2 a.$

25. 解　原式 $= \mathrm{e}^{\lim\limits_{x \to 0}\frac{x^2+1}{x}\ln(2^{\frac{2x+1}{x+1}}-1)} = \mathrm{e}^{2\lim\limits_{x \to 0}\frac{x^2+1}{x}(\frac{x}{2(x+1)}-1)} = \mathrm{e}^{2\lim\limits_{x \to 0}\frac{x^2+1}{x}\cdot\frac{x}{x+1}\ln 2} = \mathrm{e}^{2\ln 2} = 4.$

26. 解　原式 $= \mathrm{e}^{\lim\limits_{x \to 0}\frac{1}{x}(\frac{a^x+b^x+c^x}{3}-1)} = \mathrm{e}^{\lim\limits_{x \to 0}\frac{1}{3}(\frac{a^x-1}{x}+\frac{b^x-1}{x}+\frac{c^x-1}{x})} = \mathrm{e}^{\frac{1}{3}\ln abc} = \mathrm{e}^{\ln(abc)^{\frac{1}{3}}} = (abc)^{\frac{1}{3}}.$

27. 解　原式 $= \mathrm{e}^{\lim\limits_{x \to 0}\frac{1}{x}(\frac{a^{x+1}+b^{x+1}+c^{x+1}}{a+b+c}-1)} = \mathrm{e}^{\lim\limits_{x \to 0}\frac{1}{a+b+c}(a\cdot\frac{a^x-1}{x}+b\cdot\frac{b^x-1}{x}+c\cdot\frac{c^x-1}{x})}$

$= \mathrm{e}^{\frac{a\ln a+b\ln b+c\ln c}{a+b+c}} = \mathrm{e}^{\ln(a^a \cdot b^b \cdot c^c)^{\frac{1}{a+b+c}}} = (a^a b^b c^c)^{\frac{1}{a+b+c}}.$

28. 解　原式 $= \lim\limits_{x \to a}\dfrac{\mathrm{e}^{a^x\ln a} - \mathrm{e}^{x^a\ln a}}{a^x - x^a} = \lim\limits_{x \to a}\mathrm{e}^{x^a\ln a}\dfrac{\mathrm{e}^{(a^x-x^a)\ln a}-1}{a^x-x^a} = \lim\limits_{x \to a}\mathrm{e}^{x^a\ln a}\cdot\dfrac{(a^x-x^a)\ln a}{a^x-x^a} = a^{a^a}\cdot\ln a.$

29. 解　原式 $= \lim\limits_{x \to 0} a^{\sin x}\cdot\dfrac{a^{x-\sin x}-1}{x^3} = \lim\limits_{x \to 0}\dfrac{x-\sin x}{x^3}\ln a$

$= \ln a \lim\limits_{x \to 0}\dfrac{1-\cos x}{3x^2} = \ln a \lim\limits_{x \to 0}\dfrac{\frac{1}{2}x^2}{3x^2} = \dfrac{\ln a}{6}.$

30. 解　（ⅰ）当 $k < 0$ 时，原式 $= \lim\limits_{x \to +\infty}\dfrac{1}{x^{-k}\cdot\mathrm{e}^{ax}} = 0$；（ⅱ）当 $k = 0$ 时，原式 $= \lim\limits_{x \to +\infty}\dfrac{1}{\mathrm{e}^{ax}} = 0$；

（ⅲ）当 $k > 0$ 时，设 $\mathrm{e}^{\frac{a}{k}} = b > 1,\ \lim\limits_{x \to +\infty}\dfrac{x}{b^x}\left(\dfrac{\infty}{\infty}\right) = \lim\limits_{x \to +\infty}\dfrac{1}{b^x\ln b} = 0.$

原式 $= \lim\limits_{x \to +\infty}\left[\dfrac{x}{(\mathrm{e}^{\frac{a}{k}})^x}\right]^k = \lim\limits_{x \to +\infty}\left(\dfrac{x}{b^x}\right)^k = 0^k = 0.$

31. 解　原式 $= \lim\limits_{x \to 0}\dfrac{\dfrac{2}{\sqrt{1-4x^2}}-\dfrac{3}{\sqrt{1-9x^2}}}{3x^2} = -\infty.$

32. 解　原式 $= \lim\limits_{x \to 0}\dfrac{\mathrm{e}^{x\ln(a+x)} - \mathrm{e}^{x\ln a}}{x^2} = \lim\limits_{x \to 0}\mathrm{e}^{x\ln a}\dfrac{\mathrm{e}^{x\ln(a+x)-x\ln a}-1}{x^2}$

$= \lim\limits_{x \to 0}\dfrac{x[\ln(a+x)-\ln a]}{x^2} = \lim\limits_{x \to 0}\dfrac{\frac{1}{a+x}}{1} = \dfrac{1}{a}.$

33. 解　原式 $= \lim\limits_{x \to 0^+}\left[\sqrt{\dfrac{1-\mathrm{e}^{-x}}{x}} - \sqrt{\dfrac{1-\cos x}{x}}\right] = \lim\limits_{x \to 0^+}\left[\sqrt{\dfrac{x}{x}} - \sqrt{\dfrac{\frac{1}{2}x^2}{x}}\right] = 1.$

34. 解　原式 $= \mathrm{e}^{\lim\limits_{x \to \frac{\pi}{4}}\tan 2x(\tan x-1)} = \mathrm{e}^{\lim\limits_{x \to \frac{\pi}{4}}\frac{\sin 2x}{\cos 2x}\cdot\frac{\sin x-\cos x}{\cos x}} = \mathrm{e}^{\lim\limits_{x \to \frac{\pi}{4}}\frac{\sin x-\cos x}{\cos 2x}\binom{0}{0}} = \mathrm{e}^{\sqrt{2}\lim\limits_{x \to \frac{\pi}{4}}\frac{\cos x+\sin x}{-2\sin 2x}} = \mathrm{e}^{-1}.$

35. 解　$\lim\limits_{x \to \infty}\dfrac{1}{x}\ln\tan\dfrac{\pi x}{2x+1} = \lim\limits_{x \to \infty}\dfrac{\dfrac{\frac{\pi}{(1+2x)^2}}{\tan\frac{\pi x}{2x+1}\cos^2\frac{\pi x}{2x+1}}}{1} = \lim\limits_{x \to \infty}2\pi\cdot\dfrac{\dfrac{1}{(1+2x)^2}}{\sin\frac{2\pi x}{2x+1}}$

$= 2\pi\lim\limits_{x \to \infty}\dfrac{-\dfrac{4}{(1+2x)^3}}{\dfrac{2\pi}{(1+2x)^2}\cdot\cos\frac{2\pi x}{2x+1}} = -4\lim\limits_{x \to \infty}\dfrac{1}{(1+2x)\cos\frac{2\pi x}{2x+1}} = 0,$

原式 $= \mathrm{e}^0 = 1.$

36. 解　原式 $= \lim\limits_{x \to 0}\dfrac{\sin x\cos 2x\cdots\cos kx + \cos x\cdot 2\sin 2x\cdots\cos kx + \cos x\cos 2x\cdots k\sin kx}{\sin x}$

$= 1 + 2^2 + \cdots + k^2.$

37. 解　原式 $= \lim\limits_{x \to 0}\dfrac{\mathrm{e}^{x\ln(\frac{2+\cos x}{3})}-1}{x^3} \xlongequal{\mathrm{e}^x-1 \sim x} \lim\limits_{x \to 0}\dfrac{\ln\left(\dfrac{2+\cos x}{3}\right)}{x^2}$

$$= \lim_{x \to 0} \frac{\ln(1 + \frac{\cos x - 1}{3})}{x^2} \xlongequal{\ln(1+x) \sim x} \lim_{x \to 0} \frac{\cos x - 1}{3x^2}$$

$$\xlongequal{1 - \cos x \sim \frac{1}{2}x^2} \lim_{x \to 0} \frac{-\frac{x^2}{2}}{3x^2} = -\frac{1}{6}.$$

38. 解法一
$$\lim_{x \to 0} \frac{1}{x^2} \ln \frac{\sin x}{x} = \lim_{x \to 0} \frac{1}{x^2} \ln\left(1 + \frac{\sin x}{x} - 1\right)$$

$$= \lim_{x \to 0} \frac{\sin x - x}{x^3} = \lim_{x \to 0} \frac{\cos x - 1}{3x^2} = -\lim_{x \to 0} \frac{\sin x}{6x} = -\frac{1}{6}.$$

解法二
$$\lim_{x \to 0} \frac{1}{x^2} \ln \frac{\sin x}{x} \xlongequal{洛必达法则} \lim_{x \to 0} \frac{x\cos x - \sin x}{2x^2 \sin x} = \lim_{x \to 0} \frac{x\cos x - \sin x}{2x^3}$$

$$\xlongequal{洛必达法则} \lim_{x \to 0} \frac{-x\sin x}{6x^2} = -\frac{1}{6}.$$

39. 解
$$\lim_{x \to 0}\left(\frac{1}{\sin^2 x} - \frac{\cos^2 x}{x^2}\right) = \lim_{x \to 0} \frac{x^2 - \sin^2 x \cos^2 x}{x^2 \sin^2 x} = \lim_{x \to 0} \frac{x^2 - \sin^2 x \cos^2 x}{x^4}$$

$$= \lim_{x \to 0} \frac{x^2 - \frac{1}{4}\sin^2 2x}{x^4} = \lim_{x \to 0} \frac{2x - \frac{1}{2}\sin 4x}{4x^3} = \lim_{x \to 0} \frac{1 - \cos 4x}{6x^2}$$

$$= \lim_{x \to 0} \frac{2\sin^2 2x}{6x^2} = \lim_{x \to 0} \frac{2(2x)^2}{6x^2} = \frac{4}{3}.$$

40. 解法一
$$\lim_{x \to 0} \frac{[\sin x - \sin(\sin x)]\sin x}{x^4} = \lim_{x \to 0} \frac{\sin x - \sin(\sin x)}{x^3}$$

$$\xlongequal{洛必达法则} \lim_{x \to 0} \frac{\cos x - \cos(\sin x)\cos x}{3x^2} = \lim_{x \to 0} \frac{1 - \cos(\sin x)}{3x^2} = \lim_{x \to 0} \frac{\frac{1}{2}\sin^2 x}{3x^2} = \frac{1}{6}.$$

解法二 因为 $\sin x = x - \frac{1}{6}x^3 + o(x^3)$，$\sin(\sin x) = \sin x - \frac{1}{6}\sin^3 x + o(\sin^3 x)$，

所以 $\lim_{x \to 0} \frac{[\sin x - \sin(\sin x)]\sin x}{x^4} = \lim_{x \to 0}\left[\frac{\sin^4 x}{6x^4} + \frac{o(\sin^4 x)}{x^4}\right] = \frac{1}{6}.$

41. 解 原式 $= \lim_{x \to \infty} e^{x\ln f(\frac{1}{x})} = e^{\lim_{x \to \infty} \frac{\ln f(\frac{1}{x}) - \ln f(0)}{\frac{1}{x}}} = e^{[\ln f(x)]'|_{x=0}} = e^2.$

42. 解法一 $f(x) = f(0) + f'(0)x + \frac{1}{2}f''(0)x^2 + o(x^2)$，$\ln(1+x) = x - \frac{1}{2}x^2 + o(x^2)$，

代入条件，即得 $f(0) = 0, f'(0) = -1, f''(0) = 7.$

解法二 由条件可知 $f(0) = \lim_{x \to 0} f(x) = 0.$

由洛必达法则，$\lim_{x \to 0} \frac{\frac{1}{1+x} + f'(x)}{2x} = 3$，可知 $f'(0) = \lim_{x \to 0} f'(x) = -1.$

再由洛必达法则，$3 = \lim_{x \to 0} \frac{\frac{1}{1+x} + f'(x)}{2x} = \lim_{x \to 0} \frac{\frac{-1}{(1+x)^2} + f''(x)}{2}$，可知 $f''(0) = \lim_{x \to 0} f''(x) = 7.$

43. 解 原式 $= \lim_{x \to a} \frac{f'(x) - f'(a)}{f'(a)(f(x) - f(a)) + f'(a)f'(x)(x-a)}$

$$= \lim_{x \to a} \frac{\dfrac{f'(x) - f'(a)}{x - a}}{f'(a)\dfrac{(f(x) - f(a))}{x-a} + f'(a)f'(x)} = \frac{f''(a)}{2(f'(a))^2}.$$

44. 解 原式 $= e^{\lim_{x \to +\infty} \frac{1}{x^2} \ln \int_0^x e^{t^2} dt} = e^{\lim_{x \to +\infty} \frac{e^{x^2}}{2x \int_0^x e^{t^2} dt}}\left(\frac{\infty}{\infty}\right)$

$$= e^{\lim_{x \to +\infty} \frac{2xe^{x^2}}{2\int_0^x e^{t^2} dt + 2xe^{x^2}}} = e^{\lim_{x \to +\infty} \frac{xe^{x^2}}{\int_0^x e^{t^2} dt + xe^{x^2}}}$$

$$= \mathrm{e}^{\lim\limits_{x \to +\infty} \dfrac{\mathrm{e}^{x^2} + 2x^2 \mathrm{e}^{x^2}}{\mathrm{e}^{x^2} + 2\mathrm{e}^{x^2} + 2x^2 \mathrm{e}^{x^2}}} = \mathrm{e}^{\lim\limits_{x \to +\infty} \dfrac{1 + 2x^2}{3 + 2x^2}} = \mathrm{e}.$$

45. 解 $\lim\limits_{x \to +\infty} \dfrac{1}{x} \displaystyle\int_0^x (1 + t^2) \mathrm{e}^{t^2 - x^2} \mathrm{d}t = \lim\limits_{x \to +\infty} \dfrac{\displaystyle\int_0^x (1 + t^2) \mathrm{e}^{t^2} \mathrm{d}t}{x \mathrm{e}^{x^2}}$

$$= \lim\limits_{x \to +\infty} \dfrac{(1 + x^2) \mathrm{e}^{x^2}}{\mathrm{e}^{x^2} + 2x^2 \mathrm{e}^{x^2}} = \lim\limits_{x \to +\infty} \dfrac{1 + x^2}{1 + 2x^2} = \dfrac{1}{2}.$$

46. 解 令 $x - t = u$, 则 $\displaystyle\int_0^x f(x - t) \mathrm{d}t = \int_x^0 f(u)(-\mathrm{d}u) = \int_0^x f(u) \mathrm{d}u,$

从而 $\lim\limits_{x \to 0} \dfrac{\displaystyle\int_0^x (x - t) f(t) \mathrm{d}t}{x \displaystyle\int_0^x f(x - t) \mathrm{d}t} = \lim\limits_{x \to 0} \dfrac{x \displaystyle\int_0^x f(t) \mathrm{d}t - \displaystyle\int_0^x t f(t) \mathrm{d}t}{x \displaystyle\int_0^x f(u) \mathrm{d}u}$

$$\xlongequal{洛必达法则} \lim\limits_{x \to 0} \dfrac{\displaystyle\int_0^x f(t) \mathrm{d}t + x f(x) - x f(x)}{\displaystyle\int_0^x f(u) \mathrm{d}u + x f(x)}$$

$$= \lim\limits_{x \to 0} \dfrac{\displaystyle\int_0^x f(t) \mathrm{d}t}{\displaystyle\int_0^x f(u) \mathrm{d}u + x f(x)} = \lim\limits_{x \to 0} \dfrac{\dfrac{1}{x} \displaystyle\int_0^x f(t) \mathrm{d}t}{f(x) + \dfrac{1}{x} \displaystyle\int_0^x f(t) \mathrm{d}t}.$$

而 $\lim\limits_{x \to 0} \dfrac{1}{x} \displaystyle\int_0^x f(t) \mathrm{d}t = \lim\limits_{x \to 0} \dfrac{\left(\displaystyle\int_0^x f(t) \mathrm{d}t \right)'}{x'} = \lim\limits_{x \to 0} f(x) = f(0) \neq 0,$

故原式 $= \lim\limits_{x \to 0} \dfrac{\dfrac{1}{x} \displaystyle\int_0^x f(t) \mathrm{d}t}{f(x) + \dfrac{1}{x} \displaystyle\int_0^x f(t) \mathrm{d}t} = \dfrac{\lim\limits_{x \to 0} \dfrac{1}{x} \displaystyle\int_0^x f(t) \mathrm{d}t}{\lim\limits_{x \to 0} f(x) + \lim\limits_{x \to 0} \dfrac{1}{x} \displaystyle\int_0^x f(t) \mathrm{d}t} = \dfrac{f(0)}{f(0) + f(0)} = \dfrac{1}{2}.$

47. 解 原式 $= \lim\limits_{x \to 0} \dfrac{\left(x - \dfrac{x^2}{2} + \dfrac{x^3}{3} + o(x^3) \right) \left(-x - \dfrac{x^2}{2} - \dfrac{x^3}{3} + o(x^3) \right) - \left(-x^2 - \dfrac{x^4}{2} + o(x^4) \right)}{x^4}$

$$= \lim\limits_{x \to 0} \dfrac{\left(-\dfrac{1}{3} + \dfrac{1}{4} - \dfrac{1}{3} + \dfrac{1}{2} \right) x^4}{x^4} = \dfrac{1}{12}.$$

48. 解 原式 $= \lim\limits_{x \to +\infty} x \left[\left(1 + \dfrac{1}{x} \right)^{\frac{1}{6}} - \left(1 - \dfrac{1}{x} \right)^{\frac{1}{6}} \right]$

$$= \lim\limits_{x \to +\infty} x \left[\left(1 + \dfrac{1}{6x} - \dfrac{5}{72x^2} + o\left(\dfrac{1}{x^2} \right) \right) - \left(1 - \dfrac{1}{6x} - \dfrac{5}{72x^2} + o\left(\dfrac{1}{x^2} \right) \right) \right]$$

$$= \lim\limits_{x \to +\infty} \left[\dfrac{1}{3} + o\left(\dfrac{1}{x} \right) \right] = \dfrac{1}{3}.$$

49. 解 原式 $= \lim\limits_{x \to 0} \dfrac{\dfrac{x^2}{2} + 1 - \left(1 + \dfrac{x^2}{2} - \dfrac{1}{8} x^4 + o(x^4) \right)}{\left[\left(1 - \dfrac{x^2}{2} + o(x^2) \right) - (1 + x^2 + o(x^2)) \right] x^2} = \lim\limits_{x \to 0} \dfrac{\dfrac{1}{8} x^4}{-\dfrac{3}{2} x^4} = -\dfrac{1}{12}.$

50. 解 原式 $= \lim\limits_{x \to +\infty} x^{\frac{3}{2}} \left[x^{\frac{1}{2}} \left(1 + \dfrac{1}{x} \right)^{\frac{1}{2}} + x^{\frac{1}{2}} \left(1 - \dfrac{1}{x} \right)^{\frac{1}{2}} - 2 x^{\frac{1}{2}} \right]$

$$= \lim\limits_{x \to +\infty} x^2 \left[\left(1 + \dfrac{1}{2x} - \dfrac{1}{8x^2} + \dfrac{1}{16x^3} + o\left(\dfrac{1}{x^3} \right) \right) + \left(1 - \dfrac{1}{2x} - \dfrac{1}{8x^2} - \dfrac{1}{16x^3} + o\left(\dfrac{1}{x^3} \right) \right) - 2 \right]$$

$$= \lim\limits_{x \to +\infty} \left[-\dfrac{1}{4} + o\left(\dfrac{1}{x} \right) \right] = -\dfrac{1}{4}.$$

51. 解 为使函数 $f(x)$ 在 $\left[\dfrac{1}{2}, 1 \right]$ 上连续, 只需求出函数 $f(x)$ 在 $x = 1$ 处的左极限, 然后定义 $f(1)$ 为

此极限值即可.

$$\lim_{x\to 1^-} f(x) = \lim_{x\to 1^-}\left[\frac{1}{\pi x} + \frac{1}{\sin \pi x} - \frac{1}{\pi(1-x)}\right]$$

$$\xLeftrightarrow{u=x-1} \lim_{u\to 0^-}\left[\frac{1}{\pi(u+1)} + \frac{1}{\sin \pi(u+1)} + \frac{1}{\pi u}\right]$$

$$= \frac{1}{\pi} + \lim_{u\to 0^-}\left[\frac{1}{\sin \pi(u+1)} + \frac{1}{\pi u}\right]$$

$$= \frac{1}{\pi} + \lim_{u\to 0^-}\left(\frac{1}{\sin \pi u\cos \pi + \cos \pi u\sin \pi} + \frac{1}{\pi u}\right)$$

$$= \frac{1}{\pi} + \lim_{u\to 0^-}\left(\frac{-1}{\sin \pi u} + \frac{1}{\pi u}\right) = \frac{1}{\pi} + \lim_{u\to 0^-}\frac{\sin \pi u - \pi u}{\sin \pi u \cdot \pi u}$$

$$= \frac{1}{\pi} + \lim_{u\to 0^-}\frac{\sin \pi u - \pi u}{(\pi u)^2} = \frac{1}{\pi} + \lim_{u\to 0^-}\frac{\pi\cos \pi u - \pi}{2\pi^2 u}$$

$$= \frac{1}{\pi} + \lim_{u\to 0^-}\frac{-\pi \cdot \dfrac{1}{2}(\pi u)^2}{2\pi^2 u} = \frac{1}{\pi}.$$

定义 $f(1) = \dfrac{1}{\pi}$，从而有 $\lim\limits_{x\to 1^-} f(x) = \dfrac{1}{\pi} = f(1)$，$f(x)$ 在 $x=1$ 处连续. 又由于 $f(x)$ 在 $\left[\dfrac{1}{2},1\right)$ 上连续，

所以使 y 在 $\left[\dfrac{1}{2},1\right]$ 上连续.

52. 解　原式 $= \lim\limits_{x\to 0}\dfrac{a\sec^2 x + b\sin x}{\dfrac{-2c}{1-2x} + 2\mathrm{d}x\mathrm{e}^{x^2}} = \dfrac{a}{-2c} = 2, a = -4c$，且 b,d 为任意常数.

53. 解　$\lim\limits_{x\to 0}\dfrac{\mathrm{e}^x - ax^2 - bx - 1}{x^2} = 0 \Rightarrow \lim\limits_{x\to 0}\dfrac{\mathrm{e}^x - 2ax - b}{2x} = 0 \Rightarrow 1-b = 0 \Rightarrow b = 1$

$\Rightarrow \lim\limits_{x\to 0}\dfrac{\mathrm{e}^x - 2ax - 1}{2x}\left(\dfrac{0}{0}\right) = \lim\limits_{x\to 0}\dfrac{\mathrm{e}^x - 2a}{2} = \dfrac{1-2a}{2} = 0 \Rightarrow a = \dfrac{1}{2}, b = 1.$

54. 解　$\lim\limits_{x\to 0}\dfrac{\displaystyle\int_0^x \dfrac{t^2}{\sqrt{a+t^2}}\mathrm{d}t}{bx - \sin x}\left(\dfrac{0}{0}\right) = \lim\limits_{x\to 0}\dfrac{\dfrac{x^2}{\sqrt{a+x^2}}}{b - \cos x} = 1.$

$\lim\limits_{x\to 0}$ 分子 $= 0 \Rightarrow \lim\limits_{x\to 0}(b - \cos x) = b - 1 = 0 \Rightarrow b = 1.$

$\lim\limits_{x\to 0}\dfrac{\dfrac{x^2}{\sqrt{a+x^2}}}{\dfrac{x^2}{2}} = \lim\limits_{x\to 0}\dfrac{2}{\sqrt{a+x^2}} = \dfrac{2}{\sqrt{a}} = 1 \Rightarrow a = 4.$

55. 解　由条件知，$\lim\limits_{x\to 0}\dfrac{(1+ax^2)^{\frac{1}{3}} - 1}{\cos x - 1} = 1 = \lim\limits_{x\to 0}\dfrac{\dfrac{1}{3}ax^2}{-\dfrac{1}{2}x^2} \Rightarrow a = -\dfrac{3}{2}.$

56. 解　左边 $= \mathrm{e}^{\lim\limits_{x\to 0} x\left(\frac{x+2a}{x-a}-1\right)} = \mathrm{e}^{\lim\limits_{x\to 0}\frac{3ax}{x-a}} = \mathrm{e}^{3a} = 8, 3a = \ln 8 = 3\ln 2 \Rightarrow a = \ln 2.$

57. 解　由 $x \ne 0$ 时，显然连续，只需取 a 使得 f 在 $x=0$ 处连续.

由 $\lim\limits_{x\to 0} f(x) = \lim\limits_{x\to 0}\dfrac{\sin 2x + \mathrm{e}^{2ax} - 1}{x} = \lim\limits_{x\to 0}\left(\dfrac{\sin 2x}{x} + \dfrac{\mathrm{e}^{2ax}-1}{x}\right) = 2 + 2a = f(0) = a \Rightarrow a = -2.$

58. 解　分段函数 $f(x)$ 在分段点 $x=0$ 处连续，要求 $f(x)$ 在 $x=0$ 处既左连续又右连续，即 $f(0^+) = f(0) = f(0^-).$

而 $f(0^-) = \lim\limits_{x\to 0^-} f(x) = \lim\limits_{x\to 0^-}\dfrac{\ln(1+ax^3)}{x - \arcsin x} = \lim\limits_{x\to 0^-}\dfrac{ax^3}{x - \arcsin x}$

$= \lim\limits_{x\to 0^-}\dfrac{3ax^2}{1 - \dfrac{1}{\sqrt{1-x^2}}} = \lim\limits_{x\to 0^-}\dfrac{3ax^2}{\sqrt{1-x^2} - 1} \cdot \lim\limits_{x\to 0^-}\sqrt{1-x^2}$

$$= \lim_{x \to 0^-} \frac{3ax^2}{-\frac{1}{2}x^2} = -6a,$$

$$f(0^+) = \lim_{x \to 0^+} f(x) = \lim_{x \to 0^+} \frac{e^{ax} + x^2 - ax - 1}{x \sin \frac{x}{4}} = \lim_{x \to 0^+} \frac{e^{ax} + x^2 - ax - 1}{\frac{x^2}{4}}$$

$$= 4 \lim_{x \to 0^+} \frac{ae^{ax} + 2x - a}{2x} = 4 \lim_{x \to 0^+} \frac{a^2 e^{ax} + 2}{2} = 2a^2 + 4,$$

$$f(0) = 6.$$

$x = 0$ 为 $f(x)$ 的连续点 $\Leftrightarrow f(0^+) = f(0^-) = f(0) \Leftrightarrow -6a = 6 = 2a^2 + 4$,得 $a = -1$;

$x = 0$ 为 $f(x)$ 的可去间断点 $\Leftrightarrow -6a = 2a^2 + 4 \neq 6$,即

$$2a^2 + 6a + 4 = 0,\text{但 } a \neq -1,$$

解得 $a = -2$.

所以当 $a = -1$ 时,$f(x)$ 在 $x = 0$ 处连续;当 $a = -2$ 时,$x = 0$ 是 $f(x)$ 的可去间断点.

59. 解 左边 $= \lim_{x \to 0} \dfrac{x - \dfrac{x^2}{2} + f(0) + f'(0)x + \dfrac{f''(0)}{2}x^2 + o(x^2)}{x^2}$

$$= \lim_{x \to 0} \frac{f(0) + (1 + f'(0))x + \frac{1}{2}(f''(0) - 1)x^2 + o(x^2)}{x^2} = 3$$

$$\Rightarrow f(0) = 0, f'(0) = -1, \frac{1}{2}(f''(0) - 1) = 3, f''(0) = 7.$$

60. 解 当 $-1 < x < 0$ 时,$f(x) = x$;当 $x = 0$ 时,$f(x) = \frac{1}{2}$;当 $x > 0$ 时,$f(x) = 1$.

所以仅在 $x = 0$ 处有间断点,其他处均连续.

61. 解 由 $\lim\limits_{x \to -\infty} \dfrac{x}{a + e^{bx}} = 0$,知 $b < 0$,又 $f(x)$ 在 $(-\infty, +\infty)$ 内连续,必有 $a \geqslant 0$.(因为若 $a < 0$,就会有分母为零的点,$f(x)$ 在此点就不连续,矛盾.)

62. 解 (1) 由条件知 $\lim\limits_{x \to 0} \dfrac{e^x \sin x}{x} = 1 = F(0) = a$.

(2) 当 $x \neq 0$ 时,$F'(x) = \dfrac{(e^x \sin x + e^x \cos x)x - e^x \sin x}{x^2}$.

当 $x = 0$ 时,$\lim\limits_{x \to 0} \dfrac{F(x) - F(0)}{x} = \lim\limits_{x \to 0} \dfrac{\dfrac{e^x \sin x}{x} - 1}{x}$

$$= \lim_{x \to 0} \frac{e^x \sin x - x}{x^2} \xlongequal{\text{洛必达法则}} \lim_{x \to 0} \frac{e^x \sin x + e^x \cos x - 1}{2x}$$

$$= \lim_{x \to 0} \frac{e^x \sin x + e^x \cos x + e^x \cos x - e^x \sin x}{2} = 1 = F'(0),$$

$$\lim_{x \to 0} F'(x) = \lim_{x \to 0} e^x \cdot \frac{x \sin x + x \cos x - \sin x}{x^2}$$

$$= \lim_{x \to 0} \frac{\sin x + x \cos x + \cos x - x \sin x - \cos x}{2x} = \frac{1}{2}(1 + 1 - 0) = 1 = F'(0).$$

63. 解 $f(x) = \begin{cases} -x, & |x| < 1, \\ 0, & |x| = 1, \\ x, & |x| > 1. \end{cases}$ $x = \pm 1$ 为跳跃间断点,作图略.

64. 解 $f(0) = f(0 + 0) = f(0) + f(0) \Rightarrow f(0) = 0$

$\lim\limits_{\Delta x \to 0} \Delta y = \lim\limits_{\Delta x \to 0} [f(x + \Delta x) - f(x)] = \lim\limits_{\Delta x \to 0} [f(x) + f(\Delta x) - f(x)] = \lim\limits_{\Delta x \to 0} f(\Delta x) = f(0) = 0$,知 $f(x)$ 连续.

65. 解 $F(x)=\begin{cases} x+b, & x<0, \\ 2x+2, & 0\leqslant x<1, \\ x+a+2, & x\geqslant 1, \end{cases}$ 只需在 $x=0,1$ 处连续,有 $b=2,2+2=a+3\Rightarrow a=1,b=2.$

66. 解 原式 $=\lim\limits_{n\to\infty}\dfrac{1-a^{n+1}}{1-a}\Big/\dfrac{1-b^{n+1}}{1-b}=\dfrac{1-b}{1-a}.$

67. 解 原式 $=\lim\limits_{n\to\infty}2^{\frac{1}{2}+\frac{1}{2^2}+\cdots+\frac{1}{2^n}}=2^{\lim\limits_{n\to\infty}\frac{\frac{1}{2}(1-\frac{1}{2^n})}{1-\frac{1}{2}}}=2.$

68. 解 不妨设 $\max\{p_1,p_2,\cdots,p_k\}=p_1.$

$$(\sqrt[n]{n})^{p_1}=\sqrt[n]{n^{p_1}}<\sqrt[n]{n^{p_1}+n^{p_2}+\cdots+n^{p_k}}<\sqrt[n]{k\cdot n^{p_1}}=\sqrt[n]{k}\cdot(\sqrt[n]{n})^{p_1}.$$

由 $\lim\limits_{n\to\infty}(\sqrt[n]{n})^{p_1}=1,\lim\limits_{n\to\infty}\sqrt[n]{k}\cdot(\sqrt[n]{n})^{p_1}=1,$ 根据夹逼定理,知原式 $=1.$

69. 解 设 $I_n=\dfrac{1}{\sqrt{n^2}}+\dfrac{1}{\sqrt{n^2+1}}+\cdots+\dfrac{1}{\sqrt{(n+1)^2-1}}+\dfrac{1}{\sqrt{(n+1)^2}}.$

由 $I_n<\dfrac{1}{n}(2n+2)=\dfrac{2(n+1)}{n},I_n>\dfrac{2(n+1)}{\sqrt{(n+1)^2}}=2,\lim\limits_{n\to\infty}\dfrac{2(n+1)}{n}=2,\lim2=2,$ 知 $\lim I_n=2.$

70. 解 $\dfrac{n}{\sqrt{n^2+n}}\leqslant x_n=\dfrac{1}{\sqrt{n^2+1}}+\dfrac{1}{\sqrt{n^2+2}}+\cdots+\dfrac{1}{\sqrt{n^2+n}}\leqslant\dfrac{n}{\sqrt{n^2+1}},$

又 $\lim\limits_{n\to+\infty}\dfrac{n}{\sqrt{n^2+n}}=\lim\limits_{n\to+\infty}\dfrac{n}{\sqrt{n^2+1}}=1,$ 故 $\lim\limits_{n\to+\infty}x_n=1.$

71. 解 原式 $=\lim\limits_{n\to\infty}(\sin\pi\sqrt{n^2+1}-\sin n\pi)=\lim\limits_{n\to\infty}2\cos\dfrac{\pi\sqrt{n^2+1}+n\pi}{2}\sin\dfrac{\pi\sqrt{n^2+1}-n\pi}{2}$

$=\lim\limits_{n\to\infty}2\cos\dfrac{\pi(\sqrt{n^2+1}+n)}{2}\sin\dfrac{\pi}{2(\sqrt{n^2+1}+n)}=0.$

72. 解 原式 $=\lim\limits_{n\to\infty}\sum\limits_{k=1}^{n}\dfrac{2}{(1+k)k}=2\lim\limits_{n\to\infty}\left(1-\dfrac{1}{2}+\dfrac{1}{2}-\dfrac{1}{3}+\cdots+\dfrac{1}{n}-\dfrac{1}{n+1}\right)=2.$

73. 解 由 $\dfrac{1}{x(x+1)(x+2)}=\dfrac{1}{2}\left(\dfrac{1}{x}-\dfrac{2}{x+1}+\dfrac{1}{x+2}\right),$

原式 $=\dfrac{1}{2}\lim\limits_{n\to\infty}\left(1-\dfrac{1}{2}+\dfrac{1}{3}-\dfrac{1}{2}+\dfrac{1}{2}-\dfrac{1}{3}+\dfrac{1}{4}-\dfrac{1}{3}+\cdots+\dfrac{1}{n}-\dfrac{1}{n+1}+\dfrac{1}{n+2}-\dfrac{1}{n+1}\right)$

$=\dfrac{1}{2}\lim\limits_{n\to\infty}\left(1-\dfrac{1}{2}+\dfrac{1}{n+2}-\dfrac{1}{n+1}\right)=\dfrac{1}{4}.$

74. 解 原式 $=\lim\limits_{n\to\infty}\dfrac{1-x^{2^{n+1}}}{1-x}=\dfrac{1}{1-x}.$

75. 解 原式 $=\lim\limits_{n\to\infty}\dfrac{\sin\frac{x}{2^n}\cos\frac{x}{2}\cos\frac{x}{4}\cdots\cos\frac{x}{2^n}}{\sin\frac{x}{2^n}}=\lim\limits_{n\to\infty}\dfrac{\frac{1}{2^n}\sin x}{\sin\frac{x}{2^n}}=\lim\limits_{n\to\infty}\dfrac{\frac{1}{2^n}\sin x}{\frac{x}{2^n}}=\dfrac{\sin x}{x}.$

76. 解 由 $\dfrac{a_{n+2}-a_{n+1}}{a_{n+1}-a_n}=\dfrac{1}{3},a_n-a_1=(a_n-a_{n-1})+(a_{n-1}-a_{n-2})+\cdots+(a_2-a_1)$

$=1+\dfrac{1}{3}+\dfrac{1}{3^2}+\cdots+\dfrac{1}{3^{n-1}}=\dfrac{1-\frac{1}{3^n}}{1-\frac{1}{3}}=\dfrac{3}{2}-\dfrac{1}{2}\cdot\dfrac{1}{3^{n-1}},\lim\limits_{n\to\infty}a_n=\dfrac{3}{2}+1=\dfrac{5}{2}.$

77. 解 由 $x_{n+1}=\sqrt{x_n(3-x_n)}\leqslant\dfrac{x_n+3-x_n}{2}=\dfrac{3}{2},\{x_n\}$ 有上界,$x_{n+1}-x_n=\sqrt{x_n(3-x_n)}-x_n=$

$\sqrt{x_n}(\sqrt{3-x_n}-\sqrt{x_n})=\sqrt{x_n}\cdot\dfrac{3-2x_n}{\sqrt{3-x_n}+\sqrt{x_n}}\geqslant0,$ 知 $\{x_n\}$ 递增有上界,故 $\{x_n\}$ 收敛,设 $\lim\limits_{n\to\infty}x_n=a,$ 由

$x_{n+1}=\sqrt{x_n(3-x_n)},$ 令 $n\to\infty\Rightarrow a^2=3a-a^2\Rightarrow a=\dfrac{3}{2},$ 知 $\lim\limits_{n\to\infty}x_n=\dfrac{3}{2}.$

78. 解　由 $u_1 = \dfrac{1}{4} < \dfrac{1}{2}$，假设 $u_k < \dfrac{1}{2}$．

由 $u_{k+1}(1-u_k) = \dfrac{1}{4} > \dfrac{1}{2}u_{k+1} \Rightarrow u_{k+1} < \dfrac{1}{2}$．由数学归纳法知 $u_n < \dfrac{1}{2}$，且

$$u_{n+1} - u_n = \frac{1}{4(1-u_n)} - u_n = \frac{1 - 4u_n + 4u_n^2}{4(1-u_n)} = \frac{(1-2u_n)^2}{4(1-u_n)} > 0,$$

知 $\{u_n\}$ 递增有上界，$\{u_n\}$ 收敛．

设 $\lim\limits_{n\to\infty} u_n = a \Rightarrow a(1-a) = \dfrac{1}{4} \Rightarrow 4a - 4a^2 = 1 \Rightarrow 4a^2 - 4a + 1 = 0 \Rightarrow (2a-1)^2 = 0 \Rightarrow a = \dfrac{1}{2}$，知 $\lim\limits_{n\to\infty} u_n = \dfrac{1}{2}$．

79. 解法一　令 $\lim\limits_{n\to\infty} x_n = \tau$，由 $x_n = 1 + \dfrac{x_{n-1}}{1+x_{n-1}}$，令 $n \to \infty$

$\Rightarrow \tau = 1 + \dfrac{\tau}{1+\tau} \Rightarrow \tau^2 - \tau - 1 = 0 \Rightarrow \tau = \dfrac{1 \pm \sqrt 5}{2}$，由 $\tau > 0$，知 $\tau = \dfrac{1+\sqrt 5}{2}$，下面证明 $\lim\limits_{n\to\infty} x_n$ 存在．

$$|x_n - \tau| = \left| \left(1 + \frac{x_{n-1}}{1+x_{n-1}}\right) - \left(1 + \frac{\tau}{\tau+1}\right) \right|$$

$$= \frac{|x_{n-1} - \tau|}{(1+x_{n-1})(1+\tau)} < \frac{|x_{n-1} - \tau|}{2(1+\tau)} < \cdots < \frac{|x_1 - \tau|}{2^{n-1}(1+\tau)^{n-1}} = \frac{\dfrac{\tau}{1+\tau}}{2^{n-1}(1+\tau)^{n-1}}$$

$$= \frac{\tau}{2^{n-1}(1+\tau)^n} \to 0 \quad (n\to\infty) \Rightarrow \lim\limits_{n\to\infty}(x_n - \tau) = 0, \text{故} \lim\limits_{n\to\infty} x_n = \frac{1+\sqrt 5}{2}.$$

解法二　由条件知 $x_n > 0$，$x_2 - x_1 = 1 + \dfrac{x_1}{1+x_1} - 1 = \dfrac{x_1}{1+x_1} > 0$，假设 $x_k > x_{k-1}$，则 $x_{k+1} - x_k =$

$\left(1 + \dfrac{x_k}{1+k_k}\right) - \left(1 + \dfrac{x_{k-1}}{1+x_{k-1}}\right) = \dfrac{x_k - x_{k-1}}{(1+x_k)(1+x_{k-1})} > 0$，故 $\{x_n\}$ 递增且 $x_n < 2$．设 $\lim\limits_{n\to\infty} x_n = \tau \Rightarrow \lim\limits_{n\to\infty} x_n =$

$\lim\limits_{n\to\infty}\left(1 + \dfrac{x_{n-1}}{1+x_{n-1}}\right) \Rightarrow \tau = 1 + \dfrac{\tau}{1+\tau} \Rightarrow \tau = \dfrac{1\pm\sqrt 5}{2}$，由 $\tau > 0$，知 $\lim\limits_{n\to\infty} x_n = \dfrac{1+\sqrt 5}{2}$．

80. 解　由 $\lim\limits_{n\to\infty}\ln u_n = \lim\limits_{n\to\infty} \dfrac{1}{n}\left[\ln\left(1+\dfrac{1}{n}\right) + \ln\left(1+\dfrac{2}{n}\right) + \cdots + \ln\left(1+\dfrac{n}{n}\right)\right]$

$$= \lim\limits_{n\to\infty}\sum_{i=1}^{n}\ln\left(1+\frac{i}{n}\right)\cdot\frac{1}{n} = \int_0^1 \ln(1+x)\mathrm{d}x = x\ln(1+x)\Big|_0^1 - \int_0^1 \frac{x}{1+x}\mathrm{d}x$$

$$= \ln 2 - 1 + \ln(1+x)\Big|_0^1 = 2\ln 2 - 1.$$

原式 $= \mathrm{e}^{\lim\limits_{n\to\infty}\ln u_n} = \mathrm{e}^{\ln 4 - 1} = \dfrac{\mathrm{e}^{\ln 4}}{\mathrm{e}} = \dfrac{4}{\mathrm{e}}$．

81. 解　原式 $= \lim\limits_{x\to+\infty}\left(1 + \dfrac{1}{x} + \dfrac{1}{x^2}\right)^x = \mathrm{e}^{\lim\limits_{n\to+\infty} x\left(\frac{1}{x} + \frac{1}{x^2}\right)} = \mathrm{e}$．

82. 解　原式 $= \lim\limits_{x\to+\infty}\left(\dfrac{\sqrt[x]{a} + \sqrt[x]{b} + \sqrt[x]{c}}{3}\right)^x = \mathrm{e}^{\lim\limits_{x\to+\infty} x\left(\frac{\sqrt[x]{a}+\sqrt[x]{b}+\sqrt[x]{c}}{3} - 1\right)} = \mathrm{e}^{\frac{1}{3}\lim\limits_{x\to+\infty}\left(\frac{a^{\frac{1}{x}}-1}{\frac{1}{x}} + \frac{b^{\frac{1}{x}}-1}{\frac{1}{x}} + \frac{c^{\frac{1}{x}}-1}{\frac{1}{x}}\right)}$

$$= \mathrm{e}^{\frac{1}{3}(\ln a + \ln b + \ln c)} = \sqrt[3]{abc}.$$

83. 解　原式 $= \lim\limits_{x\to+\infty}\left(x\tan\dfrac{1}{x}\right)^{x^2} = \mathrm{e}^{\lim\limits_{x\to+\infty} x^2\left(x\tan\frac{1}{x} - 1\right)}$．

令 $\dfrac{1}{x} = t$，$\mathrm{e}^{\lim\limits_{t\to 0^+}\frac{1}{t^2}\left(\frac{\tan t}{t} - 1\right)} = \mathrm{e}^{\lim\limits_{t\to 0}\frac{\tan t - t}{t^3}} = \mathrm{e}^{\lim\limits_{t\to 0^+}\frac{\sec^2 t - 1}{3t^2}} = \mathrm{e}^{\lim\limits_{t\to 0^+}\frac{\tan^2 t}{3t^2}} = \mathrm{e}^{\frac{1}{3}}$．

第 2 章

一、填空题

1. 解　应填 0．

由导数定义，$f'(0) = \lim\limits_{x\to 0}\dfrac{\cos x^{\frac{2}{3}} - 1}{x} \overset{\frac{0}{0}}{=} \lim\limits_{x\to 0} -\dfrac{2}{3}\cdot\dfrac{\sin x^{\frac{2}{3}}}{x^{\frac{1}{3}}} = \lim\limits_{x\to 0} -\dfrac{2}{3}\cdot\dfrac{x^{\frac{2}{3}}}{x^{\frac{1}{3}}} = -\dfrac{2}{3}\lim\limits_{x\to 0} x^{\frac{1}{3}} = 0$．

值得注意的是,此题若先求出导函数 $f'(x) = (\cos x^{\frac{2}{3}})' = -\frac{2}{3} \frac{\sin x^{\frac{2}{3}}}{x^{\frac{1}{3}}}$,再令 $x = 0$,却无法得到 $f'(0)$,

因为 $x = 0$ 是 $f'(x)$ 的可去间断点,可见 $\cos x^{\frac{2}{3}}$ 的导函数 $f'(x) = (\cos x^{\frac{2}{3}})' = \begin{cases} -\frac{2}{3} \frac{\sin x^{\frac{2}{3}}}{x^{\frac{1}{3}}}, & x \neq 0, \\ 0, & x = 0 \end{cases}$,是一

个非初等函数.

2. 解 设曲线与 x 轴相切的切点为 (x_0, y_0),则 $y'|_{x=x_0} = 0$.

而 $y' = 3x^2 - 3a^2$,有 $3x_0^2 = 3a^2$.

又此点的纵坐标为 0(切点在 x 轴上),于是有 $f(x_0) = 0$.

故 $b = 3a^2 x_0 - x_0^3 = x_0(3a^2 - x_0^2)$,$b^2 = x_0^2(3a^2 - x_0^2)^2 = a^2 \cdot 4a^4 = 4a^6$.

所以本题应填 $4a^6$.

3. 解 $f'(0) = \lim\limits_{x \to 0} \frac{f(x) - f(0)}{x - 0} = \lim\limits_{x \to 0} \frac{x^\lambda \cos \frac{1}{x}}{x} = \lim\limits_{x \to 0} x^{\lambda-1} \cos \frac{1}{x}$.

当 $\lambda > 1$ 时,上式极限存在,且 $f'(0) = 0$.

当 $x \neq 0$ 时,$f'(x) = \lambda x^{\lambda-1} \cos \frac{1}{x} + x^{\lambda-2} \sin \frac{1}{x}$.

所以 $\lim\limits_{x \to 0} f'(x) = \lim\limits_{x \to 0} \left(\lambda x^{\lambda-1} \cos \frac{1}{x} + x^{\lambda-2} \sin \frac{1}{x} \right)$.

要导函数在 $x = 0$ 处连续,则要求上式极限存在且等于 $f'(0) = 0$,此时 $\lambda > 2$ 才能满足.

4. 解法一 因为直线 $x + y = 1$ 的斜率 $k_1 = -1$,所以与其垂直的直线的斜率 $k_2 = 1$,即 $y' = (\ln x)' = \frac{1}{x} = 1$,得 $x = 1$,把 $x = 1$ 代入 $y = \ln x$,得切点坐标为 $(1, 0)$.

根据点斜式公式,所求切线方程为 $y - 0 = 1 \cdot (x - 1)$,即 $y = x - 1$.

解法二 本题也可先设切点为 $(x_0, \ln x_0)$,曲线 $y = \ln x$ 过此切点的导数为 $y'|_{x=x_0} = \frac{1}{x_0} = 1$,得 $x_0 = 1$,所以切点为 $(x_0, \ln x_0) = (1, 0)$,由此可知所求切线方程为 $y - 0 = 1 \cdot (x - 1)$,即 $y = x - 1$.

所以本题应填 $y = x - 1$.

5. 解 对 x 求导数,将其中的 y 视为 x 的函数,有

$$y + xy' + \frac{2}{x} = 4y^3 y'.$$

将 $x = 1$,$y = 1$ 代入上式,得 $y'(1) = 1$,故点 $(1, 1)$ 处切线的斜率为 1,再利用点斜式,得过点 $(1, 1)$ 处的切线方程为

$$y - 1 = 1 \cdot (x - 1),即 x - y = 0.$$

所以本题应填 $x - y = 0$.

6. 解 曲线上点 $(0, 0)$ 对应 $t = 1$.

而 $\frac{\mathrm{d}y}{\mathrm{d}t}\Big|_{t=1} = \left[2t\ln(2 - t^2) - t^2 \cdot \frac{2t}{2 - t^2} \right]\Big|_{t=1} = -2$,$\frac{\mathrm{d}x}{\mathrm{d}t}\Big|_{t=1} = \left[\mathrm{e}^{-(1-t)^2} \cdot (-1) \right]\Big|_{t=1} = -1$,所以在

$(0, 0)$ 点处的切线斜率为 $k = \dfrac{\dfrac{\mathrm{d}y}{\mathrm{d}t}}{\dfrac{\mathrm{d}x}{\mathrm{d}t}}\Bigg|_{t=1} = 2$.

又当 $t = 1$ 时,$x = 0$,$y = 0$,所以所求切线方程为 $y = 2x$.

7. 解 $\begin{cases} x = \rho\cos\theta = \mathrm{e}^\theta\cos\theta, \\ y = \rho\sin\theta = \mathrm{e}^\theta\sin\theta, \end{cases}$ 点 $\left(\mathrm{e}^{\pi/2}, \frac{\pi}{2} \right)$ 的直角坐标为 $\left(0, \mathrm{e}^{\pi/2} \right)$,曲线在点 $\left(\mathrm{e}^{\pi/2}, \frac{\pi}{2} \right)$ 处的切线的斜

率为

$$y' \mid _{(e^{\pi/2}, \frac{\pi}{2})} = \frac{e^{\theta}\sin\theta + e^{\theta}\cos\theta}{e^{\theta}\cos\theta - e^{\theta}\sin\theta} \mid _{(e^{\pi/2}, \frac{\pi}{2})} = -1.$$

因此,所求切线方程为 $y - e^{\frac{\pi}{2}} = -(x - 0)$,即 $x + y = e^{\frac{\pi}{2}}$.

8. 解　设 $l = x(t), w = y(t)$,由题意知,在 $t = t_0$ 时刻 $x(t_0) = 12, y(t_0) = 5$,且 $x'(t_0) = 2, y'(t_0) = 3$,设该对角线长为 $s(t)$,则 $s(t) = \sqrt{x^2(t) + y^2(t)}$,所以

$$s'(t) = \frac{x(t)x'(t) + y(t)y'(t)}{\sqrt{x^2(t) + y^2(t)}}.$$

所以 $s'(t_0) = \dfrac{x(t_0)x'(t_0) + y(t_0)y'(t_0)}{\sqrt{x^2(t_0) + y^2(t_0)}} = \dfrac{12 \cdot 2 + 5 \cdot 3}{\sqrt{12^2 + 5^2}} = 3\,(\text{m/s})$

9. 解法一　幂指函数恒等变形法.

$y = (1 + \sin x)^x = e^{x\ln(1+\sin x)}$,

于是 $y' = e^{x\ln(1+\sin x)} \cdot \left[\ln(1+\sin x) + x \cdot \dfrac{\cos x}{1+\sin x}\right]$,

故 $\mathrm{d}y \mid _{x=\pi} = y'(\pi)\mathrm{d}x = -\pi\mathrm{d}x$.

解法二　对数法.

$\ln y = x\ln(1+\sin x)$,对 x 求导,得 $\dfrac{1}{y} \cdot y' = \ln(1+\sin x) + x \cdot \dfrac{\cos x}{1+\sin x}$,

于是 $y' = (1 + \sin x)^x \cdot \left[\ln(1+\sin x) + x \cdot \dfrac{\cos x}{1+\sin x}\right]$,故 $\mathrm{d}y \mid _{x=\pi} = y'(\pi)\mathrm{d}x = -\pi\mathrm{d}x$.

10. 解　先求二阶导数,$f(x) = x^{\frac{5}{3}} - 5x^{\frac{2}{3}}$,求导得 $f'(x) = \dfrac{5}{3}x^{\frac{2}{3}} - \dfrac{10}{3}x^{-\frac{1}{3}} = \dfrac{10(x+2)}{3x^{\frac{1}{3}}}$,

再求导得 $f''(x) = \dfrac{10}{9}x^{-\frac{1}{3}} + \dfrac{10}{9}x^{-\frac{4}{3}} = \dfrac{10(x+1)}{9x^{\frac{4}{3}}}$.

当 $x = -1$ 时,$f''(-1) = 0$;当 $x = 0$ 时,$f''(0)$ 不存在;但在 $x = -1$ 邻域内 $f''(x)$ 异号,在 $x = 0$ 邻域内 $f''(x) > 0$,且 $f(-1) = -6$,故曲线的拐点为 $(-1, -6)$.

11. 解　判别由参数方程所确定的曲线的凹凸性,先用由 $\begin{cases} x = x(t), \\ y = y(t) \end{cases}$ 定义的参数方程求出二阶导数 $\dfrac{\mathrm{d}^2 y}{\mathrm{d}x^2}$,再由 $\dfrac{\mathrm{d}^2 y}{\mathrm{d}x^2} < 0$ 确定 x 的取值范围.

$$\frac{\mathrm{d}y}{\mathrm{d}x} = \frac{\frac{\mathrm{d}y}{\mathrm{d}t}}{\frac{\mathrm{d}x}{\mathrm{d}t}} = \frac{3t^2 - 3}{3t^2 + 3} = \frac{t^2 - 1}{t^2 + 1},$$

$$\frac{\mathrm{d}^2 y}{\mathrm{d}x^2} = \frac{\frac{\mathrm{d}}{\mathrm{d}t}\left(\frac{\mathrm{d}y}{\mathrm{d}x}\right)}{\frac{\mathrm{d}x}{\mathrm{d}t}} = \frac{\left(\frac{t^2 - 1}{t^2 + 1}\right)'}{3(t^2 + 1)} = \frac{\frac{4t}{(t^2+1)^2}}{3(t^2+1)} = \frac{4t}{(t^2+1)^2} \cdot \frac{1}{3(t^2+1)} = \frac{4t}{3(t^2+1)^3}.$$

令 $\dfrac{\mathrm{d}^2 y}{\mathrm{d}x^2} < 0$（或 $\dfrac{\mathrm{d}^2 y}{\mathrm{d}x^2} \leqslant 0$）,即 $\dfrac{4t}{3(t^2+1)^3} < 0$（或 $\dfrac{4t}{3(t^2+1)^3} \leqslant 0$）,得 $t < 0$（或 $t \leqslant 0$）.

又 $x = t^3 + 3t + 1, x' = 3t^2 + 3 > 0$,故 $x(t)$ 单调递增.当 $t = 0$ 时,$x = 1$,所以当 $t < 0$ 时 $x(t) < x(0) = 1$（或当 $t \leqslant 0$ 时,$x(t) \leqslant x(0) = 1$）;又 $\lim\limits_{t \to -\infty} x(t) = \lim\limits_{t \to -\infty}(t^3 + 3t + 1) = -\infty$,从而当 $x \in (-\infty, 1)$（或 $x \in (-\infty, 1]$）时,对应的曲线为凸的.所以本题应填 $(-\infty, 1)$（或 $(-\infty, 1]$）.

12. 解　因为 $y = \dfrac{1}{2x+3} = (2x+3)^{-1}$,

$$y' = (-1) \cdot (2x+3)^{-1-1} \cdot (2x)' = (-1)^1 \cdot 1! \cdot 2^1 \cdot (2x+3)^{-1-1},$$

$$y'' = (-1) \cdot (-2) \cdot 2^2 \cdot (2x+3)^{-3} = (-1)^2 2! \cdot 2^2 \cdot (2x+3)^{-2-1}, \cdots,$$

由数学归纳法可知 $y^{(n)} = (-1)^n 2^n n! \cdot (2x+3)^{-n-1}$,把 $x = 0$ 代入,得 $y^{(n)}(0) = \dfrac{(-1)^n 2^n n!}{3^{n+1}}$.

13. 解 $y = f(x)$ 带佩亚诺余项的麦克劳林公式为

$$f(x) = f(0) + f'(0)x + \frac{f''(0)}{2!}x^2 + \cdots + \frac{f^{(n)}(0)}{n!}x^n + o(x^n),$$

麦克劳林公式中 x^n 项的系数是 $\frac{f^{(n)}(0)}{n!}$.

而 $y' = 2^x \ln 2, y'' = 2^x (\ln 2)^2, \cdots, y^{(n)} = 2^x (\ln 2)^n$，于是有 $y^{(n)}(0) = (\ln 2)^n$，故 $y = 2^x$ 的麦克劳林公式中 x^n 项的系数是 $\frac{f^{(n)}(0)}{n!} = \frac{(\ln 2)^n}{n!}$.

所以本题应填 $\frac{(\ln 2)^n}{n!}$.

14. 解 求斜率：$k = \lim\limits_{x \to +\infty} \frac{f(x)}{x} = \lim\limits_{x \to +\infty} \frac{(1+x)^{\frac{3}{2}}}{x\sqrt{x}} = 1.$

求截距：$b = \lim\limits_{x \to +\infty} [f(x) - ax] = \lim\limits_{x \to +\infty} \frac{(1+x)^{\frac{3}{2}} - x^{\frac{3}{2}}}{\sqrt{x}}$（也可以提出 $x^{\frac{3}{2}}$，用等价无穷小）

$$= \lim\limits_{x \to +\infty} \frac{(\sqrt{1+x} - \sqrt{x})(1+x+\sqrt{1+x}\sqrt{x}+x)}{\sqrt{x}}$$

$$= \lim\limits_{x \to +\infty} \frac{(1+x+\sqrt{1+x}\sqrt{x}+x)}{\sqrt{x}(\sqrt{1+x}+\sqrt{x})} = \frac{3}{2}.$$

于是，所求斜渐近线方程为 $y = x + \frac{3}{2}$.

15. 解 $a = \lim\limits_{x \to \infty} \frac{f(x)}{x} = \lim\limits_{x \to \infty} \frac{x^2}{2x^2+x} = \frac{1}{2}, b = \lim\limits_{x \to \infty} [f(x) - ax] = \lim\limits_{x \to \infty} \frac{-x}{2(2x+1)} = -\frac{1}{4},$

故所求斜渐近线方程为 $y = \frac{1}{2}x - \frac{1}{4}$.

16. 解 应填 $y = x + \pi(x \to +\infty)$ 及 $y = x - \pi(x \to -\infty)$.

由于 $x = t$，所以问题实际上是求曲线 $y = x + 2\arctan x$ 的渐近线. 但必须注意 x 的趋近方向. 当 $x \to +\infty$ 与 $x \to -\infty$ 时，$y = y(x)$ 有两条不同的渐近线. 这从 $\lim\limits_{x \to +\infty} 2\arctan x = \pi$ 与 $\lim\limits_{x \to -\infty} 2\arctan x = -\pi$ 也可以看出，从而有 $\lim\limits_{x \to +\infty} [y(x) - (x+\pi)] = 0, \lim\limits_{x \to -\infty} [y(x) - (x-\pi)] = 0$，所以 $y = x + \pi$ 是 $y = y(x)$ 当 $x \to +\infty$ 时的渐近线，而 $y = x - \pi$ 则是 $y = y(x)$ 当 $x \to -\infty$ 时的渐近线.

二、选择题

17. 解 因为

$$f'(0) = \lim\limits_{x \to 0} \frac{f(x) - f(0)}{x} = \lim\limits_{x \to 0} \frac{(e^x - 1)(e^{2x} - 2) \cdots (e^{nx} - n)}{x}$$

$$= \lim\limits_{x \to 0} (e^{2x} - 2) \cdots (e^{nx} - n) = (-1) \times (-2) \cdots (1-n) = (-1)^{n-1}(n-1)!$$

选（A）.

18. 解 当 $|x| < 1$ 时，有 $\sqrt[n]{1} \leqslant \sqrt[n]{1+|x|^{3n}} \leqslant \sqrt[n]{2}$，令 $n \to \infty$，取极限，得 $\lim\limits_{n \to \infty} \sqrt[n]{1} = 1, \lim\limits_{n \to \infty} \sqrt[n]{2} = 1$，由夹逼准则得 $f(x) = \lim\limits_{n \to \infty} \sqrt[n]{1+|x|^{3n}} = 1$；

当 $|x| = 1$ 时，$f(x) = \lim\limits_{n \to \infty} \sqrt[n]{1+1} = \lim\limits_{n \to \infty} \sqrt[n]{2} = 1$；

当 $|x| > 1$ 时，$\sqrt[n]{|x|^{3n}} < \sqrt[n]{1+|x|^{3n}} \leqslant \sqrt[n]{2|x|^{3n}} = \sqrt[n]{2}|x|^3$，令 $n \to \infty$，取极限，得 $\lim\limits_{n \to \infty} \sqrt[n]{|x|^{3n}} = |x|^3, \lim\limits_{n \to \infty} \sqrt[n]{2|x|^{3n}} = |x|^3$，由夹逼准则得 $f(x) = |x|^3$.

故 $f(x) = \begin{cases} 1, & |x| < 1, \\ |x^3|, & |x| \geqslant 1. \end{cases}$

f 恰在 $x = \pm 1$ 处不可导，选（C）.

19. 解 当 $x = 3$ 时，有 $t^2 + 2t = 3$，得 $t_1 = 1, t_2 = -3$（舍去，此时 y 无意义），

故 $t = 1, y = \ln 2$.

$\dfrac{\mathrm{d}y}{\mathrm{d}x} = \dfrac{\dfrac{\mathrm{d}y}{\mathrm{d}t}}{\dfrac{\mathrm{d}x}{\mathrm{d}t}} = \dfrac{\dfrac{1}{1+t}}{2t+2}$，所以曲线 y 在 $x = 3$（即 $t = 1$）处的切线斜率为 $\dfrac{1}{8}$.

于是在该处的法线的斜率为 -8，所以过点 $(3, \ln 2)$ 的法线方程为
$$y - \ln 2 = -8(x - 3).$$

令 $y = 0$，得其与 x 轴交点的横坐标为 $\dfrac{1}{8}\ln 2 + 3$，所以（A）为正确选项.

20. 解 因 $\lim\limits_{h \to \infty} \dfrac{f(a) - f(a-h)}{h} = \lim\limits_{-h \to 0} \dfrac{f[a + (-h)] - f(a)}{(-h)} = \lim\limits_{h \to 0} \dfrac{f(a+h) - f(a)}{h}$，故应选（D）.

（A）和（B）不是充分条件比较明显，至于（C）可用反例来说明，例如设 $f(x) = \begin{cases} 1, & x \neq a \\ 0, & x = a, \end{cases}$ 则 $f(x)$ 在

$x = a$ 处间断，因此 $f(x)$ 在 $x = a$ 处可不导，但 $\lim\limits_{h \to 0} \dfrac{f(a+h) - f(a-h)}{2h} = 0$.

21. 解法一 排除法.

设 $f(x) = \dfrac{1}{x}$，则 $f(x)$ 及 $f'(x) = -\dfrac{1}{x^2}$ 均满足条件的在 $(0,1)$ 内连续.

但 $f(x)$ 在 $(0,1)$ 内无界，排除（A）、（B）；又 $f(x) = \sqrt{x}$ 在 $(0,1)$ 内有界，但 $f'(x) = \dfrac{1}{2\sqrt{x}}$ 在 $(0,1)$ 内无界，排除（D），所以，选项（C）正确.

解法二 论证法.

如果 $f'(x)$ 在区间 $(0,1)$ 内有界，则存在正数 M，使得对 $(0,1)$ 内的一切 x，有 $|f'(x)| \leqslant M$.

在 $(0,1)$ 内取定点 x_0，则对于任意 $x \in (0,1)$ 有
$$f(x) - f(x_0) = f'(\xi)(x - x_0), \xi \in (0,1)（拉格朗日中值定理），$$

于是 $|f(x)| \leqslant |f(x_0)| + |f'(\xi)| \cdot |x - x_0| \leqslant |f(x_0)| + M$.

所以 $f(x)$ 在 $(0,1)$ 内有界，故选项（C）正确.

22. 解 通过求一阶、二阶导数发现规律，选（A）.

23. 解 $\Delta y - \mathrm{d}y = f(x_0 + \Delta x) - f(x_0) - f'(x_0)\Delta x$（前两项用拉格朗日定理）
$$= f'(\xi)\Delta x - f'(x_0)\Delta x = \Delta x[f'(\xi) - f'(x_0)], \xi \in (x_0, x_0 + \Delta x).$$

由于 $f''(x) > 0$，所以 $f'(x)$ 单调增加，故 $f'(\xi) - f'(x_0) > 0$，从而 $\Delta y - \mathrm{d}y > 0$.

又由于 $\mathrm{d}y = f'(x_0)\Delta x > 0$，所以（A）为正确选项.

24. 解 应选（A）.

记 $f(x) = x^7 + x^5 + x + 1$，$f(x) = 0$ 是实系数奇次代数方程，至少存在一个实根，又因 $f'(x) = 7x^6 + 5x^4 + 1 > 0$，函数 $f(x)$ 严格单调增加，故仅有一个实数.

25. 解 因为 $f(0) = f(1) = f(2) = 0$，由罗尔定理知至少有 $\xi_1 \in (0,1), \xi_2 \in (1,2)$ 使 $f'(\xi_1) = f'(\xi_2) = 0$，所以 $f'(x)$ 至少有两个零点. 由于 $f'(x)$ 是三次多项式，三次方程 $f'(x) = 0$ 的实根不是 3 个就是 1 个，故选项（D）正确.

26. $f(x) = \ln|x-1| + \ln|x-2| + \ln|x-3|$，

$$f'(x) = \dfrac{1}{x-1} + \dfrac{1}{x-2} + \dfrac{1}{x-3} = \dfrac{(x-2)(x-3) + (x-1)(x-3) + (x-1)(x-2)}{(x-1)(x-2)(x-3)}$$
$$= \dfrac{3x^2 - 12x + 11}{(x-1)(x-2)(x-3)}.$$

解法一 令 $f'(x) = 0$，得 $x_{1,2} = \dfrac{6 \pm \sqrt{3}}{3}$，故 $f(x)$ 有两个不同的驻点. 选项（C）正确.

解法二 由判别式 $\Delta = 12^2 - 4 \times 3 \times 11 = 12 > 0 \Rightarrow 3x^2 - 12x + 11 = 0$ 有两个不同的实根，因此 $f(x)$ 有两个驻点. 选项（C）正确.

解法三 $f(x) = \ln|(x-1)(x-2)(x-3)|$.

$f'(x) = \dfrac{[(x-1)(x-2)(x-3)]'}{(x-1)(x-2)(x-3)}$,转化为讨论分子的零点个数.

设 $g(x) = (x-1)(x-2)(x-3)$,因为 $g(1) = g(2) = g(3) = 0$,由罗尔定理知,$g'(x)$ 分别在 $(1,2)$,$(2,3)$ 各有一个零点,因为 $g'(x)$ 是二次多项式,所以 $g'(x)$ 只有两个零点,得到 $f'(x)$ 只有两个零点. 所以选项(C)正确.

27. 解 $f'(x) > 0 \Rightarrow f(x)$ 在 $(0, +\infty)$ 单调增. $f''(x) < 0 \Rightarrow f(x)$ 在 $(0, +\infty)$ 是凸的.

$f(x) = f(-x) \Rightarrow f(x)$ 关于 y 轴对称 $\Rightarrow f(x)$ 在 $(-\infty, 0)$ 单调减,凸的,选(B).

28. 解 先求出函数的单调区间和极值点,再利用介值定理判定两个零点可能所在的位置.

因为 $f'(x) = 6x^2 - 18x + 12 = 6(x-1)(x-2)$,知极值点为 $x = 1, x = 2$.

从而可将函数划分为 3 个严格单调区间:

$(-\infty, 1)$,$f'(x) > 0$,$f(x)$ 为严格单调增;

$(1, 2)$,$f'(x) < 0$,$f(x)$ 严格单调减;

$(2, +\infty)$,$f'(x) > 0$,$f(x)$ 严格单调增.

并且 $\lim\limits_{x \to -\infty} f(x) = -\infty$,$\lim\limits_{x \to +\infty} f(x) = +\infty$.

如果 $f(x)$ 恰好有两个零点,则必有 $f(1) = 0$ 或 $f(2) = 0$,

解得 $a = 5$ 或 $a = 4$,所以选项(B)正确.

29. 解 先求出函数的驻点,再判定极值(只需要判断 $x = 0, \dfrac{\pi}{2}$ 两个点).

$f'(x) = \sin x + x\cos x - \sin x = x\cos x$,显然 $f'(0) = 0$,$f'\left(\dfrac{\pi}{2}\right) = 0$.

所以 $x = 0, x = \dfrac{\pi}{2}$ 为驻点.

又 $f''(x) = \cos x - x\sin x$,且 $f''(0) = 1 > 0$,$f''\left(\dfrac{\pi}{2}\right) = -\dfrac{\pi}{2} < 0$.

故 $f(0)$ 是极小值,$f\left(\dfrac{\pi}{2}\right)$ 是极大值,所以选项(B)正确.

30. 解 曲率圆 $x^2 + y^2 = 2$ 两边对 x 求导,得 $2x + 2y \cdot y' = 0$,解得 $y'(1) = -1$.

方程 $2x + 2y \cdot y' = 0$ 两边对 x 求导,得 $2 + 2(y')^2 + 2y \cdot y'' = 0$,解得 $y''(1) = -2$.

由于曲率圆与曲线在点 $(1,1)$ 处有相同的切线和相同的凹凸性,所以 $f'(1) = -1$,$f''(1) = -2 < 0$,又因为在 $[1,2]$ 上 $f''(x)$ 不变号,所以 $f''(x) < 0$,则 $f'(x)$ 单调减少,即 $f'(x) \leqslant f'(1) = -1 < 0$,得到 $f(x)$ 在 $(1,2)$ 内无驻点和不可导点,即在 $[1,2]$ 上没有极值点.

在 $[1,2]$ 上应用拉格朗日中值定理,可得

$$f(2) - f(1) = f'(\xi)(2-1) = f'(\xi) < -1, \quad \xi \in (1,2).$$

所以 $f(2) = f'(\xi) + f(1) < -1 + 1 = 0$,由零点定理知,在区间 $(1,2)$ 内 $f(x)$ 有零点,故应选(B).

31. 解法一 记 $y_1 = x - 1$,$y_1' = 1$,$y_1'' = 0$,$y_2 = (x-2)^2$,$y_2' = 2(x-2)$,$y_2'' = 2$,

$y_3 = (x-3)^3$,$y_3' = 3(x-3)^2$,$y_3'' = 6(x-3)$,

$y_4 = (x-4)^4$,$y_4' = 4(x-4)^3$,$y_4'' = 12(x-4)^2$,

$y'' = (x-3)P(x)$,其中 $P(3) \neq 0$,$y''|_{x=3} = 0$,在 $x = 3$ 两侧,二阶导数符号变化,所以选项(C)正确.

解法二 记 $g(x) = (x-1)(x-2)^2(x-4)^4$,则 $y = g(x)(x-3)^3$,

$y' = g'(x)(x-3)^3 + 3g(x)(x-3)^2$,

$y'' = g''(x)(x-3)^3 + 6g'(x)(x-3)^2 + 6g(x)(x-3)$,

$y''' = g'''(x)(x-3) + 9g''(x)(x-3)^2 + 18g'(x)(x-3) + 6g(x)$.

则 $y''(3) = 0$,$y'''(3) = 6g(x) \neq 0$,所以 $(3,0)$ 是拐点. 选项(C)正确.

32. 解法一 由于是选择题,可以用图形法解决,令 $\varphi(x) = x(x-1)$,则 $\varphi(x) = \left(x - \dfrac{1}{2}\right)^2 - \dfrac{1}{4}$,是以

$x = \dfrac{1}{2}$ 为对称轴、顶点坐标为 $\left(\dfrac{1}{2}, -\dfrac{1}{4} \right)$、开口向上的一条抛物线,与 x 轴

相交的两点坐标为 $(0,0)$,$(1,0)$,$y = f(x) = |\varphi(x)|$ 的图形如右图所示.

点 $x = 0$ 是极小值点;又在点 $(0,0)$ 左侧邻近曲线是凹的,右侧邻近曲线是凸的,所以点 $(0,0)$ 是拐点,选(C).

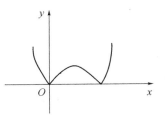

解法二 写出 $y = f(x)$ 的分段表达式:

$$f(x) = \begin{cases} -x(1-x), & x \leqslant 0, \\ x(1-x), & 0 < x < 1, \end{cases} \quad (x \geqslant 1 \text{ 处与本题无关,故不写出}).$$

第 32 题图

从而 $f'(x) = \begin{cases} -1 + 2x, & x < 0, \\ 1 - 2x, & 0 < x < 1, \end{cases}$

$$f''(x) = \begin{cases} 2, & x < 0, \\ -2, & 0 < x < 1. \end{cases}$$

当 $x < 0$ 时,$f'(x) < 0$;当 $x > 0$ 时,$f'(x) > 0$,所以 $x = 0$ 为极小值点.

当 $x < 0$ 时,$f''(x) = 2 > 0$,所以 $f(x)$ 为凹函数;当 $0 < x < 1$ 时,$f''(x) = -2 < 0$,所以 $f(x)$ 为凸函数,于是 $(0,0)$ 为拐点.选(C).

33. 解 $\{f[g(x)]\}' = f'[g(x)] \cdot g'(x)$,

$\{f[g(x)]\}'' = \{f'[g(x)] \cdot g'(x)\}' = f''[g(x)] \cdot [g'(x)]^2 + f'[g(x)] \cdot g''(x)$.

由于 $g(x_0) = a$ 是 $g(x)$ 的极值,所以 $g'(x_0) = 0$. 所以

$$\{f[g(x_0)]\}' = f'[g(x_0)] \cdot g'(x_0) = 0,$$

$$\{f[g(x_0)]\}'' = f''[g(x_0)] \cdot g''(x_0) = f'(a) \cdot g''(x_0).$$

由于 $g''(x_0) < 0$,要使 $\{f[g(x_0)]\}'' < 0$,必须有 $f'(a) > 0$,故选(B).

34. 解 因为 $\lim\limits_{x \to +\infty} \dfrac{h(x)}{g(x)} = \lim\limits_{x \to +\infty} \dfrac{\mathrm{e}^{\frac{x}{10}}}{x} = \lim\limits_{x \to +\infty} \mathrm{e}^{\frac{x}{10}} \dfrac{1}{10} = +\infty$,所以,当 x 充分大时,$h(x) > g(x)$.

又因为

$$\lim_{x \to +\infty} \frac{g(x)}{f(x)} = \lim_{x \to +\infty} \frac{x}{\ln^{10} x} = \lim_{x \to +\infty} \frac{1}{10 \frac{1}{x} \cdot \ln^9 x} = \lim_{x \to +\infty} \frac{x}{10 \ln^9 x}$$

$$= \lim_{x \to +\infty} \frac{1}{10 \cdot 9 \cdot \frac{1}{x} \cdot \ln^8 x} = \cdots = \lim_{x \to +\infty} \frac{x}{10!} = +\infty,$$

所以当 x 充分大时,$g(x) > f(x)$,故当 x 充分大时,$f(x) < g(x) < h(x)$,选(C).

35. 解法一 举例说明(D)是错误的. 例:$f(x) = 4 - x^2$,$-1 \leqslant x \leqslant 1$,

$$f'(-1) = -2x|_{x=-1} = 2 > 0, \quad f'(1) = -2x|_{x=1} = -2 < 0.$$

但在 $[-1,1]$ 上,$f(x) \geqslant 3 > 0$.

解法二 证明(A)、(B)、(C)正确.

由已知 $f'(x)$ 在 $[a,b]$ 上连续,且 $f'(a) > 0$,$f'(b) < 0$,则由零点定理,至少存在一点 $x_0 \in (a,b)$,使得 $f'(x_0) = 0$,所以选项(C)正确.

另外,由导数的定义,$f'(a) = \lim\limits_{x \to a^+} \dfrac{f(x) - f(a)}{x - a} > 0$,根据极限的保号性,至少存在一点 $x_0 \in (a,b)$,使得 $\dfrac{f(x_0) - f(a)}{x_0 - a} > 0$,即 $f(x_0) > f(a)$,所以选项(A)正确.

同理,$f'(b) = \lim\limits_{x \to b^-} \dfrac{f(b) - f(x)}{b - x} < 0$,根据极限的保号性,至少存在一点 $x_0 \in (a,b)$,使得 $f(x_0) > f(b)$,所以选项(B)正确. 故选(D).

36. 解 函数只在一点的导数大于零,一般不能推导出单调性,因此可排除(A)、(B)选项.

由导数的定义,知 $f'(0) = \lim\limits_{x \to 0} \dfrac{f(x) - f(0)}{x} > 0$.

根据极限的保号性,知存在 $\delta > 0$,当 $x \in (-\delta, 0) \bigcup (0, \delta)$ 时,有 $\dfrac{f(x) - f(0)}{x} > 0$,即当 $x \in (-\delta, 0)$ 时,$x < 0$,有 $f(x) < f(0)$;而当 $x \in (0, \delta)$ 时,$x > 0$,有 $f(x) > f(0)$. 故应选(C).

37. 解 在 $x = a$ 的某邻域内 $\dfrac{f(x) - f(a)}{(x-a)^2} < 0$,从而 $f(x) < f(a)$,故选(B).

38. 解 因为 y 在 $x = 0$ 处无定义,有

$$\lim\limits_{x \to 0} y = \lim\limits_{x \to 0} \left(\frac{1}{x} + \ln(1 + e^x) \right) = \lim\limits_{x \to 0} \frac{1}{x} + \lim\limits_{x \to 0} \ln(1 + e^x) = \infty,$$

所以 $x = 0$ 为铅直渐近线.

又 $\lim\limits_{x \to -\infty} y = \lim\limits_{x \to -\infty} \left(\frac{1}{x} + \ln(1 + e^x) \right) = \lim\limits_{x \to -\infty} \frac{1}{x} + \lim\limits_{x \to -\infty} \ln(1 + e^x) = 0 + 0 = 0,$

所以 $y = 0$ 是曲线的一条水平渐近线.

又因为 $a = \lim\limits_{x \to +\infty} \dfrac{y}{x} = \lim\limits_{x \to +\infty} \dfrac{\frac{1}{x} + \ln(1 + e^x)}{x} = \lim\limits_{x \to +\infty} \left(\frac{1}{x^2} + \frac{\ln(1 + e^x)}{x} \right)$

$$= 0 + \lim\limits_{x \to +\infty} \frac{\ln(1 + e^x)}{x} = \lim\limits_{x \to +\infty} \frac{\frac{e^x}{1 + e^x}}{1} = 1,$$

$$b = \lim\limits_{x \to +\infty} (y - a \cdot x) = \lim\limits_{x \to +\infty} \left(\frac{1}{x} + \ln(1 + e^x) - x \right) = 0 + \lim\limits_{x \to +\infty} (\ln(1 + e^x) - x)$$

$$\xrightarrow{x = \ln e^x} \lim\limits_{x \to +\infty} (\ln(1 + e^x) - \ln e^x) = \lim\limits_{x \to +\infty} \ln\left(\frac{1 + e^x}{e^x} \right) = \ln 1 = 0.$$

可见 $y = x$ 是曲线的斜渐近线,从而共有 3 条渐近线,故(D)正确.

39. 解 应选(C).

若直线 $L: y = kx + b$ 是曲线 $y = f(x)$ 的斜渐近线,由于 $k = \lim\limits_{x \to \infty} \dfrac{f(x)}{x}$,$b = \lim\limits_{x \to +\infty} (f(x) - kx)$,所以当 $x \to -\infty$ 时,

$$k = \lim\limits_{x \to -\infty} \frac{\sqrt{x^2 + 2x + 2}}{x} = -1,$$

$$b = \lim\limits_{x \to -\infty} (\sqrt{x^2 + 2x + 2} + x)$$

$$= \lim\limits_{x \to -\infty} \frac{2x + 2}{\sqrt{x^2 + 2x + 2} - x} = \lim\limits_{x \to -\infty} \frac{2 + \frac{2}{x}}{\frac{\sqrt{x^2 + 2x + 2}}{-\sqrt{x^2}} - 1} = -1.$$

40. 解 当 $x > e$ 时,$f'(x) < 0$. 当 $0 < x < e$ 时,$f'(x) > 0$. 在 $(0, e)$ 和 $(e, +\infty)$ 内 $f(x)$ 分别至多有一个零点. 又 $f(e) = k > 0$,$\lim\limits_{x \to 0^+} f(x) = -\infty$,$\lim\limits_{x \to +\infty} f(x) = -\infty$,所以 $f(x)$ 在 $(0, +\infty)$ 内有两个零点. 选(B).

三、解答题

41. 解 (1) 由于题设中只给出了在 $[0, 2]$ 上 $f(x)$ 的解析表达式,欲求 $f(x)$ 在 $[-2, 0)$ 上的表达式,可以考虑变换,将 $[-2, 0)$ 上的变量 x 变换到 $[0, 2]$ 上的新变量.

当 $-2 \leqslant x < 0$ 时,$0 \leqslant x + 2 < 2$. 设 $y = x + 2$,因此当 $-2 \leqslant x < 0$ 时,$0 \leqslant y < 2$,从而

$$f(x) = kf(x + 2) = kf(y) = ky(y^2 - 4) = k(x + 2)[(x + 2)^2 - 4]$$
$$= kx(x + 2)(x + 4).$$

(2) 由(1),知 $f(x) = \begin{cases} kx(x+2)(x+4), & x \in [-2, 0), \\ x(x^2 - 4), & x \in [0, 2], \end{cases}$ 所以 $f(0) = 0 \cdot (0^2 - 4) = 0$.

函数在某点可导的充要条件是这点的左右导数存在且相等,所以要根据导数的定义求 $f(x)$ 在 $x = 0$ 的

左右导数,使其相等,求出参数 k.

$$f'_+(0) = \lim_{x \to 0^+} \frac{f(x) - f(0)}{x - 0} = \lim_{x \to 0^+} \frac{x(x^2 - 4) - 0}{x} = -4,$$

$$f'_-(0) = \lim_{x \to 0^-} \frac{f(x) - f(0)}{x - 0} = \lim_{x \to 0^-} \frac{kx(x+2)(x+4) - 0}{x} = 8k.$$

令 $f'_-(0) = f'_+(0)$,得 $k = -\dfrac{1}{2}$,即当 $k = -\dfrac{1}{2}$ 时,$f(x)$ 在 $x = 0$ 处可导.

42. 解 由 $\dfrac{\mathrm{d}x}{\mathrm{d}t} = 4t, \dfrac{\mathrm{d}y}{\mathrm{d}t} = \dfrac{\mathrm{e}^{1+2\ln t}}{1 + 2\ln t} \cdot \dfrac{2}{t} = \dfrac{\mathrm{e} \cdot t^2}{1 + 2\ln t} \cdot \dfrac{2}{t} = \dfrac{2\mathrm{e}t}{1 + 2\ln t}$,得

$$\frac{\mathrm{d}y}{\mathrm{d}x} = \frac{\dfrac{\mathrm{d}y}{\mathrm{d}t}}{\dfrac{\mathrm{d}x}{\mathrm{d}t}} = \frac{\dfrac{2\mathrm{e}t}{1 + 2\ln t}}{4t} = \frac{\mathrm{e}}{2(1 + 2\ln t)}.$$

所以 $\dfrac{\mathrm{d}^2 y}{\mathrm{d}x^2} = \dfrac{\mathrm{d}}{\mathrm{d}x}\left(\dfrac{\mathrm{d}y}{\mathrm{d}x}\right) = \dfrac{\dfrac{\mathrm{d}}{\mathrm{d}t}\left(\dfrac{\mathrm{d}y}{\mathrm{d}x}\right)}{\dfrac{\mathrm{d}x}{\mathrm{d}t}} = \dfrac{-4\mathrm{e}\dfrac{1}{t}}{4(1 + 2\ln t)^2} \cdot \dfrac{1}{4t} = -\dfrac{\mathrm{e}}{4t^2(1 + 2\ln t)^2}.$

当 $x = 9$ 时,由 $x = 1 + 2t^2$ 及 $t > 1$,得 $t = 2$,故

$$\frac{\mathrm{d}^2 y}{\mathrm{d}x^2}\bigg|_{x=9} = -\frac{\mathrm{e}}{4t^2(1 + 2\ln t)^2}\bigg|_{t=2} = -\frac{\mathrm{e}}{16(1 + 2\ln 2)^2}.$$

43. 解 讨论 $y = y(x)$ 的凹凸性,实际上要讨论 $y''(x)$ 的符号,故先求 $y''(x)$,同时注意条件:$y(1) = 1$.
对方程 $y\ln y - x + y = 0$ 两边同时关于 x 求导,得 $y'\ln y + 2y' - 1 = 0$,即 $y' = \dfrac{1}{2 + \ln y}$,代入 $y(1) = 1$ 有

$y'(1) = \dfrac{1}{2}$.

再求导,得 $y'' = -\dfrac{(\ln y)'}{(2 + \ln y)^2} = -\dfrac{y'}{y(2 + \ln y)^2} = -\dfrac{1}{y(2 + \ln y)^3}$.

代入 $y(1) = 1, y'(1) = \dfrac{1}{2}$,得到 $y''(1) = -\dfrac{1}{8} < 0$. 又由 $y''(x)$ 在 $x = 1$ 的邻域内连续,所以在 $x = 1$
的邻域内 $y''(x) < 0$,所以曲线在点 $(1,1)$ 附近为凸的.

44. 解 将导数视作微商,由

$$\mathrm{d}x = \varphi(\sin t^2) \cdot 2t\mathrm{d}t, \mathrm{d}y = 2\varphi(\sin t^2)\varphi'(\sin t^2) \cdot \cos t^2 \cdot 2t\mathrm{d}t$$

得 $\dfrac{\mathrm{d}y}{\mathrm{d}x} = 2\cos t^2 \cdot \varphi'(\sin t^2)$.

又 $\dfrac{\mathrm{d}^2 y}{\mathrm{d}x^2} = \dfrac{\mathrm{d}\left(\dfrac{\mathrm{d}y}{\mathrm{d}x}\right)}{\mathrm{d}x} = \dfrac{4t\cos^2 t^2 \varphi''(\sin t^2) - 4t\sin t^2 \varphi'(\sin t^2)}{2t\varphi(\sin t^2)}$

$$= \frac{2 \cdot \cos^2 t^2 \varphi''(\sin t^2) - 2\sin t^2 \varphi'(\sin t^2)}{\varphi(\sin t^2)}.$$

45. 解 这是一道求高阶导数的题. 求高阶导数一般有三个办法:一是用公式 $(u \pm v)^{(n)} = u^{(n)} \pm v^{(n)}$,二是用乘积高阶导数 $(uv)^{(n)}$ 的莱布尼茨公式,三是用归纳法. 本题采用莱布尼茨公式方便,$\varphi(x) = (x^2 - 1)^n = (x + 1)^n(x - 1)^n$. 命 $u = (x + 1)^n, v = (x - 1)^n$,有 $v'|_{x=-1} = n(x - 1)^{n-1}|_{x=-1} = n(-2)^{n-1}$ 及

$$u'|_{x=-1} = n(x + 1)^{n-1}|_{x=-1} = 0, u''|_{x=-1} = 0, \cdots,$$

$$u^{(n-1)}|_{x=-1} = 0, u^{(n)}|_{x=-1} = n!, u^{(n+1)}|_{x=-1} = 0.$$

由莱布尼茨公式,

$$\varphi^{(n+1)}(-1) = [u^{(n+1)}v + c_{n+1}^1 u^{(n)}v' + \cdots + uv^{(n+1)}]_{x=-1}$$

$$= (n + 1) \cdot n! \cdot (-2)^{n-1}n = (n + 1)!(-2)^{n-1}n.$$

本题中给了 $x = -1$,使得 u 的各阶导数中只有 $u^{(n)}$ 不是零,其他都是零,从而计算大为化简. 所以,善于观察题目特点对解题十分关键.

46. 解 应填 1.

由于 $y' = \dfrac{\ln x}{x}, y'' = \dfrac{1-\ln x}{x^2}, y'|_{x=1} = 0, y''|_{x=1} = 1$，故 $k = \dfrac{|y''|}{(1+y'^2)^{\frac{3}{2}}} = 1$.

47. 解 这是一道综合几何与最大、最小值的应用题. 由于 $y = -x^2 + 1, y' = -2x$，因此过 $P(a,b)$ 的切线方程是 $y = b - 2a(x-a)$. 它与 x 轴和 y 轴的截距分别是 $\dfrac{b}{2a} + a$ 和 $b + 2a^2$. 目标函数即如图所示的阴影部分的面积：

$$S = \frac{1}{2}(b + 2a^2)\left(\frac{b}{2a} + a\right) - A,$$

其中 A 是抛物线与两坐标轴围成的在第一象限部分的面积，A 是一个常数. 又因 $b = -a^2 + 1, S$ 中消去 b，得

$$S = \frac{(a^2+1)^2}{4a} - A, a > 0,$$

$$\frac{\mathrm{d}S}{\mathrm{d}a} = \frac{(a^2+1)(3a^2-1)}{4a^2}.$$

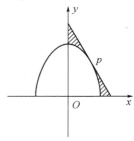

第 47 题图

令 $\dfrac{\mathrm{d}S}{\mathrm{d}a} = 0$，得驻点 $a = \dfrac{1}{\sqrt{3}}$. 由题的几何意义知，S 存在最小值. 今只有一个驻点，

故当 $a = \dfrac{1}{\sqrt{3}}$ 时 S 达最小，此时 P 点坐标为 $\left(\dfrac{1}{\sqrt{3}}, \dfrac{2}{3}\right)$.

48. 证 根据题意得点 $(b, f(b))$ 处的切线方程为 $y - f(b) = f'(b)(x - b)$.

令 $y = 0$，得 $x_0 = b - \dfrac{f(b)}{f'(b)}$.

因为 $f'(x) > 0$，所以 $f(x)$ 单调递增.

因为 $f(a) = 0$，所以 $f(b) > 0, f'(b) > 0$，

所以 $x_0 = b - \dfrac{f(b)}{f'(b)} < b$.

又因为 $x_0 - a = b - a - \dfrac{f(b)}{f'(b)}$，而在区间 (a,b) 上应用拉格朗日中值定理有

$$\frac{f(b) - f(a)}{b - a} = f'(\xi), \xi \in (a,b),$$

所以 $x_0 - a = b - a - \dfrac{f(b)}{f'(b)} = \dfrac{f(b)}{f'(\xi)} - \dfrac{f(b)}{f'(b)} = f(b)\dfrac{f'(b) - f'(\xi)}{f'(b)f'(\xi)}$.

因为 $f''(x) > 0$，所以 $f'(x)$ 单调递增，故 $f'(b) > f'(\xi)$.

所以 $x_0 - a > 0$，即 $x_0 > a$，则 $a < x_0 < b$，结论得证.

49. 解 显然 $x = 0$ 为方程的一个实根. 当 $x \neq 0$ 时，令 $f(x) = \dfrac{x}{\arctan x} - k$，

$$f'(x) = \frac{\arctan x - \dfrac{x}{1+x^2}}{(\arctan x)^2}.$$

令 $g(x) = \arctan x - \dfrac{x}{1+x^2}, x \in \mathbf{R}$.

$g'(x) = \dfrac{1}{1+x^2} - \dfrac{1+x^2 - x \cdot 2x}{(1+x^2)^2} = \dfrac{2x^2}{(1+x^2)^2} > 0$，即 $x \in \mathbf{R}, g'(x) > 0$.

又因为 $g(0) = 0$，即当 $x < 0$ 时，$g(x) < 0$；当 $x > 0$ 时，$g(x) > 0$.

当 $x < 0$ 时，$f'(x) < 0$；当 $x > 0$ 时，$f'(x) > 0$.

所以当 $x < 0$ 时，$f(x)$ 单调递减；当 $x > 0$ 时，$f(x)$ 单调递增.

又 $\lim\limits_{x \to 0} f(x) = \lim\limits_{x \to 0} \dfrac{x}{\arctan x} - k = 1 - k, \lim\limits_{x \to \infty} f(x) = \lim\limits_{x \to \infty} \dfrac{x}{\arctan x} - k = +\infty$.

所以当 $1 - k < 0$ 时，由零点定理可知 $f(x)$ 在 $(-\infty, 0), (0, +\infty)$ 内各有一个零点；当 $1 - k \geqslant 0$ 时，则

$f(x)$ 在 $(-\infty,0),(0,+\infty)$ 内均无零点.

综上所述,当 $k>1$ 时,原方程有 3 个根. 当 $k\leqslant 1$ 时,原方程有 1 个根.

50. 证 设 $f(x)=4\arctan x-x+\dfrac{4\pi}{3}-\sqrt{3}$,则

$$f'(x)=\frac{4}{1+x^2}-1=\frac{(\sqrt{3}-x)(\sqrt{3}+x)}{1+x^2}.$$

令 $f'(x)=0$,解得驻点 $x_1=\sqrt{3},x_2=-\sqrt{3}$,所以,当 $x<-\sqrt{3}$ 时,$f'(x)<0$,故 $f(x)$ 单调递减;当 $-\sqrt{3}<x<\sqrt{3}$ 时,$f'(x)>0$,故 $f(x)$ 单调递增;当 $x>\sqrt{3}$ 时,$f'(x)<0$,故 $f(x)$ 单调递减.

当 $x\in(-\infty,-\sqrt{3})\bigcup(-\sqrt{3},\sqrt{3})$ 时,$f(x)>0$,且 $f(-\sqrt{3})=0$,故 $x\in(-\infty,\sqrt{3})$ 时只有一个零点.

又 $f(\sqrt{3})=\dfrac{8\pi}{3}-2\sqrt{3}>0$,$\displaystyle\lim_{x\to+\infty}f(x)=\lim_{x\to+\infty}\left(4\arctan x-x+\dfrac{4\pi}{3}-\sqrt{3}\right)=-\infty<0$,由零点定理可知,

存在 $x_0\in(\sqrt{3},+\infty)$,使 $f(x_0)=0$.

所以,方程 $4\arctan x-x+\dfrac{4\pi}{3}-\sqrt{3}=0$ 恰有两实根.

51. 解 讨论曲线 $y=4\ln x+k$ 与 $y=4x+\ln^4 x$ 的交点个数等价于讨论方程

$$\varphi(x)=\ln^4 x-4\ln x+4x-k$$

在区间 $(0,+\infty)$ 内的零点个数问题,为此对函数求导,得

$$\varphi'(x)=\frac{4\ln^3 x}{x}-\frac{4}{x}+4=\frac{4}{x}(\ln^3 x-1+x).$$

可以看出 $x=1$ 是 $\varphi(x)$ 的驻点. 当 $0<x<1$ 时,$\ln^3 x<0$,则 $\ln^3 x-1+x<0$,而 $\dfrac{4}{x}>0$,有 $\varphi'(x)<0$,即 $\varphi(x)$ 单调减少;当 $x>1$ 时,$\ln^3 x>0$,则 $\ln^3 x-1+x>0$,而 $\dfrac{4}{x}>0$,有 $\varphi'(x)>0$,即 $\varphi(x)$ 单调增加. 故 $\varphi(1)=4-k$ 为函数 $\varphi(x)$ 的唯一极小值即最小值,故

$$\varphi(x)\geqslant\varphi(1)=4-k.$$

且仅当 $x=1$ 时,$\varphi(x)=4-k$. 以下讨论:

① 当 $\varphi(1)=4-k>0$,即 $k<4$ 时,$\varphi(x)\geqslant\varphi(1)>0$,$\varphi(x)$ 无零点,即两曲线没有交点;

② 当 $\varphi(1)=4-k=0$,即 $k=4$ 时,$\varphi(x)\geqslant\varphi(1)=0$,$\varphi(x)$ 有且仅有一个零点,即两曲线仅有一个交点;

③ 当 $\varphi(1)=4-k<0$,即 $k>4$ 时,由于

$$\lim_{x\to0^+}\varphi(x)=\lim_{x\to0^+}\left[\ln x(\ln^3 x-4)+4x-k\right]=+\infty,$$

$$\lim_{x\to+\infty}\varphi(x)=\lim_{x\to+\infty}\left[\ln x(\ln^3 x-4)+4x-k\right]=+\infty,$$

由连续函数的零点定理,知在区间 $(0,1)$ 与 $(1,+\infty)$ 内各至少有一个零点,又因 $\varphi(x)$ 在区间 $(0,1)$ 与 $(1,+\infty)$ 内都是严格单调的,故 $\varphi(x)$ 分别各至多有一个零点,所以 $\varphi(x)$ 恰好有两个零点.

综上所述,当 $k<4$ 时,两曲线没有交点;当 $k=4$ 时,两曲线仅有一个交点;当 $k>4$ 时,两曲线有两个交点.

52. 解 $f'(x)=-\sqrt{1+x^2}+2x\sqrt{1+x^2}=\sqrt{1+x^2}(2x-1).$

令 $f'(x)=0$,得驻点为 $x=\dfrac{1}{2}$.

当 $x\in\left(-\infty,\dfrac{1}{2}\right)$ 时,$f(x)$ 单调递减;当 $x\in\left(\dfrac{1}{2},+\infty\right)$ 时,$f(x)$ 单调递增. 故 $f\left(\dfrac{1}{2}\right)$ 为唯一的极小值,也是最小值.

而 $f\left(\dfrac{1}{2}\right)=\displaystyle\int_{\frac{1}{2}}^{1}\sqrt{1+t^2}\,\mathrm{d}t+\int_{1}^{\frac{1}{4}}\sqrt{1+t}\,\mathrm{d}t=\int_{\frac{1}{2}}^{1}\sqrt{1+t^2}\,\mathrm{d}t-\int_{\frac{1}{4}}^{1}\sqrt{1+t}\,\mathrm{d}t$

$\qquad=\displaystyle\int_{\frac{1}{2}}^{1}\sqrt{1+t^2}\,\mathrm{d}t-\int_{\frac{1}{2}}^{1}\sqrt{1+t}\,\mathrm{d}-\int_{\frac{1}{4}}^{\frac{1}{2}}\sqrt{1+t}\,\mathrm{d}t.$

当 $t \in (\frac{1}{2}, 1)$ 时，$\sqrt{1+t^2} < \sqrt{1+t}$，故 $\int_{\frac{1}{2}}^{1} \sqrt{1+t^2}\,dt - \int_{\frac{1}{2}}^{1} \sqrt{1+t}\,dt < 0$.

从而有 $f(\frac{1}{2}) < 0$，

$$\lim_{x \to -\infty} f(x) = \lim_{x \to -\infty} \left[\int_{x}^{1} \sqrt{1+t^2}\,dt + \int_{1}^{x^2} \sqrt{1+t}\,dt \right] = +\infty,$$

$$\lim_{x \to +\infty} f(x) = \lim_{x \to +\infty} \left[\int_{x}^{1} \sqrt{1+t^2}\,dt + \int_{1}^{x^2} \sqrt{1+t}\,dt \right] = \lim_{x \to +\infty} \left[\int_{1}^{x^2} \sqrt{1+t}\,dt - \int_{1}^{x} \sqrt{1+t^2}\,dt \right].$$

考虑 $\lim\limits_{x \to +\infty} \dfrac{\int_{1}^{x^2} \sqrt{1+t}\,dt}{\int_{1}^{x} \sqrt{1+t^2}\,dt} = \lim\limits_{x \to +\infty} \dfrac{2x\sqrt{1+x^2}}{\sqrt{1+x^2}} = +\infty$，所以 $\lim\limits_{x \to +\infty} f(x) = +\infty$.

故函数 $f(x)$ 在 $(-\infty, \frac{1}{2})$ 及 $(\frac{1}{2}, +\infty)$ 上各有一个零点，所以零点个数为 2.

53. 解　令 $f(x) = ax - 2\ln x$，有 $f'(x) = a - \dfrac{2}{x}$.

令 $f'(x) = 0$，得 $x = \dfrac{2}{a}$，$f''(x) = \dfrac{2}{x^2}$，由于 $f''(x) > 0$，所以 $f(\frac{2}{a}) = 2 - 2\ln\dfrac{2}{a}$ 为 $f(x)$ 的唯一极小值，为最小值.

以下讨论最小值的符号：

① 若 $2 - 2\ln\dfrac{2}{a} > 0$，即 $a > \dfrac{2}{e}$ 时，$f(x) > 0$，$f(x)$ 无零点，两曲线无公共点；

② 若 $a = \dfrac{2}{e}$，则当且仅当 $a = e$ 时，$f(x) = 0$，$f(x)$ 有唯一零点，两曲线在第一象限中相切；

③ 若 $0 < a < \dfrac{2}{e}$，有 $f(\frac{2}{a}) < 0$，因 $\lim\limits_{x \to 0^+} f(x) = +\infty$，$\lim\limits_{x \to +\infty} f(x) = +\infty$，所以在区间 $(0, \frac{2}{a})$ 与 $(\frac{2}{a}, +\infty)$ 内，$f(x)$ 各有至少一个零点.

又因为在这两个区间中 $f(x)$ 分别是严格单调的，所以 $f(x)$ 正好有两个零点，即两曲线在第一象限中有且仅有两个交点.

54. 证　(1) 由极限 $\lim\limits_{x \to a^+} \dfrac{f(2x-a)}{x-a}$ 存在，可知 $\lim\limits_{x \to a^+} f(2x-a) = 0$. 由 $f(x)$ 在 $[a,b]$ 上连续，知 $\lim\limits_{x \to a^+} f(2x-a) = f(a)$，故 $f(a) = 0$. 又 $f'(x) > 0$，于是 $f(x)$ 在 (a,b) 内严格单调增加，从而 $x \in (a,b)$ 时，有 $f(x) > f(a) = 0$.

(2) 由要证明的形式知，要用柯西中值定理证明.

取 $F(x) = x^2$，$g(x) = \int_{a}^{x} f(t)\,dt$，$x \in [a,b]$. 由于 $f(x)$ 在闭区间 $[a,b]$ 上连续，则

$$g'(x) = f(x) > 0,$$

故 $F(x), g(x)$ 在 $[a,b]$ 上满足柯西中值定理的条件，于是在 (a,b) 内存在点 ξ，使

$$\frac{F(b) - F(a)}{g(b) - g(a)} = \frac{b^2 - a^2}{\int_{a}^{b} f(t)\,dt - \int_{a}^{a} f(t)\,dt} = \frac{(x^2)'}{\left(\int_{a}^{x} f(t)\,dt \right)'} \bigg|_{x=\xi} = \frac{2\xi}{f(\xi)},$$

即 $\dfrac{b^2 - a^2}{\int_{a}^{b} f(x)\,dx} = \dfrac{2\xi}{f(\xi)}$.

(3) 因为 $f(\xi) = f(\xi) - 0 = f(\xi) - f(a)$，在区间 $[a, \xi]$ 上应用拉格朗日中值定理，则在 (a, ξ) 内存在一点 η，使 $f(\xi) - f(a) = f'(\eta)(\xi - a)$，即 $f(\xi) = f'(\eta)(\xi - a)$，代入 (2) 的结论，有

$$\frac{b^2 - a^2}{\int_{a}^{b} f(x)\,dx} = \frac{2\xi}{f'(\eta)(\xi - a)},$$

即 $f'(\eta)(b^2-a^2)=\dfrac{2\xi}{\xi-a}\displaystyle\int_a^b f(x)\mathrm{d}x.$

55. 证 （1）$f(x)$ 在 $[a,c]$ 上二阶可导，且 $f(a)=f(b)=f(c)=0$，对于 $x\in[a,b]$，$x\in[b,c]$ 分别应用罗尔定理，必存在 $\xi_1\in(a,b)$，$\xi_2\in(b,c)$，使得 $f'(\xi_1)=0$，$f'(\xi_2)=0$.

又 $f'(x)$ 在 $[\xi_1,\xi_2]$ 上满足罗尔定理条件，必存在 $\xi\in(\xi_1,\xi_2)\subset(a,c)$，使得 $f''(\xi)=0$. 亦即在 (a,c) 内至少存在方程 $f''(x)=0$ 的一个根.

（2）令 $F(x)=\dfrac{(x-b)(x-c)f(a)}{(a-b)(a-c)}+\dfrac{(x-a)(x-c)f(b)}{(b-a)(b-c)}+\dfrac{(x-a)(x-b)f(c)}{(c-a)(c-b)}-f(x)$，由题设 $F(x)$ 在 $[a,c]$ 上二阶可导，且有 $F(a)=F(b)=F(c)=0$，对 $F(x)$ 在 $[a,b]$，$[b,c]$ 分别应用罗尔定理，必存在 $\xi_1\in(a,b)$，$\xi_2\in(b,c)$，使得

$$F'(\xi_1)=0,\ F'(\xi_2)=0.$$

又由于 $F'(x)$ 在 $[\xi_1,\xi_2]$ 上可导，再应用罗尔定理，必存在 $\xi=(\xi_1,\xi_2)\subset(a,c)$，使得 $F''(\xi)=0$，而

$$F''(x)=\dfrac{2f(a)}{(a-b)(a-c)}+\dfrac{2f(b)}{(b-a)(b-c)}+\dfrac{2f(c)}{(c-a)(c-b)}-f''(x),$$

以 ξ 代 x，即得所证结论.

56. 证 （1）令 $F(x)=f(x)-1+x$，则 $F(x)$ 在 $[0,1]$ 上连续，且 $F(0)=-1<0$，$F(1)=1>0$. 则由闭区间上连续函数的介值定理知，存在 $\xi\in(0,1)$，使得 $F(\xi)=0$，即 $f(\xi)=1-\xi$.

（2）$F(x)$ 在 $[0,\xi]$ 和 $[\xi,1]$ 上都连续，在 $(0,\xi)$ 和 $(\xi,1)$ 内都可导，根据拉格朗日中值定理可知，存在 $\eta\in(0,\xi)$，$\zeta\in(\xi,1)$，使得

$$F'(\eta)=\dfrac{F(\xi)-F(0)}{\xi-0}=\dfrac{1}{\xi},\ F'(\zeta)=\dfrac{F(1)-F(\xi)}{1-\xi}=\dfrac{1}{1-\xi}.$$

即 $f'(\eta)+1=\dfrac{1}{\xi}$，$f'(\zeta)+1=\dfrac{1}{1-\xi}$. 所以

$$f'(\eta)=\dfrac{1-\xi}{\xi},\ f'(\zeta)=\dfrac{\xi}{1-\xi},\ f'(\eta)f'(\zeta)=\dfrac{1-\xi}{\xi}\cdot\dfrac{\xi}{1-\xi}=1.$$

57. 证 将 $f(x)$ 在 $x=2$ 处展成泰勒公式，得

$$f(x)=f(2)+f'(2)(x-2)+\dfrac{f''(\xi)}{2!}(x-2)^2,$$

$$f(1)=f(2)+f'(2)(-1)+\dfrac{f''(\xi_1)}{2}(-1)^2,1<\xi_1<2,$$

$$f(3)=f(2)+f'(2)+\dfrac{f''(\xi_2)}{2},2<\xi_2<3.$$

$f(1)+f(3)=2f(2)+\dfrac{1}{2}[f''(\xi_1)+f''(\xi_2)]$，由介值定理，$\exists\,\xi\in(\xi_1,\xi_2)\subset(1,3)$，使 $f''(\xi)=\dfrac{1}{2}[f''(\xi_1)+f''(\xi_2)]$，有 $f''(\xi)=f(1)+f(3)-2f(2)$.

58. 证 设 $\varphi(x)=f(x)-g(x)$，由题设 $f(x)$，$g(x)$ 存在相等的最大值，设 $x_1\in(a,b)$，$x_2\in(a,b)$ 使 $f(x_1)=\max\limits_{[a,b]}f(x)=g(x_2)=\max\limits_{[a,b]}g(x)$.

若 $x_1=x_2$，即 $f(x)$ 与 $g(x)$ 在同一点取得最大值，此时，取 $\eta=x_1$，有 $f(\eta)=g(\eta)$；

若 $x_1\neq x_2$，不妨设 $x_1<x_2$，则 $\varphi(x_1)=f(x_1)-g(x_1)>0$，$\varphi(x_2)=f(x_2)-g(x_2)<0$，且 $\varphi(x)$ 在 $[a,b]$ 上连续，则由零点定理得存在 $\eta\in(a,b)$，使得 $\varphi(\eta)=0$，即 $f(\eta)=g(\eta)$.

由题设 $f(a)=g(a)$，$f(b)=g(b)$，则 $\varphi(a)=0=\varphi(b)$，结合 $\varphi(\eta)=0$，且 $\varphi(x)$ 在 $[a,b]$ 上连续，在 (a,b) 内二阶可导，应用两次罗尔定理知：

存在 $\xi_1\in(a,\eta)$，$\xi_2\in(\eta,b)$，使得 $\varphi'(\xi_1)=0$，$\varphi'(\xi_2)=0$.

在 $[\xi_1,\xi_2]$ 再用罗尔定理，则存在 $\xi\in(\xi_1,\xi_2)$，使 $\varphi''(\xi)=0$. 即 $f''(\xi)=g''(\xi)$.

59. 分析 题目要证存在 $\xi\in(0,3)$，使得其一阶导数为零，自然想到用罗尔定理，而罗尔定理要求函数在某闭区间连续，且端点处函数值相等. 题目中已知 $f(3)=1$，只需要再证明存在一点 $c\in[0,3)$，使得 $f(c)$

$=1=f(3)$,然后在 $[c,3]$ 上应用罗尔定理即可.

条件 $f(0)+f(1)+f(2)=3$ 等价于 $\dfrac{f(0)+f(1)+f(2)}{3}=1$.问题转化为 1 介于 $f(x)$ 的最小值与最大值之间,最终用介值定理可以达到目的.

证法一 因为 $f(x)$ 在 $[0,3]$ 上连续,所以 $f(x)$ 在 $[0,2]$ 上连续,则在 $[0,2]$ 上必有最大值 M 和最小值 m(连续函数的最大值最小值定理),于是

$$m \leqslant f(0) \leqslant M, m \leqslant f(1) \leqslant M, m \leqslant f(2) \leqslant M,$$

三式相加,得 $3m \leqslant f(0)+f(1)+f(2) \leqslant 3M$,从而有 $m \leqslant \dfrac{f(0)+f(1)+f(2)}{3}=1 \leqslant M$.

由介值定理知,至少存在一点 $c \in [0,2]$,使

$$f(c)=\frac{f(0)+f(1)+f(2)}{3}=1.$$

因为 $f(c)=f(3)=1$,且 $f(x)$ 在 $[c,3]$ 上连续,在 $(c,3)$ 内可导,由罗尔定理知,必存在 $\xi \in (c,3) \subset (0,3)$,使 $f'(\xi)=0$.

证法二 由于 $f(0)+f(1)+f(2)=3$,如果 $f(0),f(1),f(2)$ 中至少有一个等于 1,例如 $f(2)=1$,则在区间 $[2,3]$ 上对 $f(x)$ 使用罗尔定理知,存在 $\xi \in (2,3) \subset (0,3)$,使 $f'(\xi)=0$.如果 $f(0),f(1),f(2)$ 中没有一个等于 1,那么它们不可能全大于 1,也不可能全小于 1,即至少有一个大于 1,至少有一个小于 1,由连续介值定理知,在区间 $(0,2)$ 内至少存在一点 η 使 $f(\eta)=1$.在区间 $[\eta,3]$ 对 $f(x)$ 用罗尔定理知,存在 $\xi \in (\eta,3) \subset (0,3)$,使 $f'(\xi)=0$.证毕.

60. 根据极小值的定义,只要证明在点 $x=0$ 的一邻域内有 $f(x) \geqslant 0$.

证法一 由 $\lim\limits_{x \to 0} \dfrac{f(x)}{x^2}=a>0$,根据极限保号性,$\exists \delta>0$,在 $0<|x|<\delta$ 内有 $\dfrac{f(x)}{x^2}>0$,从而 $f(x)>0$.又题设 $f(0)=0$,所以 $f(0)$ 是 $f(x)$ 的极小值.

证法二 由 $\lim\limits_{x \to 0} \dfrac{f(x)}{x^2}=a>0$,对 $\varepsilon_0=\dfrac{a}{2}>0$,$\exists \delta>0$,使当 $0<|x-0|<\delta$ 时,有

$$\left| \frac{f(x)}{x^2}-a \right| < \frac{a}{2} \ \text{或} \ \frac{a}{2} < \frac{f(x)}{x^2} < \frac{3}{2}a.$$

于是 $\dfrac{f(x)}{x^2} > \dfrac{a}{2} > 0$ 或 $f(x)>0=f(0)$.所以,$f(0)$ 是 $f(x)$ 的极小值.

61. 证法一 因为函数 $f(x)=\ln^2 x$ 在 $[a,b] \subset (e,e^2)$ 上连续,且在 (a,b) 内可导,所以满足拉格朗日中值定理的条件.

对函数 $f(x)=\ln^2 x$ 在 $[a,b]$ 上应用拉格朗日中值定理,得

$$\ln^2 b - \ln^2 a = \frac{2\ln\xi}{\xi}(b-a), \quad e<a<\xi<b<e^2.$$

下证:$\dfrac{2\ln\xi}{\xi} > \dfrac{4}{e^2}$.

设 $\varphi(t)=\dfrac{\ln t}{t}$,则 $\varphi'(t)=\dfrac{1-\ln t}{t^2}$.

当 $t>e$ 时,$\varphi'(t)<0$,所以 $\varphi(t)$ 单调减少,又因为 $\xi<e^2$,所以 $\varphi(\xi)>\varphi(e^2)$,即

$$\frac{\ln\xi}{\xi} > \frac{\ln e^2}{e^2} = \frac{2}{e^2}, \frac{2\ln\xi}{\xi} > \frac{4}{e^2}.$$

故 $\ln^2 b - \ln^2 a > \dfrac{4}{e^2}(b-a)$.

证法二 利用单调性.

设 $\varphi(x)=\ln^2 x - \dfrac{4}{e^2}x$,证明 $\varphi(x)$ 在区间 (e,e^2) 内严格单调递增即可.

$$\varphi'(x)=2\frac{\ln x}{x}-\frac{4}{e^2}, \varphi'(e^2)=2\frac{\ln e^2}{e^2}-\frac{4}{e^2}=\frac{4}{e^2}-\frac{4}{e^2}=0, \varphi''(x)=2\frac{1-\ln x}{x^2},$$

当 $x>e$ 时，$\varphi''(x)<0$，故 $\varphi'(x)$ 单调减少，从而当 $e<x<e^2$ 时，

$$\varphi'(x)>\varphi'(e^2)=0,$$

即当 $e<x<e^2$ 时，$\varphi(x)$ 单调增加.

因此当 $e<x<e^2$ 时，$\varphi(b)>\varphi(a)$，即 $\ln^2 b-\dfrac{4}{e^2}b>\ln^2 a-\dfrac{4}{e^2}a$，故

$$\ln^2 b-\ln^2 a>\frac{4}{e^2}(b-a).$$

证法三 设 $\varphi(x)=\ln^2 x-\ln^2 a-\dfrac{4}{e^2}(x-a)$，则

$$\varphi'(x)=2\frac{\ln x}{x}-\frac{4}{e^2},$$

$$\varphi''(x)=2\frac{1-\ln x}{x^2},$$

所以当 $x>e$ 时，$\varphi''(x)<0$ 故 $\varphi'(x)$ 单调减少，从而当 $e<x<e^2$ 时，

$$\varphi'(x)>\varphi'(e^2)=\frac{4}{e^2}-\frac{4}{e^2}=0,$$

即 $e<x<e^2$ 时，$\varphi(x)$ 单调增加.

因此当 $e<a<x\leqslant b<e^2$ 时，$\varphi(x)>\varphi(a)=0$. 令 $x=b$，有 $\varphi(b)>0$，即

$$\ln^2 b-\ln^2 a>\frac{4}{e^2}(b-a).$$

62. 证 令 $f(x)=x\sin x+2\cos x+\pi x$.

证明原式成立 $\Leftarrow$ 证明 $0<x<\pi$ 时，$f(x)$ 严格单调增加 $\Leftarrow f'(x)>0$，$x\in(0,\pi)$.

$$f'(x)=\sin x+x\cos x-2\sin x+\pi=x\cos x-\sin x+\pi,$$

无法判断符号，故继续求 $f''(x)$，

$$f''(x)=\cos x-x\sin x-\cos x=-x\sin x<0,$$

所以 $f'(x)$ 严格单调减少.

又 $f'(\pi)=\pi\cos\pi+\pi=0$，故 $0<x<\pi$ 时，$f'(x)>0$，则 $f(x)$ 严格单调增加.

由 $b>a$，则 $f(b)>f(a)$. 原式得证.

63. 证 令 $f(x)=x\ln\dfrac{1+x}{1-x}+\cos x-1-\dfrac{x^2}{2}$，$-1<x<1$.

因为 $f(-x)=f(x)$，所以只讨论当 $x\geqslant 0$ 时即可.

又 $f'(x)=\ln\dfrac{1+x}{1-x}+x\cdot\dfrac{1-x}{1+x}\cdot\dfrac{1-x+(1+x)}{(1-x)^2}-\sin x-x=\ln\dfrac{1+x}{1-x}+\dfrac{2x}{1-x^2}-\sin x-x$，$0\leqslant x<1$.

$$f''(x)=\frac{1-x}{1+x}\cdot\frac{1-x+1+x}{(1-x)^2}+\frac{2(1-x^2)-2x(-2x)}{(1-x^2)^2}-\cos x-1$$

$$=\frac{2}{1-x^2}+\frac{2+2x^2}{(1-x^2)^2}-\cos x-1$$

$$=\frac{4}{(1-x^2)^2}-\cos x-1,$$

$$f'''(x)=\frac{-4\times 2(1-x^2)(-2x)}{(1-x^2)^4}+\sin x=\frac{16x(1-x^2)}{(1-x^2)^4}+\sin x.$$

当 $x\in[0,1)$ 时，$f'''(x)\geqslant 0$，从而 $f''(x)$ 单调递增，则 $f''(x)\geqslant f''(0)=2>0$，所以当 $x\in[0,1)$ 时，$f'(x)$ 单调递增，即 $f'(x)\geqslant f'(0)=0$.

所以当 $x\in[0,1)$ 时，$f(x)$ 单调递增，即 $f(x)\geqslant f(0)=0$，$x\in[0,1)$，故当 $-1<x<1$ 时，有

$$x\ln\frac{1+x}{1-x}+\cos x\geqslant 1+\frac{x^2}{2}.$$

64. (1) **证** 令 $F_n(x)=x^n+x^{n-1}+\cdots+x-1$，显然 $F_n(x)$ 在 $\left[\dfrac{1}{2},1\right]$ 上连续，由于 $F_n(1)=n-1>0$，

$F_n\left(\dfrac{1}{2}\right)=\dfrac{1}{2}+\cdots+\dfrac{1}{2^n}-1=\dfrac{\dfrac{1}{2}\left(1-\dfrac{1}{2^n}\right)}{1-\dfrac{1}{2}}-1=-\dfrac{1}{2^n}<0$，所以由闭区间上连续函数的零点定理得，在开

区间$\left(\dfrac{1}{2},1\right)$内$F_n(x)$至少有一实根，即方程$x^n+x^{n-1}+\cdots+x=1$至少有一实根.

$F'_n(x)=nx^{n-1}+\cdots+2x+1>1>0\left(\dfrac{1}{2}<x<1\right)$，所以$F_n(x)$在$\left(\dfrac{1}{2},1\right)$上单调增加，所以方程$x^n$

$+x^{n-1}+\cdots+x=1$在$\left(\dfrac{1}{2},1\right)$内只有一个实根.

（2）**证法一**　在区间$\left(\dfrac{1}{2},1\right)$内利用拉格朗日中值定理，得

$$F_n(x_n)-F_n\left(\dfrac{1}{2}\right)=F'_n(\xi_n)\left(x_n-\dfrac{1}{2}\right),\dfrac{1}{2}<\xi_n<x_n.$$

即

$$\left|x_n-\dfrac{1}{2}\right|=\left|\dfrac{F_n(x_n)-F_n\left(\dfrac{1}{2}\right)}{F'_n(\xi_n)}\right|<\left|F_n(x_n)-F_n\left(\dfrac{1}{2}\right)\right|=\left|0-F_n\left(\dfrac{1}{2}\right)\right|=\left(\dfrac{1}{2}\right)^n,$$

整理得

$$\dfrac{1}{2}-\dfrac{1}{2^n}<x_n<\dfrac{1}{2}+\dfrac{1}{2^n},$$

$$\lim_{n\to\infty}\left(\dfrac{1}{2}-\dfrac{1}{2^n}\right)=\dfrac{1}{2},\lim_{n\to\infty}\left(\dfrac{1}{2}+\dfrac{1}{2^n}\right)=\dfrac{1}{2},$$

由夹逼定理，得$\lim\limits_{n\to\infty}x_n$存在，且$\lim\limits_{n\to\infty}x_n=\dfrac{1}{2}$.

证法二　由$x_n\in\left(\dfrac{1}{2},1\right)$知数列$\{x_n\}$有界，又

$$x_n^n+x_n^{n-1}+\cdots+x_n=1,x_{n+1}^{n+1}+x_{n+1}^n+\cdots+x_{n+1}=1,$$

因为$x_{n+1}^{n+1}>0$，所以$x_n^n+x_n^{n-1}+\cdots+x_n>x_n^n+\cdots+x_{n+1}$，于是有$x_n>x_{n+1}$，$n=2,3,\cdots$，即$\{x_n\}$单调减少.

综上可得数列$\{x_n\}$单调有界，故$\{x_n\}$收敛.

记$a=\lim\limits_{n\to\infty}x_n$，由于$0<x_n<x_2<1$，故$\lim\limits_{n\to\infty}x_n^{n+1}=0$.

由于$\dfrac{x_n-x_n^{n+1}}{1-x_n}=1$，令$n\to\infty$，取极限得$\dfrac{a}{1-a}=1$，解得$a=\dfrac{1}{2}$，故$\lim\limits_{n\to\infty}x_n=\dfrac{1}{2}$.

65.（1）**证法一**　推理法.

设$f(x)=\ln(1+x)$，$x\in\left[0,\dfrac{1}{n}\right]$，显然$f(x)$在$\left[0,\dfrac{1}{n}\right]$上满足拉格朗日的条件，

$$f\left(\dfrac{1}{n}\right)-f(0)=\ln\left(1+\dfrac{1}{n}\right)-\ln1=\ln\left(1+\dfrac{1}{n}\right)=\dfrac{1}{1+\xi}\cdot\dfrac{1}{n},\xi\in\left(0,\dfrac{1}{n}\right).$$

所以$\xi\in\left(0,\dfrac{1}{n}\right)$时，

$$\dfrac{1}{1+\dfrac{1}{n}}\cdot\dfrac{1}{n}<\dfrac{1}{1+\xi}\cdot\dfrac{1}{n}<\dfrac{1}{1+0}\cdot\dfrac{1}{n},\text{即}\dfrac{1}{n+1}<\dfrac{1}{1+\xi}\cdot\dfrac{1}{n}<\dfrac{1}{n},$$

亦即$\dfrac{1}{n+1}<\ln\left(1+\dfrac{1}{n}\right)<\dfrac{1}{n}$. 结论得证.

证法二　反推法.

利用微分中值定理. 将要证的不等式改写成$\dfrac{1}{1+\dfrac{1}{n}}<\dfrac{\ln\left(1+\dfrac{1}{n}\right)-\ln1}{\dfrac{1}{n}}<1.$

现对 $f(x) = \ln x$ 在 $\left[1, 1 + \dfrac{1}{n}\right]$ 上用拉格朗日中值定理,得

$$\frac{f(1 + \frac{1}{n}) - f(1)}{\frac{1}{n}} = \frac{\ln\left(1 + \frac{1}{n}\right) - \ln 1}{\frac{1}{n}} = \frac{\ln\left(1 + \frac{1}{n}\right)}{\frac{1}{n}} = f'(\xi) = \frac{1}{\xi}, \xi \in \left(1, 1 + \frac{1}{n}\right),$$

于是 $\dfrac{1}{1 + \frac{1}{n}} < \dfrac{\ln\left(1 + \frac{1}{n}\right)}{\frac{1}{n}} = \dfrac{1}{\xi} < 1$,即 $\dfrac{1}{n+1} < \ln\left(1 + \dfrac{1}{n}\right) < \dfrac{1}{n}$.

证法三 转化为证明函数不等式,用单调性.

令 $f(x) = x - \ln(1+x), x \geqslant 0$,则 $f'(x) = 1 - \dfrac{1}{1+x} > 0\,(x > 0)$,$f'(0) = 0$,所以 $f(x)$ 在 $[0, +\infty)$

上单调递增,则 $f(x) > f(0) = 0\,(x > 0)$.

因此,$f(\dfrac{1}{n}) > 0$,即 $\ln\left(1 + \dfrac{1}{n}\right) < \dfrac{1}{n}$(任意的正整数 n).

令 $g(x) = \ln(1 + \dfrac{1}{x}) - \dfrac{1}{x+1} = \ln(x+1) - \ln x - \dfrac{1}{x+1}\,(x > 0)$.

则 $g'(x) = \dfrac{1}{x+1} - \dfrac{1}{x} + \dfrac{1}{(x+1)^2} = \dfrac{-1}{x(x+1)^2} < 0\,(x > 0)$,所以 $g(x)$ 在 $(0, +\infty)$ 上单调递减,又因

为 $\lim\limits_{x \to +\infty} g(x) = 0$,则 $g(x) > 0\,(x > 0)$. 因此,$g(n) > 0$,即 $\ln\left(1 + \dfrac{1}{n}\right) > \dfrac{1}{n+1}$(任意的正整数 n).

综上所述,$\dfrac{1}{n+1} < \ln\left(1 + \dfrac{1}{n}\right) < \dfrac{1}{n}$.

(2) **证** 设 $a_n = 1 + \dfrac{1}{2} + \dfrac{1}{3} + \cdots + \dfrac{1}{n} - \ln n = \sum\limits_{k=1}^{n} \dfrac{1}{k} - \ln n$.

先证数列 $\{a_n\}$ 单调递减.

$a_{n+1} - a_n = \left[\sum\limits_{k=1}^{n+1} \dfrac{1}{k} - \ln(n+1)\right] - \left[\sum\limits_{k=1}^{n} \dfrac{1}{k} - \ln n\right] = \dfrac{1}{n+1} + \ln\left(\dfrac{n}{n+1}\right) = \dfrac{1}{n+1} - \ln\left(1 + \dfrac{1}{n}\right)$.

利用(1)的结论可以得到 $\dfrac{1}{n+1} < \ln(1 + \dfrac{1}{n})$,所以 $\dfrac{1}{n+1} - \ln\left(1 + \dfrac{1}{n}\right) < 0$,得到 $a_{n+1} < a_n$,即数列

$\{a_n\}$ 单调递减.

再证数列 $\{a_n\}$ 有下界.

$$a_n = \sum\limits_{k=1}^{n} \dfrac{1}{k} - \ln n > \sum\limits_{k=1}^{n} \ln\left(1 + \dfrac{1}{k}\right) - \ln n,$$

$$\sum\limits_{k=1}^{n} \ln\left(1 + \dfrac{1}{k}\right) = \ln \prod\limits_{k=1}^{n} \left(\dfrac{k+1}{k}\right) = \ln\left(\dfrac{2}{1} \cdot \dfrac{3}{2} \cdot \dfrac{4}{3} \cdots \dfrac{n+1}{n}\right) = \ln(n+1),$$

$$a_n = \sum\limits_{k=1}^{n} \dfrac{1}{k} - \ln n > \sum\limits_{k=1}^{n} \ln\left(1 + \dfrac{1}{k}\right) - \ln n = \ln(n+1) - \ln n > 0.$$

所以数列 $\{a_n\}$ 有下界. 利用单调有界定理知:单调递减数列且有下界得到 $\{a_n\}$ 收敛.

66. 解 设人从离杆脚 $50 + a$ s 处开始向杆前进. 经过 t s 时,人离杆为 $x(t)$ s,与其杆顶之距离为

$s(t)$ m. 则

$$x(t) = 50 + a - 3t, \quad s(t) = \sqrt{100^2 + [x(t)]^2} = \sqrt{100^2 + [50 + a - 3t]^2},$$

$$s'(t) = \dfrac{1}{2}\left[100^2 + (50 + a - 3t)^2\right]^{-\frac{1}{2}} \cdot 2(50 + a - 3t) \cdot (-3) = \dfrac{-3(50 + a - 3t)}{\sqrt{100^2 + (50 + a - 3t)^2}}.$$

当 $x(t) = 50$ 时,即 $50 + a - 3t = 50$,有 $3t = a$,故 $t = \dfrac{a}{3}$. 也就是说当人前进 $t = \dfrac{a}{3}$ s 时,离杆脚距离

为 50m. 所以 $s'\left(\dfrac{a}{3}\right) = \dfrac{-3\left(50+a-3\cdot\dfrac{a}{3}\right)}{\sqrt{100^2+\left(50+a-3\cdot\dfrac{a}{3}\right)^2}} = \dfrac{-3\times50}{\sqrt{100^2+50^2}} = \dfrac{-3}{\sqrt{5}}$ (m/s) 为所求之改变率.

67. 解 设梯子下端离开墙脚的距离为 x，则滑动 t s 时的位移为 $x = x(t) = 3t$.

上端下滑之距离为 $y(t)$，则 $y(t) = 5 - \sqrt{5^2 - x^2(t)}$，其下滑速率为

$$y'(t) = -\frac{1}{2\sqrt{5^2 - x^2(t)}}(-2x\cdot x'(t)) = \frac{x(t)\cdot x'(t)}{\sqrt{5^2 - x^2(t)}} = \frac{3x(t)}{\sqrt{5^2 - x^2(t)}}.$$

(1) 当 $x(t) = 1.4$m 时，$y'(t)\Big|_{x(t)=1.4} = \dfrac{3\times1.4}{\sqrt{5^2 - 1.4^2}} = 0.875$ (m/s).

(2) 因为上端下滑速率 $y'(t)$ 等于下端滑动速率，故

$$y'(t) = \frac{3x(t)}{\sqrt{5^2 - x^2(t)}} = 3,\ 即\ x^2(t) = 25 - x^2(t).$$

所以 $2x^2(t) = 25$，即 $x(t) = \dfrac{5}{\sqrt{2}}$m. 所以，当下端离墙脚为 $\dfrac{5}{\sqrt{2}}$m 时，上、下端移动的速度相同.

(3) 因为 $y'(t) = 4$m/s，所以 $\dfrac{3x(t)}{\sqrt{5^2 - x^2(t)}} = 4.$ 即 $9x^2(t) = 16[25 - x^2(t)] \Rightarrow 25x^2(t) = 16\times25$，即 $x^2(t)$ $= 16$. 所以 $x(t) = 4$m. 当下端离墙脚 4m 时，$y'(t) = 4$m/s.

68. 解 假设人在桥上的点 A 开始走过桥. 船在人底下的 B 点开始划行，它们行进的方向是相互垂直的. 当经过 t h 时，人走到 C 点，C 下方的点设为 E 点. 人走过之距离为 $y = y(t)$，船划过之距离为 $x = x(t)$，按题设条件，$y'(t) = 4$km/h，$x'(t) = 8$km/h. 设人与船相离的距离为 $s = s(t)$，即 $y(t) = |AC|$，$x(t) = |BD|$，$s(t) = |CD|$，所以

$$s(t) = |CD| = \sqrt{|CE|^2 + |DE|^2} = \sqrt{|CE|^2 + |BE|^2 + |BD|^2}.$$

由于 $|BE| = |AC|$，$|AB| = |CE| = 200$m $= 0.2$km，故 $s(t) = \sqrt{0.2^2 + y^2(t) + x^2(t)}$，人与船相离的速率为

$$s'(t) = \frac{1}{2\sqrt{0.2^2 + y^2(t) + x^2(t)}}[2y(t)\cdot y'(t) + 2x(t)\cdot x'(t)] = \frac{4y(t) + 8x(t)}{\sqrt{0.2^2 + y^2(t) + x^2(t)}},$$

其中 $y(t) = 4t$，$x(t) = 8t$. 当 $t = 3$min 时，即 $t = \dfrac{3}{60} = \dfrac{1}{20}$h.

$$x\left(\frac{1}{20}\right) = 8\cdot\left(\frac{1}{20}\right) = \frac{2}{5},\quad y\left(\frac{1}{20}\right) = 4\cdot\left(\frac{1}{20}\right) = \frac{1}{5},$$

则 $s'\left(\dfrac{1}{20}\right) = \dfrac{4y\left(\dfrac{1}{20}\right) + 8x\left(\dfrac{1}{20}\right)}{\sqrt{0.2^2 + x^2\left(\dfrac{1}{20}\right) + y^2\left(\dfrac{1}{20}\right)}} = \dfrac{4\times\dfrac{1}{5} + 8\times\dfrac{2}{5}}{\sqrt{0.2^2 + \left(\dfrac{2}{5}\right)^2 + \left(\dfrac{1}{5}\right)^2}}$

$$= \frac{20}{\sqrt{6}} = 10\sqrt{\frac{2}{3}} \approx 8.16\text{(km/h)}.$$

第 3 章

一、填空题

1. 先求出 $f'(x)$ 的表达式，再积分即可.

解法一 令 $e^x = t$，则 $x = \ln t$，$e^{-x} = \dfrac{1}{t}$，于是有

$$f'(t) = \frac{\ln t}{t},\ 即\ f'(x) = \frac{\ln x}{x}.$$

两边积分，得 $f(x) = \displaystyle\int\frac{\ln x}{x}dx = \int\ln x\,d\ln x = \frac{1}{2}(\ln x)^2 + C.$

利用初始条件 $f(1) = 0$,代入上式,得 $f(1) = \frac{1}{2}(\ln 1)^2 + C = C = 0$,即 $C = 0$,故所求函数为 $f(x) = \frac{1}{2}(\ln x)^2$.

解法二 由 $x = \ln e^x$,所以 $f'(e^x) = xe^{-x} = \ln e^x \cdot e^{-x} = \frac{\ln e^x}{e^x}$,所以 $f'(x) = \frac{\ln x}{x}$.

两边积分,得 $f(x) = \int \frac{\ln x}{x} dx = \int \ln x \, d\ln x = \frac{1}{2}(\ln x)^2 + C$.

利用初始条件 $f(1) = 0$,代入上式,得 $f(1) = \frac{1}{2}(\ln 1)^2 + C = C = 0$,即 $C = 0$,故所求函数为 $f(x) = \frac{1}{2}(\ln x)^2$.

所以本题应填 $\frac{1}{2}(\ln x)^2$.

2. 解 利用倒代换,令 $x = \frac{1}{t}$,$dx = -\frac{1}{t^2} dt$,则

$$\int_1^2 \frac{1}{x^3} e^{\frac{1}{x}} dx \xlongequal{\frac{1}{x}=t} \int_1^{\frac{1}{2}} t^3 e^t \left(-\frac{1}{t^2}\right) dt = \int_{\frac{1}{2}}^1 t e^t dt = \int_{\frac{1}{2}}^1 t \, de^t = (t e^t)\Big|_{\frac{1}{2}}^1 - \int_{\frac{1}{2}}^1 e^t dt = e - \frac{1}{2} e^{\frac{1}{2}} - e^t \Big|_{\frac{1}{2}}^1 = \frac{\sqrt{e}}{2}.$$

3. 解法一 作积分变换,令 $x - 1 = t$,则

$$\int_{\frac{1}{2}}^2 f(x-1) dx = \int_{-\frac{1}{2}}^1 f(t) dt = \int_{-\frac{1}{2}}^{\frac{1}{2}} f(t) dt + \int_{\frac{1}{2}}^1 (-1) dt$$

$$= \int_{-\frac{1}{2}}^{\frac{1}{2}} x e^{x^2} dx + \int_{\frac{1}{2}}^1 (-1) dx = 0 - \frac{1}{2} = -\frac{1}{2}.$$

解法二 先写出 $f(x-1)$ 表达式

$$f(x-1) = \begin{cases} (x-1) e^{(x-1)^2}, & -\frac{1}{2} \leqslant x-1 < \frac{1}{2}, \\ -1, & x-1 \geqslant \frac{1}{2}, \end{cases}$$

$$\Leftrightarrow f(x-1) = \begin{cases} (x-1) e^{(x-1)^2}, & \frac{1}{2} \leqslant x < \frac{3}{2}, \\ -1, & x \geqslant \frac{3}{2}, \end{cases}$$

故 $\int_{\frac{1}{2}}^2 f(x-1) dx = \int_{\frac{1}{2}}^{\frac{3}{2}} (x-1) e^{(x-1)^2} dx + \int_{\frac{3}{2}}^2 (-1) dx$

$$= \frac{1}{2} \int_{\frac{1}{2}}^{\frac{3}{2}} e^{(x-1)^2} d(x-1)^2 - \left(2 - \frac{3}{2}\right) = \frac{1}{2} e^{(x-1)^2} \Big|_{\frac{1}{2}}^{\frac{3}{2}} - \frac{1}{2}$$

$$= \frac{1}{2}(e^{\frac{1}{4}} - e^{\frac{1}{4}}) - \frac{1}{2} = 0 - \frac{1}{2} = -\frac{1}{2}.$$

所以本题应填 $-\frac{1}{2}$.

4. 解法一 作积分变量变换,令 $x = \sec t$,则
$$x^2 - 1 = \sec^2 t - 1 = \tan^2 t, \quad dx = d\sec t = \sec t \tan t \, dt.$$

当 $x = 1$ 时,$t = 0$;当 $x \to +\infty$ 时,$t \to \frac{\pi}{2}$. 因此

$$\int_1^{+\infty} \frac{dx}{x \sqrt{x^2-1}} = \int_0^{\frac{\pi}{2}} \frac{\sec t \cdot \tan t}{\sec t \cdot \tan t} dt = \int_0^{\frac{\pi}{2}} dt = \frac{\pi}{2}.$$

解法二 令 $x = \frac{1}{t}$,则 $dx = d\frac{1}{t} = -\frac{1}{t^2} dt$.

当 $x=1$ 时，$t=1$；当 $x\to+\infty$ 时，$t\to0$. 因此

$$\int_1^{+\infty}\frac{\mathrm{d}x}{x\sqrt{x^2-1}}=\int_1^0\frac{t}{\sqrt{\frac{1}{t^2}-1}}(-\frac{1}{t^2})\mathrm{d}t=\int_0^1\frac{1}{\sqrt{1-t^2}}\mathrm{d}t=\arcsin t\Big|_0^1=\frac{\pi}{2}.$$

所以本题要填 $\frac{\pi}{2}$.

5. 解 $f\left(x+\frac{1}{x}\right)=\dfrac{\frac{1}{x}+x}{\frac{1}{x^2}+x^2}=\dfrac{\frac{1}{x}+x}{\left(\frac{1}{x}+x\right)^2-2}$，令 $t=\dfrac{1}{x}+x$，得 $f(t)=\dfrac{t}{t^2-2}$，所以

$$\int_2^{2\sqrt{2}}f(x)\mathrm{d}x=\int_2^{2\sqrt{2}}\frac{x}{x^2-2}\mathrm{d}x=\frac{1}{2}\ln|x^2-2|\;\Big|_2^{2\sqrt{2}}=\frac{1}{2}(\ln6-\ln2)=\frac{1}{2}\ln3.$$

6. 解 令 $x=\sin t\;(0<t<\frac{\pi}{2})$，则

$$\int_0^1\frac{x\mathrm{d}x}{(2-x^2)\sqrt{1-x^2}}=\int_0^{\frac{\pi}{2}}\frac{\sin t\cos t}{(2-\sin^2 t)\cos t}\mathrm{d}t$$

$$=-\int_0^{\frac{\pi}{2}}\frac{\mathrm{d}\cos t}{1+\cos^2 t}=-\arctan(\cos t)\;\Big|_0^{\frac{\pi}{2}}=\frac{\pi}{4}.$$

7. 解法一 选取 x 为参数，则弧微元 $\mathrm{d}s=\sqrt{1+(y')^2}\mathrm{d}x=\sqrt{1+\tan^2 x}\mathrm{d}x=\sec x\mathrm{d}x$，所以

$$s=\int_0^{\frac{\pi}{4}}\sec x\mathrm{d}x=\ln|\sec x+\tan x|\;\Big|_0^{\frac{\pi}{4}}=\ln(1+\sqrt{2}).$$

解法二

$$s=\int_0^{\frac{\pi}{4}}\sqrt{1+(y')^2}\mathrm{d}x=\int_0^{\frac{\pi}{4}}\sqrt{1+\tan^2 x}\mathrm{d}x=\int_0^{\frac{\pi}{4}}\frac{1}{\cos x}\mathrm{d}x=\int_0^{\frac{\pi}{4}}\frac{1}{1-\sin^2 x}\mathrm{d}(\sin x)$$

$$=\frac{1}{2}\int_0^{\frac{\pi}{4}}(\frac{1}{1+\sin x}+\frac{1}{1-\sin x})\mathrm{d}(\sin x)=\frac{1}{2}\ln\frac{1+\sin x}{1-\sin x}\;\Big|_0^{\frac{\pi}{4}}=\frac{1}{2}\ln\frac{1+\frac{\sqrt{2}}{2}}{1-\frac{\sqrt{2}}{2}}=\ln(1+\sqrt{2}).$$

8. 解 $\displaystyle\int_{-\infty}^{+\infty}\mathrm{e}^{k|x|}\mathrm{d}x=2\int_0^{+\infty}\mathrm{e}^{kx}\mathrm{d}x=2\lim_{b\to+\infty}\int_0^b\mathrm{e}^{kx}\mathrm{d}x=2\lim_{b\to+\infty}\frac{1}{k}\mathrm{e}^{kx}\;\Big|_0^b=2\lim_{b\to+\infty}\frac{1}{k}\mathrm{e}^{kb}-\frac{2}{k}=1,$
因为极限存在，所以 $k<0$. 因此

$$2\lim_{b\to+\infty}\frac{1}{k}\mathrm{e}^{kb}-\frac{2}{k}=-\frac{2}{k}=1.\ \text{即}\ k=-2.$$

9. 解 令 $I_n=\displaystyle\int_0^1\mathrm{e}^{-x}\sin nx\mathrm{d}x$，则

$$I_n=\int_0^1\mathrm{e}^{-x}\sin nx\mathrm{d}x=-\int_0^1\sin nx\mathrm{d}(\mathrm{e}^{-x})=(-\mathrm{e}^{-x}\sin nx)\;\Big|_0^1+n\int_0^1\mathrm{e}^{-x}\cos nx\mathrm{d}x$$

$$=-\mathrm{e}^{-1}\sin n-n\mathrm{e}^{-x}\cos nx\;\Big|_0^1-n^2\int_0^1\mathrm{e}^{-x}\sin nx\mathrm{d}x$$

$$=-\mathrm{e}^{-1}\sin n-n\mathrm{e}^{-1}\cos n+n-n^2 I_n,$$

所以

$$I_n=\frac{-\mathrm{e}^{-1}\sin n-n\mathrm{e}^{-1}\cos n+n}{n^2+1}.$$

$$\lim_{n\to\infty}\int_0^1\mathrm{e}^{-x}\sin nx\mathrm{d}x=\lim_{n\to\infty}\frac{-\mathrm{e}^{-1}\sin n-n\mathrm{e}^{-1}\cos n+n}{n^2+1}$$

$$=\lim_{n\to\infty}\left(-\frac{\sin n+n\cos n}{n^2+1}\mathrm{e}^{-1}+\frac{n}{n^2+1}\right)=0.$$

10. 解 极坐标下平面图形的面积公式为 $S=\dfrac{1}{2}\displaystyle\int_\alpha^\beta\rho^2(\theta)\mathrm{d}\theta$，则

$$S = \frac{1}{2}\int_0^{2\pi}\rho^2(\theta)\,\mathrm{d}\theta = \frac{1}{2}\int_0^{2\pi}\mathrm{e}^{2a\theta}\,\mathrm{d}\theta = \frac{1}{4a}\mathrm{e}^{2a\theta}\Big|_0^{2\pi} = \frac{1}{4a}(\mathrm{e}^{4\pi a}-1).$$

11. 解　令 $x-t=u$, 则原式 $= \dfrac{\mathrm{d}}{\mathrm{d}x}\displaystyle\int_0^x \sin u^2\,\mathrm{d}u = \sin x^2$.

12. 解　路程 $= \displaystyle\int_{\sqrt{\frac{\pi}{2}}}^{\sqrt{\pi}} t\sin(t^2)\,\mathrm{d}t = -\frac{1}{2}\cos(t^2)\Big|_{\sqrt{\frac{\pi}{2}}}^{\sqrt{\pi}} = \frac{1}{2}$.

二、选择题

13. 解　令 $\varphi(x) = \tan x - x$, 有 $\varphi(0)=0$, $\varphi'(x) = \sec^2 x - 1 > 0$, $x\in(0,\frac{\pi}{4}]$, 所以当 $x\in(0,\frac{\pi}{4}]$

时, $\varphi(x)>0$, 即 $\tan x > x > 0$, 所以 $\dfrac{\tan x}{x} > 1$, $\dfrac{x}{\tan x} < 1$. 由定积分的不等式性质知,

$$I_1 = \int_0^{\frac{\pi}{4}} \frac{\tan x}{x}\,\mathrm{d}x > \int_0^{\frac{\pi}{4}} 1\,\mathrm{d}x = \frac{\pi}{4} > \int_0^{\frac{\pi}{4}} \frac{x}{\tan x}\,\mathrm{d}x = I_2,$$

由此排除选项(C)和(D).

设 $f(x) = \dfrac{\tan x}{x}$, $x\in(0,\frac{\pi}{4}]$, 则

$$f'(x) = \frac{x\sec^2 x - \tan x}{x^2} = \frac{x - \sin x\cos x}{x^2\cos^2 x} > 0,$$

即 $f(x)$ 在 $(0,\frac{\pi}{4}]$ 单调增加, 则 $\dfrac{\tan x}{x} < \dfrac{\tan\frac{\pi}{4}}{\frac{\pi}{4}} = \dfrac{4}{\pi}$, 有

$$I_1 = \int_0^{\frac{\pi}{4}} \frac{\tan x}{x}\,\mathrm{d}x < \int_0^{\frac{\pi}{4}} \frac{4}{\pi}\,\mathrm{d}x = 1.$$

即选项(B)正确.

14. 解　因为 $I_1 = \displaystyle\int_0^{\pi}\mathrm{e}^{x^2}\sin x\,\mathrm{d}x$, $I_2 = \displaystyle\int_0^{2\pi}\mathrm{e}^{x^2}\sin x\,\mathrm{d}x$, $I_3 = \displaystyle\int_0^{3\pi}\mathrm{e}^{x^2}\sin x\,\mathrm{d}x$, 所以, $I_2 - I_1 = \displaystyle\int_{\pi}^{2\pi}\mathrm{e}^{x^2}\sin x\,\mathrm{d}x$.

由于 $x\in(\pi,2\pi)$, $\mathrm{e}^{x^2}>0$, $\sin x < 0$, 故 $\mathrm{e}^{x^2}\sin x < 0$, 从而 $I_2 - I_1 < 0$, 即 $I_1 > I_2$.

而 $I_3 - I_2 = \displaystyle\int_{2\pi}^{3\pi}\mathrm{e}^{x^2}\sin x\,\mathrm{d}x > 0$, 故 $I_3 > I_2$.

再比较 I_3, I_1, 有

$$I_3 - I_1 = \int_{\pi}^{3\pi}\mathrm{e}^{x^2}\sin x\,\mathrm{d}x = \int_{\pi}^{2\pi}\mathrm{e}^{x^2}\sin x\,\mathrm{d}x + \int_{2\pi}^{3\pi}\mathrm{e}^{x^2}\sin x\,\mathrm{d}x.$$

在 $\displaystyle\int_{2\pi}^{3\pi}\mathrm{e}^{x^2}\sin x\,\mathrm{d}x$ 中, 令 $x-\pi=t$, 则

$$\int_{2\pi}^{3\pi}\mathrm{e}^{x^2}\sin x\,\mathrm{d}x = -\int_{\pi}^{2\pi}\mathrm{e}^{(t+\pi)^2}\sin t\,\mathrm{d}t = -\int_{\pi}^{2\pi}\mathrm{e}^{(x+\pi)^2}\sin x\,\mathrm{d}x.$$

$$\begin{aligned}
I_3 - I_1 &= \int_{\pi}^{3\pi}\mathrm{e}^{x^2}\sin x\,\mathrm{d}x = \int_{\pi}^{2\pi}\mathrm{e}^{x^2}\sin x\,\mathrm{d}x + \int_{2\pi}^{3\pi}\mathrm{e}^{x^2}\sin x\,\mathrm{d}x \\
&= \int_{\pi}^{2\pi}\mathrm{e}^{x^2}\sin x\,\mathrm{d}x - \int_{\pi}^{2\pi}\mathrm{e}^{(x+\pi)^2}\sin x\,\mathrm{d}x \\
&= \int_{\pi}^{2\pi}\left[\mathrm{e}^{x^2} - \mathrm{e}^{(x+\pi)^2}\right]\sin x\,\mathrm{d}x > 0.
\end{aligned}$$

所以 $I_3 > I_1$, 综上, $I_3 > I_1 > I_2$, 故答案选(D).

15. 解法一　利用已知结论迅速找到答案.

偶函数的导数一定是奇函数;奇函数的导数一定是偶函数.

偶函数的原函数不一定是奇函数;但奇函数的原函数一定是偶函数.

周期函数的导数还是周期函数,但周期函数积分以后未必还是周期函数.

原函数与导数的单调性只有符号上的关系,没有必然的关系.

所以（A）为正确选项.

解法二 特例排除法.

令 $f(x)=1$，则取 $F(x)=x+1$，排除（B）、（C）；令 $f(x)=x$，则取 $F(x)=\dfrac{1}{2}x^2$，排除（D）. 所以（A）为正确选项.

16. 解
$$\lim_{n\to\infty}\ln\sqrt[n]{(1+\frac{1}{n})^2(1+\frac{2}{n})^2\cdots(1+\frac{n}{n})^2}=\lim_{n\to\infty}\ln\left[(1+\frac{1}{n})(1+\frac{2}{n})\cdots(1+\frac{n}{n})\right]^{\frac{2}{n}}$$
$$=\lim_{n\to\infty}\frac{2}{n}\left[\ln(1+\frac{1}{n})+\ln(1+\frac{2}{n})+\cdots+(1+\frac{n}{n})\right]=\lim_{n\to\infty}\frac{2}{n}\sum_{i=1}^{n}\ln(1+\frac{i}{n})$$
$$=2\int_0^1\ln(1+x)\mathrm{d}x\xrightarrow{1+x=t}2\int_1^2\ln t\,\mathrm{d}t=2\int_1^2\ln x\,\mathrm{d}x.$$

故选（B）.

17. 解 经验证，只有选项（D）符合偶函数的定义，令 $F(x)=\displaystyle\int_0^x t[f(t)+f(-t)]\mathrm{d}t$，则
$$F(-x)=\int_0^{-x}t[f(t)+f(-t)]\mathrm{d}t\xrightarrow{t=-u}\int_0^x(-u)[f(-u)+f(u)](-\mathrm{d}u)$$
$$=\int_0^x u[f(u)+f(-u)]\mathrm{d}u=F(x).$$

事实上，注意到积分区间，本题实际在问哪个积分的被积函数是奇函数，只有（D）选项正确.

18. 解 由 $f(x)=\begin{cases}\mathrm{e}^x,&x\leqslant 0,\\ x,&x>0,\end{cases}$ $F(x)=\displaystyle\int_{-1}^x f(t)\mathrm{d}t$，则
$$F(x)=\begin{cases}\displaystyle\int_{-1}^x\mathrm{e}^t\mathrm{d}t=\mathrm{e}^x-\mathrm{e}^{-1},x\leqslant 0,\\ \displaystyle\int_{-1}^x\mathrm{e}^t\mathrm{d}t=1-\mathrm{e}^{-1}+\frac{1}{2}x^2,x>0,\end{cases}\quad\text{即 }F(x)=\begin{cases}\mathrm{e}^x-\mathrm{e}^{-1},x\leqslant 0,\\ 1-\mathrm{e}^{-1}+\frac{1}{2}x^2,x>0.\end{cases}$$

因为 $\displaystyle\lim_{x\to 0^+}F(x)=\lim_{x\to 0^+}(1-\mathrm{e}^{-1}+\frac{1}{2}x^2)=1-\mathrm{e}^{-1}$，$\displaystyle\lim_{x\to 0^-}F(x)=\lim_{x\to 0^-}(\mathrm{e}^x-\mathrm{e}^{-1})=1-\mathrm{e}^{-1}$，所以 $F(x)$ 在 $x=0$ 处连续.

因为 $F'_+(0)=\displaystyle\lim_{\Delta x\to 0^+}\frac{\frac{1}{2}\Delta x^2}{\Delta x}=0$，$F'_-(0)=\displaystyle\lim_{\Delta x\to 0^-}\frac{\mathrm{e}^{\Delta x}-1}{\Delta x}=1$，$F'_+(0)\neq F'_-(0)$.

所以，$F(x)$ 在 $x=0$ 不可导，所以选（C）.

19. 解 因 $\mathrm{e}^{\sin x}\sin x$ 是以 2π 为周期的周期函数，所以
$$\int_x^{x+2\pi}\mathrm{e}^{\sin t}\sin t\,\mathrm{d}t=\int_0^{2\pi}\mathrm{e}^{\sin t}\sin t\,\mathrm{d}t=\int_0^{2\pi}\mathrm{e}^{\sin t}\cos^2 t\,\mathrm{d}t.$$

又 $\mathrm{e}^{\sin x}\cos^2 x\geqslant 0$，故应选（A）.

20. 解 引力分布区间 $[-1,0]$，取 $[x,x+\mathrm{d}x]\subset[0,1]$，$|\mathrm{d}\boldsymbol{F}|=\dfrac{km u\,\mathrm{d}x}{(a-x)^2}$，$|\boldsymbol{F}|=\displaystyle\int_{-1}^0\frac{km u\,\mathrm{d}x}{(a-x)^2}$，选（A）.

21. 解 $f'(x)=[\ln(2+x^2)]\cdot 2x$，$f'(0)=0$，即 $x=0$ 是 $f'(x)$ 的一个零点.

又 $f''(x)=2\ln(2+x^2)+\dfrac{4x^2}{2+x^2}>0$，从而 $f'(x)$ 单调增加，$x\in(-\infty,+\infty)$，所以 $f'(x)$ 只有一个零点，故选项（B）正确.

22. 解 双纽线方程的极坐标形式为 $r^2=\cos 2\theta$. 因为曲线围成的区域具有对称性，所以
$$S=4\int_0^{\frac{\pi}{4}}\frac{1}{2}r^2(\theta)\mathrm{d}\theta=2\int_0^{\frac{\pi}{4}}\cos 2\theta\,\mathrm{d}\theta.$$

选（A）.

23. 解 因为 $f(x)$ 为连续的奇函数，即 $f(-x)=-f(x)$，则其原函数 $F(x)=\displaystyle\int_0^x f(t)\mathrm{d}t$ 为偶函数，其中 $F(-x)=\displaystyle\int_0^{-x}f(t)\mathrm{d}t\xrightarrow{t=-u}\int_0^x f(-u)\mathrm{d}(-u)=\int_0^x f(u)\mathrm{d}u=F(x)$. 所以 $F(-3)=F(3)$，$F(-2)=F(2)$.

又因为 $F(2) = \int_0^2 f(t)\mathrm{d}t$ 表示半径为 1 的半圆的面积,所以

$$F(2) = \frac{\pi}{2}, F(3) = \int_0^3 f(t)\mathrm{d}t = \int_0^2 f(t)\mathrm{d}t + \int_2^3 f(t)\mathrm{d}t,$$

而 $\int_2^3 f(t)\mathrm{d}t$ 表示半径为 $\frac{1}{2}$ 的半圆面积的相反数,故

$$F(-3) = F(3) = \frac{\pi}{2} + \left(-\frac{\pi}{8}\right) = \frac{3}{8}\pi = \frac{3}{4}F(2).$$

所以选项(C)正确.

24. 解 $\int_0^a xf'(x)\mathrm{d}x = \int_0^a x\mathrm{d}f(x) = xf(x)\Big|_0^a - \int_0^a f(x)\mathrm{d}x = af(a) - \int_0^a f(x)\mathrm{d}x$,其中 $af(a)$ 为矩形 $ABOC$ 面积,$\int_0^a f(x)\mathrm{d}x$ 为曲边梯形 $ABOD$ 的面积,所以 $\int_0^a xf'(x)\mathrm{d}x$ 为曲边三角形的面积. 选项(C)正确.

三、解答题

25. 解 此题考查学生如何灵活地计算积分. 万能变换 $\tan\frac{x}{2} = t$ 当然可以用,但随之而来的是大量的计算,所以只有在不得已的时候才用它. 我们现在介绍一种简捷的方法.

$$\int \frac{\sin x}{1 - \sin x}\mathrm{d}x = \int \frac{\sin x \cdot (1 + \sin x)}{(1 - \sin x)(1 + \sin x)}\mathrm{d}x = \int \frac{\sin x + \sin^2 x}{\cos^2 x}\mathrm{d}x$$

$$= \int \frac{-1}{\cos^2 x}\mathrm{d}\cos x + \int \tan^2 x\,\mathrm{d}x = \frac{1}{\cos x} + \int (\sec^2 x - 1)\mathrm{d}x = \frac{1}{\cos x} + \tan x - x + C.$$

26. 解 原式 $= \int \left(\frac{1}{x} + \frac{1}{(x-1)^2}\right)\ln x\,\mathrm{d}x = \int \ln x\,\mathrm{d}\ln x - \int \ln x\,\mathrm{d}\left(\frac{1}{x-1}\right)$

$$= \frac{1}{2}\ln^2 x - \frac{\ln x}{x-1} + \int \frac{1}{x(x-1)}\mathrm{d}x = \frac{1}{2}\ln^2 x - \frac{\ln x}{x-1} + \int \left(\frac{1}{x-1} - \frac{1}{x}\right)\mathrm{d}x$$

$$= \frac{1}{2}\ln^2 x - \frac{\ln x}{x-1} + \ln|x-1| - \ln x + C.$$

27. 解 为去掉被积函数中的根号,可作变量替换 $x = \frac{1}{2}\sec\theta$,则 $\mathrm{d}x = \frac{1}{2}\tan\theta\sec\theta\mathrm{d}\theta$. 于是

$$\int \frac{x-2}{x^2\sqrt{4x^2-1}}\mathrm{d}x = \int (1 - 4\cos\theta)\mathrm{d}\theta = \theta - 4\sin\theta + C.$$

在作变量回代时,可考察如右图中的三角形,于是有 $\theta = \arctan\sqrt{4x^2-1}$,$\sin\theta = \dfrac{\sqrt{4x^2-1}}{2x}$,故原式 $= \arctan\sqrt{4x^2-1} - 2\dfrac{\sqrt{4x^2-1}}{x} + C.$

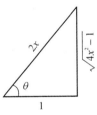

第 27 题图

28. 解 原式 $= \int \dfrac{\sin x}{\sqrt[3]{\ln\cos x} \cdot \cos x}\mathrm{d}x$

$$= -\int (\ln\cos x)^{-\frac{1}{3}}\mathrm{d}\ln\cos$$

$$= -\frac{3}{2}(\ln\cos x)^{\frac{2}{3}} + C.$$

29. 解 原式 $= \int_{-1}^1 (x^2 + 2x|x| + 4|x|^2)\sqrt{1-x^2}\,\mathrm{d}x$

$$= 10\int_0^1 x^2\sqrt{1-x^2}\,\mathrm{d}x$$

$$\xlongequal{令 x = \sin t} 10\int_0^{\frac{\pi}{2}} \sin^2 t\cos^2 t\,\mathrm{d}t = 10\int_0^{\frac{\pi}{2}} \sin^2 x(1 - \sin^2 x)\mathrm{d}x$$

$$= 10\left(\frac{1}{2} \cdot \frac{\pi}{2} - \frac{3}{4} \cdot \frac{1}{2} \cdot \frac{\pi}{2}\right) = \frac{5}{8}\pi.$$

30. 解法一 由于 $\lim\limits_{x \to 1^-} \dfrac{x^2\arcsin x}{\sqrt{1-x^2}} = +\infty$,故 $\int_0^1 \dfrac{x^2\arcsin x}{\sqrt{1-x^2}}\mathrm{d}x$ 是反常积分.

令 $\arcsin x = t$,有 $x = \sin t, t \in [0, \pi/2)$,

$$\int_0^1 \frac{x^2 \arcsin x}{\sqrt{1-x^2}} dx = \int_0^{\frac{\pi}{2}} \frac{t\sin^2 t}{\cos t} \cos t\, dt = \int_0^{\frac{\pi}{2}} t\sin^2 t\, dt = \int_0^{\frac{\pi}{2}} \left(\frac{t}{2} - \frac{t\cos 2t}{2}\right) dt$$

$$= \frac{t^2}{4} \Big|_0^{\frac{\pi}{2}} - \frac{1}{4}\int_0^{\frac{\pi}{2}} t\, d\sin 2t = \frac{\pi^2}{16} - \frac{t\sin 2t}{4} \Big|_0^{\frac{\pi}{2}} + \frac{1}{4}\int_0^{\frac{\pi}{2}} \sin 2t\, dt$$

$$= \frac{\pi^2}{16} - \frac{1}{8}\cos 2t \Big|_0^{\frac{\pi}{2}} = \frac{\pi^2}{16} + \frac{1}{4}.$$

解法二

$$\int_0^1 \frac{x^2 \arcsin x}{\sqrt{1-x^2}} dx = \frac{1}{2}\int_0^1 x^2\, d(\arcsin x)^2$$

$$= \frac{1}{2}x^2(\arcsin x)^2 \Big|_0^1 - \int_0^1 x(\arcsin x)^2 dx = \frac{\pi^2}{8} - \int_0^1 x(\arcsin x)^2 dx.$$

令 $\arcsin x = t$,有 $x = \sin t, t \in [0, \pi/2)$,

$$\int_0^1 x(\arcsin x)^2 dx = \frac{1}{2}\int_0^{\frac{\pi}{2}} t^2 \sin 2t\, dt = -\frac{1}{4}\int_0^{\frac{\pi}{2}} t^2\, d\cos 2t$$

$$= -\frac{1}{4}(t^2 \cos 2t) \Big|_0^{\frac{\pi}{2}} + \frac{1}{2}\int_0^{\frac{\pi}{2}} t\cos 2t\, dt = \frac{\pi^2}{16} + \frac{1}{4}.$$

故 $\displaystyle\int_0^1 \frac{x^2 \arcsin x}{\sqrt{1-x^2}} dx = \frac{\pi^2}{16} + \frac{1}{4}$.

31. 解 原式 $= \displaystyle\int_0^{\frac{\pi}{4}} (\cos x - \sin x) dx + \int_{\frac{\pi}{4}}^{\pi} (\sin x - \cos x) dx = [\sin x + \cos x] \Big|_0^{\frac{\pi}{4}} - [\sin x + \cos x] \Big|_{\frac{\pi}{4}}^{\pi} = 2\sqrt{2}$.

32. 解 作变量替换 $x = \cos t$,便得

$$原式 = \int_{\frac{\pi}{2}}^{\frac{\pi}{3}} \frac{(1+\cos t)\cdot t}{\sin t}(-\sin t) dt = \int_{\frac{\pi}{3}}^{\frac{\pi}{2}} t(1+\cos t) dt$$

$$= \frac{5\pi^2}{72} + \frac{3-\sqrt{3}}{6}\pi - \frac{1}{2}.$$

33. 解 原式 $= \displaystyle\int_0^{2a} x^2 \sqrt{a^2 - (x-a)^2}\, dx$

$$\underline{\underline{令\ x-a = a\sin t}}\ a^4 \int_{-\frac{\pi}{2}}^{\frac{\pi}{2}} (1+\sin t)^2 \cos^2 t\, dt$$

$$= a^4 \int_{-\frac{\pi}{2}}^{\frac{\pi}{2}} (1 + 2\sin t + \sin^2 t)\cos^2 t\, dt$$

$$= 2a^4 \int_0^{\frac{\pi}{2}} (1 + \sin^2 t)\cos^2 t\, dt$$

$$= 2a^4 \int_0^{\frac{\pi}{2}} (2 - \cos^2 t)\cos^2 t\, dt$$

$$= 2a^4 \left(2\cdot\frac{1}{2}\cdot\frac{\pi}{2} - \frac{3}{4}\cdot\frac{1}{2}\cdot\frac{\pi}{2}\right) = \frac{5}{8}\pi a^4.$$

34. 解 注意到积分区间关于原点对称,应充分利用简化定积分计算的公式.

$$\int_{-1}^1 (x+x^2)(1-x^2)^{\frac{3}{2}} dx = \int_{-1}^1 x(1-x^2)^{\frac{3}{2}} dx + \int_{-1}^1 x^2(1-x)^{\frac{3}{2}} dx$$

$$= 0 + 2\int_0^1 x^2(1-x^2)^{\frac{3}{2}} dx \xrightarrow{x=\sin t} 2\int_0^{\frac{\pi}{2}} \sin^2 t\cos^4 t\, dt$$

$$= 2\int_0^{\frac{\pi}{2}} (\cos^4 t - \cos^6 t) dt$$

$$= 2\left(\frac{3}{4}\cdot\frac{1}{2}\cdot\frac{\pi}{2} - \frac{5}{6}\cdot\frac{3}{4}\cdot\frac{1}{2}\cdot\frac{\pi}{2}\right) = \frac{\pi}{16}.$$

35. 解
$$\int_0^1 x f(x)\,\mathrm{d}x = \frac{1}{2}x^2 f(x)\Big|_0^1 - \int_0^1 x^3 \mathrm{e}^{-x^4}\,\mathrm{d}x$$
$$= \frac{1}{4}\mathrm{e}^{-1} - \frac{1}{4}.$$

36. 解 用变量变换法，令 $\sqrt{1+\sqrt{x}} = u$，得 $x = (u^2-1)^2$，$\mathrm{d}x = 4u(u^2-1)\,\mathrm{d}u$. 于是
$$\int_0^4 \frac{1}{\sqrt{1+\sqrt{x}}}\mathrm{d}x = \int_1^{\sqrt3} 4(u^2-1)\,\mathrm{d}u$$
$$= 4\left[\frac{u^3}{3} - u\right]_1^{\sqrt3} = \frac{8}{3}.$$

37. 解法一 用变量替换 $x = \sin^2 t$，便有
$$I = \int_0^{\frac{\pi}{4}} t\cdot 2\sin t\cos t\,\mathrm{d}t = \frac{-1}{2}\int_0^{\frac{\pi}{4}} t\,\mathrm{d}(\cos 2t)$$
$$= -\frac{t}{2}\cos 2t\Big|_0^{\frac{\pi}{4}} + \frac{1}{2}\int_0^{\frac{\pi}{4}}\cos 2t\,\mathrm{d}t = \frac{1}{4}.$$

解法二 先用分部积分，得
$$I = x\arcsin\sqrt{x}\Big|_0^{\frac{1}{2}} - \frac{1}{2}\int_0^{\frac{1}{2}}\sqrt{x}\ \frac{\mathrm{d}x}{\sqrt{1-x}}$$
$$= \frac{\pi}{8} - \frac{1}{2}\int_0^{\frac{1}{2}}\sqrt{\frac{x}{1-x}}\,\mathrm{d}x.$$

再令 $\sqrt{\dfrac{x}{1-x}} = t$，原式便得
$$I = \frac{\pi}{8} - \int_0^1 \frac{t^2}{(1+t^2)^2}\mathrm{d}t = \frac{\pi}{8} + \frac{1}{2}\int_0^1 t\,\mathrm{d}\left(\frac{1}{1+t^2}\right)$$
$$= \frac{\pi}{2} + \frac{1}{2}\left[\frac{t}{1+t^2}\Big|_0^1 - \arctan t\Big|_0^1\right] = \frac{1}{4}.$$

38. 解 为了顺利积分，必须设法去掉被积函数的绝对值，为此必须确定使 ln 为正、为负的 x 的范围. 易知当 $x\in\left[\dfrac{1}{\mathrm{e}}, 1\right]$ 时，$\ln x \leqslant 0$；当 $x\in[1, \mathrm{e}]$ 时，$\ln x\geqslant 0$，故
$$\int_{1/\mathrm{e}}^{\mathrm{e}} |\ln x|\,\mathrm{d}x = \int_{1/\mathrm{e}}^1 -\ln x\,\mathrm{d}x + \int_1^{\mathrm{e}}\ln x\,\mathrm{d}x$$
$$= -\left[x\ln x\Big|_{1/\mathrm{e}}^1 - \int_{1/\mathrm{e}}^1\mathrm{d}x\right] + \left[x\ln x\Big|_1^{\mathrm{e}} - \int_1^{\mathrm{e}}\mathrm{d}x\right] = 2\left(1 - \frac{1}{\mathrm{e}}\right).$$

39. 解 由于 $\dfrac{\sin y}{y}$ 连续，所以 $G(x) = \displaystyle\int_x^{2\pi}\frac{\sin y}{y}\mathrm{d}y = -\int_{2\pi}^x\frac{\sin y}{y}\mathrm{d}y$ 可导，并且 $G'(x) = -\dfrac{\sin x}{x}$. 容易想到可用分部积分法计算此积分. 考虑到 $G(2\pi) = 0$，所以有
$$\int_0^{2\pi}G(x)\,\mathrm{d}x = xG(x)\,\big|_0^{2\pi} - \int_0^{2\pi}x\,\mathrm{d}G(x) = \int_0^{2\pi}x\cdot\frac{\sin x}{x}\mathrm{d}x$$
$$= \int_0^{2\pi}\sin x\,\mathrm{d}x = 0.$$

40. 解 原式 $= -\dfrac{1}{2}\displaystyle\int_1^{+\infty}\arctan x\,\mathrm{d}\left(\frac{1}{x^2}\right) = \frac{\pi}{8} + \frac{1}{2}\int_1^{+\infty}\frac{1}{x^2(1+x^2)}\mathrm{d}x = \frac{1}{2}.$

41. 解 由 $u_n = \left[(1+\dfrac{1}{n})(1+\dfrac{2}{n})\cdots(1+\dfrac{n}{n})\right]^{\frac{1}{n}}$，取 $\ln u_n = \dfrac{1}{n}\displaystyle\sum_{i=1}^n\ln\left(1+\frac{i}{n}\right)$，则
$$\lim_{n\to\infty}\ln u_n = \lim_{n\to\infty}\frac{1}{n}\sum_{i=1}^n\ln\left(1+\frac{i}{n}\right) = \int_0^1\ln(1+x)\,\mathrm{d}x = x\ln(1+x)\Big|_0^1 - \int_0^1\frac{x}{1+x}\mathrm{d}x = 2\ln 2 - 1,$$
所以 $\displaystyle\lim_{n\to\infty}u_n = \mathrm{e}^{2\ln 2 - 1} = \frac{4}{\mathrm{e}}.$

42. 解 方程 $\int_0^{f(x)} f^{-1}(t)\mathrm{d}t = \int_0^x t\dfrac{\cos t - \sin t}{\sin t + \cos t}\mathrm{d}t$ 两边对 x 求导，得

$$f^{-1}[f(x)] \cdot f'(x) = x\frac{\cos x - \sin x}{\sin x + \cos x}, \text{即 } xf'(x) = x\frac{\cos x - \sin x}{\sin x + \cos x}.$$

当 $x \neq 0$ 时，对上式两边同时除以 x 得，$f'(x) = \dfrac{\cos x - \sin x}{\sin x + \cos x}$，所以

$$f(x) = \int \frac{\cos x - \sin x}{\sin x + \cos x}\mathrm{d}x = \int \frac{\mathrm{d}(\sin x + \cos x)}{\sin x + \cos x} = \ln|\sin x + \cos x| + C, x \in \left[0, \frac{\pi}{4}\right].$$

在原积分方程中令 $x = 0$，得 $\int_0^{f(0)} f^{-1}(t)\mathrm{d}t = 0$，因为被积函数 $f^{-1}(t)$ 的值域为 $\left[0, \frac{\pi}{4}\right]$，即 $f^{-1}(t)$ 是单调非负函数，所以积分上限 $f(0) = 0$.

现在对 $f(x) = \ln|\sin x + \cos x| + C$ 两边取极限，$\lim\limits_{x\to 0^+} f(x) = 0 + C = f(0)$，结合 $f(0) = 0$ 得 $C = 0$，所以 $f(x) = \ln|\sin x + \cos x|$，$x \in \left[0, \frac{\pi}{4}\right]$.

43.(1) 证 对任意的 x，由于 f 是连续函数，所以

$$\lim_{\Delta x \to 0} \frac{F(x + \Delta x) - F(x)}{\Delta x} = \lim_{\Delta x \to 0} \frac{\int_0^{x+\Delta x} f(t)\mathrm{d}t - \int_0^x f(t)\mathrm{d}t}{\Delta x}$$

$$= \lim_{\Delta x \to 0} \frac{\int_x^{x+\Delta x} f(t)\mathrm{d}t}{\Delta x} \xlongequal{\text{积分中值定理}} \lim_{\Delta x \to 0}\frac{f(\xi)\Delta x}{\Delta x} = \lim_{\Delta x \to 0} f(\xi),$$

其中 ξ 介于 x 与 $x + \Delta x$ 之间，由于 $\lim\limits_{\Delta x \to 0} f(\xi) = f(x)$，可知函数 $F(x)$ 在 x 处可导，且 $F'(x) = f(x)$.

(2) 证法一 要证明 $G(x)$ 以 2 为周期，即要证明对任意的 x，都有 $G(x+2) = G(x)$.

令 $H(x) = G(x+2) - G(x)$，则

$$H'(x) = \left(2\int_0^{x+2} f(t)\mathrm{d}t - (x+2)\int_0^2 f(t)\mathrm{d}t\right)' - \left(2\int_0^x f(t)\mathrm{d}t - x\int_0^2 f(t)\mathrm{d}t\right)'$$

$$= 2f(x+2) - \int_0^2 f(t)\mathrm{d}t - 2f(x) + \int_0^2 f(t)\mathrm{d}t = 0.$$

又因为 $H(0) = G(2) - G(0) = \left(2\int_0^2 f(t)\mathrm{d}t - 2\int_0^2 f(t)\mathrm{d}t\right) - 0 = 0$，所以 $H(x) = 0$，即 $G(x+2) = G(x)$.

证法二 由于 f 是以 2 为周期的连续函数，所以对任意的 x，有

$$G(x+2) - G(x) = 2\int_0^{x+2} f(t)\mathrm{d}t - (x+2)\int_0^2 f(t)\mathrm{d}t - 2\int_0^x f(t)\mathrm{d}t + x\int_0^2 f(t)\mathrm{d}t$$

$$= 2\left[\int_0^2 f(t)\mathrm{d}t + \int_2^{x+2} f(t)\mathrm{d}t - \int_0^2 f(t)\mathrm{d}t - \int_0^x f(t)\mathrm{d}t\right]$$

$$= 2\left[-\int_0^x f(t)\mathrm{d}t + \int_0^x f(u+2)\mathrm{d}u\right] = 2\int_0^x [f(t+2) - f(t)]\mathrm{d}t = 0,$$

即 $G(x)$ 是以 2 为周期的周期函数.

44. 解 由题意得

$$S_1(x) = \int_0^x \left[e^t - \frac{1}{2}(1 + e^t)\right]\mathrm{d}t = \frac{1}{2}(e^x - x - 1),$$

$$S_2(y) = \int_1^y (\ln t - \phi(t))\mathrm{d}t.$$

又因由 $S_1(x) = S_2(y)$，故得

$$\frac{1}{2}(e^x - x - 1) = \int_1^y (\ln t - \varphi(t))\mathrm{d}t.$$

因为要解关于 y 的方程，所以需要将等式左侧的变量 x 进行替换，注意到 $M(x, y)$ 是 $y = e^x$ 上的点，于是得

$$\frac{1}{2}(y - \ln y - 1) = \int_1^y (\ln t - \varphi(t))\mathrm{d}t.$$

两边对 y 求导,得

$$\frac{1}{2}(1-\frac{1}{y}) = \ln y - \varphi(y).$$

整理,得

$$x = \varphi(y) = \ln y - \frac{y-1}{2y}.$$

45. 解 由题意以及图像,得 $f'(0)=2$,$f'(3)=-2$,$f''(3)=0$.
由分部积分公式,得

$$\int_0^3 (x^2+x)f'''(x)\mathrm{d}x = \int_0^3 (x^2+x)\mathrm{d}f''(x) = (x^2+x)f''(x)\Big|_0^3 - \int_0^3 f''(x)(2x+1)\mathrm{d}x$$

$$= (3^2+3)f''(3) - (0^2+0)f''(0) - \int_0^3 f''(x)(2x+1)\mathrm{d}x$$

$$= -\int_0^3 (2x+1)\mathrm{d}f'(x) = -(2x+1)f'(x)\Big|_0^3 + 2\int_0^3 f'(x)\mathrm{d}x$$

$$= -(2\times3+1)f'(3) + (2\times0+1)f'(0) + 2\int_0^3 f'(x)\mathrm{d}x$$

$$= 16 + 2[f(3)-f(0)] = 20.$$

46. 证 问题(1)是判定 $f(x)$ 是以 π 为周期的周期函数,只需依周期的定义来判定. 问题(2)只需求周期函数 $f(x)$ 在一个周期上的最大值与最小值,即可得 $f(x)$ 的值域.

(1) 要证 $f(x)$ 是以 π 为周期的周期函数,即证 $f(x)=f(x+\pi)$.

因为 $f(x)=\int_x^{x+\frac{\pi}{2}}|\sin t|\mathrm{d}t$,所以 $f(x+\pi)=\int_{(x+\pi)}^{(x+\pi)+\frac{\pi}{2}}|\sin t|\mathrm{d}t = \int_{x+\pi}^{x+\frac{3\pi}{2}}|\sin t|\mathrm{d}t$.

设 $t=u+\pi$,则有

$$f(x+\pi) = \int_x^{x+\frac{\pi}{2}}|\sin(u+\pi)|\mathrm{d}(u+\pi) = \int_x^{x+\frac{\pi}{2}}|\sin u|\mathrm{d}u = f(x),$$

故 $f(x)$ 是以 π 为周期的周期函数.

(2) 因为 $f(x)$ 是以 π 为周期的周期函数,故只需在 $[0,\pi]$ 上讨论其值域. 又因 $f(x)$ 为变限积分确定的函数,则一定连续,从而 $f(x)$ 在 $[0,\pi]$ 上存在最大值与最小值.

$$f'(x) = \left|\sin(x+\frac{\pi}{2})\right| - |\sin x| = |\cos x| - |\sin x|,$$

令 $f'(x)=0$,在区间 $[0,\pi]$ 内求得驻点,$x_1=\frac{\pi}{4}$,$x_2=\frac{3\pi}{4}$,且

$$f(\frac{\pi}{4}) = \int_{\frac{\pi}{4}}^{\frac{3\pi}{4}}|\sin t|\mathrm{d}t = \int_{\frac{\pi}{4}}^{\frac{3\pi}{4}}\sin t\,\mathrm{d}t = \sqrt{2},$$

$$f(\frac{3\pi}{4}) = \int_{\frac{3\pi}{4}}^{\frac{5\pi}{4}}|\sin t|\mathrm{d}t = \int_{\frac{3\pi}{4}}^{\pi}\sin t\,\mathrm{d}t - \int_{\pi}^{\frac{5\pi}{4}}\sin t\,\mathrm{d}t = 2-\sqrt{2}.$$

又 $f(0)=\int_0^{\frac{\pi}{2}}|\sin t|\mathrm{d}t = \int_0^{\frac{\pi}{2}}\sin t\,\mathrm{d}t = 1$,$f(\pi)=\int_{\pi}^{\frac{3\pi}{2}}|\sin t|\mathrm{d}t = \int_{\pi}^{\frac{3\pi}{2}}(-\sin t)\mathrm{d}t = 1$,比较极值点与两个端点处的值,知 $f(x)$ 的最小值是 $2-\sqrt{2}$,最大值是 $\sqrt{2}$,故 $f(x)$ 的值域是 $[2-\sqrt{2},\sqrt{2}]$.

47. 解 设切线 l_2 的切点坐标为 (b,b^2),则

$$切线方程:\begin{cases} l_1:y=2ax-a^2 \\ l_2:y=2bx-b^2 \end{cases},且\ b=-\frac{1}{4a}.$$

(1) 交点坐标为 $\left(\frac{a+b}{2},ab\right)$.

(2) $S = \int_b^{\frac{a+b}{2}}(x^2-2bx+b^2)\mathrm{d}x + \int_{\frac{a+b}{2}}^b (x^2-2ax+a^2)\mathrm{d}x$

$$= \frac{1}{12}\left(a+\frac{1}{4a}\right)^3.$$

令 $S'(a) = \frac{1}{4}\left(a + \frac{1}{4a}\right)^2 \left(1 - \frac{1}{4a^2}\right) = 0$, 则 $a = \frac{1}{2}$.

48. 解　由 $x^2 + (y-2)^2 = 1$, 得 $y = 2 \pm \sqrt{1-x^2}$.

故 $dV = \pi\left[(2 + \sqrt{1-x^2})^2 - (2 - \sqrt{1-x^2})^2\right]dx$

$\qquad = 8\pi \sqrt{1-x^2}\,dx$,

$V = \int_{-1}^{1} 8\pi \sqrt{1-x^2}\,dx = 8\pi \int_{-1}^{1} \sqrt{1-x^2}\,dx$

$\qquad = 8\pi \cdot \frac{1}{2}\pi \cdot 1^2 = 4\pi^2$.

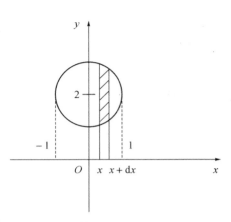

第 48 题图

49. 解　容易计算容器下部轮廓线的方程为 $x^2 = \frac{16}{3}(y + $

$3)$. 液体被抽到剩深 1m 时所做的功等于将容器在 $y = -2$ 到 $y = 0$ 之间一段液体抽至容器口所做之功 W_1, $y = 0$, $y = 2$ 之间这一段液体抽至容器口所做之功 W_2 之和. 而对第一部分液体将 y 到 $y + dy$ 之间这一段抽至容器口所做微功 $dW_1 = (4 - y)\mu\pi \frac{16}{3}(y + 3)dy$, 于是

$$W_1 = \int_{-2}^{0} dW_1 = \frac{928}{9}\mu\pi\,(\text{kg} \cdot \text{m}).$$

同理, 第二部分液体将 y 到 $y + dy$ 之间这一段抽至容器口所做微功 $dW_2 = (4 - y)\mu\pi (4)^2 dy$, 于是

$$W_2 = \int_{0}^{2} dW_2 = 96\mu\pi\,(\text{kg} \cdot \text{m}),$$

所以 $W = W_1 + W_2 = \frac{1792}{9}\mu\pi\,(\text{kg} \cdot \text{m})$.

50. 解　为了获得 $I(x)$ 的表达式, 必须计算所列积分. 为此, 将被积函数按变量 t 分段表出, 这时需把 x 作为常量对待, 于是有

$$I(x) = \int_{-1}^{x} (x - t)e^t\,dt + \int_{x}^{1} (t - x)e^t\,dt$$

$$= x\int_{-1}^{x} e^t\,dt - \int_{-1}^{x} te^t\,dt + \int_{x}^{1} te^t\,dt - x\int_{x}^{1} e^t\,dt.$$

逐个计算上式右端的四个积分, 即可求得 $I(x)$ 之值, 但也可以先计算 $I'(x)$, 再确定 $I(x)$. 因为

$$I'(x) = \int_{-1}^{x} e^t\,dt + xe^x - xe^x - xe^x - \int_{x}^{1} e^t\,dt + xe^x$$

$$= \int_{-1}^{x} e^t\,dt - 2\int_{x}^{1} e^t\,dt = 2e^x - \left(e + \frac{1}{e}\right),$$

$$I''(x) = 2e^x > 0,$$

所以 $I(x)$ 在 $(-1,1)$ 内无最大值, 最大值必为 $\max\{I(-1), I(1)\}$.

下面再确定 $I(x)$. 由于 $I'(x) = 2e^x - \left(e + \frac{1}{e}\right)$, 所以

$$I(x) = 2e^x - \left(e + \frac{1}{e}\right)x + C.$$

为确定 C, 可计算 $I(0)$. 于是, 一方面有 $I(0) = 2 + C$, 另一方面,

$$I(0) = \int_{-1}^{1} |t| e^t\,dt = \int_{-1}^{0} (-t)e^t\,dt + \int_{0}^{1} te^t\,dt$$

$$= \int_{0}^{1} te^{-t}\,dt + \int_{0}^{1} te^t\,dt = \int_{0}^{1} t\,d(e^t - e^{-t})$$

$$= t(e^t - e^{-t})\Big|_{0}^{1} - \int_{0}^{1} (e^t - e^{-t})\,dt = -\frac{2}{e} + 2,$$

由此得 $C = -\dfrac{2}{e}$. 因此, $I(x) = 2e^x - \left(e + \dfrac{1}{e}\right)x - \dfrac{2}{e}$.

又由于 $I(-1) = e + \dfrac{1}{e} > I(1) = \dfrac{e-3}{e}$, 所以 $\max\limits_{[-1,1]} I(x) = \dfrac{e+1}{e}$.

51. 解 (1) 旋转体体积 $V(t) = \pi \displaystyle\int_0^t y^2 \, dx = \pi \displaystyle\int_0^t \left(\dfrac{e^x + e^{-x}}{2}\right)^2 dx$, 旋转体的侧面积

$$S(t) = \int_0^t 2\pi y \sqrt{1 + y'^2} \, dx = 2\pi \int_0^t \left(\dfrac{e^x + e^{-x}}{2}\right) \sqrt{1 + \left(\dfrac{e^x - e^{-x}}{2}\right)^2} \, dx$$
$$= 2\pi \int_0^t \left(\dfrac{e^x + e^{-x}}{2}\right)^2 dx,$$

所以

$$\frac{S(t)}{V(t)} = 2.$$

(2) 在 $x = t$ 处旋转体的底面积为

$$F(t) = \pi y^2 \big|_{x=t} = \pi \left(\dfrac{e^x + e^{-x}}{2}\right)^2 \Big|_{x=t} = \pi \left(\dfrac{e^t + e^{-t}}{2}\right)^2,$$

$$\lim_{t \to +\infty} \frac{S(t)}{F(t)} = \lim_{t \to +\infty} \frac{2\pi \displaystyle\int_0^t \left(\dfrac{e^x + e^{-x}}{2}\right)^2 dx}{\pi \left(\dfrac{e^t + e^{-t}}{2}\right)^2} = \lim_{t \to +\infty} \frac{e^t + e^{-t}}{e^t - e^{-t}} = \lim_{t \to +\infty} \frac{1 + e^{-2t}}{1 - e^{-2t}} = 1.$$

52. 解 由旋转体的体积公式, 得

$$V_1 = \int_0^{\frac{\pi}{2}} \pi f^2(x) \, dx = \int_0^{\frac{\pi}{2}} \pi (A \sin x)^2 \, dx = \pi A^2 \int_0^{\frac{\pi}{2}} \frac{1 - \cos 2x}{2} \, dx = \frac{\pi^2 A^2}{4},$$

$$V_2 = \int_0^{\frac{\pi}{2}} 2\pi x f(x) \, dx = -2\pi A \int_0^{\frac{\pi}{2}} x \, d\cos x = 2\pi A.$$

由题 $V_1 = V_2$, 求得 $A = \dfrac{8}{\pi}$.

53. 解 (1) 为了求 D 的面积, 首先要求出切点的坐标, 设切点的横坐标为 x_0, 则曲线 $y = \ln x$ 在点 $(x_0, \ln x_0)$ 处的切线方程是

$$y = \ln x_0 + \frac{1}{x_0}(x - x_0).$$

由于该切线过原点, 将 $(0,0)$ 点代入切线方程, 得 $\ln x_0 - 1 = 0$, 从而 $x_0 = e$.

所以该切线的方程为

$$y = \frac{1}{e} x,$$

则平面图形 D 的面积为

$$A = \int_0^1 (e^y - ey) \, dy = \frac{1}{2} e - 1.$$

(2) 旋转体体积可用一大立体 (圆锥) 体积减去一小立体体积进行计算, 如图所示.

切线 $y = \dfrac{1}{e} x$ 与 x 轴及直线 $x = e$ 所围成的三角形绕直线 $x = e$ 旋转所得的圆锥体积为 $V_1 = \dfrac{1}{3} \pi e^2$.

由于不是绕坐标轴旋转, 所以旋转体体积的计算采用微元法. 在 y 轴上 $[0,1]$ 区间内任选小区间 $[y, y+dy]$, 则 $[y, y+dy]$ 的旋转体可以近似地看成底面半径为 $e - e^y$, 高为 dy 的圆柱体, 则体积微元为 $\pi (e - e^y)^2 dy$.

所以曲线 $y = \ln x$ 与 x 轴及直线 $x = e$ 所围成的图形绕直线 $x = e$ 旋转所得的旋转体体积为

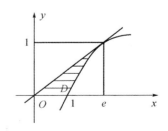

第 53 题图

$$V_2 = \int_0^1 \pi(e - e^y)^2 \, dy = \pi \int_0^1 (e^2 - 2e \cdot e^y + e^{2y}) \, dy = \pi\left(e^2 y - 2e \cdot e^y + \frac{1}{2} e^{2y}\right)\Big|_0^1$$

$$= \pi\left(-\frac{1}{2} e^2 + 2e - \frac{1}{2}\right).$$

因此,所求旋转体的体积为

$$V = V_1 - V_2 = \frac{1}{3}\pi e^2 - \pi\left(-\frac{1}{2} e^2 + 2e - \frac{1}{2}\right) = \frac{\pi}{6}(5e^2 - 12e + 3).$$

54. 解 $(1) V(a) = \int_0^\infty \pi y^2 \, dx = \pi \int_0^\infty x a^{-\frac{x}{a}} \, dx = -\frac{a}{\ln a} \pi \int_0^\infty x \, d(a^{-\frac{x}{a}})$

$$= -\frac{a}{\ln a}\pi\left[x a^{-\frac{x}{a}}\right]\Big|_0^{+\infty} + \frac{a}{\ln a}\pi \int_0^\infty a^{-\frac{x}{a}} \, dx = \pi\left(\frac{a}{\ln a}\right)^2.$$

(2) 因为 $V'(a) = \left[\pi\left(\dfrac{a}{\ln a}\right)^2\right]' = \pi \cdot \dfrac{2a \ln a - 2a}{\ln^3 a} = 2\pi\left(\dfrac{a(\ln a - 1)}{\ln^3 a}\right),$

令 $V'(a) = 0$,得 $\ln a = 1$,从而 $a = e$,则当 $1 < a < e$ 时,$V'(a) < 0$,$V(a)$ 单调减少;当 $a > e$ 时,$V'(a) > 0$,$V(a)$ 单调增加,所以 $a = e$ 时 V 最小,最小体积为 $V_{\min}(a) = \pi e^2$.

55. 解 根据公式,有 $V = \int_0^{2\pi} \pi y^2 \, dx$. 令 $x = a(t - \sin t)$,积分式中的 y 即为 $y = a(1 - \cos t)$,且 $dx = a(1 - \cos t) dt$,所以

$$V = \int_0^{2\pi} \pi a^3 (1 - \cos t)^3 \, dt = \int_0^{2\pi} \pi a^3 \cdot 8 \sin^6 \frac{t}{2} \, dt$$

$$= 32\pi a^3 \int_0^{\frac{\pi}{2}} \sin^6 \theta \, d\theta = 32\pi a^3 \cdot \frac{5}{6} \cdot \frac{3}{4} \cdot \frac{1}{2} \cdot \frac{\pi}{2} = 5\pi^2 a^3.$$

56. 解 旋转体的体积 $V = \pi \int_0^t f^2(x) \, dx$,侧面积 $S = 2\pi \int_0^t f(x) \sqrt{1 + f'^2(x)} \, dx$,由题设条件知

$$\int_0^t f^2(x) \, dx = \int_0^t f(x) \sqrt{1 + f'^2(x)} \, dx.$$

上式两端对 t 求导得 $f^2(t) = f(t) \sqrt{1 + f'^2(t)}$,即 $y' = \sqrt{y^2 - 1}$.

由分离变量后解得 $\ln(y + \sqrt{y^2 - 1}) = t + C_1$,即 $y + \sqrt{y^2 - 1} = Ce^t$.

将 $y(0) = 1$ 代入,知 $C = 1$,故 $y + \sqrt{y^2 - 1} = e^t$,于是所求函数为 $y = f(x) = \dfrac{1}{2}(e^t + e^{-t})$.

57. 证 由积分中值定理,存在 $\eta \in (1, 2)$,使

$$\frac{f(\eta)}{\eta^2} = 4f\left(\frac{1}{2}\right) = \frac{f\left(\frac{1}{2}\right)}{\left(\frac{1}{2}\right)^2}.$$

也就是说,对函数 $\varphi(x) = \dfrac{f(x)}{x^2}$ 而言,在 $\left[\dfrac{1}{2}, 2\right]$ 上至少存在着两个点 $x = \dfrac{1}{2}$ 与 $x = \eta$,使 $\varphi\left(\dfrac{1}{2}\right) = \varphi(\eta)$(其中 $\eta \neq \dfrac{1}{2}$),故由罗尔定理,存在 $\xi \in \left(\dfrac{1}{2}, \eta\right) \subset \left(\dfrac{1}{2}, 2\right)$,使 $\varphi'(\xi) = 0$,即 $\dfrac{\xi f'(\xi) - 2f(\xi)}{\xi^3} = 0$.

由于 $\xi \neq 0$,因此,$\xi f'(\xi) - 2f(\xi) = 0$,即 $\xi f'(\xi) = 2f(\xi)$.

58. 证 由 $\int_0^x f'(x) \, dt = f(x)\Big|_0^x = f(x) - f(0)$,得

$$f(0) = f(x) - \int_0^x f'(t) \, dt,$$

$$|f(0)| = \left|f(x) - \int_0^x f'(t) \, dt\right| \leqslant |f(x)| + \int_0^x |f'(t)| \, dt.$$

两边于 $[0, a]$ 上积分,得

$$af(0) = \int_0^a |f(x)| \, dx + \int_0^a dx \int_0^x |f'(t)| \, dt \leqslant \int_0^a |f(x)| \, dx + \int_0^a dx \int_0^a |f'(t)| \, dt$$

$$= \int_0^a |f(x)| \, \mathrm{d}x + a \int_0^a |f'(x)| \, \mathrm{d}x.$$

上式两边同除以 a,得 $f(0) \leqslant \dfrac{1}{a} \int_0^a |f(x)| \, \mathrm{d}x + \int_0^a |f'(x)| \, \mathrm{d}x.$

59. 证 由 $f(x)$ 仅是单调的,所以不能利用 $\int_0^t f(x) \mathrm{d}x$ 的可微性,但仍可从函数平均值的角度出发去证明. 对 $t \in (0,1)$,由于 $f(x)$ 是单调减少的,所以有 $\dfrac{\int_0^t f(x) \mathrm{d}x}{t} \geqslant f(t)$,$\dfrac{\int_t^1 f(x) \mathrm{d}x}{1-t} \leqslant f(t)$. 于是

$$\int_0^t f(x) \mathrm{d}x \geqslant t f(x) \geqslant \frac{t}{1-t} \int_t^1 f(x) \mathrm{d}x,$$

即

$$(1-t) \int_0^t f(x) \mathrm{d}x \geqslant t \int_t^1 f(x) \mathrm{d}x,$$

从而有 $\int_0^t f(x) \mathrm{d}x \geqslant t \left[\int_0^t f(x) \mathrm{d}x + \int_t^1 f(x) \mathrm{d}x \right] = t \int_0^1 f(x) \mathrm{d}x.$

60. 证 由积分中值定理,至少存在一点 $\eta \in [2,3]$,使得 $\int_2^3 \varphi(x) \mathrm{d}x = \varphi(\eta)(3-2) = \varphi(\eta)$.

又由 $\varphi(2) > \int_2^3 \varphi(x) \mathrm{d}x = \varphi(\eta)$,知 $2 < \eta \leqslant 3$,对 $\varphi(x)$ 在 $[1,2]$,$[2,\eta]$ 上分别应用拉格朗日中值定理,并注意到 $\varphi(1) < \varphi(2)$,$\varphi(\eta) < \varphi(2)$,得

$$\varphi'(\xi_1) = \frac{\varphi(2) - \varphi(1)}{2-1} > 0, 1 < \xi_1 < 2,$$

$$\varphi'(\xi_2) = \frac{\varphi(\eta) - \varphi(2)}{\eta - 2} < 0, 2 < \xi_1 < \eta \leqslant 3.$$

在 $[\xi_1, \xi_2]$ 上对导函数 $\varphi'(x)$ 应用拉格朗日中值定理,有

$$\varphi''(\xi) = \frac{\varphi'(\xi_2) - \varphi'(\xi_1)}{\xi_2 - \xi_1} < 0, \xi \in (\xi_1, \xi_2) \subset (1,3).$$

61. 解 $\int_0^1 |f(\sqrt{x})| \, \mathrm{d}x \xrightarrow{\sqrt{x} = t} \int_0^1 |f(t)| 2t \mathrm{d}t \leqslant 2 \int_0^1 |f(t)| \, \mathrm{d}t = 2.$

取 $f_n(x) = (n+1)x^n$,则 $\int_0^1 |f_n(x)| \, \mathrm{d}x = \int_0^1 f_n(x) \mathrm{d}x = 1.$

而 $\int_0^1 f_n(\sqrt{x}) \mathrm{d}x = 2 \int_0^1 t f_n(t) \mathrm{d}t = 2 \dfrac{n+1}{n+2} = 2 \left(1 - \dfrac{1}{n+2} \right) \to 2 (n \to \infty)$,因此最小的实数 $c = 2$.

62. 证法一 变限函数法.

设 $F(x) = \int_0^x g(t) f'(t) \mathrm{d}t + \int_0^1 f(t) g'(t) \mathrm{d}t - f(x) g(1).$

欲证原结论 $\Leftrightarrow$ 证明函数 $F(x) \geqslant 0 \Leftrightarrow$ 证明函数 $F(x)$ 的最小值 $\geqslant 0$.

为求函数 $F(x)$ 在 $[0,1]$ 上的最小值,对函数 $F(x)$ 求导,得

$$F'(x) = g(x) f'(x) - f'(x) g(1) = f'(x) [g(x) - g(1)],$$

由于当 $x \in [0,1]$ 时,$g'(x) \geqslant 0$,知 $g(x)$ 是单调递增的,所以 $g(x) - g(1) \leqslant 0$. 又由 $f'(x) \geqslant 0$,因此 $F'(x) \leqslant 0$,即 $F(x)$ 在 $[0,1]$ 上单调递减.

所以函数 $F(x)$ 的最小值为

$$\begin{aligned}
F(1) &= \int_0^1 g(t) f'(t) \mathrm{d}t + \int_0^1 f(t) g'(t) \mathrm{d}t - f(1) g(1) \\
&= \int_0^1 [g(t) f'(t) + f(t) g'(t)] \mathrm{d}t - f(1) g(1) \\
&= [f(1) g(1) - f(0) g(0)] - f(1) g(1) = -f(0) g(0) = 0.
\end{aligned}$$

因此 $x \in [0,1]$ 时,$F(x) \geqslant F(1) = 0$,由此可得对任何 $a \in [0,1]$,有

$$\int_0^a g(x) f'(x) \mathrm{d}x + \int_0^1 f(x) g'(x) \mathrm{d}x \geqslant f(a) g(1).$$

证法二 积分法.

欲证 $\displaystyle\int_0^a g(x)f'(x)\mathrm{d}x+\int_0^1 f(x)g'(x)\mathrm{d}x\geqslant f(a)g(1)$

$\Leftrightarrow\displaystyle\int_0^a g(x)f'(x)\mathrm{d}x+\int_0^a f(x)g'(x)\mathrm{d}x+\int_a^1 f(x)g'(x)\mathrm{d}x\geqslant f(a)g(1)$

$\Leftrightarrow\displaystyle\int_0^a[g(x)f'(x)+f(x)g'(x)]\mathrm{d}x\geqslant f(a)g(1)-\int_a^1 f(x)g'(x)\mathrm{d}x$

$\Leftrightarrow[f(a)g(a)-f(0)g(0)]\geqslant f(a)g(1)-\displaystyle\int_a^1 f(x)g'(x)\mathrm{d}x$

$\Leftrightarrow f(a)g(a)\geqslant f(a)g(1)-\displaystyle\int_a^1 f(x)g'(x)\mathrm{d}x$

$\Leftrightarrow\displaystyle\int_a^1 f(x)g'(x)\mathrm{d}x\geqslant f(a)[g(1)-g(a)]$

$\Leftrightarrow\displaystyle\int_a^1 f(x)g'(x)\mathrm{d}x\geqslant\int_a^1 f(a)g'(x)\mathrm{d}x$

$\Leftrightarrow\displaystyle\int_a^1[f(x)g'(x)-f(a)g'(x)]\mathrm{d}x\geqslant 0$

$\Leftrightarrow\displaystyle\int_a^1 g'(x)[f(x)-f(a)]\mathrm{d}x\geqslant 0.$

由于当 $x\in[a,1]$ 时，$f'(x)\geqslant 0$，知 $f(x)$ 是单调递增的，所以 $f(x)-g(a)\geqslant 0$，且 $g'(x)\geqslant 0$，显然有 $g'(x)[f(x)-f(a)]>0$.

故 $\displaystyle\int_a^1 g'(x)[f(x)-f(a)]\mathrm{d}x\geqslant 0$ 得证，即原结论得证.

63. 证 令 $F(x)=f(x)-g(x)$，$G(x)=\displaystyle\int_a^x F(t)\mathrm{d}t$，则 $G'(x)=F(x)$.

因为 $\displaystyle\int_a^x f(t)\mathrm{d}t\geqslant\int_a^x g(t)\mathrm{d}t$，所以

$$G(x)=\int_a^x F(t)\mathrm{d}t=\int_a^x[f(t)-g(t)]\mathrm{d}t=\int_a^x f(t)\mathrm{d}t-\int_a^x g(t)\mathrm{d}t\geqslant 0,x\in[a,b],$$

$$G(a)=\int_a^a F(t)\mathrm{d}t=0.$$

又 $\displaystyle\int_a^b f(t)\mathrm{d}t=\int_a^b g(t)\mathrm{d}t$，所以 $G(b)=\displaystyle\int_a^b F(t)\mathrm{d}t=\int_a^b[f(t)-g(t)]\mathrm{d}t=\int_a^b f(t)\mathrm{d}t-\int_a^b g(t)\mathrm{d}t=0.$

从而 $\displaystyle\int_a^b xF(x)\mathrm{d}x=\int_a^b x\mathrm{d}G(x)=xG(x)\Big|_a^b-\int_a^b G(x)\mathrm{d}x=-\int_a^b G(x)\mathrm{d}x.$

由于 $G(x)\geqslant 0,x\in[a,b]$，故有 $-\displaystyle\int_a^b G(x)\mathrm{d}x\leqslant 0$，即 $\displaystyle\int_a^b xF(x)\mathrm{d}x\leqslant 0.$

所以 $\displaystyle\int_a^b x[f(x)-g(x)]\mathrm{d}x=\int_a^b xf(x)\mathrm{d}x-\int_a^b xg(x)\mathrm{d}x\leqslant 0$，即 $\displaystyle\int_a^b xf(x)\mathrm{d}x\leqslant\int_a^b xg(x)\mathrm{d}x.$

64.（1）**证** 当 $0\leqslant t\leqslant 1$ 时，$0\leqslant\ln(1+t)\leqslant t$，故 $[\ln(1+t)]^n\leqslant t^n$，所以
$$|\ln t|\,[\ln(1+t)]^n\leqslant|\ln t|\,t^n,$$

则

$$\int_0^1|\ln t|\,[\ln(1+t)]^n\mathrm{d}t\leqslant\int_0^1|\ln t|\,t^n\mathrm{d}t\,(n=1,2,\cdots).$$

（2）**证法一** $0\leqslant u_n=\displaystyle\int_0^1|\ln t|\,[\ln(1+t)]^n\mathrm{d}t\leqslant(\ln 2)^n\int_0^1|\ln t|\,\mathrm{d}t,$

$$\int_0^1|\ln t|\,\mathrm{d}t=-\int_0^1\ln t\,\mathrm{d}t=-\lim_{\varepsilon\to 0^+}\int_\varepsilon^1\ln t\,\mathrm{d}t=-\lim_{\varepsilon\to 0^+}\left[t\ln t\Big|_\varepsilon^1-\int_\varepsilon^1 t\cdot\frac{1}{t}\mathrm{d}t\right]$$

$$=\lim_{\varepsilon\to 0^+}[\varepsilon\ln\varepsilon+1-\varepsilon]=1+\lim_{\varepsilon\to 0^+}\frac{\ln\varepsilon}{\frac{1}{\varepsilon}}=1.$$

故 $\lim\limits_{n\to\infty}(\ln 2)^n\int_0^1|\ln t|\,\mathrm{d}t=\lim\limits_{n\to\infty}(\ln 2)^n=0.$

证法二 由(1)知,$0\leqslant u_n=\int_0^1|\ln t|[\ln(1+t)]^n\,\mathrm{d}t\leqslant\int_0^1|\ln t|t^n\,\mathrm{d}t.$

因为 $\int_0^1|\ln t|t^n\,\mathrm{d}t=-\int_0^1\ln t\cdot t^n\,\mathrm{d}t=-\dfrac{1}{n+1}\int_0^1\ln t\,\mathrm{d}(t^{n+1})=-\dfrac{1}{n+1}\left[t^{n+1}\ln t\Big|_0^1-\int_0^1 t^{n+1}\dfrac{1}{t}\,\mathrm{d}t\right]=\dfrac{1}{(n+1)^2},$

所以 $\lim\limits_{n\to\infty}\int_0^1|\ln t|t^n\,\mathrm{d}t=\lim\limits_{n\to\infty}\dfrac{1}{(n+1)^2}=0,$ 根据夹逼准则得 $0\leqslant u_n\leqslant 0,0\leqslant\lim u_n\leqslant 0,$ 所以 $\lim\limits_{n\to\infty}u_n=0.$

65. 解 $\quad I_1-I_2=\int_0^{\frac{\pi}{2}}\dfrac{\cos x-\sin x}{1+x^a}\,\mathrm{d}x=\int_0^{\frac{\pi}{4}}\dfrac{\cos x-\sin x}{1+x^a}\,\mathrm{d}x+\int_{\frac{\pi}{4}}^{\frac{\pi}{2}}\dfrac{\cos x-\sin x}{1+x^a}\,\mathrm{d}x$

$\qquad=\int_0^{\frac{\pi}{4}}\dfrac{\cos x-\sin x}{1+x^a}\,\mathrm{d}x+\int_{\frac{\pi}{4}}^{0}\dfrac{\sin t-\cos t}{1+(\frac{\pi}{2}-t)^a}\,\mathrm{d}\Big(\dfrac{\pi}{2}-t\Big)\qquad\Big(\text{令 }x=\dfrac{\pi}{2}-t\Big)$

$\qquad=\int_0^{\frac{\pi}{4}}\dfrac{\cos x-\sin x}{1+x^a}\,\mathrm{d}x-\int_0^{\frac{\pi}{4}}\dfrac{\cos x-\sin x}{1+(\frac{\pi}{2}-x)^a}\,\mathrm{d}x$

$\qquad=\int_0^{\frac{\pi}{4}}(\cos x-\sin x)\Big(\dfrac{1}{1+x^a}-\dfrac{1}{1+(\frac{\pi}{2}-x)^a}\Big)\mathrm{d}x$

$\qquad=\int_0^{\frac{\pi}{4}}(\cos x-\sin x)\Big(\dfrac{(\frac{\pi}{2}-x)^a-x^a}{(1+x^a)(1+(\frac{\pi}{2}-x)^a)}\Big)\mathrm{d}x.$

当 $0<x<\dfrac{\pi}{4}$ 时,$\cos x>\sin x,0<x<\dfrac{\pi}{2}-x,$ 所以 $I_1-I_2>0,$ 即 $I_1>I_2.$

第 4 章

一、填空题

1. 解 设 $|\boldsymbol{a}|=2,|\boldsymbol{b}|=5,$ 且 $\boldsymbol{a}\perp\boldsymbol{b},$ 则 $|(\boldsymbol{a}+2\boldsymbol{b})\times(3\boldsymbol{a}-\boldsymbol{b})|=70.$

2. 解 点 $(1,-4,5)$ 在直线 $\dfrac{x}{-2}=\dfrac{y+1}{1}=\dfrac{z}{1}$ 上的投影点的坐标为 $(0,-1,0).$

3. 解 设 $\boldsymbol{a}\cdot\boldsymbol{b}=3,|\boldsymbol{a}\times\boldsymbol{b}|=\sqrt{3},$ 则 $\boldsymbol{a},\boldsymbol{b}$ 的夹角 $\theta=\dfrac{\pi}{6}.$

4. 解 令所求平面方程为 $Ax+By+Cz+D=0.$ 由过原点得 $D=0;$ 由过 $(6,-3,2)$ 得 $6A-3B+2C=0;$ 由与 $4x-y+2z=8$ 垂直得 $(A,B,C)(4,-1,2)=4A-B+2C=0.$

综上得 $\begin{cases}A=B,\\ C=-\dfrac{3}{2}B,\end{cases}$ 所求平面方程为 $2x+2y-3z=0.$

5. 解 $d=\dfrac{|Ax_0+By_0+Cz_0+D|}{\sqrt{A^2+B^2+C^2}}=\dfrac{|6+4+0|}{\sqrt{9+16+25}}=\sqrt{2}.$

6. 解 直线 $\dfrac{x+1}{2}=\dfrac{y}{3}=\dfrac{z-3}{6}$ 在平面 $2x+y-2z-5=0$ 上的投影直线方程为

$$\begin{cases}3x-4y+z+6=0\\ 2x+y-2z-5=0\end{cases}\text{ 或 }\dfrac{x}{7}=\dfrac{y+\frac{5}{7}}{8}=\dfrac{z+\frac{20}{7}}{11}.$$

7. 解 应填 1.

设点 $(2,1,2)$ 为 $A,$ 垂足为 $B,$ 则 $\cos\angle OAB=\dfrac{\overrightarrow{OA}\cdot\overrightarrow{BA}}{|\overrightarrow{OA}|\cdot|\overrightarrow{BA}|}=\dfrac{(2,1,2)\cdot(3,4,5)}{3\times 5\sqrt{2}}=\dfrac{2}{3}\sqrt{2}.$

所以 $\sin\angle OAB=\dfrac{1}{3},d=\overrightarrow{OA}\cdot\sin\angle OAB=3\times\dfrac{1}{3}=1.$

8. 解 应填 $\dfrac{x-1}{2} = \dfrac{y}{-4} = \dfrac{x+2}{-9}$.

所求直线的方向矢量 v 与两平面的法线矢量 $n_1 = 2i + j$ 和 $n_2 = i - 4j + 2k$ 均垂直,因此可取 $v = n_1 \times n_2$ $= 2i - 4j - 9k$. 所以,直线方程是 $\dfrac{x-1}{2} = \dfrac{y}{-4} = \dfrac{z+2}{-9}$.

二、选择题

9. 解 由平面 $A: x + 3y + 2z + 1 = 0$ 与平面 $B: 2x - y - 10z + 3 = 0$ 相交而成,$(1,3,2) \cdot (4,-2,1)$ $= 4 - 6 + 2 = 0$,知 A 与 π 垂直;$(2,-1,-10) \cdot (4,-2,1) = 8 + 2 - 10 = 0$,知 B 与 π 垂直,所以 π 与 A、B 的交线 L 垂直,选(C).

10. 解 由 L_1 的方向是 $n_1 = (1,-2,1)$,L_2 的方向是 $n_2(-1,-1,2)$,故 L_1 与 L_2 的夹角 θ 的余弦 $\cos\theta$ $= \dfrac{n_1 \cdot n_2}{|n_1| \cdot |n_2|} = \dfrac{1}{2}$,$\theta = \dfrac{\pi}{3}$,选(C).

三、解答题

11. 解 $(a \times b) \cdot (a \times b) + (a \cdot b)(a \cdot b) = (|a||b|\sin(a,b))^2 + (|a||b|\cos(a,b))^2$
$$= |a|^2 |b|^2 = 2^2 \cdot 3^2 = 36.$$

12. 解 由 $\overrightarrow{AB} = \{2,1,-1\}$,$\overrightarrow{AC} = \{1,3,0\}$,

$\triangle ABC$ 的面积 $= \dfrac{1}{2}|\overrightarrow{AB} \times \overrightarrow{AC}| = \dfrac{1}{2}|\{2,1,-1\} \times \{1,3,0\}| = \dfrac{1}{2}\sqrt{35}$.

13. 由 $L_1:\begin{cases} x + 2y = 0, \\ y + z + 1 = 0, \end{cases}$ 得 $L_1:\begin{cases} \dfrac{x}{-2} = \dfrac{y}{1}, \\ \dfrac{y}{1} = \dfrac{z+1}{-1}, \end{cases}$ 即 $\dfrac{x}{-2} = \dfrac{y}{1} = \dfrac{z+1}{-1}$,所以 $L_1 \parallel L_2$.

以下求平面方程:

解法一 设平面束方程 $x + 2y + \lambda(y + z + 1) = 0$,以 L_2 上一点 $(1,0,1)$ 代入,得 $\lambda = -\dfrac{1}{2}$,故所求平面方程为:$2x + 3y - z - 1 = 0$.

解法二 在 L_1 上取点 $A(0,0,-1)$,L_2 上取点 $B(1,0,1)$.
$\overrightarrow{AB} = \{1,0,2\}$,$L_2$ 的方向向量 $\tau_2 = \{2,-1,1\}$.
$n = \overrightarrow{AB} \times \tau_2 = \{1,0,2\} \times \{2,-1,1\} = \{2,3,-1\}$.
所以所求平面方程为:$2(x-1) + 3y - (z-1) = 0$,即 $2x + 3y - z - 1 = 0$.

14. 解 已知的直线的方向向量可取为 $\tau = \{1,2,-3\} \times \{3,-1,5\} = \{7,-14,-7\}$.
由对称式,可得 L 的方程为
$$\dfrac{x}{7} = \dfrac{y}{-14} = \dfrac{z}{-7}, \text{即 } x = -\dfrac{y}{2} = -z.$$

15. 解 P_0 关于已知平面的对称点 P_1,一定是在过 P_0 且与已知平面垂直的直线 l 上,此直线之方程为
$$\dfrac{x - x_0}{a} = \dfrac{y - y_0}{b} = \dfrac{z - z_0}{c}.$$

用参数表示即为 $x = x_0 + at, y = y_0 + bt, z = z_0 + ct$.

引入参数 t 之后,点 P_0 对应于参数 $t = 0$. 设 l 与平面的交点 D 对应于参数 $t = t'$. 则 P_1 对应于参数 $t = 2t'$,易知点 D 所对应的参数 t' 满足
$$a(x_0 + at') + b(y_0 + bt') + c(z_0 + ct') + d = 0,$$
由此解得 $t' = -\dfrac{ax_0 + by_0 + cz_0 + d}{a^2 + b^2 + c^2}$,记为 A.

所以 $P_1 = (x_1, y_1, z_1)$ 的坐标为
$$x_1 = x_0 - 2aA, \quad y_1 = y_0 - 2bA, \quad z_1 = z_0 - 2cA.$$

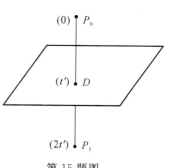

第 15 题图

16. 解 直线 L 的方向为 $\boldsymbol{v} = \boldsymbol{v}_1 \times \boldsymbol{v}_2 = \begin{vmatrix} \boldsymbol{i} & \boldsymbol{j} & \boldsymbol{k} \\ -1 & 2 & 1 \\ 1 & 2 & 2 \end{vmatrix} = 2\boldsymbol{i} + 3\boldsymbol{j} - 4\boldsymbol{k}$，设 L 与 L_1 的交点为

$M(1 - t_0, 3 + 2t_0, -2 + t_0)$，$L$ 的方程为

$$\frac{x - (1 - t_0)}{2} = \frac{y - (3 + 2t_0)}{3} = \frac{z - (-2 + t_0)}{-4}.$$

在 L_2 上取一点 $N(2, -1, 1)$，因为 L_2 与 L 相交，所以由 $(\boldsymbol{v}_1 \times \boldsymbol{v}_2) \cdot \overrightarrow{MN} = 0$

得 $t_0 = -\dfrac{49}{29}$，所以 L 的方程为 $\dfrac{x - \dfrac{34}{29}}{2} = \dfrac{y + \dfrac{77}{29}}{3} = \dfrac{z + \dfrac{19}{29}}{-4}$.

17. 解 球面方程 $x^2 + y^2 + z^2 - 8x - 6y + 21 = 0$ 可写成 $(x - 4)^2 + (y - 3)^2 + z^2 = 2^2$.
球心在点 $(4, 3, 0)$，半径为 2，在 S 的中心轴上取点 $C(1, -1, 0)$，它与球心的距离

$$d = \sqrt{(4 - 1)^2 + (3 + 1)^2 + (0 - 0)^2} = 5.$$

所以该圆柱的半径 $r = 5 - 2 = 3$，从而知该圆柱面 S 的方程为

$$(x - 1)^2 + (y + 1)^2 = 3^2,\ \text{即}\ x^2 + y^2 - 2x + 2y - 7 = 0.$$

18. 解 设球心坐标为 $(t, 2t, 3t)$，它到两平面的距离相等（等于球的半径 R）.

$$R = \frac{|t - 4t + 6t - 3|}{3} = \frac{|2t + 2t - 6t - 8|}{3},\ \text{解得}\ t = -1\ \text{或}\ 11.$$

所以，两个球心坐标为 $(-1, -2, -3)$ 和 $(11, 22, 33)$.
而相应的半径 R 分别为 2 和 10，于是两个球面方程分别为

$$(x + 1)^2 + (y + 2)^2 + (z + 3)^2 = 4\ \text{和}\ (x - 11)^2 + (y - 22)^2 + (z - 33)^2 = 100.$$

19. 解 L 绕 Oz 轴旋转一周生成的旋转曲面方程 $x^2 + y^2 = (az)^2 + b^2 = a^2 z^2 + b^2$.
(1) $a = 0, b \neq 0$ 时，为柱面 $x^2 + y^2 = b^2$；
(2) $a \neq 0, b = 0$ 时，为锥面 $x^2 + y^2 = a^2 z^2$；
(3) $ab \neq 0$ 时，为单叶双曲面 $x^2 + y^2 - a^2 z^2 = b^2$.

第 5 章

一、填空题

1. 解法一 $\dfrac{\partial F}{\partial x} = \dfrac{\sin xy}{1 + (xy)^2} \cdot y$，$\dfrac{\partial^2 F}{\partial x^2} = y \cdot \dfrac{y\cos xy[1 + (xy)^2] - \sin xy \cdot 2xy^2}{[1 + (xy)^2]^2}$，故 $\left.\dfrac{\partial^2 F}{\partial x^2}\right|_{(0,2)} = 4$.

解法二 $\dfrac{\partial F}{\partial x} = \dfrac{\sin xy}{1 + (xy)^2} \cdot y$，$\left.\dfrac{\partial F}{\partial x}\right|_{y=2} = \dfrac{2\sin 2x}{1 + 4x^2}$，

$\left.\dfrac{\partial^2 F}{\partial x^2}\right|_{y=2} = \left(\dfrac{2\sin 2x}{1 + 4x^2}\right)' = 2\dfrac{2(1 + 4x^2)\cos 2x - 8x\sin 2x}{(1 + 4x^2)^2}$，

$\left.\dfrac{\partial^2 F}{\partial x^2}\right|_{\substack{x=0 \\ y=2}} = 2\dfrac{2(1 + 4x^2)\cos 2x - 8x\sin 2x}{(1 + 4x^2)^2}\bigg|_{x=0} = 4$.

2. 解法一 设 $u = \dfrac{y}{x}$，$v = \dfrac{x}{y}$，则 $z = u^v$，所以

$$\frac{\partial z}{\partial x} = \frac{\partial z}{\partial u} \cdot \frac{\partial u}{\partial x} + \frac{\partial z}{\partial v} \cdot \frac{\partial v}{\partial x} = vu^{v-1}\left(-\frac{y}{x^2}\right) + u^v \ln u \cdot \frac{1}{y}$$

$$= u^v\left(-\frac{vy}{ux^2} + \frac{\ln u}{y}\right) = \left(\frac{y}{x}\right)^{\frac{x}{y}} \cdot \frac{1}{y}\left(-1 + \ln\frac{y}{x}\right),$$

所以 $\left.\dfrac{\partial z}{\partial x}\right|_{(1,2)} = \dfrac{\sqrt{2}}{2}(\ln 2 - 1)$.

解法二 要求 $\left.\dfrac{\partial z}{\partial x}\right|_{(1,2)}$，先求一元函数 $z(x, 2) = \left(\dfrac{2}{x}\right)^{\frac{x}{2}}$，对它求导，得 $\dfrac{\partial z(x, 2)}{\partial x} = \left(\dfrac{2}{x}\right)^{\frac{x}{2}} \cdot \left[\dfrac{\ln \dfrac{2}{x}}{2} - \dfrac{1}{2}\right]$.

所以 $\dfrac{\partial z}{\partial x}\bigg|_{(1,2)}=\dfrac{\sqrt{2}}{2}(\ln 2-1).$

3. 解 利用多元复合函数求偏导数的链式法则,得

$$\frac{\partial z}{\partial x}=f_1'\cdot\frac{\partial\left(\dfrac{y}{x}\right)}{\partial x}+f_2'\cdot\frac{\partial\left(\dfrac{x}{y}\right)}{\partial x}=f_1'\cdot\left(-\frac{y}{x^2}\right)+f_2'\cdot\frac{1}{y},$$

$$\frac{\partial z}{\partial y}=f_1'\cdot\frac{\partial\left(\dfrac{y}{x}\right)}{\partial y}+f_2'\cdot\frac{\partial\left(\dfrac{x}{y}\right)}{\partial y}=f_1'\cdot\frac{1}{x}+f_2'\cdot\left(-\frac{x}{y^2}\right),$$

把 $\dfrac{\partial z}{\partial x},\dfrac{\partial z}{\partial y}$ 代入 $x\dfrac{\partial z}{\partial x}-y\dfrac{\partial z}{\partial y}$,得

$$x\frac{\partial z}{\partial x}-y\frac{\partial z}{\partial y}=2\left(-\frac{y}{x}f_1'+\frac{x}{y}f_2'\right).$$

4. 解法一 复合函数求偏导,在 $z=\mathrm{e}^{2x-3z}+2y$ 的两边分别对 x,y 求偏导,z 为 x,y 的函数.

$$\frac{\partial z}{\partial x}=\mathrm{e}^{2x-3z}\left(2-3\frac{\partial z}{\partial x}\right),\frac{\partial z}{\partial y}=\mathrm{e}^{2x-3z}\left(-3\frac{\partial z}{\partial y}\right)+2,$$

从而

$$\frac{\partial z}{\partial x}=\frac{2\mathrm{e}^{2x-3z}}{1+3\mathrm{e}^{2x-3z}},\frac{\partial z}{\partial y}=\frac{2}{1+3\mathrm{e}^{2x-3z}},$$

所以

$$3\frac{\partial z}{\partial x}+\frac{\partial z}{\partial y}=3\cdot\frac{2\mathrm{e}^{2x-3z}}{1+3\mathrm{e}^{2x-3z}}+\frac{2}{1+3\mathrm{e}^{2x-3z}}=2\cdot\frac{1+3\mathrm{e}^{2x-3z}}{1+3\mathrm{e}^{2x-3z}}=2.$$

解法二 令 $F(x,y,z)=\mathrm{e}^{2x-3z}+2y-z=0$,则

$$\frac{\partial F}{\partial x}=\mathrm{e}^{2x-3z}\cdot 2,\frac{\partial F}{\partial y}=2,\frac{\partial F}{\partial z}=\mathrm{e}^{2x-3z}(-3)-1.$$

所以

$$\frac{\partial z}{\partial x}=-\frac{\partial F}{\partial x}\bigg/\frac{\partial F}{\partial z}=-\frac{\mathrm{e}^{2x-3z}\cdot 2}{-(1+3\mathrm{e}^{2x-3z})}=\frac{2\mathrm{e}^{2x-3z}}{1+3\mathrm{e}^{2x-3z}},$$

$$\frac{\partial z}{\partial y}=-\frac{\partial F}{\partial y}\bigg/\frac{\partial F}{\partial z}=-\frac{2}{-(1+3\mathrm{e}^{2x-3z})}=\frac{2}{1+3\mathrm{e}^{2x-3z}},$$

从而

$$3\frac{\partial z}{\partial x}+\frac{\partial z}{\partial y}=3\cdot\frac{2\mathrm{e}^{2x-3z}}{1+3\mathrm{e}^{2x-3z}}+\frac{2}{1+3\mathrm{e}^{2x-3z}}=2\cdot\frac{1+3\mathrm{e}^{2x-3z}}{1+3\mathrm{e}^{2x-3z}}=2.$$

解法三 对等式两边微分,并利用一阶全微分形式的不变性,有

$$\mathrm{d}z=\mathrm{e}^{2x-3z}(2\mathrm{d}x-3\mathrm{d}z)+2\mathrm{d}y=2\mathrm{e}^{2x-3z}\mathrm{d}x+2\mathrm{d}y-3\mathrm{e}^{2x-3z}\mathrm{d}z,$$

即

$$(1+3\mathrm{e}^{2x-3z})\mathrm{d}z=2\mathrm{e}^{2x-3z}\mathrm{d}x+2\mathrm{d}y,$$

所以

$$\mathrm{d}z=\frac{2\mathrm{e}^{2x-3z}}{1+3\mathrm{e}^{2x-3z}}\mathrm{d}x+\frac{2}{1+3\mathrm{e}^{2x-3z}}\mathrm{d}y,$$

即

$$\frac{\partial z}{\partial x}=\frac{2\mathrm{e}^{2x-3z}}{1+3\mathrm{e}^{2x-3z}},\frac{\partial z}{\partial y}=\frac{2}{1+3\mathrm{e}^{2x-3z}},$$

从而

$$3\frac{\partial z}{\partial x}+\frac{\partial z}{\partial y}=3\cdot\frac{2\mathrm{e}^{2x-3z}}{1+3\mathrm{e}^{2x-3z}}+\frac{2}{1+3\mathrm{e}^{2x-3z}}=2\cdot\frac{1+3\mathrm{e}^{2x-3z}}{1+3\mathrm{e}^{2x-3z}}=2.$$

所以本题应填 2.

5. 解 由复合函数求偏导数的公式,得

$$\frac{\partial z}{\partial x} = \frac{\partial f(x^y, y^x)}{\partial x} = f'_1(x^y, y^x)\frac{\partial(x^y)}{\partial x} + f'_2(x^y, y^x)\frac{\partial(y^x)}{\partial x}$$
$$= f'_1(x^y, y^x)yx^{y-1} + f'_2(x^y, y^x)y^x\ln y.$$

6. 解法一 由于 $\lim\limits_{\substack{x\to0\\y\to1}}\dfrac{f(x,y)-2x+y-2}{\sqrt{x^2+(y-1)^2}}=0$, 则 $\lim\limits_{\substack{x\to0\\y\to1}}[f(x,y)-2x+y-2]=0$.

由于 $f(x,y)$ 连续, 则 $f(0,1)-0+1-2=0$, 故 $f(0,1)=1$.

$f(x,y)-f(0,1)-2x+(y-1)=o\big[\sqrt{x^2+(y-1)^2}\big]$, 即

$$f(x,y)-f(0,1)=2x-(y-1)+o\big[\sqrt{x^2+(y-1)^2}\big],$$

由可微的定义得 $f(x,y)$ 在 $(0,1)$ 处可微, 且 $\dfrac{\partial f}{\partial x}\Big|_{(0,1)}=2, \dfrac{\partial f}{\partial y}\Big|_{(0,1)}=-1$, 故 $\mathrm{d}z=2\mathrm{d}x-\mathrm{d}y$.

解法二 赋值法.

令 $f(x,y)=2x-y+2$, 则 $f(x,y)$ 为连续函数, 且满足 $\lim\limits_{\substack{x\to0\\y\to1}}\dfrac{f(x,y)-2x+y-2}{\sqrt{x^2+(y-1)^2}}=0$.

$\dfrac{\partial f}{\partial x}\Big|_{(0,1)}=2, \dfrac{\partial f}{\partial y}\Big|_{(0,1)}=-1$, 故 $\mathrm{d}z=2\mathrm{d}x-\mathrm{d}y$.

7. 解 应填 $\dfrac{x_0 x}{a^2}+\dfrac{y_0 y}{b^2}+\dfrac{z_0 z}{c^2}=1$.

因为椭球面上点 (x_0, y_0, z_0) 处的法向矢量是 $\boldsymbol{n}=\dfrac{2x_0}{a^2}\boldsymbol{i}+\dfrac{2y_0}{b^2}\boldsymbol{j}+\dfrac{2z_0}{c^2}\boldsymbol{k}$, 故切平面方程为 $\dfrac{2x_2}{a^2}(x-x_0)+$

$\dfrac{2y_0}{b^2}(y-y_0)+\dfrac{2z_0}{c^2}(z-z_0)=0$. 化简后即可.

8. 解 $u(x,y,z)=1+\dfrac{x^2}{6}+\dfrac{y^2}{12}+\dfrac{z^2}{18}, \dfrac{\partial u}{\partial x}=\dfrac{x}{3}, \dfrac{\partial u}{\partial y}=\dfrac{y}{6}, \dfrac{\partial u}{\partial z}=\dfrac{z}{9}$.

向量 $\boldsymbol{n}$ 的方向余弦为

$$\cos\alpha=\frac{1}{\sqrt{3}}, \cos\beta=\frac{1}{\sqrt{3}}, \cos\gamma=\frac{1}{\sqrt{3}}.$$

方向导数为

$$\frac{\partial u}{\partial n}\Big|_{(1,2,3)}=\frac{\partial f}{\partial x}\cos\alpha+\frac{\partial f}{\partial y}\cos\beta+\frac{\partial f}{\partial z}\cos\gamma=\frac{1}{3}\cdot\frac{1}{\sqrt{3}}+\frac{1}{3}\cdot\frac{1}{\sqrt{3}}+\frac{1}{3}\cdot\frac{1}{\sqrt{3}}=\frac{\sqrt{3}}{3}.$$

二、选择题

9. 解法一

$$f'_x(0,0)=\lim_{x\to0}\frac{f(x,0)-f(0,0)}{x-0}=\lim_{x\to0}\frac{\mathrm{e}^{\sqrt{x^2+0^4}}-1}{x}=\lim_{x\to0}\frac{\mathrm{e}^{|x|}-1}{x},$$

$$\lim_{x\to0^+}\frac{\mathrm{e}^{|x|}-1}{x}=\lim_{x\to0^+}\frac{\mathrm{e}^x-1}{x}=1, \lim_{x\to0^-}\frac{\mathrm{e}^{|x|}-1}{x}=\lim_{x\to0^-}\frac{\mathrm{e}^{-x}-1}{x}=-1,$$

故 $f'_x(0,0)$ 不存在.

$$f'_y(0,0)=\lim_{y\to0}\frac{f(0,y)-f(0,0)}{y-0}=\lim_{y\to0}\frac{\mathrm{e}^{\sqrt{0^2+y^4}}-1}{y}=\lim_{y\to0}\frac{\mathrm{e}^{y^2}-1}{y}=\lim_{y\to0}\frac{y^2}{y}=0,$$

所以 $f'_y(0,0)$ 存在. 选项 (B) 正确.

解法二

要求 $f'_x(0,0)$, 先求 $f(x,0)=\mathrm{e}^{|x|}$, 此函数在 $x=0$ 处不可导, 故 $f'_x(0,0)$ 不存在. 再求 $f'_y(0,0)$, 先求 $f(0,y)=\mathrm{e}^{y^2}$, 对它求导得 $f'_y(0,0)=0$, 故 $f'_y(0,0)$ 存在.

选项 (B) 正确.

10. 解 选 (A). 因为 $f'_x(0,0)=\lim\limits_{x\to0}\dfrac{0-0}{x}=0, f'_y(0,0)=0$, 偏导数存在.

取 $y=kx, \lim\limits_{x\to0}f(x,kx)=\lim\limits_{x\to0}\dfrac{k}{\sqrt{1+k^4}}=\dfrac{k}{\sqrt{1+k^4}}$, 随 k 而异, 所以不连续.

11. 解法一　排除法.

选项(A)，$\lim\limits_{(x,y)\to(0,0)}[f(x,y)-f(0,0)]=0$ 只能说明 $f(x,y)$ 在点$(0,0)$处连续，不能说明 $f(x,y)$ 在点$(0,0)$处可微，故排除(A)．

选项(B)，$\lim\limits_{x\to0}\dfrac{[f(x,0)-f(0,0)]}{x}=0$ 且 $\lim\limits_{y\to0}\dfrac{[f(0,y)-f(0,0)]}{y}=0$ 只能说明两个一阶偏导数 $f'_x(0,0)$，$f'_y(0,0)$存在，不能推得 $f(x,y)$ 在点$(0,0)$处可微，故排除(B)．

选项(D)，$\lim\limits_{x\to0}[f'_x(x,0)-f'_x(0,0)]=0$，$\lim\limits_{y\to0}[f'_y(0,y)-f'_y(0,0)]=0$，只能说明 $f'_x(x,0)$ 在 $x=0$ 处连续，$f'_y(0,y)$ 在 $y=0$ 处连续，不能说明 $f'_x(x,y)$ 在点$(0,0)$处连续，进而不能推得 $f(x,y)$ 在点$(0,0)$处可微，故排除(D)．选项(C) 正确．

解法二　定义法．

因为 $\lim\limits_{(x,y)\to(0,0)}\dfrac{[f(x,y)-f(0,0)]}{\sqrt{x^2+y^2}}=0$，由极限与无穷小的关系得

$$f(x,y)-f(0,0)=0+o(\sqrt{x^2+y^2})=0\cdot x+0\cdot y+o(\sqrt{x^2+y^2}).$$

由全微分定义，$f(x,y)$ 在点$(0,0)$处可微．

12. 解　设 $\lim\limits_{\substack{x\to0\\y\to0}}\dfrac{f(x,y)}{x^2+y^2}=k$，由 $f(x,y)$ 连续，则 $f(0,0)=\lim\limits_{\substack{x\to0\\y\to0}}f(x,y)=0$，且有

$$f(x,y)=k(x^2+y^2)+o(\sqrt{x^2+y^2}).$$

故 $\lim\limits_{x\to0}\dfrac{f(x,0)-f(0,0)}{x}=\lim\limits_{x\to0}\dfrac{f(x,0)}{x}=\lim\limits_{x\to0}\dfrac{kx^2+o(x)}{x}=0.$

同理 $\lim\limits_{y\to0}\dfrac{f(0,y)-f(0,0)}{y}=0.$

由可微的等价定义可知

$$\lim\limits_{\substack{x\to0\\y\to0}}\dfrac{f(x,y)-0-0\cdot x-0\cdot y}{\sqrt{x^2+y^2}}=\lim\limits_{\substack{x\to0\\y\to0}}\dfrac{k(x^2+y^2)+o(\sqrt{x^2+y^2})}{\sqrt{x^2+y^2}}=\lim\limits_{\substack{x\to0\\y\to0}}k\sqrt{x^2+y^2}=0,$$

所以 $f(x)$ 在$(0,0)$可微，故选(B)．

13. 解法一　直接计算．

$$\frac{\partial u}{\partial x}=\phi'(x+y)+\phi'(x-y)+\psi(x+y)-\psi(x-y),$$

$$\frac{\partial u}{\partial y}=\phi'(x+y)-\phi'(x-y)+\psi(x+y)+\psi(x-y),$$

$$\frac{\partial^2 u}{\partial x^2}=\phi''(x+y)+\phi''(x-y)+\psi'(x+y)-\psi'(x-y),$$

$$\frac{\partial^2 u}{\partial x\partial y}=\phi''(x+y)-\phi''(x-y)+\psi'(x+y)+\psi'(x-y),$$

$$\frac{\partial^2 u}{\partial y^2}=\phi''(x+y)+\phi''(x-y)+\psi'(x+y)-\psi'(x-y).$$

可见有 $\dfrac{\partial^2 u}{\partial x^2}=\dfrac{\partial^2 u}{\partial y^2}$，所以(B)为正确选项．

解法二　目测法．

经观察发现，x 的系数全为1，y 的系数既有1又有-1，不管对 x 求几阶偏导，系数全为1．对 y 求偏导的时候，含有 y 的系数为-1的地方，求一阶偏导的时候，前面系数会产生一个-1，在求二阶偏导的时候，再次产生一个-1，抵消之后再次得正，所以马上得出，(B)为正确选项．

14. 解　由函数 $f(x,y)$ 在点(x_0,y_0)处可微，知函数 $f(x,y)$ 在点(x_0,y_0)处的两个偏导数都存在，又由二元函数极值的必要条件得 $f(x,y)$ 在点(x_0,y_0)处的两个偏导数都等于零，从而有

$$\frac{\mathrm{d}f(x_0,y)}{\mathrm{d}y}\Bigg|_{y=y_0}=\frac{\partial f}{\partial y}\Bigg|_{(x,y)=(x_0,y_0)}=0.$$

选项（A）正确.

15. 解 函数 $z = f(x, y)$ 的全微分存在,则函数 $z = f(x, y)$ 连续,即点 $(0, 0)$ 为 $z = f(x, y)$ 的连续点.

由 $\mathrm{d}z = x\mathrm{d}x + y\mathrm{d}y$ 可得 $\frac{\partial z}{\partial x} = x, \frac{\partial z}{\partial y} = y$,在点 $(0, 0)$ 处, $\frac{\partial z}{\partial x} = 0, \frac{\partial z}{\partial y} = 0$.

因此点 $(0, 0)$ 是驻点. 又由 $A = \frac{\partial^2 z}{\partial x^2} = 1$, $B = \frac{\partial^2 z}{\partial x \partial y} = \frac{\partial^2 z}{\partial y \partial x} = 0$, $C = \frac{\partial^2 z}{\partial y^2} = 1$.

且在 $(0, 0)$ 处, $B^2 - AC = -1 < 0$,可知点 $(0, 0)$ 为函数 $z = f(x, y)$ 的极小值点,故选（D）.

16. 解 $\frac{\partial z}{\partial x}\Big|_{(0,0)} = f'(x) \cdot \ln f(y) \Big|_{(0,0)} = f'(0)\ln f(0) = 0.$

$$\frac{\partial z}{\partial y}\Big|_{(0,0)} = f(x) \cdot \frac{f'(y)}{f(y)} \Big|_{(0,0)} = f'(0) = 0.$$

$$A = \frac{\partial^2 z}{\partial x^2}\Big|_{(0,0)} = f''(x) \cdot \ln f(y) \Big|_{(0,0)} = f''(0) \cdot \ln f(0) > 0.$$

$$B = \frac{\partial^2 z}{\partial x \partial y}\Big|_{(0,0)} = f'(x) \cdot \frac{f'(y)}{f(y)} \Big|_{(0,0)} = \frac{[f'(0)]^2}{f(0)} = 0.$$

$$C = \frac{\partial^2 z}{\partial y^2}\Big|_{(0,0)} = f(x) \cdot \frac{f''(y)f(y) - [f'(y)]^2}{f^2(y)} \Big|_{(0,0)} = f''(0) - \frac{[f'(0)]^2}{f(0)} = f''(0).$$

又 $AC - B^2 = [f''(0)]^2 \cdot \ln f(0) > 0$,故 $f(0) > 1, f''(0) > 0$. 此时 $z = f(x)\ln f(y)$ 在 $(0, 0)$ 取得极小值,所以选项（A）正确.

17. 解 $\frac{\partial f(x, y)}{\partial x} > 0$,则 $f(x, y)$ 关于 x 单调递增. 即若 $x_1 < x_2$,则 $f(x_1, y_1) < f(x_2, y_1)$.

$\frac{\partial f(x, y)}{\partial y} < 0$,则 $f(x, y)$ 关于 y 单调递减. 即若 $y_1 > y_2$,则 $f(x_2, y_1) < f(x_2, y_2)$.

那么,当 $x_1 < x_2, y_1 > y_2$ 时,有 $f(x_1, y_1) < f(x_2, y_1) < f(x_2, y_2)$,故选（D）.

18. 因为 $f(x, y)$ 在点 $(0, 0)$ 的某个邻域内连续, $\lim\limits_{\substack{x \to 0 \\ y \to 0}} \frac{f(x, y) - xy}{(x^2 + y^2)^2} = 1$,又

$$\lim\limits_{\substack{x \to 0 \\ y \to 0}} [f(x, y) - xy] = f(0, 0) = 0,$$

由极限与无穷小的关系可知, $\frac{f(x, y) - xy}{(x^2 + y^2)^2} = 1 + \alpha$,其中 $\lim\limits_{\substack{x \to 0 \\ y \to 0}} \alpha = 0$,从而

$$f(x, y) = xy + (1 + \alpha)(x^2 + y^2)^2.$$

解法一 取 $y = x, |x|$ 充分小, $x \neq 0$ 时,有 $f(x, y) = x^2 + (1 + \alpha)(2x^2)^2 > 0 = f(0, 0)$;

取 $y = -x, |x|$ 充分小, $x \neq 0$ 时,有 $f(x, y) = -x^2 + (1 + \alpha)(2x^2)^2 < 0 = f(0, 0)$.

故点 $(0, 0)$ 不是 $f(x, y)$ 的极值点,应选（A）.

解法二 $f(x, y) = xy + (x^2 + y^2)^2 + \alpha(x^2 + y^2)^2$.

在点 $(0, 0)$ 的足够小的邻域内,上式右端的符号取决于 xy,当 $xy > 0$ 时, $f(x, y) > 0$;当 $xy < 0$ 时, $f(x, y) < 0$. 因此 $f(0, 0) = 0$ 不是极值,所以应选（A）.

19. 解 应选（B）.

从几何上看,抛物面到一定平面的最近点在两者不相交的情况下,就是抛物面上与该平面平行的切平面的一个切点. 于是在切点 (x_0, y_0, z_0) 处的抛物面的法线矢量 $\{2x_0, \frac{1}{2}y_0, -1\}$ 与平面的法线矢量 $\{2, -1, 1\}$

平行. $\frac{2x_0}{2} = \frac{\frac{1}{2}y_0}{-1} = \frac{-1}{1}$,得 $x_0 = -1, y_0 = 2$,代入抛物面方程得到 $z_0 = 5$,故最近点是 $(-1, 2, 5)$.

此题也可用极值观点求解. 抛物面上点 $M(x, y, z)$ 到平面 $2x - y + z = 0$ 的距离为 $d = \frac{|2x - y + z|}{\sqrt{6}}$.

问题就是求 d 在约束条件 $x^2 + \frac{1}{4}y^2 - z + 3 = 0$ 下的条件极值. 用拉格朗日乘数法,作辅助函数

$$F(x,y,z,\lambda) = (2x - y + z)^2 + \lambda\left(x^2 + \frac{1}{4}y^2 - z + 3\right),$$

同样可以求出最近点 $(-1, 2, 5)$.

三、解答题

20. 解
$$\frac{\partial z}{\partial x} = yf' + 2xg_1',$$

$$\frac{\partial^2 z}{\partial x \partial y} = f' + yxf'' + 2x[g_{11}'' \cdot (-2y) + g_{12}'' \cdot e^y] = f' + xyf'' - 4xyg_{11}'' + 2xe^yg_{12}''.$$

21. 解 由已知条件可得

$$\frac{\partial g}{\partial x} = f'\left(\frac{y}{x}\right) \cdot \frac{\partial\left(\frac{y}{x}\right)}{\partial x} + y \cdot f'\left(\frac{x}{y}\right) \cdot \frac{\partial\left(\frac{x}{y}\right)}{\partial x} = -\frac{y}{x^2}f'\left(\frac{y}{x}\right) + f'\left(\frac{x}{y}\right),$$

$$\frac{\partial^2 g}{\partial x^2} = \frac{\partial\left[-\frac{y}{x^2}f'\left(\frac{y}{x}\right) + f'\left(\frac{x}{y}\right)\right]}{\partial x} = \frac{\partial\left(-\frac{y}{x^2}\right)}{\partial x} \cdot f'\left(\frac{y}{x}\right) + \left(-\frac{y}{x^2}\right) \cdot \frac{\partial f'\left(\frac{y}{x}\right)}{\partial x} + \frac{\partial f'\left(\frac{x}{y}\right)}{\partial x}$$

$$= \frac{2y}{x^3}f'\left(\frac{y}{x}\right) + \frac{y^2}{x^4}f''\left(\frac{y}{x}\right) + \frac{1}{y}f''\left(\frac{x}{y}\right).$$

另一方面我们得到

$$\frac{\partial g}{\partial y} = f'\left(\frac{y}{x}\right) \cdot \frac{1}{x} + \left[f\left(\frac{x}{y}\right) + y \cdot f'\left(\frac{x}{y}\right)\left(-\frac{x}{y^2}\right)\right] = \frac{1}{x}f'\left(\frac{y}{x}\right) + f\left(\frac{x}{y}\right) - \frac{x}{y}f'\left(\frac{x}{y}\right),$$

$$\frac{\partial^2 g}{\partial y^2} = \frac{\partial\left[\frac{1}{x}f'\left(\frac{y}{x}\right) + f\left(\frac{x}{y}\right) - \frac{x}{y}f'\left(\frac{x}{y}\right)\right]}{\partial y} = \frac{1}{x^2}f''\left(\frac{y}{x}\right) - \frac{x}{y^2}f'\left(\frac{x}{y}\right) + \frac{x}{y^2}f'\left(\frac{x}{y}\right) + \frac{x^2}{y^3}f''\left(\frac{x}{y}\right),$$

所以

$$x^2\frac{\partial^2 g}{\partial x^2} - y^2\frac{\partial^2 g}{\partial y^2} = \frac{2y}{x}f'\left(\frac{y}{x}\right) + \frac{y^2}{x^2}f''\left(\frac{y}{x}\right) + \frac{x^2}{y}f''\left(\frac{x}{y}\right) - \frac{y^2}{x^2}f''\left(\frac{y}{x}\right) - \frac{x^2}{y}f''\left(\frac{x}{y}\right)$$

$$= \frac{2y}{x}f'\left(\frac{y}{x}\right).$$

22. 解
$$\frac{\partial u}{\partial x} = f_1' \cdot z, \quad \frac{\partial^2 u}{\partial x \partial y} = f_{12}'' \cdot z.$$

$$\frac{\partial^3 u}{\partial x \partial y \partial z} = f_{12}'' + z(f_{121}''' \cdot x + f_{122}''')$$

$$= f_{12}'' + xzf_{121}''' + zf_{122}'''.$$

23. 解 首先，有 $\frac{\partial z}{\partial x} = f_1' \cdot 2x + f_2' \cdot \varphi' \cdot \frac{-y}{x^2}$，在求二阶偏导数时，必须清楚式中所出现的 f_1', f_2', φ' 的复合结构是与 f, φ 相同的，即

$$f_1' = f_1'\left[x^2, \varphi\left(\frac{y}{x}\right)\right], \quad f_2' = f_2'\left[x^2, \varphi\left(\frac{y}{x}\right)\right], \quad \varphi' = \varphi'\left(\frac{y}{x}\right),$$

所以

$$\frac{\partial^2 z}{\partial x \partial y} = 2x\left(f_{12}'' \cdot \varphi' \cdot \frac{1}{x}\right) + \left(f_{22}'' \cdot \varphi' \cdot \frac{1}{x}\right) \cdot \varphi' \cdot \frac{-y}{x^2} + f_2' \cdot \varphi' \cdot \frac{1}{x} \cdot \frac{-y}{x^2} + f_2'\varphi'' \cdot \frac{-1}{x^2}.$$

24. 证 (1) 设任一方向 $l^0 = \{\cos\theta, \sin\theta\}, \theta \neq 0, \pi$,

$$\frac{\partial f}{\partial l^0}\bigg|_{(0,0)} = \lim_{\rho \to 0}\frac{\frac{(\rho\cos\theta)^3}{\rho\sin\theta} - 0}{\rho} = \lim_{\rho \to 0}\frac{\rho\cos^3\theta}{\sin\theta} = 0.$$

当 $\theta \neq 0, \pi$ 时，$\frac{\partial f}{\partial l^0}\bigg|_{(0,0)} = \lim_{\rho \to 0}\frac{0 - 0}{\rho} = 0.$

(2) 考察 $\lim\limits_{\substack{x \to 0 \\ y \to 0}}\frac{x^3}{y}$：当 $y = x \to 0$ 时，$\lim\limits_{\substack{x \to 0 \\ y \to 0}}\frac{x^3}{y} = 0$；当 $y = x^3 \to 0$ 时，$\lim\limits_{\substack{x \to 0 \\ y \to 0}}\frac{x^3}{y} = 1$.

即 $\lim\limits_{\substack{x\to 0\\y\to 0}}\dfrac{x^3}{y}$ 不存在,所以 $f(x,y)$ 在$(0,0)$处不连续.

25.解 复合函数的求导法则为

$$\frac{\partial g}{\partial x}=\frac{\partial f}{\partial u}\frac{\partial(xy)}{\partial x}+\frac{\partial f}{\partial v}\frac{\partial\left(\frac{1}{2}(x^2-y^2)\right)}{\partial x}=y\frac{\partial f}{\partial u}+x\frac{\partial f}{\partial v},$$

$$\frac{\partial g}{\partial y}=\frac{\partial f}{\partial u}\frac{\partial(xy)}{\partial y}+\frac{\partial f}{\partial v}\frac{\partial\left(\frac{1}{2}(x^2-y^2)\right)}{\partial y}=x\frac{\partial f}{\partial u}-y\frac{\partial f}{\partial v},$$

从而

$$\frac{\partial^2 g}{\partial x^2}=y\left[\frac{\partial^2 f}{\partial u^2}\cdot y+\frac{\partial^2 f}{\partial u\partial v}\cdot x\right]+\frac{\partial f}{\partial v}+x\left[\frac{\partial^2 f}{\partial u\partial v}\cdot y+\frac{\partial^2 f}{\partial v^2}\cdot x\right]$$

$$=y^2\frac{\partial^2 f}{\partial u^2}+2xy\frac{\partial^2 f}{\partial u\partial v}+x^2\frac{\partial^2 f}{\partial v^2}+\frac{\partial f}{\partial v},$$

$$\frac{\partial^2 g}{\partial y^2}=x\left[\frac{\partial^2 f}{\partial u^2}\cdot x-\frac{\partial^2 f}{\partial u\partial v}\cdot y\right]-\frac{\partial f}{\partial v}-y\left[\frac{\partial^2 f}{\partial u\partial v}\cdot x-\frac{\partial^2 f}{\partial v^2}\cdot y\right]$$

$$=x^2\frac{\partial^2 f}{\partial u^2}-2xy\frac{\partial^2 f}{\partial u\partial v}+y^2\frac{\partial^2 f}{\partial v^2}-\frac{\partial f}{\partial v},$$

所以$\dfrac{\partial^2 g}{\partial x^2}+\dfrac{\partial^2 g}{\partial y^2}=(x^2+y^2)\dfrac{\partial^2 f}{\partial u^2}+(x^2+y^2)\dfrac{\partial^2 f}{\partial v^2}=(x^2+y^2)\left(\dfrac{\partial^2 f}{\partial u^2}+\dfrac{\partial^2 f}{\partial v^2}\right)=x^2+y^2.$

26.解法一 已知函数 $z=f[xy,yg(x)]$,则

$$\frac{\partial z}{\partial x}=f_1'[xy,yg(x)]\cdot\frac{\partial}{\partial x}(xy)+f_2'[xy,yg(x)]\cdot\frac{\partial}{\partial x}(yg(x))$$

$$=f_1'[xy,yg(x)]\cdot y+f_2'[xy,yg(x)]\cdot yg'(x),$$

$$\frac{\partial^2 z}{\partial x\partial y}=f_1'[xy,yg(x)]+y[f_{11}''(xy,yg(x))x+f_{12}''(xy,yg(x))g(x)]$$

$$+g'(x)\cdot f_2'[xy,yg(x)]+yg'(x)\{f_{12}''[xy,yg(x)]\cdot x+f_{22}''[xy,yg(x)]g(x)\}.$$

因为 $g(x)$ 在 $x=1$ 可导,且为极值,所以 $g'(1)=0$,则$\dfrac{\partial^2 z}{\partial x\partial y}\Big|_{\substack{x=1\\y=1}}=f_1'(1,1)+f_{11}''(1,1)+f_{12}''(1,1).$

解法二 已知函数 $z=f[xy,yg(x)]$,则

$$\frac{\partial z}{\partial x}=f_1'[xy,yg(x)]\cdot\frac{\partial}{\partial x}(xy)+f_2'[xy,yg(x)]\cdot\frac{\partial}{\partial x}(yg(x))$$

$$=f_1'[xy,yg(x)]\cdot y+f_2'[xy,yg(x)]\cdot yg'(x).$$

因为 $g(x)$ 在 $x=1$ 可导,且为极值,所以 $g'(1)=0$. 又 $g(1)=1$,则

$$\frac{\partial z}{\partial x}\Big|_{x=1}=f_1'[y,yg(1)]\cdot y=f_1'(y,y)\cdot y$$

$$\Rightarrow\frac{\partial^2 z}{\partial x\partial y}\Big|_{\substack{x=1\\y=1}}=\frac{\partial}{\partial y}(f_1'(y,y)\cdot y)\Big|_{y=1}=f_1'(1,1)+f_{11}''(1,1)+f_{12}''(1,1).$$

27.证 先证明$\lim\limits_{\substack{x\to 0\\y\to 0}}\dfrac{|x-y||\varphi(x,y)|}{\sqrt{x^2+y^2}}=0$,事实上,由$|x-y|\leqslant|x|+|y|$,所以

$$\frac{|x-y||\varphi(x,y)|}{\sqrt{x^2+y^2}}\leqslant\frac{|x|+|y|}{\sqrt{x^2+y^2}}|\varphi(x,y)|\leqslant 2|\varphi(x,y)|,$$

由 $\varphi(x,y)$ 在 O 处的连续性及 $\varphi(0,0)=0$ 知$\lim\limits_{\substack{x\to 0\\y\to 0}}\varphi(x,y)=0$,所以$\lim\limits_{\substack{x\to 0\\y\to 0}}\dfrac{|x-y||\varphi(x,y)|}{\sqrt{x^2+y^2}}=0$成立,于

是 $f(x,y)-f(0,0)=0+o(\sqrt{x^2+y^2})$,由可微定义知 $f(x,y)$ 在点 O 处可微,且 $\mathrm{d}f|_{(0,0)}=0.$

28.(1)解法一 对方程 $x^2+y^2-z=\varphi(x+y+z)$ 两边同时求全微分,得

$$2x\mathrm{d}x+2y\mathrm{d}y-\mathrm{d}z=\varphi'(x+y+z)\cdot(\mathrm{d}x+\mathrm{d}y+\mathrm{d}z),$$

解得

$$dz = \frac{(-\varphi' + 2x)\,dx + (-\varphi' + 2y)\,dy}{\varphi' + 1}.$$

解法二　对方程 $x^2 + y^2 - z = \varphi(x + y + z)$ 两边同时对 x 求偏导数, 得 $2x - \dfrac{\partial z}{\partial x} = \varphi' \cdot (1 + \dfrac{\partial z}{\partial x})$, 解

得 $\dfrac{\partial z}{\partial x} = \dfrac{-\varphi' + 2x}{\varphi' + 1}$. 由 x, y 的对称性得 $\dfrac{\partial z}{\partial y} = \dfrac{-\varphi' + 2y}{\varphi' + 1}$.

所以 $dz = \dfrac{(-\varphi' + 2x)\,dx + (-\varphi' + 2y)\,dy}{\varphi' + 1}$.

(2) 由 (1) 可知 $\dfrac{\partial z}{\partial x} = \dfrac{-\varphi' + 2x}{\varphi' + 1}, \dfrac{\partial z}{\partial y} = \dfrac{-\varphi' + 2y}{\varphi' + 1}$, 所以

$$u(x, y) = \frac{1}{x - y}\left(\frac{\partial z}{\partial x} - \frac{\partial z}{\partial y}\right) = \frac{1}{x - y}\left(\frac{-\varphi' + 2x}{\varphi' + 1} - \frac{-\varphi' + 2y}{\varphi' + 1}\right) = \frac{1}{x - y} \cdot \frac{-2y + 2x}{\varphi' + 1} = \frac{2}{\varphi' + 1},$$

则 $\dfrac{\partial u}{\partial x} = \dfrac{-2\varphi''(1 + \dfrac{\partial z}{\partial x})}{(\varphi' + 1)^2} = -\dfrac{2\varphi''(1 + \dfrac{2x - \varphi'}{1 + \varphi'})}{(\varphi' + 1)^2} = -\dfrac{2\varphi''(1 + \varphi' + 2x - \varphi')}{(\varphi' + 1)^3} = -\dfrac{2\varphi''(1 + 2x)}{(\varphi' + 1)^3}.$

29. 解　将 $y - xe^{y-1} = 1$ 两边对 x 求导, 得 $y' - (xe^{y-1})' = 0$, 即 $y' - e^{y-1} - xe^{y-1}y' = 0$, 也即
$$(2 - y)y' - e^{y-1} = 0 \tag{①}$$

另外, 在原方程 $y - xe^{y-1} = 1$ 中, 令 $x = 0$, 得 $y = 1$, 所以 $y(0) = 1$, 将它代入 ① 式, 得 $y'(0) = 1$.

再对 ① 两边求导得 $(2 - y)y'' - y'^2 - e^{y-1}y' = 0$, 代入 $y(0) = 1, y'(0) = 1$, 得 $y''(0) = 2$.

因为 $z = f(\ln y - \sin x)$ 是复合函数, 由 $\dfrac{dz}{dx} = \dfrac{dz}{du} \cdot \dfrac{\partial u}{\partial x} + \dfrac{dz}{du} \cdot \dfrac{\partial u}{\partial y} \cdot \dfrac{dy}{dx}$ 得

$$\frac{dz}{dx} = f'(u) \cdot (-\cos x) + f'(u) \cdot \frac{1}{y} \cdot y' = f'(\ln y - \sin x)\left(\frac{y'}{y} - \cos x\right). \tag{②}$$

代入 $y(0) = 1, y'(0) = 1, y''(0) = 2, f'(0) = 1$, 得 $\dfrac{dz}{dx}\Big|_{x=0} = 0$.

再对 ② 式左右两端关于 x 求导, 得

$$\frac{d^2 z}{dx^2} = \left[f'(\ln y - \sin x)\right]'\left(\frac{y'}{y} - \cos x\right) + f'(\ln y - \sin x)\left(\frac{y'}{y} - \cos x\right)'$$

$$= f''(\ln y - \sin x)\left(\frac{y'}{y} - \cos x\right)^2 + f'(\ln y - \sin x)\left[-\frac{y'^2}{y^2} + \frac{y''}{y} + \sin x\right],$$

代入 $y(0) = 1, y'(0) = 1, y''(0) = 2, f'(0) = 1$, 得 $\dfrac{d^2 z}{dx^2}\Big|_{x=0} = f'(0)(2 - 1) = 1$.

30. 解　$f(x, y)$ 的定义域为 $-\infty < x < +\infty, y > 0$.

令 $\begin{cases} f'_x(x, y) = 2x(2 + y^2) = 0, \\ f'_y(x, y) = 2x^2 y + \ln y + 1 = 0, \end{cases}$ 得唯一驻点 $\left(0, \dfrac{1}{e}\right)$.

$$A = f''_{xx}\left(0, \frac{1}{e}\right) = 2(2 + y^2)\Big|_{(0, \frac{1}{e})} = 2\left(2 + \frac{1}{e^2}\right),$$

$$B = f''_{xy}\left(0, \frac{1}{e}\right) = 4xy\Big|_{(0, \frac{1}{e})} = 0,$$

$$C = f''_{yy}\left(0, \frac{1}{e}\right) = \left(2x^2 + \frac{1}{y}\right)\Big|_{(0, \frac{1}{e})} = e.$$

所以 $B^2 - AC < 0$ 且 $A > 0$.

从而 $f\left(0, \dfrac{1}{e}\right)$ 是 $f(x, y)$ 的极小值, 极小值为 $f\left(0, \dfrac{1}{e}\right) = -\dfrac{1}{e}$.

31. 解　$f''_{xy}(x, y) = 2(y + 1)e^x$ 两边对 y 积分, 得

$$f'_x(x, y) = 2\left(\frac{1}{2}y^2 + y\right)e^x + \varphi(x) = (y^2 + 2y)e^x + \varphi(x).$$

故 $f'_x(x, 0) = \varphi(x) = (x + 1)e^x$, 求得 $\varphi(x) = e^x(x + 1)$.

故 $f'_x(x, y) = (y^2 + 2y)e^x + e^x(1 + x)$, 两边关于 x 积分, 得

$$f(x,y) = (y^2 + 2y)e^x + \int e^x(1+x)dx = (y^2 + 2y)e^x + \int (1+x)de^x$$

$$= (y^2 + 2y)e^x + (1+x)e^x - \int e^x dx = (y^2 + 2y)e^x + (1+x)e^x - e^x + C(y)$$

$$= (y^2 + 2y)e^x + xe^x + C(y).$$

由 $f(0,y) = y^2 + 2y + C(y) = y^2 + 2y$, 求得 $C(y) = 0$, 所以 $f(x,y) = (y^2 + 2y)e^x + xe^x$.

令 $\begin{cases} f'_x = (y^2 + 2y)e^x + e^x + xe^x = 0, \\ f'_y = (2y+2)e^x = 0, \end{cases}$ 求得 $\begin{cases} x = 0, \\ y = -1, \end{cases}$

又 $f''_{xx} = (y^2 + 2y)e^x + 2e^x + xe^x$, $f''_{xy} = 2(y+1)e^x$, $f''_{yy} = 2e^x$.

当 $x = 0, y = -1$ 时, $A = f''_{xx}(0,-1) = 1, B = f''_{xy}(0,-1) = 0, C = f''_{yy}(0,-1) = 2$.

$B^2 - AC < 0, A > 0, f(0,-1) = -1$ 为极小值.

32. 解 将 $x^2 - 6xy + 10y^2 - 2yz - z^2 + 18 = 0$ 两边对 x 求导, 得

$$2x - 6y - 2y\frac{\partial z}{\partial x} - 2z\frac{\partial z}{\partial x} = 0, \qquad \text{①}$$

对 y 求导, 得

$$-6x + 20y - 2z - 2y\frac{\partial z}{\partial y} - 2z\frac{\partial z}{\partial y} = 0. \qquad \text{②}$$

令 $\begin{cases} \dfrac{\partial z}{\partial x} = 0, \\ \dfrac{\partial z}{\partial y} = 0, \end{cases}$ 得 $\begin{cases} x - 3y = 0, \\ -3x + 10y - z = 0, \end{cases}$ 解得 $\begin{cases} x = 3y, \\ z = y. \end{cases}$

将上式代入 $x^2 - 6xy + 10y^2 - 2yz - z^2 + 18 = 0$, 可得 $\begin{cases} x = 9, \\ y = 3, \\ z = 3, \end{cases}$ 或 $\begin{cases} x = -9, \\ y = -3, \\ z = -3. \end{cases}$

为求二阶偏导, 再将 ① 分别对 x, y 求偏导数, 将 ② 分别对 x, y 求偏导数.

① 式对 x 求导, 得 $2 - 2y\dfrac{\partial^2 z}{\partial x^2} - 2(\dfrac{\partial z}{\partial x})^2 - 2z\dfrac{\partial^2 z}{\partial x^2} = 0$;

② 式对 x 求导, 得 $-6 - 2\dfrac{\partial z}{\partial x} - 2y\dfrac{\partial^2 z}{\partial x\partial y} - 2\dfrac{\partial z}{\partial y} \cdot \dfrac{\partial z}{\partial x} - 2z\dfrac{\partial^2 z}{\partial x\partial y} = 0$;

② 式对 y 求导, 得 $20 - 2\dfrac{\partial z}{\partial y} - 2\dfrac{\partial z}{\partial y} - 2y\dfrac{\partial^2 z}{\partial y^2} - 2(\dfrac{\partial z}{\partial y})^2 - 2z\dfrac{\partial^2 z}{\partial y^2} = 0$.

将 $\begin{cases} x = 9, \\ y = 3, \\ z = 3, \end{cases}$ 及 $\begin{cases} \dfrac{\partial z}{\partial x} = 0, \\ \dfrac{\partial z}{\partial y} = 0 \end{cases}$ 代入, 得

$$A = \frac{\partial^2 z}{\partial x^2}\Big|_{(9,3,3)} = \frac{1}{6}, \quad B = \frac{\partial^2 z}{\partial x\partial y}\Big|_{(9,3,3)} = -\frac{1}{2}, \quad C = \frac{\partial^2 z}{\partial y^2}\Big|_{(9,3,3)} = \frac{5}{3},$$

故 $AC - B^2 = \dfrac{1}{36} > 0$, 又 $A = \dfrac{1}{6} > 0$, 从而点 $(9,3)$ 是 $z(x,y)$ 的极小值点, 极小值为 $z(9,3) = 3$.

类似地, 将 $\begin{cases} x = -9, \\ y = -3, \\ z = -3, \end{cases}$ 及 $\begin{cases} \dfrac{\partial z}{\partial x} = 0, \\ \dfrac{\partial z}{\partial y} = 0 \end{cases}$ 代入, 得

$$A = \frac{\partial^2 z}{\partial x^2}\Big|_{(-9,-3,-3)} = -\frac{1}{6}, \quad B = \frac{\partial^2 z}{\partial x\partial y}\Big|_{(-9,-3,-3)} = \frac{1}{2}, \quad C = \frac{\partial^2 z}{\partial y^2}\Big|_{(-9,-3,-3)} = -\frac{5}{3}.$$

可知 $AC - B^2 = \dfrac{1}{36} > 0$, 又 $A = -\dfrac{1}{6} < 0$, 从而点 $(-9,-3)$ 是 $z(x,y)$ 的极大值点, 极大值为

$z(-9,-3) = -3$.

33. 解 (1) $\dfrac{\partial u}{\partial x} = 1, \dfrac{\partial u}{\partial y} = 1, \dfrac{\partial u}{\partial z} = 1, S$ 的外法线方向向量

$$n = \{2x_0, 2y_0, 2z_0\}, n^0 = \{x_0, y_0, z_0\},$$

$$\frac{\partial u}{\partial n} = x_0 + y_0 + z_0.$$

(2) 令 $F(x, y, z, \lambda) = x + y + z + \lambda(x^2 + y^2 + z^2 - 1)$，由拉格朗日乘数法，有

$$\begin{cases} \dfrac{\partial F}{\partial x} = 1 + 2\lambda x = 0, \\[2mm] \dfrac{\partial F}{\partial y} = 1 + 2\lambda y = 0, \\[2mm] \dfrac{\partial F}{\partial z} = 1 + 2\lambda z = 0, \\[2mm] \dfrac{\partial F}{\partial \lambda} = x^2 + y^2 + z^2 - 1 = 0, \end{cases}$$

解得 $\lambda = \pm\dfrac{\sqrt{3}}{2}$，相应地，$x = y = z = \mp\dfrac{1}{\sqrt{3}}$，于是 $\max\left\{\dfrac{\partial u}{\partial n}\right\} = \sqrt{3}$，对应的 $x_0 = y_0 = z_0 = \dfrac{\sqrt{3}}{3}$。

34. 解法一 作拉格朗日函数

$$F(x, y, z, \lambda, \mu) = x^2 + y^2 + z^2 + \lambda(x^2 + y^2 - z) + \mu(x + y + z - 4).$$

令 $\begin{cases} F'_x = 2x + 2\lambda x + \mu = 0, \\ F'_y = 2y + 2\lambda y + \mu = 0, \\ F'_z = 2z - \lambda + \mu = 0, \\ F'_\lambda = x^2 + y^2 - z = 0, \\ F'_\mu = x + y + z - 4 = 0, \end{cases}$

解方程组得 $(x_1, y_1, z_1) = (1, 1, 2)$，$(x_2, y_2, z_2) = (-2, -2, 8)$，故所求的最大值为 72，最小值为 6。

解法二 问题可转化为求 $u = x^2 + y^2 + x^4 + 2x^2 y^2 + y^4$ 在 $x + y + x^2 + y^2 = 4$ 条件下的最值。

设 $F(x, y, \lambda) = x^4 + y^4 + 2x^2 y^2 + x^2 + y^2 + \lambda(x + y + x^2 + y^2 - 4)$。

令 $\begin{cases} F'_x = 4x^3 + 4xy^2 + 2x + \lambda(1 + 2x) = 0, \\ F'_y = 4y^3 + 4x^2 y + 2y + \lambda(1 + 2y) = 0, \\ F'_\lambda = x + y + x^2 + y^2 - 4 = 0, \end{cases}$

解得 $(x_1, y_1) = (1, 1)$，$(x_2, y_2) = (-2, -2)$，代入 $z = x^2 + y^2$，得 $z_1 = 2$，$z_2 = 8$，所求的最大值为 72，最小值为 6。

解法三 化成一元无条件极值问题。

由 $z = x^2 + y^2$ 和 $x + y + z = 4$，消去 z 得 $x + y + x^2 + y^2 = 4$，即 $\left(x + \dfrac{1}{2}\right)^2 + \left(y + \dfrac{1}{2}\right)^2 = \dfrac{9}{2}$，

解出 y 或解出 x 化为一元都麻烦，不如令

$$x = \frac{3}{2}\sqrt{2}\cos t - \frac{1}{2}, \quad y = \frac{3}{2}\sqrt{2}\sin t - \frac{1}{2},$$

从而成为讨论 t 的一元函数

$$u = x^2 + y^2 + (x^2 + y^2)^2 = (x^2 + y^2)(1 + x^2 + y^2)$$
$$= \left(5 - \frac{3}{2}\sqrt{2}\cos t - \frac{3}{2}\sqrt{2}\sin t\right)\left(6 - \frac{3}{2}\sqrt{2}\cos t - \frac{3}{2}\sqrt{2}\sin t\right)$$

的最大、最小值问题，由于周期性，只要考虑 $0 \leqslant t \leqslant \pi$。

$$\frac{du}{dt} = \frac{3}{2}\sqrt{2}(\cos t - \sin t)\left(11 - \frac{3}{2}\sqrt{2}\cos t - \frac{3}{2}\sqrt{2}\sin t\right)$$
$$= \frac{3}{2}\sqrt{2}(\cos t - \sin t)\left[11 - 6\left(\frac{\sqrt{2}}{2}\cos t + \frac{\sqrt{2}}{2}\sin t\right)\right].$$

令 $\dfrac{du}{dt} = 0$，由于第 2 个因子 $\neq 0$，故求得 $t = \dfrac{\pi}{4}$ 或 $t = \dfrac{5\pi}{4}$。

经计算，$u\big|_{t=\frac{\pi}{4}} = (5 - 3)(6 - 3) = 6$，$u\big|_{t=\frac{5\pi}{4}} = (5 + 3)(6 + 3) = 72$。

所以 u 的最小值为 6,最大值为 72.

35. 由 $\mathrm{d}z = 2x\mathrm{d}x - 2y\mathrm{d}y$,知 $\dfrac{\partial z}{\partial x} = 2x, \dfrac{\partial z}{\partial y} = -2y$.

由 $\dfrac{\partial z}{\partial x} = 2x$,知 $z = f(x,y) = x^2 + c(y)$.

将 $z(x,y) = x^2 + c(y)$ 代入 $\dfrac{\partial z}{\partial y} = -2y$,得 $c'(y) = 2y, c(y) = y^2 + c$.

所以,$z = x^2 - y^2 + c$.

再由 $x = 1, y = 1$ 时 $z = 2$,知 $c = 2$.故可知,$z = x^2 - y^2 + 2$.

求 z 在 $x^2 + \dfrac{y^2}{4} < 1$ 中的驻点.由 $\dfrac{\partial z}{\partial x} = 2x \overset{令}{=} 0, \dfrac{\partial z}{\partial y} = -2y \overset{令}{=} 0$,得驻点 $(0,0)$,对应的 $z = f(0,0) = 2$,

为讨论 $z = x^2 - y^2 + 2$ 在 D 的边界 $x^2 + \dfrac{y^2}{4} = 1$ 上的最值,有三个方法.

解法一 拉格朗日乘数法.

构造拉格朗日函数:$F(x,y,\lambda) = x^2 - y^2 + 2 + \lambda(x^2 + \dfrac{y^2}{4} - 1)$.

解 $\begin{cases} F'_x = \dfrac{\partial f}{\partial x} + 2\lambda x = 2(1+\lambda)x \overset{令}{=} 0, \\ F'_y = \dfrac{\partial f}{\partial y} + \dfrac{\lambda y}{2} = -2y + \dfrac{1}{2}\lambda y \overset{令}{=} 0, \\ F'_\lambda = x^2 + \dfrac{y^2}{4} - 1 \overset{令}{=} 0. \end{cases}$

得 4 个可能的极值点 $(0,2),(0,-2),(1,0),(-1,0)$.计算对应 z 的值

$$z|_{(0,2)} = -2, z|_{(0,-2)} = -2, z|_{(1,0)} = 3, z|_{(-1,0)} = 3,$$

再与 $z|_{(0,0)} = 2$ 比较大小,得到

$$\min z = -2(x=0, y=\pm 2), \max z = 3(x=\pm 1, y=0).$$

解法二 利用导数求极值.

把 $y^2 = 4(1-x^2)$ 代入 z 的表达式,有

$$z = x^2 - y^2 + 2 = 5x^2 - 2, -1 \leqslant x \leqslant 1,$$
$$z'_x = 10x,$$

令 $z'_x = 0$ 解得 $x = 0$,对应的 $y = \pm 2, z|_{x=0,y=\pm 2} = -2$.

还要考虑 $-1 \leqslant x \leqslant 1$ 的端点 $x = \pm 1$,对应的 $y = 0, z|_{x=\pm 1, y=0} = 3$.

由 $z = 2, z = -2, z = 3$ 比较大小,得到

$$\min z = -2(x=0, y=\pm 2), \max z = 3(x=\pm 1, y=0).$$

解法三 目测法.

欲求 $z = x^2 - y^2 + 2$ 在 D 的边界 $x^2 + \dfrac{y^2}{4} = 1$ 上的最大、最小值,经分析可知,在规定的 $x^2 + \dfrac{y^2}{4} = 1$ 范

围内,为取到最大值,只需要 x 的绝对值尽可能地大,y 的绝对值尽可能地小即可.在 $x^2 + \dfrac{y^2}{4} = 1$ 内,x 的绝

对值最大,为 ± 1,y 的绝对值最小,为 0,此时 $z = 3(x=\pm 1, y=0)$.为取到最小值,只需要 x 的绝对值尽可

能地小,y 的绝对值尽可能地大即可.在 $x^2 + \dfrac{y^2}{4} = 1$ 内,x 的绝对值最小,为 0,y 的绝对值最大,为 ± 2,此时

$z = -2(x=0, y=\pm 2)$.

再与 $z|_{(0,0)} = 2$ 比较大小,故得

$$\min z = -2(x=0, y=\pm 2), \max z = 3(x=\pm 1, y=0).$$

36. **解法一** 将 ξ, η 看作中间变量.

$$\frac{\partial \xi}{\partial x} = 1, \frac{\partial \eta}{\partial x} = 1, \frac{\partial \xi}{\partial y} = a, \frac{\partial \eta}{\partial y} = b.$$

由复合函数求导法则得

$$\frac{\partial u}{\partial x} = \frac{\partial u}{\partial \xi} \cdot \frac{\partial \xi}{\partial x} + \frac{\partial u}{\partial \eta} \cdot \frac{\partial \eta}{\partial x} = \frac{\partial u}{\partial \xi} + \frac{\partial u}{\partial \eta},$$

$$\frac{\partial u}{\partial y} = \frac{\partial u}{\partial \xi} \cdot \frac{\partial \xi}{\partial y} + \frac{\partial u}{\partial \eta} \frac{\partial \eta}{\partial y} = a \cdot \frac{\partial u}{\partial \xi} + b \cdot \frac{\partial u}{\partial \eta},$$

$$\frac{\partial^2 u}{\partial x^2} = \frac{\partial}{\partial x}\left(\frac{\partial u}{\partial \xi} + \frac{\partial u}{\partial \eta}\right) = \frac{\partial^2 u}{\partial \xi^2} \cdot \frac{\partial \xi}{\partial x} + \frac{\partial^2 u}{\partial \xi \partial \eta} \cdot \frac{\partial \eta}{\partial x} + \frac{\partial^2 u}{\partial \eta \partial \xi} \cdot \frac{\partial \xi}{\partial x} + \frac{\partial^2 u}{\partial \eta^2} \cdot \frac{\partial \eta}{\partial x}$$

$$= \frac{\partial^2 u}{\partial \xi^2} + \frac{\partial^2 u}{\partial \eta^2} + 2 \frac{\partial^2 u}{\partial \xi \partial \eta},$$

$$\frac{\partial^2 u}{\partial x \partial y} = \frac{\partial}{\partial y}\left(\frac{\partial u}{\partial \xi} + \frac{\partial u}{\partial \eta}\right) = \frac{\partial^2 u}{\partial \xi^2} \cdot \frac{\partial \xi}{\partial y} + \frac{\partial^2 u}{\partial \xi \partial \eta} \cdot \frac{\partial \eta}{\partial y} + \frac{\partial^2 u}{\partial \eta \partial \xi} \cdot \frac{\partial \xi}{\partial y} + \frac{\partial^2 u}{\partial \eta^2} \cdot \frac{\partial \eta}{\partial y}$$

$$= a \frac{\partial^2 u}{\partial \xi^2} + b \frac{\partial^2 u}{\partial \eta^2} + (a+b) \frac{\partial^2 u}{\partial \xi \partial \eta},$$

$$\frac{\partial^2 u}{\partial y^2} = \frac{\partial}{\partial y}\left(a \frac{\partial u}{\partial \xi} + b \frac{\partial u}{\partial \eta}\right) = a\left(\frac{\partial^2 u}{\partial \xi^2} \cdot \frac{\partial \xi}{\partial y} + \frac{\partial^2 u}{\partial \xi \partial \eta} \cdot \frac{\partial \eta}{\partial y}\right) + b\left(\frac{\partial^2 u}{\partial \eta \partial \xi} \cdot \frac{\partial \eta}{\partial y} + \frac{\partial^2 u}{\partial \eta^2} \cdot \frac{\partial \xi}{\partial y}\right)$$

$$= a^2 \frac{\partial^2 u}{\partial \xi^2} + b^2 \frac{\partial^2 u}{\partial \eta^2} + 2ab \frac{\partial^2 u}{\partial \xi \partial \eta},$$

代入方程 $4 \frac{\partial^2 u}{\partial x^2} + 12 \frac{\partial u^2}{\partial x \partial y} + 5 \frac{\partial^2 u}{\partial y^2} = 0$,整理得

$$(5a^2 + 12a + 4) \frac{\partial^2 u}{\partial \xi^2} + (5b^2 + 12b + 4) \frac{\partial^2 u}{\partial \eta^2} + \left[12(a+b) + 10ab + 8\right] \frac{\partial^2 u}{\partial \xi \partial \eta} = 0,$$

即

$$\begin{cases} 5a^2 + 12a + 4 = 0, & \text{①} \\ 5b^2 + 12b + 4 = 0, & \text{②} \\ 12(a+b) + 10ab + 8 \neq 0. & \text{③} \end{cases}$$

由 ①,② 得 $\begin{cases} a = -2, \\ b = -\dfrac{2}{5}, \end{cases} \begin{cases} a = -\dfrac{2}{5}, \\ b = -2, \end{cases} \begin{cases} a = -2, \\ b = -2, \end{cases} \begin{cases} a = -\dfrac{2}{5}, \\ b = -\dfrac{2}{5}. \end{cases}$

而 $\begin{cases} a = -2, \\ b = -2, \end{cases} \begin{cases} a = -\dfrac{2}{5}, \\ b = -\dfrac{2}{5} \end{cases}$ 不满足方程 ③,故 $\begin{cases} a = -2, \\ b = -\dfrac{2}{5}, \end{cases} \begin{cases} a = -\dfrac{2}{5}, \\ b = -2. \end{cases}$

解法二 将 x, y 看作中间变量.

由 $\xi = x + ay, \eta = x + by$,解得 $\begin{cases} x = \dfrac{a\eta - b\xi}{a - b}, \\ y = \dfrac{\xi - \eta}{a - b}, \end{cases}$ 则

$$\frac{\partial x}{\partial \xi} = \frac{-b}{a-b}, \frac{\partial x}{\partial \eta} = \frac{a}{a-b}, \frac{\partial y}{\partial \xi} = \frac{1}{a-b}, \frac{\partial y}{\partial \eta} = \frac{-1}{a-b},$$

$$\frac{\partial u}{\partial \xi} = \frac{\partial u}{\partial x} \cdot \frac{\partial x}{\partial \xi} + \frac{\partial u}{\partial y} \cdot \frac{\partial y}{\partial \xi} = \frac{-b}{a-b} \cdot \frac{\partial u}{\partial x} + \frac{1}{a-b} \cdot \frac{\partial u}{\partial y},$$

$$\frac{\partial^2 u}{\partial \xi \partial \eta} = \frac{-b}{a-b}\left(\frac{\partial^2 u}{\partial x^2} \cdot \frac{\partial x}{\partial \eta} + \frac{\partial^2 u}{\partial x \partial y} \cdot \frac{\partial y}{\partial \eta}\right) + \frac{1}{a-b}\left(\frac{\partial^2 u}{\partial x \partial y} \cdot \frac{\partial x}{\partial \eta} + \frac{\partial^2 u}{\partial y^2} \cdot \frac{\partial y}{\partial \eta}\right)$$

$$= \frac{-b}{a-b}\left(\frac{a}{a-b} \cdot \frac{\partial^2 u}{\partial x^2} + \frac{-1}{a-b} \cdot \frac{\partial^2 u}{\partial x \partial y}\right) + \frac{1}{a-b}\left(\frac{a}{a-b} \cdot \frac{\partial^2 u}{\partial y \partial x} + \frac{1}{a-b} \frac{\partial^2 u}{\partial y^2}\right)$$

$$= \frac{-ab}{(a-b)^2} \cdot \frac{\partial^2 u}{\partial x^2} + \frac{a+b}{(a-b)^2} \cdot \frac{\partial^2 u}{\partial x \partial y} + \frac{-1}{(a-b)^2} \frac{\partial^2 u}{\partial y^2},$$

若 $\frac{\partial^2 u}{\partial \xi \partial \eta} = 0$,则 $\frac{-ab}{(a-b)^2} \cdot \frac{\partial^2 u}{\partial x^2} + \frac{a+b}{(a-b)^2} \cdot \frac{\partial^2 u}{\partial x \partial y} + \frac{-1}{(a-b)^2} \frac{\partial^2 u}{\partial y^2} = 0.$

由已知，$4\dfrac{\partial^2 u}{\partial x^2}+12\dfrac{\partial^2 u}{\partial x\partial y}+5\dfrac{\partial^2 u}{\partial y^2}=0$，则 $\dfrac{-ab}{4}=\dfrac{a+b}{12}=\dfrac{-1}{5}$，解得

$$\begin{cases}a=-2,\\ b=\dfrac{-2}{5}\end{cases}\text{或}\begin{cases}a=\dfrac{-2}{5},\\ b=-2.\end{cases}$$

37. 解　(1) $\dfrac{\partial u}{\partial x}\Big|_{(0,0)}$ 不存在，理由是：$\dfrac{\partial u}{\partial x}\Big|_{(0,0)}=\lim\limits_{x\to 0}\dfrac{\sqrt{x^2-0}}{x}=\lim\limits_{x\to 0}\dfrac{|x|}{x}$ 不存在.

(2) $\dfrac{\partial u}{\partial l}\Big|_{(0,0)}=\lim\limits_{\rho\to 0}\dfrac{\sqrt{(\rho\cos\alpha)^2+2(\rho\sin\alpha)^2}-0}{\rho}=\sqrt{\sin^2\alpha+2\sin^2\alpha}$，存在.

38. 解　直线 L 的方向向量为 $\boldsymbol{\tau}=\{1,-4,6\}$，椭球面上点 (x,y,z) 处的法向量 $\boldsymbol{n}=\{2x,6y,6z\}$，由条件 $\boldsymbol{\tau}/\!/\boldsymbol{n}$，所以，$\dfrac{2x}{1}=\dfrac{4y}{-4}=\dfrac{6z}{6}=\lambda,x=\dfrac{\lambda}{2},y=-\lambda,z=\lambda.$

从而 $(\dfrac{\lambda}{2})^2+2(-\lambda)^2+3\lambda^2=21$，得 $\lambda=\pm 2$，得两点 $(1,-2,2)$ 与 $(-1,2,-2)$.

切平面方程分别为：$x-4y+6z-21=0$ 与 $x-4y+6z+21=0$.

39. 解　设点 (x,y,z) 为曲面 $S:4z=3x^2-2xy+3y^2$ 上的任意一点，该点到平面 $x+y-4z-1=0$ 的距离为 $d=\dfrac{|x+y-4z-1|}{\sqrt{1^2+1^2+(-4)^2}}.$

讨论在约束条件 $3x^2-2xy+3y^2-4z=0$ 下，$(x+y-4z-1)^2=(\sqrt{18}\,d)^2$ 的最小值.

令 $F(x,y,z,\lambda)=(x+y-4z-1)^2+\lambda(3x^2-2xy+3y^2-4z).$

求偏导数，并令其为零，有

$$\begin{cases}\dfrac{\partial F}{\partial x}=2(x+y-4z-1)+\lambda(6x-2y)=0,\\[2mm]\dfrac{\partial F}{\partial y}=2(x+y-4z-1)+\lambda(-2x+6y)=0,\\[2mm]\dfrac{\partial F}{\partial z}=-8(x+y-4z-1)+\lambda(-4)=0,\\[2mm]\dfrac{\partial F}{\partial \lambda}=3x^2-2xy+3y^2-4z=0.\end{cases}$$

解得 $x=\dfrac{1}{4},y=\dfrac{1}{4},z=\dfrac{1}{16}$，得唯一驻点. 曲面 S 到平面总有最短距离.

因此，当 S 上的点 $(x,y,z)=(\dfrac{1}{4},\dfrac{1}{4},\dfrac{1}{16})$ 时，d 最小. $\min d=\dfrac{1}{\sqrt{18}}\left|\dfrac{1}{4}+\dfrac{1}{4}-\dfrac{1}{4}-1\right|=\dfrac{\sqrt{2}}{8}.$

40. 解　该曲面上点 (x_0,y_0,z_0) 处的法向量为 $\boldsymbol{n}=\{-2x_0,-2y_0,1\}.$

以点 $(1,-\dfrac{1}{2},\dfrac{5}{4})$ 代入，有 $\boldsymbol{n}=\{-2,1,1\}$，由点法式，切平面方程为

$$-2(x-1)+(y+\dfrac{1}{2})+(z-\dfrac{5}{4})=0,\text{即}\ 8x-4y-4z-5=0.$$

41. 解　设所求平面为 $\lambda(x+y+z-1)+2x+y+4z-2=0.$

即 $(\lambda+2)x+(\lambda+1)y+(\lambda+4)z-\lambda-2=0$，其法向量为 $\{\lambda+2,\lambda+1,\lambda+4\}$，

抛物面 $z=x^2+y^2$ 在 $(1,-1,2)$ 的切平面法向为 $(-2,2,1)$.

所以由题设得 $-2\cdot(\lambda+2)+2\cdot(\lambda+1)+1\cdot(\lambda+4)=0$，解得 $\lambda=-2$.

于是所求平面为 $y-2z=0$（平面 $z+y+z=1$ 不符合条件）.

第 6 章

一、填空题

1. 解 平面区域 D 如右图所示，用极坐标变换.

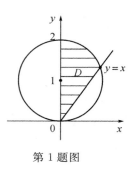

第 1 题图

$D:\dfrac{\pi}{4}\leqslant\theta\leqslant\dfrac{\pi}{2},0\leqslant r\leqslant 2\sin\theta$，所以

$$\iint\limits_{D}xy\mathrm{d}\sigma=\int_{\frac{\pi}{4}}^{\frac{\pi}{2}}\mathrm{d}\theta\int_{0}^{2\sin\theta}r\cos\theta\cdot r\sin\theta r\mathrm{d}r$$

$$=\int_{\frac{\pi}{4}}^{\frac{\pi}{2}}r\cos\theta\cdot\sin\theta\mathrm{d}\theta\int_{0}^{2\sin\theta}r^{3}\mathrm{d}r$$

$$=\int_{\frac{\pi}{4}}^{\frac{\pi}{2}}\sin\theta\cdot\cos\theta\cdot\frac{1}{4}\cdot 16\sin^{4}\theta\mathrm{d}\theta=\int_{\frac{\pi}{4}}^{\frac{\pi}{2}}4\cos\theta\cdot\sin^{5}\theta\mathrm{d}\theta$$

$$=4\int_{\frac{\pi}{4}}^{\frac{\pi}{2}}\sin^{5}\theta\mathrm{d}\sin\theta$$

$$=\frac{4}{6}\sin^{6}\theta\Big|_{\frac{\pi}{4}}^{\frac{\pi}{2}}=\frac{7}{12}.$$

2. 解 $\iint\limits_{D}(x^{2}-y)\mathrm{d}x\mathrm{d}y\xrightarrow{\text{利用奇偶性}}\iint\limits_{D}x^{2}\mathrm{d}x\mathrm{d}y\xrightarrow{\text{利用轮换对称性}}\dfrac{1}{2}\iint\limits_{D}(x^{2}+y^{2})\mathrm{d}x\mathrm{d}y$

$$=\frac{1}{2}\int_{0}^{2\pi}\mathrm{d}\theta\int_{0}^{1}r^{2}r\mathrm{d}r=\frac{\pi}{4}.$$

3. 解 本题积分区域为全平面，但只有当 $0\leqslant x\leqslant 1,0\leqslant y-x\leqslant 1$ 时，被积函数才不为零，则二重积分只需在积分区域与被积函数不为零的区域的公共部分上积分即可.

$$g(y-x)=\begin{cases}a, & 0\leqslant y-x\leqslant 1,\\ 0, & \text{其他},\end{cases}$$

$$f(x)g(y-x)=\begin{cases}a^{2}, & 0\leqslant x\leqslant 1,0\leqslant y-x\leqslant 1,\\ 0, & \text{其他},\end{cases}$$

所以

$$I=\iint\limits_{D}f(x)g(y-x)\mathrm{d}x\mathrm{d}y=\iint\limits_{\substack{0\leqslant x\leqslant 1\\0\leqslant y-x\leqslant 1}}a^{2}\mathrm{d}x\mathrm{d}y=a^{2}\int_{0}^{1}\mathrm{d}x\int_{x}^{x+1}\mathrm{d}y$$

$$=a^{2}\int_{0}^{1}\big[(x+1)-x\big]\mathrm{d}x=a^{2}.$$

本题应填 a^{2}.

4. 解 原式 $=\displaystyle\int_{0}^{\pi}\mathrm{d}\theta\int_{0}^{\frac{\pi}{4}}\mathrm{d}\varphi\int_{\frac{1}{\cos\varphi}}^{2\cos\varphi}f(\rho\cos\theta\sin\varphi,\rho\sin\theta\sin\varphi,\rho\cos\varphi)\rho^{2}\sin\varphi\mathrm{d}\rho.$

5. 解 设由 L 为椭圆 $\dfrac{x^{2}}{a^{2}}+\dfrac{y^{2}}{b^{2}}=1,(a>b>0)$，其周长为 p，则

$$\oint_{L}(b^{2}x^{2}+a^{2}y^{2}+abxy)\mathrm{d}l=\oint_{L}\mathrm{d}l=a^{2}b^{2}p.$$

6. 解 由 $z=1-x-y$ 可得 $z'_{x}=-1,z'_{y}=-1$，曲面在 Oxy 面上投影为 $D:\{(x,y)\,|\,0\leqslant x\leqslant 1,0\leqslant y\leqslant 1-x\}$，则

$$I=\iint\limits_{\Sigma}y^{2}\mathrm{d}S=\iint\limits_{D}y^{2}\sqrt{1+(z'_{x})^{2}+(z'_{y})^{2}}\mathrm{d}\sigma=\sqrt{3}\iint\limits_{D}y^{2}\mathrm{d}\sigma$$

$$=\sqrt{3}\int_{0}^{1}\mathrm{d}x\int_{0}^{1-x}y^{2}\mathrm{d}y=\sqrt{3}\int_{0}^{1}\frac{y^{3}}{3}\Big|_{0}^{1-x}\mathrm{d}x$$

$$=\sqrt{3}\int_{0}^{1}\frac{(1-x)^{3}}{3}\mathrm{d}x=-\frac{\sqrt{3}}{3}\int_{0}^{1}(1-x)^{3}\mathrm{d}(1-x)$$

$$= -\frac{\sqrt{3}}{3} \cdot \frac{(1-x)^4}{4} \Big|_0^1 = \frac{\sqrt{3}}{12}.$$

7. 解 $\oiint\limits_{\Sigma}(x+|y|)\mathrm{d}S = \oiint\limits_{\Sigma}x\,\mathrm{d}S + \oiint\limits_{\Sigma}|y|\,\mathrm{d}S.$

因为 Σ 关于 Oyz 平面对称，被积函数 x 是奇函数，所以 $\oiint\limits_{\Sigma}x\,\mathrm{d}S = 0.$

又因为 Σ 关于 x,y,z 轮换对称，所以 $\oiint\limits_{\Sigma}|x|\,\mathrm{d}S = \oiint\limits_{\Sigma}|y|\,\mathrm{d}S = \oiint\limits_{\Sigma}|z|\,\mathrm{d}S$，进而

$$\oiint\limits_{\Sigma}|y|\,\mathrm{d}S = \frac{1}{3}\oiint\limits_{\Sigma}(|x|+|y|+|z|)\,\mathrm{d}S = \frac{1}{3}\oiint\limits_{\Sigma}\mathrm{d}S = \frac{1}{3}\times S_{\Sigma}\ (S_{\Sigma}\ \text{为}\ \Sigma\ \text{的面积}),$$

而 Σ 为 8 块同样的等边三角形，每块等边三角形的边长为 $\sqrt{2}$，所以 $S_{\Sigma} = 8 \cdot \frac{1}{2}\,(\sqrt{2})^2 \sin\frac{\pi}{3} = 4\sqrt{3}.$

故 $\oiint\limits_{\Sigma}(x+|y|)\mathrm{d}S = \oiint\limits_{\Sigma}|y|\,\mathrm{d}S = \frac{1}{3} \cdot 4\sqrt{3} = \frac{4}{3}\sqrt{3}.$

8. 解法一 柱面坐标.

$$\bar{z} = \frac{\iiint\limits_{\Omega}z\,\mathrm{d}x\,\mathrm{d}y\,\mathrm{d}z}{\iiint\limits_{\Omega}\mathrm{d}x\,\mathrm{d}y\,\mathrm{d}z} = \frac{\int_0^{2\pi}\mathrm{d}\theta\int_0^1 r\mathrm{d}r\int_{r^2}^1 z\mathrm{d}z}{\int_0^{2\pi}\mathrm{d}\theta\int_0^1 r\mathrm{d}r\int_{r^2}^1 \mathrm{d}z} = \frac{\int_0^{2\pi}\mathrm{d}\theta\int_0^1 r \cdot \left(\frac{z^2}{2}\Big|_{r^2}^1\right)\mathrm{d}r}{\int_0^{2\pi}\mathrm{d}\theta\int_0^1 (1-r^2)\,r\mathrm{d}r}$$

$$= \frac{2\pi\int_0^1 r\left(\frac{1}{2}-\frac{r^4}{2}\right)\mathrm{d}r}{\frac{\pi}{2}} = \frac{2\pi\left(\frac{r^2}{4}-\frac{r^6}{12}\right)\Big|_0^1}{\frac{\pi}{2}} = \frac{\frac{1}{6}\cdot 2\pi}{\frac{\pi}{2}} = \frac{2}{3}.$$

解法二 先二后一.

与 z 轴垂直的截面区域 $D(z)$ $(D(z) = \{(x,y)\mid x^2+y^2 \leqslant z\})$ 的面积为 $\pi z.$

$$\bar{z} = \frac{\iiint\limits_{\Omega}z\mathrm{d}V}{\iiint\limits_{\Omega}\mathrm{d}V} = \frac{\int_0^1 z\mathrm{d}z\iint\limits_{D(z)}\mathrm{d}x\mathrm{d}y}{\int_0^1 \mathrm{d}z\iint\limits_{D(z)}\mathrm{d}x\mathrm{d}y} = \frac{\int_0^1 z\pi z\mathrm{d}z}{\int_0^1 \pi z\mathrm{d}z} = \frac{\frac{\pi}{3}}{\frac{\pi}{2}} = \frac{2}{3}.$$

9. 解法一 利用参数法可化为定积分.

L 为正向圆周 $x^2+y^2 = 2$ 在第一象限中的部分，用参数式可表示为

$$\begin{cases} x = \sqrt{2}\cos\theta, \\ y = \sqrt{2}\sin\theta, \end{cases} \left(0 \leqslant \theta \leqslant \frac{\pi}{2}\right)$$

于是

$$\int_L x\mathrm{d}y - 2y\mathrm{d}x = \int_0^{\frac{\pi}{2}}[\sqrt{2}\cos\theta \cdot \sqrt{2}\cos\theta + 2\sqrt{2}\sin\theta \cdot \sqrt{2}\sin\theta]\mathrm{d}\theta$$

$$= \int_0^{\frac{\pi}{2}}[2\cos^2\theta + 4\sin^2\theta]\mathrm{d}\theta = \int_0^{\frac{\pi}{2}}[2+2\sin^2\theta]\mathrm{d}\theta$$

$$= 2\int_0^{\frac{\pi}{2}}\mathrm{d}\theta + 2\int_0^{\frac{\pi}{2}}\sin^2\theta\mathrm{d}\theta = \pi + 2 \cdot \frac{1}{2} \cdot \frac{\pi}{2} = \frac{3\pi}{2}.$$

解法二 根据格林公式.

记 L_1 的方程为 $x = 0, y:\sqrt{2}\to 0, L_2$ 的方程为 $y = 0, x:0\to\sqrt{2},$

$$D = \{(x,y)\mid x^2+y^2 \leqslant 2, x \geqslant 0, y \geqslant 0\}.$$

根据格林公式，得

$$\int_L x\mathrm{d}y - 2y\mathrm{d}x = \oint_{L+L_1+L_2} x\mathrm{d}y - 2y\mathrm{d}x - \int_{L_1} x\mathrm{d}y - 2y\mathrm{d}x - \int_{L_2} x\mathrm{d}y - 2y\mathrm{d}x$$

$$= \iint\limits_{D}3\mathrm{d}x\mathrm{d}y - 0 - 0 = \frac{3\pi}{2},$$

所以本题应填 $\dfrac{3\pi}{2}$.

10. 解法一　取 $S: x+y-z=0, x^2+y^2 \leqslant 1$,取上侧,则由斯托克斯公式得

$$\text{原式} = \iint\limits_{S} \begin{vmatrix} \mathrm{d}y\mathrm{d}z & \mathrm{d}z\mathrm{d}x & \mathrm{d}x\mathrm{d}y \\ \dfrac{\partial}{\partial x} & \dfrac{\partial}{\partial y} & \dfrac{\partial}{\partial z} \\ xz & x & \dfrac{y^2}{2} \end{vmatrix} = \iint\limits_{S} y\mathrm{d}y\mathrm{d}z + x\mathrm{d}z\mathrm{d}x + \mathrm{d}x\mathrm{d}y.$$

因 $z=x+y, z'_x=1, z'_y=1$. 由转换投影法得

$$\iint\limits_{S} y\mathrm{d}y\mathrm{d}z + x\mathrm{d}z\mathrm{d}x + \mathrm{d}x\mathrm{d}y = \iint\limits_{x^2+y^2 \leqslant 1} [y\cdot(-1) + x(-1) + 1]\mathrm{d}x\mathrm{d}y$$

$$= \iint\limits_{x^2+y^2 \leqslant 1} (-x-y+1)\mathrm{d}x\mathrm{d}y$$

$$= \iint\limits_{x^2+y^2 \leqslant 1} \mathrm{d}x\mathrm{d}y = \pi.$$

解法二　投影到 xy 平面,化为平面上第二类曲线积分. L 在 xy 平面上投影曲线为 $\Gamma: x^2+y^2 = 1(z=0)$,逆时针方向. Γ 围成区域 $D: x^2+y^2 \leqslant 1$,于是

$$J = \int_{\Gamma} x(x+y)\mathrm{d}x + x\mathrm{d}y + \frac{y^2}{2}\mathrm{d}(x+y) = \int_{\Gamma} \left(x^2+xy+\frac{y^2}{2}\right)\mathrm{d}x + \left(x+\frac{y^2}{2}\right)\mathrm{d}y$$

$$\xupright{\text{格林公式}} \iint\limits_{D} (1-x-y)\mathrm{d}x\mathrm{d}y = \pi.$$

解法三　写出 L 的参数方程,直接化成定积分.

$$L: \begin{cases} x = \cos\theta, \\ y = \sin\theta, \\ z = \cos\theta + \sin\theta, \end{cases} \theta \in [0, 2\pi],$$

于是

$$J = \int_0^{2\pi} \left[\cos\theta(\cos\theta+\sin\theta)(-\sin\theta) + \cos\theta\cos\theta + \frac{\sin^2\theta}{2}(-\sin\theta+\cos\theta) \right]\mathrm{d}\theta$$

$$= \int_{-\pi}^{\pi} \left(-\cos^2\theta\sin\theta - \cos\theta\sin^2\theta + \cos^2\theta - \frac{\sin^3\theta}{2} + \frac{\sin^2\theta}{2}\cos\theta \right)\mathrm{d}\theta$$

$$= \int_{-\pi}^{\pi} \left(-\frac{1}{2}\cos\theta\sin^2\theta + \cos^2\theta \right)\mathrm{d}\theta = -\frac{1}{6}\sin^3\theta \bigg|_{-\pi}^{\pi} + \int_{-\pi}^{\pi} \cos^2\theta\mathrm{d}\theta = \pi.$$

11. 解　由高斯公式得 $\iint\limits_{\Sigma} x\mathrm{d}y\mathrm{d}z + y\mathrm{d}z\mathrm{d}x + z\mathrm{d}x\mathrm{d}y = \iiint\limits_{\Omega} 3\mathrm{d}x\mathrm{d}y\mathrm{d}z.$

利用球面坐标得 $\iiint\limits_{\Omega} 3\mathrm{d}x\mathrm{d}y\mathrm{d}z = 3\int_0^R \rho^2\mathrm{d}\rho \int_0^{\frac{\pi}{4}} \sin\varphi\mathrm{d}\varphi \int_0^{2\pi} \mathrm{d}\theta = 2\pi\left(1-\frac{\sqrt{2}}{2}\right)R^3$

$$= (2-\sqrt{2})\pi R^3.$$

12. 解　加平面 $\Sigma_1: z=0 (x^2+y^2 \leqslant 4)$,法向朝下,记 Σ 与 Σ_1 所围空间区域为 Ω,则

$$\iint\limits_{\Sigma} xy\mathrm{d}y\mathrm{d}z + x\mathrm{d}z\mathrm{d}x + x^2\mathrm{d}x\mathrm{d}y = \iint\limits_{\Sigma+\Sigma_1} xy\mathrm{d}y\mathrm{d}z + x\mathrm{d}z\mathrm{d}x + x^2\mathrm{d}x\mathrm{d}y - \iint\limits_{\Sigma_1} xy\mathrm{d}y\mathrm{d}z + x\mathrm{d}z\mathrm{d}x + x^2\mathrm{d}x\mathrm{d}y,$$

其中,第一个积分 $\iint\limits_{\Sigma+\Sigma_1} xy\mathrm{d}y\mathrm{d}z + x\mathrm{d}z\mathrm{d}x + x^2\mathrm{d}x\mathrm{d}y \xupright{\text{高斯公式}} \iiint\limits_{\Omega} y\mathrm{d}x\mathrm{d}y\mathrm{d}z \xupright{\text{奇偶性}} 0,$

第二个积分, $\iint\limits_{\Sigma_1} xy\mathrm{d}y\mathrm{d}z + x\mathrm{d}z\mathrm{d}x + x^2\mathrm{d}x\mathrm{d}y = -\iint\limits_{x^2+y^2 \leqslant 4} x^2\mathrm{d}x\mathrm{d}y \xupright{\text{轮换对称性}} -\frac{1}{2}\iint\limits_{x^2+y^2 \leqslant 4} (x^2+y^2)\mathrm{d}x\mathrm{d}y$

$$= -\frac{1}{2}\int_0^{2\pi}\mathrm{d}\theta \int_0^2 r^3\mathrm{d}r = -4\pi,$$

所以 $\iint\limits_{\Sigma} xy\,\mathrm{d}y\mathrm{d}z + x\mathrm{d}z\mathrm{d}x + x^2\mathrm{d}x\mathrm{d}y = 0 - (-4\pi) = 4\pi.$

13. 解法一 先二后一.

被积函数只含有自变量 z,且与 z 轴垂直的 Ω 的截面区域 $D_z = \{(x,y) \mid x^2 + y^2 \leqslant 1 - z^2\}$ 的面积为 $\pi(1 - z^2)$,则

$$\iiint\limits_{\Omega} z^2\,\mathrm{d}x\mathrm{d}y\mathrm{d}z = \int_{-1}^{1} z^2\,\mathrm{d}z\iint\limits_{D_z}\mathrm{d}x\mathrm{d}y = 2\int_0^1 \pi z^2(1 - z^2)\,\mathrm{d}z = \frac{4}{15}\pi.$$

解法二 轮换对称性.

$$\iiint\limits_{\Omega} z^2\,\mathrm{d}x\mathrm{d}y\mathrm{d}z = \iiint\limits_{\Omega} x^2\,\mathrm{d}x\mathrm{d}y\mathrm{d}z = \iiint\limits_{\Omega} y^2\,\mathrm{d}x\mathrm{d}y\mathrm{d}z,$$

所以 $\iiint\limits_{\Omega} z^2\,\mathrm{d}x\mathrm{d}y\mathrm{d}z = \dfrac{1}{3}\iiint\limits_{\Omega}(x^2 + y^2 + z^2)\,\mathrm{d}x\mathrm{d}y\mathrm{d}z = \dfrac{1}{3}\int_0^{\pi}\mathrm{d}\varphi\int_0^{2\pi}\mathrm{d}\theta\int_0^1 \rho^4\sin\varphi\,\mathrm{d}\rho$

$$= \frac{2\pi}{3}\int_0^{\pi}\sin\varphi\,\mathrm{d}\varphi\int_0^1 \rho^4\,\mathrm{d}\rho = \frac{2\pi}{3}\cdot\frac{1}{5}\cdot\int_0^{\pi}\sin\varphi\,\mathrm{d}\varphi = \frac{4}{15}\pi.$$

解法三 球坐标.

$$\iiint\limits_{\Omega} z^2\,\mathrm{d}x\mathrm{d}y\mathrm{d}z = \int_0^{2\pi}\mathrm{d}\theta\int_0^{\pi}\mathrm{d}\varphi\int_0^1 \rho^2\cos^2\varphi\rho^2\sin\varphi\,\mathrm{d}\rho$$

$$= 2\pi\int_0^{\pi}\cos^2\varphi\mathrm{d}(-\cos\varphi)\int_0^1 \rho^4\,\mathrm{d}\rho$$

$$= 2\pi\cdot\left(-\frac{\cos^3\varphi}{3}\right)\bigg|_0^{\pi}\cdot\frac{\rho^5}{5}\bigg|_0^1 = \frac{4}{15}\pi.$$

14. 解 解法一 应填 1.

由第二类曲线积分的力学意义,$W = \displaystyle\int_{AB} \boldsymbol{F}\cdot d\boldsymbol{l}$

$$= \int_{AB} yz\,\mathrm{d}x + xz\,\mathrm{d}y + xy\,\mathrm{d}z = \int_{AB}\mathrm{d}(xyz) = (xyz)\,\big|_{(0;0;0)}^{(1;1;1)} = 1.$$

解法二 用直线 AB 的参数方程 $x = y = z = t.$ 则 $W = \displaystyle\int_{AB} \boldsymbol{F}\cdot d\boldsymbol{l} = \int_{AB} yz\,\mathrm{d}x + xz\,\mathrm{d}y + xz\,\mathrm{d}z = 3\int_0^1 t^2\,\mathrm{d}t = 1.$

二、选择题

15. 解 $I = \displaystyle\int_1^2 \mathrm{d}x\int_x^2 f(x,y)\,\mathrm{d}y + \int_1^2\mathrm{d}y\int_1^{4-y} f(x,y)\,\mathrm{d}x$ 的积分区域为两部分:

$$D_1 = \{(x,y) \mid 1 \leqslant x \leqslant 2, x \leqslant y \leqslant 2\},$$
$$D_2 = \{(x,y) \mid 1 \leqslant y \leqslant 2, y \leqslant x \leqslant 4 - y\}.$$

令 $D = D_1 \bigcup D_2 = \{(x,y) \mid 1 \leqslant y \leqslant 2, 1 \leqslant x \leqslant 4 - y\}.$

故二重积分可以表示为 $I = \displaystyle\iint\limits_D f(x,y)\,\mathrm{d}x\mathrm{d}y = \int_1^2\mathrm{d}y\int_1^{4-y} f(x,y)\,\mathrm{d}x$,故答案为(C).

16. 解 画出该二重积分所对应的积分区域

$$D = \begin{cases} \dfrac{\pi}{2} \leqslant x \leqslant \pi, \\ \sin x \leqslant y \leqslant 1. \end{cases}$$

因为 $y = \sin x$ 的反函数的表达式与 x 的取值范围有关,当 $\dfrac{\pi}{2} \leqslant x$ $\leqslant \pi$ 时,先化简 $\sin x = \sin(\pi - x) = y$,则 $\pi - x \in \left[0, \dfrac{\pi}{2}\right]$,再求得反函数为 $x = \pi - \arcsin y$ 交换积分次序,则积分区域可化为 $D = D' = $ $\begin{cases} 0 \leqslant y \leqslant 1, \\ \pi - \arcsin y \leqslant x \leqslant \pi. \end{cases}$ 所以

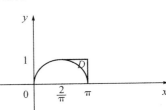

第 16 题图

$$\int_{\frac{\pi}{2}}^{\pi} \mathrm{d}x \int_{\sin x}^{1} f(x,y)\mathrm{d}y = \int_{0}^{1} \mathrm{d}y \int_{\pi-\arcsin y}^{\pi} f(x,y)\mathrm{d}x.$$

故选项(B)正确.

17. 解 根据图可得,在极坐标系下计算该二重积分的积分区域为

$$D = \left\{ (r,\theta) \,\middle|\, \frac{\pi}{4} \leqslant \theta \leqslant \frac{\pi}{3}, \frac{1}{\sqrt{2\sin 2\theta}} \leqslant r \leqslant \frac{1}{\sqrt{\sin 2\theta}} \right\},$$

所以 $\iint_D f(x,y)\mathrm{d}x\mathrm{d}y = \int_{\frac{\pi}{4}}^{\frac{\pi}{3}} \mathrm{d}\theta \int_{\frac{1}{\sqrt{2\sin 2\theta}}}^{\frac{1}{\sqrt{\sin 2\theta}}} f(r\cos\theta, r\sin\theta) r\mathrm{d}r.$

故选(B).

18. 解法一 利用轮换对称性.

由于 D 是关于 $y=x$ 对称的,所以 x 与 y 互换后积分值不变,所以有

$$\iint_D \frac{a\sqrt{f(x)} + b\sqrt{f(y)}}{\sqrt{f(x)} + \sqrt{f(y)}}\mathrm{d}\sigma = \iint_D \frac{a\sqrt{f(y)} + b\sqrt{f(x)}}{\sqrt{f(y)} + \sqrt{f(x)}}\mathrm{d}\sigma$$

$$= \frac{1}{2}\iint_D \left[\frac{a\sqrt{f(x)} + b\sqrt{f(y)}}{\sqrt{f(x)} + \sqrt{f(y)}} + \frac{a\sqrt{f(y)} + b\sqrt{f(x)}}{\sqrt{f(y)} + \sqrt{f(x)}}\right]\mathrm{d}\sigma$$

$$= \frac{a+b}{2}\iint_D \mathrm{d}\sigma = \frac{a+b}{2} \cdot \frac{1}{4}\pi \cdot 2^2 = \frac{a+b}{2}\pi.$$

所以(D)为正确选项.

解法二 特例法.

令 $f(x)=1, f(y)=1.$

$$\iint_D \frac{a\sqrt{f(x)} + b\sqrt{f(y)}}{\sqrt{f(x)} + \sqrt{f(y)}}\mathrm{d}\sigma = \iint_D \frac{a+b}{2}\mathrm{d}\sigma$$

$$= \frac{a+b}{2}\iint_D \mathrm{d}\sigma = \frac{a+b}{2} \cdot \frac{1}{4}\pi \cdot 2^2 = \frac{a+b}{2}\pi.$$

所以,(D)为正确选项.

19. 解 令 $f(x,y) = y\cos x$,则 $f(x,y) = y\cos x$ 是 y 的奇函数,D_2, D_4 关于 x 轴对称,所以 $I_2 = I_4 = 0.$ $f(x,y) = y\cos x$ 是 x 的偶函数,D_1, D_3 关于 y 轴对称,在 D_1 中 $f(x,y) \geqslant 0$ 且仅 $f(0,0)=0$,则 $I_1 = \iint_{D_1} f(x,y)\mathrm{d}x\mathrm{d}y > 0$;在 D_3 中 $f(x,y) \leqslant 0$ 且仅 $f(0,0)=0$,$I_3 = \iint_{D_3} f(x,y)\mathrm{d}x\mathrm{d}y < 0$,于是 $\max_{1\leqslant k\leqslant 4}\{I_k\} = I_1$,所以正确答案为(A).

20. 解 在区域 $D = \{(x,y) \mid x^2+y^2 \leqslant 1\}$ 上,除原点及边界有 $x^2+y^2 = 1$ 外,x^2+y^2 为小数,有

$$\sqrt{x^2+y^2} > x^2+y^2 > (x^2+y^2)^2,$$

而在 $0 \leqslant u \leqslant 1$ 内,$\cos u$ 是严格单调减函数,于是

$$\cos\sqrt{x^2+y^2} < \cos(x^2+y^2) < \cos(x^2+y^2)^2.$$

因此 $\iint_D \cos\sqrt{x^2+y^2}\,\mathrm{d}\sigma < \iint_D \cos(x^2+y^2)\mathrm{d}\sigma < \iint_D \cos(x^2+y^2)^2\mathrm{d}\sigma$,所以选项(A)正确.

21. 解 用极坐标得

$$F(u,v) = \iint_D \frac{f(x^2+y^2)}{\sqrt{x^2+y^2}}\mathrm{d}x\mathrm{d}y = \int_0^v \mathrm{d}\theta \int_1^u \frac{f(r^2)}{r} r\mathrm{d}r = v\int_1^u f(r^2)\mathrm{d}r,$$

所以 $\dfrac{\partial F}{\partial u} = vf(u^2)$,选项(A)正确.

22. 解法一 交换积分次序,使得只有外层定积分的积分限中才有 t,其他地方不出现 t.

由 $F(t) = \int_1^t \mathrm{d}y \int_y^t f(x)\mathrm{d}x$ 知 $\begin{cases} y<x<t, \\ 1<y<t, \end{cases}$ 交换积分次序 $\begin{cases} 1<x<t, \\ 1<y<x, \end{cases}$ 得

$$F(t) = \int_1^t \mathrm{d}y \int_y^t f(x)\mathrm{d}x = \int_1^t \left[\int_1^x f(x)\mathrm{d}y\right]\mathrm{d}x = \int_1^t f(x)(x-1)\mathrm{d}x,$$

于是，$F'(t) = f(t)(t-1)$，从而有 $F'(2) = f(2)$，故应选(B).

解法二 设 $\Phi'(x) = f(x)$，于是

$$F(t) = \int_1^t \mathrm{d}y \int_y^t f(x)\mathrm{d}x = \int_1^t \mathrm{d}y \int_y^t \Phi'(x)\mathrm{d}x = \int_1^t \mathrm{d}y \int_y^t \mathrm{d}\Phi(x)$$

$$= \int_1^t [\Phi(t) - \Phi(y)]\mathrm{d}y = \Phi(t)(t-1) - \int_1^t \Phi(y)\mathrm{d}y,$$

则 $F'(t) = \Phi'(t)(t-1) + \Phi(t) - \Phi(t) = f(t)(t-1)$.

所以 $F'(2) = f(2)$，选(B).

23. 解 应选(D).

$$M = \frac{x+ay}{(x+y)^2},\ N = \frac{y}{(x+y)^2},$$

$$\frac{\partial M}{\partial y} = \frac{\partial N}{\partial x} \Rightarrow (a-2)x + (2-a)y = 0 \Rightarrow a = 2.$$

三、解答题

24. 解 积分区域 D 如图所示. D 的不等式表示式为

$$D = \{(x,y) \mid 0 \leqslant y \leqslant 1, 0 \leqslant x \leqslant y\},$$

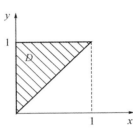

第 24 题图

故 $\displaystyle\iint\limits_{D} \sqrt{y^2 - xy}\,\mathrm{d}x\mathrm{d}y = \int_0^1 \mathrm{d}y \int_0^y \sqrt{y^2 - xy}\,\mathrm{d}x$

$$= -\frac{2}{3} \int_0^1 \sqrt{y}(y-x)^{\frac{3}{2}} \Big|_0^y \mathrm{d}y = \frac{2}{3}\int_0^1 y^2 \mathrm{d}y = \frac{2}{9}.$$

25. 解 $\displaystyle\iint\limits_{D} x(x+y)\mathrm{d}x\mathrm{d}y = \iint\limits_{D} x^2 \mathrm{d}x\mathrm{d}y$

$$= 2\int_0^1 \mathrm{d}x \int_{x^2}^{\sqrt{2-x^2}} x^2 \mathrm{d}y$$

$$= 2\int_0^1 x^2 (\sqrt{2-x^2} - x^2)\mathrm{d}x$$

$$= 2\int_0^1 x^2\sqrt{2-x^2}\,\mathrm{d}x - \frac{2}{5} \xlongequal{x = \sqrt{2}\sin t} 2\int_0^{\frac{\pi}{4}} 2\sin^2 t \cdot 2\cos^2 t\,\mathrm{d}t - \frac{2}{5}$$

$$= 2\int_0^{\frac{\pi}{4}} \sin^2 2t\,\mathrm{d}t - \frac{2}{5} \xlongequal{u=2t} \int_0^{\frac{\pi}{2}} \sin^2 u\,\mathrm{d}u - \frac{2}{5} = \frac{\pi}{4} - \frac{2}{5}.$$

26. 解 积分区域 $D = D_1 \cup D_2$，其中 $D_1 = \{(x,y) \mid 0 \leqslant y \leqslant 1, \sqrt{2} \leqslant x \leqslant \sqrt{1+y^2}\}$，

$$D_2 = \{(x,y) \mid -1 \leqslant y \leqslant 0, -\sqrt{2}y \leqslant x \leqslant \sqrt{1+y^2}\}.$$

$$\iint\limits_{D} (x+y)^3 \mathrm{d}x\mathrm{d}y = \iint\limits_{D} (x^3 + 3x^2 y + 3xy^2 + y^3)\mathrm{d}x\mathrm{d}y.$$

因为区域 D 关于 x 轴对称，被积函数 $3x^2 y + y^3$ 是 y 的奇函数，所以 $\displaystyle\iint\limits_{D} (3x^2 y + y^3)\mathrm{d}x\mathrm{d}y = 0$.

$$\iint\limits_{D} (x+y)^3 \mathrm{d}x\mathrm{d}y = \iint\limits_{D} (x^3 + 3xy^2)\mathrm{d}x\mathrm{d}y = 2\iint\limits_{D_1} (x^3 + 3xy^2)\mathrm{d}x\mathrm{d}y$$

$$= 2\left[\int_0^1 \mathrm{d}y \int_{\sqrt{2}y}^{\sqrt{1+y^2}} (x^3 + 3xy^2)\mathrm{d}x\right] = 2\int_0^1 \left(\frac{1}{4}x^4 + \frac{3}{2}x^2 y^2\right)\Big|_{x=\sqrt{2}y}^{x=\sqrt{1+y^2}} \mathrm{d}y$$

$$= 2\int_0^1 \left[\frac{(1+y^2)^2 - (\sqrt{2}y)^4}{4} + \frac{3}{2}(1+y^2 - 2y^2)y^2\right]\mathrm{d}y$$

$$= 2\int_0^1 \left(-\frac{9}{4}y^4 + 2y^2 + \frac{1}{4}\right)\mathrm{d}y = \frac{14}{15}.$$

27. 解 $\displaystyle\int_0^1 \mathrm{d}y \int_{\sqrt{y}}^1 \sqrt{x^4 - y^2}\,\mathrm{d}x = \int_0^1 \mathrm{d}x \int_0^{x^2} \sqrt{x^4 - y^2}\,\mathrm{d}y.$

由于 $\int_0^{x^2}\sqrt{x^4-y^2}\,dy$ 是半径为 x^2 的圆面积的 $\dfrac{1}{4}$，等于 $\dfrac{\pi}{4}x^4$.

所以，$\int_0^1 dy \int_{\sqrt{y}}^1 \sqrt{x^4-y^2}\,dx = \int_0^1 \dfrac{\pi}{4}x^4\,dx = \dfrac{\pi}{20}$.

而 $\int_0^{x^2}\sqrt{x^4-y^2}\,dy$ 也可作变换 $y=x^2\sin t$ 计算，此时，当 $y=0$ 时，$t=0$；$y=x^2$ 时，$t=\dfrac{\pi}{2}$，$dy=x^2\cos t\,dt$，

所以 $\int_0^{x^2}\sqrt{x^4-y^2}\,dy = x^4\int_0^{\frac{\pi}{2}}\cos^2 t\,dt = \dfrac{\pi}{4}x^4$.

28. 解 $x^2+y^2-1=0$ 划分 D 如右图所示的 D_1 与 D_2.

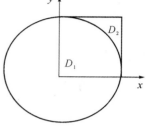

第 28 题图

且 $|x^2+y^2-1| = \begin{cases} x^2+y^2-1, & (x,y)\in D_2, \\ 1-x^2-y^2, & (x,y)\in D_1. \end{cases}$

$\displaystyle\iint\limits_{D}|x^2+y^2-1|\,d\sigma = \iint\limits_{D_1}(1-x^2-y^2)\,dxdy + \iint\limits_{D_2}(x^2+y^2-1)\,dxdy$.

后一个积分很麻烦，为了回避计算量，简化运算，我们这么做：

原式 $= \displaystyle\iint\limits_{D_1}(1-x^2-y^2)\,dxdy + [\iint\limits_{D}(x^2+y^2-1)\,dxdy$

$\qquad\qquad - \displaystyle\iint\limits_{D_1}(x^2+y^2-1)\,dxdy]$

$= \displaystyle\iint\limits_{D_1}(1-x^2-y^2)\,dxdy + \iint\limits_{D}(x^2+y^2-1)\,dxdy + \iint\limits_{D_1}(1-x^2-y^2)\,dxdy$

$= 2\displaystyle\iint\limits_{D_1}(1-x^2-y^2)\,dxdy + \iint\limits_{D}(x^2+y^2-1)\,dxdy$

$= 2\displaystyle\int_0^{\frac{\pi}{2}}d\theta\int_0^1(1-r^2)r\,dr + \int_0^1 dy\int_0^1(x^2+y^2-1)\,dx$

$= 2\displaystyle\int_0^{\frac{\pi}{2}}\left(\dfrac{1}{2}-\dfrac{1}{4}\right)d\theta + \int_0^1\left[\dfrac{x^3}{3}+(y^2-1)x\right]\Big|_0^1\,dy$

$= \dfrac{\pi}{4} + \displaystyle\int_0^1\left(y^2-\dfrac{2}{3}\right)dy = \dfrac{\pi}{4}-\dfrac{1}{3}$.

29. 解 交换积分次序，得

$\displaystyle\int_0^{\frac{1}{2}}dx\int_0^{\sqrt{\frac{x}{2}}}e^{-2y^2}\,dy = \int_0^{\frac{1}{2}}dy\int_{4y^2}^1 e^{-2y^2}\,dx = \int_0^{\frac{1}{2}}e^{-2y^2}(1-4y^2)\,dy = \int_0^{\frac{1}{2}}e^{-2y^2}\,dy - \int_0^{\frac{1}{2}}4y^2 e^{-2y^2}\,dy$

$\qquad = \displaystyle\int_0^{\frac{1}{2}}e^{-2y^2}\,dy + \int_0^{\frac{1}{2}}y\,de^{-2y^2} = \int_0^{\frac{1}{2}}e^{-2y^2}\,dy + ye^{-2y^2}\Big|_0^{\frac{1}{2}} - \int_0^{\frac{1}{2}}e^{-2y^2}\,dy = \dfrac{1}{2}e^{-\frac{1}{2}}$.

30. 解 用极坐标

$\displaystyle\iint\limits_{D}e^{\frac{y}{x+y}}\,d\sigma = \int_0^{\frac{\pi}{2}}d\theta\int_{\frac{1}{\cos\theta+\sin\theta}}^{\frac{2}{\cos\theta+\sin\theta}}e^{\frac{\sin\theta}{\cos\theta+\sin\theta}}r\,dr$

$\qquad = \dfrac{1}{2}\displaystyle\int_0^{\frac{\pi}{2}}e^{\frac{\sin\theta}{\cos\theta+\sin\theta}}\dfrac{3}{(\cos\theta+\sin\theta)^2}\,d\theta$

$\qquad = \dfrac{3}{2}\displaystyle\int_0^{\frac{\pi}{2}}e^{\frac{\sin\theta}{\cos\theta+\sin\theta}}\,d\left(\dfrac{\sin\theta}{\cos\theta+\sin\theta}\right)$

$\qquad = \dfrac{3}{2}e^{\frac{\sin\theta}{\cos\theta+\sin\theta}}\Big|_0^{\frac{\pi}{2}} = \dfrac{3}{2}(e-1)$.

31. 证法一 令 $F(x)=\displaystyle\int_0^x f(y)\,dy$，有 $F'(x)=f(x)$.

则 $\displaystyle\int_0^1 dx\int_0^x f(x)f(y)\,dy = \int_0^1 f(x)\cdot F(x)\,dx$

$$= \int_0^1 F(x)\,\mathrm{d}F(x) = \frac{1}{2}F^2(x)\Big|_0^1$$

$$= \frac{1}{2}\big[F^2(1) - F^2(0)\big] = \frac{1}{2}F^2(1) = \frac{1}{2}\big(\int_0^1 f(y)\,\mathrm{d}y\big)^2.$$

因为 $0 \leqslant (\int_0^1 f(y)\,\mathrm{d}y)^2 \leqslant 1$，所以 $0 \leqslant \int_0^1 \mathrm{d}x \int_0^x f(x)f(y)\,\mathrm{d}y \leqslant \frac{1}{2}$，得证.

证法二 $\int_0^1 \mathrm{d}x \int_0^x f(x)f(y)\,\mathrm{d}y = \int_0^1 \mathrm{d}x \int_x^1 f(x)f(y)\,\mathrm{d}y.$

而后 $\int_0^1 \mathrm{d}x \int_x^1 f(x)f(y)\,\mathrm{d}y + \int_0^1 \mathrm{d}x \int_0^x f(x)f(y)\,\mathrm{d}y = \int_0^1 \mathrm{d}x \int_0^1 f(x)f(y)\,\mathrm{d}y.$

所以 $\int_0^1 \mathrm{d}x \int_0^x f(x)f(y)\,\mathrm{d}y = \frac{1}{2}\int_0^1 \mathrm{d}x \int_0^1 f(x)f(y)\,\mathrm{d}y = \frac{1}{2}\big(\int_0^1 f(x)\,\mathrm{d}x\big)^2.$

则 $0 \leqslant \int_0^1 \mathrm{d}x \int_0^x f(x)f(y)\,\mathrm{d}y \leqslant \frac{1}{2}$，得证.

32. 解法一 因为 $f(x,1) = 0, f(1,y) = 0$，所以 $f'_x(x,1) = 0.$

$$I = \int_0^1 x\,\mathrm{d}x \int_0^1 y f''_{xy}(x,y)\,\mathrm{d}y = \int_0^1 x\,\mathrm{d}x \int_0^1 y\,\mathrm{d}f'_x(x,y)$$

$$= \int_0^1 x\,\mathrm{d}x \Big[y f'_x(x,y)\Big|_0^1 - \int_0^1 f'_x(x,y)\,\mathrm{d}y \Big] = \int_0^1 x\,\mathrm{d}x \Big(f'_x(x,1) - \int_0^1 f'_x(x,y)\,\mathrm{d}y \Big)$$

$$= -\int_0^1 x\,\mathrm{d}x \int_0^1 f'_x(x,y)\,\mathrm{d}y = -\int_0^1 \mathrm{d}y \int_0^1 x\,\mathrm{d}f(x,y) = -\int_0^1 \mathrm{d}y \Big[x f(x,y)\Big|_0^1 - \int_0^1 f(x,y)\,\mathrm{d}x \Big]$$

$$= -\int_0^1 \mathrm{d}y \Big[f(1,y) - \int_0^1 f(x,y)\,\mathrm{d}x \Big] = \iint_D f(x,y)\,\mathrm{d}x\mathrm{d}y = a.$$

解法二

$$\iint_D f(x,y)\,\mathrm{d}x\mathrm{d}y = \int_0^1 \mathrm{d}y \int_0^1 f(x,y)\,\mathrm{d}x = \int_0^1 \Big[\int_0^1 f(x,y)\,\mathrm{d}x \Big]\mathrm{d}y = \int_0^1 \Big[x f(x,y)\Big|_0^1 - \int_0^1 x f'_x(x,y)\,\mathrm{d}x \Big]\mathrm{d}y$$

$$= -\int_0^1 \Big[\int_0^1 x f'_x(x,y)\,\mathrm{d}x \Big]\mathrm{d}y = -\int_0^1 x \Big[\int_0^1 f'_x(x,y)\,\mathrm{d}y \Big]\mathrm{d}x$$

$$= -\int_0^1 x \Big[y f'_x(x,y)\Big|_0^1 - \int_0^1 y f''_{xy}(x,y)\,\mathrm{d}y \Big]\mathrm{d}x$$

$$= \int_0^1 \Big[\int_0^1 xy f''_{xy}(x,y)\,\mathrm{d}y \Big]\mathrm{d}x$$

$$= \iint_D xy f''_{xy}(x,y)\,\mathrm{d}x\mathrm{d}y = a.$$

33. 解 区域 D 关于 x 轴对称，在 $\iint_D y\,\mathrm{d}\sigma$ 中，被积函数 y 为 y 的奇函数，所以 $\iint_D y\,\mathrm{d}\sigma = 0.$

令 $D_1 = \{(x,y) \mid x^2 + y^2 \leqslant 4\}, D_2 = \{(x,y) \mid (x+1)^2 + y^2 \leqslant 1\}.$

在极坐标系下，

$$D_1 = \{(x,y) \mid x^2 + y^2 \leqslant 4\} = \{(r,\theta) \mid 0 \leqslant \theta \leqslant 2\pi, 0 \leqslant r \leqslant 2\},$$

$$\iint_{D_1} \sqrt{x^2 + y^2}\,\mathrm{d}\sigma = \int_0^{2\pi}\mathrm{d}\theta \int_0^2 r^2\,\mathrm{d}r = 2\pi \times \frac{1}{3}r^3\Big|_0^2 = \frac{16}{3}\pi.$$

在极坐标系下，

$$D_2 = \{(x,y) \mid (x+1)^2 + y^2 \leqslant 1\} = \{(r,\theta) \mid \frac{\pi}{2} \leqslant \theta \leqslant \frac{3\pi}{2}, 0 \leqslant r \leqslant -2\cos\theta\}.$$

所以

$$\iint_{D_2} \sqrt{x^2 + y^2}\,\mathrm{d}\sigma = \int_{\frac{\pi}{2}}^{\frac{3\pi}{2}}\mathrm{d}\theta \int_0^{-2\cos\theta} \sqrt{r^2\cos^2\theta + r^2\sin^2\theta}\,r\,\mathrm{d}r$$

$$= \int_{\frac{\pi}{2}}^{\frac{3\pi}{2}}\mathrm{d}\theta \int_0^{-2\cos\theta} r^2\,\mathrm{d}r = \int_{\frac{\pi}{2}}^{\frac{3\pi}{2}} \frac{1}{3}r^3\Big|_0^{-2\cos\theta}\mathrm{d}\theta = \int_{\frac{\pi}{2}}^{\frac{3\pi}{2}} \frac{-8}{3}\cos^3\theta\,\mathrm{d}\theta$$

$$=-\frac{8}{3}\int_{\frac{\pi}{2}}^{\frac{3\pi}{2}}(1-\sin^2\theta)\,\mathrm{d}\sin\theta=\frac{32}{9}.$$

所以 $\displaystyle\iint_D\sqrt{x^2+y^2}\,\mathrm{d}\sigma=\iint_{D_1}\sqrt{x^2+y^2}\,\mathrm{d}\sigma-\iint_{D_2}\sqrt{x^2+y^2}\,\mathrm{d}\sigma=\frac{16}{3}\pi-\frac{32}{9}=\frac{16}{9}(3\pi-2),$

$$\iint_D(\sqrt{x^2+y^2}+y)\,\mathrm{d}\sigma=\iint_D\sqrt{x^2+y^2}\,\mathrm{d}\sigma+\iint_D y\,\mathrm{d}\sigma=\frac{16}{9}(3\pi-2).$$

34. 解 如右图所示,曲线 $xy=1$ 将区域 D 分成两个区域 D_1 和 D_2+ D_3,为了便于计算继续对区域分割,最后为

$$\iint_D\max(xy,1)\,\mathrm{d}x\mathrm{d}y=\iint_{D_1}xy\,\mathrm{d}x\mathrm{d}y+\iint_{D_2}1\,\mathrm{d}x\mathrm{d}y+\iint_{D_3}1\,\mathrm{d}x\mathrm{d}y$$

$$=\int_{\frac{1}{2}}^{2}\mathrm{d}x\int_{\frac{1}{x}}^{2}xy\,\mathrm{d}y+\int_{\frac{1}{2}}^{2}\mathrm{d}x\int_{0}^{\frac{1}{x}}1\,\mathrm{d}y+\int_{0}^{\frac{1}{2}}\mathrm{d}x\int_{0}^{2}1\,\mathrm{d}y$$

$$=1+2\ln2+\frac{15}{4}-\ln2=\frac{19}{4}+\ln2.$$

35. 解 先画积分区域 $D=\{(x,y)\,|\,|x|+|y|\leqslant2\}$.

记 $D_1=\{(x,y)\,|\,|x|+|y|\leqslant1\}$,$D_2=\{(x,y)\,|\,1<|x|+|y|\leqslant2\}$,

则有

$$\iint_D f(x,y)\,\mathrm{d}\sigma=\iint_{D_1}f(x,y)\,\mathrm{d}\sigma+\iint_{D_2}f(x,y)\,\mathrm{d}\sigma=\iint_{D_1}x^2\,\mathrm{d}\sigma+\iint_{D_2}\frac{1}{\sqrt{x^2+y^2}}\,\mathrm{d}\sigma,$$

其中 D_1 与 D_2 关于 x,y 轴都对称,再记

$$D_{11}=\{(x,y)\,|\,0\leqslant x+y\leqslant1,x\geqslant0,y\geqslant0\},$$
$$D_{12}=\{(x,y)\,|\,1\leqslant x+y\leqslant2,x\geqslant0,y\geqslant0\},$$

被积函数 x^2 与 $\dfrac{1}{\sqrt{x^2+y^2}}$ 既是 x 又是 y 的偶函数,由区域对称性和被积函数的

奇偶性,有

$$\iint_{D_1}x^2\,\mathrm{d}\sigma=4\iint_{D_{11}}x^2\,\mathrm{d}\sigma=4\int_0^1\mathrm{d}x\int_0^{1-x}x^2\,\mathrm{d}y=4\int_0^1 x^2\cdot y\Big|_0^{1-x}\mathrm{d}x$$

$$=4\int_0^1 x^2-x^3\,\mathrm{d}x=4\left(\frac{1}{3}x^3-\frac{1}{4}x^4\right)\Big|_0^1=\frac{1}{3},$$

$$\iint_{D_2}\frac{1}{\sqrt{x^2+y^2}}\,\mathrm{d}\sigma=4\iint_{D_{12}}\frac{1}{\sqrt{x^2+y^2}}\,\mathrm{d}\sigma.$$

对 $\displaystyle\iint_{D_{12}}\frac{1}{\sqrt{x^2+y^2}}\,\mathrm{d}\sigma$ 采用极坐标,令 $\begin{cases}x=r\cos\theta,\\ y=r\sin\theta,\end{cases}0<\theta<\dfrac{\pi}{2}$,则 $x+y=1$ 化为 $r=\dfrac{1}{\cos\theta+\sin\theta}$,$x+y=2$

化为 $r=\dfrac{2}{\cos\theta+\sin\theta}$,于是

$$\iint_{D_2}\frac{1}{\sqrt{x^2+y^2}}\,\mathrm{d}\sigma=4\int_0^{\frac{\pi}{2}}\mathrm{d}\theta\int_{\frac{1}{\cos\theta+\sin\theta}}^{\frac{2}{\cos\theta+\sin\theta}}\frac{1}{\sqrt{(r\cos\theta)^2+(r\sin\theta)^2}}r\,\mathrm{d}r$$

$$=4\int_0^{\frac{\pi}{2}}\mathrm{d}\theta\int_{\frac{1}{\cos\theta+\sin\theta}}^{\frac{2}{\cos\theta+\sin\theta}}\mathrm{d}r=4\int_0^{\frac{\pi}{2}}\frac{1}{\cos\theta+\sin\theta}\,\mathrm{d}\theta$$

$$=4\int_0^{\frac{\pi}{2}}\frac{1}{\sqrt{2}\left(\frac{1}{\sqrt{2}}\cos\theta+\frac{1}{\sqrt{2}}\sin\theta\right)}\,\mathrm{d}\theta=4\int_0^{\frac{\pi}{2}}\frac{1}{\sqrt{2}\cos\left(\theta-\frac{\pi}{4}\right)}\,\mathrm{d}\theta$$

$$=2\sqrt{2}\int_0^{\frac{\pi}{2}}\sec\left(\theta-\frac{\pi}{4}\right)\mathrm{d}\theta=2\sqrt{2}\ln\left|\sec\left(\theta-\frac{\pi}{4}\right)+\tan\left(\theta-\frac{\pi}{4}\right)\right|\Big|_0^{\frac{\pi}{2}}$$

第 34 题图

第 35 题图

$$= 2\sqrt{2}\ln\frac{2+\sqrt{2}}{2-\sqrt{2}} = 2\sqrt{2}\ln(3+2\sqrt{2}) = 4\sqrt{2}\ln(1+\sqrt{2}).$$

所以 $\iint\limits_{D} f(x,y)\mathrm{d}\sigma = \dfrac{1}{3} + 2\sqrt{2}\ln(3+4\sqrt{2}).$

36. 解 令 $D_1 = \{(x,y) \mid 0 \leqslant x^2 + y^2 < 1, x \geqslant 0, y \geqslant 0\}$,

$\qquad D_2 = \{(x,y) \mid 1 \leqslant x^2 + y^2 \leqslant \sqrt{2}, x \geqslant 0, y \geqslant 0\}.$

于是有 $[1+x^2+y^2] = \begin{cases} 1, & (x,y) \in D_1, \\ 2, & (x,y) \in D_2. \end{cases}$ 从而

$$\iint\limits_{D} xy[1+x^2+y^2]\mathrm{d}x\mathrm{d}y = \iint\limits_{D_1} xy\mathrm{d}x\mathrm{d}y + \iint\limits_{D_2} 2xy\mathrm{d}x\mathrm{d}y$$

$$= \int_0^{\frac{\pi}{2}} \sin\theta\cos\theta\mathrm{d}\theta \int_0^1 r^3\mathrm{d}r + 2\int_0^{\frac{\pi}{2}} \sin\theta\cos\theta\mathrm{d}\theta \int_1^{\sqrt{2}} r^3\mathrm{d}r$$

$$= \int_0^{\frac{\pi}{2}} \sin\theta\cos\theta\mathrm{d}\theta \left.\frac{r^4}{4}\right|_0^1 + 2\int_0^{\frac{\pi}{2}} \sin\theta\cos\theta\mathrm{d}\theta \left.\frac{r^4}{4}\right|_1^{\sqrt{2}}$$

$$= \frac{1}{4}\int_0^{\frac{\pi}{2}} \sin\theta\cos\theta\mathrm{d}\theta + 2 \times \frac{1}{4}\int_0^{\frac{\pi}{2}} \sin\theta\cos\theta\mathrm{d}\theta$$

$$= \frac{1}{4} \times \left.\frac{1}{2}\sin^2\theta\right|_0^{\frac{\pi}{2}} + \frac{1}{2} \times \left.\frac{1}{2}\sin^2\theta\right|_0^{\frac{\pi}{2}}$$

$$= \frac{1}{8} + \frac{1}{4} = \frac{3}{8}.$$

37. 解法一 用极坐标.

令 $x = r\cos\theta, y = r\sin\theta$,如右图所示,区域 D 的极坐标可表示为

$$0 \leqslant r \leqslant 2(\sin\theta + \cos\theta), \frac{\pi}{4} \leqslant \theta \leqslant \frac{3\pi}{4}.$$

$$\iint\limits_{D}(x-y)\mathrm{d}x\mathrm{d}y = \int_{\frac{\pi}{4}}^{\frac{3}{4}\pi}\mathrm{d}\theta\int_0^{2(\sin\theta+\cos\theta)}(r\cos\theta - r\sin\theta)r\mathrm{d}r$$

$$= \int_{\frac{\pi}{4}}^{\frac{3}{4}\pi}\left[\frac{1}{3}(\cos\theta - \sin\theta)\cdot r^3 \Big|_0^{2(\sin\theta+\cos\theta)}\right]\mathrm{d}\theta$$

$$= \int_{\frac{\pi}{4}}^{\frac{3}{4}\pi}\frac{8}{3}(\cos\theta - \sin\theta)(\sin\theta + \cos\theta)^3\mathrm{d}\theta$$

$$= \frac{8}{3}\int_{\frac{\pi}{4}}^{\frac{3}{4}\pi}(\sin\theta + \cos\theta)^3\mathrm{d}(\sin\theta + \cos\theta)$$

$$= \frac{8}{3} \times \frac{1}{4}(\sin\theta + \cos\theta)^4 \Big|_{\frac{\pi}{4}}^{\frac{3}{4}\pi} = -\frac{8}{3}.$$

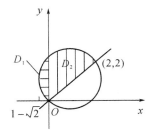

第 37 题图

解法二 将区域 D 分成 D_1, D_2 两部分,如右图所示,其中

$$D_1 = \left\{(x,y) \mid 1 - \sqrt{2-(x-1)^2} \leqslant y \leqslant 1 + \sqrt{2-(x-1)^2}, 1-\sqrt{2} \leqslant x \leqslant 0\right\},$$

$$D_2 = \left\{(x,y) \mid x \leqslant y \leqslant 1 + \sqrt{2-(x-1)^2}, 0 \leqslant x \leqslant 2\right\}.$$

由二重积分的性质知

$$\iint\limits_{D}(x-y)\mathrm{d}x\mathrm{d}y = \iint\limits_{D_1}(x-y)\mathrm{d}x\mathrm{d}y + \iint\limits_{D_2}(x-y)\mathrm{d}x\mathrm{d}y,$$

而 $\iint\limits_{D_1}(x-y)\mathrm{d}x\mathrm{d}y = \int_{1-\sqrt{2}}^{0}\mathrm{d}x\int_{1-\sqrt{2-(x-1)^2}}^{1+\sqrt{2-(x-1)^2}}(x-y)\mathrm{d}y$

$$= \int_{1-\sqrt{2}}^{0} 2(x-1)\sqrt{2-(x-1)^2}\,\mathrm{d}x$$

$$=-\frac{2}{3}\left(\sqrt{2-(x-1)^2}\right)^3\Big|_{1-\sqrt{2}}^{0}=-\frac{2}{3},$$

$$\iint\limits_{D_2}(x-y)\mathrm{d}x\mathrm{d}y=\int_0^2\mathrm{d}x\int_x^{1+\sqrt{2-(x-1)^2}}(x-y)\mathrm{d}y$$

$$=-\frac{1}{2}\int_0^2\left[2-2(x-1)\sqrt{2-(x-1)^2}\right]\mathrm{d}x$$

$$=-\frac{1}{2}\left[4+\frac{2}{3}\left(\sqrt{2-(x-1)^2}\right)^3\Big|_0^2\right]=-2,$$

所以 $\iint\limits_{D}(x-y)\mathrm{d}x\mathrm{d}y=\iint\limits_{D_1}(x-y)\mathrm{d}x\mathrm{d}y+\iint\limits_{D_2}(x-y)\mathrm{d}x\mathrm{d}y=-\frac{2}{3}-2=-\frac{8}{3}.$

38. 解

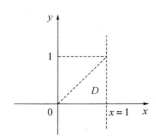

第 38 题图

$$I=\iint\limits_{D}r^2\sin\theta\sqrt{1-r^2\cos 2\theta}\,\mathrm{d}r\mathrm{d}\theta$$

$$=\iint\limits_{D}r\sin\theta\sqrt{1-r^2(\cos^2\theta-\sin^2\theta)}\cdot r\mathrm{d}r\mathrm{d}\theta$$

$$=\iint\limits_{D}y\sqrt{1-x^2+y^2}\,\mathrm{d}x\mathrm{d}y=\int_0^1\mathrm{d}x\int_0^x y\sqrt{1-x^2+y^2}\,\mathrm{d}y$$

$$=\frac{1}{2}\int_0^1\mathrm{d}x\int_0^x\sqrt{1-x^2+y^2}\,\mathrm{d}(y^2)$$

$$=\frac{1}{2}\int_0^1\frac{2}{3}(1-x^2+y^2)^{\frac{3}{2}}\Big|_0^x\,\mathrm{d}x$$

$$=\frac{1}{3}\int_0^1\left[1-(1-x^2)^{\frac{3}{2}}\right]\mathrm{d}x\xrightarrow{x=\sin\theta}\frac{1}{3}-\frac{1}{3}\int_0^{\frac{\pi}{2}}\cos^4\theta\mathrm{d}\theta$$

$$=\frac{1}{3}-\frac{1}{3}\cdot\frac{3}{4}\cdot\frac{1}{2}\cdot\frac{1}{2}\pi=\frac{1}{3}-\frac{1}{16}\pi.$$

39. 解　从被积函数与积分区域可以看出,应利用极坐标进行计算.

设 $x=r\cos\theta,y=r\sin\theta,$ 有

$$I=\iint\limits_{D}\mathrm{e}^{-(x^2+y^2-\pi)}\sin(x^2+y^2)\mathrm{d}x\mathrm{d}y=\mathrm{e}^{\pi}\iint\limits_{D}\mathrm{e}^{-(x^2+y^2)}\sin(x^2+y^2)\mathrm{d}x\mathrm{d}y$$

$$=\mathrm{e}^{\pi}\int_0^{2\pi}\mathrm{d}\theta\int_0^{\sqrt{\pi}}\mathrm{e}^{-r^2}\sin r^2\cdot r\mathrm{d}r=\frac{\mathrm{e}^{\pi}}{2}\int_0^{2\pi}\mathrm{d}\theta\int_0^{\sqrt{\pi}}\mathrm{e}^{-r^2}\sin r^2\mathrm{d}r^2$$

$$\xrightarrow{t=r^2}\pi\mathrm{e}^{\pi}\int_0^{\pi}\mathrm{e}^{-t}\sin t\mathrm{d}t.$$

记 $A=\int_0^{\pi}\mathrm{e}^{-t}\sin t\mathrm{d}t,$ 则

$$A=\int_0^{\pi}\mathrm{e}^{-t}\sin t\mathrm{d}t=-\int_0^{\pi}\mathrm{e}^{-t}\mathrm{d}\cos t=-\left(\mathrm{e}^{-t}\cos t\Big|_0^{\pi}+\int_0^{\pi}\mathrm{e}^{-t}\cos t\mathrm{d}t\right)$$

$$=-\left(-\mathrm{e}^{-\pi}-1+\int_0^{\pi}\mathrm{e}^{-t}\mathrm{d}\sin t\right)=\mathrm{e}^{-\pi}+1-\mathrm{e}^{-t}\sin t\Big|_0^{\pi}-\int_0^{\pi}\mathrm{e}^{-t}\sin t\mathrm{d}t$$

$$=\mathrm{e}^{-\pi}+1-A.$$

有 $A=\frac{1+\mathrm{e}^{-\pi}}{2},$ 所以 $I=\frac{\pi\mathrm{e}^{\pi}}{2}(1+\mathrm{e}^{-\pi})=\frac{\pi}{2}(1+\mathrm{e}^{\pi}).$

40. 解　积分区域: $\min\{x,y\}=\begin{cases}y,(x,y)\in D_1,\\x,(x,y)\in D_2.\end{cases}$

所以 $\iint\limits_{D}\min\{x,y\}\mathrm{d}x\mathrm{d}y=\iint\limits_{D_1}y\mathrm{d}x\mathrm{d}y+\iint\limits_{D_2}x\mathrm{d}x\mathrm{d}y=\int_0^1\mathrm{d}y\int_y^3 y\mathrm{d}x+\int_0^1\mathrm{d}y\int_0^y x\mathrm{d}x=\frac{7}{6}+\frac{1}{6}=\frac{4}{3}.$

41. 解　过抛物面上点 $P(x_0,y_0,z_0)$ 处的切平面方程为

$$2x_0(x-x_0)+2y_0(y-y_0)-(z-z_0)=0 \text{ 或 } z=2x_0x+2y_0y-x_0^2-y_0^2+1,$$

于是抛物面、切平面与圆柱面围成的区域（见右图）体积是

$$V = \iint_\sigma (z_抛 - z_切) \mathrm{d}\sigma$$

$$= \iint_\sigma [(1 + x^2 + y^2) - (2x_0 x + 2y_0 y - x_0^2 - y_0^2 + 1)] \mathrm{d}\sigma$$

$$= \iint_\sigma (x^2 + y^2 - 2x_0 x) \mathrm{d}\sigma - 2y_0 \iint_\sigma y \mathrm{d}\sigma + \iint_\sigma (x_0^2 + y_0^2) \mathrm{d}\sigma$$

$$= 2\int_0^{\frac{\pi}{2}} \mathrm{d}\theta \int_0^{2\cos\theta} (r^2 - 2x_0 r\cos\theta) r \mathrm{d}r - 0 + (x_0^2 + y_0^2)\pi$$

$$= \left(\frac{3}{2} - 2x_0 + x_0^2 + y_0^2\right)\pi.$$

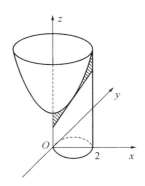

第 41 题图

令 $\begin{cases} V'_{x_0} = (-2 + 2x_0)\pi = 0, \\ V'_{y_0} = 2y_0\pi = 0, \end{cases}$ 得唯一驻点 $x_0 = 1, y_0 = 0$. 再把它们代入抛

物面方程得 $z_0 = 2$.

由题意存在最小体积,故当切点取 $P(1,0,2)$ 时的切平面 $z = 2x$ 与抛物面、圆柱面所围成的体积最小. 最小值为 $V_{\min} = \dfrac{\pi}{2}$.

注:其实这题用初等方程即可确定最小值点. 由

$$V = \left(\frac{3}{2} - 2x_0 + x_0^2 + y_0^2\right)\pi = \left[\frac{1}{2} + (x_0 - 1)^2 + y_0^2\right]\pi$$

可看出当 $x_0 = 1, y = 0$ 时,$V_{\min} = \dfrac{\pi}{2}$.

42. 解　取坐标原点在底面中心,如右图所示,任取一体积微元 $\mathrm{d}V$,质量 $\mu_0 \mathrm{d}V$ 对 x 轴的转动惯量为

$$\mathrm{d}I_x = (y^2 + z^2)\mu_0 \mathrm{d}V,$$

把它由 V 上积分便为所求的转动惯量

$$I_x = \mu_0 \iiint_V (y^2 + z^2) \mathrm{d}V$$

$$= \mu_0 \iint_\sigma \mathrm{d}\sigma \int_0^h (y^2 + z^2) \mathrm{d}z$$

$$= \mu_0 \iint_\sigma \left(y^2 h + \frac{h^3}{3}\right) \mathrm{d}\sigma$$

$$= \mu_0 h \int_0^{2\pi} \mathrm{d}\theta \int_0^a r^3 \sin^2\theta \mathrm{d}\theta + \mu_0 \frac{h^3}{3}\sigma$$

$$= \frac{\mu_0 h a^4}{4}\int_0^{2\pi} \frac{1 - \cos2\theta}{2} \mathrm{d}\theta + \frac{\mu_0}{3}h^3\pi a^2$$

$$= \mu_0 h a^2 \pi \left(\frac{a^2}{4} + \frac{h^2}{3}\right).$$

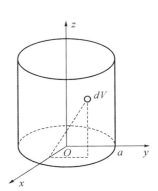

第 42 题图

43. 解法一　取切点为坐标原点,公共直径为 z 轴,其正向指向球心的坐标系（见右图）,则两球面的方程分别为 $x^2 + y^2 + z^2 = 2Rz$ 与 $x^2 + y^2 + z^2 = Rz$,对公共直径的转动惯量为

$$I_z = \iiint_V (x^2 + y^2) \mathrm{d}V = \int_0^{2\pi} \mathrm{d}\theta \int_0^{\frac{\pi}{2}} \mathrm{d}\varphi \int_{R\cos\varphi}^{2R\cos\varphi} \rho^4 \sin^3\varphi \mathrm{d}\rho$$

$$= \frac{62\pi R^5}{5} \cdot \int_0^{\frac{\pi}{2}} \sin^3\varphi \cos^2\varphi \mathrm{d}\varphi$$

$$= \frac{62\pi R^5}{5} \cdot \int_0^{\frac{\pi}{2}} (\cos^2\varphi - 1)\cos^5\varphi \mathrm{d}\cos\varphi$$

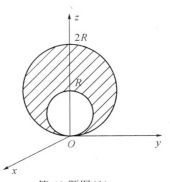

第 43 题图(1)

$$= \frac{62\pi R^5}{5} \left[\frac{\cos^8 \varphi}{8} - \frac{\cos^6 \varphi}{6} \right] \Bigg|_0^{\frac{\pi}{2}} = \frac{31}{60}\pi R^5.$$

解法二 先求出半径为 R 的球体对直径的转动惯量,这时取球心为坐标原点(见右图),球面方程是 $x^2 + y^2 + z^2 = R^2$,球体对直径的转动惯量为

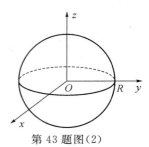

$$I_R = \iiint\limits_V (x^2 + y^2)\mathrm{d}V = \int_0^{2\pi}\mathrm{d}\theta \int_0^{\pi}\mathrm{d}\varphi \int_0^R \rho^4 \sin^3\varphi \mathrm{d}\rho$$

$$= \frac{2\pi}{5}R^5 \int_0^{\pi} \sin^3\varphi \mathrm{d}\varphi = \frac{8}{15}\pi R^5,$$

再减去半径为 $\dfrac{R}{2}$ 的球体对直径的转动惯量,就得所求挖去小球后剩余部分对两球公共直径的转动惯量

第 43 题图(2)

$$I_z = I_R - I_{\frac{R}{2}} = \frac{8}{15}\pi R^5 - \frac{8}{15}\pi \left(\frac{R}{2}\right)^5 = \frac{31}{60}\pi R^5.$$

44. 解 设所求的体积记为 V.

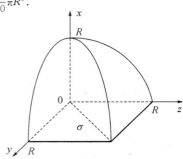

$$\frac{V}{16} = \iint\limits_{\sigma} \sqrt{R^2 - y^2}\,\mathrm{d}\sigma = \int_0^R \mathrm{d}y \int_0^y \sqrt{R^2 - y^2}\,\mathrm{d}z$$

$$= \int_0^R y\sqrt{R^2 - y^2}\,\mathrm{d}y = \frac{-1}{2}\int_0^R (R^2 - y^2)^{\frac{1}{2}}\,\mathrm{d}(R^2 - y^2)$$

$$= -\frac{1}{3}(R^2 - y^2)^{\frac{3}{2}}\Bigg|_0^R = \frac{1}{3}R^3,$$

$$V = \frac{16}{3}R^3.$$

第 44 题图

45. 证 记 $\sigma = \{(x,y) \mid a \leqslant x \leqslant b, a \leqslant x \leqslant b\}$.

因为 $0 \leqslant \iint\limits_{\sigma} [f(x) - f(y)]^2 \mathrm{d}x = \iint\limits_{\sigma} f^2(x)\mathrm{d}\sigma + \iint\limits_{\sigma} f^2(y)\mathrm{d}\sigma - 2\iint\limits_{\sigma} f(x)f(y)\mathrm{d}\sigma$

$$= \int_a^b \mathrm{d}y \int_a^b f^2(x)\mathrm{d}x + \int_a^b \mathrm{d}x \int_a^b f^2(y)\mathrm{d}\sigma - 2\int_a^b f(x)\mathrm{d}x \int_a^b f(y)\mathrm{d}y$$

$$= 2(b-a)\int_a^b f^2(x)\mathrm{d}x - 2\left(\int_a^b f(x)\mathrm{d}x\right)^2,$$

所以 $\left(\int_a^b f(x)\mathrm{d}x\right)^2 \leqslant (b-a)\int_a^b f^2(x)\mathrm{d}x.$

46. 解 (1)记 V 为平面 $\dfrac{x}{a} + \dfrac{y}{b} + \dfrac{z}{c} = 1$ 与三坐标平面围成的四面体,则

$$M = \iiint\limits_V z\mathrm{d}V.$$

在直角坐标系中计算,按常规,有

$$M = \int_0^a \mathrm{d}x \int_0^{b(1-x/a)} \mathrm{d}y \int_0^{c(1-x/a-y/b)} z\mathrm{d}z$$

$$= \int_0^a \mathrm{d}x \int_0^{b(1-x/a)} \frac{c^2}{2}\left(1 - \frac{x}{a} - \frac{y}{b}\right)^2 \mathrm{d}y$$

$$= \int_0^a \mathrm{d}x \int_0^{b(1-x/a)} \frac{c^2}{2}\left(1 - \frac{x}{a} - \frac{y}{b}\right)^2 \mathrm{d}y$$

$$= \int_0^a \frac{c^2 b}{6}\left(1 - \frac{x}{a}\right)^3 \mathrm{d}x = \frac{abc^2}{24}.$$

(2)即在约束条件 $a + b + c = h$ 下,求 M 的最大值.用拉格朗日乘数法,令

$$F = \frac{abc^2}{24} + \lambda(a + b + c - h).$$

$$\frac{\partial F}{\partial a} = \frac{bc^2}{24} + \lambda = 0, \quad \frac{\partial F}{\partial b} = \frac{ac^2}{24} + \lambda = 0,$$

$$\frac{\partial F}{\partial c} = \frac{abc}{12} + \lambda = 0, \qquad \frac{\partial F}{\partial \lambda} = a + b + c - h = 0.$$

解之得唯一驻点 $a = b = \frac{h}{4}, c = \frac{h}{2}$，此时得 $M = \frac{h^4}{1536}$.

由于当 $a \to 0$ 或 $b \to 0$ 或 $c \to 0$ 时，$\frac{abc^2}{24}$ 都趋于零，所以当 $a = b = \frac{h}{4}, c = \frac{h}{2}$ 时四面体质量为最大.

47. **解法一**
$$\iiint_{\Omega} e^z \mathrm{d}V = \int_0^1 e^z \mathrm{d}z \iint_{x^2+y^2 \leqslant 1-z^2} \mathrm{d}\sigma$$
$$= \int_0^1 e^z \pi (1 - z^2) \mathrm{d}z = \pi;$$

解法二 $\qquad \iiint_{\Omega} e^z \mathrm{d}V = \int_0^{2\pi} \mathrm{d}\theta \int_0^{\frac{\pi}{2}} \mathrm{d}\varphi \int_0^1 e^{\rho \cos\varphi} \rho^2 \sin\varphi \mathrm{d}\rho$

$$= \int_0^{2\pi} \mathrm{d}\theta \int_0^1 \rho \mathrm{d}\rho \int_0^{\frac{\pi}{2}} e^{\rho\cos\varphi} \rho \sin\varphi \mathrm{d}\varphi$$

$$= -\int_0^{2\pi} \mathrm{d}\theta \int_0^1 \rho \left[e^{\rho\cos\varphi} \right] \Big|_0^{\frac{\pi}{2}} \mathrm{d}\rho$$

$$= -2\pi \int_0^1 \rho (1 - e^\rho) \mathrm{d}\rho = \pi;$$

解法三 $\qquad \iiint_{\Omega} e^z \mathrm{d}V = \int_0^{2\pi} \mathrm{d}\theta \int_0^1 r \mathrm{d}r \int_0^{\sqrt{1-r^2}} e^z \mathrm{d}z = 2\pi \int_0^1 (e^{\sqrt{1-r^2}} - 1) r \mathrm{d}r = \pi.$

48. 解 化成柱面坐标，

$$\int_{-1}^1 \mathrm{d}x \int_0^{\sqrt{1-x^2}} \mathrm{d}y \int_1^{1+\sqrt{1-x^2-y^2}} \frac{\mathrm{d}z}{\sqrt{x^2+y^2}} = \int_0^\pi \mathrm{d}\theta \int_0^1 \mathrm{d}r \int_1^{1+\sqrt{1-r^2}} \mathrm{d}z = \pi \int_0^1 \sqrt{1-r^2} \mathrm{d}r = \frac{\pi^2}{4}.$$

49. (1) **解** 椭球面 S_1 的方程为 $\frac{x^2}{4} + \frac{y^2 + z^2}{3} = 1$.

设切点为 (x_0, y_0)，则 $\frac{x^2}{4} + \frac{y^2}{3} = 1$ 在 (x_0, y_0) 处的切线方程为 $\frac{x_0 x}{4} + \frac{y_0 y}{3} = 1$.

将 $x = 4, y = 0$ 代入切线方程得 $x_0 = 1$，从而 $y_0 = \pm\frac{\sqrt{3}}{2}\sqrt{4-x_0^2} = \pm\frac{3}{2}$.

所以切线方程为 $\frac{x}{4} \pm \frac{y}{2} = 1$，从而圆锥面 S_2 的方程为 $\left(\frac{x}{4} - 1\right)^2 = \frac{y^2 + z^2}{4}$，即

$$(x-4)^2 - 4y^2 - 4z^2 = 0.$$

(2) **解法一** S_1 与 S_2 之间的体积等于一个底面半径为 $\frac{3}{2}$、高为 3 的锥体体积 $\frac{9}{4}\pi$ 与部分椭球体体积 V 之差，其中 $V = \frac{3\pi}{4}\int_1^2 (4-x^2)\mathrm{d}x = \frac{5}{4}\pi$.

故所求体积为 $\frac{9}{4}\pi - \frac{5}{4}\pi = \pi$.

解法二 $\qquad V = \pi\int_1^4 \left[-\frac{1}{2}(x-4)^2 \right] \mathrm{d}x - \pi\int_1^2 3\left(1 - \frac{x^2}{4}\right)\mathrm{d}x$

$$= \frac{\pi}{4} \times \frac{1}{3}\left[(x-4)^3 \right]_1^4 - \frac{3\pi}{4}\left[4x - \frac{x^3}{3} \right]_1^2 = \pi.$$

50. 解 $\qquad \int_l e^{2y}\mathrm{d}s = \int_1^7 x^2 \sqrt{1 + \left(\frac{1}{x}\right)^2} \mathrm{d}x = \int_1^7 x\sqrt{1+x^2}\mathrm{d}x = \frac{1}{3}(1+x^2)^{\frac{3}{2}} \Big|_1^7$

$$= \frac{1}{3}\left[50^{\frac{3}{2}} - 2^{\frac{3}{2}} \right] = \frac{124}{3} 2^{\frac{3}{2}} = \frac{248}{3}\sqrt{2}.$$

51. 解

$$\int_l \left| \sin\frac{\theta}{2} \right| \, dl = 2\int_0^\pi \sin\frac{\theta}{2} \cdot \sqrt{r^2 + r'^2} \, d\theta$$

$$= 2a\int_0^\pi \sin\frac{\theta}{2}\sqrt{2 + 2\cos\theta} \, d\theta$$

$$= 4a\int_0^\pi \sin\frac{\theta}{2}\cos\frac{\theta}{2} \, d\theta$$

$$= 2a\int_0^\pi \sin\theta \, d\theta = 4a.$$

52. 解 $z = \dfrac{1}{2}(x + 2y - 1), (x,y) \in \sigma_{xy} : \dfrac{x^2}{4} + \dfrac{y^2}{9} \leqslant 1,$

$$原式 = \iint\limits_{\frac{x^2}{4}+\frac{y^2}{9}\leqslant 1} \sqrt{1 + z_x'^2 + z_y'^2} \, dxdy$$

$$= \iint\limits_{\frac{x^2}{4}+\frac{y^2}{9}\leqslant 1} \sqrt{1 + \frac{1}{4} + 1} \, dxdy$$

$$= \frac{3}{2} \iint\limits_{\frac{x^2}{4}+\frac{y^2}{9}\leqslant 1} dxdy = \frac{3}{2} \times \pi \cdot 2 \cdot 3 = 9\pi.$$

53. 解 L 的参数式：$x = x, y = -2x + 1, z = 3x - 5.$

$$dl = \sqrt{1 + 4 + 9} \, dx = \sqrt{14} \, dx.$$

$$\int_L (x + y + z) \, dx = \int_{-2}^0 (2x - 4)\sqrt{14} \, dx = \sqrt{14}\,(x-2)^2 \Big|_{-2}^0$$

$$= \sqrt{14}(4 - 16) = -12\sqrt{14}.$$

54. 解 曲面 $x^2 + y^2 = 3z$ 与 $z = 6 - \sqrt{x^2 + y^2}$ 的交线为 $\begin{cases} x^2 + y^2 = 9, \\ z = 3, \end{cases}$ 所以上半部分（锥面）的表面积为

$$S_1 = \iint\limits_{x^2+y^2\leqslant 9} \sqrt{1 + \left(\frac{-x}{\sqrt{x^2+y^2}}\right)^2 + \left(\frac{-y}{\sqrt{x^2+y^2}}\right)^2} \, dxdy$$

$$= \sqrt{2} \iint\limits_{x^2+y^2\leqslant 9} dxdy = 9\sqrt{2}\,\pi.$$

下半部分（抛物面）的表面积为

$$S_2 = \iint\limits_{x^2+y^2\leqslant 9} \sqrt{1 + \left(\frac{2}{3}x\right)^2 + \left(\frac{2}{3}y\right)^2} \, dxdy = \int_0^{2\pi} d\theta \int_0^3 \sqrt{1 + \frac{4}{9}r^2} \cdot r \, dr = \frac{3\pi}{2}(5\sqrt{5} - 1).$$

于是所求全表面积为：$S_1 + S_2 = \dfrac{3\pi}{2}(6\sqrt{2} + 5\sqrt{5} - 1).$

55. 解 (1) 令 $F(x,y,z) = x^2 + y^2 + z^2 - yz - 1$，则动点 $P(x,y,z)$ 的切平面的法向量为 $(2x, 2y - z, 2z - y)$，P 处的切平面与 Oxy 垂直的充要条件是 $\boldsymbol{n} \cdot \boldsymbol{k} = 0(\boldsymbol{k} = (0,0,1))$，所以点 P 的轨迹满足方程组 $\begin{cases} x^2 + y^2 + z^2 - yz = 1, \\ 2z - y = 0, \end{cases}$ 即 $\begin{cases} x^2 + \dfrac{3}{4}y^2 = 1, \\ 2z - y = 0. \end{cases}$

(2) 由(1)可得曲线 C 在 Oxy 平面上的投影曲线所围成的 Oxy 上的区域 $D = \left\{(x,y) \mid x^2 + \dfrac{3}{4}y^2 \leqslant 1\right\}$，由 $(x^2 + y^2 + z^2 - yz)'_x = (1)'_x$，知

$$dS = \sqrt{1 + \left(\frac{\partial z}{\partial x}\right)^2 + \left(\frac{\partial z}{\partial y}\right)^2} \, dxdy = \frac{\sqrt{4 + y^2 + z^2 - 4yz}}{|y - 2z|} \, dxdy,$$

故

$$I = \iint\limits_{\Sigma} \frac{(x+\sqrt{3})\,|\,y-2z\,|}{\sqrt{4+y^2+z^2-4yz}}\mathrm{d}S = \iint\limits_{D}(x+\sqrt{3})\,\mathrm{d}x\mathrm{d}y = \iint\limits_{D}x\mathrm{d}x\mathrm{d}y + \iint\limits_{D}\sqrt{3}\,\mathrm{d}x\mathrm{d}y$$

$$= \iint\limits_{D}\sqrt{3}\,\mathrm{d}x\mathrm{d}y = \sqrt{3}\,\pi \cdot 1 \cdot \frac{2}{\sqrt{3}} = 2\pi.$$

56. 解　补充 L_1 为沿 y 轴由点 $(0,2)$ 到点 $(0,0)$ 直线段，D 为曲线 L 与 L_1 围成的区域.
由格林公式可得

$$I = \oint_{L+L_1} - \int_{L_1} = \iint\limits_{D}(3x^2+1-3x^2)\,\mathrm{d}\sigma - \int_{L_1}(-2y)\,\mathrm{d}y = \iint\limits_{D}1\mathrm{d}\sigma + \int_{L_1}2y\mathrm{d}y$$

$$= \frac{1}{4}\cdot\pi\cdot2^2 - \frac{1}{2}\cdot\pi\cdot1^2 - \int_0^2 2y\mathrm{d}y = \frac{\pi}{2} - \int_0^2 2y\mathrm{d}y = \frac{\pi}{2} - y^2\Big|_0^2$$

$$= \frac{\pi}{2} - 4.$$

57. 解法一　直接取 x 为参数将对坐标的曲线积分化成定积分计算

$$\int_L \sin 2x\mathrm{d}x + 2(x^2-1)y\mathrm{d}y = \int_0^\pi \left[\sin 2x + 2(x^2-1)\sin x \cdot \cos x\right]\mathrm{d}x = \int_0^\pi x^2\sin 2x\mathrm{d}x$$

$$= -\frac{x^2}{2}\cos 2x\Big|_0^\pi + \int_0^\pi x\cos 2x\mathrm{d}x = -\frac{\pi^2}{2} + \frac{x}{2}\sin 2x\Big|_0^\pi - \frac{1}{2}\int_0^\pi \sin 2x\mathrm{d}x = -\frac{\pi^2}{2}.$$

解法二　添加 x 轴上的直线段用格林公式化成二重积分计算，取 L_1 为 x 轴上从点 $(\pi,0)$ 到点 $(0,0)$ 的一段，D 是由 L 与 L_1 围成的区域.

$$\int_L \sin 2x\mathrm{d}x + 2(x^2-1)y\mathrm{d}y = \int_{L+L_1}\sin 2x\mathrm{d}x + 2(x^2-1)y\mathrm{d}y - \int_{L_1}\sin 2x\mathrm{d}x + 2(x^2-1)y\mathrm{d}y$$

$$= -\iint\limits_{D}4xy\mathrm{d}x\mathrm{d}y - \int_\pi^0 \sin 2x\mathrm{d}x = -\int_0^\pi \mathrm{d}x\int_0^{\sin x}4xy\mathrm{d}y - \frac{1}{2}\cos 2x\Big|_0^\pi = -\int_0^\pi 2x\sin^2 x\mathrm{d}x$$

$$= -\int_0^\pi x(1-\cos 2x)\mathrm{d}x = -\frac{x^2}{2}\Big|_0^\pi + \frac{x}{2}\sin 2x\Big|_0^\pi - \frac{1}{2}\int_0^\pi \sin 2x\mathrm{d}x = -\frac{\pi^2}{2}.$$

解法三　将其拆成 $\int_L \sin 2x\mathrm{d}x - 2y\mathrm{d}y + \int_L 2x^2 y\mathrm{d}y$，第一个积分与路径无关，选择沿 x 轴上的直线段积分，第二个积分化成定积分计算.

$$\int_L \sin 2x\mathrm{d}x + 2(x^2-1)y\mathrm{d}y = \int_L \sin 2x\mathrm{d}x - 2y\mathrm{d}y + \int_L 2x^2 y\mathrm{d}y = I_1 + I_2.$$

对于 I_1，因为 $\dfrac{\partial P}{\partial y} = \dfrac{\partial Q}{\partial x}$，故曲线积分与路径无关，取 $(0,0)$ 到 $(\pi,0)$ 的直线段积分，则有

$$I_1 = \int_0^\pi \sin 2x\mathrm{d}x = 0.$$

$$I_2 = \int_L 2x^2 y\mathrm{d}y = \int_0^\pi 2x^2 \sin x\cos x\mathrm{d}x = \int_0^\pi x^2\sin 2x\mathrm{d}x = -\frac{1}{2}\int_0^\pi x^2\mathrm{d}\cos 2x$$

$$= -\frac{1}{2}x^2\cos 2x\Big|_0^\pi + \frac{1}{2}\int_0^\pi 2x\cos 2x\mathrm{d}x = -\frac{1}{2}\pi^2 + \frac{1}{2}\int_0^\pi x\mathrm{d}\sin 2x$$

$$= -\frac{1}{2}\pi^2 + \frac{1}{2}\left[x\sin 2x + \frac{1}{2}\cos 2x\right]_0^\pi = -\frac{1}{2}\pi^2.$$

所以，原式 $= -\dfrac{1}{2}\pi^2$.

58.（1）解法一　用格林公式证明.
由曲线为正向封闭曲线，自然想到用格林公式：$\oint_L P\mathrm{d}x + Q\mathrm{d}y = \iint\limits_{D}\left(\dfrac{\partial Q}{\partial x} - \dfrac{\partial P}{\partial y}\right)\mathrm{d}x\mathrm{d}y$.

$$\oint_L x\mathrm{e}^{\sin y}\mathrm{d}y - y\mathrm{e}^{-\sin x}\mathrm{d}x = \iint\limits_{D}(\mathrm{e}^{\sin y} + \mathrm{e}^{-\sin x})\mathrm{d}x\mathrm{d}y,$$

$$\oint_L x\mathrm{e}^{-\sin y}\mathrm{d}y - y\mathrm{e}^{\sin x}\mathrm{d}x = \iint\limits_{D}(\mathrm{e}^{-\sin y} + \mathrm{e}^{\sin x})\mathrm{d}x\mathrm{d}y,$$

因为积分区域 D 关于 $y = x$ 对称，所以

$$\iint_D (e^{\sin y} + e^{-\sin x})\,dxdy = \iint_D (e^{-\sin y} + e^{\sin x})\,dxdy,$$

故 $\oint_L x e^{\sin y}\,dy - y e^{-\sin x}\,dx = \oint_L x e^{-\sin y}\,dy - y e^{\sin x}\,dx.$

解法二 用参数法转化为定积分证明.

$$左边 = \oint_L x e^{\sin y}\,dy - \oint_L y e^{-\sin x}\,dx = \int_0^\pi \pi e^{\sin y}\,dy - \int_\pi^0 \pi e^{-\sin x}\,dx$$

$$= \pi \int_0^\pi (e^{\sin x} + e^{-\sin x})\,dx,$$

$$右边 = \oint_L x e^{-\sin y}\,dy - \oint_L y e^{\sin x}\,dx = \int_0^\pi \pi e^{-\sin y}\,dy - \int_\pi^0 \pi e^{\sin x}\,dx$$

$$= \pi \int_0^\pi (e^{\sin x} + e^{-\sin x})\,dx,$$

所以 $\oint_L x e^{\sin y}\,dy - y e^{-\sin x}\,dx = \oint_L x e^{-\sin y}\,dy - y e^{\sin x}\,dx.$

（2）**解法一** 用格林公式证明.

$$\oint_L x e^{\sin y}\,dy - y e^{-\sin x}\,dx = \iint_D (e^{\sin y} + e^{-\sin x})\,dxdy$$

$$= \iint_D e^{\sin y}\,dxdy + \iint_D e^{-\sin x}\,dxdy = \iint_D e^{\sin x}\,dxdy + \iint_D e^{-\sin x}\,dxdy$$

$$= \iint_D (e^{\sin x} + e^{-\sin x})\,dxdy \geqslant \iint_D 2\,dxdy = 2\pi^2.$$

解法二 由（1），知 $\oint_L x e^{\sin y}\,dy - y e^{-\sin x}\,dx = \pi \int_0^\pi (e^{\sin x} + e^{-\sin x})\,dx \geqslant 2\pi^2.$

59. 解 $\oint_l \dfrac{(x+y^2)\,dx + x\,dy}{(x+1)^2 + y^2} = \oint_l \dfrac{(x+y^2)\,dx + x\,dy}{1} = \iint_D (1 - 2y)\,d\sigma = \pi.$

其中 $D = \{(x,y) \mid x^2 + y^2 + 2x \leqslant 0\}.$

60. 解 设 $P = \dfrac{x-y}{x^2+y^2}, Q = \dfrac{x+y}{x^2+y^2}$，有 $\dfrac{\partial Q}{\partial x} \equiv \dfrac{\partial P}{\partial y}$，当 $(x,y) \neq (0,0).$

改取 $l_1 \bigcup l_2, l_1: \begin{cases} x = \cos t, \\ y = \sin t, \end{cases} t$ 从 π 到 $0, l_2: y = 0, x$ 从 1 到 3.

$$\int_l \frac{(x-y)\,dx + (x+y)\,dy}{x^2+y^2} = \int_\pi^0 [(\cos t - \sin t)(-\sin t) + (\cos t + \sin t)\cos t]\,dt + \int_1^3 \frac{x\,dx}{x^2}$$

$$= \int_\pi^0 dt + \int_1^3 \frac{dx}{x} = \ln 3 - \pi.$$

61. 解 $I = \int_L \dfrac{x\,dy + (1-y)\,dx}{x^2 + (1-y)^2} \xlongequal{\Delta} \int_L P\,dx + Q\,dy$，则有 $\dfrac{\partial P}{\partial y} = \dfrac{(1-y)^2}{[x^2+(1-y)^2]^2} = \dfrac{\partial Q}{\partial x}$，因此积分与路径无关.

① 当 $k > 1$ 时，取路径 $MM'N'N$ 得

$$I = \int_{MM'} + \int_{M'N'} + \int_{N'N} = \int_0^k \frac{dy}{1+(1-y)^2} + \int_1^{-1} \frac{(1-k)\,dx}{x^2+(1-k)^2} + \int_k^0 \frac{-dy}{1+(1-y)^2}$$

$$= 2[\arctan(k-1) + \arctan\frac{1}{k-1}] + \frac{\pi}{2} = 2 \cdot \frac{\pi}{2} + \frac{\pi}{2} = \frac{3\pi}{2}.$$

② 当 $k < 1$ 时，取路径 MN 得

$$I = \int_{MN} = \int_1^{-1} \frac{dx}{x^2+1} = \arctan x \Big|_1^{-1} = -\frac{\pi}{2}.$$

62. 解 因为 $\dfrac{\partial}{\partial y}(ay^2 - 2xy) = 2ay - 2x, \dfrac{\partial}{\partial x}(bx^2 + 2xy) = 2bx + 2y$，由

$$2ay - 2x \equiv 2bx + 2y, 得\ a = 1, b = -1.$$

取 $a = 1, b = -1$, 则

$$
\begin{aligned}
(ay^2 - 2xy)\mathrm{d}x + (bx^2 + 2xy)\mathrm{d}y &= (y^2 - 2xy)\mathrm{d}x + (-x^2 + 2xy)\mathrm{d}y \\
&= y^2\mathrm{d}x + 2xy\mathrm{d}y - (2xy\mathrm{d}x + x^2\mathrm{d}y) \\
&= \mathrm{d}(xy^2) - \mathrm{d}(x^2y) = \mathrm{d}(xy^2 - x^2y).
\end{aligned}
$$

所以 $u(x,y) = xy^2 - x^2y + C$, 由 $u(1,1) = 1 - 1 + C = 2$, $C = 2$, 则 $u(x,y) = xy^2 - x^2y + 2$.

63. 解　由高斯公式

$$
\begin{aligned}
\oiint\limits_{S} x^2\mathrm{d}y\mathrm{d}z + y^2\mathrm{d}z\mathrm{d}x + z^2\mathrm{d}x\mathrm{d}y &= \iiint\limits_{\Omega}(2x + 2y + 2z)\mathrm{d}V \\
&= 2\iiint\limits_{\Omega}[(x-a) + (y-b) + (z-c)]\mathrm{d}V + 2\iiint\limits_{\Omega}(a+b+c)\mathrm{d}V.
\end{aligned}
$$

对于

$$2\iiint\limits_{\Omega}[(x-a) + (y-b) + (z-c)]\mathrm{d}V = 2\iiint\limits_{\Omega}(x-a)\mathrm{d}V + 2\iiint\limits_{\Omega}(y-b)\mathrm{d}V + 2\iiint\limits_{\Omega}(z-c)\mathrm{d}V,$$

以计算 $\iiint\limits_{\Omega}(z-c)\mathrm{d}V$ 为例, 记

$$z_1 = c - \sqrt{R^2 - (x-a)^2 + (y-b)^2}, z_2 = c + \sqrt{R^2 - (x-a)^2 + (y-b)^2},$$

$$D_{xy} = \{(x,y) \mid (x-a)^2 + (y-b)^2 \leqslant R^2\},$$

$$\iiint\limits_{\Omega}(z-c)\mathrm{d}V = \iint\limits_{D_{xy}}\mathrm{d}\sigma\int_{z_1}^{z_2}(z-c)\mathrm{d}z = \iint\limits_{D_{xy}}0\mathrm{d}\sigma = 0.$$

同理 $\iiint\limits_{\Omega}(x-a)\mathrm{d}V = 0, \iiint\limits_{\Omega}(y-b)\mathrm{d}V = 0.$

而 $2\iiint\limits_{\Omega}(a+b+c)\mathrm{d}V = 2(a+b+c)\dfrac{4}{3}\pi R^3$, 所以

$$\oiint\limits_{S} x^2\mathrm{d}y\mathrm{d}z + y^2\mathrm{d}z\mathrm{d}x + z^2\mathrm{d}x\mathrm{d}y = \dfrac{8}{3}(a+b+c)\pi R^3.$$

64. 解　本题满足高斯定理之条件, 所以有

$$I = \oiint\limits_{S} y\mathrm{d}y\mathrm{d}z + x\mathrm{d}z\mathrm{d}x + z^2\mathrm{d}x\mathrm{d}y = \iiint\limits_{V}(0 + 0 + 2z)\mathrm{d}V,$$

其中区域 V 通过球坐标变换, 便得

$$I = \int_0^{2\pi}\mathrm{d}\theta\int_0^{\pi/4}\mathrm{d}\varphi\int_0^{2a\cos\varphi}2\rho\cos\varphi\rho^2\sin\varphi\mathrm{d}\rho = \dfrac{7\pi}{3}a^4.$$

65. 解　记 $S_1: \begin{cases} x^2 + y^2 \leqslant a^2, \\ z = 0, \end{cases}$ 法向朝下, 则

$$\iint\limits_{S} yz\mathrm{d}y\mathrm{d}z + zx\mathrm{d}z\mathrm{d}x + (x^2 + y^2)z\mathrm{d}x\mathrm{d}y = \oiint\limits_{S+S_1} - \iint\limits_{S_1},$$

而 $\oiint\limits_{S} \xrightarrow{\text{高斯定理}} \iiint\limits_{V}(0 + 0 + x^2 + y^2)\mathrm{d}V$

$$= \int_0^{2\pi}\mathrm{d}\theta\int_0^{\frac{\pi}{2}}\mathrm{d}\varphi\int_0^a\rho^2\sin^2\varphi \cdot \rho^2\sin\varphi\mathrm{d}\rho$$

$$= 2\pi\int_0^{\frac{\pi}{2}}\sin^3\varphi\mathrm{d}\varphi \cdot \dfrac{a^5}{5} = \dfrac{2\pi}{5}a^5 \cdot \dfrac{2}{3} \cdot 1 = \dfrac{4}{15}\pi a^5,$$

$$\iint\limits_{S_1} = \iint\limits_{S_1}(x^2 + y^2)z\mathrm{d}x\mathrm{d}y = 0,$$

所以 $\iint\limits_{S} yz\mathrm{d}y\mathrm{d}z + zx\mathrm{d}z\mathrm{d}x + (x^2 + y^2)z\mathrm{d}x\mathrm{d}y = \dfrac{4}{15}\pi a^5.$

66. 解　添曲面片 $S_1 : z = 1, x^2 + y^2 \leqslant 1$，下侧，则

$$\iint\limits_{S} x\mathrm{d}y\mathrm{d}z + 2y\mathrm{d}z\mathrm{d}x + 3z\mathrm{d}x\mathrm{d}y = \iint\limits_{S \cup S_1} - \iint\limits_{S_1} = -\iiint\limits_{\Omega} 6\mathrm{d}V + \iint\limits_{S_1} 3\mathrm{d}x\mathrm{d}y,$$

其中 Ω 为由锥面 $z = \sqrt{x^2 + y^2}$ 与 $z = 1$ 围成的有界闭区域，$D = \{(x,y) \mid x^2 + y^2 \leqslant 1\}$，

$$\iiint\limits_{\Omega} 6\mathrm{d}V = 6\int_0^{2\pi} \mathrm{d}\theta \int_0^{\frac{\pi}{4}} \mathrm{d}\varphi \int_0^{\frac{1}{\cos\varphi}} \rho^2 \sin\varphi\mathrm{d}\rho$$

$$= 4\pi \int_0^{\frac{\pi}{4}} \frac{\sin\varphi}{\cos^3\varphi} \mathrm{d}\varphi = 2\pi \frac{1}{\cos^2\varphi} \bigg|_0^{\frac{\pi}{4}} = 2\pi,$$

$$\iint\limits_{D} 3\mathrm{d}x\mathrm{d}y = 3\pi.$$

所以，$\displaystyle\iint\limits_{S} x\mathrm{d}y\mathrm{d}z + 2y\mathrm{d}z\mathrm{d}x + 3z\mathrm{d}x\mathrm{d}y = -2\pi + 3\pi = \pi.$（注：$\displaystyle\iiint\limits_{\Omega} 6\mathrm{d}V$ 可由立体几何得到.）

67. 解法一　补面用高斯公式法.

取 $\Sigma_1 : z = 0, x^2 + y^2 \leqslant 1$，取下侧，记 Ω 为由 Σ 与 Σ_1 围成的空间闭区域，则

$$I = \oiint\limits_{\Sigma + \Sigma_1} 2x^3\mathrm{d}y\mathrm{d}z + 2y^3\mathrm{d}z\mathrm{d}x + 3(z^2 - 1)\mathrm{d}x\mathrm{d}y - \iint\limits_{\Sigma_1} 2x^3\mathrm{d}y\mathrm{d}z + 2y^3\mathrm{d}z\mathrm{d}x + 3(z^2 - 1)\mathrm{d}x\mathrm{d}y.$$

这里 $P = 2x^3, Q = 2y^3, R = 3(z^2 - 1), \dfrac{\partial P}{\partial x} = 6x^2, \dfrac{\partial Q}{\partial y} = 6y^2, \dfrac{\partial R}{\partial z} = 6z$，由高斯公式得

$$\oiint\limits_{\Sigma + \Sigma_1} 2x^3\mathrm{d}y\mathrm{d}z + 2y^3\mathrm{d}z\mathrm{d}x + 3(z^2 - 1)\mathrm{d}x\mathrm{d}y = \iiint\limits_{\Omega} 6(x^2 + y^2 + z)\mathrm{d}V.$$

利用柱面坐标 $\begin{cases} x = r\cos\theta, \\ y = r\sin\theta, \\ z = z, \end{cases}$ 有

$$\iiint\limits_{\Omega} 6(x^2 + y^2 + z)\mathrm{d}x\mathrm{d}y\mathrm{d}z = 6\int_0^{2\pi} \mathrm{d}\theta \int_0^1 \mathrm{d}r \int_0^{1-r^2} (z + r^2) r\mathrm{d}z$$

$$= 12\pi \int_0^1 r\left(\frac{z^2}{2} + r^2 z\right)\bigg|_0^{1-r^2} \mathrm{d}r = 12\pi \int_0^1 r\frac{(1-r^2)^2}{2} + r^3(1-r^2)\mathrm{d}r$$

$$= 12\pi \cdot \frac{1}{6} = 2\pi.$$

$$\iint\limits_{\Sigma_1} 2x^3\mathrm{d}y\mathrm{d}z + 2y^3\mathrm{d}z\mathrm{d}x + 3(z^2 - 1)\mathrm{d}x\mathrm{d}y = -\iint\limits_{D} 3(0 - 1)\mathrm{d}x\mathrm{d}y = 3\iint\limits_{D} \mathrm{d}x\mathrm{d}y = 3\pi.$$

故 $I = 2\pi - 3\pi = -\pi.$

解法二　用转换投影法.

曲面 $\Sigma_1 : z = 1 - x^2 - y^2, x^2 + y^2 \leqslant 1, \dfrac{\partial z}{\partial x} = -2x, \dfrac{\partial z}{\partial y} = -2y$，由转换投影公式

$$I = \iint\limits_{\Sigma} 2x^3\mathrm{d}y\mathrm{d}z + 2y^3\mathrm{d}z\mathrm{d}x + 3(z^2 - 1)\mathrm{d}x\mathrm{d}y$$

$$= \iint\limits_{\Sigma} \left[2x^3\left(-\frac{\partial z}{\partial x}\right) + 2y^3\left(-\frac{\partial z}{\partial y}\right) + 3(z^2 - 1)\right]\mathrm{d}x\mathrm{d}y$$

$$= \iint\limits_{D} [4x^4 + 4y^4 + 3(1 - x^2 - y^2)^2 - 3]\mathrm{d}x\mathrm{d}y,$$

$$I = \int_0^{2\pi} \mathrm{d}\theta \int_0^1 [4r^4\cos^4\theta + 4r^4\sin^4\theta + 3(1 - r^2)^2 - 3]r\mathrm{d}r$$

$$= \int_0^{2\pi} \mathrm{d}\theta \int_0^1 [4r^5\cos^4\theta + 4r^5\sin^4\theta + 3(r^5 - 2r^3)]\mathrm{d}r$$

$$= \int_0^{2\pi} \left(\frac{4}{6}\cos^4\theta + \frac{4}{6}\sin^4\theta + \frac{1}{2} - \frac{3}{2} \right) d\theta$$

$$= \int_0^{2\pi} \frac{4}{6} \left[(\cos^2\theta + \sin^2\theta)^2 - 2\cos^2\theta\sin^2\theta \right] d\theta - \int_0^{2\pi} d\theta$$

$$= \int_0^{2\pi} \frac{4}{6} \left[1 - 2\cos^2\theta\sin^2\theta \right] d\theta - 2\pi$$

$$= \frac{4}{6} \int_0^{2\pi} d\theta - \frac{1}{3} \int_0^{2\pi} \sin^2 2\theta d\theta - 2\pi$$

$$= \frac{4\pi}{3} - \frac{1}{6} \int_0^{2\pi} (1 - \cos 4\theta) d\theta - 2\pi$$

$$= \frac{4\pi}{3} - \frac{\pi}{3} - 2\pi - \frac{1}{6} \int_0^{2\pi} \cos 4\theta d\theta = -\pi - \frac{1}{24} \sin 4\theta \Big|_0^{2\pi}$$

$$= -\pi - 0 = -\pi,$$

其中 $\int_0^{2\pi} \left(\frac{4}{6}\cos^4\theta + \frac{4}{6}\sin^4\theta \right) d\theta$ 也可直接利用公式 $\int_0^{\frac{\pi}{2}} \cos^4\theta d\theta = \int_0^{\frac{\pi}{2}} \sin^4\theta d\theta = \frac{3}{4} \cdot \frac{1}{2} \cdot \frac{\pi}{2}$, $\int_0^{2\pi} \cos^4\theta d\theta = 4\int_0^{\frac{\pi}{2}} \cos^4\theta d\theta$, $\int_0^{2\pi} \sin^4\theta d\theta = 4\int_0^{\frac{\pi}{2}} \sin^4\theta d\theta$, 得

$$\int_0^{2\pi} \left(\frac{4}{6}\cos^4\theta + \frac{4}{6}\sin^4\theta \right) d\theta = 2 \cdot 4 \cdot \frac{4}{6} \cdot \frac{3}{4} \cdot \frac{1}{2} \cdot \frac{\pi}{2} = \pi.$$

68. **解法一**　增加一个曲面使之成为闭合曲面,从而利用高斯公式,补充曲面片 $S: z = 0, x^2 + \frac{y^2}{4} \leqslant 1$,

下侧有 $I = \oiint\limits_{\Sigma+S} xz\,dydz + 2zy\,dzdx + 3xy\,dxdy - \iint\limits_{S} xz\,dydz + 2zy\,dzdx + 3xy\,dxdy.$

$$\oiint\limits_{\Sigma+S} xz\,dydz + 2zy\,dzdx + 3xy\,dxdy \xlongequal{\text{高斯公式}} \iiint\limits_{\Omega} (z+2z)\,dV = \int_0^1 3z\,dz \iint\limits_{x^2+\frac{1}{4}y^2 \leqslant 1-z} dxdy = \int_0^1 6\pi z(1-z)\,dz = \pi.$$

$$\iint\limits_{S} xz\,dydz + 2zy\,dzdx + 3xy\,dxdy = -\iint\limits_{x^2+\frac{1}{4}y^2 \leqslant 1} 3xy\,dxdy = 0（由函数奇偶性可知）.$$

综上,$I = \pi + 0 = \pi.$

　　解法二　曲面 Σ 在 Oxy 上的投影记为 D_{xy},曲面 Σ 的正向法向量为

$$\boldsymbol{n} = (-z'_x, -z'_y, 1) = (2x, \frac{1}{2}y, 1),$$

所以 $I = \iint\limits_{\Sigma} xz\,dydz + 2zy\,dzdx + 3xy\,dxdy = \iint\limits_{D_{xy}} \{xz, 2zy, 3xy\} \cdot \boldsymbol{n}\,dxdy$

$$= \iint\limits_{x^2+\frac{1}{4}y^2 \leqslant 1} \left[2x^2(1 - x^2 - \frac{1}{4}y^2) + y^2(1 - x^2 - \frac{1}{4}y^2) + 3xy \right] dxdy.$$

令 $\begin{cases} x = r\cos\theta \\ y = 2r\sin\theta \end{cases}$, $0 \leqslant \theta \leqslant 2\pi, 0 \leqslant r \leqslant 1$,则

$$I = \int_0^{2\pi} d\theta \int_0^1 \left[2r^2(1-r^2)\cos^2\theta + 2r^2(1-r^2)\sin^2\theta + 6r^2\cos\theta\sin\theta \right] 2r\,dr$$

$$= 12\pi \cdot \int_0^1 r^3(1-r^2)\,dr = \pi.$$

　　解法三　记曲面 $\sum$ 在三个坐标平面上的投影分别为 D_{xy}, D_{yz}, D_{zx},则利用函数奇偶性有

$$\iint\limits_{\Sigma} 3xy\,dxdy = \iint\limits_{D_{xy}} 3xy\,dxdy = 0,$$

$$\iint\limits_{\Sigma} xz\,dydz = 2\iint\limits_{D_{yz}} z\sqrt{1 - z - \frac{y^2}{4}}\,dydz = 2\int_0^1 z\,dz \int_{-2\sqrt{1-z}}^{2\sqrt{1-z}} \sqrt{1 - z - \frac{y^2}{4}}\,dy$$

$$= \int_0^1 z \left[2(1-z)\pi \right] \mathrm{d}z = \frac{\pi}{3},$$

$$\iint\limits_{\Sigma} 2zy \mathrm{d}z\mathrm{d}x = 8\iint\limits_{D_{zx}} z\sqrt{1-z-x^2}\,\mathrm{d}z\mathrm{d}x = 8\int_0^1 z\mathrm{d}z \int_{-\sqrt{1-z}}^{\sqrt{1-z}} \sqrt{1-z-x^2}\,\mathrm{d}x$$

$$= 4\pi \int_0^1 z(1-z)\mathrm{d}z = \frac{2\pi}{3}.$$

所以 $I = \iint\limits_{\Sigma} xz\mathrm{d}y\mathrm{d}z + 2zy\mathrm{d}z\mathrm{d}x + 3xy\mathrm{d}x\mathrm{d}y = \frac{\pi}{3} + \frac{2\pi}{3} + 0 = \pi.$

69. 解法一 化成第一类曲面积分计算

$$I = \iint\limits_{S} (x\cos\alpha + y\cos\beta + z\cos\gamma)\mathrm{d}S = \iint\limits_{S} \frac{1}{\sqrt{3}}(x-y+z)\mathrm{d}S = \frac{1}{\sqrt{3}}\iint\limits_{S}\mathrm{d}S,$$

$\iint\limits_{S}\mathrm{d}S$ 为 S 的面积，可由几何算得 $\triangle ABC$ 为等边三角形，边长为 $\sqrt{2}$，其面积为 $\frac{\sqrt{3}}{2}$，所以 $I = \frac{1}{2}$。

解法二 用公式 $\iint\limits_{S}\mathrm{d}S = \iint\limits_{D} \sqrt{1 + (\frac{\partial z}{\partial x})^2 + (\frac{\partial z}{\partial y})^2}\,\mathrm{d}\sigma$ 计算 S 的面积，得

$$\iint\limits_{S}\mathrm{d}S = \iint\limits_{D}\sqrt{3}\,\mathrm{d}\sigma = \sqrt{3} \times \frac{1}{2} = \frac{\sqrt{3}}{2}, \quad I = \frac{1}{2}.$$

解法三 逐个投影计算，得

$$\iint\limits_{S} z\mathrm{d}y\mathrm{d}z = +\int_{-1}^0 \mathrm{d}y \int_0^{y+1} z\mathrm{d}z = \frac{1}{6},$$

$$\iint\limits_{S} y\mathrm{d}z\mathrm{d}x = -\int_0^1 \mathrm{d}y \int_0^{1-x} (x+z-1)\mathrm{d}z = +\int_0^1 \frac{1}{2}(x-1)^2\mathrm{d}x = \frac{1}{6},$$

$$\iint\limits_{S} x\mathrm{d}x\mathrm{d}y = +\int_{-1}^0 \mathrm{d}y \int_0^{y+1} x\mathrm{d}x = \int_{-1}^0 \frac{1}{2}(y+1)^2\mathrm{d}y = \frac{1}{6}.$$

所以 $I = \frac{1}{2}.$

解法四 添 3 个平面，$\triangle OAB$（法向量指向 z 轴负向），$\triangle OAC$（法向量指向 y 轴正向），$\triangle OBC$（法向量指向 x 轴负向），由高斯公式得

$$I = \iint\limits_{S} z\mathrm{d}y\mathrm{d}z + y\mathrm{d}z\mathrm{d}x + x\mathrm{d}x\mathrm{d}y$$

$$= \iiint\limits_{\Omega} 1\mathrm{d}V - \iint\limits_{\triangle OAB} - \iint\limits_{\triangle OAC} - \iint\limits_{\triangle OBC} = \frac{1}{6} + \iint\limits_{\triangle OAB} x\mathrm{d}\sigma_{xy} - 0 + \iint\limits_{\triangle OBC} z\mathrm{d}\sigma_{yz},$$

其中 $\iint\limits_{\triangle OAB} x\mathrm{d}\sigma_{xy}$ 与 $\iint\limits_{\triangle OBC} z\mathrm{d}\sigma_{yz}$ 分别为 Oxy 平面与 Oyz 平面上的二重积分。

$\iint\limits_{\triangle OAB} x\mathrm{d}\sigma_{xy} = \int_{-1}^0 \mathrm{d}y \int_0^{y+1} x\mathrm{d}x = \frac{1}{6},$ $\quad \iint\limits_{\triangle OBC} z\mathrm{d}\sigma_{yz} = \frac{1}{6},$ 所以 $I = \frac{1}{2}.$

70. 解 $I = \oiint\limits_{S} \frac{xy^2\mathrm{d}y\mathrm{d}z + yz^2\mathrm{d}z\mathrm{d}x + zx^2\mathrm{d}x\mathrm{d}y}{x^2+y^2+z^2} = \frac{1}{R^2} \oiint\limits_{S} xy^2\mathrm{d}y\mathrm{d}z + yz^2\mathrm{d}z\mathrm{d}x + zx^2\mathrm{d}x\mathrm{d}y$

$$= \frac{1}{R^2} \iiint\limits_{\Omega} (x^2+y^2+z^2)\mathrm{d}V = \frac{1}{R^2} \int_0^{2\pi}\mathrm{d}\theta \int_0^{\pi}\mathrm{d}\varphi \int_0^R \rho^4 \sin\varphi\,\mathrm{d}\rho = \frac{4}{5}\pi R^3.$$

71. 解法一 用高斯公式。

$$\frac{\partial P}{\partial x} = \frac{y^2+z^2-2x^2}{(x^2+y^2+z^2)^{\frac{3}{2}}}, \frac{\partial Q}{\partial y} = \frac{x^2+z^2-2y^2}{(x^2+y^2+z^2)^{\frac{3}{2}}}, \frac{\partial R}{\partial z} = \frac{x^2+y^2-2z^2}{(x^2+y^2+z^2)^{\frac{3}{2}}},$$

根据高斯公式，有

$$\oiint\limits_{\Sigma-\Sigma_1} \frac{x\mathrm{d}y\mathrm{d}z + y\mathrm{d}z\mathrm{d}x + z\mathrm{d}x\mathrm{d}y}{(x^2+y^2+z^2)^{\frac{3}{2}}} = \iiint\limits_{\Omega} \left(\frac{\partial P}{\partial x} + \frac{\partial Q}{\partial y} + \frac{\partial R}{\partial z}\right)\mathrm{d}x\mathrm{d}y\mathrm{d}z = \iiint\limits_{\Omega} 0\mathrm{d}x\mathrm{d}y\mathrm{d}z = 0.$$

计算曲面 Σ_1 上的积分，先代后算，将奇点去掉，然后再利用高斯公式求解。

$$\oiint_{\Sigma_1}\frac{x\mathrm{d}y\mathrm{d}z+y\mathrm{d}z\mathrm{d}x+z\mathrm{d}x\mathrm{d}y}{(x^2+y^2+z^2)^{\frac{3}{2}}}=\frac{1}{\varepsilon^3}\oiint_{\Sigma_1}x\mathrm{d}y\mathrm{d}z+y\mathrm{d}z\mathrm{d}x+z\mathrm{d}x\mathrm{d}y$$

$$=\frac{1}{\varepsilon^3}\iiint_{x^2+y^2+z^2\leqslant\varepsilon^2}3\mathrm{d}x\mathrm{d}y\mathrm{d}z=\frac{3}{\varepsilon^3}\cdot\frac{4}{3}\pi\varepsilon^3=4\pi,$$

所以 $I=\oiint_{\Sigma-\Sigma_1}\dfrac{x\mathrm{d}y\mathrm{d}z+y\mathrm{d}z\mathrm{d}x+z\mathrm{d}x\mathrm{d}y}{(x^2+y^2+z^2)^{\frac{3}{2}}}+\oiint_{\Sigma_1}\dfrac{x\mathrm{d}y\mathrm{d}z+y\mathrm{d}z\mathrm{d}x+z\mathrm{d}x\mathrm{d}y}{(x^2+y^2+z^2)^{\frac{3}{2}}}=4\pi.$

解法二 用转换投影法.

将曲面 Σ 分成上下两部分.

上半部分曲面为 $\Sigma_1:z=\sqrt{4-2x^2-2y^2}$, $(x,y)\in D$, 其中 $D=\{(x,y)\mid x^2+y^2\leqslant2\}$, 曲面 Σ_1 取上侧,

其法向量为 $n_1=\left\{-\dfrac{\partial z}{\partial x},-\dfrac{\partial z}{\partial y},1\right\}=\left\{-\dfrac{2x}{\sqrt{4-2x^2-2y^2}},-\dfrac{2y}{\sqrt{4-2x^2-2y^2}},1\right\}.$

下半部分曲面为 $\Sigma_2:z=-\sqrt{4-2x^2-2y^2}$, $(x,y)\in D$, 其中 $D=\{(x,y)\mid x^2+y^2\leqslant2\}$ 取下侧, 其法向

量为 $n_2=\left\{-\dfrac{\partial z}{\partial x},-\dfrac{\partial z}{\partial y},1\right\}=\left\{-\dfrac{2x}{\sqrt{4-2x^2-2y^2}},-\dfrac{2y}{\sqrt{4-2x^2-2y^2}},1\right\}.$

$$I=\oiint_{\Sigma}\frac{x\mathrm{d}y\mathrm{d}z+y\mathrm{d}z\mathrm{d}x+z\mathrm{d}x\mathrm{d}y}{(x^2+y^2+z^2)^{\frac{3}{2}}}=\oiint_{\Sigma_1}\frac{x\mathrm{d}y\mathrm{d}z+y\mathrm{d}z\mathrm{d}x+z\mathrm{d}x\mathrm{d}y}{(x^2+y^2+z^2)^{\frac{3}{2}}}+\oiint_{\Sigma_2}\frac{x\mathrm{d}y\mathrm{d}z+y\mathrm{d}z\mathrm{d}x+z\mathrm{d}x\mathrm{d}y}{(x^2+y^2+z^2)^{\frac{3}{2}}},$$

$$\oiint_{\Sigma_1}\frac{x\mathrm{d}y\mathrm{d}z+y\mathrm{d}z\mathrm{d}x+z\mathrm{d}x\mathrm{d}y}{(x^2+y^2+z^2)^{\frac{3}{2}}}=\iint_{\Sigma_1}\left[P\left(-\frac{\partial z}{\partial x}\right)+Q\left(-\frac{\partial z}{\partial y}\right)+R\right]\mathrm{d}x\mathrm{d}y$$

$$=2\sqrt{2}\iint_{D}\frac{\mathrm{d}x\mathrm{d}y}{(4-x^2-y^2)^{\frac{3}{2}}\sqrt{2-(x^2+y^2)}}=2\sqrt{2}\int_0^{2\pi}\mathrm{d}\theta\int_0^{\sqrt{2}}\frac{r\mathrm{d}r}{(4-r^2)^{\frac{3}{2}}\sqrt{2-r^2}}$$

$$\xrightarrow{t=\sqrt{2-r^2}}4\sqrt{2}\pi\int_0^{\sqrt{2}}\frac{\mathrm{d}t}{(2+t^2)^{\frac{3}{2}}}\xrightarrow{t=\sqrt{2}\tan u}2\sqrt{2}\pi\int_0^{\frac{\pi}{3}}\cos u\mathrm{d}u=2\pi,$$

$$\oiint_{\Sigma_2}\frac{x\mathrm{d}y\mathrm{d}z+y\mathrm{d}z\mathrm{d}x+z\mathrm{d}x\mathrm{d}y}{(x^2+y^2+z^2)^{\frac{3}{2}}}=-\iint_{D}\left[P\left(-\frac{\partial z}{\partial x}\right)+Q\left(-\frac{\partial z}{\partial y}\right)+R\right]\mathrm{d}x\mathrm{d}y$$

$$=2\sqrt{2}\iint_{D}\frac{\mathrm{d}x\mathrm{d}y}{(4-x^2-y^2)^{\frac{3}{2}}\sqrt{2-(x^2+y^2)}}=2\pi.$$

所以 $I=2\pi+2\pi=4\pi.$

72. 分析 空间曲线 l 如图所示, 空间第二类曲线积分的计算, 首选的方法是利用积分与路径的无关性; 基本的方法是用曲线的参数方程化为关于参数的定积分; 在以 l 为边界曲线的曲面可以选择比较简单的(如平面或球面)时候, 再可用斯托克斯公式化为第二类曲面积分. 这题 $\dfrac{\partial}{\partial y}x^2y=x^2$,

$\dfrac{\partial}{\partial x}(x^2+y^2)=2x$, 两者不相等, 显然积分与路径有关.

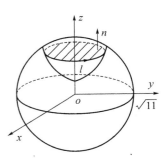

第 72 题图

解法一 $l:\begin{cases}x^2+y^2+z^2=11,\\z=x^2+y^2+1.\end{cases}\Rightarrow\begin{cases}x^2+y^2=2,\\z=3.\end{cases}$

取参数方程为 $x=\sqrt{2}\cos t,y=\sqrt{2}\sin t,z=3,0\leqslant t\leqslant2\pi.$

于是 $I=\oint_l x^2y\mathrm{d}x+(x^2+y^2)\mathrm{d}y+(x+y+z)\mathrm{d}z$

$$=\int_0^{2\pi}(-4\cos^2 t\sin^2 t+2\sqrt{2}\cos t)\mathrm{d}t$$

$$=-\int_0^{2\pi}\sin^2 2t\mathrm{d}t+2\sqrt{2}\sin t\bigg|_0^{2\pi}$$

$$=-\frac{1}{2}\int_0^{2\pi}(1-\cos 4t)\mathrm{d}t=-\pi.$$

解法二 取 S 为平面 $z=3$ 上以 l 为边界的平面区域.

$S=\{(x,y,z)\mid x^2+y^2\leqslant2,z=3\}$, 法线朝上, 则由斯托克斯公式得

$$I = \iint\limits_{S} \begin{vmatrix} \cos\alpha & \cos\beta & \cos\gamma \\ \dfrac{\partial}{\partial x} & \dfrac{\partial}{\partial y} & \dfrac{\partial}{\partial z} \\ x^2 y & x^2+y^2 & x+y+z \end{vmatrix} dS.$$

$$= \iint\limits_{S} \left[\cos\alpha - \cos\beta + (2x - x^2)\cos\gamma\right] dS$$

因为 S 的法线矢量 $\boldsymbol{n} = \boldsymbol{k}$，$\alpha = \beta = \dfrac{\pi}{2}$，$\gamma = 0$，于是 $\cos\alpha = \cos\beta = 0$，$\cos\gamma dS = d\sigma$，故

$$I = \iint\limits_{x^2+y^2 \leqslant 2} (2x - x^2) d\sigma = \iint\limits_{x^2+y^2 \leqslant 2} -x^2 d\sigma$$

$$= -\int_0^{2\pi} d\theta \int_0^{\sqrt{2}} r^3 \cos^2\theta dr = -\int_0^{2\pi} \cos^2\theta d\theta = -\pi.$$

73. 解　由题意假设参数方程 $\begin{cases} x = \cos\theta, \\ y = \sqrt{2}\sin\theta, \quad -\dfrac{\pi}{2} \leqslant \theta \leqslant \dfrac{\pi}{2}. \\ z = \cos\theta, \end{cases}$

$$\int_{\frac{\pi}{2}}^{-\frac{\pi}{2}} \left[-(\sqrt{2}\sin\theta + \cos\theta)\sin\theta + 2\sin\theta\cos\theta + (1 + \sin^2\theta)\sin\theta\right] d\theta$$

$$= \int_{\frac{\pi}{2}}^{-\frac{\pi}{2}} \left[-\sqrt{2}\sin^2\theta + \sin\theta\cos\theta + (1 + \sin^2\theta)\sin\theta\right] d\theta$$

$$= 2\sqrt{2} \int_0^{\frac{\pi}{2}} \sin^2\theta d\theta = \frac{\sqrt{2}}{2}\pi.$$

74. 解法一　取 L 在 Oxy 平面上部分，记为

$$L_1 : x = \cos t, \, y = \sin t, \, z = 0, \, t : \frac{\pi}{2} \to 0.$$

$$\int_{L_1} (y^2 - z^2) dx + (z^2 - x^2) dy + (x^2 - y^2) dz = \int_{L_1} y^2 dx - x^2 dy$$

$$= \int_{\frac{\pi}{2}}^{0} \left[\sin^2 t \cdot (-\sin t) - \cos^2 t \cdot \cos t\right] dt$$

$$= \int_0^{\frac{\pi}{2}} (\sin^3 t + \cos^3 t) dt = \frac{2}{3} + \frac{2}{3} = \frac{4}{3},$$

于是 $\oint_L (y^2 - z^2) dx + (z^2 - x^2) dy + (x^2 - y^2) dz = 3 \times \dfrac{4}{3} = 4.$

解法二　可用斯托克斯公式：取 S 为球面 $x^2 + y^2 + z^2 = 1$ 在第一卦限部分，法向量指向球心，于是

$$\oint_L = -2 \iint\limits_S (y + z) dydz + (x + z) dzdx + (x + y) dxdy.$$

以计算 $\iint\limits_S (x + y) dxdy$ 为例.

$$\iint\limits_S (x + y) dxdy = -\iint\limits_D (x + y) d\sigma = -\int_0^{\frac{\pi}{2}} d\theta \int_0^1 r^2 (\cos\theta + \sin\theta) dr = -\frac{2}{3},$$

所以 $\oint_L (y^2 - z^2) dx + (z^2 - x^2) dy + (x^2 - y^2) dz = -2\left(-\dfrac{2}{3} - \dfrac{2}{3} - \dfrac{2}{3}\right) = 4.$

75. 解　$\bar{y} = \dfrac{\displaystyle\iint\limits_D y d\sigma}{\displaystyle\iint\limits_D d\sigma} = \dfrac{\displaystyle\iint\limits_D y d\sigma}{\dfrac{\pi}{2}R^2}$，其中 $\displaystyle\iint\limits_D y d\sigma = \int_0^{\pi} d\theta \int_0^R r^2 \sin\theta dr = 2 \cdot \dfrac{R^3}{3}.$

所以 $\bar{y} = \dfrac{\dfrac{2}{3}R^3}{\dfrac{\pi}{2}R^2} = \dfrac{4R}{3\pi}.$

76. 解 （1） $\iiint\limits_{\Omega(t)} f(x^2 + y^2 + z^2)\mathrm{d}v = \int_0^{2\pi}\mathrm{d}\theta\int_0^{\pi}\mathrm{d}\varphi\int_0^t f(r^2)r^2\sin\varphi\mathrm{d}r$

$$= 2\pi\int_0^{\pi}\sin\varphi\mathrm{d}\varphi\int_0^t f(r^2)r^2\,\mathrm{d}r$$

$$= 2\pi\int_0^t f(r^2)r^2\,\mathrm{d}r\cdot(-\cos\varphi)\Big|_0^{\pi}$$

$$= 4\pi\int_0^t f(r^2)r^2\,\mathrm{d}r,$$

$$\iint\limits_{D(t)} f(x^2 + y^2)\mathrm{d}\sigma = \int_0^{2\pi}\mathrm{d}\theta\int_0^t f(r^2)r\mathrm{d}r = 2\pi\int_0^t f(r^2)r\mathrm{d}r,$$

所以

$$F(t) = \frac{\iiint\limits_{\Omega(t)} f(x^2 + y^2 + z^2)\mathrm{d}v}{\iint\limits_{D(t)} f(x^2 + y^2)\mathrm{d}\sigma} = \frac{4\pi\int_0^t f(r^2)r^2\,\mathrm{d}r}{2\pi\int_0^t f(r^2)r\mathrm{d}r} = \frac{2\int_0^t f(r^2)r^2\,\mathrm{d}r}{\int_0^t f(r^2)r\mathrm{d}r}.$$

为了讨论 $F(t)$ 在区间 $(0, +\infty)$ 内的单调性，对 $F(t)$ 求导，

$$F'(t) = 2\frac{t^2 f(t^2)\cdot\int_0^t f(r^2)r\mathrm{d}r - \int_0^t f(r^2)r^2\,\mathrm{d}r\cdot f(t^2)t}{[\int_0^t f(r^2)r\mathrm{d}r]^2} = 2\frac{tf(t^2)\cdot\int_0^t f(r^2)r(t-r)\mathrm{d}r}{[\int_0^t f(r^2)r\mathrm{d}r]^2}.$$

因为 $f(t) > 0, t > 0, 0 < r < t$，由定积分的性质，知 $\int_0^t f(r^2)r(t-r)\mathrm{d}r > 0$，从而 $F'(t) > 0$.

所以，$F(t)$ 在区间 $(0, +\infty)$ 内严格单调增加.

（2）因为 $\int_{-t}^t f(x^2)\mathrm{d}x = 2\int_0^t f(x^2)\mathrm{d}x = 2\int_0^t f(r^2)\mathrm{d}r$，所以

$$G(t) = \frac{\iint\limits_{D(t)} f(x^2 + y^2)\mathrm{d}\sigma}{\int_{-t}^t f(x^2)\mathrm{d}x} = \frac{2\pi\int_0^t f(r^2)r\mathrm{d}r}{2\int_0^t f(r^2)\mathrm{d}r} = \frac{\pi\int_0^t f(r^2)r\mathrm{d}r}{\int_0^t f(r^2)\mathrm{d}r}.$$

要证明 $t > 0$ 时，$F(t) > \dfrac{2}{\pi}G(t)$，只需证明 $t > 0$ 时，$F(t) - \dfrac{2}{\pi}G(t) > 0$. 而

$$F(t) - \frac{2}{\pi}G(t) = \frac{2\int_0^t f(r^2)r^2\,\mathrm{d}r}{\int_0^t f(r^2)r\mathrm{d}r} - \frac{2\int_0^t f(r^2)r\mathrm{d}r}{\int_0^t f(r^2)\mathrm{d}r}$$

$$= \frac{2\left[\left(\int_0^t f(r^2)r^2\,\mathrm{d}r\right)\cdot\left(\int_0^t f(r^2)\mathrm{d}r\right) - \left(\int_0^t f(r^2)r\mathrm{d}r\right)^2\right]}{\left(\int_0^t f(r^2)r\mathrm{d}r\right)\cdot\left(\int_0^t f(r^2)\mathrm{d}r\right)}.$$

由于其分母大于 0，只需讨论其分子大于 0.

令 $g(t) = \left(\int_0^t f(r^2)r^2\,\mathrm{d}r\right)\cdot\left(\int_0^t f(r^2)\mathrm{d}r\right) - \left(\int_0^t f(r^2)r\mathrm{d}r\right)^2$，则

$$g'(t) = f(t^2)t^2\int_0^t f(r^2)\mathrm{d}r + f(t^2)\int_0^t f(r^2)r^2\,\mathrm{d}r - 2f(t^2)t\int_0^t f(r^2)r\mathrm{d}r$$

$$= f(t^2)\int_0^t f(r^2)(t-r)^2\mathrm{d}r > 0, t > 0,$$

故 $g(t)$ 在 $(0, +\infty)$ 内单调增加. 又因为 $g(0) = 0$，所以当 $t > 0$ 时，有 $g(t) > g(0) = 0$，从而结论成立.

77. 证明 设 $\boldsymbol{l} = \{a, b, c\}$，$\cos(\boldsymbol{n}\cdot\boldsymbol{l}) = \dfrac{\boldsymbol{n}\cdot\boldsymbol{e}}{|\boldsymbol{n}|\cdot|\boldsymbol{e}|} = \boldsymbol{n}^0\cdot\boldsymbol{l}^0.$

所以 $\oiint\limits_S \cos(\boldsymbol{n}\cdot\boldsymbol{l})\mathrm{d}S = \oiint\limits_S \boldsymbol{n}^0\cdot\boldsymbol{l}^0\,\mathrm{d}S = \oiint\limits_S \boldsymbol{l}^0\,\mathrm{d}\boldsymbol{S}$

$$= \frac{1}{\sqrt{a^2+b^2+c^2}} \oiint\limits_{S} a\,\mathrm{d}y\mathrm{d}z + b\mathrm{d}z\mathrm{d}x + c\mathrm{d}x\mathrm{d}y = \frac{1}{\sqrt{a^2+b^2+c^2}} \iiint\limits_{V} (0+0+0)\mathrm{d}V = 0.$$

78. 解
$$\oiint\limits_{S} \left(\frac{\partial u}{\partial x}\cos\alpha + \frac{\partial u}{\partial y}\cos\beta + \frac{\partial u}{\partial z}\cos\gamma\right)\mathrm{d}S = \iiint\limits_{\Omega} \left(\frac{\partial^2 u}{\partial x^2} + \frac{\partial^2 u}{\partial y^2} + \frac{\partial^2 u}{\partial z^2}\right)\mathrm{d}V$$

$$= \iiint\limits_{\Omega} z^2 \mathrm{d}V$$

$$= \int_0^{2\pi}\mathrm{d}\theta \int_0^{\frac{\pi}{2}}\mathrm{d}\varphi \int_0^{2\cos\varphi} \rho^4 \cos^2\varphi\sin\varphi\mathrm{d}\rho$$

$$= 2\pi\int_0^{\frac{\pi}{2}} \frac{32}{5}\cos^7\varphi\sin\varphi\mathrm{d}\varphi = \frac{8}{5}\pi.$$

第 7 章

一、填空题

1. 解法一   利用麦克劳林公式得

$$\ln(1+t) = \sum_{k=1}^{n} \frac{(-1)^{k-1}}{k}t^k + o(t^n)\ (t \to 0).$$

令 $t = -2x$，则

$$y = \ln(1-2x) = \sum_{k=1}^{n} \frac{(-1)^{k-1}}{k}(-2x)^k + o(x^k) = \sum_{k=1}^{n} \frac{-2^k}{k}x^k + o(x^k)\ (x \to 0),$$

对应于麦克劳林公式有

$$f(x) = f(0) + f'(0)x + \frac{f''(0)}{2!}x^2 + \cdots + \frac{f^{(n)}(0)}{n!}x^n + o(x^n)\ (x \to 0),$$

从而得 $\dfrac{y^{(n)}(0)}{n!} = \dfrac{-2^n}{n}$，即 $y^{(n)}(0) = -2^n \dfrac{n!}{n} = -2^n(n-1)!$.

解法二   用数学归纳法.

$$y' = \frac{-2}{(1-2x)},\ y'' = \frac{(-2)^2(-1)}{(1-2x)^2},\ y''' = \frac{(-2)^2(-1)(-2)}{(1-2x)^3},\cdots,$$

$$y^{(n)} = \frac{(-2)^n(-1)(-2)\cdots[-(n-1)]}{(1-2x)^n} = \frac{-2^n(-1)^{(n-1)}(n-1)!}{(1-2x)^n} = \frac{-2^n(n-1)!}{(1-2x)^n},$$

故 $y^{(n)}(0) = -2^n(n-1)!$.

2. 解   幂级数 $\sum\limits_{n=0}^{\infty} a_n(x+2)^n$ 的收敛区间以 $x = -2$ 为中心，因为该级数在 $x = 0$ 处收敛，在 $x = -4$ 处发散，所以其收敛半径为 2，收敛域为 $(-4,0]$，即 $-2 < x+2 \leqslant 2$ 时级数收敛，亦即 $\sum\limits_{n=0}^{\infty} a_n t^n$ 的收敛半径为 2，收敛域为 $(-2,2]$，则 $\sum\limits_{n=0}^{\infty} a_n(x-3)^n$ 的收敛半径为 2，由 $-2 < x-3 \leqslant 2$，得 $1 < x \leqslant 5$，即幂级数 $\sum\limits_{n=0}^{\infty} a_n(x-3)^n$ 的收敛域为 $(1,5]$.

3. 解   将 $f(x) = x^2 (-\pi \leqslant x \leqslant \pi)$ 展开为余弦级数 $x^2 = \sum\limits_{n=0}^{\infty} a_n \cos nx (-\pi \leqslant x \leqslant \pi)$，其系数计算公式为 $a_n = \dfrac{2}{\pi}\int_0^{\pi} f(x)\cos nx\mathrm{d}x, n = 0,1,2,\cdots$，所以

$$a_2 = \frac{2}{\pi}\int_0^{\pi} x^2 \cdot \cos 2x\mathrm{d}x = \frac{1}{\pi}\int_0^{\pi} x^2 \mathrm{d}\sin 2x$$

$$= \frac{1}{\pi}\left(x^2\sin 2x\,|_0^{\pi} - \int_0^{\pi}\sin 2x \cdot 2x\mathrm{d}x\right)$$

$$= \frac{1}{\pi}\int_0^{\pi} x\mathrm{d}\cos 2x = \frac{1}{\pi}\left(x\cos 2x\,|_0^{\pi} - \int_0^{\pi}\cos 2x\mathrm{d}x\right) = 1.$$

所以本题应填 1.

二、选择题

4. 解法一 排斥法.

取 $a_n = \dfrac{1}{(n+1)\ln(n+1)}$，则 $\lim\limits_{n\to\infty} na_n = 0$.

又 $\sum\limits_{n=1}^{\infty} \dfrac{1}{(n+1)\ln^p(n+1)} \begin{cases} \text{收敛}, & p>1, \\ \text{发散}, & p\leqslant 1, \end{cases}$ 所以 $\sum\limits_{n=1}^{\infty} a_n = \sum\limits_{n=1}^{\infty} \dfrac{1}{(n+1)\ln(n+1)}$ 发散，排除(A),(D).

又取 $a_n = \dfrac{1}{n\sqrt{n}}$，则级数 $\sum\limits_{n=1}^{\infty} a_n = \sum\limits_{n=1}^{\infty} \dfrac{1}{n\sqrt{n}}$ 收敛，但 $\lim\limits_{n\to\infty} n^2 a_n = \lim\limits_{n\to\infty} n^2 \cdot \dfrac{1}{n\sqrt{n}} = \lim\limits_{n\to\infty} \sqrt{n} = \infty$，排除(C)，故应选(B).

解法二 证明(B)正确.

$$\lim_{n\to\infty} na_n = \lambda \neq 0, \quad \text{即} \lim_{n\to\infty} \frac{a_n}{\frac{1}{n}} = \lambda.$$

因为 $\sum\limits_{n=1}^{\infty} \dfrac{1}{n}$ 发散，由比较判别法的极限形式知，$\sum\limits_{n=1}^{\infty} a_n$ 也发散，故应选(B).

5. 解 可以通过举反例及级数的性质来说明 4 个命题的正确性.

① 是错误的，如令 $u_n = (-1)^n$，$\lim\limits_{n\to\infty} u_n \neq 0$，所以 $\sum\limits_{n=1}^{\infty} u_n$ 发散，而 $\sum\limits_{n=1}^{\infty} (u_{2n-1} + u_{2n}) = (-1+1) + (-1+1) + \cdots$ 收敛.

② 是正确的，因为级数 $\sum\limits_{n=1}^{\infty} u_{n+1000}$ 比级数 $\sum\limits_{n=1}^{\infty} u_n$ 少了前 1000 项，改变、增加或减少级数的有限项，不改变级数的敛散性，所以这两个级数同敛散.

③ 是正确的，因为 $\lim\limits_{n\to\infty} \dfrac{u_{n+1}}{u_n} > 1$，从而有 $\lim\limits_{n\to\infty} \left| \dfrac{u_{n+1}}{u_n} \right| > 1$，于是正项级数 $\sum\limits_{n=1}^{\infty} |u_n|$ 在项数充分大之后，通项严格单调增加，故 $\lim\limits_{n\to\infty} |u_n| \neq 0$，从而 $\lim\limits_{n\to\infty} u_n \neq 0$，所以 $\sum\limits_{n=1}^{\infty} u_n$ 发散.

④ 是错误的，如令 $u_n = \dfrac{1}{n}$，$v_n = -\dfrac{1}{n}$，显然 $\sum\limits_{n=1}^{\infty} u_n$，$\sum\limits_{n=1}^{\infty} v_n$ 都发散，而 $\sum\limits_{n=1}^{\infty} (u_n + v_n) = \left(-\dfrac{1}{n} + \dfrac{1}{n} \right) + \left(-\dfrac{1}{n} + \dfrac{1}{n} \right) + \cdots$ 收敛，故选(B).

6. 解法一 利用收敛级数的性质.

将题设收敛的级数 $\sum\limits_{n=1}^{\infty} (-1)^{n-1} a_n$ 展开，

$$\sum_{n=1}^{\infty} (-1)^{n-1} a_n = a_1 - a_2 + a_3 - a_4 + a_5 - a_6 + \cdots \xrightarrow{\text{加括号}} (a_1 - a_2) + (a_3 - a_4) + (a_5 - a_6) + \cdots$$
$$= \sum_{n=1}^{\infty} (a_{2n-1} - a_{2n}).$$

由级数基本性质知，收敛级数可以任意添加括号，所以选项(D)正确.

解法二 用交错级数的概念和性质.

题设等价于告诉我们 $\sum\limits_{n=1}^{\infty} (-1)^{n-1} a_n$ 这个交错级数条件收敛，而条件收敛的交错级数，潜在的性质就是所有正项组成的级数发散，所有负项组成的级数也发散. 在本题就是所有的偶数项组成的级数发散，所有奇数项组成的级数也发散，所以(A)(B)错误，而(C)选项如果正确，可证明 $\sum\limits_{n=1}^{\infty} a_n$ 收敛，矛盾. 所以(C)错误，而(D)选项显然就是 $-\sum\limits_{n=1}^{\infty} (-1)^{n-1} a_n$，因为 $\sum\limits_{n=1}^{\infty} (-1)^{n-1} a_n$ 收敛，所以加负号以后依然收敛. 选项(D)正确.

7. 解法一 举反例.

取 $a_n = b_n = (-1)^n \dfrac{1}{\sqrt{n}}$,则 $\lim\limits_{n \to \infty} a_n = 0$,$\sum\limits_{n=1}^{\infty} b_n$ 是收敛的,但 $\sum\limits_{n=1}^{\infty} a_n b_n = \sum\limits_{n=1}^{\infty} \dfrac{1}{n}$ 发散,排除(A);

取 $a_n = b_n = \dfrac{1}{n}$,则 $\lim\limits_{n \to \infty} a_n = 0$,$\sum\limits_{n=1}^{\infty} b_n$ 是发散的,但 $\sum\limits_{n=1}^{\infty} a_n b_n = \sum\limits_{n=1}^{\infty} \dfrac{1}{n^2}$ 收敛,排除(B);

取 $a_n = b_n = \dfrac{1}{n}$,则 $\lim\limits_{n \to \infty} a_n = 0$,$\sum\limits_{n=1}^{\infty} |b_n|$ 是发散的,但 $\sum\limits_{n=1}^{\infty} a_n^2 b_n^2 = \sum\limits_{n=1}^{\infty} \dfrac{1}{n^4}$ 收敛,排除(D).

故答案为(C).

解法二 因为 $\lim\limits_{n \to \infty} a_n = 0$,则由定义可知 $\exists N_1$,使得 $n > N_1$ 时,有 $|a_n| < 1$;又因为 $\sum\limits_{n=1}^{\infty} |b_n|$ 收敛,可得 $\lim\limits_{n \to \infty} |b_n| = 0$,则由定义可知 $\exists N_2$,使得 $n > N_2$ 时,有 $|b_n| < 1$,从而,当 $n > \max\{N_1, N_2\}$ 时,有 $0 \leqslant a_n^2 b_n^2 < |b_n|$,则由正项级数的比较判别法可知 $\sum\limits_{n=1}^{\infty} a_n^2 b_n^2$ 收敛.

8. 解 由于 $\sum\limits_{n=1}^{\infty} (-1)^n \sqrt{n} \sin \dfrac{1}{n^a}$ 绝对收敛,由比较判别法的极限形式知 $\sum\limits_{n=1}^{\infty} \dfrac{1}{n^{a-\frac{1}{2}}}$ 收敛,则有 $\alpha - \dfrac{1}{2} > 1$,即 $\alpha > \dfrac{3}{2}$.

由 $\sum\limits_{n=1}^{\infty} \dfrac{(-1)^n}{n^{2-\alpha}}$ 条件收敛,则有 $0 < 2 - \alpha \leqslant 1$,即 $1 \leqslant \alpha < 2$.

综上所述,$\dfrac{3}{2} < \alpha < 2$,所以选项(D)正确.

9. 解法一 由 $p_n = \dfrac{a_n + |a_n|}{2}$,$q_n = \dfrac{a_n - |a_n|}{2}$ 及 $-|a_n| \leqslant a_n \leqslant |a_n|$,知

$$0 \leqslant p_n \leqslant |a_n|, \quad 0 \leqslant -q_n \leqslant |a_n|.$$

若 $\sum\limits_{n=1}^{\infty} a_n$ 绝对收敛,即 $\sum\limits_{n=1}^{\infty} |a_n|$ 收敛,由比较判别法,$\sum\limits_{n=1}^{\infty} p_n$ 与 $\sum\limits_{n=1}^{\infty} (-q_n)$ 都收敛,故 $\sum\limits_{n=1}^{\infty} q_n$ 也收敛,选(B).

解法二 由级数条件收敛的定义知,若 $\sum\limits_{n=1}^{\infty} a_n$ 条件收敛,则 $\sum\limits_{n=1}^{\infty} |a_n|$ 发散,由此推出 $\sum\limits_{n=1}^{\infty} p_n$ 与 $\sum\limits_{n=1}^{\infty} q_n$ 都发散,因此在选项中排除(A),(C).

由级数绝对收敛的定义知,若 $\sum\limits_{n=1}^{\infty} a_n$ 绝对收敛,则 $\sum\limits_{n=1}^{\infty} |a_n|$ 收敛,再根据级数收敛的性质可以推出 $\sum\limits_{n=1}^{\infty} p_n$ 与 $\sum\limits_{n=1}^{\infty} q_n$ 都收敛,因此在选项中排除(D).

所以本题应选(B).

10. 解法一 观察选项:(A),(B),(C),(D)四个选项的收敛半径均为1,幂级数收敛区间的中心在 $x = 1$ 处,故(A),(B)错误;因为 $\{a_n\}$ 单调减少,$\lim\limits_{n \to \infty} a_n = 0$,所以 $a_n \geqslant 0$,$\sum\limits_{n=1}^{\infty} a_n$ 为正项级数,将 $x = 2$ 代入幂级数得 $\sum\limits_{n=1}^{\infty} a_n$,而已知 $S_n = \sum\limits_{k=1}^{n} a_k$ 无界,故原幂级数在 $x = 2$ 处发散,(D)不正确.所以选项(C)正确.

解法二 当 $x = 0$ 时,交错级数 $\sum\limits_{n=1}^{\infty} (-1)^n a_n$ 满足莱布尼茨判别法收敛,故 $x = 0$ 时 $\sum\limits_{n=1}^{\infty} (-1)^n a_n$ 收敛,而级数 $\sum\limits_{n=1}^{\infty} a_n$ 发散,由幂级数在收敛区间内应是绝对收敛,(A),(B),(D)被排除,所以选项(C)正确.

三、解答题

11. 证 (1)由拉格朗日中值定理,$\left| f\left(\dfrac{1}{2^n}\right) - f\left(\dfrac{1}{2^{n+1}}\right) \right| = f'(\xi)\left(\dfrac{1}{2^n} - \dfrac{1}{2^{n+1}}\right) = f'(\xi)\dfrac{1}{2^{n+1}} \leqslant M\left(\dfrac{1}{2^{n+1}}\right)$,

而 $\sum\limits_{n=1}^{\infty}\dfrac{1}{2^{n+1}}$ 收敛，所以，$\sum\limits_{n=1}^{\infty}\left[f\left(\dfrac{1}{2^n}\right)-f\left(\dfrac{1}{2^{n+1}}\right)\right]$ 绝对收敛；

（2）$S_n=f\left(\dfrac{1}{2}\right)-f\left(\dfrac{1}{2^{n+1}}\right)$，因为 $\lim\limits_{n\to\infty}S_n$ 存在，所以 $\lim\limits_{n\to\infty}f\left(\dfrac{1}{2^n}\right)$ 存在.

12. 证 （1）当 $p=1$ 时，$u_n=\dfrac{a_{n+1}-a_n}{a_n a_{n+1}}=\dfrac{1}{a_n}-\dfrac{1}{a_{n+1}}$.

部分和 $S_n=\left(\dfrac{1}{a_1}-\dfrac{1}{a_2}\right)+\left(\dfrac{1}{a_2}-\dfrac{1}{a_3}\right)+\cdots+\left(\dfrac{1}{a_n}-\dfrac{1}{a_{n+1}}\right)=\dfrac{1}{a_1}-\dfrac{1}{a_{n+1}}$.

$\lim\limits_{n\to\infty}S_n=\dfrac{1}{a_1}$，此时级数收敛，

（2）当 $p>1$ 时，由题设条件，当 n 充分大时，有 $a_n\geqslant 1$，因此当 n 充分大时，有 $a_n^p\geqslant a_n$，从而 $0<\dfrac{a_{n+1}-a_n}{a_n^p a_{n+1}}$

$\leqslant\dfrac{a_{n+1}-a_n}{a_n a_{n+1}}$，由比较判别法知当 $p>1$ 时，$\sum\limits_{n=1}^{\infty}u_n$ 收敛.

（3）当 $0<p<1$ 时：

证法一 有 $1-x^p>p(1-x)$，$\forall x\in(0,1)$（设 $f(x)=x^p$，由中值定理 $1-x^p=p\xi^{p-1}(1-x)>p(1-x)$，$0<x<\xi<1$），上述不等式中，取 $x=\dfrac{a_n}{a_{n+1}}$，便得 $0<\dfrac{a_{n+1}-a_n}{a_n^p a_{n+1}}<\dfrac{1}{a_n^p p}\left[1-\left(\dfrac{a_n}{a_{n+1}}\right)^p\right]=$

$\dfrac{1}{p}\left(\dfrac{1}{a_n^p}-\dfrac{1}{a_{n+1}^p}\right)$，而 $\sum\limits_{n=1}^{\infty}\left(\dfrac{1}{a_n^p}-\dfrac{1}{a_{n+1}^p}\right)$ 收敛，于是 $\sum\limits_{n=1}^{n}\dfrac{a_{n+1}-a_n}{a_n^p a_{n=1}}$ 也收敛.

证法二 令 $a_n^p=v_n$，则 $a_n=v_n^{\frac{1}{p}}$，$0<\dfrac{a_{n+1}-a_n}{a_n^p a_{n+1}}=\dfrac{v_{n+1}^{\frac{1}{p}}-v_n^{\frac{1}{p}}}{v_n v_{n+1}^{\frac{1}{p}}}$. 设 $f(x)=x^{\frac{1}{p}}$，由中性定理，$v_{n+1}^{\frac{1}{p}}-v_n^{\frac{1}{p}}=$

$\dfrac{1}{p}\left[v_n+\theta(v_{n+1}-v_n)\right]^{\frac{1}{p}-1}(v_{n+1}-v_n)\leqslant\dfrac{1}{p}v_{n+1}^{\frac{1}{p}-1}(v_{n+1}-v_n)$，从而 $0<\dfrac{a_{n+1}-a_n}{a_n^p a_{n+1}}\leqslant\dfrac{1}{p}\dfrac{v_{n+1}^{\frac{1}{p}-1}(v_{n+1}-v_n)}{v_n v_{n+1}^{\frac{1}{p}}}=$

$\dfrac{1}{p}\left(\dfrac{1}{v_n}-\dfrac{1}{v_{n+1}}\right)$，$\{v_n\}$ 为严格单调增加且趋于正无穷大，由（1）知 $\sum\limits_{n=1}^{\infty}\left(\dfrac{1}{v_n}-\dfrac{1}{v_{n+1}}\right)$ 收敛，又由比较判别法知，

这时级数 $\sum\limits_{n=1}^{\infty}\dfrac{a_{n+1}-a_n}{a_n^p a_{n+1}}$ 也收敛.

13. 解 因 $\lim\limits_{n\to+\infty}\dfrac{\dfrac{[2(n+1)]!}{3^{(n+1)!}}}{\dfrac{(2n)!}{3^{n!}}}=\lim\limits_{n\to+\infty}\dfrac{(2n+1)(2n+2)}{3^{n\cdot n!}}=0$，所以 $\sum\dfrac{(2n)!}{3^{n!}}$ 收敛，所以 $\lim\limits_{n\to+\infty}\dfrac{(2n)!}{3^{n!}}=0$.

14.（1）证法一 由条件 $a_n b_n-a_{n+1}b_{n+1}\leqslant 0$，可知 $\{a_n b_n\}$ 单调增加. 于是有

$$a_n b_n\geqslant a_{n-1}n_{n-1}\geqslant\cdots\geqslant a_1 b_1,$$

因 $b_n>0$，得 $a_n\geqslant\dfrac{a_1 b_1}{b_n}$，故依比较判别法由 $\sum\limits_{n=1}^{\infty}\dfrac{1}{b_n}$ 发散，得证 $\sum\limits_{n=1}^{\infty}a_n$ 发散.

证法二 由条件 $a_n b_n-a_{n+1}b_{n+1}\leqslant 0$，知 $\{a_n b_n\}$ 单调增，因 $a_n b_n>0$，故极限 $\lim\limits_{n\to\infty}a_n b_n$ 分两种情况讨论：

若 $\lim\limits_{n\to\infty}a_n b_n=A(0<A<+\infty)$，即 $\lim\limits_{n\to\infty}\dfrac{a_n}{\dfrac{1}{b_n}}=A$，根据比较判别法的极限形式得知级数 $\sum\limits_{n=1}^{\infty}a_n$ 与 $\sum\limits_{n=1}^{\infty}\dfrac{1}{b_n}$ 同

敛散，故由于 $\sum\limits_{n=1}^{\infty}\dfrac{1}{b_n}$ 发散，得证 $\sum\limits_{n=1}^{\infty}a_n$ 发散.

若 $\lim\limits_{n\to\infty}a_n b_n=\lim\limits_{n\to\infty}\dfrac{a_n}{\dfrac{1}{b_n}}=+\infty$，则由 $\sum\limits_{n=1}^{\infty}\dfrac{1}{b_n}$ 发散，得证 $\sum\limits_{n=1}^{\infty}a_n$ 亦发散.

（2）证 由条件 $b_n\dfrac{a_n}{a_{n+1}}-b_{n+1}\geqslant\delta(\delta>0)$ 及 $a_n>0$，有 $a_n b_n-a_{n+1}b_{n+1}\geqslant\delta a_{n+1}(n=1,2,\cdots)$.

于是有

$$\sum_{k=2}^{n+1}\delta a_k \leqslant \sum_{k=1}^{n}(a_k b_k - a_{k+1}b_{k+1}) = a_1 b_1 - a_{n+1}b_{n+1} < a_1 b_1$$

或

$$\sum_{k=2}^{n+1} a_k < \frac{a_1 b_1}{\delta}.$$

因正项级数部分和单调增有上界,故必收敛.从而得证级数 $\sum_{n=1}^{\infty}a_n$ 收敛.

15. 解 由 $\lim\limits_{n\to\infty}\dfrac{\ln a_n}{\ln n} = \lim\limits_{n\to\infty}\dfrac{-\ln\frac{1}{a_n}}{\ln n} = q$,得 $\lim\limits_{n\to\infty}\dfrac{\ln\frac{1}{a_n}}{\ln n} = -q$,当 $q<-1$ 或 $-q>1$ 时,令 $1<q'<-q$,由极限的保号性,当 n 充分大后,有

$$\frac{\ln\frac{1}{a_n}}{\ln n} > q' \text{ 或 } \ln\frac{1}{a_n} > \ln n^{q'},$$

于是 $a_n < \dfrac{1}{n^{q'}}$,因 $\sum_{n=1}^{\infty}\dfrac{1}{n^{q'}}$ 收敛,从而 $\sum_{n=1}^{\infty}a_n$ 收敛.

当 $q>-1$ 或 $-q<1$ 时,令 $-q<q'<1$,由极限的保号性,当 n 充分大后,有

$$\frac{\ln\frac{1}{a_n}}{\ln n} < q' \text{ 或 } \ln\frac{1}{a_n} < \ln n^{q'},$$

于是 $a_n > \dfrac{1}{n^{q'}}$,因 $\sum_{n=1}^{\infty}\dfrac{1}{n^{q'}}$ 发散,从而 $\sum_{n=1}^{\infty}a_n$ 发散.

16. 解 (1) $a_n = S_n - S_{n-1} = (1+\lambda^2 a_n) - (1+\lambda^2 a_{n-1}) = \lambda^2 a_n - \lambda^2 a_{n-1}$,得 $a_n = \dfrac{\lambda^2}{\lambda^2 - 1}a_{n-1}$,于是公式 $q = \dfrac{\lambda^2}{\lambda^2 - 1}$.

又 $S_1 = a_1 = 1+\lambda^2 a_1$,得 $a_1 = \dfrac{1}{1-\lambda^2}$,于是

$$a_n = a_1 q^{n-1} = \frac{1}{1-\lambda^2}\cdot(\frac{\lambda^2}{\lambda^2-1})^{n-1} = -\frac{(\lambda^2)^{n-1}}{(\lambda^2-1)^n}.$$

(2) $S_n = 1+\lambda^2 a_n = 1 - \lambda^2\dfrac{(\lambda^2)^{n-1}}{(\lambda^2-1)^n} = 1-(\dfrac{\lambda^2}{\lambda^2-1})^n$.

由题设 $\lim\limits_{n\to\infty}S_n = 1$,得 $\lim\limits_{n\to\infty}(\dfrac{\lambda^2}{\lambda^2-1})^n = 0$,从而 $\left|\dfrac{\lambda^2}{\lambda^2-1}\right| < 1$,解得 $\lambda^2 < \dfrac{1}{2}$,即 $|\lambda| < \dfrac{1}{\sqrt{2}} < 1$,所得等比级数 $\sum_{n=1}^{\infty}\lambda^n$ 收敛.

17. 解 由该级数为正项级数且

$$\frac{u_{n+1}}{u_n} = \frac{a^{\frac{(n+1)(n+2)}{2}}}{(1+a)(1+a^2)\cdots(1+a^n)(1+a^{n+1})} \bigg/ \frac{a^{\frac{n(n+1)}{2}}}{(1+a)(1+a^2)\cdots(1+a^n)}$$

$$= \frac{a^n}{1+a^{n+1}}.$$

① 当 $0<a<1$ 时,$\lim\limits_{n\to\infty}\dfrac{u_{n+1}}{u_n} = 0 < 1$,知原级数收敛.

② 当 $a=1$ 时,$\lim\limits_{n\to\infty}\dfrac{u_{n+1}}{u_n} = \dfrac{1}{2} < 1$,知原级数收敛.

③ 当 $a>1$ 时,令 $b = \dfrac{1}{a}$,知 $0<b<1$,且

$$u_n = \frac{a^{\frac{n(n+1)}{2}}}{(1+a)(1+a^2)\cdots(1+a^n)} = \frac{1}{(\frac{1}{a}+1)(\frac{1}{a^2}+1)\cdots(\frac{1}{a^n}+1)}$$

$$= \frac{1}{(1+b)(1+b^2)\cdots(1+b^n)},$$

设 $v_n = (1+b)(1+b^2)\cdots(1+b^n)$，$\{v_n\}$ 递增，且 $v_n = e^{\ln v_n} = e^{\ln(1+b)+\ln(1+b^2)+\cdots+\ln(1+b^n)} < e^{b+b^2+\cdots+b^n} < e^{b+b^2+\cdots+b^n+\cdots}$

$= e^{\frac{b}{1-b}}$，知 $\{v_n\}$ 有上界. 由单调有界定理知 $\lim\limits_{n\to\infty} v_n = v \geq 1$.

知 $\lim\limits_{n\to\infty} v_n = \lim\limits_{n\to\infty}\frac{1}{v_n} \neq 0$.

故 $\sum\limits_{n=1}^{\infty} \frac{a^{\frac{n(n+1)}{2}}}{(1+a)(1+a^2)\cdots(1+a^n)}$ 发散.

18. 解 题中未说 $\sum\limits_{n=1}^{\infty} a_n$ 是正项级数或交错级数，所以正项级数判别法及交错级数的莱布尼茨定理均不能用. 因此，应采用最基本的方法，即证明 $\sum\limits_{n=1}^{\infty} a_n$ 的部分和存在极限从而证明它收敛.

为此，设 $\sigma_n = \sum\limits_{k=1}^{n} k(a_k - a_{k-1})$ 与 $S_n = \sum\limits_{k=1}^{n} a_k$ 分别为级数 $\sum\limits_{n=1}^{\infty} n(a_n - a_{n-1})$ 与 $\sum\limits_{n=1}^{\infty} a_n$ 的部分和.

由于 $\sigma_n = \sum\limits_{k=1}^{n} k(a_k - a_{k-1}) = (a_1 - a_0) + 2(a_2 - a_1) + \cdots + n(a_n - a_{n-1}) = -(a_1 + a_2 + \cdots + a_{n-1}) + na_n$

$= -S_{n-1} + na_n$，所以，$S_{n-1} = na_n - \sigma_n$.

由题设，可令 $\lim\limits_{n\to+\infty} na_n = A$，$\lim\limits_{n\to+\infty} \sigma_n = B$，故有 $\lim\limits_{n\to+\infty} S_{n-1} = \lim\limits_{n\to+\infty}(na_n - \sigma_n) = A - B$，即 $\sum\limits_{n=1}^{\infty} a_n$ 收敛.

19. 分析 证明一个级数收敛通常有三种方法，一是用收敛的充分条件(各种判别法)，二是用级数收敛的充分必要条件(柯西收敛准则)，三是用级数收敛的定义，对于具体问题应适当选用.

证法一 显然 $u_n > 0$，数列 $\{u_n\}$ 单调增，于是当 $n \geq 3$ 时，有

$$u_n = u_{n-2} + u_{n-1} < 2u_{n-1} \text{ 或 } u_{n-1} > \frac{1}{2}u_n,$$

$$u_n = u_{n-2} + u_{n-1} > \frac{1}{2}u_{n-1} + u_{n-1} = \frac{3}{2}u_{n-1},$$

因此 $u_n > \frac{3}{2}u_{n-1} > \left(\frac{3}{2}\right)^2 u_{n-2} > \cdots > \left(\frac{3}{2}\right)^{n-2} u_2 = \left(\frac{3}{2}\right)^{n-2} \cdot 5 > \left(\frac{3}{2}\right)^{n-1}$.

得 $\frac{1}{u_n} < \left(\frac{2}{3}\right)^{n-1}$. 因 $\sum\limits_{n=1}^{\infty} \left(\frac{2}{3}\right)^{n-1}$ 收敛，从而得证 $\sum\limits_{n=1}^{\infty} \frac{1}{u_n}$ 收敛.

证法二 $u_3 = u_1 + u_2 = 8 \geq (3-1)^2$，$u_4 = u_2 + u_3 = 13 \geq (4-1)^2$，$u_5 = u_3 + u_4 = 21 \geq (5-1)^2$. 假设 $u_n \geq (n-1)^2$ 成立，则

$$u_{n+1} = u_{n-1} + u_n \geq (n-2)^2 + (n-1)^2$$
$$= n^2 + (n-3)^2 - 4 \geq n^2, (n \geq 5).$$

而已知当 $n = 3, 4, 5$ 时均成立. 故对一切自然数 $n \geq 3$ 时均有

$$u_n \geq (n-1)^2 \text{ 或 } \frac{1}{u_n} \leq \frac{1}{(n-1)^2}.$$

因级数 $\sum\limits_{n=3}^{\infty} \frac{1}{(n-1)^2}$ 收敛，从而得证 $\sum\limits_{n=1}^{\infty} \frac{1}{u_n}$ 收敛.

20. 解 通过 $X = x - 1$ 的变换，级数便成为 X 的幂级数 $\sum\limits_{n=1}^{\infty} (-1)^n \frac{\ln n}{n} X^n (\xlongequal{\text{记}} \sum\limits_{n=1}^{\infty} a_n X^n)$，其收敛半径与原级数的收敛半径相同，故有收敛半径

$$R = \lim\limits_{n\to+\infty} \left|\frac{a_n}{a_{n+1}}\right| = \lim\limits_{n\to+\infty} \frac{\ln n}{n} \cdot \frac{n+1}{\ln(n+1)}$$

$$= \lim_{n \to +\infty} \frac{\ln n \cdot n(1 + \frac{1}{n})}{n[\ln n + \ln(1 + \frac{1}{n})]}$$

$$= \lim_{n \to +\infty} \frac{1 + \frac{1}{n}}{1 + \frac{\ln(1 + \frac{1}{n})}{\ln n}} = 1.$$

从而可得收敛区间 $|X| < 1$ 或 $|x - 1| < 1$，即 $0 < x < 2$.

但当 $x = 0$ 时，级数成为 $-\sum_{n=1}^{\infty} \frac{\ln n}{n}$，发散；当 $x = 2$ 时，级数成为交错级数 $\sum_{n=1}^{\infty}(-1)^{n-1}\frac{\ln n}{n}$，由莱布尼茨判别法知收敛. 因此原级数之收敛域为 $(0, 2]$.

21. 解 为 $(-2, 4)$.

首先说明 $\sum_{n=0}^{\infty} a_n x^n$ 与 $\sum_{n=1}^{\infty} n a_n (x-1)^{n+1}$ 有相同的收敛区间 $(-R, R)$. 设 $x_0 \in (-R, R)$ 且 $x_0 \neq 0$ 是 $\sum_{n=0}^{\infty} a_n x^n$ 的一个收敛点，则必有 $\bar{x} \in (-R, R)$ 且 $|\bar{x}| > |x_0|$，也是收敛点.

由存在 M，有 $|a_n \bar{x}^n| < M$.

知 $|a_n x_0^n| = |a_n \bar{x}^n| \cdot \left|\frac{x_0}{\bar{x}}\right| \leqslant M \cdot r^n$（记 $r = \frac{x_0}{\bar{x}}$）.

知 $|n a_n x_0^{n+1}| = |n x_0| \cdot |a_n x_0^n| \leqslant |n x_0| \cdot M r^n = (M x_0) \cdot n r^n = M' \cdot n r^n$（记 $M' = M x_0$）.

又 $\sum_{n=1}^{\infty} n \cdot r^n$ 是收敛的，知 $\sum_{n=0}^{\infty} n a_n x^{n+1}$ 也是收敛的，

所以 $\sum_{n=1}^{\infty} n a_n (x-1)^{n+1}$ 的收敛区间为 $(1-R, 1+R)$，即为 $(-2, 4)$.

22. 解 收敛半径可由公式计算：

$$R = \lim_{n \to \infty} \frac{2}{n(n+2)} \Big/ \frac{2}{(n+1)(n+3)} = 1.$$

由此得出幂级数的收敛区间为 $|x-1| < 1$，即区间 $(0, 2)$.

现在我们来求此幂级数之和. 一般求一个幂级数之和，总是利用幂级数在收敛区间内可以逐项求导、求积等性质，把它归结为求某些有已知和的级数求和问题. 但这里，我们可以先用拆项的办法将级数拆成两个容易求和的级数，然后再按常规办法求和.

由于 $\frac{1}{n(n+2)} = \frac{1}{2}\left(\frac{1}{n} - \frac{1}{n+2}\right)$，并且由于 $\sum_{n=1}^{\infty} \frac{(x-1)}{n}$ 与 $\sum_{n=1}^{\infty} \frac{(x-1)^n}{n+2}$ 都在 $|x-1| < 1$ 内收敛，所以在 $|x-1| < 1$ 内，有

$$\sum_{n=1}^{\infty} \frac{(x-1)^n}{n(n+2)} = \sum_{n=1}^{\infty} \frac{(x-1)^n}{n} - \sum_{n=1}^{\infty} \frac{(x-1)^n}{n+2}.$$

而 $\left(\sum_{n=1}^{\infty} \frac{(x-1)^n}{n}\right)' = \sum_{n=1}^{\infty}(x-1)^n = \frac{1}{1-(x-1)} = \frac{1}{2-x}$，由此得

$$\sum_{n=1}^{\infty} \frac{(x-1)^n}{n} = -\ln(2-x).$$

而 $\left((x-1)^2 \sum_{n=1}^{\infty} \frac{(x-1)^n}{n+2}\right)' = \sum_{n=1}^{\infty}(x-1)^{n+1}$

$$= \sum_{n=2}^{\infty}(x-1)^n = \frac{1}{2-x} - (x-1) - 1,$$

由此得 $\sum_{n=1}^{\infty} \frac{(x-1)^n}{n+2} = \frac{1}{(x-1)^2}\left[-\ln(2-x) - \frac{1}{2}(x-1)^2 - (x-1)\right]$,

故有 $\displaystyle\sum_{n=1}^{\infty}\frac{2(x-1)^n}{n(n+2)}=\frac{1}{(x-1)^2}\{(2x-x^2)\ln(2-x)+\frac{1}{2}(x^2-1)\}(\,|\,x-1\,|<1)$.

23. 解 设 $S(x)=\displaystyle\sum_{n=1}^{\infty}(\frac{1}{2n+1}-1)x^{2n}$，$S_1(x)=\displaystyle\sum_{n=1}^{\infty}\frac{1}{2n+1}x^{2n}$，$S_2(x)=\displaystyle\sum_{n=1}^{\infty}x^{2n}$，则显然有

$$S(x)=S_1(x)-S_2(x).$$

由 $\dfrac{1}{1-x}=1+x+x^2+\cdots+x^n+\cdots=\displaystyle\sum_{n=0}^{\infty}x^n,x\in(-1,1)$ 得

$$S_2(x)=\sum_{n=1}^{\infty}x^{2n}=x^2\sum_{n=0}^{\infty}(x^2)^n=\frac{x^2}{1-x^2},x\in(-1,1).$$

$$xS_1(x)=\sum_{n=1}^{\infty}\frac{x^{2n+1}}{2n+1},x\in(-1,1).$$

$$[xS_1(x)]'=(\sum_{n=1}^{\infty}\frac{x^{2n+1}}{2n+1})'=\sum_{n=1}^{\infty}x^{2n}=\frac{x^2}{1-x^2},x\in(-1,1).$$

因此由牛顿—莱布尼茨公式得

$$xS_1(x)-0\times S_1(0)=\int_0^x\frac{t^2}{1-t^2}\mathrm{d}t=-x+\frac{1}{2}\ln\frac{1+x}{1-x},x\in(-1,1).$$

又由于 $S_1(0)=0$，故

$$S_1(x)=\begin{cases}-1+\dfrac{1}{2x}\ln\dfrac{1+x}{1-x}, & |\,x\,|<1,\\[2mm]0, & x=0.\end{cases}$$

所以 $S(x)=S_1(x)-S_2(x)=\begin{cases}-1+\dfrac{1}{2x}\ln\dfrac{1+x}{1-x}-\dfrac{x^2}{1-x^2}, & 0<|\,x\,|<1,\\[2mm]0, & x=0.\end{cases}$

24. 解 和函数 $f(x)=1+\displaystyle\sum_{n=1}^{\infty}(-1)^n\frac{x^{2n}}{2n},|\,x\,|<1$，

$$f'(x)=\sum_{n=1}^{\infty}(-1)^nx^{2n-1}=x\sum_{n=1}^{\infty}(-1)^nx^{2n-2}=-x\sum_{n=0}^{\infty}(-1)^nx^{2n}=-\frac{x}{1+x^2}.$$

上式两边从 0 到 x 积分，得

$$f(x)-f(0)=-\int_0^x\frac{t}{1+t^2}\mathrm{d}t=-\frac{1}{2}\ln(1+x^2).$$

由 $f(0)=1$，得

$$f(x)=1-\frac{1}{2}\ln(1+x^2),|\,x\,|<1.$$

为了求极值，对 $f(x)$ 求一阶导数，$f'(x)=\dfrac{-\dfrac{1}{2}\cdot2x}{1+x^2}=\dfrac{-x}{1+x^2}$，令 $f'(x)=0$，求得唯一驻点 $x=0$. 由于

$$f''(x)=-\frac{1-x^2}{(1+x^2)^2},f''(0)=-1<0,$$

可见 $f(x)$ 在 $x=0$ 处取得极大值，且极大值为 $f(0)=1$.

25. 解 $\displaystyle\lim_{n\to\infty}\left|\frac{(-1)^n(1+\dfrac{1}{(n+1)(2n+1)})x^{2n+2}}{(-1)^{n-1}(1+\dfrac{1}{n(2n-1)})x^{2n}}\right|=\lim_{n\to\infty}\frac{(n+1)(2n+1)+1}{(n+1)(2n+1)}\cdot\frac{n(2n-1)}{n(2n-1)+1}x^2=x^2$,

令 $x^2<1$ 时，解得收敛区间为 $(-1,1)$.

当 $x=\pm1$ 时，由于通项极限不为零，故原幂级数在 $x=\pm1$ 处发散，收敛域为 $(-1,1)$.

令

$$S_1=\sum_{n=1}^{\infty}(-1)^{n-1}x^{2n}=\frac{x^2}{1+x^2},S_2=\sum_{n=1}^{\infty}(-1)^{n-1}\frac{1}{n(2n-1)}x^{2n},$$

则当 $x \in (-1,1)$ 时,有

$$S_2' = \sum_{n=1}^{\infty} (-1)^{n-1} \frac{2}{2n-1} x^{2n-1}, S_2''(x) = \sum_{n=1}^{\infty} (-1)^{n-1} 2x^{2n-2} = \frac{2}{1+x^2}.$$

从而有

$$S_2'(x) = S'(0) + \int_0^x S''(t)dt = \int_0^x \frac{2}{1+t^2}dt = 2\arctan x,$$

$$S_2(x) = S(0) + \int_0^x S'(t)dt = 2\int_0^x \arctan t\,dt = 2t\arctan t \big|_0^x - 2\int_0^x t\,d\arctan t$$

$$= 2x\arctan x - 2\int_0^x \frac{t}{1+t^2}dt = 2x\arctan x - \ln(1+x^2).$$

于是所求级数的和函数为

$$S(x) = \sum_{n=1}^{\infty} (-1)^{n-1}(1 + \frac{1}{n(2n-1)})x^{2n} = \sum_{n=1}^{\infty} (-1)^{n-1}x^{2n} + (-1)^{n-1}\frac{x^{2n}}{n(2n-1)}$$

$$= S_1 + S_2 = 2x\arctan x - \ln(1+x^2) + \frac{x^2}{1+x^2}, x \in (-1,1).$$

26. 解 (1) 收敛域. 记 $u_n(x) = \frac{4n^2+4n+3}{2n+1}x^{2n}$, 由于

$$\lim_{n\to\infty} \left| \frac{u_{n+1}(x)}{u_n(x)} \right| = \lim_{n\to\infty} \left| \frac{\frac{4(n+1)^2+4(n+1)+3}{2(n+1)+1} \cdot x^{2(n+1)+1}}{\frac{4n^2+4n+3}{2n+1} \cdot x^{2n}} \right|$$

$$= \lim_{n\to\infty} \left| \frac{4(n+1)^2+4(n+1)+3}{4n^2+4n+3} \cdot \frac{2n+1}{2n+3} \cdot x^2 \right| = x^2,$$

令 $x^2 < 1$, 得 $-1 < x < 1$. 而当 $x = \pm 1$ 时,

$$\sum_{n=0}^{\infty} \frac{4n^2+4n+3}{2n+1} x^{2n} = \sum_{n=0}^{\infty} \frac{4n^2+4n+3}{2n+1},$$

由于 $\lim_{n\to\infty} u_n = \lim_{n\to\infty} \frac{4n^2+4n+3}{2n+1} = \infty$, 所以当 $x = \pm 1$ 时级数发散, 故收敛域为 $(-1,1)$.

(2) 设

$$S(x) = \sum_{n=0}^{\infty} \frac{4n^2+4n+3}{2n+1} x^{2n} = \sum_{n=0}^{\infty} \frac{(2n+1)^2+2}{2n+1} x^{2n}$$

$$= \sum_{n=0}^{\infty} \left[(2n+1)x^{2n} + \frac{2}{2n+1}x^{2n} \right], (|x| < 1).$$

令 $S_1(x) = \sum_{n=0}^{\infty} (2n+1)x^{2n}, S_2(x) = \sum_{n=0}^{\infty} \frac{2}{2n+1}x^{2n}$, 因为

$$\int_0^x S_1(t)dt = \sum_{n=0}^{\infty} \int_0^x (2n+1)t^{2n}dt = \sum_{n=0}^{\infty} x^{2n+1} = \frac{x}{1-x^2}, (|x| < 1),$$

所以 $S_1(x) = \left(\frac{x}{1-x^2} \right)' = \frac{1+x^2}{(1-x^2)^2}, (|x| < 1)$. 因为

$$xS_2(x) = \sum_{n=0}^{\infty} \frac{2}{2n+1}x^{2n+1},$$

则 $[xS_2(x)]' = \sum_{n=0}^{\infty} 2x^{2n} = 2\sum_{n=0}^{\infty} x^{2n} = 2 \cdot \frac{1}{1-x^2} (|x| < 1).$

所以 $\int_0^x [tS_2(t)]'dt = \int_0^x 2 \cdot \frac{1}{1-t^2}dt = \int_0^x \left(\frac{1}{1+t} + \frac{1}{1-t} \right)dt = \ln \left| \frac{1+x}{1-x} \right| (|x| < 1).$

故 $xS_2(x) = \ln \left| \frac{1+x}{1-x} \right|$.

当 $x \in (-1,0) \cup (0,1)$ 时, $S_2(x) = \frac{1}{x} \ln \frac{1+x}{1-x}$.

当 $x = 0$ 时，$S_1(0) = 1$，$S_2(0) = 2$.

所以，$S(x) = S_1(x) + S_2(x) = \begin{cases} \dfrac{1+x^2}{(1-x^2)^2} + \dfrac{1}{x}\ln\dfrac{1+x}{1-x}, & x \in (-1,0) \bigcup (0,1), \\ 3, & x = 0. \end{cases}$

27.解 （1）令 $u_n = \dfrac{(-1)^{n-1}}{2n-1}x^{2n}$，则

$$\lim_{n\to\infty}\left|\frac{u_{n+1}(x)}{u_x(x)}\right| = \lim_{n\to\infty}\left|\frac{\dfrac{(-1)^n x^{2n+2}}{2n+1}}{\dfrac{(-1)^{n-1}x^{2n}}{2n-1}}\right| = \lim_{n\to\infty}\left|\frac{(2n-1)x^2}{2n+1}\right| = \lim_{n\to\infty}\left|\frac{2n-1}{2n+1}\right| \cdot x^2 = x^2.$$

所以，当 $x^2 < 1$，即 $-1 < x < 1$ 时，幂级数绝对收敛；当 $x^2 > 1$ 时，幂级数发散.

（2）设 $S(x) = \displaystyle\sum_{n=1}^{\infty}\frac{(-1)^{n-1}}{2n-1} \cdot x^{2n} = x \cdot \left(\sum_{n=1}^{\infty}\frac{(-1)^{n-1}}{2n-1} \cdot x^{2n-1}\right)$，$x \in [-1,1]$，级数收敛，因此幂级数的

收敛半径 $R = 1$. 且 $x = \pm 1$ 处，级数收敛，故原级数的收敛域为 $[-1,1]$. 令

$$S_1(x) = \sum_{n=1}^{\infty}\frac{(-1)^{n-1}}{2n-1}x^{2n-1}, x \in (-1,1),$$

所以有

$$S_1'(x) = \sum_{n=1}^{\infty}(-1)^{n-1}x^{2n-2} = \sum_{n=1}^{\infty}(-x^2)^{n-1} = \frac{1}{1-(-x^2)} = \frac{1}{1+x^2}, x \in (-1,1).$$

又 $S_1(0) = \displaystyle\sum_{n=1}^{\infty}\frac{(-1)^{n-1}}{2n-1}0^{2n} = 0$，故

$$S_1(x) = \int_0^x S_1'(t)\mathrm{d}t + S_1(0) = \int_0^x \frac{1}{1+t^2}\mathrm{d}t + S_1(0) = \arctan x, x \in (-1,1).$$

$S_1(x)$ 在 $x = -1,1$ 上是连续的，所以 $S(x)$ 在收敛域 $[-1,1]$ 上是连续的. 所以

$$S(x) = x \cdot \arctan x, x \in [-1,1].$$

28.解 （1）先求收敛域. 记 $u_n = \dfrac{(-1)^{n-1}x^{2n+1}}{n(2n-1)}$，有

$$\lim_{n\to\infty}\left|\frac{u_{n+1}}{u_n}\right| = \left|\frac{\dfrac{(-1)^n x^{2n+3}}{(n+1)(2n+1)}}{\dfrac{(-1)^{n-1}x^{2n+1}}{n(2n-1)}}\right| = x^2.$$

当 $x^2 < 1$ 即 $|x| < 1$ 时，原级数绝对收敛，收敛半径 $R = 1$；

当 $x = 1$ 时，$u_n = \dfrac{(-1)^{n-1}}{n(2n-1)}$，级数绝对收敛；

当 $x = -1$ 时，$u_n = \dfrac{(-1)^n}{n(2n-1)}$，级数绝对收敛.

故幂级数的收敛域为 $[-1,1]$.

（2）求和函数.

$$\sum_{n=1}^{\infty}\frac{(-1)^{n-1}x^{2n+1}}{n(2n-1)} = x\sum_{n=1}^{\infty}\frac{(-1)^{n-1}x^{2n}}{n(2n-1)}.$$

令 $S(x) = \displaystyle\sum_{n=1}^{\infty}\frac{(-1)^{n-1}x^{2n}}{n(2n-1)}$，有

$$S'(x) = \sum_{n=1}^{\infty}\frac{2(-1)^{n-1}x^{2n-1}}{2n-1}, S''(x) = 2\sum_{n=1}^{\infty}(-1)^{n-1}x^{2n-2} = 2\sum_{n=0}^{\infty}(-1)^n x^{2n} = \frac{2}{1+x^2}.$$

$$S'(x) = S'(0) + \int_0^x S''(t)\mathrm{d}t = 0 + \int_0^x \frac{2}{1+t^2}\mathrm{d}t = 2\arctan x,$$

$$S(x) = S(0) + \int_0^x S'(t)\mathrm{d}t = 0 + 2\int_0^x \arctan t\,\mathrm{d}t = 2x\arctan x - \ln(1+x^2).$$

于是

$$\sum_{n=1}^{\infty} \frac{(-1)^{n-1} x^{2n+1}}{n(2n-1)} = xS(x) = 2x^2 \arctan x - x\ln(1+x^2), \quad -1 < x < 1.$$

又因在 $x = \pm 1$ 处级数收敛，右边和函数的表达式在 $x = \pm 1$ 处连续，因此，上式在 $x = \pm 1$ 处仍成立，即

$$\sum_{n=1}^{\infty} \frac{(-1)^{n-1} x^{2n+1}}{n(2n-1)} = 2x^2 \arctan x - x\ln(1+x^2), \quad -1 \leqslant x \leqslant 1.$$

29. 解 将函数分解 $f(x) = \dfrac{1}{x^2 - 3x - 4} = \dfrac{1}{(x-4)(x+1)} = \dfrac{1}{5}\left(\dfrac{1}{x-4} - \dfrac{1}{x+1}\right)$，利用已知幂级数

$\dfrac{1}{1-x} = \sum_{n=0}^{\infty} x^n, \ |x| < 1$ 知

$$\frac{1}{x-4} = \frac{1}{(x-1)-3} = -\frac{1}{3} \cdot \frac{1}{1-\left(\frac{x-1}{3}\right)} = -\frac{1}{3}\sum_{n=0}^{\infty}\left(\frac{x-1}{3}\right)^n, \ |x-1| < 3,$$

$$\frac{1}{x+1} = \frac{1}{x-1+2} = \frac{1}{2} \cdot \frac{1}{1+\left(\frac{x-1}{2}\right)} = \frac{1}{2} \cdot \frac{1}{1-\left(-\frac{x-1}{2}\right)} = \frac{1}{2}\sum_{n=0}^{\infty}(-1)^n\left(\frac{x-1}{2}\right)^n, \ |x-1| < 2,$$

所以

$$f(x) = \frac{1}{5}\left[-\frac{1}{3}\sum_{n=0}^{\infty}\left(\frac{x-1}{3}\right)^n - \frac{1}{2}\sum_{n=0}^{\infty}(-1)^n\left(\frac{x-1}{2}\right)^n\right] = -\frac{1}{5}\sum_{n=0}^{\infty}\left(\frac{1}{3^{n+1}} + \frac{(-1)^n}{2^{n+1}}\right)(x-1)^n, \ -1 < x < 3.$$

30. 解 因为 $f'(x) = -2\dfrac{1}{1+4x^2}$，而

$$\frac{1}{1+4x^2} = \frac{1}{1-(-4x^2)} = \sum_{n=0}^{\infty}(-4x^2)^n = \sum_{n=0}^{\infty}(-1)^n 4^n x^{2n}, \quad -1 < -4x^2 < 1,$$

所以

$$f'(x) = -2\frac{1}{1+4x^2} = -2\sum_{n=0}^{\infty}(-1)^n 4^n x^{2n}, \ x \in \left(-\frac{1}{2}, \frac{1}{2}\right).$$

对上式两边求积分，得 $f(x) - f(0) = \int_0^x f'(t)\mathrm{d}t = -2\int_0^x \left(\sum_{n=0}^{\infty}(-1)^n 4^n t^{2n}\right)\mathrm{d}t$，即

$$f(x) = f(0) + \int_0^x f'(t)\mathrm{d}t = \frac{\pi}{4} - 2\int_0^x \left(\sum_{n=0}^{\infty}(-1)^n 4^n t^{2n}\right)\mathrm{d}t$$

$$= \frac{\pi}{4} - 2\sum_{n=0}^{\infty}\frac{(-1)^n 4^n}{2n+1}x^{2n+1}, \ x \in \left(-\frac{1}{2}, \frac{1}{2}\right). \tag{$*$}$$

在 $x = \dfrac{1}{2}$ 处，右边级数成为 $\sum_{n=0}^{\infty}\dfrac{(-1)^n}{2n+1} \cdot \dfrac{1}{2}$，由莱布尼茨定理知该级数收敛，又左边函数 $f(x)$ 在 $x = \dfrac{1}{2}$

处左连续，所以（$*$）式成立范围可扩大到 $x = \dfrac{1}{2}$ 处. 而在 $x = -\dfrac{1}{2}$ 处，右边级数虽然收敛，但左边函数 $f(x)$

无定义，所以（$*$）式成立范围只能是 $x \in \left(-\dfrac{1}{2}, \dfrac{1}{2}\right]$，即

$$f(x) = \frac{\pi}{4} - 2\sum_{n=0}^{\infty}\frac{(-1)^n 4^n}{2n+1}x^{2n+1}, \ x \in \left(-\frac{1}{2}, \frac{1}{2}\right].$$

令 $x = \dfrac{1}{2}$，得 $f\left(\dfrac{1}{2}\right) = \dfrac{\pi}{4} - 2\sum_{n=0}^{\infty}\left[\dfrac{(-1)^n 4^n}{2n+1} \cdot \dfrac{1}{2^{2n+1}}\right] = \dfrac{\pi}{4} - \sum_{n=0}^{\infty}\dfrac{(-1)^n}{2n+1}$.

再由 $f\left(\dfrac{1}{2}\right) = 0$，得 $\sum_{n=0}^{\infty}\dfrac{(-1)^n}{2n+1} = \dfrac{\pi}{4} - f\left(\dfrac{1}{2}\right) = \dfrac{\pi}{4}$.

31. 解 （1）由 $\mathrm{e}^u = \sum_{n=0}^{\infty}\dfrac{u^n}{n!}$，所以 $\mathrm{e}^{x^2} = \sum_{n=0}^{\infty}\dfrac{x^{2n}}{n!}$，$\mathrm{e}^{-x^2} = \sum_{n=0}^{\infty}\dfrac{(-1)^n x^{2n}}{n!}$，$f(x) = \mathrm{e}^{x^2} + \mathrm{e}^{-x^2} = \sum_{n=0}^{\infty}\dfrac{x^{2n}}{n!}$

$+ \sum_{n=0}^{\infty}\dfrac{(-1)^n x^{2n}}{n!} = 2\sum_{n=0}^{\infty}\dfrac{x^{4n}}{(2n)!}, \ (-\infty < x < +\infty)$；

$(2)\int_0^1(e^{x^2}+e^{-x^2})dx=2\int_0^1\sum_{n=0}^{\infty}\frac{x^{4n}}{(2n)!}dx=2\sum_{n=0}^{\infty}\frac{1}{(4n+1)(2n)!}$,

$\int_0^1(e^{x^3}+e^{-x^3})dx=2\int_0^1\sum_{n=0}^{\infty}\frac{x^{6n}}{(2n)!}dx=2\sum_{n=0}^{\infty}\frac{1}{(6n+1)(2n)!}$.

所以,$\int_0^1(e^{x^2}+e^{-x^2})dx>\int_0^1(e^{x^3}+e^{-x^3})dx$.

32. 解 利用零点定理证明存在性,利用单调性证明唯一性,而正项级数的敛散性可用比较法判定.

记 $f_n(x)=x^n+nx-1$,则 $f_n(x)$ 是连续函数,且 $f_n(0)=-1<0$,$f_n(1)=n>0$,由零点定理知,方程 $x^n+nx-1=0$ 存在正实数根 $x_n\in(0,1)$.

当 $x>0$ 时,$f'_n(x)=nx^{n-1}+n>0$,可见 $f_n(x)$ 在 $[0,+\infty)$ 上单调增加,故方程 $x^n+nx-1=0$ 存在唯一正实数根 x_n.

由 $x^n+nx-1=0$ 与 $x_n>0$,知

$$0<x_n=\frac{1-x_n^n}{n}<\frac{1}{n},$$

故当 $\alpha>1$ 时,$0<x_n^\alpha<(\frac{1}{n})^\alpha$.而正项级数 $\sum_{n=1}^{\infty}\frac{1}{n^\alpha}$ 收敛,由比较判别法得,当 $\alpha>1$ 时,级数 $\sum_{n=1}^{\infty}x_n^\alpha$ 收敛.

33. 解 $a_0=2\int_0^1(2+x)dx=(2+x)^2\Big|_0^1=9-4=5$.

$a_n=2\int_0^1(2+x)\cos n\pi x\,dx$

$=2[\frac{2}{n\pi}\sin n\pi x\Big|_0^1+\frac{1}{n\pi}x\sin n\pi x\Big|_0^1+\frac{1}{n^2\pi^2}\cos n\pi x\Big|_0^1]=\frac{2}{n^2\pi^2}[(-1)^n-1]$,

$$a_{2n}=0,\quad a_{2n-1}=\frac{-4}{(2n-1)^2\pi^2}.$$

$$f(x)\sim\frac{5}{2}-\frac{4}{\pi^2}\sum_{n=1}^{\infty}\frac{\cos(2n-1)\pi x}{(2n-1)^2}=\begin{cases}2+x,&0\leqslant x\leqslant1,\\2-x,&-1\leqslant x\leqslant0.\end{cases}$$

34. 解 $(1)a_0=\frac{1}{\pi}\int_0^\pi(x+1)dx=\frac{\pi}{2}+1$.

$(2)\sum_{n=1}^{\infty}a_n=S(0)-\frac{a_0}{2}=\frac{1}{2}[f(0^+)+f(0^-)]-\frac{1}{2}(\frac{\pi}{2}+1)=\frac{1}{2}-\frac{\pi}{4}-\frac{1}{2}=-\frac{\pi}{4}$.

35. 解 要把 $f(x)=1-x^2$ 展开成(以 2π 为周期的)余弦级数,所以系数 $b_n=0,n=1,2,\cdots$.

由于 $a_0=\frac{2}{\pi}\int_0^\pi(1-x^2)dx=2-\frac{2\pi^2}{3}$,

$a_n=\frac{2}{\pi}\int_0^\pi(1-x^2)\cos nx\,dx\xrightarrow{\text{分部积分法}}(-1)^{n+1}\frac{4}{n^2},n=1,2,\cdots$,

所以 $f(x)=\frac{a_0}{2}+\sum_{n=1}^{\infty}a_n\cos nx=1-\frac{\pi^2}{3}+4\sum_{n=1}^{\infty}\frac{(-1)^{n+1}}{n^2}\cos nx,0\leqslant x\leqslant\pi$.

令 $x=0$,有 $f(0)=1-\frac{\pi^2}{3}+4\sum_{n=1}^{\infty}\frac{(-1)^{n+1}}{n^2}$,又 $f(0)=1$,所以 $\sum_{n=1}^{\infty}\frac{(-1)^{n+1}}{n^2}=\frac{\pi^2}{12}$.

36. 解 本题实际上只需验证函数 $\frac{1}{2}-\frac{\pi}{4}\sin x$ 在 $(0,\pi)$ 上可展开为余弦级数,并且这个余弦级数即为上式左端级数.但很多同学会被所证等式之顺序所迷惑,往往试图从左式三角级数出发去求其和,因而花了大量时间而难以获得结果,说明对所学傅立叶级数知识不能灵活运用.将 $\frac{1}{2}-\frac{\pi}{4}\sin x$ 在 $(0,\pi)$ 内展开为余弦数,为此可先将 $\sin x$ 在 $(0,\pi)$ 展开为余弦级数,再乘以 $\frac{\pi}{4}$,得

$$\frac{\pi}{4}\sin x=\frac{\pi}{4}\left[\frac{2}{\pi}-\left(\frac{4}{1\cdot3}\frac{\cos2x}{\pi}+\frac{4}{3\cdot5}\frac{\cos4x}{\pi}+\cdots+\frac{2}{(2n-1)(2n+1)}\frac{\cos2nx}{\pi}+\cdots\right)\right]$$

$$= \frac{1}{2} - \left(\frac{\cos 2x}{1 \cdot 3} + \frac{\cos 4x}{3 \cdot 5} + \cdots + \frac{\cos 2nx}{(2n-1)(2n+1)} + \cdots \right),$$

移项即证.

37. 解 $S(0) = \dfrac{f(-\pi^+) + f(\pi^-)}{2} = \dfrac{-1 + (1+\pi^2)}{2} = \dfrac{\pi^2}{2}.$

第 8 章

一、填空题

1. 解 $xy' + y = 0$ 为变量可分离的微分方程. 通过变量分离可得 $\dfrac{\mathrm{d}y}{\mathrm{d}x} = \dfrac{-y}{x}$, 两端积分得 $-\ln|y| =$ $\ln|x| + C_1$, 所以 $\dfrac{1}{|y|} = C|x|$, 又 $y(1) = 1$, 所以 $y = \dfrac{1}{x}$.

2. 解   经分析变形发现, 该方程为一阶线性微分方程, 套用公式即可.

将原方程等价化为 $y' + \dfrac{2}{x} y = \ln x$.

于是, $y = \mathrm{e}^{-\int \frac{2}{x}\mathrm{d}x} \left[\displaystyle\int \ln x \cdot \mathrm{e}^{\int \frac{2}{x}\mathrm{d}x} \mathrm{d}x + C \right] = \dfrac{1}{x^2} \cdot \left[\displaystyle\int x^2 \ln x \, \mathrm{d}x + C \right]$

$\qquad = \dfrac{1}{3} x \ln x - \dfrac{1}{9} x + \dfrac{C}{x^2}$ (C 是常数).

由 $y(1) = -\dfrac{1}{9}$ 得 $C = 0$, 故所求解为 $y = \dfrac{1}{3} x \ln x - \dfrac{1}{9} x.$

3. 解   此题为一阶线性方程的初值问题. 可以利用公式法求出方程的通解, 再利用初值条件确定通解中的任意常数而得特解. 原方程变形为

$$\frac{\mathrm{d}y}{\mathrm{d}x} - \frac{1}{2x} y = \frac{1}{2} x^2.$$

由一阶线性微分方程 $\dfrac{\mathrm{d}y}{\mathrm{d}x} + P(x)y = Q(x)$ 的通解公式

$$f(x) = C \mathrm{e}^{-\int P(x)\mathrm{d}x} + \mathrm{e}^{-\int P(x)\mathrm{d}x} \int Q(x) \mathrm{e}^{\int P(x)\mathrm{d}x} \mathrm{d}x,$$

得

$$y = \mathrm{e}^{\int \frac{1}{2x}\mathrm{d}x} \left(\int \frac{1}{2} x^2 \mathrm{e}^{-\int \frac{1}{2x}\mathrm{d}x} \mathrm{d}x + C \right).$$

由于方程 $x = 0$ 处方程无定义, 所以解的存在区间内不能含有点 $x = 0$. 因此解的存在区间要么为 $x > 0$ 的某区间, 要么为 $x < 0$ 的某区间. 现在初值给在 $x = 1$ 处, 所以 $x > 0$, 于是

$$y = \mathrm{e}^{\frac{1}{2}\ln x} \left[\int \frac{1}{2} x^2 \mathrm{e}^{-\frac{1}{2}\ln x} \mathrm{d}x + C \right] = \sqrt{x} \left[\int \frac{1}{2} x^{\frac{3}{2}} \mathrm{d}x + C \right] = \sqrt{x} \left[\frac{1}{5} x^{\frac{5}{2}} + C \right].$$

$y|_{x=1} = \dfrac{6}{5}$, 即 $C\sqrt{1} + \dfrac{1}{5} \times 1^3 = \dfrac{6}{5}$, 所以 $C = 1$, 从而特解为 $y = \sqrt{x} + \dfrac{1}{5} x^3.$

所以本题应填 $y = \sqrt{x} + \dfrac{1}{5} x^3.$

4. 解法一   由公式解得

$$y = \mathrm{e}^{-\int \mathrm{d}x} \left(\int \mathrm{e}^{-x} \cos x \cdot \mathrm{e}^{\int \mathrm{d}x} \mathrm{d}x + C \right)$$

$$= \mathrm{e}^{-x} \left(\int \cos x \, \mathrm{d}x + C \right)$$

$$= \mathrm{e}^{-x} (\sin x + C).$$

由于 $y(0) = 0$, 故 $C = 0$. 所以 $y = \mathrm{e}^{-x} \sin x.$

解法二   微分方程两边同乘 e^x 得 $(y\mathrm{e}^x)' = \cos x$, 两边积分 $\displaystyle\int_0^x (y\mathrm{e}^t)' \mathrm{d}t = \int_0^x \cos t \, \mathrm{d}t$, 得 $y\mathrm{e}^x = \sin x$, 即

$y = \mathrm{e}^{-x}\sin x.$

5. 解 微分方程 $(y + x^2\mathrm{e}^{-x})\mathrm{d}x - x\mathrm{d}y = 0$ 可变形为 $\dfrac{\mathrm{d}y}{\mathrm{d}x} - \dfrac{y}{x} = x\mathrm{e}^{-x}$,所以

$$y = \mathrm{e}^{\int \frac{1}{x}\mathrm{d}x}\left[\int x\mathrm{e}^{-x}\mathrm{e}^{-\int \frac{1}{x}\mathrm{d}x}\mathrm{d}x + C\right] = x\left(\int x\mathrm{e}^{-x}\cdot\frac{1}{x}\mathrm{d}x + C\right) = x(-\mathrm{e}^{-x} + C).$$

6. 解 首先写出对应的齐次线性微分方程 $y'' - 4y' + 3y = 0$,它的特征方程为 $r^2 - 4r + 3 = 0$,则 $(r - 3)(r - 1) = 0$,得到特征根 $r_1 = 1, r_2 = 3$,所以齐次方程的通解为

$$Y = C_1\mathrm{e}^{r_1 x} + C_2\mathrm{e}^{r_2 x} = C_1\mathrm{e}^x + C_2\mathrm{e}^{3x}.$$

再求非齐次线性微分方程的特解,由于右端函数 $f(x) = 2\mathrm{e}^{2x}$,即 $\lambda = 2$,它不是特征根,所以特解形式设为 $y^* = A\mathrm{e}^{2x}$,则 $(y^*)' = 2A\mathrm{e}^{2x}$,$(y^*)'' = 4A\mathrm{e}^{2x}$.

代入原方程 $4A\mathrm{e}^{2x} - 4\cdot 2A\mathrm{e}^{2x} + 3A\mathrm{e}^{2x} = 2\mathrm{e}^{2x}$,得 $-A\mathrm{e}^{2x} = 2\mathrm{e}^{2x}$,即 $A = -2$,所以 $y^* = -2\mathrm{e}^{2x}$,进而非齐次线性微分方程的通解为 $y = C_1\mathrm{e}^x + C_2\mathrm{e}^{3x} - 2\mathrm{e}^{2x}$.

7. 解 由方程 $y'' + ay' + by = 0$ 的通解为 $y = (C_1 + C_2 x)\mathrm{e}^x$ 可知,$y_1 = \mathrm{e}^x, y_2 = x\mathrm{e}^x$ 为其两个线性无关的解,可知特征根为 $\lambda_1 = 1, \lambda_2 = 1$,于是特征方程为 $(\lambda - 1)^2 = \lambda^2 - 2\lambda + 1 = 0$,即齐次微分方程有 $y'' - 2y' + y = 0$,即 $a = -2, b = 1$.

设特解 $y^* = Ax + B$,代入非齐次微分方程,得 $-2A + Ax + B = x$,即 $A = 1, B = 2$,所以特解 $y^* = x + 2$,通解 $y = (C_1 + C_2 x)\mathrm{e}^x + x + 2$.

把 $y(0) = 2, y'(0) = 0$ 代入通解,得 $C_1 = 0, C_2 = -1$,所求解为

$$y = -x\mathrm{e}^x + x + 2 = x(1 - \mathrm{e}^x) + 2.$$

8. 解 特征方程为 $\lambda^3 - 2\lambda^2 + \lambda - 2 = 0$,因式分解得

$$\lambda^2(\lambda - 2) + (\lambda - 2) = (\lambda - 2)(\lambda^2 + 1) = 0,$$

解得特征根为 $\lambda_1 = 2, \lambda_{2,3} = \pm\mathrm{i}$,所以通解为 $y = C_1\mathrm{e}^{2x} + C_2\cos x + C_3\sin x.$

9. 解 令 $x = \mathrm{e}^t$,有 $t = \ln x$,$\dfrac{\mathrm{d}t}{\mathrm{d}x} = \dfrac{1}{x}$,则 $\dfrac{\mathrm{d}y}{\mathrm{d}x} = \dfrac{\mathrm{d}y}{\mathrm{d}t}\cdot\dfrac{\mathrm{d}t}{\mathrm{d}x} = \dfrac{1}{x}\dfrac{\mathrm{d}y}{\mathrm{d}t}$,

$$\begin{aligned}
\frac{\mathrm{d}^2 y}{\mathrm{d}x^2} &= \frac{\mathrm{d}}{\mathrm{d}x}\left(\frac{1}{x}\frac{\mathrm{d}y}{\mathrm{d}t}\right) = -\frac{1}{x^2}\frac{\mathrm{d}y}{\mathrm{d}t} + \frac{1}{x}\frac{\mathrm{d}}{\mathrm{d}x}\left(\frac{\mathrm{d}y}{\mathrm{d}t}\right)\\
&= -\frac{1}{x^2}\frac{\mathrm{d}y}{\mathrm{d}t} + \frac{1}{x}\frac{\mathrm{d}}{\mathrm{d}t}\left(\frac{\mathrm{d}y}{\mathrm{d}t}\right)\cdot\frac{\mathrm{d}t}{\mathrm{d}x}\\
&= -\frac{1}{x^2}\frac{\mathrm{d}y}{\mathrm{d}t} + \frac{1}{x^2}\frac{\mathrm{d}^2 y}{\mathrm{d}t^2} = \frac{1}{x^2}\left(\frac{\mathrm{d}^2 y}{\mathrm{d}t^2} - \frac{\mathrm{d}y}{\mathrm{d}t}\right),
\end{aligned}$$

代入原方程有 $x^2\cdot\dfrac{1}{x^2}\left(\dfrac{\mathrm{d}^2 y}{\mathrm{d}t^2} - \dfrac{\mathrm{d}y}{\mathrm{d}t}\right) + 4x\cdot\dfrac{1}{x}\dfrac{\mathrm{d}y}{\mathrm{d}t} + 2y = 0$,整理得

$$\frac{\mathrm{d}^2 y}{\mathrm{d}t^2} + 3\frac{\mathrm{d}y}{\mathrm{d}t} + 2y = 0.$$

此式为二阶齐次线性微分方程,对应的特征方程为 $r^2 + 3r + 2 = 0$,特征根为 $r_1 = -1, r_2 = -2, r_1 \neq r_2$,所以 $\dfrac{\mathrm{d}^2 y}{\mathrm{d}t^2} + 3\dfrac{\mathrm{d}y}{\mathrm{d}t} + 2y = 0$ 的通解为

$$y = c_1\mathrm{e}^{-t} + c_2\mathrm{e}^{-2t}.$$

又因为 $x = \mathrm{e}^t$,所以 $\mathrm{e}^{-t} = \dfrac{1}{x}$,$\mathrm{e}^{-2t} = \dfrac{1}{x^2}$,代入上式得:$y = c_1\mathrm{e}^{-t} + c_2\mathrm{e}^{-2t} = \dfrac{c_1}{x} + \dfrac{c_2}{x^2}$.

所以本题应填 $y = \dfrac{c_1}{x} + \dfrac{c_2}{x^2}$.

二、选择题

10. 解 利用待定系数法确定二阶常系数线性非齐次方程特解的形式.对应齐次方程 $y'' + y = 0$ 的特征方程为 $\lambda^2 + 1 = 0$,则特征根为 $\lambda = \pm\mathrm{i}$.

$y'' + y = x^2 + 1 = \mathrm{e}^0(x^2 + 1)$ 为 $f(x) = \mathrm{e}^{\lambda x}P_m(x)$ 型,其中 $\lambda = 0$,$P_m(x) = x^2 + 1$,因 0 不是特征根,从而其特解形式可设为

$$y_1^* = (ax^2 + bx + c)e^0 = ax^2 + bx + c.$$

$y'' + y = \sin x$ 为 $f(x) = e^{\lambda x}[P_l(x)\cos \omega x + P_n(x)\sin \omega x]$ 型,其中 $\lambda = 0, \omega = 1$, $P_l(x) = 0, P_n(x) = 1$,因 $\lambda + \omega i = 0 + i = i$ 为特征根,从而其特解形式可设为

$$y_2^* = x(A\sin x + B\cos x).$$

由叠加原理,知方程 $y'' + y = x^2 + 1 + \sin x$ 的特解形式可设为

$$y^* = ax^2 + bx + c + x(A\sin x + B\cos x),$$

故应选(A).

11. 解 由微分方程的通解中含有 e^x、$\cos 2x$、$\sin 2x$ 知齐次线性方程所对应的特征方程有根 $r = 1$, $r = \pm 2i$,所以特征方程为 $(r-1)(r-2i)(r+2i) = 0$,即 $r^3 - r^2 + 4r - 4 = 0$. 故以已知函数为通解的微分方程是 $y''' - y'' + 4y' - 4y = 0$,故选项(D)正确.

12. 解 微分方程对应的齐次方程的特征方程为 $r^2 - \lambda^2 = 0$,解得特征根 $r_1 = \lambda, r_2 = -\lambda$.

所以非齐次方程 $y'' - \lambda^2 y = e^{\lambda x}$ 有特解 $y_1 = x \cdot a \cdot e^{\lambda x}$,非齐次方程 $y'' - \lambda^2 y = e^{-\lambda x}$ 有特解 $y_2 = x \cdot b \cdot e^{-\lambda x}$.

故由微分方程解的结构可知非齐次方程 $y'' - \lambda^2 y = e^{\lambda x} + e^{-\lambda x}$ 可设特解 $y = x(ae^{\lambda x} + be^{-\lambda x})$. 选项(C)正确.

13. 解 由于 $\lambda y_1 + \mu y_2$ 是非齐次微分方程 $y' + p(x)y = q(x)$ 的解,所以

$$(\lambda y_1 + \mu y_2)' + p(x)(\lambda y_1 + \mu y_2) = q(x),$$

整理得

$$\lambda[y_1' + p(x)y_1] + \mu[y_2' + p(x)y_2] = q(x).$$

由题意可知 $y_1' + p(x)y_1 = q(x)$, $y_2' + p(x)y_2 = q(x)$,所以 $(\lambda + \mu)q(x) = q(x)$.

又 $\lambda y_1 - \mu y_2$ 是 $y' + p(x)y = 0$ 的解,所以

$$(\lambda y_1 - \mu y_2)' + p(x)(\lambda y_1 - \mu y_2) = 0,$$

整理得

$$\lambda[y_1' + p(x)y_1] - \mu[y_2' + p(x)y_2] = 0,$$

即 $(\lambda + \mu)q(x) = q(x)$,由 $q(x) \neq 0$ 可知 $\lambda + \mu = 1$,因为 $q(x) \neq 0$,所以 $\lambda - \mu = 0$,解得 $\lambda = \mu = \dfrac{1}{2}$,故应选(A).

14. 解法一 将 $y = \dfrac{x}{\ln x}$ 代入微分方程 $y' = \dfrac{y}{x} + \varphi\left(\dfrac{x}{y}\right)$,得

$$\frac{\ln x - 1}{\ln^2 x} = \frac{1}{\ln x} + \varphi(\ln x),$$

整理,得

$$\varphi(\ln x) = -\frac{1}{\ln^2 x}.$$

令 $\ln x = u$,有 $\varphi(u) = -\dfrac{1}{u^2}$,以 $u = \dfrac{x}{y}$ 代入,得

$$\varphi\left(\frac{x}{y}\right) = -\frac{y^2}{x^2},$$

故选项(A)正确.

解法二 令 $u = \dfrac{y}{x}$, $y' = u + xu'$,代入原方程可得 $u + u'x = \varphi\left(\dfrac{1}{u}\right) + u$,即 $\dfrac{\mathrm{d}u}{\varphi\left(\frac{1}{u}\right)} = \dfrac{\mathrm{d}x}{x}$,故有

$$\int \frac{\mathrm{d}u}{\varphi\left(\frac{1}{u}\right)} = \int \frac{\mathrm{d}x}{x} = \ln x.$$

由题设, $y = \dfrac{x}{\ln x}$ 是原方程的解,即有

$$\int \frac{\mathrm{d}u}{\varphi\left(\frac{1}{u}\right)} = \ln x = \frac{x}{y} = \frac{1}{u},$$

故 $\varphi\left(\dfrac{1}{u}\right) = -u^2$，即 $\varphi\left(\dfrac{x}{y}\right) = -\dfrac{y^2}{x^2}$．故选项（A）正确．

三、解答题

15. 解　令 $y' = p$，则 $y'' = p'$，原方程化为 $p'(x + p^2) = p$，此时，把 x 看成因变量，p 看成自变量，得 $\dfrac{\mathrm{d}x}{\mathrm{d}p} - \dfrac{1}{p}x = p$，按一阶线性方程求解导公式：

$$x = \mathrm{e}^{\int \frac{1}{p}\mathrm{d}p}\left(\int p\mathrm{e}^{\int -\frac{1}{p}\mathrm{d}p}\mathrm{d}p + C\right) = \mathrm{e}^{\ln p + C}\left(\int p\mathrm{e}^{\int -\frac{1}{p}\mathrm{d}p}\mathrm{d}p\right) = p\left[\int \mathrm{d}p + C\right] = p(p + C),$$

代入初始条件 $y'(1) = 1$，即 $p(1) = 1$，得 $C = 0$，于是得 $p^2 = x$，解得 $p = \pm\sqrt{x}$（负号省略，因为有初始条件 $y'(1) = 1$，即 $p(1) = 1$）．因为 $p = \sqrt{x}$，即 $\dfrac{\mathrm{d}y}{\mathrm{d}x} = \sqrt{x}$，解之得 $y = \dfrac{2}{3}x^{\frac{3}{2}} + C_1$，代入 $y(1) = 1$ 得 $C_1 = \dfrac{1}{3}$，所以特解为 $y = \dfrac{2}{3}x^{\frac{3}{2}} + \dfrac{1}{3}$．

16. 解法一　视作不显含 y 的二阶方程，令 $y' = p$，则 $y'' = \dfrac{\mathrm{d}p}{\mathrm{d}x}$．于是

$$x\frac{\mathrm{d}p}{\mathrm{d}x} - 4p = x^5 \ \text{或} \ \frac{\mathrm{d}p}{\mathrm{d}x} - \frac{4}{x}p = x^4.$$

这是一阶线性方程，由通解公式，得

$$\begin{aligned} p &= x^{-\int \frac{-4}{x}\mathrm{d}x}\left[\int x^4 \mathrm{e}^{-\int \frac{4}{x}\mathrm{d}x}\mathrm{d}x + C\right] \\ &= \mathrm{e}^{4\ln x}\left[\int x^4 \mathrm{e}^{4\ln\frac{1}{x}}\mathrm{d}x + C\right] = x^4\left[\int \mathrm{d}x + C\right] \\ &= x^4(x + C_1). \end{aligned}$$

再积分，得通解

$$y = \int x^4(x + C_1)\mathrm{d}x = \frac{x^6}{6} + \frac{C_1}{5}x^5 + C_2.$$

解法二　视作欧拉方程，令 $x = \mathrm{e}^t$，即 $t = \ln x$，$\dfrac{\mathrm{d}t}{\mathrm{d}x} = \dfrac{1}{x}$．于是

$$\frac{\mathrm{d}y}{\mathrm{d}x} = \frac{\mathrm{d}y}{\mathrm{d}t} \cdot \frac{\mathrm{d}t}{\mathrm{d}x} = \frac{1}{x}\frac{\mathrm{d}y}{\mathrm{d}t},$$

$$\frac{\mathrm{d}^2 y}{\mathrm{d}x^2} = \frac{\mathrm{d}}{\mathrm{d}x}\left(\frac{1}{x}\frac{\mathrm{d}y}{\mathrm{d}t}\right) = \frac{1}{x^2}\frac{\mathrm{d}^2 y}{\mathrm{d}t^2} - \frac{1}{x}\frac{\mathrm{d}y}{\mathrm{d}t}.$$

代入原方程，整理后化为二阶常系数线性方程

$$\frac{\mathrm{d}^2 y}{\mathrm{d}t^2} - 5\frac{\mathrm{d}y}{\mathrm{d}t} = \mathrm{e}^{6t}.$$

它对应齐次方程的通解是 $Y = C_1 + C_2 \mathrm{e}^{5t}$，而非齐次方程的特解形式为 $\bar{y} = A\mathrm{e}^{6t}$，将它代入方程，可确定 $A = \dfrac{1}{6}$，于是 $\bar{y} = \dfrac{1}{6}\mathrm{e}^{6t}$，所以通解为

$$y = C_1 + C_2\mathrm{e}^{5t} + \frac{1}{6}\mathrm{e}^{6t} \xrightarrow{\text{代回 } x = \mathrm{e}^t} C_1 + C_2 x^5 + \frac{1}{6}x^6.$$

17. 解　这是一个二阶常系数线性非齐次微分方程．可以按常规的办法求解特解，考虑到 $\mathrm{e}^x \cos x$ 的形状，可以先考察微分方程 $y'' + y = \mathrm{e}^{(1+\mathrm{i})x}$，并令 $\bar{y} = A\mathrm{e}^{(1+\mathrm{i})x}$ 为其解，代入方程，得 $A = \dfrac{1}{2\mathrm{i}+1}$，取 $y = \dfrac{1}{2\mathrm{i}+1}\mathrm{e}^{(1+\mathrm{i})x}$ 之实部，便得原方程之特解为

$$y^* = \frac{\mathrm{e}^x}{5}(\cos x + 2\sin x).$$

18. 解　(1) 由反函数求导公式知，$\dfrac{\mathrm{d}x}{\mathrm{d}y} = \dfrac{1}{\dfrac{\mathrm{d}y}{\mathrm{d}x}} = \dfrac{1}{y'}$，所以

$$\frac{\mathrm{d}^2 x}{\mathrm{d} y^2} = \frac{\mathrm{d}}{\mathrm{d} y}\left(\frac{\mathrm{d} x}{\mathrm{d} y}\right) = \frac{\mathrm{d}}{\mathrm{d} x}\left(\frac{1}{y'}\right) \cdot \frac{\mathrm{d} x}{\mathrm{d} y} = \frac{-y''}{y'^2} \cdot \frac{1}{y'} = -\frac{y''}{(y')^3}.$$

代入原方程变换为

$$y'' - y = \sin x. \tag{$*$}$$

（2）方程（$*$）所对应的齐次方程为 $y'' - y = 0$，特征方程为 $r^2 - 1 = 0$，其根 $r_{1,2} = \pm 1$，因此通解为

$$Y = C_1 \mathrm{e}^x + C_2 \mathrm{e}^{-x}.$$

由于 $\pm \mathrm{i}$ 不是特征方程的根，所以设方程（$*$）的特解为

$$y^* = A\cos x + B\sin x,$$

代入方程（$*$），得 $-A\cos x - B\sin x - A\cos x - B\sin x = -2A\cos x - 2B\sin x = \sin x.$

所以 $A = 0, B = -\dfrac{1}{2}$，故 $y^* = -\dfrac{1}{2}\sin x$，从而 $y'' - y = \sin x$ 的通解为

$$y = Y + y^* = C_1 \mathrm{e}^x + C_2 \mathrm{e}^{-x} - \frac{1}{2}\sin x.$$

由 $y(0) = 0, y'(0) = \dfrac{3}{2}$，得 $C_1 = 1, C_2 = -1$. 故变换后的微分方程的通解为

$$y = \mathrm{e}^x - \mathrm{e}^{-x} - \frac{1}{2}\sin x.$$

19. 解法一　记 $y' = p$，则 $y'' = p'$，代入微分方程，当 $x > 0$ 时，$p' - \dfrac{1}{x}p = -\dfrac{2}{x}$.

利用一阶线性微分方程的通解公式，得

$$y' = p = \mathrm{e}^{\int \frac{1}{x}\mathrm{d}x}\left(\int -\frac{2}{x}\mathrm{e}^{-\int \frac{1}{x}\mathrm{d}x}\mathrm{d}x + C_1\right) = x\left(\int -\frac{2}{x^2}\mathrm{d}x + C_1\right) = 2 + C_1 x,$$

其中 C_1 为任意常数. 因此，

$$y = 2x + \frac{1}{2}C_1 x^2 + C_2 \quad (x > 0),$$

其中 C_1, C_2 为任意常数. 已知 $y(0) = 0$，有 $C_2 = 0$，于是 $y = 2x + \dfrac{1}{2}C_1 x^2$. 由于

$$2 = \int_0^1 y(x)\mathrm{d}x = \int_0^1 \left(2x + \frac{1}{2}C_1 x^2\right)\mathrm{d}x = \left(x^2 + \frac{C_1}{6}x^3\right)\Big|_0^1 = 1 + \frac{C_1}{6},$$

所以 $C_1 = 6$，故 $y = 2x + 3x^2 \quad (x \geqslant 0)$.

由于 $x = \dfrac{1}{3}(\sqrt{3y+1} - 1), 0 \leqslant y \leqslant 5$，故所求体积为

$$V = 5\pi - \int_0^5 \pi x^2 \mathrm{d}y = 5\pi - \int_0^5 \pi \cdot \frac{1}{9}(\sqrt{3y+1} - 1)^2 \mathrm{d}y$$

$$= 5\pi - \frac{\pi}{9}\int_0^5 (2 + 3y - 2\sqrt{3y+1})\mathrm{d}y = 5\pi - \frac{39}{18}\pi = \frac{17}{6}\pi.$$

解法二　（同解法一）$y = 2x + 3x^2 (x \geqslant 0)$，所求体积为

$$V = 2\pi \int_0^1 xy(x)\mathrm{d}x = 2\pi \int_0^1 (2x^2 + 3x^3)\mathrm{d}x = \frac{17}{6}\pi.$$

20. 解　当 $-\pi < x < 0$ 时，设 (x, y) 为曲线上任一点，由导数的几何意义知，法线斜率为 $k = -\left(\dfrac{\mathrm{d}y}{\mathrm{d}x}\right)^{-1}.$

由题意知，法线过原点和点 (x, y) 法线斜率为 $\dfrac{y}{x}$，所以有 $\dfrac{\mathrm{d}y}{\mathrm{d}x} = -\dfrac{x}{y}$.

分离变量为 $y\mathrm{d}y = -x\mathrm{d}x$. 解得

$$x^2 + y^2 = C.$$

由初始条件 $y\left(-\dfrac{\pi}{\sqrt{2}}\right) = \dfrac{\pi}{\sqrt{2}}$，得 $C = \pi^2$，所以

$$y = \sqrt{\pi^2 - x^2}, \quad -\pi < x < 0. \qquad ①$$

当 $0 \leqslant x < \pi$ 时，$y'' + y + x = 0$ 的通解为

$$y = C_1 \cos x + C_2 \sin x - x,$$ ②

$$y' = -C_1 \sin x + C_2 \cos x - 1.$$ ③

因为曲线 $y = y(x)$ 在 $(-\pi, \pi)$ 内光滑,所以 $y(x)$ 在 $(-\pi, \pi)$ 内连续且可导,由 ① 式知

$$y(0) = \lim_{x \to 0^-} y(x) = \lim_{x \to 0^-} \sqrt{\pi^2 - x^2} = \pi,$$

$$y'(0) = y'_-(0) = \lim_{x \to 0^-} \frac{\sqrt{\pi^2 - x^2} - \pi}{x} = 0,$$

代入 ②③ 式,得 $C_1 = \pi, C_2 = 1$,故

$$y = \pi \cos x + \sin x - x, \quad 0 \leqslant x < \pi.$$

因此,$y = \begin{cases} \sqrt{\pi^2 - x^2}, & -\pi < x < 0, \\ \pi \cos x + \sin x - x, & 0 \leqslant x < \pi. \end{cases}$

21. 解法一 由题意知

$$\pi \int_1^t f^2(x) \mathrm{d}x = \pi t \int_1^t f(x) \mathrm{d}x,$$

消去 π,得 $\int_1^t f^2(x) \mathrm{d}x = t \int_1^t f(x) \mathrm{d}x$,两边对 t 求导得

$$f^2(t) = \int_1^t f(x) \mathrm{d}x + t f(t),$$

代入 $t = 1$,得 $f(1) = 1$ 或 $f(1) = 0$(舍去).
再求导得

$$2 f(t) f'(t) = 2 f(t) + t f'(t),$$

记 $f(t) = y$,整理得 $\dfrac{\mathrm{d}y}{\mathrm{d}t} = \dfrac{2y}{2y - t}$.将自变量 t 与因变量 y 互换,得 $\dfrac{\mathrm{d}t}{\mathrm{d}y} + \dfrac{1}{2y} t = 1$.

利用一阶线性微分方程的通解公式,得

$$t = \mathrm{e}^{-\int \frac{1}{2y} \mathrm{d}y} \left(\int \mathrm{e}^{\int \frac{1}{2y} \mathrm{d}y} \mathrm{d}y + C \right) = y^{-\frac{1}{2}} \left(\int \sqrt{y} \mathrm{d}y + C \right)$$

$$= y^{-\frac{1}{2}} \left(\frac{2}{3} y^{\frac{3}{2}} + C \right) = \frac{C}{\sqrt{y}} + \frac{2}{3} y.$$

代入 $t = 1, y = 1$ 得 $C = \dfrac{1}{3}$,从而 $t = \dfrac{2}{3} y + \dfrac{1}{3\sqrt{y}}$.故所求曲线方程为 $x = \dfrac{2}{3} y + \dfrac{1}{3\sqrt{y}}$.

解法二 同解法一,得

$$2 f(t) f'(t) = 2 f(t) + t f'(t), f(1) = 1.$$

整理得 $\dfrac{\mathrm{d}y}{\mathrm{d}t} = \dfrac{\dfrac{2y}{t}}{\dfrac{2y}{t} - 1}$,次微分方程为齐次方程.

令 $\dfrac{y}{t} = u$,则 $\dfrac{\mathrm{d}y}{\mathrm{d}t} = u + t \dfrac{\mathrm{d}u}{\mathrm{d}t}$,原方程变成 $t \dfrac{\mathrm{d}u}{\mathrm{d}t} = \dfrac{3u - 2u^2}{2u - 1}$.

分离变量得 $\dfrac{2u - 1}{u(3 - 2u)} \mathrm{d}u = \dfrac{1}{t} \mathrm{d}t$,即 $\dfrac{1}{3} \left(\dfrac{-1}{u} + \dfrac{4}{3 - 2u} \right) \mathrm{d}u = \dfrac{\mathrm{d}t}{t}$.

积分得 $-\dfrac{1}{3} \ln \left[u(3 - 2u)^2 \right] = \ln(Ct)$,即 $u^{-\frac{1}{3}} (3 - 2u)^{-\frac{2}{3}} = Ct$.

代入 $t = 1, u = 1$,得 $C = 1$,所以 $u(3 - 2u)^2 = \dfrac{1}{t^3}$.代入 $u = \dfrac{y}{t}$ 化简得 $y(3t - 2y)^2 = 1$,即 $t = \dfrac{1}{3\sqrt{y}} +$

$\dfrac{2}{3} y$.故所求曲线方程为 $x = \dfrac{2}{3} y + \dfrac{1}{3\sqrt{y}}$.

22. 解 根据题意得

347

$$\frac{\mathrm{d}y}{\mathrm{d}x} = \frac{\dfrac{\mathrm{d}y}{\mathrm{d}t}}{\dfrac{\mathrm{d}x}{\mathrm{d}t}} = \frac{\psi'(t)}{2t+2},$$

$$\frac{\mathrm{d}^2 y}{\mathrm{d}x^2} = \frac{\dfrac{\mathrm{d}\left(\dfrac{\psi'(t)}{2t+2}\right)}{\mathrm{d}t}}{\dfrac{\mathrm{d}x}{\mathrm{d}t}} = \frac{\dfrac{\psi''(t)(2t+2)-2\psi'(t)}{(2t+2)^2}}{2t+2} = \frac{(t+1)\psi''(t)-\psi'(t)}{4(1+t)^3} = \frac{3}{4(1+t)},$$

整理得 $\psi''(t)(t+1)-\psi'(t)=3(t+1)^2$,即 $\psi''(t)-\dfrac{\psi'(t)}{(t+1)}=3(t+1)$,这是不显含 $\psi(t)$ 的可降阶微分方程.

令 $p=\psi'(t)$,即 $p'-\dfrac{1}{1+t}p=3(1+t)$.

利用一阶线性微分方程通解的公式,得

$$p = \mathrm{e}^{-\int\frac{-1}{1+t}\mathrm{d}t}\left(\int 3(1+t)\mathrm{e}^{-\int\frac{1}{1+t}\mathrm{d}t}\mathrm{d}t + C\right) = (1+t)(3t+C),\ t>-1.$$

因为 $p(1)=\psi'(1)=6$,所以 $C=0$,故 $p=3t(t+1)$,即 $\psi'(t)=3t(t+1)$,两边积分得

$$\psi(t) = \int 3t(t+1)\mathrm{d}t = \frac{3}{2}t^2 + t^3 + C_1.$$

又 $\psi(1)=\dfrac{5}{2}$,所以 $C_1=0$,故 $\psi(t)=\dfrac{3}{2}t^2+t^3$,$(t>-1)$.

23. 解 由题意可知当 $x=0$ 时,$y=0$,$y'(0)=1$,由导数的几何意义得 $y'=\dfrac{\mathrm{d}y}{\mathrm{d}x}=\tan\alpha$,即 $\alpha=\arctan y'$,由题意 $\dfrac{\mathrm{d}}{\mathrm{d}x}(\arctan y')=\dfrac{\mathrm{d}y}{\mathrm{d}x}$,即 $\dfrac{y''}{1+y'^2}=y'$.

令 $y'=p$,$y''=p'$,则 $\dfrac{p'}{1+p^2}=p$,分离变量得 $\dfrac{\mathrm{d}p}{p(1+p^2)}=\mathrm{d}x$.

方程两边积分得 $\displaystyle\int\dfrac{\mathrm{d}p}{p(1+p^2)}=\int\mathrm{d}x$,则

$$\int\left(\frac{1}{p}-\frac{p}{1+p^2}\right)\mathrm{d}p=\int\mathrm{d}x,\ \ln|p|-\frac{1}{2}\ln(p^2+1)=x+c_1,\ \text{即}\ x=\frac{1}{2}\ln\frac{p^2}{1+p^2}+c.$$

当 $x=0$,$p=1$ 时,代入得 $c=-\dfrac{1}{2}\ln\dfrac{1}{2}$,所以 $x=\dfrac{1}{2}\ln\dfrac{2p^2}{1+p^2}$,则 $p=\dfrac{\mathrm{d}y}{\mathrm{d}x}=\dfrac{\mathrm{e}^x}{\sqrt{2-\mathrm{e}^{2x}}}$.

再积分得

$$y(x)-y(0) = \int_0^x \frac{\mathrm{e}^t}{\sqrt{2-\mathrm{e}^{2t}}}\mathrm{d}t.$$

由 $y(0)=0$,得 $y(x)=\displaystyle\int_0^x \dfrac{\mathrm{d}\left(\dfrac{\mathrm{e}^t}{\sqrt{2}}\right)}{\sqrt{1-\left(\dfrac{\mathrm{e}^t}{\sqrt{2}}\right)^2}} = \arcsin\dfrac{\mathrm{e}^t}{\sqrt{2}}\Big|_0^x = \arcsin\dfrac{\mathrm{e}^x}{\sqrt{2}}-\dfrac{\pi}{4}$.

24. 解 (1) 曲线 $y=f(x)$ 在点 $P(x,y)$ 处的法线方程为

$$Y-y=-\frac{1}{y'}(X-x),$$

它与 y 轴的交点为 $\left(0,y+\dfrac{x}{y'}\right)$. 由题意,此点与点 $P(x,y)$ 所连接的线段被 x 轴所平分,由中点公式,

$$\frac{1}{2}\left(y+y+\frac{x}{y'}\right)=0,\ \text{即}\ 2y\mathrm{d}y+x\mathrm{d}x=0.$$

上式两边积分得 $\dfrac{x^2}{2}+y^2=C$(C 为任意常数),由初始条件 $y\big|_{x=\frac{\sqrt{2}}{2}}=\dfrac{1}{2}$,知 $C=\dfrac{1}{2}$,故曲线 $y=f(x)$ 的方程为

$$\frac{x^2}{2} + y^2 = \frac{1}{2}, \text{即 } x^2 + 2y^2 = 1.$$

（2）曲线 $y = \sin x$ 在 $[0, \pi]$ 上的弧长为

$$l = \int_0^\pi \sqrt{1 + y'^2}\, dx = \int_0^\pi \sqrt{1 + \cos^2 x}\, dx$$

$$= \int_{-\frac{\pi}{2}}^{\frac{\pi}{2}} \sqrt{1 + \cos^2 t}\, dt = 2\int_0^{\frac{\pi}{2}} \sqrt{1 + \cos^2 t}\, dt.$$

另一方面，将（1）中所求得的曲线 $y = f(x)$ 写成参数形式，并由题设考虑在第一象限中，于是

$$\begin{cases} x = \cos t, \\ y = \dfrac{\sqrt{2}}{2}\sin t, \end{cases} \quad 0 \leqslant t \leqslant \frac{\pi}{2}.$$

于是该曲线的弧长为 $s = \displaystyle\int_0^{\frac{\pi}{2}} \sqrt{(x'_t)^2 + (y'_t)^2}\, dt$

$$= \int_0^{\frac{\pi}{2}} \sqrt{\sin^2 t + \frac{1}{2}\cos^2 t}\, dt = \frac{1}{\sqrt{2}}\int_0^{\frac{\pi}{2}} \sqrt{1 + \sin^2 t}\, dt \left(\text{令 } t = \frac{\pi}{2} - u\right)$$

$$= \frac{1}{\sqrt{2}}\int_{\frac{\pi}{2}}^{0} \sqrt{1 + \cos^2 u}\, (-du) = \frac{1}{\sqrt{2}}\int_0^{\frac{\pi}{2}} \sqrt{1 + \cos^2 u}\, du,$$

由此，$\sqrt{2}\,s = \dfrac{1}{2}l$，即 $s = \dfrac{\sqrt{2}}{4}l$.

25. 解法一 （1）设在 t 时刻，液面的高度为 y，此时液面的面积为 $A(t) = \pi\varphi^2(y)$.

由题设（液面的面积将以 $\pi\mathrm{m}^2/\mathrm{min}$ 的速率均匀扩大），可得

$$\frac{dA(t)}{dt} = \pi,$$

所以 $A(t) = \pi\varphi^2(y) = \pi t + C$，由题意，当 $t = 0$ 时 $\varphi(y) = 2$，代入，求得 $C = 4\pi$.

于是得

$$\pi\varphi^2(y) = 4\pi + \pi t,$$

即 $\varphi^2(y) = t + 4$，从而 $t = \varphi^2(y) - 4$.

（2）液面的高度为 y 时，液体的体积为 $V(t) = \pi\displaystyle\int_0^y \varphi^2(u)\, du$，由题设（以 $3\mathrm{m}^3/\mathrm{min}$ 的速率向容器内注入液体），知

$$\frac{dV(t)}{dt} = \frac{d}{dt}\left(\pi\int_0^y \varphi^2(u)\, du\right) = 3,$$

所以 $\pi\displaystyle\int_0^y \varphi^2(u)\, du = 3t = 3\varphi^2(y) - 12$.

上式两边对 y 求导，得

$$\pi\varphi^2(y) = 6\varphi(y)\varphi'(y), \text{即 } \pi\varphi(y) = 6\varphi'(y).$$

解此微分方程，得

$$\varphi(y) = Ce^{\frac{\pi}{6}y},$$

其中 C 为任意常数，由 $\varphi(0) = 2$，知 $C = 2$，故所求曲线方程为

$$x = 2e^{\frac{\pi}{6}y}.$$

解法二 （1）设在 t 时刻，液面的高度为 y，因为液面的面积将以 $\pi\mathrm{m}^2/\mathrm{min}$ 的速率均匀扩大，故此时液面的面积为

$$\pi\varphi^2(y) = \pi 2^2 + \pi t = 4\pi + \pi t,$$

即 $\varphi^2(y) = t + 4$，从而 $t = \varphi^2(y) - 4$.

（2）设液面的高度为 y 时，在 $t \sim t + dt$ 时刻，液体体积的变化即体积微元为

$$3dt = (4\pi + \pi t)dy,$$

解此微分方程得 $y = \dfrac{3}{\pi}\ln(4+t)+C$.

当 $t=0$ 时，$y=0$，代入得 $C=-\dfrac{3}{\pi}\ln 4$，所以 $y=\dfrac{3}{\pi}\ln\dfrac{4+t}{4}$. 由 $t=\varphi^2(y)-4$，得 $y=\dfrac{3}{\pi}\ln\dfrac{x^2}{4}$.

考虑到 $\varphi(0)=2$，故所求曲线方程为

$$x = 2e^{\frac{\pi}{6}y}.$$

26. 题目要求 $F(x)$ 所满足的微分方程，而微分方程中含有其导函数，自然想到对 $F(x)$ 求导，并将其余部分转化为用 $F(x)$ 表示，导出相应的微分方程，然后再求解相应的微分方程即可.

(1) **解法一** 由 $F(x)=f(x)g(x)$，有
$$\begin{aligned} F'(x) &= f'(x)g(x)+f(x)g'(x) = g^2(x)+f^2(x)\\ &= [f(x)+g(x)]^2 - 2f(x)g(x) = (2e^x)^2 - 2F(x),\end{aligned}$$

可见 $F(x)$ 所满足的一阶微分方程为

$$F'(x)+2F(x)=4e^{2x}.$$

相应的初始条件为 $F(0)=f(0)g(0)=0$.

解法二 由 $F(x)=f(x)g(x)$，有
$$F'(x)=f'(x)g(x)+f(x)g'(x)=[f'(x)]^2+[g'(x)]^2=[f'(x)+g'(x)]^2-2f'(x)g'(x).$$

由 $f(x)+g(x)=2e^x$，有 $f'(x)+g'(x)=2e^x$，$f'(x)=g(x)$，而 $g'(x)=f(x)$，于是
$$F'(x)=4e^{2x}-2f(x)g(x)=4e^{2x}-2F(x).$$

可见 $F(x)$ 所满足的一阶微分方程为

$$F'(x)+2F(x)=4e^{2x}.$$

相应的初始条件为 $F(0)=f(0)g(0)=0$.

解法三 由给定条件可以分别求出 $f(x)$ 及 $g(x)$ 的表达式，再建立 $F(x)$ 所满足的微分方程.
由 $f'(x)=g(x)$，$f(x)+g(x)=2e^x$，得
$$f'(x)+f(x)=2e^x.$$

于是 $f(x)=e^{-\int 1\,dx}\left[\int 2e^x\cdot e^{\int 1\,dx}\,dx+C\right]=e^{-x}(e^{2x}+C)$.

由 $f(0)=0$，得 $C=-1$. 因此
$$f(x)=e^{-x}(e^{2x}-1)=e^x-e^{-x},$$
$$g(x)=f'(x)=e^x+e^{-x}.$$

所以 $F(x)=f(x)g(x)=e^{2x}-e^{-2x}$，$F'(x)=2e^{2x}+2e^{-2x}$.

可见 $F(x)$ 所满足的一阶微分方程为

$$F'(x)+2F(x)=4e^{2x}.$$

相应的初始条件为 $F(0)=f(0)g(0)=0$.

(2) **解** 题(1)得到 $F(x)$ 所满足的一阶微分方程，是一阶线性非齐次微分方程. 其通解为
$$\begin{aligned} F(x) &= e^{-\int 2\,dx}\left(\int 4e^{2x}\cdot e^{\int 2\,dx}\,dx+C\right)\\ &= e^{-2x}\left(\int 4e^{4x}\,dx+C\right)=e^{2x}+Ce^{-2x}.\end{aligned}$$

将 $F(0)=0$ 代入上式，得 $0=1+C$，$C=-1$，得

$$F(x)=e^{2x}-e^{-2x}.$$

27. 解 对 $S(x)$ 进行求导，可得到 $S(x)$ 所满足的一阶微分方程，解方程可得 $S(x)$ 的表达式.

(1) $S(x)=\dfrac{x^4}{2\cdot4}+\dfrac{x^6}{2\cdot4\cdot6}+\dfrac{x^8}{2\cdot4\cdot6\cdot8}+\cdots$，易见

$$S(0)=0,$$

$$S'(x)=\dfrac{4x^3}{2\cdot4}+\dfrac{6x^5}{2\cdot4\cdot6}+\dfrac{8x^7}{2\cdot4\cdot6\cdot8}+\cdots=\dfrac{x^3}{2}+\dfrac{x^5}{2\cdot4}+\dfrac{x^7}{2\cdot4\cdot6}+\cdots$$

$$= x\left(\frac{x^2}{2} + \frac{x^4}{2\cdot 4} + \frac{x^6}{2\cdot 4\cdot 6} + \cdots\right) = x\left[\frac{x^2}{2} + S(x)\right],$$

因此 $S(x)$ 满足下述一阶线性微分方程及相应的初始条件：

$$S'(x) = x\left[\frac{x^2}{2} + S(x)\right], S(0) = 0.$$

即

$$S'(x) - xS(x) = \frac{x^3}{2}, S(0) = 0.$$

（2）直接由通解公式，方程 $S'(x) - xS(x) = \dfrac{x^3}{2}$ 的通解为

$$S(x) = e^{\int x \mathrm{d}x}\left[\int \frac{x^3}{2}e^{-\int x \mathrm{d}x}\mathrm{d}x + C\right] = -\frac{x^2}{2} - 1 + Ce^{\frac{x^2}{2}},$$

由初始条件 $S(0) = 0$，得 $C = 1$.

故 $S(x) = e^{\frac{x^2}{2}} - \dfrac{x^2}{2} - 1.$

28.（1）**解法一** 对 $y = \displaystyle\sum_{n=0}^{\infty} a_n x^n$，求一阶和二阶导数，得 $y' = \displaystyle\sum_{n=1}^{\infty} na_n x^{n-1}$，$y'' = \displaystyle\sum_{n=2}^{\infty} n(n-1)a_n x^{n-2}$.

代入 $y'' - 2xy' - 4y = 0$，得 $\displaystyle\sum_{n=2}^{\infty} n(n-1)a_n x^{n-2} - 2x\sum_{n=1}^{\infty} na_n x^{n-1} - 4\sum_{n=0}^{\infty} a_n x^n = 0$. 即

$$\sum_{n=0}^{\infty} (n+1)(n+2)a_{n+2} x^n - \sum_{n=1}^{\infty} 2na_n x^n - \sum_{n=0}^{\infty} 4a_n x^n = 0.$$

于是 $\begin{cases} 2a_2 - 4a_0 = 0 \\ (n+1)a_{n+2} - 2a_n = 0, \end{cases}$ $n = 1, 2, \cdots$，从而 $a_{n+2} = \dfrac{2}{n+1}a_n$，$n = 1, 2, \cdots$.

解法二 由于 $y = \displaystyle\sum_{n=0}^{\infty} a_n x^n$，根据泰勒级数的唯一性知 $a_n = \dfrac{y^{(n)}(0)}{n!}$. 在方程 $y'' - 2xy' - 4y = 0$ 两端求

n 阶导数，得 $y^{(n+2)} - 2xy^{(n+1)} - 2(n+2)y^{(n)} = 0.$

令 $x = 0$，得 $y^{(n+2)}(0) - 2(n+2)y^{(n)}(0) = 0$，即 $(n+2)!a_{n+2} - 2(n+2)\cdot n!a_n = 0$，故

$$a_{n+2} = \frac{2}{n+1}a_n, n = 1, 2, \cdots.$$

（2）**解法一**

由于 $a_{n+2} = \dfrac{2}{n+1}a_n$，$n = 1, 2, \cdots$，$a_2 = 2a_0$，且根据题设中条件 $a_0 = y(0) = 0$，$a_1 = y'(0) = 1$，所以

$$a_{2n} = 0, n = 1, 2, \cdots; a_{2n+1} = \frac{2}{2n}a_{2n-1} = \cdots = \frac{2^n}{2n(2n-2)\cdots 4\cdot 2}a_1 = \frac{1}{n!}, n = 0, 1, 2, \cdots.$$

从而 $y(x) = \displaystyle\sum_{n=0}^{\infty} a_n x^n = \sum_{n=0}^{\infty} a_{2n+1} x^{2n+1} = \sum_{n=0}^{\infty} \frac{1}{n!}x^{2n+1} = x\sum_{n=0}^{\infty} \frac{(x^2)^n}{n!} = xe^{x^2}.$

解法二 因为 $y = \displaystyle\sum_{n=0}^{\infty} a_n x^n$，所以 $\dfrac{y}{x} = \displaystyle\sum_{n=1}^{\infty} a_n x^{n-1}$，两边求导，得

$$\left(\frac{y}{x}\right)' = \sum_{n=2}^{\infty} (n-1)a_n x^{n-2} = \sum_{n=0}^{\infty} (n+1)a_{n+2} x^n.$$

由于 $a_{n+2} = \dfrac{2}{n+1}a_n$，$n = 1, 2, \cdots$，所以 $\left(\dfrac{y}{x}\right)' = \displaystyle\sum_{n=0}^{\infty} 2a_n x^n = 2y$，即函数 $y(x)$ 满足方程 $\left(\dfrac{y}{x}\right)' - 2y = 0$.

令 $u(x) = \dfrac{y}{x}$，则上述方程变为 $u' - 2xu = 0$，即 $\dfrac{\mathrm{d}u}{u} = 2x\mathrm{d}x$，解之得 $u = Ce^{x^2}$.

从而 $y = Cxe^{x^2}$，由 $y'(0) = 1$ 得 $C = 1$，所以 $y = xe^{x^2}$.

29. 解 由题设 $x = \cos t (0 < t < \pi)$，有 $\dfrac{\mathrm{d}x}{\mathrm{d}t} = -\sin t$，由复合函数求导的链式法则得

$$y' = \frac{dy}{dt} \cdot \frac{dt}{dx} = \frac{dy}{dt} \cdot \frac{1}{\frac{dx}{dt}} = -\frac{1}{\sin t} \frac{dy}{dt},$$

$$y'' = \frac{dy'}{dt} \cdot \frac{dt}{dx} = \left[\frac{\cos t}{\sin^2 t} \frac{dy}{dt} - \frac{1}{\sin t} \frac{d^2 y}{dt^2}\right] \cdot \left(-\frac{1}{\sin t}\right),$$

代入原方程,得 $(1-\cos^2 t)\left[\dfrac{\cos t}{\sin^2 t} \dfrac{dy}{dt} - \dfrac{1}{\sin t} \dfrac{d^2 y}{dt^2}\right] \cdot \left(-\dfrac{1}{\sin t}\right) - \cos t\left(-\dfrac{1}{\sin t} \dfrac{dy}{dt}\right) + y = 0.$

化简得 $\dfrac{d^2 y}{dt^2} + y = 0.$

其特征方程为 $r^2 + 1 = 0$,特征根 $r_{1,2} = \pm i$,通解为 $y = C_1 \cos t + C_2 \sin t.$

解此微分方程,得通解: $y = C_1 \cos t + C_2 \sin t = C_1 x + C_2 \sqrt{1-x^2}.$

将初始条件 $y|_{x=0} = 1$,代入得 $1 = C_1 \times 0 + C_2 \sqrt{1-0^2} = C_2.$

将 $y'|_{x=0} = 2$ 代入 $y' = C_1 + C_2 \dfrac{2x}{2\sqrt{1-x^2}}$,得 $C_1 = 2.$

将 $C_1 = 2, C_2 = 1$ 代入通解公式得特解为: $y = 2x + \sqrt{1-x^2}, \quad -1 < x < 1.$

30. 解 (1) 设所求的曲线方程为 $y = y(x)$,经分析题意可知 $x > 0$. 由题意得

$$y' - \frac{y}{x} = ax.$$

解得 $y = e^{\int \frac{1}{x} dx}\left[\int ax e^{-\int \frac{1}{x} dx} dx + C\right] = e^{\ln x}\left[\int ax e^{-\ln x} dx + C\right] = x\left[\int a dx + C\right] = x(ax + C).$

又因为 $y(1) = 0$,解得 $C = -a.$

于是所求的曲线方程为 $y = ax(x-1), a > 0.$

(2) 求直线 $y = ax$ 与曲线 $y = ax(x-1)$ 的交点,以上两个方程联立,解得交点为 $(0,0)$ 与 $(2,2a)$. 直线 $y = ax$ 与曲线 $y = ax(x-1)$ 所围平面图形的面积为

$$S(a) = \int_0^2 [ax - ax(x-1)] dx = \int_0^2 [2ax - ax^2] dx = \frac{4}{3}a = \frac{8}{3}.$$

按题意,$\dfrac{4}{3}a = \dfrac{8}{3}$,故 $a = 2.$

31. 解 D_t 如图的阴影部分所示.

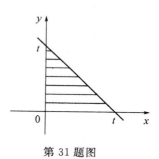

$$\iint\limits_{D_t} f(t) dx dy = f(t) \iint\limits_{D_t} dx dy = \frac{1}{2} t^2 f(t),$$

$$\iint\limits_{D_t} f'(x+y) dx dy = \int_0^t dx \int_0^{t-x} f'(x+y) dy$$

$$= \int_0^t (f(t) - f(x)) dx$$

$$= tf(t) - \int_0^t f(x) dx.$$

第 31 题图

由题设有 $tf(t) - \displaystyle\int_0^t f(x) dx = \dfrac{1}{2} t^2 f(t)$,由 $f(x)$ 连续知 $\displaystyle\int_0^t f(x) dx$ 可导,

所以对上式两端求导,即得 $f(t)$ 满足微分方程 $(2-t)f'(t) = 2f(t)$,为变量可分离微分方程,解得

$$f(t) = \frac{C}{(t-2)^2}, 0 < t \leqslant 1.$$

代入 $f(0) = 1$,得 $C = 4$. 所以,$f(x) = \dfrac{4}{(x-2)^2}, 0 \leqslant x \leqslant 1.$

32. (1) **解法一** $f''(x) + f'(x) - 2f(x) = 0$ 的特征方程为 $\lambda^2 + \lambda - 2 = 0$,由此求得特征根为 $\lambda_1 = 1$, $\lambda_2 = -2$,则 $f''(x) + f'(x) - 2f(x) = 0$ 的通解为 $f(x) = C_1 e^x + C_2 e^{-2x}.$

将 $f'(x) = C_1 e^x - 2C_2 e^{-2x}$, $f''(x) = C_1 e^x + 4C_2 e^{-2x}$ 代入方程 $f''(x) + f(x) = 2e^x$ 整理得 $2C_1 e^x + 5C_2 e^{-2x} = 2e^x$,即 $C_1 = 1, C_2 = 0$,则 $f(x) = e^x.$

解法二 联立 $\begin{cases} f''(x) + f'(x) - 2f(x) = 0, \\ f''(x) + f(x) = 2e^x, \end{cases}$ 得 $f'(x) - 3f(x) = -2e^x$. 因此,

$$f(x) = e^{\int 3dx}\left(\int(-2e^x)e^{\int -3dx}dx + C\right) = e^x + Ce^{3x}.$$

将 $f'(x) = e^x + 3Ce^{3x}, f''(x) = e^x + 9Ce^{3x}$ 代入方程 $f''(x) + f(x) = 2e^x$ 整理得 $2e^x + 10Ce^{3x} = 2e^x$,

即 $C = 0$, 则 $f(x) = e^x$.

(2) **解** $y = f(x^2)\displaystyle\int_0^x f(-t^2)dt = e^{x^2}\int_0^x e^{-t^2}dt.$

求一阶导数, 得 $y' = 2xe^{x^2}\displaystyle\int_0^x e^{-t^2}dt + 1,$

求二阶导数, 得 $y'' = 2e^{x^2}\displaystyle\int_0^x e^{-t^2}dt + 2x \cdot 2xe^{x^2}\int_0^x e^{-t^2}dt + 2x = 2(1+2x^2)e^{x^2}\int_0^x e^{-t^2}dt + 2x,$

求三阶导数, 得 $y''' = 2\left[4xe^{x^2}\displaystyle\int_0^x e^{-t^2}dt + (1+2x^2)\cdot 2xe^{x^2}\int_0^x e^{-t^2}dt + (1+2x^2)\right] + 2$

$$= 4x(3+2x^2)e^{x^2}\int_0^x e^{-t^2}dt + 2 + 4x^2 > 0,$$

则 y'' 在 $(-\infty, +\infty)$ 上单调递增, 又 $y''(0) = 0$. 所以当 $x > 0$ 时, $y'' > 0$; 当 $x < 0$ 时, $y'' < 0$. 所以曲线拐点为 $(0, y(0)) = (0, 0)$.

33. 设 t 时刻物体温度为 $x(t)$, 比例常数为 $k(>0)$, 介质温度为 m, 则 $\dfrac{dx}{dt} = -k(x-m)$, 从而 $x(t) = Ce^{-kt} + m, x(0) = 120, m = 20$, 所以 $C \doteq 100$, 即 $x(t) = 100e^{-kt} + 20$.

又 $x(\dfrac{1}{2}) = 30$, 所以 $k = 2\ln 10$, 则 $x(t) = \dfrac{1}{100^{t-1}} + 20$.

当 $x = 21$ 时, $t = 1$, 所以还需要冷却 30min.

34. 分析 本题是牛顿第二定理的应用, 列出关系式后再解微分方程即可.

解法一 由题设飞机的质量 $m = 9000\text{kg}$, 着陆时的水平速度 $v_0 = 700\text{km/h}$. 从飞机接触跑道开始计时, 设 t 时刻飞机的滑行距离为 $x(t)$, 速度为 $v(t)$, 则 $v(0) = v_0, x(0) = 0$. 根据牛顿第二定律, 得

$$m\frac{dv}{dt} = -kv.$$

又 $\dfrac{dv}{dt} = \dfrac{dv}{dx} \cdot \dfrac{dx}{dt} = v\dfrac{dv}{dx}$, 所以

$$dx = -\frac{m}{k}dv.$$

上式两边分别积分, 得 $x(t) = -\dfrac{m}{k}v + C.$

由于 $v(0) = v_0, x(0) = 0$, 所以 $x(0) = -\dfrac{m}{k}v_0 + C = 0$. 故得

$$C = \frac{m}{k}v_0.$$

从而 $x(t) = \dfrac{m}{k}(v_0 - v(t))$, 当 $v(t) \to 0$ 时, $x(t) \to \dfrac{mv_0}{k} = \dfrac{9000 \times 700}{6.0 \times 10^6} = 1.05(\text{km}).$

所以飞机滑行的最长距离为 1.05km.

解法二 根据牛顿第二定律, 得 $m\dfrac{dv}{dt} = -kv$. 分离变量, 得

$$\frac{dv}{v} = -\frac{k}{m}dt.$$

两端积分得, 得 $\ln v = -\dfrac{k}{m}t + C_1$, 即 $v = Ce^{-\frac{k}{m}t}$, 代入初始条件 $v|_{t=0} = v_0$, 解得 $C = v_0$, 故

$$v(t) = v_0 e^{-\frac{k}{m}t}.$$

飞机在跑道上滑行的距离相当于滑行到 $v \to 0$，对应地 $t \to +\infty$. 于是由 $\mathrm{d}x = v\mathrm{d}t$，有

$$x = \int_0^{+\infty} v(t)\mathrm{d}t = \int_0^{+\infty} v_0 \mathrm{e}^{-\frac{k}{m}t} \mathrm{d}t = -\frac{mv_0}{k} \mathrm{e}^{-\frac{k}{m}t}\Big|_0^{+\infty} = \frac{mv_0}{k} = 1.05(\mathrm{km}).$$

或由 $v(t) = \dfrac{\mathrm{d}x}{\mathrm{d}t} = v_0 \mathrm{e}^{-\frac{k}{m}t}$，知 $x(t) = \int_0^t v_0 \mathrm{e}^{-\frac{k}{m}t} \mathrm{d}t = -\dfrac{mv_0}{k}(\mathrm{e}^{-\frac{k}{m}t} - 1)$，故最长距离为当 $t \to \infty$ 时，$x(t) \to$

$\dfrac{mv_0}{k} = 1.05(\mathrm{km})$.

解法三 由 $m\dfrac{\mathrm{d}v}{\mathrm{d}t} = -kv$，$v = \dfrac{\mathrm{d}x}{\mathrm{d}t}$，化为 x 对 t 的求导，得 $m\dfrac{\mathrm{d}^2 x}{\mathrm{d}t^2} = -k\dfrac{\mathrm{d}x}{\mathrm{d}t}$，即

$$\frac{\mathrm{d}^2 x}{\mathrm{d}t^2} + \frac{k}{m}\frac{\mathrm{d}x}{\mathrm{d}t} = 0, v(0) = x'(0) = v_0, x(0) = 0.$$

其特征方程为 $\lambda^2 + \dfrac{k}{m}\lambda = 0$，解之得 $\lambda_1 = 0$，$\lambda_2 = -\dfrac{k}{m}$，故 $x = C_1 + C_2 \mathrm{e}^{-\frac{k}{m}t}$.

由 $x\big|_{t=0} = 0$，$v\big|_{t=0} = \dfrac{\mathrm{d}x}{\mathrm{d}t}\Big|_{t=0} = -\dfrac{kC_2}{m}\mathrm{e}^{-\frac{k}{m}t}\Big|_{t=0} = v_0$，得 $C_1 = -C_2 = \dfrac{mv_0}{k}$.

于是 $x(t) = \dfrac{mv_0}{k}(1 - \mathrm{e}^{-\frac{k}{m}t})$. 当 $t \to +\infty$ 时，$x(t) \to \dfrac{mv_0}{k} = 1.05(\mathrm{km})$.

所以飞机滑行的最长距离为 $1.05\mathrm{km}$.

35. 解 （1）建立坐标系，地面作为坐标原点，向下为 x 轴正向，设第 n 次击打后，桩被打进地下 x_n，第 n 次击打时，汽锤所做的功为 $W_n(n = 1, 2, 3, \cdots)$. 由题设，当桩被打进地下的深度为 x 时，土层对桩的阻力的大小为 kx，汽锤所做的功等于克服阻力所做的功.

$$W_1 = \int_0^{x_1} kx\mathrm{d}x = \frac{k}{2}x_1^2, x_1 = a,$$

$$W_2 = \int_{x_1}^{x_2} kx\mathrm{d}x = \frac{k}{2}(x_2^2 - x_1^2),$$

$$W_3 = \int_{x_2}^{x_3} kx\mathrm{d}x = \frac{k}{2}(x_3^2 - x_2^2).$$

从而 $W_1 + W_2 + W_3 = \dfrac{k}{2}x_3^2$.

又 $W_2 = rW_1$，$W_3 = rW_2 = r^2 W_1$，从而

$$\frac{k}{2}x_3^2 = (1 + r + r^2)W_1 = (1 + r + r^2)\frac{k}{2}a^2,$$

于是 $x_3 = a\sqrt{1 + r + r^2}$，即汽锤击打桩 3 次后，可将桩打进地下 $a\sqrt{1 + r + r^2}\mathrm{m}$.

（2）汽锤前 n 次所做的功之和等于克服桩被打进地下 $x_n \mathrm{m}$ 所做的功.

$$\int_0^{x_n} kx\mathrm{d}x = W_1 + W_2 + \cdots + W_n = (1 + r + \cdots + r^{n-1})W_1,$$

而

$$W_1 = \int_0^a kx\mathrm{d}x = \frac{k}{2}a^2,$$

所以

$$\frac{k}{2}x_n^2 = (1 + r + \cdots + r^{n-1})\frac{k}{2}a^2,$$

从而 $x_n = a\sqrt{1 + r + \cdots + r^{n-1}} = a\sqrt{\dfrac{1 - r^n}{1 - r}}$.

由于 $0 < r < 1$，所以 $\lim\limits_{n \to \infty} x_n = \dfrac{a}{\sqrt{1 - r}}$，即若击打次数不限，汽锤至多能将桩打进地下 $\dfrac{a}{\sqrt{1 - r}}\mathrm{m}$.

36. 解 设小艇在发动机停转后的速度为 $v(t)$，其中时间 t 从发动机停转时算起，并设小艇质量为 m. 由于 $F = -ma = -mv'(t)$，又由题意，$-mv'(t) = kv(t)$，其中 k 为比例常数，从而小艇的速度 $v(t)$ 满足如下微分方程：

$$v'(t) = c \left(c = -\frac{k}{m} \right).$$

两边积分，得 $v(t) = c_1 e^{ct}$，

由于 $v(0) = 200, v\left(\frac{1}{2}\right) = 100$，所以 $c_1 = 200, c = -\ln 4$.

故得

$$v(2) = 200 e^{-2\ln 4} = 12.5 (\text{m/min}).$$

37. 解 贬值率是 $\dfrac{\mathrm{d}P}{\mathrm{d}t}$，由题设价值 P 随时间 t 的变化规律，$P(t)$ 满足

$$\frac{\mathrm{d}P}{\mathrm{d}t} = -kP, \quad P\big|_{t=0} = P_0.$$

这是变量可分离的一阶方程，其通解为 $P = Ce^{-kt}$，再用初始条件 $t = 0$ 时，$P = P_0$ 代入，得 $C = P_0$，故所求之解为 $P = P_0 e^{-kt}$.

第 9 章

一、填空题

1. 解 由题意知，需求对价格的弹性 $\varepsilon_p = -\dfrac{p}{Q}\dfrac{\mathrm{d}Q}{\mathrm{d}p}$，而收益函数为 $R = pQ$，则

$$\mathrm{d}R = \mathrm{d}(pQ) = p\,\mathrm{d}Q + Q\,\mathrm{d}p = Q\left[1 + \frac{p}{Q}\frac{\mathrm{d}Q}{\mathrm{d}p}\right]\mathrm{d}p = Q(1 - \varepsilon_p)\,\mathrm{d}p.$$

由微分学的经济意义知，当 $Q = 10000, \mathrm{d}p = 1$ 时，产品的收益会增加
$\mathrm{d}R = 10000 \times (1 - 0.2) \times 1 = 800 (\text{元}).$

2. 解 由弹性的定义，得 $\dfrac{ER}{Ep} = \dfrac{\mathrm{d}R}{\mathrm{d}p} \cdot \dfrac{p}{R} = 1 + p^3$，所以 $\dfrac{\mathrm{d}R}{R} = \left(\dfrac{1}{p} + p^2\right)\mathrm{d}p$，两边积分得 $\ln R = \ln p + \dfrac{1}{3}p^3 + C$，又 $R(1) = 1$，所以 $C = -\dfrac{1}{3}$. 故 $\ln R = \ln p + \dfrac{1}{3}p^3 - \dfrac{1}{3}$，因此 $R = p \cdot e^{\frac{1}{3}(p^3 - 1)}$.

二、选择题

3. 解 由题设知 $-\dfrac{\mathrm{d}Q}{\mathrm{d}p} \cdot \dfrac{p}{Q} = -\dfrac{Q'(p)}{Q(p)}p = \dfrac{2}{160 - 2p}p = \dfrac{p}{80 - p} = 1$，解得 $p = 40$，故选项 (D) 正确.

三、解答题

4. 解 (1) 由于需求量对价格的弹性 $E_d > 0$，所以

$$E_d = \left|\frac{P}{Q}\frac{\mathrm{d}Q}{\mathrm{d}P}\right| = \left|\frac{P}{100 - 5P}(100 - 5P)'\right| = \left|\frac{-P}{20 - P}\right| = \frac{P}{20 - P}.$$

(2) 由 $R = PQ$，得

$$\frac{\mathrm{d}R}{\mathrm{d}P} = \frac{\mathrm{d}(PQ)}{\mathrm{d}P} = Q + P\frac{\mathrm{d}Q}{\mathrm{d}P} = Q\left(1 + \frac{P}{Q}\frac{\mathrm{d}Q}{\mathrm{d}P}\right) = Q\left(1 + \frac{-P}{20 - P}\right) = Q(1 - E_d).$$

要说明在什么范围内收益随价格降低反而增加，即收益为价格的减函数，$\dfrac{\mathrm{d}R}{\mathrm{d}P} < 0$，即证 $Q(1 - E_d) < 0$，即 $E_d > 1, \dfrac{P}{20 - P} > 1$，解之得 $P > 10$. 又已知 $P \in (0, 20)$，所以 $10 < P < 20$，此时收益随价格降低反而增加.

5. 解 (1) 由于利润函数 $L(Q) = R(Q) - C(Q) = PQ - C(Q)$，两边对 Q 求导，得

$$\frac{\mathrm{d}L}{\mathrm{d}Q} = P + \frac{Q\mathrm{d}P}{\mathrm{d}Q} - C'(Q) = P + Q\frac{\mathrm{d}P}{\mathrm{d}Q} - MC.$$

当且仅当 $\dfrac{\mathrm{d}L}{\mathrm{d}Q} = 0$ 时，利润 $L(Q)$ 最大，又由于 $\eta = -\dfrac{P}{Q} \cdot \dfrac{\mathrm{d}Q}{\mathrm{d}P}$，所以 $\dfrac{\mathrm{d}P}{\mathrm{d}Q} = -\dfrac{1}{\eta} \cdot \dfrac{P}{Q}$.

故当 $P = \dfrac{MC}{1 - \dfrac{1}{\eta}}$ 时，利润最大.

(2) 由于 $MC = C'(Q) = 2Q = 2(40 - P)$，则 $\eta = -\dfrac{P}{Q} \cdot \dfrac{\mathrm{d}Q}{\mathrm{d}P} = \dfrac{P}{40 - P}$ 代入（Ⅰ）中的定价模型，得 $P = \dfrac{2(40 - P)}{1 - \dfrac{40 - P}{P}}$，从而解得 $P = 30$.

6. 解 设甲产品的成本为 $C_1(x)$，乙产品的成本为 $C_2(y)$，固定成本 $C_0 = 10000$.

$(1) C(x, y) = C_1(x) + C_2(y) + C_0$

$$= \int_0^x \left(20 + \frac{t}{2}\right) \mathrm{d}t + \int_0^y (6 + t) \mathrm{d}t + 10000$$

$$= \frac{1}{4}x^2 + 20x + \frac{1}{2}y^2 + 6y + 10000.$$

(2) 当 $x + y = 50$ 时，求总成本最小为条件极值问题.

设 $F(x, y, z) = \dfrac{1}{4}x^2 + 20x + \dfrac{1}{2}y^2 + 6y + 10000 + \lambda(x + y - 50)$

令 $\begin{cases} F_x = \dfrac{1}{2}x + 20 + \lambda, \\ F_y = y + 6 + \lambda, F_\lambda = x + y - 50 = 0, \end{cases}$ 则 $\begin{cases} x = 24, \\ y = 26, \\ \lambda = -32. \end{cases}$

由于实际问题一定存在最值，所以唯一极小值点 $(24, 26)$ 为问题的最小值点. 故当甲产品 24 件，乙产品 26 件时，可使总成本最小，最小成本为 $C(24, 26) = 11118$（万元）.

(3) 由（2）知，总产量 50 件且总成本最小时，甲产品为 24 件，此时甲产品的边际成本为

$$\left(20 + \frac{x}{2}\right)\Big|_{x=24} = 20 + 12 = 32（万元／件）.$$

经济意义：当甲产品产量为 24 件时，每增加一件甲产品，甲产品的成本增加 32 万元.